U0626701

国家出版基金项目
"十二五"国家重点出版物出版规划项目

航空航天科技出版工程

6

环境影响与制造

[英]理查德·布洛克利（Richard Blockley）　[美]史维（Wei Shyy）◎主编

熊克　朱春玲　赵宁　任奇野　等◎译

ENCYCLOPEDIA OF
AEROSPACE ENGINEERING 6
Environmental Impact, Manufacturing and Operations

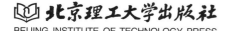
北京理工大学出版社
BEIJING INSTITUTE OF TECHNOLOGY PRESS

WILEY　　AIAA

版权专有　侵权必究

图书在版编目（CIP）数据

航空航天科技出版工程.6，环境影响与制造／（英）理查德·布洛克利（Richard Blockley），（美）史维（Wei Shyy）主编；熊克等译．—北京：北京理工大学出版社，2016.6

书名原文：Encyclopedia of aerospace engineering

国家出版基金项目　　"十二五"国家重点出版物出版规划项目

ISBN 978-7-5682-2476-5

Ⅰ.①航… Ⅱ.①理… ②史… ③熊… Ⅲ.①航天工程-环境影响②航天工程-制造 Ⅳ.①V

中国版本图书馆 CIP 数据核字（2016）第 141959 号

北京市版权局著作权合同登记号　图字：01-2013-1965 号

All Rights Reserved. Authorised translation from the English language edition published by John Wiley & Sons Limited. Responsibility for the accuracy of the translation rests solely with Beijing Institute of Technology Press Co.，LTD and is not the responsibility of John Wiley & Sons Limited. No part of this book may be reproduced in any form without the written permission of the original copyright holder，John Wiley & Sons Limited.

封面图片来源：

源自 ONERA，France　　　源自 Shutterstock　　　源自 Shutterstock　　　源自 EADS Astrium

出版发行／北京理工大学出版社有限责任公司

社　　址／北京市海淀区中关村南大街 5 号

邮　　编／100081

电　　话／（010）68914775（总编室）

　　　　　（010）82562903（教材售后服务热线）

　　　　　（010）68948351（其他图书服务热线）

网　　址／http：//www.bitpress.com.cn

经　　销／全国各地新华书店

印　　刷／北京地大天成印务有限公司

开　　本／889 毫米×1194 毫米　1/16

印　　张／38　　　　　　　　　　　　　　　　　　　　责任编辑／王玲玲

字　　数／1101 千字　　　　　　　　　　　　　　　　文案编辑／王玲玲

版　　次／2016 年 6 月第 1 版　2016 年 6 月第 1 次印刷　责任校对／周瑞红

定　　价／228.00 元　　　　　　　　　　　　　　　　责任印制／王美丽

图书出现印装质量问题，请拨打售后服务热线，本社负责调换

航空航天科技出版工程

译审委员会

主 任　杜善义

副主任　李椿萱　余梦伦　黄瑞松　叶培建　唐长红　甘晓华

委 员（按姓氏笔画排序）

才满瑞　刘 莉　杨 超　昂海松　周志成　唐胜景　熊 克

翻译委员会

主 任　刘 莉

副主任　朱春玲　赵 宁　江 驹

委 员（按姓氏笔画排序）

万志强　马东立　王晓芳　王焕瑾　王锁柱　毛军逵　古兴瑾
龙 腾　朱程香　向彩霞　刘东旭　齐艳丽　孙康文　孙慧玉
杜 骞　杜小菁　李 书　李 响　李世鹏　杨春信　肖天航
吴小胜　吴志刚　宋 晨　宋豪鹏　张景瑞　陈永亮　武志文
林 海　昂海松　周光明　周建江　周思达　周储伟　郑祥明
徐 军　徐 明　郭 杰　唐胜景　黄晓鹏　龚 正　韩 潮
韩启祥　谢 侃　谢长川　雷娟棉　谭慧俊　熊 克　冀四梅

审校委员会

主 任　林 杰

副主任　樊红亮　李炳泉

委 员（按姓氏笔画排序）

于 勇　王佳蕾　王玲玲　王美丽　尹 晅　白照广　多海鹏
祁载康　杜春英　李秀梅　杨 侧　张云飞　张海丽　张鑫星
陈 竑　季路成　周瑞红　孟雯雯　封 雪　钟 博　梁铜华

推 荐 序

　　航空航天是国家的战略产业，其科技水平直接决定着综合国力和国家安全。近年来，我国航空航天科技水平得到显著提升，在若干领域取得了举世瞩目的成就。在建设航空航天强国的进程中，广大科技人员需要学习和借鉴世界航空航天科技的最新成就。《航空航天科技出版工程》是综合反映当今世界范围内航空航天科技发展现状和研究前沿的一套丛书，具有系统性、学术性、前沿性等特点。该丛书的翻译和出版，为我国科技工作者学习和借鉴世界航空航天科技提供了一个良好平台。

　　《航空航天科技出版工程》英文版由美国 WILEY 出版公司和 AIAA（美国航空航天学会）联合出版。全世界 34 位来自航空航天领域的顶级专家组成丛书顾问团，负责对丛书进行规划指导，来自美国、英国、德国、法国等国家的 600 多位著名专家参与丛书撰写。该丛书是当今世界上最为系统和权威的航空航天科技丛书，共有 9 卷、近5000 页，涵盖航空航天科技的 43 个领域主题，442 个章节。该丛书对航空航天科技所涉及的重要概念、理论、计算、实验等进行了系统阐述，并配有大量工程实践案例，主要内容包括：流体动力学与空气热力学、推进与动力、结构技术、材料技术、动力学与控制、环境影响与制造、飞行器设计、系统工程等。最难能可贵的是，该丛书对航空航天工程的战略决策、实施路径、技术应用、实践验证和评价等方面进行了系统阐释，对未来二十年面临的挑战和机遇进行了深入分析。

　　该丛书中有些专题研究在我国尚属起步阶段，不少内容是国内紧缺的文献资料。例如，丛书对高超声速稀薄气体动力学、扑翼空气动力学、高超声速气动热弹性、多运动体协调控制、多种飞行器融合、深空探测、航天系统设计认证等领域的介绍颇有参考价值。丛书内容不仅适用于国防领域，而且适用于民用领域，对我国航空航天科技发展具有指导意义。

　　北京理工大学是我国首批设立火箭、导弹等专业的高校，曾为我国航天事业的创立和发展做出重要贡献，近年来又在深空探测、制导武器、空间信息处理等领域取得重要进展。该丛书英文版问世不久，北京理工大学出版社敏锐地预判到该丛书对我国航空航天科技发展具有重要借鉴作用，提出翻译这套巨著的设想。北京理工大学航空航天学科的教授们积极投身于翻译丛书的策划中，他们联合我国高校、研究机构中一

1

批长期从事航空航天科技工作的教师和工程技术人员组成团队，仅用一年多时间就将这套巨著译为中文。我帮助他们邀请到丛书英文版顾问、著名航天结构力学家杜善义院士担任译审委员会主任，邀请到我国航空航天科技领域的多位领军科学家、总设计师共同负责丛书译审，进而确保中文版的科学性、准确性、权威性。

　　作为长期从事航空航天科技工作的学者，看到这套丛书即将问世由衷高兴。我认为，该丛书将为我国航空航天科技工作者提供一套不可多得的工具书，有利于提升我国航空航天科技水平，有利于促进我国航空航天科技与世界航空航天科技的有效对接，有利于推动我国建设航空航天强国。因此，我郑重向航空航天科技界的同行们推荐这套丛书。

中国科学院院士
北京理工大学校长　胡海岩

译 者 序

　　航空航天的发展水平体现了一个国家的综合实力。我国高度重视航空航天技术的创新发展，将航空航天产业列入国家战略性新兴产业和优先发展的高技术产业。近年来，国家科技重大专项（如大型飞机、载人航天与探月工程、高分辨率对地观测、航空发动机与燃气轮机等）的实施带动了我国航空航天技术的迅猛发展。

　　航空航天技术的发展日新月异并呈现出跨学科化和国际化的特征，国内学者需要一套系统全面的丛书，来巩固现有的知识、了解国际前沿发展动态、紧盯航空航天科技前沿。《航空航天科技出版工程》正是这样的一套技术研究丛书。北京理工大学出版社在组织专家对英文版《航空航天科技出版工程》的章节标题及主要内容进行翻译和评审后，发现该丛书内容翔实、信息丰富、学科体系完整，具有较高的前瞻性、探索性、系统性和实用性，是一套对中国航空航天领域有较强学习与借鉴作用的专著。因此，出版社决定引进、出版本套丛书的中文版。

　　英文版《航空航天科技出版工程》由美国 WILEY 出版公司和 AIAA（美国航空航天学会）联合出版，主编为 Richard Blockley（英国克兰菲尔德大学航空航天顾问、英国 BAE 系统公司前技术总监）和 Wei Shyy（原美国密歇根大学航空航天工程系教授兼系主任），历经多年，完成了 9 卷的出版。各章均由活跃在全球航空航天各专业领域研究一线的专家执笔，集成了编写团队在航空航天科技领域的重要科学研究成果和宝贵的科学试验数据。

　　《航空航天科技出版工程》从力学、动力及推进技术、制导和控制技术、电子仪表技术、通信技术、计算机科学、系统工程、材料科学、加工和制造技术及空间物理学等多个相互支撑的学科技术领域，全面而系统地阐述航空航天领域所涉及的知识，综合体现了目前航空航天技术的国际水平。9 卷包括《流体动力学与空气热力学》《推进与动力》《结构技术》《材料技术》《动力学与控制》《环境影响与制造》《飞行器设计》《系统工程》《航空航天专业术语》。丛书中文版配有丰富的原版插图、表格以及大量的图片资料，最大程度地保留了原版书的编写风格。该丛书对于国内的科研和技术人员，以及承担着未来航空航天技术开发的年轻人和学生来说，都无疑是一套非常好的参考资料。

1

北京理工大学出版社依托北京理工大学、南京航空航天大学、北京航空航天大学、中国航天科工集团北京航天长征科技信息研究所、中国航天科技集团空间技术研究院等国内从事航空航天技术研究的高校和科研院所，组建了翻译团队和专家译审团队，对《航空航天科技出版工程》进行翻译。

　　《航空航天科技出版工程6　环境影响与制造》包含运行环境，声学与噪声，排放物和大气环境影响，废物处理与减排，制造、精益技术与操作集成5个部分，由熊克、朱春玲、赵宁、任奇野、朱程香、孙一哲、蔡玉飞、杜骞、张铧予、杨云翔、曹雷团、熊瑛、解晓芳、刘畅、龙雪丹、唐丽筠翻译。特别感谢各位院士学者们对此书出版的大力支持。译、校者虽在译文、专业内容、名词术语等方面进行了反复斟酌，并向有关专业人员请教，但限于译、校者的水平与对新知识的理解程度，谬误和不当之处恳请读者批评、指正。

翻译委员会

英文版序

能够受邀介绍这部航空航天丛书，我们和各自代表的学会都感到非常的荣幸和愉快。

毫无疑问，这部丛书体现了英国皇家航空学会和美国航空航天学会最大的期望。我们这两个学会都在寻求推进航空航天知识体系进步的方法，同时也都认识到航空航天领域具有动态、多学科和跨国界的特性。

这部丛书是一个独特的工具。它提供了涉及很多方面的快照，包含：全球共享的知识体系、全球企业共享的观念、共享的技术展望和挑战、共享的发展节奏、新方法和新视野，尤其是共享的对教育和培训重要性的关注——所有这些都是关于一个工业领域和一组学科，是它们塑造了并将继续改变我们所生活的世界。

这个共享的知识体系超出了国家的、商业的、组织的和技术学科的界限。在这个界限中我们进行着日复一日的工作，虽然这些工作必然引起经常的竞争，但也总是激发创新性和建设性的尝试。因此，我们怀着无比激动的心情看到了一项完全专业性工作的开展，它尝试着将这个知识体系的精华以全新的形式整理和出版。

航空航天领域对我们世界的影响是巨大的。早期的空气动力学创立者，从 George Cayley 爵士到 Wright 兄弟，都难以想象航空工业、更不必说太空飞行是如何彻底改变了我们的文明世界：它使我们的星球变成了一个很小的区域、允许瞬时联系全球任何地方、提供大范围的人和物资运输以及可以从外太空独特的视角来观看我们的星球和人类自己。航空航天工程师不仅直接为我们收集的知识体系做出了贡献，还驱动了广大的相关领域的进步，从基础的数学、电子学和材料科学到生物学和人因工程。因此，说这部丛书捕捉到了该领域当下的精华是非常恰当的。

对于内容广泛的航空航天工程技术和研究领域，提取其关键要素形成一个相互关联的框架结构，并不具备明显的可能性，更不要说涉及诸多细节。然而这部丛书正是要雄心勃勃地尝试做到这些，甚至更多。从这点看，这部丛书是一个勇敢的、有远见的、有胆识的计划。

这部丛书勾画出了我们领域最好和最醒目的专门技术，其成果是对发起者和作者们最好的回报，这些人值得我们向他们对航空航天行业做出的贡献表示祝贺。

虽然这部丛书的目标是达到相当的深度，但从实用的角度，这部丛书被设计成非常容易阅读和理解。我们希望读者看到这部丛书并可以广泛地应用，包括作为权威的参考书目、作为学习和专业发展的重要工具，或许可以作为课程作业和技术模块设计跨国界、跨机构可信赖的测试基准。

　　正值载人动力飞行第二个百年开始，太空的前景似乎正在不断复苏，这部丛书的出版是航空航天工程和科学持续发展的里程碑和标志。

　　我们非常自豪地、共同地将这部丛书推荐给你们。

Dr. Mark J. Lewis
美国航空航天学会主席
马里兰大学帕克分校航空航天工程系主任、教授，马里兰州，美国
Dr. Mike Steeden
英国皇家航空学会主席，英国

英文版前言

航空航天工程的历史可以追溯到早期希腊的哲学家亚里士多德和阿基米德，经哥白尼、伽利略、达·芬奇、牛顿、伯努利和欧拉到 19 世纪伟大的机械师纳威、斯托克顿和雷诺以及许多其他研究者，一直到 1903 年由莱特兄弟第一次成功地起飞了一台比空气重的动力机器。从普朗特、冯·卡门、惠特尔、冯·奥西恩、屈西曼、冯·布劳恩和科罗廖夫（这里只给出了少数的名字）等人开创性的成就，仅仅过去一个世纪的时间，航空器和航天器就以一种让最有远见的现代飞行预见者都震惊的速度得到了发展。超音速飞行（具有代表性的协和号客机、SR71 黑鸟式侦察机）、人类在月球上行走以及航天器向太阳系的远端航行，这些都是顽强不屈的技术探索的见证。

几代哲学家、科学家和工程师的工作使航空航天工程形成一个确定的学科，而且需要持续对新的商业、环境和安全相关因素、科学技术领域其他学科的进展、之前未探索的飞行器设计概念、推进、结构与材料、控制、导航和动力学、通信、航空电子、天基系统与旅行中的技术挑战等做出响应。航空航天工程产品是科学与技术多学科综合的产物，当航空器和航天器中的系统集成变得越来越复杂的时候，前所未有的设计挑战出现了，一个部门就需要借鉴不同领域的专业知识。因此，工程师们不仅需要专注于专门知识，还需要将他们的知识扩展到更广泛的学科领域。

本套书的主要目的是：为本科生、研究生以及学术界、工业界、研究机构和政府部门中的专业人士提供一个随手可得的、涵盖航空航天工程主要学科的专用参考书。本套书阐述了基本科学概念及其在当前工程实践中的应用，并将读者引导到更专业的书籍中。

本套书包含 442 篇文章，划分为 43 个领域主题，围绕科学基础和当前的工业实践，贯穿了航空航天工程的全部。当本套书被确定在同类著作中最先出版时，编辑团队从支撑航空航天科学、工程与技术研究和开发的专家们那里得到了原作稿件的授权。这些稿件包括力学、推进、导航与控制、电子器件和测量仪表、通信、计算机科学、系统工程、材料科学、生产与制造以及物理学。此外，考虑到当前围绕航空的担忧，环境科学、噪声与排放中的一些特定学科也被包含在本套书中。

1

本套书由热心的、杰出的国际顾问委员会指导编写，委员会由 34 名来自学术界、工业界和研究中心的委员组成。在顾问委员会的指导下，我们确定了一个主要作者团队，由他们来确定每个主题覆盖的范围，并选择了有能力来贡献他们文章的合适的作者。

在本套书的引导章节中，包含了系统思想的概念和在可预见的未来航空航天工程师们将面临的挑战。在顾问委员会和主要作者团队的大力帮助下，我们试图包含有人、无人航空器和航天器领域中所有的主题，然而我们意识到还有一些重要的主题没有涉及，或是因为我们没有及时注意到它们，或是由于作者没能赶上最后的出版期限。我们打算将后续的投稿和最新的进展放在每年的在线更新中。

非常遗憾，我们的一位主题作者 Philip Pugh 于 2009 年 1 月去世了，他为第 37 部分的规划和前期实施做出了难以估量的贡献。我们也非常感谢 David Faddy 继续完成了这一部分的工作。

Richard Blockley
克兰菲尔德大学航空航天顾问，克兰菲尔德，英国
BAE 系统公司前技术总监，法恩伯勒，英国
Wei Shyy
密歇根大学航空航天工程系，安娜堡，密歇根州，美国

目录

Contents

第28部分   声学与噪声

第27部分

运行环境

第 270 章

飞机的飞行状态及应用

Denis Howe

克兰菲尔德大学航空学院工程系，克兰菲尔德，英国

1 基本注意事项

1.1 飞机的定义：大气

按照定义，飞机是依赖大气密度来维持飞行的一个平台（见第 6 卷第 273 章）。实践中，这意味着飞机的最高飞行高度约为 27.5 km，此高度下的空气密度约为海平面空气密度（1.225 kg/m³）的 2.7%，当地声速 a 为 300 m/s，而海平面上该值为 340 m/s。对于这个概括有一个明显的例外，那就是北美的用火箭推进的研究型飞机 X—15，它的最大飞行高度达到了 108 km（354 000 ft①），速度达到 2 030 m/s，但是它包括一个弹道飞行阶段。大多数飞机的飞行高度低于 15 km（50 000 ft），在此高度下的空气密度约为海平面的 15.8%，a 为

295 m/s，然而一些军用飞机会超过这一范围。

当飞机的飞行速度接近声速时，空气的可压缩性影响变得很重要，经常限制了飞机的前飞速度（见第 2.1 节）。一旦突破了跨声速阶段，再增加速度的问题就不大了。真实大气的一个重要属性就是湍流。湍流也是飞行速度的一个限制条件，它在两方面限制了飞行速度：一方面是过快的速度会让飞机里的人感到不舒服，另一方面是过快的速度可能破坏飞机结构的完整性。基于这些原因以及其他的一些原因，民用飞机的飞行速度一般为亚声速。超声速飞机一般用于研究和军事领域。在这些领域，由超声速带来的好处相比克服超声速的困难更有价值。重新引入像英法协和号这样的超声速客机是有很多问题的（见第 3.5.1 节）。

图 1（a）和（b）为不同类型的民用飞机的速度—高度—工作区域典型分布图，图 2 为军用飞机的相关图。

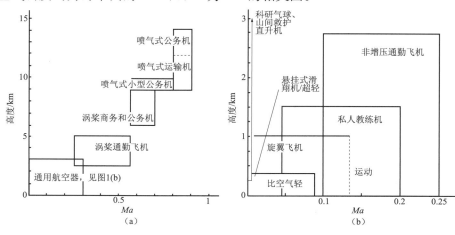

图 1 飞机的飞行状态

（a）民用飞机的飞行状态；（b）通用航空飞机的飞行状态

---

① 1 ft＝0.340 8 m。

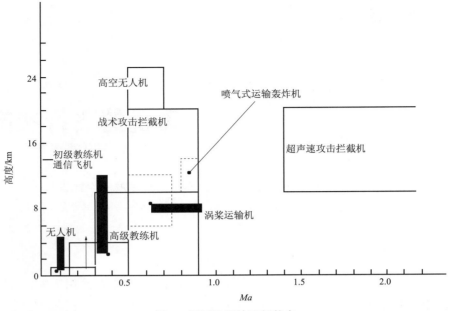

图 2 军用飞机的飞行状态

1.2 升力的产生

为了飞行，飞机的垂直方向的力必须超过飞机的总质量 W。这个垂直向上的力就是升力 L（见第 5 卷第 212 章），当飞行器的相对密度比空气的小时，这个力就是浮力。飞机向前飞行时，会产生空气流阻，叫作阻力 D，这也意味着需要提供一个推力 T。图 3～图 5 展示了作用在不同种类飞机上的四个基本力。同时，飞机还有其他次要的力，这些力并不作用在同一点上，因此还存在相关的力矩。在下面的章节中将通过几种方式推导出升力。

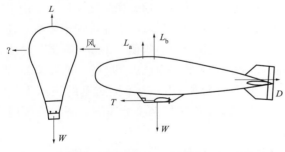

图 3 作用在相对密度小于空气的浮空器上的主要力

L_a—空气动力学升力；L_b—空气静力学升力（浮力）

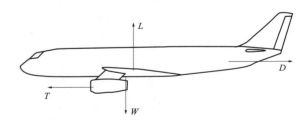

图 4 作用在固定翼飞机上的主要的力

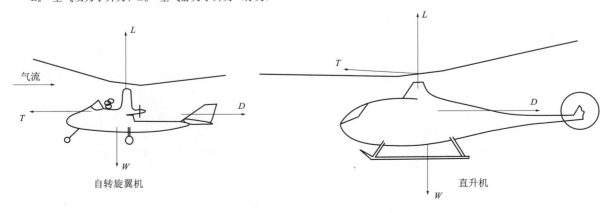

自转旋翼机   直升机

图 5 作用在旋翼类飞机上的主要的力

1.2.1　空气静力学

空气静力学升力和飞行器的前飞速度无关，只与飞行器整体的密度比周围空气的密度小的程度有关。这意味着对于某些结构，其内部包裹的气体的密度相比空气而言要足够小，获得的升力可以克服蒙皮及其附加物的总重力。1783 年，第一个用于载人飞行的气球就是 Montgolfier 兄弟制造的，气球里充满的是膨胀的热空气。今天，热气球广泛用于体育运动和地面观测。热空气系统的优点是可以通过调节空气的加热量来快速控制其高度。然而，一个更有用的升力介质是轻质气体，如氢气，或更常用的惰性氦气。第一个载人氢气球是继 Montgolfier 兄弟成功飞行的 10 天后，由 Charles 制造的。为了控制飞艇的前飞，并减小空气阻力，其蒙皮形状通常选用细长的雪茄形（见第 1.2.3 节）。

1.2.2　空气动力学

正如名字所示意的，气动升力的产生需要借助在大气中能够产生升力的形状，这种形状通常是一个翼型。这个力可以通过一个固定的、名义上水平的升力表面或机翼产生，也可以采用其他合适的形状体产生。这需要飞机在起飞前能够达到足够的速度来提供升力。

另外，升力也可以通过带有叶片水平转子的翼型驱动系统产生。单片旋翼就可以产生升力、推力以及控制力。飞行器可以垂直离开地面，通过旋翼倾转提供水平推力分量实现向前飞行。旋翼可以在没有实际驱动的情况下产生升力，但是这需桨盘向前运动，这叫作"自转"。因此，它的特性有点像一个圆形的机翼，当前进速度为零时，垂直上升的能力就会丧失。旋翼有一个难点，就是部件的前飞速度最大时，桨尖出现高速。这限制了飞行器能获得的前飞速度，并取决于局部升力需求和旋转速度（见第 1 卷第 27 章）。出于这个原因，出现了一个概念，就是让飞行器同时配备一个固定翼和一副旋翼。具体想法是，在高速时，将一部分要求旋翼提供的升力转而由固定翼提供，从而减少对旋翼局部升力的要求，同时也可以使旋翼的转速减小。有些设计把这个想法做到了极限，提出在高速飞行时旋翼停止工作并收起。在实践中，大多数应用采用了比较小的机翼，一定程度上减少了旋翼的负载。更完整方法的一个例子是 Fairey 旋翼验证机，它在

20 世纪中叶被证明是成功的。这架飞机很特别，因为它在一个自转旋翼的基础上安装了一个相对较大的机翼。它主要打算用于中心城市之间的客机运营，并在一段时间内保持了旋翼机速度的世界纪录。为了实现垂直起降，旋翼的旋转由桨尖喷气驱动，驱动的压缩空气来源于两个螺旋桨涡轮，从而产生向前的推力。不幸的是，这些设备的噪声很大，使得它成为中心城市之间运营飞机的致命弱点。

其他混合式旋翼/机翼结构包括倾斜的机翼和倾斜旋翼。在这些概念中，旋翼绕横向水平轴布置，带或不带机翼，因此，在高速下，它们成为螺旋桨。在垂直和水平模式间的转换是个问题。

1.2.3　混合空气静力学－空气动力学升力

比空气密度小的飞行器，尤其是飞艇，主要面临起飞和着陆过程中的控制和操作问题，并随着对大气湍流的敏感性而加剧。在飞艇的长期飞行中，随着燃料消耗，必须减小浮力。可以通过调整飞艇的气动升力来解决部分问题，但是范围有限。早期的飞艇采用将产生升力的气体排放出去，并与释放重物相结合的方法。但是值得注意的是，早期最成功的飞艇——Graf Zeppelin，它采用的气体燃料的密度和空气的相同。近代飞艇大多采用混合技术，有些采用机翼来获得更有潜力的升力控制，还有些采用旋翼系统。在带有用完即可丢弃的小负载的飞艇上，通常采用倾斜/旋转式螺旋桨。对于更大的重型飞艇，往往采用混合型旋翼，名义上水平旋翼产生升力来补偿燃料和载荷重力，空气静力学升力仅支持空机重力。

2　基本特性

2.1　飞行中的力

气动升力与当地空气密度 ρ、前飞速度 v 的平方成正比，它也取决于翼型和机翼平面形状面积 S。

阻力由两个方面组成：一个是飞机的形状，另一个是升力的发展。前者除了将飞机的形状取代翼型特性外，阻力和升力具有一样的数量级。对于一个给定的升力，后者与速度的平方的倒数成正比，对于任何给定的结构，都有可能找出一个所谓的最小阻力速度，在比这个速度更小和更大的速度下，

总的阻力都会增加。这就需要得到一个很重要的反映结构气动效率的参数：最大升阻比。

$$\text{Lift} = L = 0.5\rho v^2 S C_L \tag{1}$$

这里 C_L 是翼型的升力系数，在飞艇中就是艇身的升力系数；S 是相应的参考面积：

$$\text{Drag} = D = 0.5\rho v^2 S\left(C_{D_0} + \frac{kC_L^2}{\pi A}\right) \tag{2}$$

这里 C_{D_0} 是飞机 C_L 为零时的阻力系数；k 是升力分布的一个系数；A 是机翼的展弦比，也就是展长 b 和平均宽度（弦长）c 的比值。

根据公式（1）

$$D = 0.5\rho v^2 S C_{D_0} + \frac{2L^2 k}{\pi \rho A v^2 S} \tag{3a}$$

当公式（3a）右边的两项相等时，阻力最小，即

$$D_{\min} = \rho v^2 S C_{D_0} \tag{3b}$$

相应的最大升阻比就是

$$\frac{L}{D_{\min}} = \frac{C_L}{2C_{D_0}} \tag{3c}$$

对于给定的总升力，在阻力达到最小时的速度下，可获得该值。

对于老式的由螺旋桨驱动的飞机，一个重要的准则叫作"速度范围"，即在可控飞行范围内最大飞行速度和最小飞行速度之比。虽然可用功率也很重要，但是决定这个参数的主要因素是最大升力系数的均方根和零升力时阻力系数的立方根之比。最初的双翼飞机 Wright Flyer 在 1903 年达到的最大速度只有 1.28 m/s，L/D 约为 8。相同质量的装有更为强大的现代活塞发动机的飞机速度范围可以达到 2.8 m/s 左右。当前，同级别的单翼飞机，典型的速度最大接近 4 m/s。增加速度的方法有收起起落架、采用变距螺旋桨、采用不同的机翼几何外形以形成高升力装置。

最近的设计中很少关心速度范围，特别是当不再使用螺旋桨以后。更为重要的是，在临界飞行阶段接近最大升阻比，比如在远程巡航阶段，此时最主要是在临界条件下选择正确的机翼载荷，也就是 W/S。通常它应明显大于给定的可接受的低速特性时的基本值（见第 5 卷第 213 章）。对于早先的设计，解决方案就是在不过度损害高速性能的情况下使用高升力装置来满足低速性能标准。

当采用后掠翼时，垂直于前缘的当地速度小于来流的值，此时接近声速时阻力系数增加会减缓。可压缩性还会带来其他后果，比如形成局部激波，有时会导致升力分布突然变化，使得整体控制特性发生变化（见第 1 卷第 23 章）。

2.2　推进器

飞机的飞行状态和所采用的推进器的类型有很大的关系。一方面，需求的飞行性能直接决定了所采用的动力装置；另一方面，在许多情况下飞行性能受到由于经费或其他原因所选择的动力装置的制约（见第 2 卷第 71 章）。

2.2.1　推力（见第 2 卷第 72 章）

任何动力装置的推力 T 的定义都是

$$T = \frac{\mathrm{d}(m'v)}{\mathrm{d}t} \tag{4a}$$

这里 m' 是推进介质的质量；v 是它的速度。

对于火箭发动机

$$T = v_j \frac{\mathrm{d}m'}{\mathrm{d}t} \tag{4b}$$

这里 v_j 是特征排气速度；$\mathrm{d}m'/\mathrm{d}t$ 是推进剂的燃烧速度。

当吸气式发动机的排气面积为 A_j 时，

$$T = m(v_j - v_0) + m_f v_j + (p_j - p_0)A_j \tag{4c}$$

这里 m 是穿过动力单元的质量；v_0 是飞机的前飞速度；m_f 是燃料的质量；p_j 和 p_0 分别是排气和来流压力。

通常 m_f 和 m 相比是一个小量，对于完全膨胀的排气过程，p_j 和 p_0 相等，所以 T 的公式可以近似为

$$T = m(v_j - v_0) \tag{4d}$$

2.2.2　效　率

发动机的总体效率是所谓的理想的效率与单元内各部分的机械和热效率的乘积，包括进排气等相关部分。理想的推进效率是

$$n = \frac{2}{1 + (v_j/v_0)} \tag{5}$$

可见，为了产生推力，v_j 必须大于 v_0，最大效率在 v_j 仅比 v_0 大一点时实现。因此，推力产生的最佳状态就是推进介质的质量相对大时，速度增量相对较小。进一步而言，对于一个给定的推进剂，效率的一般趋势是随着航速的增加而增加。公式（5）在静态条件下不适用，此时理想效率没有意义，推力由静态系数决定。

一台喷气发动机的总体效率的一个重要组成部分是进气系统的效率或压力恢复。声速附近获得的

速度较高值可以通过一个简单的皮托管获得，但是随着马赫数的增加，可能会出现复杂的激波系统。如果飞机的马赫数大于 1.5，为了维持整个马赫数范围内的效率，建议采用不同几何形状的进气口（见第 2 卷第 79 章）。同样，为了在亚声速和超声速状况下保持高效率的飞行，需要采用可变排气喷嘴。

2.2.3　螺旋桨推进系统的推力和效率（见第 2 卷第 77 章）

螺旋桨发动机的推力和功率之间的关系尤为重要：

$$T = \frac{\eta P}{v_0} \tag{6}$$

这里 P 是原动机的功率；η 是针对特殊设计的螺旋桨由公式（5）演变出来的效率。

尽管 η 可能超过 90%，但是更加普遍的值在 85% 左右。

2.2.4　喷气发动机的推力及相关动力装置（见第 2 卷第 78 和 81 章）

对于这种类型发动机，推力可以从公式（4c）推出，或者从公式（4d）中推出近似值。对于简单的喷气发动机，吸入的所有空气直接进入压缩机、燃烧室、涡轮，最后通过排气喷嘴排出。将一部分压缩空气直接排除，可获得较高的效率，此时，在有效增加质量流量的同时，减小排气速度和排气噪声。这种技术扩展到了涡轮风扇发动机中，在这种发动机中，大部分吸入空气经过一级压缩机或者风扇后直接排出。在亚声速飞机中，普遍采用涵道风扇或者旁路发动机，而不是螺旋桨发动机。

涵道风扇发动机发展的一个新概念是涡轮系统驱动一个大的非涵道风扇，这是一种螺旋桨/涵道风扇混合装置。这种发动机比涵道风扇式发动机的效率更高，且与螺旋桨发动机相比，可用于更高的飞行速度。它并不是没有机械和噪声问题，只是这可以通过未来技术的发展来克服，同时也应该考虑经济性，比如燃料短缺等问题，这决定了它的使用性能。

2.3　动力装置的飞行状态

图 6 为不同类型的动力装置的理想效率随马赫数的增大而变化的情况。虽然实际上获得的效率取决于许多细节，但是这张图总体上给出了各种类型

动力装置的潜力和极限。

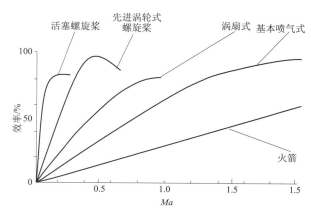

图 6　动力装置系统的理想效率

2.3.1　螺旋桨式推进器

作为一个近似表示，螺旋桨系统可以设计为在马赫数高达 0.65 时仍具有较高效率，此时航速高达 200 m/s。这个范围的下线通常被活塞发动机所覆盖，但是当航速大于 100 m/s 时，涡轮动力装置更加实用。当马赫数超过 0.7 时，激波的形成以及附加损失使得螺旋桨发动机的效率开始下降。

2.3.2　涡轮风扇式推进器

在较高的亚声速范围内，即马赫数在 0.7～0.9 时，显然应该选择涵道涡扇发动机。一般情况下，涵道比，即经过风扇的空气与发动机核心内的空气之比，通常在 4～10 范围内。更高涵道比的发动机往往被用于大型、航程较远的飞机中，这些飞机可以容纳更大直径的风扇。马赫数在 0.5～0.7 时，常用较小涵道比的发动机，主要用于小型公务机中（见第 3.2.2 节）。在很高亚声速情况下，与螺旋桨发动机类似，高涵道比发动机效率开始下降。

2.3.3　低涵道比和喷气式发动机

从公式（4d）中可以看出，当飞行速度增加时，有必要提高排气速度以产生推力。这就意味着发动机所使用的空气质量相对减少，绝大部分在超声速状态飞行的飞机所采用的动力装置的涵道比在 0.4～1.0 范围内。它通常采用混合二次燃烧，也就是燃料在排气中第二次燃烧，这样可以增加跨声速和高超声速下的推力。典型的喷气排气速度是 700 m/s 左右，采用二次燃烧可上升到 1 100 m/s。当飞机马赫数在高空以接近 3.0 时，可能需要使用

一个单纯的喷气发动机，但很少有飞机在此条件下飞行。

2.3.4　冲压发动机

对于冲压发动机，所有气体的压缩源自进气口压力恢复，省略了涡喷发动机的旋转部件。尽管冲压发动机是简单的发动机，但它仍然可以承受，因为只有在超声速情况下才能产生有用的推力（见第2卷第78章）。通常，内部燃烧冲压发动机在导弹初始飞行阶段应用较好，这阶段使用火箭启动加速器。现在也有提议将冲压发动机和涡喷发动机协调使用，甚至混合布置，但是至今还没有真正使用该技术的实物。在马赫数大于4的高超声速情况下，将一个外部燃烧冲压发动机安装在飞机的底面，已经试验成功了。由于燃烧过程发生在超声速环境中，所以称为超燃冲压发动机（见第2卷第90章）。

2.3.5　火　箭

除了特定的研究型飞机，如第1.1节中提到的X－15飞机，不再有飞机应用液体火箭发动机。另外，制导武器一般采用固体火箭单元，它的操作时间短，更加简单，这是最重要的。

2.4　机身及总体效率

虽然范围绝不是唯一的性能要求，但是它对许多飞机来讲是起主导作用的一个参数（见第5卷第217章）。在任何一个给定马赫数的飞行条件下，范围 R 是

$$R = a\left(\frac{Ma}{c}\right)\left(\frac{L}{D}\right)\lg\left(\frac{m_1}{m_2}\right) \tag{7}$$

这里 c 是动力装置的单位燃油消耗率；m_1 和 m_2 分别是航程开始和结束时飞机的质量。

此公式可以认为是整体飞行效率的一个象征。可以看出，它由三个部分组成：

（1）Ma/c。

由于飞行速度/马赫数是和动力装置及其性能密切相关的，此项可以用来衡量推进效率。

（2）L/D。

升阻比可以清晰地反映气动效率，飞机设计应让飞行条件尽量接近最小阻力速度。实际上，由于操作原因，它一般会高一点，但是所达到的 L/D 一般会接近最大值。而一个典型的亚声速客机 L/D 可以接近20，在超声速巡航时，"协和"号能够勉强达到1903年 Wright Flyer 实现的8。

（3）m_1/m_2。

除了有武器释放，燃油在巡航中的消耗是（$m_1 - m_2$），尽管比值（m_1/m_2）直接由需求范围决定，但是 m_2 值越低，实际所需要的燃油量就越少。m_2 由飞机的空机质量、有效载荷和巡航结束时剩余的燃油组成。空机质量包括动力装置和机身系统的质量，但是主要是机身本身的质量。因此，该部分可以用来衡量机身效率。从经济性上来讲，飞机空机质量越低越好。

3　飞行状态及平台应用

绝大多数飞机飞行速度在 $0.9Ma$ 以下。除了英法"协和"客机外，该机在第一个载人飞行世纪末的2003年11月退出服务后，高速飞行仅限于军事和研究领域。下面的段落概括了各种用途飞机的速度/高度状态。也有些飞机超出了定义的类型，这些将在相关的地方进行评述。

飞船在长途空中航线扮演了重要的角色，在第二次世界大战中也做出了重要贡献，但是它们现在被淘汰了。小型水上飞机仍然有广阔的使用空间，它们适用于起飞和着陆比较困难但是有水存在的区域，比如说加拿大西部（见第7卷第333章）。

大多数固定翼飞机使用传统的布局，包括一个独立的承担有效载荷的机身、展弦比为4～10的机翼（见公式（2））、后部安定面及操纵面。一些军用战斗机机翼展弦比较低，并对所谓的"翼身融合"的布局感兴趣。滑翔机、长航程高空侦察机的机翼展弦比可能超过20。

3.1　亚声速，马赫数为0.4，高度为4 km

3.1.1　比空气轻的平台

除了用于高空研究和气象气球外，所有比空气密度小的平台一般工作高度小于1 000 m，飞行速度很低，通常小于25 m/s，也就是 Ma 为0.07（见第7卷第336章）。对地观测及休闲用途的热气球受当地风速的影响产生水平运动，通常保持所要求的最低飞行高度。氦或氢气球不怎么受高度的限制，这种类型的飞艇用于高空科研，可达20多千米的高空。

如第1.2.3节中提到的，充气飞艇有向前推进

力，经常用于控制。对于小飞艇，推进装置一般是由活塞式发动机驱动的螺旋桨，整个动力装置被布置成绕水平轴旋转。除非当地地形的原因，飞艇的飞行高度很少超过 300 m，因为随着高度的增加，当地空气密度减小，升力也随着减小。随着高度的增加，升力气体也随着膨胀，这就抵消了在地面下的充气不足，使得气球在工作高度被充满。

3.1.2 固定翼飞机

绝大多数的小型螺旋桨驱动的飞机在这种状态飞行（见第 7 卷第 323、327 和 332 章）。

这些应用包括私人小型飞机及企业等的通信和娱乐；竞技飞行，比如比赛和特技飞行表演；初级训练和特殊功能，如空中急救。娱乐飞机包括滑翔机、悬挂式滑翔机、超轻型飞机。一些先进的军用教练机处于这一状态中的高速、很高的高度的部分。

由于工作条件相对适度，很容易实现低速和高速性能之间的协调，高升力装置通常仅限于简单的后缘襟翼。可收放式起落架通常应用在此类飞机中速度较高的飞机上。客舱增压在这一高度是不需要的，可降低一些难度，但是先进军用教练机因为偶尔会在更高的高度飞行，可能需要配备氧气系统。

更小更便宜的飞机使用一个或两个活塞发动机驱动螺旋桨。虽然汽油是常见的燃料，考虑到这种类型燃料的供应问题，建议使用柴油和小型螺旋桨涡轮发动机。后者一般是这种状态内更先进、更快的飞机选用的动力装置。

3.1.3 旋翼机

除了少数例外，所有旋翼机均在这种状态下飞行（见第 7 卷第 324，328，334 章）。例外的飞机是用于山地救援的，它们偶尔会有更高的速度和混合式旋翼机，如贝尔-波音公司的 V-22 军用倾转旋翼运输机。几乎所有的旋翼机都是直升机，只有少数旋翼机用于休闲娱乐。

直升机能够在土地非常有限的地方悬停、起飞和降落，这相对固定翼飞机和陆地及海上运输机来讲是一个特殊的优势。民用直升机的用途包括人员培训、通信、空中救护、警用观察、电力线巡视等目的的调查，以及空中/海上和山间救援。

除了和民用旋翼机具有类似作用外，在军事上的一个重要应用，就是当船甲板空间不足以使用固定翼飞机时，采用直升机进行空中支援。另一重要用途是为地面部队提供支持，这里唯一类似的固定翼飞机是短/垂直起降飞机，如 BAe 系统公司的侵略者和洛克希德-马丁公司的 F-35。

直升机通常使用一个主旋翼结构，有一个明显的例外就是双旋翼的 Boeing CH-47。小型飞机可能会采用活塞发动机，但是性能更加平稳的气体涡轮发动机会更好，相应的成本也会增加。

3.1.4 无人机（见第 7 卷第 335 章）

大多数无人机的工作马赫数在 0.4 以下，其中固定翼设计占主导地位，旋翼机也有一些应用，尤其在船上和作物喷洒方面。大部分例外是空中目标，其工作状态可以达到，也包括超声速范围以及战斗类型（见第 3.5.3 节）。早期的无人机用于研究和军事范围，但在民用领域里的运用越来越引起人们的兴趣，比如空中观察及交通控制。无人机在军事上比较常见的应用包括一般的侦察、射击定位点、监视、使用空中发射的制导武器进行战术打击。一些无人机的飞行高度可以超过 4 km。

许多无人驾驶飞机有相对适度的性能，这意味着可以使用活塞发动机驱动螺旋桨作为动力装置。有些观测用无人机飞行高度更高，可能达到 25 km，超过防空导弹能力范围。无人机的飞行时间往往要求长周期，达到 24～30 h。它们的飞行马赫数可能超过 0.4 并使用涡扇推进器，但另一种方法是使用电驱动螺旋桨辅以机载太阳能充电电池。

3.1.5 制导武器

除了可能使用的短程反装甲类型，大部分制导武器的飞行马赫数大于 0.4（见第 3.5.4 节）。

3.2 亚声速，马赫数为 0.4～0.75，高度小于 8 km

这个飞行状态的发动机一般是涡桨发动机和一些较小的涡喷/涡扇发动机（见第 7 卷第 330 和 331 章）。除了在这个马赫数范围的上端，可压缩性不太可能造成任何大的困难，所以一般不需要后掠翼。

3.2.1 涡桨运输机和商务机

单发、双发及四发客机，货运涡桨飞机及单发、双发私人飞机通常工作在 0.5～0.65 马赫数。这同时适用于民用和军用的设计，尽管后者中有少数飞行马赫数超过0.7。巡航高度通常超过4 km，并且座舱需要增压。虽然超过8 km的飞行高度是可行的，但是这往往受限于空中管制。相比于稍快的涡扇驱动的飞机，涡桨飞机的燃油消耗更少，因此这类运输机更有优势，尤其在短途飞行状况下。

3.2.2 小型涡喷商务机

和上面提到的涡桨飞机一样，小型涡喷/涡扇飞机也可在这些状态下使用。这种飞机一般安装两个发动机，但是也有安装一个发动机的。有两个原因使得涡扇飞机比涡桨飞机更加适合这类飞机：一是涡扇飞机有更高的巡航速度，但是更重要的是没有螺旋桨的飞机更加灵活。

3.2.3 其他飞机

这种状态下还有其他一些飞机，包括一些先进的军用教练机和地面支援飞机。这些飞机一般采用涡桨发动机。

如第3.1.4节提到的，也有一些安装涡扇发动机的无人机，它们典型的飞行马赫数约为0.65。

一些陆军地对地制导武器的飞行速度也在这个范围内（见第3.5.4节）。

3.3 亚声速，飞行马赫数为0.65～0.9

3.3.1 民用和军用涡扇运输机，高度为7～14 km

大部分民用喷气式飞机和类似的军用飞机使用涡扇发动机（见第7卷第330章）。典型的巡航马赫数在0.8以上，高度范围为9～12 km。只要有可能，实际的巡航速度应以最小燃油消耗量为最佳目标，而飞行高度经常受交通管制控制。在长途飞行中，随着燃油消耗，飞机重力减小，飞行高度逐渐增加，最高可达13 km的高度。涡扇飞机在相似的速度下可以到达更高的高度，在那个高度下空中管制的限制比较少。

和一些后掠翼飞机一样，这些飞机必须对座舱进行增压。这就必须优化巡航条件下的整体布局，其低速性能需要通过前缘和后缘襟翼安装增升装置来实现。由于进场和着陆速度必须在空中交通管制规定的极限范围内（见第4.5节），因此着陆条件非常苛刻。现在使用的发动机的数量大多倾向于两

个，这样动力装置和系统的可靠性也有所改善。大型运输需要四台发动机来提供所需的推力。

3.3.2 军用，飞行高度至20 km（见第7卷第331章）

这个范围内的军用飞行器大多采用涡喷和涡扇发动机。这些飞行器的作用包括：

（1）攻击性打击，包括短程战术飞机和远程战略飞机。大多数飞机出击时携带空射制导武器或"智能"炸弹。用于战略用途的导弹亚声速巡航时有一个优势，即可以由载机从外部更高的目标防御位置空中发射。

（2）拦截和与敌机战斗，经常使用的是空射超声速制导武器。

（3）高空侦察机，包括有人机和无人机（见3.1.4节和第3.2.3节）。

（4）先进教练机。

人们经常要求这个范围内的军用飞行器能够满足多个功能，包括超声速（见第3.5.2节）。基于这个原因，在航空发展的一个时期，军用机重点采用可变后掠翼。最近的发展集中在固定的低展弦比，几乎无后掠，机翼的几何结构与尾翼或前机身紧密结合，并可能采用推力矢量控制以达到包括隐身在内的各种性能需求的协调。

3.3.3 制导导弹

巡航导弹中的制导武器等类似的武器可在此范围内飞行（见第3.5.4节）。

3.4 跨声速，飞行马赫数为0.9～1.4

跨声速飞行带来了许多问题，除了从亚声速到超声速飞行必不可少的过程外，应尽量避免。这些问题包括由于在机身上形成和移动的冲击波而带来的很高的相对阻力和控制上的困难（见第1卷第23章）。对于一个低水平的军事打击飞行器而言，在马赫数为0.9的基础上进一步增加速度基本是没有好处的。跨声速加速可能发生在任何高度，但大多数约从11 km开始，这里的声速最小。

3.5 超声速，马赫数为1.4～4.0

3.5.1 民用飞机

尽管苏联生产了Tupelov Tu 144超声速民用

飞机，而且它也在货运中短暂使用了，但是唯一真正的超声速客机是英法"协和"号。很明显，这个飞机没有商业可行性，首先，这个飞机的载客量有限，只能载100名左右的乘客；其次，它的运营条件受到限制，飞机需要避免在人口稠密的地方产生地面冲击波。其中技术的成功依赖于为四个涡喷发动机提供先进的可变几何的进气口（见第2.2.2节）。面对的主要技术问题是要让这些飞机在实际运营中解决经济上的竞争性和环境的可接受性。出于这个原因，对于超声速运输功能，人们更多地强调将其用于行政勤务功能的相对较小的飞机，尽管这种飞机都面临着严重的经济和技术问题。

3.5.2　有人军事用途

人们曾经对有人超声速战略攻击机很感兴趣，但是现在看来亚声速飞机在隐身、装载巡航导弹方面的优势更可为人所接受（见第3.3.2节）。

大部分超声速军用飞机是拦截机，对拦截机来讲更高的前飞速度、更大的爬升率使其能快速地与潜在的敌人交战。它在高空中马赫数通常超过2。正如第3.3.2节中讨论的，人们通常强调这些飞机的多功能作战能力，这些飞机在高亚声速飞行时也必须拥有很好的性能，以确保在地面攻击和支援时的能力。洛克希德SR－71侦察机是唯一能够在25.6 km（84 000 ft）高度下马赫数达到3.2的飞机。

3.5.3　无人机

在军用飞机中使用飞行员是昂贵的且受到限制，因此，高性能无人战斗机（见第3.1.4节）的替代方案非常值得关注。

3.5.4　制导武器（见第7卷第325、326和344章）

很多制导导弹，不论是地面发射的还是空中发射的，都是在超声速下飞行的。地面发射平台利用固态火箭推进器使它们迅速进入飞行状态，之后第二个火箭单元或者冲压式喷气发动机会用来维持飞行状态。机载武器通常只需要一级推进器。巡航导弹通常采用涡扇发动机。

3.6　高超声速状态，飞行马赫数超过4.0

到目前为止，很少有飞行器能够在这一状态有效飞行，所有的例子都是研究型飞机。在第1.1节

中提到的北美X－15飞机采用了火箭动力，最近的试验更多采用的是外部燃烧冲压喷气式发动机，这在第2.3.4节也提到过。为使高超声速飞机能够在第1.1节定义的大气中进行常规飞行，需要相当多的科学技术的发展，尤其是高温材料领域。像X－15这样的飞行器很有可能发展为空气动力和弹道混合飞行。

4　飞机起飞和降落的环境

4.1　飞机对地面环境的影响

飞机接近地面时的环境以及飞机对这一环境的影响都非常重要。

4.1.1　噪声（见第6卷第286、287和288章）

飞机在起飞和降落时的噪声是很重要的：

（1）在起飞时，发动机开始工作在最大功率状态，地面暴露在噪声环境的时间和距离都很短。通常，为了减小噪声的影响，一旦达到安全高度，就减小发动机功率（见第4.3节），或改变飞行路径以避免敏感地带，继而带来一些可接受的性能损失。

（2）在着陆的时候，发动机的工作功率降低，因此产生的噪声比起飞时的要小很多，但是大型飞机的机身会产生相当大的噪声（见第6卷第290和291章）。然而进场角度通常较小（见第4.4节），这种飞行状态通常较长，覆盖的地面面积很大。这种噪声带来的影响可以通过大角度进场来缓解（见第4.5.2（2）节）。

4.1.2　排放（见第6卷第300章）

动力装置排放的废气，尤其是起飞时排放的废气，是大气污染的重要组成部分。它们包括各种气体，尤其是碳和氮的氧化物，虽然动力装置正朝着减少有毒化合物的方向发展，但是二氧化碳仍然是个问题。

4.1.3　大气湍流

飞机飞过大气时产生的涡是大气湍流的一种形式。这对其他飞机的影响可能是很重要的（见第4.5.2节）。

4.2 飞机在地面环境的飞行

在飞机接近地面时，飞行性能受到影响。起飞的初始阶段以及着陆的最后阶段的操纵性能和在空中飞行时是不一样的。地面的反射效应增加了主升力面和安定面的升力，这个值的大小依赖于离地的高度。当升力表面离地面高度在飞机翼展的20%时，这个效应就很明显；当升力表面离地面高度大于飞机翼展时，这个效应就可以忽略。升力诱导的阻力因为地面效应而减小，主升力表面和水平安定面的不同有效高度将引起控制特性和稳定特性的改变。

4.3 起飞环境（见第5卷第213章）

图7是一个典型的起飞路径图，v_{MU}是最小离地速度。它包括从静止到"抬前轮"加速速度，在这个速度下机头抬起，飞机离开地面，在某一最小指定高度下离开跑道，这个最小高度的典型值是10.7 m。爬升分为三个阶段，当发动机失效或者使用噪声抑制程序时，引入了操作余量。

飞机达到"决断"速度是飞机加速阶段的一个关键点。在超过这一速度后，即使在单台发动机失效的情况下，飞机也必须起飞。在决断速度以下，飞机可以在到达跑道尽头之前通过紧急刹车停下来。起飞性能主要考虑飞机起飞全过程的加速和紧急制动性能。起飞点是很好定义的，所需要的跑道长度通常是在设计条件下乘以1.15的系数来应对各种突发因素。

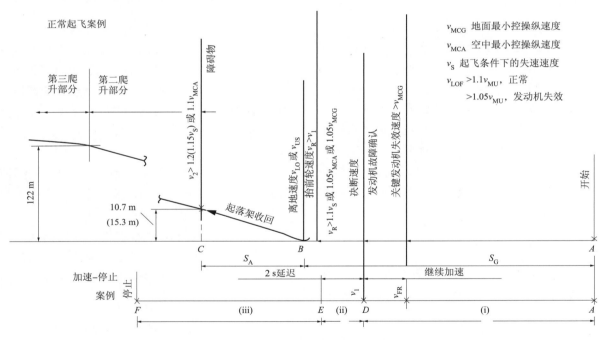

图7　典型的起飞路径

4.3.1 高温和高度的影响

增加跑道的高度和环境温度会降低动力装置和机身的性能，某种程度上是因为空气密度减小。在决定跑道长度时，计算和测量性能是基于特定高度/温度条件的。典型的例子是标准温度+30 ℃，高度为海平面，或者温度为+15 ℃，高度为1 527 m（5 000 ft）。

4.3.2 能见度

地面灰尘、雾或沙尘暴使得能见度降低，这对安全起飞产生了影响。在飞机滑行道和跑道上提供灯光的方式对飞机达到起飞点来讲是足够的了。雷达或其他方式可用以确认跑道是否干净，是否可以执行起飞操作。在恶劣条件下，跑道灯光可能不足，这种情况下必须停止起飞。

4.3.3 冰

机身和发动机进气口上形成的冰对起飞性能产生严重影响。因为冰改变了机翼剖面的外部轮廓，因此会产生更大的阻力，而升力下降。螺旋桨上的冰降低了螺旋桨的效率，同时冰有可能脱落而对机身产生损伤。在飞机起飞前，必须对飞机所有相关部分进行除冰。如果飞机起飞前的清理有延迟，需要重复进行除冰（见第4.3.4节）。

4.3.4　闪电和降水

闪电袭击很少产生严重伤害，因为飞机对这种可能性已经提前做好了防护，但是也有极小的可能会对航空系统造成干扰。降水的形式包括雨、冰雹和水，这是更加需要注意的是：

（1）尽管有证据表明大雨会减少层流翼型部分的升力，但是雨对飞机来讲通常不会带来严重问题。更加需要注意的是跑道上大量积水的问题，因为这会导致：

①滚动阻力的增加，使得起飞加速度减小。

②发动机可能因为吸进水而使得推力减小，甚至熄火。

③降低了紧急停车情况下的制动性能。在极端情况下飞机可能像"滑水板"一样失去方向控制和刹车性能。认证过程的一部分就是在实际淹没水的跑道上测试。大型冰雹会使机身受损，同时，如果高升力装置受损，会导致起飞性能降低。

（2）除了在机身上结冰的可能性外（见第4.3.3节），跑道上出现的软绵绵的雪会使滚动阻力大幅增加，从而减小了起飞加速度。当雪成为一个硬的、压实的表面，这种效果就不会那么严重。但是对于大多数工作条件来讲，都必须清除跑道上的雪，确保跑道在持续投入工作前表面已将冰除掉。

4.4　着陆环境（见第5卷第213章）

前面章节讨论的很多环境效应对着落和起飞都适用，但是它们也有一些不同。

图8是一个典型的着陆路径图。着陆阶段从最后进场路径开始，飞机的典型下降角度为3°。在繁忙的机场，飞机的进场速度需要维持在一个限值以上（见第4.5.2节）。飞机进入机场边界的典型高度是10.7 m，随后飞机开始减小垂直下降速度，飞机主轮接触地面时的垂直下降速度减为0。地面效应（见第4.2节）可能会导致飞机"浮动"并推迟着陆，通常通过提起扰流板以减轻这一现象。在主轮触地时应尽快刹车，使得飞机的前行速度达到一个安全滑行值，可以通过反向推力来增加刹车效果。典型的平均减加速度大概是$0.25g$，当然，接近$0.4g$也是可以的。

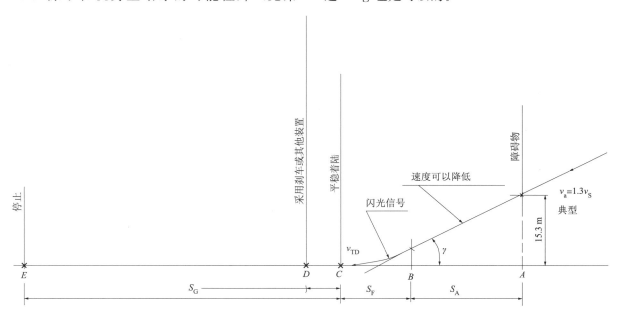

图8　典型的降落路径

影响着陆的最重要的因素是要有足够的能见度，以保证着陆点正确，因为进入跑道临界点后很快就会着陆，在减速阶段要有足够的刹车和操纵能力。自动着陆系统对着陆有很大的帮助，但是通常也有最低能见度的要求。

和起飞相比，着陆阶段存在更多可变因素，有相当大比例的飞机事故是在进场和着陆期间发生的。因此，着陆跑道长度一般是"理想"条件下的，通常是计算值的1.67倍。当对各种可变环境因素都做相应的限制时，跑道长度至少是理想条件下的

1.10 倍。

4.4.1　高温和高度的影响

除了着陆的中止、增加推力以启动"复飞"这些情况，高温和高度条件对着陆的影响相对起飞而言要小。

4.4.2　能见度

除了飞机配备自动着陆系统以外，好的着陆能见度对确保一个可以接受的着陆点来讲是很有必要的。合理的能见度对保证飞机在地面上的安全刹车和滑行都是很有必要的。时常出现的薄雾、浓雾和沙尘暴会导致飞机停止运营。

4.4.3　冰

飞机在结冰的条件下进场和着陆是非常危险的。当高升力装置展开时，随着结冰的增加，升力减小，而阻力大大增加，同时还有可能改变操纵特性。全天候运行的飞机至少要在主翼面上配备除冰或防冰系统，小型飞机的安定面也要配备。包括活塞式发动机在内的发动机进气口、空速管之类的传感器以及螺旋桨也必须配备除冰系统。

4.4.4　降　水

大雨会淹没跑道，柔软的雪会降低刹车效果，同时会使飞机失去控制方向的能力。

4.5　运营环境方面

4.5.1　空中交通管制

起飞和着陆的运行都在严格的空中交通管制（ATC）环境下执行（见第 6 卷第 283 章），这会给操作带来限制。通常需要最大限度利用跑道，同时需要确保在当地的 ATC 环境下所有飞机的安全。虽然 ATC 的许多方面是完全自动化的，飞机也装备许多助航设备，但是运营期间不可避免地存在大量人为因素。交通管制员必须在任何给定的时间内观察大量的在不同航线上飞行的飞机。飞机机组人员必须确认和执行他们发出的指令。飞行路径可能会发生冲突，由于飞机配备防碰撞预警设备和完善的飞行程序，实际碰撞是非常罕见的。当飞机进入起飞和着陆混合使用的跑道时，飞机的交会和使用需要地面操作，使用中的跑道是很危险的。

4.5.2　跑道的使用

如果有可能，不论什么时候，最好采用两条跑道，一条用来起飞，另一条用来着陆。飞机的起飞间隔在 1.5 min 左右是安全的，但是小飞机在大飞机之后起飞。为了避免涡尾流，间隔时间需要长一些。为了减小降落时的不确定性，最后的进场速度一般控制在一个限制之内，典型的是 55～70 m/s。进场和着陆需要的时间间隔为 2～2.5 min，后者是一个小飞机紧跟一个大飞机之后着陆的间隔时间。仪器控制下每小时可以起飞的飞机数量的典型值为 40，但是着陆数量只有 24。混合使用的跑道 1 h 可以做到 30～32 次起降。

除了使用多个跑道，还有许多方法可以使跑道的利用率最大化：

（1）在能见度较好的情况下，有可能整合通用航空飞机，特别是飞机起飞，使其达到正常的繁忙的交通状态，同时离港和进港时地面的距离更短。

（2）和（1）一样的原因，可以采用短距离起降（STOL）飞机。采用大角度爬升以及相应的大于 6°的着陆角度可以使进场速度更低。然而，最好是强调机场的总体能力，能够为每种工作要求提供短的、专用跑道。

延伸阅读

Torenbeek，E.（1982）*Synthesis of Subsonic Aircraft Design*，Delft University Press，The Netherlands.

Newman，S.（1994）*The Fundamentals of Helicopter Flight*，Edward Arnold.

Anon.（1996）The jet engine，Rolls Royce plc.

Khoury，G. A. and Gillet，J. D.（eds）（1999）*Airship Technology*，Cambridge University Press.

Howe，D.（2000）*Aircraft Conceptual Design Synthesis*，Professional Engineering Publications，John Wiley and Sons.

Anon.（2007）FAA Regulations，Transport airplanes，FAR Chapter 25，paragraphs 101 — 125，Federal Aviation Authority.

本章译者：朱程香（南京航空航天大学航空宇航学院）

第 271 章

运载火箭的运行环境

Alvar M. Kabe[1] and Randolph L. Kendall[2]

埃尔塞贡多（第二市）宇航公司车辆系统部，加利福尼亚州，美国

埃尔塞贡多（第二市）宇航公司发射系统部，加利福尼亚州，美国

1 引 言

一个运载火箭和它的有效载荷在发射和飞行过程中会经历许多不同的运行环境，对设计和系统运行的安全来讲，这些都必须加以考虑。这些环境包括风荷载、声振动以及由发动机推力所产生的振动。此外，在不同飞行阶段，每种环境的影响变化很大。本章将首先介绍不同的环境和在不同飞行时段哪些力是关键的，并对这些力进行推导和建模，同时还将分析火箭和航天器为了能够承受发射环境所进行的设计。最后将讨论要使运载火箭能够安全穿越大气层，在发射当天需要注意的操作事项以及结构和控制系统的设计限制。需要指出的是，在运载火箭的设计中，还需要考虑地面运输负荷、推进剂装置的热环境、预发射地面的风载荷以及推进剂与结构的交互稳定性问题，但本章只关注发射环境和飞行环境。

2 飞行剖面及相应环境

运载火箭及其有效载荷在发射和上升过程会经历严酷的环境，其中许多是它们自己产生的（Fleming，1991；Kabe，1998）。这些环境使得运载火箭及其有效载荷承受严酷的力，从而产生结构变形和振动。振动会加剧变形，反过来产生内部结构负荷及应力，这成为大多数运载火箭和航天器的主要设计要求。问题的复杂性在于在自发的环境是飞行时态和在那个时态火箭配置的函数。

考虑到本章讨论的目的，我们将考虑三大飞行阶段，每个阶段都有多个事件需要处理。图1是一个典型的飞行剖面图，图上同时展示了在不同飞行阶段由于环境而产生的一系列事件。第一阶段是发射升空阶段，接下来是在大气层内和离开大气层后的飞行阶段。发射升空阶段一般在发射后10~15 s后结束。大气层飞行阶段在火箭达到60 000~70 000 ft 的高度后结束。离开大气层后的飞行阶段包括飞出大气层后的一系列事件，包括航天器的分离以及在轨道上的启动。在轨道上部署空间系统和之后的事件都不在本次讨论的范围内，但是需要注意的是附件的布置和其他在轨道上的活动，比如对接和轨道保持对一些结构部件产生载荷作用。

上述提到的三个飞行阶段间存在着重要区别。发射升空阶段最显著的载荷由火箭和地面的相互作用产生。在大气层飞行阶段，大气和火箭的相互作用最为明显。最后，在第三阶段产生的载荷主要取决于运载火箭和它的有效载荷。虽然空气的密度很小，产生的结构载荷很小，但是它产生了大量的热载荷，如果防护不当，会对航天器造成损坏。同时，如果有效载荷的整流罩抛弃得太早，也会损坏有效载荷。

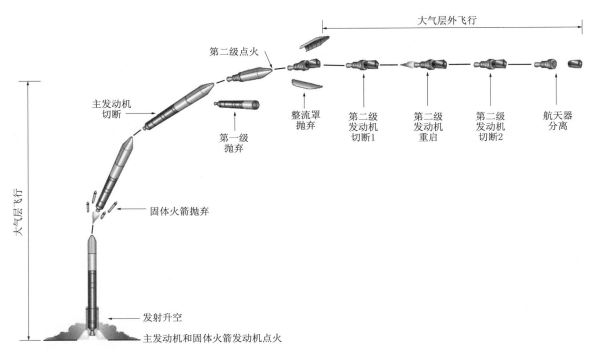

图1 典型的火箭飞行剖面

2.1 发射升空阶段

本节中发射升空阶段的定义是：从发射台发射的前几秒钟，可能包括三个不同事件，即发射、发射终止、升空后的声响。在这些事件中，运载火箭会承受来自多个方面的严酷载荷。这些载荷是以下参数的函数：运载火箭及其有效载荷的结构设计、系统整体结构的动力学特性、运载火箭的外部几何及表面积、发射台、运载火箭和发射台的连接方式、运载火箭和发射台分离的方式。

由于运载火箭依赖于它的发射架，重力会导致运载火箭/发射台连接系统产生变形。另外，地面的风会导致火箭弯曲，脱离火箭的涡会导致火箭振动。载荷方向取决于地面上风的方向，并且可能在倒计时的时候发生改变。此外，从周围建筑及发射支撑结构上脱离的涡也会对火箭产生影响。

推进系统可能包括液体燃料发动机和固体火箭发动机的任何组合。发动机点火以及推力产生显著的宽频负载。如果运载火箭是"压紧"型（特别是液体燃料发动机），有一个紧固机构在发动机形成推力的时候防止火箭发射；只需要一两秒钟的电脑检查就可以确认发动机的性能。然后锁紧机构释放，所有地面点燃的固体火箭发动机被点燃，运载火箭从发射台升起。如果火箭是"空翻"类型的，一旦推力能够克服火箭的重力，就开始上升。

点火时，液体火箭发动机和固体火箭发动机排出的气体使发射管中的压力突然增加。一般采用发射管使大部分排气远离火箭。离开发射管的压力波叫作出射波，出射波会被反射向运载火箭。然而，一些从发射管底部弹出去的压力波会从火箭的底部沿着火箭向上移动，这些叫作入射波。通过入射和出射波而增加的压力叫作点火超压波。由于这些波在火箭中的流动是不对称的，因此它们对火箭产生了不同的压力载荷。对于某些系统，点火压加载是很严重的，需要采用水灭火系统来减缓。

值得注意的是，由于点火超压是因突然将排气喷射到空气中引起的，加长排气管道可以限制排气尾流，同时可以将热气体更加远离火箭，这样可以增加点火超压。超压同样取决于点火时推力建立的速度，基于这个结果可以知道固体发动机（建立推力的速度更快）产生的超压要比液体发动机的大。

除了动态载荷以外，发动机产生的排气尾流温度极高，达到几千开尔文。大部分的排气尾流通过发射管向远离火箭的方向移动，然而，仍然会有大量的尾流通过发射管底部和发射台表面反射向火箭。因此，火箭的底部承受着严重的加热环境，这包括直接暴露在尾流中的加热，也包括辐射和热传导效应。因此，火箭的底部必须采用热防护系统进行绝热，热防护系统必须能够承受极高的底部加热环境，同时保护火箭。

运载火箭和它的每个发射架的分离取决于火箭/发射台系统的变形形状（重力、风载荷和推力导致的），火箭可能会承受碰撞和拉断的声响，这会产生额外的振荡。此外，根据发动机点火时火箭处于由风产生的振荡周期的某一位置，当运载火箭从发射台升起分离的时候，火箭可能和发射台重新连接起来。

以上所描述的现象一般激发低频（60～70 Hz及以下）的系统振动模态，因此产生这些振动的载荷叫作低频载荷。有一个例外是，点火以及液体发动机和固体火箭发动机运行时也会产生能量集中在30～10 000 Hz的声激振。低于60～70 Hz的低频部分一部分采用点火超压函数进行低频载荷分析。"低频"分析不包含能量，它在直接声子系统级别的波撞击分析和试验中计算。

以上所描述的环境会作用在系统上，导致变形和振荡，同时会产生内部载荷和应力。另外，声环境会深入运载火箭和有效载荷整流罩，并且直接作用在有效载荷和运载火箭的内部载荷中。载荷的大小取决于载荷整流罩的设计和额外的减弱声波的方法等。

正如上面提到的，在发射升空阶段还有额外的两件事需要考虑：第一件是发射终止，第二件是升空后的声波。发射终止会经历发射升空中除了固体发动机点火及相应的发动机和火箭分离以外的所有运行环境。部分建立的推力会导致火箭和发射台变形和振动。当发动机突然熄火时，系统除了会承受重力、地面风载荷、发动机点火、点火超压以及声载荷以外，还会承受瞬态载荷。

典型的升空后声响事件发生在火箭升至100～200 in[①]高度后，声波被地面、发射台以及包围在火箭附近的结构反射。这个环境的频率往往很广泛，我们主要分析60～70 Hz及以下频率范围的特性，而高频声载荷需要与发射升空和大气层飞行阶段进行重要性比较，并在声波测试环境中进行可能性和包容性评估。

2.2　大气层飞行阶段

运载火箭在大气层中的飞行速度可以超过500 m/s。这么高的速度会使火箭表面产生很大的压力，这反过来会使火箭变形同时产生很大的载荷。这个压力载荷是航速的函数，同时会随着飞行时间和空气密度的增加而增加、火箭高度的增加而减小。因此，动压会先增加到最大，然后在火箭达到太空时减小到几乎为零。同时，一旦高度达到60 000～70 000 ft，空气密度会变得充分小以至于

外部压力不再成为结构载荷的一部分。确切的高度取决于运载火箭的结构和速度。运载火箭承受的载荷是火箭攻角、刚度、质量的函数，其结果确定了运动加速度。

当运载火箭接近和超过声速时，会遇到激波、激波振动、分离湍流、冲击湍流边界层（NASA SP－8001，1970；Fleming，1991）。这些现象的相互作用会产生显著的振动，这对一些航天器和运载火箭来讲是临界的载荷条件。这个载荷产生的环境叫作抖振。虽然最大的抖振载荷发生在跨声速阶段（也就是火箭接近和突破 $1Ma$ 的时候），但是在最大动压阶段等其他阶段，抖振也是不能忽略的，同时需要将抖振和其他载荷耦合考虑。出于设计和分析的目的，抖振环境一般被划分进低频范围内，采用定量的分析法对其载荷进行预测；在高频区间，抖振载荷自身表现为一种声环境。这两个区间的频率在50～70 Hz 这一范围内。

当运载火箭飞行穿过大气层的时候，会遇到湍流或者阵风（Hoblit，1988；Kim，Kabe 和 Lee，2000；NASA－HDBK－1001，2000）。湍流是相对短时间的风特性，它的特点是改变运载火箭相对风的攻角。这种攻角的速度改变非常快，因此系统会产生低频振动模式。攻角的改变和弹性模态响应的耦合会产生很大的载荷。这个现象的频率范围取决于运载火箭的飞行速度以及湍流/阵风的形状；通常能量集中在小于 10 Hz 的范围内。另外，进入以及离开喷气射流时的湍流最大。为了在飞越湍流时维持火箭的稳定性，控制系统会采用万向节调节发动机。产生的横向力会导致火箭攻角发生改变，因此会产生载荷。另外，发动机横向力也会产生载荷。

大气层飞行阶段运载火箭及其有效载荷经历的其他环境包括气动加热及相关的排气、液体发动机及固体火箭发动机推力产生的振动。另外，改变结构时也会产生载荷，比如抛弃固体火箭发动机，同时燃料箱温度和压力的改变也需要考虑。

运载火箭的表面必须采用绝热材料进行保护以抵御气动加热，因为气动加热可能会降解内部原件，例如管道内部的电线。除了在发射升空阶段可能会产生底部加热以外，爬升阶段也有可能会发生，因为排气尾流在较低的大气环境下会膨胀，使得尾流再循环给发动机舱带来大量热气，这在多级

17

---

① 1 in＝2.54 cm。

发动机火箭中尤为明显。

由于运载火箭很快进入更加稀薄的空气中，有效负载整流罩和其他部件中会有气体排出。在此期间，外部静压的降低速度比各种电器盒、部件和有效载荷整流罩下部区域的静压降低速度快很多，这样就会存在一个压差，这个压差必须要考虑。另外，相对较快的来流本身在火箭和有效载荷设计中也需要考虑。

液体发动机和固体火箭发动机产生的稳态推力中会包含振荡成分。液体发动机推力振荡的频率范围较广，然而固体火箭发动机产生的振荡更加严重，它的频率范围一般比较窄，而且和固体火箭发动机内部的声波模式相关（Dotson，Womack 和 Grosserode，2001）。如果这些振荡与系统的轴向模态一致，由于推进剂质量的减少，频率会不断增加，这可能导致火箭产生严重振荡。

固体火箭发动机的分离是结构改变的一个例子。这里，分离多个固体的时间差会使运载火箭受到非对称的力。另外，由于固体火箭发动机的分离带来的运载火箭质量的突然变化以及气动阻力的减小，使得运载火箭加速度得到相应的增加。最后，推进剂箱温度和内压力是飞行时间的函数。这些条件变化所产生的应力也必须加以考虑。

2.3 离开大气层后的飞行阶段

从载荷和动力学的角度来看，离开大气层后的飞行阶段的环境是最简单的，因为它们主要和运载火箭相关。这些环境主要分为发动机点火和熄灭环境，飞行和分离环境。由于在 60 000～70 000 ft 之后的高度空气密度仍然有一个大气压的百分之几，在分析中可能还需要考虑一些气动载荷，但是这些载荷相对火箭本身所产生的要小很多。

另外，由于火箭在这点上的速度可以达到几千米每秒，即使是在一个密度相对较小的大气环境中，这么高的速度仍可以产生显著的热环境。在设计火箭的热防护系统时，不仅要考虑加热速率的峰值，同时也需要考虑所有时间加热载荷的总值。

2.4 分离和级间分离

分离和级间分离包括抛弃固体火箭发动机、多级分离、有效载荷整流罩分离、燃料箱分离和航天器分离。一般情况下，固体火箭和有效载荷整流罩在动力飞行阶段抛弃，因此，质量的突然改变会使火箭的加速度相应地增加。加速度的突然增加会成

为系统的一个载荷，这是需要考虑的。级间分离一般发生在液体发动机熄灭或者固体火箭发动机已经衰减到残余应力已经没有意义的时候。一旦系统的加速度达到或接近零，级间分离指令启动。分离系统传递载荷给运载火箭及其有效载荷，这些载荷需要进行评估。另外，分离体之间的间隙需要进行评估，以确保它们不会再次连上。

2.5 发动机点火和关闭

最后，发动机点火和关闭产生的力会对航天器及其运载火箭的许多部件产生设计载荷。"相同"发动机从一次飞行到另一次飞行之间的可变性需要考虑。在点火期间，瞬间产生的推力会对系统产生宽频载荷。推力的增加率及其特性在每次飞行中都会有变化，因此在分析中需要采用瞬态推力组。相反，液体发动机的关闭有三种方法可选。发动机可以通过关闭氧化剂或者燃料阀门来关闭发动机。但是，如果性能要求所有推进剂消耗完，那么发动机会消耗完所有燃料或氧化剂来关闭发动机。在这两种情况下，消耗时的混合比很有可能使推力产生颤动。这会对系统产生严重的载荷。固体火箭发动机关闭时更加温和，花费的时间也相对较长，因此它们的关闭不会产生严酷的环境。

3 为应对发射环境所建立的运载火箭和航天器设计充分度

基于对以上运行环境的理解，下一步就是设计、分析和对运载火箭及其运输的航天器进行试验，以确保它们可以承受这些环境。运载火箭和航天器结构的结构设计必须考虑到稳态（静态）、低频（一般低于 60～70 Hz）、中频（一般为 50～100 Hz）和高频（90～10 000 Hz）激励产生的载荷（图 2）。设计和验证高频载荷一般采用试验法，因此设计的试验环境包含了相关的历史飞行数据。高频区间试验包括声学和冲击试验。硬件设计由声环境决定，这些硬件包括大型面积的结构，例如太阳能电池阵。冲击环境对电子设备和军用设备造成的影响比较大。

中频范围可以使质量小的结构满足设计要求，这些设备的一阶共振频率在低频范围以上，因此它们的振动模态不包括在低频范围内。这些部件一般面积相对较小，设计这些部件是有保守设计要求

的，因为建立的结构动力学模型不能够足够精确地预测这个频率范围内的飞行载荷，导致飞行载荷分析预测具有很大的不确定性。需注意的是，问题不在于频率而在于振动模态的类型和数量。这些设计要求被指定为质量和加速度载荷因素的关系，并且足够保守，以确保不会超过实际飞行的环境。由于这些载荷因素仅用于设计质量比较小的部件，与保守量对应的质量损失较少。

稳态载荷和低频激励区间遵从的设计要求使得结构子系统的质量达到最大。幸运的是，现有的技术下可以采用精确的结构和结构动力学模型来预测

响应、还原内部载荷。但是，这些载荷是航天器/运载火箭系统整体动态属性的函数。因此，设计中改变一个元件都会导致所有元件载荷的改变，一个元件的模型错误会导致所有元件载荷预测产生错误。由于每个元件的动态属性依赖于元件的结构设计，因此设计和分析过程是相互作用的过程。所以开发出了一个正式的载荷周期流程来获得相关的数据和分析（图3）（Fleming，1991；Kabe，1998；Kabe，Kim 和 Spiekermann，2003/2004；Air Force Space Command，2008），这些数据将用于设计和验证运载火箭和航天器结构的正确性。

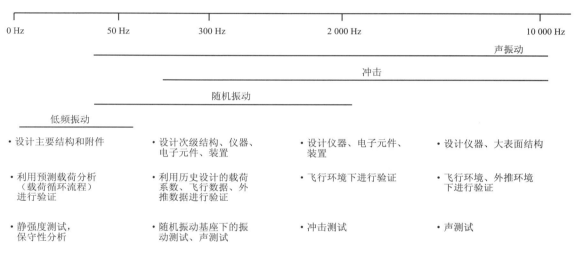

图 2 机械振动范围及设计环境

3.1 载荷周期流程

典型的运载火箭设计需要兼顾许多不同类型的航天器，因此它们的设计要求能适应更多的有效载荷。为了便于讨论，我们在航天器结构设计中介绍载荷周期流程，这个原则同样适用于运载火箭。

航天器设计流程开始于概要设计载荷因素，这是基于过去类似火箭结构的经验得到的简单加速度曲线；观察运载火箭/航天器界面的两边可以得到很有价值的数据。这些加速度曲线用来估算运载结构的初始尺寸。概要设计和相应图纸完成后就可以建立一个有限元模型。这个模型用来进行结构动力学模型载荷分析，这一般是一个 Hurty/Craig-Bampton 模型（Hurty，1964，1965；Craig 和 Bampton，1968），内部载荷恢复方程一般被称为载荷变换矩阵（LTMs）。由位移和其他量决定的响应回复矩阵（RRTMs）也可以得到。然后航天器机构将在概要设计载荷周期中把航天器 Hurty/Craig-Bampton 模型以及 LTMs 和/或

RRTMs 发送给运载火箭机构。

在初步设计载荷周期中，载荷第一次与运载火箭/航天器系统耦合计算。在每个载荷周期中，运载火箭机构建立运载火箭模型用于发射升空或飞行事件的其他阶段，在这些阶段中，运载火箭或某个航天器可能经历严酷载荷。一般考虑 10～20 个不同的事件，这些包括发射升空、发射终止、发射升空后的声波、若干个大气中飞行阶段、最大加速度、发动机点火和关闭及抛弃事件。对于每个事件航天器模型，都是和相对应时间的运载火箭模型相耦合的（Hurty，1964；Craig 和 Bampton，1968；Benfield 和 Hruda，1971）。这种动力学模型的耦合使得系统的动力学属性和单个部件的不一样，这就是载荷需要在耦合系统里进行分析的原因。

运载火箭设计机构已经开发出独特的方法对每个事件进行分析建模。他们同样开发出了相应运动方程的计算机数值求解程序。对于像发射升空这样的非线性事件，其非线性需要采用逐步线性回归法（Henkel 和 Mar，1988）对运动方程进行数值求

解。通过计算机系统响应和航天器及运载火箭的 LTMs 和 RRTMs 的配合使用来建立运载火箭和航天器载荷及其他感兴趣的响应量。航天器的载荷发送给航天器设计单位、运载火箭的载荷发送给运载火箭设计单位进行相应的结构余度评估。

航天器的设计单位会针对计算结果对他们的初步设计进行进一步的评估。这个评估一般用来支撑航天器初步设计评估，或等价于初步设计检查。余

度面积为负数的，需要重新设计。电子盒、有效载荷和其他组件往往需要移动以改善设计，以及其他需要的更改。图纸和有限元模型要重新更新，所有的载荷分析程序要再次执行。最后的设计载荷周期一般叫作最终设计载荷周期，它的结果用来支撑关键设计评审，或等价于关键设计评审。当确认结构有足够的余度能够承受这些载荷后，设计就被分发去制造及进行随后的结构试验。

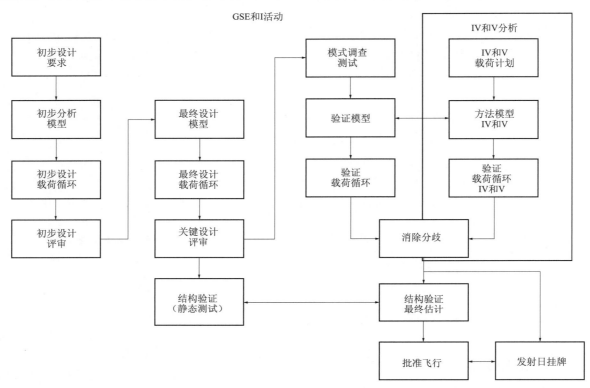

图 3　载荷循环流程（GSE 和 I——通用系统工程及集成；IV 和 V——独立验证及确认）

一旦航天器制造完成，需要进行许多试验来支撑发射器最后的载荷分析和证明适飞性。这些试验包括模式调查试验、静强度和验证试验、声学试验、组件的随机基部振动试验（不是整个航天器）、冲击试验和热真空试验。一些类似合格性试验之类的试验需对专门的试验样品进行测试；但是随机振动、声学、冲击和热真空合格性试验等需要在实际飞行硬件上测试。模式调查试验用来测量航天器和动态综合运载火箭子结构的结构动态属性，比如上节火箭、有效载荷整流罩以及发动机，Air Force Space Command（2008）中有具体的试验标准。这些试验的数据用来调整有限元模型，同时这些数据构成了最后载荷周期——验证载荷周期的基础。模型调查试验数据形成的经验模型也可以直接用于载荷分析中作为验证载荷周期的一部分。模型调查试验一般在静强度试验之后，在模型调查试验中，将最终设计载荷周期和初步设计载荷因素得到的载荷应用到实际硬件中来测试结构能否满足使用要求。

验证载荷周期是对航天器结构设计和运载火箭关键部位正确性的最后检查。运载火箭的其他部位可能在发射当天进行最终的余度计算，这个计算在发射前进行，作为发射当天揭牌过程的一部分。然而，发射当天的计算使用了在验证载荷周期中所建立的载荷。由于分析的复杂性，在前期载荷周期中没有进行验证的载荷分析方法和分析数据应该进行单独确认和验证。独立的机构应当进行独立的载荷分析以确认前期的载荷分析是没有错误的。在早期的载荷周期中，航天器的载荷发送给航天器设计单位进行最终的适飞性评估，这一般包括将这些载荷和在静强度试验阶段的载荷进行比较。运载火箭载荷的确认和验证也类似。

3.2　低频载荷分析和硬件试验

正如前面所讨论的，运载火箭和航天器的结构设计中必须考虑稳态载荷（静态）、低频（一般低于60~70 Hz）、中频（一般为50~100 Hz）和高频（90~10 000 Hz）激励载荷。稳态和低频激励区间要满足设计需求，即对结构子系统的质量产生最大的影响。幸运的是，在这个区间有相对精确的模型和分析方法对结构设计进行优化，以减小质量。

对应第2节中描述的飞行的三个阶段，分析手段和方法也可以分为三大类：第一类包括发射升空、发射终止以及火箭仍然和地面及地面支撑结构接触时发生的事件；第二类包括运载火箭和大气有关联的任何事件，因此也被称为大气飞行载荷事件；第三类包括那些大气可以忽略时的事件，并且所有的激励都是由运载火箭的操作引起的。

3.2.1　发射升空载荷分析

发射升空是一个非线性、持续时间短的瞬态事件。作用在火箭上的力包括重力、地面的风、液体火箭和/或固体火箭发动机点火瞬时、喷嘴横向力、点火超压脉冲、发射台作用力和连接管及地面风阻尼器等临时机械装置产生的力。发射升空事件需要进行非线性仿真来定义发射台和运载火箭间的作用力（Henkel和Mar，1988）。系统响应可以通过非线性仿真，这次仿真的界面力可以应用到线性分析中，这个线性分析中的所有其他在非线性分析中使用的力都和作用在发射台的界面力共同应用于无约束耦合系统中。由于需要定义发射台的界面力，需要精确计算出发射台界面的位移。由于模态截断，残余挠度的影响需要考虑，必须采用全模态加速响应恢复方法。

发射升空的分析一般保留最高60~70 Hz的模态。这一阶段能够产生足够精确的模态。声激励的频率包括10 000 Hz。由于只有点火超压脉冲是低频组件（低于60~70 Hz），因此只有点火超压脉冲在本次仿真中进行，直接作用在航天器上的声波也不包括在内。因此，直接作用在航天器上的声波需要单独进行计算，一般在部件级别，采用余度分析，计算结果和那些在发射升空阶段所得到的结果相结合。

尽管航天器的声学试验是系统试验中很关键的一个部分，但是试验不包括主体和一些二级结构在发射升空阶段所承受的总载荷。然而，表面积比较大的部件会在声学试验中承受严酷的载荷，这些试验应该包括10 000 Hz的频率。然而，其他结构应该通过静态试验进行结构试验。试验的载荷应该和发射升空仿真相结合，观察在声冲击分析中得到载荷是否比其他事件得到的载荷都要大。如果不是，则需要在静强度试验中采用更大的载荷。

需要注意的是，最大的声环境不一定和最大瞬时发射升空载荷在同一时间发生。因此，声学分析应该和发射升空（及发射终止）瞬态事件一起分析。声学试验应该同样用来验证预测该部分总载荷方法的精度。

终止发射和发射升空开始的时候是一样的，所以以上的讨论除了固体火箭发动机的点火以及火箭与发射台的分离以外都适用。发射终止的分析和发射升空的分析开始都一样。然而，一旦液体发动机达到满推力后，并不点燃任何固体火箭发动机，使火箭开始升空，而是液体火箭发动机被关闭。液体发动机的关闭表示在很短的瞬态内重力、地面的风、点火超压脉冲会同时在相同的结构上产生很大的载荷。

一旦运载火箭离开发射台，声能会从发射台、附近地面及地面附近的支撑结构反射。这种声能会包围运载火箭，它的能量集中在30~40 Hz到10 000 Hz范围内。大于60~70 Hz的能量已经在部件级分析、随机及声学试验中处理了。低频部分需要全耦合运载火箭/航天器随机响应分析、部件及声学分析和静强度试验。因为这个事件在发生升空一两秒后就发生了，可以采用无约束的发射升空模型进行瞬态分析。

3.2.2　大气层飞行载荷分析

大气层飞行阶段的载荷会产生运载火箭及航天器结构大部分部位的设计条件。由于分析的复杂性，大气层飞行载荷通过分开的和独特的分析（Macheske，Womack和Binkley，1993；Sako，Kabe和Lee，2009）相结合方法进行预测。分析一般采用离散飞行时间（或马赫数），模型代表了分析时间当时的耦合系统。不同飞行时间的参数不一样导致模型也随之改变，这些改变包括运载火箭箱里的流体高度、箱内压力、固体火箭发动机里的剩余推进剂和火箭的结构。分析的最低要求是对跨声速和最大动压时的飞行进行分析。然而，对许多马赫数的飞行状况进行分析是普遍的，一般是6~

12。关键性载荷需要分析，这包括静－气动弹性（仅机翼）载荷、大气湍流/阵风载荷、抖振、控制系统导致的载荷、推力和推力振动载荷、阻力载荷和抛弃事件载荷。

静－气动弹性或者仅风载荷的产生是由于部分火箭攻角，攻角相对缓慢地随时间改变。由于攻角改变很慢，系统的弹性振动模态不会被激发。然而，刚体的平移加速度效应需要考虑，但由于假设火箭是平衡的，因此刚体的旋转假设一般不考虑。如果这些影响是不可忽略的，那么它们也需要加进去。火箭的攻角由三部分组成：刚体的攻角、由于风导致攻角的改变以及火箭在载荷下产生的弹性变形导致的局部增加部分。气动弹性效应会增加火箭的变形和载荷。分析还必须包括推力和阻力的影响。将静－气动弹性载荷和计算抖振及湍流/阵风载荷的动态模型一起计算，效率是最高的。

静－气动弹性载荷的计算需一个火箭从发射到在轨过程的闭环、高保真、6自由度的飞行弹道的仿真。这些仿真中应该使用测量的风剖面。计算结果是高度或者马赫数或者飞行时间的函数，它包括火箭的刚体攻角（俯仰、偏转和滚动）、6个刚体重心加速度和动压。得到这些数据后，可以结合模型推导出静－气动弹性载荷。出于设计目的，需要结合各种不同的风剖面进行重复分析，同时统计载荷值的范围应该达到理想的可靠性要求。然而，在发射当天，静－气动弹性载荷要根据接近发射时间（1～2 h）的风剖面参数进行计算。因此，采用补偿函数来代表从测量时间到发射时间风可能的改变，从而可以将这些载荷看成是确定的。

由于快速改变、非恒定的风这一特性带来的载荷叫作湍流和/或阵风载荷（Hoblit，1988；NASA－HDBK－1001，2000；Kim，Kabe 和 Lee，2000；Sako 等，2000；Spiekermann，Sako 和 Kabe，2000）。这些风的特性会在静－气动弹性分析中考虑，它们会产生弹性振动模态以及使火箭发生刚体移动而产生载荷。外部载荷的量级取决于运载火箭的速度、空气密度、总的攻角以及火箭飞过时风的特性。在湍流/阵风分析中，火箭攻角包括三个部分：刚体的攻角、由于风而导致的攻角的改变和由于火箭的弹性变形而引起的局部增加。这三个都是时间的函数，并且是湍流/阵风剖面以及振动产生的变形的函数，在不断变化着。气动弹性刚度和阻尼效应以及运载火箭的控制系统需要在仿真中进行分析。控制系统为了维持火箭的稳定，会产生一个

横向力。一般情况下，通过数值积分计算整体的结构动力、气动弹性、控制系统方程来获得每个感兴趣的力的响应时程函数。

在运载火箭的阵风分析中用到了两个主要的外力函数：合成剖面（NASA － HDBK － 1001，2000）和测量的风剖面激起的湍流（Sako 等，2000）。采用合成剖面的目的是采用有限的集合来获得与采用大量数值仿真得到的真实湍流相等效的载荷包络线。湍流方法包括采用大量测量剖面计算统计学外在数据。不论采用哪种强制函数，运动方程和计算的响应是相同的（Kim，Kabe 和 Lee，2000）。

由于冲击波、冲击波的振荡、分离流、附加湍流边界层以及这些现象的相互作用所产生的载荷叫作抖振载荷（NASA SP－8001，1970）。当运载火箭的速度接近或者超过 1Ma（跨声速飞行阶段）时，就会在火箭上产生激波。这会和有效载荷整流罩这样的不连续几何区域的分离流相互作用。通过分析得到载荷分析所需要的抖振受力函数是不可能的。在风洞试验之前，抖振受力函数都是从类似结构的运载火箭的飞行经验中得到的。

必须通过风洞试验来建立脉动压力和抖振的关系。这些试验采用缩比的刚体火箭模型。在试验中要测量环向一周的压力，要在火箭轴向布置大量的测量点。在激波和分离流有可能相互作用的位置需要布置最密集的测量环。需要测量各种不同马赫数下的性能，直到达到风洞的极限，试验还需要测量不同俯仰和偏航攻角的组合。表面受力函数是通过对给定区域内的不同传感器站点测量得到压力计算出来的。表面受力函数也可以简化得到中心线上的力，中心线上的力在载荷分析中经常用到。根据载荷分析的方法，受力函数可以保留为时程函数或者转换为功率谱密度（PSDs）和频谱。

计算抖振载荷有两种方法：频域和时域。时域方法（Kabe，1984）基于这样的假设：如果时间足够长，静态随机力的随机响应分析和数值时域解决方案就可以从时程响应中得到恰当的统计学结果。事实上，这个结果和频域下采用功率激励及频域得到的结果一致（Broussinos 和 Kabe，1990）。时域解决方案具有的优点是结果载荷是时程形式的，可以进行后处理，即使在非线性组合方程中也可以。一旦响应时程是可用的，根均方值就可以计算出来。这和标准偏差是等价的，同时也和在频域解决方案中得到 PSDs 响应曲线之下的面积的均方根是

等价的。通过采用适当的标准偏差值可以建立想要的统计学外部级的载荷。

除了静－气动弹性、湍流/阵风和抖振载荷，也可以存在其他的激励源。液体发动机和固体火箭发动机都可能存在一个振动分量叠加到静稳态推力中。固体火箭发动机可能包含一个和内部系统声学模态相对应的离散频率振荡（Dotson，Womack 和 Grosserode，2001）。这些振荡会很严重，它可能成为运载火箭及其有效载荷总载荷的一部分，这一问题需要解决。由于激励的频域很窄，在系统轴向模式中的位置（频率）所产生的误差对预测的影响非常大。因此，对于这一事件，不仅需要考虑受力函数中潜在的变化，还需要考虑系统结构动力学模型中潜在的误差。液体发动机的振荡频率一般是随机的，而且频域比较宽。用来生成分析外力函数的压力振荡最好采用相似系统的飞行数据。如果没有飞行数据，应该采用和飞行条件相应的地面测试数据。

3.2.3　离开大气层后的载荷分析

离开大气层后的载荷分析一般包含发动机点火和熄火、抛弃和分离事件的计算。由于在这一飞行阶段大气密度非常低，它对载荷的影响很小；但是由于火箭速度带来的气动加热环境很严重。由于每次飞行之间都会有不同，离开大气层后有意义的统计学载荷必须建立在受力函数族的基础上。发动机点火和关闭时的受力函数最好的来源是发动机舱的压力测量数据，最好是实际的飞行。这些可以转换为推力，通过真实的位移数据，可以得到和时间相关的瞬时推力带来的横向力。应该计算族中各个瞬时的载荷。载荷的正负峰值需要提取出来，应该计算出外部和置信级别的统计学的正负载荷。同样，试验数据应该用来建立分离装置力的剖面，这些分离装置包括那些导致分离（弹药、弹簧、火箭发动机）和延迟分离（拉力和摩擦连接器）的装置。

4　发射当天操作注意事项

在发射当天，设计有许多操作来保护火箭以及增加发射的成功率，当火箭准备发射时，可以监控上百个参数。这些分为两大类：第一类包含的是那些建立红线的参数，它们包括温度、压力、电压、地面风速和风向等；第二类包含的是在发射前所建立的发射当天分析和推导的火箭飞行参数。

如前所述，在大气层中飞行的火箭及其有效载荷会遇到严酷的结构载荷和热/压力条件。如果运载火箭及其有效载荷足够稳健，那么飞行载荷稳定性要求中就不需要进行发射当天的载荷挂牌计算（Strauch 等，1989；Smith，Adelfang 和 Batts，1990；Norbraten，1992；Solanyk，1993；Kabe 等，2000）。但是很多运载火箭在允许飞行的条件中只能通过限制风达到结构的可靠性要求。测量发射台附近的风（1 或 2 h 内）来计算（或者从现有库中选择）在测量的风参数下可以使火箭载荷更低的转向剖面，这可以提高发射可能性。

一旦操作参数建立完成，运载火箭就在已测量的风中"分析飞行"，攻角的高度、动压、加速度和控制参数都被计算出来。这些用来建立发射当天的载荷，这会和之前计算的抖振及湍流/阵风载荷相结合（Macheske，Womack 和 Binkley，1993；Sako，Kabe 和 Lee，2009）。总载荷将会计算到一个合理的外部和置信级，然后将它和火箭的允许强度进行比较。此外，将计算的发动机万向节角度和允许值进行比较，将预测的整流罩抛弃时的动压和允许值进行比较。只要超过了任何允许值（挂牌），火箭就不会发射。如果在发射窗关闭前有足够的时间，推导操作参数及决定是否有违挂牌的过程会再次重复。如果时间不够，发射就会终止，火箭就会为下一次发射机会做准备。

5　总　　结

运载火箭及其有效载荷在发射和飞行过程中会遇到许多的运行环境。这些既包括外部环境，例如地面风载荷和大气压力，也包括自身产生的，例如发动机带来的振动。这些环境在不同飞行阶段的影响变化很大，这需要采用不同的方法进行分析。本章描述了各种环境，并建立了运载火箭及飞行器在发射和飞行环境中的可行性方法。此外，本章还讨论了发射当天为了保证运载火箭能够安全飞越大气层所需要进行的操作事项，另外，还讨论了它的结构和控制系统的设计极限。

参考文献

Air Force Space Command.（2008）Independent structural loads analysis. *Space and Missile Systems Center Standard SMC-S-004*（13 June 2008）.

Benfield，W. A. and Hruda，R. F.（1971）Vibration analysis

of structures by component mode substitution. *AIAA J.*, **9** (7), 1255－1261.

Broussinos, P. and Kabe, A. M. (1990) Multi-mode random response analysis procedure. *Aerosp. Tech. Rep. SSD-TR-90－53*.

Craig, R. R., Jr. (1981) *Structural Dynamics: An Introduction to Computer Methods*, John Wiley & Sons, Inc., New York.

Craig, R. R., Jr. and Bampton, M. C. C. (1968) Coupling of substructures for dynamic analyses. *AIAA J.*, **6** (7), 1313－1319.

Dotson, K. W., Womack, J. M. and Grosserode, P. J. (2001) Structural dynamic analysis of solid rocket motor resonant burning. J. *Propul. Power*, **17** (2), 347－354.

Fleming, E. R. (1991) Spacecraft and launch vehicle loads, (Chapter 6), in *Flight Vehicle Materials*, *Structures*, *and Dynamics*, vol. I, American Society of Mechanical Engineers, NY.

Henkel, E. E. and Mar, R. (1988) Improved method for calculating booster to launch pad interface transient forces. *AIAA J. Space-craft*, **25** (6), 433－438.

Hoblit, F. M. (1988) Gust Loads on Aircraft: Concepts and Applications, *AIAA Education Series*, AIAA.

Hurty, W. C. (1964) Dynamic analysis of structural systems by com-ponent mode synthesis. *Tech. Rep. No. 32 － 530*, JPL Cal Tech.

Hurty, W. C. (1965) Dynamic analysis of structural systems using component modes. *AIAA J.*, **3** (4), 678－685.

Kabe, A. M. (1984) Multi-shaker random mode testing. *AIAA J. Guidance*, *Control*, *and Dyn.*, **7** (6), 740－746.

Kabe, A. M. (1998) Design and verification of launch and space vehicle structures. AIAA Paper 98－1718.

Kabe, A. M., Kim, M. C. and Spiekermann, C. E. (2003/2004) Loads analysis for national security space missions, *Crosslink*, The Aerospace Corporation.

Kabe, A. M., Spiekermann, C. E., Kim, M. C. and Lee, S. S. (2000) A refined and less conservative day-of-launch atmospheric flight loads analysis approach. *J. Spacecraft Rockets*, **37** (4), 453－458.

Kim, M. C., Kabe, A. M., and Lee, S. S. (2000) Atmospheric flight gust loads analysis. *J. Spacecraft and Rockets*, **37** (4), 446－452.

Macheske, V. M, Womack, J. M., and Binkley, J. F. (1993) A statis-tical technique for combining launch vehicle atmospheric flight loads. AIAA Paper 93－0755.

NASA SP-8001. (1970) Buffeting during atmospheric ascent, *NASA Space Vehicle Design Criteria (Structures)*. May 1964, revised November 1970.

NASA-HDBK-1001. (2000) *Terrestrial Environment (Climatic) Criteria Handbook for Use in Aerospace Vehicle Development*.

Norbraten, G. L. (1992) Day-of-launch I-load updates for the space shuttle. AIAA Paper 92－1274.

Sako, B. H., Kim, M. C., Kabe, A. M. and Yeung, W. K. (2000) Derivation of forcing functions for Monte Carlo atmospheric gust loads analysis. *J. Spacecraft Rockets*, **37** (4), 434－442.

Sako, B. H., Kabe, A. M. and Lee, S. S. (2009) Statistical combination of time-varying loads. *AIAA J.*, **47** (10), 2338－2349.

Smith, O. E., Adelfang, S. I. and Batts, G. (1990) Wind models for the NSTS ascent trajectory biasing for wind load alleviation. AIAA Paper 90－0481.

Solanyk, V., Jr. (1993) Launch vehicle reliability and launch availability relationships resulting from winds-aloft launch con-straints, AIAA Paper 93－0757.

Spiekermann, C. E., Sako, B. H. and Kabe, A. M. (2000) Identify-ing slowly varying and turbulent wind features for day-of-launch flight loads analyses. *J. Spacecraft Rockets*, **37** (4), 4426－4433.

Strauch, R. G., Merritt, D. A., Moran, K. P., May, P. T., Weber, B. L. and Wuertz, D. A. (1989) Doppler radar wind profilers for support of flight operations. AIAA Paper 89－0713.

本章译者：朱程香（南京航空航天大学航空宇航学院）

第 272 章

再入飞行器的飞行剖面

Robin A. East

南安普敦大学工程科学学院，南安普敦，英国

1 简介及历史回顾

自然物体以小行星和陨石的形式进入行星大气层中已经有数十亿年了，直到 19 世纪 40 年代才设计和制造出能够承受在行星大气严酷的环境中以亚轨道、轨道和超轨道速度飞行的飞行器。这最开始是受德国 V2 导弹弹头在最高 100～110 km 处能够生存这一军事需求而驱动的，这一研究在 19 世纪 30 年代开始，在 1944 年第一次使用。接下来一系列的应用都需要应对在大气层中很大的速度所带来的环境，这些应用包括：洲际弹道导弹的再入飞行器、有效载荷和人类从近地球轨道的返回、月球任务结束后的返回、进入行星大气层、控制销毁废弃的卫星及太空垃圾。

再入飞行器的初步发展从第二次世界大战结束开始，由于美国和苏联在洲际弹道导弹上的竞争，使得导弹的范围和速度相比 V2 的增加了许多。这使得热载荷问题变得更加严重，从而人们开始从事大量的研究来解决这个问题，美国的 Allen 和 Eggers (1958) 在 1951 年第一次发现，钝形物体与尖锐物体相比能够减小热载荷。但是，第一次在再入飞行器中使用大角度的钝锥形时，虽然大大降低了热载荷，但是使得阻力大幅增加，这就意味着需要在更高风险的弹道中停留相对较长的时间。这需要一个折中，随后通用电气在 20 世纪 50 年代开发的再入飞行器使用了更加修长的钝锥和耐烧蚀的热保护（见第 5 节）。

在 20 世纪 50 年代后期和 60 年代初期，人们开始设计可以提供可接受的热环境及减速环境的飞船，使得人类可以从近地球轨道安全返回。这一研究在美国和苏联同时进行，第一个从轨道返回的人是苏联的 Yuri Gagarin，他在 1961 年 4 月乘坐"东方"号再入飞船从地球轨道返回。其次是美国，1961 年 5 月，Shepard 从亚轨道飞行中返回；1962 年 2 月，Glenn 乘坐"水星"号再入飞行器由轨道返回。这些飞行器的形状如图 1 所示。这些飞行器在基本弹道轨迹期间（见第 3.1 节）由钝形及耐烧蚀涂层（见第 5 节）保护其抵御热环境。"东方"号之后，苏联三人飞船"上升"号在 1965 年第一次实现三人从轨道返回。作为"阿波罗"号飞船的先驱，两人飞船"双子星"号的形状和"水星"号飞船的相似，也采用了耐烧蚀热防护（详见 Boynton 和 Kleinknecht，1970）。同时，也在 20 世纪 60 年代初开发的 Soviet Soyuz 飞船采用的是一个三人"车前灯"形状的再入舱，这逐渐演变为苏联用于从国际空间站或者其他任务返回的标准飞船。中国从 1999 年开始开发的"神舟"号再入飞船采用的是类似"联盟"号"车前灯"式的设计，用来运载三名宇航员。所有这些飞船都采用了高阻力钝形前身及耐烧蚀热防护。这些飞船也会采用非球形来适度增加升力以减少气动加热、提高可操作性并减小宇航员的重力加速度载荷。在美国，1981 年 4 月首次试飞的航天飞机已经成为从近地面轨道载人返回的标准飞行器。这种带有机翼的飞行器的气动升力比先前的再入飞船的更加大。除了增加可操作性外，和同等的再入弹道相比，额外的升力可以使得再入飞行器在更高的高度具有更小的抗气动加热环境。

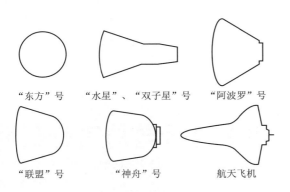

"东方"号　"水星"、"双子星"号　"阿波罗"号

"联盟"号　　　"神舟"号　　　航天飞机

图 1　再入飞船形状（非等比例）

可重复使用的热防护系统可以采用一种隔热陶瓷。航天飞机已经完成了超过 120 个任务，预计在 2012 年退役，但正在考虑退役日期延长到 2015 年。

像从月球返回这样的超轨道返回任务，由于再入速度更高，因此在大气弹道中需要耗散更多能量。相比从低地球轨道（LEO）返回，像"阿波罗"号（见第 5 节）这样超轨道返回需要更强的热防护。对于"阿波罗"号，为了减少加热量及增加可操作性，它通过偏移重心来提供一个适度的升力及升力式再入。未来的美国星座计划旨在建立一个新的登月系统，其至超越了火星，采用载人探测飞行器（CEV），它包括一个放大的"阿波罗"号式再入飞行器，一个用来载 4～6 名宇航员回地球的"猎户座"号飞船。

太阳系中的许多个体（例如：金星、火星、木星、土星、天王星、土卫六）都有大气层，可以利用大气层进行减速、空气制动、大气俘获及科学探索用行星探测器的着陆。影响基于这些目的的设计的飞船的环境条件包括大气成分、物理性质和大气层进入轨迹开始的地方。和近地轨道再入相比，许多进入剖面会导致显著的减速和热载荷。例如半角为 35°钝形伽利略探测器进入木星大气层时的速度约为 47 km/s，峰值减速度为 2.3 km/s，最大激波层温度为 16 000 K。相比之下，同等条件下的一个典型球形舱从近地轨道再入时为 8 km/s，相应减速度为 0.08 km/s，温度为 7 500 K。一般的行星着陆器设计采用钝形大角度锥形减速伞来装载有效载荷，采用烧蚀防热盾进行热防护。

大气层的基础物理原理是飞船的所有动能都会转化为热量传给飞船和大气。例如航天飞机，再入过程中平均耗散功率大约为 1 200 MW；一些转移到大气中，剩余一部分传递给了飞船。飞船形状（钝形或细长形）在弹道和升力再入过程中对再入减速和气动加热的影响在第 3 节讨论。

本章的目的是描述决定弹道和升力再入轨迹的原则，并考虑飞行中经历的环境和其对飞行器设计的影响。

2　空气热动力学环境

在再入轨迹中，飞船经历了一个范围非常宽的飞行条件，主要特性包括以下几个量纲为 1 的参数：

$$克努森数\ Kn = \frac{\lambda}{L}$$

$$马赫数\ Ma = \frac{v}{c}$$

$$雷诺数\ Re = \frac{\rho v L}{\mu}$$

其中，ρ 是当地大气密度；v 是相对大气的速度；c 是声速；λ 是气体的平均自由程；μ 是黏度系数；L 是飞船的特征长度。

在进入初始条件下，环境密度非常低，这导致 Kn 非常大、Re 非常小、Ma 很高，一般从近地轨道再入的马赫数约为 30。在再入这一阶段，在再入物周围流动的是自由分子，分子和物体表面的碰撞比气体分子间的碰撞更加频繁（见第 1 卷第 32 章）。随着高度的降低、气体的密度增加，虽然仍然是稀薄流动，但是已经进入滑移流动阶段，和连续气体动力学相反，气体和物体表面会产生滑移（见第 1 卷第 35 章）。在有限克努森数的范围内，采用薄气体动力学原理来建立流动模型（见第 1 卷第 50 章）。一个广泛使用的方法是采用气体分子的数组概率（蒙特卡洛）仿真，这种方法叫作直接拟蒙特卡洛（DSMC）法，Bird（1994）采用这一方法来解波尔兹曼方程。

随着高度的进一步降低，密度也进一步增加，气体表现为一个低克努森数的连续气体。起初，相对较低的密度导致流动的雷诺数较低，马赫数较高，物体表面的黏性流动区域与外界大量的非黏性流动产生显著的相互作用。这些流动区域称为强弱相互作用区域。

当以在轨速度进入地球大气层时，由于弓形激波的存在，温度会升至 7 500 K 这一数量级。在这一极端条件下，空气不再表现为热理想气体，采用真实空气去测温升相比理想空气要小很多。产生这一个结果的原因是空气的主要组分（体积比为 78% 的氮气和 21% 的氧气）在这一条件下经历了振动激发、离解、化学反应和电离。这些现象都需要从空气的内能中吸收能量，从而导致空气的平动温度较低。在再入环境下，预测高温气体特性的最简单模型是 N_2、O_2、NO、N 和 O 的混合化学反应。在超轨道再入速度下，大气层中的电离、辐射以及包括少量 CO_2 在内的反应也很重要。Gnoffo 等（1999）回顾了这些现象下的设计计算问题。Maus 等（1984）考虑了真实气体在航天飞机空气动力学中的特性。

进一步考虑空气快速穿过弓形激波和飞船时的真实气体效应将更加复杂，这意味着在低密度条件下，各种物理和化学过程可能没有足够时间达到平衡，极端条件是空气化学会被"冻结"，而在较高的空气密度下，真实气体效应会达到平衡。在中间区域，非平衡（见第1卷第33章）效应可以改变压力分布和飞船俯仰力矩。表面之间的催化或非催化反应可以影响气动加热（Rakich 和 Stewart，1983）。

高超声速和高温度下的气体动力学处理方法可以在 Anderson 的书（2006）（见第1卷第30和31章）中找到。

在低马赫数和高度下，高超声速（马赫数大于5）、超声速、跨声速和亚声速空气动力学与边界层的状态相关，这由临界雷诺数决定，并且空气动力学状态变得非常重要（见第1卷第34章）。

3 进入行星弹道分析

飞船进入行星大气层的完整弹道分析需要通过数值方法来解运动方程。这些方程的表述可以在 Vinh，Busemann 和 Culp（1980）的著作中找到。这些方程需要飞船的物理学和空气动力学特性知识、大气的细节属性和行星的重力环境及自转参数。如果飞船允许横滚，可以在以下方向写出飞船的三个加速方程：

①沿着弹道；

②垂直于弹道的切平面，穿过行星的中心；

③垂直于弹道所在平面的弹道，穿过行星的中心。

这些方程形成了一个耦合的非线性方程组，可以通过数值积分来解。在整个弹道中，流动状态（见第2节）、飞船的气动特性（升力系数 C_L 和阻力系数 C_D）和大气密度 ρ 是连续变化的。

重力加速度 g 和与行星中心的距离的关系由下式给出：

$$g = g_0 \left(\frac{r_0}{r}\right)^2 \tag{1}$$

其中，g_0 是参考半径 r_0 下的重力加速度。

整个弹道运动方程的精确解需要有详细的大气层模型，例如由 NASA（1976）出版的美国标准大气以及更近的由 Hedin（1990）建立的 MSISE—90 大气模型。NASA 行星数据系统：行星大气数据节点（NASA，2008）提供了其他太阳系行星的大气特性。然而，密度 ρ 随着离开行星的高度 h 的指数变化是一个有用的简单近似，公式如下

$$\rho = \rho_s e^{-\beta h} \tag{2}$$

这里，ρ_s 是行星表面的大气密度；β 是标高的倒数，这可以认为是一个常数。

3.1 弹道进入：减速

在再入的早期研究中，Chapman（1959）、Allen 和 Eggers（1958），以及 Loh（1968）通过运动方程的一阶和二阶近似解析解得到了再入飞船运动的基本方程。Vinh，Busemann 和 Culp（1980）进行了详细的讨论。

在弹道为与当地水平面角度为 γ（$-v_e$ 向下）的大圆弧，飞船无推力和储存，质量为 m，参考面积为 S 时，沿着和垂直于路径的运动方程分别为

$$\frac{dv}{dt} = -\frac{\rho S C_D v^2}{2m} + g(r)\sin\gamma \tag{3}$$

$$v\frac{d\gamma}{dt} = \frac{\rho S C_L v^2}{2m} - \left(g(r) - \frac{v^2}{r}\right)\cos\gamma \tag{4}$$

对于无升力（$C_L = 0$）再入，阻力比重力要大很多，方程（3）变为

$$\frac{dv}{dt} = \frac{\rho S C_D v^2}{2m} = \eta\beta v^2 \tag{5}$$

对于较陡的弹道，向心加速度项（v^2/r）可以忽略，如果重力加速度比阻力带来的减速度小很多，方程（4）简化为

$$\frac{d\gamma}{dt} = 0 \tag{6}$$

同时，弹道为保持初始角度 γ_0 的一条直线。

利用这一结果以及飞行路径的几何形状可得到

$$\frac{dh}{dt} = v\sin\gamma_0 \tag{7}$$

量纲为1的高度变量在方程（5）里的定义是

$$\eta = \frac{\rho S C_D}{2m\beta} = \frac{\rho_s S C_D}{2m\beta} e^{-\beta h} \tag{8}$$

因此，通过 $d\eta = -\beta\eta dh$ 以及方程（5）和（7）可得到

$$\frac{dv}{dh} = \frac{v}{\sin\gamma_0} \qquad (9)$$

积分表明，在简化模型的假设条件下，在初始进入角度 γ_0 时，速度相对于初始速度 v_0 以指数形式衰减

$$\frac{v}{v_0} = \exp\left(\frac{\eta}{\sin\gamma_0}\right) \qquad (10)$$

利用式（5）和式（10）可以得到减速度方程

$$\frac{dv}{dt} = -\eta\beta v_0^2 \exp\left(\frac{2\eta}{\sin\gamma_0}\right) \qquad (11)$$

它在下式中达到最大

$$\eta = -\frac{\sin\gamma_0}{2} \qquad (12)$$

最大的减速度为

$$\left(\frac{dv}{dt}\right)_{max} = -\frac{\beta v_0^2}{2e}\sin\gamma_0 \qquad (13)$$

速度为 $v = v_0\exp(-1/2) = 0.607v_0$，高度为

$$h_{a_{max}} = \frac{1}{\beta}\ln\left(-\frac{\rho_s SC_D}{m\beta\sin\gamma_0}\right) \qquad (14)$$

在这些近似结果中，一个重要的参数是弹道系数 $m/(SC_D)$，它和最大减速度无关，但是在最大减速度下的高度和它的相关性较高。最大减速度下的高度随着弹道系数的增加而减小，如果弹道系数过大，最大减速度可能在撞击表面前也不会发生。以上分析表明最大减速度与进入角度和进入速度的关系非常大。本书作者在美国标准地球大气（1976）的基础上通过精确运动方程的数值积分解得到了图 2～图 4 所示的结果。表 1 给出了采用简化分析方法得到的进入金星、地球和火星大气层的最大减速度。

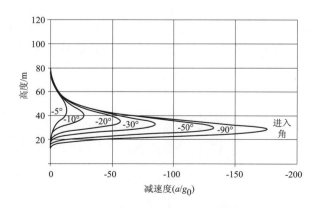

图 2　弹道再入速度 v_0 为 7.8 km/s 下的减速度

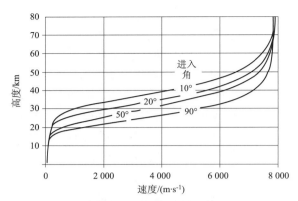

图 3　弹道进入时速度随高度的变化

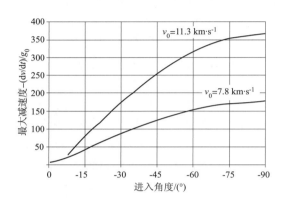

图 4　再入时最大减速度和进入角度的关系

3.2　弹道进入：加热

在早期的研究中，Allen 和 Eggers（1958）以及 Lees（1956）的研究结果表明，在高马赫数下，一般进入行星大气层的气动加热量可以用下式表示

$$\dot{q} = k'\rho^{1/2}v^3 \qquad (15)$$

对于前驻点的气动加热，k' 和曲率半径的平方根成反比，同时也是流动状态和气体输运特性的函数。k' 在特定流动条件下可以利用 Fay 和 Riddell（1958）推导的公式进行显示估算。其他部位的对流加热公式可以在 Anderson（2006）的研究中找到，对流加热量与边界层是层流还是湍流有关。利用式（8）、（10）和（15）可以得到驻点的传热率

$$\dot{q} = k'\left(2\beta\eta\frac{m}{SC_D}\right)^{1/2}v_0^3\exp\left(\frac{3\eta}{\sin\gamma_0}\right) \qquad (16)$$

最大加热率可以通过将 $d\dot{q}/d\eta = 0$ 得到

$$\dot{q}_{max} = k'\left(\frac{\beta\sin\gamma_0}{3}\frac{m}{SC_D}\right)^{1/2}v_0^3\exp\left(\frac{-1}{2}\right) \qquad (17)$$

这种情况在 $v = v_0\exp(-1/6) = 0.85v_0$ 时得到，此时的量纲为 1 的高度 η 为

$$\eta = -\frac{1}{6}\sin\gamma_0 = \frac{\rho_s SC_D}{2\beta m}\exp(-\beta h) \qquad (18)$$

所以

$$h_{\dot{q}_{\max}} = \frac{1}{\beta} \ln \left(\frac{-3\rho_s}{\beta \sin \gamma_0} \frac{SC_D}{m} \right) \quad (19)$$

因此，最大加热率依赖于形状（通过 k'）和弹道系数 $m/(SC_D)$。式（17）表明，如果要得到最低的

加热率，需要有高阻力系数、低弹道系数以及较大的前缘曲率。式（19）表明，最大加热量的高度比最大减速度的高度要大（见图5）。驻点最大加热率的变化采用 Anderson（2006）发表的经验。

表 1　弹道进入的最大减速度

星体	最大减速度 $(-\mathrm{d}v/\mathrm{d}t)/g_0$					
	以逃逸速度进入			以轨道速度进入		
行星	$\gamma_0 = -5°$	$\gamma_0 = -20°$	$\gamma_0 = -90°$	$\gamma_0 = -5°$	$\gamma_0 = -20°$	$\gamma_0 = -90°$
金星	14.3	15.6	163	28.6	112	326
地球	14.2	55.5	162	28.3	111	324
火星	0.8	3.2	9.2	1.6	6.3	18.3

根据公式计算得到绝热表面包括辐射在内的最大温度，如图6所示。它显示了在再入时进入角度的影响，它的弹道系数为 $50\ \mathrm{kg/m^2}$，地球轨道速度为 $7.8\ \mathrm{km/s}$，逃逸速度为 $11.3\ \mathrm{km/s}$。真实气体和非平衡流的影响会对结果进行修正。

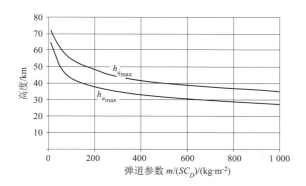

图 5　弹道进入时最大加热率和减速度的高度（$v_0 = 7.8\ \mathrm{km/s}$）

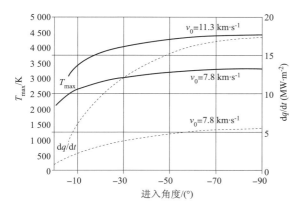

图 6　弹道再入时最大驻点加热率和辐射平衡温度（$m/(SC_D) = 150\ \mathrm{kg/m^2}$）

3.3　升力进入

升力再入弹道计算需要通过数值方法对运动方

程（式（3）和式（4））进行积分。在早期的研究中，Loh（1968）及 Allen 和 Eggers（1958）得到了这些方程各种简化形式的解析解。Vinh，Busemann 和 Culp（1980）发表了更加精确的方法。为了描述重要参数在升力进入中的影响条件，本章采用大 L/D 和浅进入角的例子。近似后的式（3）和式（4）变为

$$\frac{\mathrm{d}v}{\mathrm{d}t} = -\frac{D}{m} = -\frac{L/W}{L/D} g \quad (20)$$

$$0 = \frac{\rho SC_L v^2}{2m} - \left(g - \frac{v^2}{r} \right) \quad (21)$$

速度和密度（和高度）的关系可以通过式（21）得到

$$\frac{v^2}{gr_0} = \left(1 + \frac{r_0}{2} \frac{L}{D} \frac{C_D S}{m} \rho \right)^{-1} = \left(1 + \frac{gr_0}{2} \frac{C_L S}{W} \rho \right)^{-1} \quad (22)$$

这里飞行路径的曲率半径为定值 r_0。这表明，再入时，对于一个给定的速度，进入时最低的 $W/(SC_L)$ 将导致更低的进入密度和相应更高的高度（见第3.4节）以及更低的气动加热。

下降路径中的减速度可以通过式（20）和式（21）得到

$$\frac{\mathrm{d}v}{\mathrm{d}t} = -\frac{g}{L/D} \left(1 - \frac{v^2}{gr_0} \right) = -\left(\frac{L}{D} + \frac{r_0}{2} \frac{C_D S}{m} \rho \right)^{-1} g \quad (23)$$

这表明和无升力进入相比，减速度随着下降速度 v 的减小而持续增加，当 v 很小时，减速度达到 $g/(L/D)$。

将式（23）积分可以得到再入过程中速度从 v_0 到 $v=0$ 总共所经历的时间 t_t。

$$t_t = \frac{v_s^2}{2g} \frac{L}{D} \ln \frac{1 + (v_0/v_s)}{1 - (v_0/v_s)} \quad (24)$$

这里 $v_s=(gr_0)^{1/2}$ 是当 $r=r_0$ 时的轨道速度。类似的总距离由下式给出

$$s_t=\int v\mathrm{d}t=-\int_{v_0}^{0}\frac{L/D}{g}\frac{v\mathrm{d}v}{1-(v/v_s)^2} \quad (25)$$

升力再入导致时间更长，时间和 L/D 成正比，同时，再入距离也比 $L/D=0$ 的弹道再入距离长。这一结果不仅适用于较浅角度的再入，同时也表现了升阻比及升力参数 $W/(SC_L)$ 的作用。图 7 和图 8 为作者采用数值积分方法对运动方程进行求解得到的更精确的结果。结果表明，在一系列的初始进入角中，相比弹道再入，升力再入减速度的最大值得到了明显减小。

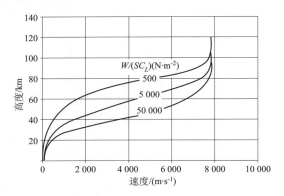

图 7　升力再入时速度随高度的变化

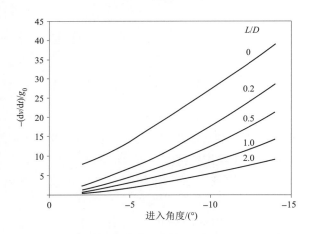

图 8　升力再入中峰值减速度和进入角度的关系

3.4　浅滑翔升力再入时的气动加热

利用式（5），前驻点处的气动加热率可以表示为

$$\dot{q}=k'\left[\frac{\dfrac{gr_0}{v^2}}{\dfrac{r_0}{2}\dfrac{L}{D}\dfrac{C_DS}{m}}\right]^{1/2}v^3$$

$$=k'\left(\frac{2mg}{C_LS}\right)^{1/2}\left(1-\frac{v^2}{gr_0}\right)^{1/2}v^2 \quad (26)$$

将 $\mathrm{d}\dot{q}/\mathrm{d}v=0$ 带入，最大热流率发生在

$$v_{\dot{q}_{\max}}=\left(\frac{2gr_0}{3}\right)^{1/2}=0.816v_s \quad (27)$$

利用这一结果可以得到最大热流率的大小

$$\dot{q}_{\max}=k'\frac{2}{3\sqrt{3}}=gr_0\left(\frac{2mg}{C_LS}\right)^{1/2} \quad (28)$$

对于一个给定的形状和前端半径，也就是一个给定的 k' 值，在最小机翼负荷（W/S）和最高 C_L 时加热率最小。

为了说明升力再入的影响，表 2 展示了一个半径为 0.5 m 基准球的最大加热率及考虑了辐射平衡的最大温度，并将它们和无升力再入进行了对比。L/D 对加热的影响如图 9 所示。这些结果是本章作者在美国标准大气（1976）的基础上采用数值积分求解运动方程得到的。它们表明升力再入对减少再入时的加热起了主要作用。表 2 还显示了对再入减速的作用。然而，传递给飞船的总热量同时取决于加热率和再入加热时间。升力再入的时间要明显大于弹道再入的时间，采取的特定策略是在加热峰值和飞船总的热负荷间进行权衡。

气动升力可以用来调节再入弹道，以提供横向距离，如表 2 所展示的，这样可以显著减少加热峰值。然而，在高升阻比（L/D）时，浅的再入会增加加热时间，这大约和 L/D 成正比。另外，高 L/D 的飞船意味着细长、高效的气动形状。Allen 和 Eggers（1958）的研究表明，再入过程中消耗的总能量中有一部分是通过对流传热传给飞船的，这部分热量约为

$$\frac{Q}{\frac{1}{2}mv_0^2}=\frac{1}{2}\left(\frac{C_fA}{C_DS}\right) \quad (29)$$

其中，C_f 是表面摩擦系数；C_D 是飞船总的阻力系数；A 是总的浸湿面积；S 是参考面积。

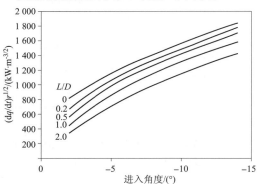

图 9　加热峰值随着进入角度和 L/D 的变化
（$v_0=7.8$ km/s）

表2 前端0.5 m半径以$v_0 = 7.8$ km/s,$m/(SC_D) = 50$ kg/m² 的弹道和浅升力再入时对加热和减速影响的对比

地球再入	以$v_0 = 7.8$ km/s,$L/D = 0$ 弹道再入			以$v_0 = 7.8$ km/s 升力再入		
	$\gamma_0 = -90°$	$\gamma_0 = -20°$	$\gamma_0 = -5°$	$L/D = 1$	$L/D = 2$	$L/D = 5$
最大辐射平衡温度/K	2 860	2 516	2 179	1 409	1 294	1 154
最大热流率/(MW·m⁻²)	3.03	1.83	1.02	0.18	0.13	0.08
最大减速度(a_{max}/g_0)	163	49	13	0.8	0.4	0.2

对于细长的大浸湿表面和低阻力系数的飞船,这个比值会很大。与此相反,如果采用小浸湿面积和高阻力陡峭形状来产生较强的具有较大横向伸展的冲击波,更多的能量被冲击波耗散并传递给大气,这个比值将会减小。再入策略的选择和峰值加热率与传递给飞船总热量间的权衡设计有关。此外,气动升力的使用对控制弹道的径向距离和横向距离很重要。对于带有机翼的航天飞机,从开始进入到约$10Ma$的弹道初始部分,采用较大攻角(40°),接近C_{Lmax}并且高C_D来减小这一阶段的加热峰值。这使得加热峰值出现时的高度最大。升力的过度积累可以通过飞船的横滚将升力转换为横向力来避免,采用反向横滚可以维持头部方向。当加热峰值过去后,攻角逐步减小,这样在高超声速滑翔和着陆时达到最大的L/D。

另一种升力再入策略是在初始阶段采用相对较大的再入角度和低C_L,以减少加热峰值时间,然后在过大减速度产生前增加攻角,使得在较低高度停止。这个策略可以延伸到跳跃—滑翔弹道,在这种弹道下传递给飞船的热量辐射给了太空,因为飞船跳过了大气层。这可以扩展到多重跳跃,以减少再入加热,但是在多重上升过程中会损失增加的"g"。

无论使用哪种策略,都需要满足飞船导航和控制系统的严格要求。在再入的初始阶段,气动力即使在速度很高的地方也不足,因此需要采用反应控制来修正飞船的姿态。由于动压随着高度减小而增加,气动控制变得越来越有效,首先是俯仰和侧滚的控制,随后是偏航的控制。

一个能够产生高效气动升力的飞船形状设计过程中涉及容积效率的妥协。极端的非升力形状中球体具有最大的容积效率(定义为体积的2/3除以浸湿面积)为0.207。图1所示的"阿波罗"号再入飞船的体积效率为0.16,可以产生的L/D在0.25~

0.4之间,在攻角非零时采用偏移重心来修正。增加L/D的设计包括日益成熟的长钝形飞船,它会导致低体积效率。当L/D达到3时,体积效率只有约0.04。采用非常细长的飞船并利用乘波原理可以使L/D进一步增加至超过5,但是飞船的体积效率会很低。采用超燃冲压发动机或其他形式动力装置的吸气式空天飞机需要采用这些高效的气动外形。Townend(1979)考虑设计乘波型飞船,使其在高超声速马赫数下达到很高的C_{Lmax}。

4 进入弹道

在第3节的进入行星弹道分析中说明了进入速度、进入角度和进入气动参数是怎么影响峰值减速度a_{max}和峰值气动加热率$\dot{q}_{max}$的。当a_{max}和$\dot{q}_{max}$的最大值被约束至飞船有效载荷和设计可承受的值时,使得进入弹道在大气层中需要一个极限下边界,若低于这一值,过多的减速度和加热就会发生。这个边界定义了给定进入速度下最大允许的进入角。所有低于这一边界的都被叫作"不足"弹道。相反,在另一个极端,当再入弹道过浅时,气动阻力可能不足以使速度减小至使飞船进入大气层。同样,过大的升力也会使一开始进入大气层的飞船脱离大气层。超过这个极限的弹道叫作"过头"弹道,这会使飞船继续在退化轨道上运动。

Chapman(1959)利用这些概念定义了一个进入通道,进入通道依赖于行星的大气层和引力的性质。这是按照不足弹道和过头弹道的极限来假定的近质心点定义的,并且没有遇到大气层

$$\Delta r_p = (r_p)_{过头弹道} - (r_p)_{不足弹道} \qquad (30)$$

这里r_p是假定的锥形近地点。

表3为Chapman所计算的以抛物线速度$v_0 = (2gr_0)^{1/2}$,无升力($L/D = 0$)及升力($L/D = 1$)进入各种行星大气层的进入通道。

表 3　各种行星的进入走廊宽度

星体	进入走廊宽度/km			
	极限 5g		极限 10g	
行星	$L/D = 0$	$L/D = 1$	$L/D = 0$	$L/D = 1$
金星	0	43	13	84
行星	$L/D = 0$	$L/D = 1$	$L/D = 0$	$L/D = 1$
地球	0	43	11	82
火星	338	482	644	885
木星	0	55	0	84

进入通道的宽度也可以用于制导的精确要求中，它可以放置在离行星中心的各种距离上进行大气捕捉。表 4 为制导精确要求的值。这表明进入木星大气层对于制导精确性的要求比进入土卫六的要严很多。Craig 和 Lyne（2005）研究了金星的大气捕获任务。

表 4　相应进入走廊的制导精度

星体	相应进入走廊的制导精度要求$\pm\Delta\gamma/$（°）	
	距离行星距离以行星半径计算，$r/r_0 = 10$	距离行星距离以行星半径计算，$r/r_0 = 100$
土卫六	20	6.4
金星	0.84	0.22
地球	0.061	0.015
火星	0.042	0.01
木星	0.075	0.001 4

5　热防护系统

前面的小节已经显示了再入飞船所承受的由辐射和对流换热所产生的加热的程度。气动加热的大小和时间以及热防护的要求依赖于任务类型，图 10 对这些进行了总结。图中的温度是在假定进入飞船的热量和表面热辐射量平衡的基础上得到的。对于像从近地球轨道进入这类低高度，进入的热量主要是由对流带来的。相反，对于超轨道情况，包围飞船的气体辐射量会达到可用能通量（$\rho v^3/2$）的 10%。如果气体在激波层没有化学平衡，辐射加热可能会增加。化学平衡一般发生在高度较高、密度较小的环境下，一般存在于进入弹道的初期。Howe（1985）对这些现象进行了描述。

用来在极端热环境中保护飞船及其装载物的热防护系统对于进入飞船的设计是非常重要的（见第 4 卷第 186 章）。该系统分为两大类：（i）包括热量吸收和绝热；（ii）包括通过热辐射及表面材料的熔化来消耗热量。系统包括以下几种类型：

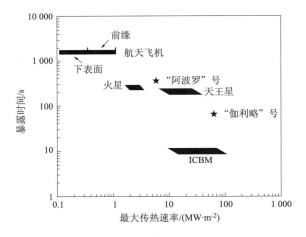

图 10　最大加热率和暴露时间

①将飞船结构作为热沉：这适用于时间短、加热峰值大，总加热量小的任务。例如弹道导弹和陡峭再入，热量传递给结构吸收后其温度上升，但是不会超过结构的极限。

②辐射—冷却金属系统：这类系统类型通过维持对流加热 $\dot q_c$、结构导热吸收的热量 $\dot q_k$ 和表面热辐射损失的热量 $\dot q_r$ 的平衡来维持飞船结构的温度在材料的高温极限以下，平衡关系式如下：

$$\dot q_c - \dot q_k = \dot q_r \tag{31}$$

平衡表面温度 T_w 可以通过以下方程来求解：

$$St\rho v c_p (T_r - T_w) = \varepsilon\sigma T_w^4 + \dot q_k \tag{32}$$

其中，斯坦顿数 St 和飞船的形状、流动条件、大气输运性质等相关；ε 是表面发射率；σ 是斯忒藩—玻尔兹曼常数；c_p 是气体的比定压热容；T_r 是恢复温度。

这类系统在可以重复使用的细长航天飞机的设计中非常重要，这类飞船的翼面负载（W/S）较低、气动效率较高。这类飞船具有相对较低的加热率，但是，为了提高气动效率，需要比较尖锐的前缘，同时可以避免吸气推进系统的近期损失。较小的钝形前缘也是可以的，但是需要采用较高导热系数高温材料将前缘热量导出，在下游采用辐射进行散热，以维持结构在一个可接受的温度范围内。Nonweiler（1999）描述了如何采用这些概念来设计再入和发射的热沉。

③可重复使用辐射—冷却绝热系统：这是在航天飞机和 Buran 飞船中广泛使用的系统，它用来保

护承载结构和飞船的有效载荷。航天飞机传热最高的区域是头部和前缘，这些区域由覆盖的强化碳－碳复合材料（RCC）保护，它可以承受1 650 ℃的高温。这些区域的下游，在加热底面和上表面的一些高传热区以及机身侧面，热防护由单个安装的隔热瓦组成，隔热瓦具有高发射率表面以增加辐射散热。有两种高温可重复使用的表面绝热材料，一种用于最高温度小于1 260 ℃的区域（HRSI），另一种用于最高温度小于650 ℃的区域（LRSI）。温度更低的下风区域采用柔性诺梅克斯可重复利用材料（FRSI），它可以承受的最高温度为400 ℃。整个热防护系统约占飞船着陆质量的9％，它对维持飞船内部结构和承载结构温度起着非常重要的作用。

East（1999）提出了一个用于可重复使用太空救援飞船的类似于被动TPS的例子，它要承受从国际空间站再入时人所能承受的最大1.1g的加速度。热分析证明，在飞船底面联合使用RCC和HRSI，同时采用低温绝热材料覆盖座舱，当再入时，翼面负载为3 000 N/m²时，座舱的温度上升不会超过3 ℃。

④烧蚀热防护系统：前面介绍的热防护系统不适用于像超轨道再入、进入行星大气层这样的极端热环境，同时不适用于可重复使用的情况。在这些情况中，以"阿波罗"号和Orion太空舱作为例子，烧蚀防热罩以及下面的绝热材料用来保护飞船结构及其装载物。热防护系统的效率用单位质量材料所能吸收的热量来表示。烧蚀系统由于表面材料蒸发吸热后被对流带离飞船，因此其效率要比金属系统的高。这种对流同时可以修正边界层的属性，进一步降低了对流传热。最高效率的烧蚀系统是在满足热防护系统要求的基础上让烧蚀材料的质量损失最小。达到这一目的需要采用大半径的头部和低弹道系数的形状，同时采用单位质量升华吸热量高、遗留材料比热大的材料。

一个"阿波罗"号模块所采用的烧蚀材料的例子是碳酚醛。高温分解来源于烧蚀导致的材料烧焦、熔化和升华。遗留材料中所包含的碳会吸收热激波层的辐射，同时抑制底层表面的辐射。这种材料在执行样品返回任务的"星尘"号中得到了改进，它进入地球大气层的最高速度为12.4 km/s。另一种我们所知道的材料PICA（酚醛浸渍碳烧蚀材料）比碳酚醛的密度更小，烧蚀效率更高。这种材料的衍生材料计划用于"猎户座"的TPS模块，以保护铝/锂结构。

6 总 结

飞船的设计历史已经超过50年了，它需要承受由于轨道耗散热和返回地球时的超轨道速度带来的严酷的气动热环境。为了保持有效载荷和使人员安全返回地球，人们采用了弹道和升力轨道。为了探索行星而将科学仪器和飞船送入行星大气层，所面临的环境更加严酷。人们已经设计出能够承受进入各种行星的行星探测器，最极端的是以47 km/s的速度进入木星大气层的"伽利略"探测器。

参考文献

Allen, H. J. and Eggers, A. J. (1958) A study of the motion and aerodynamic heating of missiles entering the Earth's atmosphere at high supersonic speeds. *NACA TR 1381.*

Anderson, J. D. Jr. (2006) *Hypersonic and High Temperature Gas Dynamics*, 2nd edn, AIAA Educational Series.

Bird, G. A. (1994) *Molecular Gas Dynamics and the Direct Simu-lation of Gas Flows*, Oxford, Clarendon.

Boynton, J. H. and Kleinknecht, K. S. (1970) Systems design expe-rience from three manned space programs. *J. Spacecraft Rockets*, 7 (7), 770—784.

Chapman, D. R. (1959) An approximate analytical method for study-ing entry into planetary atmospheres. *NASA TR R-11.*

Craig, S. and Lyne, J. E. (2005) Parametric study of aerocap-ture missions to Venus. *J. Spacecraft Rockets*, **42** (6), 1035—1038.

East, R. A. (1999) A reusable-space rescue vehicle: reentry simulation. *Phil. Trans. Roy. Soc. London Ser. A*, **357** (1759), 2177—2195.

Fay, J. A. and Riddell, F. R. (1958) Theory of stagnation point heat transfer in dissociated air. *J. Aeronaut. Sci.*, **25**, 73—85.

Gnoffo, P. A., Weilmuenster, K. J., Hamilton II, H. H., Olynick D. R. and Venkatapathy, E. (1999) Computational aerothermodynamic design issues for hypersonic vehicles. *J. Spacecraft Rockets*, **36** (1), 21—43.

Hedin, A. E., (1990) MSISE model, NASA Goddard Space Flight Center. http://modelweb.gsfc.nasa.gov/atmos/msise.html

Howe, J. T. (1985) Introductory aerothermodynamics of advanced space transportation systems. *J. Spacecraft Rockets*, **22** (1), 19—26.

Lees, L. (1956) Laminar heat transfer over blunt-nosed

bodies at hypersonic flight speeds. *Jet Propul.*, **26**（4），259—269.

Loh, W. H. T. （1968）*Re-entry and Planetary Entry*，Springer-Verlag.

Maus, J. R., Griffith, B. J., Szema, K. Y. and Best, J. T. （1984）Hyper-sonic Mach number and real gas effects on Space Shuttle Orbiter aerodynamics. *J. Spacecraft Rockets*，**21**（2），136—141.

NASA. （1976）U. S. Standard Atmosphere. *NASA TM-X-7 4335*.

NASA. （2008）PDS：the planetary atmospheres data node. http：//atmos. pds. nasa. gov/.

Nonweiler, T. R. F. （1999）Heat shield design for reentry and launch. The use of conduction-assisted radiation on sharp-edged wings. *Phil. Trans. Roy. Soc. London. Ser. A*，**357**（1759），2197—2225.

Rakich, J. V. and Stewart, D. A. （1983）Catalytic efficiency of the Space Shuttle heat shield, in *Entry Vehicle Heating* and *Thermal Protection Systems* （eds P. E. Bauer and H. E. Callicott），Progress in Aeronautics and Astronautics，voL 85，Herndon, Virginia，pp. 97—122.

Townend, L. H. （1979）Research and design for lifting reentry. *Prog. Aerosp. Sci.*，19，1—80.

Vinh, N. X., Busemann, A. and Culp, R. D. （1980）*Hypersonic and Planetary Entry Flight Mechanics*，University of Michigan Press.

本章译者：朱程香（南京航空航天大学航空宇航学院）

第 273 章

大气成分

Thomas W. Schlatter

国家海洋和大气管理局地球系统研究实验室，博尔德市，科罗拉多州，美国

1 本章指南

大气是航空器飞行和航天器穿越的流体介质，本章综述了大气的成分和其随高度的变化。大气层的上边界层是不确定的。带电和不带电的粒子组成了很高处的大气层，甚至和太阳风连在一起，太阳风是持续从太阳流过来的电离气体。它发生的高度（数万千米）比这里考虑的高度要高很多。为了方便本章内容的介绍，这里讨论的大气成分处于从地球表面至约 1 000 km 高度处。本节仅考虑垂直维度，也就是说不讨论大气的水平梯度性质和大气风的特征。

第 2 节介绍大气层气体的大部分基础性质，以及低于哪些条件可以将它们视为流体。

第 3 节解释为什么混合气体的平均相对分子质量在 85 km 高度以下保持恒定，为什么高于以上高度后平均相对分子质量会减小，为什么在高度较高的大气中带电粒子成为大气混合物的一部分。

第 4 节讨论大气中的主要气体以及相应的它们的源和沉（向大气中添加气体和除去气体的过程）。

空间本身是不允许这样来进行处理的，本章的编写目的是在不牺牲科学精度的情况下，为读者提供一个对基本概念的理解。

还应关注到那些本章未涵盖的主题。例如，大气层对通过的航空器和航天器的影响在本手册的第一卷《流体动力学和气动热动力学》中有完整介绍。天气对航天器的影响尤为重要，在本卷的姊妹篇《气象》（见第 6 卷第 275 章，作者 Alfred J. Bedard Jr.）中进行介绍。空间气象对航天器包括人员在内的危害在 Dave Finkleman 写的第 6 卷第 278 章《大气和航天器的相互作用》中介绍。与本章相接近的内容也在第 6 卷第 274 章，它讨论由温度随高度变化而定义的大气垂直结构，同时给出了电离层中带电和不带电粒子的相互作用。

2 大气层气体的基本性质

在此仅考虑地球大气层由单一组分组成。理想气体定律的最基本形式给出了体积 V 中含有的气体分子数 N 和压力 p 以及绝对温度 T 的关系。

$$pV = NkT \tag{1}$$

这里 k 是玻尔兹曼常数，它的值为 1.38×10^{-23} J/K（焦耳每开）。如果气体的分子质量为 m，气体定律可以写为

$$p = m \frac{N}{V} \frac{k}{m} T = \rho RT \tag{2}$$

密度 ρ 等于分子数量乘以每个气体分子所占据的体积。每个气体的气体常数 $R = k/m$ 不同。理想气体定律的一个关键点是绝对温度为

$$\frac{1}{2} \langle mv^2 \rangle = \frac{3}{2} kT \tag{3}$$

这里括号 $\langle \ \rangle$ 表示一个平均；v 是分子速度；方程左边是分子的平均动能。在较低的大气中，单个分子激烈运动，每秒钟运动数百米，在小于 1 cm³ 的体积中相互之间以天文数字般高概率碰撞。假设单个分子之间的弹性碰撞不会影响其他的分子。在任何速度很大、碰撞不断的绝热气体中，温度会很快达到平衡值，速度分布会形成麦克斯韦－玻尔兹曼速度分布：

$$f(v) = 4\pi \left(\frac{m}{2\pi kT}\right)^{\frac{3}{2}} v^2 \exp\left(-\frac{mv^2}{2kT}\right) \quad (4)$$

这里 π 是常数 3.141 6。式（4）的推导是气体分子运动论的重大成就，它给出了一个给定气体在给定温度下的分子速度分布。这个分布适用于 600 km 以下的中性气体。大于该高度，中性气体的数量密度很低，碰撞变得不频繁。另外，带电粒子和不带电粒子的比例随着高度增加，带电粒子的库伦力（电荷的吸引和排斥力）导致它们的速度在远高于 1 000 km 的地方仍遵循麦克斯韦—玻尔兹曼分布。因此，在讨论 600～1 000 km 高度（见第 6 卷第 274 章）处的温度时，由于电子和离子的速度分别决定了它们的温度，它们的温度由于速度的不同而不同，电子和离子的速度可以通过测量得到。由于速度分布函数 $f(v)$ 有这样的性质

$$\int_0^\infty f(v) dv = 1 \quad (5)$$

平均速度为

$$\langle v \rangle = \int_0^\infty v f(v) dv = \left(\frac{8kT}{\pi m}\right)^{\frac{1}{2}} \quad (6)$$

速度的均方根 v_{rms} 为

$$v_{\text{rms}} = \sqrt{\langle v^2 \rangle} = \sqrt{\frac{3kT}{m}}$$

这里

$$\langle v^2 \rangle = \int_0^\infty v^2 f(v) dv \quad (7)$$

这和式（3）完全一致。

也可以通过将 f 的一阶导数设为零得到 $f(v)$ 的最大值来计算最大概率速度 v_p，结果是

$$v_p = \left(\frac{2kT}{m}\right)^{\frac{1}{2}} \quad (8)$$

考虑一管某种类型的气体仅受重力的作用，在这管气体的任何地方都不受垂直加速度，称这种气体处于流体静力学平衡中。在这管气体的任何水平面，压力（单位面积气体所施加的力）仅取决于上面气体的重力。压力随着高度的变化为

$$\frac{\partial p}{\partial z} = -\rho g \quad (9)$$

这里 g 是由地球重力产生的加速度。在地球表面 g 约为 9.807 m/s²。借助于理想气体定律，可将其改写为

$$\frac{1}{p}\frac{\partial p}{\partial z} = -\frac{g}{RT} \quad (10)$$

这个表达式可以从海平面（$z=0$）积分至某一高度 z，或等价地说是从海平面压力 p_0 积分至高度 z 处的压力 p，结果为

$$p = p_0 \exp\left(-\int_0^z \frac{g}{RT} dz\right) \quad (11)$$

对于一特定气体，R 是随高度不变的常数，g 随着高度慢慢减小，T 有可能增加或减小。可以通过式（11）的数值积分来确定标准大气中各个高度的压力（见第 6 卷第 274 章）。现在，定义一个很有用的量标高 H：

$$H = \frac{RT}{g} \quad (12)$$

H 的单位是 m。H 的物理意义是如果将其近似看作常数，气体的压力会随着高度的增加而减少，其减少率为 $1/e$ 的因素。注意 H 和气体的类型有关，尤其是分子质量（因为 $R=k/m$）。这一点将会在第 3 节讨论。

到目前为止，讨论主要集中于一种气体，但是大气是一个混合气体，这将会在第 4 节讨论。道尔顿分压力定律表示混合气体中的每个组分的压力等于该体积中含有的该气体在温度 T 下单独施加的压力。所有气体所施加的总压力等于分压力 p_i 的和。

$$p = \sum_i p_i \quad (13)$$

混合气体的总密度直接和在一体积中每种类型的分子数量 n_i（式（14）中的符号 $n_i = N_i/V$，是数量密度）及它们的分子质量 m_i 有关。

$$\rho = \sum_i n_i m_i \quad (14)$$

对式（13）的分压力运用理想气体定律得到

$$p = kT \sum_i n_i \quad (15)$$

T 没有下标是由于温度的定义和混合气体所有分子的平均动能有关。式（15）除以式（14）得到

$$\frac{p}{\rho} = \frac{kT \sum_i n_i}{\sum_i n_i m_i} \quad (16)$$

数量密度加权的平均分子质量 $\langle m \rangle$ 为

$$\langle m \rangle = \frac{\sum_i n_i m_i}{\sum_i n_i} \quad (17)$$

采用这个定义，式（16）变为

$$p = \frac{\rho kT}{\langle m \rangle} \quad (18)$$

这里重新定义的理想气体定律适用于混合气体，总压力为 p，总密度为 ρ，温度 T 的定义为混合气体的分子平均动能。一般处理每个分子的质量不方便，因此用阿伏伽德罗常数来放大 k 和 m。阿伏伽德罗常数 A 是 1 mol 物质所含有的分子数量。

1 mol是质量为 M 的物质，M 和该物质的相对分子质量一样，以克为单位。$A = 6.022 \times 10^{23}$ mol^{-1}，也就是 6.022×10^{23} 个气体分子的质量是 M。氧气（O_2）的 M 非常接近 32 g（任何从 32 的偏离都是由于氧气的天然同位素的存在）。在 $R^* = Ak$ 和 $M = Am$ 这两个定义的基础上，式（18）变为

$$p = \frac{\rho R^* T}{\langle M \rangle} \qquad (19)$$

R^* 称为通用气体常数，它的值为 8.314 J/(g·mol·K)。安全的做法是所有的计算都采用 m-kg-s 单位制，因此希望 M 采用千克为单位，R^* 必须表示为 8 314 J/(g·mol·K)。海平面上 1 kg·mol 干空气的质量 M_d 为 28.96 kg。因此，可以定义干空气的气体常数为 $R_d = R^*/\langle M_d \rangle$，干空气的气体定律写为：

$$\rho_d = \rho R_d T \qquad (20)$$

R_d 的值为 287 J/(kg·K)。

标准大气（见第 6 卷第 274 章）假定为干空气，主要原因是水蒸气的浓度变化很大。水蒸气是大气层气体的第三大成分，其浓度变化很大，水蒸气的最大可能分压力是和温度密切相关的一个函数。一旦空气的水蒸气达到饱和，温度的任何降低都会产生冷凝。其他气体成分都不会在正常大气环境中产生相变。水蒸气和天气有关。凝结成云和降水，液态和冰状态的水会对飞机造成严重的损坏，这将在本卷的姊妹篇《气象》（第 6 卷第 275 章，作者 Alfred J. Bedard Jr.）中讨论。

对于本节所讨论的观点，Bohren 和 Albrecht（1998，p.51～78）提供了很好的参考文献。

3　均质层、非均质层、外逸层

有人可能希望流体静力学关系（式（11））可以适用于空气中的每种气体。需要注意的是，这一般是不对的。下式中 i 表示一种特定气体

$$p_i(z) = p_i(0) \exp\left(-\int_0^z \frac{g}{R_i T} dz\right)$$
$$= p_i(0) \exp\left(-\int_0^z \frac{m_i g}{kT} dz\right) \qquad (21)$$

假设混合气体中气体 2 的相对分子质量比气体 1 的大，也就是 $m_2 > m_1$。利用上式可以得到比值 $p_1(z)/p_2(z)$，结果是

$$\frac{p_1(z)}{p_2(z)} = \frac{p_1(0)}{p_2(0)} \exp\left[\frac{1}{k}\int_0^z \frac{g(m_2 - m_1)}{T} dz\right] \qquad (22)$$

由于积分是正值，所以指数的自变量是正的，也就是

$$\frac{p_1(z)}{p_2(z)} > \frac{p_1(0)}{p_2(0)} \qquad (23)$$

两种气体在不同高度的分压力关系说明"轻"的随着高度增加相对增多。这种性质在低于 100 km 的高空观察不到，这是由于湍流使得大量气团整体运动，导致空气组分混合，因此它们的相对浓度在地面至 100 km 高空保持不变。因此，干空气的相对分子质量和气体常数在这一高度范围保持不变。成分比例保持不变的这部分大气叫作均质层。式（11）适用于均质层的混合干空气，但是不适用于单个组分气体。对于 $z_{100} \approx 100$ km 且 $z > z_{100}$，有

$$\frac{p_1(z)}{p_2(z)} > \frac{p_1(z_{100})}{p_2(z_{100})} \qquad (24)$$

式（24）是正确的。在 80～120 km 处存在一个过渡区域，在这里由于湍流造成的气团整体运动不如分子扩散（分子间相互碰撞导致的混合过程）强，火箭在这一范围内的排气尾迹特性有了明显的变化。在 80 km 以下，湍流通常会在几分钟内扭曲尾迹；在 120 km 以上，尾迹更加光滑。在分子扩散在混合中起主导作用的区域，重力作用导致较"轻"的气体浓度相对较"重"气体随着高度增加而增加。这一区域叫作非均质层。式（21）给出了 100 km 以上第 i 种气体密度较好的一个公式，式（1）表示为 $p_i = n_i kT$，式（12）表示为 $H_i = R_i T/g$，则

$$n_i(z) = n_i(z_{100}) \frac{T(z_{100})}{T(z)} \exp\left(-\int_{z_{100}}^z \frac{dz}{H_i}\right),$$
$$z > 100 \text{ km} \qquad (25)$$

在这一点上，有必要检查一下表 1，表 1 是从美国标准大气（1976）中截取的数据。要检查的参数是几何高度的函数，它们从属于电中性粒子：

• 地球重力引气的加速度：$g(z) = g_0[r_0/(r_0 + z)]^2$，这里 $g(z)$ 是几何高度为 z 处的加速度，g_0 是海平面的加速度（9.807 m/s^2），r_0 是地球的半径（6.357 $\times 10^6$ m）。

• 空气分子的数量密度 n：低于 85 km，n 从式（1）的表达形式 $p = nkT$ 中获得。高于 85 km，$n = \sum n_i$，这里 n_i 通过具有式（25）形式的方程计算得到，但是更加复杂。

表 1　一些中性大气层气体属性随几何高度的变化

几何高度 z/km	重力加速度 g/(m·s^{-2})	数量密度 n/s^{-3}	平均分子速度 $\langle v \rangle$/(m·s^{-1})	碰撞频率 v/s^{-1}	平均自由程 λ/m	平均相对分子质量 $\langle M \rangle$/(kg·kmol^{-1})	标高 H/km
0	9.807	2.547＋25	458.9	6.919＋09	6.633－08	28.96	8.434
20	9.745	1.849＋24	398.0	4.354＋08	9.139－07	28.96	6.382
40	9.684	8.308＋22	427.8	2.104＋07	2.034－05	28.96	7.421
70	9.594	1.722＋21	400.6	4.084＋05	9.810－04	28.96	6.570
100	9.505	1.189＋19	381.4	2.68＋03	1.42－01	28.40	6.009
150	9.360	5.186＋16	746.5	2.3＋01	3.3＋01	24.10	23.380
200	9.218	7.182＋15	921.9	3.9＋00	2.4＋01	21.30	36.183
300	8.943	6.509＋14	1 080	4.2－01	2.6＋03	17.73	51.193
400	8.680	1.056＋14	1 149	7.2－02	1.6＋04	15.98	59.678
600	8.188	5.950＋12	1 356	4.8－03	2.8＋05	11.51	88.244
800	7.737	1.234＋12	1 954	1.4－03	1.4＋06	5.54	193.86
1 000	7.322	5.442＋11	2 318	7.5－04	3.1＋06	3.94	288.20

正负号前面的数字需要乘以 10 为底、正负号后的两位数为指数的次幂。数据来源于美国标准大气（1976）的干空气。

- 平均粒子速度：通过式（6）的表达形式 $\langle v \rangle = [8R^* T/(\pi \langle M \rangle)]^{1/2}$ 计算得到。

- 平均碰撞频率 v：$v = 4A\sigma^2 p[\pi/(\langle M \rangle R^* T)]^{1/2}$，这里 A 是阿伏伽德罗常数，σ 为有效碰撞直径。解释如下：如果随机运动的两个分子中心之间的距离大于 σ（$\sigma = 3.65 \times 10^{-10}$ m），那么就不会发生碰撞。v 为一个分子每秒和相邻分子碰撞的次数。如果要得到单位体积内所有分子每秒钟总的碰撞次数，将 v 乘以密度 n。

- 平均自由程 λ：是中性粒子和其他粒子在连续两次碰撞之间通过的平均距离，测量平均自由程所用的体积必须足够大，以包含大量的粒子。

$$\lambda = \frac{\langle v \rangle}{v} = \frac{2^{1/2}}{2\pi\sigma^2 n} \qquad (26)$$

- 空气的平均相对分子质量 $\langle M \rangle$。

由式（3）可知平均分子速度定义了温度。正如第 6 卷第 274 章讨论的，$\langle v \rangle$ 宽的变化范围相应地反映了温度宽的变化。如前面所述，由于湍流混合作用，平均相对分子质量在 100 km 以下保持不变。然而，在大于 100 km 的高度，分子扩散逐渐控制混合过程，流动变为层流。在大于 120 km 的高度，重力下降起支配作用，因此密度较大的气体的浓度随着高度增加而减小，平均相对分子质量也是一样。

即使在海平面，空气分子也仅占所包含体积的大约 0.1%。但是很高的数量密度和激烈的搅动导致平均自由程小于 1 μm，每个分子每秒钟发生百万次碰撞。均质层中的短平均自由程和天文数字般的每秒碰撞次数是从厘米到很多米量级的大量气体能够移动融合（湍流）的原因。100 km 高度为处于均质层和非均质层的模糊边界，平均自由程接近 10 cm，碰撞率减少至每秒钟几千次。在这之上的高度，湍流不再有效，分子扩散开始在传热和传递运动中起主要作用。

在 500 km 高度，平均自由程（没有在表 1 中列出）达到 7.70×10^4 m。分子将遵循弹道轨迹规律，运动 77 km 都不和相邻的分子碰撞，也就是像导弹一样仅考虑其受到重力的作用。非均质层顶部的通常定义为与平均自由程数量相等的高度。在 500 km 高度，$\langle M \rangle$ 为 14.33 kg/kmol，g 为 8.43 m/s^2，温度约为 1 000 K。根据这些数据，这一高度（式（12）表达为 $H = R^* T/(\langle M \rangle g)$ 为 6.88×10^4 m。69 km 和 77 km 差距不大。事实上，在美国标准大气（1976）中，492 km 高度处 $H = \lambda$。高于 500 km 部分的大气称为外逸层，因为分子处于上升轨道，提供给它们的速度足够高，有机会不和其他分子碰撞而逃离地球大气层。

如果处于逃逸层底部（高度 z_e）的分子的动能足够大，能够克服 z_e 和外太空之间的势能，那么该分子就可以获得逃逸速度 v_e 而笔直向上运动。

$$\frac{1}{2}mv_e^2 = \int_{z_e}^{\infty} mg\,\mathrm{d}z = \int_{z_e}^{\infty} mg_0\left(\frac{r_0}{r_0+z}\right)^2 \mathrm{d}z \tag{27}$$

积分后就可以得到逃逸速度

$$v_e = \left(\frac{2g_0 r_0}{1+z_e/r_0}\right)^{\frac{1}{2}} \tag{28}$$

利用 $z_e = 500$ km 及之前提供的其他常数，可以计算出逃逸速度约为 10.8 km/s。这个结果和分子的类型无关。这也比表 1 中所列出的平均分子速度高很多。

一个粒子达到或超过逃逸速度的概率是多少呢？一个估算值可以通过将式（8）的最大概率速度替换麦克斯韦－玻尔兹曼速度分布（式（4））后得到：

$$f(v) = \frac{4}{\pi^{1/2}v_p}\left(\frac{v^2}{v_p^2}\right)\exp\left(\frac{v^2}{v_p^2}\right) \tag{29}$$

粒子速度达到/超过逃逸速度的概率 P 可通过积分得到

$$P(v \geqslant v_e) = \int_{v_e}^{\infty} f(v)\,\mathrm{d}v \tag{30}$$

替换式（29）中的 $f(v)$，同时令 $x = v/v_p$，式（30）变为

$$P(v \geqslant v_e) = \frac{4}{\sqrt{\pi}}\frac{1}{v_p}\int_{\frac{v_e}{v_p}}^{\infty} x^2 \mathrm{e}^{-x^2}\,\mathrm{d}x \tag{31}$$

积分的求值结果为

$$P(v \geqslant v_e) = \frac{2}{\sqrt{\pi}}\frac{v_e}{v_p}\left(\frac{v_e}{v_p}\right) + \mathrm{erfc}\left(\frac{v_e}{v_p}\right) \tag{32}$$

这里 erfc 是互补不差函数，其定义为

$$\mathrm{erfc}(x) = \frac{2}{\sqrt{\pi}}\int_x^{\infty} \mathrm{e}^{-t^2}\,\mathrm{d}t \tag{33}$$

erfc 的值被制成了表格。

氮气是大气中最常见的气体，它的相对分子质量 $\langle M \rangle$ 约为 28 kg/kmol。在式（8）的表达形式 $v_p = (2R^* T/\langle M \rangle)^{1/2}$ 中采用这个值，温度为逃逸层底部的温度，$T \approx 1\,000$ K，可以发现最大概率速度约为 0.77 km/s。在式（32）中，v_e/v_p 为 $10.8/0.77 = 14.0$，氮气分子达到或超过逃逸速度的概率是 1.20×10^{-84}。这比整个大气中的氮气分子的数量小很多数量级。我们得出这样的结论：重力限制了包括氧气在内比较"重"的气体的逃离。

氢气在大气层的较低区域仅有微量的存在，但是在大幅高于 500 km 高度的大气层气体中变得相对较多，这是因为来自太阳的高能光子离解水蒸气、甲烷分子和氢分子产生原子氢。计算氢原子（相对分子质量为 1.0 kg/kmol）达到逃逸的方法和氮气分子的一样。最大概率速度为 4.08 km/s，式（32）中

的 v_e/v_p 为 2.65。氢原子达到或超过逃逸速度的概率是 2.84×10^{-3}。注意氢原子的垂直速度分量必须达到这一值才能逃离大气层。即使如此，这个概率还是很大的，因此，可以说氢从大气层的逃逸是很显著的。据估算，如果大气层没有氢源，大部分氢会在几星期内逃逸。这就说明了大气层中的氢气如此少的原因，大部分位于有阳光能产生氢原子的非均质层。氦（$\langle M \rangle = 4$ kg/kmol，$v_p = 2.04$ km/s）的逃逸比氢气的小几个数量级，但是仍然显著。

图 1 为本节所描述的三个大气分层：均质层、非均质层和逃逸层，同时还有一些在逃逸层中的分子逃逸轨迹。

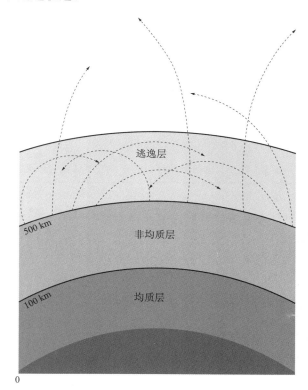

图 1 穿过均质层、非均质层和逃逸层的截面图
（从 Salby © （1996）Elsevier 中重新生成）

在进入下个主题时，需要说明的是，对于之前的叙述，有两个例外需要注意：第一，水蒸气并不是均匀地混合在均质层中。此外，臭氧也是非均匀混合的，它的形成和消失与大气层 15～50 km 高度处太阳光及化学反应有关。第二，由于大气层高处来自太阳的带能辐射，一些气体在较低大气层中浓度很低，在更高的地方浓度增加很多，明显的有之前提到的原子氢以及原子氧和臭氧。主要的大气层气体将在下一节介绍。

到目前为止，只讨论了中性气体，但是并不是所有的大气都是中性的。由于在高层大气吸收了太

阳的带能辐射，带电粒子变多了，这个带来的深远影响将作为电离层的一部分在第 6 卷第 274 章讨论。

4　主要的大气层气体

之前已经提过一些大气层气体了，这里将讨论许多重要的中性大气层气体的浓度、源和沉，以及它们在大气中的寿命。表 2 以每百万份（体积）干空气份数浓度为顺序列出了大气层气体。对于理想气体来讲，每百万份（体积）的份数（ppm[①]）等效于摩尔分数，这也和总分子数的份数相同。另一个表达方式就是用指定气体的密度除以混合气体（这里为干空气）的密度。如果将表中所有的 ppm 值相加，结果会略微大于 1 000 000，主要原因是二氧化碳和甲烷的浓度增加了，但是其他 ppm 值变化较小的气体没有针对这个进行调整。平均相对分子质量不是整数的原因是天然同位素的原子质子数量相同，但是中子数量不同。

表 2　以百万体积份数计量的干空气气体组分浓度

气体	化学符号	平均相对分子质量 / (m·mol⁻¹)	浓度 /ppm
氮气	N_2	28.013	780 840
氧气	O_2	31.999	209 460
氩	Ar	39.948	9 340
二氧化碳	CO_2	44.010	384
氖	Ne	20.180	18.18
氦	He	4.003	5.24
甲烷	CH_4	16.043	1.774
氪	Kr	83.798	1.14
氢气	H_2	2.016	0.56
一氧化二氮	N_2O	44.012	0.320
氙	Xe	131.293	0.09
臭氧	O_3	47.998	0.01~0.10

海平面附近的浓度。气体按照浓度递减的顺序排列。

4.1　氮

如表 2 所示，在大气层中气态氮几乎仅以 N_2 的形式存在，它在大气层中的总质量接近 3.9×10^{18} kg。第二多的含氮气体一氧化二氮相比氮气要少超过 6 个数量级。氮气分子非常稳定，它的源和

沉是平衡的。N_2 进和出的年通量在 10^{11} kg 这个数量级。停留时间为在没有新的源补充的情况下耗尽所有气体的时间，由此可知氮气的停留时间超过 10^7 年。

大气中的 N_2 反应生成任何其他形式的含氮化合物都叫作固氮。最大的 N_2 损耗是生活在土壤和水中专门的固氮细菌将分子氮转化为生物质。这对植物生长很重要。制造肥料和炸药以及道路汽车和发电厂使用的化石燃料燃烧是产生固氮的两种人为原因。最后，闪电会去除大气中的少量 N_2。

还原硝酸盐中的气态氮（主要是 N_2）称为脱氮，脱氮完成了氮循环。这主要是由细菌在缺氧环境中进行的。生物燃烧同样将氮返回到大气中，和使用氮肥一样。

4.2　氧

如今大气中含有约 1.2×10^{18} kg O_2，这一值大约稳定了 2 500 万年了。大气中氧气的主要来源是光合作用，由地面植物和浮游植物及生活在海水表面附近的藻类完成。在阳光的作用下，气态二氧化碳和液态水由化学反应形成固态碳水化合物和氧气。反应形式为

$$CO_2 + H_2O + 日光 = CH_2O + O_2 \quad (34)$$

氧的第二大但是要少得多（在 1‰～2‰级别）的来源是水蒸气和一氧化二氮在来自太阳的高能紫外线照射下的光离解。O_2 的光离解在高层大气中产生显著数量的原子氧（O）。事实上，O 的密度在 120 km 高度超过 O_2。

动物生命和细菌的呼吸和腐烂消耗氧气产生二氧化碳，占大气层所有 O_2 损失的比例超过 93％。生物质燃料的消耗和生物质燃烧占另外的 4％。

大气层中 O_2 的停留时间约为 5 000 年。

4.3　水蒸气

由于水蒸气的密度受到温度的限制，风可以传输数千千克的水蒸气，这种气体在空间和时间上高度变化。它的体积浓度为 0～4％。大气层中所有水蒸气几乎都在对流层中，云和暴风雨都在这里发生。对流层顶部的低温（−70 ℃～−50 ℃）使得几乎所有的水蒸气冷凝，只有微量的水蒸气能够在冷凝前到达平流层，即紧靠对流层且在对流层之上的大气层。

---

① 1 ppm＝10^{-6}。

40

水蒸气的主要来源是海水的蒸发，主要是在热带的海水，那里的温度相对较高。湖水、土壤和植物的蒸腾作用是水蒸气的另一个重要来源。降水将大气中的水蒸气除去。

水蒸气是自然产生的温室气体，也就是说，它几乎不吸收来自太阳的辐射（可见波长），但是大量吸收向外发射的长波辐射（红外波长）。

海洋还有大约 1.35×10^9 km³ 的水，约占地球所有水量的 97%。相比之下，大气层中仅含有 1.3×10^4 km³ 等量的液态水。全球的日降水量约为 1 400 km³，可以估算出大气层中的水蒸气的停留时间为 9～10 天。

4.4 二氧化碳

2008 年二氧化碳的浓度为 384 ppm，还在增加。CO_2 可以认为是一种微量气体，但是以下三个原因表明它很重要：它参与了光合作用；它是一种温室气体；它在碳循环中扮演着重要角色。

大部分的碳储存都在大气中（750 GtC，其中 1 GtC 为 10^9 吨碳）；陆地表面，在土壤和植被中存在和消耗（2 200 GtC）；海洋中（40 000 GtC）。这些储存体中的碳年净交换量相比存储量来讲是很小的，因此，在碳的预估中存在很大的不确定性。CO_2 的最大来源是矿石燃料的燃烧、水泥的制造、植被的腐烂和森林砍伐（减少了植物吸收的 CO_2）。最主要的消耗是光合作用以及海洋的吸收，导致可测量到的酸化。政府间气候变化专门委员会（IPCC，2007）估计，2000—2005 年，从地球表面到大气中的平均年净 CO_2 流约为 7.2 GtC。这个量中，4.1 GtC 仍然留在大气中，2.2 GtC 被海洋吸收，0.9 GtC 进入陆地。

上面的数字是净流量。事实上，每个方向的流量都更大（IPCC，2007，p.515，图 7.3）。例如，光合作用和海洋每年从大气中吸收约 200 GtC 的 CO_2。损失率和大气中储存的 750 GtC 的 CO_2 相比，可以得出停留时间为 3.8 年，花费这一时间海洋或植物的吸收可以将大气中的 CO_2 消耗掉。这个和大气中 CO_2 的寿命有很大的不同，CO_2 寿命是指将突然增加的 CO_2 减少至它原始值的 1/e（0.368）的时间。一般认为后者约为 100 年。

4.5 惰性气体

惰性气体按照原子数量递增的顺序排列分别是：氦、氖、氩、氪、氙和氡。称它们为惰性的原因是认为它们不活泼，也就是具有化学惰性。这 6 种气体最外层的电子数都是最大可能电子数，氦是 2 个，其他气体是 8 个，这使得它们非常稳定。这些气体中除了氡以外都有足够的浓度值，值都在表 2 中。

稀有气体被认为已经存在于大部分地质历史的大气中。除氦原子可以达到逃逸速度，其他惰性气体由于和它们反应的物质极少，没有可检测到的损失。其在大气中的停留时间远远超过 100 万年。

4.6 甲 烷

现在甲烷的浓度是工业化之前的两倍，但是已经不再增加了。它是大气中最丰富的有机气体。其来源是农业，主要来自牲畜和稻田、垃圾堆、煤炭开采、天然气的分配和生物质燃烧。和自然来源在大小上具有可比性。甲烷是在像热带湿地、沼泽、冻土地带和高纬度湿地这类缺氧栖息地中产生的，是分解有机物带来的结果。甲烷的停留时间相对较短，约为 9 年。

甲烷被羟基氧化主要发生在平流层中，这占甲烷损失的 90%。在化学上，"羟"是指分子中含有一个氢原子和一个氧原子。它的中性形式被称为羟基（OH）。它在对流层的浓度非常低（几万亿分之一（体积）ppt[①]，在 50 km 附近上升至 1 ppb[②]。OH 具有高反应能力；它的寿命以几十分钟来衡量。羟基对甲烷的氧化最终产生水蒸气（平流层中的主要来源）和分子氢。剩下的 10% 的甲烷被土壤吸收或者在平流层中被破坏。

4.7 一氧化二氮

一氧化二氮是一种重要的温室气体，对于改变地球红外辐射的预算能力，它处于 CO_2、CH_4 和 CFC-12[1] 之后，排第四。目前的浓度是 0.32 ppm，比工业化之前多约 18%，这之前的 10 000 年仅变化了百分之几。土壤（主要是热带地区，但是也有在中纬度地区）和海洋为 N_2O 的天然源。天然源超过人为源近 60%。后者依据多少，顺序为：耕地土壤，河流，河口和沿海区；化石燃料燃烧和工业废气；生物质燃烧；牛和饲养场。平流层是 N_2O 主要的沉。在由于吸收太阳紫外辐射导致的反应中，N_2O 转变为 N_2 和氧原子（O）。一小

---

① 1 ppt = 10^{-12}。
② 1 ppb = 10^{-9}。

部分会在土壤里被除去。大气层中 N_2O 的停留时间估计在 110～150 年。

4.8 臭氧

臭氧是一种重要的大气气体有以下几个原因。它在平流层中吸收太阳紫外辐射，特别是在 0.23～$0.32~\mu m$ 之间的波长，大大降低了到达地球表面的紫外辐射。皮肤癌的发病率的增高与平流层臭氧的减少有关。O_3 吸收紫外线会产生热量，这从根本上决定了平流层的垂直温度分布。臭氧参与许多化学反应。它是地球表面附近形成光化学烟雾反应的产物，这个反应是阳光和来自化石燃料燃烧的氮氧化物及挥发性有机化合物间的反应。在对流层低层，O_3 是对健康有害的。最后，和水蒸气一样，O_3 也是一种自然温室气体，它强烈吸收 $9.6~\mu m$ 的红外辐射。

在海平面，O_3 的值变化很大，为 10～500 ppb。O_3 在平流层中产生，这里的浓度高很多，在 35 km 处达到 8～10 ppm。平流层臭氧的产生开始于分子氧在紫外线的照射下分解为原子氧：O_2＋日光→O＋O。这个反应已在第 4.2 节中提到。这里由于 N_2 或者 O_2 的存在（用 M 来表示），原子和分子氧结合形成臭氧：$O+O_2+M \rightarrow O_3+M$。

一些自然发生的化学反应会破坏平流层的 O_3，一些人类活动也会破坏臭氧。人造化学品氯氟烃在 100 年前并不存在于大气中，它和极低维度早春臭氧层的破坏有关。O_3 在大气层中的停留时间仅有约 100 天。

4.9 氢

大气层中的分子氢的总质量的粗略估计为 2×10^{11} kg。进出大气层的氢流为 0.4×10^{11}～$1.3 \times$

10^{11} kg/a，变化有 3 倍，停留时间只有几年。

H_2 的天然源有来自海洋的发射、生物过程，还有可能是地热蒸汽和火山爆发。之前提到的在平流层光化学氧化甲烷是一个重要的来源，植物会释放出异戊二烯和萜烯（烃类），这一作用会在光合作用和温度上升时得到加速。光化学反应从这些物质中生成 H_2。人为源有内燃机和生物质的燃烧。

土壤从大气中吸取大量的 H_2。其他重要的损失发生对流层和平流层，以两种形式：（i）分子氢和羟基反应生成水和原子氢 $OH+H_2 \rightarrow H_2O+H$；（ii）氢分子和氧原子 $O(^1D)$ 通电反应生成羟基和原子氢：$O(^1D)+H_2 \rightarrow OH+H$。分子氢的损失获得原子氢，这成为均质层大气顶部之上氢的主要来源。正如第 3 节中所讨论的，从逃逸层中逃逸的氢是很可观的。

Hobbs（2000，p.143～152）和 Brasseur，Orland，Tyndall（1999，p.159～203）是本节众多参考材料中非常好的参考文献。图 2 来自后一篇参考文献。它表示了所讨论的众多气体从地面到 120 km 高空的混合比例。混合比例为考虑的气体的密度除以干空气中所有气体的密度。没有标出的是 N_2 和稀有气体，这是因为它们化学性质稳定，它们的混合密度在 100 km 以下基本保持不变。N_2 的缓和比例曲线平行于 O_2，并在其右边，从海平面的值 0.78 开始。如上文所述，平流层是甲烷和一氧化二氮很重要的沉，因此它们的混合比例从 20 km 高度开始下降。水蒸气的浓度受温度限制，因此它的混合比例在对流层中随着高度急剧下降。最后，正如上面提到的，O_3 在同温层的 35 km 很明显达到最大。

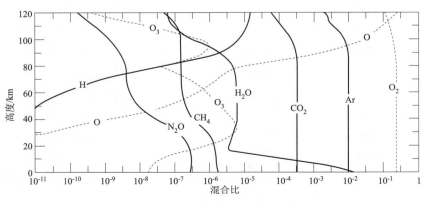

图 2 一些表 2 所列的大气层气体的混合比

（由于氮气和惰性气体在均质层（约 100 km 以下）混合得非常好，因此图中没画出。改编自 Brasseur，Orland 和 Tyndall（1999）© Oxford University 出版社）

5 总 结

地球大气是一种混合气体，由平均相对分子质量和温度表示其特性，温度与混合气体的分子平均动能成正比。空气的温度、压力和密度在密度足够大，能够产生足够多且连续不断的碰撞的情况下，满足理想空气定律。低于约 100 km 高度的大气层区域称为均质层，湍流使得大气层气体以一恒定比例混合。水蒸气是最明显的一个例外。在任意静止的空气中，任何高度的压力仅和其上面的空气的重力有关，这种情况叫作流体静力平衡。

均质层上面的非均质层，持续 100～500 km 高度。在非均质层中控制单个气体浓度的是分子扩散，而不是湍流。随着高度的增加，密度较小的气体的量相对于密度较大的气体的量变得更多，这一现象叫作重力沉降。逃逸层在 500 km 高度以上。这里的大气非常稀薄，以至于碰撞变得不频繁。近 1 000 K 的温度使得一些密度最小的分子（主要是氢）达到逃逸速度，其弹道轨迹本质上可以飞出大气层。

大气层气体在 60 km 以下是中性的。在更高的高度，波长很短的高能太阳辐射将一些中性分子电离，产生的带电粒子（离子和自由电子）和剩余的中性分子混合在一起。

氮气和氧气构成了 99% 的地球大气。它们的浓度保持恒定已经有数百万年了。下一个最大量的气体是水蒸气，是不断变化的。它的浓度受到温度的限制，它的源是地球表面。如没有氧气和水，只有最原始的地球生命可以生存。大气中所有其他气体的浓度之和小于 1%。惰性气体按照浓度排序分别是氩、氖、氦、氪、氙和氡，它们化学和辐射性能不活跃。即使浓度很低，二氧化碳、甲烷、一氧化二氮和臭氧对大气温度也有很强的调节作用。

致 谢

我要感谢 John C. Osborn 对图片格式的修改或者重新画图；感谢 Tim Fuller-Rowell，George C. Reid，Raymond G. Roble 和 Susan Solomon 在本章内容的建议上对我的帮助，同时给我提供了许多主要的参考文献；感谢 John M. Brown，Tim Fuller-Rowell，Howard Singer 和 Ann M. Reiser 修订了原稿并提供了有用的建议。

备 注

[1] CFC—12（CCl_2F_2）是在制冷中采用的几种氯氟烃气体之一，用作气雾喷雾器和清洁溶液的推进剂。大气层中每分钟产生一定浓度的 CFC（ppt），但是其辐射效应很重要，有图显示会消耗平流层的臭氧。这些化合物在这里没有进行更深入的讨论。

参考文献

Bohren, C. F. and Albrecht, B. A. （1998）*Atmospheric Thermo-dynamics*, Oxford University Press, New York.

Brasseur, G. P., Orland, J. J. and Tyndall, G. S. （eds）（1999）Trace gas exchanges and biogeochemical cycles （Chapter 5）, in *Atmo-spheric Chemistry and Global Change*, Oxford University Press, New York.

Hobbs, P. V. （2000）Tropospheric chemical cycles （Chapter 8）, in *Introduction to Atmospheric Chemistry*, Cambridge University Press, New York, pp. 143—152.

IPCC（2007）*Climate Change 2007：The Physical Science Basis*. Contribution of Working Group I to the Fourth Assessment Report of the Intergovernmental Panel on Climate Change （eds S. Solomon, D. Qin, M. Manning, Z. Chen, M. Marquis,

K. B. Averyt, M. Tignor and H. L. Miller）, Cambridge University Press, New York.

Salby, M. L. （1996）*Fundamentals of Atmospheric Physics*, Academic Press, New York, pp. 8—15.

US Standard Atmosphere. （1976）Prepared jointly by the National Oceanic and Atmospheric Administration, National Aeronautics and Space Administration, and the US Air Force, US Government Printing Office, Washington, D. C.

本章译者：杜骞（南京航空航天大学航空宇航学院）

第 274 章

大气层垂直结构

Thomas W. Schlatter

国家海洋和大气管理局地球系统研究实验室，博尔德市，科罗拉多州，美国

1 引　言

　　本章综述大气层从表面至约 1 000 km 的垂直结构，主要特性为温度；温度在吸收太阳辐射的地方比较高。第 2 节关注四个同心的大气圈：对流层、平流层、中间层和热层以及每层中的温度是如何变化的。第 3 节讨论标准大气，将平均大气条件进行理想化处理，尤其是大气的垂直结构，适合于工程应用。标准大气和飞机测高法对于安全飞行非常重要，这也会特别提到。第 4 节总结了电离层的属性，电离层包含中性和不带电粒子，从 60 km 高度向无限远衍生。带电粒子和中性粒子的相互作用产生地球的磁场。

　　本章的姊妹篇《大气成分》（见第 6 卷第 273 章）描述了（i）在分子尺度的温度定义，（ii）基本气体动力学，它解释了各高度的大气层气体特性，（iii）各个主要大气层气体的属性。天气对飞机的影响在另一姊妹篇《气象》（见第 6 卷第 275 章）中有相关说明。太空天气指的是发生在稀薄高空大气中的物理过程，这里的高能粒子产生率和太阳活动带来高强度辐射。太空天气给航天器和人员带来的危害在第 6 卷第 278 章讨论。

2　由温度随高度变化定义的大气层分层

　　本节将大气层根据垂直温度分布进行分类。定义了四个主要的"层"和它们间的边界。按高度的顺序，它们分别是：对流层，它的上边界称为对流层顶；平流层，它的上边界称为平流层顶；中间层，它的上边界层位中间层顶；热层。我们依次考虑每一层，解释其温度变化

　　标准大气是基于长期平均环境下得到的一个理想化的大气代表。图 1 展示了美国标准大气（1976）的垂直温度分布，代表中纬度环境，刚超过 100 km，沿着大气分层和界面的变化。温度在对流层中随着高度增加而降低，在平流层中增加，而在中间层中再次降低，然后在热层中一直增加，热层延伸高度远超过图 1 的上限。第 3 节有关于标准大气更多的信息。

2.1　对流层

　　对流层在大气层的最底层，一般厚度为 9～17 km，其中的温度一般随着高度的增加而降低。云、降水和风暴都在对流层中。本节将解释为什么温度会随着高度的增加而降低以及辐射和对流过程之间的平衡是怎样决定对流层高度的。

　　射入大气层顶部的太阳辐射能中有近一半（47%）被地面和海洋吸收了。一些吸收的能量被用来进行水分蒸发，但是大部分能量消耗为直接从地面向大气传递熵和从地面向上的红外辐射。对流解释了为什么从平均值上来讲对流层的温度随高度降低。在没有水分蒸发的情况下，对流层仍然会产生对流，但是不会这么强烈。

　　温度随着高度的递减称为递减率，表示为 $(-dT/dz)$。大气层的递减率很少会超过 9.8 ℃/km，这称为干绝热递减率 Γ_d。

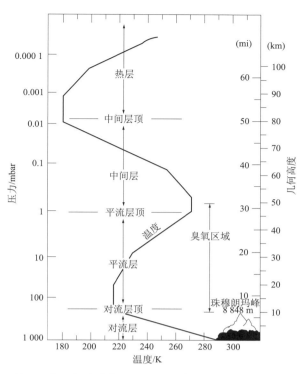

图 1　美国标准大气（1976）给出的从地球表面至约 110 km 高度处的大气温度垂直结构

（主要分层由温度结构定义，同时标出了分界面。正如上面标出的，臭氧主要在平流层中。图中给出了两种垂直坐标：左边为以毫巴（1 mbar ＝ 100 Pa）为单位的气体压力，右边为几何高度。摘自 Brasseur，Orland 和 Tyndall（1999）©牛津大学出版社）

$$\Gamma_d = \frac{g}{c_p} \qquad (1)$$

这里 g 是由于重力产生的加速度（在海平面约 9.8 m/s²）；c_p 是空气的比定压热容（约 1 005 J/（kg·K））。注意 $dT/dz = -\Gamma_d$。这个术语的出现是由于在这一速率下，与周围孤立（没有热交换）的大量无云空气向上运动时会变冷，向下运动时会变热。

区分测量的温度曲线（通过测量气球或飞机）和气团轨迹是很重要的。气团轨迹是指空气团在向上或向下运动时经历的温度改变。如果一个气团比周围相同压力的气团温暖，它的密度（浮力）会比较小，它会加速上升；相反，如果它比周围更加冷，它的密度就更大，会加速下降。

大气中的稳定性的判定如下。在稳定的大气中，如果一个气团向上或向下移动，它就会受到恢复力使其回到原来的位置。如果位移产生浮力，使气团加速离开原始位置，那么大气就是不稳定的。如果初始位移不会对气团产生力的作用，就称为中性。

干绝热递减率决定了中性稳定性，因为如果大量无云空气在这一条件下向上或向下移动，那么它

会保持无加速度持续移动。上升或下降气团的温度和周围空气保持一致。在天气晴好的夏天下午，干绝热递减率在最低的几千米中很常见。上升暖气流很常见，滑翔飞行员喜欢在这个时候飞行。

递减率很少大于 Γ_d，除非有几平方厘米的非常热的面。另外，递减率经常低于 Γ_d。事实上，温度有时候会随着高度增加，这叫作逆变。逆变代表非常稳定的空气分层，因为它们强烈抑制垂直运动。一个空气包在逆变空气中上升时，很快会发现自身比周围空气冷，然后又会下沉到原先的位置。对流层通过一个半永久稳定层（等温层或逆变）来区分，它的高度在 9～17 km 处（夏季比冬季高，赤道附近比两极附近高）。这个稳定层同时限制了云的垂直运动。

水蒸气是强烈对流运动的动力来源。当水蒸气随着气团的上升冷凝时会释放热量。温度的上升会导致这个气团甚至在其上升许多千米后仍比周围空气温暖并保持浮力上升。当这种情况发生时，一个很高的云（通常是一个雷雨）形成了。

当测量的温度和湿度剖面有利于气团上升（由于凝结加热）时，这种情况下的大气层就被称为有条件不稳定。当环境递减率 Γ（温度随高度递减时为正）满足如下不等式时，就会出现有条件不稳定：

$$\Gamma_m < \Gamma < \Gamma_d \qquad (2)$$

这里 Γ_m 叫作湿绝热递减率，在这一速率下，饱和（含云）空气上升时冷却，同时不会发生任何形式的冷凝。Γ_m 的表达式比 Γ_d 更加复杂。Bohren 和 Albrecht（1998，p.287～292）对其进行了推导。如前所述，饱和空气（空气处于冷凝的边缘）中的蒸气量随温度上升呈指数增加。在饱和上升时（这里 Γ_m 描述了气团温度是如何随着高度改变的），温度较高的气团的冷凝率和加热量都比较高，这是因为温度较高的气团湿度较大。在较低的对流层中，Γ_m 约为 5 ℃/km；在较高的对流层中，空气非常冷，湿度非常小，Γ_m 接近 Γ_d。

在图 1 中，标准对流层递减率为 6.5 ℃/km，比 Γ_d 小，在 Γ_m 的正常范围内。我们已经指出对流层顶在赤道上空最高，向两极逐渐降低。为什么会这样？答案是深对流调节了在纯辐射平衡中发生的较大递减率的情况。

辐射平衡是指在各大气高度层中各个波长的向上和向下的辐射通量达到平衡。辐射平衡最简单的模型为仅考虑两个波长段，这两个波长段的分隔非常近，分别为太阳辐射，最长波长为 4 μm，以及来

自地球表面和大气的红外辐射，波长大于 4 μm。大气层对太阳的直射和反射辐射都是近似透明的，太阳辐射对辐射平衡几乎没有影响，因此平衡只需要大气各高度层中向下和向下的红外辐射通量相等。计算需要大气气体吸收和发射特性的相关知识。

这些简单模型（Salby，1996，p.233～240）的结果表明，在 15 km 以上温度几乎是定值，在较低的高度，递减率逐渐变陡。辐射平衡下的递减率一般在 6 km 高度超过 Γ_m，在 5 km 高度超过 Γ_d，在 5 km 以下变得绝对不稳定。绝对不稳定是不能持续的，对流会很快降低对流层递减率至一个低于 Γ_d 的值，这是对流－辐射平衡的结果。当对流建立的环境温度剖面与更高海拔处由纯辐射平衡确定的接近绝热剖面相交时，这个地方就是对流层顶。

表面温度和对流层高度正相关。在热带地区，表面温度和水分供应都高于其他大多数纬度，对流往往更深，对流层更高。随着纬度的增加，表面温度降低，或者如果没有降低（如亚热带沙漠），水分供应通常是有限的。对流虽然有时比热带地区激烈，但是不深。在中纬度地区，地表温度的季节性波动带来有效水分、对流频率和对流层高度的波动。在极地的冬天，几个星期或者几个月几乎都没有阳光，地面逆温因为大气和太空的红外辐射损失变得非常显著。对流层在这样的条件下变得不明确。

2.2 平流层

平流层从对流层顶延伸至约 50 km 高度处。温度在整个深度中逐渐增加，在底部增加缓慢，在顶部附近迅速增加。因此，平流层是一个非常稳定的层，没有对流。它也是很干的，因为大部分水蒸气都是通过对流层顶进入的，由于那里温度很低，因此被称为"除湿器"。偶尔可以观察到极地平流云，但是这仅在极低温度的情况下。如果火山喷发的微粒物质进入平流层，停留时间会很长，往往超过一年，这是因为没有降水洗涤灰尘。

对流层含有大气层中 90% 的臭氧（O_3），但是平流层中每一百万个分子中也只有几个臭氧分子。臭氧在 20 km 高度处的混合率一般是百万体积分之 3（ppm）；在 35 km 高度达到最大，为 8～10 ppm；在平流层顶降至 2 ppm。平流层中起支配作用的是辐射过程。温度随高度增加的原因是臭氧对太阳紫外辐射的吸收。

在平流层及以上高度对太阳紫外线（UV）的吸收对地球上的生命来讲是相当幸运的，因为在地球表面，没有衰减的紫外线对植物和动物生命都是有害的。图 2 显示了将紫外辐射强度从大气层顶部降至 1/e（0.37）的高度。短波辐射一般在较高的高度被吸收。UVA 和 UVB 是防晒霜最有效的波段，它们分别占据 400～320 nm 和 320～280 nm 的波长。图 2 分别显示了不同高度主要的吸收气体。如前面所述，平流层中的臭氧是主要吸收剂。

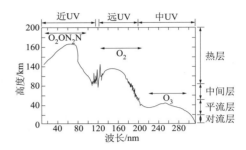

图 2　紫外（UV）辐射强度被吸收，由大气层顶部的值减少至 1/e 高度的值

（吸收导致分解和电离，从分子氧和氮（O_2 和 N_2）分解形成原子氧和氮（O 和 N），从任何种类中剥离一个电子。对 Ondoh 和 Marubashi（2000）© Ohmsha，Ltd 再加工过）

2.3 中间层

中间层从平流层顶延伸至 80～90 km 高度。分子氧和氮仍然占空气的 99%，事实上，和海平面的混合率一样。通常小流星在中间层烧光。除了非常大的陨石以外，陨石和气体分子之间的高速碰撞产生的热量足以将它们都蒸发掉。中间层的温度逐渐降低，在中间层顶部达到 185 K。中间层吸收的 UV 比平流层的要少，主要是臭氧的浓度随着高度降低。臭氧仍然是最主要的吸收气体，其次是分子氧。这是辐射加热的两个主要来源。二氧化碳（CO_2）在中间层中发射红外辐射，这是中间层辐射冷却的主要来源。夏季中间层是整个大气层中最冷的地区。已观察到的最低温度为 170 K。在高纬度地区，偶尔会在中间层顶附近形成微小冰粒组成的夜光云。

仅依靠辐射平衡还不能说明在夏天观测到的中间层顶部如此低的温度。事实上，尽管在冬季半球高纬度地区缺少阳光，但是冬季中间层顶部并不是很冷。大规模向上运动和绝热冷却对维持夏季中间层顶的低温发挥了作用，重力波也起到了部分作用。它们同时影响了中间层从西向东的平均流动。重力波是扰动波，而浮力作为恢复力，使气团恢复流体静力平衡。

大部分重力波从对流层或平流层下部发出。常见的来源是山脉、强烈的对流、大气锋面和水平风的垂直切变。它们从形成地区开始向上传播，特征周期为1～2 h，重力波遇到密度较小的空气，振幅增加，垂直运输能量和水平动量。在它们从对流层到中间层传播的过程中，其单位质量能量增加了1～2个数量级。当振幅足够大时，重力波破碎，产生湍流和能量耗散，这通常发生在中间层。这些破碎波对平均中层大气风有很大的影响，产生叫作重力波阻的局部加速度。它们同时影响平均风和中间层高度方向的热结构（Fritts，1995）。

2.4　热　层

热层从大约86 km处开始向上延伸并逐渐和围绕地球的中性氢云融合。热层的温度从底部到120 km高度迅速上升，此后上升得越来越慢，在700 km高度达到1 000 K。由于温度受紫外线吸收的影响非常显著，于是温度在白天和晚上变化非常迅速。温度同样也受到太阳风的显著影响。由于热层的顶部足够稀薄，许多围绕地球的卫星的高度都在400～1 000 km之间。这里的大气密度非常低，但是仍然能够对航天器产生一个非常小的摩擦阻力以影响它的轨道预测。极光发生在80～300 km的高度。电离层是指自由电子和正离子层，它和中性热层重叠，从中间层的上部延伸至1 000 km以外，这将在第4节讨论。但是这足以说明中性气体和带电粒子的相互作用对热层结构发挥了很大作用。

均质层和非均质层的边界（见第6卷第273章）位于热层底部（100 km高度）附近。低于这个高度的均质层中，涡流扩散（大量空气的牵连运动）主导大气传输。高于这一高度，分子扩散控制气体的相对浓度和温度剖面，吸收波长小于103 nm的远紫外线（EUV）电离分子和原子氧以及氮（剥离电子）。UV辐射同时分解O_2和N_2为O和N，因此，在大于200 km的高度，原子种类比分子种类多。在1 000 km以下热层的每个地方，中性粒子的密度都比电子或正离子的密度大几个数量级。

根据Roble（2003），被中性气体吸收的UV能量中约1/3被用来局部加热。其余的被辐射或者转化为化学能。热层的红外冷却相对较弱，通过CO_2、O_2和一氧化氮（NO）进行发射，但是这不够平衡UV加热。其在高热层中是最主要的，因为大部分高能辐射都被吸收了。因此，温度分层至少在120 km处受向下的分子热扩散控制。由于在500 km以上热扩散很高，所以扩散效率很高；它和密度成

反比，它从中间层顶到1 000 km高度降低8个数量级。这就是温度分布在热层保持不变的原因。

3　标准大气

3.1　美国标准大气（1976）

标准大气是大气特性的规定，主要是高度的函数，工程应用中很有用。一个广泛使用的标准大气是美国标准大气（1976），已经被多次引用。表1就来源于这一标准，并总结了前面讨论的大气分层。从表中可以很明显地看出，高度每增加15 km，压力和密度减少约一个数量级。

3.2　其他标准大气

近几年发展了其他的标准大气。其中包括国际民航组织（ICAO）标准大气（ICAO，1993），它给出了80 km以下温度、压力和密度的标准值以及基础方程来计算它们。这个大气中不包含水蒸气。它用来校准气压高度表、评估飞机性能和工程设计。

由国际标准化组织（ISO，1975）出版了国际标准大气（ISA）。ISA模型中的压力、密度、温度和黏度垂直剖面是基于中纬度地区的平均条件。美国标准大气（1976）和ICAO标准大气在32 km以下相同，和国际标准大气在50 km以下相同。它们都是干的大气。

COSPAR国际参考大气（CIRA-86）（http://badc. nerc. ac. uk/data/cira/）比其他标准大气更详细，它除了提供温度、压力和密度外，还提供了平均纬向风（来自西边的风的分量），高度在120 km以下，维度在80° S和80° N之间。在120～2 000 km的高度，CIRA-86和MSIS-86合并。

MSIS表示质谱仪和非相干散射雷达，是研究MSIS标准大气的两个主要大气数据来源。MSIS-86是一个早期的版本，最新版本NRLMSISE-00由美国海军研究实验室（NRL）开发，已经成为国际空间研究的一个标准。它通过实际卫星的阻力数据进行校准。E表示这个标准大气已经从地面扩展到外逸层；00是出版年份2000年。NRLMSISE-00的输入包括年、天、该天时间、维度、精度、高度、当地太阳时以及最近的太阳活动信息和磁性指数。输出是大气层主要气体的密度、总的密度、温度。如需更多信息，请到http://www. nrl. navy. mil/content. php？P＝03REVIEW105查看。

47

表 1　各主要大气分层温度、压力和密度与几何高度的关系

集合高度/m	温度/K	压力/hPa[①]	密度/(kg·m⁻³)
对流层——恒定递减率 0.65 K/km（随高度降温），从 0.0～11.0 km。			
0	288.150	1.013 25 ＋03	1.225 0 ＋00
1 000	281.651	8.987 6 ＋02	1.111 7 ＋00
2 000	275.154	7.950 1 ＋02	1.006 6 ＋00
4 000	262.166	6.166 0 ＋02	8.193 5 －01
6 000	249.187	4.721 7 ＋02	6.601 1 －01
8 000	236.215	3.565 1 ＋02	5.257 9 －01
10 000	223.252	2.649 9 ＋02	4.135 1 －01
对流层顶			
11 000	216.650	2.263 2 ＋02	3.648 0 －01
平流层——11.0～20.0 km 为等温（216.65 K），然后随高度变暖。递减率在 20.0～32.0 km 为 －1.0 K/km，在 32.0～47.4 km 为 －2.8 K/km。			
15 000	216.650	1.211 1＋02	1.947 6 －01
20 000	216.650	5.529 3＋01	8.891 0 －02
25 000	221.552	2.549 2＋01	4.008 4 －02
32 000	228.490	8.890 6 ＋00	1.355 5 －02
37 000	242.050	4.332 4＋00	6.235 5 －03
平流层顶			
47 400	270.650	1.102 2 ＋00	1.418 7 －03
中间层——在 47.4～51.0 km 为等温（270.650 K），然后随高度变冷。在 51.0～71.0 km 的递减率为 2.8/K km，在 71.0～86.0 km 的递减率为 2.8 K/km。			
48 000	270.650	1.022 9 ＋00	1.316 7 －03
51 000	270.650	7.045 8 －01	9.069 0 －04
61 000	244.274	1.915 7 －01	2.732 1 －04
71 000	216.846	4.479 5 －02	7.196 6 －05
中间层顶			
86 000	186.87	3.733 8－03	6.958 －06
热层——在 86.0～92.0 km 为等温（186.87 K），然后随高度变暖。120.0 km 之前递减率为 －12 K/km，然后增加至 0，温度逐渐接近 1 000 K，在 815.0 km 这一点达到这一值。			
92 000	186.96	1.288 7 －03	2.393 －06
100 000	195.08	3.201 1 －04	5.604 －07
120 000	360.00	2.538 2 －05	2.222 －08
150 000	634.39	4.542 2 －06	2.076 －09
200 000	854.56	8.473 6 －07	2.541 －10
300 000	976.01	8.770 4 －08	1.916 －11
500 000	999.24	3.023 6 －09	5.215 －13
700 000	999.97	3.190 8 －10	3.070 －14

①1 hPa＝100 Pa。

来自美国标准大气（1976）。假定为干空气。除了热层以外，包括了递减率改变的各个层。正负号和之后的两位数字表示 10 的次幂，和前面的数字相乘。

3.3　标准大气在航空中的应用

标准大气的一个重要应用是保证飞机在垂直方向上保持一个安全距离。在所谓的转换高度（美国是18 000 ft，其他地方一般是3 000～14 000 ft）之上，飞机在飞行控制下在一恒压面上飞行。这是容易做到的，因为它们的高度表实际上就是压力传感器。如果飞机报告的飞行高度（z_{FL}）是3 500 ft，指的是飞行所在的压力面（p_{FL}）所对应的ICAO标准大气高度。注意，z_{FL}不是真实的高度，而是给定压力下标准大气中的高度。在10 000 m，z_{FL}和真实高度差可能会有500 m。在实际中，除了中国以外，标准飞行层高度是1 000 ft（305 m），中国是在300 m处。前进方向是基于地面轨道磁场方向，往东定义为0°～179°（包括N，NE，E，SE），往西定义为180°～359°（包括S，SW，W，NW）。基于明显的原因，往东和往西的飞机交替占据飞行高度。p_{FL}和z_{FL}的关系如下：

$$p_{FL} = p_0 \left(\frac{T_0 - \gamma z_{FL}}{T_0} \right)^{\frac{g}{\gamma R_d}} \quad z_{FL} \leqslant 11\,000 \text{ m} \quad (3)$$

这里p_{FL}的单位是hPa；$p_0 = 1\,013.25$ hPa（标准海平面压力）；$T_0 = 288.15$ K（标准海平面温度）；$\gamma = 0.006\,5$ K/m（是ICAO中标准大气对流层的递减率）；g是重力加速度；R_d是干空气的气体常数287 J/(kg·K)。延伸阅读参见http://hurri.kean.edu/~yoh/calculation/standatm/StdAtm.html。注意，z_{FL}必须采用m为单位。对于飞行高度超过11 km的飞机，

$$p_{FL} = p_1 \exp \left[-\frac{g}{R_d T_1} (z_{FL} - 11\,000) \right]$$
$$11\,000 \text{ m} < z_{FL} \leqslant 20\,000 \text{ m} \quad (4)$$

这里$p_1 = 226.32$ hPa，是对流层顶的压力；$T_1 = 216.65$ K，是ICAO标准大气（Stull，2000，p.13）平流层下部的温度。注意，式（3）和（4）在$z_{FL} = 11\,000$ m给出的结果是一样的。

如果一架飞机一路下降到海平面，那么它的高度表不会显示为零，除非这时候海平面的压力碰巧是1 013.25 hPa。同样，如果一架飞机降落到一个标高为z_{sta}的机场，它的读数在轮胎触碰到跑道时也不会正确，除非真实大气碰巧符合ICAO标准大气。基于这个原因，当在转换高度以下飞行时，飞行员将它们的高度表设置为高度表拨正值p_{as}，这来源于假定ICAO标准大气压条件下机场标高和海平面之间的测站压力p_{sta}（通过水银气压计在跑道标高处测

量的真实压力）。如果"水平"飞行，它们在转换高度以下仍然飞行在恒定压力面，即使高于和低于转换高度的大气是非标准的，它们的高度表在降落时也会读出正确的标高。这是至关重要的，尤其在跑道的能见度很低的时候。高度表拨正值由下式计算

$$p_{as} = \left[(p_{sta} - 0.3)^{\frac{R_d \gamma}{g}} + \frac{\gamma z_{sta}}{T_0} p_0 \frac{R_d \gamma}{g} \right]^{\frac{g}{R_d \gamma}} \quad (5)$$

这个方程和式（3）密切相关（见http://hurri.kean.edu/~yoh/calculations/altimeter/），它们采用了同样的常数。压力应该采用hPa作为单位，因为常数0.3的单位就是hPa。这个常数是基于这样的显示，许多商用飞机的高度表安装在离跑道约3 m的高度（转换为压力就是比跑道小约0.3 hPa）。高度表的单位有时候是hPa，有时候是英寸水银（汞），因此，应用式（5）后最好进行单位转换：1 hPa = 0.029 53 inHg。

4　电离层

4.1　电离层的形成

电离层位于上层大气区域，包含大量的粒子（几乎所有的都带正电）和自由电子。它从中间层的上部约60 km处延伸至超出本章所考虑的范围的1 000 km高度以外。电离层中的带电粒子云叫作等离子体，混合了几乎相同数量的正负粒子，在这里以热层的中性气体为媒介。即使位于300 km高度处电子的数量密度（和正离子的数量密度相似）出现峰值，中性气体的数量密度仍然比它多100倍以上。尽管如此，等离子体仍具有高导电性。等离子体的电场和磁场响应以及带电粒子和中性粒子之间的相互作用强烈影响电离层的属性。

在这里的讨论中，以下的术语是很有用的：X射线的波长在0.01～1.0 nm；软X射线的波长在1.0～10 nm之间；远紫外线（EUV）在10～100 nm之间；UV在100～300 nm。波长越短，辐射的能量越大。物理学家将光子携带的能量表示为$h\upsilon$，这里h是普朗克常数（$6.626\,1 \times 10^{-34}$ J/s），$\upsilon = c/\lambda$，是辐射的频率，c是光的速度（2.998×10^8 m/s），λ是以m为单位的波长。

来自太阳的UV及更短波长的辐射能量很高，足以夺去中性大气层气体的电子，尤其是N_2、O_2和O，从而电离它们。这也会产生分解：分离分子为组分粒子，不产生自由电子。小于35 nm的光

子能量很大，使得电离过程中产生的离子很"热"，也就是说，它们自己具有足够的动能在接下来的和 N_2、O_2 及 O 的碰撞过程中产生电离。表 2 列出了整个电离层中的电离和分解反应。

表 2　电离层中最重要的电离和分解反应
（Fuller-Rowell，1993）

辐射导致的电离	碰撞导致的电离
$O_2 + h\upsilon \rightarrow O_2^+ + e$	$O_2 + e^* \rightarrow O_2^+ + 2e$
$O_2 + h\upsilon \rightarrow O^+ + O + e$	$O_2 + e^* \rightarrow O^+ + O + 2e$
$O + h\upsilon \rightarrow O^+ + e$	$O + e^* \rightarrow O^+ + 2e$
$N_2 + h\upsilon \rightarrow N_2^+ + e$	$N_2 + e^* \rightarrow N_2^+ + 2e$
$N_2 + h\upsilon \rightarrow N^+ + N + e$	$N_2 + e^* \rightarrow N^+ + N + 2e$
辐射导致的分解	碰撞导致的分解
$O_2 + h\upsilon \rightarrow O + O$	$O_2 + e^* \rightarrow O + O + e$
$N_2 + h\upsilon \rightarrow N + N$	$N_2 + e^* \rightarrow N + N + e$

左边一列是高能光子导致的反应，右边一列是热电子导致的反应，热电子有许多是左边一列的反应产生的。电子符号右边的星号表示电子的能量在碰撞过程中足够产生电离或者分解。碰撞后所得到的自由电子可能是热的，也有可能不是。

当短波辐射穿透进入更深的大气，吸收部分增加，但是大气层中的气体能够吸收掉这部分。最大的电子/离子密度出现在 300 km 附近。低于这一高度，光化学平衡往往占上风，离子的产生几乎和离子与电子的重组平衡。粒子的密度和高碰撞率保证了这一平衡。高于 300 km 处扩散平衡占据上风。和中性气体情况一样，密度大的离子的浓度随着高度降低的速度要比密度小的离子和密度更小的电子大。

在讨论电离层各个区域前先观察一下图 3 （Hobbs，2000，p.27），它总结了很多这里（以及第 6 卷第 273 章）介绍的材料。左边是一个全球平均温度剖面，除了它延伸至 1 500 km 而不是 110 km 以外，和图 1 相似。注意，热层温度的差异主要取决于太阳是宁静的还是活跃的。温度的大幅波动也可能出现白天和黑夜之间。图的中间部分给出了干空气的平均相对分子质量的逐渐变化，在均质层恒定为 28.9 kg/kmol。在这里，大尺度的湍流维持了大气层气体的混合率，但是平均相对分子质量在非均质层逐渐减小，这里以分子扩散为主，密度比较大的气体进行重力沉降。在外逸层，粒子的数量非常少，以至于碰撞很罕见，密度最小和速度最快的粒子可以逃离地球引力场。方括号表示括号里化学符号所代表气体的密度。可见，在约 110 km 高度处 O 的密度开始大于 O_2，在约 180 km 处开始大于 N_2。右边是臭氧层和电离层的各个区域的电子密度。垂直刻度是 km 的对数。

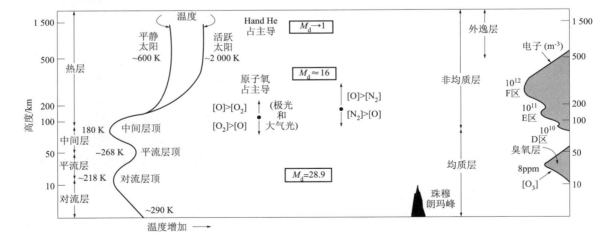

图 3　电离层三个区域具有代表性的数量密度（m^{-3}）
（左边：表示大气中温度的垂直结构；中间：干空气相对分子质量的变化和三种大气层气体的数量密度的对比；右边：电离层及其和均质层、非均质层及外逸层的关系。来源于 Hobbs（2000）©剑桥出版社）

4.2　电离层分区

电离层通常分为 D、E 和 F 区。它们以发生的光化学反应为特征。它们之间的边界不分明。

D 区大约从 60 km 延伸至 90 km 高度。X 射线是电离的一个来源；在发生太阳耀斑时，流入的 X

射线会增加 2～3 个数量级，D 区域的等离子体密度大量增加。在这一高度范围，较短波长的 EUV 辐射被消耗殆尽（图 2），但是对 O_2、N_2 和 NO 的电离发生在大于 112 nm 的波长。121.6 nm 电离 NO 的辐射称为 Lyman-alpha 辐射。水簇正负离子包含由最初电离的 NO^+ 和 O_2^+ 形成的 H_2O 分子，这些主宰了低于约 85 km 的区域。白天离子数量达到 10^{10} m^{-3}，比中性气体密度小 10 个数量级。在晚上电离基本停止，自由电子很快被捕获，D 区几乎消失。D 区最常见的表现是白天吸收调幅（AM）无线电波，日落以后，AM 无线电波（频率在 540～1700 kHz）可以传播到更高的 F 区，然后反射回地面，允许长距离的信号传输，但是不可能一整天。

E 区域大约从 90 km 延伸至 150 km 高度。在这一高度范围，离子产生率最大的是 O_2^+ 和 N_2^+，O^+ 比较少，它的最大产生率在接近 180 km 的高度。电离辐射主要是 Lyman-beta（102.5 nm）、小于 100 nm 的 EUV 辐射和软 X 射线。NO^+ 主要在两个碰撞反应中产生，$O^+ + N_2 \longrightarrow NO^+ + N$ 和 $N_2^+ + O \longrightarrow NO^+ + N$。产生和损失（通过重组）达到平衡后，$NO^+$ 和 O_2^+ 成为主导离子。和 D 层一样，E 层在晚上几乎消失。有时候，一个叫作突发 E 层的很薄的高密度电子层会在和 E 区一样的高度形成。它很零散，持续几分钟到几小时。它支持 25～225 MHz 无线电波的异常反射。

上文中提到的生成 NO^+ 的反应是两个被称为离子-分子互换类的反应，在 E 区和 F 区非常普遍。离子和中性粒子通过碰撞反应产生新的离子和中性粒子。这些反应中最重要的是

$$O^+ + N_2 \longrightarrow NO^+ + N \qquad (R1)$$
$$O^+ + O_2 \longrightarrow O_2^+ + O \qquad (R2)$$
$$N_2^+ + O \longrightarrow NO^+ + N \qquad (R3)$$
$$N_2^+ + O_2 \longrightarrow O_2^+ + N_2 \qquad (R4)$$
$$N_2^+ + O \longrightarrow O^+ + N_2 \qquad (R5)$$

电子-离子重组成中性物质（从而 D 区和 E 区在晚上消失）最主要的反应是

$$NO^+ + e \longrightarrow N + O \qquad (R6)$$
$$O_2^+ + e \longrightarrow O + O \qquad (R7)$$
$$N_2^+ + e \longrightarrow N + N \qquad (R8)$$

F 区大约从 150 km 延伸至 400 km 高度。F 区使得短无线电波长距离传输成为可能。原子氧在中性气体中占主导地位，其次是 N_2 和 O_2，但是这三种气体都被 EUV 辐射电离，主要是小于 91.1 nm 的波长段，这也是 Lyman 系列的短波末端。

在白天，F 区分为两个区域：F1（150～250 km 高度）和 F2（250～400 km 高度）。离子密度在 F1 区随高度稳定增加。在小于 180 km 的高度，离子-分子间相互转换，迅速消耗 O^+，产生 NO^+ 和 O_2^+（R1 和 R2 反应）。分子、离子的损失出现在重组中，损失率和电子（离子）密度的平方有关。O^+ 产生率的峰值在 180 km 附近，所以白天电子密度分布会在这个高度附近出现一个隆起。在远高于 180 km 的区域，N_2 和 O_2 比 O 少很多，因此离子-分子相互转换反应 R3 比 R1 和 R2 频繁很多，使得 O^+ 成为主要离子。远高于 180 km 的区域的损失率和电子密度成正比，而不是密度的平方。在晚上，F1 区域几乎消失，因为电子损失率很高而离子产生率几乎为零。

F2 区（250～400 km 高度）在 300 km 处电子密度有一峰值。如果光化学平衡在这一高度之上占据主导地位，电子密度会持续增加，但是由于中性风的垂直和水平移动使得等离子体输运变得更加重要。F2 区位于非均质层，这里密度较大的粒子通过扩散来寻求静力平衡。这带来的一个现象是密度较小的粒子的密度随着高度的降低要比密度较大的粒子慢很多。这给电离层等离子体带来一个很有趣的效果，密度较大的离子趋向于下沉，而密度较小的电子趋向于上浮。这在垂直方向产生了一个电场，这个电场有拖动电子向下运动、正离子向上运动的趋势，这种效应称为双极性扩散。这些粒子上的电荷导致它们的密度随着高度减小的速度只有中性粒子的一半，这使得等离子体满足麦克斯韦-玻尔兹曼速度分布的高度要比中性粒子高很多。

F2 区在晚上仍存在。由于碰撞频率小于每秒一次，平均自由程超过 1 km，达到 300 km，电子密度经过近 10 h 降至日落时值的 1/e。在大部分低纬度和中纬度地区，10 h 后黑夜都会结束。此外，等离子体在晚上从 F2 区的上部向下扩散。

顶部电离层也叫作上 F 区，它超过电子密度峰值所在高度 300 km，这里 O^+ 是主要离子。它白天延伸超过 1 000 km，但是晚上只有 600 km。在这个之上是质子层，这里氢离子和氦离子（H^+ 和 He^+）占主导地位。

图 4 总结了前面讨论的大部分内容。它给出了离子浓度的垂直分布，它来源于国际参考电离层（IRI，见 http://modelweb.gsfc.nasa.gov/ionos/

iri. html)。这些在太阳正午时和太阳午夜时的例子来自太阳处于典型极大期时的数据。所有离子（以及电子）的密度在白天都比晚上的大，在电离层较低处大1～2数量级。在每个高度，所有离子的密

度和大约等于电子的密度。在300 km附近，电子密度达到峰值，在这之上100 km左右只有 O^+，然而，它既不是E区的主要离子，也不是D区的主要离子。

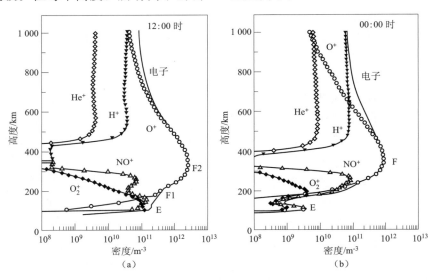

图4 太阳正午（12：00，当地时间）时和太阳午夜（00：00）时离子和电子数量密度的垂直分布

（这些条件一般是在太阳活动极大期，从国际参考电离层中提取。图中标出了文中重点讨论的离子，E、F1和F2区也标出来了。来自Ondoh和Marubashi（2000）© Ohmsha, Ltd）

顶部电离层白天、黑夜厚度差是很明显的。它的上边界位于 H^+ 密度超过 O^+ 处，图中它在白天的高度大约为1 000 km，但是晚上只有600 km。

一个重要的注意点是电离层条件由于太阳加热、地磁活动和太阳可变性而产生非常大的快速变化。Schunk和Nagy（2000）发表了关于电离层物理学的综合参考文献。

5 总 结

采用长期平均温度的垂直分布对地球大气层进行分层是非常方便的方法。

对流层是最下面一层，从地球表面延伸至9～17 km，这取决于温度和季节。对流层温度一般随着高度降低，但是降低速度很少超过10 K/km。大部分时间递减率小于这一值；偶尔会来一个倒置，温度随着高度增加。云和风暴在对流层里形成，可能会对飞越它们的交通工具造成危害。对流层顶部——对流层的顶层通过倒置来识别。对流层顶层的高度由辐射—对流平衡来决定：在干大气中，仅有辐射效应会使得递减率比在对流层下部观测到的更加陡峭。湿对流限制了递减率。对流的强度和对流层顶的高度关系非常大。

平流层从对流层顶层延伸至约50 km高度。在平流层的底部，温度的增加很缓慢，但是在顶部附近增加很迅速。平流层很干，因为大部分进入平流层的水蒸气必须经过对流层顶层，那里非常冷。平流层是稳定分层的，不经受对流，因此，任何由于火山爆发进入平流层的细微颗粒可以在平流层待数个月，因为这里没有降水将它洗出。平流层的温度主要受臭氧对紫外线的吸收控制，臭氧浓度峰值出现在35 km附近。

中间层从50 km延伸至80～90 km高度之间。中间层温度随高度减少，在其上边界——中间层顶达到最小值185 K。重力波结合向上的运动及绝热冷却有助于维持在中间层上部得到的低温。

热层从中间层顶向上延伸，并逐渐与外太空融合。分子吸收的高能太阳辐射热将热层的上部加热到1 000 K。分子扩散将热量向下传递给热层较低处的大气，从而导致温度在90～120 km迅速增加，然后缓慢增加，在700 km高度达到1 000 K。在热层的高处会出现大的白天—黑夜温差。

标准大气是大气特性的指示，主要是高度的函数，对于工程应用很有用。标准大气在航空中的应用是最突出的应用之一。空中交通管制通过使它们在一恒定压力面上飞行来分离垂直方向的飞机。

"飞行高度"是假定飞机在一个标准大气中飞行时的高度。

重叠在中间层和热层之间的是电离层，这里高能太阳辐射使大气分子、电离原子和分子分解。正离子和自由电子在高层大气中形成等离子体，它和中性粒子以及地球磁场相互作用。电离层的三个主要分区分别是 D、E、F 区，它们对无线电波的传输影响不同，在太阳辐射输入的白天—黑夜循环中的反应也不一样。电离层条件由于太阳加热、地磁活动以及太阳可变性而产生非常大的快速变化。

致 谢

我要谢谢 John C. Osborn 对格式、绘图或者对大部分图的重新绘画；谢谢 Tim Fuller-Rowell，George C. Reid，Raymond G. Roble 和 Susan Solomon 在本章内容建议上的帮助，同时给了我很多参考文献；John M. Brown，Tim Fuller-Rowell，Howard Singer 和 Ann M. Reiser 审阅了文稿并给出了很多有用的建议。

参考文献

Bohren, C. F. and Albrecht, B. A. (1998) *Atmospheric Thermody-namics*, Oxford University Press, New York.

Brasseur, G. P., Orland, J. J. and Tyndall, G. S. (eds) (1999) *Atmospheric Chemistry and Global Change*. Oxford University Press, New York.

Fritts, D. C. (1995) Gravity wave forcing and effects in the meso-sphere and lower thermosphere, *in The Upper Mesosphere and Lower Thermosphere: A Review of Experiment and Theory* (eds R. M. Johnson and T. L. Killeen), American Geophysical Union, Washington, D. C., 89—100.

Fuller-Rowell, T. J. (1993) Modeling the solar cycle change in nitric oxide in the thermosphere and upper mesosphere. *J. Geophys. Res.*, **98** (A2), 1559—1570.

Hobbs, P. V. (2000) *Introduction to Atmospheric Chemistry*, Cam-bridge University Press, New York.

ICAO. (1993) *Manual of the ICAO Standard Atmosphere: Extended to 80 Kilometres*, 3rd edn, International Civil Aviation Organiza-tion, CD-ROM (7488-CD), ISBN 92-9194-004-6.

ISO. (1975) *Standard Atmosphere*, Standard 2533, International Organization for Standardization, Geneva, Switzerland, available for a fee, with addenda in 1985 and 1997.

Ondoh, T. and Marubashi, K. (eds) (2000) *Science of Space Envi-ronment*, Ohmsha/IOS Press Inc., Burke, Virginia.

Roble, R. G. (2003) Thermosphere, in *Encyclopedia of Atmospheric Sciences* (eds J. Holton, J. Pyle and J. Curry), Academic Press, New York, pp. 2282—2290.

Salby, M. L. (1996) *Fundamentals of Atmospheric Physics*, Aca-demic Press, New York.

Schunk, R. W. and Nagy, A. F. (2000) *Ionosphere. Physics, Plasma Physics, and Chemistry*, Cambridge University Press, New York.

Stull, R. B. (2000) *Meteorology for Scientists and Engineers*, Brooks/Cole (Division of Thompson Learning), Pacific Grove, California.

US Standard Atmosphere. (1976) Prepared jointly by the National Oceanic and Atmospheric Administration, National Aeronautics and Space Administration, and the US Air Force, US Government Printing Office, Washington, D. C.

本章译者：杜骞（南京航空航天大学航空宇航学院）

第 275 章

气　象

Alfred J. Bedard Jr.

环境科学协作研究所，自然科学部，地球系统研究实验室，
国家海洋和大气管理局，博尔德，科罗拉多州，美国

1　引　言

气象深刻地影响着飞行。大气现象导致一系列的事故，从低空风切变导致的一系列商用飞机事故（尤其在 1975—1985 年之间）到遇到中途湍流导致的许多受伤事件。表 1 列出了主要的危害和受影响的平台。很明显，关于气象危害及其导致的机身响应这一物理过程的知识在过去的 25 年有了提高。分析、数值模拟、外场实验和实验室模拟的结合可以帮助指导预测和预警方法。此外，远程和在线的传感器使用对于大气飞行危害的预测、检测和预警来讲，正在扩展其角色的重要性。与此相反，上层风预测能力的提高则对节省燃油和飞行时间很有用。表 2 改编自 Orlanski（1975）。

本章的编写目的是描述一些飞行气象灾害，同时指出一些建立的或者正在建立的减缓危害的方法。美国国家运输安全委员会（NTSB）的航空器事故和事故征候记录统计中一些数据的回顾会作为下文的材料。此外，还回顾了一些其他飞机调查机构的数据。参与事故调查的国家机构主要有：

- 国家运输安全委员会（NTSB）—美国；
- 欧洲航空安全局（EASA）—欧盟；
- 澳大利亚运输安全局（ATSB）；
- 加拿大运输安全委员会（TSB）。

此外，还有许多其他国家直接参与这些组织的事故调查工作。

2　微暴流风切变

微暴流风切变是导致一系列严重事故的一个现象例子，这些现象既不能被解释，也不能通过严重事故来定义其特征。下击暴流是一种很强的下沉气流，它在地面或地面附近产生一个很强的破坏性暴流风。微暴流是下击暴流，它的水平方向小于 4 km，沿着气流一侧有一个峰值，持续 2～5 min。整个发散中心的速度变化大于 10 m/s（Glickman，2000）。相反，巨暴流是大型的下击暴流，它的暴流风在水平方向超过 4 km（Fujita，1985）。在 1975—1985 年之间，包括商用飞机在起飞和着陆阶段在内，发生了 9 起事故。这些事故使得 540 人死亡，158 人受伤。飞在前面或后面的飞机也常常受到严重影响。结合事件的分析、一系列重要的现场实验、数值和分析研究以及实验室实验的基础上定义了危害及缓解方法。微暴流是小体积的，它小于当时大部分表面测量网络的分辨率。在向外迅速移动的强风中心，强烈下沉气流产生成对增加/减少的性能，并且不可能使其恢复。图 1（a）是一个来自雷暴的下沉气流的概念图，它的流动复杂，可能产生不稳定性。图 1（b）描述了重要的物理过程。

通常没有或者很少有危险存在的视觉线索，并且当暴雷发生时，微暴流不一定发生。图 2（a）显示了一个幡状云从云基下落，这一般出现在最开始的阶段。相反，图 2（b）为强外流的例子。

54

表1　影响飞行的气象现象

大气特性	受影响的航空器种类	注 释
水平风切变	大部分航空器	在大型机场，微暴流的危险已经在很大程度上减轻了
垂直风切变	大部分航空器	
山脉流	大部分航空器	
山谷流	民用航空，一些商用航空，机场	
大气自由湍流—重力/切变	大部分航空器	
雷暴附近	大部分航空器	
闪电	大部分航空器不受影响	对于复合材料机身来讲是一个更加重要的因素
结冰	大部分航空器	即使很小的积累也会对性能产生很大的影响
沙尘暴，垫热	比空气密度小的小型航空器	
雾，能见度	大部分航空器	
尾迹涡	在重型飞机后面进场或起飞的轻型航空器	边界层气象学控制输运偏差及相应的定位预测偏差
火山灰	较高高度的所有航空器	灰的运输和分散部分受大气参数控制

Fujita 和 Caracena（1977）的文章具有开创性，因为它将小尺度充满能量的流动直接和一系列的事故相关联。随后或同一时间内，一系列密集的野外实验定义了微暴流的来源和特性（例如，奥黑尔机场、杜勒斯国际机场、亚特兰大机场、丹佛的斯台普顿机场、博尔德大气气象台；Bedard，Hooke 和 Beran，1977；Bedard，McCarthy 和 LeFebvre，1984）。图3显示了科罗拉多州丹佛市在1982年5月19号通过地面站测量的风矢量。东—西跑道上，风在13 min 内从开始到形成风，产生30 m/s的风切变。

表2　一系列空间和时间尺度大气现象的总结

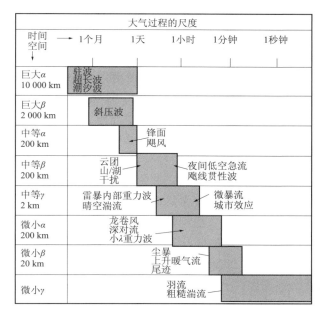

表3为在科罗拉多州丹佛市斯台普顿机场进行的实验所总结的微暴流的特性。这一系列的实验结果有助于验证数值模型，同时推动了低空风切变预警系统的创建和部署。再加上飞行员培训资源的改进以及终端多普勒雷达的添加，在很大程度上消除了微暴流的危害。

表3　由1982年夏季在科罗拉多州丹佛区域地面气象站得到的冲击微暴流统计

参数	平均	最小值	最大值
风速改变/（m·s^{-1}）	13.5	2.5	37.5
风矢量改变/（m·s^{-1}）	20.7	10.0	37.5
温度改变/℃	−1.5	−9.0	+5[①]
压力改变/mbar	0.66	−1.5[①]	2.0
露点改变/℃	−7		+7
雨率/（mm·min^{-1}）	0.28	0	2.75
事件数量	33		

①这些温度增加和压力减小的异常读数是由于微暴流的出流通道位于基于地面的侵蚀逆温上部。

与在1975—1985年的20年间微暴流导致了540人死亡相对比，在1986—2007年的20年间仅有50起事故，导致了62人死亡。图4给出了微暴流作为一个因素的死亡统计。

这些事故大部分为轻型飞机。1992年7月2日的DC—9飞机事故占了死亡人数中的37人。这起事故和流量控制失败有关，它没有及时传递风切变信息，飞机遇到了微暴流。结果DC—9飞机遇到了 61 n mile^① 持续 15 s 的风切变。终端多普勒雷达（它肯定会向飞行员提供更好的指导）的安装还没有完成。在 1999—2008 年间，EASA 记录了 12 起和风切变或雷暴有关的事故。

表 4 总结了有助于缓解微暴流危险的因素。

表 4　减轻微暴流危险的因素

因　素	参考文献
中尺度分析/事故研究	Fujita 和 Caracena（1977），Fujita（1985）
重要场测量计划	Bedard，Hooke 和 Beran（1977）
微暴流统计发展	Bedard，McCarthy 和 LeFebvre（1984）
分析/数值研究	Srivastava（1984）
相似模型研究	Johnson 等（1991）

续表

因　素	参考文献
遥感器的应用	
多普勒雷达	Wilson 等（1984）
多普勒激光雷达	Intrieri，Bedard 和 Hardesty（1990）
预测方法	Caplan，Bedard 和 Decker（1990），Wakimoto（1985）
训练资源	Caracena，Holle 和 Doswell（1989）

由于在通用航空机场装配低空风切变检测系统或者多普勒雷达不可行，这使得它难以避免危险情况，同时事故调查员也难以推断可能的原因。识别视觉线索对通用航空飞行员来讲非常重要。Caracena，Holle 和 Doswell（1989）撰写的《微暴流视觉识别的手册》是飞行员培训的一个很重要的资料。

（a）

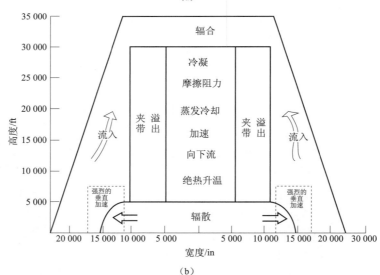

（b）

图 1　来自远处雷暴的巨暴流的概念图

（a）外流边界的复杂结构；（b）雷暴动力学复杂过程的总结

---

① 1 n mile=1.852 km。

第275章 气象

图 2 幡状云和下沉气流

（a）一行幡状云的照片（注意：虽然云在表面之上的中途蒸发，但是下沉气流仍然可以持续进入表面，产生几乎没有视觉线索的危害）；（b）大雨时的下沉气流（在基部的向外膨胀是携带液滴的大风导致的）

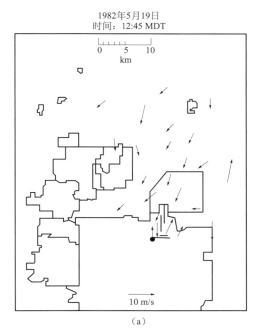 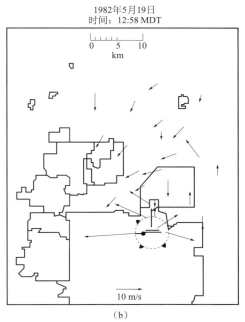

57

图 3 一个微暴流在进化过程中冲击两次的风矢量场

（图（b）中的虚线圆是中心位置和初始尺寸的近似指示）

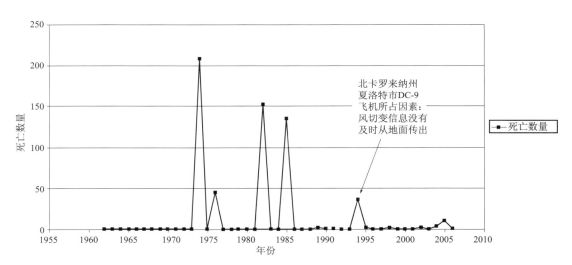

图 4 1962—2006 年间和微暴流相关的死亡人数

3　湍　流

1962—2006 年间，NTSB 认定的和湍流有关的死亡人数为 3 599 人。这其中有 612 人和商用飞机有关。

每年常常有超过 50 人的死亡出现。1985—1991 年间死亡人数似乎有减少的趋势，但是最近死亡人增加到了 1985 年前的水平。大峰值的出现与大型商业飞机事故的死亡人数有关。例如 1974 年 12 月 1 日一架波音 727 客机坠毁，92 人死亡。一个因素是湍流与云和/或雷暴相结合。2001 年 12 月 1 日的案例是一架空中客车 A300B4 事故，造成 265 人死亡。在这个例子中，强风和一个不正确的飞行员反应导致失去垂直安定面。1999—2008 年间 EASA 记录了 22 起涉及湍流的事故。

Tvaryanas（2003）研究了湍流对机组人员的影响。在他的综述中指出，在整个 20 世纪 90 年代，湍流事故数量和发生率都在上升，尤其是 1995 年以后。空乘人员占严重或致命伤害的 50% 以上，然而他们只占机上人员的 4.4%。在其 1992—2001 年的研究中发现，受伤和飞行阶段有关。有 30 人在爬升过程中受伤，190 人在巡航过程中受伤，140 人在降落过程中受伤。与湍流有关的事故和季节无关。

这表明遇到湍流的原因有很多。重现遇到湍流时的大气场很困难，尤其是巡航阶段，这一阶段远离远程气象传感器。例如，如图 5 所示，在 1962—2006 年间，有 67 起 NTSB 评估可能是由本章列出的山脉波作为一个因素引起的事故。这些事故导致

93 人死亡。干扰和山脉波的结合非常复杂，甚至在进行大量野外实验详细测量三维大气体积后获得的数据集也很难解释它。

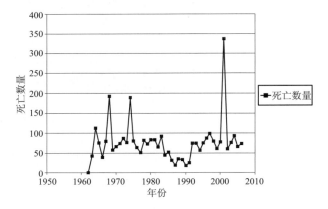

图 5　1962—2006 年间和湍流相关的死亡人数

湍流对飞行的影响一般不是一个随机过程，而是和组织大气有关。湍流的来源是：

- 重力/剪切波；
- 地形引起的湍流；
- 雷暴；
- "自由"大气湍流。

3.1　重力/剪切波

重力/剪切波可能发生在有温度/风梯度的所有飞行高度中。从较低大气边界层的垂直风切变，到射流风、正面边界区以及带有风切变的低压力或高压力区，都有可能引起重力/剪切波。较低空的垂直风切变可能对通用航空飞行器更加重要。图 6 为 1984 年用科罗拉多州博尔德市的博尔德大气气象台的回声探测仪记录的一个重力波列经过时的声波。

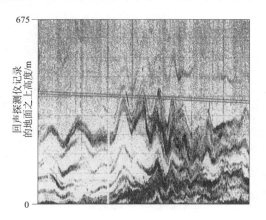

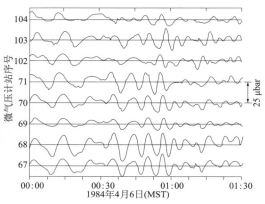

图 6　回声探测仪在 1984 年 4 月 6 日 00：00 — 01：30 MST 之间的显示

（显示的是重力波在较低大气边界层的传播。在探测仪图像下面的压力时间序列和空中波紧密相关）

声波探测仪是探测从空间温度的波动反射回来　的声波。这些波的振幅超过 100 m。图 6 中的压力

轨迹图像来自气压计阵列，显示出与波的特性的相关性。这些轨迹可以用来估计波的传播方向和相速度。Einaudi 和 Finnigan（1989）在这个位置创建了一个气候学的重力波，显示它们本质上在夜间是无处不在的。

关于较低边界层扰动的另一个例子为图 7 所显示的 1980 年 3 月 5—6 日回声探测仪和地面风速仪所进行的测量。

在这幅图中，初始回声探测仪返回低于 400 m 的白色区域，其是返回探测仪最少的稳定冷空气区。在这之上的是波区域，同时风切变引起白色层的顶部扰动，浓郁的黑色为返回区。在图 7（a）、（b）中探测仪图像下面的是地面风图，向量的源点表示风速，箭头指向风吹向的方向。风很弱，风向相当随机。

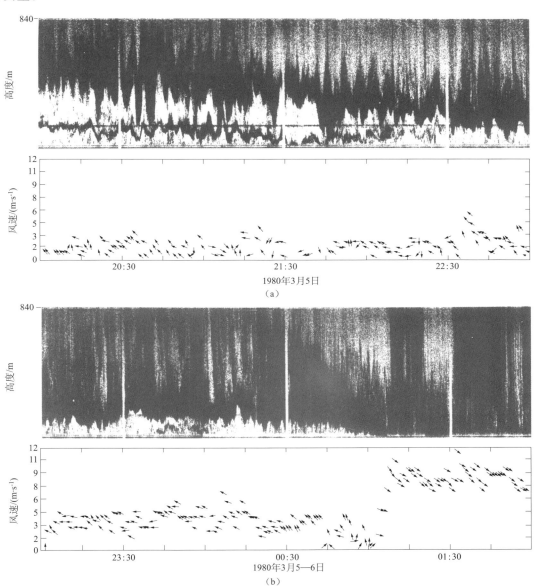

图 7　1980 年 3 月 5—6 日记录的数据

（a）1980 年 3 月 5 日 19:30—23:00 MST 回声探测仪的记录，在回声探测仪记录下面的是相同时间下的地面风速和方向数据；（b）1980 年 3 月 5—6 日 23:00—02:00 回声探测仪记录和风速数据

图 7（b）中显示接下来的 3 h，稳定冷空气区域继续被侵蚀，白色区域相应减小，稳定空气区减小至小于 100 m。最后，在 01:00 MST 附近，侵蚀过程到达地面，地面上来自西北的风速度突然增加至约 10 m/s，温度增加超过 10 ℃。

事实上，地面气象观测站不检测空中剪切层，这可以解释为什么飞行员会突然遇到带有波驱动和湍流的垂直风切变。由于这些层对地面侵蚀趋势有一个相对恒定的速率，一个相对便宜的回声探测仪就可以对较小的机场提供有价值的信息。

弗劳德数 Fr 是衡量惯性和重力相对重要性的数。在一个稳定层上面流动时：

$$Fr = \frac{U}{[dT(gh/T)]^{1/2}} \tag{1}$$

这里 U 是逆温之上的速度，相对的是逆温之下的速度；g 是当地重力加速度；h 是逆温的高度；dT 是两层之间的温度差；T 是平均温度。在现场和实验室实验中，当弗劳德数大于约 0.6，干扰和波开始产生。因此，如果可以得到逆温的高度以及温度分布，就可以估算出速度 U 的极限值。一旦侵蚀过程开始，它一般会以一个较慢的相对恒定速度进行。如果系统的高度以及温度差已知，这个表达式

也可以用来估算大气阵风锋面的传播速度。

重力波在较高高度对飞机影响的一个例子为 1973 年 2 月 21 日（Bedard，Canavero 和 Einaudi，1986）的例子。采用的测量系统很独特，将敏感微气压计阵列安装在科罗拉多州落基山山脉的东西两侧。同时，在关键时期从山脉西侧释放一个无线电探空测风仪，并在东西两侧进行跟踪，这样就能从无线电探空测风仪中获得完整的大气分布数据（图 8）。

得到的风力分布（图 8（a））显示有很大的风（风速大于 80 m/s），在 6 000～11 000 m 之间有很强的切变。

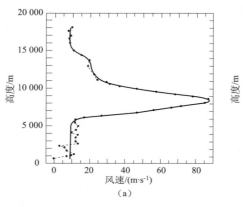

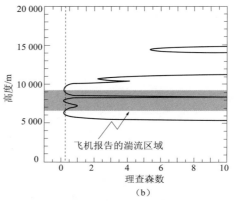

图 8　大气分布数据

（a）风力分布；（b）1973 年 2 月 21 日理查森数分布

另外一个很重要的量纲为 1 的数是理查森数 Ri，这是湍流的一个很重要的指标。这个数同时取决于温度和风速的垂直梯度：

$$Ri = \frac{(g/\theta)(d\theta/dZ)}{(dU/dZ)^2} \tag{2}$$

这里 g 是当地重力加速度；θ 是平均位势温度；$d\theta/dZ$ 是位势温度随高度的改变；dU/dZ 是风速随高度的改变。湍流的准则为 $Ri < 1/4$，这对于飞机湍流来讲是一个很有价值的数，当温度和风速度的分布都可以获得时，可以将预测的湍流高度和实际飞行员报告的湍流值进行对比。一个挑战是需要预测温度和风的梯度或者测量它们足够精确的值来对 Ri 值进行合理估算。对低空湍流联合采用风廓线雷达与无线电声探测系统（RASS）获取温度分布是非常值得的。大部分 RASS 系统使用高度限制在较低高度（一般低于 4 km）。此外，飞行员根据视觉线索的报告也是避开空中湍流区域非常重要的组成部分。

由于在这种情况下温度和风力分布是已知的，可以计算出 Ri 和高度的函数关系（图 8（b））。图中报告湍流的区域用灰色阴影标出。

图 9（a）的地图显示了两个微气压计阵列的位置以及一些飞行员报告湍流的位置。对于每个阵列，都列出了具体的时间间隔内的波相速度和传播速度。图 9（b）显示了科罗拉多州弗雷泽市和博尔德市在 01：00—03：00 UTC 期间的压力波数据。跟踪各个气象台的四个传感器分别覆盖各自区域，并且当它们经过单个阵列时显示出很好的连贯性。中心轨迹显示从弗雷泽市到博尔德市的追踪阵列重叠了。波形仍然很连贯，这说明这些波传播 50 km 改变很少。虽然这是在落基山山脉上发生的，但是它似乎没有受山脉的影响。接下来的一节讨论地形诱导湍流。

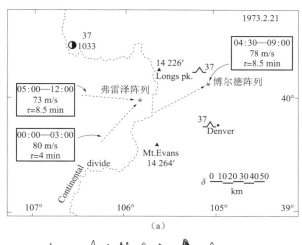

（a）

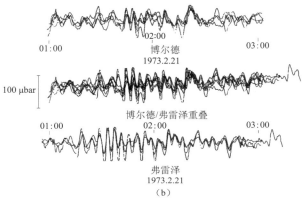

图9 飞机湍流报告和大气压力波的对比

3.2 地形诱导湍流

大气流动和地形的相互作用会影响所有高度的飞行。流动场类型有：

- 山谷流；
- 和脊线平行的流动；
- 山脉背风波（很大程度上是二维）；
- 三维山脉流；
- 布拉流。

加拿大 TSB 调查了一起德哈维兰 DHC－2 海狸飞机在 2005 年 9 月 1 日造成一人死亡的事故。他们的结论是失去视觉参考、强烈的上升气流、中度至强烈的湍流以及风切变导致失速。这个案例表明不同的大气场可以联合产生飞行危害。

3.2.1 山谷流

山谷流可以认为是含有稳定冷空气的盆地。山谷斜坡之上的风暴潮可以激起驻波和复杂的环流。Cunningham 和 Bedard（1993）已经在实验室进行了实验研究。在山背面的冷空气受背风波的侵蚀影响也会产生局部复杂的流动，其概念如图10所示。

在实验室中对山谷进行模拟测得了一系列可能的事件：

- 开始的风暴潮产生一个非定常的涡，它将山谷下坡气流中的一部分高密度流体在离开前从中分离出去。
- 侵蚀发生在高密度捕获流体的顶部，开尔文－亥姆霍兹波会在上游山脉的背面出现。
- 背面涡持续侵蚀高密度山谷流体，反常地将高密度流体向上游坡移动。在这一点上，山谷的流体开始振荡，这样山谷的驻波就可以测量到。
- 在最后阶段驻波不再明显，高密度空气被涡移向上游山脉的背面。

这种流动会对山谷机场产生很大的挑战。

图10 冷空气在山谷背面湍流的概念图

3.2.2 和脊线平行的流动

相比以直角流向障碍物，平行于脊线轴的大气流动还没有得到深入研究。这种研究的缺乏可以通过以下事实部分地加以解释：波状云、滚轴气团、破坏性地面风和下节中所描述的许多飞机事故频繁发生于山脉的背面。

然而，平行于障碍物的流动可以修正当地气象学，同时，边界层风切变会在脊线上产生复杂的流动。例如，平行流动情况下可以抑制对滑翔飞行很重要的上升气流的增长。同时，山脉对面的边界层流会在障碍物的上面结合及产生一个很宽范围的不稳定流动。这些情况值得进一步研究。迄今为止为数不多的研究团队之一是 Thorpe，Volkert 和 Heimann（1993），他们专注于研究平行于阿尔卑斯山脉的流动效应。

3.2.3 山脉背风波——二维

一些地形若第三维度上变化很小，则会出现连贯的长距离背面效应。有时，如果是定常流，就会出现背风波和滚轴气团并持续很多小时。此外，如果存在一个非定常的风暴潮，就会形成一个涡层并卷起形成集中增强的涡流，并向下移动。图11描述了这两种情况。

61

裸眼很难看见背风波系统的结构，除非有云形成或者吹动灰尘，这也仅能看见系统的一部分。一些背风波通过上游的火形成的烟进行可视化。

这样的山脉波是事故以及湍流生成的原因。例如 Clark 等（2000）描述了一个遇到上层滚轴气团导致的交通事故。一系列密集的野外实验（例如 AEOLUS 计划、MCAT 以及最近的 T-REX；）增加了并且还在增加我们对这些复杂流动的认识。多

普勒激光雷达在复杂地形下是一个强大的工具（例如 Darby 和 Poulos，2006）。在下坡风暴中，大量增加的风在实际到来前的几十秒钟就可以听到。这种暴风潮经常出现，可以利用多普勒激光雷达进行跟踪。

然而，三维地形会产生时间尺度更短、更加复杂的流场。

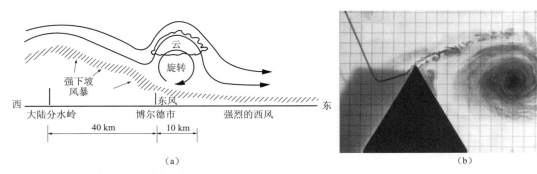

图 11　科罗拉多州博尔德市区域典型的山脉背风波和相关的滚轴气团及波状云图的概念图（a）和风暴潮越过模型山峰引起的涡片卷起的实验室模拟（b）

3.2.4　三维山脉流

Zipser 和 Bedard（1982）描述了两种完全不同的风暴以及它们对地面的影响。一种风暴可以被定性为二维流动，通过大风影响很广的范围；另一个非常复杂，在局部出现很强的破坏。图 12 是三维流动案例的流动概念图以及圆柱后的起始流实验室模型。

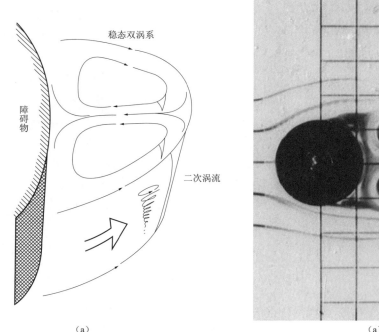

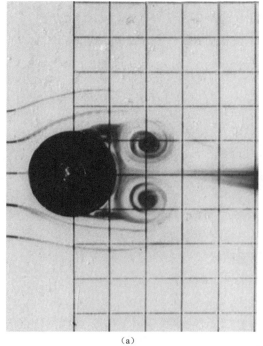

图 12　流动概念图及圆柱后的起始流实验室模型

（a）一个障碍物后面形成双涡的概念图（它们附近的强风切变区是产生更小尺度涡的理想位置）；（b）一个激增流之后，在圆柱后面形成的双起动涡（在实验室形成）（流动可视化是利用在上游管道中释放食用色素得到的，该可视化是在科罗拉多州博尔德市科罗拉多大学地球物理流动模型实验室进行的）

暴风对停在科罗拉多州博尔德机场的飞机造成了相当大的损害。损害是由一系列沿着大致相同路径的龙卷风状的涡造成的。损害调查以及显示反向旋转荚状云的延时图像都显示出了大型背风侧涡流。

当山顶高度的平均流动来自西北方向时，它经过包括龙峰在内的一组山峰。在这些条件下经常可以观察到小型涡流。已经推断出切向涡速度超过 70 m/s。图 13 是被一个涡扰动的湖面。

这种涡结构零星出现几个小时，从不同的方向传播。

图 13 离开湖边的涡结构

3.2.5 布拉流

局部下坡暴风会在负浮力很重要时出现，浮力即使不是主导力，也要是一个重要因素。这种类型的下坡暴风在南极洲和世界很多山区附近都可以观察到，它可以产生地面损害，同时对低空飞行有危险。用来描述这种冷空气事件的不同名字有：bora，morder，sarma，nortes 以及 oroshi。一道冷锋可以进入山脉，由于其回退会再一次遭遇山脉，因此它随着时间越来越深入。初始零星的冷空气暴风潮可能溢出山脉，由于不稳定的密度流而沿着峡谷流动。随着时间的推移，冷空气的流动会继续深入并达到稳定状态，产生大范围的风和更低的温度。这些事件的这一阶段通常符合水跃模型（Bedard 和 LeFebvre，1983）。

各种危险可以共存。例如，在科罗拉多斯普林斯地区激光雷达测量到一个布拉流从东北方向流过来，同时西北方向也存在一个切努克流。

香港国际机场已应用多普勒激光雷达作为其传感器套件的一部分，用来进行危险条件的探测和预警。

3.3 雷暴周围区域

在对流活动附近可能存在各种危害，尤其是在塔状对流穿透强风区域的时候。并不是只有进入雷暴才会遭遇危险的环境。例如下面的情况是有可能的：

• 在较低高度（例如约 1 km）可能会遇到阵风锋流出。

• 在任何地域雷暴顶部的飞行高度都是逆温的，可能会出现风暴引起的重力波。

• 在雷暴塔穿过强风的任何高度，风暴起到障碍物的作用，这会产生背风波和下游湍流，或者垂直传播的重力波会破坏，在云顶部之上造成严重的湍流。

• 风暴在大气中的垂直移动使得内部环流自然产生，它可以通过和空中剪切层的相互作用而得到增强，从而产生强烈的涡流。

Keller，Ehernberger 和 Wurtele（1983）提供了一个发生在 11 km 高度的事故的例子，当时飞机在一条正在发展的雷暴之上 2 km 飞行。他们对这种环境的数值仿真表明，在飞行高度或者之上可能遇到大振幅重力波扰动。

3.4 "自由" 大气湍流

"自由" 大气湍流是指在大气所有高度都存在的随机湍流场。这种形式的湍流不依赖于障碍物、地球表面或者特定的风切变层。这种场可以由更弱的动态混合及热过程产生，如果它们大面积产生，会导致机身材料的长期疲劳，但是一般不会产生事故。大气白天边界层顶部（例如约 2 km）小的随机上升气流导致的扰动（"断裂"）就是一个很好的例子。Vinnichenko 等（1973）为这些形式的湍流提供了一个很好的通用参考文献。这些区域的理查森数接近但是大于 1/4。Knox，McCann 和 Williams（2008）开发出一种理论，预测从源区域传播出去的重力波可以调节当地理查森数，产生大面积的湍流。他们评估了这种方法，发现这可以增加预测晴空湍流（CAT）概率的能力。Cornman，Morse 和 Cunning（1985）研究出一种实时计算方法，它以一种客观方式计算飞机承受的实时湍流。

4　结　　冰

NTSB 文件列出了 1963—2006 年间结冰作为一个因素的 4 045 起事故/事件。总共有 3 633 起（90%）事故涉及通用航空。这当然反映了通用航空环境更加频繁地暴露在过冷水（SLW）中。另外一个因素是通用航空飞机不太可能具备商用飞机起飞前所具有的除冰能力。结冰和湍流造成的死亡人数对比图（图 14）显示了相同的趋势，在 1985—1990 年间减少，接下来增加至 1985 年前的水平。尽管美国的通用航空飞机数量从 1990 年的

199 000 减少到 1994 年的 172 000，死亡数量还是增加了。EASA 在 1999—2008 年间有 8 起和结冰有关的事故报告，造成 5 人死亡。

SLW 会出现在伴有强烈上升气流的对流云中，这些强烈上升气流延伸至结冰高度之上。经常在仅有微弱上升气流的云中发现 SLW，但是顶部温度要大于 $-14\ ℃\sim-12\ ℃$。第二种情况产生的冰晶核数量相比更冷的云顶温度情况要少很多。因此，自然结冰过程消耗的 SLW 对移除 SLW 的效果可以忽略。在非对流环境下产生 SLW 有许多方法，包括：

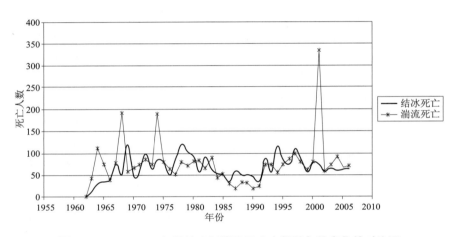

图 14　1962—2006 年间结冰和湍流死亡人数随年份变化的对比图

- 障碍物强迫；
- 许多原因导致的低空收敛；
- 锋面强迫；
- 聚合大水滴的风切变增强；
- 辐射冷却；
- SLW 的水平对流。

较小的液滴倾向于沿着机翼周围的流线流动，而较大的液滴可以撞击表面并被表面所收集。因为它们处于过冷状态，液滴撞击后将冻结。Cebeci（1989）对含有液滴的气流掠过机翼进行了计算，并和实验结果进行了对比。即使很小的冰层也会大大降低飞机的性能。商用飞机装有除冰设施，同时会用相对较短的时间穿越 SLW 区域至巡航高度。相比之下，通用航空飞机的飞行高度较低，停留在

云层区域时间更长，冰持续积累。尽管近年来数值天气预报模型已经对结冰进行了明确的预测，预测和探测这些 SLW 区域仍然是一项挑战。

图 15 总结了已经应用于探测 SLW 空间分布的传感工具。

这些工具包括：测量综合水蒸气和液态水的双通道辐射计及测量连续风速和温度分布的 RASS。例如，一个双通道辐射计阵列可以监测液态水的水平对流场，RASS 温度分布可以用来判断液体是否过冷。Stankov 和 Bedard（1990）采用大量这类传感器在丹弗斯斯泰普尔顿机场进行结冰研究。遥感技术及有效除去飞机表面结冰方法的应用可以帮助减轻结冰的危险。

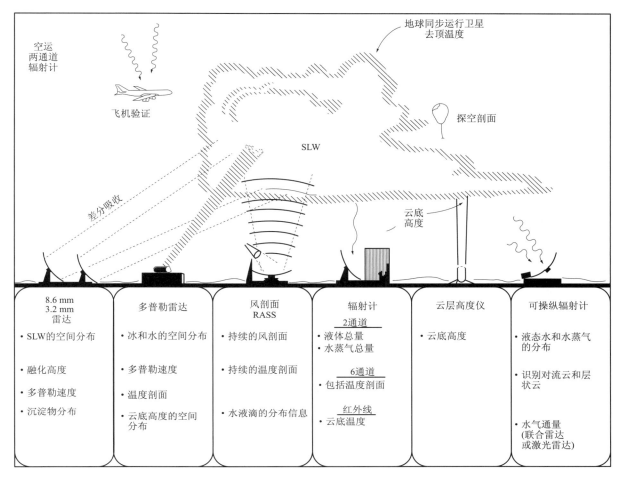

图 15 远程和现场工具可以用来检测和预测 SLW 区域
（这幅由美国联邦航空管理局支持的图可以帮助指导测量程序）

5 尾迹涡

1962—2006 年间 NTSB 的报告中有 14 起事故涉及尾迹涡，造成 7 人死亡。这么低的数字很大程度上归因于轻型飞机在重型飞机后面距离的指导文件。涡环量 Γ 取决于飞机的重力 W、飞机的速度 U 和翼展 S（Shevell，1989）。因此：

$$\Gamma \propto \frac{4W}{\pi US} \qquad (3)$$

重型飞机以较小速度移动时会产生最强的环量。环量是流体速度沿闭合曲线的线积分。对于包括尾迹涡在内的许多大气涡，核心外围的环量基本不随直径变化，并且是评价涡强度很有用的一个值。如果大气处于理想状态，没有风、湍流或者温度扰动，尾迹涡的轨迹是可以预测的。不幸的是，一般的气象变化导致涡的位置很难确定。即使重型飞机也会处于危险中，一个很明显的例子是波音 737 在 1999 年 12 月 8 日发生的一个事故。在这个案例中，波音 737 在爬升至 29 000 ft 附近进入一个非指令性滚转。一架 DC-10 在相同区域爬升，就在 1 min 前比这个高度高出 600 ft 的高度处。检测和跟踪尾迹涡的技术在不断进步。这包括被动式（如采用麦克风阵列检测涡声音）和主动式（如激光雷达）遥感方法。现行的间距指导文件虽然有效地阻止了事故的发生，但是同时导致机场跑道容量使用效率低下。Carney 等（1995）提出航迹云的出现可以给飞行员提供关于大气状态很有价值的视觉线索。

6 闪　　电

避开雷暴的原因有很多，例如存在潜在的下沉气流、垂直和水平风切变以及冰雹。另外一个很重要的危险是闪电。在 1962—2006 年间，闪电作为一个可能因素的 NTSB 记录有 293 个。然而，这些当中只有 49 起是直接击中飞机的。探索发生的飞机损害类型非常有趣，它有很多形式。当涉及的飞机坠毁了，闪电造成的损害不一定能得到评估。闪电的损害类型包括：

- 通信中断；
- 闪电使飞行员失明；
- 电缆烧毁；
- 方向舵和副翼损坏；
- 窗户破碎；
- 玻纤翼尖受损；
- 雷达罩燃烧；
- 发动机损坏和磁化；
- 翼肋结构破碎；
- 空气-燃料混合物着火。

Rakov 和 Uman（2006）深度回顾了闪电对飞机的影响。他们认为 90% 的闪电放电是由相关的飞机引起的。

预防雷暴最好的方法就是避开它们。从闪电监测网络得到的数据可以提供指导。

7 尘 暴

Cooley（1971）回顾了与尘暴形成有关的气象学。地面的灰尘因为夹带颗粒使得涡可见，并且是有利于涡流产生的一种土表面形式。Cooley 列出了导致近地面强温度梯度的因素：

- 太阳辐射强（大太阳辐射入射角度）；
- 最少的云覆盖；
- 低湿度；
- 干燥、贫瘠的土壤；
- 低的地面风。

许多尘暴相对较弱（风速 < 10 m/s）。然而，非定常流可能会产生意想不到的大的力，可能会产生相当大的损害。

有些地方尘暴发生的可能性很高，当地的经验应该提供最可能发生区域的实际建议（例如 Idso，1972）。Sinclair（1968）编译了利桑那州图森市附近的华楚卡堡的尘暴统计。他的数据应该提供了很有价值的华楚卡堡附近一年中的月份和一天中的时段统计。Sinclair（1968）的一天中的时段统计数据显示活动峰值在 10：30—16：30 MST 之间。

这些数据和 Flower（1936）的数据一致，Flower 同时将"沙暴"出现频率和附近地面温度梯度强度进行了对比。这些数据表明最强最频繁的尘暴出现在当地时间下午 12：30—15：30 之间。

Flower 提供一年中的月份数据显示 5—9 月最有可能发生尘暴。Sinclair（1968）观察的结果是 7 月的尘暴最多。

在 1962—2006 年间可能由尘暴导致的事故有 45 起。这些涉及通用航空飞机。事故数量和时间的函数图（图 16）显示的结果和 Sinclair（1968）的观察结果一致。ATSB 调查了塞斯纳飞机在 2007 年 11 月 16 日撞击山边导致一人死亡的事故，他们的结论是飞机起飞后遇到了很强的风和尘暴（"畏来风"）。

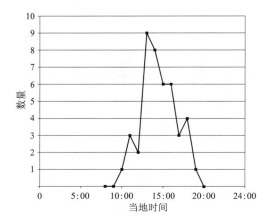

图 16　尘暴相关的事故和一天中的时段的函数关系

位于经常有尘暴区域的通用航空机场应该建立决策树来帮助预测尘暴的可能性，然后提醒飞行员要提高警惕。北半球建立决策树需要的一组参数的例子如下：

- 一年中的月份在 4—9 月；
- 地面有灰、干燥并且贫瘠（有利于产生强烈的近地面温度梯度）；
- 一天中的时段在 10：00—16：00；
- 云量 < 50%；
- 近地面温度递减率很高 > 9 ℃/（100 m）；
- 当地地形影响也很重要。

8 结束语

本章回顾了时间和空间尺度上所有高度和宽度范围中影响飞行的气象现象。范围从可以影响平流层的基本连续的山脉波（Smith 等，2008）到近地面瞬态微暴流。数值天气预报模型以及作为补充的观测系统（如风廓线网络，Benjamin 等，2004）有了进一步的发展。预报可以为线路规划提供指导，高空风信息有助于节省时间和燃料成本。

鉴于微暴流造成的商用飞机事故明显减少，但是对结冰和湍流仍然需要进行研究。涉及这些危害的事故数从约 1990 年开始增加，尤其是通用航空。通用航空机场应用成本较低的遥感设备来定位特定场域的危险（例如，尘暴、较低边界层的风切变、上升暖气流、下坡风暴、微暴流以及阵风锋面）是很有价值的。对于其中的一些事件，风向袋和回声探测仪就可以提供实时信息。在一些案例中，记录当天气特征的照片手册或者视频库作为飞行员简报是很有价值的。描述危险山脉风条件的手册（Carney 等，1995）就是这种资源的一个例子。通用航空机场管理者会发现当地的气象学家、风暴雷达、风暴追踪仪是非常宝贵的信息源。在云、雪或者雾中损失能见度是事故的一个关键因素，尤其是在没有雷达制导的通用航空机场，地形特征会被遮蔽，云中冰会直接影响飞机的性能。大雨除了由于降低可见度而增加起飞和着陆的复杂度外，还会增加"湿"微暴流的强度，因为它会使风切变随着雨率增加而增加。

由于军用飞机的运行模式不同于商用/通用飞机，它们经常近地面、高速或者编队飞行。大部分的事故涉及硬件故障以及和其他飞机或地面碰撞。在 1975—1999 年间一共有 12 起事故和"坏天气"有关。其中 6 个是由于能见度差。许多类型的军用飞机由于运行速度和敏捷度较高，相比商用或者通用航空飞机而言，不易受到风切变和结冰的影响。20 世纪 90 年代和 21 世纪初，在美国联邦航空管理局的赞助下，经过努力，数值预报模式得到发展，以至于他们有能力明确地预测航空危险（例如，SLW 和结冰）或可能发生危险的条件（例如，湍流）。

本章后面列出了从上升暖气流和山脉波的理论工作到尾迹涡和密度流等相关专题的延伸阅读，也包括航空和天气的教材。

参考文献

Bedard, A. J., Jr., Canavero, F. and Einaudi, F. (1986) Atmospheric gravity waves and aircraft turbulence encounters. *J. Atmos. Sci.*, **43** (23), 2838—2844.

Bedard, A. J., Jr., Hooke, W. H. and Beran, D. W. (1977) The Dulles Airport pressure-sensor array for gustfront detection. *Bull. Am. Meteorol. Soc.*, **58** (9) Instrumentation Issue, 920—926.

Bedard, A. J., Jr. and LeFebvre, T. J. (1983) Downslope windstorms and negative buoyancy forces. Proceedings of the 13th Con-ference on Severe Local Storms, October 17—20, Tulsa, OK, American Meteorological Society, Boston, MA, pp. 283—287.

Bedard, A. J., Jr., McCarthy, J. and LeFebvre, T. (1984) Statis-tics from the operation of the Low-level Wind Shear Alert System (LLWAS) during the Joint Airport Weather Studies (JAWS) project. *Report for the Federal Aviation Administration*, DOT/FAA/PM—84—21, p. 76.

Benjamin, S. G., Schwartz, B. E., Szoke, E. J. and Koch, S. E. (2004) The value of wind profiler data in U. S. weather forecasting. *Bull. Am. Meteorol.* Soc., **75**, 1871—1886.

Caplan, S. J., Bedard, A. J., Jr. and Decker, M. T. (1990) Remote sens-ing of the 700—500 mb lapse rate trend and microburst forecasting. J. Appl. Meteorol., **29**, 680—687.

Caracena, F., Holle, R. L. and Doswell, C. A. Ⅲ. (1989) *Microbursts: A Handbook for Visual Identification*, U. S. Department of Com-merce, U. S. Government Printing Office, Washington, DC, p. 35.

Carney, T. Q., Bedard, A. J., Jr., Brown, J. M., McGinley, J., Lind-holm, T. and Kraus, M. J. (1995) *Hazardous Mountain Winds and their Visual Indicators*, Department of Commerce, National Oceanic and, Atmospheric Administration, Washington, DC, p. 80

Cebeci, T. (1989) Calculation of flow over iced airfoils. AIAA J., **27** (7), 853—861.

Clark, T. L., Hall, W. D., Kerr, R. M., Middleton, D., Radke, L., Ralph, E. M., Neiman, P. J. and Levinson, D. (2000) Origins of aircraft-damaging clear-air turbulence during the 9 December 1992 Colorado downslope windstorm: numerical simulations and comparison with observations. J. Atmos. Sci., **57**, 1105—1131.

Cooley, J. R. (1971) Dust devil meteorology, *NOAA Technical Mem-orandum NWS CR—42*, National Weather Service, Silver Spring, MD, p. 34.

Cornman, L. B., Morse, C. S. and Cunning, G. (1985) Real-time esti-mation of atmospheric turbulence severity from in-situ aircraft measurements. *J. Aircraft*, **32** (1), 171—177.

Cunningham, W. T. and Bedard, A. J. Jr. (1993) Mountain valley evacuation by upper level flows: a scale model study. *AIAA J.*, **31**, 1569—1573.

Darby, L. S. and Poulos, G. S. (2006) The evolution of leewave-rotor activity in the lee of Pike's Peak under the influence of a cold frontal passage: implications for aircraft safety. *Monthly Weather Rev.*, **134**, 2857—2876.

Einaudi, F., Bedard, A. J., Jr. and Finnigan, J. J. (1989) A climatology of gravity waves and other coherent disturbances at the Boulder Atmospheric Observatory during March-April 1984. *J. Atmos. Sci.*, **46** (3), 303—329.

Flower, W. D. (1936) Sand devils. *London. Meteor. Office, Prof. Notes*, 5 (71), 1—16.

Fujita, T. T. (1985) The downburst, microburst, and macroburst. SMRP research paper no. 210 (NTIS PB85—148880), University of Chicago, p. 112

Fujita, T. T. and Caracena, F. (1977) An analysis of three weather—related accidents. *Bull. Am. Meteorol. Soc.*, **58**, 1164—1181.

Glickman, T. S. (ed.) (2000) *Glossary of Meteorology* 2nd edn, American Meteorological Society, Boston, MA, p. 855

Grubisic, V., Doyle, J. D., Kuettner, J., Mobbs, S., Smith, R. B., Whiteman, C. D., Dirks, R., Czyzyk, S., Cohn, S. A., Vosper, S., Weissmann, M., Haimov, S., De Wekker, S. F. I., Pan, L. L. and Chow, F. K. (2008) The terrain-induced rotor experiment. *Bull. Am. Meteorol. Soc.*, **89** (10), 1513—1533.

Idso, S. B. (1972) Tornado or dust devil: the enigma of desert whirl-winds. *Am. Scientist*, **62**, 530—541.

Intrieri, J. M., Bedard, A. J., Jr., and Hardesty, R. M. (1990) Details of colliding thunderstorm outflows as observed by Doppler lidar. *J. Atmos. Sci.*, **47** (9), 1081—1098.

Johnson, K., Prette, K., Robbins, B. and Bedard, A. J., Jr. (1991) Gravity wave generation by atmospheric downdrafts and the pos-sible role of gravity waves in the initiation of microbursts: a comparison between laboratory and atmospheric measurements. Proceedings of the 8th Conference on Atmospheric and Oceanic Wave Stability, October 14—18, Denver, CO.

Keller, T. L., Ehernberger, L. J. and Wurtele, M. G. (1983) Numer-ical simulation of the atmosphere during a CAT encounter. *Conference of Aerospace and Aeronautical Meteorology*, June 1983, Omaha, NE. American Meteorological Society, Boston, MA, pp. 316—319.

Knox, J. A., McCann, D. W. and Williams, P. D. (2008) Application of the Lighthill—Ford theory of spontaneous imbalance to clear-air turbulence forecasting. *J. Atmos. Sci.*, **65**, 3292—3304.

Orlanski, I. (1975) A rational subdivision of scales for atmospheric processes. *Bull. Am. Meteorol. Soc.*, **56** (5), 527—530.

Rakov, V. A. and Uman, M. A. (2006) *Lightning: Physics and Effects*, Cambridge University Press, NY, p. 699 (Chapter 10: Lightning and Airborne Vehicles).

Shevell, R. S. (1989) *Fundamentals of Flight*, Prentice-Hall, Upper Saddle River, NJ, p. 438.

Sinclair, P. C. (1968) General characteristics of dust devils. *J. Appl. Meteorol.*, **8**, 32—45.

Smith, R. B., Woods, B. K., Jensen, J., Cooper, W. A., Doyle, J. D., Jiang, Q. and Grubisic, V. (2008) Mountain waves entering the stratosphere. J. Atmos. *Sci.*, 65 (8), 2543—2562.

Srivastava, R. C. (1985) A simple model of evaporatively driven downdraft: application to microburst downdraft. *J. Atmos. Sci.*, **42**, 1004—1023.

Stankov, B. and Bedard, A. (1990) Atmospheric conditions produc-ing aircraft icing on 24—25 January 1989: a case study utilizing combinations of surface and remote sensors. Proceedings of the 28th Aerospace Sciences Meeting, January 8—11, 1990 Reno, NV.

Thorpe, A. J., Volkert, H. and Heimann, D. (1993) Potential vorticity of flow along the Alps. *J. Atmos. Sci.*, **50** (11), 1573—1590.

Tvaryanas, A. P. (2003) Epidemiology of turbulence-related injuries in airline cabin crew, 1992—2001. *Aviat. Space Environ. Med.*, **74** (9), 970—976.

Vinnichenko, N. K., Pinus, N. Z., Shmeter, S. M. and Shur, G. N. (1973) *Turbulence in the Free Atmosphere*, Consultants Bureau, NY, p. 263

Wakimoto, R. M. (1985) Forecasting dry microburst activity over the high plains. *Mon. Wea. Rev.*, **113**, 1131—1143.

Wilson, J. W., Roberts, R. D., Kessinger, C. and McCarthy, J. (1984) Microburst wind structure and evaluation of Doppler radar for airport wind shear detection. *J. Climate Appl. Meteor.*, **23**, 898—915.

Zipser, E. J. and Bedard, A. J., Jr. (1982) Front range windstorms revisited: small scale differences amid large scale similarities. *Weatherwise* (April), 36, 82—85.

延伸阅读

Baines, P. G. (1995) *Topographic Effects in Stratified Fluids*, Cam-bridge University Press

Bosart, L. F., Bracken, W. E. and Seimon, A. (1998) A study of cyclone mesoscale structure with emphasis on a large-amplitude inertia-gravity wave. *Mon. Weather Rev.*, **126**, 1497—1527.

Buck, R. N. (1997) *Weather Flying*, McGraw Hill, NY, 304 pp.

Byers, H. R. and Braham, R. R. Jr (1949) *The Thunder-storm: Report on the Thunderstorm Project*, United States Printing Office, Washington, DC.

Horne, T. A. (1999) *Flying America's Weather*, Aviation Supplies and Academics, Newcastle, WA.

Lenschow D. H. （ed.）（1986）*Probing the Atmospheric Boundary Layer*，American Meteorological Society，Boston，MA.

Lester, P. F. （1995）*Aviation Weather*，Jeppesen Sanderson，Engle-wood，CO，480 pp.

Newton，D. （2002）*Severe Weather Flying*，Aviation Supplies and Academics，Newcastle，WA，190 pp.

Olsen J. H.，Goldberg A.，and Rogers M. （eds）（1971）Aircraft wake turbulence and its detection. *Proceedings of the Symposium on Aircraft Wake Turbulence，September 1—3*. Seattle，WA，Plenum Press，NY.

Scorer，R. S. （1978）*Clouds of the World*，Lothian Pub-lishing Com-pany，Melbourne.

Scorer，R. S. （1978）*Environmental Aerodynamics*，E. Horwood，Chichester.

Simpson，J. E. （1987）*Gravity Currents in the Environ-ment and the Laboratory*，E. Horwood，Chichester.

Whiteman，C. D. D. （2000）*Mountain Meteorology：Fun-damentals and Applications*，Oxford University Press.

本章译者：朱春玲（南京航空航天大学航空宇航学院）

第 276 章

地球磁场

Susan Macmillan[1] and Michael J. Rycroft[2]
1　英国爱丁堡英国地质调查局
2　英国剑桥凯撒咨询公司和英国克兰菲尔德大学

1　引　言

William Gilbert（1544—1603）是英格兰伊丽莎白一世女王的医生，他在 1600 年出版了《磁石论》一书。他第一个认识到地球表现为一个巨大的磁铁，他认为是永磁的。他知道永磁罗盘指针指向北，不是水平的，而是以一个倾角指向极点。现在我们知道地磁场是由于地球流动外核的自激励发电过程所产生的。导电的铁水在热对流和成分对流以及行星自转的作用下稳定移动。根据毕奥—萨伐尔定律，电流在缓慢移动的铁水中流动并产生地磁场。除了地核这一来源外，在地面观测到的磁场还来源于地壳以及地球之上的电离层和磁层。海洋中的电磁感应效应修改了地球磁场。地磁场在一个宽广的空间和时间尺度上发生了显著的改变。

第 2 节描述地磁场如何在数学上进行表述，如今怎么观测它。第 3 节讨论地球磁场的主要特性以及它的参数在空间上是如何变化的。关于时间上的变化，我们先讨论较慢（低频率）的变化，接下来考虑较高频率的变化。第 4 节介绍地球的磁场是如何用于当今的各种用途的，同时提到地磁扰动是如何扰乱现代文明所依赖的技术系统的。

2　地磁场观测

2.1　定　义

地磁场向量 B（严格来说是地磁磁通量密度）由它的正交分量（有时称为地磁要素）来描述，分别是 X（北分量强度）、Y（东分量强度）和 Z（垂直分量强度，向下为正）。或者表示为总强度 F、水平强度 H、磁倾角 I（水平面和磁场向量之间的角度，向下为正）和磁偏（有时称为磁变）角 D（真北和磁场向量之间的水平角度，东向为正）。磁偏角、磁倾角和总强度可以通过正交分量采用下式计算得到

$$D=\arctan\frac{Y}{X}, I=\arctan\frac{Z}{H}, F=\sqrt{H^2+Z^2} \quad (1)$$

这里 H 为

$$H=\sqrt{X^2+Y^2+Z^2} \quad (2)$$

国际单位制（SI）中磁场的强度（严格来说是磁通量密度）的单位是特斯拉（T）。今天地球表面的总强度从巴西南部的约 23 000 纳特斯拉（nT）至澳大利亚和南极洲之间的 67 000 nT 不等。可能还会遇到的其他测量单位有高斯（1 高斯 = 100 000 nT）、伽马（1 伽马 = 1 nT）和 Ørsted（1 Ørsted $=10^3/(4\pi)$ A/m）。

2.2　地磁台

在地磁台观测中，需要在一段很长的时期中以 1 min 甚至更短的时间分辨率对地球磁场进行精确而连续的观测。观测台位置处的磁场必须"干净"，而且要在可预见的未来保持下去。地磁台在世界各地进行持续的向量观测是从 19 世纪 40 年代开始的，最早的地磁台由 Carl Friedrich Gauss（1777—1855）在德国建立。然而，从 16 世纪开始欧洲各地就或早或晚地制造出指南针和倾斜指针读数仪，包括伦敦

格林尼治。在1800年左右，磁偏角为约25° W；现在是约1° W。

地磁台主要有两大类仪器。

第一类是磁力偏差计，该仪器以任意单位持续测量地磁场向量要素。例如，利用一个悬挂起来的小指向磁铁来测量，一束从安装在悬挂绳的镜子上反射的光以毫米为单位照在感光相纸上，或者在采用磁通门磁力仪的情况下表示为电压。磁通门传感器包含一个易饱和磁性材料核心，它具有高磁导率值。磁性材料在通量测量方向必须具有饱和不对称性，在一个明确定义的强度上突变。在核心周围有两个绕组：一个励磁线圈和一个传感线圈（图1）。如果将一个交流电输入励磁线圈，就会发生饱和，同时，如果沿着磁通门有一个外部磁场的分量，传感线圈的输出就不仅和激励频率有关，还和其他与外部场分量强度相关的谐波有关。这样它就可以测量沿着传感器轴线的地球磁场分量的强度。

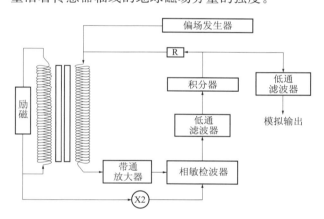

图1　模拟磁通门磁力仪的电路布置

模拟和数字磁力偏差计都需要一个受控的温度环境和一个极其稳定的安装平台（虽然一些现代的系统采用悬挂式以补偿平台的倾斜）。即使采取这些预防措施，它们仍然会产生漂移。但是，它们在最小人工干预下运行。由于结果数据不是绝对的，它们需要采用一个标准仪器进行校准。

第二类由以绝对单位或通用物理常数进行磁场测量的绝对仪器组成。现在常见的绝对仪器是测量角度 D 和 I 的磁通门经纬仪（图2），以及测量 F 的质子旋进磁力仪。当安装在无磁经纬仪望远镜上的磁通门传感器垂直于磁场向量时进行检测，通过人工读取4个望远镜位置的读数，使得磁通门传感器和经纬仪光轴之间以及经纬仪内部的视准误差达到最小。当磁通门传感器在空场模式下运行时，传感器及其电子设备的稳定性和灵敏度最大。真（地

理）北通过参考已知方位的固定标志测量。

图2　采用磁通门经纬仪精确手动测量地磁场方向

这可以通过天文学或者采用陀螺仪附件测量。另外，在质子旋进磁力仪中，通用物理常数是质子的旋磁比（42.58（MHz·T）$^{-1}$），基本单位是时间（频率的倒数）。质子磁力仪中，位于液体（例如水或者煤油）中的质子首先被极化；当极化场关闭时，质子以周围磁场方向旋进，旋进频率和磁场强度成正比。铷蒸气磁力仪测量光辐射的塞曼分裂，它和磁场强度成正比。

世界各地正在运行的地磁台的地理位置如图3所示。可以看出地磁台的空间分布是相当不均的，在欧洲比较集中，在其他地区尤其是海洋地区比较缺乏。

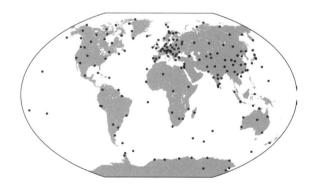

图3　现在运行的地磁站位置

地磁台的数据储存在英国爱丁堡（http://www. geomag. bgs. ac. uk/）和日本京都（http://wdc. kugi. kyoto-u. ac. jp/）的地磁学世界数据中心（WDCs），同时也存于位于美国科罗拉多州博尔德市（http://www. ngdc. noaa. gov/stp/WDC/wdcstp. html）和俄罗斯莫斯科市（http://www. wdcb. ru/stp/index. en）的太阳地球物理世界的数据中心。

2.3 卫 星

20世纪60年代以来，地球的磁场参数已经在卫星上被间歇性地观察到。第一批卫星上的测量仪器仅测量磁场强度，有时候采用非绝对仪器，例如磁通门磁力仪。从1999年开始，有些卫星试图测试完整的地磁场向量，采用追星仪建立三轴磁通门传感器的方向。卫星通常也装备了绝对强度测量仪，所有的磁场测量仪器都安装在离开卫星主体一段距离的位置，例如安装在一个非磁性悬臂的端部。卫星提供了良好的全球分布数据，但是仅持续很短一段时间（大约几个月到几年）。

极地卫星MAGSAT提供了宝贵的地磁场模型数据，它运行于1979—1980年；Ørsted和CHAMP分别在1999年和2000年发射，它们在2009年仍然在返回数据。Ørsted卫星的运行高度范围为640～850 km，它花费了两年时间采集了所有当地时间。CHAMP卫星的运行高度范围为330～450 km，它花费4～5个月采集了所用当地时间的数据。即将到来的ESA Swarm任务中的三个卫星会继续进行着这样的研究（图4）。

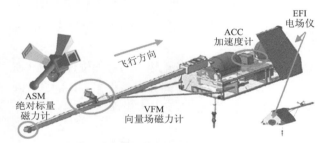

图4 ESA提供的Swarm卫星设计的系统

在20世纪60年代和70年代，一些研究范艾伦辐射带的卫星（见第6卷第277章）建立在一个大的磁铁周围，这可以使它们能够一直沿着地磁场的磁力线运行。这样能够很容易地测量带点粒子的投掷角分布以及分辨它们是电子还是离子。粒子的投掷角是指它的速度向量和地磁场向量之间的夹角，它在指定粒子运动中所起的作用将在第6卷第277章中详细讨论。

2.4 其他的直接观测方式

地球磁场还可以通过其他许多方式观测，如所谓的重复站和地面、飞机或船上调查。重复站在长期标记的站点进行高质量的地球磁场向量观测，科学家重复去这些站点进行每几年几个小时有时是几天的观测。主要目的是跟踪地核所产生的地磁场的变化。

与此相反，大部分的航空磁测调查是用来绘制地壳场的，因此它们的飞行高度一般低于300 m。它们的覆盖面积小，一般在非常高的空间分辨率中只有一次。在移动的飞机中很难进行精确的定向测量，一般这些航空磁测仅给出总强度数据，因为它们的主要目的是绘制磁场异常。然而，1953—1994年期间MAGNET计划收集了航空磁测的磁场3个分向量数据，用来建立内核产生磁场模型。这个调查主要在中低纬度的海上进行。其使用了各种平台和仪器，最新结构包括一个安装在飞机磁清洁区刚性梁上的磁通门向量磁力计、一个固定在梁另一端的环状激光陀螺和一个安装在飞机尾部之后的桁条里的标量磁力计。

现代的航海地磁调查一直都是为地壳场的绘制而设计的，但是如果小心处理，也可以得到地核产生场的信息。在航海地磁调查中，标量磁力计安装于离船后部一定距离的位置，常和其他一些地球物理设备安装在一起，通常进行的是一个区域的一个系统调查或者是贯穿整个海洋的调查。早期的地磁调查主要由商船和军舰上的水手完成，主要调查内容是磁偏角。这些拓展数据的服务从17世纪初开始。

2.5 间接观测

17世纪前，间接测量地球磁场可以利用考古遗存和岩石的磁学性质，使用各种古地磁技术。

3 地球磁场特性

3.1 偶极磁场

地球可以近似看成一个巨大的磁铁，就像在地球中心附近有一个强大的条形磁铁，和北—南接近平齐。地磁的磁力线从南极地区发出，进入太空，然后回落到地球的北极。南磁极和地球的地理北极接近。这也是磁罗盘北极的极点。

我们认为M是地球中心偶极子的偶极矩，它倾斜地球的自转轴约10°。在一特定地磁场线中，任何点的地磁场B（严格来说是地磁通密度）的值是距离地球中心的径向距离R和地磁纬度λ的函数，即

$$B(R,\lambda)=M\sqrt{\frac{1+3\sin^2\lambda}{R^3}} \qquad (3)$$

径向距离的单位采用地球半径（6 378 km），也就是在地球表面的$R_E=1$，这就变为

$$B(R_E,\lambda)=31\,000\sqrt{1+3\sin^2\lambda} \qquad (4)$$

这里 31 000 nT 是一个地球半径处（也就是在地球表面）所有经线沿着磁场磁赤道时地球磁场的近似平均值。

如图 5 所示，以径向距离为 4 个地球半径穿过赤道平面的偶极磁场线在磁纬度（Λ）$60°$处遇到地球表面。这个场线的参数 L 为 4，一般地，

$$L\cos^2\Lambda = 1 \tag{5}$$

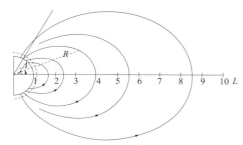

图 5　中心偶极子表示的磁场线

严格来说，L 是 McIlwain（1961）引入的磁参数，这个参数用来指定范艾伦辐射带中的带电粒子的位置。它定义了磁流管（或者更宽松地称为磁场线），高能粒子或电子在它周围回旋并沿着它运动，从一个半球向另一个半球跳跃（见第 6 卷第 277 章）。

3.2　地磁反转

当形成岩石时，通常会获得一个平行于周围环境的磁场（也就是地核形成场）的磁化作用。通过对世界各地岩石样品磁化方向和强度的仔细研究可以推出，轴向偶极的极性在过去已经改变了很多次，每个极性间隔至少持续几千年。地磁反转的发生相对较慢，时间尺度为几百到几千年，同时相当不规则。目前，尚不清楚是否是由于偶极矩降至零改变了它的符号，还是由于偶极子旋转$180°$，或者是两者共同作用形成的。

地磁场已有大约 3 000 年至约 1 亿年没有发生反转了。另外，除了完全的逆转，还有很多磁极向赤道移动一段时间后又移动回和地球自转轴近似齐平的"夭折"逆转。地球核心里的核心固体金属被认为在抑制反转中发挥了重要作用。目前，地球的偶极矩在以较快的速度下降，每世纪约 6%。这是否预示着地磁场反转即将来临还不好说。

3.3　目前地磁场的描述

在地球表面附近的无源区域，磁场表示为满足拉普拉斯方程标量势的负梯度

$$\boldsymbol{B} = -\nabla V(R,\theta,\lambda,t) \tag{6}$$

$$\nabla^2 V(R,\theta,\lambda,t) = 0 \tag{7}$$

这里球坐标（R,θ,λ）对应于距离地球中心的径向距离、地心余维度（$90°$——纬度）和经度，t 表示时间（注意现在 λ 和式（3）及式（4）以及图 5 中的意思不一样）。拉普拉斯方程在球坐标中的解被称为球谐波展开，场被表示为 n 阶场的和；它的参数称为高斯系数。根据场模型在地球内部和外面的不同，分别有内部（$g_n^m(t)$，$h_n^m(t)$）和外部（$q_n^m(t)$，$s_n^m(t)$）系数。

$$V(R,\theta,\lambda,t) = a\sum_{n=1}^{n_{i\max}}\left(\frac{R_E}{R}\right)^{n+1}\sum_{m=0}^{n}[g_n^m(t)\cdot\cos m\lambda + h_n^m(t)\cdot\sin m\lambda]\cdot P_n^m(\theta) +$$
$$a\sum_{n=1}^{n_{e\max}}\left(\frac{R}{R_E}\right)^{n}\sum_{m=0}^{n}[q_n^m(t)\cdot\cos m\lambda + s_n^m(t)\cdot\sin m\lambda]\cdot P_n^m(\theta) \tag{8}$$

$P_n^m(\theta)$联合 n 阶 m 次德函数的施密特正规化。从式（8）可以看出 n 阶内部谐波的场强随着 R 的增加而减少，比例为 $1/R^{n+1}$。地核和地壳场都是内部场，不能很好地区分；内部场常被称为主场。接近地球核心的场要比地球表面的场复杂很多。

由于地核产生的地磁在变化，所以主场系数也随着时间改变。以国际地磁参考场（IGRF）和世界地磁模型为例，在采用通常使用的球谐波模型时，认为这个长期变化在 5 年内是不变的。自从卫星数据已经可以获取，只有在地球之外产生的很小的但是稳定的场是可以精确确定的，这个场主要是由辐射带质子的经向漂移所产生的环流而引起的。

地磁场和纯粹的偶极子磁场存在显著偏差。图 6～图 10 显示了地球表面的垂直、总的和水平磁场强度（分别是 Z，F 和 H）分布，磁偏角和磁倾角（D 和 I）在 2010.0 时（也就是 2010 年 1 月 1 日），以及在 2010.0—2015.0 期间的长期变化预测值。

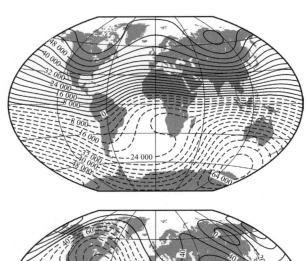

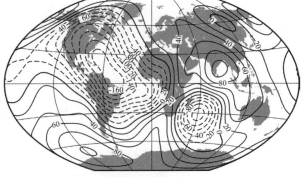

图 6　2010.0 时地球表面的垂直磁场强度（单位 nT）
等高线图和 2010.0—2015.0 的长期变化
（单位 nT/年）

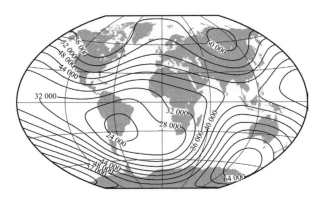

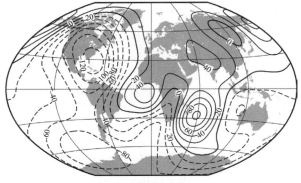

图 7　2010.0 时地球表面的总磁场强度（单位 nT）
等高线图和 2010.0—2015.0 的长期变化
（单位 nT/年）

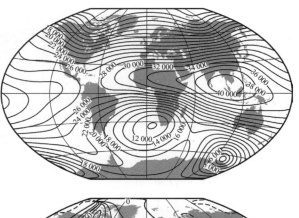

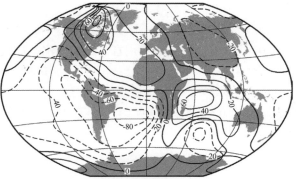

图 8　2010.0 时地球表面的水平磁场强度（单位 nT）
等高线图和的长期变化（单位 nT/年）

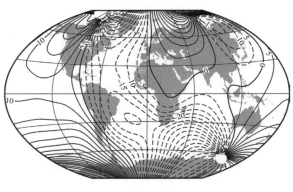

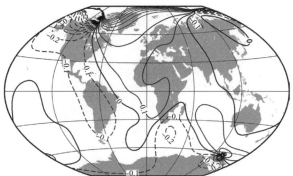

图 9　2010.0 时地球表面的磁倾角（单位（°））等高
线图和 2010.0—2015.0 的长期变化（单位（°）/年）

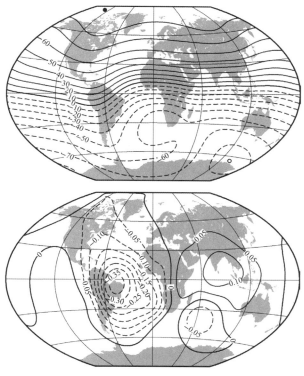

图10 2010.0 时地球表面的磁偏角（单位（°））等高线图和 2010.0—2015.0 的长期变化（单位（°）/年）

图 7 显示地球上磁场强度最小的地方位于巴西南部。这是由于巴西南部下面的地幔核边界中出现了逆流；在这个区域的磁场线是进入地核，而南半球其他区域是从地核出发。在地球表面这被称为南大西洋异常区（SAA），这对范艾伦辐射带及地球环境的影响都有很重要的意义。这在第 6 卷第 277 和 278 章中讨论。

从图 10 可以很明显地看出磁极位置，即倾角为 ±90°的位置。北磁极现在的漂移速度约为 40 km/年。磁极（磁极或磁赤道是轨道倾角为 0°的地方）和地磁极（或相应的地磁赤道）是不同的，地磁极认为地球磁场是一个偶极场。

图 11 显示了地球表面之上的磁场强度是如何随着高度减小的，在 SAA 的经线上以及 180°远离 SAA 经线的区域都一样。在解释关于地球环境中等离子体和高能带电粒子的卫星数据中不常考虑这一重要的地理变化。

在太空中，偶极项很快就占主导地位。图 12 显示了地球表面在磁倾赤道处磁场随地理经度的变化，可以很明显地看出，在 SAA 附近的 60° W 经度处出现了一个较小的值。

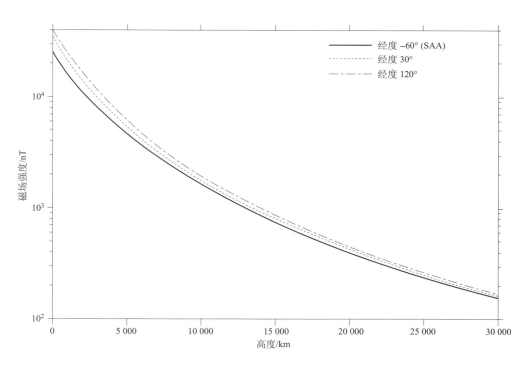

图11 SAA 处经线（西经 **60°**，实线）、相距 **90°**的经线（东经 **30°**，虚线）以及相距 **180°**的经线（东经 **120°**，点画线）与磁倾赤道交线处的磁场强度（对数刻度）随高度的变化关系

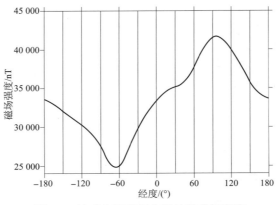

图 12   地球表面磁倾赤道处的磁场强度
随地理经度的变化（东经为正）

3.4 地磁场向西漂移

通过直接观测到的过去的 400 年的地磁场结构，可以发现地球表面的磁偏角正缓慢向西移动，如图 13 所示。在中纬度和赤道纬度的大西洋半球这一点尤为明显。这可能和内核表面流体缓慢向西移动的同时拖动了它的磁力线有关。

3.5 地磁抽搐

英国勒威克、埃斯克代尔米尔和格林尼治-阿宾

杰-哈特兰天文台观测得到的磁偏角变化率如图 13 所示。在过去的一般长期变化趋势中有几个改变（典型的时间尺度是几个月），尤其是在 1925 年、1969 年、1978 年和 1992 年。这些突然的变化称为抽搐（或者脉动），这种改变还没有得到很好的解释，它们肯定是不可预测的。一些研究人员发现了以天为长度的变化关系。图 14 是一个一系列抽搐的局部强烈信号的例子，其中的一些在自然界中是全球性的。

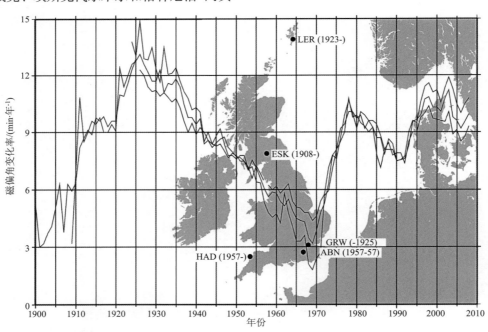

图 13   1900—2008 年从格林尼治（GRW）、阿宾杰（ABN）、哈特兰（HAD）、
埃斯克代尔米尔（ESK）和勒威克（LER）地磁站得到的磁偏角变化率

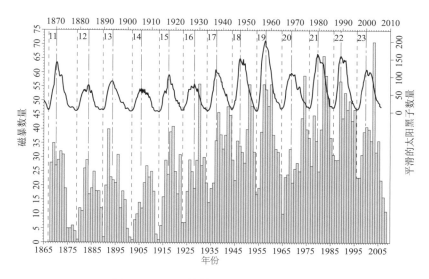

图14　一系列抽搐的局部强烈信号例子

（直方图每一列表示每年的磁暴数量。叠加在上面的是平滑的太阳黑子数量。虚线标出的是
太阳极小期，点画线标出的是太阳极大期。注意地磁活动和太阳活动的关系，同时地磁活动随着时间在增加）

3.6　地壳磁场

地壳中的磁性材料产生的磁场在所有空间尺度上都不同，常被称为异常场。地壳磁场的知识可以作为检测当地地质情况很有价值的探索工具。

海洋中部的扩张脊非常明显的异常现象很有趣，例如从冰岛向南流向大西洋的过程。这里熔融的地幔涌向表面，然后固化形成新的大洋地壳，在里面保留了同期地磁场的强度和方向。由于新的材料挤出来，原有的地壳被推向脊的两边，周围磁场的方向在形成时冻结进去（因此大西洋每年扩张2～3 cm）。

航海和航空磁测调查显示，在总强度场的异常现象中，存在一系列"条形"区域，这些区域关于脊的中心平行且对称。这些被解释为正常和反向磁化海洋地壳块的交替。地球磁场天然"录音机"以及反转的发现对验证20世纪60年代提出的板块构造论是非常有价值的。

3.7　在安静时间地磁场的变化

磁场呈现规律性变化，基本周期为24 h，周期和当地时间、纬度、季节，以及11年的太阳活动周期相位有关。这是由地球表面之上100～130 km的上层大气的电流流动造成的。在这些高度，大气大量地被紫外线和X射线电离，形成电离层（见第6卷第274章）。这里的离子主要在风的带动下进行水平运动，潮汐在太阳的加热作用以及太阳和月亮的引力作用下形成。这产生了发电机运行（也

就是导体跨地磁场线运动）所需的条件。两个电流单元形成了一个逆时针方向的在太阳照射下的北半球，以及另一个顺时针方向的在太阳照射下的南半球。地面地磁台将观测到的当前系统的电磁效应作为太阳磁静日变化。其幅度通常为10～30 nT。

3.8　在扰动时间地磁场的变化

除了这些日常的变化，地球的磁场也呈现出不规则的扰动，称为地磁活动。地磁活动的标准指数包括伪对数、每3 h行星尺度K_p指数（值在0～9之间）、线性A_p指数、1 min时间尺度的极光指数（尤其是A_E指数）和极冠指数，其中K_p指数是从全球13个中纬度地磁站的日常值所推导出来的。当这些磁场扰动很大时，表明一个磁暴正在进行。

Dst指数是每小时扰动暴时间指数，它是地球周围磁层环流中高能带电粒子的数量（从几到几十电子伏特）的反映。这个电流减少了低处地磁场向北水平移动的分量。它的变化幅度从小磁暴的约40 nT到大型磁暴的约400 nT，它所持续的时间一般为一两天。这些扰动是由太阳风（更多细节在第6卷第277章中讨论）及其扰动和地球磁场相互作用引起的。磁场扰动幅值在高纬度地区较大（几百纳特斯拉到几千纳特斯拉），这是因为极光电射流中的增强电流在地理两极附近流动。外边界的不同部分的磁气圈都是通过由极光系统提供的磁场线连接，Kristian Birkeland（1867—1917）在1902年发现了这一现象。地球周围不同导体的各种感应作用导致一直存在几十纳特斯拉的改变。

太阳—地球环境中的主导环境被称为空间天气（见第 6 卷第 277 和 278 章），它是快速太阳风流和从太阳发出的与地球磁场相互作用的高能带电粒子的结果。如今人们对空间天气的预报有很大的兴趣，并且从许多卫星获得的数据对预报来说非常珍贵。

尽管地磁场扰动不规则，但是它的发生频率表现出一定的模式。主要模式和约 11 年的太阳周期有关，图 14 显示了 1868 年至今每年的磁暴数量和相应的太阳黑子的数量。另外一个重要的模式是一些磁暴的 27 天循环，这和在地球上看到的太阳 27 天的平均自转周期有关。

4　现代世界地磁场的重要知识

4.1　航　海

关于指南针导航的最早记录可以追溯到 11 世纪的中国。有证据表明欧洲大约在这之后 100 年开始使用指南针，但是直到 16 世纪才开始观测磁偏角。在 1700 年，Edmund Halley（1656—1742）绘制了第一幅覆盖大西洋的地磁图。

大部分现代的海图、地形图、航空图（见第 5 卷第 228 章）上都标出了现今磁偏角的值，在一些地图上为格网北和磁北之间的差值。这些值必须根据推导它们所用的地磁场模型进行定期修订。这是地磁场重要作用的一个例子，它作为一个工具帮助他人安全旅行。

4.2　石油工业

在石油工业中，石油储藏中的定向钻孔需要一种特别类型的导航。一种可以使用的方法是采用一个精密磁罗盘。出于经济原因，同时为了很好地避免碰撞，在方向上需要的精度一般是 0.1°，总强度上需要的精度是 50 nT。为了达到这个精度，必须把地壳场、每天的变化和磁暴的发生考虑在内。这是在现代世界中应用地磁场的另外一个例子，但是还必须考虑其他源引起的磁场变化。

4.3　在长导线中的地磁感应电流

最近一个时期最严重的地磁暴发生在 1989 年 3 月。由于在长导线中产生了很大的地磁感应电流（GICs），所以对技术系统产生了严重的影响，例如电网系统的输电线路。特别是在加拿大的魁北克，输电系统的部分变压器被击穿，导致超过 9 h 的停电。GICs 的其他影响包括增加管线的腐蚀，这是地磁场在现代世界造成危害的例子。

4.4　卫星运行

当一个磁暴正在进行时，地球上层大气（见第 6 卷第 273 章）会由于加热而膨胀，这增加了运行高度低于 1 000 km 的卫星的阻力。范艾伦辐射带中增强的高能带电粒子通量对卫星造成的其他影响犹在，它可以干扰卫星中的计算机甚至"杀掉"卫星中的电子设备。这是在现代世界和地磁场相关的有害现象。然而，现在对这一效应的认识已经很清楚，在设计卫星时可以采取相应的预防措施。

4.5　勘探地球物理

对一定面积的总磁场强度和磁场调查可以帮助地球物理学家理解地下面的地质情况，沉积的铁矿石可以非常明确地给它们定位。这是地球磁发挥作用的一个例子。但是如果在分析数据前没有将磁场中每天的变化和磁场活动或磁暴排除在外，它就可能变得有害，尤其是在高纬度地区。

5　总　　结

本章回顾了发现地球磁场的历史、在地面的地磁台以及在飞机和地球轨道卫星中采用不同仪器对地磁场的观测、主要的磁场特性以及地磁场重要参数的最新（2010）模型，该模型给出了一系列有用参数的分布图。同时还简单考虑了现今地球磁场对航天工业的一些帮助和潜在问题。

参考文献

McIlwain, C. E. （1961） Coordinates for mapping the distribution of magnetically trapped particles. *J. Geophys. Res.*，**66**，3681—3691.

延伸阅读

Bloxham, J., Zatman, S. and Dumberry, M. （2002）The origin of geomagnetic jerks. *Nat.* **420**，65—68.

Campbell，W. H. （1997） *Introduction to Geomagnetic Fields*，Cambridge University Press，Cambridge.

Glassmeier，K. H.，Soffel，H. and Negendank，J. F. W.（2009）*Geomagnetic Field Variations*，Springer，Dordrecht，The Netherlands.

Hulot，G.，Sabaka，T. and Olsen，N.（2007）The present

field，in *Treatise on Geophysics*，Vol. 5，*Geomagnetism* (ed. M. Kono)，Elsevier，New York，pp. 33—75.

Jankowski，J. and Sucksdorff，C. (1996) *IAGA Guide for Magnetic Measurements and Observatory Practice*，International Association of Geomagnetism and Aeronomy，Boulder，CO.

Jacobs，J. A. (1987) *Geomagnetism*，vols 1—3. Academic Press，London.〔Volume 1：History of geomagnetism，instrumentation，and overviews of main and crustal fields. Volume 2：Origins of Earth's magnetic field and that of the Moon and other planets. Volume 3：Rock magnetism，paleomagnetism and the ancient magnetic field behaviour，conductivity structure of Earth，indices of geomagnetic activity，and magnetic field characteristics during solar quiet conditions.〕

Jacobs，J. A. (1991) *Geomagnetism*，vol. 4. Academic Press，London.

Kuvshinov，A. V. (2008) 3—D Global induction in the oceans and solid earth：recent progress in modeling magnetic and electric fields from sources of magnetospheric，ionospheric and oceanic origin. *Surv. Geophys.*，**29**，139—186.

Langel，R. A. and Hinze，W. J. (1998) *The Magnetic Field of the Earth's Lithosphere：The Satellite Perspective*，Cambridge University Press，Cambridge.

Lowrie，W. (1997) *Fundamentals of Geophysics*，Cambridge Uni-versity Press，Cambridge.

Mandea，M. and Purucker，M. (2005) Observing，modeling，and interpreting magnetic fields of the solid Earth. *Surv. Geophys.*，**26**，415—459.

McPherron，R. L. (1995a) Instruments for measuring magnetic fields，Appendix 13A，in *Introduction to Space Physics* (eds M. G. Kivelson and C. T. Russell)，Cambridge University Press，Cambridge，pp. 443—451.

McPherron，R. L. (1995b) Standard indices of geomagnetic activity，Appendix 13B，in *Introduction to Space Physics* (eds M. G. Kivelson and C. T. Russell)，Cambridge University Press，Cambridge，UK，pp. 451—458.

Merrill，R. T.，McElhinny，M. W. and McFadden，P. L. (1996) *The Magnetic Field of the Earth*，Academic Press，London.

Parkinson，W. D. (1983) *Introduction to Geomagnetism*，Scottish，Academic Press，Edinburgh.

Tascione，T. F. (1994) *Introduction to the Space Environment*，2nd edn，Krieger Publishing Co，Malabar，FL.〔Chapter 4：Geomagnetism，Chapter 5：Magnetosphere〕.

本章译者：朱春玲（南京航空航天大学航空宇航学院）

第 *277* 章

地球轨道上的等离子体

Michael J. Rycroft
英国剑桥凯撒咨询公司和英国克兰菲尔德大学

1 等离子体的特性

1.1 什么是等离子体?

我们都熟悉物质的三种状态:固态、液态和气态。当一个固体被加热后,它融化,转变为液体,例如冰变成水。当一种液体被加热,它沸腾,转变为气体,例如水变成蒸汽。当给气体额外的能量,它变成一个等离子体;一个电子从一个原子或分子中脱离,留下一个一价正电离子。因此,等离子体是带电气体,由相同数量的电子和一价离子组成,总体而言,它是电中性的,因此等离子体的电场 E 为 0。

在某些方面,等离子体表现得像气体(流体),在作用力下移动,这个力可能源于重力(像对气体一样),或电,或磁。忽略黏性引起的力,一个小体积等离子体(等离子元)的运动方程含有密度 ρ 和速度 u,方程如下:

$$F = \rho \frac{\mathrm{d}u}{\mathrm{d}t} = \rho g + j \times B - \bigtriangledown p \quad (1)$$

这里 g 是重力加速度;j 是电流密度;B 是磁通密度(不严格的称为磁场——见对地球磁场进行解释的第 6 卷第 276 章);p 是热压力;t 是可变时间(Schrijver 和 Siscoe,2009,p.16)。对于质量为 m、带电量为 q 的单个带电粒子,这种带电粒子可能是一个离子或者电子,作用在它上面的力 F 可以简单地表达为

$$F = m \frac{\mathrm{d}v}{\mathrm{d}t} = mg + qE + qv \times B \quad (2)$$

式中,E 为电场;v 为带电粒子的速度。质量、动量、能量和电荷守恒定律适用于等离子体。麦克斯韦的四

个电磁定律同样适用(Kivelson 和 Russell,1995,p.44)。电流与电场关系也可使用适当形式的欧姆定律。Kivelson 和 Russell(1995)以及 Crosby,Rycroft 和 Tulunay(2006)给出了更加详细的内容。

1.2 特征频率

等离子体有两个主要的特征频率。

一个是纵向(或者静电)振荡的自然(共振)角频率,称为电子等离子体频率,它的平方为 $Nq^2/(\varepsilon_0 m_e)$,其中 N 是电子的单位体积密度(电子的带电量 $q = -e$),m_e 是电子质量,ε_0 是自由空间的介电常数。电子等离子体频率 f_{pe} = 角等离子体频率/(2π) = $9N^{1/2}$,单位为 Hz,N 的单位是 m^{-3},f_{pe} = 9 MHz;这是地球电离层 300 km 附近的典型值,这里的电子密度最大。离子等离子体的频率约为电子等离子体的 0.01,这是因为离子的质量比电子的大约一万倍;精确值依赖于等离子体中精确的离子组分。

另一个特征频率是电子回旋频率(f_{ce})或者旋转频率,它是电子围绕一个磁场线旋转的频率。它经常写为 f_{Be},其和 qB/m_e 相等,其中 $q = -e$,是电子的电量。一般情况下,f_{Be}(单位 Hz)= 28B(单位 nT)。旋转周期是旋转频率的倒数。在电离层,f_{Be} 为 1~2 MHz,大小取决于纬度和高度,是质子回旋频率的 1 830 倍。由于带正电,质子的旋转方向和电子的相反。拉莫尔半径是带电粒子(质量为 m)在磁场周围的轨道圆半径,它由 $mv_\perp/(qB)$ 计算出;一个能量 W 为 10 keV 的电子产生极光,它在上层大气中的值约为 6 m。这里带电粒子在均匀磁场中运动时不受其他力的影响。因此,带电粒子在均匀磁场中的运

动是一个螺旋。和磁场线平行的电场会对带电粒子产生加速或减速作用，从而改变螺旋的形状。

1.3 德拜长度和电场

一个正电荷所产生的电场能被感知的距离是等离子体一个重要的参数。这个距离就是德拜长度 λ_D，通过 $[\varepsilon_0 kT/(Ne^2)]^{1/2}$ 计算；T 是等离子体的温度；k 是波尔兹曼常数。数值上为

$$\lambda_D(m) = 69[T(K)/N(m^{-3})] \qquad (3)$$

当距离 $> \lambda_D$ 时，单个离子所产生的电场就很小了。电子都围绕着这个正电荷将剩余的等离子体从整个离子产生的电场"屏蔽"开来。半径为德拜半径的德拜球上的屏蔽电子数目等于 $4\pi(\varepsilon_0 kT)^{3/2}/(3e^3 N^{1/2})$。

应用理想等离子体理论必须满足三个条件。第一个是在德拜上的电子数量远大于1。第二个条件是 λ_D 远大于问题的最小典型尺寸。第三个条件是等离子体频率和/或所考虑问题关心的最小频率必须大于 ν_{en}，这是电子—中性碰撞频率；这是为了确保等离子体的运行不会在与中性气体原子或分子的快速碰撞中被衰减掉。

摘自 Kivelson 和 Russell（1995），第 40 页的图 1 显示太阳风和磁层中的等离子体都是本质理想等离子体。航天器在这些等离子中进行测量不会受到被测量系统的影响，这是因为太空等离子的尺度要远大于航天器试验的尺度，例如，插入等离子体中测量那里 AC 和/或 DC 电场的偶极天线的长度。

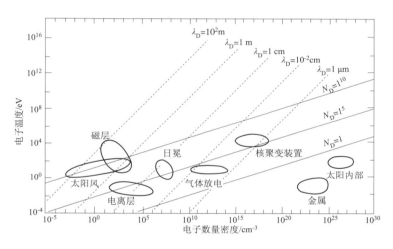

图1 等离子体里的电子温度和电子数量密度、λ_D 的计算值及德拜球中的电子数量 N_D 之间的关系

（摘自 Kivelson 和 Russell（1995）©剑桥大学出版社）

如果对等离子体施加一个外部电场 E，等离子体整体就会以速度 u 漂移，它的方向同时垂直于 E 和 B。

$$u = \frac{E \times B}{B^2} \qquad (4)$$

移动的原因虽然一点也不直观，但是 Kivelson 和 Russell（1995），第 30 页的图 2 证明了这一点。由于电子和离子以相同的速度移动，所以没有电流流动。如果和中性粒子碰撞，就会产生电流流动。

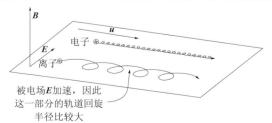

图2 电子和离子在电场和磁场中的运动

（摘自 Kivelson 和 Russell（1995）©剑桥大学出版社）

1.4 带电粒子在偶极磁场中的运动

在像地球磁场（见第 6 卷第 276 章）这样的偶极磁场中，B 在空间上变化，会产生三种运动（Walt，1994），分别是：①前面讨论的旋转运动（一个 $L \approx 4$，能量 ≈ 10 keV 的电子，时间尺度约为 ms 级）；②在磁镜点间从一个半球跳跃到另一个的跳跃运动；③在垂直于 B 的经线上漂移，这是由磁场径向距离梯度和偶极磁场线的曲率造成的。正如第 6 卷第 276 章提到的，偶极磁场线由它的 L 值指定。从物理的观点看是以地球半径为单位从地球中心开始到穿过赤道平面的场线间的距离。

定义带电粒子的螺旋角 α 为 $\arctan(\upsilon_\perp / \upsilon_\parallel)$，一般在赤道处 $L=4$ 的范艾伦辐射带中的值约为

20°；α 随着电子沿着电场线的移动而增加，直到增加至 90°。电子沿着场线运动时，在镜像点反转方向反射了。跳跃时间是指电子从赤道移动到北镜像点然后到南镜像点最后返回到赤道的时间（一般约几秒钟）。漂移时间（一般约数小时）是指完成 360°经向漂移所需要的时间。图 3 展示了这些运动（来源于 Daglis，2001，p. 107）。具有很小螺旋角（一个很小的度数）不会被俘获；它们直接析出进入大气层顶部，在那里它们可能会发生额外的电离。赤道螺旋角约为 10°的电子接近俘获极限，它们会由于波—粒子的相互作用而被推进损失锥，同时，因为从辐射带中损失掉，从而导致上层大气产生额外的电离。

每个运动类型都有一个相关的绝热不变量（见 Kivelson 和 Russell，1995，p. 304～310）。①对于第一种，它是旋转带电粒子的磁矩 $\mu = mv_\perp^2/2B$。②对于第二种，它和 $[W - \mu B(s)]^{1/2}$ 沿着磁场线的 ds 微元长度积分成正比。③对于第三种，它是在特定 L 值下漂移轨道所封闭的磁通量值。如果地球磁场不随时间变化，特定带电粒子运动的所有这三个不变量都保持不变。如果在一个约小于 10 min 的时间尺度下基本保持不变，前两个运动的绝热不变量保持不变，但是第三个不变量就被破坏了。这就意味着带电粒子漂移到另外一个 L 层上去了。如果地球磁场的绝热脉动的时间尺度为几秒钟，那么第二个不变量也会被打破。如果电磁波具有可以和旋转频率相比较的频率，大约 kHz 数量级，第一个不变量就被打破，同时产生波—粒子的相互作用。这一复杂课题最近由 Trakhtengerts 和 Rycroft（2008）解决了。

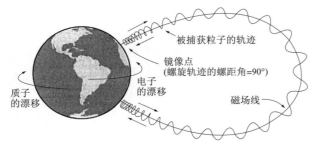

图 3　被困在像地球磁场这样的偶极磁场中的电子的三种运动类型——旋转、跳跃和漂移

（摘自 Daglis（2001）© Springer）

1.5　磁流体力学

另一个有趣的等离子体概念是当等离子体以速度 u 移动时，等离子周围存在一个微弱的磁场。也就是说，磁场被"冻"在等离子体里了。无碰撞等离子体不能容忍其参照系中存在电场，因此有：

$$E = -u \times B \tag{5}$$

等离子的电导率 σ 是无限的。在一个高度导电的等离子体中，广义欧姆定律为

$$J = \sigma(E + u \times B) \tag{6}$$

等离子体的磁流体力学（MHD）处理中将等离子体看成是一个单一的流体，电子和离子一起移动，这通常能很好地概述了等离子体的大尺度移动。

然而 MHD 处理通常在一些有趣和重要的情况下在小尺度方面出现问题，例如当涉及两个磁场"重新连接"时（见 Kivelson 和 Russell，1995，第 9 章；Schrijver 和 Siscoe，2009，第 5 章）（这里值得注意的是，Scott（2007）以及其他一些人基本上同意"重新连接"的整个概念），MHD 波的特征速度是阿尔芬速度，由公式 $v_A = B/(\mu_0 N m_i)^{1/2}$ 给出，这里 m_i 是粒子的质量。同时也存在其他 MHD 模式，例如快模式和慢模式。

1.6　波的传播

等离子体对于电磁波是双折射的，也就是一个特定频率的波穿过等离子体时折射率有两个值。它们和正常波（O）以及异常波（X）相对应，具有不同的相速度 $v_\varphi = \omega/k$ 和群速度 $v_g = \frac{\partial \omega}{\partial k}$ 值。相速度可能是（或者）光在自由空间的速度 $c = 3 \times 10^8$ m/s，但是群速度始终小于 c。求这些速度的标准程序是求解适当形式的麦克斯韦方程组、适当形式的欧姆定律和状态方程，小振幅扰动下对它们进行线性化。找出系数矩阵的行列式，令其等于 0，找到合适的色散关系 $D(\omega, k)$。可以穿过等离子体的电磁波和静电波有很多，频率范围从超低频率（ULF，<3 Hz）到极低频（3 Hz～3 kHz）、甚低频率（VLF，3～30 kHz，哨声模式，Trakhtengerts 和 Rycroft，2008）、高频（HF，3～30 MHz）以及甚高频（VHF，30～300 MHz）。

一些书对空间等离子体物理进行了回顾，包括 Lyons 和 Williams（1984）及 Baumjohann 和 Treumann（1996）所写的书。这些科学课题以及他们对必须在太空环境中运行的卫星及航天器设计的影响在 Tribble（1995）以及 Hastings 和 Garrett（1996）的文献中进行了讨论，对卫星和航天器的

影响从许多方面来讲都是有害的。现在大量空间等离子体物理研究的目的在于提高我们对等离子体中能量的运输、转化和释放的认识以及涉及电磁波加速和减速过程的认识。

2　太阳－地球关系——日地物理学简介

2.1　磁层

太阳是太阳系和地球上所有生命形式的能量来源，它发出的辐射包含整个电磁谱。大部分来自太阳表面，也就是光球层的辐射在光谱的可见光部分；它的光谱和温度约为 5 800 K 的合体所发出的辐射光谱很接近。波长更长的是红外辐射和无线电波，波长更短的紫外辐射和 X 射线分别来自色球层和太阳的外大气层即日冕。较短波长的太阳辐射通量变化较大，尤其是在太阳活动的 11 年周期过程中。Lastovicka 和 Boska（1992）已经清楚地总结了太阳辐射的重要性质。

太阳也通过一些复杂的方式影响地球环境，这可以通过卫星上的科学仪器进行很好的调查。在太空时代的初期，美国发射的第一个卫星（探险者 1 号，见 McDonald 和 Naugle，2008）发现了环绕地球的范艾伦辐射带；一个年轻的研究人员喊道："我的上帝呀，太空是具有放射性的！"这些高能电子和离子在磁层被地球磁场捕捉（见 http://www. phy6. org/Education/Intro. html 和 http://www. ssc. igpp. ucla. edu/personnel/russell/papers/magsphere/的 1.4 节）。这在探险者 3 号和 4 号中进行了详细的探索（Van Allen 和 Frank，1959；Hess，1968）。

地球辐射带（RB）中在各种阈能之上的电子和质子的典型通量和 L 层的关系如图 4 所示（摘自 Daglis，2001，p. 253）。电子内层和外层带的区分很明显，最小值（被称为"槽"）L 约为 2.5，但是离子不是。通量随时间的变化很大，变化量有一个数量级（或者更大），会出现从平均值向下或向上变化。这些通量决定了承受的辐射剂量。为了测量辐射剂量，卫星应该装备它自己的辐射监测仪。Lemaire，Heynderickx 和 Baker（1996）提出了地区辐射带中高能电子和粒子的 **B** 和 L 值的空间分布及时间变化的理论和经验模型。Armstrong 和 Colborn（2000）提出了一个更新的俘获辐射环境的 NASA 模型；一个相似的模型见 http://www. msfc. nasa. gov/ire/model tpm. htm。地球辐射带最新的数值模型由 Bourdarie 和 O'Brien（2009）提出。

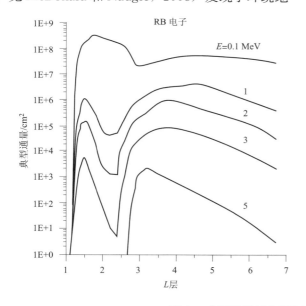
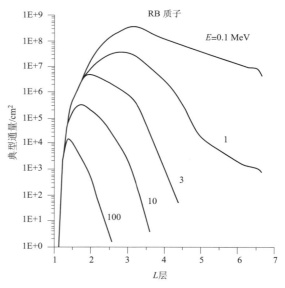

图 4　典型的辐射电子和质子在磁层中的捕获通量

（摘自 Daglis（2001）© Springer）

卫星上的磁力计运行在很高的地球椭圆形轨道中，IMP 1 是第一个太阳系检测平台，它用来研究磁层顶的详细形状（Ness，Scearce 和 Seek，1964）。它是磁层的外边界，是地球磁场（见第 6 卷第 276

章）在太空中的区域，图 5 是对它的描述。

现在对于磁层（见第 6 卷第 282 章）的形成采用物理的视角来描述（见 Kivelson 和 Russell，1995，第 10 章；Schrijver 和 Siscoe，2009，第 10 章）。太阳风以超声速（＞400 km/s）离开太阳，太阳的磁场线随着太阳风的流出而被拉出，地球磁场被太阳风所压缩。地球向阳面磁层顶通常位于地球中心上游约 10 倍地球半径（R_E）处。太阳在活跃期产生比平常快很多的太阳风流（约高达 1 000 km/s），此时磁顶层的位置接近 $7R_E$，偶尔甚至到 $6R_E$。如果行星际磁场线有南向分量，它们就可以很容易地在向阳面磁层顶"连接"到指向北的地磁场线。当太阳风经过磁层时，它将背阳面的地磁场线拉出形成类似彗星的尾巴。在背阳面磁尾延伸超过月球轨道，距地球约 $240R_E$。

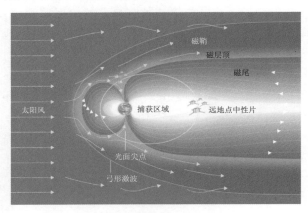

图 5　地磁场在太空中的区域

（图中的地图放大了 1.7 倍，太阳风压缩了地球磁场，利用磁层对其进行约束。磁层的外边界（磁层顶）在朝阳面的几何距离约为 $11R_E$。太阳风等离子体可以在南北尖端进入磁层。图中同时显示了 ESA 四个靠近的 Cluster 任务航天器的椭圆轨道；它们的远地点地心距离为 $19R_E$。摘自Goldstein（2005）© Nature Publishing Group）

2.2　星际介质

磁层外的星际等离子体（见 Kivelson 和 Russell，1995，第 4 章）位于磁鞘中，它的湍流度很大。若在几倍地球半径的更上游处遇到弓形激波，这里的磁场突然改变大小和/或方向，太阳风的速度和温度也是这样。弓形激波和超声速风洞中的模型飞机头部所形成的冲击波很像（见 Kivelson 和 Russell，1995，第 5 章）。它是一个带电粒子被加速的区域。

日冕物质抛射（现在称为 CMEs）是大尺度的磁结构，其中的等离子体密度比普通的要大，它会在太阳表面跟随太阳耀斑之后形成（日冕是

太阳的上层大气，温度约为 $1\times10^6\,\mathrm{K}$，它发出 X射线）。CMEs 可以通过星载仪器进行很好的观测，例如 ACE 和 SOHO 等所装载的仪器。CMEs通常以比普通太阳风更大的速度离开太阳（见Song，Singer 和 Siscoe，2001，第 2 节）。当它们直接接近地球并撞击磁层顶时，称为晕状 CMEs。它们可以触发一个大磁暴（见第 6 卷第 276 章），增强 Dst 指数的值。Lilenstein（2007）描述了它的属性以及在地球近空间所产生的现象。

2.3　四个 Cluster 任务卫星

ESA 的 Cluster 任务有四个临近的卫星在高椭圆轨道编队运行（如图 5 所示）。卫星通过精密仪器的综合套件观测等离子体和高能带电粒子的重要性质以及地磁场和电场的波动及波（例如Gustafsson 等，1997）。这些设计的目的是详细研究地球等离子体环境的小尺度结构和过程（Laasko，Taylor 和 Escoubet，2010）。他们特别研究了太阳风进入磁层的等离子体物理，尤其在磁层顶近端附近（Fritz 和 Fung，2005）。

在地球的背阳面，Cluster 卫星有时会穿过强烈的自然电磁波来源区，声频频率为几千赫兹，是当地电子回旋频率的 0.2～0.4。这些波听起来像鸟儿在早晨鸣叫，被称为合唱（见最近的一个回顾，Santolik，2008）；它们以哨声模式穿越磁层（Santolik 和 Gurnett，2003；Green 和 Inan，2007；Bortnik 等，2009）。Nunn（2009）采用复杂的数值计算程序最近已经成功模拟了合唱信号快速上升的频率特征。时下的一个研究热点（Rodger 和 Clilverd，2008）是磁层电子被这些合唱波加速到很高能量（约 MeV）的过程。这些被称为杀手电子，它们可以穿透卫星破坏内部的电子电路。破坏可能是暂时的（称为"锁定"），更坏的情况是永久的——见 Baker，1996 和本章的 3.2节。Song，Singer 和 Siscoe（2001）的第 Ⅲ 节讨论了磁层中高能带电粒子数量的变化和太阳及星际活动的关系。

2.4　极　光

航天飞机上的宇航员对北极光和南极光进行了研究（如图 6 所示）。极光同时也被几个卫星上对紫外线敏感的电视摄影机拍摄到，开始是探险号，最近的是极地卫星。例如，图 7 清楚地显示了极光椭圆每分钟的变化（Akasofu，1968；Meng，Rycroft

和 Frank，1991；Kivelson 和 Russell，1995，第 14 章），椭圆形极光是一个磁纬大约 67°的靠近地磁极的光环。极光是能量约为 10 keV 的电子在磁场线向下移动撞击上大气层形成的（Rees，1989；同时见 http://www.dcs.lancs.ac.uk/iono/ionosphere）。它们激发大气原子和分子进入更高能量状态，然后降至基态，释放出一定波长（或颜色）的可见光。当太阳风受到过度的太阳活动的干扰，极光椭圆从磁纬 67°这一平均位置膨胀至更低维度。极光椭圆特定特性（例如发光）的产生以及随后在时间和空间的发展可以通过像图 7 这样的图像序列进行很好的研究。

图 6　航天飞机上所观察到的南极光，在一条带上由东向西伸展开来，恒星背景作为对比

（这是由高能电子（约 10 keV）在地球磁场线（离开垂直线）向下移动撞击上层大气的原子和分子引起的。在 200 km 高度的发光是由氧气形成，在约 110 km 高度的发光是由氮气形成的。摘自 NASA（http://apod.nasa.gov/apod/ap980222.html））

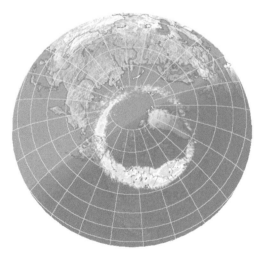

图 7　NASA 极地卫星 1997 年 4 月 14 日 DS. 18：59 U. T. 在紫外线中所观察到的极光椭圆

（集中在地磁北极，和阳光照射的东半球及黑暗的西半球叠加。最强的极光发生在美国/加拿大边境上空，在当地午夜附近。摘自 NASA（http://sdwww.jhuapl.edu/Aurora/UVI Earth.html））

2.5　电离层之上的等离子体层

等离子体层顶（Lemaire 和 Gringauz，1998）在从地球中心开始约 $4R_E$ 处的地磁场和等离子体层的外边界平齐（如图 8 所示），这已经被 IMAGE 卫星（磁层顶到极光全球探测卫星成像器，见 Burch，2003 和 Darrazout，De Keyser 和 Pierrard，2009）拍摄到。等离子体层充满从电离层流出来的等离子体（见 Schrijver 和 Siscoe，2009，第 12 章）。

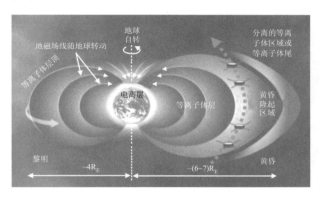

图 8　等离子体层顶——等离子体层的外边界及密度相对较高的等离子体环绕地球的区域

（该图是从太阳的视角来看。四个 Cluster 卫星位于一个穿越膨胀的等离子体层的轨道上，和黄昏接近。图中显示的卫星比它们的实际尺寸大很多。电离层等离子体沿着地磁场散布，地磁场从南极发出，经过几个地球半径的路程后回到北极地球。摘自国家地球科学教师协会并经过许可）

1924 年的地面无线电波试验是一个发现试验，80～300 km 的电离层反射 HF（高频，3～30 MHz）无线电波信号，这一信号在世界各地用来通信。电离层是一个部分离子化等离子体，有相同数量的单电荷正离子和电子，由白天来自太阳的远紫外（EUV）和 X 射线产生。在晚上电子逐渐和离子结合，降低了等离子体密度，较低处相比较高处减少得更多，因为较高处中性气体密度较少。

电离层特性（尤其是电子密度）和高度（见图 9）、地理（或地磁）纬度、经度、世界时间、季节、地磁活动以及太阳活动的相位有很大关系。这种复杂特性来自太阳、行星、磁层、大气层对电离层等离子体产生、损失和运输的影响（Baker 等，2007；Schunk 和 Nagy，2009）。如今已经有几个包含这些可用变量的理论和数值模型（例如 Zou 等，2000；Bilitza，2001，2003）。当沿着维度作图时，在中纬度电子密度最小区域发生等离子体层顶场线到电离层的投射，这被称为槽（Rycroft 和

Thomas，1970，Grebowsky 等，2009）。

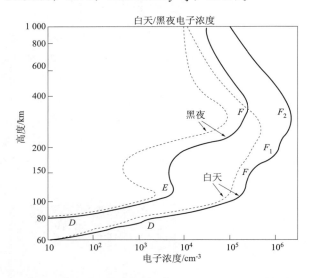

图 9　电离层主 D，E 和 F 区（或层）白天和晚上
电子密度随高度分布的典型变化

（摘自 Preeti Bhaneja（http://utdallas.edu/~
pxb049000/fig.jpg）并经过许可）

突发电离层骚扰是由来自太阳耀斑的极端和 X 射线辐射强度增强造成的。电离层电子小尺度（约 1 m）的不规则导致往来于卫星的无线电波振幅（几分贝）和相位的起伏。这在赤道、极光和极冠地区最重要。

来自全球定位系统（GPS）和全球导航卫星系统（GNSS）的无线电信号的频率为约 1.23 GHz 和 1.58 GHz（Kaplan，1996），这些系统是现在定位和导航必不可少的，它们在地球表面之上，穿过电离层。传播参数取决于电子总含量（T_{EC}），也就是从卫星到地面相关站台的电子密度的积分。

如果电离层受太阳活动的扰动，那么这些参数就会受到电离层的负面影响（Langley，2000；Hunsucker 和 Hargreaves，2003）。原因是闪烁和扩散波具有所谓的电离层行扰（TIDs）的特征。

Schunk 和 Sojka（1996），Song，Singer 和 Siscoe（2001）的第 4 节以及 Kintner 等（2008）考虑了地磁活动之后电离层出现的各种变化。这些变化在极光区域、极冠之内，椭圆形极光区域尤为明显（Hunsucker 和 Hargreaves，2003）。观察几个微卫星 GPS 信号的无线电掩星（RO）是观察全球电离层变化的最新技术。Wang 和 Tam（2010）已经表明一般情况下 T_{EC} 随着 D_{st} 的增加而减小。

2.6　其他行星的磁层

如果行星在内部产生一个显著的磁场，那么它就

有磁层。一个行星，若它内部没有产生较大磁场，通过电流与太阳风等离子体相互作用，则会产生它的导电电离层（见第 6 卷第 282 章；Kivelson 和 Russell，1995，第 15 章；Schrijver 和 Siscoe，2009，第 13 章）。这几章研究了行星磁层对比课题。木星的磁场在太阳系中是最大的。木星和土星中都观测得到极光。地球大气层、电离层和磁层的基本定量信息可以在 NASA 名为《The Extra-Terrestrial Space Environment》的海报中找到，它是一个参考表。

3　空间天气

3.1　空间天气的简介

在强烈的极光发生期间，在约 110 km 高处的电离层有巨大的电流（约数百万安培）环绕极光椭圆流动。这通过在特定当地时间区域电流沿地磁通量管向下流动实现，电路通过其他地方的向上电流完成。这一巨大电路的发电量依赖于太阳风以高速穿过地球磁场时的发电作用。近地球空间环境对太阳和星际介质扰动的响应是最重要的话题，现在它被称为"空间环境"（Lilenstein，2007）。"空间天气"的正式定义由美国国家空间天气委员会（1995）给出，定义为"一般指在太阳上以及在太阳风、磁层、电离层及热层中可以影响星载技术系统性能和可靠性、会危害人类健康和生命的条件"。现在的空间天气数据可以在 http://www.swpc.noaa.gov/SWN/中找到。

在这一广泛的话题中，有用的书有：Hargreaves（1992），Tascione（1994），Gombosi（1997），Suess 和 Tsurutani（1998），Daglis（2001），Ondoh 和 Marubashi（2001），Song，Singer 和 Siscoe（2001），Prolss（2004），Scherer 等（2005）以及 Bothmer 和 Daglis（2007）。Paschmann（2009）简明扼要地回顾了磁层物理的现状，指出该领域未来的发展方向（例如其他行星），以及一些应用，例如研究其他星球、实验室等离子体和空间天气。

储存在磁层中比带电粒子能量更大（高达很多 MeV）的是来自银河之外的宇宙射线（约 GeV）。它们是河外宇宙射线。它们被星际介质中的不规则磁场分散。当太阳风被增强的太阳活动所扰乱，到达地球附近的宇宙射线流减少，这是因为一些宇宙射线被分散远离地球。然而太阳高能粒子（直接来

自太阳，能量约为几兆电子伏特的带电粒子）在这个时候会增加。这些带电粒子穿过地球极冠进入磁层。

Dorman（2009）研究了空间天气现象的作用和宇宙射线对地球天气和气候的作用，这是一个颇具争议的研究课题。空间天气现象影响世界各地高频无线电波通信的质量，尤其是极冠地区。通过地球表面长导体的诱导效应（例如运输石油或天然气的金属管线，或者电力分配的输电网系统），空间天气的影响导致腐蚀或者偶尔的电力中断（例如1989年加拿大魁北克省发生了很多小时）。

3.2　空间环境对卫星和宇航员的威胁

主要的危害是位于范艾伦辐射带中的高能量带电粒子流（如图4所示），它威胁卫星和航天器上电子设备的持续运行，同时会对LEO里的人员或者进行舱外活动（EVAs）的人员产生辐射危害（例如国际空间站里的人员）。在月球表面工作存在显著的辐射威胁，一些"阿波罗"宇航员是幸运的，他们没有在巨型太阳喷发的1972年8月去那里。未来去火星的宇航员或者最终在火星工作的人要面临严重的辐射威胁。

大量的带电粒子流穿透卫星或者航天器表面会导致电路暂时中断，称为"单粒子翻转"，改变其二进制状态；电路在中断一段时间后恢复。更危险的是永久失效，这会损失整个太空任务，例如加拿大地球同步通信卫星"阿尼克3号"（见Liemohn等，2008；Lyatsky和Khazanov，2008；Turner和Lin，2008）。Holmes-Siedle和Adams（1993）的文献全面讲述了辐射损失。辐射损伤也降低了太阳能板上光伏电池的发电能力，通常是几年减少20%。

电离层骚扰（小尺度，约几米大小，不规则）导致传送到卫星或者从太空传送到地面无线电波信号的振幅和相位产生波动，这称为闪烁。闪烁在赤道和极光地区尤为突出，闪烁同时降低全球定位系统（GPS）和全球导航卫星系统（GNSS）的信号质量。

目前的研究方向是增加我们对太阳和星际是如何影响近地球空间环境的知识，也就是更好地理解空间环境。未来工作需要一个可靠、及时且可以理解的空间天气预报，因为许多不同的星载平台和地面设备都需要空间天气预报。

恶劣的太空环境威胁LEO中卫星运行的其他方面有：

· 由于来自太阳日冕（温度约为100万开尔文）的X射线的变化（尤其是11年的太阳周期）而导致的稀薄上层大气的密度变化，这会影响卫星的阻力，影响程度有一个甚至两个数量级。

· 来自太阳的辐射（峰值在波谱的可见光部分）和来自地球的热辐射（峰值波长约为10 μm，在波谱的红外部分），它们和卫星外壳相互作用，而外壳可能被喷涂过，以达到所需要热性能（吸收和发射）。

· 自然微流星体和人造太空轨道垃圾（见第6卷第279章）可能会撞击到卫星表面并损坏卫星。

Tascione（1994），Tribble（1995），Hastings和Garrett（1996）以及Cruise等（1998）的书中涵盖了这一话题。

空间环境的综合数值模型有空间环境信息系统（SPENVIS，见http://www.spenvis.oma.be）及Analytical Graphics公司的空间环境和影响工具包（SEET，见http://www.stk.com/products/desktop-App/stkFamily/modules/analyis/spaceEnv/）。这对卫星和航天器设计者和运营商特别有用。一套全面的空间天气数据和产品（警报和预报，也有上星期/月的各种数据集和预报）可以在http://www.swpc.noaa.gov/Data/中找到，其他一些有用的空间天气网站在Crosby，Rycroft和Tulunay（2006）文章的最后给出。

3.3　磁层和电离层的人为影响

最近Sauvaud等（2008）的一篇文章中提到，在澳大利亚西海岸一个强大的地面无线电波发射机发射的19.8 kHz，$L=1.45$的无线电波在卫星的LEO里被观测到，以及范艾伦带超过约200 keV绕着地球向东漂移的电子的准捕获表明螺旋—谐振波—粒子的相互作用在两个接近磁层赤道平面时发生（详细见Trakhtengerts和Rycroft，2008）。当发射机在运行时，俘获电子进入漂移损失锥中，因此它们从磁层中损失掉。它们沉淀至大气层顶，在那里可以进行电离。这表明范艾伦带的人为因素可能对电离层产生显著的影响。南大西洋异常区（SAA）附近的降水非常显著。Horne，Lam和Green（2009）最近提出，约1 MeV的电子的沉淀和地磁暴期间的合唱相结合可能影响当地平流层的臭氧量。

4 总 结

我们不仅回顾了电离层和等离子层中的热等离子体的物理性质，还回顾了高能电子和粒子由于范艾伦辐射带而被磁场俘获。近地球空间环境以许多方式响应太阳及太阳风（称为日冕物质抛射）的大范围干扰。例如，极光发出光亮，当地磁场活跃度增加时变得活跃，并向低纬度移动；高度为几百千米的上层大气密度显著增加，增加了卫星的阻力。我们给出了许多出版的书和原创论文，这样感兴趣的读者可以轻松地找到感兴趣的话题并深入阅读材料。

参考文献

Akasofu, S. -I. (1968) *Polar and Magnetospheric Substorms*, D. Reidel, Dordrecht, Holland, p. 280.

Armstrong, T. W. and Colborn, B. L., (2000) TRAP/SEE code users manual for predicting trapped radiation environments, NASA/CR-2000-209879, p. 48.

Baker, D. N. (1996) Solar wind-magnetosphere drivers of space weather. *J. Atmos. Terr. Phys.*, **58**, 1509-1526.

Baker, D. N., Wiltberger, M. J., Weigel, R. S. and Elkington, S. R. (2007) Present status and future challenges of modeling the Sun-Earth end-to-end system. *J. Atmos. Solar Terres. Phys.*, **69**, 3-17.

Baumjohann, W. and Treumann, R. A. (1996) *Basic Space Plasma Physics*, Imperial College Press, London, p. 329.

Bilitza, D. (2001) International reference ionosphere 2000. *Radio Sci.*, **36**, 261-275.

Bilitza, D. (2003) International reference ionosphere 2000: examples of improvements and new features. *Adv. Space Res.*, **31**, 757-767.

Bortnik, J., Li, W., Thorne, R. M., Angelopoulos, V., Cully, C., Bonnell, J., LeContel, O. and Roux, A. (2009) An observation linking the origin of plasmaspheric hiss to discrete chorus emissions. *Science*, **324**, 775-778.

Bothmer, V. and Daglis, I. A. (eds) (2007) *Space Weather: Physics and Effects*, Springer, The Netherlands, p. 438.

Bourdarie, S. and O'Brien T. P. (2009) International Radiation Belt Environment Modelling Library, *Adv. Space Res.*, number 174, 27-28.

Burch, J. L. (2003) The first two years of IMAGE. *Space Sci. Rev.*, **109**, 1-24.

Crosby, N. B., Rycroft, M. J., and Tulunay, Y. (2006) Overview of a graduate course delivered in Turkey, emphasizing solar-terrestrial physics and space weather. *Surv. Geophys.*, **27**, 319-364.

Cruise, A. M., Bowles, J. A., Patrick, T. J. and Goodall, C. V. (1998) *Principles of Space Instrument Design*, Cambridge University Press, Cambridge, p. 396.

Daglis, I. A. (ed.) (2001) *Space Storms and Space Weather Hazards*, Kluwer, Dordrecht, The Netherlands, p. 482.

Darrazout, F., De Keyser, J., and Pierrard V. (eds) (2009) *The Earth's Plasmasphere: A CLUSTER and IMAGE Perspective*, Springer, The Netherlands, p. 296.

Dorman, L. I. (2009) The role of space weather and cosmic ray effects in climate change, in *Chapter 3 in Climate Change: Observed Impact on Planet Earth* (ed. T. M. Letcher), Elsevier, Netherlands, pp. 43-76.

Fritz, T. A. and Fung, S. F. (eds) (2005) The magnetospheric cusps: Structure and dynamics. *Surv. Geophys.*, **26**, 1-414.

Goldstein, M. L. (2005) Magnetospheric physics: turbulence on a small scale. *Nature*, **436**, 782-783.

Gombosi, T. I. (1997) *Physics of the Space Environment*, Cambridge University Press, Cambridge, p. 339.

Grebowsky, J. M., Benson, R. F., Webb, P. A., Truhlik, V. and Bilitza, D. (2009) Altitude variation of the plasmapause signature in the main ionospheric trough. *J. Atmos. Solar-Terres. Phys.*, **71** (16), 1669-1676. doi: 10.1016/j.jastp.2009.05.016.

Green, J. L. and Inan, U. S. (2007) Lightning effects on space plasmas and applications, in *Chapter 4 in Plasma Physics Applied*, Research Signposts (ed. C. Grabbe), 59-72.

Gustafsson, G., Bostrom, R., Holmgren, G. *et al.* (1997) The electric field and wave experiment for the Cluster mission. *Space Sci. Rev.*, **79**, 137-156.

Hargreaves, J. K. (1992) *The Solar-Terrestrial Environment*, Cambridge University Press, Cambridge, p. 420.

Hastings, D. and Garrett, H. (1996) *Spacecraft-Environment Interactions*, Cambridge University Press, Cambridge, p. 292.

Hess, W. N. (1968) *The Radiation Belt and Magnetosphere*, Ginn Blaisdell, Waltham, MA, p. 548.

Holmes-Siedle, A. and Adams, L. (1993) *Handbook of Radiation Effects*, Oxford University Press, Oxford, p. 479.

Horne, R. B. Lam, M. M. and Green, J. C. (2009) Energetic electron precipitation from the outer radiation belt during geomagnetic storms. *Geophys. Res. Lett*, **36**, L19104. doi: 10.1029/2009GL040236.

Hunsucker, R. D. and Hargreaves, J. K. (2003) *The High-Latitude Ionosphere and its Effects on Radio Propagation, Cambridge University Press, Cambridge, p. 617.

Kaplan, E. D. (ed.) (1996) *Understanding GPS: Principles and Ap-plications*, Artech House Publishers, Boston, p. 554.

Kintner, P. M., Coster, A. J., Fuller-Rowell, T., Mannucci, A. J., Mendillo, M. and Heelis, R. (eds) (2008) *Midlatitude Iono-spheric Dynamics and Disturbances*, American Geophysical Union, Washington, DC, p. 327.

Kivelson, M. G. and Russell, C. T. (eds) (1995) *Introduction to Space Physics*, Cambridge University Press, Cambridge, p. 568.

Laasko, H., Taylor, M. and Escoubet, C. P. (2010) *The Cluster Active Archive: Studying the Earth's Space Plasma Environment*, Springer, Dordrecht, The Netherlands, p. 515.

Langley, R. B. (2000) (July), GPS, the ionosphere, and the solar maximum, *GPS World*, **11** (7), 44—49.

Lastovicka, J. and Boska, J. (1992) Solar radiation, in *Encyclopedia of Earth System Science*, vol. 4 (ed. W. A. Nierenberg), Academic Press, San Diego, pp. 271—277.

Lemaire, J. F., Heynderickx, D., and Baker, D. N. (eds) (1996) *Radia-tion Belts: Models and Standards*, American Geophysical Union, Washington, DC, p. 322.

Lemaire, J. F. and Gringauz, K. I. (1998) *The Earth's Plasmasphere*, Cambridge University Press, Cambridge, p. 350.

Liemohn, M. W., Zhang, J. C., Thomsen, M. F., Borovsky, J. E., Kozyra, J. U., and Ilie, R. (2008) Plasma properties of superstorms at geosynchronous orbit: How different are they? *Geophys. Res. Lett.*, **35**, L06S06. doi: 10. 1029/2007GL031717.

Lilenstein, J. (ed.) (2007) *Space Weather: Research Towards Applications in Europe*, Springer, Dordrecht, The Netherlands, p. 330.

Lyatsky, W. and Khazanov, G. V. (2008) Effect of geomagnetic disturbances and solar wind density on relativistic electrons at geostationary orbit. *J. Geophys. Res.*, **113**, A08224. doi: 10. 1029/2008JA013048.

Lyons, L. R. and Williams, D. J. (1984) *Quantitative Aspects of Magnetospheric Physics*, D. Reidel, Dordrecht, The Netherlands, p. 231.

McDonald, F. and Naugle, J. E. (2008) Discovering Earth's radiation belts: Remembering Explorer 1 and 3, EOS. *Trans. Am. Geophys. Union*, **89**, 361—363.

Meng, C. I., Rycroft, M. J., and Frank, L. A. (eds) (1991) *Auroral Physics*, Cambridge University Press, Cambridge, p. 496.

Ness, N. F., Scearce, C. S. and Seek, J. B. (1964) Initial results of the IMP—1 magnetic field experiment. *J. Geophys. Res.*, **69**, 3531—3569.

Nunn, D., Santolik, O., Rycroft, M. and Trakhtengerts, V. (2009) On the numerical modelling of VLF chorus dynamical spectra. *Annales Geophysicae*, **27**, 2341—2359.

Ondoh, T. and Marubashi, K. (eds) (2001) *Science of Space Environment*, Ohmsha IOS Press, Japan, p. 302.

Paschmann, G. (2009) Future directions of magnetospheric re-search: A report on an International Space Science Institute forum, *Adv. Space Res.*, no. 176, 27—38.

Prolss, G. W. (2004) *Physics of the Earth's Space Environment*, Springer, New York, p. 514.

Rees, M. H. (1989) *Physics and Chemistry of the Upper Atmosphere*, Cambridge University Press, Cambridge, p. 289.

Rodger, C. J. and Clilverd, M. A. (2008) Magnetospheric physics: Hiss from the chorus. *Nature*, **452**, 41—42.

Rycroft, M. J. and Thomas, J. O. (1970) The magneto-spheric plasma-pause and the electron density trough at the Alouette I orbit. *Planet. Space Sci.*, **18**, 65—80.

Santolik, O. (2008) New results of investigations of whistler-mode chorus emissions. *Nonlinear Process. Geophys.*, **15**, 621—630.

Santolik, O. and Gurnett, D. A. (2003) Transverse dimensions of chorus in the source region. *Geophys. Res. Lett.*, **30**, 1031. doi: 10. 1029/2002GL016178.

Sauvaud, J. A., Maggiolo, R., Jacquey, C., Parrot, M., Berthelier, J. J., Gamble, R. J. and Rodger, C. J. (2008) Radiation belt electron precipitation due to VLF transmitters: Satellite observations. *Geophys. Res. Lett.*, **33**, L09101. doi: 10. 1029/2008GL033194.

Scherer, K., Fichtner, H., Heber, B., and Mall, U. (eds) (2005) *Space Weather: The Physics Behind the Slogan*, Springer, Dordrecht, The Netherlands, p. 300.

Schrijver, C. J. and Siscoe, G. L. (eds) (2009) *Heliophysics: Plasma Physics of the Local Cosmos*, Cambridge University Press, Cambridge, p. 435.

Schunk, R. and Nagy, A. (2009) *Ionospheres: Physics, Plasma Physics and Chemistry*, 2nd edn, Cambridge University Press, Cambridge, p. 628.

Schunk, R. W. and Sojka, J. J. (1996) Ionosphere-thermosphere space weather issues. *J. Atmos. Terr. Phys.*, **58**, 1527—1574.

Scott, D. E. (2007) Real properties of electromagnetic fields and plasma in the cosmos. *IEEE Trans. Plasma Sci.*, **35**, 822—827.

Song, P., Singer, H. J., and Siscoe, G. L. (eds) (2001) *Space Weather*, American Geophysical Union, Washington, DC, p. 440.

Suess, S. T. and Tsurutani, B. T. （eds）（1998）*From the Sun: Auroras, Magnetic Storms, Solar flares, Cosmic Rays*, American Geophysical Union, Washington, DC, p. 172.

Tascione, T. F. （1994）*Introduction to the Space Environment*, 2nd edn, Krieger Publishing Company, Florida, p. 164.

Trakhtengerts, V. Y. and Rycroft, M. J., （2008）*Whistler and Alfven Mode Cyclotron Masers in Space*, Cambridge University Press, Cambridge, p. 354.

Tribble, A. C. （1995）*The Space Environment: Implications for Spacecraft Design*, Princeton University Press, Princeton, NJ, p. 204.

Turner, D. L. and Lin, X. （2008）Quantitative forecast of relativistic electron flux at geosynchronous orbit based on low-energy electron flux. *Space Weather*, **6**, S05005. doi: 10. 1029/2007SW000354.

Van Allen, J. A. and Frank, L. A. （1959）Radiation around the Earth to a radial distance of 107 400 km. *Nature*, **183**, 430—434.

Walt, M. （1994）*Introduction to Geomagnetically Trapped Radiation*, Cambridge University Press, Cambridge, p. 168.

Wang, K. and Tam, S. W. Y. （2010）Analysis of ionospheric electron parameters versus geomagnetic index Dst from RO data of FORMOSAT－3/COSMIC. *GPS Solutions*, **14**, 99—108.

Zou, L., Rishbeth, H., Muller-Wodarg, I. C. F., Aylward, A. D., Millward, G. H., Fuller-Rowell, T. J., Idenden, D. W. and Moffett, R. J. （2000）Annual and semiannual variations in the ionospheric F2－layer. I. Modelling. *Annales Geophysicae*, **18**, 927—944.

本章译者：朱春玲（南京航空航天大学航空宇航学院）

第 278 章

大气和航天器的相互作用

David Finkleman

空间标准与创新中心，斯普林斯市，科罗拉多州，美国

1 引言

远在卫星和航天飞行成为可能之前，人们就意识到了航天器和大气相互作用的意义（Williams 和 Gazley，1958）。当轨道接近可感知大气中的物体以及在发射和再入时，化学和气动现象很重要。本章强调航天器和稀疏的高空大气之间的气动作用。

作用在航天器上的所有力相比陆地环境要小。在地球表面可以忽略的力会对航天器产生显著的动力学和运动学影响。卫星会遇到严重的气动力和扭矩。

力是动量变化的体现。在轨道速度下，在其他方面可以忽略的稀疏大气可以产生足够改变轨道或者高度的力和扭矩。

这里整个讨论范围限于扰动至经典的多体动力学。任一非保守和非均匀现象都被称为"扰动"。一般而言（也不总是），这一影响相比均匀的万有引力要小。控制方程和扰动轨道的讨论在本手册的其他地方讨论。

本章的目的是回顾航天器气体动力学的现状，提供考虑气动力对航天器轨迹和高度影响的指导。这一回顾是全面的，但不详尽。参考文献很经典地代表了世界各地的研究成果。我们希望传递给读者一般现有文本或档案文献中所不具有的见解和意见。

2 气动力和扭矩

飞行中物体的运动方程包括保守（牛顿）力和非保守力。主要的非保守力由气动、光子动量交换（辐射压力）和推进系统形成。非保守力用于运动耗散或者增加能量。

气动力和力矩是介质中的物体在运行过程对介质做功的结果。动量和能量在介质和物体之间进行交换。动量交换性质取决于介质中的质量分布以及物体表面几何形状的性质。如果介质密度大，同时物体光滑不可渗透，两者之间的相互作用很像重新定向一个高能、平行流液体消防软管所承受的力。

介质和物体的作用时间是很重要的。如果作用时间比动量或能量在介质单元间传递的时间更短，那么消防软管的类推就适用；否则，相互作用的流体粒子就会重新分配能量和动量。时间和长度尺度决定了相互作用的性质。

图 1 显示了低轨道卫星所经历的重要现象。不同种类的原子和分子相对航天器尺寸来讲离得很远。它们随机移动、与对方相互作用、随着航天器高速移动。

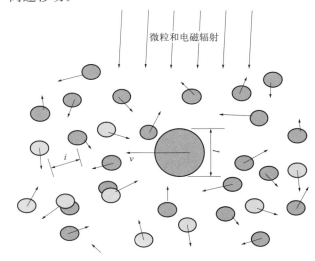

图 1 航天器和大气之间重要的相互作用

任何一个量纲为1的系数都是与一个当地物理量相比较得到的合适的固定参考值。阻力系数是力与无扰动介质中作用在具有相同截面积且截面和运动方向垂直时动压所产生的力的比值，这意味着密度和速度必须是当地特征值。

图2显示了两个零温度平行流的极限例子。如果来流被垂直表面反射，阻力是被表面阻断的自由流动量的两倍，$C_D = 4$；如果表面倾斜45°，来流向上反射，$C_D = 2$，表面会有一个相应的向上的力。这大致限定了阻力，但这不够充分。

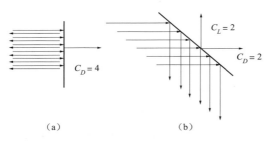

(a)　　　　　　(b)

图2　零温度平行流作用在平面上的牛顿力

卫星相对旋转大气的速度依赖于轨道或者轨迹决策程序的精度。程序本身依赖于先验估计或阻力，建立和时间有关的迭代计算。常见的假设是底层大气随着地球一起旋转，这样速度的矢量是垂直的。然而，在遥远的上层大气中，风速可以达到几百米/秒（Gaposchkin 和 Coster，1987），这会对阻力引气的加速度产生很大的影响。这种风是未知的、不可建模和预测的。

常见的阻力计算式为：

$$D = \left(\frac{1}{2}\right)\rho v^2 A C_D \tag{1}$$

其中，ρ 是当地大气密度；v 是气体的整体速度；A 是飞船垂直运动方向的截面积；D 是阻力值，对应的减速度为阻力除以飞船质量；C_D 是阻力系数。C_D 的合理近似值和飞船的几何及方向有关，所有和飞船及密度有关的因素都被提取放进相乘的因子中。这导致其依赖于面积质量比（A/M）和弹道系数（有好几个定义）Mg/C_D。这种关系至少在量纲上是正确的，但是，在重要的航天飞行状态下，在物理上是不正确的。

这个公式仅在研究问题的长度尺度远大于气体粒子间碰撞的平均自由程或者介质和物体之间的作用时间远大于粒子碰撞时间的情况下成立。气体粒子之间必须要有足够的碰撞时间来平衡相互作用后产生的影响。阻力依赖于面积、速度以及密度的关系，在轨道状态下，在稀疏气体中不一定那么

简单。

与简单阻力公式一致的气体性质是通过大量介质中气体粒子随机移动的统计测量得到的。温度是通过组成气体的分子和原子随机分布动能的统计测量得到的（当所有粒子以相同速度和方向移动时，气体是"冷"的，没有"热"运动，但是气体没有冻住，不是静止的）。在一个控制体积中仍然有持续的气体粒子交换。单位体积内气体粒子的统计平均数量为密度。黏度和导热等输运性质同样由大量分子的统计特性决定。

不同气体成分的随机速度依赖于摩尔质量（因此现代大气模型关注大气的分子组成）。对于一个给定的温度，相对密度小的成分有更高的速度趋势。即使在环境温度中，大气中一个很明显的成分是氢，它的移动速度比轨道速度快很多，离开大气层的氢也比其他成分多很多。

从这可以推出在上层大气中含有更多密度更小的成分，同时气体粒子的随机速度随着高度增加而增加。然而轨道速度随着高度增加而减小。因此，卫星和大气的相互作用不是一个连续的消防软管，采用单个分子和表面的相互作用来描述更加合适。高度越高，单个粒子所主导特性的比例就越多。这些基本物理原理表明简单阻力公式不适用于大部分低轨道状态。

3　固体表面和大气的相互作用

用来决定作用在航天器上的力和力矩的大气性质必须确定，同时须列出所采用的对应的力的模型。气动力在低地球轨道非常重要，但是介质使得这些力非常不确定。

3.1　气动力

所有气体动力学都可以追溯到单个粒子的相互作用。一般这些粒子是微观的（分子、原子、离子、电子），但有时候不是，比如当可感知的固体进入的时候，以及固体火箭排气和上层大气中的灰尘。气体的宏观性质（黏度、导热率、密度、声波的传播速度）和微观粒子的相互作用特性是一致的。这些相互作用通过粒子间势能函数来描述，势能函数可以依次追踪到原子结构和电子轨道。气体成分间的相互作用可能是非保守的，动能转化为一个原子连贯复合体的势能。电磁场和带电粒子的配合使得在远处产生吸引力和排斥力（Hirschfeldler, Curtiss

和 Birx，1954）。这些都需要在稀薄的低地球轨道环境中考虑。

3.2　气体－表面的相互作用

气体粒子和它所遇到的表面之间的相互作用很紧密。黏度和表面摩擦是这些相互作用的集中连续表现。本手册的其他部分解释了边界层和黏性耗散效应的存在以及在靠近表面很窄区域的导热，这一区域的范围取决于分子现象的范围。这些效应依赖于雷诺数和马赫数，它们可以追溯到原子和分子相互作用的势函数或者最简单的抽象概念——碰撞的平均自由程。

随着气体变得稀薄，有些甚至不能定义为连续的性质，例如密度。连续密度是单位体积内的粒子数量（以及它们的附加质量）经过一个足够长时间（达到统计的可信性）的平均值。当气体密度较大时，时间非常短，在连续气体动力学中没有结果；但是在稀薄气体中会非常长，事实上，比和固体相遇的时间还要长。我们必须考虑单个气体分子是如何与表面相作用、与固体材料交换动量和能量的。

对于这一现象的另一个理解方式是遍历原则不再适用于稀薄气体。如果过程的许多实现中个别实现的"时间平均"的均方值收敛到对应的"总体平均值"，那么这个过程就是遍历性的（Veerman 等，1999）。或者说，如果一个过程和无限重复试验的单个画面或单个试验的无限画面在统计学上相等效，那么这个过程就是遍历性的。这对高密气体（连续）是成立的，因为控制体积的各个系统是有效等效的，在相同协作平衡的状态下，在另一个时间可能存在另外一个系统。这明显不适用于稀薄气体，尤其当物体的尺寸和平均自由程相当的时候。

即使在这一级别的检查中，也可能存在一些抽象。尽管相互作用是在分子和原子的级别，我们可以通过描述粒子"适应"表明动量和能量属性程度的启发性系数，集合所有可能的相互作用。如果相互作用是镜面的，粒子服从斯涅尔定律，表面法线的入射角等于反射角。在另一个极端，粒子可能黏在表面不发生反射。同样，粒子可能将能量储存于表面材料的原子结构中或者从表面中获得能量。在稀疏气体中，我们研究反射粒子的角分布和粒子适应表面速度和能量的程

度。气动力在可能的范围里变化可能很大。

图 3 显示了表面和低轨道环境之间的一些重要的相互作用。在微观水平上，表面由固体材料中原子的累积排斥电势定义。一些能量足够大的气体粒子能够穿透晶格结构（图中的面心立方体），它们可能被固体捕获（吸附）。另外，它们可以黏附到表面（吸附），改变表面的电势和表面的吸收或反射特性。晶格可能通过膨胀转移给气体粒子，增加它们的突发动能或内能。晶格原子如果由于入射粒子或者辐射获得了足够能量，也可能从表面逃脱。

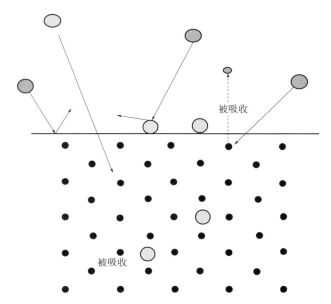

图 3　表面和稀薄大气的相互作用

3.3　稀薄气体动力学

读者必须放弃连续气体动力学的理念。雷诺数和马赫数是连续的概念。雷诺数是将连续动压和黏性剪切应力相比较。马赫数是将整体速度和可压缩介质中扰动通过波传播的速度相比较。正如前面所提到的，密度和温度在稀薄气体中没有明确的定义。克努森数是关键参数。克努森数是将一个气体分子遇到另一个气体分子的平均自由程和问题的特征长度相比较。平均自由程依赖于粒子的有效尺寸（横截面）和粒子的体积分布。当克努森数很大时，粒子遇到入侵表面的可能性要比遇到其他粒子的可能性大很多。因此，最重要的是轨道物体（Macrossan，2006）相对气体粒子的热速度有多快。这称为分子速度比，不能和马赫数搞混淆了。Graziano（2007）已经扩展描述了

整个速度比范围的相互作用状态和分类分析技术。当固体的速度相对热速度较大时，流动就是超高温的。这种情况是符合牛顿力学的。和固体的动量交换相比，气体粒子间的动量分布更加重要。若热速度和物体的速度是相当的，流动就是亚超高温，气体粒子之间的碰撞很重要。然而，热平衡的碰撞太少了。

昆士兰大学关于这个课题有一个非常好的文档集，包括一个简明、客观和清楚的自由分子气体动力学的仿真方法讨论（http://espace.library.uq.edu.au/）。

力是如何确定的？我们必须知道当地大气的特性和表面的几何和材料特性。

现有的几个稀疏气体抽象概念都是依靠经验决定调节和反射粒子分散。图 4 显示了粒子从固体表面发射的极端。光滑不渗透表面是镜面反射（法线的入射角等于反射角）。在极端的漫反射中，反射角和入射角是统计独立的。现实世界介于两个极端之间。具体来讲，双向反射系数可以定义为任何表面上，需要给出镜面反射和漫反射的分布以及再反射速度分布。漫反射表明气体动能是不守恒的。这被抽象为适应系数，它一般不能从第一原理推断出来。

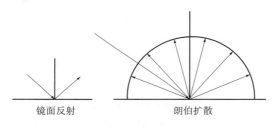

镜面反射　　　　朗伯扩散

图 4　镜面反射和漫反射

我们不知道对于一个给定的任务哪种是最好的，然而，研究人员已经推测出可能用于在轨阻力测量以及氧原子和分子吸附观测的方法。原子氧和金属表面的反应性很高。原始的原子氧和表面反应的产物都是表面的污染物，它们改变表面特性和电势。文献研究表明，大部分位于低地球轨道的表面都是带有朗伯（余弦）扩散的漫反射（Moe，2008）。

对于一个给定的大气模型，确定力和扭矩最直接的方法是一个统计学方法——蒙特卡罗法，该仿真方法采用许多单个测试粒子并追踪它们和其他粒子（采用粒子间"引力"势函数）碰撞的轨迹，以

及它们和表面碰撞的轨迹。我们也可采用表面本身有序的原子结构来描述表面。一些气体粒子可能撞击到表面原子。一些能量足够高的粒子可能克服表面势能而穿透材料。这些都是非常困难和复杂的数值分析，所需要资源和耐心往往都超过许可范围。

在稀疏气体中计算动量和能量传递最常用的方法是由 Bird（1996）发展成熟的直接蒙特卡罗法（DSMC）。可以获得二维或三维物体有限范围的免费软件，软件对任意形状更加灵活和全面，输出格式更加广泛。DSMC 同时考虑了一系列克努森数下动能和内能的传递以及传递给固体表面的能量，这和气体接近连续的过程一致。代表性测试粒子的数量由用户自由决定。表面和其他粒子遇到的粒子数量决定了图像的精细程度。

这无疑是现有最好的方法，但是这里有几个重要的注意事项。第一，迎面来流可能是非均匀的，同时也可能处于很不平衡的状态，例如太阳活动期间的辐射带或者火箭排气撞击固体表面。第二，实现的数量以及已知数值置信度结果所需要的测试粒子数量要比观测感知收敛的数量要多。航天界没有充分认可 Hoeffding（1963）[1]的工作。他们推导了达到指定数量和置信水平统计极限所需要的数量的估算方法。实现的数量和标准差有着复杂的关系，当标准差大的时候更加复杂。气体动力学的标准差是热速度（和温度成正比或相等）的平均随机或"特殊"粒子速度，因此，更多的实现需要非常高能的气体而不是"冷"气体。根据作者掌握的知识，置信系数还不能解决 DSMC 或者其他气体动力学蒙特卡罗法。蒙特卡罗近似计算的计算量非常大，不能包含轨道计算和传播过程，因为这需要一个针对每个传播增量或者观察间隔的新的蒙特卡罗组合。对于已经采用其他技术确定了物体轨道的情况来讲，这是计算作用在物体上的力和动量最好的方法。笔者认为采用经典阻力系数的定义也是有问题的，因为定义迎面来流的参考动量通量是很困难的。最好的方法是直接计算和使用力。

对于简单的形状，有许多阻力近似分析方法。Gaposchkin 和 Coster（1987）与其他人深入对比了这些近似计算方法。所有的分析方法都假定气体动力学温度的大小和固体表面温度、气体混合物成分（反映在比热和密度上）、粒子状态的麦克斯韦分布、动量及能量调节系数有关。这些方法都是很直

接的，由于阻力系数和重要大气参数之间关系模糊，这些方法相比聚合阻力系数可以提供更加紧密的基础物理的可追溯性。Graziano 开发了一个可以使用各种近似方法和一些自由分子蒙特卡罗抽象技术的计算程序。事实上，这些由经验决定的信息元素可能使它们间的比较变得混乱。在航天的这一关键领域中的不确定性的一个例子是英国领导的发射到火星的"小猎犬"号的损毁，导致损毁的主要原因是进入火星最后阶段气动力分析的不确定性（Marks，2008）。

Graziano（2007）开发了一种计算上层大气中物体所受力的简明地图法。昆士兰大学的 Macrossan（2006）和他的同事在这一领域有一个特殊的出版记录。更多详细信息读者可以向他们咨询。

4 为轨道物体表征大气特性的方法

行星大气层是动态的，很难去表征它的特性，有许多很好的适合很多类型问题的大气抽象概念的参考文献（Giacaglia 和 Marcondes，2007）。非常重要的一点是，所建立的模型须是对问题重要的量的抽象概括。对于一些应用，只要有聚集大气密度就足够了。对于另外一些应用，原子和分子的成分分布非常重要。电磁辐射的传播需要带电粒子的分布。

上层大气处于一个非常动态的状态。在许多时间尺度有重要的变化发生。Vallado（2007）很好地总结了有关时间尺度以及多种密度随纬度、经度以及时间尺度（约 11 年太阳周期以及之外每日的变化）变化的近似。NASA 在维护一个有价值的现代大气的近似资源（http://ccmc.gsfc.nasa.gov/modelweb/atmos/about atmos.html）。Giacaglia 等全面回顾了大气建模的起源和状态。

人们不能直接测量动态大气的密度。拉瓦锡测量烟的质量就是一个经典的例子。他在燃烧前后测量样品或者木头的质量，通过差值推导出烟的质量。一些模型基于现场大气光谱测定法（MSIS）（Hedin，1987）。有一些在已知物体阻力系数情况

下从阻力来推出密度（Storz，2002）。其他的测量方法是根据太阳发出的特定波段的消失来测量（Bowman 等，2008）。这些在一定程度上都是启发式和经验式的。Cefola 等（2008）近期对大气模型进行了进一步的检查，对标准描述进行了重要的修正。

我们的应用中最重要的区域称为热层。热层有很多定义，但是本章的热层高度在地球之上 90～800 km。热层有着重要的影响，它吸收高能太阳辐射，并包括了剩余的氧。热层中轨道衰变和气动是摆脱不了的。热层模型是由一组表示大气层物理规律的微分方程组成。模型中的参数必须在太空中测量得到，要么由放置在轨道中的仪器直接测量，要么通过轨道衰变观测这一间接方法得到（Moe，2008）。现在有许多现在的或者过去的太阳参数测量数据（用于计算密度），尤其是宝贵的极低轨道环境卫星数据（美国国家海洋和大气局，http://www.oso.noaa.gov/poes/）。这些信息中许多都是免费的，但是也有非常精确附加商业价值的资源（空间环境科技公司 http://www.spacewx.com/index.html）。

Moe，Wallace 和 Moe（1993）对物理阻力系数和拟合阻力系数进行了关键的区分，早期描述的拟合阻力系数是没有很强的物理可追溯性的状态变量。物理阻力系数取决于大气分子撞击卫星表面并弹出这一过程所传递给卫星的动量。拟合阻力系数由观测到的轨道衰变所拟合的大气模型近似得到。它们的数值中包含了大气模型的一些限制。

Vallado 构思了地球可变大气抽象概念的开始和发展的一个紧凑而又全面的介绍，如图 5 所示。我们参考了 Vallado（2007）的更多信息。

CIRA 和 COPUOUS 的工作中关于大气模型的使用有很大的分歧。Oltrogge 和 Chao（2007）研究了不同大气未来状态模型预测的轨道寿命，他们确认不同的模型虽然物理构思严密，但是它们之间存在相当大的离差。虽然它们是 COPUOUS、CIRA 和轨迹标准化组织（ISO）一致推荐的，但是一个勤奋的研究院必须慎重选择适合自己应用的大气模型。

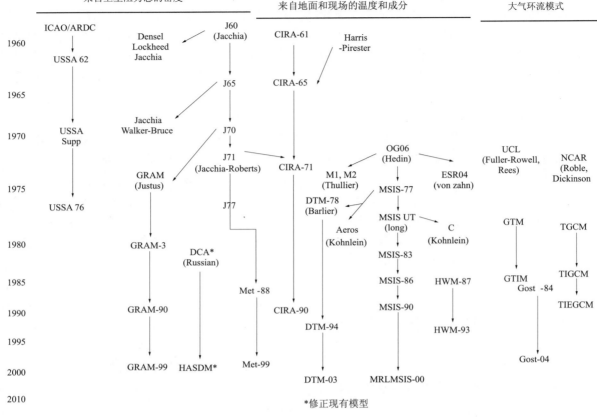

图 5　地球高处稀薄大气表示的进化

（摘自 Vallado（2007）并得到许可 © Springer and Microcosm 出版）

5　卫星和大气层相互作用的实际例子

气动力和扭矩在低地球轨道上耗散，并且也是有益的。阻力是轨道衰变的主要原因。

5.1　任务分析

气体－表面的相互作用、能量传递和动量传递的原理是决定复杂结构上动量和能量传递的基础。分析过程非常复杂，计算量非常大，可以说是不确定的。

Klinkrad，Fritsche 以及其他人很好地描述了这些困难（Klinkrad，1998；Koppenwallner，Fritsche 和 Lips，2006）。ANGARA（辐射和气动产生的非引力加速度分析)[2] 是最全面的工具，是 ESA 的哥廷根高超声速技术（HTG）和俄罗斯新西伯利亚理论与应用力学研究所（ITAM）合作产生的，已经成功应用在 ESA 包括 ERS－1

和 ENVISAT 在内的任务中。由于调节系数一般不知道，而且它们在整个任务中都在改变，所以过程中还存在很大的不确定性。Moe，Wallace 和 Moe（1993）经过精心的物理化学和气动分析估算，证明从卫星表面再次发出的分子经过一个 LEO 高度是完全扩散的。

Sharipov 对巴西电视卫星（SARA）的分析是采用 Bird 的 DSMC 方法的一个很好的例子（Sharipov，2003）。在卫星热力学和物理特性范围中，合适的阻力系数定义变化非常大。

所有对卫星阻力全面分析所得到的值都和经典值 $C_D = 2.2$ 相差很大。

5.2　轨道寿命

确定轨道寿命是卫星和大气相互作用的一个关键应用。轨道传播技术在持续发展，但是数值误差的增加和热层未来状态的不确定性增加了寿命的不确信性，不确定性大于几个月。

Oltrogge 和 Chao（2007）回顾并扩展了该技术，提供了根据机构间空间碎片协调委员会

(IADC)[3]指导文件处理低地球轨道卫星的统一方法。他们做出几个关键的观测。首先，太阳周期和强度的不确定性要远大于采用不同大气模型预测的轨道寿命预测偏差。因此，这几个杰出模型中的任何一个都是合适的。其次，大部分大气密度分布的长期预测都应用统计程序进行。正如前面所述，密度是不能直接测量的，它通过相关的从大气特征频率的传输推测出的地磁指数推测而来。因此，应用统计学进行指数本身的计算，然后用这个结果推测密度，这样做更具有连续性。他们同事建议考虑卫星高度和方向随时间变化的方法。Oltrogge 和 Chao 也提供了一种更加深入的方法分析完整的太阳代用数据库，该数据库从 1947 年开始并一直保持和现代三颗常见太阳

极低卫星（$F_{10.7}$，$F_{10.7}$ Bar 和 Ap）一致。

Oltrogge 和 Chao 研究的最终结果是一系列有深刻见解的图表，可以指导轨道寿命的评估。

大气的表示得到了发展，使得机构间空间碎片协调委员会指导文件可以建议 LEO 卫星在任务寿命结束的 25 年内从安全区域移除。描述轨道状态的近地点和远地点图归功于 Gabbard，对于圆形轨道而言，近地点和远地点相同。图 6 中的纵坐标和横坐标的尺度不相等，强调的是低近地点轨道降级最多，因为这里会遇到密度最大的大气，这会消耗轨道机械能。卫星在中间介质中的寿命可以达到 25 年，但是可能不需要进行详细的分析，采用这样的图表就可以了。针对这种计算，Oltrogge 和 Chao 给使用者提供了几种方法。

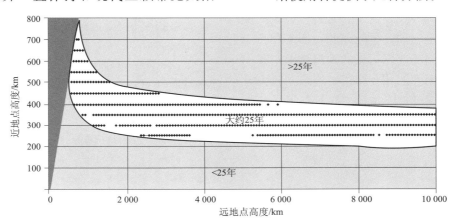

图 6　25 年轨道寿命的聚合 Gabbard 边界（25 cm²/kg＜$C_D A/M$＜500 cm²/kg）

5.3　阻力补偿

重要的卫星任务依赖于它们非常精确的轨道知识，比常规空间监察或者常规飞行操作要求高得多。那么在阻力是主导力且阻力预估不确定的情况下怎样完成呢？

一种方法采用和瞬时阻力大小相适应的推力来补偿阻力带来的耗散影响。这通过一个孤立惯性质量块来完成，它的运动和飞船提供的补偿阻力的反馈力相关。在 20 世纪 60 年代提出了零阻力卫星的构思（Lange，1964）。DISCOS 是第一个零阻力卫星。它以及后来斯坦福大学和约翰霍普金斯大学应用物理学专业完成的卫星在 AIAA 会议论文（APL/JHU，1974）中有描述。如果航天器的高度和气动特性能够很好地表示，反馈力能够揭示稀薄大气动量传递的综合效应。我们必须认识到这是大气性能和表面调节的综合效应。零阻力机制对大部

分卫星都不实际。

另一种消除阻力影响并且重点测量引力影响的方法是使用两个相同的精确控制卫星或者轨迹分开但是轨道相同的卫星。阻力对两个卫星的影响是相同的，引力的观测通过两个卫星的运动状态的对比得到。重力恢复和气候提取实验（GRACE）就是这样构思的（GRACE 概览，2003）。得克萨斯大学奥斯汀分校负责精细热层阻力计算和 GRACE 卫星气动设计。GRACE 由一些平面组成，这些平面直接代表了气动模型。

气动力也可以用来控制卫星姿态，从而不需要花费卫星储存的能量。Meirovitch 证明气动扭矩在合理的近似下是保守的，因为它们可以从势函数推导出来（Meirovitch 和 Wallace，1975）。因此，卫星稳定的动力学状态依赖于气动扭矩和力，同时这个状态不与一个或多个轴对称。Psiaki 提出一个可控附件系统，采用该系统可以使很小卫星的姿态控

制花费最小的能量（Psiaki，2004）。这种卫星类似有三根"羽毛"的羽毛球。Bolandi，Badpa 和 Nasiri-Sarvi（2005）回顾了联合卫星引力梯度和气动稳定性，同时推荐了最小能耗的方法。

6　不足和研究方向

本章回顾了目前估算航天器所承受气动力和力矩的科技水平。我们希望读者推测出这本就是一个困难的工作。最可信任的估算来自对发射后得到的数据进行的推测。阻力和大气参数常常是未知的"状态变量"，通过对观测到的在轨特性进行计算得到。读者必须明白大气和航天器的接触方式关键取决于整个轨道的测量和传播过程。发射后确定的气动力和动量参数应该和过程模型一起进行慎重的使用，而不是用来决定它们。尽管如此，任务和飞船的设计、运行和规划需要可信赖的预测技术。我们鼓励研究气体一表面间的相互作用、连续到自由分子流的过渡及以外区域、不依赖特定运行卫星特性的高时间和空间分辨率的大气密度估算。

备　　注

[1] Hoeffding 不等式是在 Wassily Hoeffding 之后命名的，它是概率论中随机变量偏离它的期望值的和的上边界。

[2] 安加拉河（俄语：AHrapá）是一个1 779 km（1 105 英里）长的河，位于欧罗斯东南西伯利亚的伊尔库茨克州和克拉斯诺亚尔斯克边疆区。这是唯一从贝加尔湖流出的河流，是叶尼塞河的一个源头。

[3] 机构间空间碎片协调委员会（IADC）是一个国际政府间论坛，协调全球和空间中人为及自然碎片有关的活动。

参考文献

APL/JHU Space Department and the Stanford University Guidance and Control Laboratory. （1974）A satellite freed of all but gravitational forces："TRIAD I". *AIAA J. Spacecraft*, **11**（9），637－644.

Bird, G. A. （1996）*Molecular Gas Dynamics and the Direct Simulation of Gas Flows*, Oxford University Press, Oxford.

Bolandi, H. , Badpa, A. and Nasiri-Sarvi, M. （2005）Application of passive GG-aerodynamic stabilization for near earth small satellite stabilization. *Iranian J. Information Sci. Tech.*, **3**（1）.

Bowman, B. R. , Tobiska, W. K. , Marcos, F. A. , Huang, C. Y. , Lin, C. S. and Burke, W. J. （2008）A new empirical thermospheric density model, JB2008 using new solar and magnetic indices. AIAA/AAS Asrodyunamics Specialist Conference and Exhibit, Honolulu, HI. AIAA 2008－6438.

Cefola, P. , Nazarenko, A. , Yurasov, V. and Alfriend, K. （2008）Direct density correction method：Increasing the accuracy of LEO satellite orbit prediction. AIAA/AAS Astrodynamic Specialist Conference and Exhibit, 18－21 August, Honolulu, HI. AIAA 2008－6440.

Hoeffding, W. （1963）Probability inequalities for sums of bounded random variables. *J. Am. Stat. Assoc.*, **58**（301），13－30.

Gaposchkin, E. M. and Coster, A. J. （1987）Evaluation of new param-eters for use in amospheric models, AAS/AIAA Astraodynamics Conference, San Diego CA. AAS－87－555.

Giacaglia, G. E. O. and Marcondes, A. O. （2007）Modelols atmosferi-cos para a determinacao de orbitas de satellites arificais- resenha（Atmospheric models for artificial satellites orbit determination-a review）. *Rev. Cienc. Exatas*, *Taubate*, **13**（1），17－31.

Graziano, B. （2007）Computational modeling of aerodynamic disturbances on spacecraft within a concurrent engineering frame-work. PhD thesis. Cranfield University, School of Engineering, Cranfield.

GRACE Fact Sheet （2003）The Earth System Science Pathfinder Series, FS 2002－1－029－GSFC, Goddard Space Flight Center, Greenbelt, MD, revised 2003.

Hedin, A. E. （1987）MSIS－86 thermospheric model. *J. Geophys. Res.*, **92**（A5），4649－4662.

Hirschfedlder, J. O. , Curtiss, C. F. and Birx, R. B. （1954）*Molecular Theory of Gases and Liquids*, John Wiley & Sons, New York, （and works by Prof R. J. Sadus, Centre for Molecular Simulation, Swinburne University of technology, Hawthorn, Victoria, Australia）.

Klinkrad, H. （1998）Fritsche, orbit and attitude perturbations due to aerodynamics and radiation pressure. ESA Workshop on Space Weather, ESTEC, Noordwijk, The Netherlands, 11－13 November.

Koppenwallner, G. , Fritsche, B. and Lips, T. （2006）Multidisci-plinary analysis tools for orbit and reentry. 3rd International Workshop on Astrodynamics Tools and Techniques, ESTEC, Noordwijk, The Netherlands, Oct.

Lange, B. （1964）The control and use of drag-free satellites. PhD thesis. SUDAER 194, June.

Macrossan，M.（2006）Scaling parameters in rarefied flow：breakdown of the Navier Stokes equations. University of Queensland Mechanical Engineering. Departmental Report No. 2006/03.

Marks，P.（2008）Flaw may have sent Beagle 2 to a fiery doom，New Scientist，Issue 2686，http：//www. newscientist. com/article/mg20026876. 500 — beagle — 2 — may-have-tumbled-to-a-fiery-doom. html（accessed 17 Dec 2008））.

Moe，K. M.（2008）Cooperative Institute for Research on the Atmo-sphere（CIRA），Section 5. Outstanding Issues，DRAFT，Nov. 5，2008.

Moe，M. M.，Wallace，S. D. and Moe，K.（1993）Refinements in determining satellite drag coefficients：method for resolving den-sity discrepancies. AIAA J. Guidance，Control，and Dyn.，16（3），441—445.

Meirovitch，L. and Wallace，F. B.，Jr.（1975）On the effect of aerodynamic and gravitational torque on the attitude stability of satellites. AIAA J.，4（12），2196.

Oltrogge，D. L. and Chao，C. C.（2007）Standardized approaches for estimating orbit lifetime after end of life. AIAA/AAS Astrody-namics Specialists Conference，Mackinac Island，MI，Aug，AAS 07—261.

Psiaki，M. L.（2004）Nanosatellite attitude stabilization using passive aerodynamics and active magnetic torquing. J. Guidance，Control，and Dyn.，27（3）.

Sharipov，F.（2003）Hypersonic flow of rarefied gas near the Brazilian satellite during its reentry into the atmosphere. Brazilian J. Phys.，33（2），398—405.

Storz，M. F.（2002）High accuracy satellite drag model（HASDM）. AIAA/AAS Asrodyunamics Specialist Conference，Monterey，CA. AIAA 2002—4886.

Vallado，D.（2007）Fundamentals of Astrodynamics and Applica-tions，3rd edn，Space Technology Library，Microcosm Press，Hawthorne，CA，p. 552.

Veerman，J. A.，Garcia-Parajo，M. F.，Kuipers，L. and van Hulst，N. F.（1999）Time varying triplet state lifetimes of single molecules. Phys. Rev. Ltrs.，83（11），2158.

Williams，E. P. and Gazley，C.，Jr.（1958）Aerodynamics of Space Flight，Rand Paper P—1256，24 Feb 1958，The RAND Corporation，1700 Main St，Santa Monica，CA.

本章译者：朱春玲（南京航空航天大学航空宇航学院）

第 279 章

空间碎片

Heiner Klinkrad

达姆施塔特欧洲宇航局，德国

1 空间碎片

从 1957 年的"斯普特尼克 1 号"开始，空间飞行活动已经超过了半个世纪，在这期间已经产生了相当数量的人造颗粒环境，称为"空间碎片"。根据机构间空间碎片协调委员会（IADC）的定义："空间碎片是所有包括碎片和其他元素在内的人造物，位于地球轨道上或者再入大气中，是非功能性的。"为了保证空间运行的成功，在一个可接受的低任务损失或者降级风险范围内，在有效载荷和任务的设计中必须考虑到数量庞大的空间物体。

我们有关空间碎片环境的知识在很大程度上是基于地面雷达和光学测量的。在低地球轨道（LEO），主要的雷达在常规空间检测和跟踪中可以覆盖 5～10 cm 以上的范围，在实验统计观测中可以达到 2 mm 以上。在地球静止轨道高度（GEO），常规检测的望远镜跟踪目标尺寸小至 30 cm～1 m，实验观测中小至 15 cm。对于小尺寸碎片，现场碰撞检测仪和检索表面材料是重要的信息来源。由于受到有限曝光时间（见式（1））内可达到的碰撞积分通量的统计限制，这些数据一般在物体尺寸为 1 mm 以下才有意义。

下面的空间碎片环境的综合体是于 2005 年提供的。这将允许将已知的整理信息即编入目录的空间物体数量和 ESA 统计的空间碎片环境模型 MASTER－2005（流星体与空间碎片地面环境参考）进行对比，MASTER－2005 是设计用来反映在那个时代在轨空间物体数量的（Oswald 等，2006）。

2 空间碎片环境

2.1 发射和任务相关物体（LMROs）

到 2005 年，大部分在轨质量集中在 LMROs，质量为 500 吨。大部分可以通过美国空间监视网（SSN）观测到。SSN 维护着一个和轨道相关物体的目录。截至 2005 年 5 月，从 1957 年开始总计 4 378 次发射部署了 17 606 个有效载荷、火箭体和任务相关物体，在地球轨道中产生了 29 916 个可被检测和跟踪的物体。在这 29 916 个目录物体中，截至 2005 年 5 月已经有 19 331 个衰减入大气层，留在在轨目录中的数量为 105 85 个。自 1962 年开始就可以观察到一个近线性的增长，增长率约为每年 260 个新在轨物体。在册物体总的数量在相同时间范围的增长率约为 710 个每年。在 1965—1990 年，发射率基本稳定，约为 100±10，在 USSR 末（苏联末期）显著降低，降至原有水平的 50%。从 2001/2002 年开始，稳定状态再次建立，约每年 60 次。按对象类别划分，在 2005 年，31.8% 的在册物体为有效载荷（其中 6%～7% 为活跃卫星），17.6% 为耗尽的火箭的上级残片和助推器，10.5% 为任务相关物体，剩下的约 40.1% 为碎片，主要来自碎裂事件（28.4% 由火箭上级残片产生，11.7% 由卫星产生）。按轨道状态分类，69.2% 的在册物体在低地球轨道，高度低于 2 000 km，9.3% 在静止环附近，9.7% 位于高偏心轨道（HEO），包括 GEO 转移轨道（GTO），3.9% 位于 LEO 和 GEO

之间的中地球轨道（MEO），几乎 7.8% 位于 GEO 以外区域。很小一部分约 160 个物体射入了地球逃逸轨道。

表 1 展示了截至 2005 年 5 月 MASTER－2005 模型中，发射及任务相关的物体造成的破碎物数量（Oswald 等，2006）。LMROs 的尺寸普遍小于 1 m。尺寸为 10 cm 和 1 cm 的比例减少至 26% 和 0.9%。小于 1 cm 的 LMROs 出现

的一个例子是 1961—1963 年的西福特针计划实验部署的细铜线，该计划在两次实验中将数百万个长 1.78 cm，直径为 17.8～25.4 μm 的铜针发射到高度大于 3 500 km 的近极低轨道中。据估算，该实验仍然仍有小于 100 g 的质量留在轨道上。LMROs 随高度的分布如图 1 和图 2 所示。

表 1 截至 2005 年 5 月 MASTER－2005 模型中大物体的数量，按来源、尺寸状态和轨道状态分类（LEO：$H < 2\ 286$ km）

来源类型	轨道状态	>1 mm	>1 cm	>10 cm	>1 m
发射/MRO	LEO	4 025	3 214	3 175	2 030
	LEO+MEO+GEO	31 043	5 393	5 354	3 895
爆炸	LEO	6.42e+6	183 197	8 714	379
	LEO+MEO+GEO	1.54e+7	411 226	15 033	764
碰撞	LEO	23 195	453	124	1
	LEO+MEO+GEO	41 391	775	133	1
NaK	LEO	44 935	24 030	0	0
	LEO+MEO+GEO	44 935	24 030	0	0
SRM 渣	LEO	5.68e+6	16 905	0	0
	LEO+MEO+GEO	1.27e+8	165 493	0	0
喷射物	LEO	1.23e+6	0	0	0
	LEO+MEO+GEO	3.66e+6	0	0	0
总数量	LEO	1.34e+7	227 782	12 013	2 409
	LEO+MEO+GEO	1.47e+8	606 917	20 520	4 660

2.2 爆炸和碰撞碎片

破碎事件产生的空间碎片是在册物体中最重要的来源，截至 2005 年 5 月，贡献了可追踪数量的 40.1%。通过探测的新物体以及与特定轨道相应的基本来源间的关系进行推测，总共有 188 起在轨破碎事件发生。约有 30% 的破碎是由故意的爆炸或膨胀引起的（产生超过 3 000 个在册碎片），30% 可能是由推进系统爆炸引起的（产生超过 4 000 个在册碎片），3% 可能是电器故障引起的（主要是电池爆炸，产生约 700 个在册碎片），1% 和三个意外碰撞有关（"宇宙 1934 号"航天器和"宇宙 926 号"MRO 在 1991 年 12 月发生碰撞，"塞丽丝号"航天器和"亚利安 H－10"碎片在 1996 年 7 月发生碰撞，"雷神"火箭分级和"CZ－4B"分级碎片在 2005 年 1 月发生碰撞；更多最近的事件见 2.5

节），其余的 36% 来历不明。除了两个已知的 GEO 爆炸事件（1978 年 6 月 22 日的"荧光屏 2 号"卫星、1994 年 2 月 8 日的"泰坦Ⅲ－C"中间级），所有已知的破碎事件发生的轨道都穿过低于 2 000 km 的高度，80% 的在 LEO，17% 的在 HEO 和 GTO。188 个事件中 17 个事件产生的可追踪碎片都超过 200 个（最多 700 个）。试验观测数据和在册信息的对比表明，一些已经发生的破碎事件可能还没被注意到。因此，MASTER－2005 碎片环境模型增加了 15 个额外的在轨爆炸，其中 8 个在 GEO，4 个在 LEO。

表 1 显示了截至 2005 年 5 月 MASTER－2005 模型的空间碎片中与爆炸和碰撞相关事件的碎片。破碎碎片主要的尺寸范围在 1 mm～10 cm，比例为 10%～74%。它们的高度分布如图 1～图 4 所示。

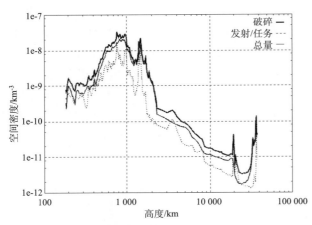

**图 1 根据 MASTER－2005 模型截至 2005 年 5 月
直径 $d>10$ cm 的物体随高度的变化**

（不同的项目用灰度表示。黑实线为整个
空间密度的总量）

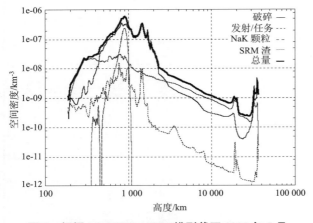

**图 2 根据 MASTER－2005 模型截至 2005 年 5 月
直径 $d>1$ cm 的物体随高度的变化**

（不同的项目用灰度表示。黑实线为整个
空间密度的总量）

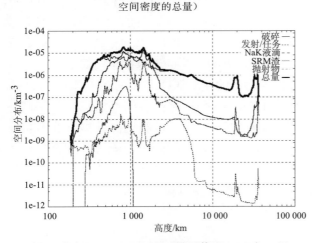

**图 3 根据 MASTER－2005 模型截至 2005 年 5 月
直径 $d>1$ mm 的物体随高度的变化**

（不同的项目用灰度表示。黑实线为整个
空间密度的总量）

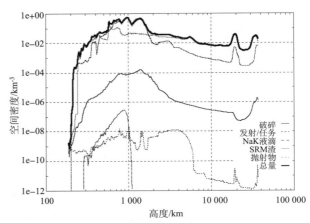

**图 4 根据 MASTER－2005 模型截至 2005 年 5 月
直径 $d>0.1$ mm 的物体随高度的变化**

（不同的项目用灰度表示。黑实线为整个
空间密度的总量）

2.3 非破碎碎片来源

空间碎片最主要的非破碎来源是固体火箭发动机（SRM）燃烧产生的渣滓和灰尘颗粒，它们的主要成分是氧化铝 Al_2O_3 和发动机内衬的剩余材料。大部分固体燃料中会加入铝粉，一般质量分数为 18％，其作用是稳定燃烧过程和改进发动机性能。据估算，其中 99％在主推力阶段的连续喷射中随着排气以 Al_2O_3 灰尘的形式排除，灰尘直径主要为 $1~\mu m\leqslant d\leqslant 50~\mu m$。受到设计的约束，许多固体发动机含有突入燃烧室的喷嘴，导致喷嘴喉部产生气穴。在燃烧阶段，被困的 Al_2O_3、熔融铝滴和部分释放的绝热内衬材料会在这里聚集，紧密结合在一起形成渣滓颗粒，颗粒的尺寸一般可以增长到 $0.1~mm\leqslant d\leqslant 30~mm$（地面测试中观察到 50 mm 的颗粒）。这些渣滓在主推力阶段的末尾释放出来，这时候内部发动机压力降低。这一释放过程也和 SRMs 的旋转速率有关，旋转是用来在有效载荷注入过程中稳定发动机的方向。

在 1958—2005 年 5 月期间，点火的固体火箭发动机有 1 076 个，峰值为 47 个/年，平均值为每 23.5 个/年。使用 SRMs 送入轨道的任务中，美国占 80％。固体发动机的大小按照推力能力来讲覆盖的范围很广。最常用的 SRMs 有：（i）恒星 37 发动机，推进剂质量 1 067 kg，用于装载部署 GPS/导航卫星的 Delta 发射器的最后一级；（ii）有效载荷辅助模块 PAM－D，推进剂质量 2 011 kg，同样用于 Delta 的最后一级，用来进行 GTO 注入；（iii）部署在泰坦 Ⅳ 或航天飞机上的惯性上级

（IUS），例如，第一级 9 709 kg 用于将有效载荷注入 GTO，接下来将有效载荷注入圆形 GEO 的第二级为 2 722 kg。另一个强大的 SRM 发动机是 HS－601，4 267 kg，用于长征 LM－2E 火箭，将有效载荷注入 LEO 和 GTO。

据估算，截至 2005 年 5 月，点火使用的 1 076 个 SRM 释放到太空的推进剂超过 1 000 吨。根据物理和数学模型的假设，其中有约 320 吨的 Al_2O_3 灰尘颗粒，4 吨是由 Al_2O_3、金属铝和发动机内衬材料形成的渣滓颗粒。由于轨道扰动以及它们对微米灰尘和厘米渣滓的不同效应，仅有 1 吨的 Al_2O_3 灰尘和 3 吨的 SRM 渣滓仍在轨道上。其中尺寸 $1\ \mu m \leqslant d \leqslant 1\ cm$ 是空间碎片的主要组成部分。

表 1 和表 2 显示了在 MASTER－2005 模型中截至 2005 年 5 月 SRM 灰和渣滓颗粒在空间碎片中的含量。它们数量随高度的分布如图 1～图 4 所示。

另一个非破碎的碎片来源是在高度位于 900～950 km 接近 65° 的窄倾斜带处被释放出的。1980—1988 年期间，31 颗俄罗斯雷达海洋侦察卫星（RORSATs）中的 16 颗将它们 Buk[1] 反应堆的燃料元件芯体射入这样的处置轨道。在每次喷射过程中，低熔点的钠钾合金（NaK）从反应堆的初级冷却循环中逃离出来，形成尺寸最大为 5.6 cm 的 NaK 液滴。估计 16 次喷射事件总共释放了 208 kg NaK 冷却剂（约 13 kg 每次）。热力学的建议是只有直径 $d > 0.1$ mm 的液滴才能在稳定状态下持续较长时间（约 9.1 kg 每次），因为更小的物体蒸发了。对于 $d > 3$ mm 的液滴，蒸发前的寿命超过轨道寿命。因此，随着 Buk 反应堆部署和燃料元件芯体射入的终止，空气阻力可能将小于 1 mm 的所有 NaK 液滴移除。对于 $d > 1$ cm 的液滴，数量保持稳定，和初始状态接近。由于 RORSAT 任务在 1988 年之后中断了，可以将 NaK 液滴看作历史遗留的不可再生的空间碎片源。在 2005 年 5 月，NaK 液滴主要的尺寸为 1 mm $< d <$ 1 cm，在 MASTER－2005 的参考数量中小于总量的 0.03%，在 LEO 中小于 0.3%。NaK 数量随高度的分布如图 2～图 4 所示。

和 NaK 液滴相反，表面退化的产物和撞击喷射物是可再生的来源。由于热控的原因，大部分航天器和火箭的高级涂有图层和/或隔热层。空间的环境非常恶劣，尤其是撞击氧原子、由远紫外（EUV）辐射造成的老化和断裂以及微颗粒碰撞，这些会导致空间物体的表面被侵蚀。这些效果的组合可以在长期暴露设备（LDEF）的返回表面上观察到，该设备在 1984 年 4 月至 1990 年 1 月在高度为 470～340 km、倾角为 28.5° 的轨道上运行。人们发现原子氧会降解涂料中的聚氨酯黏合剂或者通过撞击涂料表面并损坏底层基材。EUV 辐射会使聚合物材料产生缺陷是已知的，这些材料包括卡普顿、铁氟龙和油漆等。这会导致材料的脆化，接下来形成裂纹，可能会使得层铺的衬托分层。这种效应会在热循环下得到增强，热循环主要是由地球阴影的经过形成的。原子氧辐射和 EUV 辐射常常会和微颗粒碰撞相结合，形成表面涂层的质量损失，造成微米至毫米尺寸的油漆片脱离。这种材料踪迹可以在撞击坑中发现，例如航天飞机窗户（平均每个窗户每次 STS 任务后都会因为毫米以下颗粒的撞击而被换掉）。

表 2 显示了截至 2005 年 5 月基于 MASTER－2005 模型得到的表面降解产物（油漆片和微米级撞击抛射颗粒）在空间碎片中的数量。它们的数量随高度的分布如图 3 和图 4 所示。

表 2　截至 2005 年 5 月 MASTER－2005 参考中小物体的数量，按来源、尺寸状态和轨道状态分类

（LEO：$H <$ 2 286 km；→表示物体数量由右边数字给出，没有更小尺寸的物体）

来源类型	轨道状态	$> 1\ \mu m$	$> 10\ \mu m$	$> 100\ \mu m$	$> 1\ mm$
发射/MRO	LEO	→	→	5 449	4 025
	LEO＋MEO＋GEO	→	→	45 931	31 043
爆炸	LEO	→	9.31e+07	9.21e+07	6.42e+06
	LEO＋MEO＋GEO	→	3.36e+08	3.34e+08	1.54e+07
碰撞	LEO	→	→	378 866	23 195
	LEO＋MEO＋GEO	→	→	927 728	41 391

来源类型	轨道状态	>1 μm	>10 μm	>100 μm	>1 mm
NaK	LEO	→	→	→	44 935
	LEO+MEO+GEO	→	→	→	44 935
SRM 渣	LEO	→	1.13e+11	6.42e+10	5.68e+06
	LEO+MEO+GEO	→	1.02e+13	4.70e+12	1.27e+08
SRM 灰	LEO	3.23e+13	1.20e+13	0	0
	LEO+MEO+GEO	4.10e+15	4.91e+13	0	0
油漆片	LEO	3.23e+11	2.89e+11	4.79e+10	0
	LEO+MEO+GEO	1.71e+12	1.21e+12	1.33e+11	0
抛射物	LEO	1.67e+13	3.70e+12	2.39e+11	1.23e+06
	LEO+MEO+GEO	2.14e+14	6.24e+13	1.06e+12	3.66e+06
总量	LEO	4.94e+12	1.61e+13	3.51e+11	1.34e+07
	LEO+MEO+GEO	4.33e+15	1.23e+14	5.88e+12	1.47e+08

2.4　碎片撞击概率

空间碎片数量的统计行为可以通过气体分子运动理论定律得到很好的表达。因此，碰撞截面积为 A 的物体碰撞次数为 N，穿越均匀颗粒密度为 D 的稳定"碎片介质"，速度恒定为 v，传播时间 Δt，得到

$$N = vDA\Delta t \qquad (1)$$

这里 $F = vD$，是碰撞通量（单位为 m^{-2}/s）；$\Phi = F\Delta t$，是碰撞影响（单位为 m^{-2}）。碰撞概率满足二项式定律，即 N 很大时可以通过泊松分布很好地近似，得到 n 次碰撞概率 $P_{i=n}$ 和没有碰撞的概率 $P_{i=0}$。

$$P_{i=n} = \frac{N^n}{n!}\exp(-N) \to P_{i=0} = \exp(-N) \qquad (2)$$

因此，一次或者多次碰撞的概率是没有碰撞的补集。

$$P_{i \geqslant n} = P = 1 - \exp(-N) \approx N \to P \approx vDA\Delta t \qquad (3)$$

当 $N \leqslant 0.25$ 时，通过方程（3）将方程（2）线性近似，得到的结果精度优于 10%。方程的要求是已知颗粒通量 $F = vD$。MASTER－2005 模型建立了三维、与时间相关、覆盖 LEO 至 GEO 高度的空间物体密度分布。空间碎片的每种碎片都进入这个分布。对于每个物体，保持了速度的大小和方向。这个信息稍后将重新用来计算目标物体穿过体积网格时相对碰撞速度（Klinkrad，2006）。表 3 列出了典型的目标轨道。表 4 给出了不同尺寸空间碎片碰撞的平均时间间隔。

表 3　MASTER－2005 空间碎片和流星体环境模型中的碎片通量分析所使用的目标轨道代表

类型	$H_{近地点}$/km	$H_{远地点}$/km	i/(°)
ISS	356.0	364.1	51.6
Envisat	773.5	789.2	98.6
全球星	1 400.0	1 400.0	52.0
GPS	20 000.0	20 000.0	55.0
GTO	560.0	35 786.0	7.0
GEO	35 786.0	35 786.0	0.1

表 4　1 m^2 的目标球体和 MASTER－2005 空间碎片中直径大于给定值的碎片的相撞平均时间（在轨数据由表 3 给出）

类型	$d>0.1$ mm	$d>1$ mm	$d>1$ cm	$d>10$ cm
ISS	29.5 d	1 480 a	191 791 a	3.03e+6 a
Envisat	2.3 d	170 a	7 267 a	82 440 a
全球星	3.5 d	287 a	18 942 a	309 597 a
GPS	98.2 d	10 787 a	8.27e+6 a	1.41e+9 a
GTO	50.3 d	4 559 a	444 049 a	7.40e+6 a
GEO	183.7 d	10 409 a	4.31e+6 a	6.00e+7 a

2.5 最近事件及长期远景

空间碎片环境波动很大。2005 年以来几次在轨的破裂事件极大地改变了一些轨道高度的短期和长期碎片通量。到 2009 年，美国空间监视网（SSN）目录清单中未分类物体已经增加到 14 000 个。约 5 000 多个物体保持在分析目录中或者已经被分类。在册物体约 5 000 吨。约 10 吨处于空间碎片子目录清单中，这里的物体在操作上不能被追踪。在 2009 年，未分类目录物体中 6% 是运行的航空器、40% 是没有功能但是完好的物体、54% 是碎片。所有目录中，有 73% 在 LEO 区。2007 年以来 SSN 目录经历了两次重要的增长。

（1）2007 年 1 月 11 日，中国风云 1C 卫星在一次反卫星（ASAT）试验中在 862 km 高度处被截获，产生 2 500 个目录对象，其中 2 300 个两年后仍然在轨道上。

（2）在 2009 年 2 月 10 日，第一次超高速意外碰撞发生在两个完整的在册物体之间（宇宙 2251 和铱 33），发生高度为 778 km，在两个分开的云中产生了超过 1 500 个目录碎片（2/3 的物体形成一个沿着宇宙轨道的云；1/3 得到碎片接近铱的轨道）。

还有另外一个高能碰撞是在 2008 年 2 月 21 日解体的 USA—93 卫星和舰射导弹相遇，相遇高度较低，为 250 km。这个事件产生了 173 个目录项，它们在 2008 年年底都消失了，其原因是高速和阻力导致了轨道衰减。这个事件增加了 ISS 的短期风险，没有长期后果。

风云 1C 和铱 33/宇宙 2251 事件使得目录物体数量分别增加了 +25% 和 +15%。在这两起事件的共同作用下，运行在破碎高度的两颗卫星（ERS—2 和 Envisat）的高风险连接事件预警增加了超过 100%。来自碰撞的长期存在，不可追踪，而且 $d > 1$ cm 的致命碎片的数量估计在 105 000 这一量级（事件前 LEO 中 $d > 1$ cm 的数量为 +50%）。

2005—2009 年，在轨质量增加了 800~5 800 吨，其中 40% 在 LEO，约 33% 在 GEO 附近。因此，73% 的质量集中在了体积只有 3% 的 LEO、MEO 和 GEO 中，集中度最高的是 LEO，位于 50 km 的高度层，这里的在册物体达到 1 200 个，质量达到 350 吨，在 1° 的倾斜单元中，含有的在册物体达 2 100 个，质量为 650 吨。这里将是大尺寸物体间首先发生碰撞的地方。铱 33/宇宙 2251 事件是前期指标。长期太空碎片环境预测表明，通过缓解空间碎片来减少新的太空物体的产生，甚至停止所有发射活动的一半都不能稳定太空碎片环境（Liou 和 Johnson，2008；Bastida 和 Krag，2009）。在一些 LEO 高度圈，按照现有在册物体数量和质量所达到的浓度，60 年内通过在册物体间灾难性碰撞所产生的碎片量将会超过现在占主导地位的爆炸所产生的碎片量（见图 5）。持久轨道中超过 2 000 个航天器和轨道火箭级推动了潜在的碰撞串联过程。阻止失控情况唯一的方法就是对空间碎片环境进行补救，将大的被动物体从轨道中移除（Klinkrad 和 Johnson，2009）。

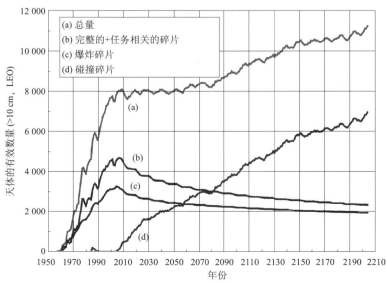

图 5　LEO 中直径 $d > 10$ cm 的有效空间碎片数量的长期预报

（摘自 Liou 和 Johnson（2008）© Elsevier）

400～500 个大尺寸物体集中在几个轨道族中。仿真结果显示，以初始效率 10～15 个/年去除这些物体会得到一个稳定的环境。相关的花费很高，但是比我们空间基础设施中关键部分毁坏的损失要小。

备　注

[1] 俄文采用 beech tree 字体。

相关章节

参考文献

Bastida, B. and Krag, H. （2009） *Strategies for Active Removal in LEO*. Proceedings of the 5th European Conference on Space Debris, **ESA SP－672.**

Klinkrad, H. （2006） *Space Debris-Models and Risk Analysis. Springer-Praxis*, *Berlin/Heidelberg/New York.*

Klinkrad, H. and Johnson, N. L. （2009） *Space Debris Environment Remediation Concepts*. Proceedings of the 5th European Confer-ence on Space Debris, **ESA SP－672.**

Liou, J. C. and Johnson, N. L. （2008） Instability of the present LEO satellite populations. *Advances Space Res.*, **36**, 1046－1053.

Oswald, M., Stabroth, S., Wiedemann, C., Wegener, P. and Martin, C. （2006） Upgrade of the MASTER Model. Final report ESA contract 18014/03/D/HK.

本章译者：朱春玲（南京航空航天大学航空宇航学院）

第 280 章

微流星体

Ralf Srama

德国海德尔堡马克斯普朗克核物理研究所和德国斯图加特大学空间系统研究所

1 测量技术

观测太阳系中尘埃的初始方法是对黄道光和大气中流星体进行光学观测。下一步的地面观测采用雷达波束，目的是探测流星体进入大气层时的电离轨迹。但是地面方法受到灵敏度的限制，所以卫星和行星际航天器的使用扩展了我们的知识。如今我们有现场尘埃传感器数据，范围是以太阳为中心的 0.3～18 AU。太阳神卫星数据显示地球轨道里尘埃通量最大值为每天每平方米 18 次撞击（3×10^{-12} g，撞击速度 20 km/s），探索外太阳系的"先锋"号测量更小的尘埃通量。今天最敏感的传感器是撞击电离式微流星探测器，安装在"希望"号、"伽利略"号、"尤利西斯"号和"卡西尼"号中（Srama 等，2004）（图 1）。"卡西尼"号中的仪器是现在空间中使用最先进的，它可以测量尘埃通量（$10^{-6} \sim 10^{6}$ m^{-2}/s）、尘埃质量（$10^{-20} \sim 10^{-12}$ kg）、尘埃速度（1～100 km/s）、尘埃带电量（1～100 fC）和单个微流星体尘埃的成分（图 2）。表 1 给出了前面提到的仪器。

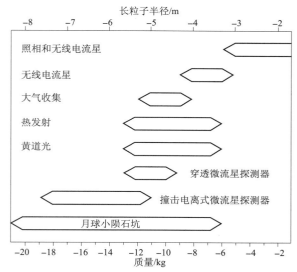

图 1　微流星探测器

（为了覆盖整个微流星体尺寸范围，有必要采用不同的观测方法。月球岩石的陨石坑提供了一个很宽范围的灰尘质量概览。图片承蒙 Eberhard Grün 提供）

图 2　到土星的"卡西尼"号上的宇宙尘埃分析仪

（该仪器联合了多种探测方法，传感器面积为 0.1 m^2，仪器的质量和耗能分别为 17 kg 和 12 W）

表 1 前期包含尘埃探测的行星际任务的比较

航天器	质量阈值 /kg	动态范围	传感器面积 /m²	参考文献
"先锋" 8, 9	2×10^{-16}	100	0.009	(Berg 和 Richardson, 1968)
"先锋" 10	2×10^{-12}	1	0.26	(Humes 等, 1974)
"先锋" 11	1×10^{-11}	1	0.26 (0.57)	(Humes, 1980)
"赫奥斯" 2	2×10^{-19}	10^4	0.010	(Hoffmann 等, 1975)
"太阳神" 1, 2	9×10^{-18}	10^4	0.012	(Dietzel 等, 1973)
"乔托" PIA	3×10^{-19}	10^6	0.000 5	(Kissel, 1986)
"乔托" DIDSY	10^{-20}	10^{14}	0.1	(McDonnell 等, 1986)
"织女星" 1, 2 PUMA	10^{-20}	10^6	0.000 5	(Kissel 等, 1986)
"织女星" 1, 2 UCMA	10^{14}	10^3	0.007 5	(Perkins, Simpson 和 Tuzzolino, 1985)
"织女星" 1, 2 SP1	2×10^{-18}	10^5	0.008 1	(Göller, Grün 和 Maas, 1987)
"织女星" 1, 2 SP2	1×10^{-14}	10^8	0.05	(Sagdeev, Pellat 和 Salo, 1985)
"飞天"	2×10^{-18}	10^4	0.01	(Igenbergs 等, 1991)
"尤利西斯"	2×10^{-18}	10^6	0.10	(Grün 等, 1992a)
"伽利略"	2×10^{-18}	10^6	0.10	(Grün 等, 1992b)
"星尘" CIDA	2×10^{-18}	10^4	0.01	(Kissel 等, 2004)
"星尘" DFMI	10^{-15}	10^6	var.	(McDonnell 等, 2000)
"希望"	2×10^{-18}	10^6	0.01	(Igenbergs 等, 1998)
"卡西尼" DA	5×10^{-19}	10^6	0.1	(Srama 等, 2004)
"卡西尼" HRD	3×10^{-16}	10^4	0.006	(Srama 等, 2004)
"新地平线"	1×10^{-15}	10^5	0.1	(Horanyi 等, 2007)
"比皮—科伦坡"	TBD	TBD	0.01	(Nogami 等, 2009)

"太阳神"号、"星尘"号和"卡西尼"号的探测器可以通过 TOF 光谱测定法测定尘埃的成分。质量阈值是在撞击速度为 20 km/s 的情况下给出的。"赫奥斯"号、"太阳神"号、"尤利西斯"号、"希望"号、"伽利略"号、"卡西尼"号和"星尘"号上的探测器基于碰撞电离技术。"新地平线"号上的探测器是 PVDF 型的,"先锋"号采用简单阈探测器。ESA 任务的"罗塞塔"号搭载了各种只适合进行低速碰撞分析的尘埃仪器。

除了现场方法外,NASA 在平流层进行尘埃颗粒收集。通过这种方法,许多行星际尘埃被捕获并返回地球进行实验室分析(图 3)。"星尘"号甚至在彗星飞过时通过低密度气凝胶探测器收集尘埃颗粒(Brownlee 和星尘号任务组,2006)。上千个尺寸从亚微细米到 100 μm 的彗星被收集并返回地球,现在正在进行科学实验。但是,即使是非直接方法,也可以提供尘埃质量分布和行星际尘埃通量的基本知识(图 1),例如对阿波罗计划带回来的月球陨石坑岩石的研究。

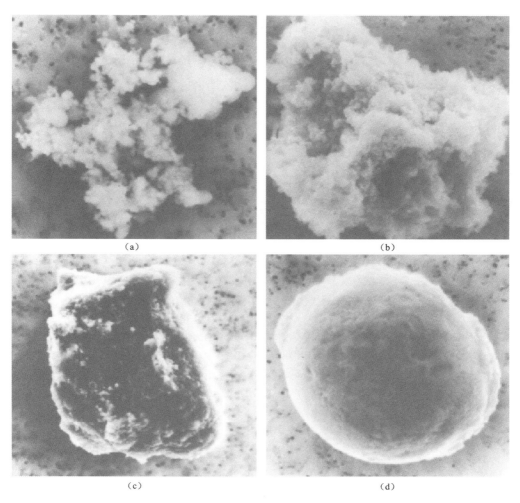

图 3　平流层中收集到的行星际尘埃颗粒

（a）～（c）不同紧凑程度的球粒陨石颗粒；（d）一个 Fe—S—Ni 球

（照片的宽度分别为 15 μm（a）、30 μm（b）、15 μm（c）和 30 μm（d），照片承蒙 NASA 提供）

2　行星际尘埃的性质

空间的微流星体可以通过它们的通量、尺寸分布、成分和轨道参数（动态的）进行描述。对行星际尘埃颗粒特性的回顾有 Grün 和 Dikarev（2009）及 Grün（2007）。接下来的段落将总结今天通过各种观测方法所得到的知识。

2.1　质量通量

Dikarev 等（2004）改进了 ESA 行星际空间尘埃颗粒轨道分布的流星体模型。该模型包括了通过 COBE 地球观测台测得的黄道云的红外观测、"伽利略"号和"尤利西斯"号上尘埃探测器的通量测量、阿波罗任务带回来的月球岩石的陨石坑尺寸分布。模型考虑了各种已知尘埃源的尘埃量，例如和木星相遇的彗星，像 Themis，Korinis，Eos 和

Veritas 这样的小行星族，甚至包括星际尘埃通量。模型还包括位于克赖斯特彻奇（新西兰）的先进流星轨道雷达所得到的结果。模型预测每天大于 1 μm 的颗粒撞击到 1 m² 表面的次数约有 3 次（图

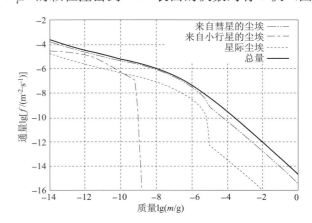

图 4　距离太阳 1 AU 的流星体累计质量分布

（上面的线是基于 Grün 等（1985）模型的通量。

摘自 Dikarev 等（2004）© Springer）

4）。Grün 1985 年的模型就已经能够非常准确地计算行星际尘埃通量，但是略微高估了非常大颗粒的微流星体通量。

虽然图 4 和表 2 给出了距离为 1 AU 的尘埃通量的质量分布，图 5 显示了由 Dikarev 和 Grün（2002）分析得到的尘埃通量随日心距离的全局变化，但是只有"先锋"号和"卡西尼"号航天器位

于外太阳系，超过木星的轨道。虽然"卡西尼"号的尘埃探测器非常敏感，但是它的视野受到约束并且在行星际巡航时航天器指向有偏差。从先锋号中接收回来的数据显示尘埃通量在地球和木星之间递减，在外太阳系几乎是定值，约每星期每平方米受到一个质量大于 6×10^{-9} g 的尘埃颗粒的撞击（速度 20 km/s）。

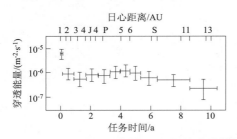
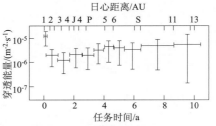

图 5 先锋 11 号上的尘埃探测器所测量到的流星体通量

（a）全功能仪器测量的未修正的尘埃通量；（b）Dikarev 和 Grün（2002）考虑探测单元部分损伤推导出的值
（标签 J 和 S 分别表示飞过木星和土星。由于探测器敏感面积未知，并且面积减少，误差条随着日心距离的增加而增加。
尘埃探测器测量质量大于 6×10^{-9} g、速度大于 20 km/s 的尘埃数量。照片承蒙 Eberhard Grün 提供）

表 2 距离为 1 AU 的行星际尘埃的性质（值代表进入旋转平面的通量）

颗粒质量/g	累加通量/（$m^{-2} \cdot s^{-1}$）	累加数量/m^{-3}
10^{-18}	2.6×10^{-1}	5.8×10^{-5}
10^{-17}	3.8×10^{-2}	8.4×10^{-6}
10^{-16}	5.9×10^{-3}	1.3×10^{-6}
10^{-15}	1.1×10^{-3}	2.3×10^{-7}
10^{-14}	2.5×10^{-4}	5.4×10^{-8}
10^{-13}	8.3×10^{-5}	1.7×10^{-8}
10^{-12}	3.4×10^{-5}	7.2×10^{-9}
10^{-11}	1.5×10^{-5}	3.1×10^{-9}
10^{-10}	6.4×10^{-6}	1.3×10^{-9}
10^{-9}	3.0×10^{-6}	6.3×10^{-10}
10^{-8}	1.2×10^{-6}	2.5×10^{-10}
10^{-7}	3.0×10^{-7}	6.5×10^{-11}
10^{-6}	4.7×10^{-8}	1.0×10^{-11}
10^{-5}	4.6×10^{-9}	1.0×10^{-12}
10^{-4}	3.3×10^{-10}	7.5×10^{-14}
10^{-3}	1.9×10^{-11}	4.4×10^{-15}
10^{-2}	9.7×10^{-13}	2.3×10^{-16}
10^{-1}	4.7×10^{-14}	1.1×10^{-17}

续表

颗粒质量/g	累加通量/（$m^{-2} \cdot s^{-1}$）	累加数量/m^{-3}
10^{0}	2.2×10^{-15}	5.2×10^{-19}
10^{1}	1.1×10^{-16}	2.4×10^{-20}
10^{2}	4.7×10^{-18}	1.1×10^{-21}

2.2 动态

Dikarev 等（2005）最近给出了行星际尘埃颗粒的轨道分布模型，总结如图 6 所示。这幅图结合了源、沉和动力学，并且给出了距离太阳 1～10 AU 的大尺度行星尘埃云结构。为了计算不同的动力（主导力），考虑了两种不同的质量状态（尘埃质量分别小于和大于 10^{-5} g）。

哪些力会影响行星际尘埃颗粒？Grün 等（2001）在书的不同章节进行了很好的回顾。一般来说，相关的力包括重力（太阳、行星和卫星）、洛伦兹力（行星际磁场、行星磁场）、辐射和太阳风压力、等离子体阻力和坡印廷—罗伯逊阻力。根据尘埃当地环境参数的不同，力对尘埃颗粒有各种不同的影响。在气体密度较大的环境中（彗星、土卫二羽状喷流），气体阻力也是相关力。微流星体之间的碰撞在低密度行星际空间中不发挥作用。

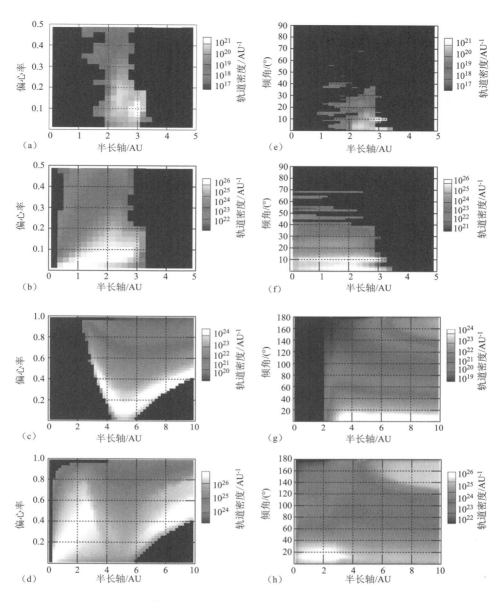

图6　Dikarev 等（2005）给出的空间不同尺寸尘埃粒子的动态特性

（计算了最小质量阈值为 10^{-12} g 时的尘埃粒子轨道分布。左列显示了半长轴和偏心率的分布，右列显示了半长轴和粒子倾角的分布。图（a）和（e）显示的是来自小行星的大尘埃颗粒（$m>10^{-5}$ g）；图（c）和（g）的粒子来自彗星和越木轨道；图（b）和（f）表示来自小行星螺旋向太阳的小颗粒（$<10^{-5}$g）；图（d）和（h）表示小的彗星颗粒。摘自 Dikarev 等（2005），Elsevier，Grün 和 Dikarev（2009）© Springer）

坡印廷—罗伯逊力是使得尘埃从小行星带和外太阳系向内传输的力。颗粒在黄道尘云中沿着黄道面变得集中。尘埃粒子在一个方向（太阳）吸收光能，然后在所有方向等量反射。由于尘埃的轨道运动方向垂直于太阳方向，辐射看起来从太阳方向稍微前一点的方向射过来（类似于在雨中跑步），这导致轨道动能产生损失。

2.3　成　分

微流星体成分的知识可以通过三个方法得到：

遥感观测、现场测量工具和采集样品的实验室分析。采集样品本身的方法包括：查找保存在南极冰层中的微小陨石、调查地面的陨石样品、地球平流层的高空飞机，甚至包括像"星尘"号（现场分析及"野 2"彗星样品返回）这样的返回任务带来的行星际样品。利用返回表面或者地球轨道空间探测器上的收集器（长期暴露设备——LDEF，哈勃空间望远镜太阳能电池阵列）可以进行进一步的分析。

宇宙尘埃粒子是形状不规则的多孔物体，空隙从蓬松到紧凑都有。蓬松的颗粒可能包含更小更紧实的颗粒。在地球平流层收集的大部分行星际尘埃颗粒的密度在 $1\sim3$ g/cm^3 之间。一般情况下尘埃颗粒的成分代表了它的母体的成分。彗星尘埃主要类似于星际尘埃，富含硅盐酸、冰和多环芳烃。与之相反的是来自小行星的尘埃颗粒，类似于碳球陨石。

"乔托"号和"织女星"号上的现场光谱仪研究了哈雷彗星的尘埃。一些颗粒的主要成分是轻元素 H、C、N 和 O，它们被称为 CHON 粒子。其他颗粒富含形成岩石的元素，例如 Mg、Si、Ca 和 Fe，它们被称为硅酸盐。哈雷彗星尘埃的整体矿物成分类似于石铁陨石的成分。然而，很多颗粒是 CHON 粒子和硅酸盐的混合物，同时也发现了铁硫化物或者金属粒子。此外，最近"星尘"号带回的彗星样品的实验室分析显示有大量结晶质矿物，据预测，这些矿物质不会在稍微加热的情况下形成。

小行星分为富含碳型（碳质，C 型）、富含硅酸盐型（S 型）和富含金属型（M 型），它们的性质和在地球上研究的陨石对应。可见的小行星中有超过 75% 的是 C 型的，富含硅酸盐的小行星在小行星带内部区域（距太阳 2.5 AU 以内）的量更大。小行星尘埃的主要矿物质有橄榄石、辉石、铁碳化物或铁镍合金。陨石同时显示了由 Ca 和 Al 制成的耐火材料夹杂物。此外，实验室分析显示在陨石中发现了各种有机化合物，像氨基酸、富勒烯、乙醇、脂族和芳族烃等。

"卡西尼"号航天器使用尘埃光谱仪进行现场组分分析。在行星际空间中以及来自木星系（木卫一的火山灰）的纳米尺度尘埃流中测量到富含金属的尘埃颗粒，它含有氯化钠和碱金属，以及含量较少的硫化物或硅酸盐核心。来自土星系类似的超高速尘埃流由硅酸盐组成。土星 E 形环（$3\sim8$ 个土星半径）中的亚微米到微米尺度的粒子主要成分是冰，但是同样也有些矿物质、硅酸盐和盐。

3　微流星体的来源

3.1　彗星和小行星

行星际尘埃粒子（IDP）位于彗星的彗发和行星环境中（木星和土星的尘埃流），其中彗发中的尘埃粒子由小行星碰撞及流星体撞击小天体（小行星、小行星的卫星）的表面产生。今天，IDP 最优效率的来源是彗星的尾巴：当彗星经过太阳附近时，彗核中的挥发冰升华，释放出冰晶和硅酸盐颗粒。较

大的尘埃颗粒保存了彗星的轨道参数，通过它可以知道彗星轨迹。当彗星经过地球的时候，可以对彗星轨迹进行直接研究，得到每年流星雨的资料。然而我们的知识主要是基于航天器例如"乔托"号以及它的目标哈雷彗星的数据。1986 年，彗星飞过时，现场尘埃实验测量了内彗发中从亚微米到毫米尺度的颗粒的尺寸分布。结果表明，大颗粒（质量 $>10^{-6}$ g）比之前预测的要多，以至于大颗粒主导了彗星的质量输出。Hörze 等（2006）通过对"星尘"号的"野 2"彗星数据和 Green 等（2004）发表的现场测量结果的分析确认了这一发现，即在大颗粒质量时有相对较浅的质量分布。

如今天文学家认为离散盘有可能是周期彗星的起源。离散物体的轨道具有很高的离心率（高达 0.8），很高的倾角（高达 40°）。它们的近日点大于 30 AU，这使得它们成为太阳系中最远和最冷的物体。离散盘不稳定，同时它最内部的部分和已知的柯伊伯带重叠。

小行星带与其众多的小天体成为 IDPs 另外一个重要的来源。和小行星带的碰撞以及微流星体撞击到它们的表面，产生了尺寸分布很宽的碎片。这些碎片在小行星带区域形成一个微尘埃粒子环，IRAS 卫星的远红外观测识别到了这一粒子环。小行星尘埃的成分是它们父体成分的标识，它们的主要成分是硅酸盐和富金属材料。

黄道云同时包含来自彗星轨迹的新鲜尘埃和老的尘埃，这些老的尘埃已经超过可以和彗星对应的时间了。如今黄道云中小行星和彗星尘埃的相对数量仍然不知道，在过去的 40 年中，星际航天器中的探测器和光学探测得到的仅仅是黄道云动力学的一个粗糙认识。

彗星和小行星粒子在 1 AU 处的比值是多少？在 1 AU 处不同类型的彗星和小行星粒子的轨道特性怎样？来自彗星的尘埃和来自小行星的尘埃的化学差异有多大？彗星和小行星的尘埃中含有表征生命前兆的有机大分子吗？

为了更好地了解小行星和彗星灰尘的影响，利用先进尘埃探测器进行尘埃的现场研究是很有必要的，先进尘埃探测器可以同时测量尘埃轨迹和它们的成分（Srama 等，2005）。

3.2　行星尘埃

行星尘埃描述的是被中心行星或其卫星的重力所约束的尘埃颗粒的数量。众所周知的有木星或土

星系尘埃环的形成。研究这些星系的两个航天器是木星系中的"伽利略"号（Krüge 等，2005）和土星系中的"卡西尼"号（Kempf，2007）。除了木星和土星，天王星和海王星也有尘埃环，但是截至目前，通过现场方法研究它们仍然不现实。来自气体巨星的尘埃环是众所周知的，但是像火星这样的类地行星也应该有尘埃环并不被人所熟知。然而这个尘埃环可能非常弱，采用遥感和现场方法都不能发现它（Sasaki，1997）。行星环由行星盘的材料形成或者由卫星在大的撞击下形成。

行星系中的尘埃以各种方式存在：行星外的可见或不可见环形系统是最常见的一种现象。但是其他三种机制并不为人们所熟悉，即围绕小天体的尘埃云、木星系和土星系的高速尘埃流及像土卫六这样的行星卫星表面的活跃冰喷泉。"伽利略"号上的尘埃探测器发现了围绕行星卫星的尘埃云（Krivov 等，2003）。尘埃环的背景颗粒以及行星际微流星体和星际尘埃颗粒持续轰击卫星表面，在其表面形成了一个微弱的层，该层上充满了卫星表面主要尘埃撞击产生的抛射粒子。这一过程会在没有大气保护的行星系中持续进行，包括小行星、卫星、地球的卫星和所有行星卫星（除了土卫六）。木星系中的这一过程被广泛研究（Krüger，2005），并为尘埃环境研究提供了唯一的可能性。

首先，撞击产生的云代表了主要撞击物的通量和质量分布，尘埃云的研究提供了对行星际尘埃数量（或者其他任何主要撞击物的数量）的了解。土星的主要尘埃环被行星际尘埃大规模入侵和污染是一个很令人感兴趣的研究点。

其次，尘埃云颗粒包含主要的表面材料。成分测量采用一定空间分辨率的表面成分远程研究，这一分辨率和灰尘颗粒高度在同一级别。这种方法可以在轨道飞行器不登陆的情况下对卫星和行星表面进行实地研究。然而，迄今为止由于强烈的 E 形环粒子背景和"卡西尼"号操作的限制，土星卫星周围一个清晰尘埃云的识别也没有得到。

另一个现象是来自木星系和土星系的纳米尺寸尘埃流。5 亿千米之外的"尤利西斯"号和"伽利略"号探测到了来自木星系非常小的尘埃颗粒。粒子的尺寸通常在 5～50 nm 之间，速度超过 100 km/s，它们强大的质荷比使得它们和电磁环境强烈地耦合在一起，这导致它们离开行星系的轨迹发生调整[1]。木卫一的超细火山灰粒子是木星系尘埃流现象的主要来源，结果甚至表明木卫一的火山活动和测量得到的尘埃通量之间存在相互关系。后来在

2004 年"卡西尼"号发现了约 7 千万千米之外来自土星的类似尘埃流（Kempf 等，2005）。

详细分析的结论是这种尘埃流的粒子来自土星的内环。对这种少于 100 万个原子组成的微小颗粒也可以进行成分分析。

第三种尘埃现象是前面已经提到过的火山活动。火山或冰喷泉向高空喷射大量的气体和尘埃颗粒。一些尘埃颗粒获得了足够高的动能，逃离了它们的产生源，它们成为中心行星周围轨道环中的粒子。通常尘埃颗粒的性质代表了它们源的性质。尘埃密度和通量与源的活动（火山或喷泉）有关，尘埃的尺寸分布表明并约束尘埃的产生机制，尘埃的成分是直接从行星体内部射出的一个样本。

最近"卡西尼"号的宇宙尘埃分析器（CDA）显示了现场成分测量方法的巨大潜力。CDA 的仪器探测了土星 E 形环的粒子，这些粒子主要来自土卫二的冰喷泉的羽流。土卫二发出的水蒸气和冰粒子羽流是由它南极附近的断裂形成的，这增加了次表层海洋的可能性。CDA 记录了上千个尺寸在 0.1～1 μm 尘埃的现场质谱。先前这些粒子的现场分析总结认为，通过质谱分析法在这些颗粒中识别出的较小的有机或硅质成分，证明岩石质地的土卫二的核心和液态水存在相互作用。然而，现在还不清楚是否还存在液体，或者液态水是否被冻住了。现在 Postberg 等（2009）识别出了 E 形环中富含钠盐颗粒的数量，颗粒的数量仅在液态水中发射出羽流以及和岩石材料接触的时候增加。外太阳系中证明有液态水的存在，这对空间生物学和生命的起源及形成都有很高的价值。

这一结果很清楚地强调了通过行星际飞行器进行远程但是现场的尘埃测量方法的力量。尘埃颗粒在空间的一个位置产生后，在空间和时间上传输它们的特性。所有提到的现象都采用了这一思想。例如尘埃流粒子在木星系和土星系的内部产生，但是在行星磁层的外部探测到它们，这离它们产生源的距离有数亿千米，但是仍然携带了它们的信息。在这一刻，木卫一发出的尘埃粒子可能进入地球的大气层，可以通过传感器和合适的尘埃仪器探测到。从土卫二内部产生的尘埃颗粒携带它们的信息来到 E 形环，距离为 4～8 个土星半径。围绕小天体的云中的尘埃颗粒受到更多的局部约束，它们保存了表面的成分信息。

一旦尘埃的来源被识别出，就可以建立起尘埃从它的源（例如土卫二）中出来到航天器探测到时的位置之间的动态进化模型。Kempf，Beckmann

和 Schmidt（2010）研究了从土卫二表面发出的尘埃颗粒，同时考虑了羽流中冰颗粒的速度和尺寸分布，这样，作者可以建立所研究的 E 形环模型并重建它的形状。

另外，模型结果受到磁层参数、尘埃充电过程以及等离子体性质的影响。在尘埃源区域已知时，带电尘埃粒子是非常优秀的磁层探针。相反，如果对磁层的特性了解得足够清楚，那么就可以限定来源区。

4　实验室模拟

行星际微流星体与行星探测器或卫星的碰撞速度一般在 1～30 km/s 之间，具体值和它们的相对轨迹有关。"乔托"号和哈雷彗星相遇的速度约为 70 km/s，"星尘"号以 6 km/s 的相对速度收集"野 2"彗星的样品。这些超高速抨击使得表面形成坑或穿透表面，并抛射表面和弹体材料的碎片。为了模拟超高速尘埃撞击，实验室采用轻气炮、等离子体阻力或静电加速器对尘埃进行加速。不同加速器的运行范围不同，图 7 为不同类型加速器的对比。只有静电加速器覆盖了整个速度范围，但是只能对 0.05～5 μm 之间的小粒子进行加速。静电加速器用于超高速粒子撞击试验，有静电加速器的国家有德国、日本、美国和英国。轻气炮的分布很广泛，可以使用各种材料以及较大尺寸的颗粒，但是最大速度只有约 14 km/s（尺寸为 10 μm～10 mm 的微流星体和流星体）。

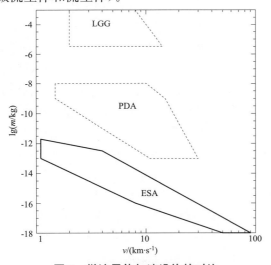

图 7　微流星体加速设施的对比

（轻气炮（LGG）在有限的速度范围（2～14 km/s）内可以加速的颗粒最大，等离子体阻力加速器（PDA）可加速的颗粒尺寸的范围中等，而静电加速器（ESA）可以模拟整个速度范围内的超高速尘埃撞击）

静电加速器对带电尘埃颗粒进行加速，它们能达到的动能由公式 $\frac{1}{2}mv^2 = QU$ 中的带电量 Q 和加速电势 U 决定。通过测量速度和加速尘埃的带电量可以计算出它的质量。较小的尘埃具有更高的 Q/m，可以达到最高的速度。然而尘埃充电受到颗粒表面发射出的电场的限制。

等离子体阻力加速器通过充电电容器组产生一个速度高达 100 km/s 的热膨胀等离子体。膨胀等离子体加速的粒子的尺寸范围为 20～100 μm，所达到的速度具有很大的角分布（相当不集中）。被加速的颗粒必须能够承受很高的等离子体温度，最好是高熔点材料（例如玻璃）。

在校准和研发空间使用的尘埃探测器时，使用静电和等离子阻力加速器。此外，静电加速器提供尘埃粒子的实时监控，并允许通过静电偏转板选择单个抛射特性（尘埃速度和质量）。超高速撞击的粒子损伤以及弹坑主要通过使用等离子体阻力加速器或者轻气炮来研究，因为它们可以发射更大的弹体。Auer（2001）对实验室技术进行了回顾。

粒子在空间中的充电很重要，实验室研究包括尘埃等离子体的形成和尘埃的充电过程。带电的尘埃受到洛伦兹力的影响，如果静电力超过该材料的拉伸强度，尘埃会由于静电的破坏作用而破碎。尘埃的电量 Q 随着表面电势或粒子半径的增加而线性增加，公式为 $Q = 4\Phi\pi r\varepsilon_0$。如果带电量 Q 通过测量得到且表面电势已知（在行星际空间中一般为 5 V），尘埃的质量 m 可以通过式（1）计算出来。尘埃充电的研究常常采用四极电动装置。

$$m = \frac{4\pi\rho}{3}\left(\frac{Q}{4\pi\varepsilon_0\Phi}\right) \qquad (1)$$

5　危害和缓解措施

微流星体超高速撞击产生的危害有表面退化、动量传递、壳体穿透和等离子体放电（Landgraf 等，2004；Drolshagen，2008）。表 2 给出的大于 1 μm（>10^{-12} g）尘埃颗粒的整体密度为 7 km^{-3}，这种颗粒可能在撞击局部造成放电。大于 100 μm（>10^{-6} g）的颗粒在距离太阳为 1 AU 处的密度为 0.01 km^{-3}，这种粒子很危险，可能会在表面形成弹坑甚至穿透表面。任何相对撞击速度 v 大于 10 km/s 的流星体都会对空间的硬件结构带来损坏。

热和光表面的属性会被撞击弹坑破坏。采用尘埃加速器的经验研究得到弹坑直径 D_c、弹体直径 D_p 以及撞击速度 v（km/s）之间的关系，如式（2）所示。因此，一个 $1~\mu m$ 的流星体在 10 km/s 的撞击速度下所产生的弹坑直径的典型值为 $4~\mu m$。但是精确的弹坑尺寸与目标及单体的密度以及入射角有关。在采用不锈钢弹体和铝制目标的轻气炮试验中，撞击速度为 $2\sim5$ km/s 时的弹坑体积为 $0.00256v^{2.1}$。

$$D_c = D_p \cdot [0.38 \cdot v(\text{km/s}) + 0.2] \tag{2}$$

另一个描述弹坑深度 p（cm）和撞击速度、弹体密度 ρ_p（g/cm）、材料常数 k（铝为 0.42）、弹体质量 m 及法线之间撞击角 θ 之间的关系公式如式（3）所示。

$$p = km^{0.352}\rho_p^{1.167}(v\cos\theta)^{0.667} \tag{3}$$

此外，像玻璃（例如太阳能电池）这样的脆化表面，在撞击坑周围会形成一个极度延伸的散裂区，可能比撞击坑大 10 倍。在半无限大玻璃目标上的碎裂坑的尺寸 D_∞（cm）可通过采用 cm－g－s 单位的式（4）（Drolshagen, 2008）计算。

$$D_\infty = 5 \times 10^{-4} D_p^{1.076} \rho_t^{-0.5} \rho_p^{0.784} v^{0.727} (\cos\theta)^{0.601} \tag{4}$$

这对光学表面特别重要，裂缝或者仅仅是很小的表面改变都会产生不同的光学属性。除了尘埃加速试验外，人们还利用计算仿真来建立由原子簇（多达 $1\,000$ 个）或者宏观微米尺寸的物体组成的颗粒的弹坑模型。

目标穿透对压力罐来讲很重要。穿透深度 p 和弹体直径 D_p 的比式（5）计算。式（5）使用了弹体密度 ρ_p、目标密度 ρ_t、目标材料的声速 c 和撞击速度 v。

$$\frac{p}{D_p} = 1.64 D_p^{0.125} \left(\frac{\rho_p}{\rho_t}\right)^{0.5} \left(\frac{v}{c}\right)^{0.667} \tag{5}$$

为了防止穿透的危险，壁面的厚度至少需要比微流星体大 4 倍，惠普尔防护罩是常用的防护方法。惠普尔防护罩使得弹体破碎为更小的粒子，这样就可以防止粒子穿透内部的壁面。

极端条件下的超高速撞击可以产生 100 GPa 的局部压力和超过 $10\,000$ K 温度，压力和温度是撞击速度的函数。产生的弹体碎片和目标材料作为二次喷射物撞击航天器的结构。其中一些材料熔化、蒸发甚至电离。当撞击速度小于 5 km/s 时，大部分的喷射物都是固体，电离度也很低；当撞击速度大于 25 km/s 时，弹体完全蒸发，电离度小于 1%。表面附近的等离子体密度可能超过 $10^{12}~cm^{-3}$，离

子能量的级别为几电子伏。产生的电荷量 Q 可以通过式（6）计算。弹体质量 m 的单位为 g，撞击速度的单位为 km/s。

$$Q = 0.1m \left(\frac{m}{10^{-11}}\right)^{0.02} \left(\frac{v}{5}\right)^{3.48} \tag{6}$$

该公式是在速度为 $3\sim60$ km/s 之间，尘埃尺寸在亚微米到微米范围之间的情况下推导出来的。公式同样适用于像 10^{-6} g 这样较大的流星雨粒子。一次速度为 72 km/s 的狮子座流星雨在不到 $1~\mu s$ 的时间内可以产生 1 mC 的电量。但是即使是更小的粒子，也会对航天器子系统产生电磁干扰，在科学仪器中产生噪声或者使预充电电介质表面的触发放电量超过主充电量。放电电流可能达到安培级别，这是航天器部件最大的威胁。像 CCDs 这样的传感探测器需要保护，防止微流星体的直接撞击导致传感器降级或失效（微流星体使得 CD 或者 ESA 的 X 射线任务 XMM 降级）。为了避免不明的充电效应，暴露太空表面需要接地。

微流星体撞击带来的动量传递效应是不可避免的，但是软面或者像气凝胶这样的多孔材料可以吸收并在内部转化动能。最后建议对冲击粒子的数量和它们的危害进行建模，并进行预估以确定整个任务的风险。这个任务可以采用 ESA 合同公司的 ESABASE2 软件工具来完成。这个工具包括碎片和自然微流星体环境，并且可以将任务和航天器几何约束应用起来。

6　展　望

对于行星际任务，了解太阳系中的微流星体环境是很有必要的。微流星体的超高速撞击是行星际任务的一个威胁，实验室分析研究了弹体－表面之间的相互作用。尽管许多行星际任务都搭载现场尘埃探测器，行星际和行星的尘埃特性的研究还远没有完成。下一步的任务应该是搭载更加先进的传感器来帮助了解尘埃的动态和成分。只有现场探测器才能提供粒子轨迹充足的信息，然而光学观测可以提供整体的尘埃密度。最近我们关于太阳系尘埃动态的知识都是基于模型的结果。了解得最多的是距离太阳为 1 AU 处的微流星体环境，它的平均密度为 $0.002~km^{-3}$（$>10^{-12}$ g）。大于 $10~\mu m$ 的大流星体的测量需要大的积分时间和大的传感面积。另外，空间里纳米尺度的尘埃的数量比预想的要多很多。太阳系中速度大于 100 km/s 的纳米尘埃的两

个来源分别是木星和土星环境。然而，低速度纳米尘埃的密度至今仍未测量出来。

卫星环境中的潜在危害是卫星之上漂浮的亚微米尺寸的尘埃颗粒，它的潜在伤害是由微流星体的超高速撞击导致的。未来先进的通用物理和干涉法任务需要精确定点和稳定的高度，这就使得微流星体撞击的动量传递变得很重要。相关研究将会需要轨道参数和它们的 IDPs 质量分布等更进一步的知识。

备　注

[1] 尘埃颗粒由于等离子体环境和太阳辐射而带电。木星磁层的共转电场分量加速了向外的带电尘埃。

参考文献

Auer, S. (2001) Instrumentation, in *Interplanetary* Dust, Springer, pp. 387—438.

Berg, O. E. and Richardson, F. F. (1968) The pioneer 8 cosmic dust experiment. *Rev. Sci. Instr.*, **40**, 1333.

Brownlee, D. E. and Stardust Mission Team. (2006) Science results from the stardust comet sample return mission: Large scale mixing in the solar nebula and the origin of crystalline silicates in circumstellar disks. *Bull. Am. Astron. Soc.*, **38** 953.

Dietzel, H., Eichhorn, G., Fechtig, H., Grun, E., Hoffmann, H. J. and Kissel, J. (1973) The HEOS 2 and HELIOS micrometeoroid experiments. *J. Phys. E Sci. Instr.*, **6**, 209—17.

Dikarev, V. and Grün, E. (2002) New information recovered from the Pioneer 11 meteoroid experiment data. *Astron. Astrophys.*, **383**, 302 — 308. doi: 10.1051/0004 — 6361: 20011686.

Dikarev, V., Grün, E., Baggaley, W. J., Galligan, D., Landgraf, M. and Jehn, R. (2004) Modeling the sporadic meteoroid background cloud. *Earth Moon and Planets*, **95**, 109—122.

Dikarev, V., Grün, E., Baggaley, W. J., Galligan, D., Landgraf, M. and Jehn, R. (2005) The new esa meteoroid model. *Adv. Space Res.*, **35**, 1282—1289.

Drolshagen, G. (2008) Impact effects from small size meteoroids and space debris. *Adv. Space Res.*, **41**, 1123—1131.

Göller, J. R., Grün, E. and Maas, D. (1987) Calibration of the DIDSY-IPM dust detector and application to other impact ionisation detectors on board the P/Halley probes. *As-tron. Astrophys.*, **187**, 693—698.

Green, S. F., McDonnell, J. A. M., McBride, N., Colwell, M. T. S. H., Tuzzolino, A. J., Economou, T. E., Tsou, P., Clark, B. C. and Brownlee, D. E. (2004) The dust mass distribution of comet 81P/Wild 2. *J. Geophys. Res.* (*Planets*), **109**, 12. doi: 10.1029/2004JE002318.

Grün, E. (2007) Solar System Dust, *Encyclopedia of the Solar System*, p. 621—636. Academic Press.

Grün, E. and Dikarev, V. (2009) Interplanetary dust, in *Astron-omy*, *Astrophysics and Cosmology*, vol. VI *Land-oldt Börnstein*, Springer, pp. 501—535.

Grün, E., Zook, H. A., Fechtig, H. and Giese, R. H. (1985) Collisional balance of the meteoritic complex. *Icarus*, **62**, 244—272.

Grün, E., Fechtig, H., Giese, R. H., Kissel, J., Linkert, D., Maas, D., McDonnell, J. A. M., Morfill, G. E., Schwehm, G. and Zook, H. A. (1992a) The ulysses dust experiment. *Astron. Astrophys. Suppl. Ser.*, **92**, 411—423.

Grün, E., Fechtig, H., Hanner, M. S., Kissel, J., Lindblad, B. A., Linkert, D., Maas, D., Morfill, G. E. and Zook, H. A. (1992b) The galileo dust detector. *Space Sci. Rev.*, **60**, 317—340.

Grün, E., Gustafson, B. A. S., Dermott, S. and Fechtig, H. (2001) *Interplanetary Dust*, ISBN: 3 — 540 — 42067 — 3, Berlin, Springer.

Hoffmann, H. —J., Fechtig, H., Grün, E. and Kissel, J. (1975) Messungen des Mikrometeoritenflusses im Erde-Mond-System mit dem HEOS 2 — Satelliten. *Mitteilungen der Astronomischen Gesellschaft Hamburg*, **36**, 67.

Horanyi, M., Hoxie, V., James, D., Poppe, A., Bryant, C., Grogan, B., Lamprecht, B., Mack, J., Bagenal, F., Batiste, S., Bunch, N., Chanthawanich, T., Christensen, F., Colgan, M., Dunn, T., Drake, G., Fernandez, A., Finley, T., Holland, G., Jenkins, A., Krauss, C., Krauss, E., Krauss, O., Lankton, M., Mitchell, C., Neeland, M., Reese, T., Rash, K., Tate, G., Vaudrin, C. and Westfall, J. (2007) The student dust counter on the new horizons mission, *Space Sci. Rev.*, **140** (1—4), 387—402.

Hörz, F., Bastien, R., Borg, J., Bradley, J. P., Bridges, J. C., Brownlee, D. E., Burchell, M. J., Chi, M., Cintala, M. J., Dai, Z. R., Djouadi, Z., Dominguez, G., Economou, T. E., Fairey, S. A. J., Floss, C., Franchi, I. A., Graham, G. A., Green, S. F., Heck, P., Hoppe, P., Huth, J., Ishii, H., Kearsley, A. T., Kissel, J., Leitner, J., Leroux, H., Marhas, K., Messenger, K., Schwandt, C. S., See, T. H., Snead, C.,

Stadermann, F. J. , Stephan, T. , Stroud, R. , Teslich, N. , Trigo-Rodr′guez, J. M. , Tuzzolino, A. J. , Troadec, D. , Tsou, P. , War-ren, J. , Westphal, A. , Wozniakiewicz, P. , Wright, I. and Zinner, E. (2006) Impact Features on Stardust: Implications for Comet 81P/Wild 2 Dust. *Science*, **314**, 1716. doi: 1126/science 1135705.

Humes, D. H. (1980) Results of Pioneer 10 and 11 meteoroid experiments-Interplanetary and near-saturn. *J. Geophys. Res.*, **85**, 5841—5852.

Humes, D. H. , Alvarez, J. M. , O'Neal, R. L. and Kinard, W. H. (1974) The interplanetary and near-jupiter meteoroid environments. *J. Geophys. Res.*, **79**, 3677.

Igenbergs, E. , Huedepohl, A. , Uesugi, K. T. , Hayashi, T. , Svedhem, H. , Iglseder, H. , Koller, G. , Glasmachers, A. , Grün, E. , Schwehm, G. , Mizutani, H. , Fujimura, A. , Yamamoto, T. , Araki, H. , Ishii, N. , Yamakoshi, K. and Nogami, K. (1991) The Munich Dust Counter-A cosmic dust experiment on board of the MUSES-A mission of Japan, in *Origin and Evolution of Interplanetary Dust*, Kluwer, Dordrecht, pp. 45—48.

Igenbergs, E. , Sasaki, S. , ünzenmayer, R. M, Ohashi, H. , ärber, G. F, Fischer, F. , Glasmachers, A. , Grün, E. , Hamabe, Y. , Iglseder, H. , Klinge, D. , Miyamoto, H. , Naumann, W. , Nogami, K. , Schwehm, G. , Svedhem, H. and Yamakoshi, K. (1998) The mars dust counter. *Earth Planets Space*, **50**, 241—245.

Kempf, S. (2007) *Saturnian Dust: Rings, Ice Volcanoes, and Streams*. Habilitation, Univ. Braunschweig.

Kempf, S. , Srama, R. , Horányi, M. , Burton, M. , Helfert, S. , Moragas-Klostermeyer, G. , Roy, M. and Grün, E. (2005) High-velocity streams of dust originating fromSaturn. *Nature*, **433**, 289—291.

Kempf, S. , Beckmann, U. and Schmidt, J. (2010) How the Enceladus dust plumes feed Saturn's E ring. *Icarus*, **206** (2), 446—457. doi: doi: 10.1016/j. icarus. 2009. 09. 016

Kissel, J. (1986) The giotto particulate impact analyzer. *ESA SP—*1077.

Kissel, J. , Krueger, F. R. , Silen, J. and Clark, B. C. (2004) The cometary and interstellar dust analyzer at comet 81p/wild 2. *Science*, **304** (5678), 1774—1776.

Kissel, J. , Sagdeev, R. Z. , Bertaux, J. L. , Angarov, V. N. , Audouz, J. , Blamont, J. E. , Büchler, K. , Evlanov, E. N. , Fechtig, H. , Fomenkova, M. N. , von Hoerner, H. , Inogamov, N. A. , Khromov, V. N. , Knabe, W. , Krueger, F. R. , Langevin, Y. , Leonas, V. B. , Levasseur-Regourd, A. C. , Managadze, G. G. , Podkolzin, S. N. , Shapiro, V. D. , Tabaldyev, S. R. and Zubkov, B. V. (1986) Composition of comet halley dust particles

from vega observations. *Nature*, **321**, 280—282.

Krivov, A. V. , Sremčević, M. , Spahn, F. , Dikarev, V. V. and Kholshevnikov, K. V. (2003) Impact-generated dust clouds around planetary satellites: spherically symmetric case. *Planet. Space Sci.*, **51**, 251—269.

Krüger, H. (2005) *Jupiter's Dust Disc, An Astrophysical Labora-tory*. Habilitation, Ruprecht-Karls-Univ. Heidelberg.

Krüger, H. , Linkert, G. , Linkert, D. , Moissl, R. and Grün, E. (2005) Galileo long-term dust monitoring in the jovian magnetosphere. *Planet. Space Sci.*, **53**, 1109—1120.

Landgraf, M. , Jehn, R. , Flury, W. and Dikarev, V. (2004) Hazards by meteoroid impacts onto operational spacecraft. *Adv. Space Res.*, **33**, 1507—1510.

McDonnell, J. A. M. , Alexander, W. M. , Burton, W. M. , Bussoletti, E. , Clark, D. H. , Evans, G. C. , Evans, S. T. , Firth, J. G. , Grard, R. J. L. , Grün, E. , Hanner, M. S. , Hughes, D. W. , Igenbergs, E. , Kuczera, H. , Lindblad, B. A. , Mandeville, J. —C. , Minafra, A. , Reading, D. , Ridgeley, A. , Schwehm, G. H. , Stevenson, T. J. , Sekanina, Z. , Turner, R. F. , Wallis, M. K. and Zarnecki, J. C. (1986) The giotto dust impact detection system. *ESA SP—1077*, p. 85ff.

McDonnell, J. A. M. , Burchell, M. J. , Green, S. F. , McBride, N. , Vaughan, B. A. M. , Zarnecki, J. C. , Tsou, P. , Hanner, M. S. , Tuzzolino, A. J. , DiDonna, F. , Brownlee, D. E. and Clark, B. The stardust dust flux monitor. *Adv. Space Res.*, **25** (2), 335—338.

Nogami, K. , Fujii, M. , Ohashi, H. , Miyachi, T. , Sasaki, S. , Hasegawa, S. , Yano, H. , Shibata, H. , Iwai, T. , Minami, S. , Takechi, S. , Grün, E. and Srama, R. (2009) Development of the mercury dust monitor (mdm) onboard the bepicolombo mission. *Plan. Space Sci.*, **58** (1—2), 108—115.

Perkins, M. A. , Simpson, J. A. and Tuzzolino, A. J. (1985) A cometary and interplanetary dust experiment on the vega spacecraft missions to halley's comet. *Nucl. Instr. Methods Phys. Res.*, **A239**, 310—323.

Postberg, F. , Kempf, S. , Schmidt, J. , Brillantov, N. , Beinsen, A. , Abel, B. , Buck, U. and Srama, R. (2009) Sodium salts in e-ring ice grains from an ocean below the surface of enceladus. *Nature*, **459**, 1098—1101.

Sagdeev, R. Z. , Pellat, R. and Salo, F. (1985) *Venus-Halley Mission*. Imprimerie Louis-Jean, Gap.

Sasaki, S. (1999) Dust ring/torus around mars, waiting for detection by nozomi. *The Moon and Mars*, **23** (11), 1907—1910.

Srama, R. , Ahrens, T. J. , Altobelli, N. , Auer, S. , Bradley, J. G., Burton, M., Dikarev, V. V., Economou, T., Fechtig, H., Görlich, M., Grande, M., Graps, A., Grün, E., Havnes, O., Helfert, S., Horányi, M., Igenbergs, E., Jeßberger, E. K., Johnson, T. V., Kempf, S., Krivov, A. A., Krüger, H., Mocker-Ahlreep, A., Moragas-Klostermeyer, G., Lamy, P., Landgraf, M., Linkert, D., Linkert, G., Lura, F., McDonnel, J. A. M., Möhlmann, D., Morfill, G. E., Müller, M., Roy, M., Schäfer, G., Schlotzhauer, G., Schwehm, G. H., Spahn, F., Stübig, M., Svestka, J., Tschernjawski, V., Tuzzolino, A. J., Wäsch, R. and Zook, H. A. (2004) The Cassini Cosmic Dust Analyser. *Space Sci. Rev.*, **114**, 465—518.

Srama, R., Rachev, M., Srowig, A., Dikarev, V., Helfert, S., Kempf, S., Linkert, D., Moragas-Klostermeyer, G. and Grün, E. (2005) Performance of an advanced dust telescope. *ESA SP*, **587**, 171—176.

本章译者：朱春玲（南京航空航天大学航空宇航学院）

第 281 章

发射环境

Guglielmo S. Aglietti[1] , Guy Richardson[2] and Padraig Quill[2]

1　南安普顿大学工程科学学院，英国
2　第谷豪斯萨里卫星科技公司，萨里郡吉尔福德镇，英国

1 引 言

卫星发射一般采用多级液体推进剂（或者固体与液体的结合）火箭，它的目的是使卫星远离地面并加速到轨道速度。一般情况下，在第一级火箭中卫星产生的载荷系数最大。在这一阶段，火箭尽可能快地加速离开大气层。一旦第一级耗尽，第二级就开始点火。末级火箭可以持续数小时，末级火箭耗尽后，卫星最终被"注入"到轨道上（Arianespace，2008）。这是三级火箭典型的点火顺序。

航天器的机械设计主要是由在发射环境中存活的必要性驱动，在机械方面包括低频振动及稳态加速、随机振动、声载荷、联合冲击作用，运载火箭（LV）用户手册中对此通常会有描述。

在发射过程中，火箭发动机产生非常强烈的振动，这种振动会通过运载火箭进行传播，再通过卫星的连接接口传递给卫星。发动机同时会产生很大的噪声，尤其是在离地升空的时候，噪声对航天器产生很大的声载荷和随机的宽频振动。在跨声速飞行阶段，运载火箭和大气的相互作用也会产生显著的声载荷和随机的宽频振动。

除了振动声载荷，卫星还要承受火工装置产生的冲击载荷。火工装置用于点火和运载火箭各级的分离。

在飞行的任何时间点，航天器的任何轴方向都会同时受到高频、低频、准静态和冲击载荷的联合作用。

上面简要描述的现象需要简化为很多明确定义的载荷，这样才可以对结构进行分析，以评估它能否承受发射环境。

LV 的用户手册中一般会包含该信息。本章将会介绍各种类型载荷的更多信息。

发射用户手册所包含的信息应该被看作是初步的，仅当卫星满足一阶横向和轴向共振频率相关的刚度要求时，这些信息才适用。一阶横向和轴向共振频率将稍后讨论。卫星将会和运载火箭相互作用（它们是一个耦合动力系统），因此，只有在系统的机械特性都已知的情况下，它们之间交换的载荷才能进行精确计算。这意味着卫星需要在精确预测前进行初步设计。

当航天器的设计已经取得进展时，就可以建立其结构动力特性的数学模型，进而进行耦合载荷分析（CLA）。承担这一分析的发射机构采用和运载火箭相耦合的卫星数学模型，利用 CLA 可以给出卫星发射时更加精确的载荷预测。这些载荷将取代发射使用手册中的载荷，并且一般不会更高。

下面的小节中将介绍 LV 的机械环境是如何转化为载荷规范和逻辑，以确保航天器满足其要求的。

2 准静态载荷

在发射的各个阶段，随着推进剂的消耗，火箭质量不断减小，其纵向加速度不断增加。当某一级火箭消耗殆尽时，其加速度开始下降，下一级启动后加速度又再次上升。典型加速模式的载荷系数如图 1 所示（在这种情况下，载荷系数是结构所承受的加速度和地球重力加速度的比值，结构承受的加

速度包括地球重力加速度）。航天器是相对的刚性结构（这一问题将会在后面章节中进行深入讨论），其频率响应函数的特征周期比图 1 中的瞬态周期要小得多，因此，从结构动力学的观点来看，可以将这些载荷看作静态负载，它们的最大值和图 2 中的记录类似。正如引言中所提到的，卫星所承受的实际载荷也和它的特性（例如它的质量和刚度）有关，因此，其他运载火箭的用户手册可能会给出更加详细的规格，例如，将载荷表示为卫星质量和 LV 结构（例如存在固体助推器等）的函数。在任何情况下，都会有一些低频振荡或者瞬变叠加到"静态"加速度中，因此这些动态载荷（在表 1 中也有记录）被总结为静态分量，一般称为准静态载荷（QSL）。多种现象会产生这些低频动态载荷，例如风载荷、非对称涡脱落、不对称点火、发射最初阶段跨声速飞行的冲击、第一级共振燃烧引气的轴向激励。

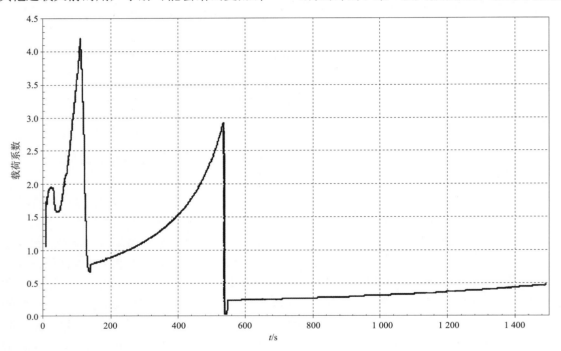

图 1　Ariane 5 用户手册记载的典型加速模式的载荷系数

（摘自 Ariane 5 用户手册（2008）© Arianespace 并得到许可）

表 1　飞行极限下的准静态载荷

（正值是压缩载荷，Arianespace（2008）。摘自 Ariane 5 用户手册（2008）© Arianespace 并得到许可）

关键飞行事件	加速度/g			额外的线载荷/（N·mm⁻¹）
	纵向		横向	
	静态	动态	静态＋动态	
离地升空	−1.8	±1.5	±2	10（15）
最大动压力	−2.7	±0.5	±2	14（21）
飞行的 SRB 末尾	−4.55	±1.45	±1	20（30）
主核心推力关闭	−0.2	±1.4	±0.25	0
最大拉伸情况：SRB 抛弃	＋2.5		±0.9	0

从表中可以看出，发射过程中不同阶段的载荷系数不同，因此，设计时必须考虑纵向和横向载荷的最坏组合。这些载荷是由发射机构（即对 LV 及其使用负责的实体或者组织）在试验、计算基础上，考虑适当的统计安全系数的情况下推导出的真实载荷。一般情况下，LV 用户手册上的记录为飞行极限状况，也就是说，飞行中载荷不应该超过记录中的 99%。计算包含了卫星传递给 LV 接口的峰值力和力矩，这其中包含了动力效应。

有时 QSL 载荷表示为一个包络图的形式，图中给出了垂直和横向载荷。在卫星的初步设计中，当LV还没有选定但是不同发射服务供应商正在进行谈判时，这种表示形式特别有用。卫星结构设计必须兼容不同的发射环境，必须满足最差环境，所以必须包含图2中的各种环境。

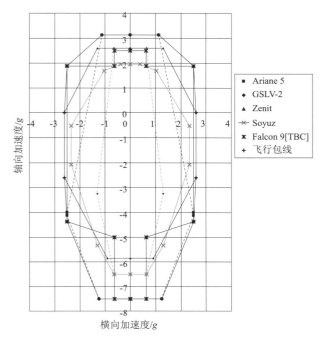

图2　各种火箭设计载荷（准静态设计载荷乘以相应质量系数）包线的例子

QSL应用于卫星初步结构尺寸设计的静态分析中。

一般通过结构分析和测试来证明结构能够成功承受这些载荷。在有些情况下，在动态测试（将在后面描述）中所产生的载荷实际上要高于上面所描述的"静态"载荷，因此，动态测试足够证明结构也满足相关的静态载荷。

3　正弦加载

卫星在发射期间会经历很强的低频载荷，采用正弦函数可以对其进行很好的近似。这些载荷中，最显著的是来自LV的动力学模态的载荷。频率范围和LV的特性有关，可能从几赫兹（例如Ariane 5的横向模态）到20 Hz左右（例如Taurus）。

基本频率在这一范围内的航天器会处于结构共振环境中，同时，利用发射机构来推导发射载荷的假设也会失效。这是因为作用在卫星上的载荷会由于共振现象而被放大。为了避免这一情况（航空器模态和LV的低频动力学模态的动力学耦合），每

个LV手册将指定卫星的一个最小共振频率。

在实际中，振动有横向模式和纵向模式，因而LV会设定两个不同的下限：一个为横向模式的下限，另一个为轴向模式的下限。当载荷特别高时，某些LV可能会给出其他需要避免的频率段。

如果航天器出于一些原因不能满足最低共振频率的要求，就必须进行详细的研究，因为卫星所经历的载荷可能会超过用户手册中所列出的QSL。如果有可能，应该尽量避免这种情况。

设计的卫星必须能够承受发射机构提出的频率范围内的正弦载荷。频率一般从几赫兹开始，通常情况下最大可到100 Hz。这些振动一般以振幅（加速度）作为激振频率函数的形式在表格（在发射用户手册中）中给出，在一般的剖面中，纵向和横向载荷是不同的。大型卫星加速度的振幅数量级为1g（$1g = 9.8$ m/s^2），这看起来是一个相对比较小的载荷。然而，这个载荷是施加在小于100 Hz的整个频率范围中的，包括航天器的共振频率。发射机构给出的要求并不代表卫星所承受的真实正弦载荷，但是这是最坏情况时的一个包线。

共振时放大系数大于20的情况并不少见，这意味着即使是小于1g的输入，所产生的潜在载荷也远比QSL所产生的载荷大很多。由于QSL的计算是为了覆盖接口峰值载荷，因此可通过减少共振下的输入来对其进行保护，这称为"开槽"，本章后面关于正弦测试的小节将对此进行讨论。

4　声波和随机性

一些发射过程中的现象（气体在发动机中燃烧，然后在喷管中膨胀产生噪声，之后撞击发射平台，进入湍流边界层）可产生强烈的振动，振动频率从低频至几千赫兹。从频率方面讲，这些现象产生了一个宽频激励，同时失去了典型的正弦特征，因而典型的正弦特征和低频激励的配合变得更加随机。很显然，航天器必须能够承受这些振动，保证不失败，因此必须要以统一格式对这些振动环境进行详细说明，以便在分析和测试中将其作为输入。

虽然这些振动具有随机信号（意味着不可能指定特定时刻的信号值）的特性，但是可以通过各个频率段的"功率"来定义它们。

这种类型的载荷通过两种途径进入航天器：一种是以振动的形式通过卫星至LV的接口进入，另一种是以声能的形式被卫星的外表面吸收。

这两种宽谱随机载荷的形式分别由发射机构指定。

在实际中发现，大型航天器的声载荷比随机振动载荷要大；相反，对于小型航天器来说，随机振动载荷更加显著。一般情况下，只对航天器测试其中一项。从随机振动验证到声验证的过渡一般在250～500 kg。验证随机振动载荷和声载荷的方法必须得到发射机构的认可，而包括航天器结构验证在内的所有其他内容也必须得到发射机构的认可。

随机振动载荷由功率谱密度分布来表示。图 3 为一个典型的随机振动功率谱。航天器发射期间所经历的随机振动和发射配置有关，不同发射的随机振动明显不同。实际作用在航天器上的随机振动相当不平整。发射机构提出要求的目的是保证覆盖输入谱所包含的峰值，同时考虑可变性。因此，随机振动的要求一般比实际发射载荷苛刻很多。出于这个原因，发射机构可能会减小窄频段的随机振动，这对卫星提供者来说是特别需要注意的。例如开槽，考虑开槽的区域一般是航天器的主结构模式和易损有效载荷的主要模式，开槽的方式必须从发射机构中寻找，发射机构必须检查它们的历史数据并分析发射配置，以确保减少输入后仍然可以给出适当的测试载荷。

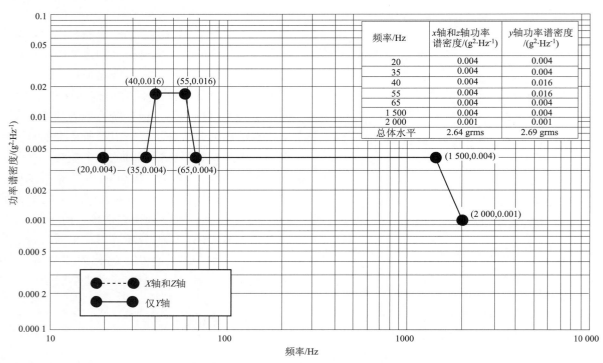

频率/Hz	x轴和z轴功率谱密度/(g²·Hz⁻¹)	y轴功率谱密度/(g²·Hz⁻¹)
20	0.004	0.004
35	0.004	0.004
40	0.004	0.016
55	0.004	0.016
65	0.004	0.004
1 500	0.004	0.004
2 000	0.001	0.001
总体水平	2.64 grms	2.69 grms

图 3　洛克希德马丁运载火箭的功率谱密度说明

噪声载荷可以看作声波场（时间和空间上的基本压力波动），因此可以通过方向和强度这两个参数进行描述。然而，声波经过几次反射后形成的复合场失去了它的方向性，形成的场通常称为混合场。这意味噪声只能通过它的轻度来描述。然而，和机械振动一样，这里噪声的频率组成也很重要。

传统的噪声测量单位是 dB，通过总的声压级（OASPL）这个单一参数值来获得总体的噪声强度，这和利用均方根加速度（grms）给出振动力量（强度）的整体描述类似。OASPL 定义为由噪声产生的真实压力（均方值）与参考压力（$p_\mathrm{ref}=$

2×10^{-5} Pa）的比值（以分贝表示）。

$$\mathrm{OASPL}=10\lg\frac{p^2}{p_\mathrm{ref}^2} \qquad (1)$$

特定噪声的频率分布采用声压级（SPL）随频率的变化来描述。换句话说，想象一下噪声被一系列带通滤波器所过滤，SPL 分布被 SPL 在每个频率段的直方图所代替（见图 4），很显然，直方图中每一列的高度和频段宽度有关。一些手册（如 Ariane 5）给出了每个倍频的值，而其他一些手册给出了更加精细的 1/3 倍频的值。

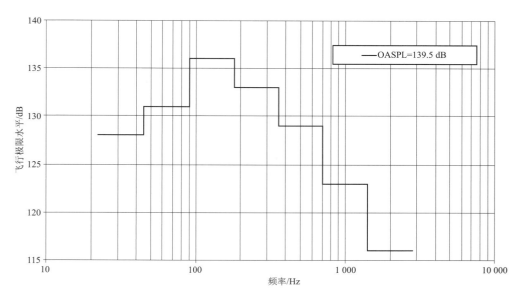

图4　噪声谱

(Arianespace（2008）。摘自 Ariane 5 用户手册（2008）©并得到允许）

为了便于在结构分析中使用，说明书中单位 dB 被转换为真实压力的单位 Pa，这样就可以使用式（1）进行计算，式（1）通过反向求解还可以得到"p"作为 OASPL 的函数。类似地，SPL 的分布必须转换为压力功率谱密度（测量单位 Pa^2/Hz），这可以通过在每个频段 k 利用上式进行计算得到，如下式所示。

$$SPL_k = 10\lg \frac{p_k^2}{p_{ref}^2}$$

$$PSD_k = \frac{P_k^2}{\Delta f_k} = \frac{p_{ref}^2 10^{\frac{SPL_k}{10}}}{\Delta f_k} \tag{2}$$

一般是不允许进行声载荷的开槽的。声测试将在本章后面小节中进行描述。

5　冲　　击

发射期间，另一种类型的加载由冲击产生。在飞行期间，冲击一般由运载火箭各级的分离（或者卫星分离装置本身）或者整流抛弃这样的装置产生。这些系统一般采用炸药作为执行装置，形式有多种，例如"爆炸"螺栓和螺栓割刀等，最终的目的是"破坏"机械连接。火工装置的爆炸和应变能的突然释放（例如破坏一个拉紧的螺栓）产生非常快的瞬态载荷（冲击），它的特点是具有非常高的加速度（该区域加速度为三千多 g）和非常高频并迅速衰减的振荡。

随着时间的推移，冲击事件的踪迹如图5所示。然而，这种说明类型在定义中没有作用。以前，冲击的说明是以具有特定振幅和持续时间的半正弦突起的形式给出；然而，真实的冲击一般是更加复杂的瞬态变化，很难从半正弦脉冲中得到，特别是这种形式的说明不能再现火工装置产生的光谱的高频部分。

现在的冲击环境一般由冲击响应谱（SRS）进行说明，它是一种捕捉冲击严重程度和潜在危害的方法。在实际中，SRS 产生一个加速度关于频率的函数的曲线，曲线中每个点代表单自由度系统的最大响应加速度（共振频率等于 SRS 曲线上的各点，并且指定阻尼值，通常阻尼值 $Q = 10$），它可以通过一个指定的瞬态（冲击加速度随时间的变化）作为单自由度（SDOF）的基准输入来产生。另外，曲线可以看作是一组承受相同瞬态的 SDOF 系统（每个都具有不同的频率，但是具有相同的阻尼，覆盖了横坐标的频率范围）的响应，Y 坐标表示各个 SDOF 的最大加速度。图6说明了这一概念。

卫星的主要结构一般不太关心冲击，除非存在一些脆性材料（例如一些陶瓷材料），这种材料会产生破碎和破裂。一般情况下，单子装置对冲击最为敏感，可能会因为内部组件的故障而损坏，这些部件包括继电器、石英晶体和变压器等，它们对冲击加载相对比较敏感。一些机械装置（例如采用轴承等的装置）、阀门等也容易受到冲击加载的影响。

证明结构能够承受一定的冲击谱的过程（由于超过了本章的讨论范围，因此这里不做讨论）相对不太可靠，因此，一般都是通过实验证明结构符合要求。典型的冲击测试将在本章之后的小节中加以讨论。

123

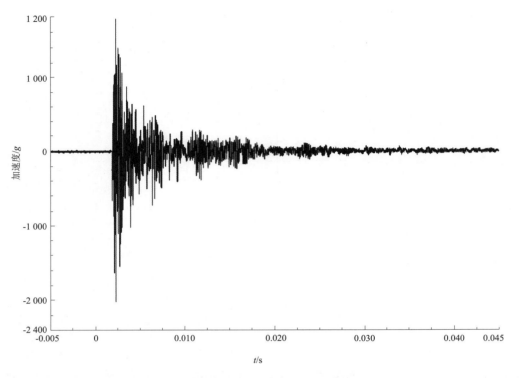

图 5　典型冲击事件加速度随时间变化（时间信号）曲线

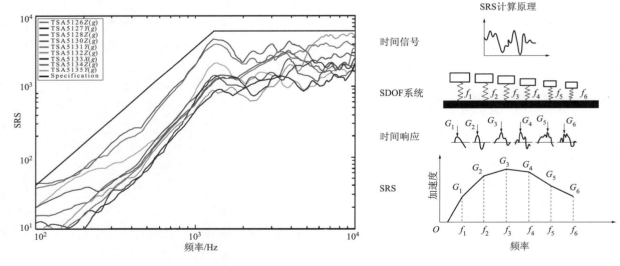

图 6　具有代表性的 SRS 曲线和 SRS 的物理概念

6　进一步要求

航天器除了要有承受上述载荷环境的能力外，对尺寸也有要求，因为航天器必须在 LV 的整流罩内，不能和内部壁面接触。

它通常通过 LV 整流罩允许的静态和动态包线图纸来说明。换句话说，航天器必须符合静态包线，当承受发射时的动态载荷时，它的最大（动态）位移还必须满足动态包线。

另外一个重要的要求是卫星质量中心（CoM）的位置。为了避免 LV 加载的不对称，理想的 CoM 应该沿着 LV 的纵轴。然而，在实际中必须给出理想需求转换为实际要求时的误差。一般情况下，这一误差表达为航天器 CoM 和 LV 纵轴之间的最大距离（对于大型 LV，最高的为几厘米，一般随着卫星的质量变化而变化）。同样，CoM 的垂直位置也受到限制，距离航天器分离装置越高，该装置和支撑结构的载荷就越大（特别是由弯矩形成的线性载荷）。因此，这一限制由分离装置和相关适配器指

定，同样也和卫星的质量有关。分离装置上的最大

允许 CoM 高度一般通过类似图 7 的曲线来指定。

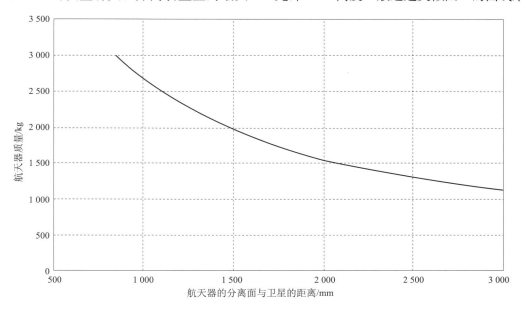

图 7 质量中心最大的垂直位置（Ariane 5 适配器 937 V5）

（摘自 Ariane 5 用户手册（2008）©并得到允许）

最后还有卫星和 LV 连接所产生的"局部"载荷最大值的要求。当卫星分离装置是包带式连接结构时，这一要求尤其适用。包带式连接结构通过圆形对接法兰连接卫星和 LV（将它们夹在一起），在这种情况下，通过法兰传递的载荷应该尽可能沿着圆周均匀分布。事实上，在很短的圆周上集中高载荷会损坏分离系统（卡箍或法兰）或者适配器。然而，一些载荷的弯曲性质和接近分离法兰位置结构的局部硬化相耦合，可能使得沿圆周传递的载荷产生峰值（线性载荷峰值）。因此，可以将单位周长允许的最大载荷（载荷通量）（如果分离系统有螺栓法兰，每个螺栓的载荷同样需要指定）或者适配器在极限载荷条件下所得到的线性载荷的百分数（例如 Ariane 为 10%）作为要求。这种情况下，发射机构（例如 Arianespace）可以提供卫星设计者和卫星模型耦合的分离系统及适配器的数学模型，以便计算两者之间所传递的线性载荷。

7 结构设计和载荷循环

在其他领域，设计通常需要经过多次迭代修正。航天器结构也是这样，因为 LV 和航天器结构之间交换的载荷与两者的耦合结构有关。在项目的开始阶段，可以基于航天器质量知识，并假定符合如共振频率这样的要求，来允许人们根据 LV 用户手册开始设计。采用这些载荷可以将航天器的初步

结构设计出来，合理的数学模型（有限元模型或 FEM）建立起后就可以将其发送至发射机构，进行初步的耦合载荷分析（CLA）。这里的目的是验证本次分析的载荷包含在 LV 手册所描述的包线内。

紧接着，在结构的详细设计阶段，基于测试结果建立并更新或者验证一个新的、更加详细的 FEM 模型；接下来将经过验证的 FEM 发送至发射机构进行另一个 CLA，目的是建立包含特定航天器在实际发射中会真实经历的最终载荷集。这里必须注意的是，航天器的 FEM 可能会包含上百万个自由度，实际发送给发射机构的是一个精简版模型（在这方面最流行的技术是克雷格—班普顿方法，该方法将会建立一个 DOF 相对较少的模型），因此更加适合与 LV 的 FEM 进行整合及分析，之后，合适的输出变换矩阵（OTM）将使得 CLA 的结果扩展至合适的输出，讨论这一方法的一个例子见 Wicker（2008）。

对于质量在 100 kg 及以下的小卫星，出于费用和规划的原因，可以不需要进行 CLA，因为这些航天器一般是二次有效载荷，并且有严格的预算。这些飞行器中，载荷不确定问题的解决方法一般是采用严格和保守的结构要求，以保证载荷结构允许值之间的裕度。很显然，这种设计理念的缺点是结构没有经过优化（采用发射期间的真实载荷）。

8 测 试

项目期间进行的两类重要的结构验证测试是鉴定和验收。一般地,第一类测试(验证)在结构验证模型(SQM)上进行,结构验证模型在详细结构设计结束后就开始建立。

这些测试的目的是:

(1) 证明其符合相应的要求和技术规范(尤其是证明存在足够的裕度);

(2) 关联FEM,目的是在必要的情况下更新FEM并得到验证过的FEM,利用该FEM重现产生精度足够高的实物特性结果;

(3) 给出卫星上各种设备单元将要承受的振动环境的指示。

这些测试非常苛刻,在完整鉴定测试期间,结构所承受的载荷常常达到飞行极限载荷的140%。虽然"通过"这些测试的结构在测试中不应该出现结构失效(有更加具体的标准作为通过或者失败的标准),但是载荷会对结构产生一定量的非关键损伤,因此,不建议在真实发射的航天器(飞行模型,即FM)中使用相同的结构。

为飞行的航天器建立的新结构(FM)理论上应该和SQM一样。即使这一结构理应是合理的(因为SQM已经证明了它的强度),通常还是有可能在组装和整合FM过程中出现失误,这将导致缺陷结构产生。为了避免这种可能性(因此主要是验证工艺),FM要在验收测试中进行测试。

在实际中,明确区分SQM和FM的替代方法隐含在上面的简要描述中。一种可能的代替方法是采用样机飞行模型(PFM),该方法中相同的结构被验证(一般完全鉴定,但是只有一半时间),然后发射;另外一种混合方法也可行,即FM使用一些SQM的翻新部件,而其他SQM部件报废,在FM中重新制造。这些方法主要是基于经济原因进行考虑的。

8.1 静态测试

小型航天器的静态测试是相当罕见的,常见的动态测试(将在下一节描述)则更加苛刻。

静态测试常常在鉴定和验收大型航天器的主要结构中使用,尤其是动态测试很难全面覆盖的时候,会联合采用压缩和横向载荷进行测试。覆盖动态测试中载荷相对应的通量,会导致严重的过测试,因为航天器的设计必须能够承受这一载荷。这可能使得质量增量变得不可接受。

考虑静态测试的关键是载荷的引入。事实上,航天器结构在飞行中所经历的载荷是由承受加速度的部件所产生的分布载荷,因此,通过液压千斤顶的自然引入点来重现这些载荷是很困难的,可以采用横杠(基本系统上的横条在中心或附近旋转,从千斤顶开始分叉,如图8所示)将千斤顶的力分离至结构的各个点上,但是和结构的连接可能有问题。

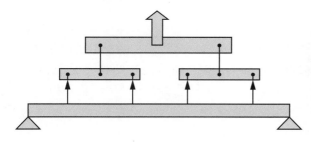

图8 典型的静力测试——横杠和大型离心机的示意

测试中,另一种选择是采用离心机的质量分布和加速度来产生分布载荷。离心机必须相对较大,因为产生的加速度场与旋转轴的径向距离成正比,距离旋转轴较近的结构所受到的加速度相对较远结构的加速度要小,因此测试对象应当比与轴的距离要小。一般的要求是,测试对象所承受加速度的差异值必须小于10%,也就是测试对象与旋转轴的距离应该是测试对象尺寸的10倍。

8.2 动态测试

动态测试一般在电动振动台或者滑台上进行。图9为典型的测试装置,以下是测试典型过程的总结。航天器通过适配器(通常含有力测量装置(FMD),可以测量航天器基部的力)固定在滑台上,滑台水平振动,从而在激励方向激发"横向"加速度,该方向称为X轴。

图9　典型测试装置

接着，将结构从滑台上拆除，将纵轴旋转90°，再次将结构固定至滑台上，重复机型试验。这一阶段结构承受的是沿着另一横轴（Y轴）方向的加速度场。

在下一阶段，航天器被安装在具有垂直结构的振动台上。振动台扩展台面（相对较小）和卫星分离系统通过法兰连接，而分离系统法兰相对较大。在扩展台和卫星之间可以采用适当的接口和FMD。在这一结构中，振动台产生垂直振动，因此卫星结构受到纵向加速度。

所有的电动振动台都有位移极限，在定义测试规范时必须对此加以考虑，因为这影响低频下得到的最大加速度。航天器在不同测试中的响应通过加速度计获得，也有可能采用应变仪或者力传感器，这和测试中所需要得到的信息有关。结构上，加速度计数量和位置的优化与测试所实现的目的有关（例如，和FEM对比时，振动环境需要各种传感单元）。在测试大型航天器时，加速器的数量达到数百个，这需要大量数据的采集系统，系统需要能够在相当大的采样频率下处理上百个通道；对于小型航天器（质量在100 kg左右及以下），加速度计的数量可能小于50个。

一般情况下，一些测试是为了确定结构的特性（模态检验），另外一些则是为了验证它的强度（鉴定正弦、准静态测试、随机振动）。

8.3　正弦检验

在每个等级鉴定测试前后都要进行正弦检验。这里卫星承受很低峰值的正弦及速度，开始频率低至5 Hz，然后逐渐增加至2 000 Hz。一般情况下，频率以每分钟两个倍频的对数速率增加。因此，几分钟就可以增加至2 000 Hz。这个测试的目的是得到航天器的响应特性（即提供输入加速度到结构各个位置的加速度响应函数，从而得到响应频率、阻尼等）。输入振幅非常低（0.1g），理想情况下，

甚至当输入加速度频率为一共振频率时，载荷也不会对结构产生危险。这一测试是特性测试，不应该产生任何损伤的风险。

常见的做法是在鉴定测试之后执行一个新的正弦检验，然后将得到的传递函数（TF）和初始检验得到的函数进行比较。比较的基本原理是，如果在正弦振动中没有产生损伤，那么之前和之后的正弦检验轨迹应该是一样的。实际上，在结构中的小损伤（例如螺栓连接的滑移）可以在结构响应中产生小的改变，因此测试前后TF的不同并不一定表明真实的损失。在响应中找到小的改变很"正常"，尤其是对小的航天器应用随机振动以后。这里将模型信号频率的改变小于5%作为成功的标准，也可能有响应峰值最大改变量的要求，它的典型值缺乏很好的定义。

碳纤维增强塑料结构在特性改变大于5%时也可能表明没有失效。

8.4　准静态测试

如果没有进行静态测试，那么可能会进行准静态测试。在这种测试中施加的正弦载荷的频率应在振动台最大位移极限内尽可能低。理想情况下，测试频率应该低于测试轴一阶模态频率的一半。这种情况下，测试样品上的加速度近似均匀。此外，还可以采用多种方法进行测试，如采用正弦扫描（正弦测试类似）、正弦激振（在一个恒定频率下振幅随时间变化）、正弦脉冲或半正弦脉冲。

8.5　开槽

开槽的概念在之前的小节中已经进行了简要的介绍。任何正弦扫描中输入频率必然经过结构的共振频率，在这一点下会出现大的放大。航天器结构的放大因子可以很容易达到20甚至更大，这意味着即使很小的输入加速度（当作用在共振频率时）也会产生很大的载荷。这是因为测试是在水平振动的刚性接口（即滑台）上进行的，不可能精确再现航天器接口在发射时和火箭耦合的三维运动（和载荷）。这些不同的边界条件产生的响应也不同，测试中的响应要比实际发射时的响应高。

为了避免在振动台/滑台中出现这种"过度测试"，通常的方法是减小（开槽）输入来限制共振时的载荷（为避免超过发射时的预测载荷水平，载荷来自CLA）。在测试中开槽的深度通过振动控制器软件来实时自动计算，例如监测FMD或者一些加速度计的输出。为了保证输出不超过指定极限，

还需减小振动台的输入。另外，也可采用预测的固定切口剖面（程序化）。

位于 ESTEC 的"九头蛇"这样更先进的设备可以产生沿三个轴的振动，它相对单轴测试有了本质的改进，同时可以减少开槽的需求。

8.6　鉴定/媒介正弦测试

该测试的目的是施加指定水平的载荷，以确保航天器可以在不失效的情况下承受低频载荷环境。测试的输出用于和 FEM 进行相关性分析。

测试过程以每分钟两个倍频的速率在 $5\sim100$ Hz 的频率范围内进行正弦扫频，测试的输入级别较高（在 1g 左右），目的是超过发射期间所承受的载荷。

如果要使用开槽，那么通常情况下要进行媒介正弦测试。这个测试和鉴定正弦测试相同，但是所施加载荷水平要较小，一般小于 3 dB 或者 6 dB。这一水平的测试和全水平测试足够接近，但是又足够低，使航天器不会出现失效，从而保护了航天器。在实际中，如果测试应用了自动开槽，就会应用大量的二次/备份控制通道以避免过度测试。

8.7　随机振动

小型航天器通常会进行随机振动测试，随机振动环境规范由发射机构提供。随机振动测试可能是小型航天器必须通过的测试中最苛刻的一个。如本章前面所述的开槽也可以应用在本测试中，通过和发射机构的讨论来减少随机振动规范中的局部频段。

随机振动测试之后还要进行模态分析。

8.8　声学测试

对于大型航天器的大部分部件，测试所产生的响应要大于在航天器基本施加随机振动时的响应，因此通常需要进行该项测试，而随机振动环境（在振动/滑台上的基部驱动测试）则不需要。事实上，大部分发射说明书并没有给出航天器基部随机振动环境的数据，因为正弦响应鉴定和声学测试一般包含了这一情况。

声学测试在混响室中进行，混响室的墙壁之间不平行，这样可以避免产生驻波。声学测试中通过压缩空气驱动的大型"喇叭"来产生噪声。管理员监控混响室内的声谱，通过调整喇叭的输入来匹配混响室内的噪声谱。

在进行高级别的鉴定测试前后，也要进行结构响应特性测试，结构响应特性测试一般比声学测试

小 $6\sim12$ dB。

8.9　冲击测试

航天器的冲击测试中，通常通过启动一个典型的分离系统火工装置来产生类似的冲击水平。对于鉴定测试，航天器通常承受三次冲击事件，冲击水平要比飞行冲击载荷高；在验收测试中，则只需要进行一次飞行水平的冲击事件。

冲击载荷测试的仪器要比动态测试的需求更高，因此需要有特别高的加速度计和高速数据采集系统。

更多细节参见冲击手册（ESA，2009）。

9　总　　结

本章简要描述了卫星在发射时产生的机械载荷的来源和性质，重点介绍了这些载荷是如何转化成卫星必须承受的"机械环境"的。本章特别对发射机构所提出的一般要求和规范以及为了确保满足要求所采用的典型测试方法进行了回顾。必须注意的是，本章简要讨论的大多数主题有非常复杂的问题和现象，因此需要相关领域的专家来解决。

参考文献

Arianespace. （2008）*Ariane 5 User's Manual*，Issue 5 Revision 0，France. Arianespace（2006）*Soyuz CSG User's Manual*，France.

Chinese Academy of Launch Vehicle Technology.（1999）*Long March－3A User's Manual*，Nanyuan，China.

ESA.（2009）*Shock Handbook*，European Space Agency，Issue 1，Paris，France.

Lockheed Martin.（2004）*Atlas Launch System Mission Planner's Guide*，Syracuse，New York.

Wicker，J.（2008）*Spacecraft Structures*，Dutch Space BV，The Netherlands.

延伸阅读

Fortescue P.，Stark，J. and Swinerd，G.（2002）*Spacecraft Systems Engineering*，3rd edn，John Wiley & Sons，West Sussex.

Sarafin，T. P.（1995）*Spacecraft Structures and Mechanisms from Concept to Launch*，Microcosm Inc and Kluwer Academic Publishers，California and The Netherlands.

本章译者：朱春玲（南京航空航天大学航空宇航学院）

第 282 章

星际和行星环境

Henry B. Garrett

加州理工学院喷气推进实验室，帕萨迪纳市，加利福尼亚州，美国

1 引 言

对于航天器和宇航员来讲，太空并不亲切，不论是它的辐射（太阳粒子事件（SPEs）、捕获行星周围辐射或者银河宇宙射线（GCRs）），还是行星表面极端的温度和压力甚至尘埃风暴，整个太空环境都对航天器和宇航员非常不利。事实上，在设计可生存任务时，必须考虑星际环境和每个行星的独特特性。虽然登陆器和探测车已经成功部署在月球、火星、土卫六及金星上，但是这些环境都具有强大的威胁航天器运行及宇航员生命的潜在能力。因此，本章将会介绍大范围的星际和行星环境，特别强调设计可靠的与空间系统相关的特性。

2 太阳风

在太阳系中，太阳是很多环境背后的驱动源。第6卷第277章（地球轨道的辐射环境）描述了太阳的即时环境（太阳光谱、太阳黑子、太阳耀斑和日冕物质抛射），这里将介绍延伸的太阳"大气层"——太阳风。太阳风是执行空间任务时必须穿过的"海洋"。除了太阳粒子事件以外，银河宇宙射线和流星体都相对比较温和，但是航天器在星际环境中还会经历充电过程，并和等离子体（见第7卷第365章）产生相互作用，这些都会对航天器设备有所影响。

太阳风是完全电离的，电中性的等离子体携带太阳磁场从太阳流出。在太空时代的早期，苏联和美国的航天器通过直接观测证实了太阳风的存在。太阳的自转周期约为 27 天，太阳风以放射状向外流动，流动速率比切向速度高得多。太阳磁场在黄道平面以阿基米德螺旋线的形式被拉出，示意图如图1所示。表1总结了太阳风在黄道平面1 AU处的基本等离子体和磁场特性（注：等离子体密度和磁场属性与距离的比例分别约为 r^{-2} 和 r^{-3}，这里 r 是距离太阳的径向距离）（Garrett 和 Minow，2007；Minow，Diekmann 和 Blackwell，2007；以及包含讨论太阳风及其和航天器的相互作用的文献）。这些太阳风的等离子体属性在估算航天器周围的流场时非常有用，对确定期望的航天器表面电势也很有用。电势范围一般为 -20 V（阴影面）~$+10$ V（朝阳面）。基于表1的太阳风属性，可以确定以下等离子体参数：

德拜长度 $\lambda_D \sim 25$ m

电子热速度 $v_{te} \sim 2\,650$ km/s

离子热速度 $v_{ti} \sim 30$ km/s

声速 $c_s = (T_e/m_p)^{1/2} \approx 62$ km/s

离子回旋频率 $\Omega \approx 1$ rad/s

电子回旋频率 $\Omega_e \approx 1.8 \times 10^3$ rad/s

设计者特别感兴趣的是德拜长度（λ_D）、电子热速度（v_{te}）及离子热速度（v_{ti}），它们在估算太阳风和航天器的相互作用时很重要。对于 100 m×100 m 的大型太阳帆，25 m 的德拜长度接近太阳帆尺寸的 1/4。在这一距离下，太阳帆的电势被等离子体屏蔽，这表现为帆的电势和它的效应会溢出帆的表面，因而需要在一个扩展吊杆上安装科学仪器。由于粒子的热速度比太阳风的速度（高超声速）低得多，因此帆的后面会形成一个很深的粒子尾迹。与之相反的是电子的热速度比太阳风的速度高得多，电子通常会填充在这一尾迹中。它们的填充过程会

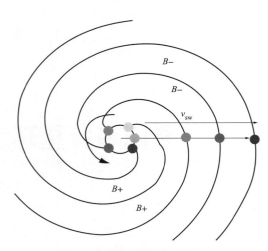

图 1　太阳风磁场的示意图

（显示了等离子体和它的磁场是如何在黄道平面展开的。线和太阳磁场线对应。阴影区域表示磁场进入太阳（$B-$），其他区域表示磁场从太阳出来（$B+$）。由于太阳的自转周期约为 27 天，所以太阳风流出的速度为 v_{sw}）

受到更慢的离子所产生的电场的阻止作用。这些特征描述了太阳帆等离子体外壳和尾迹基本结构的特性，同时提供了太阳风如何同航天器相互作用的观点。正如将要讨论的那样，太阳风等离子体和它的磁场同时也会和尺度更大的行星以及它们的等离子体及磁场相互作用，产生类尾迹结构，这种结构称为磁层。

太阳风高度变化，它和周期为 11 年的太阳活动相耦合。一些监测这些变化的太阳风"气象站"

（例如尤利西斯号、WIND、SOHO、YOHKOH、ACE 和 TRACE）被发射进入轨道，其中尤利西斯号飞经了太阳的两极并绘制了三维太阳风。图 2 为尤利西斯号绘制的太阳风速度和质子密度的子午线图（McComas 等，2000）。最终，太阳风本身和星际风相互作用将其分散，这和地球磁场远离分散太阳风一样，旅行者 1 号在 100 AU 处探测到了这种分散冲击。太阳风磁场利用小于 10 GeV/nuc 的能量（低于这一能量的 GCRs 主要来自太阳）切断 GCR。

3　行星的物理学和动力学属性

由行星、行星的卫星、彗星和小行星组成的太阳系展示出一个很宽范围的物理属性。表 2 列出了太阳、八大行星和三个最大的"矮行星"最重要的属性。表 2 是基于 JPL HORIZONS 系统（Giorgini 等，1996）的数据，表中列出的是关键数据，例如赤道半径、行星压扁率、g（物体的标准重力或重力产生加速度）、GM（引力常数乘以物体的质量）、总质量、质量比（太阳 GM/行星 GM）、密度、平均温度、几何反照率、物体上的太阳常数等。此外，还提供了太阳、行星和很多太阳系中其他物体的属性，包括超过 170 000 个小行星和彗星以及 128 个天然卫星的数据。

表 1　黄道平面距离为 1 AU 处的太阳风特性

等离子体环境	最小	最大	平均
通量/（$cm^{-2} \cdot s^{-1}$）	108	1 010	（2～3）×10^8
速度/（$km \cdot s^{-1}$）	200	2 500	400～500
密度/cm^{-3}	0.4	80	5～10
T/eV	0.5	100	20
T_{max}/T_{avg}	1.0①	2.5	1.4
氦气比（N_{He}/N_H）	0	0.25	0.05
流向/（°）	径向±15		东向约 2
亚耳芬速率/（$km \cdot s^{-1}$）	30	150	60
$|B|/nT$	0.25	40	60
B 向量	极向分量 平面分量		平均在黄道平面 平均螺旋角 45°
①各向同性。			

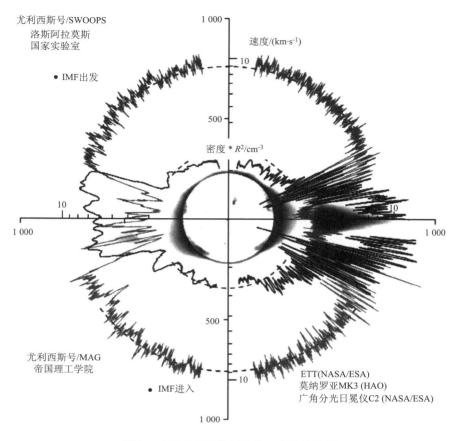

尤利西斯号/SWOOPS
洛斯阿拉莫斯
国家实验室

• IMF出发

尤利西斯号/MAG
帝国理工学院

• IMF进入

速度/(km·s⁻¹)

密度 * R²/cm⁻³

ETT(NASA/ESA)
莫纳罗亚MK3 (HAO)
广角分光日冕仪C2 (NASA/ESA)

图2 尤利西斯号航天器第一太阳轨道图

（显示了质子密度（内部轨迹和以 AU 为单位的距离的比例关系为 $1\sim 10$ cm^{-3}）和时均太阳风速度（$500\sim 1~000$ km/s）。图中北半球
是星际磁场（IMF）主要的出发点，而南边是主要的返回点。摘自 McComas 等（2000）©美国地球物理联盟并得到许可）

确定某给定时刻行星的位置时，除了需要行星的物理学属性，还需要它们的轨道特性。表 2 给出了这些动力学参数的概述，包括半长轴、偏心率、倾斜角、逃逸速度、平均轨道速度、恒星日、平均太阳日、恒星周期、轨道倾角、天体自转轴的赤经和赤纬，综合这些参数可以确定天体在空间中的轨道和方位。行星液体核心的发电活动产生磁场，在适当的地方也给出了磁场的特性（偶极子偏转、偶极子偏移和磁偶极矩）。人们认为火星没有磁场的原因是它的核心比较冷，而金星是由于它的转动速度过于缓慢。与之类似的是月球也没有主磁场，它的局部磁场增强（$1\sim 100$ nT）区域很显然和它的质量密集（月球引力异常）有关。

4 磁 层

太阳系中所有天体的一个独特特征，即它们和太阳风相互作用的形式。这种相互作用的形式有很多，主要取决于天体磁场的强度、当地等离子体环境。在缺乏强磁场时，相互作用的形式和电离层有关。其中

磁场和等离子体通过转移的太阳风等离子体及其所携带的磁场相互作用，带电粒子由于缺少随时间变化的电场和粒子散射，不容易交叉或扩散穿过行星磁场线，因此产生磁流体动力学的相互作用，这就产生了磁层（围绕天体且受它的磁场控制的区域）。从一维上看，这个相互作用类似在船周围流动的水，会产生尾迹。和对地球的说明（见第 6 卷第 276 章）一样，相互作用产生一个以弓形激波（磁层激波的外边界）为边界的复杂三维区域、磁鞘（磁层激波后面的湍流区域）和磁层顶（天体磁场控制区域的边界，在这里行星的磁场压力和太阳风压力平衡）。

虽然所有行星的相互作用都不同，但是特别令人感兴趣的是天王星和海王星的磁层。天王星的自转轴几乎在黄道平面上，而它的偶极子和自转轴的角度为 $59°$，结果它形成的是一个复杂的随时间变化的（在行星自转速率的时间尺度上）的磁层。海王星在很多其他方面和天王星很相似，它的自转轴几乎和黄道平面垂直。在旅行者号飞经海王星之前，人们认为它的磁偶极子会像其他行星一样平行于自转轴。相反，它和天王星的一样，也是高度倾斜的，和

132

表2　行星和太阳的物理属性（美国天文学会 Giorgini 等（1996）©美国天文学会并得到许可）

性质	太阳	水星	金星	地球	火星	谷神星	木星	土星	天王星	海王星	冥王星	阋神星
物理属性												
赤道半径/km	6.96E+0.5	2 439.7	6 051.8	6 378.136	3 397	474	71 492	60 268	25 559	24 766	1 151	~1 400
行星压扁率	0	0	0	0.003 352 813	0.006 476 306	0	0.064 87	0.097 96	0.022 93	0.017 1	0	—
g极地/(m·s^{-2})	274	3.701	8.87	9.832 186 369	3.69	0.28	27.01	12.14	9.19	11.41	0.655	—
g赤道/(m·s^{-2})	274	3.701	8.87	9.780 326 772	3.69	0.28	23.12	8.96	8.69	11	0.655	—
引力加速度/(m·s^{-2})	274	3.701	8.87	9.820 22	3.69	0.28	24.79	10.44	8.87	11.15	0.655	—
引力常数/(km^3·s^{-2})	13 271 239 940	22 032.09	324 858.63	398 600.44	42 828.3	63.2	12 6686 537	37 931 284.5	5 793 947	6 835 107	870	—
总质量	1.989 1E+30	3.302E+23	4.868 5E+24	5.973 6E+24	6.418 5E+23	9.471 5E+20	1.898 6E+27	5.684 61E+26	8.683 2E+25	1.024 3E+26	1.314E+22	—
质量比（太阳GM/行星GM）	—	6.023 6E+06	4.085 2E+05	3.329 5E+05	3.098 7E+06	2.099 9E+09	1.047 3E+03	3.497 9E+03	2.290 3E+04	1.941 2E+04	1.350 0E+08	—
密度/(g·cm^{-3})	1.408	5.427	5.204	5.515	3.933		1.326	0.687	1.318	1.638	1.75	—
平均温度/K	5 778①	442.5	735	270	210	—	165 (1 bar)	134 (1 bar)	76 (1 bar)	72 (1 bar)	37.5	—
几何反照率	—	0.106	0.65	0.367	0.15	0.113 2	0.52	0.47	0.51	0.41	0.3	—
太阳常数/(W·m^{-2})	6.318 0E+07	9 936.9	2 613.9	1 367.6	589.2	178.777 677 5	50.5	15.04	3.71	1.47	0.89	0.295 962 975
动力学特性												
半长轴/AU	—	0.387 098 93	0.723 331 99	1.0000 00 11	1.5236 62 31	2.765 813 554	5.203 363 01	9.537 070 32	19.191 263 9	30.0689 63 5	39.481 686 8	67.976 821 58
偏心率	—	0.205 630 69	0.006 773 23	0.016 710 22	0.093 412 33	0.078 561 009	0.048 392 66	0.054 150 6	0.047 167 71	0.008 585 87	0.248 807 66	0.436 581 589
倾斜角/(°)	—	7.004 87	3.394 71	0.000 05	1.850 61	10.606 959 7	1.305 3	2.484 46	0.769 86	1.769 17	17.141 75	43.834 109 33

续表

性质	太阳	水星	金星	地球	火星	谷神星	木星	土星	天王星	海王星	冥王星	阋神星
逃逸速度/(km·s⁻¹)	617.7	4.435	10.361	11.186	5.027	0.450 616 32	59.5	35.5	21.3	23.5	1.3	—
平均轨道速度/(km·s⁻¹)	—	47.875	35.021 4	29.785 9	24.130 9	17.909 1	13.069 7	9.662 4	5.477 8 (6.81)	5.43	4.947	3.612 5
恒星日/h	609.12	1 407.508 8	−5 832.5	23.934 19	24.62	9.08	9.894	10.61	17.14	16.7	—	—
平均太阳日/天	—	175.942 1	116.749	1.002 738	1.027 491	—	—	—	—	—	6.386 75	—
恒星周期/年	—	0.240 844 5	0.615 182 6	1.000 017 4	1.880 815 78	4.599 84	11.856 523	29.423 519	83.747 407	163.723 21	248.020 8	560.466 27
恒星周期/天	—	87.968 435	224.695 434	365.256 36	686.98	1 680.12	4 330.60	10 746.94	30 588.74	59 799.9	90 589.596	204 710.30
到轨道的倾角/(°)	7.25②	~0.1	177.3	23.45	25.19	—	3.12	26.73	97.86	29.56	122.53	—
极点 (RA单位/(°), J2000)	286.13	281.01	272.76	0	317.681	—	268.05	40.589	357.311	299.36	313.02	—
极点 (DEC单位/(°), J2000)	63.87	61.45	67.16	90	52.881	—	64.49	83.537	−15.175	43.46	9.09	—
偶极子偏转/(°)	—	169	—	11.3	—	—	9.6	0	58.6	47	—	—
偶极子偏移/(R_p)	—	—	—	0.072 5	—	—	0.131	0.3	0.3	0.55	—	—
磁矩/(高斯 R_p^3)	—	0.003 3	—	0.307 6	$<10^{-4}$	—	4.28	0.21	0.228	0.142	—	—

数据来自 HORIZONS 系统 (Giorgini 等，1996)。

①光球层。

②黄道。

133

它的自转轴所呈的角度为 47°。这就产生了一个更加复杂的磁层相互作用，事实上，海王星的磁层表现为一个裂开的磁"尾巴"（Bagenal，1992）。

火星和金星的磁层和"磁化"的行星相反，它们是太阳风和行星的电离层相互作用的结果，相互作用使得它们的弓形激波和行星表面非常接近。为

了解释这一效应，图 3 将几个行星和它们的弓形激波规范化至相同距离所代表的磁层进行了对比。相比其他几个行星，木星的磁场最强，在这一尺度下观察不到，然而弓形激波几乎在金星的表面。许多书中描述了立体的磁层，特别有趣的图形表示可以在 http://www.windows.ucar.edu/tour 中找到。

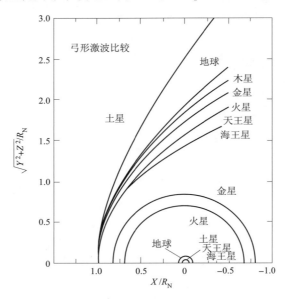

图 3　行星磁层大小的对比

（磁层弓形激波分离距离规范化为 1，行星的半径缩放至同一单位。在这一尺度下木星不可见，地球和土星具有类似的尺寸。
相比之下，金星和火星与它们的弓形激波几乎一样大。摘自 Slavin 等（1985）©美国地球物理联盟）

小行星和彗星存在微型版的行星磁层。彗星由于存在等离子发射，因此它与太阳风的相互作用和金星与火星间的作用相似。跟随彗星的除了美丽的尘埃"尾巴"，还有可视等离子体"尾巴"。这个"尾巴"是太阳风从太阳流出后"捡起"彗星等离子时形成的。一个彗星磁层的例子见 Flammer（1991）。小行星可能带有很微弱的磁场，所以它和太阳风的相互作用与航天器很像，会产生等离子体尾迹结构，这和前面讨论的大型太阳帆很类似。

地球、木星、土星、天王星和海王星的磁层顶内含有闭合磁场区域（即磁场线以类偶极子结构简单地从一个半球连接到另一个半球），该区域的磁场强度足够捕获等离子体和高能带电粒子。后者的粒子形成辐射带，该区域磁场捕捉的高能电子和质子流可能会严重损坏微电子元件，还会损坏并改变表面涂层、光学透镜和高分子材料。事实上，木卫二的表面已经因木星的辐射带而变暗。木星的辐射带非常强烈，以至于它们产生的同步加速器辐射可以轻易地被地球的无线电波望远镜观察到。已经开

发出用于地球（AE8/AP8 模型：Vette 等，1979；Sawyer 和 Vette，1976；Vette，1991）、木星（伽利略中期辐射电子模型（GIRE）：Divine 和 Garrett，1983；Garrett 等，2003）和土星（土星辐射模型（SATRAD）：Garrett，Ratliff 和 Evans，2005）的屏蔽辐射带工程模型，这些模型都可以在线获取。作为屏蔽设计点，一个 1 MeV 的电子或 10 MeV 质子会穿透约 2.54 mm（100 mil）的铝质材料，这是标准航天器出于设计目的对防护层厚度的估算。图 4 为三个行星辐射带 1 MeV 电子和 10 MeV 质子流的子午云图（I. Jun，《个人通讯》，2005）。地球上存在双辐射带，在内层辐射带中质子占主导地位，而在外层电子占主导地位。木星的磁场强度比地球和土星的大 20 倍，因此它可以捕捉更多高能电子，这导致强烈的辐射带中以电子为主。土星因它的环而出名，土星环的位置原本预计是俘获辐射峰值的位置，但是这里并没有特别明显的辐射环境，因为土星环在磁层内部吸收并分散高能辐射粒子。

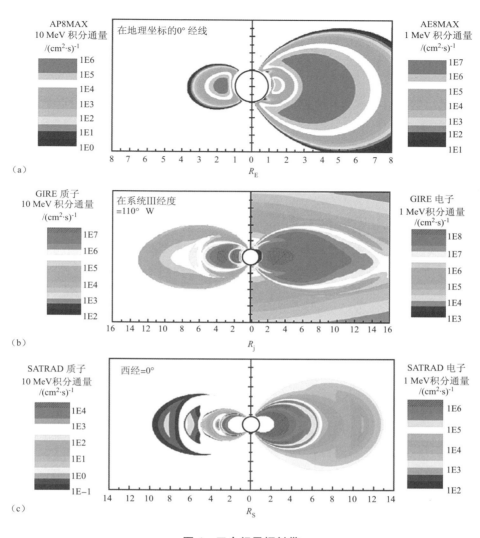

图4 三个行星辐射带

（a）地球；（b）木星；（c）土星子午线截面的辐射带

（对于一般防护的航天器，10 MeV 的质子流和 1 MeV 的电子具有大致相同的"穿透"深度（I. Jun，《个人通讯》，2005））

木星和地球的辐射带位于磁层的内部，那里处于冷等离子体环境中，平均能量为 1~10 eV，密度从低电离层低处的 10^{12} m^{-3}（见后面）下降至高处的 10^8 m^{-3}。这一环境称为等离子体层，等离子体层主导了低纬度和高度的相互作用。在纬度较高的极地附近，极光发挥了额外的作用。极光是强烈的电子和质子束与上层大气相互作用的可视化表现。这些电子和质子束（实际上是片）是高纬度地区（对于地球边界，在轨道附近，而木星的在（15~20）R_j（木星半径）之间）等离子体层上的热粒子（10~100 keV）的延伸，并且是沿着磁场线向大气层低处的延伸。这一区域称为等离子体片。在地球上有标识的极光基本可以使航天器表面产生 -20 kV 的航天器电势，在木星上这一电势可以达到 -4 kV，这对设计不良的航天器来讲是很重大的威胁。

人们正在研究木星和土星的等离子体层、等离子片和极光的模型。设计者非常关心这些模型，因为等离子体特性决定了它是产生几十伏的冷等离子体电流还是热极光电流主导的充电过程。图5展示了冷电子成分的木星子午线断面（Divine 和 Garrett，1983）。直到约 $5R_j$ 木星的等离子体层，都和地球很相似，都是电离层简单地向外延伸至（5~6）R_j。然而，超过这个距离后，有三个状况改变了环境：第一，木卫一轨道位于 $5.9R_j$ 处，木卫一会喷射致密的由硫和钠组成的冷等离子体云；第二，木星 10 h 的自转周期对云产生了显著的离心力；等离子体由于受到离心力而被迫向外运动（图5）；第三，等离子体的质量以及产生的离心力带来的效果足以使得木星磁场产生严重的扭曲——磁场和等离子体的能

量在 $20R_j$ 附近相等，在这一点上捕捉辐射所必需的磁场已经不能充分限制辐射和等离子体了，同时，木星等离子体被拉出进入一个宽等离子体盘（它的等离子体片）中。需要注意的是，在木星和木卫二以及土星和土卫六配合下，已经观察到类似的冷等离子体环。

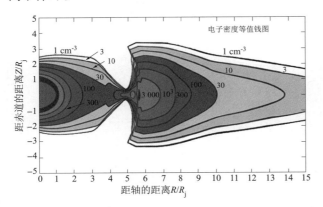

图 5　木星上冷电子（1～40 eV）的子午线密度云

（离子云图非常类似。摘自 Divine 和
Garrett（1983）并得到许可）

木星、土星、天王星和海王星都有极光，并像地球一样具有等价的极光区域和等离子体片。Garrett 等（2008）估算了木星和土星热等离子体对应的电势，木星的在 −4 kV 这一数量级，土星的为几百伏。在木星中观测到另外一种不寻常的极光特征：由于木星的快速自转，木卫一处的 $v \times \boldsymbol{B}$ 产生一个径向电场，该电场穿过卫星的数量级为 1 MV。这个电场向下进入行星的大气层表面，并在两个半球的磁场线的下部产生极光。这些极光的踪迹以及响应的磁场线和木卫二、木卫三及木卫四的相贯可以在地球上通过哈勃望远镜观察到。由于旅行者号和伽利略号穿过这些通量管时并没有发生问题，这些现象对航天器的威胁还不明确。

5　大气层

行星的大气层会直接影响机器人登陆器和空中机器人。随着航空捕获（尤其是火星）逐渐成为一个有用的方法，行星大气层结构的知识成为许多任务需要考虑的一个很重要的因素，因为它决定了阻力。正如前面所讨论的（见第 6 卷第 273 章），大气层通过成分、密度、温度（或压力）关于参考高度之上的函数来描述，气体巨星参考高度采用一个等价的大气压力，类地行星采用地面作为参考高度。ANSI/AIAA 标准 G－003C－2008（ANSI/AIAA，2008）是地球中性大气模型的一个广泛扩展参考，它同时提供了火星（Mars-GRAM）、海王星（Neptune-GRAM）、土卫六（Titan-GRAM）、金星（Venus-GRAM）和金星国际参考大气（VIRA）的参考模型。图 6（a）为金星、地球、火星和土卫六的采样温度与高度剖面，图 6（b）为气体巨星（木星、土星、天王星和海王星）的剖面。任务设计者主要关心的是图 7 中各个行星密度和压力随高度和温度的变化。

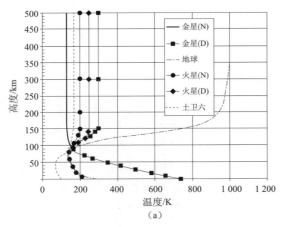

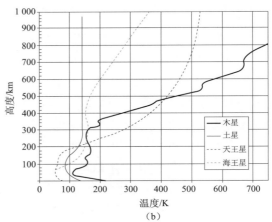

图 6　高度与温度的关系

（a）类地行星金星（白天（D）和夜晚（N））、地球、火星（白天（D）和夜晚（N））以及卫星土卫六；

（b）气体巨星木星、土星、天王星和海王星

（数据来自 ANSI/AIAA 标准 G-003C-2008（ANSI/AIAA，2008），Garrett 和 Evans（2008），Lodders 和 Fegley（1998））

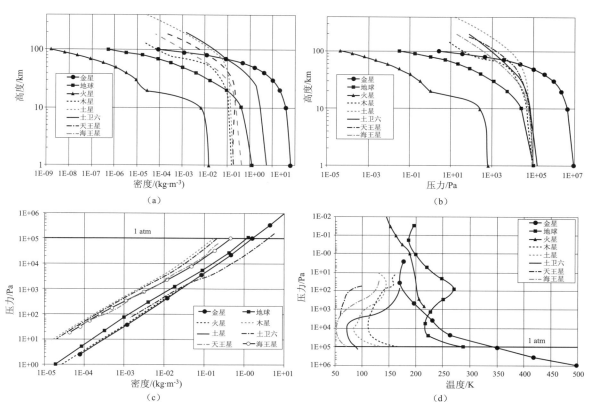

图7 不同行星的大气剖面

(a) 高度和密度的关系；(b) 高度和压力的关系；(c) 压力和密度的关系；(d) 压力和温度的关系

（数据来自 ANSI/AIAA 标准 G—003C—2008（ANSI/AIAA，2008），Garrett 和 Evans（2008），Lodders 和 Fegley（1998））

表3提供了行星和土卫六（注意，虽然飞掠测量已经取得了很大的进展，但是水星表面状态仍然没有得到很好的定义）表面大气的成分、温度和压力。气体巨星的条件都以 1 atm[①] 作为参考。金星表面是最严酷陆地环境的代表，其压力是地球压力的 90 倍，温度超过 700 K，这会对登陆器产生严重的影响。金星表面的主要成分是二氧化碳（96.5%），在温度和压力下具有独特影响，同时它还含有腐蚀性云，云中含有硫酸和氟氯化合物，云会冷凝形成酸雨（"幡状云"）。此外，在上层大气中，金星风的速度可以超过 300 km/h。

表3 行星和土卫六的表面成分、温度和压力

天体	表面成分	温度/K	压力/Pa
水星	O（42%），Na（29%），H_2（22%），He（6%），K（0.5%）	90～700	有待探索
金星	CO_2（96.5%），N_2（3.5%），CO	735	9.2E+06
地球	N_2（78%），O_2（21%），H_2O（<4%）	288	1E+05
火星	CO_2（95%），N_2（2.7%），Ar（1.6%）	214	636
木星	H_2（86%），He（13%），CH_4（1%～2%）	165	1E+05
土星	H_2（96%），He（3.25%），CH_4（0.45%）	135	1E+05
土卫六	N_2（65%～98%），Ar（≤25%），CH_4（2%～10%），H_2（0.2%）	94	1.5E+05
天王星	H_2（82.5%），He（15.2%），CH_4（2.3%）	76.4	1E+05
海王星	H_2（80%），He（19%），CH_4（1%～2%）	71.5	1E+05
数据来自 ANSI/AIAA 标准 G—003C—2008（ANSI/AIAA，2008），Garrett 和 Evans（2008），Lodders 和 Fegley（1998）。			

137

---

① 1 atm＝10^5 Pa。

6 电离层

入射的紫外线（UV）、远紫外线（EUV）及更小范围的特定辐射会将行星周围的中性大气电离，形成冷等离子体。电离层中，等离子体通过吸收和折射影响无线电波的传播，吸收和折射与频率有关，人们就是通过这个来测量电离层的密度的。由于大气密度随着深度的增加而增加，离子的密度

也成比例地增加。然而，由于被吸收得越来越多，电离速率迅速下降，因此，冷的等离子体（一般具有的 1 eV 或小于 1 eV 的能量相当于 11 604 K）形成了分层电离结构，成为大气中的查普曼层。从图 8 的采样的电离层剖面中可以看出分层。这些剖面和电子所代表的总带电粒子密度相对应。表 4 列出了行星电离层低高度处的代表成分。现场化学过程使得电离层的组成随高度的变化变得很复杂，读者需要阅读对应行星的文献以获得更多细节。

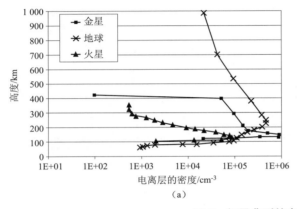
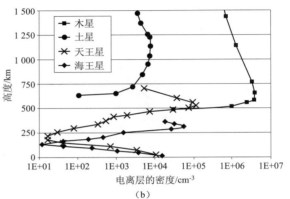

图 8 行星典型的电离层垂直密度剖面

（a）类地行星的电离层图；（b）气体巨星的电离层图

（注意：金星的剖面代表白天，电离层由于太阳风的压缩作用而被截去一段。气体巨星参考 1 atm 或 10^5 Pa 处的高度。

数据来自 Garrett 和 Evans（2008））

表 4 行星电离层不同高度范围的代表成分

行星	组分	范围/km	组分	范围/km
金星	O_2^+	<200	O^+	200～400
地球	NO^+，O_2^+	<200	O^+	200～400
火星	O^+，O_2^+	<200	H^+	>400
木星	$C_2H_5^+$	<200	H^+	>200
土星	$C_2H_5^+$	<200	H_3^+	1 000～6 000
天王星	$C_2H_9^+$	<200	H^+	>400
海王星	$C_2H_9^+$	<200	CH_5^+	250～300

摘自 Garrett 和 Evans（2008）。

7 表面环境

这一节回顾类地行星和月球的表面特性。如果需要所选着陆点的详细表面地图，下面的网站是特别有用的资源，里面有高分辨率的地图以及对地貌的官方命名。

（1）http://pdsmaps.wr.usgs.gov/PDS/public/explorer/html/mmfront.htm

（2）http://maps.jpl.nasa.gov/

（3）http://planetarynames.wr.usgs.gov/index.html

和地球一样，类地行星水星、金星和火星以及月球可以以环形山、山脉、山谷和平原为特征。图 9 所画的撞击坑数量随坑的直径的变化是评估它们表面"粗糙度"和年龄的方法。水星和月球的表面类似，有大量的环形山，和平坦的平原形成鲜明对比。人们认为后者由于天体的历史火山活动而充满岩浆。这在图 9 中表现为环形山数量接近"饱和"极限——当新的环形山数量的形成和旧的环形山的

数量达到平衡（意味着一个"旧"的表面）时，就可以形成这一分布。基于这一理论，水星和月球地质不活跃已经达到40亿年。相比之下，人们认为火星和金星的表面由于天气原因以及金星的火山活动而仍然在变化。因为这些变化，它们表现为低于饱和极限的环形山密度。

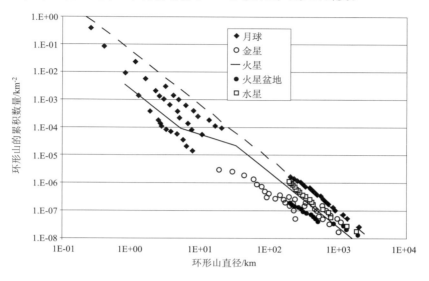

图9 水星、金星、月球和火星的环形山累计分布
（虚线为"饱和"线，当新形成的环形山的数量和被摧毁的旧环形山的数量达到平衡时，会形成这样的分布。
摘自 Frey 和 Lowry（1979）© 芝加哥大学出版社并得到许可）

首先来看月球。月球的表面非常不对称，近面（即地球上看到的一面）和远端的另一面有本质的不同。近面的特征是称为月球高地的轻阴影区域（或"土地"）和称为 Maria 或海的深阴影区域（后者特征的例子有：雨海、澄海、危海）。Maria 比高地要低，带有撞击坑。它们充满了来自月球历史时期的黑玄武岩（迅速冷却的火山岩浆），人们认为它们比高地年轻，因为环形山更少。与月球近面相反的是，在远面 Maria 只有 2%，而近面占31%。远面的平均海拔高度比近面高 1.9 km。

撞击坑边缘的山脉是原始撞击坑边缘的遗迹。那里直径大于 1 km 的环形山的数量为 500 000，最大的环形山是南极的特肯盆地（直径 2 240 km，深13 km）。高地岩石为钙长石，是一种火山岩浆缓慢冷却时形成的火成岩。除了这些岩石，月球表面还有砾岩（由其他碎岩石组成的岩石）、土壤玻璃球，它们可能都是在陨石撞击产生的热量和压力下形成的。和地球相比，月球的岩石中难熔元素（钙（Ca）、铝（Al）、钛（Ti））丰富，但是轻元素含量较少，硅（Si）和氧（O）也相当丰富。

最里面的行星是水星。像月球一样，水星也有高地、平原、山谷和山脉。水星独有的是 Dorsa 或"皱脊"，行星冷却和压缩时形成平原的压缩折叠。水星比火星和月球更加多样化，和月海不一样，水

星的平原和旧的撞击坑间平原具有相同的放射率。水星上最大的环形山是卡洛里盆地，直径为1 550 km。和卡洛里盆地相对的另一面是一个不寻常的区域，该区域具有已知的"怪异地形"的类山特征。人们认为这些特征是集中在波上的点和卡洛里盆地联合造成的。由于水星的重力比月球的大，水星环形山上喷射所覆盖的面积比月球的等比例地缩小。人们希望当梅辛格号飞船飞至水星轨道附近时，能返回更多水星及其环境的细节。

金星的表面像沙漠一样，含有很多板状岩石。最初人们认为金星和地球类似，但是由于缺少海洋和板块结构部，它的表面有明显的不同，同时具有许多不同寻常的火山特征："farra"（具有平板，类煎饼的特征，横跨可以达 50 km，0.1～1 km 高）射线、称为"新星"的星状断裂、射线和同心破裂（蜘蛛网状"蛛网膜"）以及"光圈"（断裂环）。金星上仍然活跃的火山约有 150 个，直径为100～600 km，高度为 0.3～5.0 km，然而还没观察到流动的岩浆。金星上最大的火山为 Theia Mons，是盾状火山，其直径超过 700 km，其高度为 5.5 km。这里有 1 000 个直径在 3～300 km 之间的撞击坑。撞击坑尺寸的降低是由金星的致密大气造成的，大气限制了撞击坑形成物的动能，使其难以高于临界值。这是因为大气层减缓了具有较低

139

速度的撞击运动，以至于不能形成撞击坑。

最后一个类地行星——火星的两个半球所表现出的地形特征不一样：北半球主要是熔岩流覆盖的平原，而南半球以环形山覆盖的高地为特征。总体而言，火星上有覆盖氧化铁的浅色平原和深色特征或"海"（Mare Erythraeum，Mare Sirenum 和 Aurorae Sinus）。火星同时拥有太阳系最大的火山——奥林帕斯山，奥林帕斯山高 26 km，位于塔西斯高地区域。火星上直径不小于 5 km 的撞击坑数量超过 40 000 个，其中最大的是海拉斯盆地。而火星中最小环形山的尺寸受到大气的限制。长 4 000 km、深 7 km 的水手峡谷是太阳系中最令人印象深刻的特点之一。极冠是另外一个突出的特点（位于北部的直径为 1 000 km 的极高原和位于南部的直径为 350 km 的南极高原）。极冠被干的冰覆盖，每个都含有 160 万立方千米的冰。凤凰号登陆器在极地附近的现场取样时，发现火星的土壤为弱碱性，含有镁、钠、钾和氯化物，并有高氯酸盐的痕迹。除了有由氧化铁（或赤铁矿）组成的超细滑石粉末状尘埃，火星表面主要由玄武岩组成。火星表面仍持续受尘埃和大气风化，但是火山和地壳构造活动已经停止。

8　尘埃环境

除了辐射和热效应外，尘埃是火星和月球表面对空间系统造成威胁的主要环境。火星的全球沙尘暴可以长时间掩盖太阳，而月球的超细尘埃在空间环境中带电，会黏附所有东西。这些尘埃是研磨材料，尤其是月球的尘埃。尘埃会对宇航员造成物理和化学的生物危害——尘埃中的玻屑（尤其在月球上）会对肺造成伤害，而尘埃的成分（尤其在火星上）会产生化学危害。在地球上，大气已经氧化了大部分有害金属和其他化学物质，而在月球和火星上，它们仍然存在，同时可能会和人体组织高度反应。

虽然火星上的风力只有地球上的 1/10，但是火星上的沙尘暴是太阳系中最大的，其中有些风暴可能会覆盖整个行星。它们将微米级的粒子引入大气中，这些粒子可以在其中悬浮好几个月。人们认为火星明亮区域是灰尘长期沉淀的区域，而黑色区域是浅色尘埃被吹走后留下的基岩材料的颜色。火星空气中尘埃粒子的尺寸估计小于 $2\sim3~\mu m$，它们在沙尘暴中总的柱质量估计为 $10^{-2}~kg/m^2$。火星尘埃的成分现在还不是很清楚，但是很可能和火星的土壤类似，里面所含的铁使其显得偏红。

沙尘暴"季节"与其南方的春—夏基本相符，发生于火星轨道的近日点附近。在近日点，太阳的加热量比平常的高 45%，这些加热量产生升起尘埃所需的强大气动力和风。沙尘暴的范围变化很大，持续几个月。在晚春，火星一般每天会有 3 次沙尘暴；在北方和中南部的早夏，一般每天 2 次。表 5 列出了沙尘暴出现的频率和尺寸的统计数据。局部沙尘暴持续的时间较大沙尘暴的要短，可能没有"爆炸性"的扩张阶段。大沙尘暴形成的连续统一体可以分类 A 型（大）、AB 型（全球环绕）和 B 型（全球覆盖）（Evans，1988）。尘卷发生的范围也很广泛（Evans，1988），这也是人们认为火星探测漫游者任务（MER）太阳能电池阵组能保持清洁的原因，尘卷的发生大大延长了 MER 的寿命。

表 5　火星沙尘暴的分类

沙尘暴的类型	起始纬度/(°)	起始季节 L_s/(°)	持续时间（地球）/天	名义范围/km	备注
局部	$-75\sim+70$	所有	$4\sim10$	100	不会快速扩张
A 型	$-60\sim+50$	$192<L_s<310$（110，163 极少）	70	25 000	从东向西扩张
AB 型	$-60\sim-20$	205	90	20 000	全球环绕
B 型	$-60\sim-20$	$250<L_s<310$	100	全球	全球覆盖
A 型为大型沙尘暴，AB 型是全球环绕沙尘暴，B 型是全球覆盖沙尘暴。L_s 是火星的日心经度。摘自 Evans（1988）。					

和火星上受风驱动的过程不一样，月球上的尘埃主要由流星撞击月球表面形成。尘埃由硅酸盐矿物、玻璃和未氧化的金属（主要是铁）组成。月球尘埃在月球真空环境下的穿透能力非常强。尘埃可

能会带电而吸附其他材料，它可能是空间系统关心的一个主要问题。具体来讲，月球尘埃是月球土壤粒子中小于 50 μm 的部分。粒子尺寸分布为对数正态分布（Carrier，Olhoeft 和 Mendell，2005），这意味着尘埃占土壤的一半质量。

空间等离子体环境会对月球尘埃充电，并使其浮到月球表面之上。测量图像显示尘埃云盘旋向上至离地 1 m 的高度之上（Criswell，1972），而宇航员报告说看见尘埃在喷流中被射到很高的高度（Abbas 等，2007；Criswell，1972；Stubbs，Vondrak 和 Farrell，2006）。阿波罗号的表面仪器测量了月球昼夜线处的尘风（Grund 和 Colwell，2007），风在日出时比较强，在日落时比较弱。Freeman 和 Ibrahim（1975）以及 Stubbs，Vondrak 和 Farrell（2006）发表了月球尘埃充电理论，试图解释所观察到的这一现象。简单地说，白天环境主要由产生光电放射的 UV/EUV 主导，产生的电势在 +10 V 左右，而极端条件下可以产生 +25～+200 V 的电势。在昼夜分界线处，充电要复杂得多，与月球相对磁层以及太阳风的位置有关。离开昼夜分界线向月球午夜方向移动时，表面电势缓慢下降，这使得朝阳方向的"光学昼夜分界线"突然下降几度。月影环境最显著的特征是由于月球当地午夜到来而造成的稳定电势下降。带电尘埃粒子被电势梯度（即局部电场）加速，在昼夜分界线处达到最大加速度。关于月影或昼夜分界线处的千伏负电势（Freeman 和 Ibrahim，1975）也有报道，Stubbs，Vondrak 和 Farrell（2006）描述了全球充电模式。

9 小行星和彗星

正如约翰尼斯·开普勒（Johannes Kepler）在《Inter Jovem et Martem interposui planetam》中所写的，200 年后的 1801 年 1 月 1 日，Giuseppe Piazzi 神父发现了一颗最初他认为是新彗星的天体，卡尔·弗里德里希·高斯（Karl Friedrich Gauss）采用了一种改进的新方法来计算轨道，发现天体的轨道是圆形的，且在 2.8 AU 处发现了开普勒错过的行星。几年过后，在 2.8 AU 处又发现了另一颗"行星"。在此之后的 19 世纪后期又有更多的发现，新发现的小行星开始分散天文学家的注意，目前已经编进目录的小行星达到几十颗。

尽管小行星之间的轨道特性差别很大，但是已经出现了很多模式。在最大的三个群体中，主要的群落被称为主带，由火星和木星轨道之间的小行星组成。小行星的下一个群体由穿过地球轨道的近地小行星（NEAs）组成。第三个主群是特洛伊，这里的小行星在金星前后相同轨道的拉格朗日 60° 点处被捕获。

小行星分类的另一个方法是采用它们的表面成分来分类，表面成分通过观察到的光谱来估算。按照此方法，可以将小行星分为 C 型（代表碳质天体）、S 型（"S"表示石质天体－金属镍－铁和铁－硅酸盐及镁－硅酸盐相混合）和 U（或 M）型，U 型表示那些既不是 C 型也不是 S 型的天体（一般较明亮且是金属的）。大约有 75% 的小行星是 C 型的，17% 的是 S 型的。

谷神星（实际上是"一号谷神星"）是最大的小行星，它的质量是小行星带质量的 25%～30%。行星和小行星的区别在这几年变得模糊。谷神星不仅被划分为最大的小行星，而且和冥王星、妊神星、鸟神星、阅神星一样是矮行星（类冥矮行星）中的一员（人们认为在柯伊伯带中存在很多其他的矮行星，柯伊伯带即围绕太阳的外海王星盘）。目前，小行星这一名称已经被限制在内太阳系中的较小的行星。表 6 列出了最大的 24 个小行星的名字和尺寸。

和小行星不同，由于具有更高的可见度，彗星在很早以前就被观察到了。然而，在实际中很难明确区分这两者——当它们远离太阳时，彗星看起来像小行星，而一些小行星尤其是那些在偏心轨道中的小行星，可能会"烧毁"成为彗星。人们认为彗星是冰、冷冻气体（例如一氧化碳、二氧化碳、甲烷、氨气和有机化合物）、灰尘和岩石的混合物，这些材料是形成太阳系的残留材料。彗星在接近太阳时变得活跃，释放出气体、尘埃和等离子体。活跃的彗星有几个共同的可见特征。首先彗星具有一个内核，内核为位于彗星头部中心的固体。人们认为内核是一个覆盖有干尘埃或岩石的冰冷物体。内核周围包围的是被称为彗发的光亮区域，它是由尘埃云、水和气体组成的在内核之上的大气。从表面发射出来的喷射材料也被观测到。中性氢云从彗发向外延伸几百万千米。当然，彗星最明显的可视化特征是彗尾，它由两部分组成：由小尘埃粒子组成的尘埃尾和等离子体尾。尘埃粒子在逃逸气体的驱动下离开内核，并在光压的作用下离开太阳，它可以离开太阳延伸 1 km；等离子体被太阳风捕获，可以在下风处延伸数亿千米。

表 6　最大小行星的列表

编号	名称	半径/km	半长轴/AU	周期/年	反照率	绝对星等/H	自转周期/天
1	谷神星①	474.00	2.765 81	4.599 84	0.113 20	3.340 0	9.075 0
2	智神星	266.00	2.773 35	4.618 66	0.158 70	4.130 0	7.813 2
4	灶神星	265.00	2.361 81	3.629 75	0.422 80	3.200 0	5.342 0
10	健神星	203.56	3.136 59	5.555 15	0.071 70	5.430 0	27.623 0
511	Davida	163.03	3.169 56	5.642 95	0.054 00	6.220 0	5.129 4
704	Interamnia	158.31	3.062 60	5.359 74	0.074 28	6.236 8	8.727 0
52	欧女星	151.25	3.100 76	5.460 22	0.057 80	6.310 0	5.633 0
87	林神星	130.47	3.486 89	6.511 28	0.043 50	6.778 3	5.184 0
31	丽神星	127.95	3.146 31	5.580 99	0.054 30	6.740 0	5.531 0
15	司法星	127.67	2.643 35	4.297 74	0.209 40	5.180 3	6.083 0
16	灵神星	126.58	2.919 66	4.988 92	0.120 30	5.888 1	4.196 0
65	原神星	118.63	3.432 67	6.359 99	0.070 60	6.634 3	4.041 0
3	婚神星	116.96	2.668 48	4.359 18	0.238 30	5.330 0	7.210 0
324	斑贝格星	114.72	2.685 16	4.400 12	0.062 80	6.820 0	29.430 0
624	赫克托星	112.50	5.167 99	11.748 71	0.025 00	7.114 0	6.921 0
451	忍神星	112.48	3.061 44	5.356 69	0.076 40	6.547 0	9.727 0
107	驶神星	111.31	3.487 32	6.512 48	0.052 50	6.813 3	4.843 9
532	大力神星	111.20	2.773 24	4.618 37	0.169 40	5.810 0	9.405 0
48	昏神星	110.90	3.110 67	5.486 43	0.062 40	6.909 4	11.890 0
7	虹神星	99.92	2.386 18	3.686 07	0.276 60	5.510 0	7.139 0
24	司理星	99.00	3.127 18	5.530 15	0.067 00	7.080 0	8.374 0
9	颖神星	95.00	2.386 36	3.686 47	0.118 00	6.280 0	5.079 0
6	韶神星	92.59	2.424 68	3.775 63	0.267 90	5.710 0	7.274 5
8	花神星	67.95	2.201 17	3.265 79	0.242 60	6.343 6	12.799 0

数据基于推进系统实验室 HORIZONS 系统（Giorgini 等，1996）。
①也是一个矮行星。

彗星根据它们的轨道来分类。中短周期的彗星的大部分轨道和冥王星在一起。人们认为它们的气源在柯伊伯带中，其周期为 200 年或更短。短周期彗星被分为两族：木星族（周期＜20 岁）或哈雷家族（周期 20～200 年）。图 10 的远日点（距离太阳最远点）统计图显示了彗星轨道族和气体巨星的关系。长周期彗星是周期为 200 年至上千年甚至更长的彗星，它们具有高度偏心的轨道和多变的轨道倾角。人们认为长周期彗星起源于遥远的奥尔特云，奥尔特云是环绕太阳系距离约为 3 光年的冷冻彗星球形云。周围恒星的摄动可以将彗星推入内太阳系的椭圆轨道。

最近，许多对小行星和彗星的飞经、拦截甚至撞击和着陆事件增加了人们对这些天体的兴趣。由于具有多样性（一些似乎布满陨石坑而其他很光滑或者看起来像一堆瓦砾），它们可以以多种方式和航天器进行相互作用。人们发现有些小行星甚至有伴星（如 Ida 和它的子卫星 Dactyl），这可能存在碰撞的危险。和彗星相关的尘埃云可能会在超高速下撞击航天器，这是另一个危险。事实上，彗星沿着轨道传播的尘埃和碎片会形成流星群。这些尾流成为航天器穿过它们时的直接威胁（水手4号可能就是在运行过程中遇到了这些尾流而损坏了）。由于彗星的大气密度相对较低（10^{12} cm^{-3}，约和地球150 km高度处的大气密度相等），可见的喷射可能是登陆器所关心的。最后，和在月球上一样，彗星或小行星表面附近的带电尘埃或气体可能污染登陆器的表面。

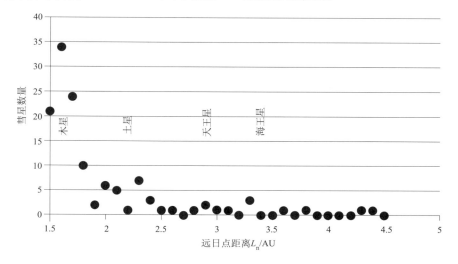

图10 小行星中心（June，2005）所列出的短周期彗星的远日点（彗星和太阳的最大距离）的统计图
（摘自维基百科。横坐标是远日点以 AU 为单位的自然对数。木星族彗星占主导地位，但是在土星、天王星和海王星族中也有）

10 总 结

本章力图给出在评估太阳系中主要天体相关的任务时，设计者所要面对的影响相关度最大的工程挑战的参数信息。本章同时力图展示涉及的主要环境问题。参考文献的目的是给有更多需求的作者提供一个链接，同时提供给他们缓解涉及的大部分危险的方法。明确忽略的是各种行星的卫星（木卫一、木卫二、土卫六等）和土星、木星、天王星、海王星的行星环，行星的卫星是以后工作的重点。

附 录

行星和月球的地图（NASA/JPL——加州理工学院）如图11～图18所示。

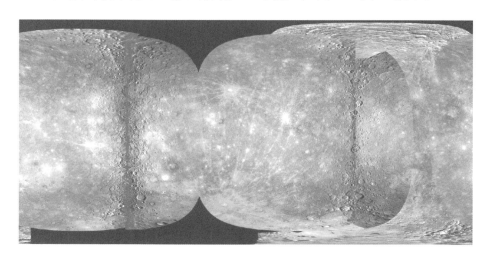

图11 水星
（承蒙 NASA/美国约翰霍普金斯大学应用物理实验室/亚利桑那州立大学/USGS 太空地质学科学中心提供）

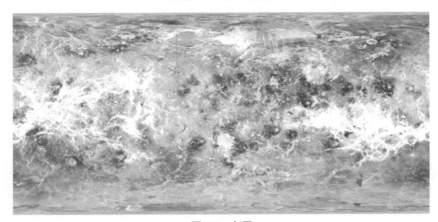

图 12　火星

（承蒙 NASA/JPL 提供）

图 13　金星

（承蒙 NASA/JPL 提供）

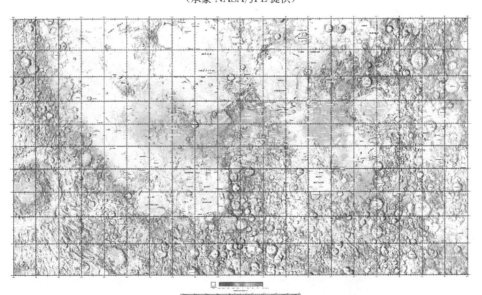

图 14　月球：近面

（承蒙 USGS 太空地质学科学中心 http://astrogeology.usgs.gov 提供）

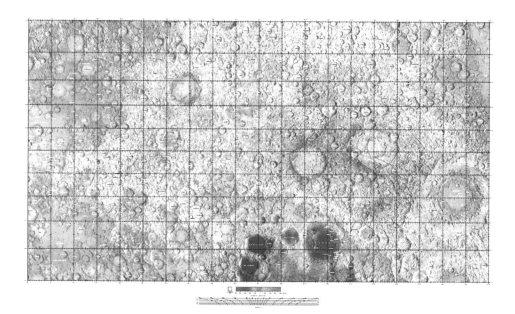

图 15   月球：远面

（承蒙 USGS 太空地质学科学中心 http://astrogeology.usgs.gov 提供）

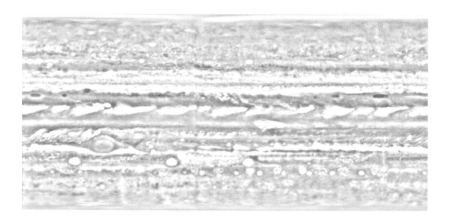

图 16   木星

（承蒙 NASA/JPL 提供）

图 17   土星

（承蒙 NASA/JPL 提供）

图 18　海王星

（承蒙 NASA/JPL 提供）

致　　谢

这项工作的一部分是加州理工学院喷气推进实验室在与美国国家航空航天局的合作下完成，并由 H. B. Garrett 提供。

参考文献

Abbas, M., Spann, J., LeClair, A., Brasunas, J. and Jennings, D. (2007) Lunar dust distributions from solar infrared absorption measurements with a Fourier transform spectrometer. Workshop on Science Associated with the Lunar Exploration Architecture, February 27—March 2.

ANSI/AIAA. (2008) Guide to Reference and Standard Atmosphere Models, ANSI/AIAA G—003C—2008 (Revision of G—003B—2004), American National Standard, August 27, 2008.

Bagenal, F. (1992) Giant planet magnetospheres. *Annu. Rev. Earth Planet. Sci.*, **20**, 289—328.

Carrier, W. D., Olhoeft, G. R. and Mendell, W. (2005) Physical properties of the lunar surface, in *Lunar Sourcebook: A User's Guide to the Moon* (eds G. Heiken, D. Vaniman and B. M. French), Cambridge University Press, Cambridge, pp. 475—594.

Criswell, D. R. (1972) Lunar dust motion, in *Proceedings of the Third Lunar Science Conference*, The M. I. T. Press, (Supplement 3, *Geochim. Cosmochim. Acta*), vol. 3, pp. 2671—2680.

Divine, N. T. and Garrett, H. B. (1983) Charged particle distributions in Jupiter's magnetosphere. *J. Geophys. Res.*, **88** (A9), 6889—6903.

Evans, R. (1988) Mars atmosphere dust-storm occurrence estimate for Mars observer, Jet Propulsion Laboratory. IOM 5137—87—124, June 8, 1988.

Flammer, K. R. (1991) The global interaction of comets with the solar wind, in *Comets in the Post-Halley Era* (eds R. L. New-burn, M. Neugebauer and J. Rahe), vol. 2, Kluwer Academic Publishers, Amsterdam, The Netherlands, pp. 1125—1141.

Freeman, J. W. and Ibrahim, M. (1975) Lunar electric fields, surface potential and associated plasma sheaths. *The Moon*, **8**, 103—114.

Frey, H. V. and Lowry, B. L. (1979) Large impact basins on Mercury: implications for relative crater production rates. *Proceedings of the 10th Lunar and Planetary Science Conference*, *Volume 3—Planetary Interiors and Surfaces*, Houston, Texas, March 19—23, pp. 402—404, http://www.lpi.usra.edu/meetings/lpsc1979/pdf/1145.pdf.

Garrett, H. B., Jun, I. Ratliff, J. M., Evans, R. W., Clough, G. A. and McEntire, R. W. (2003) Galileo Interim Radiation Electron Model, JPL Publication 03—006, 72 pages, The Jet Propulsion Laboratory, California Institute of Technology, Pasadena, CA, http://www.openchannelfoundation.org/projects/GIRE/.

Garrett, H. B., Evans, R. W., Whittlesey, A. C., Katz, I. and Jun, I. (2008) Modeling of the Jovian auroral environment and its effects on spacecraft charging. *IEEE Trans. Plasma Sci.*, **36** (5), 2440—2449. TPS. 2008. 2004260.

Garrett, H. B. and Minow, J. I. (2007) Charged particle effects on solar sails- final report. NASA Report ISPT—SS—06—101, Marshall Space Flight Center.

Garrett, H. B. and Evans, R. W. (2008) The extra-terrestrial space environment, a reference chart, The Jet Propulsion Laboratory, JPL 400—1281 Rev. 23/08.

Garrett，H. B.，Ratliff，J. M. and Evans，R. W.（2005）Saturn Radiation（SATRAD）model，JPL Publication 05－9，p. 103，October.

Giorgini，J. D.，Yeomans，D. K.，Chamberlin，A. B.，Chodas，P. W.，Jacobson，R. A.，Keesey，M. S.，Lieske，J. H.，Ostro，S. J.，Standish，E. M. and Wimberly，R. N.（1996）JPL's on-line solar system data service. Bull. Am. Astron. Soc.，28（3），1158，http://ssd. jpl. nasa. gov/? horizons.

Grund，C. J. and Colwell，J. E.（2007）Autonomous lunar dust observer for the systematic study of natural and anthropogenic dust phenomena on airless bodies，NAC Workshop on Science Associated with the Lunar Exploration Architecture，Tempe，Arizona.

Lodders，K. and Fegley，B.，Jr.（1998）*The Planetary Scientist's Companion*，Oxford University Press，New York，p. 371.

McComas，D. J.，Barraclough，B. L.，Funsten，H. O.，Gosling，J. T.，Santiago－Munoz，E.，Skoug，R. M.，Goldstein，B. E.，Neugebauer，M.，Riley，P. and Balogh，A.（2000）Solar wind observations over Ulysses' first full polar orbit. *J. Geophys. Res.*，**105**（A5），10419－10433.

Minow，J. I.，Diekmann，A. M. and Blackwell，W. C. Jr.（2007）Status of the L2 and lunar charged particle environment models. AIAA paper 2007－0910 presented at the 45th AIAA Aerospace Sciences Meeting and Exhibit，Reno，Nevada，January 2007.

NASA（1983）NASA Technical Memorandum 82478，Space and Planetary Environment Criteria Guidelines for Use in Space Vehi-cle Development，1982 Revision，Marshall Space Flight Center，1983.

Sawyer，D. M. and Vette，J. I.（1976）AP－8 trapped proton envi－ronment for solar maximum and solar mini-mum，76－06，NSSDC/WDC－A－R&S.

Slavin，J. A.，Smith，E. J.，Spreiter，J. R. and Stahara，S. S.（1985）Solar wind flow about the outer planets：gas dynamic modeling of the Jupiter and Saturn bow shocks. *J. Geophys. Res.*，**90**（A7），6275－6286.

Stubbs，T. J.，Vondrak，R. R. and Farrell，W. M.（2006）A dynamic fountain model for lunar dust. *Adv. Space Res.*，**37**，59－66.

Vette，J. I.（1991）The AE－8 trapped electron model environment，91－24，NSSDC/WDC－A－R&S.

Vette，J. I.，Teague，M. J.，Sawyer，D. M. and Chan，K. W.（1979）Mod-eling the Earth's radiation belts，in *Solar-Terrestrial Prediction Proceedings*（ed. R. F. Donnelly），NOAA，Boulder，CO.

延伸阅读

一些一般的参考文献可以为读者提供许多很好的空间环境在线资源，例如 Spaceweather. com（http://www. spaceweather. com/）、喷气推进实验室的主页（http://www/jpl. nasa. gov）、SPENVIS——空间环境和影响的教育系统（http://www. spenvis. oma. be/），可以获得关于这些环境及影响的信息。一些专注于空间环境及影响的书涵盖了本章很多问题的细节，这些书为：

Garrett，H. B. and Pike，C. P.（1980）*Space Systems and Their Inter-actions with Earth's Space Environment*，AIAA Press，New York.

Hastings，D. and Garrett，H. B.（1996）*Spacecraft-Environment Interactions*，Cambridge University Press，Cambridge，England.

Tribble，A. C.（2003）*The Space Environment：Implications for Spacecraft Design*，Princeton University，Princeton，NJ.

Pisacane，V. L.（2008）*The Space Environment and its Effects on Space Systems*，AIAA Press，Reston，VA.

本章译者：朱春玲（南京航空航天大学航空宇航学院）

第 283 章

飞机监管环境

John W. Vincent

欧洲航空安全局安全分析与研究部，奥托广场，科隆市，德国

1 安全监管的历史

飞行的严酷本质意味着航空业自诞生起就伴随着意外。然而，即使在飞行的初期，人们就认识到应该密切关注飞行员的训练和维护。在动力飞机时代之前，政府部门开始对热气球的潜在使用产生警惕。警察和军队常常监控热气球的使用。

国际航空联合会（FAI）始建于 1905 年，它开始向飞行员颁发牌照。第一起动力飞机的死亡事故发生在 1908 年，正因如此，事故调查很早就出现在航空史上。

1919 年举行的国际空管大会首次规定，以一个表示国际的字母加四个表示身份的字母来注册飞机。

民航作为一种公共交通，发展于 20 世纪 20 年代。当时许多不受监管的商业飞行发生了死亡事故，有时候官方的飞机业务，如航空邮件服务，有更好的安全纪录。

由于早期的事故率很高，飞机被看作是一种危险的交通工具。认识到这些危险，早期的监管举措之一便是限制人、行李或货物的国际运输的赔偿责任，而在 1929 年签署的《华沙公约》是首个限制责任的规定。

飞行的危险导致一些工业人士希望民航被监管。当然，也有反对政府干预飞行的想法，但监管的提案赢得了胜利。因为监管会让公众对航空运输的安全有信心，只有市民对民航有信心，行业才可能增长，这种说法直到今天依然成立。

监管立法的第一步是对飞行员和飞机进行适度的事故检查，并建立安全规则及导航设施。

安全监管已经随着商用行业的发展而成熟。在最近的几十年，安全的被动式方式已经用一种前瞻式的方法进行补充。

2 监管的作用

国家授权了航空主管部门或机构来促进航空安全。国家会立法规定一个基本的监管框架，除此以外，监管还会使用公布的规范或规则。然而，目前还没有一个统一的国际监管规范，虽然在 20 世纪 90 年代有一些这方面的尝试。

监管可能有几个元素，即消费者、经济、保安、环境和安全。安全监管不断发展，并随着工业进步而逐步成形；环境监管正在快速推进，但可能仍处于起步阶段。

在所有的情况下，监管逐步远离传统的规定式监管，而趋于一种基于性能的方法。但继续制定一些标准是必要的，因为这将确保系统中的各部分一起工作。

航空和航天部门已成为世界经济至关重要的一环。尽管现在已经产生了许多令人印象深刻的技术，但每项技术都曾有一个曲折的历史。许多想法能经过测试，但可悲的是事故往往也潜藏其中。

如果没有安全监管和环境监管的进步，商业航空运输不可能在过去的 50 年里得以大幅增长。但监管的影响很难精确衡量，事故率是比较不同国家监管成熟度的有效证据。

安全监管框架可以根据一些原则并应用几种方法，这其中既有强制性的又有自愿性的元素。一般

148

而言，一旦主管机关满意，便会授予批准、证书或执照。此外，还有暂停或终止该认证的准则。

每种监管手段或措施都有其长处和短处，可以根据以下三个原则其中之一来单独或组合使用它们。

2.1 基于合规的监管

人们同意一个标准，并设置该标准，使其具有法律约束力。但要获得一个组织或个人的批准，最低合规性水平必须达到标准。一旦获得批准，则进行定期审核，以确保继续符合规范。这种方法可能是僵化且限制发展的，但它应用简单。

2.2 基于目标的监管

人们同意一个目标，并设置该标准，使其具有法律约束力。但要获得批准，必须提供证据表明已经达成目标。利用不同的方法来显示这种达成，则可能要提供咨询或指导性材料；然后进行周期检查，以确保继续达到目标。然而，可能不会有一个切实可行的办法来进行系统的监测。

2.3 基于性能的监管

人们同意一个性能水平，并设置该标准，使其具有法律约束力。但要获得批准，必须提供证据表明性能已达到、被维持或改善。利用不同的方法来显示已经圆满地达到了性能水平，则往往还要提供材料说明最实际的方法。这种方法很灵活，但需要恰当地应用。

3 管理背景

3.1 国 际

这部分介绍全球民航管理的国际组织的简史。

最重要的事件之一是 1944 年 11 月在芝加哥举行的国际民用航空会议。美国政府邀请了 55 个国家，其中 54 个国家参加了会议。结果是 52 个国家签署了一份《国际民用航空公约》，同意成立国际民航组织（ICAO）。

世界各地都设立了 ICAO，以促进民航安全和有序发展。它设置标准和法规，以保证航空的安全、效率和监管以及航空环境保护。

1947 年，加拿大蒙特利尔设立了 ICAO。今天，作为联合国（UN）的一个专门机构，ICAO 为所有 190 个缔约国之间的民用航空领域的合作而

服务。国际民用航空公约（"芝加哥公约"）生效。

国际民航组织管理并出版了一套被称为标准与推荐实施方法（SARPs）的通用标准。SARPs 在公约的 18 个附件里（请参阅延伸阅读）。

这些 SARPs 大体上描述了基本要求。SARPs 覆盖了全世界国际民用航空的技术和运营等方面，包括安全、人员执照的颁发、飞机操作、机场、空中交通服务、事故调查和环境；定义了物理特性、配置、材料、性能、人员或程序的规范，并将其作为标准。为了国际空中导航的安全或监管，该标准需要统一应用。缔约国按照公约遵守该标准，如果不能遵守，必须通知 ICAO。

在美国和欧洲存在航空需求和飞机认证规范（CS），它扩大了附件的内容。这些已成为认证空客公司和波音公司的大型飞机的国际标准。

SARPs 的实施依赖于缔约国。通用安全监督审计计划（USOAP）建立于 1999 年，部分地解决了世界各地的航空安全监督。这是一个强制性的计划，它对 ICAO 成员国的安全监督系统定期审计。审计组确定一个国家执行安全相关的 ICAO SARPs、相关程序、指导材料和做法的实施水平。团队访问一个缔约国的频率不低于每 6 年一次。ICAO 的方案涉及每年约 40 件安全监督审计。如果一个国家同意，安全监督审计报告会公开。

为了加强国际体系，安全管理体系（SMS）的概念被提出并进行了推广。SMS 的实施是为了补充现有的监管框架，以及确保安全性可以集成到民航的每一个组织的管理体系中（见第 9 节）。

3.2 地 区

民用航空活动已触及地球的每个部分。然而，空中交通密度的变化是很大的。有些航线已确立为全球范围内跨越陆地和海洋的要道。这些大陆和海洋空域有其各自特定的要求。世界各地的社会、政治、自然地理变化很大。虽然有许多共同点，但这种差异的存在证明了每个地区的某些具体要求。

北美、欧洲、东亚和澳大利亚—太平洋地区是世界上死亡事故率最低的地区。有些地区的死亡事故率比上述四个地区高 10 倍以上。显而易见的是，每个地区有共同利益，但都面临各自的安全挑战。

ICAO 成员国有各自的义务，无论是航空器注册国、运营国、设计国还是制造国。具体而言，每个主权国家都可能会选择不同的方式履行这些义务。对于一系列问题，如飞机认证，欧洲许多国家

已同意统一行动。

欧洲和北美努力统一标准，建立一个开放的民用航空产品的市场。在北美，有美国和加拿大民航安全监管系统；31 个欧洲国家有欧洲航空安全局（EASA）系统。

3.3 国　家

ICAO 成员国采用的航空安全监管组织有多种形式。有些州有一个独立的机构、管理局或理事局，其他州有政府行使监管职责的部门或分部，可向主席或总干事或直接向运输部长问责。

监管的功能可能包括安全、环境与经济的监管，以及安全与空域政策和消费者保护。航空业监督机构将在其领土行使监管，因此，它会验证一个国家、地区和国际安全标准的遵守程度。

一个监管机构的资金可能来自一个国家的政府或被监管单位或两者的结合，它的任务可能包括在航空安全上寻求持续改进和/或与其他监管机构的统一标准。监管机构会被周期性地要求证明它已满足特定目标的要求。

鉴于航空业的复杂性，有效的监管必须聘请技术专家去评估技术事宜。这可能包括具有驾驶当前飞机资格的飞行员，测试飞行员，飞行训练、休闲、娱乐飞行活动的专家，飞机维修工程师，具有最新的设计和制造技术的专家，飞行考官，机场运营和空中交通控制的专家以及熟悉航空医学的医生。

4　航空规章

航空规则的制定过程对民航业经济具有重大影响。一般来说，建立一个系统为公众参与提供了机会。在这个过程中，如果拟议的规则被证明是不切实际的、不必要的或违反公众利益的，则它会被驳回。向公众咨询的过程旨在从外部监管机构寻求意见，以防止任何个人或团体对制定规则产生不公平的影响。

规则的制定受立法的需要、咨询机构或事故调查机构的建议驱使。一般地，行动之前，要分析行动的原因，要陈述拟议规则的目标和法律依据。

发布公告宣布上述信息，以及发布任务计划显示如何制定规则，是一个良好的行政政策。

一个制定规则的计划，可以对设想的每个规则进行监管影响评估（RIA），并根据这些 RIA 来分析每个任务的优先级。

制定规则的专家可能与利益相关者有直接接触，并需要利用行业和管理的知识。他们往往要在起草小组或监管机构的资源之间做出一个选择，来实现每个规则的制定任务。这需要考虑任务的复杂性和制定设想规则的参与者所需的专业知识。

规则的起草工作应考虑以下几点：

①国家、区域和国际法律，尤其是在现有的法律中列出的任何具体目标和基本要求；

②按照与第三方适用的安排，与其他监管机构和国际组织统一目标；

③空中事故调查的相关结论和建议；

④及时落实建议的规则，同时考虑到翻译的延误；

⑤与现有规则的相容性；

⑥在航空安全和环保要求方面最先进的和最佳的做法；

⑦科学技术的发展和正在起草的规则的监管的影响。

5　飞机的生命周期

5.1 研　究

研究是安全监管体系中很重要的一个组成部分。科学家和工程师绝不会知道所有答案，因此，事故、事件和技术的进步将会一直对既定的知识发起挑战。

商业压力往往驱动技术的进步，这些进步可能是规避任何运营危险的优势。显而易见，这可能会出现一个新的危险，因此必须探索合适的方式解决任何相关的安全风险。

例如，广泛使用的大型复合材料结构具有质量小和强度高的优点，但它在运营服务中出现一个全新的问题：发现有损坏时如何适当地检测和处理。这驱使安全监管机构赞助研究，以了解在问题出现之前需要采取哪些措施以减小安全风险。

5.2 设　计

飞机设计是在"型号合格证（TC）"的发布中定义和认可的，通常当飞机的设计符合所有相关认证规范时，由民航监管机构发给制造商"型号合格证"；然后按照批准的设计配置制造一架飞机，并由该 TC 进行定义。

决定开始设计一种新的飞机类型之前，需要进行广泛的市场调查。如果不先进行充分的规划，设计、开发和生产投资的成本可以耗尽一家大公司的资金。做出决定之前，可行性研究和原型都需经过严格的评估。

一种产品如飞机或发动机，要进入商业运营，那么民航认证是强制性的。然而，一个设计组织必须选择何时申请该认证，这一选择设置了一个基准，会具有显著的反响。

认证申请启动一个流程，确定适用于某一特定产品的认证基础。从本质上讲，这台飞机或发动机在可以核发 TC 之前，必须满足设计要求。

通常情况下，由于产品可能是一个新类型或现有类型的一个变化，所以上面的申请会出现两种不同的情况。在某些情况下，有可能是在认证基准中有原始的要求。一个例外情况是，当一个新的规定将适用于未来的新产品时，它允许旧的规定继续适用。

5.3　产　品

航空制造史不断地出现联合与合并，以至于今天只有少数几个成功的大型商业飞机制造商。已经有一些新的合资企业建设超轻型喷气机和新型飞机，但要进入这个市场很难。

TC 完成后，建立了一个标准，然后就可以作为制造一系列飞机的基础。某些类型的飞机可能会被大规模生产，别的可能只会少量生产。

产品由数百万个零部件装配而成。至关重要的是，这样做是在受控制的方式下，以确保交付的飞机符合 TC 标准。

一个国家的监管机构必须进行监督，以使该产品可以在国际上被接受。企业联盟在许多国家进行制造，对于最后在制造国组装的飞机，这种监督是很复杂的。

一些航空监管系统主要侧重于监督产品的合格性，其他系统同时解决合格性和负责产品的组织。在每一种情况下，有一个期望，一个合适的质量系统将投入使用。通过审计，可以监督一个组织流程中不同阶段的样本。

5.4　运　营

飞机可能会经历一系列的客户验收测试，然后才进入商业服务。制造商可能会提供一架基本的飞机或根据客户的规格配置的飞机。一旦被交给运营

者，一架飞机便进入其使用寿命的运行阶段。负责监督运营者活动的监管机构会指定运营的要求。一个 ICAO 国家的运营要求应来自 ICAO 附件 6。这些要求通常包括地面和飞行操作，包括执行这些操作人员的培训和认证，可能有几套运营要求，但那些适用于民航的运营往往是最先进的。

通常情况下，运营要求包括处理运营商认证和监督的部分、运营流程、全天候运营、飞机的性能问题、重量和平衡、仪器仪表及设备、通信设备和导航设备、飞机维修的要素、飞行机组和乘务员、手册、日志和记录、飞行和执勤时间限制及休息要求，以及危险货物的空运。

航空运营许可证（AOC）是由国家航空管理局授予的进行商业活动的许可。颁发 AOC 具有指定的条件和指定任期。一般来说，NAA 可以随时检查飞机是否按照 AOC 进行运营。

飞机允许报废设备进行操作。主最低设备清单（MMEL）和一个操作者的最低设备清单（MEL）指定什么是允许的。这样的安排只有在指定的报废设备操作满足运营要求并且安全水平不低于 TC 规定的最低标准时才是可以接受的。

5.5　维护/维修/修改

当航空器连续进行运营时，便需要进行维护，以保持飞机在适航状态。维护可以是预防性的或纠正性的，可以是定期的或不定期的；修理是必要的，用于纠正已经发生的损坏或其他事件；还可能需要修改来改变原设计中的配置，大修改需要补充型号合格证（STC）的批准。

对运营者而言，不飞行的飞机的代价是昂贵的，因此，航空业这一领域中，商业压力是巨大的。安全监管负责监督所有民航的适航状态，包括经批准的维修机构和飞机的监督/维修/改装，以及从业人员培训方面的任何其他个人或组织。

有效的安全监督有助于维持高标准，以及运营者履行一个国家的 ICAO 义务。

持续适航性是指确保在任何时候飞机都符合适航证书（C of A）的技术条件及安全运行条件的所有流程。当确定出一个不安全的条件，可以责令强制执行适航指令（AD）的动作。

负责维护产品、部件和设备的组织应展示出自己的能力和手段，用相关权利来履行相关义务。组织发布批准以确认这些能力和手段，组织被授予的权利及其范围会在批准的条款中指明。飞机改装和

维修的设计和实施组织也是一样。

5.6 人员——工程师

在 ICAO 成员国中，飞机工程师的执照是必需的。飞机工程师的执照并不是资格证书，执照给持有人规定了一系列的义务。通常，有执照的飞机工程师可以承接维护飞机和飞机系统的相关活动，指定批准的维修计划，并不定期地进行性能维护、检查、组件更换/修改或小修小补，他们要向安全监管单位报告安全缺陷。

6 事 故

6.1 调 查

事故会引发公众对航空安全的关注。重大事故是罕见的，都有各种不同的结果、原因和因素。

在讨论这些结果、原因和因素之前，需要一份协议来定义事故。国际公认的定义在 ICAO 附件 13 中，它还定义了严重事件。在这两种情况下，都要求事故发生的国家进行调查。强烈建议让一个有必要专家的独立机构来进行技术调查，可能需要飞机设计和生产组织、运营者以及安全监管机构参与。

技术调查的根本目的是通过确定航空事故、严重事故和失误的原因来提高航空安全，提出安全建议以防止再次发生，而不是推卸责任或追究过失。

一位调查主管负责调查活动，委任的调查员接触飞机、设备、机场、经营场址或文件。通常情况下，国家立法会指定必要的访问权限。

6.2 安全建议

安全建议是航空安全进步的核心工具。安全建议来源于事故或事件调查。安全建议的根据是调查得到的信息，以防止意外或事故。

安全建议应该绝不会对一个事故或事件做过失或责任推定。值得注意的是，建议本身不是强制性的。

为了确保安全监管机构或其他人/组织采取预期的纠正措施，建议必须有强有力的证据和有说服力的分析。展开提议的纠正措施需要大量的资源，比如测试、研究和发展。

安全建议应确定要达到的目标是什么，但对于责任人，如何实现建议的目标要留下余地。

7 机组人员

7.1 执 照

飞行员是指有证书的人，不是指有执照的，但通常说的飞行员是指有执照的。为了获得飞行员执照，候选人必须在考官的监督和指导下通过书面、口头和实际飞行测试。

获得执照和赋予个人权利的基本要求是由 ICAO 提出的，然而，许多国家在要求的细节上存在差异。

飞行员有资格飞行在一个特定的特权类型、驾驶一种或多种特定类别的飞机，包括飞机、直升机、飞艇、气球和滑翔机。

如果发布的条件不再满足，或证书持有人未能履行义务的法规或实施细则，监管机构可以修改、限制、暂停或吊销相关证书。

飞行员培训机构及航空医疗中心由监管局评估。

7.2 医 疗

飞行的早期就有医疗检查了，经验来自军事飞行员，因为在培训过程中事故率较高。履行飞行员职责的人的健康是安全监管体系的一部分。今天，安全监管体系为商业飞行员和许多私人飞行员设定了不同的标准。

商业公共交通要求在驾驶舱内的两名飞行员作为一个团队，这考虑了一名飞行员可能会因健康欠佳而丧失工作能力的情况。不过，也有一些可以威胁到两个飞行员的健康，如缺氧、极端温度、烟雾、火灾，每个都应有各自的应急程序来处理。

要成为一个商业航空公司的飞行员，必须年满 18 岁且身体健康。根据 ICAO 附件 1（人员执照），商业飞行员执照和航线交通执照的持有人须持有一类体检，一次体检只在指定时间内有效，时间根据将要进行的活动类型而变。ICAO SARPs 在世界各地以不同的方式被解读。三类医疗评估确定如下：

（1）1 级适用于申请人及持有人：
- 商业飞行员执照（飞机和直升机）；
- 航线交通飞行员执照（飞机和直升机）；
- 飞行领航员执照；
- 飞行工程师执照。

（2）2级适用于申请人及持有人：

- 私用驾驶员执照（飞机和直升机）；
- 滑翔机飞行员执照；
- 自由气球飞行员执照。

（3）3类适用于申请人及持有人：

- 空中交通管制员执照。

从这个名单可以看出，空中交通管制员也必须通过强制性的医疗评估。在国际层面上，医疗评估是否应扩展到其他航空安全责任人员（客舱乘务员、维修工程师和地勤人员），一直是一个有争议的问题。在许多国家，这类人员使用的药物都有严格的规定。

8 基础设施

8.1 空中交通管理

空中导航或交通服务提供商是由国家指定的组织，负责在指定空域提供服务。空域按照相关规则分为A～G级，其中A～E级被称为管制空域，F和G级是非管制空域。

服务提供者可以是公共、私人或企业化的组织，在世界各地存在不同的例子。ICAO附件11提出了空中交通服务。

服务提供者负责空域用户（从极低密度空域的简单"空中规则"到复杂空域的复杂程序组合）的程序、地面和机载设备要求、提供和使用的服务（包括空中交通管制、航路信息、气象数据、通信、导航、监视等）、要实现这些服务的程序、人员资格。

服务提供者根据，但不限于，ICAO附件和其他国际、区域和国家的政策、协议或法规，负责在指定空域提供目视和非目视的航标。

安全监管职能是一个国家的责任，根据国家制度安排，安全监管职能可以由政府和/或相对独立的安全和空域监管机构来执行。监管是通过认证、授权和批准包括组织、人员、设备和涉及安全的空中交通服务的安全程序来实现的。

在欧洲，一个地区性的安全监督管理委员会（SRC）承担安全监管领域的工作，由高级管理人员组成负责国家级的安全监管。SRC负责发展和统一实施欧洲空中交通管理（ATM）的安全监管目标和要求，并通过衡量安全性能以确保其有效性。

8.2 机 场

国际民用航空公约附件14中概述的机场SARPs是ICAO国家的义务。机场可分为以下几类：

- 民用公共机场；
- 民用私人机场；
- 政府机场（军事和研究）。

在一些国家，政府控制重要的民用机场。然而近年来，这种民用机场已被私有化，可能属于公共有限责任公司或地方当局。每一个民用机场都必须进行认证才能使用，较小的私人机场可不受此规定。

ICAO附件14和相关的技术文件涵盖了所有方面的要求，包括

- 机场的物理特性：跑道、滑行道及其相关跑道的数量和强度；
- 障碍的评估和处理：飞机场上的永久和临时障碍以及障碍处理方法，包括障碍的标志和灯光以及建立无障碍区（OFZ）；
- 机场照明方式：跑道、滑行道和停机坪照明；
- 机场标志：信号、标志和地面标记；
- 救援消防和医疗服务：人力和设备要求的程序。

美国国家航空管理局（NAA）每隔一段时间会检查机场是否符合要求。持证人如果没有保持规定的标准，NAA可能会暂停、撤销或更改先前发出的许可证。

NAA在认证过程中没有责任考虑机场的环境问题或直接的权力强加环境限制，国家部委或地方政府可能有这样的权力。

9 安全管理系统

国际航空监管系统有两个主要实体：当局和运营组织。涉及航空业务的每个主要的组织都有管理系统。不存在一个单一的模板能够保证每个安全管理系统成功，但管理系统已确定有一些共同的特点。

今天，大多数的安全监管机构用系统化的方法进行监测，促进管理制度的有效实施，以提高安全性能；用一组一致的规则以确保一个公平的竞争环境，以维持商业运作。

ICAO发布安全管理手册（SMM），以促进全

世界采纳和实施安全管理系统。ICAO 为组织区分了国家安全计划和安全管理系统（SMS）。在 ICAO SMM 文件 9859 中，安全计划和安全管理体系的描述如下：

- 安全计划是一组监管和活动，旨在提升安全。

- SMS 是一个安全管理的方法，包括必要的组织结构、责任、政策和程序。

目前，每个缔约国都被期望用 SMS 的概念来实施国家安全计划。该手册的目的是向各国提供发展监管框架的指导和实施 SMS 的指导材料。

然而，让我们退回到官方和组织管理系统的共同特征。SMS 不是一个系统和明确的安全风险管理的方法，只是作为一个质量管理系统（QMS），是一个系统和明确的质量管理的方法。

一个管理系统的基础是一份关于原则、个人职责和适用的程序的政策声明。一旦到位，监视系统的手段是必要的，以确保得到预期的结果；如果没有得到预期的结果，则采取纠正措施。

这些特征是一个描述，出现在不同组织的不同形式中：大和小。因为没有绝对的安全，所以要提出一个动态系统，其中每个方面都可以适应变化和发展。

10　环　　境

当空中交通增长时，航空业的可持续发展更具有挑战性。尽管飞机的技术和运营不断改善，但空中交通的预期增长将继续成为一个环境问题。政府和航空业的增长可能会受到环境问题的限制，而不是基础设施的限制。因此，需要付出很大的努力以减轻本地及国际航空的影响，而进展需要国际、区域和国家层面与所有利益相关方达成协议。

监管机构的任务是确保产品的零件和设备符合适用的环保要求，这是通过适当的评估和使用环境证书实现的。监管机构雇用飞机排放领域的专家来执行这些评估。

环保的目的是减轻民航带来的负面影响。两个主要的环境问题是飞机噪声和排放。

10.1　噪　　声

在过去的 40 年里，飞机噪声水平减少约 20 dB。然而，机场周围重大的环境影响仍然是飞机噪声。噪声引起的干扰受到公众的高度关注。每当主要机场提出要建设一个新跑道或改变其运营时，噪声都会受到关注。飞机设计和机场都使用控制飞机噪声水平的方法。

欧洲机场最近的一项调查表明，高达 2/3 的业务已经受制于噪声相关的问题。许多机场已实施噪声费计划，有的已被迫在夜晚关闭，或接受夜间时间的业务限制。

飞机的监管是使用环境证书，也就是噪声数据表类型证书（TCDSN），分为飞机和旋翼机的 TCDSN。TCDSN 记录飞机类型的合规噪声，并记录相关批准的噪声水平。飞机类型证书包括噪声数据表类型证书和排放记录的发动机类型证书。

10.2　排　　放

当前，商用飞机使用煤油作为航空燃料的主要成分。这种化石燃料的燃烧对当地空气质量和全球变暖产生了大量的不良后果。飞机发动机排出的废气对环境产生影响，因此需要对其加以控制。

在此上下文中的"排放"是指气体的排放，如 CO_2（二氧化碳）和 H_2O（蒸汽/水/冰），这是燃料燃烧的主要产物，更具体点，燃烧的副产物是 NO 和 NO_2（通常被称为 NO_x）、CO（一氧化碳）、烟尘（纯碳，碳烟）、未燃烧的碳氢化合物（未燃燃料）。

氮氧化物（NO_x）已被确定为空中交通中引发机场周围当地空气质量问题的关键因素。在过去 10 年中，在起飞和降落时的 NO_x 排放认证已经减少了 40% 以上。然而，主要机场的增长会受限于 NO_x 对环境的影响。

聚焦于管理当地的空气质量，一些机场有排放收费计划。与此同时，如何将航空排放纳入排放交易计划的国际辩论会将继续进行。

技术发展意味着，飞机排放认证规格 34 和 FAR 34 的规范和指导材料需要不断更新。

免责声明

虽然已力求审慎准备本章的内容，以避免发生错误，但本机构对内容的准确性、完整性或通用性不做任何保证。因结果不正确、证据不充分、无效的数据或由使用、复制或某种程度上显示的内容产生的损害，本机构不承担任何形式的赔偿或其他索要。本章中包含的信息不应该被解释为法律意见。

致　谢

本章的写作对欧洲航空安全局中支持作者的同事表示感谢，特别感谢 Michel Masson，Vasco Morao，Ilias Maragakis，Sarah Poralla，Claude Probst，Guy Readman，Annette Ruge 和 Ingrid Seyrlehner。

缩略词

AD	适航指令
AOC	航空运营许可证
ATM	空中交通管理
C of A	适航证书
CS	认证规范
EASA	欧洲航空安全局
FAI	国际航空联合会
ICAO	国际民航组织
MMEL	主最低设备清单
MEL	最低设备清单
NAA	国家航空管理局
OFZ	无障碍区
RIA	监管影响评估
SARPs	标准与推荐实施方法
SMS	安全管理系统
SRC	安全监督管理委员会
STC	补充型号合格证
TC	型号合格证
TCDSN	噪声数据表类型证书
UN	联合国
USOAP	通用安全监督审计计划

延伸阅读

The ICAO Safety Management Manual (SMM) Second Edition－2009（Doc 9859－AN/474）. ISBN 978－92－9231－295－4.

Convention on International Civil Aviation（Doc 7300）. The An－nexes to the Convention are:

Annex 1－Personnel Licensing

Annex 2－Rules of the Air

Annex 3－Meteorological Service for International Air Navi－gation

Annex 4－Aeronautical Charts

Annex 5 － Units of Measurement to be Used in Air and Ground Operations

Annex 6－Operation of Aircraft

Annex 7－Aircraft Nationality and Registration Marks

Annex 8－Airworthiness of Aircraft

Annex 9－Facilitation

Annex 10－Aeronautical Telecommunications

Annex 11－Air Traffic Services

Annex 12－Search and Rescue

Annex 13－Aircraft Accident and Incident Investigation

Annex 14－Aerodromes

Annex 15－Aeronautical Information Services

Annex 16－Environmental Protection

Annex 17－Security：Safeguarding International Civil Aviation against Acts of Unlawful Interference

Annex 18 － Safe Transport of Dangerous Goods by Air，http:// www. icao. int/.

Commission Regulation（EC）No 859/2008 of 20 August 2008 amending Council Regulation（EEC）No 3922/91 as regards common technical requirements and administrative procedures applicable to commercial transportation by aero－plane.

The EASA Implementing Rules（Parts），Certification Speci－fications（CS）and Acceptable Means of Compliance（AMC）and Guid－ance Material（GM）can be found at：http://www. easa. europa. eu.

EASA Annual Safety Review 2007，Office for Official Publi－cations of the European Communities（Publications Of－fice），ISBN 978－ 929210004－9.

Noise Certification Specification（CS）and FAR：36.

Aircraft emissions certification specification（CS）and FAR：34，http://www. faa. gov.

Adamski，A. J. and Doyle，T. J.（2005）*Introduction to the Aviation Regulatory Process*，5th edn，McNeil Publish－ing，Inc.，Westland，Michigan，ISBN 978－0－7380－1172－X.

Wells，A. T. and Rodrigues，C. C.（2003）Commercial Avi－ation Safety，4th edn，McGraw-Hill，ISBN 0071417427.

Heppenheimer，T. A.（2002）Turbulent Skies，The His－tory of Com－mercial Aviation，J Wiley & Sons，Inc.，ISBN 0－471－19694－0.

Pybus，R.（1996）*Safety Management Strategy and Prac－tice*，Butterworth-Heinemann，ISBN 07506 25198.

本章译者：孙一哲（南京航空航天大学航空宇航学院）

第 284 章

航天监管环境

Richard Crowther
英国宇航署，斯温登，英国

1 国际航天法

航天监管环境的基础源于联合国提出的法规和原则。自 1961 年以来，有关利用外层空间的问题就已通过联合国和平利用外层空间委员会（UNCOPUOS）进行处理。UNCOPUOS 的科学和技术小组委员会处理相关的技术问题，而 UNCOPUOS 的法律小组委员会处理法律事务。UNCOPUOS 的执行功能由联合国外层空间事务办公室支持。四个主要的国际法都来自 UNCOPUOS 的活动，并得到主要航天国家的批准。每个国际法与航天监管相关的各个方面介绍如下。

1.1 外层空间法 1967

UNCOPUOS 根本和最重要的法是《关于各国探索和利用外层空间（包括月球和其他天体）的原则》（联合国外层空间事务办公室，2005），或更常称为"外层空间法 1967"。外层空间法（OST）中关于航天监管的内容如下。

条款 I 规定："探索和利用外层空间（包括月球和其他天体）应考虑所有国家的利益，而不论其经济或科学发展程度；外层空间（包括月球和其他天体）应该是全人类的。对于外层空间（包括月球和其他天体），各国都可以自由探索和利用，不应当存在任何形式的歧视。在平等的基础上，按照国际法，各国可以自由进入天体的地区。对外层空间（包括月球和其他天体），各国都有科研的自由，并且应促进和鼓励国际的合作。"

条款 II 指出："对于外层空间（包括月球和其他天体），不得通过提出主权要求，使用或占领，或其他任何方式将其据为己有。"

条款 VI 声明："缔约国应对国家的外层空间（包括月球和其他天体）的活动承担国际责任，不论这些活动是由政府机构还是非政府实体进行的，并保证本国开展的活动符合条约中的规定。非政府实体在外层空间（包括月球和其他天体）的活动，要求有关缔约国的授权和持续监督。国际组织在外层空间（包括月球和其他天体）上活动时，该国际组织以及参加该组织的缔约国都要负责遵守条约。"

条款 VII 规定："凡进行发射或促成把实体射入外层空间（包括月球和其他天体）的缔约国，以及为发射实体提供领土或设备的缔约国，对该实体及其组成部分在地球、天空或外层空间（包括月球和其他天体）使另一缔约国或其自然人或法人受到损害，应负国际上的责任。"

条款 VIII 指出："凡登记把实体射入外层空间的缔约国，对留置于外层空间或天体的该实体及其所载人员，应仍保持管辖及控制权。射入外层空间的实体，包括降落于或建造于天体的实体，以及其组成部分的所有权，不因实体等出现于外层空间或天体，或返回地球而受影响。该实体或组成部分，若在其所登记的缔约国境外寻获，应送还该缔约国；如经请求，在送还实体前，该缔约国应先提出证明资料。"

条款 IX 规定："各缔约国探索和利用外层空间（包括月球和其他天体），应以合作和互助原则为准则；各缔约国在外层空间（包括月球和其他天体）所进行的一切活动，应妥善照顾其他缔约国的同等利益。各缔约国从事研究、探索外层空间（包括月球和其他天体）时，应避免使其遭受有害的污染，以及地球以外的物质使地球环境发生不利的变化。如必要，各缔约国应为此目的采取适当的措施。若缔约国有理由相信该国或其国民在外层空间（包括月球和其他天体）计划进行的活动或实验，会对本条约其他缔约国和平探索和利用外层空间（包括月球和其他天体）的活动造成潜在的有害干扰，该国应保证于实施这种活动或实验前，进行适当的国际磋商。"

条款Ⅺ提出："为提倡和平探索和利用外层空间（包括月球和其他天体）的国际合作，凡在外层空间（包括月球和其他天体）进行活动的缔约国，同意以最大的可能和实际程度，将活动的性质、方法、地点及结果的情报通知给联合国秘书长、公众和国际科学界。联合国秘书长接到上述情报后，应准备立即切实分发这种情报资料。"

OST提出了公共财产的概念，将空间视为全球共有的人类共同遗产，并介绍了国家在空间活动的国际责任和义务问题。总之，条约解决的主要问题是：

• 探索和利用外层空间应为所有国家谋福利，并应属于全人类的开发范围；

• 所有国家可自由探索和利用外层空间；

• 各国不得通过主权要求、使用或占领等方法，以及其他任何措施，把外层空间据为己有；

• 各国不得在绕地球轨道放置任何核武器或其他大规模毁灭性武器，不得在天体上放置这种武器，也不得以任何其他方式在外层空间部署此种武器；

• 各国必须将月球和其他天体绝对用于和平目的；

• 应把宇宙航行员视为人类派往外层空间的使节；

• 不论是政府部门，还是非政府的团体组织，各国对其在外层空间的活动，要承担国际责任；

• 各国对其发射实体造成的损害负责；

• 各国要避免外层空间和其他天体的有害污染；

• 各国应把宇宙航行员视为人类派往外层空间的使节。在宇宙航行员发生意外、遇难，或在另一缔约国境内、公海紧急降落等情况下，各国应向他们提供一切可能的援助。

这些问题在后续条约会进一步发展。

1.2 营救协定 1968

《营救宇宙航行员，送回宇宙航行员和归还发射到外层空间的物体的协定》（联合国外层空间事务办公室，2005），或更常称为"营救协定1968"。同样，营救协定中关于航天监管的内容如下。

营救协定中的条款5申明：

（1）每个缔约国获悉或发现外层空间物体或其组成部分返回地球，并落在它所管辖的区域内、公海或不属任何国家管辖的其他任何地方时，应通知发射当局和联合国秘书长。

（2）每个缔约国若在它管辖的区域内发现外层空间物体或其组成部分时，应根据发射当局的要求。如有请求，在该当局的协助下，采取它认为是切实可行的措施，来保护该外层空间物体或其组成部分。

（3）射入外层空间的物体或其组成部分若在发射当局管辖的区域外发现，应在发射当局的要求下归还给该发射当局的代表，或交给这些代表支配。如经请求，这些代表应在物体或其组成部分归还前，提出证明资料。

（4）尽管本条第二款和第三款有规定，但如果缔约国有理由认为在其管辖的区域内出现的或在其他地方保护着的外层空间物体或其组成部分，就其性质来说，是危险的和有害的，则可通知发射当局在该缔约国的领导和监督下，立即采取有效措施，消除可能造成危害的危险。

（5）按照本条第二款和第三款的规定，履行保护和归还外层空间物体或其组成部分义务所花费的费用，应由发射当局支付。

营救协定中的条款6规定："就本公约的宗旨而言，'发射当局'是指对发射负责的国家，或是指对发射负责的国际政府间组织，但要以该组织声明承担本公约规定的权利和义务，而其大多数成员是本公约和关于各国探索与利用外层空间（包括月球和其他天体）的活动原则条约的缔约国。"

营救协定1968的重要性在于建立了空间资产的"所有权"和其他国家活动及财产的相关国际责任。它还奠定了发射当局的基础，该角色是空间监管的一个重要方面，在后续的外层空间法中会进一步地阐述。综上所述，营救协定阐述了外层空间法的元素，这些元素处理宇宙航行员的援助，发射物体和人的管辖权/控制权。该协定规定各国应采取一切可能的措施，来全力抢救并协助遇险的宇宙航行员，并迅速地送他们回到发射国。它还规定，各国应根据请求给发射国提供援助，以及回收落在发射国境外的返回地球的外层空间物体。

1.3　责任公约 1972

UNCOPUOS 的第三个重要的公约是 1972 年 3 月 29 日通过的《外层空间物体所造成损害的国际责任公约》（联合国外层空间事务办公室，2005），或更常称为"责任公约 1972"。同样，责任公约中相关的内容如下。

条款Ⅰ介绍了许多重要的定义：

（1）"损害"，指生命丧失、身体受伤或其他健康损害；国家或自然人或法的财产，或国际政府间组织的财产损失或损害。

（2）"发射"，包括发射未遂在内。

（3）"发射国"，意味着：

①发射或促使发射外层空间物体的国家。

②从其领土或设施发射外层空间物体的国家。

（4）"外层空间物体"，指包括外层空间物体的构成部分以及该物体的发射器与发射器的部件。

条款Ⅱ规定："发射国对其外层空间物体在地球表面及该物体对飞行中的航空机所造成的损害，具有赔偿的绝对责任。"

条款Ⅲ申明："当一个发射国的外层空间物体在地球表面以外的其他地方对另一发射国的外层空间物体，或此种外层空间物体所载的人或财产造成损害时，只要损害是由于前一国家的过失或其负责人的过失造成的，该国就负有责任。"

条款Ⅳ规定：

（1）当一个发射国的外层空间物体在地球表面以外的其他地方对另一发射国的外层空间物体，或此种外层空间物体所载的人或财产造成损害，并由此对第三国或对第三国的自然人或法人造成损害时，前两国在下列范围内对第三国应负连带及个别责任：

①如果对第三国的地球表面或飞行中的航空机造成损害，前两国对第三国应负绝对责任；

②如果对地球表面以外其他地方的第三国的外层空间物体，或此种物体所载的人或财产造成损害，前两国对第三国所负责任视前两国中任何一国的过失，或任何一国负责人的过失而定。

（2）就本条第一项所称负有连带及个别责任的所有案件而言，前两国对损害所负的赔偿责任应按过失的程度分摊；如果这两国的过失程度无法断定，赔偿责任应由这两国平均分摊。此种分摊不得妨碍第三国向负有连带及个别责任的发射国中的任何一国或全体索取依据本公约应予给付的全部赔偿的权利。

条款Ⅴ处理连带责任：

（1）两个或两个以上国家共同发射外层空间物体时，对所造成的任何损害应负连带及个别责任。

（2）已给付损害赔偿的发射国有权向参加发射的其他国家要求补偿。参加发射的国家根据其负有的连带及个别责任的债务分摊，订立协议。此种协议不得妨碍遭受损害的国家向负有连带及个别责任的发射国中任何一国或全体索取依据本公约应予给付的全部赔偿的权利。

（3）从其领土或设施发射外层空间物体的国家应视为发射的参加国。

条款Ⅶ处理一些例外情况，说明：

本公约的规定不适用于发射国的外层空间物体对下列人员所造成的损害：

①该发射国的国民；

②外国国民，在该外层空间物体发射时或其后的任何阶段至降落时为止参加该物体操作，或受该发射国的邀请，在预定发射或收回地区的邻接地带的时期内。

责任公约引入了外层空间活动损害的定义，并确定对这些损害负责的"发射国"，以及这类索赔的机制。《外层空间条约》第 7 条中阐述了，"责任公约"规定发射国对其外层空间物体在地球表面及对飞行中的航空机所造成的损害，具有赔偿的绝对责任，且责任视其在外层空间中的过失而定。该公约还规定了损害赔偿的索赔程序。

1.4　登记公约 1975

最后一个重要的外层空间条约是 1975 年 1 月 14 日通过的《登记射入外层空间物体的公约》（联合国外层空间事务办公室，2005），或更常称为"登记公约 1975"。登记公约解决了向第三方通知活动、为联合国建立一个外太空事务办公室（UNOOSA）的角色等问题。

登记公约规定发射国应该在切实可行的范围内尽快地向联合国提供下列外层空间物体的信息：

- 发射国的国名；
- 外层空间物体的适当标志或其登记号码；
- 发射的日期和地域或地点；
- 基本的轨道参数，包括：

交点周期（连续两次北向穿过赤道的时间差，

通常以分钟计算）；

倾斜角（轨道倾角——极地轨道是 90°，赤道轨道是 0°）；

远地点（地球表面的最高海拔高度）；

近地点（地球表面的最低海拔高度）；

外层空间物体的一般功能。

这些信息能够用来识别发射外层空间物体，一旦外层空间物体进入轨道，对确定外层空间物体的位置价值不大。

1.5 总 结

这四个主要条约为和平利用外层空间提供了一般的法律依据，并为外层空间法提供了框架，因此许多国家已批准了这些空间条约。联合国还制定了别的一些关于航天监管环境的重要原则：

• 关于各国探索和利用外层空间活动的法律原则宣言，于 1963 年 12 月 13 日通过（联合国外层空间事务办公室，2005）。

• 各国利用人造地球卫星进行国际直接电视广播所应遵守的原则，于 1982 年 12 月 10 日通过（联合国外层空间事务办公室，2005）。

• 关于从外层空间遥感地球的原则，于 1986 年 12 月 3 日通过（联合国外层空间事务办公室，2005）。

• 关于在外层空间使用核动力源的原则，于 1992 年 12 月 14 日通过（联合国外层空间事务办公室，2005）。

此外，国际电信联盟（ITU）管理航天器频谱/轨道的使用，通过 ITU 章程、公约和相关的无线电条例。这些手段反映了 ITU 的主要原则，制定了关于以下内容的具体法规：

• 分配给各类无线电通信服务的频谱；

• 成员政府的权利和义务，以获得频谱/轨道资源；

• 记录频率分配和轨道位置，使这些权利得到国际上的认可。

2 国家航天法

2.1 介 绍

许多国家通过颁布国家航天法来体现外层空间法规定的义务（Hobe，Schmidt－Tedd 和 Schrogl，2004）。挪威在 1969 年 6 月 13 日出台了《从挪威领土发射物体进入外层空间法案》。其后，瑞典在 1982 年颁布了瑞典空间活动法及其相关的许可证制度；美国于 1984 年推出了《商业空间发射法》；英国的《外层空间法》于 1986 年生效；南非在 1993 年推出了其《空间事务法》；1995 年阿根廷制定了关于《建立对象射入外层空间的全国登记》的国家法令；俄罗斯联邦在 1996 年再次颁布了关于外层空间活动的许可证法令和法规；乌克兰紧随其后，于 1996 年带来了《乌克兰空间活动法》；澳大利亚在 1998 年推出了《空间活动法》；巴西在 2001 年制定了《巴西航天局行政法令》。

2.2 英国《外层空间法》（OSA，1986）

《外层空间法》（OSA，1986）是与英国有关的人员从事外层空间活动（包括发射和运行空间物体）的法律依据。该法案赋予国务大臣颁发许可证的权利及其他权力，通过英国国家航天中心（BNSC）实施。该法确保英国遵守使用外层空间的国际公约规定的义务。根据 OSA 法律，只有许可授权的活动不会危及公共健康或人员或财产的安全，与英国承担的国际义务保持一致，不会损害英国的国家安全时，国务大臣才会颁发许可证。此外，国务大臣要求许可证持有人采取避免污染外层空间，以及避免对地球环境产生不利影响或者干扰他人空间活动的方式进行空间活动。国务大臣制定法规规定申请许可证的形式和内容，以及申请的其他归档文件；规定申请的手续，授权纠正程序性违规；规定申请的时限，并提供规定的延期；要求将规定的费用付给国务大臣。许可证描述了国务大臣认为合适的授权活动、授权期限，以及授权的条件限制。此外，还包含允许国务大臣检查和测试持证人的设施和设备。它还要求持证人提供持证人活动的性质、行为、位置和结果的信息给国务大臣。国务大臣要求持证人避免由于许可证授权的活动造成第三方的伤害和损失，无论是在英国或者其他地方。此外，持证人要对其活动造成的伤害和损失，根据该法律向英国政府赔偿。

OSA 提供了必要的监管：考虑公众的健康和安全、财产安全；评估计划的活动对环境的影响；评估对国家安全和外交政策利益的影响；确定经济责任和国际义务。在英国的《外层空间法》的颁发执照过程中，有几个关键的因素：

社会政治评估的目的是，在政策层面上，确定计划的任务是否对国家安全或外交政策利益构成威胁，是否对公众健康和安全或财产安全构成危险，或者是否与国际义务相违背。一个主要元素是跨部门的审查，使政府部门和机构从各自的角度审查计划，以确定是否会对他们的领域的责任或权力造成不利的影响。在政策审查方面，对许可证申请进行审查，以确定它是否影响国家安全、外交政策的利益，或国际义务。

安全评价的目的是确定申请人是否可以安全地发射计划的运载火箭和任何有效载荷。由于持证人对公共安全负责，所以申请人需要显示对涉及的危害的认识，并讨论如何安全地操作。有一些定量和定性的技术分析，申请人必须执行，以证明他们的商业发射业务不会对公众构成不可接受的威胁。定量分析关注安全系统的可靠性和功能、相关硬件的危害，以及这些危害对发射场附近的公共财产和个人以及对飞行路径上的卫星和别的在轨航天器造成的风险。定性分析关注组织属性，例如发射安全政策和程序、通信、关键人员的资格，以及重要的内部和外部接口。

所有商业持证人必须展示经济责任，由许可活动造成的死亡、人身伤害或财产损失，对第三方索赔的最大可能损失（MPL）进行赔偿。持证人需要的经济责任的金额被相应地设置。持证人需要证明他们的经济储备等于或超过这一金额，或购买等于这一金额的责任保险，以满足这一要求。最常见且首选的方案是购买责任保险。MPL 是基于政府和第三方人员与财产在灾难事故中最大金钱损失的分析和评估来确定的。评估因发射活动中可能发生的发射事故而冒风险的政府和第三方物业的价值，用美元计算。

环境评估确保计划的发射活动不会给自然环境带来不可接受的危险。有关机构必须考虑许可证授权的商业空间发射对环境的影响。

当在预设的条件下使用许可证时，需要合规监控以确保持证人遵守法令、条例和许可证上规定的条款及条件。发射持证人须允许相关机构授权的工作人员或其他个人访问和协助，以观察持证人，或者持证人的承包商或分包商的任何授权发射相关的活动。英国外层空间法的许多程序和标准类似于美国及其《商业空间发射法》（1984）。

2.3 美国《商业空间发射法》（CSLA，1984）

1984 年的《商业空间发射法》（CSLA）的法律基础适用于美国的条约和国际协定，以及有关健康和安全的国家立法。CSLA 法规规定了适用于在美国或由美国公民进行的商业空间运输活动的授权和监督的程序和要求。CSLA 的法规不适用于业余火箭活动，或由美国政府开展的空间活动。美国联邦航空管理局的商业太空运输（CST）办公室行使发许可证的权利、规范商业空间运输，以鼓励、推动并促进美国私营部门的商业空间运输。根据 CSLA 的条款，一个人必须取得许可证才能从美国发射运载火箭，在美国境内运营发射点，再入大气层飞行器再入美国，在美国境内运营再入点。此外，一个美国公民或美国或任何州的法律下的实体，必须获得许可证才能在美国以外发射运载火箭、美国以外运营发射点，再入大气层飞行器再入美国境外，或美国以外运营再入点。

联邦航空局管理许可的过程，根据计划的活动颁发不同的许可证，由 CST 办公室进行解释。为了获得发射许可证，申请人必须从美国联邦航空局取得政策和安全批准。

一个特定发射许可证授权持证人在一个发射点在相同的发射参数下进行一种类型运载火箭的一次或多次发射，并用名称或任务标识许可证授权下的每次发射。持证人的授权终结于，许可证授权的所有发射完成后或许可证上的有效期，以先发生者为准。

一个发射经营者许可证授权持证人从一个发射点进行发射，其有一系列发射参数，发射同一系列的运载火箭，运输指定级别的航天设备。发射经营者许可证有效期为五年，从签发之日起计算。

3 发展中的问题：太空垃圾

3.1 背景

空间活动可持续性的一个主要威胁是不断增长的人造太空垃圾的数量（Crowther，2003）。太空垃圾指所有人造的物体，包括在地球轨道或重新进入大气层的、毫无功能的碎片及其元素。不运行的航天器、被遗弃的高级火箭、任务相关的对象、卫星和绕地球轨道阶段的碎片组成的太空垃圾数量不断增加。截至 2008 年 7 月，对于太空垃圾碎片的数量，根据其大小计算，有约 17 000 个大于 10 cm 的物体，估计超过数千万大于 1 mm 的物体。由于轨道碎片具有相对高的速度，所以很小的对象也会对绕地球轨道运行的卫星产生碰撞的危险。不限制轨道碎片数量的增长，将限制我们以科学、经济和战略目的，利用外层空间的能力，包括环境监测、通信和导航。缓解太空垃圾的措施可以分为两大类：(i) 在近期内限制潜在危害性的太空垃圾的产生；(ii) 在长期内限制它们的产生。前者涉及削减生产任务相关的对象和避免分解；后者关注生存周期结束的程序，即从航天器运行的区域中移除服役的航天器和运载火箭轨道阶段。

提出外层空间条约时太空垃圾尚未被理解，然而，条约和国家法规有足够的灵活性以有效地解决这个问题，依靠最好的实践、规范和原则，鼓励采取太空垃圾减缓措施。

3.2 机构间太空垃圾协调委员会和UNCOPUOS

政府间组织在协调太空垃圾方面发挥重要的作用。跨机构太空碎片协调委员会（IADC）是一个国家或国际空间机构的公共平台，主要进行协调太空中人造碎片和天然陨石问题的相关活动。IADC的成立是为了方便成员空间机构之间交换太空垃圾研究活动的信息，以便于太空垃圾研究的合作，同时也为了审查正在进行的合作活动的进展，并确定减少碎片的选择。IADC的活动之一是推荐最具性价比的碎片减缓措施，使其在航天器和运载火箭的规划和设计阶段就能得以考虑，以尽可能减少或消除运行期间碎片的产生。于2002年10月正式通过的《IADC太空垃圾缓减准则》，反映了一系列现行做法、标准、规范和手册的根本减缓要素。

UNCOPUOS承认，加速实施适当的碎片减缓措施，是为子孙后代维护空间环境的明智而必要的步骤。UNCOPUOS意识到了高层的定性准则的好处，这在全球航天界受到广泛认可。在COPUOS科学与技术小组委员会的支持下，一个太空垃圾的工作小组于2003年成立。考虑现有的联合国条约和外层空间原则，该工作小组以IADC太空垃圾缓减准则的基本定义和技术内容为基础，而提出一套基本原则。2007年6月，COPUOS认可了《太空垃圾缓减准则》，随后，联合国大会在2007年年底通过了缓减准则。

联合国文件中的七个准则如下：
- 限制正常运行期间释放碎片。
- 最小化运行阶段可能的分解。

- 限制意外轨道上碰撞的概率。
- 避免蓄意破坏和其他有害活动。
- 最小化因存储的能量导致的任务后分解。
- 限制任务结束后在LEO区域长期存在的航天器和运载火箭轨道阶段。
- 限制任务结束后在GEO区域长期存在的航天器和运载火箭轨道阶段。

每个准则都有其推荐的做法/应用说明和相关的原理/理由。在《和平利用外层空间的国际合作》第62/217号决议中，大会赞同COPUOS的太空垃圾缓减准则，邀请成员国通过相关国家机制来实施这些准则。

3.3 解决太空垃圾的国家机制：美国

1995年，NASA是全球第一个颁布一整套轨道碎片缓减程序的空间机构。随后，由NASA和美国国防部领导的跨部门工作小组制定了工作计划，来研究碎片环境，并与美国政府机构、其他航天国家和国际组织一起设计并采取减少轨道碎片的准则。该工作组于1997年创建了一套美国政府轨道碎片减缓标准规程。NASA限制碎片的标准程序的目的在于为政府运营或采购空间系统，包括卫星以及运载火箭系统。美国跨部门小组也与航空航天业分享了该标准规程，以鼓励其自愿遵守。在机构层面，目前NASA程序要求每个方案和项目正式评估在部署过程中的任务操作和任务终止后可能产生的轨道碎片。实施的相关标准与美国国家太空政策、美国政府轨道碎片减缓标准规程、机构间太空垃圾协调委员会（IADC）太空垃圾缓减准则，以及联合国和平利用外层空间委员会的科学和技术小组委员会的太空垃圾缓减准则的目标是一致的。发布于2007年的NASA标准（NASA－STD）8719.14更新了1995年制定的NASA安全标准（NSS）1740.14。NASA规定建立了如下要求：(i) 限制轨道碎片的产生；(ii) 评估与现有太空垃圾碰撞的风险；(iii) 评估潜在影响地球表面的空间结构；(iv) 评估并限制与空间物体任务结束相关的风险。此NASA标准适用于所有发射到空间的物体，包括运载火箭。它们都是由NASA牵头参与和控制的，通过美国国内或国际合作伙伴关系的协议，部分地参与控制设计或操作。

通过美国联邦航空管理局（FAA），美国运输部根据商业空间发射和重入的许可规定处理太空垃圾减缓。这些基于美国政府轨道碎片标准规程的法规涵盖发射一次性和可重复使用的运载火箭，以及再入飞行器的许可证。如果有效载荷是由 FAA、美国联邦通信委员会（FCC）或美国国家海洋和大气管理局进行监管，或美国政府拥有或经营的，FAA 还需进行负载审查来评估有效载荷及其潜在的危害。

FCC 授权卫星（除美国政府卫星）无线电频率的使用。FCC 于 20 世纪 90 年代开始解决太空垃圾减缓问题，首先在具体案件的基础上进行处理，然后采用新服务的碎片缓减规则。在 2004 年，FCC 根据 NASA 安全标准、美国政府轨道碎片减缓规程以及 IADC 的太空垃圾缓减准则，通过了一整套碎片减缓法规（Kensinger，Duall 和 Persaud，2005）。FCC 的规定要求 FCC 许可证的申请人透露自己的碎片缓减计划；该规定要求所有卫星在生命终结时，通过移除其上储存的能量来源以"钝化"；该法规还要求地球同步卫星的轨道符合 IADC 的准则（2002 年 3 月 18 日之前发射的卫星除外）。

3.4　解决太空垃圾的国家机制：英国

英国外层空间法中，用于评估执照的定性和定量标准的基础是多种正式机构的标准和做法。在发展技术评估框架以反映太空垃圾减缓问题过程中，该法提到了外层空间法中的物理干扰和污染的问题（Crowther，Tremayne－Smith 和 Martin，2005）。尽管在 1986 年制定 OSA 时，该法还没能认识到太空垃圾的问题，但是该法足够灵活，允许解释以弥补这方面的技术评估。因此，该法中，"物理干扰"用来解决轨道上和其他物体的碰撞概率，"污染"用来解决生命终结时的安全处置。至于用来评估一个许可申请的实际措施，该法使用了越来越多的正在制定的处理太空垃圾缓减的准则、规范和标准。IADC 太空垃圾缓减准则、欧洲太空垃圾缓减行为守则和 UK 太空垃圾缓减准则提供了定性和定量的措施，用来评估牌照申请人的活动和措施是否符合公认的"最佳实践"。

4　观　　点

自从上述四个原始外层空间条约产生以来，没有进一步发展重大的国际法律文书，这是因为这些原始文本和那些起草条约的愿景有其自身的健壮性。这也反映了补充四个主要条约的原则和准则，以及国家通过适当的许可证制度进行解释和实施的重要

性日益增加。太空计划向商业资助而不是政府资助的方向移动，为了平衡这一点，随着新的空间应用的出现，全新的市场如太空旅游（商业资助的人类太空飞行）需要考虑新的措施，如空间交通管理，我们可以预见监管部门在进一步发展主要条约的辅助方面的压力将进一步增大，这可能预示着外层空间活动治理的一个新的阶段。

5　签发发射许可所需的信息

下面是发证机构签发外层空间活动许可证时需要申请人提供的信息：

任务的整体概述：
- 发射范围和运营者。
- 发射计划。

运载火箭的整体概述：
- 承包商和制造商（包括集成）。
- 飞行继承性。
- 证明及预测的可靠性（包括冗余性）。
- 测试和资格历史。
- 性能和操作特性。
- 质量和尺寸。
- 推进系统说明（设计、功能）。
- 推进剂（质量、危险性分类）。
- 飞行控制系统（继承性、操作特性）。
- 飞行安全系统（功能、继承性）。
- 有效载荷放置（特征、环境）。

飞行器飞行剖面的整体概述：
- 发射弹道/方位。
- 地面轨迹（IIP），包括飞越的任何陆地。
- 从升空到降落/入轨的事件序列。
- 丢弃硬件的额定冲击地点。
- 如果发射是沿轨道的，确定停泊、变轨和最终轨道。
- 确定发射的任何独特方面。
- 飞行终止条件。

有效载荷的整体概述：
- 有效载荷的特点。
- 质量和尺寸。
- 有效载荷的所有者/经营者。
- 有效载荷的功能。
- 牌照申请的状态（如果分开）。
- 电磁频率范围。
- 推进剂（数量、危险性分类）。

- 任务涉及的可能会造成危险的材料。

安全机构：

- 发射范围的安全特性和认可。
- 安全官员的职权范围。
- 范围的安全程序。
- 范围的安全组织与申请人的企业结构之间的关系。
- 涉及负责发射倒计时期间的关键决策的关键岗位的权威声明。

申请人对任务的各个阶段的正常和异常事件危害公众的评估：

- 飞行器上升到的轨道。
- 在轨的风险，包括碰撞和操作卫星的风险。
- 再入的风险。
- 评估（包括每个阶段）。
- 危害或风险的解释。
- 潜在的故障及其可能性。
- 上述故障的后果。
- 用于评估风险的程序和假设。
- 正常和异常状况下如何保护公众。
- 与之前的飞行器/发射的异同。
- 控制/管理这些风险的方法。

其他安全问题：

- 操作控制每个任务阶段的确认方。
- 关于航天设备，使用人责任完成与新客户开始使用的时间点或事件。

发射准备审查计划解决：

- 飞行安全规则（进展、维护并遵守监控）。
- 主要参与者的描述。
- 范围、发射飞行器、有效载荷和飞行安全系统的准备评估的程序。
- 发射约束。
- 批准发射清单的计划，以确保针对性和一致性。
- 中止程序。
- 保持程序。
- 回收程序。
- 彩排的计划，包括模拟标准和非标准的发射条件，中止，定义成功彩排的标准。
- 发射前主要发射参与者的休息时间和机务人员的准备评价。
- 充足的发射准备程序的展示。
- 决策者直接获取实时信息的网络规定。
- 使用无线电/电话术语和协议的要求。
- 监控主要参与者对讲的网络规定。

事故应急预案：

- 确定报告的准则和程序。
- 描述过程。
- 调查委员会或官员。
- 确定维护数据/物证的准则。

发射前：

- 危险活动的监督和协调。
- 存储和处理有害物质。
- 安全人员的培训和资格。
- 应急预案。

参考文献

Crowther, R. (2003) Orbital debris: a growing threat to space operations. Philos. Trans. R. Soc. Lond. A, 361, 157—168.

Crowther, R., Tremayne-Smith, R. and Martin, C. (2005) Imple-menting Space Debris Mitigation within the United Kingdom's Outer Space Act, pp. 577—582, ISBN 92—9092—898—0, ESA Noordwijk.

Hobe, S., Schmidt-Tedd, B. and Schrogl, K. U. (2004) Towards a Harmonised Approach for National Space Legislation in Europe, ISSN—1616—6272, Cologne.

Kensinger, K., Duall, S. and Persaud, S. (2005) The United States Federal Communications Commission's Regulations Concerning the Mitigation of Orbital Debris, pp. 571—576, ISBN 92—9092— 898—0, ESA Noordwijk.

United Nations Office for Outer Space Affairs. (2005) United Nations Treaties and Principles on Outer Space, ISBN 92—1—100985—5, New York.

本章译者：孙一哲（南京航空航天大学航空宇航学院）

第 285 章

星际飞行监管环境：行星保护

John D. Rummel

东卡罗来纳大学沿海科学与政策研究所，格林维尔市，南卡罗来纳州，美国

1 引　言

在太阳系的科学探索中，有大量的令人着迷的问题，这些问题可以通过宇宙飞行来解决。对一些人来说，了解太阳系的起源、演化和生命分布的极限既是一个有趣的问题，又是只能通过了解所有其他相关的事物才能解决的问题。这有点像一个悖论。但是，地球上存在这么多的生命，很难回答各个地方生命的问题。地球上的生命，特别是微生物，如果蔓延到其他地方，可能会是破坏源，或污染了那个地方所存在的生命的证据。如果有这样的生命，那么以不受控的方式把它带到地球上也可能是不安全的。因此，我们需要采取措施来控制太空探索时散播生命和保护地球免遭别处生命的破坏。"行星保护"或"行星检疫"是指减少或消除地球和太阳系的其他行星之间可能的生物交流的措施。通过行星保护，空间机构保护未来的生物和有机成分勘探的状况，并保护地球及其生物圈免遭外星生物的污染。本章将介绍实现这些目标所采取的措施，以及这种做法的历史。截至这篇文章，在两个方向上需要严格控制生物污染的行星，包括火星和木星的卫星木卫二、土星的卫星土卫二，而地球和其他行星（包括地球的月亮）可能只需要控制有机污染（参见图1）。一些太阳系的行星，如小的岩石体行星，可能根本不需要控制任何有机或生物污染。

图1　行星保护者对特定行星和卫星的混合体很感兴趣

（我们的家园——地球是唯一已知包含生命的行星，这使得它的生物圈尤其珍贵。同时，对地球的月球的兴趣不仅在于其本身，月球也是人类未来探索活动的一个起点。火星过去含有大量的地面水，现在两极附近的冰层下面可能含有水。木卫二似乎含有大量的次表层海洋埋在地面冰之下，土卫二比其他行星都小，令人疑惑的是，它在南极区域会向空间喷射冰粒子，很可能预示着那里也存在液态水。冰和水以及地下加热：太阳系含有很多潜在生命站，但是其他地方是否存在生命还未知。摘自 NASA/JPL）

2 宇宙飞行中生物和有机污染的开端

从最早的太空计划开始，预防由于地球和太阳系其他行星之间的旅行而引发的人类造成的生物交叉污染，就已经引发关注。如果在太阳系中寻找生命和生活相关的化学研究是太空旅行所追求的科学目标，那么保护证据和防止污染物的引入对能否达

到行星科学研究目标就尤其重要。例如，在 1957 年，科学家们警告，来自地球的微生物可能污染太阳系的其他行星，并导致不可逆转的变化，同时也具有干扰科学探索的可能性。同样，也有人认为返回飞船携带的外星样品或污染物可能会损害地球上的居民和生态系统。

这些问题首先被定名为"行星检疫"，但由于这个名字的根源与人类疾病相关，于是在 20 世纪 80 年代中期人们创造了更宽泛的术语"行星保护"。"行星保护"包括了由于星际间物质的交换导致的潜在的其他类型的污染（例如环境）。

1967 年的《外层空间条约》（联合国，1967）以某种程度反映了那些广泛关注的问题，其中，第九条以法律的方式要求各方进行外层空间的研究和其他天体的探索时，"要避免引入地球外物质而带来有害的污染和对地球环境不利的改变"。在实际应用中，这些问题是双向的：(i)"前置污染"，离境飞船运输地球生物和有机化合物，(ii)"后置污染"，飞船从太空返回地球时引入生命有机体或者其他生物的形式。

3　行星保护政策——机器人任务

《外层空间条约》第九条的后续声明，该条约的缔约国"在必要的情况下，应采取适当措施"，以避免有害的污染和地球环境的变化。其结果是，一些太空总署（例如，NASA，ESA，CNES）建立了自己的行星保护政策来指导这方面的星际任务。该条约还规定，"如果该条约的缔约国有理由相信它或它的国民在外层空间的活动或实验，有可能对其他缔约国和平探索和利用外层空间活动造成有害干扰，应进行适当的国际协商，然后再进行这种活动或实验"。同样，该条约还有一个规定，即国家可以要求协商，如果它"有理由相信另一缔约国在外层空间的活动或实验计划会对和平探索和利用外层空间的活动造成潜在的有害干扰"。因此，该条约对太空总署协调和合作的发展行星保护政策是非常重要的。

要做到这一点，自太空时代开始（1963 年首次公布的政策），航天国家依靠国际科学理事会（ICSU）的太空研究委员会（COSPAR）来维护行星保护政策的国际共识（COSPAR，2008），以进行参考和实施。为了制定这项政策，COSPAR 回顾了最新的科学资料，并考虑其成员国的科学机构和国际科学联合会的建议。该项政策在进行任何更改之前需经过 COSPAR 主席团和理事会的批准。然后，这些变化可能会被太空总署纳入自己的行星保护政策，共同的国际任务一般使用 COSPAR 的政策，其本身作为任务实施的基础，这可以使国际合作伙伴避免陷入到底用谁的政策来完成特定任务的困境。

应该指出，为一个特定的任务和目标而指定的行星保护措施需要综合生物系统和外星环境的信息，同时承认在这些地方存在的条件不确定性和微生物居住其中的能力。根据行星环境过去、现在和未来的状态，这些保护措施需被不断地重新评估。我们期望未来的任务能够完善已经测得的环境知识，或者丰富那些受制于远程或原地测量的特性，或者令人信服地探索到全新的环境。这些环境目前是未知的，或受到它们对"生命"的适应性问题的限制在目前是未知的。面对这些可能性，正确地实施行星保护政策、评估行星环境的可居住性，和采取一些措施以防止其受污染是必不可少的。

图 2 给出了关于火星的一个最近发现的例子。行星科学家曾经认为火星中纬度一直到很深的位置都是完全干燥的，而一个最新环形山的火星侦察轨道器（MRO）的调查报告显示，在火星表面以下几厘米处的很大的区域可能有水-冰，甚至在纬度 45°的地方都可能有。2008 年 5 月，NASA 的"凤凰"号火星登陆器降落在火星上，也直接观察到这种近地表冰（图 3）。考虑到登陆火星的宇宙飞船需要清洁，登陆器携带常年的热源，如放射性热电产生器（RTGS）。

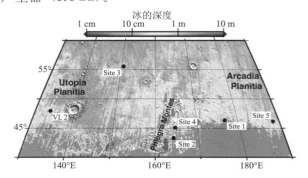

图 2　地图显示了五个新的撞击坑的位置（1～5 号站）

（在撞击坑位置的火星地面不深的地下发现了冰，图中标出了"海盗"2 号登陆器的位置（VL2）以作为参考。冰深度的估算是通过计算机模型、地面亮度和温度的观测，并和 NASA 的火星勘测轨道飞行器上的高解析度成像科学设备的图像及 NASA 的火星"奥德赛"号上的中子谱仪数据相结合而得到的。摘自 NASA/JPL/亚利桑那大学）

165

图 3 第五个火星日时"凤凰"号火星登陆器下面的照片

（登陆器底部的下降推进器在着陆期间清理了覆盖的土壤，露出了一块底层材料的光滑表面，人们认为那是冰表面。摘自 NASA/JPL/亚利桑那大学）

同时，分子生物学技术的使用带来了一场对生物的理解的革命，包括微生物能生活在地球上各种环境（那些曾经被认为是太热、太冷、太深、太黑、太干等的环境）的巨大能力。地球上的生命的适应性很强，在这个星球上基本上只要有水和 −20 ℃～121 ℃ 的温度生命都能生存。画面一直在扩大，微生物生命被发现能使用各种各样的能源，我们认知微生物在何处以及如何生活的知识可能将继续扩大。因此，日益重要的是（图 4），不仅要了解微生物的数量——包括"前期"和"后期"的，以减少污染，还要了解可能被送到其他星球的微生物的准确身份。

图 4 2001 年 4 月，在火星"奥德赛"号发射之前，一名技术员在装配洁净室内对航天器进行取样

（摘自 NASA/JPL/LMA）

科学正在探索微生物和其他行星，行星保护政策必须考虑到这种不确定性，政策需要保守性地探索，以防止破坏或干扰外星生命存在的证据。COSPAR 的政策建议，太空总署遇到不确定性时应向国家科研机构或 COSPAR 咨询如何处理。正

是处于这种咨询的角色（在美国），国家研究理事会的空间研究委员会（SSB）经常向 NASA 提供上层的建议，如关于如何应用和实施政策，以及政策本身。SSB 是主要的外部咨询小组，负责帮助 NASA 理解应用到每一个任务和目标的适当措施。自 1999 年以来，NASA 行星保护政策的具体应用由委员会、小组委员会、NASA 咨询理事会（NAC）或专案组提出建议，它与 SSB 提出的建议是一致的（SSB，1997，1998）。

应该注意到，SSB 提出的建议若想成为 COSPAR 的政策，需要通过一定的途径，那就是 SSB 以国家科研机构的角色在 COSPAR 委员会和办公室中代表着美国，同时，NASA 参与了 COSPAR 行星保护座谈小组的活动（在 COSPAR 内部维护 COSPAR 的政策）。例如，COSPAR 采用 SSB 提出的关于火星前置污染（SSB，1992，2006）、火星返回样品（SSB，1997）和太阳系小天体的返回样本（SSB，1998）的建议。COSPAR 还采纳了 SSB 关于防止木卫二前置污染的建议（SSB，2000）和探索金星的要求（SSB，2006b）。更多的关于采样返回任务（SSB，2002，2009）的具体建议没纳入 COSPAR 政策，因为政策不像报告那样关注细节层次——但是，它们仍然会形成 NASA 和 ESA 完成此类任务的共同的基础。

3.1 行星保护分类

COSPAR 的行星保护政策，对不同类型的任务和目标的组合有不同的实施要求，这是为了实现政策目标。如政策（COSPAR，2008）所述，不同的任务类型和目标产生不同的任务类别。

第一类任务包括那些对理解化学演化或者生命起源的过程没有直接兴趣的任务。COSPAR 的政策对此没有提行星保护的要求。

第二类任务包括对化学演化和生命起源的过程有很大兴趣，但几乎没有机会使太空飞船携带的污染危及未来探索的所有类型的任务。这类任务要求只有简单的文档。这些飞行计划首先需要准备一个简短的行星保护计划，来概述预期的或潜在的影响；还需准备简短的关于影响策略的发射前和启动后分析，用于此类事件发生遭遇后和任务结束后进行报告，以说明发生影响的位置。

第三类任务包括以下几类（大多是飞越和在轨任务）：探究化学演化，和/或对生命起源的兴趣，或为了某些科学观点而造成的一些污染发生了重大

的变化，而这些变化很有可能危及未来生物实验。这些任务要求包括文档（比第二类更多）和一些执行程序，其中包括轨迹偏置、航天器组装和测试过程中洁净室的使用，以及可能带来的生物负荷下降。虽然没有刻意地希望第三类任务造成什么影响，但是如果其造成影响的可能性很重要，那么需要提供有机物成分的详细清单。

第四类任务包括以下几类（大多是探头和着陆器）：探索化学演化和/或对生命起源的兴趣，或为了某些科学观点而造成的一些污染发生了重大的变化，这些变化很有可能造成污染而危及未来的生物实验。这类任务应用要求包括更详细的文档（比第三类包含的更多），包括用于列举生物负荷的测定、污染的可能性分析、有机物成分的详细清单和更大量的执行程序。所需的执行程序包括轨迹偏置、洁净室、减少生物负荷，直接接触硬件的部分消毒，该硬件的生物防护罩。一般情况下，这些要求和承诺类似于"海盗"号着陆器，只有完成着陆器/探针灭菌的过程例外。

第五类任务包括所有的返回地球的任务。对这些任务的关注点是如何保护陆地生物系统、地球和月球（必须保护月球免受返航污染，满足地月旅行的行星保护要求）。科学的观点认为，太阳系的各个天体没有本土的生命形式，从而定义了一个子类别为"无限制的地球返回"。该子类的任务只有向外出的阶段有相应的行星保护要求（通常为一或二类）。对于其他的第五类任务，定义了一个子类为"有限制的地球返回"，即绝对禁止有破坏性影响的返回，在返回阶段需要密封所有返回的直接接触目标行星的硬件或未经消毒的行星的物质，需要密封任何收集并返回地球的未经消毒的样品。飞行任务结束后，有必要及时分析任何收集并返回地球的未经消毒的样本，并使用最灵敏的技术进行严格的密封。如果发现任何非陆地复制的实体存在的迹象，返回的样品必须保持密封，进行有效的消毒程序处理。第五类的关注点反映在要求上，包括第四类的那些，再加上对项目活动、学习和研究持续的监视（如消毒程序和密封技术）。

表1给出了每类任务的使用要求。

表1　COSPAR 对太阳系天体和任务类型的分类（摘自 COSPAR，2008）

	第一类	第二类	第三类	第四类	第五类
任务类型	任何任务，除了返回地球	任何任务，除了返回地球	不直接接触（一些轨道飞行器）	直接接触（登陆器、探测器、一些轨道飞行器）	返回地球
目标天体	见附录	见附录	见附录	见附录	见附录
关注度	没有	计划撞击概率和污染控制措施的记录	限制撞击概率；被动生物负载控制	限制非名义撞击概率；限制生物负载（主动控制）	如果是受限返回地球：不会撞击地球或月球；返回硬件无菌；限制所有样品
要求的代表性范围	没有	仅文档（都很简要）： • PP 计划 • 发射前报告 • 发射后报告 • 遭遇后报告 • 任务完成报告	文档（第二类增加）： • 污染物控制 • 有机物目录（必要时） 执行程序，例如： • 轨道偏置 • 洁净室 • 生物负载还原（必要时）	文档（第三类增加）： • Pc 分析计划 • 微生物还原计划 • 微生物检定计划 • 有机物目录 执行程序，例如： • 轨道偏置 • 洁净室 • 生物负载还原 • 部分接触硬件杀菌（必要时） • 生物防护罩 通过生物检定检测生物防护罩	出去 一些目标体/向外发射任务的分类 返回 如果是限制返回地球： 文档（第二类增加）： • Pc 分析计划 • 微生物还原计划 • 微生物检定计划 • 轨道偏置 • 无菌或限制返回硬件 • 持续监视项目活动 • 项目先进性研究 如果不限制返回地球： • 没有

3.2 行星保护控制

控制行星保护政策的实现取决于任务的类别，依赖于将要探索的太阳系星体以及该星体是否有生物体或支持地球上的生命。控制包括操作和飞船准备两方面的措施。表 2 给出了飞行任务要执行的各项措施。例如，设计飞船轨道以避免意外地影响其他天体，航天器限制接近某些没有特殊准备的地区。因此，航天器、使用的科学仪器，甚至整个飞船在洁净室里进行组装，还可能进行热处理或特殊包装，以减少它们携带的微生物数量。对某些地方的往返任务，如火星，返回样品被视为可能存在危险，直到证明它们没有危险；而其他采样返回任务可能根本不需要任何行星保护控制。

表 2　航天任务中应用的控制

- 约束航天器的运行程序
- 航天器有机物目录和限制
- 减少航天器的生物污染
- 限制返回样品的处理
- 航天器轨迹和归档材料的编制

一个典型的实施行星保护措施的例子是，20 世纪 70 年代中期由两个火星探测器和前两次发射成功的火星登陆器（见图 5）组成的"海盗"项目。因为火星表面被认为可能受到污染，登陆器可能会寄生火星的微生物，所以登陆器几乎完全没有活的地球微生物。相应地，飞船的建造也尽可能地清洁（在表面上好氧性细菌孢子少于 3×10^5 个，内部携带的微生物孢子被限制在少于 2×10^5 个），然后整个登陆的航天器置于烘箱中（参见图 6）进行干热烘烤，直到航天器的每一个部分达到 111.7 ℃，并至少保持 30 h。加热和冷却过程花了大概 54 h。

这两个"海盗"号登陆器都无重大故障，其在火星表面工作的时间远远超出了设计的寿命。尽管那很成功，但是自那之后还没有一个完整组装的航天器试过完全消毒。

然而，在此期间，火星登陆器的行星保护要求改变了。空间研究委员会在其 1992 年的"火星生物污染"专题——《问题和建议》（SSB，1992）中指出，由于火星表面受到普遍存在的紫外线辐射，火星通常寒冷而且极端干燥，建议火星登陆器应像"海盗"号登陆器一样清洁，此项工作优先于热处理。根据 SSB 的报告，只要登陆器不携带生命探测仪器，就不应该要求热处理（或等效的方

法），其功能会受到飞船上地球生物的影响。从火星探路者任务（在 1996 年向火星发射）开始，这些要求已经体现在 COSPAR 的行星保护政策中，并已被 NASA 和 ESA 采纳，用于后续的火星探测任务。

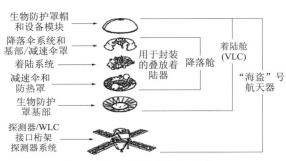

分解图："海盗"号着陆舱的主要部件

图 5　火星轨道上的"海盗"号航天器（包括探测器和登陆器）的结构

（在该视图中，轨道器和它的四个太阳能电池阵列、双通信天线和进入推进器（指向"下"）在图像的底部；而登陆器仍包裹在生物防护罩中，位于"上部"。分解图进一步说明了组成"积堆"的部件。摘自 NASA/JPL/MMA）

图 6　进入佛罗里达州 NASA 肯尼迪航天中心航天器装配和封装设备 2（SAEF—2）所连接的烤箱后的一个"海盗"号登陆器飞船

（航天器位于生物防护罩中。烤箱在"干热"条件下加热航天器 54 h，保证生物污染降到足够低，这样航天器所携带的生命探测仪就不会在登陆到火星后探测到地球生物。摘自 NASA/JPL/MMA）

最近登陆火星的航天器是由 NASA 赞助、洛克希德·马丁航天喷气推进实验室建造、由亚利桑那大学带领、加拿大航天局等参与的"凤凰"号（图7）。在 2008 年 5 月 25 日登陆，"凤凰号"立即发现和确认以前没有见过的火星极地地区的外观（图3）。为了满足其行星保护的要求，"凤凰"号坚持"海盗"号的"预热处理"标准，但它也有 SSB 在 1992 年没有具体建议的附属要求。

图7 "凤凰"号火星登陆器在装配过程中接受太阳能电池阵列部署测试

（注意包裹登陆器机械臂的生物屏障，它安装在航天器的顶层甲板上。生物屏障要在登陆火星后打开。摘自 NASA/JPL/LMA）

特别地，登陆器的机械臂可能达到火星表面以下近 1 m，从而进入火星的一个区域（根据 COSPAR 在"凤凰"号设计时的政策，是一个"特别区域"），里面的条件对防止对非常干净的航天器造成可能的污染尚未明晰。因此，机械臂被要求以类似整个"海盗"号宇宙飞船的方式进行热处理，同时还被要求使用故障—安全的可伸缩的"生物屏障"，就像由"凤凰"号刚刚着陆后发送到地球的早期照相拼接（图8）。人们可以想象到当"凤凰"号到达火星后工作正常、能进行挖掘时，曾要求使用生物屏障的那些 NASA 行星保护官员们才稍稍松了口气。

火星"凤凰"号任务也提供了一个机会来证明两个飞越的人造卫星的支持，那是在 2001 年发射的火星"奥德赛"号——它发现了"凤凰"号没发现的近地表冰层的证据——提供通信支持。MRO 宇宙飞船提供通信支持，以及其 HiRise 相机系统提供的登陆点（甚至是登陆过程）的高分辨率照片。如图9所示的照片，提供了更好的视角以显示登陆任务成为污染事件的可能性和程度。形成登陆系统的每片航天器都能从照片中看见。巡航阶段看不到，该阶段无保护地暴露在火星大气中，从而大

部分被烧毁了。

图8 图像镶嵌显示了"凤凰"号航天器刚登陆火星时的一个机器人

（弹簧顶住的生物屏障已经打开，暴露出机器臂，现在准备展开并开始挖掘登陆器附近的火星表面。摘自 NASA/JPL/亚利桑那大学）

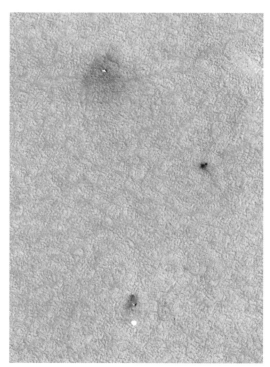

图9 火星勘测轨道飞行器的高解析度成像及科学设备成像的一个视图

（图像显示了位于火星北极平原的"凤凰"号登陆器（图片上部）以及相关硬件。图片底部是登陆器的降落伞和后壳，而右侧的暗印是"凤凰"号的防热罩撞击造成的登陆伤痕。摘自 NASA/JPL/亚利桑那大学）

整个登陆系统受到 1992 年 SSB 报告的限制，但可以预料，火星上一些地点以及其他星体上的地点如木卫二或土卫二，会要求比目前火星大部分地点更严格的预防措施。自"海盗"号任务以后，太阳

系中地球以外可能存在生命的地点似乎日益增多，所以"海盗"号演示了正确使用控制污染的技术。

在探索行星科学发现中使用的航天器都很复杂、昂贵，而且在某些方面很脆弱。轨道卫星和登陆器都不得不运行在包括极端温度、自然灾害（粉尘、辐射、微陨石、岩石等）和具有通信挑战的环境中。这些挑战对空间飞行器而言往往是"正常"的，但其他方面挑战，如在追求空间飞行器探索可能支持生命的环境的能力时，必须予以考虑，同时避免生物污染。NASA、ESA 和其他机构具备应对空间危险的技术，以及有能力开发出配备一套完整的杀菌技术和保护方法的航天器。这些机构正在准备展现这些能力，以重新获取并应用曾用于火星"海盗"号任务的成功技术，从而产生这些技术的现代变种。

除了广泛的清洁和出境飞船净化，对于一个探索可能支持原生生命的星体的任务，其返回部分要求有一个故障—安全、耐用的容器，这样可以远程有效地密封、保证没有外部污染，并使飞行器可以从行星安全地发射，途中被监控，并在适当的隔离设施中打开。如果在返回地球的飞行中不能查实容器、样品以及任何已经暴露在外星环境中的航天器部件，那么这些航天器部件将在太空中进行消毒或不回来。原始样品材料只有进行消毒或使用一套严格的生命探测和生物危害测试证明无害后，才会从容器中移除。尽管容器中的生物体泄露和传播的可能性很低，但也要使用特殊的设备、人员和处理以保证将发现危害的影响降到最低。

4　行星保护政策——人类任务

行星保护的基本原则避免了前向和后向污染，这和人类的任务同样相关，就像机器的任务一样。用 COSPAR 对人类火星任务政策（COSPAR，2008）的话来说，"只有理解和控制人类相关的污染，人类对火星天文生物探索的贡献才能更大。"

对于阿波罗登月计划，人们主要关注的是后期的污染，以防月球表面留有任何传染性生物体，以及可能污染宇航员或月球的样品。美国政府的跨部门后期污染委员会（ICBC）为前几次登月任务（阿波罗 11，12 和 14 号）提出了一个检疫程序，以协调宇航员、宇宙飞船和样品的检疫要求。检疫阿波罗 14 号程序结束时，月球样品被确定为无生命且无生物危害性。在实施阿波罗检疫时，出现了各种问题，那些问题都大到足以使检疫无效，月球

上的灰尘应该有环境，甚至有病理的危害。然而，这只是一个开始。

一个更完善的行星保护包括前向污染控制、医学监测、人类探索的空间规划，以及后向污染的预防措施，已经在 NASA 和 ESA 领导的研究中（Race 等，2008）得以描述。COSPAR 已通过的未来人类任务的基本原则，作为其在 2008 年的行星保护政策的一部分（COSPAR，2008）。这些原则包括"纵深防御"、持续评估任务的船员，以及探索的行星表面（和地下）的污染状况（见表 3）。

表 3　COSPAR 关于人类到火星的飞行任务的原则和指南（摘自 COSPAR，2008）

一般原则包括：

- 保护地球，并避免潜在的返航感染，这在火星探索的行星保护中优先级最高。
- 只有人类相关的污染可以被控制和理解，人类探索者才有能力对火星探索天体生物学做出更多贡献。
- 对于传到表面操作的登陆任务，不可能进行所有和人类相关的过程，传递的任务操作应该在一个完全封闭的系统中进行。
- 探索火星的工作人员或者他们的支持系统会不可避免地接触到火星材料。

依照这些原则具体，人类到火星的飞行任务的具体实施指南包括：

- 人类活动会携带微生物种群，种群的种类和数量都会变化，在发射时指定和许可微生物种群或潜在污染物的所有方面是可行的。一旦任何发射的基准条件建立或满足，需要对人类活动携带微生物进行持续的监测和评估，以便于处理向前和向后污染的问题。
- 在任务期间及之后需要提供所有机组人员和每个成员的检疫能力，防止和火星的生命形式发生潜在接触。
- 需要制定全面的人类活动行星保护协议，协议应该包含向前和向后污染的问题，同时处理人类和机器人的组合活动，包括地下勘探、取样处理、样品及人类返回地球等方面。
- 机器人系统和人类活动都不应该污染 COSPAR 政策定义的火星上的"特殊区域"。
- 任何未定性的火星站点在人类进入前都应该通过机器人进行前期评估。可以通过前期机器人任务或者人类任务的机器人部件获得信息。
- 任何来自火星未定性站点或特殊区域的原始样品或者取样组分，都应该根据现行的行星保护类别五（受限返回地球）来采用适当的处理和测试方案。
- 机组人员在任务期间应该负有执行影响人员的行星保护规定的主要责任。
- 首次人类任务的行星保护要求应该基于与缺乏火星环境和可能生命以及人类支持系统在那些环境中的性能的知识相关的保守方法。后续任务的行星保护要求在没有科学审查和判断的基础上不能放松要求。

5　未来的任务

未来的带外行星和火星任务在执行行星保护政策时，都会遇到挑战。考虑到冰冷的带外行星卫星的特性，任何随飞船携带的常年性热源的任务（例如，放射性同位素电源）都有机会形成一个温暖的、有水的环境，即使温度和水的活性太极端而不适合地球生命的成长。即使没有常年性热源，往返火星的任务或其他可能支持原生生命的外星位置在规划和执行时，也构成了重大挑战。因为样品数量预计是有限的（不到 1 kg 的岩石和土壤），并且人类宇航员不参与，因此检疫程序和飞行操作会比"阿波

罗"登月计划时更简单且高效。然而，自"阿波罗"时期起，对微生物能力和微生物引起疾病的认识就提高了，采样返回任务的风险也会引起公众的关注。

"限制类"中采样返回任务的样品分析协议可能在"最大"防范设施（相当于 BSL－4，特别修改样品的清洁度）内进行，并聚焦于三个不同类型的样品相关测试（参见图 10 和 Rummel 等，2002）。这些测试将包括物理和化学测试。为了建立测试的背景，探测试验的重点在于火星生命可能最喜欢什么，而生物危害检测会尽可能减少在样品材料本身包含什么生物方面的猜想。这样的采样返回任务需要优秀的全方位的"故障－安全"系统，特别是对样品本身的分析。

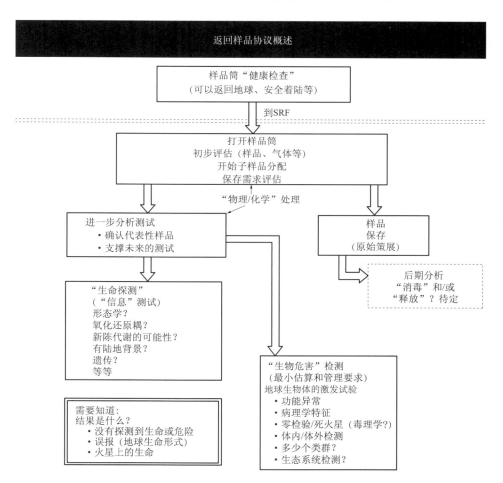

图 10　来自火星的"受限地球返回"样本详细分析的概念流程图
（摘自 Rummel 等（2002），NASA）

随着行星探索的继续，我们关于太阳系的知识也会不断扩展，同时，行星保护政策也会不断细化。修订行星保护策略必须依赖于增进对外星环境的理解和对生活在地球上极端环境下的坚韧生命的新兴意识。至少在有限的时间内，外星环境似乎越来越支持地球生物，未来任务可能会发现支持外星生命的遥远的环境。带着这样的可能性，行星保护的规定对于研究和保护这样的环境和宇宙中的生命将是必不可少的。

171

致　谢

研讨会组织者（J. D. Rummel 和 G. Kminek）感谢研讨会期间所有参与者的努力。研讨会期间他们的集体智慧和洞察力对整个研讨会的建议书和本篇文章都有很大的贡献。研讨会的组织者同样要感谢 M. Race 对本研讨会报道所做的准备。

参考文献

COSPAR. (2008) COSPAR Planetary Protection Policy (updated July 2008). Available at http://cosparhq. cnes. fr/Scistr/ PPPolicy (20—July—08). pdf.

Race, M. S., Kminek, G. and Rummel, J. D. and participants of the NASA/ESA planetary protection workshop. (2008) Planetary protection and humans on Mars. NASA/ESA workshop results. *Adv. Space Res.*, **42**, 1128 - 1138.

Rummel J. D., Race M., DeVincenzi D. L., Schad P. J., Stabekis P. D., Viso M., and Acevedo S. (eds.) (2002) A draft test protocol for detecting possible biohazards in martian samples returned to Earth. NASA/CP－2002－211842. http://spacescience. nasa. gov/ admin/pubs/marssamples/draft protocol. pdf.

SSB. (1992) Space Studies Board, National Research Council, Task Group on Planetary Protection *Biological Contamination of Mars*: *Issues and Recommendations*, National Academy Press, Washington, DC, http://www. nas. edu/ssb/ssb. html.

SSB. (1997) Space Studies Board, National Research Council, Task Group on Issues in Sample Return *Mars Sample Return*: *Issues and Recommendations*, National Academy Press, Washington, DC. http://www. nas. edu/ssb/mrsr-menu. html.

SSB. (1998) Space Studies Board, National Research Coun-cil, Task Group on Sample Return from Small Solar System Bodies *Evaluating the Biological Potential in Samples Returned from Planetary Satellites and Small Solar System Bodies*: *Framework for Decision Making*, National Academy Press, Washington, DC, http://www. nas. edu/ssb/ssb. html.

SSB. (2000) Space Studies Board, National Research Council, Task Group on the Forward Contamination of Europa *Preventing the Forward Contamination of Europa*, National Academy Press, Washington, DC. http://www. nas. edu/ssb/ssb. html.

SSB. (2006a) Space Studies Board, National Research Council, Committee on Preventing the Forward Contamination of Mars *Preventing the Forward Contamination of Mars*, National Academy Press, Washington, DC. (http://www. nas. edu/ ssb/ssb. html)

SSB. (2006b) Space Studies Board, National Research Council, Task Group on Planetary Protection Requirements for Venus Missions *Assessment of Planetary Protection Requirements for Venus Missions － Letter Report*, National Academy Press, Washington, DC, http://www. nas. edu/ssb/ssb. html.

SSB. (2009) Space Studies Board, National Research Council, Committee on the Review of Planetary Protection Requirements for Mars Sample Return Missions *Assessment of Planetary Protection Requirements for Mars Sample Return Missions*, National Academy Press, Washington, DC, http://www. nas. edu/ ssb/ssb. html.

United Nations. (1967) Treaty on Principles Governing the Activities of States in the Exploration and Use of Outer Space, Including the Moon and Other Celestial Bodies. Available at http://www. state. gov/t/isn/5181. htm.

本章译者：孙一哲（南京航空航天大学航空宇航学院）

第28部分

声学与噪声

第 286 章

气动噪声

Philip J. Morris

宾夕法尼亚州立大学航空航天工程学系，宾夕法尼亚州，美国

1 简　介

气动噪声学是声学中相对较新的一个分支，但是，它是在 19 世纪古典声学的基础上发展而来的。正是航空器的不断进化推动了气动噪声学的研究与应用。早期的研究重点集中在螺旋桨噪声，详见第 6 卷第 291 章。随着燃气涡轮机和涡轮喷气发动机的发展，开始了对喷气和涡轮机械的噪声研究。这部分内容分别在第 6 卷第 287 章和第 6 卷第 288 章中进行了详细阐述。同时，涡轮喷气发动机和其不断增加的涵道比推动了风扇噪声的研究，这也在第 6 卷第 288 章中有所描述。气动噪声学主要通过增加涵道比、改进风扇设计和线性声学来减少喷嘴和风扇的噪声等级，包括高升力系统和起落架等机体产生的噪声，其已经成为所有飞机噪声学中的重要组成部分（尤其是在减少噪声的方法上）。机体噪声详见第 6 卷第 290 章。飞机噪声对机场周围地区的影响在第 6 卷第 295 章中有所论述。无论是商用还是军用超声速飞机的发展，都导致了人们对其产生声爆的关注和担忧，声爆相关内容见第 6 卷第 294 章。同时，减少飞机噪声对生产和机组人员的影响也受到了关注。第 6 卷第 293 章中论述了室内噪声。最后，不断发展的计算机功能对理解空气动力噪声和对其进行预测产生了重大的影响。第 6 卷第 296 章对计算气动声学这一新领域进行了综述。

2 声学基础

本节描述基本运动方程和声波的属性。因算法中需要，本节还介绍声音的度量，并给出通过不同来源生成的声音和简单的定标结果。

2.1 波动方程式

线性声学理论基于线性化的 Navier－Stokes 方程，而忽视了实际流体的黏度和导热的影响。方程将密度为 ρ_a 和压力为 p_a 的无扰动流体进行了线性化，流体中声音的速度 c_a 由下式给出：$c_a^2 = \gamma p_a/\rho_a = \gamma R T_a$。其中 γ 是比热比，T_a 是流体的热力学或静态温度。对于一个无扰动流体，线性化方程的连续性和动量分别是：

$$\frac{\partial \rho'}{\partial t} + \rho_a \frac{\partial u'_i}{\partial x_i} = 0 \qquad (1)$$

$$\rho_a \frac{\partial u'_i}{\partial t} + \frac{\partial p'}{\partial x_i} = 0 \qquad (2)$$

其中，质数表示声波扰动和笛卡儿张量的符号，求和缩写法已经被使用；u_i 是 x_i 方向上的速度分量。由于流体是等熵的，所以没有损失，$p' = c_a^2 \rho'$。

通过在公式（1）和公式（2）之间速度波动的消除和使用等熵关系，得出一个在无扰动静止媒介中的波动方程：

$$\frac{\partial^2 \rho'}{\partial t^2} - c_a^2 \frac{\partial^2 \rho'}{\partial x_i \partial x_i} = 0 \qquad (3)$$

方程（3）的一个通用解法可被写成

$$\rho'(x_i, t) \approx \exp(\pm i k_j x_j + i\omega t) \qquad (4)$$

其中，k_j 是 x_i 方向上的波数分量；ω 是弧频。将方程（4）代入（3）可得

$$\frac{\omega^2}{c_a^2} \equiv k^2 = k_1^2 + k_2^2 + k_3^2 \qquad (5)$$

k 被称作自由空间波数。声波的波长由下式给出：$\lambda = 2\pi k^{-1}$，且行常数或波阵面（以 $\pm c_a$ 的声速运

动）。平面波的粒子速度与压力波动相关：

$$u' = \pm \frac{p'}{\rho_a c_a} \qquad (6)$$

式中，$\rho_a c_a$ 被称作特性或声阻抗，相当于 415 Pa·s/m 标准大气压。

能量守恒方程是通过方程（1）和方程（2）分别相乘 p' 和 u'_i 得出的：

$$\frac{\partial e}{\partial t} + \frac{\partial I_i}{\partial x_i} = 0 \qquad (7)$$

其中，$e = \rho_a u'_i u'_i / 2 + p'^2/(2\rho_a c_a^2)$，是单位体积的声动能和势能的和；$I_i = p' u'_i$，是声强度，它代表了单位面积声能的通量，单位为 W/m²。以瓦特为单位的声源是由 $I_i n_i$ 的总和得到的，在接近声源的音量上。n_i 是曲面法线的外在指向。

一般成年人可以听到的最轻的声音都有一个均方根压力 $p'_{rms} = 2 \times 10^{-5}$ Pa。痛阈与声音波动水平相关，两者成一千万倍关系，所以用对数刻度来描述声学水平。声压级（SPL）为：

$$SPL = 20\lg(p'_{rms}/p_{ref})dB，与 p_{ref} 相关 \qquad (8)$$

其中，$p_{ref} = 2 \times 10^{-5}$ Pa，也与一个强度水平（IL）有关，为：

$$IL = 10\lg(\bar{I}/I_{ref})dB，与 I_{ref} 相关 \qquad (9)$$

其中，$I_{ref} = 10^{-12}$ W/m²；$\bar{I}$ 是平均强度。注意，因为 $\rho_a c_a = 415$ Pa·s/m，SPL 和 IL 在标准大气压的情况下在数值上相等。

声音是通过广泛的频率产生的，这个频率内容可以用光谱分析来描述。k-th 的有限傅里叶变换记录了压力—时间的历史，即 $p_k'(t)$，得出：

$$P_k(f_i T) = \int_0^T p'_k(t)\exp(-i2\pi ft)dt \qquad (10)$$

其中，T 是记录的长度；$f = \omega/2\pi$，是单位为赫兹的频率。单边功率谱密度（PSD）可以由下式得出：

$$PSD = \lim_{T \to \infty} \frac{2}{T} E[|P_k(f_1 T)|^2]，f \geqslant 0 \qquad (11)$$

其中，$E[\ ]$ 表示期望值。PSD 的维度规模为 Pa²/Hz，其分贝水平为：

$$PSD_{dB}(f) = 10\lg[PSD(f)/p_{ref}^2]dB/Hz \qquad (12)$$

所有积极频率的 PSD 总和与均方压力相等。PSD 通常为给定的频率带。虽然窄带分析通常是通过恒带宽进行的，标准带宽为八度音阶和 1/3 八度音阶带。声音光谱内容的规格在评估噪声上通常非常重要，第 6 卷第 295 章中对其进行了解释，光谱分析相关的其他细节详见 Bendat 和 Piersol（1993）。

通常，在新建坐标系中描述波动方程的解法是很有用的，在柱面坐标系 $x_1 = r\cos\theta$，$x_2 = r\sin\theta$，$x_3 = z$ 中，该波动方程的基本解法可写成：

$$p'(r,\theta,z,t) \approx R(r)\exp(\pm ik_z z + im\theta + i\omega t) \qquad (13)$$

其中，m 为整数，为方位数，且 $R(r)$ 满足贝塞尔方程：

$$\frac{1}{r}\frac{d}{dr}\left(r\frac{dR}{dr}\right) + \left(k_r^2 - \frac{m^2}{r^2}\right)R = 0 \qquad (14)$$

因 $k_r^2 = \omega^2/c_a^2 - k_z^2$，方程（14）的解法可分别写成贝塞尔函数的第一种和第二种形式：$J_m(k_r r)$ 和 $Y_m(k_r r)$。也可分别使用汉克尔函数的第一种和第二种形式：$H_m^{(1)}(k_r r)$ 和 $H_m^{(2)}(k_r r)$，即

$$H_m^{(1)} = J_m + iY_m, H_m^{(2)} = J_m - iY_m \qquad (15)$$

汉克尔函数对于描述离声源较远的情况也很有效，例如：

$$H_m^{(1)}(k_r r) \approx \sqrt{\frac{2}{\pi k_r r}}\exp(ik_r r)，k_r r \gg 1 \qquad (16)$$

这使得无论是衰减还是输出波，方程解法均一致。

在球面坐标系 $x_1 = r\sin\theta\cos\varphi$，$x_2 = r\sin\theta\sin\varphi$，$x_3 = r\cos\theta$ 中，该波动方程的基本解法可以通过勒让德多项式和球面贝塞尔方程的形式写出（Arfken 和 Weber，1995）。但是，当声波呈球面对称（独立于 θ 和 φ）时，基本解法可写成

$$p'(r,t) = \frac{f(r - c_a t)}{r} + \frac{g(r + c_a t)}{r} \qquad (17)$$

其中，方程 f 和方程 g 基于初始环境，且分别与输出和输入波相一致。

2.2 格林函数

在给出的是不同声源的情况下，可用多项波方程来解决问题。格林函数就是方便且有效的解法，它可以以最简单的方式来解释和说明典型差异问题。采用常微分函数

$$L[u(x)] = r(x) \qquad (18)$$

其中，L 是线性差异运算符。设定 L^{-1} 为一个相反运算符，使 $L^{-1}L = LL^{-1} = I$，其中 I 为恒等运算符，因为我们正在为微分算子找一个相反的倒数，为 L^{-1} 提出了一种积分形式，即

$$L^{-1}[u(x)] = \int G(x,y)u(y)dy \qquad (19)$$

然后，

$$u(x) = \int L[G(x,y)]u(y)dy \qquad (20)$$

此后，用具有滤波性的狄拉克增量函数定义$G(x,y)$：

$$\int \delta(x-y)u(y)\mathrm{d}y=u(x) \tag{21}$$

因此，格林函数$G(x,y)$满足方程：

$$L[G(x,y)]=\delta(x-y) \tag{22}$$

并且，

$$u(x)=L^{-1}L[u(x)]=L^{-1}[r(x)]$$
$$=\int G(x,y)r(y)\mathrm{d}y \tag{23}$$

总而言之，非齐次微分方程的解法由格林方程的"卷积"以非齐一次方式或右侧方式给出。

对于波动方程的格林函数，将方程（22）扩展，满足

$$\left(\frac{\partial^2}{\partial t^2}-c_{\mathrm{a}}^2\frac{\partial^2}{\partial x_i\partial x_i}\right)G(\boldsymbol{x},\boldsymbol{y},t,\tau)=\delta(\boldsymbol{x}-\boldsymbol{y})\delta(t-\tau) \tag{24}$$

其中，张量和矢量间应无干扰，且如果密度变动满足非齐次波方程，则

$$\left(\frac{\partial^2}{\partial t^2}-c_{\mathrm{a}}^2\frac{\partial^2}{\partial x_i\partial x_i}\right)\rho'(\boldsymbol{x},t)=S(\boldsymbol{x},t) \tag{25}$$

其中，$S(\boldsymbol{x},t)$为分布式声源，其解法为

$$\rho'(\boldsymbol{x},t)=\iiint_{v(\boldsymbol{y})}\int_{\tau}G(\boldsymbol{x},\boldsymbol{y},t,\tau)S(\boldsymbol{y},\tau)\mathrm{d}\tau\mathrm{d}\boldsymbol{y} \tag{26}$$

波动方程的格林函数为

$$G(\boldsymbol{x},\boldsymbol{y},t,\tau)=\frac{\delta[|\boldsymbol{x}-\boldsymbol{y}|-c_{\mathrm{a}}(t-\tau)]}{4\pi c_{\mathrm{a}}|\boldsymbol{x}-\boldsymbol{y}|} \tag{27}$$

上式从物理角度表明$\boldsymbol{y}$声源形成的声音在时间τ上被观察者$\boldsymbol{x}$听见，并且在时间$t=\tau+|\boldsymbol{x}-\boldsymbol{y}|/c_{\mathrm{a}}$上振幅的衰减与距离$|\boldsymbol{x}-\boldsymbol{y}|$成反比。$\tau$被称作发散时间或推迟时间（emission or retarded time）。

2.3　分布式声源

空气动力学噪声由声源产生，受位置和时间的影响。最强的声源可以包括质量增加、分布式的力和流体压力。每种声源都产生不同的效率和伸缩比。本节描述不稳定大规模质量和力的增加所产生的声音。质量增加可导致喷嘴出口不稳定的质量流率；分布式力量将会由固体加载不稳定产生，例如翼或转子叶片及其对流体的反应。

考虑到流体质量增加在有限区域的分布$Q(\boldsymbol{x},t)$，每单位声音的质量增加率有个维度。此外，考虑到每单位声音分布式力量$F_i(\boldsymbol{x},t)$的维度，线性化的连续性和运动方程（1）和（2）变为

$$\frac{\partial\rho'}{\partial t}+\rho_{\mathrm{a}}\frac{\partial u_i'}{\partial x_i}=Q(\boldsymbol{x},t) \tag{28}$$

和

$$\rho_{\mathrm{a}}\frac{\partial u_i'}{\partial t}+\frac{\partial p'}{\partial x_i}=F_i(\boldsymbol{x},t) \tag{29}$$

由此产生的波方程现在包含两个项：

$$\frac{\partial^2\rho'}{\partial t^2}-c_{\mathrm{a}}^2\frac{\partial^2\rho'}{\partial x_i\partial x_i}=\frac{\partial Q}{\partial t}-\frac{\partial F_i}{\partial x_i} \tag{30}$$

因为该问题为线性问题，所以两个不同声源产生的声音特性应分开研究。

使用格林函数（27）并用格林函数将关于发散时间τ的源项卷积整合，如方程（26）所示，得出

$$\rho'(\boldsymbol{x},t)=\frac{1}{4\pi c_{\mathrm{a}}^2}\iiint_{v(\boldsymbol{y})}\frac{\partial Q}{\partial\tau}\left(\boldsymbol{y},t-\frac{|\boldsymbol{x}-\boldsymbol{y}|}{c_{\mathrm{a}}}\right)\frac{\mathrm{d}\boldsymbol{y}}{|\boldsymbol{x}-\boldsymbol{y}|}$$
$$\tag{31}$$

设声源特征速率和长度尺寸分别为u和l，一个极端声源通过一个声源区域产生声音所需的时间为l/c_{a}，声源变化的时间尺寸为l/u，如果$l/u<l/c_{\mathrm{a}}$或$u/c_{\mathrm{a}}=m<1$，则该声音可被认为是在所有来源地区的位置同时生成的。这就是近似声源的"组合"。对于组合声源来说，声音波长要比声源区的声音大很多。在这种情况下，发散时间的整个声源区可被设定为与$t-x/c_{\mathrm{a}}$相等，其中$x=|\boldsymbol{x}|$。此外，在声音远场，$|\boldsymbol{x}-\boldsymbol{y}|\approx x$。需注意，这两个近似值是不同的。远场声音近似值既可用于组合声源，也可用于非组合声源。远场密度可以由下式得出

$$\rho'(\boldsymbol{x},t)=\frac{1}{4\pi c_{\mathrm{a}}^2 x}\iiint_{v(\boldsymbol{y})}\frac{\partial Q}{\partial\tau}\left(\boldsymbol{y},t-\frac{x}{c_{\mathrm{a}}}\right)\mathrm{d}\boldsymbol{y} \tag{32}$$

如果单位体积的质量增加率$Q\approx\rho_{\mathrm{a}}u/l$，则远场密度将为

$$\rho'(\boldsymbol{x},t)\approx\rho_{\mathrm{a}}\left(\frac{\ell}{x}\right)m^2,m\ll1 \tag{33}$$

并且强度将变为

$$I=\frac{c_{\mathrm{a}}^3\overline{\rho'^2}}{\rho_{\mathrm{a}}}\approx\rho_{\mathrm{a}}c_{\mathrm{a}}^3\left(\frac{\ell}{x}\right)^2 m^4 \tag{34}$$

因此，强度的变化取决于第四力声源的特征速度和观察者所在地区与声源区距离的衰减，这通常被称为"单极"噪声。

非组合声源的扩展更为复杂，它取决于声源的延迟导致的时间的变化。一般来说，时间变化的辐射噪声是由组合声源的时间变化和非组合声源的空间变化来决定的，这种变化以声速快速闪过观察者，其中有一个非常好的解释，见Crighton（1975）。

对于产生自分布式声源的声音，从观察者而不是声音源点来看解决方法是很有用的。它很容易证明不均匀的声源项，包括线性微分算子$M_{xi}[\ ]$。在

方程（25）中，$S(\boldsymbol{x},t)=M_{xt}[R(\boldsymbol{x},t)]$，因此方程（26）的解法可被写作

$$\rho'(\boldsymbol{x},t)=M_{xt}\left(\iiint_{v(\boldsymbol{y})}G(\boldsymbol{x},\boldsymbol{y},t,\tau)R(\boldsymbol{y},\tau)\mathrm{d}\boldsymbol{y}\right) \quad (35)$$

$$=\iiint_{v(\boldsymbol{y})}r(\boldsymbol{y},\tau)M_{xt}[G(\boldsymbol{x},\boldsymbol{y},t,\tau)]\mathrm{d}\boldsymbol{y} \quad (36)$$

然后，将关于 τ 的整合和组合声源近似，远场密度可得

$$\rho'(\boldsymbol{x},t)=-\frac{1}{4\pi c_a^2 x}\frac{\partial}{\partial x_i}\left(\iiint_{v(\boldsymbol{y})}F_i\left(\boldsymbol{y},t-\frac{x}{c_a}\right)\mathrm{d}\boldsymbol{y}\right) \quad (37)$$

但是，

$$\frac{\partial}{\partial x_i}F_i\left(\boldsymbol{y},t-\frac{x}{c_a}\right)=-\frac{1}{c_a}\frac{\partial x}{\partial x_i}\frac{\partial F_i}{\partial t} \quad (38)$$

并且，

$$\frac{\partial x}{\partial x_i}=\frac{x_i}{x}=\beta_i \quad (39)$$

其中，β_i 为观察者的方向余弦，则

$$\rho'(\boldsymbol{x},t)=\frac{1}{4\pi c_a^3 x}\beta_i\iiint_{v(\boldsymbol{y})}\frac{\partial F_i}{\partial t}\left(\boldsymbol{y},t-\frac{x}{c_a}\right)\mathrm{d}\boldsymbol{y} \quad (40)$$

如果假定声源强度成比例，$F_i\approx\rho_a u^2/l$，则远场强度比为

$$I\approx\rho_a c_a^3\left(\frac{\ell}{x}\right)^2 m^6 \quad (41)$$

因此，声源强度与第六力量声源的特征速度成比例。这通常被称为"偶极子"噪声，它是典型的通过扁平体的气流与速度相关所产生的噪声，如飞机起落架等。

此外，噪声也不再是全方位的，其强度的变化是随着在不稳定的方向分力和观察者之间的夹角余弦值的平方变化的。图 1 为 x_1 方向上的分力透视图。

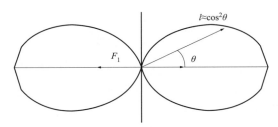

图 1　远场强度方向性在 x_1 方向上的涨落力 F_1

3　声学类比

关于气动噪声学的第一个理论是由莱特希尔在 1952 年提出的。这个理论的形式归于"声学类比"。在一个声学类比中，关于运动的方程重新排列成一个非齐次方程，声传播和剩下的项被视为等效源。莱特希尔公式因其简单性以及其对空气声学的后续影响，而被称为数学模型的典范。然而，它对于噪声预测的使用价值，一直受到建立一般标度律的局限，它在原始分析中也包含了黏性影响。然而，在噪声产生的过程中，它们发挥的作用可以忽略不计，在这里我们将其忽略。

理想的运动方程、连续性、动量，可以写成以下保守形式：

$$\frac{\partial\rho}{\partial t}+\frac{\partial}{\partial x_i}(\rho u_i)=0 \quad (42)$$

$$\frac{\partial}{\partial t}(\rho u_i)+\frac{\partial}{\partial x_j}(\rho u_i u_j)=-\frac{\partial p}{\partial x_i} \quad (43)$$

运量通量可以通过时间导数方程（42）和散度方程（43）消除，可得

$$\frac{\partial^2\rho}{\partial t^2}=\frac{\partial^2}{\partial x_i\partial x_j}(\rho u_i u_j)+\frac{\partial^2 p}{\partial x_i\partial x_i} \quad (44)$$

如果平均静压假定为常数，方程（44）的瞬时密度和压力可以被其波动替代。莱特希尔通过在方程（44）左右两边同时减去 $c_a^2\partial^2\rho'/(\partial x_i\partial x_i)$ 建立了他的声学类比法，从而得出"莱特希尔方程"。

$$\frac{\partial^2\rho'}{\partial t^2}-c_a^2\frac{\partial^2\rho'}{\partial x_i\partial x_i}=\frac{\partial^2 T_{ij}}{\partial x_i\partial x_j} \quad (45)$$

其中

$$T_{ij}=\rho u_i u_j+(p'-c_a^2\rho')\delta_{ij} \quad (46)$$

为"莱特希尔应力张量"。应该指出的是，第一阶段的莱特希尔应力张量包括瞬时数量。莱特希尔声学类比法的好处在于它可以迅速写出解法。利用从分布式声源获取解法的相同方法，方程（40）的组合声源的莱特希尔方程远场解法可写成

$$\rho'(\boldsymbol{x},t)=\frac{1}{4\pi c_a^4 x}\beta_i\beta_j\iiint_{v(\boldsymbol{y})}\frac{\partial^2 T_{ij}}{\partial t^2}\left(\boldsymbol{y},t-\frac{x}{c_a}\right)\mathrm{d}\boldsymbol{y} \quad (47)$$

如果声源强度假定为 $T_{ij}\approx\rho_a u^2$，则远场强度相应为

$$\rho'(\boldsymbol{x},t)\approx\rho_a c_a^3\left(\frac{\ell}{x}\right)^2 m^8=\rho_a\left(\frac{\ell}{x}\right)^2 u^3 m^5 \quad (48)$$

这被称为"四极"噪声。在对比分析古典声学和空气声学时应当注意，不应把混乱的声流当作分布式点四级。

辐射声功率 P_a 由一个表面在声源区周围的完整强度给出，因此

$$P_a\approx\rho_a\ell^2 u^3 m^5 \quad (49)$$

强烈的湍流震荡 P_T 产生的声音随着其能量变化，为

$$P_T \approx (\rho_a u^2 \ell^3)\left(\frac{u}{\ell}\right) = \rho_a \ell^2 u^3 \qquad (50)$$

因此，湍流动能转化为声能的效率极低，幸运的话，有 $O(m^5)$。

莱特希尔原始理论由 Ffowcs Williams（1963）扩展，以研究湍流的高速度对流。分析中，辐射噪声的指向性被认为要修改一个因素 C_θ^{-5}，为

$$C_\theta = \sqrt{(1 - Ma_c \cos\theta)^2 + \alpha^2 Ma_c^2} \qquad (51)$$

其中，Ma_c 为对流马赫数；α 通常取值为 $1/2$，并且与湍流长度尺寸有关；θ 为观察者和对流湍流方向之间的夹角；C_θ 被称为"广义多普勒因子"。当声源对流面向观察者时，强度的增加称为对流放大。同时，对于静止的观察者，声源频率因 C_θ^{-1} 因素而增加，这个是经典多普勒效应。应当重点指出的是，对流放大所采取的形式是一个函数，它描述了声源统计如何建模，并可以与广义多普勒因子的五个力截然不同。

莱特希尔和 Ffowcs Williams 的公式讨论的是一个在均匀介质中湍流对流的情况。但是，湍流通常也都伴随着气流偏差，因此声传播中均匀气流偏差的对流效应也应被考虑在内。它被写成一个对流方程

$$\frac{d_0^2 \rho'}{dt^2} - c_a^2 \frac{\partial^2 \rho'}{\partial x_i \partial x_i} = \frac{\partial^2 T_{ij}}{\partial x_i \partial x_j} \qquad (52)$$

其中，$d_0/dt = \partial/\partial t + U_0 \partial/\partial x$，并且 U_0 为 x 方向上的平均速率。这个扩展理论是由 Lilley（1974）和 Dowling，Ffowcs Williams 和 Goldstein（1978）给出的。修剪的平均气流的影响也包括在分析中。但是，这将导致三阶波传播和更多复杂的声源项（Lilley，1974）。这项进步是对喷气噪声最好的理解。关于喷气噪声，第 6 卷第 287 章中进行了主要描述。

4　喷气噪声

喷气噪声的试验研究最初记载于 1950 年，试验初期的测量给 Lighthill 声学类比比例定律提供了很好的支撑。声功率和射流喷口速率之间的关系尤为重要。

在方程（49）中，如果假设长度和速率分别与喷口直径 D_j 和喷口速率 U_j 成比例，则由喷射产生的声功率为

$$P_a \approx \frac{p_j^2}{\rho_a c_a^5} D_j^2 U_j^8 \qquad (53)$$

其中，在估算声源强度时，声源密度标度已经被作为喷射密度 ρ_j。由于喷口处于高温环境，密度与其他地方存在明显差异，因此，声功率与喷射速度的第八力成比例。这使高涵道比涡扇发动机通过在一个相对较低的速度带动大量的空气，从而产生推力，并产生了声效益。它使涡轮风扇发动机相对于涡轮喷气机而言获得了更多的益处。

Ribner（1964）提出了"喷口切分"（slice-of-the-jet）方法，使喷气噪声的产生方面有了一定进步。"喷口切分"方法的分析中，喷口被分为一个靠近出口的环形混合区域和远离出口的气流充分发展区域。两个区域中，长度及速度有明显的区别，比如，在充分发展区的喷口，速度比与距离出口 x 的轴向距离成反比；在接近喷气出口的环形混合区域，其速度比与喷流出口的速率成正比。在两个区域中，长度比与轴向距离成正比。通过上述比例，Ribner 指出每单位长度产生的声功率在环形混合区域是恒定的，但它在充分发展喷口以 x^{-7} 的速率减少。此外，声功率频谱在低频率时与 f^2 成正比（由充分发展喷口区域产生），在高频率时与 f^{-2} 成反比（在喷口出口附近产生），其中 f 是频率。结果给出了特征为"干草堆"形状的声功率谱。虽然结果是在一般情况的试验测量中的极低和极高的频率下证明出来的，但却很少提及光谱的峰值。除了可能在功率谱中间区域产生的峰值，其他峰值位置靠近喷口潜在核心的尾部。

Lilley（1972）和 Goldstein（1976）发展研究了一个用来描述"平均流量/声相互作用"的正式结构（在声音传播中平均剪切流的影响）。他们将 Lighthill 声类比方法进行了扩展，并重新编写了可压缩的运动方程，以区分在非线性方式下声传播的影响、线性扰动的行为特征以及声音的产生。在平行的情况下，平均剪切流的方程为三阶非齐次线性波动方程，该方程被命名为"Lilley 方程"，它描述了声传播平均剪切流的齐次多项式。一般来说，这是需要通过数字方程解决的，虽然在高频和低频中开发出了渐进式解法。Lilley 方程的格林函数是与线性化欧拉方程的矢量格林函数相关的。Tam 和 Auriault（1998）使用伴随方法，给出了一个计算格林函数的简便方法。在这种计算方法中，声源在喷气流中的格林函数的计算与声源在观察者位置的计算是相关的，从而使得所有声源位置的格林函数都可以由观察者在一个单一计算中决定。

喷气噪声预测中，基于对噪声源使用不同统计

模型的 Lilley 方程的解法，可得到不同程度的成功结果。一般来说，在角度超过 60°的射流下游轴能做出良好的谱密度预测（Khavaran 和 Bridges，2005）。Tam 和 Auriault（1999）使用线性化欧拉方程作为传播算子和不同的噪声来源模型，在大角度时也能做出良好的预测，但是在噪声峰值方向的谱密度预测则遇到了困难。例外情况是 Goldstein 和 Leib（2008）及 Karabasov 等（2008）所做的研究，在这两种方法中使用的假设是非常不同的。

Tam，Golebiowski 和 Seiner（1996）从观察者的角度，给出了研究声谱形状变换的另一种观点。他们使用喷气噪声的数据库的广泛相关性，证明了在所有观察者位置的噪声谱都可被描述为两种声谱形状，如图 2 所示。其中，峰值噪声方向符合实验数据的形状，被称为大比例相似（LSS）频谱。

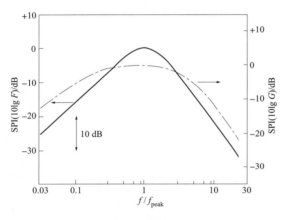

图 2 两项震荡混合噪声的相似频谱

———，大比例相似频谱；——，精密相似频谱

（摘自 Tam 等（1996）© AIAA）

在大角度，符合数据的形状称为精密相似（FSS）频谱。在中间角度，可使用两个频谱形状的组合来与实验测量相匹配。Tam，Golebiowski 和 Seiner（1996）的结果主要用于超声速喷气数据。但是，Viswanathan（2004）证明了相似性频谱适用于亚声速喷气噪声数据。这一观察结果被 Viswanathan（2006）用于开发实验噪声预测方法。在这种方法中，在给定的观察角度的声密度是出口速度和总温度比的函数，为

$$I_\theta \approx \left(\frac{v_j}{c_a}\right)^n, n = n\left(\theta, \frac{T_t}{T_a}\right) \tag{54}$$

其中，T_t 是喷口总温度；T_a 为周围环境温度。噪声谱的形状也被发现可作为 θ 和 T_t/T_a 的函数，并且其形式接近 LSS 和 FSS 频谱。Viswanathan（2006）还得出了一个有趣的结论：不发热的喷气的总功率

水平与 $(v_j/c_a)^{8.74}$ 成比例，但发热喷气的功率值较低。总体声压水平指数与第八力非常不同。有趣的是，对于不发热的喷口，观察者的角度与射流下游轴大于 70°的时候，速度指数与 Lighthill 第八力相近（Viswanathan，2006，表 16）。

随着喷射总压和温度比率的增加，喷射速度也有所增加。最终，湍流射流剪切层的下游对流比环境声速快。此外，总压强大于 1.893 MPa 时，喷嘴出口压力可能与环境的压力不匹配。这两项的匹配仅在拉伐尔喷管颈截面出口的一个特定的比率时达到。压力出现不匹配时，称为"背压"状态，此时，在喷口羽部出现交替振动的波系结构和膨胀波。湍流的超声速对流与波系结构的存在会导致额外噪声的产生，这些都是与马赫波辐射以及宽频振动相关的噪声。

Ffowcs Williams（1963）是第一个基于 Lighthill 原始声类比学来研究超声速湍流对流的人，他发现了噪声辐射公式的一个明显特点：当 $1 - Ma_c \cos\theta = 0$（其中 Ma_c 为与周围声速相关的湍流对流速度，且 θ 是与喷口下游轴相关的观察者的极位夹角）时，如果喷气噪声源的非紧性包括在内，那么 θ 可以忽略。他还推断，在非常高的射流出口速度下，辐射声功率与 U_j^3 成比例。这是基于当时可用的实验数据推断而来的。

在 20 世纪 70 年代初期，业界提出一个不同的噪声辐射机制。Tam（1971）初次发现在圆柱涡表的不稳定波可产生定向声辐射。他比较了圆截面射流周围的预测辐射角度与波场可视化纹影，发现它们具有一致性。与此同时，Brown 和 Roshko 等（1974）也进行了在低速剪切层的大比例湍流结构的试验观测，随后的试验测量证实了这些大比例湍流结构在高速喷气机和剪切层中的存在。这些实验观察和分析结果由 Tam 和 Morris（1980）整合为湍流剪切层的噪声模型。这项工作的一个重要问题就是公认的不稳定波和噪声辐射问题不能解耦。他们使用匹配渐进展开的方法将喷流波动和声场进行组合。该方法由 Tam 和 Burton（1984a，1984b）分别扩展到在二维剪切层和轴对称喷口方面的应用上。在后续工作中，喷流和噪声的预测与 Troutt 和 McLaughlin（1982）在马赫数为 2.1 的不发热超声速喷气流的测量结果非常一致。这就明确证明了在峰值噪声方向上，大比例湍流结构在高速喷气噪声辐射中的重要性。最近的试验也同样说明了大比例湍流结构也与噪声峰值方向的噪声辐射有很大

关系（Tam等，2008）。

当超声速飞机在非设计工况的情况下操作时，喷口将会出现几乎规律的扩张和冲击波。在射流剪切层，相互作用的湍流与波系结构将导致两个额外噪声源的产生。首先，被称为宽频湍流相关的噪声，在射流下游轴相对较大的角度被观察认为是一个广泛的频谱峰值，且其喷射流混合噪声频率比峰值频率更高。另外，更高频率的第二峰值也被发现了。与观察者极角相比，宽频湍流相关噪声的峰值振幅相对不敏感，但是确实分别取决于喷口总温度比和总压力比。后者比率的决定因素被"非设计参数" β_4 量化，其中

$$\beta = \sqrt{|Ma_j^2 - Ma_d^2|} \tag{55}$$

其中，Ma_j 和 Ma_d 为充分展开的喷气马赫数，它们决定了唯一的总压力比和设计马赫数，而它取决于喷管出口和颈截面的面积比。

关于宽频湍流相关噪声的第一个预案是由 Harper-Bourne 和 Fisher（1973）给出的，他们将湍流和波系结构几乎一致的相互作用模型化，从而作为一系列相关的点声源。预测的结果取决于波系结构、气流的对流速度和辐射噪声特征频谱形状之间的湍流衰减率。这些信息和数据是使用十字梁纹影仪和适用于测量声波频谱的最小二乘原理进行湍流测量而得出的。

Tam（1987）开发了第二个预测方法。Tam 认为可以为一个波系结构波导建模，而波动会因压力不平衡出现在喷气出口，并被射流剪切层所限制。大比例湍流被建模为一个随机叠加的不稳定波；下游移动的不稳定波和近周期性波系结构的相互作用得出移动声波的干涉图形；这些波的相速度可以比单独的不稳定波更大，即使是负的也如此。该结果导致了在大角度射流下游轴以及上游方向的声辐射。因为有一个随机设置的不稳定波与波系结构相作用，由此产生的辐射图由一个宽泛的频率组成。Tam 认为设计一个完整的计算大比例湍流频谱的价格会非常高昂，所以最终的预测公式是基于用简单的形状来代表频谱、波系结构间距的经验公式，以及湍流的对流速度来给出的，并且该公式是非常容易评估的。由此产生的预测结果将使测量和测量频谱的关键特性具有良好的一致性，其中包括了观察者极角的峰值频率变化、观察者从下游射流轴移动离开所导致的频谱宽度的缩小、近场等压线中多叶的存在以及高于主峰值的第二谱峰频率的存在。

Morris 和 Miller（2009）最近做出的一项预测模型是基于声学类比的方法。它们的模型是建立在 Harper-Bourne 和 Fisher（1973），以及 Tam（1987）早期提出的模型的物理见解上的。该模型通过雷诺时均（RANS）计算决定波系结构和其波数内容。对于射流的 RANS 计算，该模型还提供了湍流的平均速度、温度、长度和时间尺度。与喷射混合噪声声学类比模型一样，湍流的两点统计特性的描述也是必要的。但是，宽频震荡相关噪声是二阶而不是四阶的，速度的相关性是必要的。最终的预测还包括在喷气流场的积分计算。因此，在计算上它比之前的模型更昂贵。但是，它的确使我们可以仅通过喷管的几何结构和飞机操作条件来预测噪声。

喷气尖啸在飞机操作偏离设计的噪声谱中被观察到，并被认为是一个强大的噪声。尖啸包括一个反馈环路，它由下游传播湍流组成，与飞机的波系结构相互作用可导致上游移动声波的产生。这导致在喷气出口引发湍流波动并移动到下游，关闭反馈回路。尽管尖啸频率的预测相对简单，但尖啸声音振幅非常敏感，会受到很多因素影响，比如，飞机喷嘴唇部厚度。Raman（1998）给出了一个涵盖几十年尖啸研究成果的广泛回顾。但值得注意的是，喷气尖啸主要产生在不发热的缩比模型试验中，而很少在原尺寸、发热或单个喷口中被发现。

前面描述了喷气噪声在空气声学中的一些详细的基本理论，它们可以作为在飞机噪声方面的例证。但是，由于涡扇发动机飞机涵道比的不断增长，其他噪声来源也一样重要，甚至更重要。比如，是在飞机进场上，风机进气和排气噪声是明显的主要来源，这在后续章节中会有所描述。此外，随着发动机的总噪声降低，非推进器组件产生的噪声已经成为同等重要的噪声源。这些噪声被称为"机体噪声"，这将在下一节中进行总体描述。

5　机体噪声

机体噪声的组成是由飞机的非推进组件产生的。一个结构外形"整洁"的飞机，即没有部署高扬程、控制设备和起落架舱的飞机，其占主导地位的噪声是与边界层通道的湍流通过机翼后缘密切相关的；相反，部署了高扬程设备、缝翼和襟翼以及起落架的这种"不整洁"结构外形的飞机的机体噪声，与引擎噪声具有同等重要性。本节将对这些噪

声源进行总体概述。更多的关于机体噪声的细节请见第 6 卷第 290 章。

机翼后缘的存在将放大噪声源局部压力场边缘附近的噪声。在没有机翼后缘的情况下，边界后噪声为自然界的四极偶极子噪声，该噪声由于表面压力波动而被图像声场抵消了。Williams 和 Hall (1970) 建立了半平面格林函数。与格林函数和自由空间格林函数不同，它解释了边缘附近声辐射效率的不同，特别是四级声源被格林函数的第二空间导数加权，于是，远场密度波动由下式给出：

$$\rho'(\mathbf{x},t) \approx \frac{1}{c_a^2} \int \frac{\partial^2 G}{\partial y_i \partial y_j} \mathbf{T}_{ij}\left(\mathbf{y}, t - \frac{x}{c_a}\right) d\mathbf{y} \quad (56)$$

其中，格林函数 $G(x,y,t-\tau)$ 可被写成菲涅耳积分的形式。这样机翼后缘可充当一个有效的线源，其指向性呈心脏形曲线状（约 $\sin^2(\theta/2)$，其中 θ 是由机翼后缘下游测量得来）。后缘边缘噪声的强度与湍流速度波动的五个力成比例，因此，在较低的马赫数时，比偶极子或四极声源更强。Lilley (2001) 给出了一个扩展公式，用于飞机机翼后缘的噪声的例子。在飞行情况下，$\theta = 90°$，强度为

$$I = K\left[\frac{W v_\infty Ma_\infty^2}{\bar{C}_{-L} H^2}\right] \quad (57)$$

其中，W 是飞机重力；v_∞ 和 Ma_∞ 分别是飞机前进速度和马赫数；$\bar{C}_L$ 是飞机升力系数；H 是飞机高度；$K = 7 \times 10^{-7}$。该公式被认为适合对各种重量的"整洁"飞机进行飞行测量。

对"不整洁"结构形状飞机的机体噪声的估算被认为是相当大的挑战，这主要是因为它包含了各种具有几何复杂性的详细飞机组件，尤其是下面将要讨论的飞机起落架和高扬程设备。当飞机速度约在其失速速度的 1.3 倍时，高扬程设备将被展开，包括后缘可能为双开缝或三开缝襟翼，以及为确保气流与机翼前缘不分开的前缘缝翼。襟翼上表面和下表面的压力差可引发剪切层，以与襟翼上下侧边缘分开。这些分离剪切层在后襟翼侧边缘（内侧和外侧的边缘都包括）卷成一个侧边涡流。有两个来源的噪声与这些流动现象有关：其一，剪切层的波动和襟翼侧边缘的相互作用；其二，后缘涡流的不稳定运动由剪切层的波动触发。

相控阵测量也确定了机翼前缘缝翼为机体噪声的重要来源。从一个空气声学的角度来说，缝翼的关键几何特征为其拱形区域，该特点使得缝翼主要部件和缝翼后缘可以伸缩。Choudhari 和 Khorrami (2007) 给出了在缝翼和主要部件区域的数值模拟

的三维非定常流在几何学和流场的优异表现。缝翼噪声的主要来源是缝翼前缘缝翼压力面上分离剪切层的冲击和附着，以及缝翼和主要部件之间的缝隙的湍流波动。此外，涡旋脱落可以发生在缝翼后缘，给其他宽频噪声谱一个声调组成。该声调组成可被主要部件的声反射强化。最终，在实际安装中，缝翼和主要部件的支架连接也可能成为噪声源。

飞机起落架主要由总管道、前轮、轴、减震器支柱和框架、各种管道电缆、轮舱以及门组成。这些部件的几何复杂性使得起落架噪声的预测极具挑战性。曾有人试图通过一个孤立的起落架模拟所产生的气流和噪声（Souliez 等，2002）。但是，起落架的模型只包括减震器、轮胎和支柱，通常比较简单。起落架由一系列的不同直径、长度和定向的圆柱形物体组成。噪声指向性几乎是全方位的，尽管在极地方向性的上游和下游方向上和最小直接低于起落架的噪声水平逐渐增加。Fink (1979) 的最早的起落架噪声模型基于只有两个组件的起落架：轮胎和主要支柱。Guo (2008) 研究出了一个起落架模型，将总噪声划分为三个频率范围：非常低、低和高。虽然这个方案提供了与可用实验数据良好的相关性，但并不涉及单独的起落架组件对辐射噪声的影响。Smith 和 Chow (1998) 还通过使用一个经验数据库，提供了更好的将单独起落架组件对辐射噪声影响进行分类的方法。Lopes，Brentner 和 Morris (2010) 的方法使单独的起落架组件和其辐射噪声之间连接更加紧密。在此预测方法中，所有起落架组件被描述成圆柱形物体。每个组件通过其局部流速、直径和方向定向影响辐射噪声。与此同时，该方法也考虑到一个起落架组件对另一个组件声屏蔽因素，同时噪声考虑到反射到飞机机翼和机身，起落架后的后缘襟翼相互作用的噪声也同样应计算在内。这导致了安装的主起落架整体噪声在第六力速率（钝头体噪声）和第五力速率（后缘噪声）之间的缩放。

6 非线性声学（强生学）

至此，我们已经从线性声学的角度解释了所有空气声学的问题。在线性声学中，所有频率分量的传播速度是一样的，均为声速，有时称之为"小信号"声音的速度。在线性声学中，除了在两个维度的圆柱形扩散或三维空间时的球面扩散的情况，波

形在无损媒介传播时不会发生变化。虽然不排除有大气吸收的影响，但仍可以从线性声学的观点来研究。随着声音信号的振幅增加，压力正偏移的传播速度会超过负偏移的传播速度，这是因为扰动压力改变了介质的热力学属性和传播速度。在飞机航空声学中，有几个必须使用非线性声学的实例：其一是在超声速飞机产生的声爆的传播中，其二是在军事战斗机发动机发出的噪声的传播中。另外，非线性现象还包括涡轮机械"嗡鸣锯"的噪声，详见第6卷第288章。

当飞机与另一个航天飞行器以超声速飞行时，会产生弓形和尾冲击，根据飞行器的形状，在这两个冲击之间形成一系列的扩张和冲击波。压力外向传播的这两次跳跃位于飞行器飞行路径的锥心。锥心呈抛物线形，与地面相交的位置就是听到"超声速声爆"的地方。在飞行高度为 50 000 ft 的水平直线飞行的飞机上，具有直接在飞机飞行路径下的最强超压，声爆的路径可以达到 50 英里宽。虽然取决于飞机的高度和大小，但通常声爆超压的大小为 1～2 lb/ft²。这些压力差远低于潜水或相应的不到 1 in 水深度所得到的压差，但快速的时间变化率会引起"震惊"现象。由声爆引起的结构损伤一般是不会在结构状况良好的情况下出现的，直到无损超声速飞机在飞行 100 ft 高度时，多次经历人类体验过的在 20～144 lb/ft² 之间超压的声爆，才会引起结构损伤。超压的振幅受到飞机长度和其最大横截面比例的影响。较细长的飞机所形成的声爆会较弱，并且声爆的强度也与飞机的重量相关。典型的以磅每平方英尺为单位的超压为：SR71 在马赫数为 8、飞行高度 80 000 ft 时是 0.9；协和式超声速喷射客机在马赫数为 2、飞行高度 52 000 ft 时是 1.92；航天飞机在马赫数为 1.5、降落过程中高度为 60 000 ft 时是 1.25。使用线性化声流理论可以确定细长飞机的近场声爆。近场冲击的演变或 N 波的形成可使用 Whitham 法则计算（Whitham，1952，1956）。值得注意的是，飞机在加速或减速飞行或机动飞行时会产生集中声爆或超声爆。这部分内容由 Lilley 等（1953）在组合分析和试验中做出描述（使用液压模拟隧道）。此外，在真实环境中，包括大气湍流的超声速声爆的传播可改变声爆的时间特征。最近的研究致力于飞机外形技术的研究，以使得超声速声爆的特征变弱，减少不利影响。

现代喷气战斗机的近场压力波动非常高，以至于包括非线性效应的波动传播到一个远场的观察

者。Ffowcs Williams，Simson 和 Virchis（1975）最早对涡轮喷气发动机噪声的"爆裂声"特性进行了描述，该描述是基于为协和式飞机提供推力的 Rolls Royce/SNECMA593 引擎所做出的。"爆裂声"以随压力时间推移的急剧偏移为特征，并以其偏态被量化。偏态值高于 0.4，爆裂声可预测；相对地，当偏态值低于 0.3 时，则不会听到爆裂声。他们认为爆裂声是由于非线性波从声音源头上趋陡，而并不是从非线性传播中形成的。噪声的非线性传播虽然会被大气吸收效应平衡，但仍保持着时间信号的尖锐性。非线性传播对飞机宽频噪声信号的影响会由于非线性趋陡效应而在声音频谱中不断地填充高频率，这将被大气吸收效应所平衡，从而减少了高频等级。总而言之，非线性传播在非线性频谱下比在线性情况下会显示更高的频率水平，这将导致时间信号保持恼人的"爆裂声"特性。最近的预测非线性的传播效果的方法是基于 Burgers 方程的数字解法（Gee，2005）。此解法以分布方法为基础，在时域预测非线性趋陡，形成 Earnshaw 解法，并且在频域中预测大气吸收效应。对比 F/A－18E/F 飞机的发动机噪声的预测和测量可知，两者显示了良好的一致性。Saxena，Morris 和 Viswanathan（2009）描述了在频域预测非线性和大气吸收传播效应的解决方案的算法。随后，Lee，Morris 和 Brentner（2010）对该算法进行了进一步的改进，混合了低频时数值解与高频率的解析法。

7　总述

本章主要对空气声学在喷注噪声的应用方面进行了概述。空气声学在飞机噪声应用上的问题通常是一个非常具有挑战性的课题。接下来的章节中描述的主题范围证明了飞机噪声问题的复杂性和丰富性。我们必须认识到空气声学和湍流的相关性是不可改变的，因此，必须开发湍流和其产生的噪声模型，或者对其进行数值仿真计算。随着计算能力的增强和新型试验技术的发展，我们可以期待对噪声产生机制的深入研究和进一步的预测。但是，可以用于设计环节的预测必须具备准确而迅速的特性，而大比例的数值计算不太可能满足这样的要求。所以，基于更详细的仿真和测量，对于声噪的建模和分析仍扮演着重要的角色。气动噪声是一个迷人的和具有挑战性的学术领域，并有可能在未来的日子里继续保持其趣味性和实际意义。

参考文献

Arfken，G. B. and Weber，H. J.（1995）*Mathematical Methods for Physicists*，Academic Press，San Diego.

Bendat，J. S. and Piersol，A. G.（1993）*Engineering Applications of Correlation and Spectral Analysis*，John Wiley and Sons，New York.

Brown，G. L. and Roshko，A.（1974）On density effects and large structure in turbulent mixing layers. *J. Fluid Mech.*，64，775－816.

Choudhari，M. M. and Khorrami，M. R.（2007）Effect of threedimensional shear—layer structures on slat cove unsteadiness. *AIAA J.*，45（9），2174－2186.

Crighton，D. G.（1975）Basic principles of aerodynamic noise generation. *Prog. Aeronaut. Sci.*，16（1），31－95.

Dowling，A. P.，Ffowcs Williams，J. E. and Goldstein，M. E.（1978）Sound production in a moving stream. *Philos. Trans. Roy. Soc. London*，*Ser. A*，288，321－349.

Ffowcs Williams，J. E.（1963）The noise from turbulence convected at high speed. *Phil. Trans. A* 255，469－503.

Ffowcs Williams，J. E. and Hall，L. H.（1970）Aerodynamic sound generation by turbulent flows in the vicinity of a scattering half plane. *J. Fluid Mech.*，40，657－670.

Ffowcs Williams，J. E.，Simson，J. and Virchis，V. J.（1975）Crackle：an annoying component of jet noise. *J. Fluid Mech.*，71，251－271.

Fink，M. R.（1979）Noise component method for airframe noise. *J. Aircraft*，16（10），659－665.

Gee，K. L.（2005）Prediction of nonlinear jet nosie propagation. PhD thesis，Penn State University.

Goldstein，M. E.（1976）*Aeroacoustics*，McGraw—Hill，New York.

Goldstein，M. E. and Leib，S.（2008）The aeroacoustics of slowly diverging supersonic jets. *J. Fluid Mech.*，600，291－337.

Guo，Y. P.（2008）A component—based model for aircraft landing gear noise prediction. *J. Sound and Vib*，312，801－820.

Harper—Bourne，M. and Fisher，M. J.（1973）The noise from shock waves in supersonic jets，in *Noise Mechanisms*. *AGARD—CP*—131.

Karabasov，S. A.，Afsar，M. Z.，Hynes，T. P.，Dowling，A. P.，McMullan，W. A.，Pokora，C. D.，Page，G. J. and McGuirk，J. J.（2008）Using large eddy simulation within an acoustic analogy approach for jet noise modelling. AIAA Paper 2008－2985.

Khavaran，A. and Bridges，J.（2005）Modelling of fine—scale turbulence mixing noise. *J. Sound Vib.*，279（3—5），1131－1154.

Lee，S. K.，Morris，P. J. and Brentner，K. S.（2010）Nonlinear acoustic propagation predictions with applications to aircraft and helicopter noise. AIAA Paper 2010－1384.

Lighthill，M. J.（1952）On sound generated aerodynamically：I. General theory. *Proc. Roy. Soc. Lond. A*，211，564－587.

Lilley，G. M.（1972）Generation of sound in a mixing Region，in aircraft engine noise reduction-Supersonic jet exhaust noise. *Tech. Rep. AFAPL－TR－72－53－Volume IV*，Aero Propulsion Laboratory，Ohio.

Lilley，G. M.（1974）On the noise from jets，in *Noise Mechanisms*，pp. 13. 1－13. 12. *AGARD—CP*—131.

Lilley，G. M.（2001）The prediction of airframe noise and comparison with experiment. *J. Sound Vibr.*，239（4），849－859.

Lilley，G. M.，Westley，R.，Yates，A. H. and Busing，J. R.（1953）On some aspects of the noise propagation from supersonic aircraft. *J. Roy. Aeronaut. Soc.*，57（510），396－414.

Lockard，D. P.，Khorrami，M. R. and Li，F.（2003）Aeroacoustic analysis of a simplified landing gear. AIAA Paper 2003－3111.

Lockard，D. P.，Khorrami，M. R. and Li，F.（2004）High resolution calculation of a simplified landing gear. AIAA Paper 2004－2887.

Lopes，L. V.，Brentner，K. S. and Morris，P. J.（2010）A framework for a landing gear model and acoustic prediction. *J. Aircraft*.

Morris，P. J. and Miller，S. A. E. M.（2009）The prediction of broadband shock-associated noise using RANSCFD data. AIAA Paper 2009－3315.

Raman，G.（1998）Advances in understanding supersonic jet screech：review and perspective. *Prog. Aerosp. Sci.*，34，45－106.

Ribner，H. S.（1964）The generation of sound by turbulent jets. *Adv. Appl. Mech.*，8，103－182.

Saxena，S.，Morris，P. J. and Viswanathan，K.（2009）Algorithm for the nonlinear propagation of broadband jet noise. *AIAA J.*，47（1），186－194.

Smith，M. G. and Chow，L. C.（1998）Prediction method for aerodynamic noise from aircraft landing gear. AIAA Paper 98－2228.

Souliez，F. J.，Long，L. N.，Morris，P. J. and Sharma，A.（2002）Landing gear aerodynamic noise prediction using unstructured grids. *Int. J. Aeroacoust.*，1（2），115－135.

Tam，C. K. W.（1971）Directional acoustic radiation from a supersonic jet generated by shear layer instability. *J. Fluid Mech.*，46（4），757－798.

Tam，C. K. W.（1987）Stochastic model theory of broadband shockassociated noise from supersonic jets. *J. Sound Vib.*，116，265—302.

Tam，C. K. W. and Auriault，L. （1998）Mean flow refraction effects on sound radiated from localized sources in a jet. *J. Fluid Mech.*，370，149—174.

Tam，C. K. W. and Auriault，L. （1999）Jet mixing noise from finescale turbulence. *AIAA J.*，37（2），145—153.

Tam，C. K. W. and Burton，D. E. （1984a）Sound generation by the instability waves of supersonic flows. Part 1. Two-dimensional mixing layers. *J. Fluid Mech.*，138，249—271.

Tam，C. K. W. and Burton，D. E. （1984b）Sound generation by the instability waves of supersonic flows. Part 2. Axisymmetric jets. *J. Fluid Mech.*，138，273—295.

Tam，C. K. W.，Golebiowski，M. and Seiner，J. M. （1996）On the two components of turbulent mixing noise from supersonic jets. AIAA Paper 96—1716.

Tam，C. K. W. and Morris，P. J. （1980）The radiation of sound by the instability waves of a compressible plane turbulent shear layer. *J. Fluid Mech.*，98（2），349—381.

Tam，C. K. W.，Viswanathan，K.，Ahuja，K. K. and Panda，J. （2008）The sources of jet noise：experimental evidence. *J. Fluid Mech.*，615，253—292.

Troutt，R. R. and McLaughlin，D. K. （1982）Experiments on the flow and acoustic properties of a moderate Reynolds number supersonic jet. *J. Fluid Mech.*，116，123—156.

Viswanathan，K. （2004）Aeroacoustics of hot jets. *J. Fluid Mech.*，516，39—82.

Viswanathan，K. （2006）Scaling laws and a method for identifying components of jet noise. *AIAA J.*，44（10），2274—2285.

Whitham，G. B. （1952）The flow pattern of a supersonic projectile. *Comm. Pure Appl. Math.* 5，301—348.

Whitham，G. B. （1956）On the propagation of weak shock waves. *J. Fluid Mech.*，1，290—318.

本章译者：张铧予（北京航天长征科技信息研究所）

第 287 章

推进系统噪声：涡轮机构

R. Jeremy Astley

南安普顿大学声学与振动研究院，南安普敦，英国

1 引　　言

现代商业涡轮风扇式飞机的三大噪声源包括：涡轮机构噪声、喷流噪声和机体噪声。这些噪声成了影响飞机内乘客和空乘人员的噪声（见第 6 卷第 292 章），以及影响机场附近居民的环境和航空器噪声。本章仅仅考虑涡扇引擎飞机的外部环境噪声。如果不是超声速巡航飞机（见第 6 卷第 294 章），一般不考虑巡航阶段产生的噪声，而仅考虑起飞和降落阶段的噪声。噪声的不同取决于发动机，运行阶段的不同也取决于机体噪声等非发动机噪声（见第 6 卷第 289 和 290 章），因此，控制和认证服役后的商业飞机的噪声指标十分复杂。

1.1 噪声认证的规章制度

20 世纪 60 年代，随着民用航空的广泛发展，以及涡喷和涡扇发动机的广泛使用，控制飞机噪声变得尤为重要。这些噪声导致机场附近噪声逐步升级。1969 年，美国联邦航空管理局（FAA）发布了噪声认证与资质——《联邦航空条例》，又称 FAR36。该条例规定了新服役飞机所允许的最大噪声水平。国际民航组织（ICAO）在 1971 年制定了相似的要求。近些年的规章要求越来越严格。2006 年 1 月以后，新服役的飞机都要符合最新版本（ICAO 附录 16 和 FAR36 第 4 阶段适航噪声要求）规章的要求。

1.2 有效感觉噪声级（EPNL）

EPNL 用分贝来衡量，用来鉴定飞机的噪声。该衡量标准是在噪声产生过程中，衡量感觉噪声级（PNL）基于音调调整的有效感觉噪声级（PNLT）。Smith（Smith，1989，附录）给出了用于噪声认证的 EPNL 逐步计算方法。三个参考地点用于计算噪声，包括：（i）当飞机全功率起飞和爬升时，距离飞行路径 450 m 范围的边线参考点；（ii）当飞机以最大功率的 80％飞越的下方参考点；（iii）当飞机以 3°下滑角进场时，距离跑道入口 2 000 m 航道下的参考点。由于参考点上的有效感觉噪声颁值（EPNdB）会随着飞机起飞质量和发动机数量而改变，因此上述只做有限参考。图 1 给出了第 1 卷第 3 章最大起飞质量下起飞的有效感觉噪声级，以及采用劳斯莱斯发动机的飞机噪声认证值。在三个参考点的累积条件下，当前认证标准（ICAO，第 4 章）在图 1 的基础上拥有 10 dB 裕度。

186

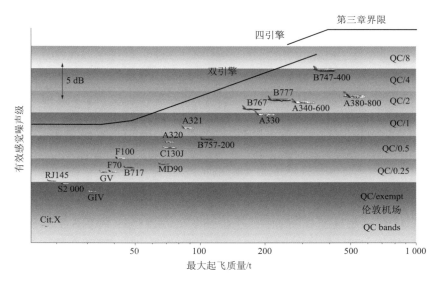

图1 国际民航组织认证限制——伦敦机场噪声配额数（QC）范围和噪声等级（飞机装备劳斯莱斯发动机）

1.3 地方噪声条例

随着近些年地方机场噪声条例的出台，确定新型飞机的噪声目标变得十分复杂，尤其是大型飞机，通常比认证要求还要严格。噪声配额数（QC）系统是伦敦机场用来管理夜航大型飞机的典型条例。图1为伦敦机场的QC范围。QC范围不依赖于飞机起飞质量，而是受机场计划采用的噪声累积指标影响，如L_{Acq}（等效连续声压级）和L_{DN}（昼夜等效声级）等。当飞机机动频繁，次数加倍时，相应的噪声水平增加3 dB。在QC系统指导下，等级1代表1架飞机在有限配额下起降，等级2代表2架，等级4代表4架，依此类推。如果所有飞机满足认证要求，那么就能够确保满足低等级QC的需求。

1.4 确定特定噪声源

图2给出了涡轮风扇发动机不同部位的噪声源。风扇和出口导叶产生的噪声沿着进气道和外涵道分别向前后传播。压气机噪声沿着进气道向四周辐射。涡轮和燃烧室噪声沿着热通道向后传播。燃气混合噪声在外涵道内产生，射流剪切层从排气管处排出（见第6卷第288章）。图3所示为3个噪声测量参考点的噪声构成比例，每个部分的噪声源构成了飞机整体的有效感知噪声级（EPNL）。机体噪声见第6卷第289和290章。这些数据值是从装备高涵道比涡扇发动机的现代飞机中测得的。在边线和飞越参考点噪声中，风扇和燃气噪声占主导位置；在进场参考点噪声中，风扇和机体噪声占主导位置。

187

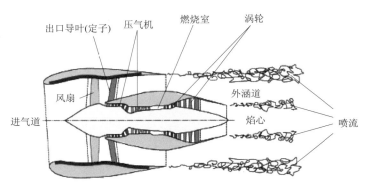

图2 涡扇发动机的噪声源

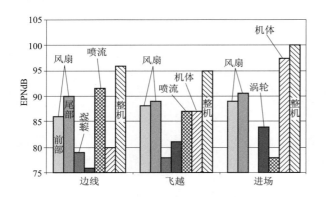

图 3　飞机噪声源在 3 个参考点噪声中比例
（高涵道比现代化飞机）

不同类型的飞机拥有不同的噪声等级。通常，降低 EPNL 的措施是，降低飞机起飞时的风扇和燃气噪声，以及飞机进场时的风扇和机体噪声。

1.5　噪声源方向性

飞机的声传播方向决定了 EPNL 的值。例如，如果噪声直接指向机身前方，就仅仅对进场和飞越参考点噪声产生较小的影响。图 4 给出了不同噪声源的方向性。图中波瓣的大小和方向代表每个噪声源辐射声功率的量级和方向。图中展示了 20 世纪 60 年代典型涡轮喷气（或低涵道比涡轮风扇飞机）飞机和现代高涵道比涡轮风扇飞机。发动机都是在接近最大功率下工作。在对比中，高涵道比发动机的喷流噪声显著降低。涵道比越高，发动机的效率也就越高，同时能够在喷流高速喷出时，显著降低混合喷流的噪声（见第 6 卷第 288 章），但是会产生一定规模的风扇噪声。

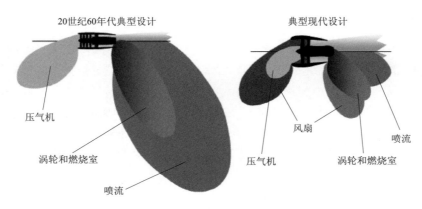

图 4　20 世纪 60 年代设计与现代设计对比

2　涡轮风扇发动机产生的噪声

涡轮风扇噪声是由风扇、压气机和涡轮中的不稳定气流引起的，它还与燃烧室内压力和温度的不稳定、热气流，以及进气道、外涵道和排气口的气流混合扰动相关。这些噪声的处理见其他章节（第 6 卷第 288 章）。这里简要讨论涡轮机械和燃烧室等机械部件的噪声源。

2.1　发动机叶片通过频率（BPF）

分析涡轮噪声首先应该关注相对发动机轴固件的压力场。假设风扇或发动机拥有 N 个发动机叶片，如图 5 所示，其旋转速度为 Ω rad/s（$=2\pi f_s$，其中 f_s 为每秒钟转数）。如果叶片均匀分布，将产生有规律间隔的旋转场，$\Delta\theta_f = 2\pi/N$，其中 θ_f 是旋转结构中固定的方位角。相关压力场 $p(r,\theta_f)$ 在旋转结构中是不变的，可以看作方位谐波的求和，表示为

$$p(r,\theta_f) = \sum_{n=-\infty}^{\infty} p_n(r) e^{inN\theta_f} \qquad (1)$$

空间中固定结构可表示为方位角 θ，$\theta_f = \Omega t + \theta$，转为不定场时，表达为

$$p(r,\theta,t) = \sum_{n=-\infty}^{+\infty} P_n(r) e^{inN(\Omega t+\theta)}$$
$$= \sum_{n=-\infty}^{+\infty} P_n(r) e^{i\omega_n t} e^{inN\theta} \qquad (2)$$

其中，辐射频率 ω_n（$=nN\Omega$）是 $N\Omega$ 的整数倍。叶片通过频率的谐波由赫兹表述，即 BPF $=N\times f_s$。此频率指叶片连续扫过发动机固定部分的频率。如公式（2）所示，发动机压力场包括 BPF 谐波音调的离散谱，即当 $f=$ BPF、$2\times$ BPF、$3\times$ BPF 等。大型涡扇发动机风扇直径 2 m，起飞时的 BPF 通常为 1～2 kHz，具体取决于叶片数量。图 6 为该型涡扇发动机的声压级（SPL）频谱，并展示了发动机在进场和边线噪声范围。SPL 在静态发

动机试验的前部弧段中测量。水平轴的频率音阶由叶片通过频率（BPF）来定义，BPF谐波在非音调宽频部件上是可见的。当不是BPF的谐波时，其

他音调同样代表了边线频谱，但是可见性较低。下一部分详细介绍该情况。

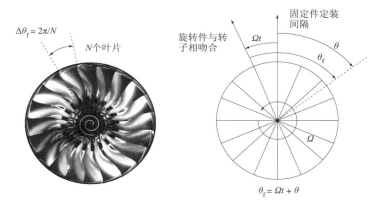

图5　固定和旋转结构确定发动机音调（由劳斯莱斯股份有限公司许可重新生产）

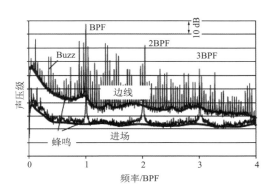

图6　进场和边线噪声认证点的前部发动机噪声范围

2.2　风扇激波噪声（多纯音）

当旋转压力场对应的不是定周期叶片部件时，另外的音调由多个轴旋转频率 f_s 产生，而不是叶片通过频率（Nf_s）。图7为超声速转子轴相对叶片发生振动时产生的噪声，在风扇上升气流的压力

场中产生连续 N 个波形。实际上，由于叶片安装角度以及制造等原因，叶片部件并非完全定周期。噪声根据振动强度变化，然后被非线性放大并传播至风扇附近，因而导致进气管产生更多的 N 波形噪声。如图7所示，上升气流传播时，定周期 N 波形在叶片级前逐步非线性化。此过程产生方位傅里叶声压，此后叶片间隔变为非周期形式，即 $e^{im\theta_f}$（$m=1$，2，3，…）。其将与旋转轴"锁定"，但是相当于多重旋转轴的发动机指令（EO）音调频率：$EO_1=f_s$，$EO_2=2×f_s$，$EO_3=3×f_s$ 等。该频率和谐波比BPF的要低。它们被称为"风扇激波噪声"或多纯音，其只在风扇轴速度为超声速时发生（在边线和飞越，但不是进场）。图6边线频谱中能够看到风扇激波噪声，它由于叶片轴心差而随机产生，因此很难在源头预测或控制。但是可以通过设计叶片轮廓来减小振动强度，或是缓慢移动叶片安装的最佳顺序。

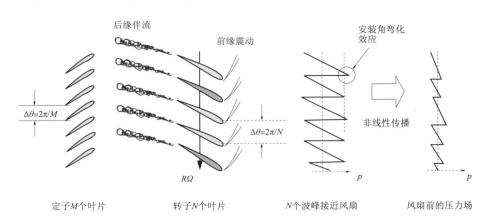

图7　风扇噪声产生机制

2.3　交互和畸变音调

公式（2）是基于均匀平均气流流经独立转子而成立的。当定子处于转子上游或下游，或是平均气流失真时，转子压力场会产生交互音调，并周期性地反射到定子，令平均气流失真。在风扇级，该噪声源主要与转子/出口导叶碰撞产生的振动有关，尤其在定子－转子空间狭小时更为显著。在涡轮级，当转子负载不稳定时也会减少定子噪声级。在涡扇涵道噪声高级论文中，Tyler 和 Sofrin（1962）假设涡轮机械级具备 N 个转子叶片和 M 个定子叶片，每个转子 BPF 谐波产生无线序列或额外方位角，公式（2）可以重写为：

$$p(r,\theta,t) = \sum_{m=0}^{+\infty} \sum_{n=-\infty}^{+\infty} A_{nm}(r)\, e^{i\omega_n t}\, e^{i(nN\pm mM)\theta} \quad (3)$$

其中，m 和 n 均为整数，每个角频率 ω_n 都存在多音调，拥有（$nN\pm mM$）方位波瓣。旋转速度表达式为：

$$\frac{nN}{nN\pm mM} \times 轴转速 \quad (4)$$

当外壁的方位相平面速度为超声速时，圆柱或环形涵道中产生强烈旋转；当外壁的方位相平面速度为亚声速时，则传播很弱；当风扇轴转速为超声速时，由于通过进气道传播，转子 BPF 音调传播强烈。这些音调包括在边线和飞越测量时，如图 6 所示，进场时辐射较低。在"Tyler 和 Sofrin"模式下，可能的旋转速度由公式（4）表达，当转子轴速为亚声速时，轴速度和方位相平面速度为亚声速。这种情况下，当转子单音降低时，交互音调强烈传播。通过选择定子叶片数量（大于转子叶片的两倍），可以减少噪声。在风扇/出口导叶级采用该规则，以确保主要交互音调的方位值（假设 $n=1$）超出转子音调的方位范围（由于 $|N\pm mM|>N$），该方法称为"关闭"设计。

2.4　风扇宽频噪声

宽频噪声由随机湍流产生。风扇级是涡轮喷气航空发动机中最重要的宽频噪声。如图 8（a）所示，它包括了不同的机械，主要有：

（1）转子边界层中从转子后缘流经的湍流（转子自噪声或转子噪声）。

（2）由定转子碰撞，在转子伴流中的湍流（定子噪声）。

（3）在风扇涵道外壁处的湍流边界层，因叶片旋转交互作用产生的噪声（转子轴噪声）。

（4）进气道流经的湍流与转子交互作用产生的噪声。

前三个是最重要的噪声源。图 8（b）采用了试验数据（Ganz 等，1998），展示出了以上分类占总体宽频噪声的情况，去掉整体辐射宽频噪声级的音调后，将其分解成以上前三个机械噪声。以上采用的数据来自 1/4 缩比模型的试验数据。降低涡轮机械宽频噪声具有很大的挑战性。

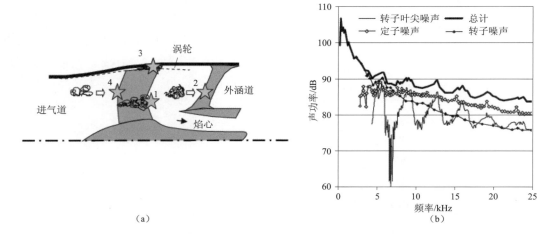

（a）　　　　　　　　　　　　　　　（b）

图 8　风扇宽频噪声

（a）风扇宽频噪声产生机制；（b）风扇宽频噪声中分解的转子噪声、转子－定子交互噪声、转子边界层交互噪声

1—转子噪声；2—涡轮转子振动的定子噪声；3—边界层－转子叶尖交互噪声；4—涡轮吸收的转子噪声

2.5 涡轮和压气机噪声

风扇噪声是大型高涵道比涡轮风扇发动机的主要噪声源，但压气机和涡轮级噪声在更小的低涵道比发动机中更为显著。由于多级发动机都会拥有风扇等噪声源机械，以及转子和定子安装间隙小等原因，涡轮和压气机在同级或是相邻级产生的噪声会引起多重交互音调。压气机音调沿着风扇和进气道之间的上升气流传播，而涡轮音调沿着排气口的下降气流传播。压气机定子组与风扇转子很近，因此风扇中心转子与定子碰撞可以引起噪声。这种情况很难处理，只能仔细选定所需的叶片数量（Groenwig 等，1995），按照"关闭"设计选择涡轮和压气机级的叶片数量。在涡轮级，燃烧室下降气流的热燃气内的声速要大于冷气流内的声速，因此要根据"关闭"模式设计轴速度。由于在涡轮初级核心处的声传播损耗相当大，因此许多交互音调可以设计成对人耳影响较小的高频段，而最后几级的声学设计也尤为关键。

2.6 燃烧噪声

燃烧噪声是在燃烧室和非均匀燃气流经涡轮级时产生的噪声。直接燃烧噪声在燃烧的过程中产生，非直接噪声（或称噪声熵）是由高温、非均匀燃气在流经涡轮并排出的过程中产生。燃烧噪声频谱特性反映了湍流焰产生的噪声。通常噪声频谱带宽很大，单峰值在 300～600 Hz。然而，当燃烧模式伴随燃烧室的声本征时，会产生音调和不稳定的热声效应。该结果来自 Candel 等在 2009 年的研究，至今仍然是燃烧噪声（特别是直接噪声）的最新基础理论。发动机燃烧和核心噪声的影响评估由 Mahan 和 Karchmer 在 1995 年确定。

当代飞行器燃烧噪声的环境影响十分有限。由于燃烧噪声是潜在噪声，因此发动机制造者希望发展低 NO_x 的燃烧室。如 2009 年 Bender 和 Buchner 所述，为降低氮氧化物的排放，需要采用火焰稳定燃烧的方法，以在高压缩比时保证燃烧稳定。在当前发动机时代，低氮氧化物排放能够令燃烧室和涡轮机构噪声降低。

3　控制和降低涡轮机械噪声

对于发动机噪声，可以在源头或是到达观察者前采取降噪措施。采用涡扇航空发动机时，可考虑采用以下方式进行降噪：

（1）降低流经发动机的气流速度，可降低空气动力为源头产生的噪声（见第 6 卷第 286 章）。

（2）增加旋转装置和固定装置之间的间距，可降低相互影响产生的噪声。

（3）增加进气和排气导管的长度，以提供额外的隔声措施。

其中，第一种方法的使用已经收到了很好的成效，特别是在高涵道比导致更低压力比以及更大、更慢的风扇的情况下。但是当涵道比达到两位数时，该方法起到的作用有限。安装该发动机时，其阻力和重力将限制飞机的性能。第二种和第三种方法采用更大的发动机转子/定子的间距、更长的发动机管道，同样会增加飞行器的重量，降低总体推进效率。通常从商业角度出发不会接受这两种方法，但是从环境角度则越来越关注这两种方法。今后必须寻找更多合适的方法，在不损失飞机性能的情况下降低飞机噪声。

3.1 降低风扇和涡轮机械噪声源——音调

当前和未来降低发动机风扇噪声的重要方法是采用新的计算方法，以及材料和制造技术。因此，需要能够设计和制造更加完美的三维叶片和翼片以降低噪声声级，例如，能够降低风扇转子叶片前的空气动力振动强度。发动机定子的倾斜与摆动可降低定子负载不稳定性，以及声辐射效率。而这些计算可以通过"计算流体动力分析"（CFD）和"计算气动声学"（CAA，见第 6 卷第 296 章）来预测所有类型的风扇声级。图 9（a）所示为通过 CFD 计算的由出口导叶摆动引起的风扇/出口导叶干扰音调，该模型继续延续单一风扇叶片流道，并在特定方位角时定期重复。图 9（b）所示为使用 CFD 设计出的低噪声风扇叶片。通过 CFD 计算，能够设计出"蜂鸣"噪声低至几分贝的模型。但是，CFD 分析还不能取代试验和测试。虽然通过计算出口导叶的倾斜和摇摆，能够预测大量降噪方法，但是试验结果可能找到更好的方法。CFD 能够选择和优化发动机出口导叶的几何结构，并以此降低噪声声级。然而，可能不能满足未来三维结构更加复杂的叶片设计。目前，建议采用其他技术来降低噪声源声级，但是包括定子和发动机主动控制技术，以及可变喷口面积、风扇罩声级处理等技术在内的技术，都还没有完全通过技术验证。

3.2 降低风扇和涡轮机械噪声源——宽频噪声

降低风扇和涡轮机械宽频噪声具有重要的意义，但存在很大的挑战。图 9 所示的包含了大量宽频噪声源。为显著降低噪声，需要同时降低以上所有宽频噪声。并且，由于宽频噪声来源于不稳定湍流，因此采用非定常的雷诺平均 N－S 方程，以及 CFD 方式建模非常重要。大涡模拟（LES）和直接数字模拟（DNS）能够解决大规模建模，但是需要实际设计评估中可能用不到的计算资源。如 Sandberg，Sandham 和 Joseph 在 2007 年所述，这些方法当前仅能够解决单一问题，如单翼面产生噪声等。

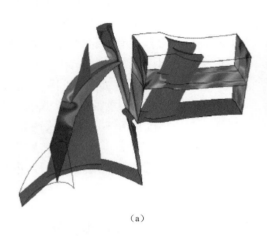

(a)   (b)

图 9　采用劳斯莱斯 HYDRA 代码以及 CFD 计算的风扇/出口导叶干扰音调（1/2 缩比模型）(a) 和采用 CFD 方法的降噪风扇叶片 (b)

未来，将采用控制和修正装置来降低由边界层湍流特性以及定子、转子和风扇罩等形成的风扇宽频噪声。最初对"伴流填充"的研究，例如空气从后缘襟翼喷出时降低旋翼尾流的速度亏损，表明大幅降低远场音调功率级和宽频噪声是可能的（Sutliff，2005）。其他流控制方法还包括降低湍流级别，或是延迟机翼后缘吹入或吸入空气的转换，还有在缸壁湍流边界层放气，或使用多孔延伸的机翼后缘。Envia 在 2001 年已经评估了以上建议的方法。

3.3 通过声学处理降低风扇和涡轮机械噪声——预测法

由于风扇和出口导叶产生的噪声在辐射到远场前必将流经进气道和外涵道（图 10），因此，在涡扇涵道中安置声学吸收器是一种降低涡轮机械和风扇噪声的成功而持久的策略。大多数涵道内部表面布满了局部反应流的声学吸收器，典型的有单一或双重振腔蜂窝结构的穿孔或金属丝网的薄板。带有穿孔或金属丝网衬里的单振腔薄板如图 10 所示。薄板的过流面积百分比为 1%～10%，内衬厚度为 10～50 mm。内衬被设计成独立模式和宽频噪声，用以均分和削弱声学功率。

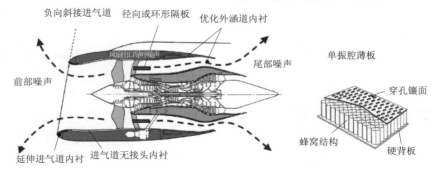

图 10　风扇噪声传播和涡扇发动机舱先进声处理设计

内衬结构和声学阻抗之间的关系十分复杂，特别是当擦边气流通过时。Motsinger 和 Kraft 在 1995 年给出了以上模型的评估。在现代化进气道设计中，内衬的安装可以降低宽频噪声叶片通过频率的辐射强度，使其降低 10～20 dB。

内衬的设计是建立在对内衬效果的精确预测的基础之上的，此外，还要采用解析和计算工具。大多数解析工具都是基于等速圆周（进气道）或环形涵道（外涵道）的建模理论。此种方法通常用来构建噪声源和频率衰减的内衬，结合飞机整体噪声建模以及其他噪声源，采用数据优化的内衬结构。近期，有人开始研究多目标优化的自动程序，如 Lafronza 等在 2006 年开展的最初阶段计算。

采用解析法计算拥有轴对称内衬的圆形或环形涵道的效果是有限的。这只能为实际的轴向非均匀几何涡扇涵道提供大致的分析。计算数值方案通常采用以下方法。

• 边界元法（BEM）：该方法通常应用在进气道问题（Montetagaud 和 Montoux，2005），但对平均流量的假设有限。

• 基于迁移亥姆霍兹方程的有限元（FE）频域法：该方法能够应用于非均匀的、非旋转场、平均流等计算。声传播及复杂声速问题也可以由迁移亥姆霍兹方程来表达。该方法还可用于商业规程（Van Antwerpen，Lenevue 和 Caro，2005）。

• 基于线性欧拉方程（LEE）的时域法：该方法可用于平均流切变量，但是切变量不稳定性可能需要滤波等其他方法，通常采用结构高阶分散关系保存（DRP）有限差分法（FD）（Tam 和 Webb，1993）和高阶紧凑格式（Richards，Chen 和 Zhang，2005），以及非结构高阶不连续 Galerkin 法（Lenevue 等，2008）。

• 基于线性欧拉方程（LEE）的频域法：流量切变量的线性时域法会引起稳定问题，通过基于线性欧拉方程的频域法可以解决该问题。高阶 FD 或 FE 法可直接解决问题（Ozyoruk，2009），通常两种方法并用效果会更好。

• 全欧拉方程：该方法同样能够避免流量切变量在线性时域法中不稳定的问题，可以建立声传播散射和振动的精确模型。基于全欧拉方法的高阶方法已经应用在复杂的 3D 声传播问题中（Redonnet，Mincu 和 Manoha，2008），以及 3D 发动机舱建模等。

以上方法在真实涡扇涵道应用中会遇到不同的困难。例如，飞越参考点的叶片通过频率，或轴对称进气道问题的计算需要 10^5 阶次。单频计算只需几分钟，而标准工作站则需数小时。完全三维模型需要 10^7 阶次，这对计算提出更高的挑战。轴对称进气道和外涵道广泛应用 CAA 传播模型，但非轴对称内衬或是外涵道吊架效应目前还处于研发和验证的最初阶段。

3.4 通过声处理降低风扇噪声

通常，进气道和外涵道的噪声是很大的，此时需要新概念来达到未来的噪声控制目标。图 10 展示这些方法，其中有些已经开始应用，其他需要未来技术的继续研发。下面列出了主要前景：

• 进气道无接头内衬：大多数进气道的内衬面板之间都采用无接头和轴对称等多种声处理制造工艺。根据 Tyler 和 Sofrin 理论，给定方位角的分散模式可以转成临近模式。风扇有 24 个叶片，可以分解为基于方位角的三轴向拼接模式，即 $m_\theta = 24 \pm 3m$（m 为整数），也即 {27，21}，{30，18}，{33，15} 等。将内衬设计成 $m_\theta = 24$ 模式的效能将低于低阶分解模式（$m_\theta = 21$，18，15 等）。即使一小部分声功率从偶然模式分解到低方位角模式，也可以确定内衬尾部的声功率（Tester，2006）。发动机装配和飞行试验表明，采用无接头内衬替代常规有接头内衬能够在边线参考点及飞越时将音调降低 10 dB。无接头内衬已经投入生产，并正用在"空客 A380"客机上，在未来客机上也将成为标准配置。

• 延伸进气道内衬：延伸进气道内衬的声处理方法正应用在欧洲 SILENCE 项目中。数值预测、静态发动机试验和全尺寸飞行试验表明，典型噪声还是很显著的（Astley 和 Hamilton，2002）。此技术可能需要重新设计发动机舱部分的除冰系统。

• 负向斜接进气道（NSI）：该方法探索了延长低缘，令噪声远离地面。试验数据和数值仿真表明，该方法可以削减飞机起飞和进场时的主要噪声（Montetagaud 和 Montoux，2005）。未来还需确定该方法对飞机性能的影响。

• 外涵道中安装线性径向或环形隔板：相比现代 HBR 发动机前端噪声，风扇后部噪声占据 EPNL 中较大比重。数值研究和装配试验表明，在外涵道中安装线性分布的径向或环形隔板能够显著降低排气中的音调和宽频噪声（Sugimoto，Astley

和 Smith，2005）。

- 全优化线性方法：进气道和外涵道采用衰减预测的计算方法，该方法能够在成本可控的情况下采用最优方法在轴对称涵道内安置内衬。至今，该方法的综合研究一直在开展，但仅限于较为简单的结构。未来几年，该方法可能解决真实发动机涵道的优化问题。

4　总　　结

涡轮机械噪声是现代涡扇飞机噪声中的主要噪声。随着现代商业涡扇飞机的涵道比不断提高，飞机的性能也逐步提升，风扇的噪声超过压气机和涡轮噪声，成为最重要的发动机噪声来源。该噪声与飞机起飞时的喷流噪声和进场时的机体噪声相似，给居民带来的影响都十分显著。风扇音调和宽频噪声同等重要，也同为降低整体噪声的主要对象。

更高的涵道比和更慢的风扇，以及更低的风扇压缩比导致了严重的燃气和涡轮机械噪声。对未来噪声以及音调的进一步削减，需要研发完美的三维叶片、转子和定子几何结构等。未来还将采用控制燃气流等方法进一步降低噪声，如伴流填充、锯齿状和多孔转子后缘及有源定子等。

在之前的 40 年，进气道和外涵道安装声处理内衬是一种较为成熟的技术。该方法在未来还具备进一步降低噪声的潜力，在发动机舱安装先进声处理装置，如无接头内衬、负向斜接进气道、线性外涵道隔板和先进三维优化内衬等，均能在未来 10 年提高声处理的能力。

许多理论应用在降低风扇噪声中，但对低涵道比的小型飞机的涡轮和压气机噪声效果有限。燃烧噪声在飞机整体噪声占次要地位，但是随着下一代低油耗、低排放飞机的研制，为发动机制造安静、稳定和富燃燃烧室将成为重要挑战。

参考文献

Astley, R. J. and Hamilton, J. A. （2002）Modelling tone propagation from turbofan inlets-the effect of extended lip liners. AIAA－2002－2449.

Bender, C. and Buchner, H. （2009）The impact of flame stabilization and coherent flow structures on the noise emission of turbulent swirling flows. *Int. J. Aeroacoustics*, 8, 143－156.

Candel, S., Durox, D., Ducroix, S., Birbaud, A. L.,

Noiray, N. and Schuller, T. （2009）Flame dynamics and combustion noise：progress and challenges. *Int. J. Aeroacoustics*, 8, 1－56.

Envia, E. （2001）Fan noise reduction：an overview. *Int. J. Aeroacoustics*, 1, 43－64.

Ganz, U. W., Joppa, P. D., Patten, J. T. and Scharpf, D. F. （1998）Boeing 18 inch fan rig broadband noise test. *NASA CR* 1998－208704.

Groenwig, J. F., Sofrin, T. G., Rice, E. J. and Gliebe, P. R. （1995）Turbomachinery noise, in *Aeroacoustics of Flight Vehicles, Theory and Practice*, vol. 1：Noise sources（ed. H. H. Hubbard）, The Acoustical Society of America, pp. 151－210.

Hodge, C. G. （1995）Quiet aircraft design and operational characteristics, in *Aeroacoustics of Flight Vehicles, Theory and Practice*, vol. 2：Noise control（ed. H. H. Hubbard）, The Acoustical Society of America, pp. 383－413.

Lafronza, L., McAlpine, A., Keane, A. J. and Astley, R. J. （2006）Response surface method optimization of uniform and axially segmented duct acoustics liners. *J. Aircraft*, 43（4）, 1089－1102.

Lenevue, R., Schlitz, B., Laldjee, S., and Caro, S. （2008）Performance and application of discontinuous Galerkin method for turbofan engine fan noise. AIAA－2008－2884.

Mahan, J. R. and Karchmer, A. （1995）Combustion and core noise, in *Aeroacoustics of Flight Vehicles, Theory and Practice*, vol. 1：Noise sources（ed. H. H. Hubbard）, The Acoustical Society of America, pp. 483－518.

Montetagaud, F. and Montoux, S. （2005）Negatively scarfed intake：design and acoustic performance. AIAA paper 2005－2944.

Motsinger, R. E. and Kraft, R. E. （1995）Design and performance of duct acoustic treatment, in *Aeroacoustics of Flight Vehicles, Theory and Practice*, vol. 2：Noise control（ed. H. H. Hubbard）, The Acoustical Society of America, pp. 165－206.

Ozyoruk, Y. （2009）Numerical prediction of aft radiation of turbofan tones through exhaust jets. *J. Sound. Vib.*, 325, 122－144.

Redonnet, S., Mincu, C. and Manoha, E. （2008）Computational aero-acoustics of realistic co-axial engines. AIAA－2008－2826.

Richards, S. K., Chen, X. X. and Zhang, X. （2005）Parallel computation of 3D acoustic radiation from an engine intake. AIAA－2005－2947.

Sandberg, R., Sandham, N. D. and Joseph, P. J. （2007）Direct numerical simulation of trailing edge noise generated by boundary layer instabilities. *J. Sound Vib.*, 304，677－690.

Smith，M. J. T. （1989）*Aircraft Noise*，Cambridge University Press，Cambridge.

Sugimoto，R.，Astley，R. J. and Smith，M. （2005）Modelling of flow effects on propagation and radiation from bypass ducts. AIAA－2005－3011.

Sutliff，D. L. （2005）Broadband noise reduction of a low-speed fan noise using trailing edge blowing. AIAA－2005－3028.

Tam，C. K. W. and Webb，J. C. （1993）Dispersion preserving finite difference schemes for computational acoustics. *J. Comput. Phys.*，107，262－281.

Tester，B. J.，Powles，C. J.，Baker，N. J and Kempton，A. J. （2006）Scattering of sound by liner splices：A Kirchhoff model with numerical verification. *AIAA J.*，44，2009－2017.

Tyler，J. M. and Sofrin，T. G. （1962）Axial flow compressor noise studies. *SAE Trans.*，70，309－332.

Van Antwerpen，B.，Lenevue，R. and Caro，S. （2005）New advances in the use of Actran/TM for nacelle simulations. AIAA－2005－2823.

本章译者：杨云翔（北京航天长征科技信息研究所）

第 288 章

推进系统噪声：喷气射流

Christophe Bailly[1,2], Christophe Bogey[1]

1 中央理工大学里昂分校流体力学和声学实验室与国家科学研究中心 5509，法国

2 法兰西大学研究院，巴黎，法国

1 简 介

射流噪声指的是由飞机发动机排出的气流产生的噪声，并包括射流与周围介质之间的混合噪声，以及与出现未完全扩散状态的超声速射流激波相关的噪声。自 1952 年 5 月 De Havilland 从伦敦飞往约翰内斯堡的喷气式载客商务航班飞行开始，射流噪声就已被确定为一个严重的问题。20世纪 70 年代，为提高发动机性能而引入了涡轮风扇高涵道比发动机，这使飞机噪声得到了明显的下降。虽然在起飞时大部分噪声来自飞机，但仍有 $1/3 \sim 1/2$ 来自射流。军用飞机也受到超声速射流噪声的影响，其中包括因疲劳导致的结构故障（Raman，1998）。

自从 Lighthill（1952）关于空气动力噪声的第一部理论著作问世以来，射流噪声的建模就一直与理解湍流剪切流所取得的进步存在着内在的联系。因此，湍流也首次被均匀湍流和各向同性湍流的分析理论占据了主导地位。这一观点也在推导 Proudman 模型的气动声学中得到应用，而用于预测诸如各向同性湍流所辐射的声功率。读者可以参阅 Lilley（1996）的论述。后来又介绍了不稳定波和相干结构在剪切湍流中的具体作用，请参阅 Grighton（1975）的评论。其中最重要的一项结果是雷诺数的作用，其对应于喷口出口处初始边界层过渡部位的临界值为 $Re \approx 2.5 \times 10^5$。雷诺数定义为 $Re = U_j D/v$，其中 D 为射流直径，U_j 为射流速度，v 为运动黏度。对于低于 10^5 的雷诺数，出口边界层为层流的，远场噪声谱则受到初始层流剪切层中出现的涡流配对所产生的高频成分所主导（Zaman，1985），相对于在喷管出口处显示湍流状态的高雷诺数射流中所得到的湍流脉动和噪声，这些相干结构产生的湍流脉动更大，噪声更强。此外，在后一种情况下，整体流动特性不依赖于雷诺数的大小。在这两个渐近状态之间，即 $10^5 < Re < 2.5 \times 10^5$，初始剪切层是过渡性的。

在 20 世纪 90 年代之前，射流噪声的研究工作主要是通过实验研究进行的。基于低功耗和低消散算法的湍流数值模拟方面的进展促进了空气动力噪声的仿真，它属于计算气动声学的一个分支（Colonius 和 Lele，2004）。直接噪声计算（DNC）由解算可压缩 Navier－Stokes（N－S）方程组成，同时确定同一范围内的空气动力场和声场。虽然要涉及复杂的数值问题，但也使得噪声源机制更深刻的物理研究成为可能。这些参考解决方案使我们能够研究出基于物理学的更佳预测，并对流量控制和降低噪声提供新的见解。大部分的数值计算都是以相对较低的雷诺数进行的，而大多数的喷气实验则是以高雷诺数进行的。

本章的结构如下：第 2 节简要介绍亚声速和超声速射流的空气动力学，第 3 节和第 4 节分别描述亚声速和超声速射流噪声，更实际的情况则在第 5节中介绍。

2 喷管排出的射流

射流是由喷管压力比（NPR）驱动的，其定

义为储油压力或滞止压力 p_t 与环境压力 p_∞ 之比，描述草图在图 1 中示出。假设为准一维的等熵流动，则射流的马赫数 Ma_j 由下式给出

$$Ma_j = \sqrt{\frac{2}{\gamma-1}\left[\left(\frac{p_t}{p_\infty}\right)^{\frac{\gamma-1}{\gamma}} - 1\right]}$$

和
$$T_j = T_t / \left(1 + \frac{\gamma-1}{2}Ma_j^2\right) \tag{1}$$

式中，γ 为比热比。射流速度是利用关系式 $U_j = Ma_j\sqrt{\gamma R T_j}$ 求出的，式中 R 是比气体常数。例如，对于冷干空气，设 $\gamma = 1.4$，$R = 287.06\ \mathrm{J/(kg \cdot K)}$。如果以下公式成立，则喷管内的气流将始终为亚声速

$$\frac{p_t}{p_\infty} < \left(\frac{\gamma+1}{2}\right)^{\frac{\gamma}{\gamma-1}} \approx 1.89 \tag{2}$$

对于超声速射流，收缩—扩张喷管的特征是喉部马赫数等于 1，喷管出口处达到设计马赫数 Ma_d，它是喷管出口面积与声速喉道面积之比的函数。因此，出口压力 p_e 可以满足下式

$$\frac{p_t}{p_e} = \left(1 + \frac{\gamma-1}{2}Ma_d^2\right)^{\frac{\gamma}{\gamma-1}} \tag{3}$$

对于完全膨胀状态的超声速射流，即无激波射流，$p_e = p_\infty$ 并且 $Ma_j = Ma_d$。当射流出口压力 p_e 不等于环境压力 p_∞，且 Ma_j 为完全膨胀的射流工作马赫数时发生激波。此外，忽略喷口内部黏性效应的理想推力 $T = \dot{m}U_j$ 可以写为

$$T = A^* p_t \sqrt{\frac{2\gamma^2}{\gamma-1}\left(\frac{2}{\gamma+1}\right)^{\frac{\gamma+1}{\gamma-1}}\left[1 - \left(\frac{p_t}{p_\infty}\right)^{-\frac{\gamma-1}{\gamma}}\right]} \tag{4}$$

式中，$\dot{m}$ 为质量流率；A^* 为喷口喉部面积。

例如，图 2 所示为收缩形喷口不完全膨胀状态的超声速射流影像视图（$Ma_d = 1$），喷口在超临界压力比 NPR = 5 的条件下工作，产生激波单元，从而使射流的出口压力 p_e 适应环境压力 p_∞。射流内部的小尺度湍流也能清晰可见。雷诺数大约为 $Re = 1.6 \times 10^6$，马赫数 $Ma_j = 1.71$。强烈的辐射声场也可能被观察到，这将在第 4 节介绍超声速射流噪声中进行更详细的讨论。

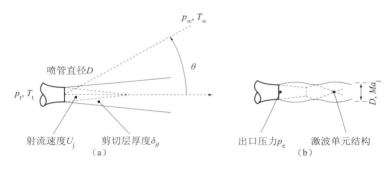

图 1 射流

（a）湍流亚声速射流；（b）欠膨胀超声速射流：$p_e > p_\infty$

图 2 欠膨胀超声速射流的影像视图（收敛喷管）

（NPR = 5，$T_t = 293\ \mathrm{K}$，$D = 22\ \mathrm{mm}$，暴露时间为 20 ns。由 ONERA DMAE 提供，2008）

3 亚声速射流噪声

3.1 湍流混合噪声的物理性质

湍流混合噪声基本上是由两部分组成的，即相干/大湍流结构和在射流剪切层中产生的小尺度湍流。斯特罗哈数 $St = fD/U_j \approx 0.2$ 时，最大的声辐射可以在 $\theta \approx 30°$ 的下流方向观察到。这种量纲为 1 的频率就是在文献中所称的优选模式或射流柱模式，在物理上表示射流核心区末端的大尺寸结构的通过频率。换句话说，就是主要噪声成分是由旋涡相干结构周期性侵入射流所产生的，并且几乎与雷诺数无关。核心区指的是射流的初始区域，其中流动是具有恒定速度 U_j 的准层流，其平均位置如图 1

中的虚线所示。

对于高雷诺数的射流，初始剪切层的特征在于其动量厚度 δ_θ，通常 δ_θ/D 约为 10^{-3}（Zaman，1985），并在大约 1/4 的直径范围内变为湍流。这种转变是由 $St_{\delta_\theta} = f_0\delta_\theta/U_j \approx 0.012$ 给出的初始剪切层最不稳定频率或接受频率 f_0 驱动的。这种随机产生的噪声可以在 $\theta \approx 90°$ 的边线方向观察到，并以 $\theta \leqslant 30°$ 的阴影角度被屏蔽。这在很大程度上也是依赖于雷诺数的大小的。

这一观点与亚声速混合噪声相关的实验结果高度吻合，这里指的是射流马赫数。因此，对应于湍流结构的亚声速对流，$Ma = U_j/a_\infty \leqslant 1.5$。对于较高马赫数的无激波超声速射流，混合噪声则逐步由剪切层中出现的不稳定波产生的马赫波所控制。这一机制可以被解释为 Tam（1995）提出的下游方向相干结构的辐射，其理论模型能预测出高速流声场的主要性能。

正如在本章简介中提到的那样，随着湍流场以及部分声场数字仿真的发展，我们现在可以研究气动噪声的产生。低雷诺数亚声速射流已由 Freund（2001）首次进行了 DNC 直接噪声计算。为解决

高雷诺数射流问题进行的仿真和研究则可以获得精细的噪声，参见 Bogey 和 Bailly（2007a）的论文。

3.2 标度定律

八功率定律是从 Lighthill（1952）气动噪声理论中得出的最有名的结果。通过观察 $A = \pi D^2/4$ 喷口出口圆形射流的面积，射流辐射的总声功率基本上可以用下公式进行测定

$$W \approx \frac{\rho_j}{\rho_\infty} \frac{U_j^5}{a_\infty^5} A \rho_j U_j^3 \qquad (5)$$

通过对声谱的研究，在下游方向发现了 U_j^9，而在边线方向观察到了 $U_j^{7.5}$ 定律的演变情况（Tanna，1977；Bogey 等，2007b）。为了阐明这些结果，图 3 示出了 $\theta = 90°$ 时归一化声压级的演变情况，为了避免对平均流与声场之间的相互作用再进行任何讨论，我们采用国际标准大气值 $a_\infty = 340.4 \text{ m/s}$ 和 $\rho_\infty = 1.225 \text{ kg/m}^3$，给出

$$\overline{p'^2}\big|_{\theta=90°} = K\rho_\infty^2 a_\infty^4 \frac{A}{r^2}\left(\frac{\rho_j}{\rho_\infty}\right)Ma^{7.5} \qquad (6)$$
$$K \approx 1.9 \times 10^{-6}$$

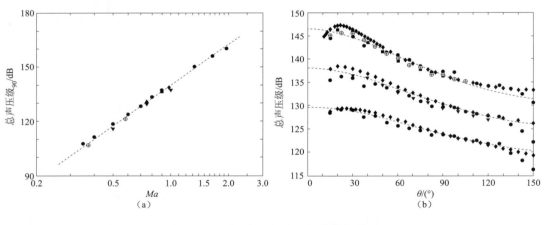

图3 $\theta=90°$ 时归一化声压级的演变情况

（(a) $\theta = 90°$ 时的总声压级，作为马赫数 $Ma = U_j/a_\infty$ 的一个函数。标度定律（6）用虚线表示。(b) $Ma = 0.6$、0.75、0.9 时亚声速射流噪声的方向性和方向性系数 $(1-Ma\cos\theta)^{-3}$ 用虚线绘出。（■）Bogey 等（2007b）；（•）Tanna（1977）；（⊕）Lush（1971）；（▼）Pinker（2003）；（◆）Mollo-Christensen（1964）。按比例缩放到喷口出口面积为 1 m² 的自由场无损失数据，所有数据均为 $T_j/T_\infty = 1$。以分贝为单位的声压级定义为 SPL $= 10\lg(\overline{p'^2}/p_{ref}^2)$，其中 $p_{ref} = 2 \times 10^{-5}$ Pa）

这一标度定律常用于声效率 η，η 定义为射流发出的声功率与射流机械功率之比 $W_m = A\rho_jU_j^3/2$，给出

$$\eta \approx 1.2 \times 10^{-4}(\rho_j/\rho_\infty)Ma^5 \qquad (7)$$

这一关系式表示四极源的低效性（Crighton，1975）。声学的方向性也在图 3 中示出，表示三个不同的马赫数作为相对于射流方向的观察角 θ 的一

个函数。马赫数增加时，可以观察到声压强度在 $30° \leqslant \theta \leqslant 90°$ 范围内的变化情况，以及接近于下游流动方向角的阴影区。在这一区域内，高频噪声从射流轴线分流散开，如 Schubert（1972）所示，这些折射效应完全得到了几何声学的预测。亚声速射流噪声的方向图通过湍流内部产生的声场对流和折

射进行典型的说明（Goldstein，1976，第6章），产生了系数（$1-Ma_c\cos\theta$）$^{-3}$，其中$Ma_c\approx0.67Ma$，如图3中的虚线所示。但是，混合噪声的建模在文献中仍有争议，例如，参见Morris和Farassat（2002），数字仿真将来应能提供解决方案。还需注意有关射流噪声预测的完整半经验公式，参见Stone，Groesbeck和Zola（1983）。

等温亚声速射流的窄带声谱在图4中以两个角$\theta=30°$和$\theta=90°$示出。声谱峰值在下游方向进一步标出，并以靠近射流核心区末端的相干结构辐射为主。频率峰值的标度为常数斯特劳哈尔数$St=fD/U_j\approx0.17$，且不依赖于雷诺数的大小。必须注意，窄带声谱的表示是很重要的。在边线方向，还发现了向更高频率变化的其他宽带声谱。

斯特劳哈尔数标度尺寸被再次启用，当$Re\geq10^6$时，其$St\approx0.25$。辐射主要是由随机产生的湍流造成的，因此声谱形状在很大程度上依赖于雷诺数的大小，特别是在剪切层成为最初过渡，Re变得很小时。Tam，Colebiowski和Seiner已根据经验确定出了可以分别在边线方向直接测量的与下游辐射确定性分量和精细标度湍流噪声相关的两种声谱。与频率和峰值等级相匹配的类似声谱如图4所示。

3.3 温度的影响

了解混合噪声的热效应，对描述飞机发动机的噪声特性是非常重要的。温度的影响，可以在标度定律（5）和（6）中通过射流密度ρ_j找到。但根据莱特希尔理论进行的尺寸分析表明，还需要考虑到熵或焓的起伏，因为这种起伏可能带来其他的影响。再来看试验，Tanna（1977）已经发现，随着温度比T_j/T_∞的增大，在低马赫数$Ma\leq0.7$时，呈直角的声压级也增大；而$Ma\geq0.7$时，噪声级则降低。这些结果在Pinker（2003）的论述中也可以发现，如图5中两个不同角度的声谱所示。无论辐射角和斯特劳哈尔数如何，等温射流都会发出比加热射流更多的噪声，例如$Ma=1$时，这显然不适合于$Ma=0.5$时的低马赫数的情况。但对这些声谱的解释，必须特别慎重，正如Viswanathan（2004）指出的那样，由于雷诺数可以随温度发生巨大的变化。雷诺数效应确实改变着边线方向的声谱形状。在目前的情况下，雷诺数已足够大，除非马赫数$Ma=0.5$，其中，在$T_j/T_\infty=2.5$时，$Re\approx2.3\times10^5$。

199

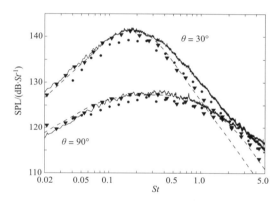

图4　马赫数$Ma=0.75$和$T_j/T_\infty=1$的圆形射流的窄带声谱

（用dB/St表示，其雷诺数为（—）$Re=6.4\times10^5$（Bogey等，2007b）；（•）$Re=8.4\times10^5$（Tanna，1977）；（▼）$Re=1.4\times10^6$（Pinker，2003）。Tam，Golebiowski和Seiner（1996）的半经验声谱形状也是用虚线绘出的）

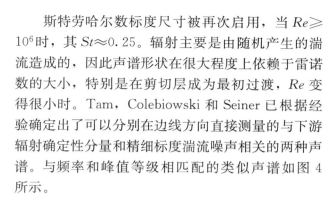

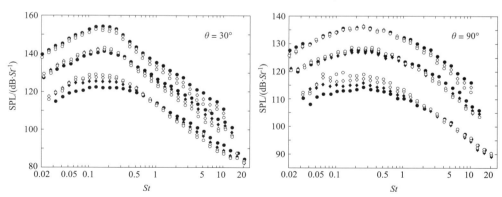

图5　三个马赫数的圆形射流是以dB/St为单位的窄带声谱

（$Ma=0.5$，0.75，1.0；Pinker，2003。（•）$T_j/T_\infty=1.0$；（◆）$T_j/T_\infty=1.5$；
（◇）$T_j/T_\infty=2.0$；（○）$T_j/T_\infty=2.5$）

4　超声速射流噪声

4.1　混合噪声

为了得到完全膨胀的高速射流，收缩—扩张型喷口必须以设计压力比进行工作，见第 2 节，在这种情况下，射流噪声仍然是由湍流混合产生的。但是，在大尺寸结构的对流速度 U_c 为超声速时，也会产生马赫波。这种噪声的产生机制可以解释为描述射流剪切层中大尺度湍流结构的不稳定波的辐射，如 Tam（1995）所示。这种现象可以简单表示为以超声速 U_c 移动的波形墙，其在特许的方向辐射马赫波，如图 6 所示。发散射流产生的不稳定波的增长和衰减导致发出波列，如图 2 所示，注意这种不完全膨胀的射流。马赫波代表的是混合噪声在发出方向的主要影响，由 Ffowcs Williams（1963）得出的声功率标度定律则是用 $W \approx (\rho_j^2/\rho_\infty)U_j^3$ 给出的。

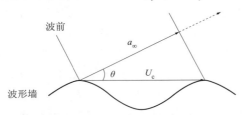

图 6　波形墙以超声速相位速度 U_c 移动时马赫波的产生

（辐射方向是由 $\cos\theta = a_\infty/U_c$ 给出的）

4.2　含激波的超声速射流

对于以非设计压力比工作的收缩—扩张型喷口，高速射流噪声被出现的激波单元和影响声场的其他两种机制严重改变，导致产生宽带的激波相关噪声和啸叫声。欠膨胀超声速射流的实验声谱在图 7 中以三个不同的角度示出。在 $\theta = 30°$ 时，只能发现湍流混合噪声分量，而在 $\theta = 90°$ 和 $150°$ 时，可以看到对应于宽带激波相关噪声的较高频峰。啸叫声也清晰可见，特别是在 θ 趋向于 $180°$ 的前象限时。

最早一批全面描述激波射流产生宽带噪声的理论中，有 Harper—Bourne 和 Fisher（1973）给出的理论。点源阵列模型是用来描述每个激波单元端部的声源的，作者还介绍了一种基于对流速度 U_c 和各激波间平均距离 L_s 的相位相关性。Tam（1995）已提出了更详细的关于不稳定波与准周期性激波单元结构之间相互作用的描述。以下是声强的标度定律：

$$I \approx (Ma_j^2 - Ma_d^2)^2 \quad \text{和} \quad f_p \approx \frac{U_c}{L_s(1-Ma_c\cos\theta)} \quad (8)$$

式中，f_p 是宽带激波相关噪声的声谱峰值频率。由图 7 可以看到，这一峰值频率是随着观察者接近入口降低的。这一噪声分量也可以在图 2 的影像视图中观察到。

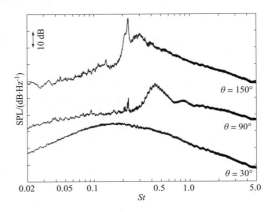

图 7　欠超声波射流在三个不同角度的窄带噪声谱

（NPR=4.24，$Ma_j=1.6$，$Ma_d=1$，$T_t/T_\infty = $

1.17，$D=38$ mm。数据由 Bogey 等（2007b）提供）

同时也可以产生离散频率声，称为啸叫声。然后，它们便会主导向前方向的其他所有噪声源，参见 Raman（1998）的评论或 Berland，Bogey 和 Bailly（2007）的仿真。在含有准周期性激波单元系统激波的射流剪切层中发生相互作用时，可能确实会产生上游传播的声波。谐振回路在喷口唇边是闭合的，声波在这里被反射回来，并激发剪切层（Powell，1953）。基本的啸叫声频率 f_s 可以通过 Tam（1995）得出的以下表达式进行估算：

$$St_s = \frac{f_s D_j}{tI_j} \approx \frac{0.67}{(Ma_j^2-1)^{1/2}} \times$$
$$\left\{1+\frac{0.7Ma_j}{[1+(\gamma-1)Ma_j^2/2]^{1/2}}\left(\frac{T_t}{T_\infty}\right)^{1/2}\right\}^{-1} \quad (9)$$

例如，我们得出图 7 中射流的 $St_s \approx 0.23$，与测量值高度吻合。

5　趋于实际的喷气射流

5.1　飞行效应

静态射流噪声数据的修正包括向前飞行的影响，通常在起飞时的飞行马赫数为 $Ma_{飞行} \approx 0.28$，这些影响往往是半经验的（Stone，Groesbeck 和 Zola，1983），而还有很多的结果则是通过实验发现的。混合噪声的降低一般是在包括边线方向的后象限中观察到的，而在前象限中可以探测到轻微的放大（Krothapalli 等，1997）。

5.2　射流噪声的预测和降低技术

如今，亚声速民用商业飞机使用的是涡轮风扇发动机，其喷气噪声是由两个排气管道产生的。例如，CFM56 系列发动机等现代高涵道比涡轮风扇发动机在起飞状态下的核心射流速度为 $U_p \approx 375$ m/s，温度为 $T_p \approx 890$ K，面积为 $A_p \approx 0.296$ m²。旁路流或二次射流排气速度为 $U_s \approx 255$ m/s，温度为 $T_s \approx 330$ K，面积为 $A_s \approx 1.176$ m²。因此，理想的完全混合射流的马赫数为 $Ma \approx 0.87$，雷诺数为 $Re \approx 3.1 \times 10^7$。双排气的配置大多适用于同轴射流，有长管道式短舱，如图 8 所示。内部混合器产生单排气的混合射流，或有独立的气流喷口。标度定律和经验模型的可靠性不足以预测这些实际配置的噪声。工业部门通常求出雷诺数平均的 N－S 方程，连同两方程湍流闭合模型，用作输入数据为常规喷口的几何形状建模，以模拟单管道和同轴射流湍流噪声源的统计特性（Morris 和 Farassat，2002；Khavaran 和 Bridges，2005）。

图 8　为空中客车 A340 客机提供动力的 CFM56－5C 发动机的近景照片

（风扇直径为 1.85 m，涵道比约为 6.5，利用一个叶形排气喷射器/混合器系统降低管道式短舱内部的核心射流速度。照片由摄影师 Terence Li 提供（2008））

自 20 世纪 50 年代以来，射流噪声已经得到了大幅度的降低，而飞行流量的增长也已通过噪声较小的飞机得到了补偿。这种降低通过引入同轴射流并增加定义为旁路流与核心射流之间质量流速比的而间接地得到了实现，从而提高了涡轮风扇发动机的推进效率。因此，正如莱特希尔定律（5）所预测的那样，相同的推力可以利用等效混合射流的较低速度获得，而且噪声也相应降低。然而，更大的

发动机也意味着重量和阻力增加。对于目前使用的高涵道比，现在已经达到了极限，未来还应采用新的概念。降低射流噪声仍然是一个实际的挑战，因为降低噪声的设备必须在引入推力不受损失的情况下进行工作。对于喷口的形状优化、V 形的可变几何形状或液压致动器，目前还正在通过计算气动声学区分不同的设计进行试验性和数值性评估。

致　　谢

作者非常感谢 ONERA DAMAE（法国）的 E. Piot，D. Llacer Ravinet，F. Micheli，P. Millan 提供的超声速射流的影像视图，QinetiQ 公司（英国）的 Marcus Harper－Bourne 提供的表格式 QinetiQ（RAE）1983 NTF 数据和 Terence Li 允许复制他的一张图片。

参考文献

Berland, J., Bogey, C. and Bailly, C. (2007) Numerical study of screech generation in a planar supersonic jet. *Phys. Fluids*, 19, 1—14.

Bogey, C. and Bailly, C. (2007a) An analysis of the correlations between the turbulent flow and the sound pressure field of turbulent jets. *J. Fluid Mech.*, 583, 71—97.

Bogey, C., Barré, S., Fleury, V., Bailly, C. and Juvé, D. (2007b) Experimental study of the spectral properties of the near-field and far-field jet noise. *Int. J. Aeroacoustics*, 6 (2), 73—92.

Colonius, T. and Lele, S. (2004) Computational aeroacoustics: progress on nonlinear problems on sound generation. *Prog. Aerospace Sci.*, 40, 345—416.

Crighton, D. (1975) Basic principles of aerodynamic noise generation. *Prog. Aerospace Sci.*, 16 (1), 31—96.

Ffowcs Williams, J. E. (1963) The noise from turbulence convected at high speed. *Phil. Trans. Roy. Soc. Ser. A*, 255 (1061), 469—503.

Freund, J. B. (2001) Noise sources in a low-Reynolds-number turbulent jet at Mach 0.9. *J. Fluid Mech.*, 438, 277—305.

Goldstein, M. E. (1976) *Aeroacoustics*, McGraw-Hill, New York.

Harper-Bourne, M. and Fisher, M. J. (1973) The noise from shock waves in supersonic jets. *Noise Mechanisms*, AGARD CP-131, 11.1—11.13.

Khavaran, A. and Bridges, J. (2005) Modelling of fine-scale turbulence mixing noise. *J. Sound Vib.*, 279 (3—

5), 1131—1154.

Krothapalli, A., Soderman, P. T., Allen, C. S., Hayes, J. A. and Jaeger, S. M. (1997) Flight effects on the far-field noise of heated supersonic jet. *AIAA J.*, 35 (6), 952—957.

Lighthill, M. J. (1952) On sound generated aerodynamically-I. General theory. *Proc. R. Soc. London*, Ser. A, 211 (1107), 564—587.

Lilley, G. M. (1996) The radiated noise from isotropic turbulence with applications to the theory of jet noise. *J. Sound Vib.*, 190 (3), 463—476.

Lush, P. A. (1971) Measurements of subsonic jet noise and comparison with theory. *J. Fluid Mech.*, 46 (3), 477—500.

Mollo-Christensen, E., Kolpin, M. A. and Martucelli, J. R. (1964) Experiments on jet flows and jet noise far-field spectra and directivity patterns. *J. Fluid Mech.*, 18, 285—301.

Morris, P. J. and Farassat, F. (2002) Acoustic analogy and alternative theories for jet noise predictions. *AIAA J.*, 40 (4), 671—680.

Pinker, R. A. (2003) Results from an experimental programme on static single-stream jet noise. *QinetiQ*, QinetiQ/FST/TN026455.

Powell, A. (1953) On the mechanism of choked jet noise. *Proc. Phys. Soc. London*, 66, 1039—1057.

Raman, G. (1998) Advances in understanding supersonic jet screech: review and perspective. *Prog. Aerospace Sci.*, 34, 45—106.

Schubert, L. K. (1972) Numerical study of sound refraction by a jet flow. I. Ray acoustics. *J. Acoust. Soc. Am.*, 51 (2), 439—446. See also II. Wave acoustics. *J. Acoust. Soc. Am.*, 51 (1), 447—463.

Stone, J. R., Groesbeck, D. E. and Zola, C. L. (1983) Conventional profile coaxial jet noise prediction. *AIAA J.*, 21 (3), 336—342.

Tanna, H. K. (1977) An experimental study of jet noise, Part I: turbulent mixing noise. *J. Sound Vib.*, 50 (3), 405—428.

Tam, C. K. W. (1995) Supersonic jet noise. *Annu. Rev. Fluid Mech.*, 27, 17—43.

Tam, C. K. W., Golebiowski, M. and Seiner, J. M. (1996) On the two component of turbulent mixing noise from supersonic jets. 18th AIAA/CEAS Aeroacoustics Conference, AIAA Paper No. 96—1716.

Viswanathan, K. (2004) Aeroacoustics of hot jets. *J. Fluid Mech.*, 516, 39—82.

Zaman, K. B. M. Q. (1985) Effect of initial condition on subsonic jet noise. *AIAA J.*, 23 (9), 1370—1373.

延伸阅读

Hubbard, H. H. (ed.) (1995) *Aeroacoustics in Flight Vehicules. Vol. 1: Noise Sources and Vol. 2: Noise Control*, Acoustical Society of America through the American Institute of Physics, Woodbury.

本章译者：曹雷团（北京宇航系统工程研究所）

第 289 章

机体噪声：起落架噪声

Werner M. Dobrzynski

航空航天中心气动与流体技术研究所，不伦瑞克，德国

1 问题说明

"欧洲畅想 2020"和美国 NASA 静音飞机技术项目都提出，在 1997 年飞机技术的基础上，将噪声在 20 年内降低 10 dB。为了实现这一挑战性目标，需要同时处理飞机的所有噪声源，这也包括进场时的起落架噪声。

20 世纪 70 年代末，学者们认为降低进场时的机身噪声是降低机场声屏障高度的一种潜在方式，并对起落架进行了大量缩比风洞试验，以定量分析其噪声特性。后续试验使用的缩比模型由于缺乏具体设计参数，使学者们误以为起落架噪声是一种低频噪声。直到 20 世纪 90 年代，大型高质量的声学风洞投入使用，学者们利用这些风洞设施进行了全尺寸起落架的噪声试验，才认识到这一错误（Dobrzynski 和 Buchholz，1997；Stoker，1997）。事实证明，A 声级噪声的峰值在 1～2 kHz 范围，对应人类对噪声感知程度最敏感的范围。"A 计权"声级是利用标准频响函数，消除某些特定等响曲线对应的低频和高频噪声，反映出人对不同频带噪声的感知程度。

实际上，起落架是由大量小零件组装在主要结构件上的，而这些结构件主要产生高频噪声。相比之下，只有大型起落架零件才产生低频噪声，如轮胎和大型支柱。图 1 给出了目前起落架的主要结构，其中舱门与起落架主柱相连，它在起落架收起后关闭。

图 1 四轮小车式主起落架结构

2 起落架零部件和设计参数

四轮主起落架（MLG）由主柱和减震器组成，主柱下方支点与转向架梁以扭接和铰接机构或调螺距器相连。刹车系统安装在机轮中，并通过刹车拉杆与主柱相连，以补偿前后轮的制动力，防止弯曲力矩对转向架梁产生影响。主柱上方通过两个连接点与机架相连。主柱中部与侧撑杆相连（可折叠撑杆），以减轻机架承受的侧向力。起落架放下时，下锁位锁住侧撑杆。

从图 1 中可以明显看出，由于撑杆、连接点和敷料等多处暴露于来流中，与并来流相互作用，产生的流体分离现象必然形成一系列的噪声源。最直接的降噪方法是用流线型整流罩将整个起落架包起来。风洞试验数据显示这种方法理论上可行，并可将噪声减小 10 dB 量级，但从操作、安全和经济角度看该方法并不可行。低噪声起落架的设计方法必须考虑到以下几个方面：

（1）操作性。

• 跑道载荷的限制用于确定机轮的数量和间距。

• 飞机起飞前的横向稳定性和旋转用于确定起落架位置。

• 刹车冷却系统不能受到干扰，使飞机在机场的领航时间达到最短。

（2）安全性。

• 自由下降要求（主起落架舱门不能用作扰流板）。

• 机械起落架下锁位（影响主起落架侧撑设计）。

• 疲劳损伤（影响敷料位置和冗余性的实施）。

（3）经济性（重量和维护）。

• 对机身的影响（将装载货舱的尺寸降到最小）。

• 增加整流罩可能不会妨碍快速例行检查。

• 系统复杂性必须降至最低。

• 污染、冰冻（使用网格或穿孔整流罩带来的问题）。

3　噪声源

起落架气动噪声实际上是宽带噪声，有时还能观测到音调噪声。这些音调非常明显，控制了整个"A 计权"声级。

3.1　音调噪声

最初进行全尺寸风洞试验时，工作人员发现音调噪声源于起落架不同支柱连接处的钉销。这与不同机型在飞行过程中的噪声测量结果相吻合。这些钉销一般微微凹陷，洞口的扰动气流（无论单侧或双侧）将产生空腔共振（深度模式或亥姆霍兹共振），从而形成线谱噪声辐射（Ingard，1988）。从图 2 中可以看出，是否引起共振取决于洞口的几何形状以及该处的气流条件，后者受钉销位置和飞机的实际飞行条件（如侧风）影响。因此，很难对空腔共振引起的线谱噪声进行预测。采用钉销帽可以解决这一问题，但考虑到腐蚀问题，厂家不愿意采用这一廉价方案。

雷诺数小于 5×10^5（根据支柱直径 d 计算获得），也就是层流分离起主导作用，流体通过平滑圆形截面的支柱时，将产生周期性的涡流分离现象，这一现象就是所谓的"卡门涡街"，也是产生音调噪声分量的原因之一。周期性流体分离过程将产生周期性的气动力，受力体与气流作用将在均流横向产生声波（Ingard，1988）。飞机着陆飞行的速度为 160 kt[①]，对应支柱直径小于 100 mm，因此只适用于小型支柱，尤其是液压管路。涡流分离音调对应的斯特劳哈尔数 $St = f \cdot d/v$ 接近 0.2。雷诺数值更高时，涡流分离现象将在较高的斯特劳哈尔数值上产生较低声压级和窄带噪声峰值（而非谱线噪声）。值得注意的是，目前还没有实验证明涡流分离引起的音调噪声是起落架结构的主要问题。

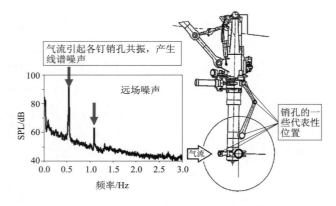

图 2　气流引起钉销孔共振，从而产生线谱噪声示例

---

① 1 kt＝1.825 km/h。

3.2 宽带噪声

起落架附近气流产生的宽带噪声主要由以下原因产生：①湍流从各种非流线型零部件分离；②湍流尾流与下游起落架元件的相互作用。所有噪声源的产生机理是相同的：湍流压力与固体边界相互作用，导致一小部分湍流能量转换成声压波传播（参见第286章第6卷）。根据声类比理论，噪声源的产生机理可以通过声偶极子进行建模。对于起落架支柱而言，最大声波辐射产生在与支柱轴和入流速度矢量的垂直方向。影响噪声产生过程的三个主要参数是湍流强度、平均湍流旋涡长度比和该处的平均流速。其中，声音强度与流速的六次幂成正比。此外，低频噪声分量主要源于大型起落架零部件（如轮胎），反之亦然。

对于结构复杂的起落架而言，每个元件处的湍流特性和平均流速都不相同，偶极辐射方向与每个元件都有关，取决于其与普通固定坐标系的方向。因此，起落架总体宽带噪声极其复杂，仅依靠总体设计和工作参数来精确预测噪声极具挑战性。值得注意的是，若重新设计起落架零部件的几何形状和/或位置，则其邻近零部件的气流条件也将发生变化，噪声情况也将随之发生变化。

3.3 安装方式影响

起落架噪声受安装方式影响。当前起落架（MLG）的入流速度等于飞行速度时，安装在机翼下方的MLG受升力产生的环流影响，该处的入流速度降低（图3）。由于入流速度对噪声级有重要影响，若将起落架固定在平板支撑件上进行风洞试验，在对获得的试验数据与飞行试验结果进行比较时，必须考虑安装方式的影响。二者最多能够相差5 dB，这主要由声源距机翼的距离和机翼的升力系数决定。因此，将风洞试验数据转换成飞行条件下的噪声数据时，必须考虑安装方式的影响。根据基础气动力学，该处的气流速度 v 可以根据下式进行估算：

$$\frac{v_\infty - v_\Gamma}{v_\infty} = \frac{v}{v_\infty} = 1 - \frac{C_L}{4\pi} \cdot \frac{c}{z} \qquad (1)$$

其中，v_∞ 为风洞（飞行）速度；C_L 为局部升力系数；c 为局部翼弦。由于转向架是主要噪声源，因此，噪声源相对于机翼下表面的距离 z 约等于起落架主柱的长度。

机翼下表面相当于声反射器，尤其对于中高频

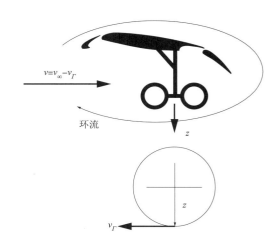

图3　机翼下安装起落架效果图

而言，声反射引起的干扰效应将导致噪声级声谱失真。起落架在几何上可以看作是一组延长的噪声源（与机翼反射面的距离各不相同），部分不同频率的干涉相互模糊，因此这些失真并不强烈（Carrilho和Smith，2008）。

最后还必须提及干涉噪声源，这与起落架的展开情况密切相关。这一噪声是由于起落架尾流湍流与下游导游襟翼相互作用而产生的，它主要为低频噪声，向前方呈弧形辐射。该噪声可能是起落架自身的主要噪声源（Oerlemans和Pott—Pollenske，2004；Smith 等，2007）。

4 宽频噪声特性

下面根据起落架全尺寸风洞试验数据讨论宽频噪声的声谱和方向，试验是在大型航空声学风洞DNW—LLF（德国—荷兰风洞大型低速设施）的开放式试验区进行的。试验时，起落架安装在大型平板上，从风洞喷管的一侧延伸出来。声学数据是在远场4倍起落架尺寸处获得（Dobrzynski和Buchholz，1997；Dobrzynski 等，2000）。所有数据都针对风洞和运动声源进行了校正，因此属于静止的平稳声源。由于其超出现有数据库，因此只能用案例来说明起落架噪声的总体情况。

4.1 声谱和缩比定律

针对标准着陆速度和当前不同尺寸的起落架装置，最高A计权1/3倍频带噪声级发生在0.5～3 kHz。为了推断不同起落架尺寸和超出试验窗口工作条件下的试验结果，需要采用量纲为1的数据表示法。

这关系到流速对噪声级声谱的影响。假设空气

声学偶极子是主要噪声源，并且声压 p 的平方与流速 v^6 成比例（例如，$p^2 \propto v^6$）。同样，声频 f 应与速度、斯特劳哈尔数成比例。

$$St = \frac{f \cdot s}{v} \qquad (2)$$

其中，s 代表典型声源大小，因此难以定义。根据上文所述，起落架整体噪声特征是由大量不同大小的起落架零部件组成。起落架噪声数据的量纲为 1 表示引用单位因子 $s = 1$ m 作为参考声源，s 也可以看作比例因子（在当前案例中为 1）。但是，根据下式，试验数据也可能会失效。

$$L_{\text{norm}}(St) = L_{\text{m}}(St) - 60\lg\left(\frac{v}{v_{\text{ref}}}\right) \qquad (3)$$

其中，L_{m} 是 1/3 倍频带；v_{ref} 为参考速度。图 4 给出了三种不同的偏振辐射角 φ（66°前向弧，90°向上，133°后向弧）的归一化数据结果。从示例中可以看出，结果表明数据归一化对低斯特劳哈尔数和高斯特劳哈尔数（分别对应低频和高频）都有较好效果；中间量级的斯特劳哈尔数由于某些恒定频率的噪声峰值现象，而出现了数据离散现象，这些峰值与试验流速无关。其他类型的起落架的风洞试验也观测到了相似结果。目前暂时认为这是由风洞后壁引起的反时干扰现象引起的，从某种程度上来说，这模拟了机翼的声效应。

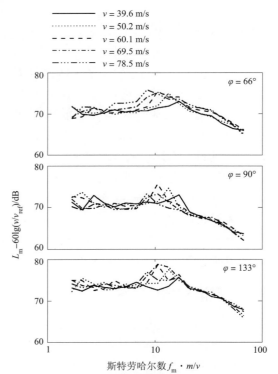

图 4　当前起落架在不同辐射角情况下的归一化 1/3 倍频带频谱

4.2　方向性

噪声级的方向性是另一个重要的噪声特征，因此必须了解噪声级的方向性以预测低空飞行时其对地面的影响。目前的风洞试验还只局限于测量偏振噪声级的方向，也就是飞行方向。

斯特劳哈尔数不同，辐射方向也略微有差异。图 5 给出了不同斯特劳哈尔数情况下的噪声方向，其中也考虑了声音强度。对于低斯特劳哈尔数，在后向弧出现一个小峰值；而对于高斯特劳哈尔数，在 $\varphi = 90°$ 辐射方向（向上）出现连续低谷。所有试验起落架均呈相同特征，只有一种除外，即起落架去除所有小尺寸附加件，这种情况下高频噪声显著降低，可以获得全方向特征，并且与斯特劳哈尔数无关。但是目前无法从物理学上对这一现象进行解释。

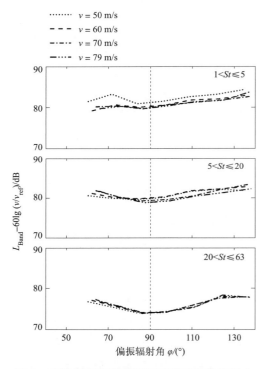

图 5　当前起落架在不同斯特劳哈尔数范围内归一化噪声级的方向

5　噪声预测方法

第一个起落架噪声预测经验模型由 Fink（1977）在飞行试验数据和简化缩比风洞试验数据的基础上提出，但该模型对高频噪声估计不足。近期的噪声预测研究成果是在全尺寸风洞试验结果的基础上进行的，并且最大限度地结合了基础数理学知识，这一成果作为工程工具被广泛认可，但是对具体局部流场信息的访问受限。

5.1　零部件方法

Smith 和 Chow（2002）模型是第一个将起落架分解至主要零部件级的模型。根据零部件的尺寸和方向，该模型同时考虑观测者的位置来计算声音强度，所有零部件的噪声强度之和构成了总声级频谱。单个零部件周边流体产生的声音强度是基于Curle 的理论（参考第 6 卷第 286 章）进行估计的，并假设噪声源是偶极噪声源，与流速的 6 次幂和噪声源性能尺寸的平方成比例。

当然，这一方法只能考虑主要结构的零部件。大量结构件上的小尺寸附加件和空隙（二级结构）可能产生小涡流，并导致高频噪声。这些噪声可通过某种累加方法，即通过用户设置一个所谓的"修整因数"进行预测。但是，这一方法还需要根据现有试验数据进行校准，因此难以用于预测某种新型非常规起落架结构的噪声。但这一工具在重新设计某些零部件、降低噪声方面有着效果的良好。

5.2　"波音"方法

Guo（2003，2006）以及 Guo，Yamamoto 和 Stocker（2004）提出的方法基于相同的理论背景，并经全尺寸风洞试验和飞行数据进行了验证。Guo 的预测工具将起落架零部件分为三类：大型、中型和小型，分别对应低频、中频和高频噪声。为了解释小型零部件产生的噪声效果，Guo 定义了"复杂因数"（与 Smith 的"修整因数"相似）来确定高频噪声的声谱。假设大型飞机需要大型起落架，需要的小型结构件也更多。在这一假设的基础上，可以得出复杂因数是飞机总重和其他参数的函数。

预测方法通过偏振噪声方向，示出了前向和后向弧辐射方向的最高水平，尤其是高频。

NASA 当前的航天器噪声预测项目（ANOPP）涵盖了 Fink 和 Guo 两种方法，这是因为任一种方法都不能完全反映实际飞行过程中的噪声方向。

5.3　计算方法

起落架噪声预测计算方法总体上来说非常通用，这些方法可以直接用于任意新型起落架结构而不需要根据现有试验结果进行校正。目前，这些工具还不能用于复杂起落架的计算（包括所有结构件），而且更多起落架形状的结果还未经验证。

Lockard，Khorrami 和 Li（2004）提出了一种复合方法，利用 Ffowcs Williams-Hawkings 等式（参见第 6 卷第 286 章）根据非稳态计算流体动力学（CFD）方法计算简化起落架（没有小零部件）噪声。针对相似的简化起落架结构，Drage 等（2007）采用基于稳态 RANS 方案和计算空气声学（CAA）代码（参见第 6 卷第 296 章）的噪声计算方法。

Yanbing（2008）将网格波尔兹曼方法用于结构相对复杂的前起落架结构，但是没有计算远场噪声数据，因此无法和相应的试验数据进行比对。

6　降噪方案

从大量风洞试验数据来看，降噪方案分为两种：一是减少暴露在气流中的零部件数量和复杂程度，二是减少非流线体零部件的流体分离以及因此引起的与下流零部件的尾流/固体相互作用。后者主要由射流速度及其湍流特性控制。干涉噪声的系统调研显示，降低局部入流速度（例如，上游零部件的尾流湍流）获得的好处远大于湍流强度增大的坏处。因此，安装流线型零部件能有效减少气动噪声的产生。

降噪方案的研发必须区分现有起落架和未来新型起落架。前一种情况只能采用整流罩将复杂起落架结构封装起来，后一种情况下整个起落架结构及其零部件设计可以按照低气动噪声进行优化，包括局部使用流体控制设备进行优化。

6.1　整流罩

采用流线型整流罩保护复杂起落架的零部件免遭高速入流的侵袭，已经在大量风洞中进行了试验（Dobrzynski 等，2002），包括前起落架和主起落架，后者包括两轮结构以及四轮和六轮转向架梁。

图 6 给出了空客 A340 型起落架安装整流罩的示例。之前进行的起落架基本结构噪声试验显示，转向系统和轮轴区是前起落架的主要噪声来源。主起落架的转向梁架是主要噪声源，其次是铰链和腿—门结构。在主起落架转向架梁的多种零部件中，刹车是主要噪声源，因此，安装的下托式整流罩（完全覆盖转向架梁区）应尽可能加宽，防止刹车与气流接触。整流罩设计应在多种操作限制参数下，尽可能降低噪声，同时还应考虑刹车冷却要求。风洞试验表明，这类整流罩可以将噪声降低 3 dB 量级。后续飞行试验中，起落架源噪声降低了 2 EPNdB。

NASA 和波音公司也采用了相似方法，在 B777 飞机的 6 轮转向梁架上安装了长撬式整流罩，该设备在风洞试验和飞行试验（图 7）中都取得了圆满成功（Ravetta，Burdisso 和 Ng，2004；Abeysinghe 等，2007；Remillieux 等，2008）。

图 6　空客飞机前起落架和主起落架的低噪声整流罩示意
（空客授权复制）

所有这些试验表明，整流罩也会带来一些副作用，即由于整流罩引起的气流位移和相应局部速度增大导致的噪声增大，以及附近起落架零部件产生的噪声。因此，应考虑部分流体穿透的整流罩设计方案，在滞留区打孔是最有效的方式。应尽可能选择流阻较低的，以减小位移效应；但是流阻也应足

够高，以使得尾流速度不高于飞行速度的一半。二等分整流罩尾流速度可以降低暴露在尾流中的支撑件产生的干扰噪声，与未安装整流罩的无扰动入流相比，干扰噪声能降低 10 dB 以上。这相对于其他零部件产生的噪声而言，已经是相当低了。

图 7　波音 B777 飞机主起落架转向架整流罩（长撬式）的飞行示意
（空客授权复制）

下一步考虑利用透气材料生产气动整流罩，如网片或弹性织物等（Smith 等，2006；Ravetta，Burdisso 和 Ng，2007；Boorsma，Zhang 和 Molin，2008）。图 8 给出了利用弹性布包裹转向架梁或侧撑结构件，可以使局部平均噪声降低 2 dB 数量级。研究人员还在 A340 型主起落架上安装网状整流罩，这可以有效降低噪声，但会导致高频噪声升高。这是由于网格和气流相互作用会产生额外噪声，因此，只能采用优良的网格使其自身噪声对应的高频噪声在大气中迅速衰减或远离听觉频率范围。

(a)　　　　　　　　　　　　　(b)

图 8　气流透射和弹性布转向架整流罩
（a）侧撑弹性整流罩；（b）在 B777 主起落架上进行风洞试验
（受 Patricio Ravetta 批准复制）

6.2　低噪声起落架结构和零部件设计

设计先进的低噪声起落架策略是建立在不同起落架结构的噪声试验基础之上的，这一过程可以采用半经验噪声源模型和CFD计算噪声最大的零部件改进方案。

三维流场计算可以识别和避免潜在局部流体分离以及调整流体对起落架主要部件的冲击。气动噪声预期效果的CFD计算只能在气动噪声产生原理和相关经验基础上进行。例如，A340前起落架和主起落架设计过程采用以下迭代方案：

（1）在可用噪声试验数据和工程判断基础上，重新设计基准起落架，旨在移除小结构件，重新分配液压和电气设备，平滑暴露在气流中的起落架零部件。

（2）通过计算重新设计后起落架的CFD和流场数据评估来计算基准起落架的噪声效果。

（3）在CFD和工程判断基础上研发改进零部件。

（4）反复进行第（2）、（3）步，直到消除所有关键区域的调整湍流与起落架零部件的相互作用。

图9中的起落架就采用了上述设计过程，对前起落架而言，上述设计主要针对可以展开的阻尼型扰流器进行改进，保护上部区域免遭高速入流和转向机构的破坏，因此使舱内复杂设备与气流隔离。低噪声主起落架设计采用可伸缩侧撑件：①替代折叠式侧撑（包括下锁装置）；②替代收缩作动器；③了解更小型气动舱门设计方案，并且避免增设铰接门。由于转向架与入流方向一致，刹车采用半闭合方式可以免受高速入流破坏，并且无须铰接。对改进后的全尺寸起落架模型进行风洞试验发现，中频噪声降低了7 dB（A）（如图10所示），但重量较A340原始结构而言有所增加。

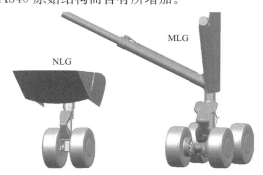

图9　空客低噪声起落架典型设计特征

（受空客批准复制）

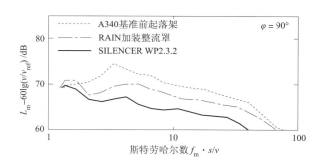

图10　A340前向起落架的两种降噪效果对比

（一是采用增加整流罩方式（在RAIN程序中运行），
二是在基准起落架基础上进行重新设计（在
SILENCER程序中运行））

值得注意的是，在基本消除所有小零部件后，低噪声起落架将有效降低中高频噪声，但低频噪声将升高，并向全方向辐射。

如果能减少后轴区域的噪声源，则可进一步降低低噪声主起落架设计方案的噪声。一项专门的实验表明：通过缩短后轮间距、增大前轮间距以及加装流体渗透前转向架整流罩，还可以进一步降低噪声（Smith等，2006）。

6.3　流体控制

与加装整流罩不同，流体控制方法是指局部减少流体分离和相关单个支杆的不稳定尾流脱落，这种方式只能用于轮廓光滑的，即圆柱或椭圆柱横梁而非H形截面横梁。因此，流体控制方法是低噪声起落架研制链的最后一环，包括被动控制方法（分隔板、圆柱截断）和主动控制方法（包括吹风和等离子作动器）。

在圆柱体后滞点线处安装分隔板可以降低周期性涡流分离噪声。安装整流罩后，整流罩与下游支撑件间空隙产生的周期性尾流波动将引起串扰，加装分隔板后可以减少串扰引起的流体不稳定（Spiteri等，2008）。此外，与基准圆柱体相比，切断圆柱形支撑件后侧将减少一些宽带噪声和音调噪声（Kopiev，Zaitsev和Ostrikov，2006）。

在初始方案验证阶段，研究人员发现主动吹气技术（如"气幕"原理）可以使入流气场倾斜，从而避免复杂结构件零部件间的相互作用，但没有获得有用的声学评估。相比之下，2001年等离子体作动器已经用于流体控制（Post，2001）。非流线体支撑件安装等离子体作动器，安装方式不同，可以实现使尾流宽度达到最小（通过局部加速边界层流体），以减少流体分离区域产生的宽带和潜在音调噪声；或增强流体分离，加宽低速尾流区域（通过局部减速边界层气流），减少下游零部件相互作用产生的噪声（Thomas，Kozlov 和 Corke，2005；Huang，Zhang 和 Gabriel，2008）。

与简单的被动方式相比，主动控制技术将增加系统的复杂性。因此，这些方式获得的降噪成果在应用到飞机前必须得到充分验证。

7　概要和未来需求

现代高涵道流量比航空发动机的低噪声级使机身噪声成为飞机进出场时主要的噪声之一。因此，未来研究人员还需继续努力，以减小机身噪声，力争在 2020 年将其减少 10 dB。起落架是商用飞机机身噪声的主要来源。

考虑到操作限制，加装减噪设备的作用有限，只能将常规起落架噪声降低 3 dB 量级，而采用新的低噪声起落架结构和零部件设计方法可以将未来飞机的噪声降低 5 dB（总体水平）。此外，针对非流线体采用先进的流体控制技术，还能将噪声降低 1 dB。

因此，可以推断，若飞机仍采用翼下安装发动机和大型起落架结构，在 2020 年前仍无法实现将起落架噪声降低 10 dB 的目标。因此，未来起落架降噪工作应朝着研制机身安装小型起落架方向发展，但这将导致整个机身结构的变化。精确的噪声预测工具将成为改变机身结构实现降噪效果的重要设计和评估手段。

未来，机身设计还应以降低入场速度和起落架阻力为目标，后者将减小最终滑行阶段的发动机推力，从而降低发动机噪声。

符号表

c	翼弦，m
C_L	局部升力系统
d	半径，m
f	频率，Hz
f_m	1/3 倍频频率，Hz
p	RMS 声压，N/m²
s	声源尺寸，m
St	斯特劳哈尔数
z	起落架中心距下翼面的距离，m
Γ	流通量，m²/s
φ	极辐射角（飞行方向为 0°），(°)

下　标

m	测量
norm	标称
ref	基准
∞	无穷，静止入流

参考文献

Abeysinghe, A., Whitmire, J., Nesthus, D. et al. (2007) QTD 2 (Quiet Technology Demonstrator) main landing gear noise reduction fairing design and analysis. AIAA/CEAS 2007－3456, Rome, Italy.

Boorsma, K., Zhang, X. and Molin, N. (2009) Bluff-body noise control using perforated fairings. *AIAA*, 47（1），33－43.

Burley, C. L., Brooks, T. F., Humphreys, W. M., Jr. and Rawls, J. W. (2007) ANOPP landing gear noise prediction comparisons to model-scale data. AIAA/CEAS 2007－3459, Rome, Italy.

Carrilho, J. A. D. and Smith, M. G. (2008) Scattering of landing gear noise by a wing. AIAA/CEAS 2008－2965, Vancouver, Canada.

Dobrzynski, W. and Buchholz, H. (1997) Full-scale noise testing on airbus landing gears in the German-Dutch wind tunnel. AIAA/CEAS 1997－1597, Atlanta, USA.

Dobrzynski, W., Chow, L. C., Guion, P. et al. (2000) A European study on landing gear airframe noise sources. AIAA/CEAS 2000－1971, Lahaina, Hawaii, USA.

Dobrzynski, W., Chow, L. C., Guion, P. et al. (2002) Research into landing gear airframe noise reduction. AIAA/CEAS 2002－2409, Breckenridge, USA.

Dobrzynski, W., Pott-Pollenske, M., Foot, D. et al. (2004) Landing gears aerodynamic interaction noise. ECCOMAS Conference.

Dobrzynski, W., Schöning, B., Chow, L. C. et al. (2006) Design and testing of low noise landing gears. *J. Aeroacoust.*, 5（3），233－262.

Drage, P., Wiesler, B., van Beek, P. et al. (2007) Prediction of noise radiation from basic configurations of landing gears by means of computational aeroacoustics. *Aerosp. Sci. Technol.*, 11, 451－458.

Fink, M. R. (1977) Airframe noise prediction method. FAA-RD-77-29.

Guo, Y. (2003) A statistical model for landing gear noise prediction. AIAA/CEAS 2003－3227, Hilton Head, USA.

Guo, Y. P., Yamamoto, K. J. and Stocker, R. W. (2004) An empirical model for landing gear noise prediction. AIAA/

CEAS 2004—2888, Manchester, UK.

Guo, Y. P. (2006) A semiempirical model for aircraft landing gear noise prediction. AIAA/CEAS 2006—2627, Cambridge, USA.

Guo, Y. P. (2008) A study on local flow variations for landing gear noise research. AIAA/CEAS 2008—2915, Vancouver, Canada.

Huang, X., Zhang, X. and Gabriel, S. (2008) Bluff-body noise and flow control with atmospheric plasma actuators. AIAA/CEAS 2008—3044, Vancouver, Canada.

Ingard, K. U. (1988) *Fundamentals of Waves and Oscillations*, Cambridge University Press, Cambridge.

Kopiev, V. F., Zaitsev, M. Y. and Ostrikov, N. N. (2006) New noise source mechanism of flow/surface interaction as applied to airframe noise reduction. AIAA/CEAS 2006—2717, Cambridge, USA.

Lockard, D. P., Khorrami, M. R. and Li, F. (2004) Aeroacoustic analysis of a simplified landing gear. AIAA/CEAS 2004—2887, Manchester, UK.

Molin, N., Piet, J. F., Chow, L. C. *et al*. (2006) Prediction of low noise aircraft landing gears and comparison with test results. AIAA/CEAS 2006—2623, Cambridge, USA.

Oerlemans, S. and Pott-Pollenske, M. (2004) An experimental study of gear wake/flap interaction noise. AIAA/CEAS 2004—2886, Manchester, UK.

Post, M. L. (2001) Phased plasma actuators for unsteady flow control, M. S. Thesis, University of Notre Dame.

Pott-Pollenske, M., Dobrzynski, W., Buchholz, H. *et al*. (2006) Airframe noise characteristics from flyover measurements and predictions. AIAA/CEAS 2006—3008.

Ravetta, P. A., Burdisso, R. A. and Ng, W. F. (2004) Wind tunnel aeroacoustic measurements of a 26%—scale 777 main landing gear model. AIAA/CEAS 2004—2885, Manchester, UK.

Ravetta, P. A., Burdisso, R. A. and Ng, W. F. (2007) Noise control of landing gears using elastic membrane-based fairings. AIAA/CEAS 2007—3466, Rome, Italy.

Remillieux, M. C., Camargo, H. E., Ravetta, P. A. *et al*. (2008) Noise reduction of a model-scale landing gear measured in the Virginia Tech. Aeroacoustic Wind Tunnel. AIAA/CEAS 2008—2818, Vancouver, Canada.

Smith, M. G. and Chow, L. C. (2002) Validation of a prediction model for aerodynamic noise from aircraft landing gears. AIAA/CEAS 2002—2581, Breckenridge, USA.

Smith, M. G., Fenech, B., Chow, L. C. *et al*. (2006) Control of noise sources on aircraft landing gear bogies. AIAA/CEAS 2006—2626, Cambridge, USA.

Smith, M. G., Chow, L. C., Molin, N. *et al*. (2007) Modelling of landing gear noise with installation effects. AIAA/CEAS 2007—3472, Rome, Italy.

Spiteri, M., Zhang, X., Molin, N. *et al*. (2008) The use of a fairing and split plate for bluff-body noise control. AIAA/CEAS 2008—2817, Vancouver, Canada.

Stoker, R. W. (1997) Landing gear noise test report. *NASA Contract NAS1—97040*.

Thomas, F. O., Kozlov, A. and Corke, T. C. (2005) Plasma actuators for landing gear noise reduction. AIAA/CEAS 2005—3010, Monterey, USA.

Yanbing, L. (2008) Computational aeroacoustic analysis of flow around a complex nose landing gear configuration. AIAA/CEAS 2008—2916, Vancouver, Canada.

本章译者：熊瑛（北京航天长征科技信息研究所）

第 290 章

机体噪声：增升装置噪声

Xin Zhang

工程科学学院，南安普敦大学，南安普敦，英国

1　问题定义

1.1　增升装置

增升装置（HLD）装配于机翼之上，用于提高飞机起飞与进场着陆阶段的升力。为了不影响飞机性能，此装置在巡航过程中保持收缩状态。HLD 种类繁多，分为机械动力与流体动力两大类。襟翼与前缘缝翼是两种常见的机械动力 HLD，偏角（δ_s 和 δ_f）、缝隙（g_s 和 g_f）与重叠（O_s 和 O_f）共同定义其几何设定（图1和图2）。

襟翼（图1（c））为机翼的内部可动部分，位于飞机两侧机翼的后缘。在飞机起飞与进场着陆阶段，两侧的襟翼能够完成同等程度的放下动作。开缝襟翼与分裂式襟翼普遍装配于商用飞机上，二者的展开动作显露出襟翼侧边（图2）。襟翼展开机构安装在其滑轨整流罩内，是连接机翼主体与襟翼的可动支撑结构。与襟翼不同，副翼是机翼后缘的外部可动部分，两侧机翼的副翼通过反向偏转实现侧倾控制，并形成飞机纵轴（机身轴）滚动力矩。两侧的副翼作为襟翼的延伸，同样可以完成放下动作，因此也称为襟副翼。

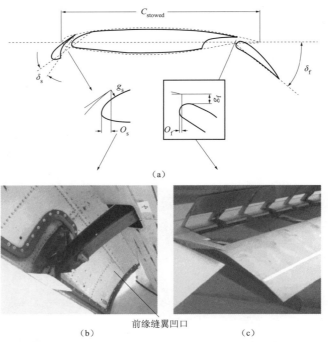

（a）

前缘缝翼凹口

（b）　　　　　　　　　　（c）

图1　HLD 几何与前缘缝翼，显示了前缘缝翼导轨及襟翼侧边

（a）几何设定；（b）带有导轨的前缘缝翼；（c）带有扰流板的襟翼

（图片由 K. Kanjere 提供）

前缘缝翼（图1（b））是装配在机翼前缘的一种机械装置，通过导轨与机翼主体相连，是可动的支撑结构（图1（b）与图2）。前缘缝翼的展开动作可显露出缝翼凹口，并形成机翼主体与缝翼间逐渐缩小的缝隙，此缝隙的特殊形状有利于机翼主体与缝翼间气流的加速。此外，此缝隙的形状——号角状——易于增强该区域声扰动及可能产生的声共振。

扰流板是装配于机翼表面的气动力装置（图1（c）），它们通常为不同形状的小型铰链板，可以顺着机翼向上和/或向下伸展。扰流板可以为飞机减速，若同时装配在两侧机翼上，可辅助飞机下降；若装配于一侧或以不同方式装配于两侧机翼上，则将形成横摇运动。

图2　空客A300增升装置

1.2　空气动力职能

为了不影响巡航表现，机械动力HLD在飞行过程中将维持收缩状态，若将襟翼展开，则机翼弯度增加，而这通常将引起升力系数 C_L 在攻角（α）线性范围内持续增长。此额外升力（放下襟翼所产生的）将减慢飞机飞行速度。此外，装配HLD还将造成阻力损失。

展开前缘缝翼将大幅提高 $C_{L,max}$，并延长上升曲线，实现对后缘襟翼功效的补充。前缘缝翼的气动职能体现在可通过增加机翼某部分对另外一部分产生的顺压梯度来改善高攻角性能，并阻止在高攻角以及低雷诺数条件下出现前缘分离。

1.3　噪声问题

机体噪声并非飞机飞行过程中推进系统产生的噪声，它是通过湍流流动与机体部分相互作用而产生的。噪声生成过程涉及不同的成分（几何）、时间与长度。辐射噪声混合了窄、宽带噪声成分，频率至少横跨30 Hz。起落架（见第6卷第289章）和增升装置，例如前缘缝翼与襟翼，是主要的机体噪声源（Crighton，1995）。

HLD噪声源包括前缘缝翼、襟翼侧边、前缘缝翼导轨以及后缘（图3）。其中，前缘缝翼与襟翼为噪声的两个主要来源（图4）。机体噪声是大部分现代商用飞机着陆噪声的重要组成部分。高涵道流量比发动机的引进与20世纪90年代至今的改良一体化意味着当今机体噪声与发动机噪声对飞机着陆过程总噪声的定义同等重要（见第6卷287章）。机体噪声也是起飞条件（反向运动）下飞机总噪声中不可忽视的一部分。

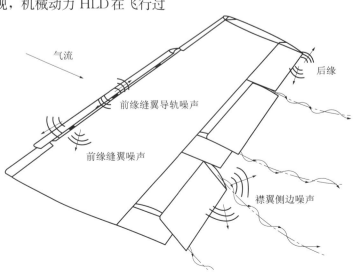

前缘缝翼导轨噪声

气流

后缘

前缘缝翼噪声

襟翼侧边噪声

图3　与增升装置有关的主要噪声源

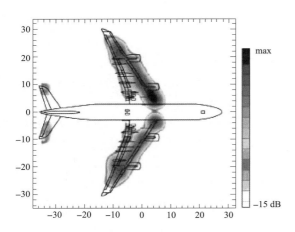

图 4 带有增升装置（3150H）的空客 A340（低空飞行配置）机体噪声源定位；1/3 倍频带（发射角 90°）

（经 Piet 等（2005）允许而采用）

机体噪声研究始于 20 世纪 70—80 年代。如今，起落架与 HLD 的飞行和风洞测试均已实现，这为全局透视噪声源机制创造了条件，并体现出特定噪声源的相对重要性。此外，实验结果和分析研究中所显示的趋势与标度率还将用于生成起落架与 HLD 的经验/半经验噪声预测工具。二元机翼湍流边界层后缘噪声的基本机制（Crighton，1995）是该领域的重点研究案例之一，虽然这些预测模型可用于推断不同的几何形状及气流条件，但没有考虑到新设计方案的声学评估或低噪声概念的发展。尽管如此，随着新噪声降低方法及飞机"安静"飞行配置的出现，后缘噪声日趋凸显的重要性可想而知。2.4 节将对此做一简短评述。

20 世纪 90 年代至今，对环境的关注以及越来越多的严格规定为研究机体噪声提供了新的动力。新测量技术，例如，相位传声器阵列（Sijtsma，2007）与飞行测试计划（Piet 等，2005），为透视噪声生成物理学（见第 2 节）、发展标度律（见第 3 节）创造了途径，同时也为建立经验/半经验预测工具与验证数值模型（见第 4 节）提供了数据支撑。此外，新技术还为研究此噪声源以及气流/噪声物理学创造条件，而不同型号飞机噪声源的特点和排名也得以确定。

较难实现的降噪目标及噪声源不同成分体现出全面减少噪声源的必要性。例如，若想有效地减少着陆噪声源，必须兼顾机体噪声和发动机噪声，这就意味着由增升装置与起落架制造的主要机体噪声源必须被考虑在内。本章第 5 节将讨论若干噪声的降低方法，需要同时顾及多个研究领域，即利用新

配置减少噪声源，这些新配置可以促成机场周围的有利安装效应并完善飞机进场程序，以将噪声区域控制在机场范围内。

2 噪声源

2.1 前缘缝翼

前缘缝翼噪声源沿翼展方向分布（图 5）。通常情况下，局部噪声强度低于襟翼侧边噪声强度（后者噪声源集中在靠近侧边的区域），但由于前缘缝翼噪声源分布区域较大，其总噪声与襟翼的相当。前缘缝翼展开时，缝翼与机翼主体间将逐渐形成一向下张开的缝隙；此外，由于巡航期间缝翼处于收缩状态，这就要求机翼具有缝翼凹口且缝翼放下时此凹口将暴露在外。缝翼后缘存在一定厚度，并因旋涡分离而产生声调噪声。前缘缝翼噪声为 HLD 中低频率范围（<2 kHz）内的主要噪声。诸如相位传感器阵列等噪声源认定方法可帮助在模型试验或飞行试验中确定噪声源。

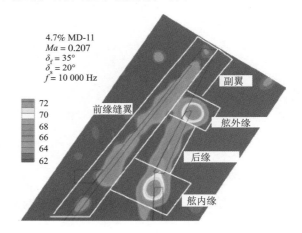

图 5 MD-11 模型（4.7%比例）HLD 噪声源示范（气流由左向右）

（经 Guo，Yamamoto 和 Stoker（2003）允许而采用）

前缘缝翼周围流场情况复杂（Ma 和 Zhang，2009）。气流在缝翼尖端或尖端扩展部分边缘（也就是缝翼凹口）分离，形成不稳定剪切层。该剪切层的不稳定性引起声扰动的线性放大，并最终导致其非线性饱和。此饱和状态迫使剪切层卷起并形成离散旋涡（图 6），且其规模（或旋涡结构）将沿剪切层不断扩大，并穿过缝翼与机翼主体间的窄缝。此大型旋涡结构将撞击缝翼凹口表面，并在缝翼凹口形成低速循环气流。不稳定剪切层是该区域的边

界，气流在此区域经历剧烈波动形成宽带噪声源。

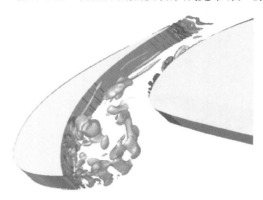

图6　大型旋涡结构与缝翼后缘旋涡 LES 计算

有限厚度后缘引起小型旋涡的交互分离，这是高频声调噪声的潜在噪声源之一。后缘对定义高频（穿过后缘旋涡离散）和中低频（大型旋涡结构穿过缝隙）噪声成分意义重大。缝翼和机翼主体间的后缘噪声源与声共振产生音调噪声，但此特点经常出现在模型试验而非飞行试验中。缝翼周围气流场十分不稳定，因此噪声生成机制是一复杂的空气声学难题。多噪声源的出现促成了前缘缝翼噪声的宽带特性，也体现出预测远场辐射噪声等级及指向性（见第4节）所面临的严峻挑战。襟翼噪声问题也是如此。

2.2　襟翼侧边

襟翼侧边是增升装置中高频范围（图5）内的主噪声源。襟翼侧边的气流场受两个流向涡支配（此二流向涡将会融合成一个大型旋涡）。压力表面边界层分离形成剪切层，该剪切层在襟翼前缘周围卷起并形成主旋涡（图7），而较小规模的次旋涡则在襟翼吸力面形成。此二旋涡沿襟翼弦胀大、增强，最终融合形成一大型旋涡，并以中、高襟翼偏角与襟翼表面分离。如果高襟翼偏

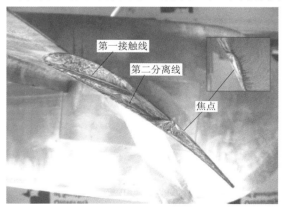

图7　表面纹线显示襟翼侧边旋涡卷起

角逆压梯度足够大，旋涡将分解。襟翼侧边潜在声源（Khorrami 和 Singer，1999）为自由剪切层，其卷起形成多旋涡，而后旋涡融合；湍流边界层对流穿过锐边，旋涡分解。

描述襟翼侧边噪声的模型有许多（Hardin，1980；Howe，1982；Sen，1997）。Hardin 的模型（1980）显示，边界层湍流与侧边擦边而过产生噪声，且其声音辐射强度与涡量及其与锐边的距离有关。而 Howe 的模型（1982）则以流经襟翼与机翼主体无偏角部分间狭槽的气流为基础，襟翼侧边与无偏角机翼主体间的缝隙是辐射噪声强度的主要影响因素。Howe 的理论通过格林函数表达出远场声压量，该声压是由狭槽周围的湍流波动引起的。Sen 的分析（1997）将边旋涡震荡设定为噪声机制，其频率则由翼面循环、边厚度以及与侧边平均距离决定。当旋涡彼此靠近并做小幅运动时，机壁只对其产生微弱影响，且此旋涡以相互抵消的方式运动。Sen 的模型显示旋涡在距机壁较远的地方运动才可降低襟翼侧边噪声。

2.3　前缘缝翼滑轨与襟翼滑轨整流罩

较之于 8 dB 配置噪声等级，前缘缝翼滑轨噪声等级略高（Dobrzynski 等，1998）。前缘缝翼滑轨噪声产生机制在于因滑轨与机翼前缘垂直而引起的气流分离。机翼缝翼滑轨凹槽是缝翼总噪声的潜在噪声源之一，此外，飞行试验显示襟翼滑轨整流罩也是噪声源之一。

2.4　后　缘

在飞行雷诺数条件下，机翼表面存在湍流边界层。后缘分散的湍流结构将产生声辐射。对于后缘波长范围内的二维噪声源，远场辐射通过速度第五幂律得出。远场强度指向性因 $\sin^2(\theta/2)$ 而不同（Ffowcs Williams 和 Hall，1970）。这些基本要素不受侧边周围不稳定气流性质影响。

Amiet 的模型（1976）是预测后缘噪声辐射的有效工具。此理论可应用于可压缩流，并设定机翼表面对流压力范围，产生相似规模的辐射压力场。螺旋桨感应载荷通过标准骤风相互作用方法计算得出。Amiet 的著作还涉及平均马赫数效应，其理论的关键假设之一即为"冰冻"的湍气流，也就是说，翼弦上方湍气流范围不变。此理论坐标系 (x, y, z) 中，x，y 和 z 分别代表空气流向、正常机壁和翼展方向。Amiet 远场谱经典结论 $S(x, 0, z, \omega)$

（观察者在 $y = 0$ 平面）如下：

$$S(x,0,z,\omega) = \left(\frac{\omega bz}{2\pi c_0 \sigma^2}\right)^2 l_y(\omega) d \mid \pounds \mid^2 S_{ql}(\omega, o)$$

(1)

根据 Amiet（1976，等式（5）），$\pounds$ 代表可以进行估算分析的指向性因子；b 为主因次化半翼弦；c_0 为声速；$\sigma = \sqrt{x^2 + (1-Ma^2)z^2}$，为后缘按比例缩小的半径；$\omega$ 代表频率；d 为机翼翼展宽度；$l_y(\omega)$ 表示机壁湍流翼展相关长度；$S_{ql}(\omega,0)$ 为表面压力互谱。

3　噪声特点

3.1　声谱和标度律

HLD 气动场包含不同的流体物理及多种空间和时间尺度。HLD 噪声本质上为宽带噪声。多噪声源特性使得其远场指向性较为统一（图 8），并采用不同的标度律。二维噪声源远场辐射遵循速度第五幂律（Crighton，1975）。然而，在导轨与襟翼侧边周围也存在着众多潜在噪声源。此类噪声源本质为宽带噪声，因此声波长度差异巨大。如果噪声源位于距设备边缘较近的区域（即在波长内），则噪声辐射主要为衍生辐射（Ffowcs Willams 和 Hall，1970）。此种情形下，远场噪声辐射依速度第五幂律计算。但是，如果噪声源距边缘较远（大于波长），则噪声辐射依速度第六幂律计算（即偶极辐射）（Curle，1995）。

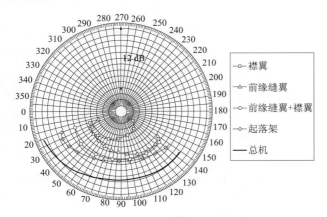

图 8　A340 飞行过程中机体噪声源指向性

远场前缘缝翼噪声声谱主要为拥有一个或多个窄波峰的宽带噪声（Dobrzynski 等，1998）。前缘缝翼为主要的气动噪声源，襟翼侧边辐射噪声其次。前缘缝翼噪声在低频段（全尺寸条件下 0.2～

0.4 kHz）达到高峰。中频段（1～2 kHz）襟翼侧边噪声为主要噪声。前缘缝翼宽带声谱最大值为斯特劳哈尔数 $St = 1～4$（斯特劳哈尔数基于来流速度和前缘缝翼弦）。高频（$St \approx 10$）峰值也可能出现在模型试验中（Choudhari 等，2002）。高频噪声因缝翼后缘的涡流分离生成；而中低频宽带噪声则是由自由剪切层扰动增强造成的。鉴于涡流融合及分离现象只在低频段发生，认定剪切层的不稳定促成了大量噪声的集中生成。

预测远场噪声的经验/半经验方法以幂律（见4.1节）为基础，此类幂律适用于中低频段（在声谱峰值）。尽管该方法可以给出合理的估算，但应用起来存在困难。幂律因飞机型号和数据集的不同而存在差异。通常，前缘缝翼速度幂律为 5.6，而襟翼则为 5.3（Dobrzynski 等，1998；Guo 和 Joshi，2003）。缝翼后缘噪声是主要的噪声生成机制，这与中低频段速度第五幂律相符，但是所呈现的数值不同。就前缘缝翼而言，数值范围为 4.5～8（基于斯特劳哈尔数）（Pott-Pollenske 等，2006），因此，此数值由频率决定。HLD 生成的所有噪声遵从缩比律 $V_0^{5.5}$（Chow，Mau 和 Remy，2002）。

3.2　指向性

从地面观察 HLD 噪声辐射，最大辐射角在后象限（指与飞行方向呈 $90°～180°$ 的范围），而襟翼噪声的最大辐射角在前象限（指与飞行方向呈 $0°～90°$ 的范围）（Chow，Mau 和 Remy，2002；Guo 和 Joshi，2003）。前缘缝翼噪声是中低频段主要噪声。由于缝翼噪声源的宽带特性，辐射噪声的指向性十分弱，展现了从峰值辐射方向逐渐降低的过程。通过对装配 HLD 飞机低空飞行噪声的观测，可知襟翼噪声在前弧达到峰值（在高频条件下）。

依照低空飞行测量方法，后缘襟翼噪声随襟翼偏角正弦平方的变化而改变，频率随着斯特劳哈尔数及襟翼弦而变化。

4　预测方法

4.1　半经验或基于局部噪声的预测方法

由于机体噪声自身的复杂性，现有的"整机"预测方法通常以不同的局部噪声场为基础。这就需要大量的模型试验及全尺寸飞机数据库。Fink（1977）阐述了基于局部噪声场预测方法的早期研究工作，这些研究包括在 ANOPP（飞机噪声预测计划）中。ANOPP 是 NASA 兰利中心发布的半经验标准，包含可用噪声预测方案。此标准将会根据最新进展持续更新。ANOPP 的用户应该注意技术等级以及合成过程中的限制。

Fink 的方法以"净"机体噪声定义为开端，假设机体噪声只包括机翼和水平尾翼后缘噪声。此方法将局部（前缘缝翼、襟翼、起落架等）噪声在巡航配置噪声等级的基础上进行叠加，且不考虑相互作用。弱相互作用假设只可被视为第一近似值。Fink 的局部噪声假设以后缘噪声为基础，如将后缘襟翼噪声作为上升偶极场进行建模；前缘缝翼噪声则基于净机翼噪声的延伸进行预测。此假设目前已被否定。

相位传声器阵列及对其物理认知的近期发展增强了涵盖子组件以及湍流量与个体几何参数的可能性。Guo，Yamamoto 和 Stoker（2003）将噪声声谱表达为：

$$S = S_0 F_1(St) D(\varphi) Ma^{b_1} C_L^{b_2} \left(\frac{l}{r}\right)^{b_3} (\sin \alpha)^{b_4} (\sin \delta)^{b_5} \tag{2}$$

式中，S_0 为恒定值。噪声频率依赖性表达为标准声谱 $F_1(St)$：

$$St = \frac{fl}{v_0} \tag{3}$$

其中，l 代表部分的长度，如厚度。指向性由指向性因子 $D(\varphi)$ 表示，φ 为低空飞行平面指向角。此声谱与其他所有参数成比例，包括气流马赫数 $Ma = v_0/c$（c 为恒定声速）、攻角 α、局部增升系数 C_L、局部偏角 δ 和局部长度（按远场传声器距离 r 规范化）。气流及几何参数为特定局部独有，将被加至一般表达式，如侧边旋涡强度和翼展方向交叉流动速度将被加至襟翼侧边噪声源。前缘缝翼噪声源同理，将加上凹口区域旋涡强度、缝翼后缘和机翼主体间隙的气流速度和缝隙宽度。假设噪声声谱对参数的依赖性仅以幂律的形式体现。幂律参数（b_1，b_2，b_3，…）取决于飞机型号。

前缘缝翼也存在基于局部噪声的预测方法（Pott－Pollenske 等，2006）。远场压力表达式按 1/3 倍频带 $\lg f$ 比例。等量声压范围可表达为：

$$S = F_2(St) D(\alpha, \varphi, \psi) Ma^5 \sin^3 \psi \left(\frac{l}{r}\right)^2 \tag{4}$$

其中，l 表示浸湿后缘的长度；ψ 为后掠角；频谱由标准声谱 $F_2(St)$ 表达（Pott－Pollenske 等

（2006）中的等式（6）和（7）），考虑了数据库和偏角纠正因子；$D(\alpha, \varphi, \psi)$ 为基于 Pott－Pollenske 等（2006）的等式（10）的指向因子，包含两极辐射角和方位角；斯特劳哈尔数 St 以前缘缝翼弦为基础。上述表达式是基于飞行和模型试验数据导出的。

本部分所述预测方法受所选用数据库的准确度和范围所限，也就会为数据库中的飞机型号所影响。如果选用其他型号的机型，可能受到误导。目前，对于物理预测方法的研究可能会发展出更好、更灵活的预测方法。

4.2　计算方法

多种噪声生成、传播机制共存，与不同的空间和时间尺度共同描述了 HLD 噪声的物理特性，并通过 Navier－Stokes（N－S）方程体现出来。目前，就工程应用而言，无法实现 N－S 方程的完全求解。现有的方法是通过求解不同形式的控制等式寻求有效的手段，以精确地预测噪声源和远场噪声特性。通常，HLD 噪声问题可以从三方面入手解决：噪声生成、噪声传送和远场辐射。以上三点皆可利用不同的控制等式进行处理。噪声在 HLD 周边生成，此条件下气动力和声学相辅相成。就噪声源建模而言，方法包括直接数字模拟（DNS）、大涡模拟（LES）、离涡模拟（DES）、非稳态雷诺平均纳维尔－斯托克斯（URANS）、稳态雷诺平均纳维尔－斯托克斯（RANS）以及随机噪声生成和辐射（SNGR）方法。在声传播区域，气动力场影响声波传播，此问题的解决方法包括安装效应。就声传播而言，噪声在非均匀流（弱耦合）传递，此问题可通过欧拉方程、线性欧拉方程或声扰动方程解决。远场噪声辐射问题的解决方法可利用莱特希尔的声类比。目前，广泛应用的声类比方法为 Ffowcs Williams 和 Hawkings（FW－H）方程（Ffowcs Williams 和 Hawkings，1969）。

噪声源及传播问题通常利用告诫计算空气声学编码（CAA）解决。CAA 是对噪声生成、声传播和远场特点的准确空气动力数值预测。空气声学固有的非稳定特性，平均值、声流量的差异，以及高频条件对数值处理有很高的要求。CAA 场内的趋势是利用高阶准确数值方案，此方案已经通过某种方式实现优化，以减少每段波长所需的格点/波长。

CAA 方法示意图如图 9 所示。HLD CAA 计算案例见 Choudhari 和 Khorrami（2007）以及 Ma

和 Zhang（2009）。

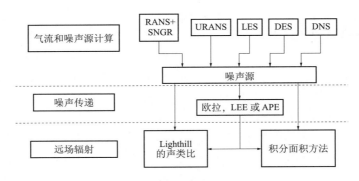

图 9　HLD 噪声计算综合方法

5　降噪方法

5.1　声吸收：声传输线

前缘缝翼噪声谱通常具有宽带属性，有一个 $St=1\sim4$ 的宽峰，高频声调也存在。缝翼后缘是宽带和窄带噪声生成的重要区域。主体表面的吸声处理可以压缩后缘潜在像源，虽然缝翼缝隙处理可能降低高频噪声（Ma 等，2006；Ma 和 Zhang，2009）。与其他噪声控制技术（诸如缝翼后缘齿状胶带或缝翼凹口填料）不同，声传输线处理不会改变缝翼形状，因此对机翼压力分布产生的影响最小。最高效的处理方法是在前缘缝翼凹口和机翼主体上都运用传输线，主体处理通过影响机翼周围的折射实现降噪。值得注意的是，应该考虑前缘缝翼处于收缩状态时传输线的完全覆盖。据报告，窄带高频声调已经降低了超过 4 dB，宽带噪声可能降低约 2 dB。

5.2　活跃气流控制：风力传送

活跃气流控制（如稳定和非稳定风力传送）可用于改变前缘缝翼及襟翼侧边流场的旋涡结构，并降低噪声辐射。襟翼侧边噪声源可归因于旋涡结构摆动。它引起刚性表面的压力波动并产生噪声辐射。活跃气流控制方法之一即通过向旋涡结构传送空气或毁坏旋涡结构（Koop，Ehrenfried 和 Dillmann，2004）。风力传送降低了表面压力波动以及辐射噪声等级。风力传送空气改变了旋涡周向速度曲线以及剪切层与旋涡非稳定性的动力相互作用。旋涡结构移离固体表面也将降低声压等级及辐射噪声等级。据报告，高于 1.25 kHz 的远场声压等级降低了 3～4 dB。

5.3　边处理：多孔材料及涂刷

襟翼侧边翼展方向的压力不均，这对定义靠近侧边的旋涡以及穿过缝隙的气流意义重大。多孔襟翼侧边缓解了襟翼侧边压力不均的问题，并减少了包裹侧边旋涡的剪切层中的旋涡涡度，削弱了侧边旋涡。多孔侧边使得有限质量流量穿过旋涡，进一步将旋涡移离固体表面，并由此降低了其作为声源的强度。多孔材料也可应用于缝翼后缘。此方法减缓了高频局部旋涡分离，并进而消除了潜在高频噪声源。

涂刷可以用在襟翼侧边，以影响旋涡气流；也可用于缝翼后缘，以影响离散旋涡分离。带有涂刷的襟翼侧边声源强度可能减少大约 5 dB。

5.4　局部几何调整：凹口填料、隔流栅和齿面

凹口遮盖物使得翼端顺剪切层方向延长，有利于稳定缝翼凹口气流；缝翼凹口填料也可稳定凹口气流并消除潜在声反馈渠道，二者皆为有效的降噪方法。但是，带有凹口遮盖物前缘缝翼的收回装置难于制造，而凹口填料可能对 $C_{L,\max}$ 造成影响，因为其对通过空隙的气流有限制作用。气动力学效应或因机翼型号而不同，且实现气动效能需要执行相关的优化工作。据报告，多孔襟翼侧边与缝翼凹口填料相结合可将噪声降低超过 2 dB（在特定角度）（Chow，Mau 和 Remy，2002）。

襟翼侧边隔流栅用于降低噪声。Dobrzynski，Gehlhar 和 Buchholz（2001）提到全尺寸空客 A320 机翼上的襟翼隔流栅实现了降噪，原理在于其增加了边缘旋涡系统和襟翼上表面之间的距离。不同形式的隔流栅已被运用到飞机上，包括襟翼表

面向上、下延伸的尖端隔流栅，并将中频段峰值噪声降低9 dB。较低尖端隔流栅向下延伸大约一个襟翼厚度，在4～10 kHz频率范围内将噪声降低3～4 dB。

5.5　几何调整：连续模线技术

连续模线技术（CMT）将一个灵活板面改型置于两个活动部分之间，提供一个连贯表面，其目的在于防止不相连的端部（如襟翼与缝翼侧边）成为噪声源。用于消除襟翼侧边时，CMT利用变形（在襟翼偏离过程中发生变形）的高弹性面板将襟翼侧边与相邻的机翼表面相连，在弯曲度不产生剧烈变化的条件下提供了一个连贯表面，有效地消除了襟翼侧边旋涡。采用CMT，襟翼侧边噪声源可以减少到可测量的等级以下。然而，由于采用CMT会减少总升力，因此可能会产生气动力损失。这是因为靠近襟翼侧边区域的机翼主体负载减少了。20％缩比机翼模型风洞试验（Storms等，2000）表明，襟翼侧边噪声降低5～15 dB（频率2.5 kHz以上）；前缘缝翼（频率5 kHz以上）噪声至多降低10 dB（在SPL峰值情况下）。

5.6　进场程序：持续下降和急遽进场

降低飞机噪声需要改善着陆步骤，如从巡航高度持续下降或在低速高增升条件下急遽进场（滑翔斜率大于3°）。对于机场附近居住区域上空的高海拔飞行，如高于1 000 m，地面降噪十分重要，与远场辐射的平方反比律相符。HLD噪声依速度幂律计算，减速与急遽进场相结合实现降噪。然而，新着陆程序需要提高机场周边飞行的减速率。安装扰流器是有效方法之一，但可能产生新的机体噪声源。

6　总　　结

现代高涵道比航空发动机经过降噪已经与进场着陆期间的机体噪声达到同一水平，因此，高增升装置的噪声至关重要。增升装置对整机噪声的意义与起落装置不相上下。过去的20年中，用于确定主要噪声源的新技术已经开发出来，不同型号飞机的数据库经过模型和飞行试验后业已生成，此外，用于研究噪声源、传播和辐射的CFD和CAA方法也已被引进。尽管研究已经取得进展，但还需要继续努力使得降噪等级达到可接受的水平。

现有降噪方法（基于局部处理）的范围只在缝翼和襟翼的基本设计维持不变的情况下有效。噪声降低3～5 dB是可能实现的，但若想降低10 dB，则需要新的降噪方法。这些新方法包括对现有设备的设计改进，如连续模线技术，利用衬翼消除缝翼/襟翼和主体之间的缝隙，并采用气流控制技术（如环流控制）代替机械HLD。

综上所述，为改善现有噪声，预测工具十分必要。现有的实验/半实验预测工具因数据库而异，使用困难较大，其所得预测结果可以接受，但不够精确，无法为未来新飞机型号提供精确的预测。物理模型有待进一步研究，以克服限制。诸如CAA等现代计算方法将在降低飞机噪声研究中扮演更为重要的角色。

参考文献

Amiet, R. K. (1976) Noise due to turbulent flow past a trailing edge. *J. Sound Vib.*, 47 (3), 387—393.

Choudhari, M. M. and Khorrami, M. R. (2007) Effect of three dimensional shear－layer structures on slat cove unsteadiness. *AIAA J.*, 45 (9), 2174—2186.

Choudhari, M. M., Lockard, D. P., Macaraeg, M. G. *et al.* (2002) Aeroacoustic experiments in the Langley low－turbulence pressure tunnel. NASA TM 2002－211432.

Chow, L. C., Mau, K. and Remy, H. (2002) Landing gears and high lift devices airframe noise research. *AIAA Paper* 2002－2408.

Crighton, D. G. (1995) Airframe noise, in *Aeroacoustics of Flight Vehicle, Theory and Practice*, vol. 1: *Noise Sources* (ed. H. H. Hubbard), Acoustical Society of America, pp. 391—447.

Crighton, D. G. (1975) Basic principles of aerodynamic noise generation. *Progr. Aerosp. Sci.*, 16 (1), 31—96.

Curle, N. (1955) The influence of solid boundaries upon aerodynamic sound. *Proc. R. Soc. Lond.*, A 231 (1187), 505—514.

Dobrzynski, W., Gehlhar, B. and Buchholz, H. (2001) Model and full scale high－lift wing wind tunnel experiments dedicated to airframe noise reduction. *Aerosp. Sci. Technol.*, 5 (1), 27—33.

Dobrzynski, W., Nagakura, L., Gehlhar, B. and Buschbaum, A. (1998) Airframe noise studies on wings with deployed high－lift devices. *AIAA Paper* 98－2337.

Ffowcs Williams, J. E. and Hall, L. H. (1970) Aerodynamic sound generated by turbulent flow in the vicinity of a scattering half plane. *J. Fluid Mech.*, 40 (4), 657—

670. Airframe Noise：High Lift Device Noise 3551.

Ffowcs Williams，J. E. and Hawkings，D. L. （1969）Sound generation by turbulence and surfaces in arbitrary motion. *Philos. Trans. R. Soc. Lond.*，A 264 （1151），321—342.

Fink，M. R. （1977）*Airframe noise prediction method.* Federal Aviation Administration. *FAA—RD—77—29.*

Guo，Y. P. and Joshi，M. C. （2003）Noise characteristics of aircraft high lift systems. *AIAA J.*，41 （7），1247—1256.

Guo，Y. P.，Yamamoto，K. J. and Stoker，R. W. （2003）Componentbased empirical model for high—lift system noise prediction. *J. Aircraft*，40 （5），914—922.

Hardin，J. C. （1980）Noise radiation from the side edge of flaps. *AIAA J.*，18 （5），549—552.

Howe，M. S. （1982）On the generation of side edge flap noise. *J. Sound Vib.*，80 （4），555—573.

Khorrami，M. R. and Singer，B. A. （1999）Stability analysis for noisesource modelling of a part—span flap. *AIAA J.*，37 （10），1206—1212.

Koop，L.，Ehrenfried，K. and Dillmann，A. （2004）*Reduction of flap side edge noise：passive and active flow control.* *AIAA Paper* 2004—2803.

Ma，Z. K.，Smith，M. G.，Richards，S. K. and Zhang，X. （2006）Attenuation of slat trailing edge noise using acoustic liners. *Int. J. Aeroacoust.*，5 （4），1172—1180.

Ma，Z. K. and Zhang，X. （2009）Numerical investigation of broadband slat noise attenuation with acoustic liner treatment. *AIAA J.*，47 （12），2812—2820.

Piet，J. F.，Davy，R.，Elias，G. et al. （2005）Flight test investigation of add—on treatments to reduce aircraft airframe noise. *AIAA Paper* 2005—3007.

Pott—Pollenske，M.，Dobrzynski，W.，Buchholz，H. *et al.* （2006）Airframe noise characteristics from flyover measurements and predictions. *AIAA Paper* 2006—2567.

Sen，R. （1997）Vortex—oscillation model of airfoil side edge noise. *AIAA J.*，35 （3），441—449.

Sijtsma，P. （2007）CLEAN based on spatial source coherence. *Int. J. Aeronaut.*，6 （4），357—374.

Storms，B. L.，Hayes，J. A.，Jaeger，S. M. and Soderman，P. （2000）Aeroacoustic study of flap—tip noise reduction using continuous moldline technology. *AIAA Paper* 2000—1976.

本章译者：任奇野（北京航天长征科技信息研究所）

第 291 章

螺旋桨噪声

Rod H. Self

南安普顿大学声学与振动研究院，南安普敦，英国

1 引 言

　　螺旋桨是最早的飞机动力装置，此技术一经开发，便取得稳步发展。直至 20 世纪 50 年代末期——彼时，新近研发的喷气式发动机优势显著，取代螺旋桨成为该领域主导技术。喷气式发动机的最大优势在于其大幅提升了飞机的飞行速度，这是螺旋桨发动机所无法企及的，也是现今大多数商业机群选用涡轮风扇发动机的原因。但是，螺旋桨发动机并非毫无价值，事实上，该技术仍广泛地应用于轻型飞机及小型通勤飞机上。

　　螺旋桨的高安装效率特点降低了燃料消耗，成为其相对涡轮风扇发动机的一大优势，并在 20 世纪 70 年代到 80 年代间引发了螺旋桨技术的短暂复兴。彼时，制造商受油价上升刺激，将目光投向更高效的飞机推进技术，设计生产了若干桨扇发动机（高速涡轮螺旋桨发动机，也称作无涵道风扇或先进开式转子）。随着计算空气动力学与结构力学的发展及新型混合材料的应用，这些设计的品质得到了提升，许多结构问题也迎刃而解。事实上，先进的桨扇在高马赫数条件下效率很高，但由于某些原因，它们从未被商用飞机采用，其中一个常被提及的缺点即其产生噪声，但较为现实的原因则可能是：制造商因油价的回落而不愿投资解决此类问题。

　　然而今非昔比，上涨的油价及对温室气体（CO_2）与污染物（诸如 NO_x 等）排放的关注重燃起人们对高效率飞机的渴望。因此，发动机及机身制造商又重新将先进桨扇作为中短程飞机动力装置来进行调研。

　　对螺旋桨噪声预测方法的研究已经持续了 85 年，但人们对其研究态度与对螺旋桨一样摇摆不定，因此，即便在相对不活跃的时期，噪声研究活动也可能穿插其中。至于空气声学难题，早期理论与计算能力的缺失决定了经实践得出的方法才最为可靠，这些方法与噪声预测的理论方法一并发展至今。1936 年，Gutin（1936）首次提出了螺旋桨噪声理论并为后继研究者所深入研究。而桨扇在 20 世纪 80 年代的兴起促进了噪声理论的发展，包括解释随反向旋转螺旋桨（CPRs）出现的高桨尖马赫数与额外噪声源的能力。如今，计算流体动力学的发展为研究人员创造了条件，可以更好地处理安装过程因非均匀气流而对螺旋桨噪声产生的影响。

　　很难用如此篇幅将这一主题讲述通透。事实上，本章只为读者展示一总观，起抛砖引玉的功效。本章组织结构如下：引言剩余部分将对不同类型的螺旋桨及其噪声特点与噪声源做出定性描述；第 2 节将介绍线谱噪声的预测方法，而宽带噪声预测方法将在第 3 节详述；已安装螺旋桨的噪声等级及特点与独立螺旋桨差异巨大，此部分内容将在第 4 节进行深入探讨；本章第 5 节将介绍若干降低螺旋桨噪声的方法。

1.1 螺旋桨类型描述

　　螺旋桨十分易于识别，它们可被描述为一组（或若干组）无围带（开式）旋转叶片。虽然在基本型（主要指叶片的数量和形状）基础上有许多变体设计，但这些变体运转方式相同，即由叶片充当翼面，并由叶片高、低压表面形成的气流产生推力。当飞机低速飞行时，其推力由大团缓慢运动的空气产生，此时螺旋桨工作效率很高。但是，随着

飞行速度的上升，螺旋桨工作效率逐渐降低，这也是引进桨扇的原因。与螺旋桨相比，桨扇叶片数量较多但直径较小，旋转速度也有所提高。此外，桨扇叶片通常为后掠叶片，且另有一组反向旋转叶片可能安装于第一组桨扇之后。图 1 展示了三种不同类型的螺旋桨。

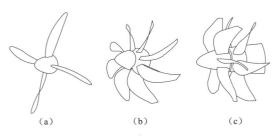

图 1　三种螺旋桨

（a）传统螺旋桨；（b）桨扇；（c）反向旋转螺旋桨

（经 Hubbard（1995）同意而引用其图）

诸如通勤飞机等采用的典型高性能螺旋桨（如图 1（a）所示）具有 2～6 扇较直较窄的叶片，低速度飞行时效率较高（马赫数大约为 0.6），但这一工作效率将随着飞行速度的提升而快速降低。事实上，图 1（b）所示桨扇更适用于此情形。与螺旋桨相比，桨扇具有更多细且后掠程度高的叶片，因此，它可以同样的推力在更大载荷的情况下运转，且螺旋桨直径有所缩减。图 1（c）所示反向旋转螺旋桨由两个向相反方向旋转的共轴螺旋桨组成。前方螺旋桨所产生的旋涡尾流提高了流至后方螺旋桨叶片空气的速度，并从而增加了后方叶片组产生的推力（相较于相同但以单旋转配置的螺旋桨）。之后，旋涡将消失，至少到后方（以相反方向旋转的）螺旋桨后将大幅度减小。这种尾波旋涡的减小很大程度上提高了燃料的使用效率（相较于同等的单旋转螺旋桨设计）。现代 CPR 设计如图 2 所示。请注意图中配置，螺旋桨位于涡轮发动机后方。因此，这是一个推动器配置。

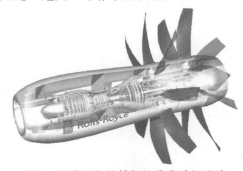

图 2　现代反向旋转螺旋桨发动机设计

（此发动机为安装在机尾的推进配置，有别于图 1 中的设计。图片由 Rolls-Royce 公司提供）

1.2　螺旋桨噪声特点

螺旋桨产生两种完全不同的噪声：第一种是由螺旋桨旋转造成的音调噪声或谐波噪声；第二种是由螺旋桨叶片上方湍气流产生的宽带噪声，它是一种随机的非周期性信号。对于带有 B 叶片，轴旋转频率为 Ω 的理想螺旋桨，其音调及谐波噪声的基础分量基频皆为 $\Omega_B/(2\pi)$。而宽带噪声与之相反，其本身具有随机性，分量横跨所有频率。概括来说，音调噪声分量主要位于低频段，而宽带噪声随频率的提高而越显出其重要性。此两种噪声的相对重要性如图 3 所示，此图表明了传统螺旋桨的典型噪声范围。宽带噪声声源将在第 3 部分进行讨论。

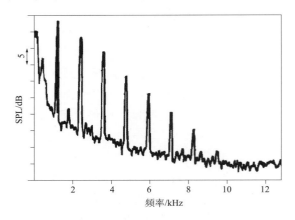

图 3　传统螺旋桨噪声范围

1.3　螺旋桨音调噪声声源概述

螺旋桨音调噪声声源通常分为稳定或不稳定两种。从本质上来说，稳定的噪声源在参考系（固定在旋转状态叶片上）中保持不变；而不稳定噪声源则显示了时间相依性（在转动参考系中）。

稳定的噪声源引发了单转子音调（由稳定旋转载荷及叶片厚度共同作用而成）。以稳定载荷噪声源为例，叶片在转动参考系中的提升力与摩擦力保持不变；但是在转动坐标中，这些力的成分随时间而变化，产生时变压力场形成噪声传播。在固定参考系中转动时，叶片厚度产生的空气时变位移形成厚度噪声。这完全取决于发动机的几何与操作条件。降低厚度噪声最简便的方法即为削薄叶片厚度（特别是临近快速移动桨尖的部分）。如果叶片厚度减少一半，厚度噪声将降低 6 dB。

不稳定的噪声源主要是因为螺旋桨很少在进气完全对吹的情况下运行，例如，当螺旋桨桨轴与进气呈一定角度时，其叶片上的载荷在旋转过程中将发生周期性变化。此外，如果螺旋桨安装在飞机机体或靠近机翼的位置，载荷也会发生周期性变化。螺旋桨穿过不同气流场的过程中，叶片的载荷随之变化，在叶片基频谐波波段产生音调。此种所谓的音调失声（以定向的方式增减稳定载荷噪声）大大增加了噪声场预测的复杂性。

不稳定载荷是反向旋转桨扇的主要噪声源之一，因为桨扇会引起另一组桨扇气流场的畸变。主要原因如下：当前方螺旋桨叶片产生的桨尖涡与后方螺旋桨气流发生对流并与后方螺旋桨叶片相互作用时，产生桨尖涡相互作用音调（这一噪声源在直升机转子上也存在，也称作叶片—旋涡相互作用，BVI，产生特有的"重击"声）。与 CRP 叶片有关的压力场数值模拟如图 4 所示，图中桨尖涡十分清晰。第二排叶片的非定常升力穿过第一排叶片的黏性尾流时，产生了黏性尾流相互作用音调。

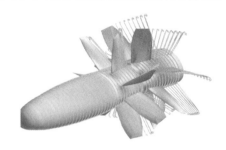

图 4　显示桨尖涡的反向旋转螺旋桨压力升降曲线数值模拟

（图片引用自 Alexios Zachariadis，剑桥大学）

由于厚度及叶片负荷会与邻近螺旋桨叶片相互作用（图 5），潜在结合流场产生了潜在结合相互作用噪声。

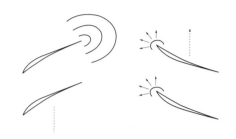

图 5　第一排叶片与第二排叶片相互作用产生噪声的潜在结合流场

在任何情况下产生的噪声皆为音调噪声。如果两转子拥有相同的叶片数量，并以相同的旋转速度运行，那么不稳定噪声源与稳定噪声源（即叶片基频谐波）产生的音调频率相同。然而，通常情况下，两个转子的叶片数量各异，且以不同的轴频旋转。在这种情况下，相互作用音调差异较大，二者发生频率的数值也较大。此类相互作用音调将成为低速运行状态（诸如起飞）的主要噪声源，但是在高速巡航条件下，稳定噪声源为主要噪声源。

无论噪声源如何，其产生的音调本质上都具有高指向性。也就是说，噪声等级将随着观察角坐标（与螺旋桨桨轴相对的）的变化而变化（图 6）。注意：不同的音调指向性不同，相互作用音调的指向性较之于单转子音调更为复杂。

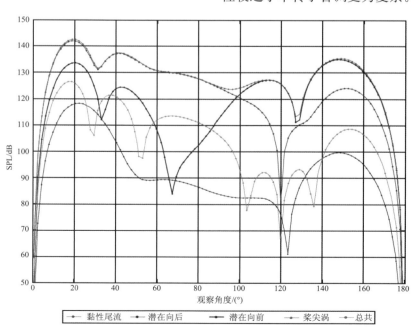

图 6　相互作用音调的指向性

（此图展示了噪声等级将随着观察角坐标（与螺旋桨桨轴相对的）的变化而变化。稳定音调的指向性相对简单）

2 螺旋桨音调噪声预测

Gutin（1936）给出了螺旋桨稳定载荷噪声的首个完整表述，但是 Ffowcs Williams 和 Hawkings（FW－H）方程（1969）才为现代方法的开端。它是 Lighthill 理论（1952）的延伸，Curle（1995）对固体边壁的研究包括运动效应：

$$\left(\frac{\partial^2}{\partial x_i^2}-\frac{1}{c^2}\frac{\partial^2}{\partial t^2}\right)p=$$

$$-\frac{\partial^2 \overline{T_{ij}}}{\partial x_i \partial x_j}+\frac{\partial}{\partial x_i}\left(p_{ij}\delta(f)\frac{\partial f}{\partial x_j}\right)-\frac{\partial}{\partial t}\left(\rho_0 v_i \delta(f)\frac{\partial f}{\partial x_i}\right)$$

$$(1)$$

等式左边是正常线性波算子对声压的作用 p，而等式右边则显示了三种声源：

第一个代表力的四极分布，通过 Lighthill 应力张量 T_{ij} 导出，此 T_{ij} 作用于叶片外表面，而叶片以内的应力张量则不考虑在内（由上画线表示）。

第二个包括压缩的应力张量 p_{ij}，表现了叶片对空气的作用，这也是产生载荷噪声的原因。叶片表面由 $f＝0$ 导出，δ 代表冲击函数。

第三个量化了叶片旋转产生厚度噪声过程中对空气的分离效用。v_i 是局部表面速度的组成部分。

为简化等式，人们通常忽略由函数 f 表示的叶片截面几何，这不会导致严重的错误，除非考虑到高频率（波长可与叶片厚度相媲美的情况）。在这种情况下，四极源也被忽略了，形成了以下等式。

$$\left(\frac{\partial^2}{\partial x_i^2}-\frac{1}{c^2}\frac{\partial^2}{\partial t^2}\right)p=-\rho_0\frac{\partial}{\partial t}Q+\frac{\partial}{\partial x_i}F_i \quad (2)$$

此变体等式详见 Morse 和 Ingard（1968）或 Goldstein（1976）。此简化等式中，厚度噪声声源被表示成体源（以及汇源）的等效分布 Q，与此同时，决定降低载荷噪声源以找出叶片施加给空气的力 F_i。

有两种常见的渐近法可以处理这些等式。升力线法运用了渐进展开（Brouwer，1992），在这种情况下，弦向变体与单点相撞，噪声源被表示成一系列的旋转线。升力线法易于标记，但在小翼弦叶片上应用有限，较为现实的方法为升力面法。此种方法中叶片薄、攻角小，但不是弦向压缩。噪声源位于一个极薄的多层螺旋结构中。升力面法分为时域（Farassat，1986）和频域（Hanson，1980）两方面。

2.1 时域法

叶片表面不定常积分可以直接求解等式（1）与等式（2），时域法有助于加强叶片几何体的精确度，但此法也存在缺陷，即需要计算延迟时间的被积函数。也就是说，为了计算 (x_i, t) 位置的声压 $p(x_i, t)$，需要决定当叶片表面元素释放波至 (x_i, t) 位置时各元素的位置以及噪声源力。此外，直接整合 FW－H 方程需要计算数值导数。

时域法对精度要求极高，不易标记。然而，尽管复杂性极高，许多有用的时域编码仍旧被推导出来，最著名的研究者之一就是 Farassat，他推导出了许多公式。编码包括飞机噪声预测计划（Zorumski 和 Weir，1986）、Farassat-Padula-Dunn 先进涡轮螺旋桨预测（Farassat，Padula 和 Dunn，1987）以及先进亚声速和超声速螺旋桨感应噪声（ASSPIN）预测编码（Dunn 和 Tarkenton，1992）。

2.2 频域法

通过傅里叶变换得出（在时间段 t 内）的频域法是很普遍的方法，其忽略对延迟时间叶片位置和数值导数的计算，并进而减少了计算量，简化了编码过程。这种简化对叶片几何精确度有所损害，但不会造成太大问题（除非需要计算大量的谐波）。

Hanson 是频域法的主要拥护者，他推导出的公式表达了不同的噪声源及其影响。Hanson 著作中主要元素的概述见 Hubbard（1995）第 1 章。Hanson 的原著被延伸并应用于反向旋转螺旋桨（Hanson，1985；Parry，1988）的研究中。使用频域法的编码包括 Whitfield 等（1989）和工程科学数据组织的单片螺旋桨及 Whitfield，Mani 和 Gliebe（1990a，1990b）的反向旋转螺旋桨。

2.2.1 稳定噪声源

Hanson 法是升力面法之一，涉及稳定厚度和载荷噪声源。在远场，压力是叶片基频谐波的无穷和：

$$p(t)=\sum_{m=-\infty}^{+\infty}P_{Bm}\exp(-imB\Omega t) \quad (3)$$

当螺旋桨具有 B 叶片且以角频率 Ω 旋转时，傅里叶振幅 P_{Bm} 可表示为叶片厚度、升力和阻力产生的振幅之和：

$$P_{Bm}＝P_{Vm}+P_{Lm}+P_{Dm} \quad (4)$$

这些振幅是由叶片缘板的积分决定的，而叶片缘板的积分是通过标准的轴坐标 $X=x/b$（b 为局部叶片弦）和标准的径向坐标 $z=r/r_t$（r_t 为桨尖半径）定义的。叶片后掠由弦线中点定线（MCA）导出，MCA 用于确定弦线中点距离半径多远才可抵消（图 7）。

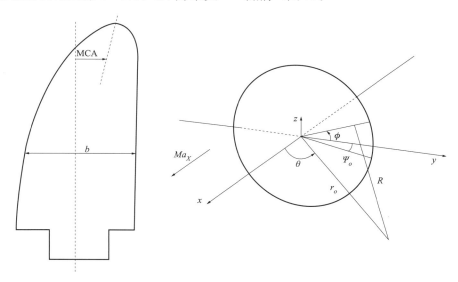

图 7　弦线中点定位 MCA 定义，$x-t$ 水平面螺旋桨风险坐标系统

确定厚度噪声要求明确每个径向位置的叶片厚度，用 $h(X)T$ 表示，其中 $h(X)$ 为量纲为 1 的厚度分布函数，范围为 0～1，0 位于叶片边缘，1 位于叶片最厚的部分，且厚度为 T。

同样地，确定升力与阻力产生的振幅需要定义类似的分布：升力和阻力系数 C_L、C_D，以及径向升力和阻力分布函数 $f_L(X)$、$f_D(X)$。定义 C_L 和 C_D，翼展方向单位距离的升力和阻力为

$$\frac{1}{2}\rho_0 U_r^2 C_{L,D} \tag{5}$$

U_r 表示叶片速度，由 $U_r=c_0 Ma_r$ 导出，Ma_r 为相对马赫数：

$$Ma_r=\sqrt{Ma_X^2+z^2 Ma_t^2} \tag{6}$$

延迟时间等量在频域公式中可通过延迟辐射角 θ（也称作放射角）表示出来。此角与飞机和观测点间的极角相关，具体关系可以表述为：

$$\cos\theta=\cos\theta_t\sqrt{1-Ma_X^2\sin^2\theta_t}+Ma_X\sin^2\theta_t \tag{7}$$

Hanson 将量纲为 1 的波数定义为：

$$k_X=\frac{2mBbMa_t}{D(1-Ma_X\cos\theta)Ma_r} \tag{8}$$

和

$$k_y=\frac{2mBb(Ma_X-Ma_X^2\cos\theta)}{D(1-Ma_X\cos\theta)zMa_r} \tag{9}$$

等式中，$D=2r_t$，表示叶片直径。厚度和载荷分布通过傅里叶转换得出：

$$\Psi_V(k_X)=\int_{-1/2}^{+1/2}h(X)e^{ik_x X}dX \tag{10}$$

$\Psi_L(k_X)$ 和 $\Psi_D(k_X)$ 为 $f_L(X)$ 和 $f_D(X)$ 的转换。

厚度噪声的最终表达式为：

$$P_{Vm}=-\frac{\rho_0 c_0^2\sin\theta\exp\left[imB\left(\frac{\Omega r}{c_0}-\frac{\pi}{2}\right)\right]}{8\pi y(1-Ma_X\cos\theta)/D}\times$$
$$\int_0^1 Ma_r^2\exp(i\varphi_s)J_{mB}\left(\frac{mBzMa_t\sin\theta}{1-Ma_X\cos\theta}\right)\times$$
$$\frac{k_X^2 T\Psi_V(k_X)}{b}dz \tag{11}$$

其中，$y=R\sin\theta$，是飞机的高度；J_{mB} 是 mB 的贝塞尔函数；φ_s 是叶片后掠产生的相位滞后，表达式为：

$$\varphi_s=\frac{MCA}{D}\frac{2mBbMa_t/D}{Ma_r(1-Ma_X\cos\theta)} \tag{12}$$

用 $ik_X C_L\Psi_L(k_X)/2$ 和 $ik_X C_D\Psi_D(k_X)/2$ 分别代替等式（11）右边括号中的内容即可得到 P_{Lm} 和 P_{Dm}。

2.2.2　不稳定噪声源

不稳定噪声源通常不采用频域法，因此文中不多赘言。要想从根本上解决叶片的不稳定载荷问

题，需将升力和阻力系数展开成傅里叶数列：

$$C_L = \sum_{j=-\infty}^{\infty} C_{Lj}\, e^{-i\omega_j t} \qquad (13)$$

在此公式中，$j=0$ 时升力系数十分稳定，前面提到的载荷不稳定问题也已经考虑在内。

虽然可能得出谐波载荷的一般公式（适用于任何频率）（Hanson，1985），但是有两种特殊情况值得一提。当螺旋桨与非畸变进气流呈一定角度运行时，等式（13）中的基础频率将成为轴旋转频率且 $\omega_j = j\Omega$。对于反向旋转桨扇而言，应考虑载荷变体及因一组叶片气流场干涉另一组叶片而产生的拉力变体，在这种情况下，载荷频率以 $\omega_j = jB_1(\Omega_1 + \Omega_2)$ 形式呈现。当拉力系数变大时，等式（11）中的不稳定载荷等量将会包含一个二重合，且这会大大增加噪声谱音调的数量。

Whitfield，Mani 和 Gliebe（1990a，1990b）开发的反向旋转编码考虑到因非均匀进气流而产生的不稳定载荷噪声源，以及第二组叶片上的不稳定载荷（由第一组叶片黏性尾流和桨尖涡引起的）。Parry（1988）演算出不稳定载荷（因叶片潜在结合流场产生的）表达式。

2.2.3　非线性效应

在叶片转速较低的情况下，稳定载荷、厚度噪声源与不稳定噪声源为主要噪声源。然而，随着叶片速度增加并逐渐接近亚声速，有可能产生局部超声速气流，此气流称作跨声速气流，通常，叶片吸气一侧会形成震荡。在这种情况下，FW－H 方程（1）中非线性四极引发的噪声将对总体声压等级产生举足轻重的影响。Parry（1988）指出，将叶片后掠融入螺旋桨设计可以有效地消除跨声速现象，因此，可以忽视四极噪声源。Brouwer（1994）对需要考虑跨声速效应的情况进行了深入探讨，他还给出了超声速叶片速度的公式。

3　螺旋桨宽带噪声预测

螺旋桨宽带噪声比音调噪声小得多，因此经常被忽略。此种噪声是由叶片与湍气流相互作用产生

的。湍气流对螺旋桨桨边施加随机波动力，宽带噪声成为偶极子。湍气流成因包括：由螺旋桨逆流产生，于叶片之上与均流对流而成，或在叶片湍流边界层内生成。

湍气流于叶片上对流时，噪声生成主要集中在叶片的前缘，这要求声学波长 λ 小于叶弦 b。如果频率足够低，整个叶片都将辐射产生噪声（压缩情况下）。此种情形的主要问题在于量化进流湍流，难度较大。

对于湍流边界层产生的湍气流，此情形一定处于非压缩条件下，噪声生成集中在叶片的前缘，湍流旋涡引起叶片载荷变化。此外，估算湍流波动振幅和光谱特点的可能性大大增加了，为推算一般表达式创造条件。

后缘噪声的预测方法建立在 Amiet（1976）研究的基础之上，Schlinker 和 Amiet（1981）的著作中提到了此预测方法的实行情况。虽然此方法为估测 1/3 八度声压等级（SPL）创造了条件，但对湍气流的光谱特点存在依赖性。Hubbard（1995）著作第 1 章对此方法进行了探讨。

4　装机螺旋桨噪声预测

前面探讨的声学公式，假设声音扩散至一片无反射平面的自由场，除球面扩散外，无其他传播效应。事实上，安装开式转子意味着声场会随着诸如机翼和机身等平面的出现而变化。飞机的前移引发多普勒频偏，改变了地面观察者接收到的噪声。此效应十分重要，未经充分考虑就运用预测编码会引起噪声估算结果过小。

4.1　多普勒效应

当声源处于运动状态时，观察者会听到不同频率的声音；而如果声源处于静止状态，则观察者只能听到一种频率的声音，这种效应就称作多普勒转换，且当声源朝观察者正对的/正相反的方向运动时最为有效。因此，对于飞机噪声而言，多普勒转换对低空飞行噪声影响最大（图 8）。

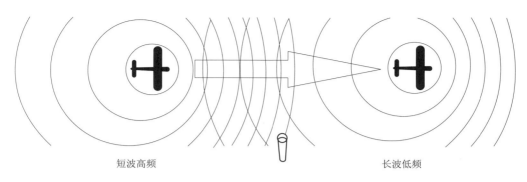

图8　当飞机朝观察者运动时，波阵面相离较近，频率较高；而当飞机与观察者以相反的
方向运动时，波阵面相离较远，频率较低

当声源在与观察者相对静止的介质中运动时，f_s 频率噪声源释放的噪声频率为：

$$f_o = \frac{f_s}{1 - Ma_x \cos\theta} \qquad (14)$$

其中，Ma_x 代表噪声的马赫数；θ 为噪声释放时源速度矢量与连线（连接声源和观察者）的夹角。

Roy（1983）提出的等式（14）也适用于介质处于运动状态的情况，如此，即便在有风的情况下，也可对出现的多普勒转换进行估算。

4.2　折射效应与机体产生的屏蔽与散射

螺旋桨飞机所面临的重大难题之一即为由舱壁震动产生的舱室噪声。部分震动由机体发动机震动部分传输，但绝大部分震动则是由机身的声激发产生的。激发声场与单独螺旋桨在相同位置产生的声场有所不同，因为机身边界层会折射噪声。

机身的入射噪声经过散射改变远场噪声，机翼的入射噪声也是如此（图9）。此现象的精确建模需对近场辐射进行计算，这就需要更多的一般公式。声音近场及机身散射的计算十分复杂，不做详细讨论。事实上，以前的许多调查已经解决了此难题，包括 Hanson 和 Magliozz（1985）及 Whitfield 等（1989），他们描述了计算声场（由反向旋转螺旋桨产生的）散射的理论方法。这些方法用模型表达了机身边界层对辐射声场的影响，学者认为此模型对辐射声级影响巨大。

机翼散射　　机身散射

图9　机翼与机身可散射并反射螺旋桨产生的声音

机翼可以提供屏蔽。当机翼阻挡了观察者视线（观察者与声源之间），且在频率较高的条件下时（也就是，在几何声学渐进极限之内或接近此极限），最为有效。Amiet（1986）提出机翼（安装桨扇）的屏蔽估算方法。

5　降低螺旋桨噪声

降低螺旋桨噪声的理由多样。

第一，应考虑压力载荷（生产施加的）可能引起的机体疲劳，此点在机体结构与螺旋桨频率产生共振时显得尤为重要。

第二，应考虑将舱体噪声降至最小，以保证乘客与乘员的舒适度。

以上两条都取决于螺旋桨临近区域的声场。此外，由于上述两条在整个飞行阶段皆有效，因此高速巡航运转条件下的噪声对它们影响最大。

第三，应考虑远场共性噪声等级和飞机认证要求。

降低螺旋桨噪声的指导原则可以通过审查预测理论推断出来。

5.1　叶片数量

最著名的螺旋桨噪声降低方法可能就是增加叶片数量。在任意给定推力要求下，增加叶片数量会减少载荷噪声，特别是在起飞时（载荷噪声为主要成分）十分有利。但是，提高叶片数量也存在弊端：第一，叶片数量的增加会提高频率，对诸如 EPNdB 等 A 加权规模产生不利影响；第二，在不改变叶片体积的情况下，数量上的增长将会导致厚度噪声的增加，且可能与其他参数的变化发生抵消。

227

5.2　叶片厚度

厚度噪声在高速巡航条件下（叶片相对速度较大）十分重要，且会随叶片体积的变化而变化（按比例）。减小厚度或桨弦可以降低厚度噪声，这就意味着窄而细的叶片是降低噪声的最优选择。事实上，主要的限制因素是叶片的结构完整性。尽管总体声级取决于叶片体积，但叶片形状确定了频谱，因此，噪声的降低最终取决于频率。

5.3　运转条件

叶片剖面产生的噪声（无论其声源在何处）取决于相对速度，这也是最大噪声通常来源于桨尖的原因。因此，降低噪声可通过降低桨尖速度实现。但为了维持推力，桨弦和/或叶片数量应该有所增加。

5.4　叶片后掠

增加叶片后掠程度在高速巡航过程中（叶片剖面相对马赫数较高）十分有利，而起飞时则效果不明显。

5.5　螺旋桨直径

增加螺旋桨直径需要降低叶片载荷。这就意味着在任何给定推力条件下，每个单位面积的载荷减小了，而载荷噪声也进而降低了。这对起飞（低速运转）十分有利，起飞时载荷噪声十分重要。此外，此行为也提高了螺旋桨效率，是减小桨尖速度的意外收获。

5.6　叶片形状与翼面横截面

诸如旋转与翼面横截面等设计参数对噪声产生影响的确切方式目前尚不清楚。虽然众所周知此类因素会对噪声产生影响，但考虑叶片气动性能时也应参考此类因素。因此，这些因素应该成为整体优化和权衡研究的一部分。

6　看　　法

螺旋桨发动机噪声的主要成分是音调噪声，且较为完整的噪声理论已经基本成型——至少就单螺旋桨而言。音调噪声的主要成分包括载荷与厚度噪声源产生的单转子音调，以及叶片不稳定气流引起的音调失声。时域法和频域法可能解决此问题。

涡轮风扇飞机与桨扇飞机也产生机体噪声（见第 6 卷第 289 章），但这些噪声源在由螺旋桨驱动的小型飞机上就显得不那么重要。对于运用反向旋转螺旋桨的大型飞机而言，机体噪声影响较为明显，但也有两排扇叶相互作用而生成的新声调噪声源。主要噪声源的相关理论已经成型，其他噪声源的理论也正在构建。

涡轮风扇发动机的降噪技术还有很大发展空间，例如衬垫技术（见第 6 卷第 287 章），但此技术不可应用于螺旋桨上。目前，谨慎的设计是降噪的主要战略，特别是新近出现的 CRP，只要简单地改变其设计，就可对噪声产生巨大的影响。例如，减小第二套叶片的直径，即便不能完全消除桨尖涡噪声，至少可以大幅降低该噪声。然而，具体实施这种方法还需了解气动性能和噪声源机构间的平衡，这也是当今研究的主题。

致　　谢

感谢来自 ISVR 的 M. King 博士，他对本章的评价极有见解。

相关章节

第 2 卷第 81 章
第 2 卷第 88 章

参考文献

Amiet，R. K. （1976）Noise due to a turbulent flow past a trailing edge. J. Sound Vib.，**47**（3），387—393.

Amiet，R. K. （1986）Diffraction of sound by a half-plane in a uniform flow. *United Technologies Research Center Report No. 86—17.*

Brouwer，H. H. （1992）On the use of matched asymptotic expansions in propeller aerodynamics and acoustics. *J. Fluid Mech.*，**242**，117—142.

Brouwer，H. H. （1994）Aircraft propeller noise. *NLR Technical Publication TP 94203 U.*

Curle，N. （1955）The influence of solid boundaries on aerodynamic sound. *Proc. R. Soc.*，A231，505—514.

Dunn，M. and Tarkenton，G. （1992）Computational methods in the prediction of Advanced Subsonic and Supersonic Propeller Induced Noise-ASSPIN users' manual. NASA CR-4434.

ESDU International plc. （1996）Prediction of near-field and

far-field harmonic noise from subsonic propellers with non-axial inflow. *ESDU Item No. 95029.*

Farassat, F. (1986) Prediction of advanced propeller noise in the time domain. AIAA J., **24**, 587.

Farassat, F., Padula, S. L. and Dunn, M. H. (1987) Advanced turboprop noise prediction based on recent theoretical results. *J. Sound Vib.*, **119** (1), 53—79.

Ffowcs Williams, J. E. and Hawkings, D. L. (1969) Sound generation by turbulence and surfaces in arbitrary motion. *Philos. Trans. R. Soc.*, A**264**, 321—342.

Goldstein, M. E. (1976) *Aeroacoustics*, McGraw-Hill.

Gutin, L. (1936) On the sound field of a rotating propeller. Zeit. *Sowjetunion*, **9** (1), 57—71. (Translated as 1948 *NACA Technical Memorandum 1195*).

Hanson, D. B. (1980) Helicoidal surface theory for harmonic noise of propellers in the far field. *AIAA J.*, **18** (10), 1213—1219.

Hanson, D. B. (1985) Noise of counter-rotation propellers. *J. Aircraft*, **22** (7), 609—617.

Hanson, D. B. and Magliozzi, B. (1985) Propagation of propel-lertone noise through a fuselage boundary layer. J. *Aircraft*, **22** (1), 63—70.

Hubbard, H. H. (ed.) (1995) *Aeroacoustics of Flight Vehicles. Volume 1: Noise Sources*, Acoustical Society of America through the American Institute of Physics, Woodbury.

Lighthill, M. J. (1952) On sound generated aerodynamically. Part I.

General teory. Proc. R. Soc., A**211**, 546—587.

Morse, P. M. and Ingard, K. U. (1968) *Theoretical Acoustics*, McGraw-Hill.

Parry, A. B. (1988) Theoretical prediction of counter-rotating propeller noise. PhD thesis. Department of Applied Mathematical Studies, University of Leeds.

Roy, D. (1983) Doppler frequency effects due to source, medium and receiver motions of constant velocity. *AIAA Paper No. 83—0702.*

Schlinker, R. H. and Amiet, R. K. (1981) helicopter rotor trailing edge noise. *NASA CR—3470.*

Whitfield, C. E., Gliebe, P. R., Mani, R. and Mungur, P. (1989) High speed turboprop aeroacoustic study (single rotation). Volume 1-model development. *NASA CR—182257.*

Whitfield, C. E., Mani, R. and Gliebe, P. R. (1990a) High speed turboprop aeroacoustic study (counterrotation). Volume 1-model development. *NASA CR—185241.*

Whitfield, C. E., Mani, R. and Gliebe, P. R. (1990b) High speed turboprop aeroacoustic study (counterrotation). Volume 2-computer programs. *NASA CR—185242.*

Zorumski, W. E. and Weir, D. S. (eds) (1986) Aircraft noise prediction program theoretical manual-propeller aerodynamics and noise. *NASA TM—83199*, *Pt. 3.*

本章译者：任奇野（北京航天长征科技信息研究所）

第 292 章

内部噪声和声透射

Pascale Neple

空中客车公司声环境部，图卢兹，法国

1 飞机内部噪声源

近些年长途飞行任务不断增加，本章重点讨论巡航环境下飞机内部的主要噪声来源。内部噪声测定中主要使用了三种声音计量器："A"测量声压水平 dB（A），与生理上的听觉一致；音干扰水平 SIL3 或者 SIL4 为清晰度显示值，其中，SIL3 是音阶 1 000、2 000 和 4 000 Hz 声压级的算术平均值，SIL4 是音阶 500、1 000、2 000 和 4 000 Hz 声压级的算术平均值。

因此，内部噪声测定和设计时考虑到的频带较大、较宽。

1.1 外部和内部噪声源

飞机内部噪声主要由多种复杂的内外部因素引起，主要的内部源是环境控制系统（ECS）或空调系统和航电冷却设备。这些噪声源都是带音调和/或宽带的。

而外部噪声源主要有：

（1）空气噪声。

①涡流边界层激发，在舱室和驾驶室引起宽带噪声辐射；

②发动机噪声，特别是机舱后部的喷气噪声（多为宽带）、风扇噪声（带音调）；

③螺旋桨飞机上的螺旋桨噪声（多为带声调，也是宽带），第五个桨片转动具有频率函数的方向

性，而第一个桨片转动频率的噪声级没有特定的方向性；

④因奇点、天线或探针引起的局部空气动力现象。

（2）结构噪声：主要是轴发动机（带音调）。

所有这些内外部声源的传播途径都很复杂，等级在各个区域都不同。例如，驾驶室外的湍流边界层噪声是混杂的噪声，级数从飞机前段到飞机后部逐渐增加。因此，内部声压级会因位置不同而会出现几分贝（dB）的差异。

以飞机甲板为例，分析巡航条件境下飞机的噪声源分布。

1.2 巡航条件下飞行甲板上的噪声源分布

图 1 示出的是典型的巡航飞行中大型喷气运输机中飞行员耳边的噪声 3 倍频带分析。这些数据是在飞行中和地面上测得的，结果显示涡流边界层的噪声是 300 Hz 以上的主要噪声源，因此也是 dB(A) SIL3 和 SIL4 的主要成因。

对于驾驶舱区域，值得注意的是，飞机后段发动机的喷流噪声也很重要。

减少声源和结构激励、防止声音传播可以创造较为安静的飞机内部环境。

为此，很重要的一步是对机身噪声传播和飞机内噪声传播加强理解并进行建模。研究人员还发现，声源等级取决于其频率。

230

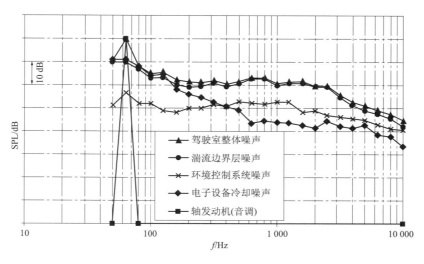

图1　巡航条件下远程飞机驾驶室飞行员耳边的噪声源分解——3倍频带分析

2　典型机身结构

2.1　主结构概况

典型的飞机结构高度复杂、形式多样。飞机的机身由筒状的板材拼接而成，传统材料一般是铝制的，近期也出现了复合材料纤维增强塑料（CFRP）。机身板材在横竖两个方向上分别由框架和桁条支撑。

这种主结构增加了主要的绝热材料（由玻璃棉毡制成）和装饰板，此外，还包括支撑地板的梁和横栏。在不同的区域，考虑到不同的压力、重量和热性能，飞机外壳的厚度是具有差异性的，飞机框架和桁条横截面、绝缘厚度和泡沫材料密度也不一样。

例如，在驾驶室部分，表层板材最厚的部分和最薄的部分比值达到6。图2示出了飞机飞行甲板的复合主干结构。

2.2　被动和主动噪声控制方法

降低通过机身结构传播的宽幅噪声，最常使用的被动方法是使用具有隔热功能的玻璃棉毡。这种材料质量小（0.42～0.6 lb/ft³），对中、高频噪声，特别是高于500 Hz的噪声吸收好，当然这也取决于泡沫材料的特性、厚度和安装方式。除了这种被动的隔热毯方法外，还可以在壳板表面直接粘贴阻尼补丁，详见Rao（2003）。

另一种方法是设计一个高效的装饰板，实现外壳和装饰板、吸收毯间的最优衔接（Dandaroy，Taj Bhuiyan和Woodcock，2008）。图3示出了可实现噪声控制的完整的机身外壳横截面。

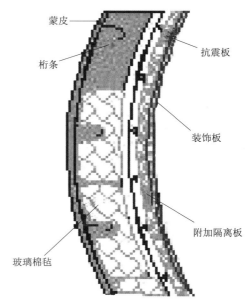

图3　具有完整构型的机身结构剖面：硬质板材、玻璃棉毡和装饰板

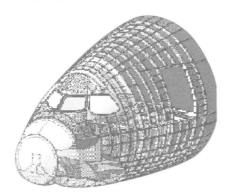

图2　飞机驾驶室的主干结构

但对于低频噪声，这种被动的噪声控制方法则可能效果不佳。修复方案对飞机产生了大量的不利影响，导致飞机性能降低、油耗上升。

主动噪声控制可以有效降低低频噪声的传播。这种方法现已用于降低螺旋桨飞机上因螺旋桨工作产生的声调噪声。对于宽频噪声，主动降噪方法则遇到了挑战。因为主动降噪在某一区域效果明显的同时，可能在另一区域根本不起作用。本书其他章节中详细介绍了主动噪声控制方法的各种状态（详见第 6 卷第 293 章）。

3 不同的测试等级描述

3.1 振动声学指示器

评估通过机身结构传播的噪声，最常用的声振指标是传输损耗（TL）和降噪（NR），如 Lesueur（1988），Neple, Besluau 和 Lesueur（2004），见方程（1）和（2）。

TL 表示声激励条件下开壳层发生声功率 W_I 和传播声功率 W_R 之间的对数比，它适用于对机身蒙皮面板进行评估。在接收端，它假定自由场条件。在另一种激励（点力，湍流边界层）下进行比较，这个衡量指标是不相关或不适应的，详见

Cacciolati 等（2006）的湍流边界层激励的实例。

$$TL(f) = 10 \lg \left(\frac{W_I}{W_R} \right) \text{ (dB)} \qquad (1)$$

NR 表示飞机结构整个表面 S 上的平均声压水平和飞机腔体体积 V 的内部平均声压级之间的对数比。p_{ext} 和 p_{int} 分别代表壳体表面和飞机内部的声压。

$$NR(f) = 10 \lg \left[\frac{\frac{1}{S} \oint \oint_S |p_{ext}|^2 dS}{\frac{1}{V} \oint \oint \int_V |p_{int}| dV} \right] \text{ (dB)} \qquad (2)$$

NR 适用于如气瓶和飞机整体机舱的封闭壳。在接收端，它并不假定特定的声学条件，因此，要考虑到腔体内部的声共振现象。它也适用于湍流边界层激励，参见 Neple, Campolina 和 Coyette（2008）。

3.2 组件级别的实验室测试：板和圆柱模拟

组件级别的实验室测试是一个简单而经典的评估通过飞机结构和基准护理的声音传播的方式。

经过附加处理的平面或曲面加筋板被安装在一扇位于隔离混响室和消声室之间的窗户上，测量传输损耗或点力激励下的声扩散功率，如图 4 所示。在混响室通过一个旋转的麦克风测量发生声功率，在消声室通过一个强度探头测试传播声功率。

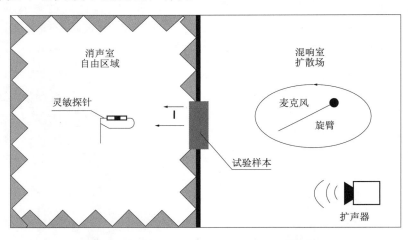

图 4 典型的测量声音传输损耗的实验室试验装置

对于封闭的壳体（缸、截锥）内的降低噪声测量，使用外部和内部的麦克风得到平均声压水平。

这种设置的优点显而易见：试验条件简单，传感器的数量没有严格限制。然而，无论是受限于一般扩音器和振荡激励的激励场，还是具有样品性质的小型测试对象，都无法完全代表真实情况。

3.3 飞行地面和飞行试验

试验中的另一步骤是使用真正的飞机。在这种情况下，处于不同状态（如现役飞机/总装线上的飞机）的结构明显具有典型代表性。

地面试验中，激励场无法代表飞行状态。出现

声激励的情况下，场内无法完全回响，安装在大厅内的飞机没有特定的声特性。

飞行试验中，分离内外部噪声源非常困难。此外，传感器数量受限，尤其在考虑到安全原因时，飞机甲板不能安装过多传感器，需要重现飞行环境才能进行基准的背靠背试验。

4　现有建模方法的优点和缺点

4.1　基于模态扩展的分析方法

分析方法可以对代表飞机结构的规范的形状（如面板和圆柱体）进行建模。早期一些致力于飞机内部噪声设计的工作就是基于这样的方法，如 Koval（1980），他专注于圆柱体的声音传输。虽然这种分析方法仅限于简单的形状，但它也具有许多优势，其中包括：

①容易实施；

②可以覆盖一个大的频率范围；

③对前期设计和参数研究非常有用。

因此，这些方法现在还非常有用。它们可以被用于分析（如激励磁场的影响）和理解某些现象（Neple，Campolina 和 Coyette，2008）。想要获得精确的结果，关键的一点是模态的基础选择和删减。

最近的一个例子，是基于波数的方法对双钢筋弯曲机面板进行建模（Blakemore，Heron 和 Davis，2008）。

4.2　有限元分析

为了覆盖所有感兴趣的频率范围，建立更贴近现实的飞机结构模型，飞机制造商常用的方法是使用有限元分析（FEM）进行低频计算，使用统计能量分析（SEA）进行中高频计算（Dandaroy，Taj Bhuiyan 和 Woodcock，2008）。

有限元法的主要优点是它能够模拟复杂的结构，其主要缺点是因为低频的原因，模型的大小和计算时间都受到限制。获得精确的结果的一个关键点仍然是啮合条件。

4.3　统计能量分析

统计能量分析（SEA）适用于建立宽带激励下高频声音传输的模型，这种传输现象可以考虑全局，并可以使用统计方法。因此，早期使用这种方

法产生了很多成果（Pope，1971）。但是，这种方法有一个基本假设：需要大量的模式和子系统之间的弱耦合。对于整个机身结构，必须要考虑两方面的问题：有些系统模态密度太低，而有些又过于复杂，无法列出 SEA 参数（如耦合损耗因子）的解析公式。为了解决这些问题，最近已开发出 FEM-SEA 混合法（Cotoni，Gardner 和 Shorter，2008；Peiffer，2008）。

4.4　励磁建模

无论采用哪种建模方法，想要得到精确的结果，激励磁场模型仍然是一个关键的问题。

有些结果表明，采用经典的扩散声场建模（平面波总和，参见 Lesueur，1988）和随机方法（最初由 Cook 等人创建自功率谱和交叉空间相关函数，1955）可能是不够的。不同的实验室测量之间进行比较（参见 Fausti，Pompoli 和 Smith，1999）显示：即使在高频率时，也出现高差异（可达 5 dB）；而根据经典假设，房屋差异特点是不应该出现的。为了更好地符合实验条件，Chazot 和 Guyader（2007）最近基于混响室模态扩展和计算传输损耗的补丁流动方法进行了一些研究。

对于湍流边界层激励，最流行的和早期建立的模型之一是 Corcos（1963）为平板建立的半经验法。Graham（1997）对频域波数的建模进行了有趣的回顾。

这些模型大多是在 20 世纪 60 年代和 70 年代建立的，现仍普遍使用，如 Granam（1996）在其基于模态扩展的解析公式中用到了它们，Peiffer（2008）在他的 SEA 方法中也有用到。

然而，数据的匮乏及其通过复杂的紊流边界层条件（如飞机驾驶舱外）的大频率范围对声音传播造成的影响是显而易见的，关键点仍然是确定互相关函数。

5　通过声激励下加筋结构的声音传播机制

为了更好地突出飞机内部噪声设计和建模面临的主要挑战，重点研究无加筋和加筋结构组件级别的声音传播机制，如平面或曲面的面板、圆柱体和截头圆锥体。

5.1　扩散声场激励下典型的声音传播降噪曲线

为了描述主要的声音传播现象，引入两个特性公式（3）和（4）。方程（3）中的临界频率 f_c 的主体为纯弯曲运动的无限大的板，它具有较高的声传播水平（Lesueur，1988）。h 为板的厚度，c 表示声速，E 为弹性模量，ν 是横向变形系数，ρ_S 代表质量密度。方程（4）中的环频率 f_R 的对象是一个无限圆柱体及其对应的因膜运动引起的外壳纯径向运动。R 为圆柱半径。

无限结构的这两个频率都进行了严格的定义，以便确定声音传播曲线不同区域的表现。

$$f_c = \frac{c^2}{2\pi h}\sqrt{\frac{12\rho_S(1-\nu^2)}{E}}\ (\text{Hz}) \qquad (3)$$

$$f_R = \frac{1}{2\pi R}\sqrt{\frac{E}{\rho_S(1-\nu^2)}}\ (\text{Hz}) \qquad (4)$$

图 5 示出了一条典型的扩散声场激励下的各向同性板的 TL 曲线。这是一条经典曲线（Lesueur，1988），可以划分为两个不同的区域：低于 f_c 的部分，传输损耗主要由非共振结构模式引起，并与质量高度相关，每八度升高 6 dB，这就是所说的"质量定律"；曲线在 f_c 点出现最低值，主要是因为激励场和结构动作上的声传播出现了耦合；高于 f_c 的部分，TL 曲线以相同的速率每八度升高 9 dB。

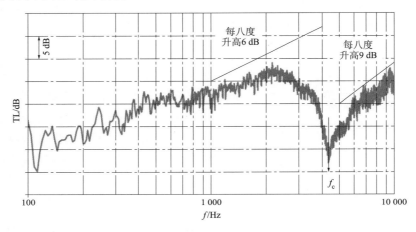

图 5　扩散声场激励下无加筋各向同性板典型的 TL 曲线——试验结果

图 6 示出了扩散声场激励下一个各向异性的圆柱体典型的 NR 曲线，环频率和临界频率也在图上标明。这也是一条非常经典的曲线，参见 Lesueur

（1988）。这条曲线通常被分为四部分：

低于 f_R 的部分，NR 降低，并由于声腔模式出现最小值，这主要由壳膜动作和非共振结构模式引起。

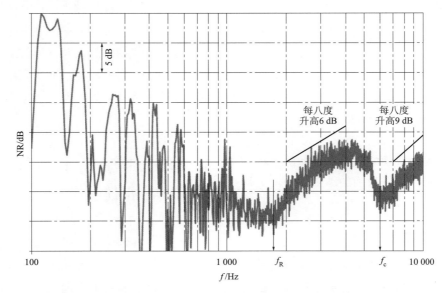

图 6　扩散声场激励下各向异性的非刚性下薄型圆柱体的典型的 NR 曲线——试验结果

之后，NR 因谐振结构模式开始升高。高于 f_R 的部分，曲线的走势与各向同性板的类似，即符合"质量定律"，每八度升高 6 dB；在 f_c 点再次出现低值，之后每八度升高 9 dB。尽管两条曲线类似，但应注意到，此次实验的现象与 TL 板出现的现象并不同，一方面是因为结构模式的差异，另一方面是因为 NR 中有声腔模式。

对于飞机模型，长程飞机客舱 f_R 的值一般在 300 Hz；短程飞机客舱的一般在 600 Hz。在飞机上不同的区域，f_c 最低值和最高值分别为 4 kHz 和 10 kHz。因此，例如用于 SIL3 评估的八度音阶主要分布在所谓的"质量定律倾向的行为"。

5.2 形状效果

飞机结构的曲率半径沿机身长度发生变化，机身横截面也是如此。

通过比较平板和曲板的声音传播现象，可以检验曲率效应，也可以比较平板和圆柱体。

Simon（2006）比较了声激励下平面和曲面无加筋板的 TL 曲线，主要成果显示：曲板的环频率明显，而平板和弯曲板的曲线走向是相似的。这就意味着，它们与通过对比观察到的平板和圆柱体的曲线也相似（参见 5.1 节）。

另一个问题是，曲率半径沿飞机长度变化产生的影响，特别是对于驾驶舱噪声问题。研究这一问题，可以对比圆柱体和圆锥台。Neple（2003）基于结构、声学模式的确定和降噪曲线分析，对此做了详细的研究。图 7 示出了圆柱体和圆锥台各自的 NR 曲线（两者的材料和厚度均相同）。

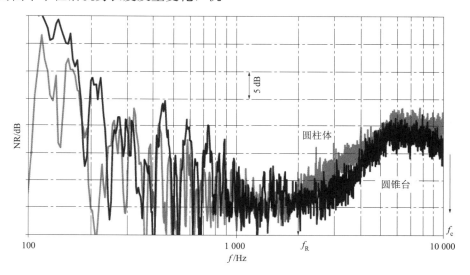

图 7 扩散声场激励下圆柱体和圆锥台的噪声降低曲线——试验结果

激励是一个扩散声场。圆锥体最大的直径与圆柱体的相同，最大直径与最小直径的比为 2.5。研究结果显示，圆锥体的高值部分覆盖的频率范围比圆柱体的要大，而主要现象保持不变。考虑到飞机模型，这种效果将被限制在环频率周围的频带内。

5.3 增强板的影响

Koval（1980），Neple，Besluau 和 Lesueur（2004）都研究过扩散声场激励下平板和圆柱体的增强板对声音传播的影响，主要研究结果显示：低于临界频率 f_c 时，增强板削弱了 NR，或在经典设计中 TL 升至 5 dB。

举例来说，图 8 比较了未增强和纵梁增强圆柱体的 NR 曲线。两个圆柱体的厚度和制作材料均相同，增强圆柱体装有由相同的材料制成的 12 个等距安装的纵梁。

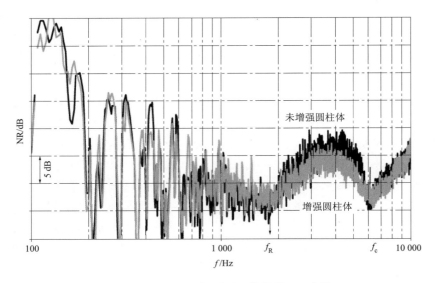

图 8　未增强和纵梁增强圆柱体的 NR 曲线

6　激励场效应

6.1　非加强结构

必须指出的是，文献中很少有学者研究由扩散声场或湍流边界层激励的声音通过结构时的传播机制。

Maury，Gardonio 和 Elliott（2002）对板进行了低频传播的研究。Cacciolati 等（2006）利用 Corcos 模型将研究的频率范围扩展到板的临界频率。

一个有用的特征频率是空气动力学的巧合频率 f_{ca}，见方程（5）和 Maury，Gardonio 和 Elliott（2002）。该频率适用于一张无限大的板，也就是在 Corcos 模型中，弯曲波的速度和对流速度相等，$U_c = 0.7 U_\infty$，U_∞ 为流速度。

$$f_{ca} = \frac{U_c^2}{2\pi h} \sqrt{\frac{12\rho_S(1-\nu^2)}{E}} \ (\mathrm{Hz}) \qquad (5)$$

Maury，Gardonio 和 Elliott（2002）在研究中发现声音的传播机制在两个激励领域截然不同：

①插入损耗在 f_{ac} 周围最低；

②低于 f_c 的部分，即扩散声场激励的主要是非共振模式，而湍流边界层激励起强烈的板谐振模式。

在飞机模型中，根据不同的流速和蒙皮结构厚度，f_{ca} 的值一般为 $1 \sim 2$ kHz。

6.2　加强结构

湍流边界层激励加强结构的研究成果较少，

Neple，Campolina 和 Coyette（2008）利用 Corcos 模型研究了湍流边界层和扩散声场激励下的加强圆柱体。研究发现声音传播机制与激励场高度相关：扩散声场激励下，频率范围为 $f_R \sim f_c$，加强结构减少了 NR；但在湍流边界层激励下，加强结构增加了 NR。传播机制在管理 SIL3 和 SIL4 值的频率范围内呈现不同。

6.3　噪声控制处理

被动式噪声控制处理设计主要依靠地面测试和模拟重现飞行条件。因此，关键的问题在于：噪声控制处理效率对激励场需要多敏感？

Neple，Campolina 和 Coyette（2008）公布了玻璃棉覆盖的非加强型圆柱体的试验结果。激励场对玻璃棉的效率几乎没有影响，但这项研究仅限于非加强型结构，研究范围应进一步扩大到加强型结构。

另外，图 9 还示出了典型加强机身面板附加阻尼后，在扩散声场激励和点力（振动器）激励下的声效能，可以看出：

2 kHz 激励区域内声音增益的差异达 5dB；

即便在声激励的条件下，附加阻尼的修补作用也没有严格限制附加质量，这意味着声音传播并不完全是非共振。

显然，还需要继续开展研究不同激励场下噪声控制的实施效率。为此，关键的一点是确定不同激励场下谐振和非谐振的声音传播机制。

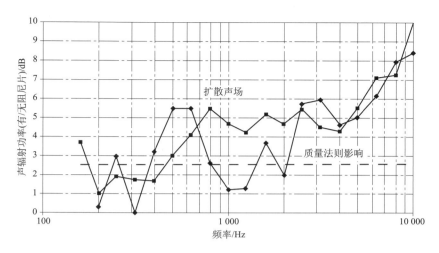

图9 典型加强机身面板附加阻尼后，在扩散声场激励和点力（振动器）激励下的声效能

7 小结与主要挑战

要在飞机内部实现一个安静的环境，关键的一点就是掌握外部噪声通过机身传播的机制。内部噪声的评估与改善设计主要基于组件级别在模拟飞行条件下的实验室测试，并最终通过飞机制造商所进行的飞行试验验证。重点应关注增强结构的声音传播机制。因此，增强结构的声传播机制建模研究的发展是至关重要的，现有方法及其主要局限性已进行了审查。

对于扩散声场的激励，通过非刚性或增强结构（如盘子或圆柱体）的声传播机制已众所周知。对于湍流边界层的激励，加强筋的效果和噪声控制处理效率（包括附加阻尼处理、玻璃棉、装饰板）仍然是悬而未决的问题。此外，建模并不适用于复杂的湍流边界层条件，如飞机驾驶舱外面的环境。

显然，未来还需进一步研究：

不同激励场条件下，配置（隔声毯或装饰板）完全安装下增强结构的声传播机制；

噪声源建模及其对声音传播机制的影响，特别是在非共振和谐振传输路径。

参考文献

Blakemore, M., Heron, K. H. and Davis, E. B. (2008) A new wavenumber-based approach for predicting aircraft cabin noise. Proceedings of the 14th AIAA/CEAS Conference: Vancouver, British Columbia, Canada.

Cacciolati, C., Guyader, J. L., Totaro, N., Guyader, E. and Neple, P. (2006) Comparison of the vibroacoustic behavior of a rectangular thin plate excited by a diffuse sound field and a turbulent boundary layer. Proceedings of the 13th ICSV, Vienna, Austria.

Chazot, J. D. and Guyader, J. L. (2007) Prediction of transmission loss of double panels with a patch-mobility method. J. Acoustical Soc. Am., 121 (1), 267−278.

Cook, R. K., Waterhouse, R. V., Berendt, R. D. et al. (1955) Measurements of correlation coefficients in reverberant sound fields. J. Acoustical Soc. Am., 27, 1071−1077.

Corcos, G. M. (1963) Resolution of pressure in turbulence. J. Acoustical Soc. Am., 35 (2), 192−199.

Cotoni, V., Gardner, B. and Shorter, P. (2008) Vibro-acoustic analysis of aircraft fuselage panels using a periodic SEA subsystem formulation. Proceedings of Noise Conference, 2008, Dearborn, Michigan.

Dandaroy, I., Taj Bhuiyan, M. and Woodcock, R. (2008) Modeling and analysis of trim panel isolators for interior noise prediction in a full aircraft model. Proceedings of Noise Conference 2008, Dearborn, Michigan.

Fausti, P., Pompoli, R. and Smith, R. S. (1999) An intercomparison of laboratory measurements of airborne sound insulation of lightweight plasterboard walls. Build. Acoustics, 6, 127−140.

Graham, W. R. (1996) Boundary layer induced noise in aircraft, part I: the flat plate model, part II: the trimmed flat plate model. J. Sound Vib., 192 (1), 101−138.

Graham, W. R. (1997) Acomparison of models for the wavenumberfrequency spectrum of turbulent boundary layer pressure. J. Sound Vib., 206 (4), 541−565.

Koval, L. R. (1980) On sound transmission into a stiffened cylindrical shell with rings and stringers treated as discrete elements. J. Sound Vib., 71 (4), 511−521.

Lesueur, C. (1988) Rayonnement Acoustique des Structures (in French), Eyrolles, Paris.

Maury, C., Gardonio, P. and Elliott, S. J. (2002) A wave

237

number approach to modeling the response of a randomly excited panel, part 1 and 2. *J. Sound Vib.*, **252** (1), 83—139.

Neple, P. (2003) Approche du comportement vibroacoustique d'un poste de pilotage d'avion par l'étude de structures axisymétriques excitées par un champ diffus. Mémoire de Thèse (in French). Universitéde Bourgogne.

Neple, P., Besluau, F. and Lesueur, C. (2004) Stiffeners effect on sound transmission through complex aircraft structures. Proceedings of Internoise 2004, Prague, Czech Republic.

Neple, P., Campolina, B. and Coyette, J. P. (2008) Noise reduction of aircraft structures through aerodynamic (Corcos model) and acoustic excitation. Proceedings of Noise Conference 2008, Dearborn, Michigan.

Peiffer, A. (2008) Interior noise prediction of aircraft section using hybrid FEM/SEA methods. Proceedings of Noise Conference 2008, Dearborn, Michigan.

Pope, L. D. (1971) Onthe transmission of sound through finite closed shells, SEA, modal coupling and non resonant transmission. *J. Acoustical Soc. Am.*, **50**, 1071.

Rao, M. D. (2003) Recent applications of viscoelastic damping for noise control in automobile and commercial airplanes. *J. Sound Vib.*, **262**, 457—474.

Simon, F. (2006) Sound transmission loss model of curved multilayered panels. Proceedings of the 13th ICSV, Vienna Austria, 2006.

本章译者：解晓芳（北京航天长征科技信息研究所）

第 293 章

有源噪声控制

Paolo Gardonio

南安普敦大学噪声振动研究院，南安普敦市，英国

1 简 介

1.1 飞机和直升机有源噪声控制历史简介

声场有源控制的基本概念由 Lueg 首次提出，他对音调干扰在一维音频导波管和自由声场中传播的单声道前馈控制进行了研究，并获得了该项专利。然而，20 年后，Olson 和 May（1953），Conover（1956）才首次使用简易模拟电动控制器进行试验研究，而首次使用较复杂的自适应数字控制器又推迟了 20 年（Nelson 和 Elliott，1992；Elliott，2001）。

在 20 世纪 80 年代，科学家开始研究有源噪声控制减弱螺旋桨式飞机高音调噪声成分的可行性（Chaplin，1983；Ffowcs Williams，1984；Bullmore 等，1987）。不久之后，科学家开始在实际尺寸的飞机上进行试验演示，并利用螺旋桨式飞机与直升机进行飞行试验。通常，这一系统依赖于多通道控制器降低乘客头部附件区域的噪声级，多通道控制器可驱动和控制位于操作面板后方和乘客头顶行李架内的扬声器。有源噪声控制的实现需要应用自适应前馈消除算法，该算法依赖于螺旋桨轴转速表测量到的参考信号和座位头枕处传声器测量到的误差信号。然而，近些年来的系统更倾向于使用电动惯性传动装置或主动调谐谐振器。将这些装置安装在机体上，飞机壁就可以有效地产生控制声场。早期研究给出的结果十分乐观，而几年以后，该技术才实际应用于螺旋桨式飞机。目前，近千种商业系统在生产中采取有源噪声控制技术来控制螺旋桨式飞

机的内部声场，例如庞巴迪公司冲锋－8 系列客机。

有源噪声控制的成功促进了对该项技术的进一步研究。例如，振动主动控制（AVC）系统不断发展，被应用于减轻连接水平转翼变速箱和直升机舱室的支撑杆的振动传递。此外，自适应可调减震器能够控制由安装在道格拉斯飞机 DC－9 和 MD－80 机舱尾部的双引擎产生的结构噪声。

从 20 世纪中期开始，有很多关于有源结构声控制（ASAC）智能结构的研究。为了实现用小巧轻便的飞机组件来减小机舱的空气结构噪声，传感器和致动器被放置于结构内部。智能结构受到广泛关注的另一个原因是，通过将传感器和致动器安排在相邻的位置可以实施反馈控制体系，从而控制稳定状态随机干扰，例如气动噪声、喷气噪声和起落架噪声等。最近，空中客车 A400M 运输机首次对有源结构声控制进行了应用改进。空中客车在该项改进中将电动惯性致动器安装在飞机机身壁上，从而减小四只螺旋桨发动机产生的噪声。

1.2 节和 1.3 节介绍了前馈控制和反馈控制的基本概念。第 2 节、第 3 节和第 4 节介绍了飞机与直升机上的三种系统：（i）舱内噪声控制；（ii）发动机与设备隔振；（iii）机身双壁声音传播控制。这 3 节主要参考了 Gardonio（2002）的一篇综述论文。本章还参考了其他章节：卷 6 第 292 章《内部噪声与声透射》，作者 P. Neple；卷 6 第 291 章《螺旋桨噪声》，作者 R. Self；卷 6 第 288 章《推进系统噪声：喷气射流》，作者 C. Bailly 和 C. Bogey；卷 6 第 287 章《推进系统噪声：涡轮机构》，作者 J. Astley。

1.2　音调噪声控制前馈控制背景

有源噪声与振动控制系统大体上可以分为两类：前馈系统与反馈系统。两种系统都可以用于单一传感器和致动器组合、单信道控制器、多组传感器致动器和多信道控制器。本小节与下一小节简要回顾了两种控制方法的基本原理，并涉及飞机客舱多信道噪声控制问题。本小节旨在介绍两种控制方法的基本原理，因此飞机与直升机实际操作中控制系统的局限性会在之后的章节中讨论。

前馈控制系统尤其适合控制确定性扰动，如谐波或周期扰动，它可以测量其基准信号。例如，如果考虑图1（a）所示的飞机客舱螺旋桨声调噪声控制，那么如图1（b）所示，螺旋轴转速器测量到的基准信号通过一系列控制滤波器 h_1，h_2，$\cdots$，h_m 后，控制滤波器会产生信号 s_1，s_2，$\cdots$，s_m，这样就能促使控制扬声器产生需要的控制效果。原则上，控制滤波器在围场中能够使总噪声势能最小化，但是在实际操作中，通常使用的策略是：利用控制扬声器通过传声器误差传感器使均方输出信号 e_1，e_2，$\cdots$，e_n 的总量最小化。如图1（b）所示，误差传声器 $e(\omega_0)$ 测量到的 n 个复合声压信号向量可以表达为主干扰产生的声压 d_1，d_2，$\cdots$，d_n 的向量 $\boldsymbol{d}(\omega_0)$ 与控制扬声器产生的声压 d_{c1}，d_{c2}，$\cdots$，d_{cn} 的向量 $\boldsymbol{d}_c(\omega_0)$ 的和，因此也可以表达为 $n \times m$ 的 $\boldsymbol{G}_{es}(\omega_0)$ 矩阵与每个传声器误差传感器和控制扬声器之间的设备反应及驱动控制扬声器的信号的向量 $\boldsymbol{s}(\omega_0)$，即 $\boldsymbol{d}_c(\omega_0) = \boldsymbol{G}_{es}(\omega_0)\boldsymbol{s}(\omega_0)$。因此，

误差信号向量可以表示为：

$$\begin{aligned}\boldsymbol{e}(\omega_0) &= \boldsymbol{d}(\omega_0) + \boldsymbol{d}_c(\omega_0)\\ &= \boldsymbol{d}(\omega_0) + \boldsymbol{G}_{es}(\omega_0)\boldsymbol{s}(\omega_0)\end{aligned} \quad (1)$$

驱动控制扬声器 m 的信号 s_1，s_2，$\cdots$，s_m 是由于基准信号 $r(\omega_0)$ 通过一系列控制过滤器 h_1，h_2，$\cdots$，h_m 而产生的，因此 $\boldsymbol{s}(\omega_0)$ 向量可以表达为：

$$\boldsymbol{s}(\omega_0) = \boldsymbol{h}(\omega_0)r(\omega_0) \quad (2)$$

$\boldsymbol{H}(\omega_0)$ 为控制过滤器 m 的向量。将等式（2）带入等式（1），同时，为使误差信号的均方和最小化，需要简化下面的二次代价函数：

$$\begin{aligned}J &= \sum_{r=1}^{n} |e_r|^2 = \boldsymbol{e}^{H}\boldsymbol{e}\\ &= \boldsymbol{h}^{H}\boldsymbol{G}_{es}^{H}\boldsymbol{G}_{es}\boldsymbol{h} + \boldsymbol{h}^{H}\boldsymbol{G}_{es}^{H}\boldsymbol{d} + \boldsymbol{d}^{H}\boldsymbol{G}_{es}\boldsymbol{h} + \boldsymbol{d}^{H}\boldsymbol{d}\end{aligned} \quad (3)$$

该公式为厄米二次型，其最小值由下列最优控制滤波器的向量决定：

（a）$\boldsymbol{h}_{opt} = -[\boldsymbol{G}_{es}^{H}\boldsymbol{G}_{es}]^{-1}\boldsymbol{G}_{es}^{H}\boldsymbol{d}$，（b）$\boldsymbol{h}_{opt} = -\boldsymbol{G}_{es}^{-1}\boldsymbol{d}$，

（c）$\boldsymbol{h}_{opt} = -\boldsymbol{G}_{es}^{H}[\boldsymbol{G}_{es}\boldsymbol{G}_{es}]^{-1}\boldsymbol{d}$　（4a～c）

式（a）为在超定情况下，传感器数量多于致动器数量；式（b）为在全定情况下，传感器与致动器数量相同；式（c）为在欠定情况下，传感器数量少于致动器数量。根据上述等式，通过计算误差传感器 d 的主干扰谱和 $\boldsymbol{G}_{es}$ 矩阵（n 个传声器误差传感器输出与 m 个控制扬声器输入），可以得出最优控制滤波器 h_1，h_2，$\cdots$，h_m。然而，在实际情况下，即使测量主干扰和设备灵敏度的精确度再高，也无法保证最优控制的收敛，因此就需要运用迭代法。如图1（b）所示，迭代法可以获取主干扰

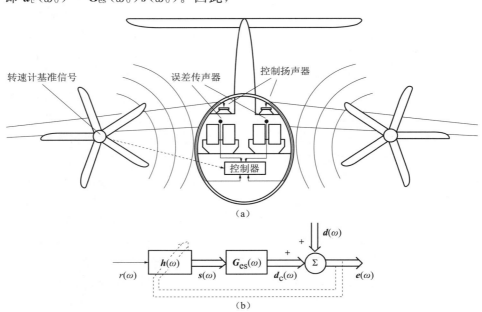

图1　多声道前馈有源噪声控制系统图解（a）与方框图（b）

240

的非稳态影响，并相应地调整控制滤波器。而对于完整性，需要注意的是前馈控制方案可以用于随机主干扰。通常在这种情况下需要获取大量的基准信号 r_1，r_2，…，r_v，这些基准信号需要通过控制滤波器 $\boldsymbol{H}_{\text{opt}}$ 的矩阵来获取控制信号，从而实现控制作用。因此，前馈控制器的性能取决于多种因素，包括基准信号的数量、基准信号与随机干扰之间的相互作用、因果控制器的可行性与控制器建模的可能性。

控制传感器和致动器的数量、类型、位置会严重影响控制系统的性能。因为系统性能取决于传感器与致动器配置产生的主声场和控制声场的物理互动（通常称为控制系统的物理性），同时也取决于误差传感器和控制致动器之间的设备反应与给定的基准信号的控制算法的有效性。如果控制主声场所选择的传感器和致动器不是有效的，那么即使使用有效的控制器，控制性能也可能不是很好。同样，即使对传感器和控制器进行最优组合，如果控制算法不能与代价函数的最小值收敛，也无法获得理想的结果。音频范围的噪声和振动控制的主要挑战在于主声场的复杂性。为达到基本的控制效果，需要对传感器和致动器进行大量的排列组合的尝试。

例如，对于边长为 $l_x \times l_y \times l_z = 6\text{ m} \times 2.5\text{ m} \times 1.8\text{ m}$、模态阻尼比 $\zeta = 0.03$ 的某矩形总声场的控制，假设一个主单极子声源位于空腔的底角，同时其使用理想的控制器能够使给定代价函数最小化。首先，假设使用的传感器和致动器都为理想状态，能够精确地检测和激发第 1，第 2，第 3，…，第 20 个噪声腔的固有模式。图 2 为只有（0，0，0）模式（该模式与矩形中空气完全兼容行为相符）被取消，空腔的声势能才能被有效地减小到第一共振频率。当（1，0，0）模式也被取消时，第一共振会从声势能能谱上消失。同样，当高阶模式取消时，共振会从声势能能谱上消失。这一情况证明了如果能使用理想状态的五信道控制系统，矩形中的声响应可以降低到第一共振频率 ω_1 的 3 倍，举例的空腔频率可以达到 28.6 Hz。此外，如果控制矩形声场的信道达到 20 个，就能将频率降低到第一共振的 5 倍。这是因为，如图 3 所示，对于矩形，任何一个激发频率波形数急剧增加，即所谓的波形重叠，频率也会急剧上升。实际上，对于矩形共振空腔，波形重叠可以表达为：

$$M_{\text{c}}(\omega) = 2\zeta\omega n_{\text{c}}(\omega) = 2\zeta\omega\left(\frac{V\omega^2}{2\pi^2 c^3} + \frac{A\omega}{8\pi^2 c^2} + \frac{P}{16\pi c}\right)$$

$$(5)$$

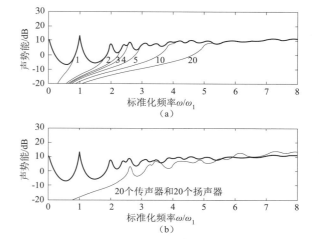

图 2　角落单极子源激励产生的 $l_x \times l_y \times l_z = 6\text{ m} \times$ 2.5 m × 1.8 m 空腔声势能

（a）粗线：无控制；细线：空腔由 1，2，3，4，5，10，
20 个理想状态传感器和致动器组控制，逐渐取消
1，2，3，…，20 波形；

（b）粗线：无控制；细线：多信道系统控制空腔，
采用 20 个单极控制子源使 20 个误差传感器
测量到声压最小化

$n_{\text{c}}(\omega)$ 为空腔模态密度；c、ζ、V、A、P 分别为声速度、阻尼比、体积、矩形表面积和空腔周长。这一公式表明在高频率下，波形数按激发频率的立方急剧增长。波形重叠因素可以用来有效地估计控制系统模态反应的复杂性，因此可以用来估计实现固定频段控制所需的控制源数量或计算给定第二源数量控制的频段。如果想要控制边长为 $l_x \times l_y = 1\text{ m} \times 0.5\text{ m}$ 的铝板的振动，则实现固定频段控制所需的控制源数量远低于之前提到的矩形。实际上，薄板的波形重叠可以表达为：

$$M_{\text{p}}(\omega) = \eta\omega n_{\text{p}}(\omega) = \eta\omega\frac{S}{4\pi}\left(\frac{\rho h}{D}\right)^{1/4}$$

$$(6)$$

式中，$n_{\text{p}}(\omega)$ 为金属板模态密度；η 为结构损耗因子；$D = Eh^3/\left[12(1-\nu^2)\right]$；$S$ 和 h 为弯曲刚度、表面积和金属板厚度；ρ、E 和 ν 为密度、弹性模量和金属板材料泊松比。这一公式表明，如图 3 所示，矩形薄板的波形重叠与频率呈线性增长关系。因此，如果需要进行中高音频下的控制，控制矩形壁的振动是更加便捷的方法，因此这一过程控制的是声音向内部传递而非矩形内部本身的声场。这一情况尤其适用于当外部干扰影响到空腔的部分围壁，这和如图 1（a）所示的螺旋桨飞机主噪声场情况一致。

因此，对于这一特殊情况，可以通过控制临近螺旋桨的机身壁板的振动来控制噪声向飞机舱内传递。

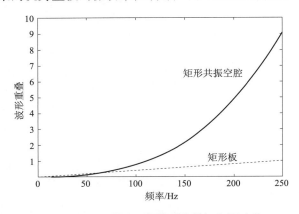

图 3　6 m×2.5 m×1.8 m 空腔（实线）和厚度为 1 mm、面积为 1 m×0.5 m 的铝板（虚线）的波形重叠

在实际情况下，有源噪声控制系统通常使用扬声器控制传动装置和传声器误差传感器。通过一系列的传声器误差传感器可以对代价函数的最小值进行估算。同时，控制声场由小型扬声器产生，这些小型扬声器可以在部分区域复制最佳声场，从而使代价函数最小化。在这种情况下，通过上面提到过的等式（4a~c）可以得出最优控制滤波器。例如，如果实际中所要研究的控制系统有 20 个控制传声器（为简便，以单极子源为模型）和 20 个相邻的

误差传声器（以理想状态的压力传感器为模型）平均分布于上面提到过的矩形声场中，那么，如图 2（b）所示，空腔内的总噪声势能代价函数的简化只有在甚低频（约为第一共振频率 ω_1 的 2.5 倍）条件下才能实现。如果频率稍高，由用于估算最优代价函数的误差传声器和用于产生最优声场的控制扬声器所产生的误差可能会变大，因此将不能降低空腔内的总噪声级别。图 2（b）所显示的结果是基于传声器误差传感器和扬声器致动器平均分布在空间内部这一假设得出的。尽管这一选择比较理想，但是在实际情况下，通常使用遗传算法来选择传感器和致动器，这种算法能够通过参考代价函数来确定传感器和致动器最优配置。

1.3　宽波段稳态随机噪声反馈控制的背景

反馈扰动抑制控制系统既可以用于控制确定性扰动，也可以用于控制随机扰动。例如，如图 4（a）所示，如果对飞机舱内喷气发动机的宽波段随机噪声进行控制，如图 4（b）中方框所示的循环频域，驱动控制扬声器的信号 s_1，s_2，…，s_m 可以通过一系列控制函数 h_{11}，h_{12}，…，h_{mm} 对输出信号 e_1，e_2，…，e_m 进行反馈得出。

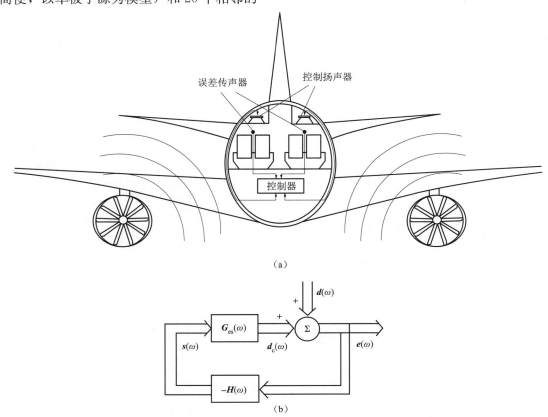

图 4　多声道反馈有源噪声控制系统减弱喷气式飞机机舱宽频噪声示意图（a）和流程图（b）

通过建立前馈控制方案，由误差传声器 $e(w)$ 测量出的 n 个复杂声压信号的向量可以表达为由主干扰产生的向量 $d(\omega)$ 和控制扬声器声压产生的向量 $d_c(\omega)$ 的总和：

$$e(\omega)=d(\omega)+d_c(\omega)=d(\omega)+G_{es}(\omega)s(\omega) \quad (7)$$

但是，在这种情况下，控制信号的向量可以表达为：

$$s(\omega)=-H(\omega)e(\omega) \quad (8)$$

其中，$H(\omega)$ 为控制函数的满矩阵。因此，将公式（8）带入公式（7）后，可以得出闭环误差信号的向量：

$$e(\omega)=[I+G_{es}(\omega)H(\omega)]^{-1}d(\omega) \quad (9)$$

其中，矩阵 $[I+G_{es}(\omega)H(\omega)]$ 叫作回差矩阵。控制函数的矩阵设计十分复杂，需要 n 个传声器误差传感器输出和 m 个控制扬声器输入之间进行设备反应，形成满阵建模。在实际情况下，通常使用简化的控制方法，例如使用分散反馈控制。在这种情况下，相邻的传感器致动器组之间的局部反馈回路会被关闭。每个控制回路的控制函数可以根据简化的经典反馈控制理论来设计，该理论的基础是频域分析与综合。

为了对比反馈控制和前馈控制方案，需要采用相同的空腔，即在上一部分提到的内有一个单极子源、20 个控制扬声器（为简便，以单极子源为模型）和 20 个相邻的误差传声器的空腔。控制方法为分散反馈控制，对于每一个传感器致动器组，在回路中使用相同的反馈控制增益，如图 5（a）所示。在这种情况下，噪声势能随着控制增益的增强单调递减至低频共振。这是因为低频共振的噪声波长长于控制扬声器的波长，因此局部反馈回路易于吸收能量。实际上，每个扬声器所产生的体积控制行为与扬声器前测量到的声压级成正比。如图 5（b）所示，该行为持续到某一点（图中虚线）后，趋向开始改变，噪声会随着控制增益的增加而增加。对于高增益，噪声势能频谱呈现新共振。这是因为反馈控制回路在误差传感器位置删除了声压，因此就不能从回路中吸收能量，同时空腔模态响应由于控制位置的零声波限制而被减弱。值得注意的是，当出现极大的反馈控制增益时，空腔内噪声势能频谱（点画线）和图 2（b）中所示的前馈控制系统（点画线）相同。同时，假设分散反馈控制回路处于稳定状态，

就可以得出图 5 所示的结果，通常这种情况为并置的理想状态单极声源和理想状态压力传感器。实际的扬声器声源和传声器误差传感器都可能带来不稳定性，即使传声器位于扬声器锥面的前部位置。因此，通常情况下不会使用高反馈控制增益，因为它会产生新的共振。实际上，试验表明使用控制增益很难得出图 5 中虚线所示的理想控制效果。

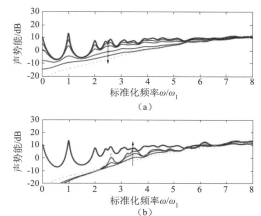

图 5　角落单极子源激励产生的 $l_x \times l_y \times l_z = 6\,m \times 2.5\,m \times 1.8\,m$ 空腔声势能

（粗线，无控制；细线，由 20 个反馈回路控制的空腔，控制增益呈上升状态；点虚线，最优控制增益，可使平均频率声势能最小化；点画线，高控制增益，误差传感器处取消声压）

2　舱内噪声控制

机舱内有源噪声控制有两种主要方法：第一种为从整体入手，运用多声道前馈控制系统来控制机舱前部的声场，从而使飞机上所有旅客都能感受到噪声减弱；第二种方法从局部入手，同时在乘客座位的头枕部安装几组组合式反馈控制单元，以控制每个座椅上部的声场。

图 6（a）和 6（b）为整体控制方法主要配置的简图：有源噪声控制及有源噪声和振动控制（ANVC）。如前面所述，有源噪声控制系统使用噪声控制源（扬声器），驱动噪声控制源能够建立控制声场，从而干扰机舱上部的噪声声场。有源噪声和振动控制系统使用结构性致动器（电磁惯性致动器或压电片应变致动器）来激励机身机构，从而减弱并重排机身蒙皮振动，这样就能削弱机舱前部的声场。有源噪声控制方法只使用噪声（传声器）误差传感器，而有源噪声和振动控制同时使用噪声和结构性误差传感器（传声器和加速器）。

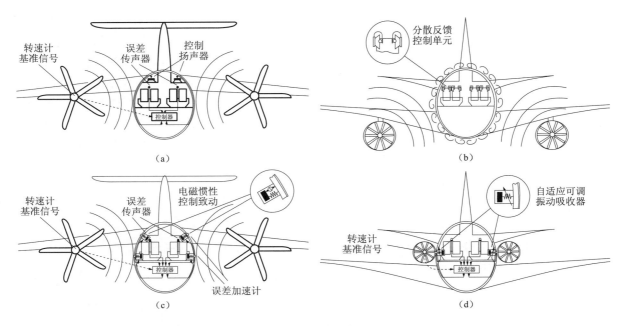

图6 舱内噪声控制

（a），（b）螺旋桨式飞机；（c），（d）喷气式飞机

这两种控制配置通常用于控制由飞机螺旋桨或直升机内旋翼叶片和齿轮啮合等所引起的音调干扰。在这些情况下，可以直接从发动机轴、主旋翼轴或齿轮轴测量基准信号，从而谐调前馈控制器使其与主干扰相吻合。原则上，有源噪声控制与有源噪声和振动控制也能够用于控制随机干扰，例如喷气发动机噪声或由飞机外层湍流所产生的湍流边界层噪声。然而，这些领域的应用还存在一定的限制，因为获得前馈控制所需要的一系列合适的基准信号需要在机身布置大量的基准传感器。此外，在控制致动器附近部署基准传感器可能对因果控制器的部署产生一定的影响。

图7为超电子公司生产的有源噪声和振动控制

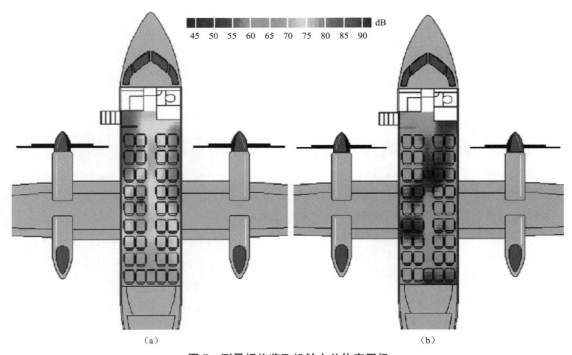

图7 测量螺旋桨飞机舱内总体声压级

（a）采取有源噪声和振动控制；（b）不采取有源噪声和振动控制

（超电子公司提供）

商业系统安装在机舱后，螺旋桨飞机舱内升级分布。这一系统使用惯性电磁致动器作为有源振动吸收器，从而能有效地激发机身结构。致动器固定于螺旋桨附近圆形结构的横纵交叉处，使用作用线进行快速定向；控制传声器位于飞机装饰壁、头顶行李架和天花板上；传声器的位置选择需要在安装与维修的便捷性、靠近乘客耳朵、乘客分布、数据获取等要求中取一个平衡点；控制加速度计与致动器驱动点越近越好，并需要快速定向。

图6（c）为局部控制系统简图，局部控制系统用于控制乘客座椅头枕部位的宽波段噪声。通常这类系统由两个组合式控制单元组成，利用在扬声器锥面中心布置传声器来实现反馈回路。两个控制单元被安装在头枕的侧面，以使其靠近乘客的耳部。反馈回路会以误差传感器为中心谐调产生一个安静的球形区域，使噪声降低 10 dB，该区域的面积与噪声波长成正比，即 $\lambda/10$（λ 为波长）。因此，500 Hz 时，安静带的大小约为 7 cm。这表明了这一系统的一个主要缺陷：这一系统只能在低频情况下提供良好的噪声减弱效果。此外，因为这两个安静带是被固定在某一位置的，因此不能对准乘客的耳部。通过研制所谓的虚拟传声器技术，可以在一定程度上解决这一问题，即通过虚拟传声器的两个控制环路可以使乘客耳部一定范围内的声压最小化。然而，对于应对乘客不同位置变换的强大系统，目前还需要一个能够追踪和定位乘客头部的系统。

3 发动机和设备隔振

飞机和直升机结构噪声通常注重发动机到机身或变速箱到机身的结构性振动。弹性隔振系统受到元件刚度要求的限制，需要满足两个相互矛盾的目标：在最严峻的飞行条件下将发动机或变速箱连接到飞机或直升机机身上，并且降低由发动机或变速箱振动引起的结构移动。因此，隔振系统需要在静态上越坚硬越好，在动态上越柔软越好。隔离材料没办法完全满足这两项要求，因此，通常采用的刚力悬置系统的隔振效果很弱。

静态和动态刚度的平衡点可以通过主动或半主动悬置系统来实现。主动悬置包括四个主要组成部分：（i）被动连接元件；（ii）反应性或惯性致动器；（iii）传感器系统；（iv）控制器。当使用反应性致动器时，可将通过悬置装置的合力设置为零来调节控制力，这样就不会激发接受结构。反应性致动器可以串联布置或与悬置被动元件并联布置。在第一种情况下，致动器需要抵御来自支持组件的整个静载荷。第二种解决方法则不存在这一问题，尽管第二种方法需要致动器克服被动连接元件的刚性问题。基于致动器元件的固有性质，致动器通常与力或移位放大设备耦合。惯性致动器可以安装在被动悬置装置和机身结构的连接点。在这种情况下，发动机悬置系统自然频率下的过度致动器力要求会限制控制能力。总体上讲，控制致动器的作用是去除悬置装置与机身连接点的振动。前馈控制体系结构被应用于音调干扰，利用转速计从振动中（例如单路是发动机或变速箱主轴）提取出基准信号。

结构噪声是喷气式飞机后置式发动机面临的重要难题，后置式发动机能够激发机身结构的后部，在乘客舱尾部产生极强的噪声。在这种情况下，如图6（d）所示，自适应可调振动吸收器（ATVA）安装在发动机吊架上，它是标准型吸振器，通过多声道前馈控制器进行主动谐调，以达到因转轴不平衡所引起的音调振动的基本频率。在正常情况下，均匀分布在机舱尾部的传声器传感器和位于发动机吊架底部的振动传感器都起到了误差传感器的功能。因此，需要同时使传向机身的振动和传向机舱尾部的噪声最小化，从而利用谐调吸振器使机身振动重组。

直升机舱内结构噪声的主要来源是主旋翼叶片的振动和主发动机变速箱的齿轮啮合。对于大型直升机，例如图8（a）所示的阿古斯塔·韦斯特兰公司的 EH101，该直升机利用四条长支杆（如图8（b）所示）将变速箱与直升机机身牢牢相连。其牢固性是处于该飞机需要承受飞行过程中准静态负载导致的极强的负载状态，因此该飞机的设计使用高轴向和抗弯刚度。因此，其对直升机的主要振动传播途径为由主旋翼叶片所产生的低频振动和频率在 500 Hz～2 kHz 的变速箱所产生的振动。每根支杆产生的高频振动传播的特征是纵波和弯曲波。阿古斯塔·韦斯特兰公司已经研制了一种带有反应性液压致动器的智能支杆，如图8（b）所示，为安全起见，致动器安装在支杆内部。四根智能支杆由前馈自适应控制器驱动，该控制器能够使支杆与机舱连接点处的振动最小化。图8（c）表明，根据直升机的前进速度，舱内整体振动可以被降低40%～75%。

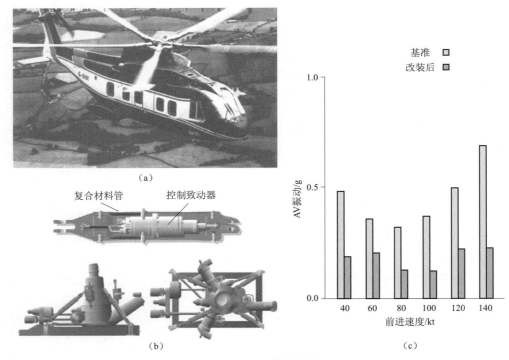

（a）

复合材料管　　控制致动器

（b）　　　　　　　　　　　（c）

图 8　EH101 舱内振动

（a）阿古斯塔·韦斯特兰公司直升机 EH101；（b）EH101 的智能变速箱支杆；（c）无控制舱内总振动（浅灰色）和
有控制舱内总振动（深灰色）

（阿古斯塔·韦斯特兰公司提供）

4　双层机身壁噪声传播控制

第 1 节和第 2 节中强调过有源噪声控制由于模态重叠而受到低频的限制，也就是说，在某激发频率，被激发的波形增长数与激发频率的三次方成正比。相反，对于薄板，例如一小片翼板，其波形重叠与激发频率成线性比例。因此，由于舱内噪声主要来源于外部，通过控制机身壁的振动来削弱飞机或直升机内部噪声的可能性已经成为各项研究与开发的主题。此种方法的优点还在于传感器和致动器在墙体结构上的位置相邻，这有利于前馈自适应系统的集中和反馈控制系统的稳定性。最后，控制系统伤害性更低，因为传感器和致动器都会被嵌入坚固的机身壁结构中。

双层机身壁向飞机或直升机内部的噪声传播或放射控制可以通过有源结构噪声控制（ASAC）来进行，这一控制途径通过将结构致动器安装在提机身蒙皮、机身结构、装饰板（惯性电磁制动器、锆钛酸铅致动器、聚偏二氟乙烯箔片）来提高传输损耗，从而使噪声辐射最小化。这一途径还包括对模态贡献、对每一频率的控制结构的反应的重组，在某一频率，重组可能会导致反应的激增。模式重构

效应是由于噪声辐射的发生需要通过单独波模（自辐射）或几组波模（交叉辐射）。在某些频率下，某些波模的交叉辐射实际上削弱了自辐射。因此，总体的噪声辐射可以通过对每一频率的模态贡献进行调整，来达到最小化，从而使这一噪声辐射删除现象最大化。目前，有一种设计有源噪声结构控制的方案受到了关注，该方案的基础是辐射波模的计算。存在一组备用结构正交模，能够独立地辐射噪声。因此，这些波模需要进行辐射控制。这些波模具有频率依赖性，并且通常对于薄结构，其特征为其体积形状的创新性，其结构主轴两侧为摇摆型，然后为马鞍形。通常，体积辐射模型为至今为止最有效的低音频频率噪声辐射器。因此，总噪声辐射的有效控制可以通过控制体积辐射模式来实现，由此需要正确选择辐射模式的种类、数量、点致动器和传感器的分布、模拟体积波形频率依赖性所需的信号调理系统。图 9（a）和 9（b）为典型的多声道前馈（图 9（a））和反馈（图 9（b））有源结构噪声控制设置简图，前馈和反馈有源结构噪声控制能够控制螺旋桨式飞机音调噪声干扰，或由喷气噪声或喷气飞机机身壁湍流边界层气流激励所产生的随机干扰。

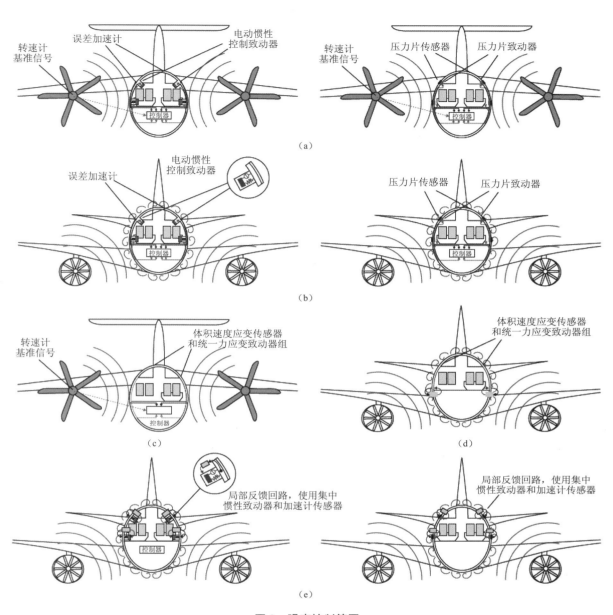

图9　噪声控制简图

(a)，(b) 多声道前馈和反馈有源结构噪声控制，使用应变传感器或惯性传感器；(c)，(d) 多声道前馈和反馈有源结构噪声控制，使用分散或成对传感器—致动器组；(e) 多声道分散式反馈有源振动控制，使用应变传感器或惯性传感器

　　图9（c）和图9（d）为有源结构噪声控制系统新发展，该系统使用分布式应变致动器和相应的分布式应变传感器，从而控制单独机身蒙皮板或内部装饰板的体积模式。在这种情况下，控制系统的目的是使每张板的辐射噪声最小化，因此可以对每张板采用前馈或反馈环路。

　　模块控制这一思路已经应用于点传感器和致动器组。如图9（e）所示，相邻的传感器—致动器组使用了局部反馈回路，尤其是处于共振频率时，能够从结构中吸收能量。在这种情况下，模态单元为简单有源控制（AVC）系统，然而该系统能够削弱机身蒙皮和内部装饰板在共振频率时的反应。因此，这一控制途径尤其适用于控制低音频宽波段随机噪声辐射，该辐射由结构低频共振的振幅决定。图10为声音与振动研究所测试的有5个反馈控制单元的分散系统，该系统使用带有加速度传感器的电磁惯性致动器，庞巴迪公司冲锋－8Q400飞机机身部分的装饰板就安装了该系统。有源控制系统能够削弱机身蒙皮和装饰板之间的空腔的噪声传递。特别推荐两种分散控制系统：第一种在圆锥中心部位使用带有传声器传感器的扬声器致动器；第二种在两个板子之间使用反应式传感器，并且在末

端使用加速计传感器。两种系统都采用速度反馈回

路，从而吸收空腔或两个板子之间的能量。

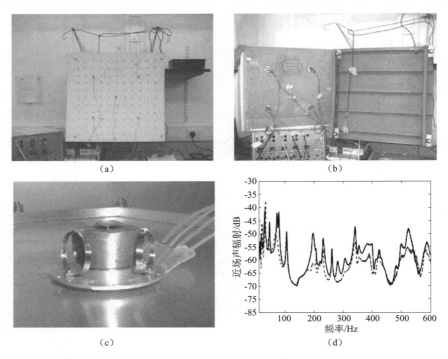

图 10 庞巴迪公司冲锋－8Q400 飞机机身部分

（a）装有 5 个反馈控制单元，使用电磁惯性致动器；（b）结合位置中部装有加速计传感器；（c）安装于内部装饰板上；

（d）当振动器激励机身蒙皮时，产生近场声辐射

（黑色实线，无控制单元；虚线，闭回路控制单元）

5 未来发展

应用扩大飞机有源噪声控制系统的主要困难在于：（i）控制频率波段；（ii）质量；（iii）可靠性；（iv）生产成本；（v）安装成本；（vi）维护成本。这些因素相互联系、相互作用。有源控制系统依赖于噪声和振动致动器及传感器转换器，通常包括体积巨大的磁性和压电元件。通常，这些转换器设计复杂，包括很多元件的加工和组装，因此成本高昂并且容易产生耐用性问题。同时，控制系统通常依赖于多声道控制器，并且需要昂贵的快速反应数字控制器及将传感器和致动器连接到控制单元的复杂线路系统，这就增加了额外的重量问题和安装维护费用。

为了更加有效地说明上述问题，需要对轻便的无源和有源噪声与振动控制措施的并行设计进行基本的研究工作。同时，还需要研究自组织传感器和致动器转换器及控制系统。有源控制需要小型、简单、轻便、低成本的转换器，从而将传感器和致动器设备与控制器组合在一起。目前，研究工作已经表明了使用分散局部控制器的优势。然而，实际车辆上安装的原型系统的研究工作已经强调了发展局部控制器更高层次的协调能力的需求，从而产生更好的降低噪声的效果。

本研究的另一个重要领域为多功能系统的发展。例如，有源噪声控制如果与噪声质量设计和音频系统相结合，就会变得更加有吸引力。同样，结合振动控制与状态监测能够更好地研究结构传感器和致动器转换器的用途，并且更好地利用控制器的计算能力。

参考文献

Billout, G. , Norris, M. A. and Rossetti, D. J. （1995）System de controle actif de bruit Lord NVX pour avions d'affaire Beechcraft Kingair, un concept devanu produit. Proceedings of Active Control Con-ference, Cenlis.

Bullmore, A. J. , Nelson, P. A. , Elliott, S. J. Evers J. F. and Chidley B. （1987）Models for evaluating the performance of propeller aircraft active noise control systems. Proceedings of the AIAA 11th Aeroacoustics Conference, Palo Alto, CA, AIAA Paper 87－2704.

Chaplin, G. B. B. （1983） Anti-sound-the Essex breakthrough. *Chartered Mech*. *Engineer*, 30, 41.

Clark, R. L. , Saunders, W. R. and Gibbs, G. P. （1998）

Adaptive Structures，John Wiley & Sons，Inc.，New York.

Conover，W. B. （1956） Fighting noise with noise. Noise Control，**2**，78.

Elliott，S. J. （2001） *Signal Processing for Active Control*，Academic Press，London.

Emborg，U. and Ross，C. F. （1993） Active control in the SAAB 340. Proceedings of Recent Advances in the Active Control of Sound and Vibration，pp. 567—573.

Fahy，F. J. and Gardonio，P. （2007） *Sound and Structural Vibration：Radiation，Transmission and Response*，Academic Press，London.

Ffowcs Williams，J. E. （1984） Review lecture：anti-sound. *Proc. Royal Soc. London*，A，395，63—88.

Fuller，C. R.，Maillard，J. P.，Mercadal，M. and von Flotow A. H. （1995）Control of aircraft interior noise using globally detuned vibration absorbers. Proceedings of First Joint CEAS/AIAA Aeroacoustics Conference，Munich，Germany，CEAS/AIAA Paper 95—082，pp. 615—623.

Fuller，C. R.，Elliott，S. J. and Nelson，P. A. （1996） *Active Control of Vibration*，Academic Press，London.

Fuller，C. R.，Maillard，J. P.，Mercadal，M. and von Flotow，A. H. （1997） Control of aircraft interior noise using globally detuned vibration absorbers. *J. Sound Vib.*，**203**（5），745—761.

Gardonio，P. （2002） Review of active techniques for aerospace vibro-acoustic control. *J. Aircraft*，**39**（2），206—214.

Lueg，P. （1936） Process of silencing sound oscillations. U. S. Patent No. 2，043，416.

Maier，R. and Pucher，M. （1999） Helicopter interior noise reduction by active vibration isolation with smart gearbox struts. Proceedings of ACTIVE 99，Fort Lauderdale，Florida，pp. 837—848.

Nelson，P. A. and Elliott，S. J. （1992） *Active Control of Sound*，Academic Press，London.

Olson，H. F. and May，E. G. （1953） Electronic sound absorber. *J. Acoust. Soc. Am.*，**25**，1130.

Preumont，A. （2002） *Vibration Control of Active Structures：An Introduction*，Kluwer Academic Publisher，London.

Ross，C. F. and Purver，M. R. （1997） Active cabin noise control. Proceedings of ACTIVE 97，Budapest，Hungary，XXXIX-XLVI.

Sutton，T. J.，Elliott，S. J.，Brennan，M. J.，Heron K. H. and Jessop D. A. C. （1997） Active isolation of multiple structural waves on a helicopter gearbox support strut. *J. Sound Vib.*，**205**（1），81—101.

von Flotow，A. H.，Beard，A. and Bailey，D. （1994） Adaptive tuned vibration absorbers：tuning laws，tracking agility，sizing，and physical implementation. Proceedings Noise-Conference 94，Ft. Lauderdale，Florida，pp. 437—454.

本章译者：刘畅（北京航天长征科技信息研究所）

第 294 章

声　爆

Victor W. Sparrow

宾夕法尼亚大学，帕克分校，研究生声学课程，宾夕法尼亚洲，美国

1　简　介

　　声爆是物体在流体中进行超声速运动时所产生的一种声学现象。当物体在流体中以超声速运动时，会产生一个或几个激波，这些激波的速度取决于其自身振幅。振幅越高，速度越快，因此振幅高的激波的速度会超过振幅低的。在传播过程中，一系列不同频率的激波会因此而扭曲或衰变。平稳的声波会变得陡峭，大声波会吞噬小声波，这种现象叫聚结。

　　从 1947 年的第一次超声速飞行器的飞行以来，每次进行超声速飞行试验，都会在地面上听到类似于爆炸的声响。为什么这种现象被称为声爆？在英国它还被赋予一个等价的概念——"声震"。后面我们会详细介绍，不是所有的声爆都有爆炸一样的声响。现在有技术可以调整声波的压力和时间特性，从而大大降低声爆的音量，制造相对安静的声爆。这项技术的使用，有可能在未来使高超声速在陆地上的试验被人们所接受。因此，虽然"声爆"这个术语依然被航天系统工程师们所广泛使用，但真正的声爆现象中并不一定有爆炸声响。美国 Wyle 的 Kenneth Plotkin 创造了一个新名词——"声喷"（sonic puff），用以表示这些没有爆炸声的声爆。

　　目前，超声速飞机所制造的声音听起来并不像喷气。常规的声爆一般都比较扰民，导致大多数国家都禁止飞机在境内陆地上空产生能够被听到的声爆。美国现行的条例更是严格地规定，无论声爆的声音能不能被听到，都不允许飞机在陆地上空以超声速飞行，即时速超过马赫数 1。这类规定导致 20

世纪 70 年代的"协和式"超声速喷射客机的大多数航线只能选择海上飞行，并且导致近年来在协和客机之后没有开展新的陆地上空超声速飞机研发项目。

　　正如之前提到的，任何物体以超声速穿越流体时，都会产生声爆，例如，类似现象也存在于水下运载器的超声速发射。但由于篇幅限制，本章只讨论超声速飞机在空气中的飞行运动。

2　常规声爆的产生

　　首先，我们来认识常规超声速飞行中声爆的波形，它被称为"声爆信号"。在大多数情况下，声波合并、混合，最终形成一个 N 形的波形，这些声波叫作"N 波"。N 波听起来像连着的两声重击，这是因为人体对 N 波的前、后两个激波反应强烈，但对中间传播段反应小。这个中间段时间的长短取决于飞行器的重量和决定激波大小的气动力分量。震波振幅越大，就会产生比超声速飞机自身大幅延长的 N 波。图 1 展示了"协和式"超声速喷射客机的 N 波声爆。图中显示的是充分简化后的 N 波，即假设 N 波在地面发生，飞行器在高空，而在飞行器与地面之间有大量的大气物理未在图中显示。

　　在超声速水平巡航过程中，最大声压产生于飞行器正下方的底部。声爆实际上是一个三维现象。接近飞行器的激波会形成锥形面，称为马赫锥。这个在飞行器后方的三维面与摩托艇在平静湖面快速行驶中形成的 V 形波相似。在从飞行器正下方到正上方运动过程中，形成的马赫锥不是一个标准的锥体，这是由于真实的飞行器不会是轴对称体，而

250

且由飞行器上方、下方和侧方升力产生的激波强度不一。声爆在飞行器超声速巡航中就是这样产生的。

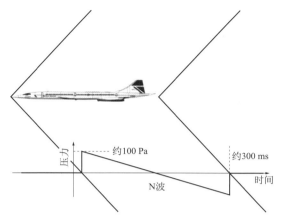

图1 "协和式"超声速喷射客机N波图（简化）
（纵轴表示声压，横轴表示时间，"协和式"超声速喷射客机声爆时长约300 ms，声压峰值约为100 Pa）

3 传播与地面测量

声爆产生的声音，最初以垂直于马赫锥的方向传播到地面上。随着声音逐渐接近地面，大气折射效应开始起作用，声音通常会扭曲。如果我们忽略这种扭曲，那么锥形与地面的相交点呈标准抛物线形。在地面上的抛物线形状的宽度决定了能够听到声爆的范围。飞机在足够高度时，宽度接近50英里或90英里。现在为了弄清传统声爆所产生的影响，给出了一些数学关系。这些方程的附加信息可以参考文献。通过使用Carlson算法（Carlson，1978）可算出飞机下方传至地面上的N波声压。

峰值声压为：

$$\Delta p_{\max} = K_{\mathrm{p}} K_{\mathrm{R}} \sqrt{p_v p_{\mathrm{g}}}\ (Ma^2-1)^{1/8} h_{\mathrm{e}}^{-3/4} l^{3/4} K_{\mathrm{s}} \tag{1}$$

间隔时间为：

$$\Delta t = K_{\mathrm{t}} \frac{3.42}{a_v} \frac{Ma}{(Ma^2-1)^{3/8}} h_{\mathrm{e}}^{1/4} l^{3/4} K_{\mathrm{s}} \tag{2}$$

这里，K_{p} 表示压力放大系数，通常为 $1.2 \sim 1.6$；K_{R} 是反射系数，假定为 2.0；K_{s} 是飞机形态系数，通常为 $0.04 \sim 0.20$；K_{t} 是信号持续系数，为 $0.6 \sim 1.0$；p_v 是作用于飞机上的大气压力；p_{g} 是作用于地面的大气压力；Ma 是飞机的马赫数；h_{e} 是飞机有效高度；l 是飞机长度；a_v 是飞机声速。对于常数具体如何变化，请详见（Carlson，1978）。

值得注意的是，振幅与马赫数的 1/4 成正比。

因此，飞得慢不能显著降低声爆。在经过大量计算后，事实证明，通过减小飞机质量 W 能够影响飞机形态系数 K_{s}，从而显著地降低了声爆。增加高度能够使声音传播的路径加长，并且使弱非线性陡斜作用时间增长，增加的高度通常是伴随着一个较长的持续时间和幅度略有下降。

飞机下方声爆以声音形式产生的角被称为马赫角，它是飞机速度与声速度作用所产生的。正如前面提到的，这个角在越接近地面时会由于折射效应而产生变化。

到目前为止，我们的焦点都集中于超声速巡航主声爆。然而，马赫锥位于飞机上方的部分也可能导致另一种被称为"上方"声爆或二次声爆的现象。它是由向上的激波遇到飞机上方大气条件而折射回地面所产生的。由于这个最初向上的声音经过了漫长的运动，因此，除了声爆的最低频率成分，声音的大部分会被大气吸收并减弱。但仅剩的部分听起来仍然是低沉、轰轰作响的声音，与遥远的雷声没有什么分别。有研究显示，这些"上方"声爆现象是有季节性的，它取决于上层大气风。1973—2003年服役的"协和号"超声速飞机所产生的"上方"声爆偶尔可以从数百里外听得到。

飞机的机动也可以影响到地面听到声爆的效果。例如，每一架超声速飞机为达到超声速巡航都必须加速飞行。在加速过程中声爆能量稍有聚集，导致了所产生的声爆可能比巡航过程中的声音更大。这个"聚集声爆"比巡航声爆的振幅大 $2 \sim 3$ 倍，取决于飞行和大气条件。幸运的是，这种加强只发生在飞行路径中的一小段（几百米）。目前，仍没有人知道如何最大限度地减少"聚集声爆"。

飞行器的其他机动也可以聚焦声爆能量，例如侧推、滚转。然而，这些机动通常是军事飞机在空战或高加速度特技时需要的，因此在这里不予讨论。

声爆的轻度聚焦和散焦通常发生在它从飞行器到地面的传播过程中。这是受大气湍流影响造成的。通常N波形声爆会受到这种湍流影响而扭曲。这种扭曲可能造成N波的前激波与后激波变圆或变尖。变圆的情况是由于N波受到散焦效应的影响，而后者则是受到聚焦的影响。这种轻微的扭曲在存在湍流的日子里非常常见。一般地，大气湍流是由不均匀的温度造成的，受太阳光照而加热的地表空气与受地面条件影响而产生的不规则的风相互作用最终形成湍流。在湍流较小的清晨，N波声爆往往较容易被观察到；而在晚些时候的白天时段，则能够看到被扭曲的尖锐或圆形的声爆。事实上，很多声爆测量表明，观测到尖锐激波后数十米内就

可以观测到圆形激波。典型声爆波形如图 2 所示。图中的声爆数据取自 BoomFile 数据库（Lee 和 Downing，1996）。

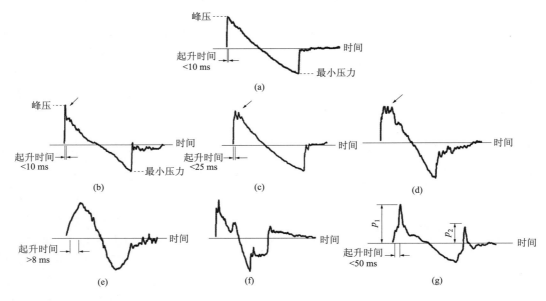

图 2　典型声爆图示

（a）典型 N 波；（b）单峰；（c）双峰；（d）多峰；（e）圆化；（f）扭曲；（g）U 波

（这些波形数据取自 BoomFile 数据库中军用飞机数据。图中波形变化除（g）图外都是受大气湍流影响而产生的，而（g）图波形是受飞机机动影响产生的）

在一种特殊情况下，超声速飞行器在地面上不会产生声爆。这时超声速飞行器以刚刚超过马赫数 1 的速度飞行，由于大气的反射作用，声爆无法反射至地面。通常，飞行器的速度被限制在不高于马赫数 1.15 倍或更少。近期的研究工作表明，这种无声爆操作非常可行。然而，事实证明，不会产生地面声爆的最大速度通常受纬度和季节的限制。

图 3 总结了传统民用飞机产生的能够在地面上听到的声爆，取自 Maglieri 和 Plotkin 在 1991 年写的一篇综述文章。

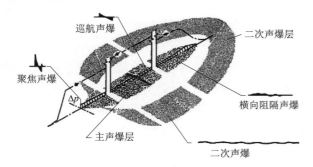

图 3　单次超声速飞行的声爆影响

（Maglieri 和 Plotkin，1991）

声爆仅在飞行器加速至超声速时才能够产生。飞行器超声速飞行时，最初会产生一个聚焦声爆，

随后在飞行期间会听到巡航声爆。非常重要的一点是，沿着整个超声速航线能够听到巡航声爆。另外，可以在主声爆的侧方听到上方声爆（二次声爆）。主声爆区的宽度会受当地大气条件影响而产生变化，声爆区横向阻隔（lateral cut off）的位置变化会很大。

基于此点考虑，我们的研究关注于传统超声速飞行器声爆的产生和传播。值得注意的是，在本章后段将介绍声爆弱化。采用声爆定形或声爆弱化的方法能够显著减小 N 波声爆对地面的影响。这种新声爆比常规声爆更加平缓，其激波也比常规声爆的激波平缓。弱化声爆的峰压在地面上压力能达到 0.2～0.5 lb/ft²，而常规声爆的峰压可达到 0.8～2 lb/ft²。声爆在地面的持续时间为 120～300 ms。现役的典型军用飞机声爆持续时间为 120～170 ms，而大型超声速客机设想的声爆时间更长。

在我们结束声爆传播与地面反应的主题之前，应特别指出的是，在声爆的数据收集中，使用的接收器是将麦克风安装在地面上的一个大型木板上，这种装置叫作"接地板（ground board）"。因为麦克风在"接地板"上可以在声爆激波从地面反射的同时记录该事件。在对超声速飞行物测量中可以发现，其声学特征实际是在无地面测量中得到的数据的两

倍。例如，一个由典型的"协和式"客机产生的 2 lb/ft² 的声爆 N 波，产生的及时声爆为 1 lb/ft²，但是根据标准报告，它在经过有建筑物及人群的地面时，产生的声爆为 2 lb/ft²（约 100 Pa）。

4 对建筑物与人体的影响

4.1 对建筑物的影响

声爆是否会对建筑物产生持久的影响，取决于声爆的声波峰压和声爆形状。飞机形状对声爆大小的影响可以忽略不计。但有些足够大的常规声爆可以破坏石膏和窗户。

通常在墙上或窗户上安装埃克西来罗试验仪来测量受声爆影响所产生的建筑物的振动。研究表明，声爆传递到建筑物结构的能量导致振动的时间（大约 2 s）比声爆的时间长，由此产生的振动取决于声爆的入射角角度、傅里叶谱和建筑物的结构及质量。声爆的傅里叶谱控制了受试建筑物将承受的频谱。图 4 显示了一个典型 N 波波谱。

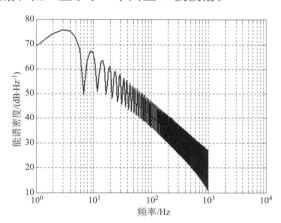

图 4 200 ms N 波声爆能谱密度

值得注意的是，大多数能量集中于低频率。这些低频率能与建筑物振动很好地结合。例如，美国的住房通常采用木质结构，其自然频率在 8～22 Hz。N 波的较高频率在峰值响应以 6 dB/倍频程下降，峰值响应发生在频率与声爆过程相反时，这时的峰值响应接近 1/（0.2 s）＝5 Hz。

Hubbard 和 Mayes 的报告（1967）对 20 世纪五六十年代的研究工作进行了总结，而 Clarkson 和 Mayes 的文章（1972）则对这阶段的工作进行了更为全面的描述。常规声爆一般不会对结构良好的建筑物造成损害，但也有很小的可能性存在损坏。从 20 世纪 60 年代开始，很少出现这种由常规

声爆造成的破坏，而出现这种破坏时，通常也是由于一些特殊的原因（或许是飞机飞行高度过低，或正在实施机动等）。值得庆幸的是，未来内陆超声速飞行器将有望实现低振幅设计。因此，这些未来超声速飞行器造成破坏的可能性将会极低。

4.2 对人类及动物的影响

人类依靠感知其他噪声和背景噪声的灵敏度来感知声爆。声爆的声响可从微小到巨大，这取决于它的形状和峰压。快速的激波和快速的起升时间会产生惊人的声爆。起升时间有很多定义，其中之一是使其声爆的峰值由 10% 上升到 90%。通常，越短的起升时间就会造成越响的声爆。延长声爆前、后激波的起升时间可以使声爆大大减弱，这是减弱声爆的方法之一，后面将对此进行进一步的解释。

研究人员也针对动物的反应进行过研究。一般动物对声爆的反应与人类相似，但对动物反复进行声爆试验的结果显示，动物对有规律的声爆没有消极反应。在一项对海豹进行的野外研究中，动物对陆地上空的"协和式"超声速客机产生的声爆没有任何反应（Perry，Boness 和 Insley（2002）），基于上述实验结果，NASA 及其他研究机构目前认为，在评估动物对声爆的反应中，人类对声爆的反应是上限。

4.3 室内与室外的反应

近期对声爆评估的研究集中于室内与室外的反应，而以往对声爆的研究都采用在室外测量的手段。但人们在室内的时间较长，这也造成了人们在室内听到声爆的机会较大。

正如此前提到的，建筑物可以过滤声爆能量。与高频声波相比，低频声波更容易穿透建筑物并与其相互作用。高频声波在进入室内时通常会被充分地衰减，因此造成的影响也较弱。但在室内的附加机制在户外未被发现。

由声爆造成的建筑物的振动在室内会造成咯咯响的次生噪声。瓷器柜中的瓷器、墙上的画、松动的门窗都会是这种噪声的制造者。这种噪声被认为是很扰民的，因此这也是声爆对室内产生的实际影响。

4.4 声爆度量

在陆地上的超声速飞行被允许之前，应制定关于声爆的度量标准以及能够接受的标准。在本章撰

写之时，仍没有应用在常规或弱化声爆波形上的度量标准，但最近的研究为未来陆地声爆度量标准的建立打下了基础。

由于人类的听觉对声爆的起升时间和峰压比较敏感，因此最大压力不足以描绘人类对声爆的反应。一些比较好的声爆测量方法包括：暴露声级测量（ASEL）和感知水平（PL）（Steven's Mark Ⅶ）。Shepherd 和 Sullivan 在 1991 年对感知水平指标进行了描述。这些指标能够很好地描述常规声爆和户外声爆（Leatherwood 和 Sullivan，1992）。

其他研究人员还对时间变化指标进行了研究，如 Moore 和 Glasburg 的时变响度（TVL）（Marshall 和 Davies，2007）。这种变量指标能够反映声音的临时属性，其中包括起升时间。但是目前有些研究人员认为 ASEL、PL 或 TVL 等指标不足以描述有次生噪声的室内声爆。在这方面我们还有很长的路要走，目前为止还没有室内声爆指标的标准度量。

4.5 声爆仿真

怎样确定能够被公众所接收的声爆标准？显然，不能为此而制造一个具备多种声爆特性的超声速飞机。因此，目前的研究主要集中于可以模拟各种各样声爆波形的建筑声爆仿真装置。使用这些仿真装置可以模拟人类主体测试，以评估人们对各种各样潜在的声爆的波形的反应。

NASA 兰利研究中心研发的经典声爆仿真装置可利用信号均衡输入来模拟高仿真度音频（Leatherwood 等，2002）。这种仿真装置利用立体声扬声器模拟音频，受试者被安排坐在室内椅子上，仿真装置的门上配有次低音和中音扬声器，它在接近受试者时可发出小音量，其余墙壁由空心砖砌成。这种结构可在低频率（低于 5 Hz）下产生回响。其他声爆仿真装置的制造也参考了该仿真装置。

最近由湾流航空航天集团公司研发的声爆仿真装置未采用空心砖墙壁。该仿真装置建在一个 32 ft 长的拖车上，可利用卡车进行转移。这个仿真装置可以使受试者听到实验测定的声爆以及低声爆飞机的合成信号（Salamone，2006）。

无论是 NASA 的经典声爆仿真装置还是湾流航空航天集团公司的便携式仿真装置，都因受人工模拟环境的限制而有一定的局限性，而且这些仿真装置都不能对室内声爆，如次生噪声，做出准确的

模拟。然而，这些模拟装置还是会对研究工作有一定帮助。目前 NASA 正在其兰利研究中心建设一个室内声爆仿真装置，房间内两面墙壁配有能够模拟声爆事件的扬声器，除此之外，房间内还集成了可重现次生噪声的小型扬声器。此仿真装置有望在 2010 年投入使用。

在无法用低声爆超声速飞机进行试验的情况下，试验可以采用便携式声爆仿真装置来制造出可穿透房屋或房屋的一部分的模拟声爆。这个装置可以安装在一个大的平板拖车上，由大型卡车运输至居民房屋旁进行测试。这使我们可以在居民自己的房屋内进行试验，观察他们的反应，另外，还可以延长试验时间，从而观察到受试人员是否会对定期声爆产生长期的反应。然而，如何建造一个理想的大型高仿真度的模拟器还是一个科学难题（Sparrow 和 Garrett，2008）。

最好的试验设备是真实飞行的低声爆飞机，采用这种飞机在受试区域进行试验，再对由模拟装置估算出的可接受的声爆数值进行检验。

5 降声爆设计典范

20 世纪 70 年代末和 80 年代，美国在 20 世纪五六十年代的理论研究基础上对此项课题进行了大量研究。这些研究在 20 世纪 90 年代被专业飞机设计工具所取代。多种设计优化和流体动力学计算的发展对规划未来民用超声速飞机非常重要。

在此将对近期的研究进行简要介绍，首先需要明确降低声爆的背景理论知识。本部分包括回顾 DARPA/NASA 的定形声爆验证机（SSBD）和湾流航空航天集团公司的"安静尖"项目。

5.1 定形声爆研究

20 世纪五六十年代，研究人员对多种降低声爆的方法进行了探索。除了减小飞机质量以外，加长机身长度也能够使声爆的强度降低，这样做可以使声爆能量分散的区域较广。然而，制造长飞机的难度还包括要在这种长且薄的形状下满足机身结构的完整性。还有一些人认为飞机在飞行过程中伸展、延长会降低声爆。后面将提到，飞机的机头部位的设计对降低声爆的影响要比后面的大些。如何减小发动机和尾部产生的震动？技术革新仍需要在减小尾部震动上下功夫。

多年来，也有一些非传统的降声爆方法被提

出，其中包括在机头部位加装高功率激光器或定向高能光束来加热飞机前方的空气。采取这种方法的难度在于，飞机不能携带大型电源，因此无法在飞行中进行类似的操作，该方法还有安全问题，包括对乘客、机组人员还有对附近飞机的干扰。因此，这种方式还有待深入探讨。

有人建议，在飞行过程中伸展、延长机身以达到降低声爆的效果。

George 和 Seebass 的研究对降声爆设计是个转折点。这种设计叫作空气定形，通过精确设计飞机的横截面来达到降低声爆的目的。之前已被证明，声压 p 与飞机横截面面积和升力分布成正比。飞机的容积分布和等效升力分布都依赖于 Whitham F 函数（Pierce，1981），因此，Whitham F 函数就是飞机自身具备的可控制声爆的函数。传至地面上的压力包括非线性尖锐激波、大气吸收效应以及此前提到的能传至地面上的声爆特性。George 和 Seebass 的研究是在 Whitham F 函数基础上设置一个 δ 函数，详见 Seebass 和 George（1974）及最新出版的著作。这个飞机前方附近的压力作用峰值将通过大气吸收和非线性传播过程而削弱，最终导致到达地面的声爆比较平缓。这种方法是线性的，因为它假设线性化流体流动，它只是现代化降声爆手段的开端。Plotkin（2009）的著作在 George 和 Seebass 方法的基础上提出了三维流体，其中对成形声爆最小化的背景理论做了很好的总结。

现在，声爆最小化的方法主要是通过计算流体动力学代码，它可以处理非线性流体流动；再加上多学科设计优化技术，可以根据整个飞机机身配置而提出相应的 Whitham F 函数。其中一个方法就是利用飞机几何学使激波分散传播，从而产生一系列的多重激波，而非传统声爆中的前后激波。因此，研究人员力图通过使常规超声速飞机具备 N 形压力特性，从而使其产生的声爆在地面上听起来像平滑的正弦波脉冲。虽然低频仍然存在，但大的激波被消除，震荡特性减少，使其听起来更安静。

5.2 DARPA/NASA 的定形声爆验证机（SSBD）

到目前为止，仅有一个验证项目成功进行了从飞机到地面的定形声爆试验，这就是在 2003 年和 2004 年进行的定形声爆验证机（SSBD）项目，它是 DARPA 的安静超声速平台（QSP）项目的一部

分。该项目采用的飞行器是美国空军的 F—5 战斗机，诺斯洛普·格鲁门公司对其进行了改装。在驾驶舱前的机头安装了特殊形状机头罩，在验证机成型前进行了多次反复的设计优化。设计方案敲定后，集成了机头罩的飞机进行了整机飞行安全、飞行控制和正确操作试验。

最终，在 2003 年 8 月 27 日，第一架定形声爆验证机（SSBD）在美国加利福尼亚州的爱德华空军基地进行了首次超声速飞行试验。工程师对验证机将产生的声爆特性非常自信，并在验证机机身侧方标示出前后激波的位置。为进行对比，一架常规的 F—5 战斗机与 SSBD 平行飞行。图 5 中展示的是飞行中的 SSBD。

图 5　飞行中的 SSBD

地面上测到的 SSBD 声爆特性与工程师在验证机上标示的基本一致（Plotkin 等，2004）。未经改装的 F—5 战斗机所产生的是 N 波声爆，而 SSBD 由于前端的改装而产生了比较平滑的前激波。值得注意的是，因为 SSBD 没有对尾部进行改装，因此未能影响后激波的形状。附加试验证明了在多种大气环境下，这种定型声爆呈现稳定状态。验证机所产生的前激波与传统 F—5 战斗机相比明显减弱。试验项目的主要影响是，许多飞机制造商开始对陆地内超声速飞行表现出较大的信心。

5.3 湾流航空公司的"安静尖"项目

在 SSBD 验证项目之后成功进行的声爆抑制项目还包括美国湾流航空公司的"安静尖"项目，该公司位于乔治亚州的萨凡纳。"安静尖"从本质上讲是一个可伸缩的矛状尖刺，安装于机头部位。当完全展开时，该装置形成"阶梯"几何形状流体，每个阶梯的连接都会形成一个弱激波的形式。"安静尖"可精确控制激波的位置，制造平行的激波，使之传到地面时能保持平行移动，从而不互相干

扰。这个概念非常好，但尚未在全尺寸验证机上得到充分验证。与大的激波相比，这些小的激波起升时间较长，因此强度大大减弱。本质上来讲，"安静尖"的作用是使飞行器制造出一种起升时间较长的小激波，来代替常规飞行器制造出的起升时间短的大激波。图 6 展示的是装配"安静尖"的 NASA F15－B 战斗机。

图 6　装配了"安静尖"的 NASA F15－B 战斗机

该项目在 2006 年及后期进行了试验，据报道，试验非常成功，详见 Howe，Waithe 和 Haering（2008）年的著作。值得注意的是，"安静尖"只能影响前激波，能否采取类似措施来减弱尾部激波进行需要进一步研究。

6　内陆超声速飞行前景

1973 年 5 月至今，美国联邦法规定禁止内陆超声速飞行。同时，美国法规和国际标准附件 16 第一卷都有类似保护公民免受声爆干扰的规定。科学家们相信可以采取一定手段将声爆大大减弱，但是现行的法规尚不允许这种飞行器进行飞行。美国联邦航空管理局（FAA）正在收集数据，提供给相关机构，以评估这项新技术。但 FAA 也不清楚按照什么水平来指定，因为还没有实体的低声爆飞机，也没有制造商愿意在政策不明朗的前提下投入资金来研发这种飞行器。目前的状态是不清楚会先有政策还是先有飞行器，这与先有鸡还是先有蛋没什么区别。

在超声速内陆飞行被接受前，仍有许多问题需要考虑。2001 年，一份美国国家科学院的报告重点讨论了广泛的技术问题（National Academies，2001），而且声爆、社区噪声和排放之间的平衡都必须考虑（Fisher 等，2004）。

虽然，就眼前来讲，要说服公众及代表他们的政客支持陆上超声速民用飞机的发展，仍然有许多技术和噪声敏感度问题等待回答，然而，着眼远期，民用飞机的超声速飞行还是有望实现的。

未来仍需要从不同角度进行广泛的研究以降低声爆，这其中可能包括确定一个合适的室内声爆度量和次生声爆对人类的影响。这些研究将为设计低声爆飞行器提供基准指标参考。但只有在低声爆飞机通过飞行验证，并得到公众的接受后才能取消对内陆超声速飞行的限制。

参考文献

Carlson，H. W.（1978）Simplified Sonic Boom Prediction. *NASA Technical Paper* 1122，pp. 47.

Clarkson，B. L. and Mayes，W. H.（1972）Sonic-boom-induced building structural responses including damage. *J. Acoust. Soc. Am.* 51（2，Pt. 3），742—757.

Fisher，L.，Liu，S.，Maurice，L. Q. and Shepherd，K. P.（2004）Supersonic aircraft：balancing fast，quiet，affordable，and green *Aeroacoustics* 3（3），181—197.

Howe，D. C.，Waithe，K. A. and Haering，E. A.，Jr.（2008）Quiet SpikeTM near field flight test pressure measurements with computational fluid dynamics comparisons. AIAA Paper 2008—128，48th AIAA Aerospace Sciences Meeting，January 2008，Reno，NV，USA.

Hubbard，H. H. and Mayes，W. H.（1967）Sonic boom effects on people and structures，in *Sonic Boom Research*（eds A. R. Seebass），（NASA SP-147）. NASA，Washtington，DC，65—76.

Leatherwood，J. D. and Sullivan，B. M.（1992）Laboratory Study of Effects of Sonic Boom Shaping on Subjective Loudness and Acceptability. *NASA Tech . Paper* 3269，1—25.

Leatherwood，J. D.，Sullivan，B.，Shepherd，K.，McCurdy，D. and Brown，S.（2002）Summary of recent NASA studies of human response to sonic booms. *J. Acoust. Soc. Am.* 111（1，Pt. 2），586—598.

Lee，R. A. and Downing，J. M.（1996）Comparison of measured and predicted lateral distribution of sonic boom overpressures from the United States Air Force sonic boom database. *J. Acoust. Soc. Am.* 99（2），768—776.

Maglieri，D. J. and Plotkin，K. J.（1991）Sonic boom，in *Aeroacoustics of Flight Vehicles：Theory and Practice*，*Vol.* 1：*Noise Sources*（eds Harvey H. Hubbard），（NASA Pub 1258），vol. 1. NASA Langley Research Center，519—561.

Marshall，A. and Davies，P.（2007）A Semantic Differential Study of Low Amplitude Supersonic Aircraft Noise and Other Transient Sounds，*Proc. of 19th Intl. Congress on*

Acoustics（eds A. Calvo-Manzano，A. Perez-Lopez，and J. S. Santiago），（Spanish Acoustical Soc.，Madrid）. pp. 6. National Academy（2001）Committee on Breakthrough Technology for Commercial Supersonic Aircraft *Commercial Supersonic Technology：The Way Ahead*，National Academy Press，（Available as a PDF from www. nap. edu.）

Perry, E. A.，Boness, D. J. and Insley, S. J.（2002）Effects of sonic booms on breeding gray seals and harbor seals on Sable Island，Canada. *J. Acoust. Soc. Am.* 111（1, Pt. 2），599—609.

Pierce, A. D.（1981）*Acoustics：An Introduction to its Physical Principles and Applications* McGraw-Hill，Section 11—10.

Plotkin, K. J.，Page, J. A.，Graham, D. H.，Pawlowski, J. W.，Schein, D. B.，Coen, P. G.，McCurdy, D. A.，Haering, E. A. Jr.，Murray, J. E.，Ehernberger, L. J.，Maglieri, D. J.，Bobbitt, P. J.，Pilon, A. and Salamone, J.（2004）Ground measurements of a shaped sonic boom. AIAA Paper 2004 — 2923，10th AIAA/CEAS Aeroacoustics Conf.，May 2003，Manchester，UK.

Plotkin, K. J.（2009）Sonic boom shaping in three dimensions. AIAA Paper 2009—3387, 15th AIAA/CEAS Aeroacoustics Conf.，May 2009，Miami，FL，USA

Salamone, J.（2006）Portable sonic boom simulation，in *Innovations in Nonlinear Acoustics：17th International Symposium on Nonlinear Acoustics，including the International Sonic Boom Forum*（eds A. Atchley, V. Sparrow, R. Keolian），（AIP Conf. Proc.），vol. 838. American Institute of Physics：Melville，NY，667 — 670. Seebass, A. R. and George, A. R.（1974）Design and operation of aircraft to minimize their sonic boom. *J. Aircraft* 11（9），509—517.

Shepherd, K. P. and Sullivan, B. M.（1991）A Loudness Calculation Procedure Applied to Shaped Sonic Booms. *NASA Tech. Paper 3134*，1—10.

Sparrow, V. W. and Garrett, S. L.（2008）An audio reproduction grand challenge：design a system to sonic boom an entire house. Convention Paper 7607. 125th Convention of the Audio Engineering Society，San Francisco，CA.

本章译者：龙雪丹（北京航天长征科技信息研究所）

第 295 章

飞机噪声与其对周围社区的影响

Callum S. Thomas，Janet A. Maughan，Paul D. Hooper and Ken I. Hume
曼彻斯特城市大学航空运输与环境中心，曼彻斯特，英国

1 背 景

位于机场附近的社区最经常抱怨的一个问题就是飞机的噪声干扰。尽管在过去的 50 年里，机身结构与发动机噪声技术已经有了明显的改善，但是这一问题意味着噪声依然是航空业面临的重要环境挑战之一。技术的改进、飞机的现代化使得机场周围受噪声影响的人数与传统的标准相比有所下降。但是需要指出的是，技术改进的预期增长率似乎并不能弥补飞机未来的发展速度。因此，有预测表明在未来 20～30 年中可能会有更多住在机场附近的人饱受噪声之苦。

加剧住在机场附近的人所受到的噪声干扰程度的因素有很多，由于日益增长的交通量，人们对飞机的厌恶已经从飞机的起降转移到了飞机在天空中飞过的频率。研究表明，人们对噪声或干扰程度的敏感性也在发生变化，在过去人们觉得可以接受的程度在未来可能会变得无法接受。英国一系列连续态度调查的对比结果证明了这一发展趋势，例如，1963 年的威尔逊报告以希斯罗机场为研究对象，还有 1982 年英国飞机噪声指数研究（ANIS）和 2005 年英国航空噪声态度（ANASE）调查。导致这一现象的原因还包括：首次接触噪声或由于机场基础设施或跑道变化在接触过程中突然发生阶跃变化的人，会比逐渐接触交通噪声增长的人对噪声更加敏感。

这些因素十分重要，因为干扰程度的增加可能会导致社区和政治上的反对声音大幅度增长，从而会产生反作用以致限制机场的发展。因此，机场噪声的有效管理方法可以被看作是确保机场能够满足大众需求的同时，支持当地社会经济的可持续发展的重要环节。

2 飞机噪声和机场容量

飞机噪声干扰可能会导致相关法规、规划控制对机场运行的限制，还可能导致周边地区居民的大规模反对。机场容量能否得到规划许可并获得进一步的发展，在很大程度上取决于噪声干扰和授予规划许可的机构，这一问题对机场的限制日益受到关注。因此，机场的运行容量可能被限制，而达不到其基础设施所能提供的容量。这一点解释了为什么世界上相当多机场在夜间关闭或为防止干扰周围居民正常休息而运行受限。

噪声容量限制与在特定时间内机场附近产生的噪声量（例如噪声等值线）、噪声影响范围内的房屋数、飞机起降次数及机场跑道在敏感时段关闭有关。

3 影响社区的噪声评估

在评估飞机对周围社区的噪声影响之前，需要先明确飞机产生噪声的物理性质。噪声可以被定义为会对人类产生不良影响或人们不想听到的声音。因此，噪声对航空发动机和机身设计有着重要的影响。国际民航组织（ICAO）的资格认证要求中，有关飞机在飞行中产生的噪声量问题的内容就是受噪声的物理性影响而制定的。噪声可以用其空气压力变化、波长、频率、振幅或纯度来描述（Sekuler 和

258

Blake，1994；Veitch 和 Arkkelin，1995）。然而，这些因素描述了声能是如何通过空气传入人耳的，但是它们并不能衡量人们听到声音所受到的干扰程度。

长时间遭受高强度的噪声会对人类产生严重的心理和生理影响，包括听力受损或衰退，睡眠被剥夺而导致的压力和免疫力问题。飞机干扰问题通常为低强度噪声，并且会影响很大一部分人群。飞机干扰还是一系列物理、生物、心理和社会过程的复合作用产物。飞机噪声已经被证明会因为人们生活习惯的不同而以多种方式对人产生影响，它会干扰睡眠，影响人们放松、看电视、对话和阅读，并且还会影响在学校的学习，并增加人们患心血管疾病的危险。

人们对飞机的厌恶程度不仅取决于频率的作用和飞机起降的噪声，还会受到其他因素的影响，例如健康状况、烦躁和压力程度、社会经济状况、文化和生活方式的差异。尽管个人会对飞机噪声进行抱怨，但是还有其他影响因素会导致人们的抱怨和烦躁，例如害怕飞机发生事故或者飞机场其他活动带来的干扰（例如路面交通压力增大）。

因此，飞机噪声干扰可以从多个途径进行量化，例如某一地点人们感受到的噪声量、忍受高强度噪声的人数、噪声对人们生活的影响或人们认为的噪声强度，这些反映了人们对噪声的忍耐程度。同样，容忍度还关系到很多社会、经济和文化因素，并反映在社会反对、抱怨、抗议和立法行动上。个人对机场发展带来的社会和经济后果的理解和接受程度也会对容忍度产生影响。正是由于这一原因，很多飞机场都选择投入社会关系项目，既为了明确人们感知到的干扰的程度和本质，也是为了建立社会容忍度。

3.1　噪声接触指标

鉴于精确判断飞机噪声的影响这一工作十分困难，因此常用的方法是将噪声接触量化。这一方法可以通过对某一事件的数量、持续时间、响度进行独立监测，或通过特定时间内多项噪声事件的总量或是平均值进行建模，并考虑噪声事件发生的时间权重，例如，由夜间活动造成的附加干扰。Ollerhead 等人在 1992 年对噪声接触指标进行了总结。

国际民航组织利用对单独噪声时间的测量来对飞机噪声进行控制，它制定了飞机噪声认证标准。噪声控制与建模还需要指示特定地区的气候噪声、遵守噪声相关的规划限制、为有效管理控制噪声提供信息或支持机场和周围社区之间的对话。

为提供某区域居民对机场噪声的整体接触程度指示，通常使用平均方法。这种方法可以通过等高线来表现噪声接触。图 1 为英国最大的机场的等效声级的噪声等高线。

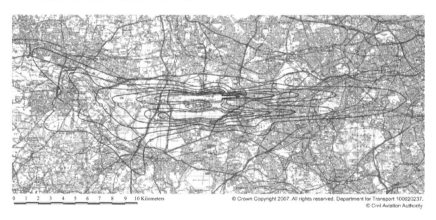

0 1 2 3 4 5 6 7 8 9 10 Kilometers   © Crown Copyright 2007. All rights reserved. Department for Transport 100020237.
© Civil Aviation Authority

图 1　英国某大型机场噪声等高线

社会调查中经常使用图 1 所示的等高线来表示出现重要噪声源时的声级等高线。监管部门可能会利用这些信息控制机场周围的土地利用。然而，前面提到过随着时间的变化，人们对噪声的态度也在变化，这对未来土地使用规划产生了重大影响。

表 1 为欧洲和北美经常应用于飞机噪声的不同噪声指标指示，同时也被应用于土地使用规划。世界其他地区使用的指标也与此十分相似。

表 1　常用噪声指标示例

指标	含义	评价
PNL	感觉噪声级	测量单独噪声事件的方法，需要考虑人耳处理喷气飞机产生的噪声的方式。相对于 20 世纪 50 年代设计的测量喷气飞机噪声的 A 频率计权方法，这种方法更加复杂
EPNL	有效感知噪声级，通常以分贝测量	可闻噪声分贝的复杂衍生方法，需要考虑单音频率和持续时间
L_{Amax}	最大 A 加权声级	通常用调整分贝表示
SEL	暴露声级	特定阈值以上的单独事件持续时间与声量影响效果
L_{Aeq}	等效声级	特定时间内的综合能量声级
L_{den}	昼夜声级	晚间（19：00—23：00）和夜间（23：00—7：00）昼夜声级加权分别为 5 dB 和 10 dB
NA	数量值以上	将单独事件声级信息与飞机起降数据相结合。通常等高线表示特定时间、特定阈值以上的飞机数量（例如 70 dB（A），24 h）
DNL	昼夜平均声级	联邦航空局 1985 年使用。夜间时段（22：00—7：00）等效声级采用 10 dB 加权

3.2　评估噪声影响与社会态度

机场通过多种方式收集其对当地居民造成的影响信息和人们对飞机噪声造成的干扰的关注程度。此处介绍了评估需要分析的领域，包括噪声投诉、社会调查、公众咨询和媒体利用。

当噪声达到一定的忍受阈值时，人们就会开始抱怨飞机噪声。尽管可以用表 1 所示的多种不同指标来表示噪声暴露情况，但是很难对影响人们对噪声的态度和决定个人忍耐阈值的人为因素进行量化。这些人为因素可以看作噪声的非声音因素效果。世界卫生组织（WHO）目前正在进行一项证据调查，以研究飞机噪声对健康的影响，并对干扰、睡眠障碍、心血管疾病和认知能力缺陷进行了调查。

Hume 等人对英国某大型机场收到的噪声投诉进行了广泛调查，并对投诉的各项指标进行了更全面的调查。调查发现，尽管人们给机场打电话抱怨其产生的噪声，但是还有很多潜在因素导致了人们的投诉。此外，研究还发现，有些人对正常范围内的噪声进行投诉不是因为其处在高度噪声危害下，而是因为他们对噪声极其敏感或是他们正为某些项目努力工作。投诉情况在每周的不同时期和每天的不同时间都会有所变化，这反映了人们日常的生活习惯。

然而，产生噪声最强的飞机收到的投诉最多，投诉数量会随着航空交通的增长而增长，并且如果有第一次处于噪声环境下的居民，投诉数量就会飞速增长。如果有消息宣布要发展新机场或有飞行路线的改变计划，投诉数量也会飞速增长，即使计划尚未实施，这反映了当地人对于机场噪声日益剧增的焦虑，同时也表明大规模的投诉可能会影响提案咨询的结果。提出正式投诉则偏离了中立的做法，而是在表达对后续行动的诉求。因为这些原因，实际的投诉数量本身并不能反映一定人口所忍受的干扰的真实情况。但是这些信息能够很快得到反馈，并且引起机场经营者、航空公司和空中交通管理供应商的注意，提醒他们注意受机场噪声影响的区域，并考虑产生干扰的原因。

社会调查能够保证对人们的态度进行大规模的取样调查，能够更好地反映社会对噪声担忧的本质与社会担忧的地理分布，同时也能够反映这种担忧与社会一般观点和信念的关系。某些特定的问题能够挖掘出更多的影响投诉的潜在因素。

公众咨询是环境影响评估的重要组成部分，也是发展新机场和航空公司处理噪声的先决条件。咨询过程能够反映出公众对不同提案的支持或反对程度，也可能反映出一些未预料到的影响。公众咨询的方式有很多，例如公开会议、展示会、新闻发布会、资料邮寄和利用网络。非常重要的一点是要确保一定要咨询主要利益相关者的意见，使他们接触到有效的信息，从而做出回应。当进行公众咨询时，需要注意的是形式主义与让公众真正参与其中的区别。这一问题就提出了三点要求：是否有足够的机会让公众做出回应；是否会对公众回应进行收集并使其发挥作用；将有关行动的信息传递给被咨询者。

媒体，尤其是当地的报纸、电视，通常会对当地的噪声危害问题进行报道，或提高人们对飞机噪声的认识。媒体的常规报道可能会帮助澄清人们对噪声的焦虑，并解释投诉数量增加的原因。

3.3 噪声暴露和社区影响

机场需要与利益相关者沟通，表明其会履行将对环境和社会的消极影响最小化的承诺。机场还需要主动与利益相关者对话，从而使他们促进机场的发展，确保机场的发展方式能够得到尽可能多的人的理解。

这些行动都需要双方对飞机噪声问题进行沟通。然而，大多数专家表示目前使用的噪声指标对大众来说比较复杂并且不容易理解，因此产生了很多误解、误会和不信任（Eagan，2006）。这导致社会对建设性沟通所能实现的程度和影响产生了怀疑。

为对这一问题做出回应，很多机场都与社区代表进行磋商，并运用不同的指标来进行噪声管理，同时这些指标也可以用来指示环境质量。有证据（Hooper，Maughan 和 Flindell，2009）表明，相对于用于描述机场附近噪声环境的综合性指标，当地的居民对当地的具体信息更感兴趣或者说更容易理解，当地的信息可以使他们分辨出响度、时间和事件频率的差异。

4 噪声规定

国际民航组织是英国民用航空运输业的管理机构。国际民航组织的管理范围包括按照世界水平为飞机噪声控制制定规章制度。同时，需要考虑地区性和国家性的优先级与差异和国家的独立性问题。国际民航组织的规定是飞机改进噪声技术的一大动力，首先通过为飞机的许可证设定噪声认证标准，其次通过引进淘汰制度来淘汰老旧、噪声大的飞机。国际民航组织的代表大会于 2001 年 9 月召开，该机构对 2006 年以后认证的飞机采取了更加严格的噪声标准。它还采用了"平衡方法"来控制飞机噪声，这一规定被收录在国际民航组织大会决议 A33－7 中。"平衡方法"包括四项既相互独立又相互关联的元素：从源头减弱噪声；土地使用规划；噪声控制操作过程；飞机运营限制，包括在特定机场杜绝使用噪声较大的飞机类型。国际民航组织规定已经并入了世界监管系统（例如欧共体）中。图 2 为 10 年间（1988—2007 年）英国某大型机场的噪声等高线图，表明了发动机技术的改进；飞机起飞时指示性噪声等高线随着时间不断缩小，很大一部分原因是发动机技术的改进；而飞机进场和降落时的噪声随时间变化并不大，这说明了这方面还存在噪声问题，并且需要继续努力以实现相同程度的噪声降低。

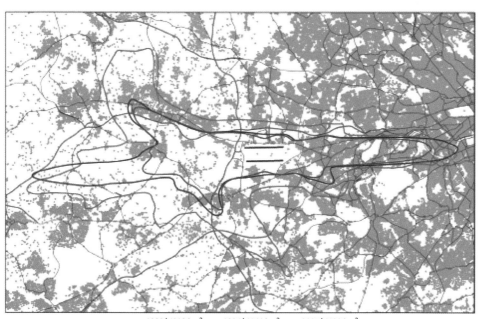

——1988年318 km² ——1996年164 km² ——2007年120 km²

图 2 英国某大型机场历史噪声等高线

欧共体（EC）采取的方法很好地展示了如何在有着独立国家的地区建立飞机噪声的全球性立法。欧共体设定的目标是保证机场周围受到飞机噪声严重影响的人数不再增加，其长期目标是减少欧共体内受噪声严重影响的人口数，这一目标被记录在《第六次欧共体环境行动 2001—2006 计划》中。2002/30/EC 指令为解决单个机场噪声问题提供了基础，同时，该指令经过修改后可以用于解决地方机场噪声问题和机场环境问题。但是该指令并没有指定具体的措施，而是规定了所有措施都需要遵守的流程。

法令对某些机场撤回某些飞机再将其替换成更加兼容的飞机型号进行了限制。这些飞机被称为"民用亚声速喷气飞机"，满足国际民航组织的认证限制，比规定的限制低 5 有效感觉噪声分贝。城市机场在"临界兼容性"方面采取更加严格的定义，因为这些机场的噪声增长可能导致社区不满意度大幅度升高。

欧盟 2002/49/EC 指令（环境噪声评估与管理）建立了欧盟噪声测量单位，并采用和谐噪声评估技术。它需要当地行动与计划的配合，从而在其他源头，例如主要机场（每年 50 000 次飞机起降），防止或减弱噪声。

因此，欧盟设立了区域性规章制度来促进航空业的发展，承认了欧盟不同区域、不同机场和不同社区的需求，同时欧盟也致力于实现减少噪声接触的人数这一长期目标。欧盟这一规章制度已经被纳入国家法律，并由欧盟各成员国强制执行。

所有的这些措施都会受到确定和评估噪声接触风险的影响，也会受到评估噪声控制措施以决定最有效的评估方法的影响。在上述过程中，还需要公示与公众咨询这两个步骤，同时也需要国家当局的监管和纠纷调解机制。

4.1 降低噪声接触

有效的飞机噪声管理方式需要机场、航空公司和空中交通管理机构的合作。机场公司解决噪声问题的最佳控制办法是与内部和外部利益相关者进行协商。这种方式能够对经营进行限制、制定更加平和的运作程序、决定基础设施的发展、影响土地使用计划并管理缓解与补偿计划（Miller，Reindel 和 Horonjeff，2007）。航空公司决定某一航线使用的飞机，而飞行员控制飞机飞行的声量大小，航空交通管理供应商影响了飞机在空中和地面的调遣过程。

噪声规划的主要组成包括：

（1）通过相关政策与惯例（例如噪声收费、舱位分配或市场激励）从源头降低噪声，鼓励使用噪声小的飞机，鼓励航空公司抛弃噪声较大的飞机。

（2）采用经营规范限制飞机产生的噪声，例如安静起飞和低噪声着陆进场（例如斜坡进场）；选用特定的跑道，入场和出发路线的设计要尽量使飞机经过区域的人口最小化；通过罚款来使各机场遵守这些规范。

（3）实施地面操作程序，例如着陆时尽量避免使用反推力；飞机在噪声传播不会影响当地居民的区域进行发动机测试。很多机场都已经引进了固定电源，从而使飞机使用辅助动力单元所产生的噪声最小化。

（4）机场基础设施设计和配置能够使噪声干扰最小化，例如通过指挥飞机远离建筑区或在机场运行区域和周围的住宅区之间建设物理屏障。

（5）在敏感时期对机场运行进行限制，从而降低噪声干扰，几乎所有机场都会采用这一做法。一般来说，这一现象对于夜晚飞行比较常见，对夜晚起飞或降落的飞机种类和数量都有限制。某些机场对敏感时期特定跑道的使用进行了限制，除非遇到紧急情况，许多机场在夜晚会关闭。

（6）机场周围土地使用规划的实施能够防止在机场附近建设噪声敏感建筑物，并且保证在高强度噪声区域下工作与生活的人口数最小化。表 2 提供了英国某机场规划时所使用的噪声指标。这些指标表明了如何能够根据当地情况利用特定的指标，并且如何将指标设计得对当地人来说易于理解。

表 2　近期英国某机场规划使用的噪声指标示例

通过测量一年内 10% 的最大噪声级别，并对日间噪声等高线为 60 等效声级的区域进行建模，得出的噪声干扰程度不能超过 1992 年的程度
机场需要在立法要求前实现第 1 卷第 2 章所述的要求，包括实现下列目标： —1996 年 12 月之前夜间飞行全部使用第 3 章所述的飞机 —第 3 章提到的截至 1998 年年末，92% 的飞行在白天进行 —第 3 章提到的截至 2000 年，96% 的飞行在白天进行

续表

机场保留 24 跑道的优先使用权，并每年汇报跑道性能
每年夜间进行发动机测试的次数不超过 20 次
与 1992 年相比，到 1998 年使用固定电源的飞机数量增加 1/3
建立起飞飞机首选噪声路线，同时发展航迹追踪项目，实现： 到 1998 年年底，至少 95％的飞机使用首选噪声路线① 到 1998 年年底，至少 95％的飞机在首选噪声路线走廊起飞
根据飞机性能报告，限制夜间飞行次数与飞机种类
对年度噪声进行建模，从而确定夜间噪声气候，与 1992 年相比，测量结果更理想
夜间飞行总数不得超过机场总飞行数的 7％
①首选噪声线路是指起飞飞机远离建筑区的飞行路线。

（7）只有很少一部分国家有土地管理规划规定，其他国家并没有对规定进行强制执行，因此尽管对土地规划进行控制，但是很多机场附近的很多地区发展依旧处于不合适的状态。

（8）许多国家的法规规定机场需要缴纳补贴金，以补贴安装隔层保护玻璃与双层玻璃单元的费用和高强度噪声区域隔声建筑的费用。

（9）很多机场为机场周围住户提供住处，因为机场运行的增长或变化使得其所受的噪声增强。这些大部分都和机场基础设施发展有关。一小部分机场（在英国比较多）会帮助处于高强度噪声下的住户进行搬家。

4.2　增强社会容忍度

考虑到永远不可能完全取消飞机噪声，这就需要机场行动起来建立周边社区的容忍度。这可以通过以下几种方式来实现：

（1）积极与受飞机噪声影响的居民建立联系，了解其关注的具体问题；在寻找合适的解决措施时征求居民的意见，表达行动的承诺；及时反馈解决进展。

（2）机场为受高强度噪声影响的区域和社区创造福利（例如雇用或投资）。

（3）提高忍受干扰的居民对机场发展能够对其带来益处的认识。

研究表明，居民对机场尽一切努力解决噪声的相信程度，在一定程度上决定了机场与附近居民的关系。因此，很多机场都发现最有利的做法是首先进行外部独立的基准调查来做出决定，然后向利益相关者证明他们所做的选择是最适宜的且是最优选择（Francis，Humphreys 和 Fry，2002）。

5　结　　论

某一机场的噪声控制策略的性质与程度部分取决于规章制度。每个机场特有的属性，例如噪声等高线、一定噪声等高线内受到噪声影响的人数、飞机运行的次数与性质、附近居民的生活习惯和对机场的态度都是独一无二的。因此，管理规定更应该建立根据当地环境定制的基本结构。此外，很重要的一点是需要认识到噪声暴露（目前使用噪声指标来衡量）、噪声干扰和厌烦（机场需要解决的问题）之间的区别。表 3 对此进行了总结。

263

表 3　噪声暴露和居民态度总结

项目	影响因素	措施	控制
噪声暴露	飞机类型、数量、时间	监控、建模	技术、运营、限制措施
态度	个人、社会经济、生活方式、信任、恐惧	社会调查、咨询、投诉	与利益相关者建立联系、补偿及缓解

为了解决噪声干扰问题并与社区建立联系，机场需要考虑对噪声暴露进行全面回应，并认识到需要向居民表示机场正在采取有效措施。在需要避免噪声暴露的地区，机场需要和居民沟通其管理策略，并表示出尽管机场需要维持自己的发展，但是机场依然在尽最大的努力保护周围的居民并维护他们的权利。

参考文献

Basner, M., Isermann, U. and Samel, A. (2007) Aircraft noise effect on sleep: application of the results of a large polysomnographic field study. *J. Acoust. Soc. Am.*, **119** (5), 2772—2784.

Department for Transport (DfT) (2007) Attitudes to Noise from Aviation Sources in England (ANASE). A report produced for the DfT by MVA Consulting, October 2007. HMSO London.

Eagan, M. E. (2006) *Using Supplemental Metrics to Communicate Aircraft Noise Effects*, Harris, Miller & Hanson Inc.

FAA (1985) *Aviation Noise Effects*, Federal Aviation Administration, Washington DC, pp. 3—17.

Francis, G., Humphreys, I. and Fry, J. (2002) The benchmarking of airport performance. *J. Air Transport Manag.*, **8**, 239—247.

Hooper, P. D., Maughan, J. A. and Flindell, I. (2009) Indices to enhance understanding and management of community responses to aircraft noise exposure. OMEGA Community Noise Project. CATE, Manchester Metropolitan University.

Hume, K. I., Terranova, D. and Thomas, C. S. (2001) Complaints and annoyance caused by airport operations: temporal patterns and individual bias. *Noise Hlth*, **4** (15), 45—55.

Hume, K. I., Gregg, M., Thomas, C. and Terranova, D. (2003) Complaints caused by aircraft operations: an assessment of annoyance by noise level and time of day. *J. Air Transport Manag.*, **9**, 153—160.

Hygge, S. (2003) Classroom experiments on the effects of different noise sources and sound levels on the long—term recall and recognition in children. *Appl. Cognit. Psychol.*, **17**, 895—914.

Jarup, L., Dudley, M. L., Babisch, W., Houthuijs D., Swart W., Pershagen G., Bluhm G., Katsouyanni, K., Velonakis, M., and Cadum, E. (2007) Hypertension and exposure to noise near airports — the HYENA study. *Epidemiology*, **18** (5), S137.

Miller, N. P., Reindel, E. M. and Horonjeff, R. D. (2007) Aircraft and airport noise prediction and control, in *Handbook of Noise Vibration and Control* (ed. M. J. Crocker), John Wiley & Sons Ltd.

Ollerhead, J. B., Jones, C. J., Cadoux, R. E., Woodley, A, Atkinson, BJ, Horne, JA, Pankhurst, F, Reyner, L, Hume, KI, Van, F, Watson, A, Diamond, ID, Egger, P, Homes, D and McKean, J. (1992) *A Field Study of Aircraft Noise and Sleep Disturbance*, Department of Transport, London.

Powell, C. A. and Fields, J. M. (1994) Human response to aircraft noise, in *Aeroacoustics of Flight Vehicles*, *Theory and Practice*, *vol.* 2: *Noise Control* (ed. H. Hubbard), Acoustical Society of America 1.

Schultz, T. J. (1978) Synthesis of social surveys on noise annoyance. *J Acoust. Soc. Am.*, **64**, 377—405.

Sekuler, R. and Blake, R. (1994) *Perception*, McGraw—Hill, New York.

Veitch, R. and Arkkelin, D. (1995) *Environmental Psychology*: *An Interdisciplinary Approach*, Prentice—Hall, Englewood Cliffs, NJ.

Whitelegg, J. and Williams, N. (2000) The Plane Truth: Aviation and the Environment. The Ashden Trust Transport 2000. Available at: http://www.ashdentrust.org.uk/PDFs/The%20Plane%20Truth.pdf.

延伸阅读

De partment for Transport (DfT) (2003a) Control of Noise from Aircraft: The Government's Conclusions. HMSO. December 2003. Avail-able at: http://www.dft.gov.uk/pgr/aviation/environmentali ssues/control of noise from civilaircr 2877.

Department for Transport (DfT) (2003b) The Future of Air Transport White Paper. HMSO. December 2003. Available at: http://www.dft.gov.uk/about/strategy/white papers/air/.

本章译者：刘畅（北京航天长征科技信息研究所）

第 296 章

计算气动声学

Eric Manoha[1]，Stéphane Redonnet[1]，Stéphane Caro[2]

1 ONERA CFD 与气动声学学院，法国
2 自由场技术公司，比利时

1 前 言

由于环境限制因素的逐渐增多，制造商们开始把声学要求这一因素纳入初期未来航空器方案设计中。方案设计过程中，除了基于使用经验数据的分析发展校准方法外，新发明的计算方法也越来越多地运用到工业生产方法中。

航空器噪声是由大量气动声源引起的，气动声源的产生与以下几方面相关：（i）动力和脉冲力（例如，风扇、螺旋辊、旋转器、涡轮机）；（ii）分离湍流（喷气式发动机）；（iii）任意机身（起落架，机翼后缘螺旋桨、狭板、副翼、空腔）部件或表面之间相互作用的气流（通常指紊流）。

最初，这些由气动源引起的声波只在复杂媒介物附近传播，通过湍流和平均流梯度，折射在表面并散射于几何奇点（如边缘）；然后，从气动源出发，在飞行与飞行器全长相等的特定距离后，声波通过媒介向远声场探测器辐射；待飞到距飞行器合理的距离时，称其为层状匀质平均流。

所有与气动声学机制相关的知识都与流体动力物理学相关，因此，可借助求解 Navier－Stokes（N－S）方程来进行理论模拟，这一区域范围从源区域到远声场。然而，此方法面临一个巨大的困难：难以操控波动使其覆盖一个长度和振幅的扩充域——产生噪声的紊流旋涡结构虽短，但是振幅能率高；而这恰恰导致同频率传播的声波的波长长，但振幅能率低。因此，直接计算需要大量计算资源

且只能获得学术案例。

对于更加现实的问题，通常需要将其分割并分别进行模拟：（i）噪声源的产生；（ii）声音通过非匀质流传播；（iii）声音通过静态媒介物向探测器辐射（图1）。

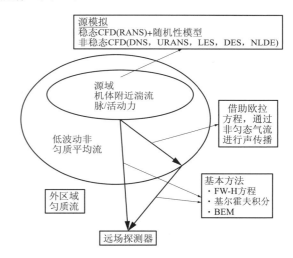

图1 空气声学机制产生和辐射的数值模拟混合方式

对于噪声源问题来说，解决方法很多，从最简单的半经验模式到基于直接数字仿真的创新先进（Direct Numerical Simulation）技术，例如大涡模拟（Large Eddy Simulation，LES）。显然，这些方法的适用性和可行性直接取决于所研究噪声源的种类。

在"声学和噪声"相关内容中，前部分主要分析了个别飞机噪声源（喷气式发动机、涡轮机、起落架、增升装置，或者螺旋辊），假设模拟空气声

学机制所涉及的可用数值法是广泛存在的，并在这部分中进行了充分细致的介绍、比较和评估。只有主要方法会在此部分中引用，并给出相应简短介绍。

另外，若要模拟声音通过一个匀质非湍流平均流辐射远声场观测器，就需借助积分法，例如基尔霍夫积分、FW－H 方程，或者边界元素法（Boundary Element Method，BEM）。这些方法最显著的优势是：均假设简单的格林函数可以充分描述声音传播过程，这样传播介质无须啮合。此外，这些方法还假设中央处理器和内存的必要条件合理。这点也恰恰解释了为什么这些方法自 1960 年起被广泛应用。前部分介绍了这些积分法在具体飞行器噪声源的实际应用。

过去的 15 年间，学者们针对用于模拟声音传播的可靠数学法——"计算气动声学"（Computational AeroAcoustics，CAA）的研发开展了大量的研究工作。这些研究均在"中间区域"开展，这一区域由于湍流率低，因此没有任何噪声源。但又由于这一区域的平均流梯度过大，声音传播可能会遵从巨大的折射效应（Colonius，1997）。此项研究揭示了具体准度和非离散调整需要量，概括了在多重块结构网格上，通过有限差高阶空间方案的使用方法。近来，又开展了研发其他方法的额外工作。虽与之前的工作需求相同，但是研究对象是非结构化网格。新方法将更加有利于处理复杂几何模型，其中最著名的方法是间断伽辽金法（Discontinuous Galerkin Method，DGM）。

需要注意的是，最初采用 CAA 这一名称是为了区分此项初步开展且迅速发展的学科。此学科采用数值模拟的方法研究声音在复杂流中的传播。此名称现应用于更广义的范围内，此范围包括所有应用于声音传播的数值法。大部分用于模拟噪声源的方法均被认为属于计算流体动力学（Computational Fluid Dynamics，CFD）范畴而非空气声学或计算气动声学，这种观点是不恰当的。

下面为本章结构。

第 2 节研究产生流噪声的机制：（i）所涉及的物理机制（通过源特性分类）；（ii）用于模型制造或模拟试验的典型方法（即计算流体动力学）。

第 3 节给出在复杂媒介物中声传播模拟的一般性质和需求，并介绍了应用与模拟试验的两大类主要数学方法（称作 CAA）。这两类数学方法在后文中有所介绍。

第 4 节根据在多重块结构网格上进行的有限差异的高次方案研究了块结构 CAA 方法，有关此方法的相关理论十分详细。然后这部分给出了数学方法。根据多个例子，给出这种数学方法的性能情况。这些例子不仅有 2D 的，还有更为复杂的工业 2D 和 3D 结构。

第 5 节介绍了基于非连续迦辽金方法的非结构化 CAA 方法。此外，还介绍了此方法相关的理论、应用方法和性能，之后给出几个例子。

2　流噪声源机制与建模

2.1　音调噪声源

大多数飞机噪声的音调噪声源是由推进系统（风扇、推进器、压缩机、涡轮机）或升力系统（直升机水平转翼）内机械装置的旋转而产生的。音调噪声源产生的基本原理是作用在螺旋桨叶片上的均匀气流产生的稳定力旋转。这些音调源产生的空气声学衍射/辐射能够通过稳定 CFD 进行计算，即假设输入流是关于机械轴轴对称的，并使用积分法（FW－H 方程）来计算转动叶片自由场的噪声辐射。

实际情况则更为复杂。首先，由于旋转机械产生的气流非轴对称，导致力发生方位角波动，进而不能采用 CFD 进行计算。在此情况下，可在 Chimera 旋转网格内借助雷诺－平均奈维尔－斯托克斯方程（RANS）来进行计算。

来自主旋翼的直升机噪声是特例。旋翼吸收的气流基本上都是由飞行阶段决定（巡航、盘旋、降落）的。在特定情况下，由于螺旋桨叶片可能会截断其他叶片产生的尾流结构，因此只能通过此结构的特定模型进行模拟。但在试验中，叶片上还会产生周期压力波动和音调噪声。

2.2　宽带噪声源

实际上，湍流是随机且宽带的，因此只要有湍流参与，就可能会产生宽带噪声。湍流可能是源于气流的自然演变，或是由气流相互作用的飞机构件产生并将其增强。

湍流在剪切流中形成，此剪切流存在于喷气机内或边际层壁和尾部。自由湍流结构产生噪声，并且当此结构作用在固体（特别在突出点（如机翼后缘））上时，噪声会更加明显。

自 1940 年起，湍流建模已成为研究热点话题，现已完成多个作用于固体边界的湍流噪声预测模型。然而，可行的湍流预测只能在非稳态 CFD 取得进展后才有可能实现，快速发展的计算机 CPU 以及存储能力能够加快这一进程。

DNS 是非稳态 CFD 的基础，此方法可以不给出任何假设和模型，就能在气流网格上解精确的 N－S 方程。使用此技术解决湍流结构问题时，湍流尺寸的下限标准取决于网格细度。由于使用此方法需要具有极高解析度（特别是高剪切流区域，例如边界层壁和尾壁）的网格，这就产生了中央处理器需求和内存需求。DNS 的创新发展十分迅速，且大多都是基于小于网格单元的湍流结构（亚网格尺度模型）建模，例如 LES。然而，有观点指出：在模拟挤离结构或分离结构的非稳态气流下，大涡模型十分有效；但是在模拟附加气流（边界层）时，使用此方法的费用十分高昂，这导致了基于用同种计算法选择性地结合稳定和非稳定气流的解决方案的快速发展。例如，在 DES 过程中使用 RANS 研究附加气流域，使用 LES 研究分离区气流。

LES 的另外一个新进展是非线性扰动方程（Non－linear Disturbance Equations，NLDE），并可根据此方程对 N－S 方程进行物理分级：（i）平均非变量部分；（ii）通过 LES 计算其演变量的扰动部分。

详细介绍中还应该包括：基于稳态 RANS 计算重建湍流力场的方法，基于依靠波数谱密度的随机模型的方法，基于计算湍流功能及其耗散速率进行校准的方法。

显然，这些方法的适用性和可行性基于其噪声源的种类。

3　CAA 方法综述

3.1　混合方法

通常根据给定空气动力学力场进行声波传播数字模拟的具体需求，往往会选择采用"混合"CAA 方法。此方法的基本概念是要求将物理量任意分割成：（i）空气动力学变量（用传统 CFD 进行数值求解）；（ii）声学（也称作"扰动"）变量，此变量的时间演化可通过 CAA 求解程序来求解。

大多数实际情况下，空气动力场与时间无关。

而从作用点的角度来看，此观点只能说明可能存在的声波对空气动力场的反作用可忽略不计。换言之，气流对声音传播造成的影响部分计入考虑，而非全部。但由于此类反馈噪声只发生在特定的情况（"啸声"现象等）下，因此其限制力度小。

3.2　扰动问题的产生与解决方案

由于需要解决的问题所涉及的范围很广，就需要采用可使用高新技术进行数字求解的通用连续方程。

想要获得此问题的数值解，就需要在有限域时空域内，对此连续方程进行离散。实际上，除非存在一个解析解，否则很难通过数学方法解决实际问题。的确，尽管计算机资源越来越丰富，但还是（且永远是）有限的。由于此类信息量问题能够有效地解决，因此，任何用来在时间和空间内进行数学求解的数学模型都需进行离散并限制在有限域内；这显然与初始实际问题不同，其时间和空间均是连续且无限的。

对于离散化来说，之前所有的研究都指出，只有高阶近似值能够准确模拟所有声传播过程现象的特征。如果采用高阶判别式，那么，无论是采用基于结构化方法的数学法（例如第 4 节介绍的有限差分法），还是采用基于非结构化方法的数学方法（例如第 5 节介绍的间断迦辽金法），都是可以的。这两种方法现在都在使用，并且每一种方法都有其自身的优势和劣势。

对于时空有限域必要条件来说，有许多处理半无限问题的方法。就持续时间而言，因果性原则自然地提出一个计算限制范围。就空间范围来说，使用详细的边界条件允许对计算域进行切割。

当问题在时间和空间内进行离散和限制时，可用数学方法求解公式，模拟试验规模的限制是计算机存储容量和运行速度。

4　有限差分高阶法

本节研究法国航空航天研究院（ONERA）采用的方法。此方法应用于块结构的计算气动声学中，来说明非均匀气流和实体问题（Redonnet，Manoha 和 Sagaut，2001）。给出多个使用此方法和工具的计算实例，来验证此方法所提供的潜能。

4.1 理论和公式

4.1.1 连续公式

传统的扰动非线性欧拉方程（Redonnet，Monoha 和 Sagaut，2001）源于 N－S 方程（接近理想气体状态方程），最初由法国航空航天研究院进行研究。此方程能够在任意空气动力学稳定背景流场内模拟扰动声场的发展，并且验证 N－S 方程：

$$\boldsymbol{\mu}_{o(t,x)} \Rightarrow \partial_t \boldsymbol{\mu}_p(\boldsymbol{\mu}_o) + \nabla \cdot \boldsymbol{F}_p(\boldsymbol{\mu}_o,\boldsymbol{\mu}_p) = \boldsymbol{q}_s \Rightarrow \boldsymbol{\mu}_{p(t,x)} \quad (1)$$

此公式中，矢量 $\boldsymbol{\mu}_p$、$\boldsymbol{F}_p$ 分别控制扰动域和扰动通量，其详细的介绍可在 Redonnet，Manoha 和 Saugaut（2001）的著作中找到；时间倒数和空间差异由 ∂_t 控制；（$\nabla \cdot$）、$\boldsymbol{\mu}_o$、$\boldsymbol{q}_s$ 分别控制背景平均流数量、源项和指定问题输入。

此方程严谨并且不受任何假设条件的限制（等熵、不可压缩性，或线性），因此能保证物理普遍性和数值鲁棒性。

4.1.2 离散公式

上面提到，必须将准确的"连续"形式转化成近似的"离散"形式。而时间离散化会导致受扰域产生近似时间演化，相关公式为：

$$\tilde{\tau}_{(\Delta t_e)}[\boldsymbol{u}_p] = [\boldsymbol{u}_p] + \Delta t \left(\sum_{m=0}^{M} b_m \{\boldsymbol{w}\}_m \right) \quad (2)$$

其中，常数项（$\boldsymbol{w}$）由空间离散得出：

$$\boldsymbol{w} = \boldsymbol{q}_s - \tilde{\nabla} \cdot \boldsymbol{F}_p(\boldsymbol{u}_o,\boldsymbol{u}_p) \quad (3)$$

散度（$\tilde{\nabla} \cdot$）定义公式是：

$$\tilde{\nabla} \cdot [] = \sum_i (\tilde{\partial}_i [])\boldsymbol{e}_i$$

和

$$\tilde{\partial}_i [] = \frac{1}{\Delta x_i} \sum_{j=-N}^{N} a_j \tau_{(j\Delta x_i \boldsymbol{e}_i)} [] \quad (4)$$

其中，$\boldsymbol{e}_i$、Δx_i 分别控制在 i 方向上的单一向量和间距。

前面提到的转化运算子线性组合可根据系数 a_i 和 b_m 进行加权。系数需要仔细选择，以确保整体近似值是高阶的或者具有数值耗散和弥散小的特点。

特别需要注意的是，方案性能和 CPU 必要条件的高度协同是建立在 7 维（6 阶）模型空间倒数和 4 步（3 阶）时间计算法上的。

4.2 滤 波

强制使用有限差高阶方案来避免高阶方案固有的假波，但不改变计算方案的特性。这样可以通过增大离散产生的选择性阻尼项，或者（就像这里所做的）通过高阶低通滤波器来调整计算解决方案。在每个 i 空间方向上施加畸变场时，滤波器由平移算子线性组合根据权系 f_j 来确定：

$$\tilde{\boldsymbol{u}}_p = \sum_i \boldsymbol{F}_i[\boldsymbol{u}_p], \boldsymbol{F}_i[] = \sum_{j=-L}^{L} f_j \tau_{(j\Delta x_i \boldsymbol{e}_i)} [] \quad (5)$$

滤波器和 CPU 需求之间的高度协同建立在 $L=5$ 或者 11 维（10 阶）模型滤波器上。

4.3 边界条件

4.3.1 固体边界条件

为有效模拟实体墙的存在，我们采用了传统的"像源"程序。它只存在于机体内部和外部扰动场的再生过程中，因此只能通过本模板固体障碍中的几行虚点来解决此问题。

4.3.2 开放域边界条件

前文提到，开放域边界条件的产生是由于正确模拟无限自由场的需求大于模拟有限尺寸计算网格的需求。这样，就必须让计算波以一种不对边界产生任何影响的方式离开计算域。针对此问题，学者们已开展了多个有关边界的研究，并有相关结论记载在文献中，例如基于特征的条件、辐射条件，或者"完全匹配层"。但根据多个比较研究发现，由于过于严格的要求甚至是近乎病态的性质，没有一个条件能够保证任何计算的通用性、能效性和安全性。

现在采用的方法是一个简单且有效的方法。此方法最初由 Redonnet，Manoha 和 Sagaut（2001）提出，Guénanff 和 Terracol（2005）中进行了精确评估验证。此技术基于递减的空间倒数和滤波器的准确度排序，再加上快速网格拉伸，就可以使扰动恰当地脱离计算域。

4.4 曲线几何

由于在现实应用过程中经常涉及曲线几何图形，显然现有的笛卡儿方程需具有解决曲线网格的能力。解决此问题可以借助计量方法，使用此技术意味着需要对扰动通量散度进行改动：

$$\tilde{\nabla} \cdot \boldsymbol{F}_p = |\boldsymbol{J}| \nabla_\xi \cdot \boldsymbol{F}_p^\xi \quad (6)$$

其中，曲线通量和导数矩阵定义方程为：

$$F_p^\xi = \frac{F_p \cdot J}{|J|} \ , J = \bigtriangledown_\xi \quad (7)$$

$\bigtriangledown_\xi$和$\bigtriangledown$分别控制曲线和卡笛儿基的散度算子。

4.5　应用程序和验证情况

4.5.1　验证需求

计算气动声学的一个难点是，通过其他数学方法或试验数据找到验证可行性的情况或配置。之所以困难，是因为用于声学模拟的解析方案或数学方法通常需要假设，此假设要限制匀质平均流的应用域，要求在此区域内 CAA 的特性是通过非匀质平均流传播声音。此外，收集精确试验数据进行与CAA 比对也是十分困难的。

下一段中，我们给出一个机体噪声的 2D 结构图以及与两个声学相关的发动机安装效应 3D 情况。

三个情况中，第一个计算不考虑平均气流，并将计算结果与 BEM 相互比较。此计算能够通过壁面边界条件解亥姆霍兹方程。第二个声学计算是通过给定配置的实际非匀质平均气流进行的。第二个计算中不存在验证基础，但是它说明了声反射作用的重要意义。

4.5.2　板条噪声辐射

前缘缝隙是大型运载飞行器主要的机体噪声源。通过计算非稳态 CFD 技术（LES，DES，NLDE）产生的噪声源，可看出设计的物理原理十分复杂。通过噪声辐射的简单模拟过程，可获得有价值的试验结果。所需噪声辐射由位于湍流动能级高的指定位置板条凹槽内的脉冲源产生。

当以机翼狭板倾角 23°，襟翼偏转角 17°的飞行形态飞行时，需将二维高升力机翼考虑在内。图 2 所示为外壳周围稳态平均气流，并通过 RANS 进行计算。机翼迎角为$\alpha-4°$，马赫数 0.19，雷诺数 2 500 000。图 2（a）所示为板条凹槽处的压力分布，图 2（b）所示为湍流动能分布。

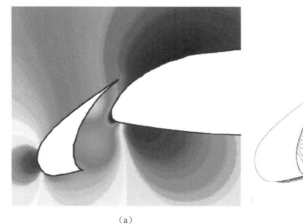

（a）

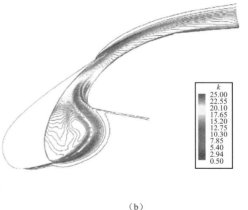

（b）

图 2　RANS 稳态平均流

（a）等压线图；（b）TKE 分布图

对于声学计算来说，使用混合笛卡儿/曲线坐标需借助基于 ONERA 制定的特定重叠法。图 3（a）所示为曲线多结构网格，此图描绘板条凹槽区域的细节。此曲线网格（1）在大型笛卡儿网格（3）内，并且使用高阶差值方法，使向外辐射的声波在通过重叠带（2）时，由曲线网格转换为笛卡儿网格。

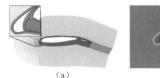

（a）

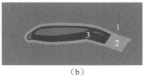

（b）

图 3　（a）曲线多块结构化网格；（b）Cartesian 网格（1），重叠带（2），曲线网格（3）

声学模拟需借助板条凹槽内部板条尖端的脉冲源来完成。此声源是一个谐波声学柱形（2D）单极，发射频率为给定ω_s，并且空间高斯包络以激发点x_s为中心，由强迫源项产生：

$$\begin{bmatrix} p_s \\ v_s \\ p_s \end{bmatrix} = \begin{bmatrix} f(t)g(x) \\ 0 \\ c_0^2 p_s \end{bmatrix}$$

$$g(x) = \varepsilon_s e^{-\alpha_s |x-x_s|^2}, \ f(t) = \sin(w_s t) \quad (8)$$

其中$\varepsilon_s = 0.01$，$\alpha_s = \ln 2/2$，声波波长为$2\pi/\omega_s$，大概是（板条/襟翼收起）翼弦的 1/52。

首先，计算不考虑平均气流，图 4 为瞬间扰动压力分布图和方向图。

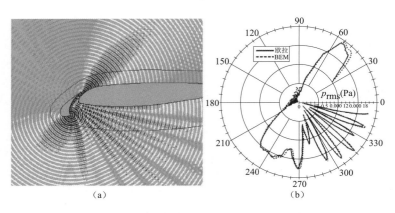

（a）

（b）

图4　板条顶端脉动源的声音散射，不考虑平均气流
（a）瞬时扰动压力；（b）方向图（对照 BEM）

其次，进行另一个考虑高升力机翼附近非匀质平均气流的计算。图5为瞬时扰动压力分布图和平均气流影响度的方向图。此研究结果指出声波折射作用的重要意义。

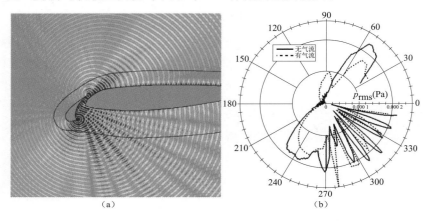

（a）

（b）

图5　板条顶端脉动源的声音散射，但是考虑平均气流
（a）瞬时扰动压力；（b）方向图（对照/不对照平均气流）

4.5.3　机身对尾部风扇噪声的屏蔽

第二个模拟试验与声学装置的作用有关。最近有学科专门研制可通过机身屏蔽噪声的飞机引擎装置。图6所示是空中客车研制的未来低噪飞机的概念图。此设计将发动机安装在后机身短舱（Rear Fuselage Nacelle，RFN）内，通过后机身和尾翼屏蔽喷气噪声和尾部风扇噪声。如图6所示，开展此项模拟的目的是评估简化尾部对尾部风扇噪声屏蔽的效果。

匀质平均气流以声学模式通过无限环形管道时，风扇噪声源在风扇飞机的外涵道内进行模拟。此模式是解刚性壁条件下对流亥姆霍兹方程的方法。任意解决办法都是以 m 为方位周期，以 n 为半径径向分布。以现有模式（$m=2$，$n=2$）发射时，使用简约频率 $k_R = \omega R/c_0 = 11.84$。此频率与最大推力起飞状态叶片通过频率数值的 $1/2$ 一致。

（a）

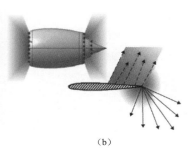

（b）

图6　机身尾部引擎（a）和整体视图（b）示意图
（法国空中客车公司提供）

在上述板条模拟过程中，使用的网格发生法运用了网格重叠技术。此技术能使曲线网格在笛卡儿网格内贴体使用。首先，建立两个喷嘴和翼型的贴体3D网格，喷嘴轴对称网格包含5个域和206 258个节点；反之，2.5D翼型网格包含两个域和989 055个节点；最后，第三个单向"卡迪尔背景"网格建立在一个近似 $5R \times 4R \times 4R$ 的盒体内，其中包含9 049 830个节点（见图7（a））。无反射边界条件应用于次域外围，并与应用于此域的8个外围行的径向网格拉伸结合。

图7所示为3D区域的瞬时压力场，在经历2 100迭代次序或者15源周期后，风扇飞机产生的声波已经穿过15个声波波长和大约是计算域面积3倍的区域，确保声场达到一个稳定的状态。

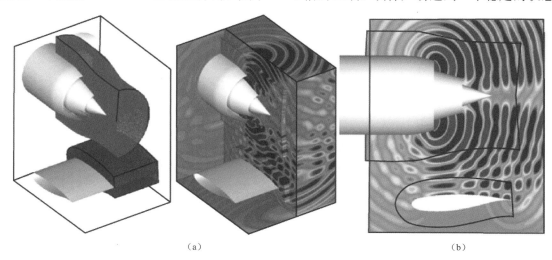

(a)　　　　　　　　　　　　　　　　　　(b)

图7　（a）嵌合 Cartesian 网格内的贴体网格；（b）静态条件下装机发动机后风扇噪声的瞬时辐射（媒介物静止）

为了更好地进行验证，建立非结构化的喷嘴和机翼刚性表面模型3D BEM网格，其中包括65 919个节点和131 830个（三角形的）元素。BEM计算在相同风扇噪声模式（法国空中客车（ACTI3S编码）给出的模式（ $m = 2$ ，$n = 2$ ，$k_R = 11.84$ ））下进行。图8在两个垂直面内对欧拉计算结果和BEM计算结果进行了比较，并行且垂直于排气轴。由于声源可控制两个计算中的任意振幅，即使需对轮廓标进行调整，两项模拟试验间的定性协议依旧有效。

最后，图9（a）所示为轴对称引擎周围以及起飞马赫数 $Ma^\infty = 0.25$ 时2D翼型附近借助2D RANS进行的计算；图9（b）所示为相同声学模式和频率的发动机机身尾部风扇噪声辐射（3D域瞬时压力）。

271

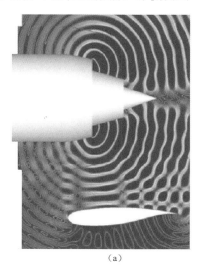

(a)　　　　　　　　　　　　　　　　　　(b)

图8　装机发动机后风扇噪声在静态条件下的辐射情况（媒介物静止）

（a）欧拉；（b）BEM

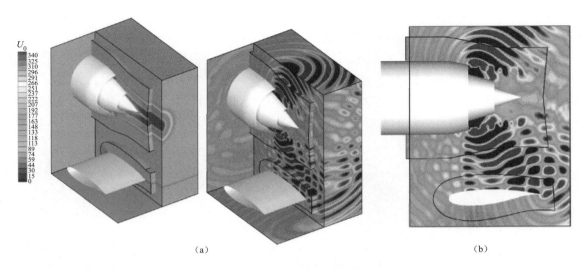

（a）　　　　　　　　　　　　　　　　　（b）

图 9　起飞状态下装机发动机后风扇噪声辐射

（a）轴对称发动机和 2D 机翼附近 RANS 气流；（b）3D 域内瞬时压力

4.5.4　3D 排气产生的机身尾部噪声传播

在最终的计算中，机身尾部通过现实 3D 涡扇发动机排气系统进行辐射，此系统包括桥塔和内部分岔，分别控制代表性热力学条件（平均流）和风扇噪声模态的相关内容。

图 10 所示是平均气流的 RANS 计算，此气流对应于初始马赫数 $Ma_\infty = 0.26$ 的典型起飞状态以及二级排气 $Ma^{inj} = 0.46$，且二级排气外部分升至 $Ma = 0.9$。此过程速度快，且温度梯度很大。此强平均流的不均一性源于：（ⅰ）一级和二级排气外部坚实的剪切层；（ⅱ）几何图形的非轴对称性。

接下来的声学计算使用 ONERA 的 CAA 求解

程序，其并行化方案包含 12 000 000 单元点的分块结构网格。此计算需要在安腾 64 比特的 64 核或 128 核电脑上运行。

图 11 是外部二级排气阶段声场辐射的横切图。此横切图中机身尾部风扇噪声按照方位顺序 $m = 26$、径向顺序 $n = 1$ 的旋转模式传播产生的声场，并以 BPF（由发动机外半径 R 降低的频率，$k_R = 28.17$）进行辐射。首次计算不考虑平均流，且计算目的是对比 CAA（见图 11（a））和 BEM（见图 11（b））的计算结果。此对比吻合度良好。此声场在径向方位角方向上是复模式，主要源于外部和内部发动机部件产生的声模扭曲。最显著的效果就是模式的旋转运动在下游喷嘴消失。

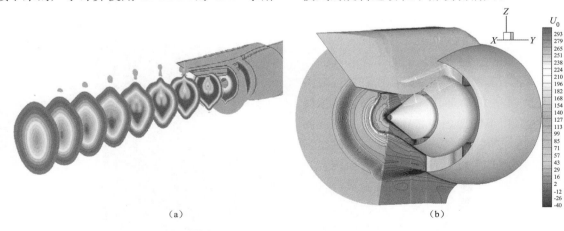

（a）　　　　　　　　　　　　　　　　（b）

图 10　起飞状态下平均气流的 RANS 计算

（a）马赫数；（b）速度场

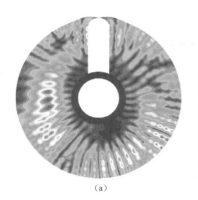 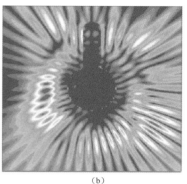

(a)　　　　　　　　　　　　　(b)

图11　外部二级排气阶段声场辐射的横切图

(a) CAA；(b) BEM

图12所示的扰动场与图10所示BPF条件下机身尾部自旋模式（方位角/辐射次序(m,n) = (13,1)）噪声传播有关。在此种情况下，二级喷气平均流梯度会导致明显的折射现象，并造成声波径向偏离。声学装置的影响依旧存在，此种影响会改变管道内声波（见图12（a））的形式，从而导致辐射方向严重的非轴对称现象（见图12（b））。

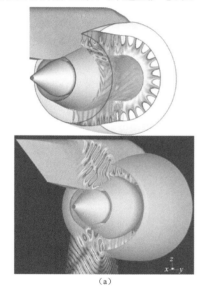 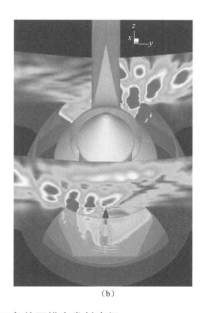

(a)　　　　　　　　　　　　　(b)

图12　在起飞状态BPF条件下模态发射声场

(a) 瞬时压力；(b) RMS压力

5　间断伽辽金法

5.1　介　绍

前面提到过，此方法基于有限差，并且采用高阶方案来尽可能减少色散和耗散错误，因此，边界条件造成的限制约束力可能很小。使用此方法的稳定性问题可与其他方法相媲美。除此之外，若选择适合的数学方法，那么此方法计算效率高。

然而，有限差分法需要使用块结构网格将棘手的问题转化为复杂几何图形。使用多个技术来复合解决此问题是一个热点话题，如前面提到的，同时使用笛卡儿网格和贴体网格以及两个网格的复合面解决问题。同样地，此技术也存在缺点，如若要保留计算的准确性，就会造成数值损耗。另外一个选择就是完全改变模拟策略，并使用简单非结构网格。

需要强调的是，类似的发展过程发生在10年前的计算流体动力学界。块结构网格早就应用在计算流体力学中，但是现在应用更为广泛的是非结构网格。其精度可能较低，但是它极大地简化了复几何的网格生成过程。

例如，使用DGM可提供可能性。可使用LEE

进行稳妥的保守计算，所有所需边界条件都可以满足。我们发现，目前此方法在至少10~100台处理器上的运行扩展性都是良好的，并且此方法还具有P型自适应特性；事实上，由于求解程序能够按照每一个元素正确描绘物理现象，用户在不影响准确度、稳定性和方案性能的前提下，可不对网格进行局部调整。

接下来对自由场技术的线性欧拉方程求解程序进行概述，此程序还称为 Actran/DGM。下面给出几个使用案例，并提供其性能参数。

5.2 理论及应用

5.2.1 概 论

使用方程来解决问题的方法已经在前面有所介绍。早年间就有人给出了间断伽辽金法的相关理论和有效应用方法，例如 Atkins 和 Shu（1997），Atkins（1997），Cockburn 等（2000），Remacle，Flaherty 和 Shephard（2003），Chevaugeon 等（2005）。与传统的有限法不同的是，此方法的阶数更高，但是此场可在两元素间不连续，且相邻元素可不同阶。

Chevaugeon 等针对此方法给出了详细的介绍，下面总结一下。

为获得伽辽金公式，首先有人用线性欧拉方程乘以测试函数 $\hat{u}$ 并集成在 Ω 区域，而后应用散度定理得到以下变分公式：

$$\int_{\Omega}\partial_t u'\hat{u}\mathrm{d}v+\int_{\Omega}\boldsymbol{F}_x(u')\partial_x\hat{u}\mathrm{d}v+\int_{\Omega}\boldsymbol{F}_y(u')\partial_y\hat{u}\mathrm{d}v+$$
$$\int_{\Omega}\boldsymbol{F}_z(u')\partial_z\hat{u}\mathrm{d}v-\int_{\partial\Omega}f\hat{u}\mathrm{d}s=\int_{\Omega}s\hat{u}\mathrm{d}v,\forall\,\hat{u} \quad (9)$$

将物理区域 Ω 离散成多个 N_e 元素：

$$T=\bigcup_{e=1}^{N_e}e \quad (10)$$

称作网格。T 中的每一个元素 e 和 u' 中任意部分均可使用多项式进行离散。对于有限元来说，区分参考坐标 (ξ,η,ζ) 与真正的坐标 (x,y,z) 是十分常见的。每一个元素都使用了分段连续近似值：

$$u'(\xi,\eta,\zeta)=\sum_{k=1}^{d}N_k(\xi,\eta,\zeta)u'^e_k \quad (11)$$

插值系数 u'^e_k 与元素相关。与传统有限元法相反，在元素间边界处的插值不连续。元素间界面及通过此界面的通量轨迹的相关变分公式中出现的界面问题，需通过计算解决。通量并不是唯一确定的，并且选择适当数值通量是此方法的核心属性。网格中

每一个界面都定义了其各自 n 值，假设气场变量 u'_L 和 u'_R 分布在此面的左侧和右侧，那么就可以说 n 是有方向的，其方向从左向右。借助黎曼求解程序可计算数值通量 $f(u'_L,u'_R)$。在计算一般通量时，需使用此求解程序由左右域计算性能及其逆风量。

由于平均流不同，因此，在使用线性双曲线偏微分方程解不恒定系数时，还会出现一些困难。由于一些应用并不符合此项工作的目的，我们就不在此处详细介绍了。Actran/DGM 需选择合适的方法以实现无数值 Runge—Kutta DGM，此过程中会出现多个可能的选择项，我们要在方案实施的过程中仔细筛选。

一些其他选择已经在多个研究报告中给出证明过程，这里就不赘述了。例如，已有发现指出，采用传统公式进行计算是有优势的，既可以保持恒定，还能保证其性能。若采用外流体力学编码计算平均流，则很容易进行映射。最后，正如前面提到的有限差分部分，需要特别注意边界条件：阻尼区域、硬壁条件（曲线边界）、阻抗和模态基础等。在任何情况下，一个错误的选择都会对鲁棒工具、性能和准确性产生巨大的影响。

Actran/DGM 通过其他仿真代码和验证试验进行交替验证，其中包括欧盟项目 TURNEX（Tester 等，2008）。此技术的准确度比得上频率域中更为先进的其他技术，如 FD 方案。

5.2.2 P 型自适应特性

在工业化流以及复杂 3D 几何图形中表现中高性能，的确需要隐藏其两个拮抗性能：

一方面，无数值 DGM 编码通常对高阶元素更加有效。为进一步保持时间步长尽可能的大，建议采用包含高阶大元素的网格。

另一方面，流梯度和几何特性可能需要局部区域的元素非常小。

若所有元素差值顺序相同，这将会对性能产生消极影响。若元素保持高阶，则时间步长会大幅度减小。此外，若元素的阶减小，元素的数量会随着准确度的减小而增加（见 Chevaugeon 等研究的低阶元素损耗和损耗特性）。

为解决这些问题，在此编码中应用插值顺序和自适应算法。由于各个元素的产值顺序均不相同，元素界面层面声学变量 q 在有需要时可映射在其邻函数空间内，如图 13 所示。

274

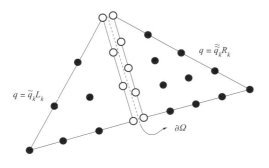

图13　可变插值序列适应算法

根据元素大小、声波长度和局部流条件、插值的阶数对数值耗散的影响和差量，编码会自动计算

出网格内每一个元素的最佳元素阶。最后，时间步长同样会自动计算，以保证 CFL 条件数满足整个网格。

5.3　实例：性能

接下来介绍的是风机声模声传播典型的计算实例。此声模在发动的旁通管内部产生，并且通过发动机排气装置传播。

图 14 所示为在相关网格和边界条件下的排气引擎结构图。由于 P 型自适应特性，无须关注剪切带内的网格细化，详情见 Manual（2009）。

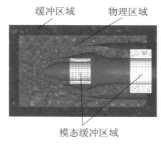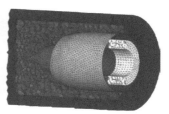

图14　排气发动机构造——网格和边界条件

非匀质平均流通过 TURNEX 项目（图 15）中的外部 CFD 编码（Fluent）进行计算。

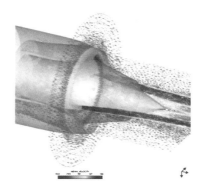

图15　非匀质平均气流（CFD 编码 Fluent）

图 16 所示为不同飞行条件下两不同模式声学计算的结果（实部声压）。

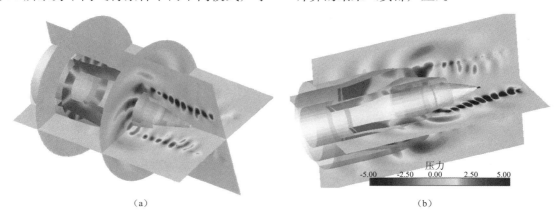

（a）　　　　　　　　　　　　　　（b）

图16　在不同飞行条件和频率下，$m=6$、$n=1$ 模式下声压的实部

（a）$k_R=10$；（b）$k_R=17$

表1给出了类似于3D计算的典型计算次数。由于此求解程序具有良好的并行可扩展性，因此可以在12 h内完成在叶片通过率条件下的3D排气计算。需要注意的是，能够相对容易地设计出复杂的结构。

表1　用于3D排气并行版本的有效性

CPU序号	计算时间/h	CPU内存/GB	加速度	效率/%
1	243（10 d）	6	1	100
2	140	3.5	1.73	87
4	84	2.1	2.9	72
8	40	1.2	6.0	76
12	30	1.2	8.0	67
16	20	1.2	12.0	76

5.4　非连续伽辽金方法的相关结论与未来展望

真正的排气问题能够在短短几小时内准备完毕。使用的编码十分稳定，好操作，不仅对于工业应用来说速度快，而且能够使用一些专业知识。因此此方法的成功令人鼓舞。DGM方案通过一些应用程序来完善，而传统的有限元法现应用于震动声场和CAA中。FEM策略仍旧优于大多数应用程序；然而，在时间域内切换到DGM，就能够处理大型模型问题。例如，CAA情况下，在频域中结合传统FEM和工业CFD编码共同使用，来取得成功。目前为止，只有自动化应用程序已进行处理：雷诺数数字更加合适，并且计算域范围更加有限。然而，DGM取得的成功以及满足高雷诺数的LES的发展，可能都会刺激Actran/DGM右端项的发展。

6　总结与未来需求

本节针对飞机噪声模拟所使用的数学方法进行综述，集中关注了模拟在复杂媒介物中声波传播的一些方法。此研究领域最初叫作"CAA"，现在此领域也包含声源模拟试验。

结果表明，由于声学机制所涉及的气流结构尺寸和振幅变化幅度较大，因此，在解决问题时，通常需要在邻近区域结合多种方法。当然，所有这些数学方法都具有其各自的独特性和有效性。未来研究将着重研发突破性的计算技术，使得各个组件间的连接更加平滑连贯，从而创造高效的计算链。

声学领域现面临着的挑战是：设计整体计算工具来计算任何新型概念飞机辐射的全部噪声，包括（i）所有潜在噪声源，（ii）声学装置的影响，（iii）噪声在飞机和陆地的复杂介质中传播。有观点认为这样的工具可能需要结合基于不同方法和物理现象的多个求解程序来获得。

参考文献

Atkins, H. L. and Shu, C. W. （1997）Quadrature－free implementation of Discontinuous Galerkin Method for hyperbolic equations. *AIAA J.*, 36（5），775－782.

Atkins, H. L. (1997) Continued development of the discontinuous galerkin method for computational aeroacoustic applications. AIAAPaper 1997－1581, Third Joint CEAS/AIAA Aeroacoustics Conference, May 12－14.

Ben Khelil, S. （2004）Large eddy simulation of flow around a Slat with a blunt Trailing Edge. ICCFD3 （Third International Conference on Computational Fluid Dynamics），Toronto, Ontario, Canada, July 12－16.

Chevaugeon, N., Remacle, J. F., Gallez, K., Ploumhans, P. and Caro, S. （2005）Efficient Discontinuous Galerkin Methods for solving acoustic problems. AIAA Paper 2005－2823, 11th AIAA/CEAS Aeroacoustics Conference and Exhibit, 23－25, May 2005, Monterey, CA, USA.

Cockburn, B., Karniadakis, G. and Shu, C.－W. （eds）（2000）*Discontinuous Galerkin methods*, vol. 11, *Lecture Notes in Computational Science and Engineering*, Berlin, Springer. Colonius, T. （1997）Lectures on computational aeroacoustics, in *Aeroacoustics and Active Noise Control*, Von Karman Institute For Fluid Dynamics.

Courant, R., Friedrichs, K. and Lewy, H. （1967）On the partial difference equations of mathematical physics. IBM

J., March pp. 215－234（English translation of the 1928 German original）.

Deck, S.（2005）Zonal-Detached-Eddy simulation of the flow around a high-lift configuration. *AIAA J.*, 43（11）, 2372－2384.

Giles, M. B.（1990）Non reflecting boundary conditions for Euler equation calculations. *AIAA J.*, 28（12）, 2050－2058.

Guénanff, R. and Terracol, M.（2005）Study of stabilization methods for computational aeroacoustics. *C. Rendus de l'Académie des Sciences*, 333（9）, 694－698, Elsevier, Fascicule 9, September 2005.

Hu, F. Q.（1996）On absorbing boundary conditions for linearized Euler equations by a perfectly matched layer. *J. Comput. Phys.*, 129, 201－219.

Lele, S. K.（1997）Computational aeroacoustics: a review. AIAA Paper 87－0018.

Leneveu, R., Schiltz, B., Laldjee, S. and Caro, S.（2008）Performance of a DGM scheme for LEE and applications to aircraft engine exhaust noise. AIAA 2008－2884, 14th AIAA/CEAS Aeroacoustics Conference, May 5 － 7, 2008, Vancouver, Canada.

Lockard, D. P., Brentner, K. S. and Atkins, H. L.（1995）High accuracy algorithms for computational aeroacoustics. *AIAA J.*, 33（2）, 246－251.

Mincu, D. C., Redonnet, S., Desquesnes, G. and Manoha, E.（2007）Numerical simulations of equivalent acoustic sources generation and propagation over a 2D high-lift wing in an heterogeneous mean flow. AIAA-Paper 2007－3514, 13th AIAA/CEAS Aeroacoustics Conference, May 21－23, 2007, Roma（Italy）.

Redonnet, S., Desquesnes, G. and Manoha, E.（2007）Numerical study of acoustic installation effects through a Chimera CAA method. AIAA-Paper 2007 － 3501, 13th AIAA/CEAS Aeroacoustics Conference, May 21 － 23, 2007, Roma（Italy）.

Redonnet, S., Manoha, E. and Sagaut, P.（2001）Numerical simulation of propagation of small perturbations interacting with flows and solid bodies. AIAA Paper 2001－2223, 7th CEAS/AIAA Aeroacoustics Conference, Maastricht, The Netherlands, May 28－30, 2001.

Redonnet, S., Mincu, C. and Manoha, E.（2008）Computational aeroacoustics of realistic co-axial engines. AIAA Paper 2008－2826, 14th AIAA/CEAS Aeroacoustics Conference, Vancouver, Canada, May 2008.

Redonnet, S., Mincu, D. C., Manoha, E., Sengissen, A. and Caruelle, B.（2009）Computational aeroacoustics of a realistic co-axial engine in subsonic and supersonic takeoff conditions. AIAA Paper 2009 － 3240, 15th AIAA/CEAS Aeroacoustics Conference, Miami, USA, May 2009.

Remacle, J.-F., Flaherty, J. and Shephard, M.（2003）An adaptive discontinuous Galerkin technique with an orthogonal basis applied to compressible flow problems. *SIAM Rev.*, 45, 53－72.

Tam, C. K. W. and Webb, J. C.（1993）Dispersion-relation-preserving finite difference schemes for computational acoustics. *J. Comput. Phys.*, 107, 262－281.

Tam, C. K. W.（1995）Computational aeroacoustics: issues and methods. *AIAA J.*, 33（10）, 1788－1796.

Terracol, M., Labourasse, E., Manoha, E. and Sagaut, P.（2003）Numerical simulation of the 3D unsteady flow in a slat cove for noise prediction. AIAA Paper 2003－3110, 9th AIAA/CEAS Aeroacoustics Conference, Hilton Head, SC, May 12－14, 2003.

Tester, B., Arnold, F., Caro, S. and Lidoine, S.（2008）TURNEX: turbomachinery noise radiation through the engine exhaust. Publishable Final Activity Report. *E. U. Project no.* 516079.

Thomson, K. W.（1990）Time dependent boundary conditions for hyperbolic systems. *J. Comput. Phys.*, 89, 439－461.

Visbal, M. R. and Gaitonde, D. V.（2000）High-order accurate methods for complex unsteady subsonic flows. *AIAA J.*, 37（10）, 1231－1239.

277

本章译者：唐丽筠（北京航天长征科技信息研究所）

第29部分

排放物和大气环境影响

第 297 章

排放物和其他影响：介绍

Oliver Dessens

剑桥大学大气科学中心，剑桥郡，英国

1 引　言

20 世纪的第一个十年是航空业发展的初期阶段。在 20 世纪 20 年代出现了最早的定期载客航班。在两次世界大战之间的时期，民用航空仅限于社会的富有阶级，因此乘客的数量很少。第二次世界大战过后，随着军队运输业到民用航空运输的转变，还有横跨大洋的大范围航空运输的产生，民用航空开始稳步发展。航空工业的突破性成功是 20 世纪 60 年代喷气式飞机的出现。喷气时代引出了更快的路途、更便宜的票价，并且就旅客周转量而言，航空公司的发展开始变得强劲起来，近年来达到了每年 5.2% 的增速。

飞机排放物会改变大气环境，并且最早在第二次世界大战时期，飞机喷气的冷凝轨迹（也称为航迹云）就开始受到了关注。不久，科学机构开始对航空在气候的影响方面产生兴趣。航空对大气环境影响方面的初期研究对应着 20 世纪 70 年代超声速飞机的发展和可能出现的超声速飞行（Johnston，1971）。当时，关注点放在了研究平流层的氮氧排放物对臭氧层的影响上面，但最终并没有实现大量超声速飞行的发展，因而关注点转向研究亚声速飞行对对流层化学特性和气候的影响上面（IPCC 特殊报告，1999）。

1999 年，IPCC 的一个名为《航空和全球大气》的特殊报告（IPCC，1999）中提出了一个航空影响的评价指标。从那时开始，这方面的科学研究开始发展，最近在欧洲计划 ATTICA（Lee 等，2009）中提出了一种新的评价指标。

（1）来自航空的排放物

当今民用航空主要利用煤油作为燃料，因此，飞机排放尾流废气包括了煤油燃烧和大气成分通过燃烧室燃烧产生的物质。碳氢化合物燃烧产生 CO_2 和 H_2O。其他排放物是 NO_x（来自大气中的氮在燃烧室中的氧化）、SO_x（来自燃油中硫的氧化）、CO、碳氢化合物和不完全燃烧产生的煤烟颗粒。在尾流中，硫酸气雾可以通过 SO_2 的进一步氧化产生。一些排放物对大气环境有直接的影响（例如温室气体 CO_2 或者气雾）。同时，其他成分，例如 NO_x，虽然它不是直接的温室气体，但是在大气中化学性质活泼，会改变温室气体（比如臭氧和甲烷）的背景浓度。排放物指标，或者是一定量的燃油燃烧排放的污染物数量，会根据飞行的状态（滑行、起飞、爬升、巡航和降落）而有所不同。处在巡航状态下的飞机也可能会在某些大气条件下产生航迹云。这些航迹云可能会保持一段时间，并发展成卷云。航迹云产生的可能性取决于大气环境和排气温度。

（2）对当地空气质量的影响

在地面环境条件下，航空排放物会影响机场和周边区域的空气质量。这些当地污染物的来源包括飞机飞行活动（滑行、待机、起飞和降落）、路上交通（建筑工程车辆、机场运输车辆、停放的车辆和机场周边车辆）、机场的燃烧设施、燃料处理设备和铁路业务。这些污染物中被认为对当地环境质量产生最大影响的是 NO_x、未燃烧的碳氢化合物和细微颗粒。

①氮氧化物是刺激性气体，会影响空气流通和人体的肺器官。

②臭氧来自大气中氮氧化物和碳氢化合物之间的化学反应，它会对空气流通和肺产生刺激性影响。

③非常小的空中悬浮颗粒可以加重现有的心肺功能疾病。

④多环芳香烃（PAHs）可以导致细胞中遗传物质的损坏，可能会导致癌症。

⑤二氧化硫为呼吸的刺激性物质，患有哮喘和慢性肺病的人群对此非常敏感。

空气质量专家应将机场作为一个整体系统（陆地运输、能源提供、飞机排放物和其他活动）进行检测和建模研究。

（3）对气候的影响

在飞机的爬升、下降和巡航高度下，排放物会对全球范围内的大气环境产生影响。这些排放物会改变大气的化学成分和气候。现有的知识可将航空对气候影响依据辐射强度（RF）进行总结：

①CO_2排放物导致正向的辐射强度。

②NO_x排放物导致臭氧的产生和正向的辐射强度。

③NO_x排放物（臭氧的产生物）导致甲烷的破坏和负向的辐射强度。

④硫排放物导致负向的辐射强度。

⑤悬浮颗粒排放物导致正向的辐射强度。

⑥持续的航迹云（取决于大气状态）导致正向的辐射强度。

⑦卷云的产生物（航迹云的卷积或者飞机飞行引发的卷积）导致正向的辐射强度。

正向的辐射强度会加热大气，而负向的辐射强度会冷却大气。来自航空活动的整体辐射强度已经在最近的再次估计中达到了 55 mW/m² （不包括飞行引发的卷积云）。如包含飞行引发的卷积现象，来自飞行的整个辐射强度预计会达到 85 mW/m²，这些辐射强度大约占 2005 年人类全部辐射强度改变的 3.5%。关于航空活动对全球范围的影响的研究，很大程度上依赖于大气模型的研究结果，利用装载了监控设备的飞机和卫星对全球大气的测量数据可验证模型的结果。

（4）缓解措施

由于生产一种新型号的飞机需要很长的发展时间（20～30 年），并且在未来 30～40 年的时间里，由于需求的变化，飞行技术的发展很难预测。航空运输的发展在过去的两个 10 年里非常强劲，并且预计会持续发展。考虑到飞机和航空运输效率未来

的发展，来自航空的 CO_2 排放物估计在未来 40 年里会以每年 3.1% 的速度增长。2050 年以后航空方面潜在的发展包括：

①翼身融合的飞机可能会使运输效率提高 25%（依据 RPK（客运周转量），单位为每千克燃料）。

②生物燃料作为部分替代品，会减少燃料循环中的碳排放物。

③氢燃料可以消除所有的碳排放物，其仅有的基本排放物可能会是 NO_x（相比煤油来说减少）和 H_2O（相比煤油来说增加）。

尽管实现这些技术仍然存在很多技术上的挑战，但是定量地减少排放物和降低对气候的影响是很重要的。

2 结 论

基于大气进行的航空活动的研究要求具有关于环境、现今燃料的利用情况和排放物的知识，本章包含排放物的本身和将来可能出现的变化。燃料利用和排放物组成了简介中第一部分的内容。喷气发动机排放的尾流由热气和颗粒组成，第二部分关注了这些排放物对机场及其周边区域空气质量的影响。在巡航状态下，这些排放物从尾流逐步扩散到很大尺度，在第三部分讲述了尾流的物理和化学特性，并描述了冷凝尾迹和飞行造成卷云的机理。之后描述了航空对全球的影响，首先介绍了全球大气模型，其次提出了大气化学成分的变化，然后是对气候的影响。第四部分介绍了航空对全球环境影响的未来预测技术和可能采取的缓解措施。

相关章节

参考文献

IPCC （1991） Aviation and the global atmosphere, in *Intergovernmental panel on Climate Change*，（eds J. Penner, D. H. Lister, D. J. Griggs, D. J. Dokken and M. MacFarland），Cambridge University Press, Cambridge, UK.

Johnston, H. （1971） Reduction of Stratospheric Ozone by Nitrogen Oxide Catalysts from Supersonic Transport Exhaust, *Science*，**173** （3996），517 — 522，DOI: 10.1126/

science. 173. 3996. 517.

Lee，D.，Fahey，D. W.，Forster，P. M.，Newton，P. J.，Wit，R. C. N.，Lim，L. L.，Owen，B. and Sausen，R. （2009）Aviation and global climate change in the 21st century. *Atmos. Environ.*，**43**，3520－3537.

本章译者：赵宁（南京航空航天大学航空宇航学院）

第 298 章

大气化学和来自全球航空的影响

Marcus O. Köhler

伦敦大学国王学院地理系，伦敦，英国

1 引　　言

在自然大气中会发生大量的化学反应，它们大多涉及大气污染气体（气态化合物，相对于主要成分的空气、氮气和氧气以小浓度存在）之间的反应。从地球表面到约 10 km 高度扩展的大气层称为对流层，其化学成分是全球生物地球化学循环的一个重要组成部分。它的过程发生在一个大的空间和时间尺度。人类的活动造成了污染物的排放和土地表面的改变，导致大气成分在很大程度上发生了改变。

在航空发动机中，燃烧的化石燃料导致一系列污染物的排出，其中的一些物质干扰大气中的自然化学反应。由飞机发动机的排放引起的这些化学变化可以粗略地分为三类：第一，飞机喷射后的几分钟内，羽化化学过程描述了物质间的快速交互和化学变化（Hayman 和 Markiewicz，1996；Meijer 等，1997；Kraabøl 等，2000）。第二，附近空中交通活动污染了当地空气质量。这描述了一个区域范围内的问题，通常适用于机场附近。第三，全球大气化学涉及发动机排放发生的反应，发生在大空间尺度超过数周甚至数十年。在这种背景下，飞机发动机排放的影响，与过多的温室气体及其后续影响气候系统都有关联。本章涉及最后一个方面——全球大气化学由于全球航空业排放发生的变化，另外两个方面将在其他地方探讨。这里概述了全球大气化学过程以及与飞机发动机排放的相关性。大气化学的更全面描述可以在著作如 Brimblecombe（1996），Jacob（1999），Wayne（2000），或者 Seinfeld 和 Pandis（2006）中找到。

航空上对大气成分影响的研究最早开始于 20 世纪 70 年代早期，由于当时大型超声速客机的发展（Johnston，1971），对平流层臭氧损耗提高了关注。由于大规模的高速民用运输还没有成为现实，普遍认为飞机排放对大气化学影响的准确量化受限于主要化合物的全球分布知识的很大不确定性，这些关键化合物主要是对流层的氮氧化物。美国（Friedl，1997）和欧洲（Schumann，1997；Brasseur 等，1998）发表基于研究项目的评估报告和评论，这些报告重点在于飞机的排放物对大气化学和环境的其他影响。联合国政府间气候变化专门委员会在 20 世纪末发表了一份关于航空和全球大气的特别报告（IPCC，1999）。此后相关著作也发表了模型公式和大气化学知识的进一步发展，比如 Sausen 等（2005）和 Lee 等（2009）。

2 排　　放

为了确定航空对全球大气化学反应的影响，详细地认识发动机排放的本质，特别是对当地气体成分和全球地理分布是必要的。飞机发动机排放的全球数据被编辑成排放清单，并作为数值模型的输入来模拟大气中化学过程。这些排放通量数据设置为一个网格格式，网格在经度和纬度的水平分辨率为 1°，垂直分辨率为 1 000 ft。季节性变化的排放主要表达形式是每个网格点处每种排放物的月度总额。IPCC（1999）第 9 章对 20 世纪 80 年代和 90 年代航空排放产生的清单进行了比较，并讨论了它们的编制方法。更多的当代全球航空业最近排放的清单，可以从欧盟资助项目交易（Gauss 等，2006 年）、SCENIC（Grewe 等，2007）、AERO2k（Eyers 等，2005）、QUANTIFY（Hoor 等，2009）以及美国联邦航空管理局（Kim 等，2007）中获知。这些清单也包括预测将来（如 2025 年）的排放物或更远未来（如 2050 年）的排放场景。飞机排放物主要成分为水蒸气（H_2O）和二氧化碳（CO_2），也含有氮氧化物（NO_x）、一氧化碳（CO）、硫的氧化物、未燃烧的碳氢化合物（HC）、可吸入颗粒物（PM）。表 1 列出了 2002 年度 AERO2k 清单总排放物。

表 1　2002 年 AERO2k 目录中全球民用和军用飞机每年的排放量（根据 Eyers 等（2005）© QinetiQ）

项目	流动距离/$(10^9$ n mile)	燃油利用量/Tg	CO_2/Tg	H_2O/Tg	CO/Tg	NO_x/(Tg NO_2)	HC/Tg	SO_x/(Tg SO_2)	烟灰/Tg
民用航空	17.9	156	492	193	0.507	2.06	0.063	0.183	0.003 9
私人航空	—	19.5	61	24.1	0.647	0.178	0.066	0.023	
总计	—	176	553	21.7	1.15	2.24	0.129	0.206	—

SO_2 的值不是从 AERO2k 目录中获得的，而是按照 1.176 g/kg 的排放指标计算的。单位是海里（1 n mile＝1.825 km）和兆克（1 Tg＝10^{12}kg）。

现在的喷气式飞机的巡航高度是 9～13 km。在全球排放物中所占比例最大的是在这个高度范围内的排放物，其中包含部分上对流层（UT）和低平流层（LS）区域。考虑到对流层和平流层的气动和化学性质的差异，飞机排放的尾气在这个区域是有区别的。据估计，排放物在平流层内的部分占 20%～40%（Hoinka，Reinhardt 和 Metz，1993；IPCC，1999），在一些研究报告中高于 60%（Forster 等，2003）。对流层和平流层的边界是对流层顶层，并且它的位置是非常不确定的，取决于如地理位置、季节等因素，这让对飞机排放物影响的评估变得复杂。图 1（a）通过 NO_x 的排放分布，举例说明了飞机排放物在全球的分布。排放物的地理特征反映了全球空中交通的时间结构。可以发现排放的最大值是在北美、欧洲和北大西洋的飞行带，以及在东南亚和远东地区，最大的排放量是在北半球。这也反映在图 1（b）中，它用巡航高度的极大值显示了飞机排放物在北半球的垂直分布。AERO2k 数据中垂直分辨率为 500 ft 的特征能够识别出：主要的飞行水平在北纬 40°的 10 km 高度上。在编制排放清单时，用不同方法可能导致排放物出现显著的差异。这可以在图 1（c）中看到，图 1（c）的 TRADEOFF 和 QUANTIFY 排放清单的排放值在巡航高度与 AERO2k 相比明显更大。这里显示的差异太大，无法仅仅归因于全球空中交通的年际变化。AERO2k 和 QUANTIFY 的差异，很可能是由于对不同的路线效率的衡量和其他难以量化的全球数据的设置（Lee 和 Sausen，2009）。

对排放数据的选择是在对全球大气化学的影响进行评估时的一个重要因素。

3　对流层的化学反应

对流层强烈受到物质与能量交换过程的影响，并且与地球表面有关，例如水循环形成云、降水和相对含量高的水蒸气。对流层的动态的特点是短的输运时间尺度导致高效混合和快速翻腾的空气，这些导致从边界层地表附近进入自由对流层输运的全球大气环流的化合物的排放提高。大气成分的微量控制在很大程度上受生物圈和越来越多的人类的影响（IPCC，2007）。通过化学转化或物理过程没有被破坏的物质，如沉积在表面或通过降水冲刷，逐渐输运到平流层。

3.1　有机化合物的氧化

光化学过程是对流层基本连锁反应的主要推动力。可用的太阳能光谱却由于平流层臭氧的过滤的影响而被限制在波长超过 280 nm 的范围。O_3 和 NO_2 是在这样的波长下光解的两种最重要物质。其中在对流层一个最重要的化学反应过程是有机物质的氧化（HC）及一氧化碳转变成 H_2O 和 CO_2。这个自然光化学过程在本质上是一种低温燃烧系统，并且由羟基自由基（OH）这个非常少量地存在于对流层（Wayne，2000）的高活性物质所控制。在晚上没有阳光的时候，硝酸根（NO_3）在对流层的氧化过程中起重要作用，然而晚上的反应效率很低，并且这一过程只会在对硫酸气溶胶进行讨论之后才会被简略地考虑一下。图 2 展示了一个对流层氧化反应的示意图，它说明了像一氧化碳一样的关键化合物和臭氧之间产生的相互作用。在接下来的发生在白天的基本连锁反应将用 CO 和 CH_4 的氧化为例进行描述。

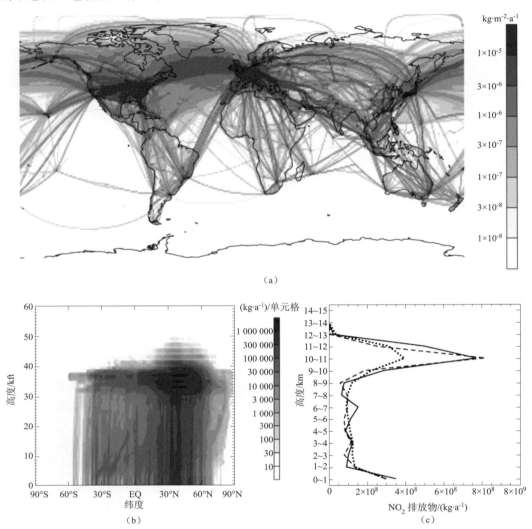

（a）

（b）　　　　　　　　（c）

图 1　（a）2002 年在 AERO2k 方法下的全球氮化物排放分布，以 kg/（$m^2 \cdot a$）的方式进行垂直积分和表达；
（b）来自 AERO2k 的排放物的带状分布，每个网格单元下以所有的经度积分，以 kg/a 的方式进行表达；
（c）来自 AERO2k（点线）、TRADEOFF（虚线）和 QUANTIFY（实线）方式下的总的垂直排放物积分比较
（TRADEOFF 的数据来自 2000 年，QUANTIFY 的数据来自 2005 年）

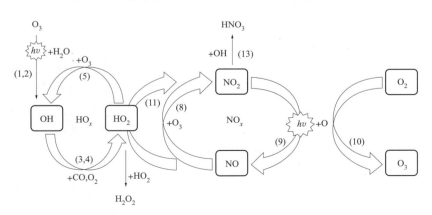

图 2　对流层中的化学反应的反应机理

在太阳光波长 λ 不到 310 nm 的情况下，臭氧光解作用可以产生一个激发态氧原子 O (¹D)。这个高能氧原子可以克服水分子的稳定性，并与水蒸气反应，形成 OH：

$$O_3 + h\upsilon \rightarrow O(^1D) + O_2 \quad (\lambda < 310 \text{ nm}) \quad (1)$$

$$O(^1D) + H_2O \rightarrow 2OH \quad (2)$$

反应（1）和（2）为 O_3 的生成构成一个重要的储备，并且为 OH 的生成提供主要来源。例如，大气中的丙酮和甲醛的光解成为 OH 的进一步的来源。

在对流层，OH 迅速转换成 HO_2（过氧氢）。对于这个过程，一个可能的常见的包括 O_3 和 CO 反应链为：

$$OH + CO \rightarrow H + CO_2 \quad (3)$$

$$H + O_2 + M \rightarrow HO_2 + M \quad (4)$$

$$HO_2 + O_3 \rightarrow OH + 2O_2 \quad (5)$$

这种转换会破坏臭氧和一氧化碳氧化为二氧化碳的过程。额外的分子 M 通常是氮分子。OH 和 HO_2 的反应发生在很短的时间，这两个物质通常在化学稳定状态，称为 HO_x 化学族。

OH 原子团能够氧化大量大气示踪气体，最重要的是 CO，如上所示。它和其他有机化合物如甲烷（CH_4）的反应为：

$$OH + CH_4 \rightarrow CH_3 + H_2O \quad (6)$$

$$CH_3 + O_2 + M \rightarrow CH_3O_2 + M \quad (7)$$

反应（3）、（4）、（6）、（7）产生水蒸气、二氧化碳，最重要的是会生成过氧化物——过氧氢。过氧原子团对于反应链净生产或者净损失臭氧是非常重要的。这个反应的终止办法是水和自身反应生成过氧化氢或者是和 CH_3O_2 反应生成 CH_3OOH。

3.2 氮氧化物的重要性

对于一氧化氮（NO）和二氧化氮（NO_2）这些化合物，当浓度足够大的时候，它们将有能力干涉上述反应过程。白天，在臭氧存在的情况下，NO 迅速转变成 NO_2，使得这两个物质通常在化学稳定状态之下，也统称为氮氧化物化学族（氮氧化物）：

$$NO + O_3 \rightarrow NO_2 + O_2 \quad (8)$$

$$NO_2 + h\upsilon \rightarrow NO + O \quad (\lambda < 400 \text{ nm}) \quad (9)$$

$$O + O_2 + M \rightarrow O_3 + M \quad (10)$$

对流层中氮氧化物的天然来源包括土壤排放物、燃烧生物质（如森林大火），大气氮被闪电击中，以及从平流层向下运输的光化学产生的氮氧化物。然而最大数量的对流层 NO_x 是由燃烧化石燃料和人为的原因（IPCC，2001）产生的。通常，

氮氧化合物在大气层中的消除源自硝酸（硝酸）的形成，然后随着雨水沉积在地层表面。对流层中氮氧化物随着雨水沉积在地层表面。对流层中氮氧化物的寿命随高度上升，在上对流层（UT）以上，降水较少或根本没有降水，氮氧化物可以存储在硝酸或各种其他储层气体几个星期，并且可能长距离输运。氮氧化物可以从硝酸中光解或者通过与 OH 反应释放出来。

在大气环境中，氮氧化物的浓度非常低，如在遥远的远离大陆的海洋区域，过氧自由基会形成过氧化物，可以光解回 HO_x 基或溶解在水里，通过沉淀的作用远离大气层。然而在大多数地区的对流层，氮氧化合物的浓度则要大得多。当氮氧化物更充裕时，在反应（4）和（7）形成的原子团将开始和 NO 反应：

$$HO_2 + NO \rightarrow OH + NO_2 \quad (11)$$

$$CH_3O_2 + NO \rightarrow CH_3O + NO_2 \quad (12)$$

除了反应（8）之外，反应（11）和（12）的发生在不破坏 O_3 的情况下也进一步形成了 NO_2。随后光解的 NO_2 和氧分子重组，见反应（9）和（10），导致臭氧的形成。充裕的氮氧化物的阈值水平需要 O_3 的生产超过 O_3 的损失。这取决于各种因素，如温度、湿度和 O_3 背景浓度（Reeves 等，2002）。

当氮氧化物浓度继续增加到更高的水平时，比如在受污染地区大气边界层内表面附近，OH 自由基开始与 NO_2 反应形成硝酸：

$$OH + NO_2 + M \rightarrow HNO_3 + M \quad (13)$$

上述反应代表一个自由基和氮氧化物沉积。因此，反应（11）和（12）的速率以及臭氧的产量开始下降。

在对流层之间的化学臭氧产量是臭氧生产（反应（9）和（10））和臭氧损耗（主要是反应（5））的平衡。这个速度是氮氧化物的浓度的一个非线性函数，取决于可用性的有机 HC 化合物（图3）。

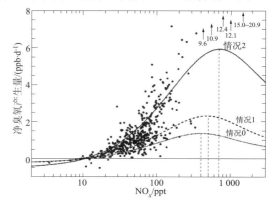

图3 对流层上部以氮化物为函数的净臭氧产生量

3.3 硫化物和气溶胶的影响

硫化合物通过一系列的自然和人为过程释放到大气中，自然来源包括火山排放、生物质燃烧、海洋（海洋浮游生物）和土壤。它们的排放减少了硫化合物的组成部分，如 H_2S、OCS、CS_2、SCH_3CH_3（二甲基硫（DMS）），氧化成二氧化硫。大部分的硫化合物以二氧化硫的形式排放，这直接归因于人类活动，特别是化石燃料的燃烧。

二氧化硫在大气中的氧化既可以是气态的，也可以是固态的，并产生硫酸（H_2SO_4）作为最终产品。在气态，涉及 SO_3 与水蒸气的水解：

$$OH+SO_2+M \rightarrow HSO_3+M \tag{14}$$
$$HSO_3+O_2 \rightarrow SO_3+HO_2 \tag{15}$$
$$SO_3+H_2O+M \rightarrow H_2SO_4+M \tag{16}$$

硫酸有极低的饱和蒸气压，因此它沉淀成固体或在液体表面或与环境水汽凝结形成硫酸盐气溶胶粒子。

硫酸盐气溶胶通过直接辐射散射或者间接影响云的形成和改变它的物理属性来影响地球辐射平衡，它也会通过异构表面反应影响大气化学。N_2O_5 是一个重要的夜间储存 NO_x 的物质，它在硫酸盐气溶胶中的水解导致 NO_x 转换成 HNO_3，HNO_3 在大气中存在的时间比 N_2O_5 长。因此，硫酸盐气溶胶使氮氧化物更有效地转化成硝酸，因此从大气中去除活性氧化氮的能力得到增强（Dentener 和 Crutzen，1993；Tie 等，2003），这使得臭氧产率减少。在晚上这个过程始于 N_2O_5 的形成：

$$NO_2+O_3 \rightarrow NO_3+O_2 \tag{17}$$
$$NO_2+NO_3+M \rightarrow N_2O_5+M \tag{18}$$
$$N_2O_5+M \rightarrow NO_3+NO_2+M \tag{19}$$

在较低的温度下和夜间，N_2O_5 在大气中是一种稳定的化合物。N_2O_5 可以发生对硫酸盐气溶胶的水解：

$$N_2O_5+H_2O(在硫酸盐中) \rightarrow 2HNO_3(g) \tag{20}$$

在白天，N_2O_5 很快就被光解，并且反应（18）速度减慢。反应（13）发生，然后起主导反应，但比较慢地将氮氧化物转化为硝酸。

4 平流层的化学反应

平流层的动态特征是指随温度和海拔高度而增加的稳定的分层结构。温度增加是由于臭氧在臭氧层的光化学反应，它位于 $20\sim50$ km 高度（世界气象组织 WMO，2007）。这种稳定的结构在平流层的垂直输运比对流层慢得多。在平流层发生垂直输运需要几年时间（Hall 和 Plumb，1994）。

4.1 臭氧形成

平流层的化学成分的特点是在原位形成臭氧和低丰度的水蒸气。我们目前对平流层臭氧的理解首先是基于由 Chapman（1930）提出的一种理论。通过光解波长 240 nm 以下的太阳能辐射的臭氧分子产生臭氧。原子与分子氧重组然后形成一个 O_3 分子。O_3 分子的结合是弱于 O_2 的，因此 O_3 光解是在波长 320 nm 以下。臭氧损耗发生在原子氧与 O_3 的反应：

$$O_2+h\upsilon \rightarrow 2O \quad (\lambda < 240 \text{ nm}) \tag{21}$$
$$O+O_2+M \rightarrow O_3+M \tag{22}$$
$$O_3+h\upsilon \rightarrow O+O_2 \tag{23}$$
$$O+O_3 \rightarrow 2O_2 \tag{24}$$

反应（22）和（23）形成一个 O 和 O_3 的快速变换，一起被称为"奇数的氧气"，可以认为是处在稳定状态。同样，在不产生或破坏任何奇数的氧气的情况下，可确定原子氧和臭氧之间的浓度的比值。通过查普曼机制，平流层臭氧层的形成对于生活在表面上的生命是必不可少的，因为它过滤掉的紫外光谱太阳辐射波长低于 280 nm。因此，在对流层不能通过查普曼机制产生臭氧。

4.2 催化剂循环

更快地下沉过程对平流层臭氧的反应（24）存在于催化反应周期的形式中。对于这些周期的两个主导族的物质是 HO_x 和 NO_x。在平流层，HO_x 要么来源于水蒸气（反应（2）），要么是从对流层的下面输运到平流层或由氧化而产生的甲烷。

$$OH+O_3 \rightarrow HO_2+O_2 \tag{25}$$
$$HO_2+O_3 \rightarrow OH+2O_2 \tag{5}$$

这个循环将 HO_x 转换成 OH 和 H 和 O_2，在这个过程中，两个臭氧分子转化成三个氧分子。HO_x 守恒并且以催化剂的形式存在，可以摧毁大量 O_3 分子。这个催化循环的结束需要损失同 HO_x，例如，通过以下反应：

$$OH+HO_2 \rightarrow H_2O+O_2 \tag{26}$$

式（25）和（5）所示的催化循环反应在平流层以上 40 km 高度处是最有效的，但在对流层没有什么作用。因为，OH 和 CO 之间发生的反应（3）的反应速度比 HO_2 和 NO 之间的反应（25）和反应（11）的反应速度快很多。

氮氧化物是在平流层通过光解一氧化二氮（N_2O）产生的。一氧化二氮是从对流层运输到同温层，它在对流层是具有化学惰性的。在损坏臭氧的时候通过催化循环将 NO_2 和 NO 相互转换，这个过程被描述在下列反应：

$$NO + O_3 + NO_2 + O_2 \qquad (27)$$
$$NO_2 + O \rightarrow NO + O_2 \qquad (28)$$

净效应是跟反应（24）相同的，是由一堆剩余的氧气构成。相比于反应（9），反应（28）在海拔 20~40 km 是最有效的，它是这个循环中的重要一步。这个循环的结点包括大堆的 NO_x，同时，包括白天生成的 HNO_3（反应（13））或晚上生成的 N_2O_5。

除了两个催化循环，也存在其他类似的循环，尤其是涉及卤素物质，它们超出了本章的范围，因此没有进一步讨论。

5 航空排放的影响

通过飞机引擎排放的化学化合物的影响在自然界的对流层和平流层发生，这可以从上述的化学过程中看到。如前所述，由飞机排放造成的大气化学的变化可以通过使用数值模型发现，如大气化学传输模式或化学气候模型。这些模型可以再现通过大气运动、由飞机排放引起的对自然化学过程的影响，也可以研究其他（非航空相关）排放来源。通过直接观察来测量航空发动机排放的全球范围内的化学影响在每天的、每季的或每年的变化通常是不可能的，例如飞机排放引起的氮氧化物和臭氧在大气浓度的变化被掩盖了。对化学影响的不确定性可能是由于对自然大气背景条件、相关的化学反应以及它们的相互作用理解的局限性，进一步的不确定性来自当代大气模型准确地再现大气过程的能力的局限性。作为大气输入模型，全球飞机排放的编辑清单通常需要对排放和排放通量的位置进行一步抽象和简化。尽管存在这些固有的不确定性，但是对影响的评估自 20 世纪 90 年代以来就开始进行了研究，已经显示出一个与从飞机排放、化学或其他东西对大气影响相当一致的画面，并且已经在各种出版物中发表，如 Brasseur 等（1998），政府间气候变化专门委员会 IPCC（1999），Sausen 等（2005）和 Lee 等（2009）。

5.1 水蒸气和二氧化碳

煤油或其他化石燃料的燃烧的主要排放物是水蒸气和二氧化碳。这两个化学物种是高效的温室气体，并且它们在大气中含量的变化影响地球大气系统的辐射平衡。排放到对流层的水蒸气在化学和辐射上都没有任何作用，这是由于自然大气中水蒸气的浓度很高，并且水蒸气主要是通过物理过程控制（温度）而不是化学反应。排放出的水蒸气在较干燥的平流层将导致 HO_x 浓度的增加，因此通过催化循环将增加 O_3 的破坏，这已于 4.2 节中列出。现在亚声速商业飞机的巡航高度延伸到 LS，水蒸气排放的影响可以忽略不计（IPCC，1999）。未来商业运输飞行将显著提高超声速巡航高度，而这已被证明通过催化循环对平流层臭氧损耗有一个潜在的更大影响（Grewe 等，2007）。

二氧化碳的排放在大气中是不起化学作用的。然而，它们参与全球碳循环，与生物圈和水汽相互作用，并且据估计在大气中的寿命超过 100 年。随着时间的推移，从航空产生的二氧化碳排放量因此积聚在大气中，并且分布在全球范围内，并最终与其他来源的二氧化碳合为一体而不能区分。

5.2 氮氧化物的影响

氮氧化物的排放影响对流层和平流层的化学过程，并且对大气中温室气体臭氧和甲烷有影响。在对流层大气中，NO_x 寿命随高度的增加而增加，臭氧生产潜力也如此。与其他输运模式的 NO_x 排放量相比，在对流层顶附近巡航高度放出的航空氮氧化物的排放最大，如图 1（b）所示。在那里，在低环境温度下，NO_x 很容易转化为其他化合物，它有时被称为 NO_x 储存物，例如 N_2O_5 或硝酸。因此，相比其他部分表面的排放，从航空排出的氮氧化物的重要性相对更大。在对流层下部，其他氮氧化物的来源从平流层以上涌入，通过对流从对流层底层涌入和在原地由于闪电生成化学产物（Berntsen 和 Isaksen，1999）。目前的估计表明，平流层的流量与全球航空造成的流量差不多，然而从闪电排放出来的量估计是空中交通的 5 倍（Schumann 和 Huntrieser，2007；Lee 等，2009）。这些来源难以量化，主要是因为目前对有关对流层活性氮平衡法的理解具有不确定性。

图 4 显示了通过两个模型独立计算得到的由于近年来飞机 NO_x 的排放造成的大气臭氧的变化。这些数字形成一个穿越大气层的纬度高度截面，并且数据值表示为年度和纬度平均值，也就是说，它们的平均值超过所有经度上的值。图 4（a）所示模型模拟对流层和 LS（从表面到 30 km 高度）的大气化学和运输过程。在全部对流层里，数据是真实的，

这表明由于飞机排放导致了大气臭氧的增加。臭氧增加最多的位置是北半球对流层下部排放最多的位置，在图 1（c）处重叠。最大增量为十亿分之（ppb）五到十亿分之六。自然臭氧混合比例增长了大约 5%，40～100 ppb 在对流层，100～150 ppb 在对流层顶。飞机排放产生的臭氧寿命为几个星期，远短于两半球间的空气输运时间，所以臭氧影响更大的是飞机排放量更高的北半球。图 4（a）中的模型没有模拟平流层的全部范围，因此通过催化循环的平流层后，臭氧损耗被低估了。图 4（b）中的模型模拟了在 15～60 km 高度的平流层（省略对流层）的大气化学和输运过程。这里飞机高度逐渐提高，向中间平流层排出的 NO_x 量是在花费 6 年的时间集成模型后被模拟的。氮氧化物通常是以 HNO_3 或其他储存物质的形式排放输运到平流层中的，并且能通过催化循环促进 O_3 损失。通常在 20～30 km 高度外，这取决于纬度。有一个"交叉"点可以被定义，在这个点飞机排放的额外的氮氧化物从产生臭氧变成损耗臭氧。模型研究显示，从现在的巡航高度向上到平流层的中部输运氮氧化物的排放效率显示出显著差异（Rogers 等，2002）。亚声速商用飞机的排放对平流层臭氧损耗也与这个高度上的自然大气中的浓度差别很小（约 105 ppb）（IPCC，1999；Lee 等，2009）。

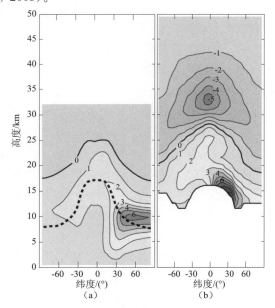

图 4　由于氮化物的排放造成的臭氧的改变，数据通过两种独立的化学模型进行计算

（数值以纬度和年平均体积混合比的形式显示，相对于大气中没有航空排放物的情况。纵坐标表示了对流层和平流层下部情况，虚线表示了对流层的位置。模型（b）只计算了平流层的变化情况）

由于飞机上的 NO_x 而增加的臭氧大部分都在上对流层和低平流层（UTLS）地区。其中，一些另外产生的臭氧被输送到较低的海拔高度，在这里进行光解，并且有助于形成额外的氢氧化物自由基。这些氢氧化物自由基造成了更高效甲烷的氧化和一氧化碳的形式。因此，从航空排放的氮氧化物使整个对流层和 UTLS 地区臭氧水平增加，而且在这里 CH_4 和 CO 的含量也在全球范围内减少。由于化学反应造成的 CO 减少远远大于由飞机引擎燃烧造成的 CO 排放。O_3 和 HO_x 的增加增强了大气中的氧化作用，并且使得有机化合物，如 CH_4，通过化学反应更有效地被破坏了。模型计算估计，由于全球飞机 NO_x 的排放，使得大气中 CH_4 的寿命减少达 3%（Köhler 等，2008）。化学反应进一步的程度的复杂性导致了另一种影响。由于氮氧化物的排放使臭氧量增加，甲烷和一氧化碳的减少量被抵消了一部分，HC 和 CO 的减少直接影响臭氧通过反应（3）和（6）的形成。

5.3　硫的氧化物的影响

飞机的排放主要是通过释放二氧化硫来影响硫酸盐气溶胶含量的。气溶胶在化学领域具有重要性，主要是因为在它的表面可以发生许多相变反应。通过形成 H_2SO_4 使得区域表面的气溶胶密度增加，将使得大气中的活性氮损失增加，这已在 3.3 节列出。因此，活性氮的损失将有助于减少因氮氧化物排放而产生的臭氧量。减少活性氮损失的一个进一步的效果，是在更高的纬度地区对流层顶附近卤素硝酸盐的减少。卤素硝酸盐是储层大气中氯和溴的物质，其含量的减少会导致卤素的增加，最终通过催化循环耗尽 O_3。Pitari，Mancini 和 Bregman（2002）的模型研究显示，在高纬度地区，由于气溶胶的影响，平流层臭氧减少了 4～6 ppb、损耗臭氧空气下行传输到对流层，使得由于大约 2 ppb NO_x 排放增加造成了臭氧补偿增加。

6　结　　论

前面提到全球航空业的排放物对地球气候的影响，我们经常在二氧化碳和非二氧化碳的影响之间做些区别。排放的二氧化碳与燃料的使用是线性相关的。由于大气寿命长和对大气化学没有影响，它们通常分布在全球范围内。一个航空排放的特定性能只不过是众多的非二氧化碳的影响中的一个。非二氧化碳的大气寿命要短得多，使得它们的影响很有限。此外，它们对大气影响的量级经常取决于当地的大气环境，而不是跟排放呈线性关系。所有这些都使得非二氧化碳的影响难以量化。本章描述了非二氧化碳影响对全球大气化学的作用。在大气中，大范围的化学过程发生于个别的微量成分上。大自然的这些过程依赖于诸多因素，比如位置（尤其是高度）、可获得的阳光和大气构成。氮氧化物、硫化合物的释放和从飞机引擎散发的水蒸气进入大气中，导致它们对自然大气的化学循环的干涉。这些影响的大小在很大程度上取决于排放的区域，因此准确的量化需要数值模型的仿真能够再现三维大气化学和输运过程。在大气底层海拔到 25 km 内，氮氧化物排放影响臭氧和甲烷的化学活性。平流层的水蒸气排放会干扰 HO_x 周期，并且导致臭氧层破坏。硫化合物的排放对形成影响多相化学过程（如去除氮氧化物的储存物种）的气溶胶的形成有着重要作用。这些化合物的航空排放因此能够干扰大气化学和导致大范围的复杂环境影响。它们在全球化学的影响力是通过多种途径体现的，并且由于具有相互依赖性而难以独自量化。在这些实例中，辐射活性物质含量受到影响，如温室气体或气溶胶，因此飞机排放量影响全球气候系统。

参考文献

Berntsen, T. K. and Isaksen, I. S. A. (1999) Effects of lightning and convection on changes in tropospheric ozone due to NOx emissions from aircraft. *Tellus*, **51**, 766－788.

Brasseur, G. P., Cox, R. A., Hauglustaine, D., Isaksen, I., Lelieveld, J., Lister, D. H., Sausen, R., Schumann, U., Wahner, A. and Wiesen, P. (1998) European scientific assessment of the atmospheric effects of aircraft emissions. *Atmos. Environ.*, **32**, 2329－2418.

Brimblecombe, P. (1996) *Air Composition & Chemistry*, 2nd edn *Cambridge Environmental Chemistry Series*, Cambridge University Press, Cambridge, UK, p. 253.

Chapman, S. (1930) A theory of upper－atmosphere ozone. *Mem. Roy. Meteorol. Soc.*, **3**, 103－125.

Dentener, F. J. and Crutzen, P. J. (1993) Reaction of N_2O_5 on tropospheric aerosols: impact on the global distribution of NO_x, O_3, and OH. *J. Geophys. Res.*, **98**, 7149－7163.

Eyers, C. J., Addleton, D., Atkinson, K., Broomhead, M. J., Christou, R., Elliff, T., Falk, R., Gee, I., Lee, D. S., Marizy, C., Michot, S., Middel, J., Newton, P., Norman, P., Plohr, M., Raper, D., and Stanciou, N. (2005) *AERO2k Global Aviation Emissions Inventories for 2002 and 2025. Final Report QINETIQ/04/01113*

Rev. 1. 1, QinetiQ Ltd., Farnborough, Hampshire, UK.

Forster, C., Stohl, A., James, P. and Thouret, V. (2003) The residence times of aircraft emissions in the stratosphere using a mean emission inventory and emissions along actual flight tracks. *J. Geophys. Res.*, **108**, 8524. doi: 10. 1029/2002JD002515.

Friedl, R. R. (ed.) (1997). *Atmospheric Effects of Subsonic Aircraft: Interim Assessment Report of the Advanced Subsonic Technology Program*. NASA Reference Publication 1400, National Aeronautics and Space Administration, Goddard Space Flight Center, Greenbelt, MD, USA, p. 168.

Gauss, M., Isaksen, I. S. A., Lee, D. S. and Søvde, O. A. (2006) Impact of aircraft NO_x emissions on the atmosphere-tradeoffs to reduce the impact. *Atmos. Chem. Phys.*, **6**, 1529－1548.

Grewe, V., Stenke, A., Ponater, M., Sausen, R., Pitari, G., Iachetti, D., Rogers, H., Dessens, O., Pyle, J., Isaksen, I. S. A., Gulstad, L., Søvde, O. A., Marizy, C. and Pascuillo, E. (2007) Climate impact of supersonic air traffic: an approach to optimize a potential future supersonic fleet-results from the EU-project SCENIC. *Atmos. Chem. Phys.*, **7**, 5129－5145.

Hall, T. M. and Plumb, R. A. (1994) Age as a diagnostic of stratospheric transport. *J. Geophys. Res.*, **99**, 1059－1070.

Hayman, G. D. and Markiewicz, M. (1996). Chemical modelling of the aircraft exhaust plume, in *Pollution from Aircraft Emissions in the North Atlantic Flight Corridor*, (ed U. Schumann), EUR－16978－EN, Office for Publications of the European Communities, Brussels, Belgium, pp. 280－297.

Hoinka, K. P., Reinhardt, M. E. and Metz, W. (1993) North-Atlantic air-traffic within the lower stratosphere-cruising times and corresponding emissions. *J. Geophys. Res.*, **98**, 23113－23131.

Hoor, P., Borken-Kleefeld, J., Caro, D., Dessens, O., Endresen, O., Gauss, M., Grewe, V., Hauglustaine, D., Isaksen, I. S. A., Jöckel, P., Lelieveld, J., Myhre, G., Meijer, E., Olivie, D., Prather, M., Schnadt Poberaj, C., Shine, K. P., Staehelin, J., Tang, Q., van Aardenne, J., vanVelthoven, P. and Sausen, R. (2009) The impact of traffic emissions on atmospheric ozone and OH: results from QUANTIFY. *Atmos. Chem. Phys.*, **9**, 3113－3136.

IPCC (1999) *Aviation and the Global Atmosphere*, (eds J. E. Penner, D. H. Lister, D. J. Griggs, D. J. Dokken and M. McFarland). Special report of the Intergovernmental Panel on Climate Change (IPCC) Working Groups Ⅰ and Ⅲ. Cambridge University Press, Cambridge, UK, p. 384.

IPCC (2001) *Climate Change* 2001：*The Scientific Basis. Contribution of Working Group I to the Third Assessment Report of the Intergovernmental Panel on Climate Change*（eds J. T. Houghton, Y. Ding, D. J. Griggs, M. Noguer, P. J. van der Linden, X. Dai, K. Maskell and C. A. Johnson）, Cambridge University Press, Cambridge, UK and New York, NY, USA, p. 881.

IPCC (2007) *Climate Change* 2007：*The Physical Science Basis. Contribution of Working Group I to the Fourth Assessment Report of the Intergovernmental Panel on Climate Change*（eds S. Solomon, D. Qin, M. Manning, Z. Chen, M. Marquis, K. B. Averyt, M. Tignor and H. L. Miller）, Cambridge University Press, Cambridge, UK and New York, NY, USA, p. 996.

Jacob, D. (1999) *An Introduction to Atmospheric Chemistry*, Princeton University Press, Princeton, NJ, p. 264.

Johnston, H. (1971) Reduction of stratospheric ozone by nitrogen oxide catalysts from supersonic transport exhaust. *Science*, **173**, 517－522.

Kim, B. Y., Fleming, G. G., Lee, J. J., Waitz, I. A., Clarke, J.－P., Balasubramanian, S., Malwitz, A., Klima, K., Locke, M., Holsclaw, C. A., Maurice, L. Q. and Gupta, M. L. (2007) System for assessing Aviation's Global Emissions (SAGE), part 1：model description and inventory results. *Transport. Res. Transport. Environ.*, **D12**, 325－346. doi：10. 1016/j. trd. 2007. 03. 007.

Köhler, M. O., Rädel, G., Dessens, O., Shine, K. P., Rogers, H. L., Wild, O. and Pyle, J. A. (2008) Impact of perturbations to nitrogen oxide emissions from global aviation, *J. Geophys. Res.*, **113**, D11305. doi：10. 1029/ 2007JD009140.

Kraabøl, A. G., Konopka, P., Stordal, F. and Schlager, H. (2000) Modelling chemistry in aircraft plumes, part 1, comparison with observations and evaluation of a layered approach. *Atmos. Environ.*, **34**, 3939－3950. doi：10. 1016/S1352? 2310 (00) 00156? 4.

Lee, D. S., Pitari, G., Grewe, V., Gierens, K., Penner, J. E., Petzold, A., Prather, M. J., Schumann, U., Bais, A., Berntsen, T., Iachetti, D., Lim, L. L. and Sausen, R. (2009) Transport impacts on atmosphere and climate：aviation. *Atmos. Environ.* doi：10. 1016/j. atmosenv. 2009. 06. 005.

Logan, J. A. (1983) Nitrogen oxides in the troposphere：global and regional budgets. *J. Geophys. Res.*, **88**, 10785－10807.

Meijer, E. W., van Velthoven, P., Wauben, W., Kelder, H., Beck, J. and Velders, G. (1997) The effects of the conversion of nitrogen oxides in aircraft exhaust plumes in global models. *Geophys. Res. Lett.*, **24**, 3013－3016.

Pitari, G., Mancini, E. and Bregman, A. (2002) Climate forcing of subsonic aviation：indirect role of sulfate particles via heterogeneous chemistry. *Geophys. Res. Lett.*, **29**, 2057. doi：10. 1029/2002GL015705.

Reeves, C. E., Penkett, S. A., Bauguitte, S., Law, K. S., Evans, M. J., Bandy, B. J., Monks, P. S., Edwards, G. D., Phillips, G., Barjat, H., Kent, J., Dewey, K., Schmitgen, S., and Kley, D. (2002) Potential for photochemical ozone formation in the troposphere over the North Atlantic as derived from aircraft observations during ACSOE. *J. Geophys. Res.*, **107**, 4707. doi：10. 1029/2002JD002415.

Rogers, H., Teyssedre, H., Pitari, G., Grewe, V., van Velthoven, P. and Sundet, J. (2002) Model intercomparison of the transport of aircraft-like emissions from sub－ and supersonic aircraft. *Meteorol. Z.*, **11**, 151－159.

Sausen R., Isaksen, I., Grewe, V., Hauglustaine, D., Lee, D. S., Myhre, G., Köhler, M. O., Pitari, G., Schumann, U., Stordal, F., Zerefos, C. (2005) Aviation radiative forcing in 2000：an update on IPCC (1999). *Meteorol. Z.*, **14**, 555－561.

Schumann, U. (1997) The impact of nitrogen oxides emissions from the aircraft upon the atmosphere at flight altitudes-results from the AERONOx project. *Atmos. Environ.*, **31**, 1723－1733.

Schumann, U. and Huntrieser, H. (2007) The global lightninginduced nitrogen oxides source. *Atmos. Chem. Phys.*, 7, 3823－3907.

Seinfeld, J. H. and Pandis, S. N. (2006) *Atmospheric Chemistry and Physics. From Air Pollution to Climate Change*, 2nd edn, Wiley Blackwell, New Jersey, USA, p. 1232.

Tie, X., Emmons, L., Horowitz, L., Brasseur, G., Ridley, B., Atlas, E., Stround, C., Hess, P., Klonecki, A., Madronich, S., Talbot, R. and Dibb, J. (2003) Effect of sulfate aerosol on tropospheric NOx and ozone budgets：model simulations andTOPSEevidence. *J. Geophys. Res.*, **108**, 8364. doi：10. 1029/2001JD001508.

Wayne, R. P. (2000) *Chemistry of Atmospheres*. 3rd edn, Oxford University Press, Oxford, UK, ISBN 978－0－19－850375－0, p. 806.

WMO (2007) *Scientific Assessment of Ozone Depletion*：2006, Global Ozone Research and Monitoring Project-*Report no*. 50, World Meteorological Organization, Geneva, Switzerland, p. 572.

本章译者：赵宁（南京航空航天大学航空宇航学院）

第 299 章

大气建模

Peter Braesicke

剑桥大学化学系国际气候超算中心，剑桥郡，英国

1 引 言

大气建模研究和运用行星（例如金星、火星，尤其是地球）大气层的数值表述，在符合要求的情况下，可推导得到一系列偏微分方程，数值方法可用于推导得到结果。大气模型可能是一个初始值问题（天气预报），也可能是一个边值问题（气候预测）。这些领域依赖于高性能的计算机，其可以储存和消化大量观测和计算数据。关键在于模型验证，即把大气模型的计算结果同最近时间的观测数据进行对比。目的在于对所建立的模型进行性能测试，并且对构造的模型如何同刚刚发生的实际现象匹配进行研究。另外，也研究其他时间范围内的情况。地质气候表现和演化机理需要研究时间跨度为几千年到几秒钟。这些过程为模型提供了一定的可信度，并且可以对未来的气候变化进行评估。这些方法已经在气候变化政府间组织（IPCC，2007）和世界气象组织（WMO，2007）的评估下很好地建立起来。

现存的大气模型具有不同的复杂性。从大气层出发对地球系统建模，其只是很多其他物理模型中的一种。在这里，结合耦合气候—化学系统，我们主要关注地球大气中的模型建立。当排放情况发生，并且需要评估它们对气候的影响时，示踪气体在大气中的运动和化学变化（气溶胶）这两个方面显得非常重要。虽然可以通过化学输运模型（CTMs）来评估排放物的影响（例如飞机），但是现在普遍应用的方法是对耦合的气候—化学系统进行全面的评估。该方法避免了在选择大气状态时出现一些任意的自由度，这些自由度在化学输运模型中已有所规定。但是，当大气和化学状态进行交互建模时，需要处理的复杂度逐渐增加，因为对耦合系统的诠释，比仅仅分开处理两个模型更加困难。即便如此，对耦合系统进行建模也无疑是更现实的选择。

大气模型的一个重要应用是对近几年的大气状态进行全面的评估。在这个活动中，一个大型的可观测的数据库的数据通过数据同化技术添加到了数值模型中。一些操作中心，例如欧洲中程范围天气预测中心（ECMWF）（Uppala 等，2005）、国家环境预测中心，以及国家大气研究中心（Kalnay 等，1996），提供了这些产品。这些产品对确认大气模型是否适用于海洋模型起着关键作用。这些数据描述了大气的状态，提供了例如风、温度、湿度等每6 h的状态数据。化学输运模型利用这些信息，并且通过求解关于大气示踪气体的输运方程，来详细地研究化学损失和产出过程。

大气模型跨越了很大的空间和时间尺度。空间上通过数据同化进行求解的高分辨全球模型，解决了针对天气预测的初始值问题（数据同化是通过观测的数据来进行初始状态约束的构建，而观测的数据是通过模型对预测状态进行计算得出的）。解决边界值问题的低分辨率气候模型，被用来对十年或百年范围内的气候变化进行评估。典型的水平规模包括：对于全球气候模型来说的几百千米的范围，对于区域气候模型来说的几十千米的范围。这些模型可以提供数十年到几百年间的气候预测数据。最近，无缝预测成为一种新的研究领域，这种预测连接了经典预测（约 10 天）和气候预测（30～100

293

年）之间的差别，并且这种连接方式考虑到了季节预测（3～6月）和全年预测的潜在能力。就其本身性质而言，这些问题实际上是一个初始值和边界值混合的问题（预测时期越长，对于大气来说模型越接近边界值问题，但是这种情况对于海洋来说并不太必要，因此本章忽略这方面内容）。

即使已经在物理上建立了大气模型，也需记住大气是一个潜在的无序系统。我们需要把这种因素考虑进去，例如，运动的集合体，需构造等可能初始状态并且对模型进行多次运行。不同的预测情况（全体成员）通过处理后，应用于提供特定环境下统计学上的可能性，例如强降水和温度剧烈变化的环境。对于现今的预报和气候预测（其中的边界状态也是改变的）来说，联系这些不确定因素是个挑战。

一个大气模型的构建需要做一系列困难的选择：

（1）哪组微分方程是我们想求解的（答案可能需要建立在空间和时间范围上，这些范围需要进行建模）？

（2）哪种简化方式是我们可以选择的，以便使模型对给定的目的来说更加有效（这个选择可能会降低模型的复杂性）？

（3）我们想运用哪种数值方法（例如，在自然坐标系或者波数空间中的离散化方法）？

（4）我们想运用哪种水平和垂直网格系统？

在很多情况下，这些选择并不是独立的，尤其是（1）和（2）两个选择是紧密联系的，并且当一个强有力的简化方式，例如流体静力学近似（下面有相关细节），被应用在模型的基本偏微分方程中，如果需要，这将是一个需要突破限制的重要方面。

关于模型的构建将在第2节进行探讨。第3节研究实际运行大气模型的可行性。第4节将会把模型放入大气环境中，这个环境包含了大气中示踪气体的输运和化学变化。

2 模型构建的考虑

在大气模型的构建中，大气基本的热力学和动力学特性可以通过一系列耦合的偏微分方程进行描述（见2.1节）。通常前三个方程（方程（1）～（3））代表运动方程，它们描述了三维的风矢量（南—北、东—西和上—下）和改变风向及风速的

力。主要的力是压力梯度力、科氏力（由于地球自转）和近壁面摩擦力。通过压力梯度力和科氏力之间纯粹的平衡建立的平衡风（风向和风速）称作地转风。这种风平行于等压线（不变压力的线），并且在北半球低压区指向左边。这种风矢量在边界层上部的自由大气中是一个很好的近似。近壁面摩擦力造成风矢量偏向低压区，这种偏向使得压力梯度平滑。方程（4）是一个连续方程，这种方程表达了大气中的全部成分必须保证质量守恒（大气质量不会增加或减少）。方程（5）是一个热力学能量方程。它考虑在固定位置上的温度可以在三种情况下发生变化：热/冷空气的对流使温度升高/降低，或者在绝热过程中空气压缩或者膨胀。另外，传热过程在其中起着重要的作用。此外，还需要求解辐射传递方程。为简单起见，所探讨的方程组将不考虑水的相变。如果如同所有的最先进模型所做的那样，包含水的水汽收支过程，那么热力学方程中就要考虑潜热的作用。这样辐射传递问题的处理就会变得非常复杂。通常向上向下的辐射流在每个垂直模型的层结构中被计算出来，并且垂直的辐射流的散度每天在绝对温标下以温度变化的形式表达出来，这种温度变化趋势随后部分被用于驱使模型的时间积分过程（在其他参数化过程中）。辐射传递的计算考虑了一系列示踪物质，包括水蒸气、臭氧、甲烷和二氧化碳，也包括表面属性（反射率）、云层和气溶物质。

本节将会把大气模型限制在欧拉近似方法中。这就意味着存在一个固定的基本空间网格，而这个网格上面存在的变量值可以描述大气的状态[1]。下面的小节将会介绍偏微分方程的基本设置，这些设置同现在的大气模型中应用的一些设置相似。它会为水平网格和垂直坐标的建立提供一些可能的选择，并且会促使数值算法的实现。

2.1 经典方程组

经典方程组被称为原始方程。这个原始方程描述了大尺度的大气运动，并且在过去一直作为一系列大气模型研究的一个很好的出发点。可以通过进一步的简化得到更理想化的大气模型。由于计算机技术和数值模型的优势，已经可以在建模时运用更加完整的说明。但是这组方程对于我们理解大气运动仍是十分重要的。关于怎样在旋转坐标系下导出这些方程的讨论可以在很多气象手册中找到（Holton，1979 和之后的版本；Salby，1996）。

$$\frac{\mathrm{d}u}{\mathrm{d}t}-\left(f+\frac{u\tan\varphi}{a}\right)v=-\frac{1}{\rho a\cos\varphi}\frac{\partial p}{\partial\lambda}-D_\lambda \quad (1)$$

$$\frac{\mathrm{d}v}{\mathrm{d}t}+\left(f+\frac{u\tan\varphi}{a}\right)u=-\frac{1}{\rho a}\frac{\partial p}{\partial\varphi}-D_\varphi \quad (2)$$

$$\frac{\partial p}{\partial z}=-\rho g \quad (3)$$

$$\frac{\mathrm{d}\rho}{\mathrm{d}t}+\rho\nabla\cdot v=0 \quad (4)$$

$$\rho c v\frac{\mathrm{d}T}{\mathrm{d}t}+p\nabla\cdot v=\dot{q}_{\text{net}} \quad (5)$$

前三个方程是运动方程（方程（1）～（3）），描述了随时间变化的风的演变过程。方程（1）和（2）描述了大气中的水平风，其中 u 代表西－东方向的风矢量的分量（纬向），v 代表南－北方向（经向）的风矢量（D：非保守力，f：科氏力，a：地球半径，p：压力，λ：经度，φ：纬度，t：时间）的分量。由于流体静力学近似（方程（3）中有表达，其中 g 为重力加速度）的应用，垂直风分量（w，上－下方向）在方程组中并不是很明显。

这里，垂直速度是一个监控量，可以通过垂直的积分水平风分量的散度（收敛性）推导出来。可以发现大气中的垂直风在规模上通常小于水平风，并且方程（3）指出平均密度（或者压力）在大气中随着高度的升高以指数形式降低。一个相关的气象学概念是"气体微团方法"。这是一种理想的观点：连续的大气可以被细分为小的微团，而且每个微团拥有相同的属性，每个相关微团之间可以被移动和替换。初期的试验对大气中的浮力进行了研究。向上移动一个空气微团（增加高度、降低环境压力），意味着空气微团的膨胀和绝热的冷却过程；向下移动一个空气微团（降低高度、增加环境压力），意味着空气微团的压缩和绝热加热过程。环境空气和替代空气之间的温度差决定着大气的稳定性。如果向上移动的空气微团比周围环境的温度低，它将会掉落到原来的位置。如果空气微团在它上升的过程中进行着冷却，而且周围温度也更低，空气微团就会继续上升，并且微团的层理结构不会稳定。垂直温度梯度决定着大气的稳定性。

方程（4）基于质量守恒（大气的质量不随时间的变化而改变，因为表述中应用密度 ρ 和重力加速度 $g\approx9.81\ \mathrm{m/s^2}$）。方程（5）是一个由温度控制的热力学约束方程。固定点的温度在三种原因下可以发生改变：热空气流动；空气压缩和膨胀，并

且依据理想气体法则（绝热温度变化过程）进行温度变化；通过示踪气体吸收或者发出太阳辐射/热辐射（例如水蒸气）来加热或者冷却一团空气（$\dot{q}_{\text{net}}$）。上述方程组能够满足水蒸气作为影响辐射效应的气体的事实，但是其中并不包含水蒸气的相变和传递过程。水的连续性方程可以加入上述方程组中。水的蒸发/冷凝可以到/从空气微团中释放/吸收热量，并且这个引入了很大程度上的温度变化。水汽传递方面将会在第 4 节介绍，并且会适当地介绍水蒸气的影响。在基本方程组中，创建大气模型的原则并不基于干燥或者潮湿物理现象的选择。

2.2 方程的离散和计算

耦合的偏微分方程（1）～（5）是关于地球大气的很好表述。这些方程需要以某种形式，输入电脑中进行计算，这就需要方程的离散和次网格尺度过程参数化的引入（在选定的模型网格上通过一种函数关系表达不能被求解的过程和它们的影响。这种函数关系利用模型量作为输入值，例如，未求解波动的动力沉积，使用大规模的风作为波动破裂点的一种指示来进行参数化），还需要包含分支模型（热量比率计算中特别的辐射）[2]。注意，复杂参数化和简单分支模型之间的差异可以变得模糊，并且在本质上是具有工程性的。

在大气模型中，主要有两种求解上述耦合偏微分方程的方法：

（1）谱方法。方程写成其傅里叶（纬度方向）展开和勒让德（子午线方向）展开，并且在波数空间内进行求解。动力学变量是涡量（水平面风矢量的旋度）和水平面风矢量的散度。注意，在这种表达中，垂直风的推导是直接得到的（参考前面的描述）。物理趋势在高斯网格中被推导出来，同时要求向前向后的变换步把物理趋势引入波数空间中。

（2）离散差分法。在基本的物理经纬网格上以有限差分的格式写出方程，并且直接提出水平风矢量（u，v）。注意，为了能够计算出特征垂直风，水平风的散度也需要被计算出来。这种方法通常运用一个交错网格（图 2 说明了一个例子）来简化空间导数所需要的积分形式。例如，导数 $f(x)=\frac{\partial\psi}{\partial x}\approx$

$\frac{\Delta\psi}{\Delta x}=\frac{\psi_{i+1}-\psi_i}{x_{i+1}-x_i}=f(x_{i+1/2})$ 在点 $x_{i+1/2}$ 处是有效的，

并且这个点是运用在导数上的初始网格点中的。注意，有很多经纬网格的变化网格在这里并没有说明（例如，基于二十面体的网格；Majewski 等，2002）。虽然它们在离散化的细节上有所不同，但是却以相同的方式进行处理。

这两种方法将横、纵坐标分开进行处理。任何随着高度具有强单调增加或者减小的物理量都可以被用于纵坐标上，例如，压力、位势温度或者模型自身高度。关于纵坐标方面的讨论将在下面的部分进行研究。

为了决定纵横网格中的模型空间，在大气运动中考虑模型的尺度是很重要的，而这种网格可能是高斯网格或者依照上述两种例子得出的网格。大气运动发生在不同的尺度上，从分子耗散甚至到全球规模的大的循环系统。通常来讲，尺度越大，可变特征的变化持续时间越长。在一个指数尺度的特征中，时间和空间尺度经常可以形成一个近似线性的关系。运用数值模型，必须结合空间和时间尺度。尺度分析和尺度之间的联系帮助我们去理解在网格和积分方法的选择上，哪种类型的大气运动可以被求解（尤其是大规模（Rossby）波动），以及哪种类型大气运动是被抑制的。这种方法强调必要的物理参数化来填补模型尺度的差距的需要。例如，一个具有几百千米范围的水平分辨率特征的全球气候模型，是不能捕捉到对流过程的细节的，并且就像需要建立参数化过程一样，把模型建立的大尺度的循环作为输入量，在未求解的区域推导对流特征，给大尺度模型提供从亚尺度网格过程中产生的趋势，而这种亚尺度网格又与大尺度循环有关系（例如，潜热释放或者是垂直方向上对流的质量流量）。

2.2.1　垂直离散和网格

在气象领域，不同的纵坐标被应用。通常任何强单调参量都可以成为替代几何高度的纵坐标。两种最常用的替代量是：

（1）压力。空气压力随着几何高度的增加以指数方式减小，并且是很多气象应用方面的可选择变量。历史上的无线电探空仪已经被用来高精度地记录空气压力、温度、湿度和风。

（2）位势温度。其定义为当空气微团以绝热的方式移动到地面上时具有的温度。通过定义这个参量来保证在自由大气（摩擦忽略不计并且没有明显

的绝热过程）中可以有绝热运动。

现今的很多气候模型仍然在全球规模上应用流体静力学近似（见第 2.1 节）的方法，把空气压力作为它们的纵坐标[3]。甚至随着水平和垂直分辨率的增长，很多在全球尺度上的模型仍然不把这一现状当成问题。为了容易地将地形因素包含在内，模型把表面压力（p_s）作为一种预测量，并且设置垂直标准是基于此的。被用于确定运动方程的实际变量通常为一个量纲为 1 的数，在它的简化形式中，水平压力（p）和表面压力（p_s，参见 Phillips，1957 和 Mintz，1965，作为原始研究）的比率是

$$\sigma = \frac{p}{p_s} \qquad (6)$$

一个稍稍不同的方法是允许包含一个特定的上部边界压力（p_{top}）。在这种上部边界压力处，改变表面压力造成的影响消失了。坐标变量在 0（模型顶部的压力）和 1（压力等于表面压力）之间变化，可以被写为

$$\eta = \frac{p - p_{\text{top}}}{p_s - p_{\text{top}}} \qquad (7)$$

这个方程可以以一种离散形式（k 代表一个水平指数）表示出来

$$p = \eta(p_s - p_{\text{top}}) + p_{\text{top}} = \eta p_s + (1 - \eta)p_{\text{top}} \qquad (8)$$

$$p_k = \eta_k(p_s - p_{\text{top}}) + p_{\text{top}} = \eta_k p_s + (1 - \eta_k)p_{\text{top}} \qquad (9)$$

垂直离散的结果通过一个小的选定的值 η 和一个理想的钟形的表面压力分布在图 1 中被表示出来。

这种事实很容易同在 ECMWF 模型（例如在 ERA—40 重分析中的应用；Uppala 等，2005）中运用的东西联系起来

$$p_k = a_k + b_k p_s \qquad (10)$$

其中某个水平数是地形（随着表面压力有所不同），特定"运输"压力的水平是未受表面压力（b_k 初值为 0，a_k 由要求的压力水平得出）影响下的纯粹压力水平。这种混合坐标系统已经在很多模型中广泛应用很多年。

应用在当今气候模型中的垂直高度和水平数变化很大。一些模型具有较低的限制，例如限制在 10 hPa（约 32 km）下，一些模型可以达到 80 km 或者更高。水平数在几十到 100 层左右变化，这导致了非常不同的垂直方向的分辨率[4]。

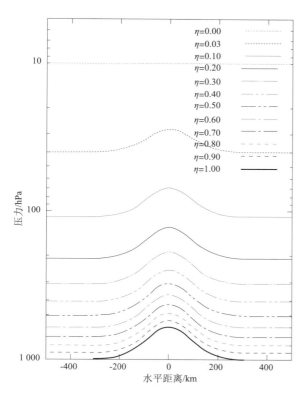

图 1 基于压力的垂直坐标系统中的表面坐标说明

（钟形的表面压力分布曲线扭曲了垂直量，直到特定的压力达到最大值（10 hPa）。相应的 η 值最高为 0，最低为 1）

2.2.2 水平离散和网格

就如在本节引言中介绍的一样，这个分节将会关注网格点方法。在大气模型中的水平离散在垂直基准（见第 2.2.1 节）上有所不同。下面的讨论基于由经度和纬度给定的自然坐标系。

两种级别的变量可以在一个数值模型中被区分出来。预测量（数值上）由时间积分出来，而诊断量可以在每次时间步长内立刻被推导出来，而不需要了解大气的前后状态。基于对方程的选择不同，预测量可能不同（看上述关于水平风矢量的二元性、散度和涡量的讨论）。在一个基于垂直坐标系统（见第 2.2.1 节）下的压力环境中，表面压力也是一个预测量就变得很重要。

交错的水平方向的网格（图 2）在使用时具有一个优点：动量变量（例如，风的 u 和 v 分量和科氏力）定义在格心点，同时其他变量（例如，质量和湿度变量）则定义在格（交叉）点上。所有格心点形成了模拟域的正规网格，而格点在 x 和 y 方向上偏移 0.5 个网格宽度（Arakawa 和 Lamb，1977）。

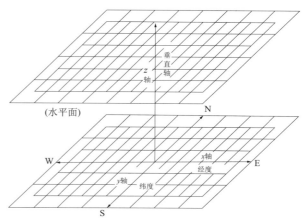

图 2 交叉网格的典型说明（Arakawa 和 Lamb，1977）

（经度坐标在 x 轴表示出来（从西到东）；纬度坐标在 y 轴表示出来，从南到北。内部网格相对于外部网格分别在两个方向移动 $\Delta x/2$ 和 $\Delta y/2$）

2.2.3 参数化和附加物理量

就如在 2.2 节介绍的一样，由于大气数值表示的特征，某些较小尺度将无法表示。在谱方法中的波数截断误差和在差分离散方法中选择的水平网格的网格单元，超越了这些范围的物理尺度，在模型中将无法表示。很明显，"真实"的世界并不这样"粗糙"。大气建模中，必须考虑丢失的尺度和有关过程。很多模型将会运用参数化的选择来处理亚尺度过程。这种选择包括边界层中的湍流、对流、小范围的碎波和其他很多因素。

2.2.4 时间积分

在实际过程中，一个大气循环模型有两个重要的组成部分：一个动力学核心，来解决运动方程和一个物理学计算过程，作为动力学（例如，未解决的波阻、辐射热率）计算积分的驱使量。

时间上的向前积分形式通常利用建立好的数值方法，比如龙格—库塔方法或者蛙跳方法，在这里不讨论。运用在模型积分中的时间步长取决于求解中的水平和垂直尺度。模型的稳定性取决于时间步长的准确选择，时间步长太大将会获得有条件的不稳定模型，然而时间步长太小将会获得一个稳定但是计算起来比较复杂的模型。具有几百千米水平分辨率和几百米垂直分辨率的气候模型通常在一个典型的 15～30 min，或者 48～96 h 的时间步长下运行。在模型中表达的其他过程可能会基于一种假设进行计算，假设它们都很慢并且很平滑，例如，平流层气体相变化学过程可能会以每小时为单位进行计算，或者辐射传递可能会以每 3 h 为单位进行计算。其他的分支模型，尤其是次网格缩放过程中的参数化模型，可能会以一个小的时间步长进行计算，例如，每个时间步长下每个动力学模型计算两次。

3　如何运行模型

在第 2 节，已经建立了一个基本的方程组，并且水平和垂直网格方面，已经探讨过时间积分。为了对大气模型进行积分，要求有两种不同种类的数据：模型开始进行预报天气或者预测气候的初始状态，以及约束一些在模型中不计算（由于缺少子部分）的数据量的边界值。因此，额外的模型在建立大气气候模型时是必要的。一个输入模型读取初始值、一个输入模型读取和不断更新边界值数据、一个输出模型写出可以作为随后积分或者分析的初始值预测数据。在一个数据同化环境中（通常为天气预报和气候分析的模型数据同观测数据的融合），模型读取和边界状态更新是由一个可以根据观测进行适应/改变预测变量的模型补充而来的。

3.1　初始值问题（天气预报）

天气预报在很大程度上是一个初始值问题。用模型和方法论来约束模型在初始阶段符合观测状态，即精确地保证大气的初始状态接近过去的某个时刻，是一个很大的挑战。经过一个特定的时间窗口后，模型将会自由地运行来预测接下来几天的天气。初始值的建立主要是一种数据同化的技术。存在许多简单和复杂的方法可以把观测数据插入大气模型中，并且通过一致的方法运用数据和模型来推导出对于最近大气的预测。

数据同化的一种简单的形式是包含观测值的插值（在空间和时间上），结合一个短的模型的积分过程。这种积分过程运用插值的观测域把模型变量向观测值进行松弛。最近几年更多的基于变量分析和复杂求解器的精确方法已经成为可能。如果不考虑复杂性，达到的目标总是相同的——提供大气在最近的某个时刻的好的预测效果。

初始值一旦建立，构造的模型将在未来环境中计算，从而预测结果。只有一种确定性的预测通常不能满足对大气变量和不确定性的描述。通常可替代（近似相等）的初始状态已经被表示出来，并且模型运用不同的初始状态进行多次计算。然后对预测结果进行稳定性分析，为特定的天气状况提供可能情况。

最近，研究人员开始研究辐射的示踪气体提高天气预报准确性的真实可能性。

3.2　边界值问题（气候预测）

相比天气预报来说，气候预测在本质上是边界值问题（从大气的观点来讲）。通常把耦合的海洋－大气模型（OAMs）和大气化学－气候模型（ACCMs）分开运行。耦合的海洋－大气模型计算未来的海洋表面温度和海洋冰覆盖程度的变化，而大气化学－气候模型则利用海洋－大气模型的结果作为一个下边界条件。两个模型都将运用相同的环境（边界条件通过确定的或不确定的经济发展假设情况来进行推导）来更好地混合温室气体（IPCC，2007；WMO，2007）。模型的下一阶段将会同时包含更多的组成成分。

假设在气候的时间尺度上大气是部分地由其边界条件（包括海洋－地表温度和可观测到的温室气体变化）驱动的系统，当对过去的气候状况进行建模时，这样做具有确定性的优势。它简化了气候变化信号的属性，把模型限制在了一个简单但是明显的方法中，对 20 世纪的真实气候的发展有所贡献，并且不用把内部的大气变量排除在外。这样的整合使得将大气气候模型数据和由综合的数据同化系统（参考上面描述）创建的数据进行对比成为可能。这种确认步骤对建立可信的模型很关键，这种可信模型将对 2100 年的气候变化进行预测。

4　大气模型的自然延伸

前面的几节关注和解释了一个典型的大气动力学模型的结构，赋予大气输运示踪气体的属性。更新的模型通过一种复杂的方式进行求解，这种方式可以解决大气中数十种示踪气体（和气溶物质）的输运问题。以前输运问题在大气模型中通常只进行简单的表述，因为水蒸气是其中唯一考虑的输运物质。水蒸气在很大程度上受微观物理学影响，因此纯粹的输运特性并不被假定得很重要。这一点最近改变了，输运在大气模型中逐渐占有很大的部分。

4.1　输　运

大气中关于输运的描述对于化学－气候建模过程来说是核心部分，这个模型不仅仅是评价未来大气的动力学状态，也会强调空气污染问题（IPCC，2007）和臭氧层的未来问题（WMO，2007）。在拉格朗日框架中，空气微团被定义，并且会随着大规模的风（每个微团在它们自己的轨迹上）进行运动。空气微团相关的坐标将会随时间进行变化，并且初始的空气微团覆盖的状况可能在很短的时间内变得非常不均匀。在欧拉方法中，空间区域被重新定义，并且流量会在相邻的两个空间区域内进行计算。

这种方法依赖于空间区域的尺寸，可能会耗散过大，尤其是示踪物可能不会保持锐利的梯度变化。因此，经常运用一种混合方法——半拉格朗日法（Staniforth 和 Cote，1991）。该方法的思想是所有的轨迹线都会在一个积分时间步长结束时达到由欧拉框架决定的网格点处，但是每条轨迹线的出发点（在较早的一个时刻）是不被欧拉网格约束的。出发点可以（在很多方面将会）处在定义过的网格点之间，并且物理量之间的对流被看作一个从邻近网格点到计算轨迹点之间的插值问题。在这种情况下，应注意的是大气的水平和垂直速度在数量级上有很大的差别，其中垂直速度比水平速度小几个数量级，所以需要一种方法分别对水平和垂直对流情况进行处理。虽然人工的数值扩散是不可取的，但是次网格尺度的输运过程也是需要考虑的，并且这些是包括扩散和对流质量流的。特别是，对流质量流将会在气候模型中进行参数化，因为其具有显著的尺度差异（气候模型网格：约 100 km；对流过程：10～100 m）。

4.2　化学和气溶物质建模

大气模型可以为模型提供气象输入量（例如温度和压力），并以此来积分化学速率方程。在已经对输运过程很好地建模（第 4.1 节）的前提下，包含化学因素是大气模型系统的一个自然的延伸部分。甚至一个只有模型的大气中，由温室气体、臭氧和气溶物质产生的热流量都需要在辐射传递计算中考虑。很多温室气体可以假设是混合均匀并且空间上不变的。例如，臭氧在大气模型中常被规定拥有明显的空间和季节性的特征（例如，IPCC 中的大气—海洋全球循环模型，2007）。这种限制在化学因素进入大气模型中时是可以被放弃掉的。

同化学因素相同，气溶物质的建模变得越来越全面。对于辐射来说，大气中的气溶物质是很重要的。它们对辐射传递有直接的影响，并且通过提供

云层凝结核又具有间接的影响。另外，间接影响云层寿命的变化，并且由于气溶物质产生的云层加热，可能会直接减少云层覆盖和液态水滴含量。对于间接影响和它们对大气的影响，具有很多不确定性，并且很多模型仍然忽略或者高度参数化了这些方面的影响。

毫无疑问，地球系统中的化学和气溶成分，是影响气候未来发展的重要子系统。注意到两者之间存在的相互联系是很重要的，例如，化学物质在气溶物质表面进行反应，或者是气溶物质产生了一些气态物质。化学物质和气溶物质通过它们对辐射和典型过程的影响同气象状态结合起来，但是反过来化学反应和微观粒子也被温度、适用性和水的相变等影响。

5　结　　论

本章明确地阐述了建立大气模型的框架问题。但是这些内容对于复杂的问题来说只是初步的水平。对大气建模的核心是，经过缩短尺度简化的数值模型对连续多尺度大气流的仿真能够识别到什么程度。为了判断一个大气仿真的适合性是否达到要求，还需要通过理解和认识方程与网格选择上存在的限制和约束，这是保证以这些模型为基础得到的大气数据能够成功应用的关键。

备　　注

［1］相比之下，一个模型可以在动坐标系中进行构建，称为拉格朗日法。对于全球大气模型来说是很复杂的，因为在模型中质量守恒是很重要的。通常可以运用半拉格朗日法的模型具有以下特点，即通过定义，轨迹线在一个固定的重新定义的点处结束，而且其原点是不受约束的。

［2］辐射量，就像 Kiehl 和 Trenberth（1997）描述的一样，是保持大气运动的重要影响作用。辐射量和相关的辐射热被大气示踪气体的浓度和发散量影响着，这些示踪气体包括水蒸气、二氧化碳和臭氧。大气温度的总体结构是辐射和动力学双重影响的结果。

［3］相比之下，Davies 等（2005）提出了一种具有混合几何高度坐标系的新的非静力天气和气候模型。

［4］自由大气具有的特征高度尺度（根据温度

分布）大约 7 km 左右（通常，模型会具有大约五个级别或者更多的级别来解决一个 7 km 高度差的对流顶层的问题）。

参考文献

Arakawa，A. and Lamb，V. R. （1977）Computational design of the basic dynamical process of the UCLA general circulation model. *Methods Comput. Phys.*，**17**，173—265.

Davies，T.，Cullen，M. J. P.，Malcolm，A. J.，Mawson，M. H.，Staniforth，A.，White，A. A. and Wood，N. （2005）A new dynamical core for the Met Office's global and regional modelling of the atmosphere. *Quart. J. Roy. Meteor. Soc.*，**131**，1759—1782. doi：10. 1256/qj. 04. 101.

Holton，J. R. （1979）*An Introduction to Dynamic Meteorology*，2nd edn，*International Geophysics Series*，vol. 23，Academic Press （and newer editions）.

IPCC. （2007）*Climate Change 2007：The Physical Science Basis. Contribution of Working Group I to the Fourth Assessment Report of the Intergovernmental Panel on Climate Change* （eds S. Solomon，D. Qin，M. Manning，Chen，Z. Marquis，M. Averyt，K. B. Tignor，M. Miller，H. L.），Cambridge University Press，New York.

Kalnay，E.，Kanamitsu，M.，Kistler，R. Collins，W.，Deaven，D.，Gandin，L.，Iredell，M.，Saha，S.，White，G.，Woollen，J.，Zhu，Y.，Chelliah，M.，Ebisuzaki，W.，Higgins，W.，Janowiak，J.，Mo，K. C.，Ropelewski，C.，Wang，J.，Leetmaa，A.，Reynolds，R.，Jenne，R. and Joseph，D. （1996）The NCEP/NCAR 40—year reanalysis project. *Bull. Amer. Meteor. Soc.*，77，437—471.

Kiehl，J. T. and Trenberth，K. E. （1997）Earth's annual global mean energy budget. Bull. Amer. *Meteor. Soc.*，**78**，197—208.

Majewski，D.，Liermann，D.，Prohl，P.，Ritter，B.，Buchhold，M.，Hanisch，T.，Paul，G.，Wergen，W. and Baumgardner，J. （2002）The operational global icosahedral—hexagonal gridpoint model GME：description and high—resolution tests. *Mon. Weather Rev.*，**130**，319—338.

Mintz，Y. （1965）Very long-term global integration of the primitive equations of atmospheric motion：an experiment in climate simulation. *Meteor. Monogr.*，**8**，351—356.

Phillips，N. A. （1957）A coordinate system having some special advantages for numerical forecasting. *J. Meteor.*，**14**，184—185.

Salby，M. L. （1996）*Fundamentals of Atmospheric Physics*，*International Geophysics Series*，vol. 61，Academic Press.

Staniforth，A. and Cote，J. （1991）Semi-Lagrangian integration schemes for atmospheric models-a review. *Mon. Weather Rev.*，**119**，2206—2223.

Uppala，S. M.，Kallberg，P. W.，Simmons，A. J. Andrae，U.，Bechtold，V. D.，Fiorino，M.，Gibson，J. K.，Haseler，J.，Hernandez，A.，Kelly，G. A.，Li，X.，Onogi，K.，Saarinen，S.，Sokka，N.，Allan，R. P.，Andersson，E.，Arpe，K.，Balmaseda，M. A.，Beljaars，A. C. M.，Van De Berg，L.，Bidlot，J.，Bormann，N.，Caires，S.，Chevallier，F.，Dethof，A.，Dragosavac，M.，Fisher，M.，Fuentes，M.，Hagemann，S.，Holm，E.，Hoskins，B. J.，Isaksen，L.，Janssen，P. A. E. M.，Jenne，R.，McNally，A. P.，Mahfouf，J. F.，Morcrette，J. J.，Rayner，N. A.，Saunders，R. W.，Simon，P.，Sterl，A.，Trenberth，K. E.，Untch，A.，Vasiljevic，D.，Viterbo，P.，and Woollen，J. （2005）The ERA—40 reanalysis. *Quart. J. R. Meteor. Soc.*，**131**，2961—3012. doi：10. 1256/qj. 04. 176.

WMO. （2007）*Scientific Assessment of Ozone Depletion：2006*，*Pursuant to Article 6 of the Montreal Protocol on Substances that Deplete the Ozone Layer*. National Oceanic and Atmospheric Administration，National Aeronautics and Space Administration，United Nations Environment Programme，World Meteorological Organization，European Commission.

本章译者：赵宁（南京航空航天大学航空宇航学院）

第 300 章

航空排放物

Bethan Owen and David S. Lee

曼彻斯特城市大学达尔顿研究所，曼彻斯特，英国

1 引　言

　　航空排放物可以影响当地和区域范围的空气质量，同时也可以影响全球范围的气候变化。当地和区域范围的排放物及其影响将在第 6 卷第 301 章进行详细介绍，本章着重于就影响气候变化的排放物进行叙述。

　　航空活动通过影响大气中的温室气体（GHGs）的饱和度来改变气候系统中的辐射平衡，可以通过排放 GHGs（主要是碳氧化物——CO_2）来直接影响，也可以通过排放一些影响辐射活跃的气体（主要是氮化物 NO_x）来间接影响，例如甲烷和臭氧。这些排放物造成辐射平衡中的波动，使气候系统重新适应一个新的平衡温度，而这些是导致气候变化的科学发展是一个里程碑，而且保持了一个有价值的参考作用，甚至是在几十年之后。报告中强调航空活动造成的辐射大约占全球人类辐射强度（RF，一个气候量，见第 6 卷第 304 章）的 3.5％，这些基本上是从 CO_2、NO_x 的排放和稳定的线性凝迹形成的航迹云数据得到的，由于没有更好的评估办法，所以飞机诱发的卷云（AIC）的影响尚未被计及在总的辐射强度 RF 之内。依据一个中度范围的增长环境，辐射强度 RF 到 2050 年估计会增长 5％。尽管主要的不确定因素在于航迹云（“已知”）、NO_x 对臭氧（“已知”）和甲烷（“未知”）产生的影响，但是最大的不确定因素仍然与 AIC 有关（“非常未知”状态）。

　　自从 IPCC（1999）发布报告以来，更多的研究力量已经付诸实际来研究航空对气候影响的更深层次的理论，尤其是在减小航迹云和 AIC 的不确定性之间的差距方面（例如，QUANTIFY 项目[1]）。

　　自从 IPCC（1999）发布报告以来，关于航空对气候影响的研究环境开始转变：在这一时期，研究的问题是“影响的数量级是多少？”在最近几年，研究开始关注“怎样减小这种影响？”“利用哪种指标可以比较并说明影响的减缓？”和“减缓的技术和大气的权衡办法是什么？”研究的问题已经变得越来越专业和复杂，但是尽管如此，由于在某些领域缺乏基本的科学知识，使得这些问题频繁地积累。

　　本章主要回顾和总结了最近的一些科学研究，第 2 部分介绍排放物变化趋势，第 3 部分介绍排放物和它们的影响，第 4 部分介绍排放物的详细目录，第 5 部分介绍未来排放物的变化趋势，第 6 部分介绍减缓排放物影响的技术和政策措施，第 7 部分介绍最后得出的结论。

2 交通和排放物趋势

　　民用航空发展得较快，尤其是自从喷气时代的到来，使得乘客跨越长距离的旅行成为可能。在 2006 年，大约有 20 500 架民用飞机进行着全球服务，其中有 27％是 100 座以下的，65％是超过 100 座的，8％是运输机（Airbus，2007）。这个统计指出了全球飞机的容量，这些是就它的燃料燃烧量来讲的，并且其中排除了私人飞机和通用航空。空客公司预测到 2026 年飞机数量几乎会翻一倍，大约

会达到 40 500 架，其中 20％会是 100 座以下的，70％是 100 座以上的，10％是运输机（Airbus，2007）。

　　航空需求随着时间的增长趋势如图 1（a）所示，参考单位是以客运周转量（飞行和需要的座位数量 RPK，或者是有效的座位里程 ASK，可以作为一种能力的度量）而言的。每年的客运周转量的平均增长比率，在 1980—2000 年阶段是 5.13％，在 1990—2007 年阶段是 5.03％，而 1971—2007 年阶段是 6.25％。

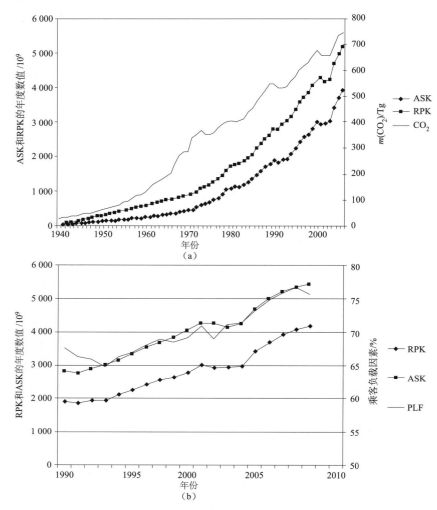

图 1　（a）RPK、ASK、航空煤油燃料销售的长期趋势（数据来自 ICAO 和世界能源组织）；
（b）RPK、ASK 和 PLK 的短期趋势（1990—2008 年）

　　这个行业自从"9·11"世界贸易中心被袭击事件发生后，经历了一个广泛的低迷时期。在燃油价格戏剧性增长的 2007—2008 年之前，也许没有这么普遍意识到这个行业的复苏。2000—2006 年这个时期总体的增长，就客运周转量而言是 29.7％，平均下来这个阶段每年的增长率是 4.8％，只比长期的平均值稍小一些，例如 2006 年的总的客运周转量只有 3.6％，低于在 1999—2000 年期望的年平均增长率。这是这个行业恢复的一个信号，尽管需求仍然根据原油价格的改变而改变。但值得注意的是，原油价格在 2003—2006 年的时期里翻了一番，

这个时期的客运周转量仍增长了 30.5％。随着 2007 年以后的经济衰退，航空行业也在一定程度上受到了影响。一些"边缘的"经营者已经濒临破产，但是，主要的航空公司和其他很多大型公司一样，只是减少了增长。实际上，全球经济的衰退只在 2008 年对航空行业有明显的影响，但是 2008 年的客运周转量的总体增长仍然有 1.3％～1.6％（差异来自国际民用航空组织和国际飞行运输组织的统计）。2008 年乘客负载因素减少，从 2007 年创纪录的 76.7％下降到 2008 年的 75.7％。

　　来自航空的排放物不会像依据两种基本原因进

行增长的增长率一样增长。首先，新的飞机外形的出现使它们有了更好的燃料燃烧效果，而这是一个直接影响操作价格的因素。但是，平衡这些的是飞机（发动机）外形的新型设计产品，只能不定期地进行生产，主要是受投资的费用和飞机寿命（大约是 25 年）的影响，并且尽管新型飞机可以保证其飞行时间更短，但是老式的飞机仍然会出售给其他的经营单位。需要退休（报废）的飞机往往是那些非常旧的，并且在很多航线不能操纵的飞机。其次，就负载因素而言，利用率和效率一直增长。这两个方面对整个"运输效率"（也即每千克燃料的 RPK）的作用（技术和负载因素）是不清楚的。然而，二氧化碳排放物的一个可靠的指标可以从煤油燃料稳定的销售情况中得出来，这些数据由国际能源机构（IEA）给出，在图 1（a）中已经表示出来了。煤油燃料的销售和利用的增长率在 1990—2005 年大约是每年 2%。在 2005 年，燃油的利用量大约是每年 2.33×10^8 吨，或者是每年排放 7.33×10^8 吨 CO_2。

在 2000 年使用燃油时，排放的 CO_2 量达到了总燃油废物排放量的 2.74%，这个统计利用了从 Boden 获取的 IEA 组织关于煤油燃料的销售数据和来自 Boden，Marland 和 Andres（2007）的全球 CO_2 排放数据。在过去 5 年里（见图 2），航空 CO_2 排放的减少不是航空 CO_2 排放物减少的结果（2000—2006 年增长了 9.8%），而是全球燃油废物加速排放造成的，在同一时期，全球燃油废物排放增长了 22%（Boden，Marland 和 Andres，2007）。航空 CO_2 排放量同总体燃油废物排放量的比例在图 2 中显示出来。

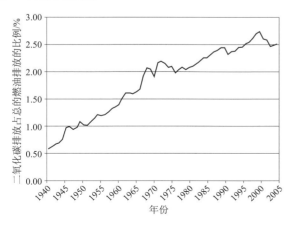

图 2　来自煤油消耗数据（数据来自 IEA，2007）的二氧化碳排放占总的燃油排放的比例

（数据来自 Boden，2009）

3 排放物和影响

3.1 二氧化碳

二氧化碳是当今飞机发动机排放的唯一寿命很长的温室气体，并且它同燃油的消耗有一个固定的比率。民用航空中运用的大部分燃油是掺有少量的航空汽油（AvGas）的煤油，航空汽油用于小型的活塞发动机来对飞机进行照明。煤油中的 CO_2 排放指数（EI，每千克燃料排放的克数，g/kg）完全燃烧是（3 160±60）g/kg。废气中其他少量的碳化物气体是 CO 和其他的碳氢化物，但是它们只是由于不完全燃烧而产生的很小的一部分，而且它们的排放物指数在低功率情况下比较高。

依据 IEA 关于燃油销售的统计，来自航空的全年 CO_2 排放率在 2005 年是 7.33×10^6 吨（所有的民用和通用航空）。这代表着大约全部人类 CO_2 排放量的 2%～2.5%。但是，在这里，我们要研究这些排放物的影响就要从一个完整的历史过程的角度出发，这是因为在大气中 CO_2 具有不同阶段的寿命周期，而且 20%～35% 的 CO_2 将会在地球大气中存在几千年。航空活动从 1940 年开始兴起，直到 2006 年，这段时期的累积排放物大约是 22 Pg（10^{18} g）。如果拿这些同当今来自燃油燃烧、工业领域和气体燃烧的总体 CO_2 排放量（Boden，Marland 和 Andres，2007）进行比较，航空排放物大约是 1751—2006 年时期的 0.5%，1940—2006 年时期的 2.1%。

航空活动对整个 CO_2 的辐射强度的贡献可以通过一个简单的碳循环模型进行计算。首先计算观测的背景浓度（或者是模型计算）下的大气 CO_2 浓度，其次计算简单的自然对数模式下的辐射强度，这种模式是对 CO_2 进行光谱饱和度的仿真（Lee 等，2009）。

图 3 表示了在 1940—2005 年内航空 CO_2 在所有排放物中的辐射强度演变过程。另外，下面的图表（图 3（b））表示了 2005 年以后来自排放物的残余辐射强度。这种后来的描述可以从两种角度来理解这种描述：假设航空活动在 2005 年停止后，来自航空方面的 CO_2 辐射强度的时间序列；或者在 1940—2005 年之间来自累积排放物的残余辐射强度。后一种观点是通过积分辐射强度来得到更稳定、更好的表达，单位是 W/（$m^2 \cdot a$）。但是，这

个不是一个标准的气候度量方法（除去了在 GWPs 中嵌入的内容，见第 6 卷第 304 章），而是对描述 CO_2 的活动进行服务，这种活动对航空 CO_2 排放物来说并不是特定的。但是，它给为什么在缓解这个问题上考虑短期强度（例如臭氧、航迹云和卷云）和长期强度很困难提供了一定线索，这种困难的出现是由于 CO_2 的排放是一个长期持续的过程。

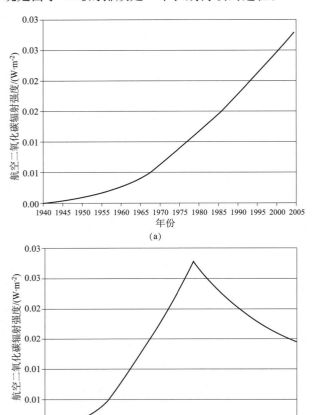

图 3　1940—2005 年内航空 CO_2 在所有排放物中的辐射强度演变过程
（a）上面板；（b）下面板

3.2　氮氧化物

氮氧化物或者 NO_x（一种 NO 和 NO_2 的结合物质）通过飞机引擎在所有操作时期进行排放。航空的 NO_x 排放对当地空气质量影响通常与飞机降落和起飞周期中的排放物有关，这些问题在第 6 卷第 301 章中有研究。这里的关注点是飞机在巡航状态时的 NO_x 排放和随后对大气化学过程及气候变化产生的影响。

在飞机引擎中，NO_x 可以通过四个不同的路径

产生：热路（热的 NO_x）；速型路线（速型 NO_x）；氮氧化路径（N_2O）和燃料氮氧化过程。

热的 NO_x 产生于燃烧空气中氮气和氧气分子的热学分解过程。在高温环境下，氮气和氧气分解为它们各自的原子状态，氮原子和氧原子同氮气和氧气通过泽尔多维奇机理的反应来形成 NO：

$$N_2 + O \rightarrow NO + N \qquad (1)$$
$$N + O_2 \rightarrow NO + O \qquad (2)$$

这些反应的速率取决于理想配比值（空气和燃料的比例），这些配比值是通过基本燃烧区域、火焰温度和在火焰温度下的保持时间得出的。最大的热 NO_x 产出发生在较少的燃油混合比例的情况下，这是因为在热的火焰中，氧气在反应中是过量的。

速型 NO_x 是通过氰化氢以氮气和碳氢化合物活跃分子的反应渠道进行直接反应产生的。这是一个除了在燃油充足状态之外的不太重要的氮氧化物反应机理。

燃料 NO_x 是从燃料氮同氧气的演化和反应中得出来的，其化学反应和生成机理比热的 NO_x 的产生更复杂。这对运行在煤油燃料下的燃气涡轮来说并不重要，因为大部分蒸馏燃料有很少或者没有燃料氮，并且本质上来讲，大部分的 NO_x 是从热路径产生的。

N_2O 的路径包括了氮气同氧原子和一个第三体的反应，即

$$N_2 + O + M \rightarrow N_2O + M \qquad (3)$$

N_2O 通过竞争反应与氧原子、氢原子反应生成 NO、N_2、O_2 和 OH。这个机理在包含较少预混合燃烧形式的应用上可能很重要。这个反应也通过高压进行促进，温度在其中是不太重要的。

在不同的引擎状态下用最佳的燃烧状态达到最小的 NO_x 产出量对燃烧工程师来说是一个挑战。例如，少的燃烧和低排放的燃烧器容易造成燃烧不稳定，这是由波动热和声音共振的交互影响导致的。燃油—空气和燃烧过程的非均匀性可以让高温区增加，使 NO_x 增加。可保持燃烧域中燃油—空气比例接近化学计量上 CO 和 HC 的最小排放量，但是会导致高的火焰温度和 NO_x 的增加。在设计降低 NO_x 含量的引擎中是需要克服的诸如这类问题。

由于 NO_x 的产生在很多状态下有不同的情况，可以总结出 NO_x 的排放不是燃油燃烧的一个单值函数，就像 CO_2 的排放情况一样，这是引擎和特定技术的结果。但这里有一种简单的算法：哪种燃油

流可能会转化为 NO_x 排放物，其中考虑到上层大气温度和湿度状态，例如波音燃油流方法－2（DuBois 和 Paynter，2007）和 DLR 燃油流方法（Deidewig，Döpelheuer 和 Lecht，1996）。

来自大气中飞机的 NO_x 排放物的影响涉及了大部分的反应（大部分但又不全是气相），这些反应最终会导致对流层上部和平流层底部的臭氧在每千万体积（10^9）下增长一部分，并且带有破坏环境的甲烷（有 $1\%\sim2\%$）。因此，NO_x 的排放会导致臭氧产生的正向全球辐射强度和由甲烷破坏带来的负向辐射强度（见第 6 卷第 298 章和第 304 章）。

3.3 水蒸气

来自亚声速航空的水的排放主要在两个方面影响辐射强度和气候：通过来自额外水蒸气的辐射强度直接影响；通过初始的水排放导致航迹云和卷云来间接影响（见第 6 卷第 303 章）。这里对直接的影响方式进行讨论。

如同二氧化碳排放物一样，水的产生在燃油中也有一个固定的比例，对完全燃烧的煤油来说，有（$1\,230\pm20$）g/kg 排放量。IPCC（1999）的报告假定水蒸气的辐射强度相当小（1.5 mW/m²，在 1992 年大概是总航空影响的 3%），因为飞机废气的附属物来自自然水循环的只有很小的一部分。一小部分水蒸气会直接进入更干燥的最底层平流层，但是如果给予交换时间，这只会有很小的影响。但是，当对流层中部的超声速飞行重新作为一个问题时，来自水蒸气的辐射强度的影响就会变得重要起来，正如由 IPCC（1999）的关于 2050 年超声速环境的发现和最近的一些工作得出的，水蒸气支配着整个辐射强度。当今，大型超声速飞机的发展前景看起来是很遥远的。

3.4 硫酸粒子、黑色碳物质和有机物

硫酸和黑碳（BC）粒子，或者烟灰，也会和水蒸气一起包含在凝迹的形成中。另外，假设有机物粒子的存也可以对航迹云/卷云的形成有贡献。如同水蒸气一样，自从 IPCC（1999）报告出现后，很多研究致力于它们的航迹云和卷云，对辐射对这些粒子的影响研究很少（见第 6 卷第 303 章）。

硫黄在航空煤油中浓度很低，典型的浓度是 400 μg/（g 燃料）。硫黄粒子的直接辐射强度由 IPCC 测定，并且其具有很小的负向作用大约是 -3 mW/m²。

黑碳是煤油不完全燃烧形成的，最终来源于复杂的碳化物的凝结，例如燃烧室中的多环芳香烃（PAHs）。"烟雾"是一种对于飞机引擎常规排放物的标准，并且很多已经很成熟，随着喷气式引擎的发展已经减少了黑色可见烟雾颗粒的排放。黑碳颗粒的典型的空气动力学直径是 $30\sim60$ nm。平均的黑碳排放物随高度而减少，大约是从起飞时的 0.08 g/kg 到在高度 16 km 降落时的 0.02 g/kg，2002 年飞机平均排放 0.025 g/kg 的量（Eyers 等，2004），更先进的引擎排放量更少，每千克燃料排放 0.01 g 煤烟。每千克燃料有 $10^{14}\sim10^{15}$ 煤烟颗粒被排放，这些基于引擎类型和能源设置。IPCC 组织测量的来自航空黑碳的直接辐射强度是 3 mW/m²。

有证据证明包括氧化有机物和有机酸等低挥发性的有机物可能在飞机引擎中被排放出来，进而形成颗粒。但是，并没有说明这些颗粒的化学成分，因此这里没有给出任何排放物列表。

4 排放物概述

全球航空排放物的列表是通过一个真实的或者预先制定的空中交通环境下的数据库创立的，例如航空公司官方指南（OAG）（http://www.oag.com/）。这些数据库包括给定的飞机起降点、飞机类型和负载等信息。飞机起飞地和降落地之间巨大的循环距离被用来描述航线信息，或者每个飞行过程得到的实际航线被用于世界上一些适合描述排放物类型数据的地方（例如北美和欧洲）。用飞机引擎燃油流模型（PIANO-http://www.lissys.demon.co.uk/index.html#find. 或者 BADA-Eurocontrol EC，2009）来计算在基本飞行距离、高度和飞机类型下的燃油用量。这种类型的计算被用来构造一个经度、纬度和高度的三维的燃油利用（或者是二氧化碳排放量）目录。航空 NO_x 的排放量通常通过来自燃油利用数据中的飞机类型和排放物类型，运用一个燃油流模型来计算（比如 Boeing Method-2；DuBois 和 Paynter（2007）或者 DLR 模型；Deidewig，Döpelheuer 和 Lecht（1996））。

其他少量的排放物通过燃油排放索引进行计算得出。

三维的排放物目录对于计算没有二氧化碳下的航空的影响是必需的，因为关于航空的一系列气候影响都取决于纬度和/或者高度。

文献中关于全球总的燃油/CO_2 和 NO_x 的目录数据总结见表 1。

目录模型至今在约 15 年的发展时间里被很好地构建和理解。然而，它们也是复杂的，必须进行

一些简化假设来达到容易处理的目的。包含进入目录计算中的一些不确定的部分，包括运动数据输入的不确定性、大循环距离而不是真实距离的运用、缺少延误部分和侧风的影响。就目录模型中表现出的负面偏见而言，最显著的是大的循环假设的应用（大约被低估 10%）。AERO2k 和 AEDT/SAGE 模型利用了真实的距离而不是大循环距离，而其他的模型则利用大循环距离。

表 1　全球航空业排放在 2000 年 2 月的目录总结

目录	燃油	CO_2	NO_x	十亿千米	燃油效率/($kg \cdot km^{-1}$)	$EINO_x$	参考
NASA－2000	134	423	1.77	27.1	4.9	13.2	Sutkus，Baughcum 和 DuBois（2003）
TRADEOFF－2000	152	476	1.95	25.1	6.1	12.8	Gauss 等（2006）
FAST－2000 定量	152	480	2.03	30.5	5.0	13.4	Owen 等（2010）
AERO2k 2002	156	492	2.06	33.2	4.7	13.2	Eyers 等（2004）
AEDT/SAGE 2000	181	572	2.51	33.0	5.5	13.9	Kim 等（2007）
IEA 2000 自上向下的估计①	190	601					IEA（2007）
①来自 Eyers 等，2004。							

由于上一下目录模型类型的发展趋势低估了总燃油利用量，这些结果可以是 IEA 总评估结果的缩放，保证考虑全部的航空燃油影响（IPCC，1999）。

5　未来发展趋势

未来排放物情况由 ICAO 委员会进行计算，这是针对 IPCC 对于 2050 年报告的航空和环境保护项目（CAEP）的。最近，2050 年的排放物情况同 IPCC 关于排放物情况的特别报告（SRES；IPCC，2000）已经计算了 A1 和 B2 部分，通过 IPCC 的相同的但是更新过的方法，这种方法包含在 IPCC AR4 WGIII 报告（Kahn-Ribeiro 等，2007）中。他们利用直到 2020 年的 ICAO 的关于排放物的预测来制作，此后利用随着时间推移至 2050 年的预测的技术革新来假设 GDP 驱动的情况。这些情况，连同其他的预测和情况，都在图 4 中表示出来。

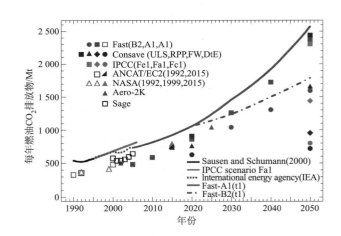

图 4　现今、未来预测和预设情景下的航空二氧化碳排放量（每年）

（来自 Lee 等人的报告（2009）© Elsevier）

对于航空排放的预设情况 FAST-A1 和 FAST-B2 205，2050 年燃油利用量增长量为 2000 年水平的 2.7～3.9 倍。围绕 IPCC SRES 的情况，A1、A2、B1 和 B2 的全排放物预设范围由 Owen，Lee 和 Lim（2010）描述出来。对于这些预设情况，二

---

① 这个民用评估基于 IEA 的总研究数据，并且假定军用的燃油约占总数的 11%。

氧化碳的排放预计会在 2000—2050 年之间达到 2.0～3.6 倍的水平，这些基于某种预设的情况。同航空有关的 NO_x 的排放在相同的时期预计会增长 1.2～2.7，这些同上面的预设情况一致。A1 和 B2 的全球航空排放物预设情况与 Owen，Lee 和 Lim（2010）及 Kahn-Ribeiro（2007）等情况是常见的，它们之间的不同点只是在计算的精确性和基础方法上面。Owen，Lee 和 Lim（2010）的预设情况中包含了来自不同 SRES 预设情况中的不同地区增长的概念，以及新的技术带来了不同增长率的概念。

6　减缓：技术和政策

关于减缓航空排放物影响气候变化的技术和政策指导在这个报告中并不进行深入研究，因为它们超出了研究范围。但是，以科学的眼光来看，指出减缓中的一些限制问题是非常重要的，这些限制并不被工程界、飞机交通管理，或者政策机构等普遍认识。

就技术而言，发动机与机身、燃油和飞机操控之间应该分开考虑。对于政策措施，尽管在一开始看起来并不像是一个大气科学问题，但是如何应对大气的复杂程度和未来科学的角度定量，减缓其影响，迫切需要科学界、技术界，以及政策机构之间的相互合作。

6.1　技　术

燃烧推进系统的改进和来自航空方面的提高在提高燃油燃烧利用率上有重要作用。但是，在开发可以有较好燃油燃烧利用特性的引擎的过程中，已经形成关于高分流比的涡扇发动机（同样可以减少噪声）的发展趋势。但是，这样会导致燃烧室里的高压和高温，这种状态适合 NO_x 的生成，因此，为了不提高 NO_x 的排放量，额外的工作应该放在燃烧室的发展上面。另外，有一种观点是 NO_x 的排放减少是以二氧化碳排放增加为代价的（Faber 等，2008）。燃油利用量的减少，而且是 CO_2 的减少，是因为发动机组织正在实行的一项要求的一部分，这个要求的目的是减少航线的运行费用。NO_x 排放的减少也完全是为了环境，原则上也是为了同 IPAO 的认证要求相符，而最原始的目的是减少对机场周边空气质量的影响。

这里有一个更广泛意义上的理解，即现今阶段 NO_x 和 CO_2 的排放是通过它们对辐射强度的作用来影响气候的。就减少排放量而言，工程组织的关键问题是"通过多少"和"到什么程度"。这些问题被提及是因为 NO_x 和 CO_2 减少之间有一个潜在的技术权衡。但是，这些不是直接的问题，因为 NO_x 和 CO_2 在大气中有不同的寿命，而且结果是完全基于气候影响计算方法的应用、度量的选取，以及第 6 卷第 304 章讨论的输入数据的质量。

就燃料利用和减缓的可能性而言，讨论的重点很大程度上是关于替代燃料的。这个课题被分解为关于生物燃料的煤油替代物和未来可替代燃料，例如液体氢气（LH_2）。航空上的生物燃料在第 6 卷第 305 章进行研究，主要问题在于生产的可行性、道德、关于一些酸性生产方式的 GHG 平衡问题，以及运用在燃气轮机中的技术难题。

就未来的可替代燃料来说，LH_2 是一个已经进行了很多研究的燃料（Ponater 等，2006）。系统、技术和大气问题全集中于 LH_2 上。特别是就系统水平而言，由于制造这种燃料是需要能源的，就应该有必要来证明 LH_2 的生产对二氧化碳排放的减少有益。

就空中交通管理（ATM）而言，减缓措施通常依据凝迹的减少而进行研究，尽管 ATM 在 CO_2 的减少中也扮演一定的角色，这种减少包括提升操纵效率，例如点对点的操纵、持续降落模式和改善过的航线结构及飞行高度。来自这些资源的 6%～12% 的提升可能性被研究过（IPCC，1999），但是对于这样的提升，即使最少的百分比也意味着最高的花费，并且在当前的提升速率下，这代表着大约 4 年的增长趋势（利用长期排放物增长比率）。因此，尽管不可忽略和具有明显的优势，但是一旦系统处在最优化状态下时，ATM 的增长并不代表一种正在继续的排放物减缓手段。

有一段时间人们认为对当前的亚声速飞机来说，航迹云是大气的一个功能，而技术改变（推进效率）可以作为增加航迹云的一个二阶影响量。因此，为了减少当前亚声速飞机的航迹云，避免到那些有可能导致大气的航迹云的地区（冷的，过饱和冰）是必要的。关于这些地区的科学性研究，不管是实施手段还是对气候影响度量，仍然是非常不清楚的。

6.2　政策指示

政策措施包含从市场管理（例如排污权交易）到规章制度，以及这里没有详细提到的方面。包含这些政策中的主要的大气科学又一次同气候度量的选择结合起来。这里简单地指出了这个并不是对所有航空都适合的一个统一的度量法规，尽管这里认为其包含的历史估计的辐射强度和射频干扰导数是不匹配的（Forster 等，2007）。前瞻性的度量措施例如 GWPs 和 GTPs 是最适合的，但是来自时间线、生成和输入数据（来自 CTM/CCMs 中的关于耦合的 $NO_x - O_3 - CH_4$ 系统的数据）的假设仍然存在一个问题。

对于航空 NO_x 的 GWP 计算的输入数据的量度和可变性，最近在一个关于欧洲组织的工作中被突出出来。他们试图制定一系列政策措施来处理航空 NO_x 的排放，同欧洲排放权交易制度合并的航空方面的材料要求是一致的（Faber 等，2008）。在大部分的政策中，需要一个在 NO_x 和 CO_2 之间的排放物等价的条件。但是，这在本质上需要一个航空 NO_x 的 GWP 数值，对这种必要性很少进行研究，并且研究不在一个常规的方法上，而且结果是多种多样的，甚至一个 NO_x 的 GWP 数值都有变化。因此，NO_x 的 GWP 数值并没有推荐值。

7　结　　论

在 1970—2008 年间，就 RPK 值而言，航空活动已经增加了 9 倍，伴随着同期 CO_2 增长了 2.6 个因子。就上一个 20 年（1988—2008 年）的 RPK 而言，空中运输长期的平均增长率大约是 5%/年。依据行业预测，在 2006—2026 年间，飞机数量预计会是之前的 2 倍左右。来自民用航空的年 CO_2 排放速率大约占整个全球 CO_2 排放量的 2.5%，并且在上一个 15 年，航空 CO_2 排放量已经以每年 2% 的速度增长。除去一些暂时减缓或者倒退的航空增长率的戏剧性的外界因素，这个行业已经证明在这些情况下有明显的回弹，保持了长期增长率的持续恢复。在 2003—2006 年间，燃油价格的上涨也有很少的影响，但是仍然需要发掘到底多少近期的变化会影响行业长期的可变状态。然而，进入 21 世纪中叶的航空排放物相对过去的排放比率有 3～4 个因子的增长。

因为航空和其导致的 CO_2 排放量的强劲增长率，以及由此导致的其对气候改变的影响比单纯的 CO_2 排放的影响要大得多，对于航空对大气的影响在抵御气候变化上是需要政策关注的，并且也是科学研究的课题。航空通过它的 CO_2、NO_x、颗粒和水蒸气的排放物来表现出对气候的辐射强度的影响，并且通过航迹云和飞机造成的卷云来影响地球上层大气的云量。航迹云和飞机造成的卷云带来的影响存在着科学上的挑战，而且还存在巨大的不确定性。航空 NO_x 对臭氧和甲烷的影响是清晰的，尽管在全球和局部规模上的建模仍然需要提升。航空 NO_x 对于臭氧和甲烷的影响的研究暗示着，会产生一个强的温度反馈，这个是在飞机巡航高度上臭氧形成以及当北半球地区（这个地区航空占很大比例）独自受到影响（大气被均匀分布在半球上的臭氧影响的实验对比）时的结果。综合考虑这些因素，预示着来自航空的 NO_x 的排放物对气候变化来说仍然存在问题。

航空排放物的减缓被逐渐进行讨论，但是仍然有复杂的技术和大气排放权交易需要考虑，这些对潜在政策手段的选择和决定形成冲击。这些问题的核心是如何平衡来自 CO_2 的长期影响和来自臭氧、航迹云和卷云的短期影响，这些影响与 CO_2 相比有相等或者更大的辐射量级。应特别关注通过改变飞行高度来减少航迹云辐射强度的潜力。但是，不清楚这个是否有益，因为在燃油利用上的增长已经暗示出来（并且因此短期和长期的强度问题也被提及），或者不清楚我们是否有充足的知识和可信的能力来完成一个航迹云避免系统。同样的，在 NO_x 和 CO_2 之间的技术平衡也需要站在大气科学的角度上进行考虑，并且输入数据进行有关度量的模型目前仍然在提供不同的结果。

备　　注

[1]　关于文献中欧洲的研究项目的概述，可以参考网站 http://www.pa.op.dlr.de/quantify/和 Lee 等（2009b）编写的附录一。

参考文献

Airbus（2007）*Global Market Forecast 2006 — 2026*，Airbus，France.

Boden，T. A.，Marland，G. and Andres，R. J.（2007）*Global, Regional, and National Fossil-Fuel CO$_2$ Emissions*，Carbon Dioxide Information Analysis Center，Oak Ridge，National Laboratory，U. S. Department of Energy，Oak Ridge，Tenn.，USA. doi 10. 3334/CDIAC/00001（http://cdiac.ornl.gov/ftp/ndp030/global. 1751 2006. ems（accessed July 2009）.

Deidewig，F.，Döpelheuer，A. and Lecht，M.（1996）Methods

to assess aircraft engine emissions in flight. *Proceedings of the 20th Congress of the International Council of the Aeronautical Sciences*（*ICAS*），Sorrento：International Council on Aeronautical Sciences，pp. 131—141.

DuBois，D. and Paynter，G. C.（2007）Fuel flow method2 for estimating aircraft emissions. Sae Trans. **115**（1），1—14.

Eurocontrol EC（2009）BADA base of aircraft data aircraft performance modelling report. *Eurocontrol Experimental Centre EC Technical/Scientific Report No. 2009－009*，http：//www. eurocontrol. int/eec/public/standard page/DOC Report 2009 009. html.

Eyers，C. J.，Addleton，D.，Atkinson，K.，Broomhead，M. J.，Christou，R.，Elliff，T.，Falk，R.，Gee，I.，Lee，D. S.，Marizy，C.，Michot，S.，Middel，J.，Newton，P.，Norman，P.，Plohr，M.，Raper，D. and Stanciou，N.（2004）AERO2k Global Aviation Emissions Inventories for 2002 and 2025，QINETIQ/04/01113，Farnborough，Hants，UK.

Faber，J.，Greenwood，D.，Lee，D. S.，Mann，M.，Leon，P. M.，de Nelissen，D.，Owen，B.，Ralph，M.，Tilston，J.，Velzen，A. Van. and van de Vreede，G.（2008）*LowerNOx at Higher Altitudes：Policies to Reduce The Climate Impact of Aviation NOx Emissions*，CEDelft，08. 7536. 32，Delft，The Netherlands.

Forster，P.，Ramaswamy，V.，Artaxo，P.，Berntsen，T.，Betts，R.，Fahey，D. W.，Haywood，J.，Lean，J.，Lowe，D. C.，Myhre，G.，Nganga，J.，Prinn，R.，Raga，G.，Schulz，M. and Van Dorland，R.（2007）Changes in atmo-spheric constituents and in radiative forcing.“*Climate Change*”，*Fourth Assessment Report of Working Group I of the Intergovernmental Panel on Climate Change*，Cambridge University Press，UK.

Gauss，M.，Isaksen，I. S. A.，Lee，D. S. and Søvde，O. A.（2006）Impact of aircraftNOx emissions on the atmosphere-tradeoffs to reduce the impact. *Atmos. Chem. Phys.*，**6**，1529—1548.

IEA（2007）Emissions from Fuel Combustion，1971—2001. 2007 edition，International Energy Agency，Organisation for Economic Co-Operation and Development，Paris.

IPCC（1999）Aviation and the global atmosphere，in *Inter-governmental Panel on Climate Change*（eds J. E. Penner，D. H. Lister，D. J.，Griggs D. J. Dokken and M. McFarland），Cambridge University Press.

IPCC（2000）*Emission Scenarios*，A special report of working Group Ⅲ of the intergovernmental panel on climate change. Cambridge University Press，UK.

Kahn-Ribeiro，S.，Kobayashi，S.，Beuthe，M.，Gasca，J.，Greene，D.，Lee，D. S.，Muromachi，Y.，Newton，P. J.，Plotkin，S.，Wit，R. C. N. and Zhou，P. J.（2007）Transportation and its infrastructure，“*Mitigation of Climate Change*”*Fourth Assessment Report Working Group* Ⅲ，*Intergovernmental Panel on Climate Change*. Cambridge University Press，UK.

Kim，B. Y.，Fleming，G. G.，Lee，J. J.，Waitz，I. A.，Clarke，J. －P.，Balasubramanian，S.，Malwitz，A.，Klima，K.，Locke，M.，Holsclaw，C. A.，Maurice，L. Q. and Gupta，M. L.（2007）System for assessing aviation's global emissions（SAGE）. Part 1：model description and inventory results. *Transp. Res.*，D12，325—346.

Lee，D. S.，Fahey，D. W.，Forster，P. M.，Newton，P. J.，Wit，R. C. N.，Lim，L. L.，Owen，B. and Sausen，R.（2009）Aviation and global climate change in the 21st century. *Atmos. Environ.*，**43**，3520—3537.

Owen，B.，Lee，D. S. and Lim，L. L.（2010）Flying into the future-aviation emission scenarios to 2050. *Environ. Sci. Technol.*，**44**（7），2255—2260.

Ponater，M.，Pechtl，S.，Sausen，R.，Schumann，U. and H˙uttig，G.（2006）Potential of the cryoplane technology to reduce aircraft climate impact：a state-of-the-art assessment. *Atmos. Environ.*，40，6928—6944.

Sutkus，D. J.，Baughcum，S. L. and DuBois，D. P.（2003）Commercial Aircraft Emission Scenario for 2020：Database Development and Analysis. Boeing Commercial Airplane Group，Seattle，Washington NASA/CR－2003－212331.

本章译者：赵宁（南京航空航天大学航空宇航学院）

第 301 章

机场对当地空气质量的影响

Mike Bennett and Dave Raper

曼彻斯特城市大学航空运输与环境中心，曼彻斯特，英国

1 引 言

关于航空业对环境的影响，最为严重的问题可以说是关于全球气候变化的问题（也就是二氧化碳和其他对辐射产生重要效应的气体的排放），而引起最多抱怨的问题则是飞行器的噪声问题。机场空气质量有一个较低的公众形象，但它却阐明了一个类似重要性与严格控制之间不相匹配的问题。

表1（政府间气候变化专门委员会（IPCC），1999）列出了一台航空发动机在多种操作模式下的主要气体排放情况（滑行、起飞等）。在本章，我们并不关注二氧化碳的排放，因为它们的影响是全球性的而非地区性的。因此，在机场空气质量方面，我们感兴趣的主要污染物是由飞机发动机直接产生的氮氧化物、未燃烧的碳氢化合物（UHC）和细颗粒物。

表 1 标准发动机运行制度下的典型排放物指标〔g/（kg 燃料）〕（政府间气候变化专门委员会，1999）

（转载自剑桥大学出版社，1999）

种类	运行条件		
	空闲	起飞	巡航
二氧化碳	3 160	3 160	3 160
水	1 230	1 230	1 230
一氧化碳	25（10～65）	<1	1～3.5
碳氢化合物（如甲烷）	4（0～12）	<0.5	0.2～1.3
氮氧化物			
短途	4.5（3～6）	32（20～65）	7.9～11.9
长途	4.5（3～6）	27（10～53）	11.1～15.4
硫氧化物（如二氧化硫）[①]	1.0	1.0	1.0

①假设燃料中有 0.05% 的硫，但现在硫含量通常略低于这个数值。

国际民航组织（ICAO）发布了一个数据库，指出了额定推动力大于 26.7 kN 的喷气发动机的排放指标（详见 http://www.caa.co.uk/default.aspx?catid=702）（2010 年 5 月 27 日起开放）。

但是，机场对当地空气质量的影响绝不仅仅是

在飞机着陆和起飞的过程中，由航空发动机的排放物所引起的，其他可能的重要影响来源如下：

（1）来自飞行器辅助动力单元的排放物（这些为停在地面上的飞机提供了动力、座舱空气等）；

（2）飞行器降落时轮胎冒的烟；

（3）煤油的蒸发排放；

（4）地面服务车辆的排放物；

（5）来自航站楼的大气排放物（例如，锅炉间）；

（6）将员工送往机场的机动车产生的排放物；

（7）将乘客送往机场的机动车产生的排放物；

（8）对机场附近地区有吸引力的当地经济活动造成的排放物。

当我们沿着这张单子看下来，机场运营商应当获得排放物所有权的必要性变得不那么明显。然而，即使我们达到了项目（7）或（8），很显然，规划部门仍然必须在批准机场发展前，考虑伴随着机场的发展而带来的活动可能造成的影响。同样，机场运营商希望能够管理所有的这些排放物的来源，到目前为止这是可行的——否则，其发展就可能会受到当地空气质量的限制。

在大多数发达国家，工、商业发展带来的大气排放物被严格控制，以达到一系列的环境空气质量标准。欧盟（欧盟指令　法案号 2008/50/EC）和美国使用的长期标准分别在表 2 中列出。

表 2　欧盟限制值和 2010 年 1 月为保护人类健康颁布的美国国家环境空气质量标准（NAAQS）
（除非另作说明，否则引用的数据均为一年间的算术平均值）

使用标准	种类						
	NO_2	CO	SO_2	PM10	PM2.5	苯	铅
欧盟限制值/($\mu g \cdot m^{-3}$)	40	10 000	125①	40	29②	5	0.5
美国国家环境空气质量标准/($\mu g \cdot m^{-3}$)	100	10 000	78	150③	15		0.15④

①一年中不超过三天。

②2015 年 1 月 1 日将线性降低至 25 $\mu g/m^3$，并且在 2020 年 1 月 1 日可能下降至 20 $\mu g/m^3$。

③三年中不超过三天。

④三个月的滚动平均值。

对于短期超标（例如，超标一天或一小时）也同样有限制，但这些限制往往与机场排放物的关系很小。对于欧洲的机场，通常长期严格约束二氧化氮限制值。可吸入颗粒物 PM10 也可能成为一个问题（例如，在雅典国际机场附近），尤其是当建设工作正在进行的时候。在美国，对 PM2.5 的约束往往最严格。

在气溶胶污染方面，有几个定义应当用在这里。大气颗粒物以各种形状和大小出现，在标准状态下，可以根据在空气中沉淀时的速度大小对它们进行有效的分类。在重力作用下的沉淀现象是对惯性加速度的衡量，这种惯性加速度使一个颗粒可以沿着一条弯曲流线流动。因此，这是对一个颗粒在人体吸气时可以渗透进肺部多深或在被沉积之前可以在大气中停留多长时间的有效测量。但是，根据单位密度的球体直径对大气颗粒进行分类是一个更加便捷的方法，这样归类的粒子与所考虑的粒子在空气中将会有相同的沉降速度。而这个量就被称为颗粒的"空气动力学直径"。显然，由于颗粒物的体积与它直径的立方成正比，因此颗粒物的质量浓度（每单位体积的空气中的气溶胶的质量）主要取决于粗颗粒气溶胶。但是，颗粒物的数量密度则主要取决于最细小的部分。PM10（或 PM2.5）被定义为空气动力学直径<10 μm（或<2.5 μm）的气溶胶的质量浓度。就对人类健康的影响而言，PM2.5 和更细小的颗粒才是最值得关注的，这是因为它们可以渗入肺部深处的空气交换表面（尽管粗大些的颗粒（PM2.5～PM10）也会引起健康受损）。显然，任何这类颗粒物的化学成分都与它的毒性高度相关，这将会在后面的部分里讨论。另外，可溶性气体往往在上呼吸道中被吸收，它们对于今天的环境污染浓度来说微不足道。

除了美国国家环境空气质量标准所提及的这些物质之外，美国环境保护署（EPA）也有责任控制 187 种有害空气污染物（HAPs）的排放。这其中有 45 种污染物在国际民航组织关于航空器发动机排放物的数据库中。其中特别令人感兴趣的是多环芳烃（PAHs），这当中有许多是致癌的、致突变的或者致畸形的（例如，对发育中的胎儿造成伤害）。美国环境保护署已经指定了这其中的 16 种（包括萘和强烈致癌物苯并［a］芘）作为率先考虑控制的污染物，并且通常针对这些污染物进行采样。

最近的可以说明机场发展可能会受到当地空气质量问题限制的例子就是伦敦希斯罗机场的第三条

跑道。当地的颗粒物浓度已经超过了欧盟限制值 40 $\mu g/m^3$，所以英国交通部（the United Kingdom Department for Transport，DfT）被委任了一项重大的研究任务——"希斯罗机场的可持续发展项目"（PSDH）——来研究所涉及的技术问题。现在通过英国交通部门的网站可以看见这一项目。在本章中，我们将常常提到它。

如想知道更多关于机场空气质量的评估，读者可以直接访问国际民航组织。

2 监 测

很显然，如果对当地是否遵循了空气质量标准的监测不到位，那么制定这一系列的标准也是徒劳的。从广义上讲，我们通常使用三种检测方法：

- 点采样装置。
- 长程监测。
- 扩散管道。

传统的采样点装置实际上是一个 19 in 长的机架安装式的盒子，它能通过一根聚四氟乙烯管子来吸收环境空气，并将测得的浓度传输给一台电脑记录仪。系统是为所有主要的气态污染物而设立的，其灵敏度通常在十亿分之一或更小，并且时间响应在 20～60 s（但是注意，用于烃类的火焰离子化探测器的响应时间只需要几毫秒）。现代化的仪器还允许进行自我校准。同时，设备（例如，TEOM®）也是为了实时监测空气中的颗粒物而存在的。在这种情况下，粗气溶胶（PM10）和细气溶胶（PM2.5 和更细小的颗粒）之间的差别是由采样头进行选择性识别的：对细气溶胶，采样头将迫使输入的空气沿一条十分曲折的路径流动，以至于任何粗气溶胶颗粒都无法到达探测器。显然，取样头和仪器之间的取样路线尽可能直和短就十分重要了。这在曼彻斯特南部站点已经实现了（见图1右侧），它是通过将仪器安置在外侧、每个仪器都通过直管与上方的取样头连接实现的。

从理论上说，这些仪器都相当昂贵（约 10 000 美元，气溶胶监测器显然要更贵），并且需要提供能量、庇护和安全。装置通常都会被安装在一个小屋子里（图1）或者安装在一辆拖车里，它们将在之后的数月甚至数年里发挥作用。

必须记住的重要一点是，任何一个这类监测地点监测的并不仅仅是机场本身，而是机场与它所处的当地环境共同作用的结果。这一点在希斯罗机场

的案例中清楚地体现出来，在 18 个固定站点组成的网络中，只有一个（LHR2）是（刚刚）处于机场边界内的。经过仔细的分析（Carslaw 等，2008；希斯罗机场的可持续发展项目（PSDH），第 2 章），机场对附近地区造成的影响可以与由机动车辆等引起的当地排放物造成的影响区分开。

图1 曼彻斯特南部的环境空气质量监测站
（它的地址就选在通向机场第一条跑道的路径的正下方，距离跑道的末尾 1 150 m 远。所有的环境样本都是从自由流通的空气中获得的，大约在小屋和相关植被的正上方 1 m 处）

如果需要可靠地监测污染物浓度的长期趋势，那么一个由固定站点组成的网络显然是必不可少的。另外，一个移动站点对调查空间的变异性也是十分宝贵的。这种技术已经在法兰克福国际机场（2008）得到了运用，除了在东南角有一个固定站点（SOMMI1）外，还有一个移动站点（SOMMI2）对其进行补充。移动站点会随需要进行搬迁，例如，在机场的中心每次持续一年。然后，它表明在靠近主要道路的机场边界，污染物的浓度最高。一种有效鉴别污染物来源的技术是共同显示污染物浓度和风向（见图2）。这些图中的数据已经被分解到各自的风向上，之后每个方向上的平均浓度将被绘制在极坐标图中，因此高浓度的方向指出了可能的污染物来源。风速也非常重要，Carslaw 在对希斯罗机场的分析中使用了"双变量"绘制来显示风速、风向和平均浓度。在这种情况下，他表明最高浓度与较小的风有关，也就是，在微风下表面浓度会被污染源的上浮所缓解。

当然，空气污染浓度并不只与污染源的位置相关，也与风速和大气稳定性相关（如果空气温度随着高度而增加，这将会抑制分散）。对于化学活性污染物，氮氧化物、紫外线辐射和背景空气质量也同样重要，至少在一个区域范围内很重要。这些因素会与运营问题相互作用。例如，机场的中心在降

落和起飞周期内（LTO）就飞行器的排放物来讲却是最干净的位置之一，飞行器优先在风中起飞和降落，所以它们的排放物通常被平流径向地从机场向外输送。很明显，滑行时产生的污染物有在跑道终端汇聚从而浓度增加的趋势。

因为安全性和其他后勤方面的原因，进入机场去测量空气质量通常十分困难。如果需要机场的具体浓度，使用"长程"监测的方法可能会更加便捷。有许多种系统都是可用的，最常见的是使用一个可见光或红外光的宽带源，将它投射到一个沿着所需路径的狭窄光束之中，并在远端测量传输频谱。之后这个频谱将与各种目标气体已知的吸收频谱相适应，以便沿着光路达到一个集成的浓度。大多数多原子气体可以使用的旋转—振动波段在红外波段，因此可以使用这种技术进行探测。例如，Düsseldorf International（2004）就使用了这种系统（由 OPSIS 制造）在它两条跑道的任意一端监测二氧化氮，从而证明它符合欧盟限制值。不可避免的是，这种系统并不是测量一个给定点的浓度，而是测量一条长度也许在 600 m 以上的路径的平均浓度。在监管方面，这不一定是个问题，因为欧盟指令（法案号 2008/50/EC）要求监测应当在至少 250 m×250 m 的相关区域进行，并不包括紧邻着适度的工业片区或者公路隧道口附近的超标。

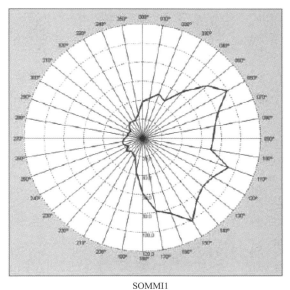

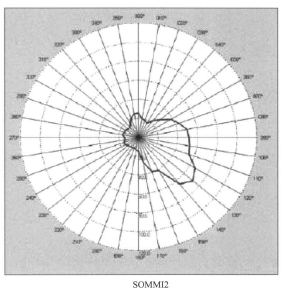

SOMMI1

SOMMI2

图 2 法兰克福国际机场 2007 年在 SOMMI1 和 SOMMI2 站点针对一氧化氮绘制的污染极坐标图

（在这个案例中，有一条驶向机场东部和东南部的汽车高速公路，SOMMI1 坐落在机场的东南角，SOMMI2 在这一年中坐落于机场的中心。转载自法兰克福机场©（2008））

随着反射器的使用，发射器和接收器可以安装在同一位置，这意味着只需要在同一个位置就可以进行访问和提供能量。在使用将散射的太阳光作为光源的被动采样系统时（Galle 等，2002），这种情况也是适用的。当然，这类系统只能够在白天使用。

考虑到能量和访问的难度，使用扩散管成为一种非常流行的替代技术。通过这些扩散管，污染物可以有效地对自身进行取样。这种装置是一个小型的有机玻璃管，通常为 71 mm 长，内直径为 11 mm。它具有一个朝下的开口端，在封闭的顶端则有一块反应纱布。由于浓度梯度，目标气体会被纱布吸收，并因此引起沿管的扩散流动。在部署期间，平均流量应当与平均环境浓度成正比。在部署期间的末尾，管子会被密封，同时纱布会被取出以便对吸收的所有气体进行分析。通过这样一个系统，访问或者安全性的问题被最小化，并且没有功率要求。它的不足之处是扩散过程进行得太慢，以至于在环境浓度中，一个典型的部署周期为 2～4 周。同时，虽然建设成本很低，但在一个周期内必须进行的人工操作和分析可能长达数年之久，这可能会导致花费变得巨大。现有的系统被用来测二氧化氮、氮氧化物、苯、甲苯和二甲苯（BTX）。巴黎空气监测局（2009年）使用过这种技术对 2007—2008 年冬季鲁瓦西周围的二氧化氮浓度进行了广泛的调查，这些装置也在许多工业用地被规则地部署。

虽然点采样装置仍将在多年内保持最高标准，电化学采样器目前的进展预示着它可能会弥补昂贵的固定监测站和多样的、便宜的扩散管之间的不足。实际上，一组由电池供能的小型单元可以在多个位置上以小于 1 min 的响应时间监测空气质量。通过现代消费技术，还可以用低廉的价格在模块中安装 GPS 装置，使其可以确定自己的位置，也可以装一个移动电话，以便其可以进行遥测并将数据传送到中央位置。剑桥大学现在正在开发这类装置，以便用于一系列相关种类污染物的探测。

3 建 模

监测可以在有限数目的测试点上获知当前情况是否遵守标准。想要预测除了已经测得的点之外的其他点上的影响，或者作为对未来各种情景预测的结果，需要某种形式的大气扩散模型。从广义上讲，这种模型有三种类型：

（1）欧拉模型。在这种情况下，大气被分成一个固定的网格，当污染物通过网格以平流输送或扩散时，污染物浓度被建模。这项技术通常被用于区域模型，也就是说，浓度通常只在方格之间略有不同。一个化学反应工艺可以应用于每个网格之内被建模的污染物浓度，从而使得每一个细微的化学演变都能够被模拟。但是，这里的化学反应包含了明显的非线性，因此网格分辨率必须足够高，以便在每个网格框中浓度比较均匀，这会带来相当可观的计算负担。

（2）拉格朗日模型。在这种情况下，排放的污染物被分为大量的颗粒或者小块，并且顺风扩散。

（3）高斯模型。如果对流扩散方程在欧拉框架中求解完了，那么就得出了一个关于顺风时各点处污染物浓度的大致的参数公式。对于以平均风速 u、从有效高度为 h 的烟囱不断地流入深处边界层的释放量 Q，其污染物浓度将由下方的高斯公式给出：

$$\chi(x,y,z)=\frac{Q}{2\pi u\sigma_y\sigma_z}\exp\left(-\frac{y^2}{2\sigma_y^2}\right)\times$$
$$\left\{\exp\left[-\frac{(z-h)^2}{2\sigma_z^2}\right]+\exp\left[-\frac{(z+h)^2}{2\sigma_z^2}\right]\right\}$$

$$(1)$$

这里，x 和 y 分别表示顺风和侧风时与污染源之间

的距离；z 表示距离地面的垂直高度。参数 $\sigma_y(x)$ 和 $\sigma_z(x)$ 为顺风距离的函数，决定了污染烟缕的水平和垂直扩散范围。传统的高斯模型包括根据大气条件（稳定性、风速等）对 σ_y 和 σ_z 的规定，以及对污染源的性质（连续的/瞬态的，点/线/面，浮力的/中性的）的说明。考虑到在给定的 1 h 内的气象条件，方程（1）提供了一张来自各个污染源的表面浓度的地图，将所有这些汇总起来就得到了一张总的污染浓度的预测地图，将一年中所有时间内的图整合起来就可以得到年平均值（或者是每小时超标情况的统计资料，或者是其他任何需要的参数）。

在拉格朗日模型中可能包含了化学反应过程，尽管这在数学上并没有欧拉模型那么自然。高斯模型对基于极大简化的化学反应的化学参数限制十分严格。

用于机场周围空气质量的计算有许多商业监管模型，其中最著名的一些列在了表 3 中。

任何建模过程的第一阶段都是列出排放物的清单。这是一个不小的任务。希斯罗机场可持续发展项目（PSDH）的第 3 节描述了一个半城市化城市中的主要机场的经典的例子。当在该节介绍中对其列出了待解决的 65 个问题时，任务的复杂性就显而易见了。这些显然包括了飞行操作中的各个方面以及可能出现的排放物因素，还评估了一些在第一部分中列出的其他问题。特别是，当地的道路网络被分为成千上万的短段，每一段作为一天中某个时刻的函数都进行了车辆排放物的适当混合。对机场的地面服务车辆、辅助动力单元的运行，以及固定污染源（例如，锅炉厂），也以同样的方式建模。总体而言，这份清单准确地包含了成百上千的污染源信息。

这份清单的全球影响力可以在图 3 中体现。飞机在跑道上和在终点附近的行为造成的影响清晰可见。主要道路网络也同样清晰可见，这在计算机场周围的氮氧化物浓度时是十分典型的。实际上，普通大众感受到的户外氮氧化物浓度一般以机动车辆的排放物为主。

图 3 说明了这些模型的进一步应用：可以对这些模型的污染源的属性制定一些种类。本质上，可以对各种不同类别的污染源运行这些模型，从而以一种现实的方法把目前被监测的污染物的责任分摊开。

表3 挑选出的一些目前可用的监管扩散模型

模型	种类	联络	备注
ADMS－机场	高斯	CREC，剑桥，英国	大多在英国使用
EDMS	高斯	联邦航空管理局，华盛顿特区，美国	美国使用的模型，其分散核心使用的是环境保护局的AERMOD模型
LASPORT	拉格朗日	Janicke 咨询公司，Dunum，德国	在许多欧洲的机场使用
STACKS	高斯	KEMA，阿纳姆，荷兰	在史基浦机场使用

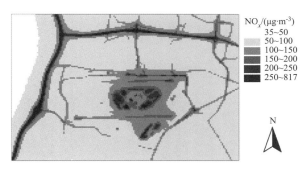

$NO_x/(\mu g \cdot m^{-3})$
35~50
50~100
100~150
150~200
200~250
250~817

N

图3 利用 LASPORT 计算得出的希斯罗机场附近的
氮氧化物的年平均浓度（$\mu g/m^3$）（PSDH，第4章）

（载自交通运输部© 2006）

表3中列出的前三种模型有一个用户交互界面，这将便于将机场活动包含在清单中。例如，EDMS 模型为飞机的操作、地面支持设备、辅助动力单元、公路上的车辆、固定污染源等提供了输入类别。这大大加快了将模型应用于新机场这一过程的速度。对比之下，STACKS 这一模型则有着更一般的应用，并且需要用户将飞机飞行轨迹等分解成一系列的线污染源。

比用户界面更重要的是，将来自这些各种不同污染源的扩散参数化。一架飞机并不是一个躺着的烟囱，涉及的动力学问题会将飞行器发动机排放物的扩散变得比用高斯公式进行的预测更加复杂。这些因素包括：

（1）动量。发动机提供给飞行器的推力将会由一个与其相等且反向的、进入尾焰的净通量平衡。在靠近地面时，这就使得尾焰形成了一股附着在表面的壁射流（"柯安达"效应）。这最终将上升到一个端接头上。

（2）浮力。商用客机的发动机所排放的热量的总和大于 100 MW。这最终将导致尾焰变得强烈并且上抬离开地面。

（3）加速度。在起飞滑跑的过程中，飞行器并不仅仅平动，还伴随加速度。这就改变了尾焰的动力。

（4）升力。在飞行速度下，飞行器的质量是通过将向下的动量传递到周围的空气来平衡的。这就产生了两个下洗的旋涡，它将迅速带走发动机的尾焰。

排放物的浮力和动量在近场内相互抗衡，动量会使得尾焰废气停留在地面，但是浮力却会使得尾焰废气升离地面。对于现代的高涵道比的涡轮喷气发动机，浮力通常在 80 s 的行程时间之后使尾焰废气离开地面。而这已经足够让当地社区免于暴露在飞机起飞滑跑时产生的发动机排放物下。因此，在微风时机场造成的影响将会相当微小（尽管到达机场边界的平流时间可能大于 80 s）。相反，在强风时，排放物被很好地纵向分散。对希斯罗机场监测到的浓度进行分析（PSDH，第2章），结果表明边界围栏外的最高浓度会在风速为相对凛冽的8 m/s 时出现（例如，16 kt）。表3 中列出的模型都将尝试将一些或多或少因为燃油方式而产生的浮力进行参数化。

使用激光雷达扫描（LIDAR）系统，我们就有可能监测到飞机排放物在它们行程的前几百米内的扩散情况（Eberhard，Brewer 和 Wayson，2005；PSDH，附件7）。这些数据被用来提高对上述动态过程的理解，因此，在未来的几年内可能会更加严格地对其进行建模。

4 二氧化氮

从 2010 年 1 月 1 日起，欧盟规定公共场合年平均二氧化氮的浓度不得超过 40 $\mu g/m^3$（见表2），在瑞士，这个标准更苛刻，是 35 $\mu g/m^3$；美国的标准比较宽松，是 100 $\mu g/m^3$。这个严格的欧盟标准明显是取自世界卫生组织的指导值，其中二氧化氮原本被用作发动机尾气的替代品（无疑很冒险）。

进一步说，二氧化氮在烃类物质的氧化过程中充当催化剂。最近的世界卫生组织审查（世界卫生组织，2003）可能认定没有理由改变标准——但放松标准明显不是一种选择。世界卫生组织的标准并没有写进欧盟的法律：无论相关与否，它都是成员国需要遵守的标准。当我们在气炉上烹饪的时候，很容易发现室内浓度达到几百微克每立方米。

第一，从控制和设计的角度来看，NO_2 不便于测量。首先，燃烧释放出来的 NO_x 以 NO 为主。尽管在缓慢（很大程度上与航站周围的浓度相关）低燃烧温度时会使飞机引擎排出的 NO_x 大部分是 NO_2，但在高推力时，90％ 以上排出的 NO_x 是 NO。在整个着陆和起飞过程中，75％ 以上的 NO_x 是 NO（Wood 等，2008）。如果有大量的臭氧，大部分 NO 迅速转化为 NO_2，即 $NO + O_3 \rightarrow NO_2 + O_2$。这一过程的参数化包含在表 3 列举的模型中。在浓度非常高且温度相对较低的情况下（例如，在公路隧道中），三体反应也很重要：$2NO + O_2 \rightarrow 2NO_2$。因此，我们遇到了一个奇怪的情况，主要排放物只与几百米外调整好的浓度直接相关。

同样的原因，技术上很难测量原始 NO_2 与 NO_x 的比值的大小：如果在发动机出口平面提取样本，在测量其组分前，其内部就可能已经发生了一些反应。更复杂的是，可能会存在一些其他微量成分。近期借助分光镜对在曼彻斯特起飞的飞机发动机排气进行了一些测量，发现每 4～5 个 NO_2 分子中就会有一个亚硝酸分子（HONO）。大体上看，一部分 NO_x 可以确定为是 HONO。这个成分反过来分解为 NO 和—OH：后者在光化学领域非常重要，可以促使更多臭氧的产生（Langridge 等，2009）。

第二，燃料多种多样，但大多数都会在一定程度上产生 NO_x。从图 3 和图 4 中可以看到这一点，其显示了希斯罗机场 NO_x 和 NO_2 的浓度模型。注意到这里使用的气体组分模型因 NO_x 在某种程度上削弱了 NO_2 的浓度，因此，远离主要气源最适宜的 NO_2：NO_x 的值约为 45％。接近源头时比值约降到 30％，因为最初的 NO 还没有被氧化。

局部来看，希斯罗机场、巴黎戴高乐机场、法兰克福机场，或许还有斯希普霍尔机场，其附近的年平均 NO_2 浓度均超过 40 $\mu g/m^3$（PDSH，第 1 章；Airparif，2009；Frankfurt International Airport，2008；Advanced Decision Systems，2005）。图 2 和图 4 中的例子以及联合模型证明，这应该是当地

机动车辆尾气导致的。有趣的是，各方监管对此的回应都不一样。在英国，在希斯罗机场建立第三条跑道在政治上有困难，就空气质量问题向欧洲法院抗议的可能性也是阻碍这一项目实施的额外潜在问题。在荷兰，斯希普霍尔在逐步采取措施（如，使用全电代替辅助功率设备）来保持 NO_2 在极限值以内。在德国，法兰克福机场在建设第四条跑道，向生态敏感区域以及联邦或欧盟法庭不满的可能性妥协。在法国，关于巴黎戴高乐机场可持续发展问题的官方报告（Dermagne，2008）建议机场和巴黎当局加强自身监管与分析，以及使监管透明化。而其他地方，困扰附近居民更多的是飞行器噪声，而不是当地空气质量。

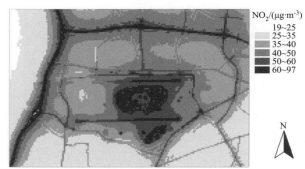

图 4　希斯罗机场附近使用 LASPORT（PSDH，第 4 章）测量的 NO_2 年平均浓度（$\mu g/m^3$）

（数值在 40 $\mu g/m^3$ 以上，超出了欧盟的标准。摘自 Department for Transport © 2006）

5　细颗粒物

细颗粒物无疑使很多人的生命受到威胁，即使是处于目前的浓度。环境保护组织（2006）和世界卫生组织（2003）对近期流行病学的综述可以参见"参考资料部分"。例如，哈佛六城市研究表明，PM2.5 每增加 10 $\mu g/m^3$，死亡率就增加 1.16 倍，即使在当前悬浮颗粒浓度适中的情况下。目前浓度水平减少量的增加所带来的好处远大于这个（尽管可能包含相当粗大的微粒，我们可以注意到 50 年前伦敦处在"黑烟"时期的颗粒浓度大于 150 $\mu g/m^3$，今天希斯罗机场附近估测的 PM2.5 浓度是这个的 1/10（PSDH，第 2 章））。死亡率在均匀条件的人口中服从冈珀茨分布：40 岁以上的人大约每增加 7 岁，死亡率翻一倍。这里插一句，我们发现 1.16 倍的死亡率对应预期寿命减少 18 个月。对于中等颗粒的安全阈值还没有明确的界定，所以我们可以简单理解表 2 中的极限值，对照预期寿命减少 4 年

以上（欧盟）或者 2 年以上（美国）。这明显难以接受，且美国做了一些调整来改变基于主要新型工业发展带来的"质量调整寿命"的减少、统计的合格/不合格的简单评价机制。

这样一个简单推断的缺点是把 PM2.5 当作一个简单实体。如在第 1 节中提到的，空气中的微粒形状多种多样，它们的化学组分也很多：元素碳、硫酸盐/硝酸盐、金属烟尘、半挥发性有机物、地壳物质、花粉、细菌等。那么这个混合物中最致命的是什么呢？这在实际上很重要，因为虽然城市空气有害性的流行病学机理已经很完善，但同样的机理不能直接应用于其他气源的排放物。需要注意以下几点：

（1）飞机发动机排出的烟气是微小级的（<100 nm），最初由层状球体碳组成。轮胎烟的排放，相比之下，太粗糙而无法呼吸（尽管它们代表着麻烦）。来自地面服务车的柴油机喷出的气体、来自发动机排出的尾气及来自机场的排气可能与一般城市车辆的排气有可比性。

（2）虽然按理说极其微小的悬浮颗粒应该最致命，但它们对 PM2.5 的总平均质量的影响很小，因此也不能解释 PM2.5 和死亡率之间的流行病学关系。

（3）许多关于大气悬浮颗粒各种组分的体外研究取得了令人激动的结果。铁和锌就属于这种情况。

（4）目前流行的体外试验是使用二流苏糖醇（DTT）来直接衡量氧化还原过程（Geller 等，2006），其本身也是细胞毒素的衡量物。可见细颗粒物的氧化还原潜力与悬浮颗粒的化学组分高度相关（例如，元素碳、镍、锌和多环芳香烃）。

（5）特别有趣的是半稳定有机物，尤其是有害空气污染物或多环芳香烃。它们在排放口冷凝成细小悬浮颗粒，然后快速蒸发稀释。所测得的细小悬浮颗粒的浓度会随着距气源距离的增加而迅速减小。也就是说，由于一般公共场所不包括空中，这种飞机发动机的尾气几乎没有公共卫生损害（与机动车尾气形成了鲜明对比）。

总而言之，中等悬浮颗粒意味着潜在的剧毒物质可以直达肺的深处。然而，机场尾气的影响或许与城市机动车尾气有着本质区别。

6　总　　结

尽管与飞机噪声相比，机场附近居民不会把飞机尾气对当地空气质量造成的影响放在首位，但空气质量的法律标准会限制机场将来的发展。

现在我们有实际工具用以监管和模拟机场附近的空气质量。这意味着实际上大量的污染物来自机动车尾气。这种尾气会对健康造成重大影响，特别是中等悬浮颗粒，从流行病学研究的角度，表明其具有持续的本质性的死亡率和发病率。

航空相关的排放物对空气质量的重要影响体现在局部范围（如航空站建筑物附近）和更加特定的区域，特别是发生剧烈光化学反应过程的通风性很差的机库中。航空对空气质量的影响在这个尺度的两端均有很大的研究空间。

参考文献

Advanced Decision Systems（2005）Evaluatie schipholbeleid：schonere lucht， schonere vliegtuigen， meer uitstoot luchtverkeer. Report commissioned by the Dutch Ministry of Transport andWorks（ed. J. Lammers），Phoenixstraat 49c，2611 AL Delft.

Airparif（2009）Campagne de mesure autour de l'aéroport deParis Charles de Gaulle. Airparif， Pôle Etudes 7， rue Crillon，Paris.

Carslaw， D. C.， Ropkins， K.， Laxen， D.， Moorcroft， S.， Marner， B. and Williams， M. L.（2008）Near-field commercial aircraft contribution to nitrogen oxides by engine， aircraft type and airline by individual plume sampling. *Environ. Sci. Technol.*，**42**，1871－1876.

Dermagne， J.（2008）Pour un d'eveloppement durable de l'aéroport Paris － Charles de Gaulle. Report to the President of theRepublic，November.

DfT（2006）Project for the Sustainable Development of Heathrow， Department for Transport， 76 Marsham Street，London.

D'usseldorf International（2004）Umweltreport. Flughafen D''usseldorf GmbH， Postfach 30 03 63，Düsseldorf.

Eberhard， W. L.， Brewer， W. A. andWayson， R. L.（2005）Lidar observations of jet engine exhaust for air quality. Proceedings of the 85th AMS Annual Meeting， 2nd Symposium on Lidar Atmospheric Applications，San Diego， CA.

Environmental Protection Agency（2006）Provisional Assessment of Recent Studies on Health Effects of Particulate MatterExposure. Report no. *EPA/600/R － 06/063*. National

Center forEnvironmental Assessment, Office of Research and Development, US Environmental Protection Agency, Research Triangle Park, NC.

Frankfurt International Airport（2008）Lufthygienischer Jahresbericht 2007. Fraport AG, FBA-RU, Frankfurt.

Galle, B., Oppenheimer, C., Geyer, A., McGonigle, A. J. S., Edmonds, M. and Horrocks, L. （2002） A miniaturized ultravioletspectrometer for remote sensing of SO_2 fluxes: a new tool forvolcano surveillance. *Atmos. Environ.*, **119**, 241—254.

Geller, M. D., Ntziachristos, L., Mamakos, A., Samaras, Z., Schmitz, D. A. Froines, J. R. and Sioutas, C. （2006） Physiochemical and redox characteristics of particulate matter （PM） emit-ed from gasoline and diesel passenger cars. Atmos. Environ., **40**, 6988—7004.

ICAO （2007） *Airport Air Quality Guidance Manual*, http://www.icao.int/icaonet/dcs/9889/9889 en. pdf （accessed 21 May 2010）.

IPCC（1999）*Aviation and the Global Atmosphere. Chapter 7: Aircraft Technology and its Relation to Emissions*, Cambridge University Press, Cambridge.

Langridge, J. M., Gustafsson, R. J., Griffiths, P. T., Cox, R. A., Lambert, R. M. and Jones, R. L. （2009） Solar driven nitrous acid formation on building material surfaces containing titanium dioxide: a concern for air quality in urban areas? *Atmos. Environ.*, **43**, 5128—5131.

Wood, E. C., Herndon, S. C., Timko, M. T., Yelvington, P. E. and Miake — Lye, R. C. （2008） Speciation and chemical evolution ofnitrogen oxides in aircraft exhaust near airports. *Environ. Sci. Technol.*, 42, 1884—1891.

World Health Organization（2003）Health Aspects of Air Pollution with Particulate Matter, Ozone and Nitrogen Dioxide. Report on a WHO Working Group, Bonn, Germany, January13—15.

本章译者：赵宁（南京航空航天大学航空宇航学院）

第 302 章

羽流效应中的物理和化学机制

Xavier P. Vancassel[1], François A. Garnier[1] and Philippe J. Mirabel[2]

1 法国航空航天研究中心物理与仪器仪表部，沙逖隆，法国

2 斯特拉斯堡大学化学系表面过程催化实验室，斯特拉斯堡，法国

1 引　言

飞机会改变大气的成分，主要影响区域是对流层上部和平流层的下部，这也是大部分民用航空的运行区域。在飞行中，飞机发动机排放的直接影响是增加了大气环境中的某些物质的浓度，如氮氧化物和二氧化碳。但是也会发生一些间接影响，因为环境中一些其他物质的浓度，如臭氧和甲烷，会因为航空飞行而发生显著的变化。当凝结尾迹（航迹云）可见时，大气中的悬浮微粒甚至可以被观测到。它们可以存留几个小时，蔓延许多千米，甚至会促成人造卷云的形成。

需要指出的是，这里留下的不是燃烧的产物，而是臭氧、甲烷、冰或者液体粒子。然而，它们都通过改变地球的辐射平衡而影响航空大气。这凸显了一个事实，那就是重要的物理和化学反应发生在羽流和大气中，并且改变了排放物质原始的性能。从航空制造商和大气学家的角度，为了妥善解决航空业的影响问题，理解羽流显得很有必要。喷气式发动机在认证过程中也要求控制某些特定的废弃物的排放。但是因为下游发生的过程变化复杂，并会在燃料的燃烧类型、使用的发动机的类型、排放气体和周围空气的混合密度以及大气参数的综合作用下而发生改变，过去对发动机没有要求。因此，对于羽化转换过程的精确认识，可以帮助科学家确定引发或增强控制航空排放限制因素的关键机理。同时，这个行业可以相应地改善发动机或燃烧排放物对环境的影响。大气学家通常使用数值研究方法来评估航空对全球的影响。基于三维（3D）的排放情况构造飞机飞行模式的函数，就使得利用化学输运模型（CTMs）确定大气中的组成成为可能。解决大气化学和全球环流方程通常需要较大的时间范围（可能需要数年）和空间规模。通常，利用上述方法求解不同海拔经纬度的每 1°网格单元需要 15～20 min 的时间。这些尺度规模不同于羽流过程中的典型尺度，因而不能直接被包含在化学输运模型中。因此，必须进行羽流效应参数化的开发，这是唯一能很好地理解羽流过程的方法。

本章的目的是回顾发生在飞机使用期间羽流的主要过程，特别是在近场。重点主要放在三个部分：飞机尾流动力学、羽化化学过程和悬浮微粒微观物理学。这些都是废气和大气之间相互作用的表现。

2　飞机尾流与排气羽流的混合

2.1　飞机尾涡

飞机产生尾涡的主要原因是在机翼上下面存在强大的径向压力梯度。这些可以产生一个或多个旋涡，它们的特点是产生旋转的流场。如图 1 所示，尾流被分成不同的阶段。

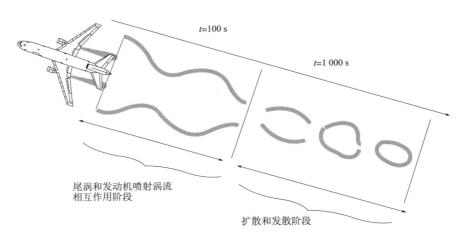

图1　在不同阶段中羽流的变化情况

在刚开始的 100 s 里，尾流受飞机的影响极大。飞机的飞行阶段和型号决定了涡流的结构，特别是机翼和水平尾翼的几何形状。涡流的强度可以根据它们自身的流动来定义，与它的质量成正比，与翼展和飞机的速度成反比。它可以表示为下列方程：

$$\Gamma_0 = \frac{4m_a g}{\rho_0 \pi b V_0} \tag{1}$$

一般来说，在飞机机翼后缘的升力面会形成一个涡，并在距离大约一个翼展的下游卷成具有少量数目的集中涡流。但是在巡航条件下，涡旋面开始于翼尖，在机翼上发展并卷成一个单一的旋涡。这一情况也发生在高升力布局下，当尾涡在机翼上发展后，可能会先卷成几个正向或反向旋转的涡，这取决于襟翼的布置。这些涡流随后在近场相互作用，这往往导致合并成有共同转速的结构，然后在远场形成一个涡对，这与巡航飞行的情况相似。

在速度场影响下的尾涡对可以用两个重叠起来的完全卷起的 Lamb-Oseen 型涡流代替，压力可以通过整合下列轴对称的动量方程来确定：

$$\frac{\mathrm{d}p}{\mathrm{d}r} = \rho_0 \frac{U_\theta^2}{r} \tag{2}$$

对于这个广泛运用的尾涡模型，径向剖面的切向速度是：

$$U_\theta(r) = \frac{\Gamma_0}{2\pi r}\left\{1 - \exp\left[-1.256\left(\frac{r}{r_c}\right)^2\right]\right\} \tag{3}$$

根据 r/r_c 构成的函数而得到 $U_\theta/U_{\theta,\max}$ 的变化情况，标绘在图2中。

图2中显示了当 $r=r_c$ 时速度达到最大值，并给出了试验和计算值之间的差异。距离下游越远，这种差异越大。

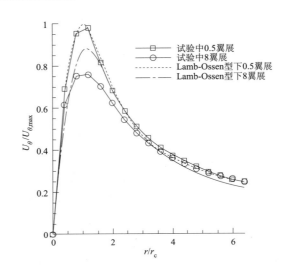

图2　根据 r/r_c 得到 $U_\theta/U_{\theta,\max}$ 变化的理论值和实验值

2.2　排气喷流的演化

在飞机的近场（距下游小于 50 个翼展），飞机发动机的排气会产生反向旋转的翼尖涡。发动机的喷气/涡流间的相互作用的特点可以被定义为两个不同的阶段。在喷射后的最初几秒钟，射流会迅速与周围的空气混合（射流阶段），然后与从机翼散发的涡流卷成一对尾涡。对于 2 个和 4 个发动机的飞机来说，射流都是在远离最初涡流的地方产生的。因此，在距离下游不到 0.5～1 个翼展的时候，涡流是不会影响发动机的射流的。这个可以通过射流与涡流的动量比 R 来确定：

$$R = \frac{4\rho_j V_j (V_j - V_0) S_j}{\rho_0 \Gamma_0 V_0 b\pi} \tag{4}$$

对于现代大型运输机，这一比值一开始是很小的（约 10^{-3}），这就意味着在射流的初始阶段是几乎不受尾流旋转部分影响的。接着，这个阶段受卷吸进涡流的射流所主导，并扩散到距离下游0.5～10

个翼展的地方（Ferreira-Gago，Brunet 和 Garnier，2002）。

在相互作用的区域，射流对涡流的切向速度的分布改变不显著，并且环量基本不会改变。然而，随着尾涡速度场的引导，它会产生二次涡结构。这些涡流的运动会引起射流的横向延伸和纵向压缩，相比同向的射流，速度减少得更快。就是说，在翼尖涡的影响下，混合得更彻底。图3说明了在湍流和涡流场的相互作用下，发动机射流是如何受到影响的。卷吸的过程显示了在射流和外流接触面的拉伸和扭曲，接着经过一个相对大范围的吞没后进入旋转的区域。

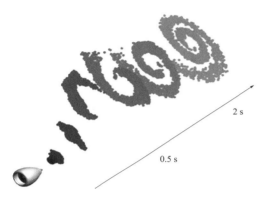

图3 发动机排气羽流的变化：射流—涡流在近场的相互作用

当然，温度也受到涡流作用的影响。图4给出了在下游的羽流中湍流流体粒子的温度变化曲线。在下游大概 100 m 的地方，羽流温度几乎已经达到了环境温度。值得注意的是，如果在尾涡和同向射流的混合过程中仅仅只有物理过程，那么在相同的距离，温度将会高 10 K。

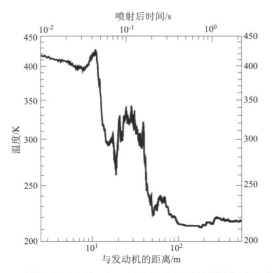

图4 模拟典型喷射飞机羽流中流体粒子的湍流温度变化

最后要说的是，远场被定义为尾涡与大气相互作用为主导的区域。这里尾涡不再改变，不再因为扩散而衰减。环境的侧风、风切变、湍流和热分层现象在稳定的和衰减的两个翼尖涡中，表现为不稳定的正弦波曲线（通常称为 Crow 不稳定）。在航迹云形成时，这通常能被观察到。然后尾流在相互影响的涡对的力学作用下，致使重新组成的涡流系统形成递减的涡环（见图1）。同样也形成小尺度的湍流，最后弥散在背景环境中。在离散的初始阶段，标志着一个增长极快的吸收率，定义为：

$$\omega = \frac{d(\ln C)}{dt} \qquad (5)$$

这种增长表明有序的旋涡运动的结束和陷入涡流中的排放气体扩散的开始。在这个阶段，羽流在浮力影响下在大气中以一个或两个 Brunt－Väisälä 频率扩散和混合。1 000 s 后，大气的剪切、湍流和分层在羽流中的影响会保持 2～10 h。在剪切条件有利的情况下，羽流可以扩散到 1 km × 4 km，分别对应为垂直和水平范围。流片的结构会在 1 h 后出现和消失，因为大气的混合，线性形状也会逐渐消失。

羽流的扩散也可以用扩散率来表示。它定义为羽流浓度与主发动机出口浓度的比值。羽流的扩散率已经被 Schumann，Schlager 和 Arnold（1998）用来观察大量型号的飞机在不同阶段的情况，它的表达式是：

$$d(t) = \frac{AFR}{7\ 000(t/t_0)^{0.8}} \quad (t_0 = 1\ s) \qquad (6)$$

对于典型飞机的开始 15 s（最好是小于 50 s），可以用扩散率为 1 000 的羽流来估算（空气燃烧比值 AFR＝60）。

3 化学过程与液体粒子的形成

3.1 NO_x

气体排放物的主要成分包括二氧化碳（CO_2）、水蒸气（H_2O）、氮氧化物（NO_x）、硫氧化物（SO_x）、一氧化碳（CO）和碳氢化合物。这些理想的燃烧产物虽然体积很小，但对大气的化学影响很大。上述物质在与环境物质的相互作用和混合的过程中，排放的产物经过化学反应后的二次产物将直接或间接地影响大气环境。影响程度取决于诸如发动机类型、燃料的燃烧和混合的程度及环境条件这些参数。

发动机排放物的改变主要是受到氧化的作用。氢氧自由基（OH）在此发挥着重要的作用，这主要是由于它的氧化能力和在喷嘴出口的浓度较高。在开始的 10 m 内，氢氧自由基非常高效地将氮氧化物转化为更稳定的物质，诸如 HNO_2 和 HNO_3（分别是亚硝酸和硝酸）。这些反应包括第三种物质（M），它通常是氮气（N_2）：

$$NO+OH+M \rightarrow HNO_2+M \qquad (7)$$

$$NO_2+OH+M \rightarrow HNO_3+M \qquad (8)$$

通过改良后的大气化学模型获得适当的反应速率（Kärcher，Hirschberg 和 Fabian，1996；Garnier 等，1997；Tremmel 和 Schumann，1999），仿真结果见 Hauglustaine 等（2004）。图5中描述了氮氧化物和氢氧自由基在扩散的羽流中的变化。整体的扩散率已经在飞机系统的先进测试技术（Schröder，Kärcher 和 Petzold，1998）中通过计算得到。选取 10（Garnier 等，1997）为氢氧自由基的初始混合率（百万分之一，ppm）。这个值对确定活跃的物质被氧化后的转换率是至关重要的，但它很难估计。氢氧自由基是在发动机里形成的，存在于喷嘴出口，但其存在时间很短。根据化学反应式（7）和（8），氢氧自由基在发动机之后的几米内很快就被耗尽，并且它的消耗速度不受扩散率影响。以氢氧自由基为代价而损失掉的 NO 和 NO_2 在羽流中转换成了 HNO_2 和 HNO_3。而氮氧化物对大气化学平衡的影响主要涉及对流层以上和平流层以下的臭氧的变化。在全球尺度上评估臭氧的改变需要引入有效排放的指标，考虑到羽流效应就需要更大的尺度。

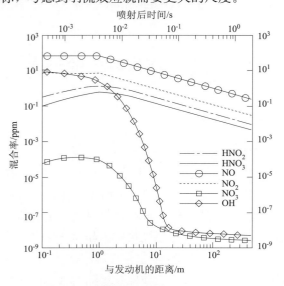

图5　氮氧化物在不同喷射时间和发动机不同距离下的混合率

3.2　SO_x

不同浓度的飞机燃料中都存在硫。每千克燃料含硫量的最大允许值是 3 g，但它通常的范围是每千克 $0.4 \sim 0.8$ g（$400 \sim 800$ ppm）。这是氧化后的二氧化硫（SO_2），是在发动机和新的羽流中经过一系列的转换过后得到的更高级的氧化物。以下的脱硫（Ⅵ）方法的反应机制是 Stockwell 和 Calvert（1983）提出的：

$$SO_2+OH+M \rightarrow HSO_3+M \qquad (9)$$

$$HSO_3+O_2 \rightarrow SO_3+HO_2 \qquad (10)$$

$$SO_3+H_2O+M \rightarrow H_2SO_4+M \qquad (11)$$

主要的产物是 SO_3 和 H_2SO_4（如反应式（10）和（11）所示）。这些相关物质的变化和反应描绘如图6所示。

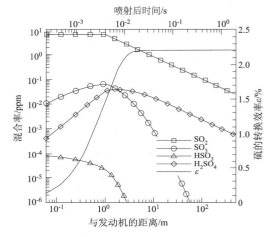

图6　硫氧化物在不同喷射时间和发动机不同距离下的混合率

二氧化硫最初的混合率是通过估计燃料中的含硫量得到的，并假设所有的硫都被氧化成二氧化硫，并很快地转换为 HSO_3，由反应式（10）得到 SO_3 的浓度也随之上升。因为要以损失三氧化硫为代价，所以硫酸混合率的增加稍微有所推迟。然而，在羽流中硫酸的含量很快达到最大值，然后考虑到在这种情况下稀释的问题，它的浓度开始减少。可以通过估算硫（Ⅳ）和硫（Ⅵ）的转换效率来计算硫的转换效率 ε：

$$\varepsilon = \frac{[SO_3]+[H_2SO_4]}{[SO_x]} \qquad (12)$$

转换效率 ε 取决于氢氧自由基的初始浓度，这个很难精确估计。因此，应提出变化的运动数值、化学方案和赋初值以便使用。在这项研究中，研究结果表明，最大的转换效率能很快达到。经过几毫秒，转换效率ε就达到最大值2.25%，这是在测量值和模拟值之间（Vancassel，Sorokin 和 Mirabel，2004）。

3.3 在悬浮微粒形成中的作用

氮和氧在羽流中的化学反应对于产生具有冷凝特性的氧化产物具有重要作用。硫酸也是形成悬浮微粒的前兆，因为它促进新粒子的形成，同硝酸一样，它使新粒子被冷凝成烟尘这类微粒。这些物质的初始浓度对于我们了解它们对航空大气的影响同样重要。硫酸在飞机羽流中的作用在过去的10年已被广泛研究（Schumann，Arnold 和 Busen，2002），而得知有多少硫酸气体，一直是更好地评估羽流过程重要性的关键挑战。通过硫酸的直接测量值而得到的转换效率ε的估量值范围为0.3%～0.5%，这其中还具有不确定性。从浓缩的具有挥发性的样本中间接推断出的转换效率ε值更高（有时大于50%），这个值不能通过化学变化得到（Schumann，Arnold 和 Busen，2002）。这意味着与硫酸分离的一些其他物质也能促进液体微粒的增长。

在飞机排气的羽流中，气态化学也涉及诸如表现稳定的碳氢化合物和化学离子这类微小化合物（CI，电离子群在发动机高温外形成）。有机物和CI可以促进微粒的形成和生长（Yu 和 Turco，1997；Yu，Turco 和 Kärcher，1999）。通过测量得到结论，正离子实际上可能由有机分子组成，而负离子似乎对含硫燃料比较敏感，因此可能由硫酸组成（Kiendler，Aberle 和 Arnold，2000；Wohlfrom 等，2000）。

4 微观物理学和悬浮微粒的相互作用

4.1 新微粒的形成

4.1.1 相 变

在发动机射流中所释放出的一些气体在羽流中会被环境中的冷空气冷却，从而经历相变的过程。水蒸气、硫酸、硝酸和碳氢化合物会与燃烧室中产生的化学粒子和烟尘微粒混合在一起。它们经历了诸如凝结和冻结的物理转换，形成了无形的（亚微米悬浮微粒）或者有形的（凝结轨迹或凝迹）颗粒

物。这些过程可以在一个平衡相图上查找。这样一个图（关于水的描绘在图7中）显示了不同相达到平衡稳定状态的条件，这些相通过共存线分开。例如，在标准的对流层条件下，水处于气相中。然而，温度的突然下降可能会导致大量空气穿过共存曲线，有利于冰的形成。这种情况在射流中排放的热的潮湿空气与干燥和寒冷的环境空气混合的时候发生。但是考虑到仅仅只用平衡相图不能精确地描述凝结轨迹的形成和演变，尤其是当水处于亚稳态的时候，众所周知，水在低于273 K的温度下可以保持液态（过冷状态），这种存在的状态在一个多世纪前由 Ostwald 提出，他指出这个成核阶段（新阶段的形成）不需要成为过热状态，而是其中的自由能更接近母相，也就是说，冰不会马上形成，但液相（过冷）过后也会经历冻结的过程。这就得到了一个重要的结论：如果要形成凝结轨迹，那么排气流中必须是饱和或者过饱和的液态水，但不一定就是冰。这就意味着在羽流中需要更高的水蒸气含量（详情可见 Jensen，Toon 和 Kinne 所做的工作，1998）。

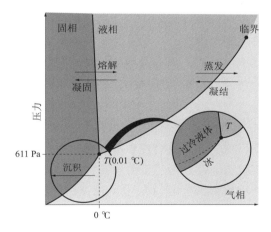

图7 水的平衡相

4.1.2 成 核

亚稳态向稳态的转换是通过新相的微粒形成而实现的，这需要在新相的边界上形成一个界面。为了实现从液体到蒸汽的成核，创建该界面需要一个能量表达式：

$$\Delta G^* = 4\pi r_p^2 \gamma \qquad (13)$$

这个创建的界面可以通过两相间化学势的变化而保持平衡，并且与蒸汽的冷凝有关。与成核有关的自由能 ΔG^* 可以写成：

$$\Delta G^* = -\frac{4}{3}\pi r_p^3 \frac{kT}{v}\ln(\text{Sat}) + 4\pi r_p^2 \gamma \qquad (14)$$

等式右边的第一项是体积自由能，代表形成核而减少的能量，当 Sat＞1 的时候，该项是负的，而第二项（面积自由能）始终是正的。方程（14）的曲线变化如图8中所示，图中 Hom 和 Het 分别表示均匀成核和不均匀成核情况下的变化曲线。

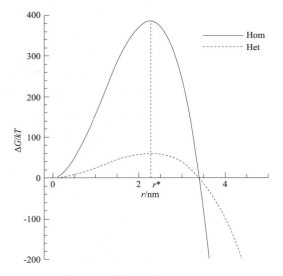

图8　用临界核半径表达的能量方程

刚开始，ΔG^* 随着成核半径的增加而增加，直到最大值，然后开始逐渐减小。最大值代表的是核的成长和变得稳定所需要达到的临界能量值。其存在一个最大值，这是因为成核现象的发生，需要增加水蒸气以达到过饱和状态（Sat＞1）。相对湿度的定义为 $100 \times Sat$，而水只有在相对湿度超过 100％ 的情况下才能成核。

到目前为止，成核现象被认为发生在没有杂质的气相状态下。这种过渡阶段被称为"均相成核"。将任何物质引入气相（灰尘、悬浮微粒、表面等）中都会减少界面形成的自由能，所以就减少了核形成的自由能。这种情况被称为"异相成核"。这种情况下的喷射排气，烟尘颗粒因为它的形状和表面性质会在燃烧室中形成"凝结核"（CN）。最初被认为是具有疏水性的，因为被可压缩物质吸收而激活，当接触到硫酸和烟尘颗粒时，亲水和吸湿性能显著增加（Andronache 和 Chameides，1997，1998）。它们在成核发生的时候可以有效地促进核的形成。

正如在3.3节中所提到的，硫酸在微粒的形成中扮演了一个重要的角色。即使是在非常低的相对湿度下，它也是最有效的成核剂。原因是硫酸和水之间混合会产生非常高的热量，并且混合物具有低的饱和蒸气压。在这种情况下，新粒子可以异相成核，并且由于硫酸的存在，水可以均相成核。对于双组分成核现象，成核的自由能可以用一个 3D 面表示，这个面通常显示为一个鞍点，即胚胎为了达到稳定状态所克服的最短能量途径的最大值。

4.1.3　航迹云的形成

考虑到在飞机后面经常可以观察到的尾迹或者凝结轨迹云团是线形的，根据 Schmidt－Appleman 理论（Appleman，1953；Schumann，1996），形成轨迹的热力学关系可以由已知的大气条件和燃料的燃烧特性推导，而整个飞机的推进效率 η 定义为

$$\eta = \frac{\text{有用功}}{\text{来自燃料的热能}} = \frac{\text{推进速度}}{\text{燃烧比热} \times \text{燃料流动速度}} \quad (15)$$

假设相对于水蒸气的排放空气湿度可以忽略不计，那么在羽流内和羽流外水蒸气的混合比例的差值记作：

$$\chi_{H_2O, plume} - \chi_{H_2O, amb} \approx \chi_{H_2O, plume} = \frac{EI_{H_2O}}{AFR} \quad (16)$$

考虑到理想气体和水蒸气的压力比空气的压力小很多，那么质量分数的定义可以通过下面的表达式推导：

$$\chi_{H_2O, plume} - \chi_{H_2O, amb} = \frac{M_{H_2O}}{M_{air}} \times \frac{p_{H_2O, plume} - p_{H_2O, amb}}{p_{amb}} \quad (17)$$

这种方法也可以应用到羽流和大气之间的焓差中，类似于方程（16）和（17），可以写为

$$h_{plume} - h_{amb} \approx h_{plume} = \frac{Q(1-\eta)}{AFR} \quad (18)$$

$$h_{plume} - h_{amb} = C_p(T_{plume} - T_{amb}) \quad (19)$$

综合方程（16）和（19）得到

$$\frac{p_{H_2O, plume} - p_{H_2O, amb}}{T_{plume} - T_{amb}} = G = \frac{p_{amb} EI_{H_2O} C_p}{0.622 \times Q(1-\eta)} \quad (20)$$

根据上述方程，羽流中的水蒸气压力和温度变化在混合中是一条直线（实际的混合线），当截取到过冷水的共存线后，凝结轨迹就形成了（见图9）。因此，凝结轨迹形成的临界温度是混合线与饱和液态曲线相切处的温度。最显著的特点是斜率 G，因此临界温度取决于飞机的总体效率 η。现在飞机（更高的推进效率）会在更大的范围内的巡航高度以及更高的温度下形成航迹云（Schumann，Busen 和 Plohr，2000）。

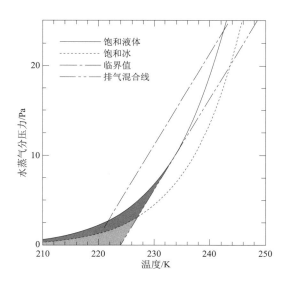

图9 航迹云的形成与混合下的热力学条件表达方程

航迹云粒子的初始状态是液体，但是在非常低的环境温度下，和之前存在的微粒（尤其是烟尘）会发生异构或均匀冻结，然后形成球形冰晶。凝结轨迹的持久性最终取决于大气环境条件。当混合线结束于饱和液态和饱和冰线之间，也就是环境大气处于冰的过饱和状态时，可以形成长时间存在的凝结轨迹（见图9）。否则，凝结轨迹会在几秒到几分钟内蒸发。在"凝结轨迹和航迹卷云"部分中有更多关于这方面的解释。

4.2 悬浮微粒的变化

4.2.1 物理过程

当刚成核的微粒在羽流中进行物理和化学变化的时候，它们的属性变化很快。微粒的密度主要受稀释和凝固的影响。羽流的稀释来自低含量的悬浮微粒的环境空气的卷吸（见第2节）。在排气羽流扩散的时候，粒子浓度减少了几个量级。

影响微粒密度的第二过程是凝固。悬浮微粒的布朗运动是以气体分子的热运动为载体的，在这个随机运动的过程中，粒子之间经过散播和相互间碰撞而保存一定量的粒子。由于排气羽流中成核产生的许多新粒子在羽流中尚未完全稀释，这个过程在前几秒是非常有效的，对于相同类型的粒子，离散的凝聚方程是：

$$\frac{\mathrm{d}N_k}{\mathrm{d}t} = \frac{1}{2}\sum_{j=1}^{k-1}K_{k-j,j}N_{k-j}N_j - N_k\sum_{j=1}^{+\infty}K_{k,j}N_j$$

$$(21)$$

等式右边的第一项是 k 阶（体积或尺寸）粒子的产生，而第二项是 k 阶粒子与另一个粒子碰撞而损失的粒子，因此，大的粒子的形成是以小的粒子浓度的减少为代价的。化学离子的存在增加了碰撞的可能性。在飞机初期排气羽流中发现了大量的这种离子，每千克燃料燃烧大概产生 $10^6 \sim 10^7$ 个（Arnold，2000；Sorokin 和 Mirabel，2001）。化学离子在燃烧室中形成，可能是硫酸集群（带负电）和有机分子（带正电）。它们参与到凝固的过程中，粒子的库伦力同时增强了粒子的接触概率和碰撞效率。相反的带电离子的重组和带电离子与中性粒子的依附可以增加几个数量级的内核凝固。

粒子的大小也在羽流中变化，特别是可压缩物质的吸收或蒸发。在3.2节中我们看到，H_2SO_4 在羽流中几毫秒内形成，尽管在二元成核的过程中消耗了大量的硫酸，凝结发生在任何已形成的微粒——不稳定的粒子或碳质悬浮微粒（烟尘）中。

由于凝结（或蒸发）而改变的粒子质量可以用以下方程表达：

$$\frac{\mathrm{d}m_\mathrm{p}}{\mathrm{d}t} = 4\pi r_\mathrm{p}D_iM_iN_i^{\mathrm{Sat}}f\times(\mathrm{Sat}-1) \qquad (22)$$

无论是否考虑水蒸气，冷凝的关键因素是物质的饱和度。对于水蒸气来说，大气的相对湿度将有助于水滴的变化，因为在干燥的环境中会很快地蒸发粒子。这种情况下将短暂存在凝结轨迹，这个相变发生在恒定的压力下（等压混合）。因此，在羽流中混杂着干空气，水蒸气的饱和度将减少，冰将不经历融化便蒸发掉（见图7）。在环境空气潮湿的情况下，气态水分子通过与冻结的现有粒子接触而形成冰。最终，低挥发性的有机化合物也会在羽流中凝结，详见第4.2.2节。

4.2.2 不稳定粒子增长的控制因素

不稳定粒子变化的早期阶段是受成核所主导的，而随后的成长是受凝固和凝结影响的。羽流中最初的硫酸量决定了新粒子将如何形成以及如何成长，忽略硫酸形成所需的时间，我们可以用方程（12）中的燃料硫含量和转换效率来估算硫酸的排放量：

$$\mathrm{EI}_{H_2SO_4} = \mathrm{FSC}\times\varepsilon\times\frac{M_{H_2SO_4}}{M_{SO_2}} \qquad (23)$$

硫酸的作用已经在 SULFUR Campaign 中被广泛研究（Schumann，Arnold 和 Busen，2002），其中包括数值模拟的动态测量。随着排放量的提高，增加了不稳定粒子的浓度，加速了烟尘的活性化，并且显著增加了粒子的平均尺寸。不稳定粒子的大小分布的数值模拟绘制在图 10 中，显示的是发动机启动后 0.5 s，三种不同燃料硫的转换效率 ε 均为 2.5%。

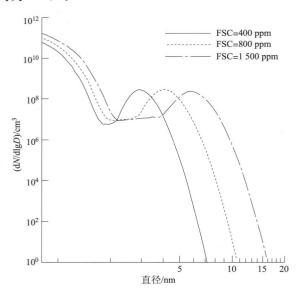

**图 10　模拟不同初始浓度的硫酸下不稳定
粒子的大小分布**

强调硫酸对粒子增长的影响后，发现燃料的硫含量（FSC）为 400 ppm 和 1 500 ppm 时，大量粒子直径分布分别为 3 nm 和 6 nm。所观察到的粒子的排放量（每千克燃料燃烧所形成的量）也增加了 10 倍，分别为 2.6 ppm 和 2 800 ppm 燃料中的硫含量（Schumann，Arnold 和 Busen，2002）。

化学离子和有机化合物也有助于粒子尺寸的增长。后者的存在解释了很多仅仅考虑硫酸吸收的试验值与数值模拟存在差异的原因。当硫酸的初始浓度很低时，有机物对低硫含量燃料的影响很大，图 11 显示了有机物浓度为 40 ppm 时在喷嘴出口处浓度

为 100 ppm 的挥发性粒子的大小分布。强调吸收有机化合物后二元均相成核的微粒大小分布在尾部明显扩大。

最终，在远场，粒子的属性与大气条件如温度和相对湿度等有很大的关系。

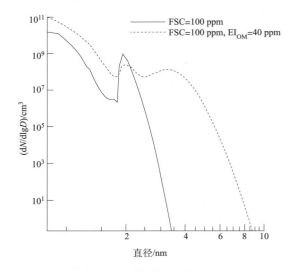

图 11　模拟有机物影响下的不稳定粒子的大小分布

5　总　　结

飞机的喷气发动机排放出气体燃烧产物和颗粒物质，这些物质经过物理和化学变化后改变了初始射流的成分。在翼尖涡流的影响下，羽流吸收环境大气后膨胀得很快，并且温度降低，因此，粒子由均相成核或异相成核产生。

新成核的粒子通过凝固和吸收可压缩物质成长，而化学粒子（见图 12）有助于这一结果的形成。硫酸和有机化合物在悬浮微粒的成长中起到重要的作用。根据不同的环境条件和燃料燃烧特性，羽流可能遇到有利于形成冰的热力学条件，在这种情况下，因为液滴的冻结或烟尘颗粒的活性而形成凝结轨迹。在远场，羽流的特性主要取决于环境条件。

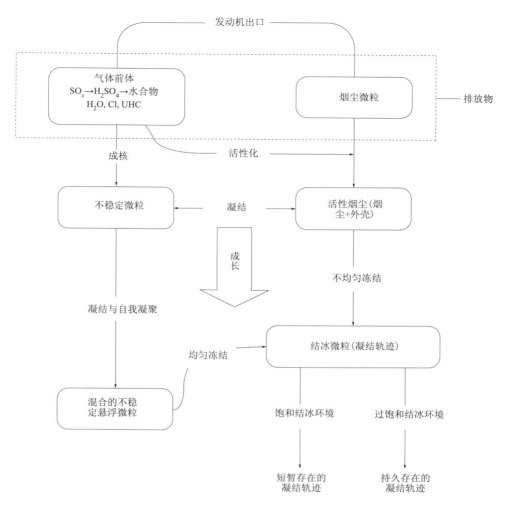

图 12　气体变化过程与微粒燃烧产物

注　　释

γ	表面张力（kg/s²）
ε	硫（Ⅳ）到硫（Ⅵ）的转换效率
η	飞机推进效率
ρ_0	密度（kg/m³）
ρ_j	射流密度（kg/m³）
$\chi_{H_2O,plume}$	羽流中水蒸气质量混合率〔（kg H₂O)/(kg 空气)〕
$\chi_{H_2O,amb}$	环境水蒸气质量混合率〔(kg H₂O)/(kg 空气)〕
Γ_0	翼尖涡流流量（m²/s）
b	翼展（m）
d	整体稀释率
f	阶段校正系数
g	重力常数（m/s²）
h_{plume}	羽流焓值（J）

h_{amb}	环境焓值（J）
m_a	飞机质量（kg）
m_p	微粒质量（kg）
p	压力（Pa）
r	距离涡流中心的半径（m）
r_c	涡流核心半径（m）
r_p	微粒半径（m）
t_0	稀释率的参考时间参数化
V	分子体积（m³）
AFR	燃料中空气比例
C_p	空气比热〔J/(kg·K)〕
D_i	物质 i 的扩散系数（m²/s）
EI_i	i 的排放指标〔kg/(kg 燃料)〕
FSC	燃料含硫量〔(kg S)/(kg 燃料)〕
G^*	吉布斯自由能（J）
$K_{i,j}$	i 行 j 列凝结核粒子（m³/s）
M_i	i 的摩尔质量（kg/mol）
N_k	k 行微粒凝结体积（m⁻³）

N_i^{Sat}	i 的饱和浓度（$\mathrm{m^{-3}}$）
p_{amb}	环境压力（Pa）
$p_{\mathrm{H_2O,amb}}$	环境水蒸气分压力（Pa）
$p_{\mathrm{H_2O,plume}}$	羽流中水蒸气分压力（Pa）
Q	每千克燃料燃烧热量（J/kg）
R	轴向动量和交叉动量比（涡流）
Sat	饱和度
S_j	发动机喷嘴出口面积（$\mathrm{m^2}$）
T	温度（K）
T_{phume}	羽流温度（K）
T_{amb}	环境温度（K）
U_θ	涡流切向速度（m/s）
$U_{\theta,\mathrm{max}}$	最大切向速度（m/s）
v_0	飞行速度（m/s）
v_j	发动机喷嘴出口射流速度（m/s）

相关章节

第 6 卷第 303 章

参考文献

Andronache, C. and Chameides, W. L. (1997) Interactions between sulfur and soot emissions from aircraft and their role in contrail formation. 1. Nucleation. *J. Geophys. Res.*, **102**, 21443—21451.

Andronache, C. and Chameides, W. L. (1998) Interactions be-tween sulfur and soot emissions from aircraft and their role in contrail formation. 2. Development. *J. Geophys. Res.*, **103**, 10787—10802.

Appleman, H. (1953) The formation of exhaust contrails by jet air-craft. *Bull. Amer. Meteor. Soc.*, **343**, 14—20.

Arnold, F., Kiendler, A., Wiedemer, V., Aberle, S., Stilp, T. and Busen, R. (2000) Chemiion concentration measurements in jet engine exhaust at the ground: implications for ion chemistry and aerosol formation in the wake of a jet aircraft. *Geophys. Res. Lett.*, **27**, 1723—1726.

Ferreira-Gago, C., Brunet, S. and Garnier, F. (2002) Numerical in-vestigation of turbulent mixing in a jet/wake vortex interaction *AIAA J.*, **40**, 276—284.

Garnier, F., Baudoin, C., Woods, P. and Louisnard, N. (1997) Engine emission alteration in the near field of an aircraft. *Atmos. Environ.*, **31**, 1767—1781.

Hauglustaine, D. A., Hourdin, F., Walters, S., Jourdain, L., Filiberti, M. —A., Larmarque, J. —F. and Holland, E. A. (2004) Interactive chemistry in the Laboratoire de Météorologie Dynamique general circulation model: description and background tropospheric chemistry evaluation. *J. Geophys. Res.*, **109**. D04314 doi: 10. 1029/2003JD003957.

Jensen, E. J., Toon, O. B. and Kinne, S. (1998) Environmental conditions required for contrail formation and persistence. *J. Geophys. Res.*, **103**, 3929—3936.

Kärcher, B., Hirschberg, M. M. and Fabian, P. (1996) Small-scale chemical evolution of aircraft exhaust species at cruising altitudes. *J. Geophys. Res.*, **101**, 15169—15190.

Kiendler, A., Aberle, S. and Arnold, F. (2000) Positive ion chemistry in the exhaust plumes of an aircraft jet engine and a burner: Inves-tigations with a quadrupole ion trap mass spectrometer. *Atmos. Environ.*, **34**, 4787—4793.

Schröder, F. P., Kärcher, B. and Petzold, A. (1998) Ultrafine aerosol particles in aircraft plumes: in situ observations. *Geophys. Res. Let.*, **25**, 2789—2792.

Schumann, U. (1996) On conditions for contrail formation from aircraft exhausts. *Meteorol. Z.*, **5**, 4—23.

Schumann, U., Schlager, F. and Arnold F. (1998) Dilution of aircraft exhaust plumes at cruise altitudes. *Atmos. Environ.*, **32**, 3097—3103.

Schumann, U., Busen, R. and Plohr, M. (2000) Experimental test of the influence of propulsion efficiency on contrail formation. *J. Aircraft* **37**, 1083—1087.

Schumann, U., Arnold, F. and Busen, R. (2002) Influence of fuel sulfur on the composition of aircraft exhaust plumes: the experiments SULFUR 1—7. *J. Geophys. Res.*, (D15) 4247 doi: 10. 1029/2001JD000813.

Sorokin, A. and Mirabel, P. (2001) Ion recombination in air-craft exhaust plumes. *Geophys. Res. Lett.*, **28**, 955—958.

Stockwell, W. R. and Calvert, J. G. (1983) The mechanism of the HO—SO2 reaction. *Atmos. Environ.*, **17**, 2231—2235.

Tremmel, H. G. and Schumann, U. (1999) Model simulations of fuel sulphur conversion efficiencies in an aircraft engine: depen-dence on reaction rate constants and initial species mixing ratios. *Aerosp. Sci. Tech.*, **3**, 417—430.

Vancassel, X., Sorokin, A. and Mirabel, P. (2004) Volatile parti-cles formation during PartEmis: a modelling study. *Atmos. Chem. Phys.*, **4**, 439—447.

Wohlfrom, K. —H., Eichkorn, S., Arnold, F. and Schulte, P. (2000) Massive positive and negative ions in the wake of a jet aircraft: detection by a novel aircraft—based large ion mass spectrometer (LIOMAS). *Geophys. Res. Lett.*, **27**, 3853—3856.

Yu, F. and Turco, R. P. (1997) The role of ions in the formation and evolution of particles in aircraft plumes. *Geophys. Res. Let.*, **24**, 1927—1930.

Yu, F., Turco, R. P. and Kärcher, B. (1999) The possible role of organics in the formation and evolution of ultrafine aircraft particles *J. Geophys. Res.*，**104**，4079—4088.

525—547.

延伸阅读

Paoli，R. and Garnier，F.（2005）Interaction of exhausts jets and aircraft wake vortices：small—scale dynamics and potentia microphysical-chemical transformations. *C. R. Physique*，**6**，

本章译者：赵宁（南京航空航天大学航空宇航学院）

第 *303* 章

航迹云和航迹卷云

Klaus M. Gierens

德国宇航中心（DLR）大气物理研究所，奥博珀法芬霍芬，德国

1 引　言

　　飞机在大气中产生两种凝结物。第一种也是最明显的一种，是在螺旋桨和喷气飞机排气口产生的凝结轨迹（航迹云），这发生在十分寒冷的空气环境下（大约小于−40 ℃），也就是说，通常发生于对流层上层的巡航高度。这些航迹云刚开始是线形冰云，当它们在过饱和冰空气中形成后，风将它们传播到扩散的云层中，最终失去线形，并出现在无特征的自然卷云中，这些云成为航迹卷云。第二种飞机所引起的凝结，是由于受到空气动力学的影响，这不仅发生在接近地面的湿空气中，还发生在高空中相对于发生冷凝的十分干燥的条件下。空气凝结是飞机飞行中的绝热冷空气在飞机周围得到加速的结果。当飞机穿越含有混合相或过冷水的云层时，也可以显著提高冰晶的数量。这种效果被称为飞机产生冰晶（APIP），被认为是已存在的冰晶分裂或飞机周围气流中的绝热冷空气受空气动力学影响的结果。本章不会进一步探讨 APIP。

2 排气航迹云的形成

2.1 热力学

　　航迹云的形成类似于在冷空气中可以看到的人呼吸出的凝结气流：温暖的湿空气和寒冷的干空气进行等压混合后，瞬间变成水的饱和甚至过饱和状态，导致凝结的水分子依附在环境空气中大量存在的微小悬浮颗粒的表面。排气航迹云的形成需要凝结核，而飞机发动机排放的这些物质比环境空气中存在的数量要多得多。因为排气温度非常高，而航迹云仅仅在环境温度低于−40 ℃时才会形成；只有在如此寒冷的条件下，排气与环境空气的混合物才能达到水的饱和状态。

　　这种寒冷环境下的凝结云，原则上是形成于冰的饱和，因为相比于液态水，水蒸气的压力是低于饱和水蒸气压力的（在零度以下的温度中可以存在液态水，主要以过冷小水滴的形式存在）。然后，直接在粒子表面凝结成冰，需要粒子具有非常特殊的表面（例如，晶体结构表面必须相似于冰晶的结构），而这种情况很少出现。因此，航迹云通过液态水滴冻结后形成。实际上，航迹云的形成需要热的湿空气与寒冷的环境空气混合产生的饱和水，这被称为 Schmidt−Appleman 标准（Schumann，1996）。

　　尽管排气中存在巨大数量的粒子，但航迹云的形成从来都不受这些粒子的控制，甚至排气中有自由的粒子，航迹云也可以形成在环境中存在的粒子上，例如排气为液态氢（LH$_2$）的飞机（Ström 和 Gierens，2002）。因此，航迹云的形成完全取决于热力学原理和发动机排气处的大气状况。

　　Schmidt−Appleman 标准可以转换为一个简单的含有大气温度和压力、特定的燃料能量、特定的水蒸气排放和整体推进效率的方程。标准是在羽流的扩散过程中，排气和环境空气的混合达到液态水的饱和状态（见图 1）。假设混合过程是等压的，那么在 $T-e$ 相图中混合轨迹为一条直线（e 是混合物中水蒸气的分压力，T 是它的绝对温度）。轨迹的斜率 G（单位 Pa/K）是综合大气状况和飞机/发动机/燃料得到的。G 记作：

$$G=\frac{\mathrm{d}e}{\mathrm{d}T}=\frac{pc_p\mathrm{EI}_{\mathrm{H_2O}}}{\varepsilon Q(1-\eta)} \tag{1}$$

式中，ε 是水和干空气的摩尔质量（0.622）；$c_p=$ 1 005 J/(kg·K)，是空气的等压热容；p 是环境空气压力；G 取决于燃料的属性（每千克燃料燃烧后水蒸气的排放指标 $\mathrm{EI}_{\mathrm{H_2O}}=1.25$ kg；每千克燃料燃烧后放热 $Q=43$ MJ）；η 为飞机的总体推进效率（现在飞机的 η 约为 0.35）。

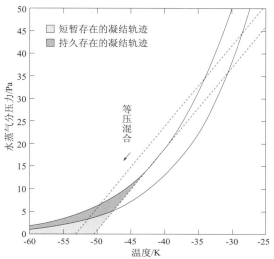

图 1　通过热的排气与环境空气等压混合形成航迹云的 $T-e$ 相图

（这两条曲线是相对于液态水（上）和冰（下）的水蒸气饱和分压力。两条曲线之间代表了两种可能的混合轨迹，从原理相图的排气高温到环境低温。混合轨迹的斜率是 G，在方程（1）中给出。当混合过程中水达到饱和状态时，航迹云就形成了。右边水的饱和曲线切线的轨迹，标志着形成航迹云的最高环境温度。当混合轨迹斜率 G 增加时，凝结轨迹可以形成的温度范围扩大，反之亦然。左边的轨迹是低于最大温度几开尔文的情况下航迹云的形成，在混合过程中大量水达到饱和状态。当环境条件处于深灰色阶段时，即冰的过饱和状态，航迹云可以持久存在。当环境条件为浅灰色区域的一个相点时，短暂存在的航迹云便升华了）

2.2　航迹云的变化过程

根据流体力学的观点，航迹云的变化过程可以划分为三个阶段：初始射流阶段（大约 20 s）、涡流阶段（大约 2 min）、消散阶段（几分钟到数小时）。首先是排气高速离开发动机，并快速与吸入的环境空气混合。在这个阶段，排气经过发动机出口大约 1/3 s 后形成航迹云。一对反向旋转的涡从机翼的一端脱落，而排气射流被吸入这个涡流系统中，并且飞机通过后 20 s 冰晶也困在涡内，冰晶被困意味着与环境空气的混合被强烈抑制住。涡流

系统带着冰晶向下游移动，向下游移动意味着绝热加热，这样小的冰晶就会在这一阶段升华（Unterstrasser，Gierens 和 Spichtinger，2008）。当主涡流引发第二次涡向下移动时，更小的冰晶可以从涡流的上边缘离开。这种原理导致了航迹云存在于涡流阶段后的初始的几百米高度。涡流在它们形成的 2 min 后变得不稳定并开始衰减。在绝热加热过程中，幸存冰晶被释放到环境中，这些冰晶在消散阶段受到气象条件的限制。

2.3　持久或短暂：冰的过饱和

Schmidt－Appleman 标准只指明了航迹云的形成与否，它并没有指出航迹云的持久性和能否扩散成凝结卷云。在不完全饱和的条件下，航迹云消失在射流或者涡流阶段，最晚消失在飞机尾涡衰减的阶段。只有当环境空气处于冰的过饱和状态时，航迹云才能持久存在，这就意味着一旦冰晶在消散阶段幸存下来，它们便可以成长直到空气也变为不完全饱和状态（通过气象过程），或直到冰晶坠落（由于重量）到低饱和状态的大气层然后蒸发掉。冰的过饱和尽管是一个热力学的亚稳态，但在对流层的上层经常发生，这可以通过频繁发生在天空中的持久航迹云证明。

商业飞行中湿度和温度的测量方法在欧洲项目 MOZAIC（空客服役飞机的臭氧测量方法）中已经标明。在季节的变化中，巡游航线中约有 15% 的时间都处于冰的过饱和区域（ISSRs），在同温层最下方观察到的数据中，甚至有 2% 的区域处于冰的过饱和状态中。

在 ISSRs 中得出过饱和平均值是 15%，通常不足以使卷云自然形成，但足以使航迹云持久地存在。这些区域一般是无云的，除非有航迹云的存在。MOZAIC 的飞机在 ISSRs 飞行了 150 km，但发现样本已经扩散到超出 3 000 km 了。平均垂直扩展是低于 1 km 的（超过 3 km 的厚度是很少发生的），但通过更多的无线电探空仪数据的分析后可以得出结论。在亚热带，ISSRs 出现得很频繁，但主要是在高于现在飞行高度的海拔处，在中纬度地区也频繁发生，它们的发生与射流和暴风这类气象有关。

2.4　排气微粒上冰的形成

大气中水滴和冰晶的形成需要悬浮微粒的存在，这条规则对于航迹云的形成也有效。在排气中支持航迹云形成的悬浮微粒是燃烧的产物和混合进

羽流中或通过发动机旁路的环境微粒。环境中的悬浮微粒是通过发动机核心机后在燃烧室中燃烧得到的，但新的粒子也可以在发动机出口部分通过冷却形成。在液态氢驱动的飞机的航迹云中，环境中的粒子有助于其冰晶的形成，因为液态氢燃烧时不产生其他粒子。对于传统的燃料驱动的飞机，环境微粒的贡献几乎可以忽略不计，因为排气口排出的粒子数量极多，因此不需要对它们进一步讨论。

烟尘是不完全燃烧的产物，以目前的燃烧技术，可以减少它们但不可避免。现在发动机烟尘的排放指标 EI_{soot} 通常是每千克燃料燃烧产生 $10^{14} \sim 10^{15}$ 个微粒，具体取决于发动机的类型和设定的功率（Petzold 等，1999）。飞机燃烧室的烟尘微粒主要由直径在几十纳米范围内的球形颗粒组成，它们在羽流中能迅速聚集为直径 $100 \sim 500$ nm 的颗粒。不同于疏水的石墨碳，飞机发动机燃烧室中产生的烟尘微粒具有亲水性，并在羽流达到水饱和之前有助于水滴的形成。

飞机发动机排放带电分子簇，称为化学离子，每千克排放指标为 1 017 个（Arnold 等，2000）。这些离子对于形成不稳定的悬浮微粒很重要。现在飞机羽流中无硫的不稳定悬浮微粒排放指标为每千克燃料 10^{17} 个（Schumann 等，2002）。人们认为是可压缩的碳氢化合物导致这些粒子的产生。

含硫燃料的平均比例为 400 mg/kg（通常这个值在 $10 \sim 1\,000$ mg/kg 的范围内，规定限制在 3 000 mg/kg 内），而燃烧燃料产生 SO_2 的排放标准为 0.8（$0.6 \sim 1.0$）g/kg。几个百分点 SO_2 进一步氧化成 SO_3，并与水蒸气反应生成 H_2SO_4（气体硫酸），H_2SO_4 的排放标准为 0.04（$0.01 \sim 0.1$）g/kg。这种气体的饱和蒸气压极低，所以容易与水蒸气一起凝结形成硫酸溶液水滴。因此，燃料中的硫是排气中微粒的一个重要来源。排气羽流中硫酸溶液液滴的数量要超出烟尘微粒数量的 $100 \sim 1\,000$ 倍。硫酸气体与水蒸气一起凝结在烟尘微粒上，硫酸溶液液滴与烟尘颗粒凝结。因此，硫酸溶液附着在烟尘颗粒表面（质量少于 5%），这似乎增加了烟尘粒子在飞机排气中促成凝结核的能力。

烟尘微粒和不稳定粒子主要参与冰晶的形成过程，航迹云中初始的冰晶数量是受排放的烟尘微粒数量控制的，即烟尘微粒排放指标 EI_{soot}。在 Schmidt－Appleman 标准的温度低了几开以后，几乎每个烟尘微粒都能导致一个冰晶粒子的形成。因此，减少 EI_{soot} 将导致航迹云中冰晶数量减少，

这是事实，但也只针对一定范围内的烟尘量的减少。受到环境温度的影响，即使 EI_{soot} 值减少 $10^{12} \sim 10^{13}$ kg^{-1}，也不会进一步减少冰晶的形成，在低温下（低于临界温度 10 K 以上），它甚至导致冰晶的数量上升，因为不稳定粒子代替了冰成核（Kärcher 和 Yu，2009）。在这方面，它不会有助于减少含硫燃料，因为不含硫的不稳定粒子仍会影响冰晶的形成。应当对这些模型数据采取飞行测量，因为它们对于采取适当的方法缓解航迹云很重要（见第 5.2 节）。

3 气动凝结

飞机排气引起的冷凝不是排气航迹云形成的唯一方式，根据能量守恒（几乎），当环境温度下降时，冷凝可以加速空气流动（伯努利定律）。在接近地面、相对潮湿（但不完全饱和）的条件下，通常可以观察到由涡流上升和超声速流动而形成的短暂存在的云团。为了加快空气流动而得到强大的冷却效果，涡流的上升产生的冷凝都是靠飞机的高机动性（例如强加速）达到的。在翼尖和襟翼以及其他尖角和边缘的涡流，发生强烈的加速流动，这也发生在飞机和直升机的螺旋桨叶尖上。这些部位是通过 Kutta－Joukowski 定律对运动的空气施加力量产生涡流的。在涡管内的压力（和温度）下降会导致冷凝的发生。在超声速流动中（例如亚声速流动在机翼和其他曲面上达到超声速，如飞行员驾驶舱盖）的凝结称为 Prandtl－Glauert 凝结，这便形成著名的锥形云——由于前端的震动使超声速流动逆转为亚声速流动而得到了一个尖锐的表面。

伯努利定律表示了在流动的流体中总的焓值、动能和热能之间的关系。对于绝热可压缩气流，它记作：

$$\frac{\gamma}{1-\gamma}R_a(T_1-T_0)+\frac{u_1^2-u_0^2}{2}=0 \qquad (2)$$

这里 $\gamma=c_p/c_V$，是比热（1.4）；R_a（287 J/(kg·K)）是气体特定常数；T 是绝对温度；u 是流速。下角标 0 表示远离飞机处没有受到影响的值，下角标 1 表示相应的变化值。在绝热变化中，温度与压力的关系为：

$$\frac{T_1}{T_0}=\left(\frac{p_1}{p_0}\right)^{R_a/c_p} \qquad (3)$$

温度从 T_0 变化到 T_1 意味着饱和蒸气压的改变——$e^*(T)$，同时也是蒸汽在气流中饱和度 S

（或相对湿度）的变化：

$$\frac{S_1}{S_0} = \left(\frac{T_1}{T_0}\right)^{c_p/R_a} \frac{e^*(T_0)}{e^*(T_1)} \quad (4)$$

由于受饱和压力的改变的影响，$S_1 > S_0$ 就意味着冷却，在近地面的条件下，用水溶液的饱和蒸气压；而在巡航条件下，用冰中的饱和蒸气压。

支撑一架飞机的压力变化需要 50 hPa 量级，这对于近地面的环境压力来说是一个相对较小的部分。在近地面，达到冷凝的效果需要潮湿的环境或者强烈的加速流动（机动）。在巡航条件下，50 hPa 对于环境压力来说是非常可观的一部分，因此，对相对湿度的影响通常是很强烈的，即使是相对干燥的空气（20％的相对湿度）下，在机翼上

也会达到过饱和状态，并发生凝结。只有在（过）饱和冰的条件下，形成的冰晶才能幸存，并且只有在相对温暖的条件下，冰晶才能迅速成长为一个可见的大小。在有利于冰晶成长的情况下，并给予适当的照明，就会出现美丽的彩虹。气动航迹云似乎更倾向于温暖的大气，而排气航迹云需要低温，从这个意义上说，气动航迹云和排气航迹云是互补的。在未来新的机翼和飞机投入运行后，气动航迹云将变得更加常见，特别是频繁地被使用在较低的飞行航线（伴随着更高的温度）的时候，或者当地球亚热带中的飞行航线更加密集的时候。图 2 中展示了一个气动航迹云的例子。

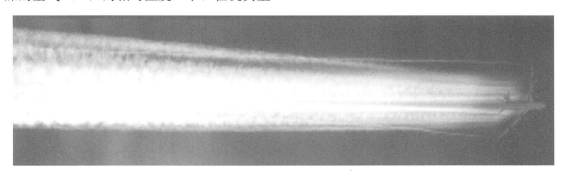

图 2　含有彩虹颜色的气动航迹云图片
（经摄影师 Jeffwell 许可后转载）

4　气候对航迹云的影响

基于当前的观测能力，年轻的（线形）航迹云有别于已经失去了线形形状的凝结卷云。当卫星图像上能检测到线形航迹云时，也只可能是来源于已经观察到的凝结卷云中飞机造成的航迹云，可以在 Minnis 等（1998）的研究中找到一个令人印象深刻的例子。因此，可以根据卫星数据、空中交通记录和气候模型，估计出覆盖区域和全球的线形航迹云，而覆盖全球的凝结卷云却是未知的。全球线形航迹云的平均覆盖率为 0.1％（对比：全球平均卷云覆盖率超过 20％）。然而，人们普遍认为全球凝结卷云的覆盖率是超过线形航迹云的，并且随着气候的影响，覆盖率会增加。凝结卷云与线形航迹云的覆盖率的比例称为"传播因素"，保守的估计值为 1.8（Minnis 等，2004），有的文献估计值为 10（Mannstein 和 Schumann，2005）。图 3 显示的是天空中充满了线形航迹云，但是同时也覆盖了来自空中飞行的范围更广的云层。

4.1　航迹云到卷云的转变

一旦航迹云存在，它们将通过环境风场（切向风）扩散，最终形成人类观察者无法区分的自然卷云。这个过程称为航迹云到卷云的转变，其形成的是凝结卷云。航迹云的扩散主要受切向风、环境湿度和温度控制。航迹云的初始垂直伸展范围越大（由于核心涡流的下沉与相应的二级涡流的发展，见第 2.2 节），切向风对它的扩散效果越佳。扩散导致了航迹云更薄的光学外观，但随着新的过饱和空气的吸入，能够在一定程度上平衡它的厚度变化，因为它使冰晶得到进一步的成长。在主要的空中交通区域，航迹云趋向于成团出现，而不是单个出现，这是由于 ISSRs 大范围的水平扩展。当航迹云开始扩散后，它们便会逐渐合并为一个交错扩散凝结的层面，一个凝集轨迹可能会填补它的同伴 ISSRs 垂直蔓延的空虚部分。这些航迹云完成了对 ISSRs 中水蒸气的压缩，但却影响了航迹云层的发展，因为绝热冷却降低了饱和蒸气压，释放出了凝结在冰晶中的水蒸气。

个别航迹云的垂直和水平传播速率取决于环境条件。通过激光雷达在 1 h 内以 3 500～25 000 m²/s 的扫描速度对观测到航迹云的横截面进行测量，水平扩散速率在 18～140 m/min（Freudenthaler，Homburg 和 Jäger，1995）。航迹云的垂直扩散对于

环境的温度梯度（稳定性）和自身的辐射换热与冷却十分敏感。垂直扩散速度通常受过饱和层厚度的限制，特别是在较低处的航迹云边缘，通过激光雷达测量到其增长速率达到 18 m/min。

图3　中等卫星分辨成像仪（MERIS）于 2009 年 3 月 21 日在北海捕获的充满无数线形航迹云与可能源于空中飞行的稀薄云层的图片

（注意云层底部的航迹云阴影。图片来自欧洲航天局（ESA））

4.2　航迹云对温室效应的影响

测量温室效应的最经典的指标是所谓的辐射效应（RF）。RF 是测量潜在的气候变化机制的重要方法，它表示的是地球大气系统每平方米的能量平衡的波动和改变量（W/m²）。正的 RF 值意味着地面和对流层的变暖，负值表示变冷。严格来说，RF 是一个全球性的度量。它有一个缺点，就是忽略了当地航迹云与凝结卷云的影响。更多合适的度量方法还在研究中，同样也存在激烈的争论。然而，在这里我们仍采用 RF，因为它是最广泛运用的指标。

在气候环境中，航迹云和凝结卷云表现得像自然光学薄卷云。它们在一定程度上反射太阳光，这就意味着减少了地球从太阳吸收的能量，这是一个冷却效应。但同时它们也吸收在中低对流层地球表面与云层的热辐射。如果没有航迹云与凝结卷云，热辐射主要都留在了大气层中。当然，它们自身也散发热辐射，但这是在低云层和地面更低的温度下发生的，因此涉及更少的辐射能量。它们影响了热辐射的构成，对气候变暖造成影响。很明显，在夜间只存在变暖效应，而在白天变暖与变冷效应的平衡取决于环境（太阳位置、低云层的存在与种类、

地面反射率）。综合夜间与白天，航迹云和凝结卷云有助于温室效应，因此也会造成全球变暖。

一天中短暂的冷却效果（强度取决于太阳的位置）似乎在日出与日落时最强。在这几个小时，航迹云对温室效应的贡献最低，但在估计它们对辐射平衡的影响时，还要考虑它们的存在时间。日落时形成的长时间存在的航迹云最初可能会冷却环境，但当太阳完全落下时，它们有利于红外加热。

大多数来自航迹云的 RF 可以归因于夜间航班（Stuber 等，2006；Stuber 和 Forster，2007）。尽管只有 25% 的飞机在夜间航行，但它们的航迹云发出的 RF 值占 60%～80%。在英格兰东南部，夜间（18:00—24:00 GMT）航行的飞机具有最大的辐射效应，特别是在冬季。实际上，尽管每年冬季的空中航班只占 22%，但来自航迹云的 RF 中一半的贡献来自它们。

IPCC 关于航空与全球大气的报告（Penner 等，1999）将第二大气候影响（按照 RF 值）归因于航空中排放的线形航迹云（对于 1992 年的空中交通、2050 年的空中交通场景模拟中，航迹云具有最大的 RF 值）。凝结卷云的贡献估计更大，但由于其具有不确定性，被排除到最后的航空强迫效应的估计当中。航迹云的 RF 值是由它们自己的平

均光学厚度和全球覆盖量控制的。在 IPCC 的预估计算中，假定平均光学厚度为 0.3。后来的以更小的光学深度（0.1）对全球航迹云平均值的估算还没有更新。因此，最近的研究表明航迹云的 RF 值相对较小。不管怎样，对于航迹云 RF 值的估算，在没有确定之前，仍然是所有估算值中的最大值。

因为各种各样的原因，估算凝结卷云的 RF 值很困难。特别是在最近的研究中，只有通过特殊的仪器才能区分凝结卷云与自然卷云。通过卫星数据获得是不可行的，然而，这却是唯一获得全球值的方法。因此，不能通过来自航迹云扩散而得到的卷云的部分结果来确定其全球性。人们试着通过估算航空活动产生的云层覆盖趋势与空中交通频繁程度的关系来确定其全球性。

4.3　卷云的覆盖趋势

观察卷云云量的增加与喷气飞机航班的增加之间的相互关系，可以追溯到 20 世纪 80 年代，甚至可以追溯到喷气发动机刚诞生的时候。卷云覆盖程度的数据以往是通过地面观察得到的，近些年是通过卫星获得的，通常它们是以繁杂时间的序列来构造的。在任何情况下都很难通过繁杂的数据来确定一个趋势，通常需要很多年（大于 10 年）的均衡数据来得到一个明显的趋势。当然，气候变化（自然的和人为的）和自然天气现象也会引起云层的出现，在得到航空活动对卷云云量影响并绘制成图之前必须过滤掉这些影响。通过零散的（火山）或震荡的自然现象可以影响云量，震荡信号可以有不同的频率（如厄尔尼诺南方振荡和北大西洋振荡），或者一个几乎固定的频率（平流层两年一次和季节性振荡）。这些信号需要过滤，航空活动的影响才出现（或者不出现）在剩余的时间序列中。

尽管卷云的全球覆盖量似乎在减少，但在频繁航空活动的区域还是发现了卷云的增量与航空活动成正比（毫不奇怪）。Boucher（1999）发现在 1982—1991 年这 10 年内，美国东北部的卷云量增加了 13.3%，在北大西洋的航线上增加了 7.1%。在欧洲地区，这种相关性要弱一些，与之前的情况相比，只能发现哪里卷云无法形成，哪里只能形成航迹云，以及哪里能形成自然卷云。这些额外分类的数据指出了欧洲的一个明显的积极的趋势（每10 年增加 3.7%）。

通过这个趋势可以估算出欧洲的航空活动的产物致使了 3%～5% 的额外卷云覆盖区域，这意味

着凝结卷云在欧洲的平均覆盖范围，要超出对应的线形航迹云平均覆盖范围几乎一个数量级（比如扩散因素大约为 10）。

4.4　航空微粒的排放对气候进一步的潜在影响

无论航迹云形成与否，飞机燃料的燃烧都会产生烟尘微粒。这些烟尘微粒会扰乱卷云的特性，也会改变卷云的局部覆盖范围（Kärcher 等，2007），悬浮微粒在对流层上方的停留时间在几天到几周不等，这取决于它排放的地方、季节和纬度。当前对这些影响的理解程度是很低的。对于云层扰动的量级取决于释放的烟尘微粒的冰成核的能力（例如改变冰晶的平均大小），悬浮微粒对冰成核的影响、烟尘微粒与环境气体和悬浮微粒的交互作用、水蒸气的充足程度和动态过程都会改变冰过饱和区域的云层数量。

5　减排措施

避免航迹云（和凝结卷云）是可能的，但在技术和操作手段上具有挑战性。只有当飞机不排放任何烟尘微粒的时候，才有可能避免上述对云层的间接影响。液态氢（LH_2）推动的飞机是唯一已知的解决这个问题的方法，但即使是这种飞机，也会产生航迹云，因环境中的悬浮微粒进入羽流中（或通过发动机吸入）而产生。这里仅仅考虑减排航迹云的方法。Gierens，Lim 和 Eleftheratos（2008）的文献中给出了一个目前正在讨论的措施。

任何减排措施，无论是在技术上还是在操作上，都必须根据现在的总体影响来判断。这意味着必须权衡考虑，权衡技术解决方案与新的操作方法。它们源于附加装备的重量、更长的飞行距离，也包括大气中的物理和化学变化（例如在平流层飞行将减少航迹云和凝结卷云的形成，但是排放的停留时间会增加）。还需要在其他必要项上考虑，特别是安全、可行性和成本方面。在采取措施之前，考虑一下整体的测量方法和各个方面的观点是必要的。

5.1　技术方法

为减少当前喷气飞机航迹云的形成，需要能够减少因素 G 的方法（参考方程（1））。因此，航迹

云的技术减排措施需要包括水蒸气排放指标 EI_{H_2O} 的减少，或者燃料比热 Q 的增加，又或者整体推进效率 η 的减少。

自从第一架商用飞机被发明以来，整体推进效率显著增加，显然，它能更好地节省燃料，减少二氧化碳的排放，现在它的值可以达到 0.35。对于传统的发动机结构，理论的 η 的上限大约是 0.56，更高的 η 意味着更高的 G（参考方程（1）），就会产生更多的航迹云。一种可能的方法是，尽管增加了 η，但安装一种可变导的叶片，可使飞行在冰的过饱和区域中以较低的 η 飞行，这当然也包括更多的燃料燃烧。替代的燃料有一个不同于对应的煤油特殊燃料的排放指标 EI_{H_2O}/Q。然而，液态氢和甲烷（IPCC 唯一考虑的可能的替代燃料，Penner 等，1999）相比于煤油有更高的 EI_{H_2O}/Q 值（甲烷 0.045 kg/MJ，液态氢 0.075 kg/MJ，煤油 0.029 kg/MJ；Penner 等，1999）。假定相同的 η，液态氢发动机的 G 因素比煤油发动机的大 2.6 倍，甲烷的 G 因素是 1.55。用这些替代燃料飞行的飞机比煤油飞机可以在更高的环境温度下（更低的高度）产生潜在的航迹云。

燃料添加剂不会影响因素 G，但有一个需要面对的可能性，就是它们使排气微粒更具疏水性，以至于代替了饱和水，并大幅度提高了凝结所需的相对湿度。然而，似乎很难找出一种适当的材料可以覆盖大部分的排放微粒，并使它们具有疏水性。正如我们所看到的，因为羽流中还有其他微粒有利于航迹云的形成，所以它不足以独自覆盖烟尘微粒。

可以通过热交换装置（由旁通空气冷却）冷却排气来减少水蒸气的排放指标，这样水蒸气便凝结在装置中（Taylor，Noppel 和 Singh，2007）。新的理念是基于发动机中的冷却与回复循环的。冷凝水可以提供两个额外的用途：第一，排放的悬浮微粒（主要是烟尘）可以在冷凝过程中回收；第二，部分冷凝水可以注入燃烧室中用来减少氮氧化物的生成。循环周期的计算结果表明，新理念相比于传统设计允许更高的热能效比，并达到消减温室气体排放量的目的。然而，这个理念的可行是以热交换技术的进步为基础的。

Noppel 和 Singh（2007）以修改当前发动机构造、机身、发动机整体、燃烧室和辅助设备的草图来描述技术进一步发展的可能性，这可能会影响航迹云的形成与变化。一些新的技术可能会使航迹云的形成增加，而另一些则不容易预见到减排的成功，特别是当 Schmidt－Appleman 标准在传统形式（方程（1））中不再直接适用时。

不能通过改变排放微粒（烟尘、硫酸溶液液滴和有机物）或气体微粒（SO_2、SO_3）形成的数量和性质来抑制航迹云的形成，因为改变这些排放物，通常会导致航迹云结构和性能的改变（比如微粒的数量和大小、航迹云的光学厚度等）。但如果航迹云的光学厚度和存在寿命可以降低，就能有利于气候。

5.2 改变航迹云的性质

Noppel 和 Singh（2007）列出的一些技术方法不能抑制航迹云的形成，但也许能改变它们的光学性质。一般来说，航迹云对气候起作用是因为它们阻碍了大气中自由流动的辐射能，使它们的光学厚度变薄或减少存在的寿命。更少的冰晶在初始阶段形成或在涡流阶段存活都能见效。两种具有相同总质量、不同冰晶数量浓度的航迹云，数量更少的冰晶具有更小的光学厚度，同时，它的冰晶颗粒更大，重力作用下掉落得更快，因此，它的存在寿命也更短。航迹云中冰的总质量几乎完全由环境条件决定，但可以影响冰晶的数量。

这里有减少初始冰晶形成数量的可能。例如，一架液态氢驱动的飞机（低温飞机）不会产生凝结核，航迹云只能通过环境中的微粒凝结形成。据推测，这种低温飞机的航迹云中的冰晶数量比对应的煤油燃料飞机航迹云中的要少 1～2 个数量级，同时，低温飞机航迹云中的冰晶要比煤油驱动的航迹云中的大 4～6 倍（线性尺寸）。尺寸越大的晶体掉落得越早，这使低温飞机的凝结轨迹的光学厚度是对应煤油驱动的 1/3（Ström 和 Gierens，2002）。在遥远的未来，低温飞机也许具有可能性，它可以在短时间内降低烟尘的排放指标。至少已有的试验中可以通过燃料添加剂来减少来自飞机的微粒排放，但目前为止这是不确定的结果。综上所述，烟尘的数量减少 5～10 倍是有益的，然而烟尘数量更大的减少会在一定程度上使预期效果相反（Kärcher 和 Yu，2009）。烟尘减少到 1/5 大约是初始凝迹轨迹光学厚度的一半。相反的策略是通过亲水材料来控制排气羽流，这样不会抑制航迹云的形成，而是导致非常大量且非常小的冰晶的形成（小于 0.4 μm，也就是说，小于可见光波长），这样的航迹云是肉眼难见的。这项措施可能用于军事用途。但对于气候来说，将奇怪的材料（乙醇）喷射到大气中来避免航迹云是荒谬的。

航迹云中的冰晶在涡流对向下的运动中被捕获。在涡流系统中，绝热加热过程可以使大量的冰晶蒸发（在某些情况下只有不到 1‰ 的冰晶幸存）。由此看来，气动设备对翼尖涡流对的削弱可能会导致更强的航迹云，在 ISSRs 中飞行时应该避免使用它们。

5.3　操作方法

如今的巡航高度（10～12 km 的高度）对航迹云的 RF 值是最敏感的。也就是说，现如今高度下的频繁空中交通，意味着比更高或更低高度下具有更多的 RF 值。这表明，空中交通需要远离最敏感的层面，在更高或更低的层面可以减少来自航迹云的辐射影响。系统地改变飞行高度需要重新设计飞机，以便于适宜飞行在新的高度。

如果能避免在 ISSRs 区域飞行，就能避免长久存在的航迹云的形成。大体上有三种可能：在 ISSRs 上飞行、在 ISSRs 下飞行或者是绕过去。最后一种可能性，尽管它是停留在最佳的飞行条件中，但可能是很少选的一项，因为大范围的 ISSRs 意味着大量的额外飞行以及相应的燃料消耗和时间上的延迟。因此，这里仅仅考虑垂直绕路。

通常 ISSRs 区域是在对流层顶层下方一个厚度不够确定的层内，只有在平流层最底层处飞行才能避免（在对流层上方）。这种飞行可以在中纬度中实现；对于现在的飞行来说，热带地区的平流层太高了。然而，这种权衡的方法（如在平流层排放长时间存在的物质对臭氧造成的化学变化）首先需要进行分析。

通常在中纬度地区更低的高度飞行也可以减少航迹云的产生，然而，必须加强几个最高允许飞行高度的限制，以达到实质性的影响（例如，在冬天的最高飞行高度为 10 000 ft，约 3 000 m），特别是考虑到北美和大西洋的空间的时候。很明显，因为多种原因，尤其是安全注意事项这种严格的约束，对飞行路线进行选择是不可行的。

最佳的解决方案是考虑到实际和预测的大气情况，然后计划飞行路线，并尽可能避免 ISSRs。这种方法取决于这些区域的航空气象预报能力。第一个具备这种能力的气象操作模型是欧洲中期天气预报中心（ECMWF），其自 2006 年 9 月开始预报。但是，在特定的时间特定的地点预报航迹云的形成与否之前，需要许多验证和进一步改进（特别是空

间分辨率与数据同步）。为对流层上层飞行的商用飞机配备一定数量的湿度探针（包括给气象中心报告飞机气象数据，AMDAR），有助于对冰的过饱和区域准确地预报航空天气。

根据 ISSRs 的情况，一旦解决了这个问题，就有可能避免大量的航迹云，以及在飞行高度下相对较小的航迹云对卷云的影响（Mannstein，Spichtinger 和 Gierens，2005）。如上所述，航迹云和凝结卷云大多是在晚上只有长波加热的情况下才有助于温室效应，因此，在夜间飞行是足以避免飞过 ISSRs 的。在夜晚，航迹云有更大的辐射强迫能力，当空中交通次数减少时，这些航班有更多的机会飞离冰的过饱和区域，而不增加航空交通管制人员的工作负担。只有当飞机产生"最差"航迹云的时候，才采用这种路径，并且在这种战略负担下将燃料的燃烧消耗保持到最低。

6　总　　结

对流层上面的航迹云一旦形成，只有依靠压力、燃料性质（水蒸气排放指数和热值）和飞机特征（整体推进效率），温度才能降低到低于临界值。这些特性可以通过 Schmidt－Appleman 标准（参考方程（1））整合到一起。有趣的是，航迹云形成中提供凝结成核的排气微粒的特性并没有直接表现在这个标准里，这仅仅说明了在排气羽流扩散的时候水要达到饱和状态（而不是冰饱和或任何其他的相对湿度）。

航迹云有 3 个动态的发展阶段：大约 1/3 s 形成航迹云的射流阶段；冰晶被向下运动的涡流对捕获，加热和部分升华的涡流阶段；航迹云中的冰晶被释放到大气中，初始的线形航迹云传播并扩散成所谓的凝结卷云的扩散阶段。只有当冰是过饱和的，航迹云的存在时间能超过几秒甚至几分钟。在对流层上部，冰的过饱和区域相对发生频繁，并且飞机平均有 15% 的时间是在这样的飞行环境中飞行。

煤油驱动的飞机的排气中含有烟尘、硫酸溶液液滴和其他不稳定的悬浮微粒。通过如今的技术得知，大多数的冰晶是水在烟尘微粒上凝结形成的。使用无硫燃料可以消除烟尘微粒的排放，却不能避免航迹云的形成，航迹云会形成在其他不稳定的微粒上。

在巡航高度下，飞机通过气动影响并引发冰晶

形成，大气环境中的悬浮微粒提供凝结核。然而，在通常巡航高度的温度下，气动航迹云往往是肉眼难见的。只有在更低的高度同时伴随着更高温度（更高的水蒸气浓度）的情形下，它们才变得可见。在冰的过饱和区域，因气动影响而形成的冰晶可以在大气中存在数小时，气动形成的航迹云是不符合 Schmidt-Appleman 标准的。

航迹云和凝结卷云被认为促使全球气候变暖。它们在辐射强迫方面引起的变暖，据估计是相同甚至强于相应排放的二氧化碳。目前，这些估计是不确定的，因为航迹云的辐射强迫不仅仅取决于自身的性质，还要看时间和地点以及是否有其他的云层在下面等。凝结卷云增加了自然云的云量，在空中交通密集的区域统计并发现了卷云趋势与空中交通密集程度之间的相关性。据估计，航空活动增强了欧洲的卷云覆盖率3%～5%（绝对）。航空活动排放的微粒也会影响自然卷云的形成与变化，可能改变它们的覆盖范围，以及微观物理和光学性质。

在原则上，航迹云和凝结卷云是可以通过技术与操作措施避免的，也可以改变它们的光学性质以有利于气候。但是许多方法都有负面影响，特别是会导致燃料消耗的增加。航迹云只是航空活动中对气候影响的众多因素中的一种，对它的防范只是减少对气候影响，并给予未来航空系统可持续发展整体策略中的一个方面。

参考文献

Arnold, F., Kiendler, A., Wiedemer, V., Aberle, S. and Stilp, T. (2000) Chemiion concentration measurements in jet engine exhaust at the ground: Implications for ion chemistry and aerosol formation in the wake of a jet aircraft. *Geophys. Res. Lett.*, **27**, 1723—1726.

Boucher, O. (1999) Air traffic may increase cirrus cloudiness. *Nature*, **397**, 30—31.

Freudenthaler, V., Homburg, F. and Jäger, H. (1995) Contrail observations by ground-based scanning lidar: cross-sectional growth. *Geophys. Res. Lett.*, **22**, 3501—3504. Gierens, K., Lim, L. L. and Eleftheratos, K. (2008) A review of various strategies for contrail avoidance. *The Open Atmospheric Science Journal*, **2**, 1—7.

Kärcher, B., Möhler, O., DeMott, P. J., Pechtl, S. and Yu, F. (2007) Insights into the role of soot aerosols in cirrus cloud formation. *Atmos. Chem. Phys.*, **7**, 4203—4227.

Kärcher, B. and Yu, F. (2009) Role of aircraft soot emissions in contrail formation. *Geophys. Res. Lett.*, **36**,

L01804, doi: 10. 1029/2008GL036694.

Mannstein, H. and Schumann, U. (2005) Aircraft induced contrail cirrus over Europa. *Meteorol. Z.*, **14**, 549—554.

Mannstein, H., Spichtinger, P. and Gierens, K. (2005) A note on how to avoid contrails. *Transportation Research Part D*, **10**, 421—426.

Minnis, P., Ayers, J. K., Palikonda, R. and Phan, D. (2004) Contrails, cirrus trends, and climate. *J. Climate*, **17**, 1671—1685.

Minnis, P., Young, D. F., Nguyen, L., Garber, D. P., Smith, Jr., W. L. and Palikonda, R. (1998) Transformation of contrails into cirrus clouds during SUCCESS. *Geophys. Res. Lett.*, **25**, 1157—1160.

Noppel, F. and Singh, R. (2007) An overview on contrail and cirrus cloud avoidance technology. *J. Aircraft*, **44**, 1721—1726.

Penner, J. E., Lister, D. H., Griggs, D. J., Dokken, D. J. and McFarland, M. (eds.) (1999) *Aviation and the global atmosphere* Cambridge University Press for the Intergovernmental Panel on Climate Change.

Petzold, A., Döpelheuer, A., Brock, C. A. and Schröder, F. (1999) In situ observation and model calculations of black carbon emission by aircraft at cruise altitude. *J. Geophys. Res.*, **104**, 22171—22181.

Schumann, U. (1996) On conditions for contrail formation from aircraft exhausts, in *Meteorol. Z.*, **5**, 4—23.

Schumann, U., Arnold, F., Busen, R., Curtius, J., Kärcher, B., Kiendler, A., Petzold, A., Schlager, H., Schröder, F. And Wohlfrom, K. H. (2002) Influence of fuel sulfur on the composition of aircraft exhaust plumes: The experiments SULFUR 1—7. *J. Geophy. Res.*, **107**, 1—28.

Ström, L. and Gierens, K. (2002) First simulations of cryoplane contrails. *J. Geophys. Res.*, **107**, doi: 10. 1029/2001JD000838.

Stuber, N. and Forster, P. (2007) The impact of diurnal variations of air traffic on contrail radiative forcing. Atmos. *Chem. Phys.*, **7**, 3153—3162.

Stuber, N., Forster, P., Rädel, G. and Shine, K. (2006) The importance of the diurnal and annual cycle of air traffic for contrail radiative forcing. *Nature*, **441**, 864—867.

Taylor, M. D., Noppel, F. and Singh, R. (2007) A gas turbine engine. European Patent Number EP1852590. Unterstrasser, S., Gierens, K. and Spichtinger, P. (2008) The evolution of contrail microphysics in the vortex phase. *Meteorol. Z.*, **17**, 145—156.

延伸阅读

Burkhardt, U., Kärcher, B., Mannstein, H. and Schumann,

U. *Climate impact of contrails and contrail cirrus* FAA-NASA Aviation-Climate Change Research Initiative (ACCRI)，White Paper IV. （http：//www. faa. gov/about/office org/headquarters _ offices/aep/aviation climate/）.

Heymsfield，A.，Baumgardner，D.，DeMott，P.，Forster，P.，Gierens，K.，Kärcher，B. and Macke，A. *Contrails and contrail-specific microphysics* FAA-NASA Aviation-Climate Change Research Initiative (ACCRI)，White Paper Ⅲ. （http：//www. faa. gov/about/ office org/ headquarters offices/aep/aviation climate/）.

Lee，D. S.，Pitari，G.，Grewe，V.，Gierens，K.，Penner， J. E.，Petzold，A.，Prather，M. J.，Schumann，U.，Bais，A.，Berntsen，T.，Iachetti，D.，Lim，L. L. and Sausen，R. （2009）Transport impacts on atmosphere and climate：Aviation. *Atmos. Environ.*，**43**，in press. doi：10. 1016/j. atmosenv. 2009. 06. 005.

Schumann U. （2005）Formation，properties and climatic effects of contrails. *Comptes Rendus Physique* **6**，549－565.

本章译者：赵宁（南京航空航天大学航空宇航学院）

第 304 章

辐射效应和气候变化

Keith P. Shine

雷丁大学气象学系，雷丁，英国

1 引 言

在最早期的人类行为对气候影响的评估中（Matthews，Kellogg 和 Robinson，1971；SMIC，1971），就已经考虑航空对气候影响的可能性了。后来，人们更关注未来超声速飞机在平流层对臭氧的影响，而不是航空对气候变化的影响。但 Brasseur 等（1998）在欧洲发表的评价认为，航空也将造成影响。随后，国际政府间气候专门委员会（IPCC，1999）给出了一份适用范围更宽的特别报告——《航空和全球大气》，其一直作为一个基本的参考。Lee 等（2009a，2009b）在文章中提供了一些更新的评价。

2 基本概念

2.1 辐射效应

地球上的能源平衡可以简单地理解为两个要素的平衡：太阳辐射（也就是大部分的波长小于 $4\ \mu m$），即被地球和大气层吸收或者反射回宇宙的辐射；长波（热红外）辐射（也就是大部分的波长大于 $4\ \mu m$），即被地球表面或大气层排出或吸收的辐射。

在大气层的顶端，从全球和全年平均的观点来看，在地球系统吸收太阳辐射（ASR）和放出长波辐射（OLR）之间有一个近似平衡。因此，净辐射（NET）

$$NET = ASR - OLR \approx 0 \qquad (1)$$

人造卫星观察显示，全球年平均 ASR 和 OLR 都是 $240\ W/m^2$（Hartmann，1996）。

导致气候改变的主要原因是 ASR 和 OLR 的紊乱，以至于 $NET \neq 0$。尽管能够提供更精确的定义（Forster 等，2007），但仍旧可以认为 NET 的最初扰动大小和随之带来的 CO_2 浓度的改变，是一种对气候变化的辐射效应（RF）的有效定义。RF 提供了一个对不同气候变化机制的一级指标，它也将是我们的讨论重点。

本章的 RF 均是指全球平均值。RF 可以代表任何使 NET 改变的原因，例如，CO_2 浓度在任一特定时间内的改变。在工业时代以前，例如，1750 年或者是 1850 年，通常人类活动是其最主要的变化原因。进入航空时代之后，RF 已经能够在很短的时间内达到相当大的强度，而在 1940 年以前，它还可以忽略不计（Lee 等，2009a）。

2.2 温度响应和气候敏感度

当 RF 为正值时，地球吸收的能量多于放出的能量（当 RF 为负值时，情况相反），气候系统对此的反馈就是通过更多的红外反射使得 OLR 加强。在一段时间内（假设 RF 是不随时间变化的），这个系统将达到一个新的平衡，即 NET 又一次接近于零。

Hartmann（1996）和 Fuglestvedt 等（2009）给出了辐射对气候系统影响的最简单表示：

$$C \frac{d\Delta T(t)}{dt} = RF(t) - \frac{\Delta T(t)}{\lambda} \qquad (2)$$

式中，T 表示时间；C 是气候系统的热容量（绝大部分是由海洋组成）（$J/(K \cdot m^2)$）；ΔT 是全球表面温度的变化值（K）；λ是气候敏感参数（K/(W·m⁻²)）。

当RF与时间无关时，得到一个有用的特解，此时式（2）的解为

$$\Delta T(t)=\lambda RF\left[1-\exp\left(-\frac{t}{\lambda C}\right)\right] \quad (3)$$

因此，当时间 t 趋于无限时，表面温度平衡的改变 ΔT_{eq} 的值为

$$\Delta T_{eq}=\lambda RF \quad (4)$$

由式（4）说明 ΔT_{eq} 的值来源于一个（恒定的）辐射效应，它是辐射效应和气候敏感度的参数。这个公式为将RF作为一个气候变化的预测量提供了足够的理由。

式（3）则运用λ和C的乘积定义了对于一个RF值的气候系统的时间常量。由于λ的值不确定，而C的值是热量从海洋表面传输到深海处的速率，它没有良好的定义，因此也不能得到确定的RF值。

2.3 气候反馈

ΔT_{eq}值本身不能被使用的主要原因是，λ在气候改变中是一个长期不确定的因素。如果地球和大气作为一个简单的黑体排放到空间中去，Stefan定理认为OLR的值是 σT_e^4。σ 是Stefan—Boltzmann常量，T_e 是有效放热温度。在这种情况下，Stefan定理的一阶导数是 $4\sigma T_e^3$，计算它的倒数能得到λ。如果OLR的值是240 W/m²，则λ将会是0.3 K/(W·m⁻²)，这表示每1 W/m²的辐射，将使地球的温度上升0.3 K。这就是"黑体"或者是"无反馈"响应。

然而，当地球变暖（或者变冷）时，一系列的反馈出现，改变了大气和地球表面的辐射特性。例如，对一个正的RF反应，一个更温暖的环境将会产生更多的水蒸气，水蒸气是温室气体，会加剧气候变暖，给予一个正反馈。同样地，一个更温暖的地球将会有更少的雪和冰，这会减少太阳辐射反射回空间的量（即减少星体反射率），导致温度继续上升。这两种反馈是被认可的（IPCC，2007），此时λ的值是黑体时期的两倍。

自从20世纪70年代后期以来，不同的实验室生成了不同的数值气候模型，使得λ被赋予了不同的值。产生这个现象的主要原因，是这些模型代表对气候变化反应的不同方法。主要的困难在于，将整个地球气候比拟成一个100 km尺度的水平网格

系统，而云形成的过程则发生在很小的尺度规模上。很多很重要的气候变化发生在更小的空间尺度中，而这些又必须与变量（例如温度和湿度）相关联，来代表更大规模的气候。另一个困难是，许多描述云的重要参数（例如冰的数量）还没有被全球化的规范定义，因此很难确定不同气候模型的质量。

云很大程度上影响了OLR和ASR，并且有成为主体反馈的潜力。在云中很多因素影响了OLR和ASR，例如，云的数量、高度、厚度和冰或者水的比例等。当气候变化时，这些都会随着变化。即使气候模型真实地展现了现在的云的状况，也不能保证它能真实展现未来气候性能的改变。最新的IPCC科技评论（IPCC，2007）报道，λ在0.54～1.2 K/(W·m⁻²)的范围内。这表示气候模型覆盖了从微弱到很强的正的云反馈。IPCC（2007）总结认为，λ不太可能比下限值还少，但是实际上高于上限的值也是有可能的。气候科学的最大挑战是减少λ的不确定性，这个问题正在通过一个混合的新模型和观察（尤其是基于卫星的）试验来解决。

这里仍然可能有其他的气候反馈（IPCC，2007），例如，气候变化将影响海洋和陆地占据的 CO_2 的量。这个被称作为碳—气候的反馈是现在研究的重点，也可能会是一项有意义的正反馈。

2.4 辐射效应运用的限制

在用公式（4）时，有需要注意的地方（Forster等，2007）。最初的想法是λ的值明显跟自然气候改变的主体无关。例如，如果RF起因于太阳输出量的改变（这将影响ASR），那么λ的值将与 CO_2 量改变时的值一样（这是OLR的主要影响因素）。最近更多的气候模型计算表明，在大范围的气候变化主体中，λ将随着主体变化而有显著的变化。这个因素以"功效"为特征，定义为给定的气候主体改变的λ与双倍 CO_2 浓度时λ之比。在特定的航行背景下，为了确定λ从总体的偏离，并且确定偏离的大小，对不同气候模型的相似试验结果的比较是很有必要的。这是假设所有气候改变主体都占据了相同的功效，一旦一致性出现，则通过功效和RF来比较气候改变主体的方法更有说服力。

另一个需要注意的地方是，公式（4）严格遵循全球平均要求。其重要性有两点。第一，公式（4）不能在当地运用——给定的地理环境的RF值不能被运用于推测那个地区的温度反馈。这是因为

当前的风和海洋是绕着地球传输热量的，当地的反馈与当地的实际辐射有出入，其地理模式更多由自然反馈决定而不是辐射（Boer 和 Yu，2003；IPCC，2007）。例如，冰/雪的反馈在更高的纬度发生。第二，很容易想象全球平均 RF 值是零（起因于主体结构产生的正负反馈 RF 的补偿）。尽管全球平均温度改变可能确实接近于零，有意义的气候改变仍然存在。

在此处讨论的最后一个需要注意的问题是，有很多其他的比 RF 和表面温度小的气候改变存在，例如沉降、极端风暴、海平面上升等。这些理论在社会上的影响和温度改变的影响一样重要。

然而，在航空和气候改变上，大部分的工作都专注于 RF，之后的关注也仍将在 RF 上。

3　源于航空的辐射强度

在本章，通过航行而累积排放的 RF 值将被展现出来，见图 1（Lee 等，2009a）。在图 1 中，每个条形图的总大小都来自 2005 年的 RF 最大排放值，与工业化前期相对照的数值被展现在右边的第一列。这个白线展示了 Forster 等（2007）研究的排放值（右边的第一列作为插入成分被重提）。误差条表示了 90% 的可能范围，这是基于专家的判断和一系列已出版的值的综合考虑。右边的中间列预测了辐射的空间比例。最后一列为科学理解的水平（LOSU），同样是基于专家的判断以及不同的辐射计算。图 2 说明了这些辐射的典型纬度分布。

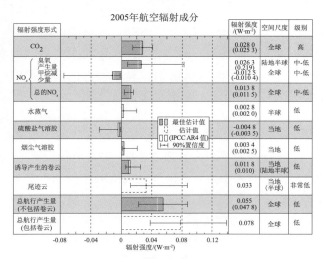

图 1　2005 年由航空产生的全球平均 RF 值跟工业化以前对比

如果这些 RF 值能够直接被测定，这当然会令

人满意，但这基本上是做不到的（除非是大规模的火山喷发或者是太阳辐射值的改变，再就是要看近期的卫星观测情况）。做不到的原因有很多，第一，NET 基于 RF 的偏差相对来说很小，而且它们需要长期的良好的卫星观测；第二，任何被观测到的 NET 变化都包括了 RF 和对辐射气候产生的反馈，很难分辨这两者；第三，在这个环境中，即使改变能够被观测到，也很难阐明多少改变是因为航行，多少改变是因为人类活动——正如被展示的一样，航行的影响只是一小部分。作为结果，RF 的计算绝大部分依赖于计算机仿真，而我们则缺少观测卫星来确信这些仿真。

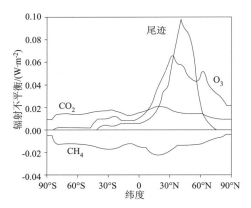

图 2　1992 年航行纬度的 RF 值与工业化以前相比，有一系列航空诱发性效应

值得注意的是，2005 年源自不同时间尺度的许多由航空诱导的效应的变化。在 CO_2 的案例中，一个有意义的（百分之十几）CO_2 扰动量，作为航行（或其他）排放的结果，在几千年的大气中依然存在（Archer 和 Brovkin，2008；IPCC，2007）。这是因为研究 CO_2 改变的方法集中到了研究海洋中碳循环的组成。因此，CO_2 的 RF 在图 1 中的航行排放量是飞机的整个飞行周期排放的 CO_2 量。在极端的情况下，航迹云在大气中能存在 2 h，因此，整个基于线性航迹云的 RF 是一个近期航行的结果。这个不同时间标度的结果要考虑一个假设性的问题，即所有的航行排放突然停止。那么 RF 基于线性航迹云将会马上消失，但是基于 CO_2 的原因的 RF 仍然会存在几个世纪。这个时间标度的考虑将会在第 4 节中继续叙述。

3.1　二氧化碳

CO_2 是大气中有效的温室气体，它能强烈吸收红外线，尤其是波长接近 15 μm 的红外线。CO_2

的浓度和其他人类活动产生的温室气体相比较，从单个分子角度来说，是相对弱势的，但可能是因为其在大气中占据了很大部分，这种相对弱势被补偿了。

在许多方面，CO_2都是航空辐射中最不容易考虑的部分。它的一生都在大气中（可以追溯到千年前），时间太长了，以至于可以认为在天空中通过航空发动机产生的CO_2，跟在地球的任意一个角落用任何燃料产生的CO_2没有什么不同。风将空气中产生的CO_2传播到世界各地的时间标度，要远远小于CO_2其一生在大气中的时间。

图1展示了CO_2的RF从航空排出中得到的估算值为28 mW/m²，有很高的LOSU，并且很明显是最大的单一组成成分。图2表示了就面积而言其辐射是全球化的。

3.2 氮氧化物

航空中排放的氮氧化物（NO_x）使得净RF值必须评估调整（见第6卷第298章）。因为NO_x导致了臭氧的增加。臭氧吸收紫外光、可见光、热红外光谱，尤其是波长为10 μm左右的。这个臭氧效应是正向的。图1中那个不确定的条状，跟强制的CO_2有相同的大小的即为臭氧效应。

然而，臭氧层的改变使得—OH（羟基）更受关注。它在控制大气物种关注度方面有很重要的作用。在气候变化的环境下，关键部分是甲烷（CH_4），这是一个有影响力的温室气体（OH在每一个基本化学单位中大概是CO_2的24倍）——更多的OH（羟基）意味着CH_4更容易被分解，因此，对CH_4的关注也就减少了（对甲烷的关注由于其排放的增加在工业化以前就有了（Forster等，2007），但是NO_x排放的增长速率被认为是减小的）。因此CH_4的减少导致了一个RF的负反馈，在图1中大概占有50%，与之相反的是臭氧层的增加。

CH_4减少后有一系列连锁的后果（Forster等，2007）。其中一个是，CH_4在臭氧层的形成过程中是很重要的，CH_4的减少导致了臭氧的减少，这抵消了由于NO_x而导致的臭氧的增加。

在NO_x效应中，有两个特有的并发效果。

第一，对臭氧层的影响强烈程度取决于NO_x排放的高度和纬度。图1中的值是现在的航行情况，考虑的是在北部中纬度地区对流层上同温层下的区域。如果未来的航行高于同温层，NO_x的排放会催化臭氧层的破坏。

第二，尽管O_3和CH_4在全球范围内一定程度上相互抵消了，但是对具体地域来说并不是这样。图2显示了现在航行的臭氧效应主要集中在北部中纬度地区。相反地，由于CH_4在大气中相对滞留时间长（大概10年），它的减少就是全球范围内的，即南北半球相差无几。因此，在一个半球被正向的臭氧效应控制，另一个半球被负向的CH_4强迫控制。这是一个小小的事例，即尽管全球平均效应值小，但是仍然对气候有严重的影响。

3.3 水蒸气

航行中燃烧的煤油导致水蒸气的排放。水蒸气是一个强势的温室气体，它是自然温室效应的主要气体，能吸收和排出几乎全部波长的红外线。航行中在对流层排出的水蒸气被认为有很大的影响——自然界水循环大概需要7天，这基本不能进行大范围改变的计算。然而，在对流层中，水循环的时间被延长了（几个月），因此，有记录的改变是可能发生的。对流层顶通过具体的位置、时间和独特的气候系统将对流层和同温层分开，它的范围跨度是高纬度地区的8 km到热带地区的16 km。民用航空大部分时间都在同温层底部活动（Gauss等，2003），尤其是在北半球的冬天，就平均意义来说，对流层要更低一些。

图1显示，水蒸气RF是很小的（3 mW/m²），比CO_2的数量级还要小。然而，正如IPCC（1999）讨论的那样，当未来的超声速飞机在平流层以上航行时，水将变成主要的诱发机制，因为在平流层上水的生命周期变长了。

3.4 溶 胶

气溶胶颗粒基本上是被飞机发动机或者是航行尾流排出的，通过吸收分散的太阳光，有影响RF的潜力。一般来说，它们太小了（大小在次微米级），以至于不能影响热红外辐射。

硫酸盐气溶胶是不吸收的，尤其在可见光波长范围内。它们通过分散的太阳辐射来产生RF，负的反馈产生了。图1显示了一个小的负效应（-5 mW/m²），大概是CO_2的RF的1/5。

相反地，炭黑颗粒能高强度地吸收可见光，因此它们吸收分散太阳光的行为能导致其被分散到空间中。它们的RF值的大小也是差不多的（3 mW/m²），但是与硫酸盐溶胶的作用是相反的。

这表示了溶胶不是航空 RF 的主要贡献因素，然而，它们组成了航迹云（见第 6 卷第 303 章），并且可能显著地影响自然高纬度云层的组成。这部分将在之后的两小节中继续描述。

3.5 航迹云

在大气组成部分中，航行所形成的航迹云是最容易被看到的人类活动的现象，尤其是当飞机飞过时。这里感兴趣的是被称作"坚固尾流"的尾流。它是在飞机飞过足够冷的云层，即对冰过饱和时形成（见第 6 卷第 303 章），这个尾流能保持几个小时。

评估航迹云的 RF 值很难。首先，尽管航迹云能很清晰地被看见，但是可靠的全球气候学水平面覆盖还没有发展起来。这需要模式识别技术，能把航迹云从其他成分中识别出来。迄今为止，卫星图像的详细分析在有限的时间和地区还是比较可靠的。这些当然也被运用到模型技术中（包括气象资料和航行日志），来提供一个全球的航迹云出现的评估。典型的评估是，在任何时候，0.05%～0.1%的天空都会被航迹云覆盖（Myhre 和 Stordal，2001；Rädel 和 Shine，2008）。

其次，RF 的计算需要航迹云性质的附加信息，比如厚度、冷凝水的数量、组成尾流的冰晶的大小和形状。这些数据只在有限的一些研究特例中有效，对全球计算来说，仍然有很多需要假定。

最后，事实上，尾流的净 RF 值对长波和短波的 RF 值来说是很小的残差。尾流反射太阳辐射，对 RF 造成负反馈，同时吸收热红外辐射，减少了 OLR，对 RF 有正反馈。

从全球全年平均值来看，吸收的红外反射 RF 占主导地位。图 1 显示了 RF 全年全球值是 12 mW/m^2，近期的一系列发现认为它的值应该小于 10 mW/m^2（Fichter 等，2005；Rädel 和 Shine，2008）。这个效应是 CO_2 值的 1/3～1/4。

因为尾流持续时间太短且存在于高空飞行器交通中，因此，这个效应的结果也是不均匀的（见图 2）。同样地，这个效应在一天中也是变化的。热红外和短波的 RF 值的补偿都是基于太阳光的有效性（Myhre 和 Stordal，2001；Stuber 等，2006）。因此，在晚上热红外 RF 是唯一的组成成分，在白天，如果短波 RF 是主导，净效应是负向的。但是，这种昼夜不同是否对气候有影响还不确定。

一项研究（Ponater 等，2006）显示，在导致表面温度变化的反面，尾流影响力小于预测的 RF 的值，它的效率（见第 2.4 节）也小于 CO_2 的（0.6）。看来是否可以通过其他气候模型找到一个同样小的 RF 值是很重要的。

"9·11"恐怖袭击之后，有些说法认为，伴随着美国民用飞机的停运，航迹云减少，导致了干净气候的效果（Travis，Carleton 和 Lauritsen，2004）。这些结论已经受到了许多研究工作的挑战（Kalkstein 和 Balling，2004；Dietmuller 等，2008；Hong 等，2008）。

3.6 航行诱导云的变化

航行诱导云（AIC）的变化可能是航行 RF 中最不确定，同时也是最有潜力变成最重要的影响。

根据 Lee 等（2009a）的理论，两个明确的 AIC 影响被讨论。第一，持久的航迹云能分散形成卷云，这很难跟自然形成的卷云区别开来，因为这是直接的 AIC 效应。有明显的证据表明，航迹云能变成卷云（Minnis，Young 和 Garber，1998）。定量地研究这个效应有很多困难，包括探知自然卷云如何形成、从当地的观察值推广到全球比例，以及定义 AIC 的特性。一些研究通过运用地理模型观察云层和航空飞机模型的改变，来尝试推断航行动态成云，尽管做这个有一系列的困难（Forster 等，2007）。RF 评估的中点值是 30 mW/m^2，这是最大的单个航空 RF 值。然而，在评估中，三个不确定性因素中至少有一个因素是存在的，而且科学理解的水平也是"非常低"的。这个效果太不明确了，以至于在通常的整体 RF 值评估中被排除。

第二，我们知道基于表面排放的盐酸气溶胶通过影响低纬度成云（Forster 等，2007），可能导致 RF 负反馈。航行产生的盐酸和炭黑气溶胶能共同作用，影响高纬度成云，但是这几乎没有直接证据。困难的是，在理解高云层冰晶自然集结的物理现象中有太多的不确定性，这些不确定性导致在计算航行排放的冰核变化时被放大（见第 6 卷第 303 章）。一些原始模型研究表明影响是存在的（Hendricks 等，2005；Penner 等，2009），但是很多后续工作是必须要做的。由于这个目标还在初始研究阶段，甚至影响 RF 值的正负号还不清晰，因此目前没有人尝试去进行粗略的估计。

3.7 人类活动影响的总结和比较

图 1 显示了航行中总的 RF 值，但是对于 AIC

的中间评估值，不包括 55 mW/m²，包括 78 mW/m²。这表明整个航行的 RF 值是在单独考虑 CO_2 的 RF 值的 2～3 倍之间，尽管整个效应的科学认知水平还很低。

这些数据能跟人类活动从工业化以前到 2005 年的整个的 RF 评估值进行比较（Forster 等，2007）。整个 CO_2 的 RF 值评估为 1.66 W/m²（±10%，有很高的科学理解水平），整个无 CO_2 组成的情况与之比较，只低了一小部分（1.6 W/m²），但是至少有 50% 的不确定性。

Lee 等（2009a）认为航空排放的 CO_2 的值占整个 CO_2 的 RF 值的 1.6%。同时，整个航空的 RF 值是 3.5%（排出直接 AICRF）或者是 4.9%。

没有人预测过未来的航空发展将对 RF 值造成的影响，因为很多因素制约了这个预测的提出。人为的 RF 值取决于未来污染、经济增长和科技的发展，同样也取决于未来航空的安排。

4　排放指标

4.1　总体考虑

航空排放涵盖了多种范围，引发了能否将其与其他正常范围进行比较这一问题。这么做的原因有两个：第一是技术，如果在设计或者制造上有变化，这个变化会影响气候吗？例如，当在大气层低层飞行时，可以避免航迹云的出现，但是这会增加燃料的使用和 CO_2 的排放量。这是不是我们想要的结果？第二个原因是跟立法有关的，非 CO_2（或者其他因素）的航行排放的影响是被要求考虑的，以期能对整个气候影响进行考虑。一个相关的目的是，商家给顾客提供潜在的关于航行中减少对气候影响的购买力，即提高燃油使用率。

这个课题现在正被 Fuglestvedt 等（2009）评估，在构造指标时遇到了很大的困难，包括：

（1）哪种气候参数应该被确切地比较？是辐射效应、温度改变还是时间积分的影响？

（2）超过多少时间长度的参数应该被计算进去？是超过 20 年的还是更长的时间？

（3）在影响排放的环境科学中，多大的不确定性应该被考虑进去？

正如展示的一样，（1）和（2）对有或者没有

CO_2 系统都有深远的影响，同时也没有一个能被广泛接受的办法来比较航空或者其他对气候的影响。

辐射效应是一个被比较的潜在指标。事实上，唯一被用来作为指标的是 CO_2 的整个辐射指标，被叫作辐射效应指标（RFI），也叫 CO_2 乘法器。用法是，CO_2 对气候的影响乘以 RFI（2～3 之间，根据 Lee 等（2009）的评估）来得到整个影响。然而，运用 RFI 引起了广泛的批评（Fuglestvedt 等，2009），因为它在计算不同生命长度的排放时不成功（CO_2 从小时到千年期）。

4.2　全球增温趋势和全球气温变化趋势

IPCC 早期的评估就展现了一个评价指标，叫作全球增温趋势（GWP）。如果有一个脉冲的排放，1 kg 的气体被排放到大气中，脉冲在一段时间内衰减（通常以指数形式）。GWP 表示了 RF 在时间积分内的衰减，这表示气体或者是辐射效应的一生都被考虑进去了。这通常被叫作气体辐射的 GWP。GWP（综合了 100 年的时间范围）被联合国气候改变大会所接受。允许签署国通过协议决定多少范围内的温室气体应该被控制。例如，一年内 CH_4 排放量应该是 CO_2 的量乘以 21。GWP 对计算 NO_x 这类短寿命的气体有一系列的不适用性，但是，它还是被广泛应用。

还有一个可供选择的概念就是全球气温变化趋势（GTP），它在排放了一个脉冲到大气中后，在特定的时间记录温度的改变。虽然 GTP 还没有像 GWP 一样被广泛接受，但是可能更适合于各种类型的气体。因为它是通过排放以后再来观测影响，而不是对一段时间进行积分。GTP 的价值取决于对气候敏感参数的假想。

表 1 和表 2 展示了典型的 GWP 和 GTP 的价值。值得注意的是，这些值是全球航行影响的平均值，不能被运用到单一的某架飞机上（例如，气象条件可能不适合于航迹云的形成）。再就是一些重要变化的发生，例如飞行的高度和纬度等。而例如航迹云和 NO_x 则将高度依赖于发生排放的区域。关于高度和纬度相关性的资料可以在 Grewe 和 Stenke（2008），Köhler 等（2008），以及 Rädel 和 Shine（2008）中找到。最后，表 1 和表 2 中的数据也将随着科学的认识进行修正。

表1　基于目前航行每千克燃油排放量预测的未来三个不同时段内全球的增温趋势（GWP）（后面四行表示每千克燃油中有 CO_2 的影响，与无 CO_2 的情况相比要乘以相应的乘数因子）

排放物	时间年限/年		
	20	100	500
NO_x（高估计）	0.68	0.10	0.03
NO_x（低估计）	0.17	−0.003	−0.001
尾迹	0.74	0.21	0.064
航行诱发云（AIC）	2.2	0.63	0.19
水蒸气	0.27	0.078	0.023
CO_2−乘数因子（NO_x 高，没有 AIC）	2.7	1.4	1.1
CO_2−乘数因子（NO_x 高，包含 AIC）	4.9	2.0	1.3
CO_2−乘数因子（NO_x 低，没有 AIC）	2.2	1.3	1.1
CO_2−乘数因子（NO_x 低，包含 AIC）	4.4	1.9	1.3

表2　基于目前航行每千克燃油排放量预测的未来三个不同时段内全球的温度变化趋势（GTP）（后面四行表示每千克燃油中有 CO_2 的影响，与无 CO_2 的情况相比要乘以相应乘数因子）

排放物	时间年限/年		
	20	50	100
NO_x（高估计）	−0.29	−0.09	0.01
NO_x（低估计）	−0.85	−0.30	−0.01
尾迹	0.21	0.04	0.03
航行诱发云（AIC）	0.64	0.11	0.09
水蒸气	0.08	0.01	0.01
CO_2−乘数因子（NO_x 高，没有 AIC）	1.0	1.0	1.1
CO_2−乘数因子（NO_x 高，包含 AIC）	1.6	1.1	1.1
CO_2−乘数因子（NO_x 低，没有 AIC）	0.4	0.7	1.0
CO_2−乘数因子（NO_x 低，包含 AIC）	1.1	0.9	1.1

每张表都展示了与 CO_2 相关的价值。GWP 展示了三个时间圈 20、100、500 年，而 GTP 展示了 20、50、100 年。不管在哪种指标下，无 CO_2 排放的会更快地衰减到 0 值。

这些数值是燃烧 1 kg 燃料得到的结果，相对于燃烧这 1 kg 燃料产生的 CO_2 的效果。假设对每千克燃料的燃烧，排放了 3.16 kg 的 CO_2、1.23 kg 的 H_2O、0.015 kg 的 NO_2。其中 NO_2 的数值是最不能确定的。本节中的"NO_x 高"和"NO_x 低"表示的是 RF 值的范围。在表中的最底下四行展示 CO_2 产生的影响相比于非 CO_2 的影响需要乘以多大的因子。由于这方面的不确定性很高，给出了两种 NO_x 的情况，即包含和不包含 AIC 的情况。这些列可以作为与 RFI 的类比，但是这里是按照排放的未来影响给出的。

表1 显示对所有因素来说，GWP 随着时间圈而减少，这是因为这个值跟 CO_2 有关，而 CO_2 可在大气中存在超过 500 年。因此，这部分的 CO_2 仍将存在，并影响辐射强迫。而短生命周期的因素早就衰减到 0 了。这种方法展示了不同的因素对整个系统的影响。这表明了时间圈的选择对 GWP 有很大的影响，可以从 1.1 变化到 4.9。

表2 显示 GTP 比 GWP 下降得更快（比较两表中 20 年和 100 年的值），因为 GTP 对短寿命的因素保持了更少的记忆。由于甲烷的冷却效应远远超过了初始臭氧的加热效应，NO_x 的值一般是负的。Fuglestvedt 等（2009）讨论了这种行为的原因。一般来说，CO_2 因子的值要远远小于 GWP 的值，甚至小于一个单位，甲烷诱导的冷却的影响则更强。在这种情况下，这个因子的范围从 0.4 变化到 1.6。

5　结　　论

航空由于排放 CO_2 和其他一系列的短寿命气体，从氮氧化物、气溶胶和水蒸气等方面导致气候变化。同样，CO_2 所造成的辐射效应，像其他人类活动造成的影响一样是很有特点的，很难被准确地评估，尤其是当航迹诱发云层时（AIC）。对整个辐射效应最好的评估是运用最近的研究（Lee 等，2009）得到的数据，即没有 AIC 时是 55 mW/m²，有 AIC 时为 78 mW/m²，航空排放的 CO_2 的值是占整个人类活动排放 CO_2 的 RF 值的 1.6%。研究表明，如果无 CO_2 的影响，其值应该在整个值的 1.3%～14%。

两个比较未来气候影响的方法是 GWT 和 GPT。对于无 CO_2 排放的情况而言，与有 CO_2 时比较，关键在于选取哪种方式和哪个参数。还有一点很重要，就是时间范围的选择，时间范围越长，CO_2 就变得越重要。

要提高对辐射效应的评估，需要对大气过程有更深的理解，使用更好的数值建模技术，利用在地的和遥控的传感器进行更加细致持续的观察。

参考文献

Archer, D. and Brovkin, V. （2008） The millennial atmospheric lifetime of anthropogenic CO_2. *Clim. Change*, **90**, 283—297.

Boer, G. J. andYu, B. （2003） Climate sensitivity and response. *Clim. Dynam.*, **21**, 415—429.

Brasseur, G. P., Cox, R. A., Hauglustaine, D., Isaksen, I., Lelieveld, J., Lister, D. H., Sausen, R., Schumann, U., Wahner, A. and Wiesen, P. （1998） European scientific assessment of the atmospheric effects of aircraft emissions. *Atmos. Environ.*, **32**, 2329—2418.

Dietmuller, S., Ponater, M., Sausen, R., Hoinka, K. P. and Pechtl, S. （2008） Contrails, natural clouds, and diurnal temperature range. *J. Clim.*, **21**, 5061—5075.

Fichter, C., Marquart, S., Sausen, R. and Lee, D. S. （2005） The impact of cruise altitude on contrails and related radiative forcing. *Meteorol. Z.*, **14**, 563—572.

Forster, P., Ramaswamy, V., Artaxo, P., Berntsen, T., Betts, R., Fahey, D. W., Haywood, J., Lean, J., Lowe, D. C., Myhre, G., Nganga, J., Prinn, R., Raga, G., Schulz, M. and Van Dorland, R. （2007） Changes in atmospheric constituents and in radiative forcing, in *Climate Change* 2007：*The Physical Science Basis*. Contribution of Working Group I to the Fourth Assessment Report of the Intergovernmental Panel on Climate Change （eds S. Solomon, D. Qin, M. Manning, Z. Chen, M. Marquis, K. B. Averyt, M. Tignor and H. L. Miller）, Cambridge University Press, Cambridge, United Kingdom; New York, NY.

Fuglestvedt, J. S., Shine, K. P., Berntsen, T., Cook, J., Lee, D. S., Stenke, A., Skeie, R. B., Velders, G. J. M. and Waitz, I. A. （2009） Transport impacts on atmosphere and climate：metrics. *Atmos. Environ.* doi：10. 1016/j. atmosenv. 2009. 04. 044 （in press）.

Gauss, M., Isaksen, I. S. A., Wong, S. andWang, W. C. （2003） Impact of H_2O emissions from cryoplanes and kerosene aircraft on the atmosphere. *J. Geophys. Res.*, **108**, 4304.

Grewe, V. and Stenke, A. （2008） AirClim：an efficient tool for climate evaluation of aircraft technology. *Atmos.*

Chem. Phys., **8**, 4621—4639.

Hartmann, D. L. （1996） *Global Physical Climatology*, Academic Press.

Hendricks, J., Kärcher, B., Lohmann, U. and Ponater, M. （2005） Do aircraft black carbon emissions affect cirrus clouds on the global scale? *Geophys. Res. Lett.*, **32**, L12814.

Hong, G., Yang, P., Minnis, P., Hu, Y. X. and North, G. （2008） Do contrails significantly reduce daily temperature range? *Geophys. Res. Lett.*, **35**, L23815.

Kalkstein, A. J. and Balling Jr., R. C. （2004） Impact of unusually clear weather on United States daily temperature range following 9/11/2001. *Clim. Res.*, **26**, 1—4.

Köhler, M. O., Rädel, G., Dessens, O., Shine, K. P., Rogers, H. L., Wild, O. and Pyle, J. A. （2008） Impact of perturbations to nitrogen oxide emissions from global aviation. J. Geophys. Res., **113**, D11305.

Intergovernmental Panel on Climate Change （IPCC） （1999） Aviation and the Global Atmosphere （eds J. E. Penner, D. H. Lister, D. J. Griggs, D. J. Dokken and M. McFarland）, Cambridge University Press, Cambridge, UK.

IPCC （2007） *Climate Change* 2007：*The Physical Science Basis* （eds S. Solomon, D. Qin, M. Manning, M. Marquis, K. Averyt, M. M. B. Tignor, H. L. Miller and Z. Chen） Contribution of Working Group I to the Fourth Assessment Report of the Intergovernmental Panel on Climate Change. Cambridge University Press, UK.

Lee, D. S., Fahey, D. W., Forster, P. M., Newton, P. J., Wit, R. C. N., Lim, L. L., Owen, B. and Sausen, R. （2009a） Aviation and global climate change in the 21st century. *Atmos. Environ.*, **43** （22—23）, 3520—3537. doi：10. 1016/j. atmosenv. 2009. 04. 024

Lee, D. S., Pitari, G., Berntsen, T., Grewe, V., Gierens, K., Penner, J. E., Petzold, A., Prather, M., Schumann, U., Bais, A., Iachetti, D. and Lim, L. L. （2009b） Transport impacts on atmosphere and climate：aviation. *Atmos. Environ.* doi：10. 1016/j. atmosenv. 2009. 06. 005 （in press）.

Matthews, W. H., Kellogg, W. W. and Robinson, G. D. （eds） （1971） *Man's* Impact on Climate, MIT Press, Cambridge, Massachusetts.

Minnis, P., Young, D. F. and Garber, D. P. （1998） Transformation of contrails into cirrus during SUCCESS. *Geophys. Res. Lett.*, **25**, 1157—1160.

Myhre, G. and Stordal, F. （2001） On the tradeoff of the solar and thermal infrared radiative impact of contrails. *Geophys. Res. Lett.*, **28**, 3119—3122.

Penner, J. E., Chen, Y., Wang, M. and Liu, X. （2009）

Possible influence of anthropogenic aerosols on cirrus clouds and anthropogenic forcing. *Atmos. Chem. Phys.*，**9**，879—896.

Ponater，M.，Pechtl，S.，Sausen，R.，Schumann，U. and H·uttig，G.（2006）Potential of the cryoplane technology to reduce aircraft climate impact：a state-of-the-art assessment. *Atmos. Environ.*，**40**，6928—6944.

R·adel，G. and Shine，K. P.（2008）Radiative forcing by persistent contrails and its dependence on cruise altitudes. *J. Geophys. Res.*，**113**，D07105.

SMIC（Study of Man's Impact on Climate）（1971）*Inadvertant Climate Modification*，MIT Press，Cambridge，Massachusetts.

Stuber，N.，Forster，P.，Rädel，G. and Shine，K. P.（2006）The importance of the diurnal and annual cycle of air traffic for contrail radiative forcing. *Nature*，**441**，864—867.

Travis，D. J.，Carleton，A. M. and Lauritsen，R. G.（2004）Regional variations in US diurnal temperature range for the 11—14 September 2001 aircraft groundings：evidence of jet contrail influence on climate. *J. Climate*，**17**，1123—1134.

本章译者：赵宁（南京航空航天大学航空宇航学院）

第 *305* 章

21 世纪航空与全球气候：可能减轻的影响

Olivier Dessens

剑桥大学大气科学研究中心，剑桥，英国

1 引　言

人们从喷气机时代就开始关注航行对大气成分和气候的影响，并且随着成本的减少和乘客数量的增加，这种关注度也随之增加。从第二次世界大战开始，航迹云的影响已经引起关注。从 20 世纪 70 年代开始，随着超声速飞机的设计和发展，人们开始关注 NO_x 等具有潜在影响力的气体对同温臭氧层的影响。随后，这种关注又涉及对流层臭氧层的产生。在 1999 年，国际气候变化委员会（IPCC）开始了第一次完整的航行对大气环境的影响的评估，并且发表了题为"航行和全球气候"的专题报告。从那时开始，科技发展的同时，普票乘客的飞行千米数也大大增加了（约 5.2%/年）。这个影响在 2005 年（Sausen 等，2005）重新估算，又在 2009 年（Lee 等，2009）再次评估。

从飞机发动机排出的物质分为 CO_2、非 CO_2 气体和气溶胶。对大气构成和气候的影响在前几章已经描述过了。CO_2，众所周知是生命周期很长的温室气体，而其他的排放气体（非 CO_2）主要由 NO_x、水蒸气、未燃烃、硫酸盐和炭黑气溶胶组成。在小的时间标度内，NO_x 的排放增加了对流层臭氧的产生。臭氧本身是很强的温室气体，也是强氧化物。当臭氧增加时，后一种特征诱导大气氧化作用发生变化，作为结果，NO_x 的排放同样减少了对流层的 CH_4 浓度。CH_4 同样也是很强的温室气体，它的减少能对额外的臭氧空间产生积极的作用。水蒸气在某一特定的大气环境中以巡航高度排出（短时间存在的航迹云中的水或者是长期存在的

航迹云中的冰），能影响航迹云并且可能改变航迹卷云的特性。这两个排放物能直接增加温室气体的影响力。气溶胶的影响（硫酸盐和炭黑）不怎么出名，同时似乎在航行排放物中也不那么重要。在 2005 年，计算得出航行产生的额外 RF 值为 0.055 W/m^2（不考虑其他不确定的航迹卷云的影响）。如果考虑航迹卷云，RF 值为 0.03 mW/m^2。这代表了 2005 年，整个 RF 值有 $3\% \sim 3.5\%$ 的人为变化（Lee 等，2009）。

这一章将会考虑 21 世纪飞机的发展、航行对大气的影响，以及航空产业和利益相关者有关的减排措施。21 世纪，人们期待航空业能大力发展客运，这个发展是 GDP 和人口共同作用的产物。气候改变政策和石油有效使用方针也应该按照人们的需求进行修改。航空业在科技上没有巨变，CO_2 和其他航空排放气体将会大大地增加。首先将提出在 2050 年时 RF 计算方法的变化，因为航空业将会大力发展。接着将会讨论航行中使用替代燃料（综合的，生物燃料，氢气）的结果、航空科技的可能的发展（超声速，翼身融合）。最后将会简述对航空排放的可能的管理（税收或者提高价格）和对大气的影响。

2 未来发展

未来航空业的发展前景被许多机构（NASA、EDF、ANCAT、QUANTIFY）预测过。他们一般是从需求的增加、航行组成的改变、飞机的大小、假定的（预测的）科技进步（包括一直到 2020 年每年 1% 的效益改善）这些方面考虑的。需

求的增加是基于 GDP 和人口来考虑的。其发展前景是在 QUANTIFY 这个计划中计算出来的。在图 1 中列出的四种排放物清单是根据 IPCC AR4 场景中的 A1～B2（两个极端情节）得到的。简单来说，A1 是指"一切如常"的情况，即有着很高的

GDP，人口正常增长，燃油使用率每年增加 2.5%。而 B2 是指世界 GDP 增长缓慢，人们广泛关注环境问题。B2 显示了 CO_2 排放量增长缓慢，被严格控制。其他排放物（NO_x、CO；未显示的）都在同样的模式下。

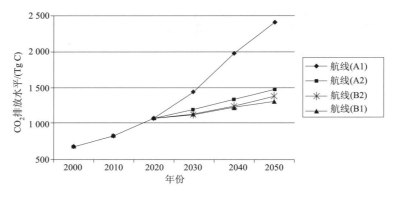

图 1　QUANTIFY 项目期间计算的从 2000 年到 2050 年不同的航线 CO_2 排放量变化

（见 Hoor 等（2009）哥白尼出版社（Copernicu））

350

航空业对环境的影响将明显取决于世界 GDP 的发展。基于 Lee 等在 2009 年发布的 RF 在 2005 年的预测值，整个基于航行产生的 RF 值（排出航行产生的卷云）在 A1 这种情况下是 $0.194\ \mathrm{W/m^2}$，而在 B2 这种情况下，其值为 $0.147\ \mathrm{W/m^2}$。跟 2005 年的 RF 值 $0.055\ \mathrm{W/m^2}$ 相比较，大概增长了 3～4 倍。航行的影响将会在整个 RF 值中（比如工业和家庭）变成更重要的部分。在这些结果中，未来航空业对气候的影响本质上来说，更多地取决于需求的增长率，而在科技和航空进步上占的比率要小一些。

3　替代燃料

现在的民用航空运用的燃料是煤油或者航空煤油。煤油是汽油精炼的产物，每一升都有很高的能量密度（主要是合成航空煤油）。稀少的汽油供应和不断提高的价格使得替代燃料成为一个热门的研究方向。三种替代燃料将在下面介绍，包括合成燃料、氢、生物燃料（生物柴油或者酒精）。这是从安全、生产的可靠性和现在的科技知识这几个方面考虑得出的。

3.1　合成燃料

从合成过程产生的航空煤油跟基于石油产生的航空煤油是一样的。它现在正在被商业和军事航空集团广泛研究，其通过著名的费－托法（Dry,

2004）产生。这些燃油的优点在于它有更少的芳香烃含量，这能除去硫黄，排放更少的微粒。缺点是在制造过程中可能增加 CO_2 的排放量。航空煤油能从不同的原料中产生煤、天然气或者沼气。所有的这些原料生成航空煤油的过程，都是能量密集型的，会产生很多的 CO_2，这对环境没有任何好处。煤和天然气的生产过程比较稳定，沼气需要在一个特定的环境中运作以达到环境许可。合成燃油作为一个潜在的更好的能源供应，更大程度上是从安全性而不是从气候变化方面来考虑的（因为生产过程会产生 CO_2）。合成燃油的研究表明，地球上煤和天然气的储存量大于石油的储存量。

3.2　液态氢

氢气通常被作为环境友好型的替代燃料，它也有缺点并且本身并不是一种能量。氢气的生产需要大量的能源，比如电能，还需要大量的水或者是化石燃料作为来源（例如煤或者天然气）。尽管氢气很轻，但它的单位体积燃烧热太小，飞机将在设计上做出很大的改变。它的产生、处理、基础设施和储存都需要特殊的改变。使用液态氢则需要更复杂的地面运输储存和分离系统。

运用氢气做燃料不只是发动机需要改动，整个飞机都需要提供更大的空间来携带低温器件。欧盟项目支持的低温飞机在 2003 年完成，是最新的运用氢气做燃料的民用飞机。运用液态氢作为燃料能减少 NO_x 的产生，因为燃点低，燃烧率高（Ziemman 等,

1998），而且没有碳和硫黄气溶胶产生。航行的空气质量将得到大大提高。然而，水蒸气的排放将提升到普通燃料的2.6倍。水蒸气的排放影响有：提高同温层直接的辐射效应（将在之后的同温层超声速飞机中讨论）；增加尾迹云和卷云的形成。虽然 CO_2 的影响被消除了（只要在生成氢气的过程中没有排放），且因为氮氧化物排放的减少，臭氧和 CH_4 的影响也将会减少，但是卷云和尾迹云的影响将会增加。

而氢气的生产、运输和交付过程也可能产生环境问题。从煤中生产氢气显示了碳循环排放的纯增加（费—托法），CH_4 作为原料将获得更好的比率。只有氢气产生过程使用核能或者其他能源产生的电能，才会减少生产过程中 CO_2 的排放（见图2）。Haglind 等（2006）的研究表明，氢气飞机从2006到2050年能减少全球变暖率16%～39%，这取决于普通飞机和低温飞机之间的转型速率。

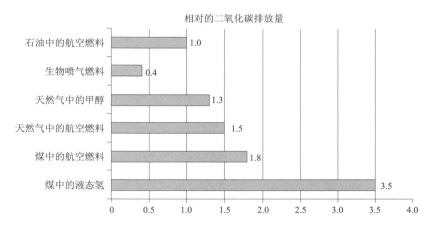

图 可替代航空燃料：合成燃料、氢气（不同原料/无碳捕获）以及生物燃料相对的 CO_2 排放率

3.3 生物燃料

生物燃料作为减少气候变化（Marsch，2008）的措施被广泛地讨论。生物燃料是一种液体，由可再生资源，比如庄稼或者动物油脂产生。植物产生的航空替代燃料能潜在地减少 CO_2 的排放（见图2）。这不是因为燃烧不产生排放，而是其生产过程产生的 CO_2 近来随着生物质能的增加正在从大气中减少。对于费—托法合成燃料，硫酸是不会在生物燃料中出现的，但是其他的排放种类就不一样了（例如，芳香剂或者氮氧化物将会是主要的排放产物，Eiff 等，1992）。生物燃料的能量密度大约跟石油航空燃料一样，这样飞机不需要重新设计。

酒精是通过葡萄糖发酵产生的（通过淀粉的水解作用），酒精的燃料性能使得其作为单一能源不被注意。但是它能够跟航空煤油混合使用。混合的航空乙醇煤油对 CO_2 和 NO_x 的排放显著地减少，减少率随着酒精的增加而增加。然而，在低能耗的情况下（例如滑行），酒精燃烧会产生酒精酸和醛，这对健康有危害，机场空气质量（普遍情况下将影响工人、旅客和当地居民）将会降级。

含有大量油分的植物，例如大豆、油菜籽、向日葵等，被认为是生产生物燃料的原材料或者是用来和石油等混合形成混合燃料的生物混合成分。忽略与其凝固点（和航行安全）相关的困难，生物燃料的主要优点在于减少碳循环的排放。与航空煤油相比较，其他物质如 NO_x 和含碳物质的排放都将减少，减少的量与混合燃料的种类和质量有关。

从超过100年的时间标量来说，CO_2 是辐射效应的主要来源（见第6卷第304章），因此，液态氢、生物燃料、酒精和合成燃料（现在科技还不能生产的，捕获 CO_2）都将对减少大气中的温室气体有很大的作用。在减少 CO_2 的过程中，必须要权衡，那就是：（i）运用酒精将造成当地空气质量劣变；（ii）液态氢使得在巡航高度上的水蒸气增加。剩下的问题还有，生产生物燃料的原材料的土地是否可提供；能否接受用核动力来生产液态氢。一些新的建议书还关注了一种新的原料即海藻，这可以绕过土地这一问题。

4 新的飞机技术

4.1 翼身融合BWB技术

一个新的关于翼身融合的概念在民用航空领域内被提出（这个概念从1950年就开始在军用飞机上使用了）。现在研究的关键在于达到减少噪声和燃料损耗（减少成本）的目标。减少燃料消耗同样

减少了 CO_2 的排放以及其他排放，例如 NO_x。翼身融合（BWB）飞机与普通飞机有相同的发动机和相似的飞行高度。跟普通飞机一样，它能加满航空燃油或者在将来使用新的、前面提到过的替代燃料。这个概念将在噪声和阻力上有很大的改善。阻力的减小能减少燃料的消耗和排放。MIT 和剑桥大学联合研究检测了未来翼身融合飞机的影响（见图3），结果显示排放将减少 25%（CO_2 和其他排放物）（Hall，2009）。NASA 检测出，与典型飞机相比，BWB 飞机在燃料消耗上将减少 20%（Kleiner，2007）。航空业在考虑顾客和航空公司能不能接受这样的飞机，从舒适性上来说，缺少窗户和紧急疏散口。显而易见的，减少燃料的燃烧在改善大气环境中是很重要的。

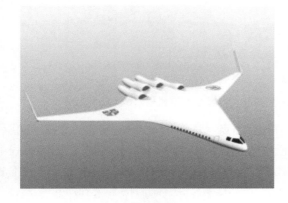

图3　混合翼飞机

4.2　超声速飞机

超声速的概念很久以前就有了，现在这个概念又被重新提及。在过去，只生产出两种超声速的民用飞机（"协和式"超声速喷射客机和"图波列夫144"飞机），都是在 20 世纪 60 年代发展的，现在已经退役了。

超声速飞机和亚声速飞机的最大不同点在于巡航高度。为了减小空气阻力，超声速飞机比亚声速飞机飞得更高。巡航高度跟飞行马赫数相关：16 km 马赫数 1.6，20 km 马赫数 2.0。

在这个高度上，飞机在同温层上飞行，发动机排放物的化学转变与在更低的对流层不同。同温层的两个主要特征是干燥和高臭氧浓度，避免地球表面接受到过量的紫外辐射。因此，超声速飞机的引入将减少同温层的臭氧浓度，增加其水蒸气浓度。

国际气候变化委员会（IPCC）20 世纪主要关注的是亚声速飞机。现在欧盟项目 SCENIC 研究了一架超声速飞机带着 200 名乘客飞行 500 次时，对大气造成的可能影响。而 ISAC 项目则在研究超声速私人飞机（搭载 8～10 人）取代了普通飞机之后，对大气造成的影响。这些研究的结论是超声速飞机（不论是民航还是私人飞机）在排放水蒸气和辐射效应上，都将很大程度地影响大气环境。CO_2 和氮氧化物的排放造成同温层臭氧层的分解只是一小部分。例如，SCENIC 超声速飞机由水蒸气产生的 RF 值是 23 mW/m²，CO_2 产生的 RF 值是 3.3 m/Wm²，臭氧层产生的 RF 值是 -2.8 mW/m²。同样的研究表明，影响程度取决于巡航高度，即马赫数。

与普通飞机相比，超声速飞机的 RF 值将是其 6～13 倍（见图4）。而 IPCC 给出的值要更强一些，因为 IPCC 计算的值是在巡航高度为 19～20 km（飞行马赫数为 2.4）时，而 SCENIC 计算的值是在巡航高度为 16～18 km（飞行马赫数为 2.0）时。为了避免空中交通管制，传统的亚声速飞机比商业飞机飞得更高一点。超声速商业飞机飞行马赫数为 1.6～1.8 的 RF 值只增加了 3 个点（见图4）。因此，对于小型商业飞机来说，超声速飞行仅仅是一种可能。

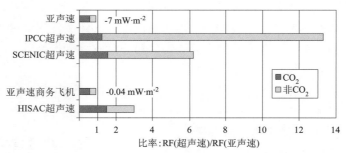

图4　2050 年超声速飞机的相对辐射率，其中亚声速飞机的部分根据不同的研究项目计算得出

5 管理与政策

现在国际航空运输没有一项有约束力的政策来处理气候改变问题。例如，《京都协议书》（1997）就没有把国际航空运输列为目标。这里有三项经济方面的措施能使环境的外在问题内在化：税收、责任规则和排放交易（定量配给）。排放交易理论是指找到一个社会上满意的每年的排放标准（从国家、地区和世界范围），然后处理一设定一个上限，把这个数量分配给污染者（给予一定的权利给航空公司），让他们进行交易。

欧盟决定单方面处理这个问题，在 2006 年 12 月提出了一项包括航空产业（国内外均包括）的提议。在 2008 年 7 月，欧洲议会决定从 2012 年起将

航空业包括进来。现在的航空产业科技被认为已经成熟了（Kroo，2004），因此，在燃料效率上要有令人瞩目的提高必须从根本上改变飞机机身或者发动机。观察研究认为，如果航空部门不能达到每年每飞行千米减少至少 1％～1.5％ 的排放量，CO_2 的排放量将会持续增加，航空产业将不得不从其他地方购买足够的排放 CO_2 的份额来达到欧盟提出的指标。然而，一个能量－环境－经济模型（Anger 和 Kohler，2010）提出，由于机票价格的增加，航空 CO_2 在 2020 年的排放量将会减少（见图5）。0.3％ 对应于 5 欧元的补贴价格，3.4％ 和 7.4％ 对应于 20 和 40 欧元的补贴价格。因此，欧盟提出的包括航空业的措施不认为将明显地影响航空运输部分，尽管航空产业已经协定将会为其排放买单。

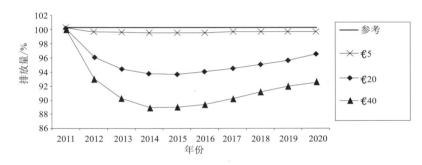

图5 与参考场景相比减少的航空 CO_2 排放量的百分比（参考场景的 CO_2 排放等于 100％）
（Anger 和 Kohler（2010），Elsevier）

6 结 论

由于未来航空运输需求量的增加和人们对环境的关注度越来越高，航空业将会被要求减少其对气候和当地大气质量的不良影响。个体飞机的寿命是30 年，而它的开发时间需要 10～15 年，因此，必须确定航空减排的时间表。此外，航空业实际科技提高率不能完全有效地满足人们增长的要求，人们必须加强管理。例如，运用平缓的下降过程或者对天气状况进行实时更新，将会减少温室气体的排放。

从中期来看，只有很少的几个措施能减小航空对环境的影响。运用航空煤油和生物燃料的混合物似乎是一个在不久以后就能实现的方法。这项技术能使得生物燃料的 CO_2 循环实现"零"，通过混杂的煤油能减少氮氧化物的排放（减少大气臭氧层产生），而这项措施不会给航空产业带来额外的技术

挑战。

从长远技术挑战考虑，翼身融合飞机和低温飞机在减小对环境影响的方面将会是最好的选择。这两个选项都需要对飞机设计和发动机技术进行完全的变革，同样，为了配合这些飞机，机场设施也将相应进行改变。翼身融合型飞机（航空公司和乘客必须接受新的机舱结构）能减少燃料的消耗（因此减少 CO_2 的排放）和氮氧化物的排放，从而减少航行对气候的影响。低温飞机（运用液态氢作为燃料）不产生 CO_2 的排放（液态氢是无碳燃料），也会减少氮氧化物的排放。另外，燃烧液态氢将会产生更多的水蒸气，而增加的水蒸气将会在巡航高度上增加卷云发生的概率以及同温层的水蒸气浓度，因此对环境有明显的影响。但是，计算表明，排除水蒸气的影响，低温飞机将会减小航行时对气候的影响（Haglind, Hasselrot 和 Singh，2006）。

参考文献

Anger, A. and Kohler, J. （2010）Including aviation

emissions in the EU ETS: much ado about nothing? *Transp. Policy*, **17** (1), 38—46.

Daggett, D., Hadaller, O., Hendricks, R. and Walther, R. (2006). Alternative Fuels and Their Potential Impact on Aviation, NASA/TM—2006—214365, NASA Center for Aerospace Information 7121 Standard Drive Hanover, MD 21076—1320.

Dry, M. E. (2004) Present and future applications of the Fischer-Tropsch process. *Appl. Catal. A: Gen.*, **276** (1—2), 1—3.

Eiff, G., Putz, S. and Moses, C. (1992) Combustion Properties of Ethanol Blended Turbine Fuels. Paper presented at the 2nd Annual FAA/AIAA Symposium on General Aviation Systems, Wichita, KS, March 1992. College of Aviation Technologies, Southern Illinois University, Carbondale, IL, USA, p. 65.

Grewe, V., Plohr, M., Cerino, G., Di Muzio, M., Deremaux, Y., Galerneau, M., de Saint Martin, P., Chaika, T., Hasselrot, A., Tengzelius, U. and Korovkin, V. D. (2010) Estimation of the climate impact of future small-scale supersonic transport aircarft-results from the HISAC EU-project, 2010. *The Aeronaut. J.*, **114** (1153), 199—206.

Grewe, V., Stenke, A., Ponater, M., Sausen, R., Pitari, G., Iachetti, D., Rogers, H., Dessens, O., Pyle, J., Isaksen, I. S. A., Gulstad, L., Søvde, O. A., Marizy, C. and Pascuillo, E. (2007) Climate impact of supersonic air traffic: an approach to optimize a potential future supersonic fleet-results from the EU-project SCENIC. *Atmos. Chem. Phys.*, **7**, 5129—5145.

Haglind, F., Hasselrot, A. and Singh, R. (2006) Potential of reducing the environmental impact of aviation by using hydrogen Part I: Background, prospects and challenges. *The Aeronaut. J.*, **110** (1110), 533—540.

Hall, C. A. (2009) Low noise engine design for the silent aircraft initiative. *Aeronaut. J.*, **113** (1147), 599—607.

IPCC. (1999) Aviation and the global atmosphere, in *Intergovernmental Panel on Climate Change* (eds J. Penner, D. H. Lister, D. J. Griggs, D. J. Dokken and M. MacFarland), Cambridge University Press, Cambridge.

Kleiner, K. (2007) Civil aviation face green challenge. *Nat.*, **448**, 120—121.

Kroo, I. (2004) Innovation in aeronautics. 42nd AIAA Aerospace Sciences Meeting and Exhibit, 5—8 January 2004, Reno: AIAA.

Kyoto Protocol (1997) *The Kyoto Protocol to the Framework Convention on Climate Change* 1997, http: unfccc. int/essencial background/kyoto protocol/background/items/1351. php.

Lee, D., Fahey, D. W., Forster, P. M., Newton, P. J., Wit, R. C. N., Lim, L. L., Owen, B. and Sausen, R. (2009) Aviation and global climate change in the 21st century. *Atmos. Environ.*, **43**, 3520—3537.

Marsch, G. (2008) Biofuels: aviation alternative? *Renew. Energy Focus*, **9** (4), 48—51.

Sausen, R., Isaksen, I., Grewe, V., Hauglustaine, D., Lee, D., Myhre, G., Köhler, M. O., Pitari, G., Schumann, U., Stordal, F. and Zerefos, C. (2005) Aviation radiative forcing in 2000, an update on IPCC (1999). *Meterol. Z.*, **14**, 555—561.

Ziemann, J., Shum, F., Moore, M., Kluyskens, D., Thomaier, D., Zarzalis, N. and Eberius, H. (1998) Low-NOx combustors for hydrogen fueled aero engine. *Int. J. Hydrogen Energy*, **23** (4), 281—288.

本章译者：赵宁（南京航空航天大学航空宇航学院）

第30部分

废物处理与减排

第 306 章

寿命终止飞机的剩余价值提取

Derk-Jan van Heerden[1]，Ricky Curran[2]

1　代尔夫特理工大学飞机寿命终止解决部（AELS），代尔夫特，荷兰
2　代尔夫特技术大学航空工程学院航空运输与操作系，代尔夫特，荷兰

1　引　言

就像其他大部分主导科技和信息时代的产品一样，飞机也总有被淘汰的时候。当飞机被认为旧到几乎要被淘汰了，就被称为寿命终止飞机。世界上最大的两个飞机生产商——空客和波音，预言了现在以及未来会处于寿命终止的飞机的巨大数量。空中客车对 2009—2028 年间进行了市场预测，评估了 8 453 架飞机（宽和窄体飞机）将面临退役，即寿命终止。同样地，波音通过他们当前的市场前景预测，在同样的时间段，将有 12 200 架飞机退役，其中包括了支线飞机。总的来说，到 2008 年年底，15.2% 的全球商业飞机将被暂停使用，到 2009 年 8 月，暂停使用飞机百分比将占到 17.8%，即有 4 691 架飞机被暂停使用。其中有一些将会继续服役，但是大部分将再也不会服役，进入寿命终止阶段。因此，航空产业将面临一个新的问题，即，怎样处理这么大数量的不能使用的飞机以及随之而来的环境问题。这一章将会从五个方面来描述怎样处理这些寿命终止飞机，即为什么处理，什么时候处理，怎么处理，谁去处理，在哪儿处理。

寿命终止期，跟飞机生命周期中其他的任何时期一样，对环境都会有影响。不同的是，在飞机生产的时候，制造原料被利用，例如新的铝、五金和碳复合材料通过生产流程和能源需求组合起来。在飞机的运行阶段，资源同样被利用。最重要的资源是燃料和润滑油，以及内部构件的替换。寿命终止阶段的最大不同是资源的潜在的回收。本质上，回收飞机将产生积极的影响，使得环境受益，能减少沙漠退化以及过去采用的垃圾填埋等选择。

为了减少寿命终止物品的垃圾填埋，有几条全球性的法规。如在欧洲，有寿命终止交通工具指令和 WEEE（废旧电器和电子设备）法令。这都是为了提高市场处理它们产生的废旧品的能力，一开始是对车辆，后来是对家用电器，市场被迫来提高其处理废弃物的能力，以及在设计上对回收的考虑。

在航空业，还没有这样的法规出现，没有条例告诉飞机拥有者和生产商怎样处理寿命终止的飞机，也没有告诉他们怎样设计一个飞机可以满足寿命终止处理的需求。现在，唯一的关于寿命终止飞机的条例就是适航条例，由此，再次使用从寿命终止飞机上回收下来的部件，受到各种各样的规则约束。这些规则是以保证飞机的安全以及适航性为目的的。此外，再循环过程还需要考虑到当地环境法规。一个能想到的条例是阻止地下水污染。奇怪的是，没有法规规定飞机应该被回收利用，这意味着飞机可以无限期地停泊、忽略长远的影响以及延长社会对寿命终止物品处理的责任。本质上来说，任何产业的剩余价值都应该包括合适的回复到原态的价值。本章将会考虑飞机最后阶段的所有相关元素，包括回收飞机的过程、实际的寿命终止过程。而关于寿命终止过程的其他关键，例如什么部分能被再利用、回收过程的经济问题，将是工程师和市场所需要考虑的。

2　寿命终止的定义

寿命终止这个词被运用到特定的飞机上是件很有意思的事情，同时也为之后的讨论设定了一些界限。本节将会考虑寿命终止中的一些元素的定义与结构化。

2.1　重新使用、回收利用、复原以及废弃处置的比较

处理旧飞机的方式有很多种，可以分为从环境的角度考虑和从经济性的角度考虑两类。这个理论是由荷兰人 Lansink 第一次提出的（见图 1），这个方法可以综述为以下几点。

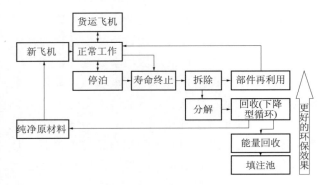

图 1　寿命终止飞机回收的可视化过程

（1）最高级的是在维持性能的情况下重新使用。对寿命终止的飞机来说，这个可以被分为四个选项：

①重新使用整个飞机——从寿命终止的角度来说，这意味着没有任何新的资源将被用来制造一架新的飞机。因此，这是最佳的选择。然而，从环境的角度，这也显示了寿命终止飞机的最大缺陷，这个被称作末端处理而不是综合处理。如果从整个飞机的生命循环上看，维持整个飞机重新使用是不可能的。重新制造一个飞机的负面影响被重新使用旧飞机产生的更低的生命循环周期、更多的燃油消耗等影响所抵消了。拆除一架飞机的负面影响，或者实际上是造一个新飞机，可以通过循环利用得到补偿。每一架飞机的不同阶段对环境造成的影响的百分比是不确定的，但是，据估计，80％的影响是在使用，即飞行阶段产生的。

②重新使用整个飞机——将其转换成为运输机。在航空领域，这是一种延长飞机使用寿命的常用方法。这个从其自身的角度来说是个环境友好型

的选择，但是这个转换必须在这个飞机不是太旧的情况下进行。基于之前提到的同样的原因，一个新的货运机比一架旧的改装的货运机对环境造成的影响更小。

③重新使用部件——当一架飞机被拆开了以后，有些部分是能够被用在其他部件上的，从大部件，比如引擎，到小部件，比如门把手，都可以用。重新使用的等级取决于部件种类和飞机型号。一些部件只能在同样机型上被重新使用，换句话说，这个部件的重新使用等级很低，因此，能从旧部件上获益的潜在飞机的数量很少，这就意味着机会和市场小。有些部件有很高的重新使用级别，能被用到很多不同的机型上，甚至不同的生产商都能使用，这明显有更大的市场和机会。

④可供替代地重新使用——在低级别的重新使用中，也存在有选择地重新使用。这表示虽然重新使用这一部件，但不再是原来的功能，例如，可以重新使用飞机上的座椅作为房间或者咖啡馆的座位。有些部件需要回收，重新生产处理，例如重塑机翼使其变成可移动的桌子。

（2）第二级别是回收利用。这意味着回收能被再次利用的材料，例如铝的铸块能被再次运用到其他产品上去。因此，人们可以在初级回收/废弃和次级回收/废弃（图 2）之间加以辨别。

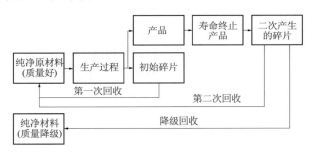

图 2　不同回收过程的可视化流程

①初级回收是指从生产过程中回收原料，例如，从实心铝块的生产过程中回收条状和卷曲状的铝。这种材料的来源是洁净的，易铸成合金，能直接熔解在铝中继续使用。

②次级回收是指从寿命终止的飞机中回收材料。跟在上面提到的生产飞机过程中切除掉的材料不同，从寿命终止的飞机中回收的材料被认为是二手材料，它已经跟其他材料结合在一起，例如螺丝拧合或者是喷漆，因此更难回收。

在本节，关注点将在次级回收上，因为这是最有挑战的部分，它跟飞机的设计、制造和运行都有

关系。当处理二手材料时，必须运用到下面所提及的两种方法：

1）第一种处理方法是不损失材料的品质。从传统观点上来说，这一般适用于金属和玻璃。但是随着科技的发展，在合金的回收上也有所突破。值得注意的是，这种方法在第一级别的回收中很容易做到，但是在第二级别的回收中就很困难。

2）第二种常用的回收利用的方法是降级回收。即用一般的回收方法回收材料，而由于一系列的原因形成了一种更低品质的新材料（比生产过程中回收的材料的价值更低）。使得材料降级的原因包括：

①原料不纯净，例如，铝只是外围覆盖的或者铝块中有铁块，这是寿命终止飞机中常见的例子。因为有些部件由各种各样的材料组成（都是第二级别回收），有一些材料能用特殊的方法移除，但并不是都能成功。

②回收技术还在不断发展中，并未完善。

③使用回收科技的经济环境并不是正面的。例如，当一架飞机被回收时，有许多的部件包含了材料 A 和材料 B。有人想着铝可以从两种合金中提取出来，他建立了两个回收池 A 和 B，然后就能回收高质量的材料。但这种情况只有在至少一种能回收的材料升值，当剩余价值比提取材料的成本要高时才会发生。

④目前没有回收材料的市场，但是，回收材料能被用到更低品质的再循环过程中去，例如，飞机中用到的铝里面含有几种特殊的高质量的合金。次级再循环过程中也包含了这些合金，为了保持原材料的纯净，不同的合金应该要分开。有很多原因能说明下述的方法是不可能的。即通过混合其他含有铝元素的混合物来回收铝，这将导致回收到质量很低的铝。这是几个关键的挑战之一。因为受到科技发展和分类拣选供应链的限制，现在的次级材料回收非常昂贵。因此全球的载重飞机废弃材料的次级回收率跟其他行业相比很低，尚未形成铝材流。显然其他行业更容易形成铝材回收供应链。

注意，在某些情况下，也可以有升级回收。这表示初级或者次级回收能回收到比原材料更高品质的材料。

（3）当材料不能被回收时，仍然有机会从材料中再生能源。通过燃烧废料（主要是碳结构的材料），高温（或者其他方式）能产生热量来转换成电能。最终，值得注意的是，如果没有能量回收，燃烧被认为是比填埋更好的选择。

（4）最后的选择是整理废弃物投入填埋池。所有不能被重新利用、回收或者成为再生能源的都要投入填埋池。

2.2　拆卸与分解

为了能从寿命终止的飞机中回收或者再利用材料，首先需要对飞机做的事情就是从飞机中获得所需要的部分。这个工作被分成两个不同的过程，是在再利用和回收之前就应该完成的步骤，被称为拆卸与分解。

拆卸是指从飞机中移除所有能被其他飞机再次利用的有价值的部件。这个步骤跟飞机彻底检修的步骤很相似，只是移除的部分不会再重新装入这个飞机了。移除的这个过程是在民航当局的监督和指导下完成的，例如联邦航空管理局（FAA）或者是欧洲航空安全机构（EASA）。

分解是指从飞机中回收材料的一系列过程。这是在拆卸以后进行的，包括机身拆解以及二级回收前进行材料分类。

提示，在寿命终止交通工具立法中，分解是指有目的地重新利用交通工具的部件。在本章中（对飞机而言）称其为拆卸。

2.3　性能测定

一般来说，如果有一个定义和测量方法来比较寿命终止处理过程中的表现状况是很有用的。因为这能对不同的过程进行比较，找出最具有普适性的例子。国际标准组织（ISO）定义了一个方法来计算车辆回收过程的表现（ISO3）。然而，在航空方面还没有相关的标准，因此，ISO 车辆规定将作为下述假定的参考框架。

车辆 ISO 文件定义了两个关键词"再循环能力"（公式1）和"可回收程度"（公式2），如下所示：

$$R_{cyc} = \frac{m_P + m_D + m_M + m_{Tr}}{m_V} \times 100\% \qquad (1)$$

$$R_{cov} = \frac{m_P + m_D + m_M + m_{Tr} + m_{Te}}{m_V} \times 100\% \qquad (2)$$

m_V 表示车辆质量，分母是由预处理过程的质量 m_P、分解过程质量 m_D、拆分过程质量 m_M、非金属残渣处理过程质量 m_{Tr} 以及考虑能量回收的非金属残渣处理过程质量 m_{Te} 共同组成的。更进一步的定义见表1，它说明了再循环的能力和可回收程度在车辆质量中所占的比率。

结果是，再循环能力和可回收程度在航空业中对于寿命终止飞机都是很有用处的。然而，问题是这个指标是否足够好。举例来说，一个飞机的净质量是 100 吨（m_V）。在这 100 吨中，有 50 吨值得再循环（m_D），40 吨用作材料回收（$m_M + m_{Tr}$），8 吨能用作能量回收（m_{Te}），2 吨归于填充池。这就表示再循环能力是 90%，可回收程度为 98%。

表 1　根据 ISO 2002 得到的再循环能力和可回收效率值

再利用（部件） m	回收（材料）m_M & m_{Tr}	能量回收（材料）m_{Te}	未定义残渣（材料）
再循环能力（$R_{cyc} = -\%$）			
可回收效率（$R_{cov} = -\%$）			
飞机质量（$m_V = 100\%$）			

这个方法的最大缺陷是，被移除部件的利用率被认为是 100%，但是事实上有些部分不可能被用到其他飞机上。同时，需要注意的是，当一个部件被重新使用了，反过来想，就是有另外一个部件需要被处理。那个部件本身将不会被 100% 地再利用。为什么这是不对的？想象一下，如果有一部航空业的立法，有人想要得到高的再循环能力，就要求人们尽可能多地移除可再循环利用的部分。这些部件被 100% 地使用来提高这个比率，就如公式（1）和公式（2）所描述的一样。拆除之后再进行处理的过程的好坏程度就变得不那么重要了。例如，在移除过程中增加了塑料部件的质量，那么公式中对环境友好的正面影响就增加了。但是如果不移除，则增加了公式的负面影响。因此，有人建议从公式中移除一些元素，对公式进行修改，得到的结果是：

$$R_{cyc} = \frac{m_M + m_{Tr}}{m_V} \times 100\% \tag{3}$$

$$R_{cov} = \frac{m_M + m_{Tr} + m_{Te}}{m_V} \times 100\% \tag{4}$$

以上面提到的数据为例，那么再循环能力为 80%，可循环程度为 96%。这些数据能更好地反映实际回收过程，也使得比较寿命终止飞机回收项目中某类型，第一架飞机和最后一架飞机的回收程度成为可能。因为可以预见，第一架飞机中大部分部件都有可能被重新利用，但是最后一架飞机中的部件，大部分都不可能再被重新利用了。

3　寿命终止过程

本节将会讲述寿命终止过程的更多细节问题和判断飞机不能再航行的一些过程。

3.1　拆卸

寿命终止过程的第一步是确定哪个部件还有价值，应该被拆卸以用在其他飞机上。根据商业模型和顾客反馈，实现这个步骤有几种方式。例如，被某公司买入的飞机需要这个飞机的某些部分装到他们公司的其他飞机上（例如，航空公司），或者是给他们的顾客（例如，承包商）。他们作为第三方给予一个需要的部分的清单。另外一种模型是飞机拥有者仍然拥有这些部件，包括销售和储存，在这种情况下，是由拆分公司决定哪些部分被移除。

移除部件再使用的过程是被 FAA（USA）和 EASA（Europe）监督的。然而，这些组织中涉及这个方面的内容不多。影响拆分过程的最重要的规定，就是在飞行的过程中安全使用从旧飞机上移除的飞机部件。因为故障，某些部件将被替换，更准确地说，这些部件将被可工作的部件所替换，来保持飞机正常运行。故障部件将会被修复，等待被再次使用。从寿命终止飞机上移除的部件也将面临同样的过程。

3.1.1　有用的与不可用的材料

为了能够重新使用飞机上的部件，必须要有一个可用材料的清单，而这个清单的定义和内容应该由有关当局确定。对于 FAA 和 EASA 来说，这个应该叫作 EASA 1 号文件或者是 FAA8130－3 号文件。其他机构的相似文件也可以被采用。因此，飞机上的部件的可替换性取决于不同国家当局的有关规定。而可用材料清单的一个不同之处在于，部件拥有有用认证后，可流经到商店或者是直接从飞机上取下就可以使用。在第 4 节，将更系统地讲述这些部件的分类和影响。这一节主要聚焦在拆分过程上。

从飞机上移除某个部件，然后直接宣布其可用是可能的。例如，直接遵照 EASA 1 号文件。但是这种情况只适用于当飞机是可用的时候取下的部件，并且这个部件移除时与当局的规定是一致的。在许多实例中，这种移除都应该由有关机构认证的合格工程师来操作。另外，如果这个部件没有按照规定操作，那么将被视为不可用材料。这种移除工作成本很高，因为需要被认证的技术人员参与。但是，这也保证了高质量的部件的交易成功率。然而，与拥有可用认证相比，直接移除的价值更低一些。移除并标有可用认证的部件，基本只会出现在当以重新使用某些零件为目的来拆分飞机的情况下。这些部件并不会出现在二手商店里售卖。

无用部件也将被拆除。这种情况一般出现在这个飞机是无用的、没有注册的或者是在最后一次飞行中有瑕疵的，在进行拆除的时候。作为飞机中的不可用部件，是在"原样－原位"的情况下售卖的。这意味着出售者没有可用认证或者任何技术指标或者行业协会认可的价值。

3.1.2 原产国和飞机所在地

飞机的主管权取决于飞机登记的所在地。这意味着飞机的拆分和部件的重新运用必须遵守主管当局的规定，因为航空产业是一个国际化产业。必须记住的是，移除部件这个过程之后产生的效果，可能与当局的规定不同，因此，移除过程的程序可能更简洁，也意味着这个价值更低，典型的"因小失大"。

在某些例子中，当局要求飞机所在地的权威机构进行监督，因此，对某些规定的解释因监管人的不同而不同，监管人的作用也更重要。

3.1.3 飞机的状态

当飞机被认为不可用或者没有宣布可用时，那么被移除的部分只能作为不可用部分。在一些例子中，在部件能被重新使用以前是有规定的。例如，如果飞机遭遇了事故，那么标准操作过程和程序都将不同，甚至有些部件将不可能再使用。尽管从科技的角度来说，重新使用是可能的，但是，遭遇某些事故的飞机只能被拆分。

3.1.4 飞机的文档

一些部件基于其历史是不能被考虑重新使用的。缺少一些文件将使飞机的价值从几百万降级到零。飞机上的一些部件是有生命限制的（见第4.1节），当没有有关文件提供这些部件或者整架飞机的状态的时候，这些部件就没有价值了。没有生命限制的部件可能流通到市场上，但保持飞机的最完整的价值就是保留所有的记录文件。

3.2 分解

拆分完一架飞机后，仍然有许多物品由于某些原因不能重新使用，例如没有市场。本质上，在拆分完以后仍然会留下一些东西，比如飞机壳以及隶属于飞机壳的某些消耗品。

分解过程开始于除去飞机上在拆分过程中需要处理的危险材料。在某些例子中，这类材料在拆分过程开始以前或者正在拆分时就已经开始分解了。飞机上的危险物质一般是液体形式的，例如液压液；但也有固体物质，例如石棉或者贫化铀，贫化铀一般被用来平衡波音747尾翼部分。

在移除完了有害材料以后，仍然有选择要做。例如，飞机被切分（分成小片，见图3），小片被运输到回收工厂，被切成更小的碎片，按照不同的材料分类（在回收工厂切碎，见图4）。另一个选择是通过不同的废水池来移除不同的材料，例如将电线从塑料中移除。这项技术取决于移除费用以及回收工厂的科技能力和不同废水池的税收。

图3 福克 F27 解体

图4 回收工厂的碎裂过程和最终结果

3.3 回收利用

回收工厂的角色和从事回收的过程取决于分解过程出现了什么。例如，如果分解以后只有铝留下来，那么在进行熔化过程之前进行分解就不是首选了。然而这种情况太特殊了，基本不会存在，一般情况下都会有其他金属甚至非金属残留。在第2.1

节已经提及了在二级回收时出现的典型情况。

在大多数情况下，飞机碎片进入粉碎机被粉碎成更细的部分。在此过程中，轻的材料被叫作"绒毛"，将从废水池中被甩掉。其他部分将通过一个磁铁收集，从中选出含铁材料。这在不同的回收工厂中是最常见的方法。有的工厂进行完此步骤之后就会停止分类，而其他的工厂将会利用更好的技术来再次筛选。然而，所有技术都运用了不同材料的物理特性来作为选择原则。最常用的机器是一种涡流装置，能分类不同的材料，其原理是不同材料有不同的导电率。另外一种技术是浮沉技术，用来选择材料，原理是基于不同材料的密度，高密度的将会沉下去，而低密度的将会浮起来。

4 寿命终止部件

本节将考虑被移除的部件怎么利用，以及利用时需要哪些步骤等问题，同时也讨论了怎样处理不能利用的部件。

4.1 部件分类

飞机部件有多种分类方式，下面给出了几种：

（1）可用的和不可用的——这个已经在第 3.1.1 节中描述过。一个可用的部件能直接作为替代品安装在飞机上，不可用部件不能这样做。这个定义更像是处理上的说明，而不是技术上的说明。书面形式上的释义是，可用部件在技术上能使用并且能被安装在飞机上。另外，不可用部件可能从技术的观点上来说是可用的，但是在安装方面，可能文件声明该部件被认作是不可用的。

（2）能利用的和不能利用的——当不可用部件从飞机上移除之后，会被送修，彻底检修或者经历以能被再利用为目的的过程。在一些情况下，一些部分不能被修复好，这个就被认为是不能利用的。不能利用的部件是指在经过检查后，因科技原因或者是经济原因认定其不能再被使用。

（3）耐用品和消耗品——耐用品可以被正式地从飞机上移除，且原始设备制造商设计了一系列检修过程来确定这个部分能被再次利用。消耗品是指相对便宜的部件，当其损坏之后，会被新的部件所替代，原始设备制造商认为不值得设计一个检修过程来修复这些部件。耐用品一般会在移除过程中被移除，而消耗品则不会被移除。

（4）可修理的——上面提及一些消耗品可能也

有相对比较贵的，某些第三方公司发展了一些修理过程来修理这些部件，使其能再继续使用。这是维修协议里的特殊步骤。当替代发生后，可能发生的一个特殊情况就是，问题并没有解决。这意味着被替代的零件可能不是这个事故发生的原因。而这个部件不能再被利用，因为它被移除并且被标记为不能使用。当这是消耗品时，没有指定的修复措施，然而应该要有一个选项来重新使用这个部件，可以用测试来决定这个部件是否运作良好。这种部件通常被叫作可修理的，但是实际上没有被修理，而测试认为应该是可使用的。

（5）有限生命部件——飞机上有些部件只能在特定时间内使用。例如可能受到飞行时间、飞行周期（一个周期是指从起飞到降落）的限制。经过某些时日后，必须被替代。

4.2 通用性

正如之前提到的一样，寿命终止飞机回收部件最重要的驱动力是市场价值和市场的大小。一个能用到更多型号飞机上的部件有更多的市场需求，有更多的机会被卖出去。一个部件能被用到不止一种型号的飞机上，就叫作部件的通用性，也可称为可交换性。

可交换性跟产品的年代、型号，甚至是生产商都有关。飞机间的通用性是由目的性促进的，因为这样的话，经营者能有多种型号的飞机，但只需要有一种型号的备用零件在飞机损坏时进行替代。例如，波音 737 飞机以及其他波音系列的飞机组成了一个家族（－600/－700/－800/－900）以及空客 A320 家族（A318/A319/A320/A321）。当飞机由最初的型号发展到后续的型号时，许多部件也被替换了。但是不是所有的旧型号上的部件都能运用到新的型号上。波音 737 已经进入了第三代（第一代，－100/－200；第二代，－300/－400/－500；现在的第三代，－600/－700/－800/－900），波音 747 也进入了第三代（－100/－200/－300 只有很小的区别，－400 有很大改变，现在已经到了－800）。人们不应该错误地依据特定型号飞机的数量多少来评估部件市场的大小。不是所有的飞机子系统都使用同样的供应商。飞机引擎市场是一个特例，有的飞机能适用三家不同制造公司的不同引擎。

4.3 寿命终止部件

正如之前所提及的那样，部件被移除是以能被再次用到其他飞机上为目的的。这个部件将会替代另外一个部件，用在仍然航行的飞机上。那个被替代的部件就变成了寿命终止部件，当这些部件被判定是不能利用的后，就需要被处理。

当这些部件被处理的时候，有些部件是不可修理的，而有些是可以修理的。这样做的原因是当局希望确定将来不会再有人有机会来审定这些部件是否可用。不会有当局再做审定，也不会有部件处于被修理的技术状态。少数情况下，这些部件会流入市场，但是没有合法的文件证明，这个就被称为伪造品。因此，部件的相关文件很重要，尤其对那些有限生命的部件而言。因为部件本身不会显示出其已经不能利用了。这些部件一般是发动机部件，当一个部件超过了生命时间服役时，是很严肃的安全问题，这将会产生灾难性的结果。

4.4　零件

飞机上的每个零件都有特定的零件号码，能从特定型号的手册查到。有一些零件号码是有序列的，这意味着有一系列的序列号来追踪这个特殊零件在航行过程中的使用情况。可以说，所有的耐用零件都有序列号，而消耗性零件则没有。

通常若干零件可以组合成系统，在飞机内具有不同的装配级别，可根据工作分解机构（WBS）进行典型定义。例如可以把起落架标为一个部件（有自己的零件和序列号），但是起落架子系统也包含许多零件，并被序列化地标注。这就产生了一个问题：在飞机上有多少个不同的部件/零件？而这些部分的再使用取决于维护手册的可替换性。一个由很多其他零件组成的部件被称作装配件，每个组成部分都叫作零件，从简单的钉子螺母到复杂的锻件等。

在飞机的拆分过程中，关于如何再利用部件是有严格规定的，例如，引擎和风扇叶片。在某个质量范围内的零件能在特殊的维修服务公司被使用，但是不能在外面交易，因为没有机械测试来证明这个部件是可使用的。

5　寿命终止的经济学问题

决定飞机"寿命终止"之前主要看每一阶段的经济情况。这不仅要考虑此飞机的经济性，更重要的是要考虑在特定的时期，此飞机所属的公司经济情况和全球的经济环境。本部分将讨论每一个相关

因素。选择的策略是针对特定的飞机在每个因素间找到平衡点。正如各行业一样，很多情况下，这里没有列出的因素起了决定性作用，同样也有某些因素可能被忽略了。

飞机退役的原因有很多，比如需求减少、商业标准改变或者是飞机老化。

5.1　飞机经济

当飞机处于寿命终止状态时，就需要做决定了。寿命终止飞机表示拥有者决定不再使用这架飞机航行。当拥有者是金融机构，例如银行或者租赁公司，一架寿命终止飞机即意味着一架飞机不能再找到新的使用者或者再租出去了。

从经济学角度来说，决定飞机寿命终止能为飞机拥有者带来最高的价值。最简单的方法是将飞机卖给出价最高的投标人，这意味着拥有者去市场上找到出价最高的买家。买家可能是一个想要运转飞机的公司或者是想要拆分飞机来卖掉或者再次使用其中的某些部件。当拥有者有能力和兴趣使用飞机中的一些部件时，飞机有了两个价值，即飞行的价值以及部件拆分和分解的价值。这组成了两种商业形式。

5.2　公司经济

怎样处理寿命终止的飞机取决于公司的经济状况。其中的一个方面就是账面价值，一架飞机的账面价值比市场价值要高。这个矛盾是由自飞机购买的时候就开始产生的该飞机随着时间的折旧与会计账面记录的价值之间的差别产生的（根据净现值分析），大约是在飞机达到寿命终止期前的 25 年。由于这个经济原因，飞机寿命终止的决定通常都会延迟，因此就产生了飞机临时停泊的情况。

另一个造成飞机延迟分解的原因是飞机的资产所有权应属于实际的贷款方，或者由于税务的原因沿有折旧选择的优势，这两个因素都会造成飞机临时停泊、延迟寿命终止和拆分过程。

5.3　全球经济

航空业遵循全球经济发展趋势，当全球经济发展减慢时，航空业的发展也减慢。航空业是发展还是衰退由航班是增加还是减少来反映。在一个突然减少的时期，例如"9·11"以后，航班容量明显减少。这样市场上代售的飞机增加，这就导致了飞机在市场上的价格降低。本质上来说，就是供过于

求，根据供给定律，飞机将会被临时停泊。

专门从事飞机组件的公司将会看准这个机会，从而大量买入飞机作为便宜的货源。然而，被零件经销商吸收的飞机数量也是有限的，尤其当他们有足够的零件或者是飞机的拥有者不愿意降价的时候。结果就是在经济复苏以前，临时停泊的飞机将会大量增加。当经济复苏后，有一部分飞机将不能再服役了。一般越旧的飞机，科技也就越落后，再次回归服务的概率也就越低。同样地，飞机的维修费用也会影响这个决定，当飞机仍然能够飞行时，机构当然希望其继续服务，但是当飞机需要大量的维修方面投资时（例如需要 60 天的 D 项检查），这个飞机很有可能被分解而不是被维修。

5.4 飞机临时停泊

正如上面提到的一样，飞机常常在最后一次飞行到真的被分解的这段时间内临时停泊。研究表明，这段时间一般持续两年。然而，但也有飞机迅速地退役，然后被分解处理，但也有飞机停泊了超过 10 年才进行回收处理。

飞机停泊的地方常常是低湿度无雨的气候条件，最著名的地方是美国的亚利桑那州和新墨西哥州。没有被很好储存的飞机一般停放在世界各地的机场，这种情况大部分是由财政原因造成的。旧飞机在某些地区仍然飞行，是因为飞行的成本更低。但是这些旧飞机将面临更高的维修费用，因此，很多情况下，旧飞机还是被抛弃了。

有趣的是，长时间停泊的飞机常常被拆用配件，这种拆用是缓慢的、无组织的拆分过程。这意味着有市场的部件会先被移除，一般都是引擎之类的，其他部分则会无规律地、缓慢地被拆除。

6 讨论和结论

可以得出的结论是，当飞机在恰当的时候以恰当的方式进行寿命终止处理时，将会产生很大的价值。当有大的市场需求时，将会有大的市场推动力来拆分这些寿命终止飞机，包括引擎的飞机机身价值可以从百万美元到千万美元不等。跟销售价格相比，拆分的花费只占了其零头，拆分花费从 10 万美元到 25 万美元不等。拆分之后仍然有分解等过程，而获得的价值不是大的驱动力，因为甚至可能成本要高过价值。同样，达到最小的环境标准也没

有驱动力。在某些国家，退役的飞机只是简单地被抛弃。

当某型号的最后一架飞机进入寿命终止阶段时，它的价值要比拆分的花费还要低，因为已经没有飞机能够再使用这些部件了。在这种情况下，仍然有分解的价值（合金的价值）。但是这个价值比较低，而且接近分解过程的价值，如果合金的价值也较低时，其结果是形成一个成本系数。那么怎样处理这些飞机呢？没有法规告诉人们该怎样去做，因此全球有超过 5 000 架的这种飞机停泊在世界各地。每一架飞机都是对环境的威胁。危险材料没有被处理，液体可能流入地下水中。有些飞机被收藏家收藏或者重新投入服务，但是大部分的不会再被使用了，尤其是没有进入维修项目的飞机。

航空产业将要为这些停泊的飞机寻找出路，未来的寿命终止飞机将要发展一个行业标准。AFRA（飞机飞行回收协会）迈出了这个领域的第一步。这个组织发展了一项最佳维修计划（BMP），很多公司认可了这个 BMP，但这个标准仍然需要完善。飞机的拥有者根据 AFRA 的标准也需要看到这样做的优点。

飞机拥有者如果愿意承担更多的社会责任（CSR），将会更容易接受对飞机进行寿命终止项目。不只是以利益为目标，也应以人类健康和地球环境为目标。问题是如果所有的拥有者都自主地承担 CSR，那么似乎他们会迫不及待地进行寿命终止计划。这可以是消费需求或者是立法驱动。这个法令应该是什么样的目前很难去预测，怎样使其有效工作将是更难的步骤。法律被国界所阻止，但是飞机不会。有一个方法就是通过 EASA 和 FAA 达成国际一致性的认同。也可以从船舶业学习经验，尽管模型不同，但国际关系复杂度都是一样的。船舶问题已经走在前面是因为这个对环境的威胁更大，例如，大量的化学物质排放到水中，沿海各线都将发现。

从科技的角度来说，关注点应该放在回收技术上。航空业应该吸取汽车产业的经验。汽车行业面临着来自法律的挑战，并且找到了合适的解决办法来达到政府提出的要求，航空产业也能学习这些技术并做出适当的调整来适应航空业应用。

从长远目标来说，航空业也应该关注如何回收复合材料。这个部分现在只在初级回收中有所涉及。科技现在已经能够恢复纤维的再次使用，但是对于如何处理二次回收的材料，最大的问题可能不

364

是技术问题，而是市场问题，得找到一个可以交易这些"纯净"纤维的市场。

能确定的事情是，有关部门应该负责，只有所有单位通力合作才能找到解决方案。这里引用一个座右铭："通力合作，我们能创造一个新世界"。

参考文献

Motie Lansink，Tweede Kamer（Nederland），vergaderjaar 1979－1980，15 800. nr 21.

ISO reference 22628：2002（E）.

本章译者：熊克（南京航空航天大学航空宇航学院）

第 *307* 章

空间碎片碰撞防护

Peter H. Stokes

PHS 空间公司，皮特洛赫里，佩思郡，英国

1 引 言

自空间飞行以来，设计师就意识到了流星体引起的碰撞风险，采取了相应措施，以防护飞船，尤其是载人飞船。过去的 50 年，人类对空间的利用技术发展迅速，然而，不幸的是，在绕地轨道上产生了大量的人造空间碎片。在所有运行使用区域，这些人造空间碎片对飞船所表现出的碰撞危险要远远大于流星体的。

第一次有记录的航天器和一个可追踪的碎片之间的碰撞发生在 1996 年，"西雷斯"（Cerise）卫星被"阿丽亚娜"火箭的碎片撞击，而这个碎片是由 10 年前的爆炸产生的。碰撞切断了重力梯度稳定杆，导致卫星迅速翻滚。幸运的是，这种悲剧性的事件是罕见的，因为在地球轨道上，可追踪物体（包括碎片）的数量相对还是比较少的（根据 2009 年 7 月的记录，尺寸大于 10 cm 的有记载物体大约 15 000 个）。但是，对于尺寸更小、未被追踪的碎片，情况就不相同了。据估计，大约有数以千万计的毫米级的碎片在地球轨道上运行，这些碎片碰撞航天器的概率相当高，这般大小的碎片具有足够的碰撞能量，穿透一个无防护屏障的航天器，并造成生命损失或关键设备损伤。

已收集的越来越多的事实证明，航天器被小碎片或小陨石击中已是常见的事。检查载人航天器表面，包括航天飞机、国际空间站（ISS），以及无人航天器的表面，例如欧洲的可回收载具（EURECA）、长期辐照设施（LDEF）和哈勃太空望远镜（HST）等，检查结果揭示了各种各样的碰撞损伤。例如，从航天飞机 STS－61 任务——

HST 维护飞行——观察 HST 外表面过程中，确认了很多大的冲击形貌，包括在高增益天线上的直径 1 cm 的孔（Christiansen 和 Hyde，1994）。另一个碰撞损伤的观察事例如图 1 所示。

图 1 莱昂纳多（Leonardo）载人货运飞船碎片防护罩上的直径 1.44 mm 的冲击孔
（来自 Destefanis（2007）©美国机械工程师协会）

上述类型的证据强调，需要在航天器设计中考虑碎片防护，这个需要也被国际最高级别的组织所认可。例如，联合国和平利用外层空间委员会（UNCOPUOS）建议"航天器设计师应该考虑将隐式的和明确的保护概念融入空间飞行器的设计中"（UNCOPUOS，1999）。载人航天器已处于此种情况，越来越多的无人航天器也将如此。

2 碰撞过程

固体材料对冲击载荷的响应有以下几种不同方式：

（1）弹性变形。产生的应力小于材料强度，没有诸如断裂或不可逆错位的破坏性结果。

（2）塑性变形。产生的应力超过材料强度，原子和分子永久地偏离其原来的位置，导致凹陷或穿孔。

（3）流体力学。材料的屈服强度远远小于产生的应力，导致材料行为类似黏性流体。

（4）超高速。冲击压力远远超过材料强度，导致材料展现出流体力学流动，行为类似于可压缩流体。

对诸如铝材料，超高速响应通常发生在冲击速度大于5 km/s的情况下。铝材使用于许多航天器的外壳或机身壁面。流星体撞击航天器的速度范围是1～72 km/s，近地轨道的空间碎片撞击速度可达到16 km/s，大部分碰撞以超高速的方式发生。然而，地球同步轨道上的空间碎片碰撞航天器，相对速度小于1 km/s，所以其他三种碰撞响应的相关度更高。

超高速微粒撞击半无限厚度的航天器外壳（即与微粒直径相比，航天器外壳是厚的），将会产生广泛的塑性形变、熔化、蒸发、离子化和闪光。此种情况下，会形成一个凹坑，从外壳正面释放出抛射物，不会发生穿孔。但是，如果同样的微粒撞击一个薄的航天器外壳，将会使外壳背面产生碎片，或完全贯穿外壳。

在撞击的瞬间，航天器外壳和微粒均受到冲击而进入流体状态。冲击波和稀疏波将在颗粒和外壳中传播，造成压缩和拉伸区域。如果拉伸能量足够高，微粒将碎裂，极端压力迅速降低到与微粒和外壳材料强度能够比较的水平。

当微粒穿过外壳并破碎，结果是在外壳后面形成碎片云，像一个不断成长的空心气泡，微粒和外壳材料的大部分质量都集中在气泡表面的前面薄层

上，紧靠抛射轴（见图2）。碎片云激震前沿的形状，以及造成损伤的潜力，受微粒形状的影响。球状微粒产生一个半球形的激震前沿，圆柱状微粒产生一个轴线附近的平面激震前沿，且碎片云散布比球状微粒的更大。

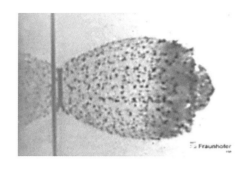

图2　超高速碰撞物贯穿薄壁外壳产生的碎片云

碎片的大小和碎片云的状态取决于冲击强度。随着碰撞速度的增加，碎片云的状态由大的固体碎片逐步变为熔化的微粒，再到细喷雾状。因此，对位于航天器外壳后面的设备，碎片云造成的损伤显得更加明显。

3　碰撞对航天器的影响

超高速碰撞对航天器的影响取决于碰撞物的特征（例如，质量和体积）、碰撞位置和航天器的设计。因此，各种各样的损伤效应都是可能的，范围可从忽略不计到任务终止。将碰撞物的大小与损伤效果相联系是可能的，表1中描述了相当近似的情况（Drolshagen，2005）。

表1　不同大小的微粒造成的超高速冲击损伤效应

最小颗粒的大小	产生的影响
<1 μm	几乎没有个体效应 一些表面降解导致热学、光学或电器性能上的改变
1 μm	暂时的磁化饱和和暂时的CCD分辨率损害 直接碰撞或者第二次喷出物造成的反射和传感器降级 外涂层和表层渗透，随后可能冲击其他外部部件（原子氧、等离子体） 触发预先充电表面的静电放电（最小的颗粒大小尚不确定），喷出物体能形成新的小碎片
10 μm	明显的个体效应： • 在易碎表面形成肉眼可见的弹坑（>200 μm） • 暴露舱口出现潜在的密封性问题 动量转换的影响（由于第二喷出物能产生比初始动量大5～20倍的动量）： • 稳定高度破坏 • 编队飞行扰乱 等离子体冲击产生电磁干扰 可见光闪烁 冲击产生无线电波

续表

最小颗粒的大小	产生的影响
100 μm	敏感传感器和表面的可见损伤（需要替换航天飞机窗户） 切断薄的系绳、弹簧、电线 穿透 MLI 穿透 300～500 μm 的薄壁 穿透热管、冷却剂回路、散热器
1 mm	根据材料不同，弹坑直径为 2 mm～1 cm 甚至更大 穿透 3～5 mm 的壁面并对后壁的设备造成损坏 暴露设备结构损伤 穿透容器、挡板、遮阳板、外部电缆等
1 cm	击中任何部位将出现结构损伤 穿透任何防护层，包括载人舱的特殊防护层 产生大量新的碎片
10 cm	彻底破坏卫星或者子系统的结构 干扰天文观测
1 m	部分航天器残片能够落入地球

多年来，许多研究人员研究了诸如对电子器件盒、配线、电池、太阳能电池、推进剂储箱等典型的航天器设备的冲击响应。有趣的是，在近期的欧洲航天局（ESA）资助的研究中（作者有所贡献），许多测试项目展示了高水平的鲁棒性，有些情况下，测试项目能在碰撞穿透后继续生存（Putzar 和 Schäfer，2006）。图 3 为当碰撞物穿透一个有电子设备的铝盒时，不同类型的损伤。

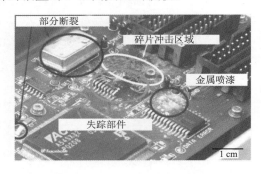

图 3　粒子直径 2.8 mm，以 6.74 km/s 的速度冲击 MLI，间隔 10 cm，在 2 mm 厚的电子器件铝盒前部

（载自 Putzar 和 Schäfer（2006）©欧洲航天局）

航天器在承受大于 1 cm 的颗粒碰撞后仍能幸存，通常被认为是不可能的。最坏的情况是，当碎片足够大，冲击产生的应力波能够携带足够的能量，穿过整个航天器结构，造成航天器灾难性的解体。根据粗糙"拇指法则"，当对航天器的冲击能量到达 40 J/g 的时候（美国国家研究委员会，1995），将发生这种情况。

4　碰撞防护设计

4.1　防护结构的选择

碎片防护的目的是，尽可能多地吸收由碰撞微粒引发的局部损伤产生的能量，从而降低航天器出现故障的级别。明显地，载人类的航天器，例如，国际空间站比非载人的航天器更需要这样的设计。因此，有些在载人航天器上适用的防护结构在大部分的非载人类航天器上不能使用。

下面的小节描述了几种典型的航天器，从不同角度考虑选择防护盾。

4.1.1　载人飞船的外壳

对于载人航天器，外壳是增压舱体，也是暴露在外的重要部件，例如，推进剂储箱，需要多层防护结构保护，这通常包括在航天器外壳前面放置一层或几层缓冲层。当微粒冲击外缓冲层时，它破碎成细小颗粒云，沿传播方向迅速扩展到下一层，因此，冲击产生的动量和能量扩大到更广的范围内。如果有若干个层缓冲，则这个不断前进的颗粒云冲击面，单位面积的动量就会不断降低。因此，如果每个缓冲层都被穿透，航天器外壳承受的冲击载荷将会减小。

多重缓冲层防护结构跟单层缓冲层防护结构相比，优点如下（Christiansen，1993）：

（1）改善性能，质量较小，但能达到同样的保护级别。

（2）斜碰撞后释放的有害抛射物更少，因为产生的颗粒更小。

（3）冲击动能转化为冲击热能更有效。

（4）对碰撞物形状敏感程度较低，因为多重撞击具有非常大的扰动性。

（5）对斜碰撞不敏感，部分原因是多重撞击促进了破碎，或是防护结构反复减缓了碎片云的扩张。

（6）在长时间任务寿命周期，航天器外壳的累积损伤较少，因为能穿透缓冲层，造成航天器外壳损伤的小微粒几乎很少。

然而，其缺点是，如果碰撞物具有足够的能量，能够穿透防护结构和外壳，则在外壳上产生的撞击孔的直径要比多重缓冲层上的大。因此，对全体航天员的危害更大（Williamsen，Evans 和 Schonberg，1999）。

最早和最简单的防护结构概念——单层缓冲墙，1947 年由天文学家 Fred Whipple 提出。自那时起，改善防护的期望，尤其是针对 ISS，使若干多重缓冲层的概念应运而生，包括填充式 Whipple 防护结构、多层冲击防护结构、双层网孔防护结构等。这些防护结构的特点归纳如表 2 所列。其共同特点是都利用了如 Nextel™、Kevlar™ 高强度纤维材料，冲击试验表明，这些防护结构能够瓦解 1 cm 大小的碎片颗粒。

表 2　载人航天器缓冲防护结构的特点

外形	功能	可选材料
惠普护盾	• 缓冲层瓦解冲击颗粒，产生碎片云 • 达到最大功效的条件： 缓冲层厚度与颗粒直径之比小于 0.2 间隔的距离是颗粒直径的 30 倍以上 • 航天器后壁对抗冲击载荷	• 铝合金 • Kevlar™ • 金属复合材料 • 石墨/环氧基树脂 • 陶瓷基复合材料 • 波浪状铝材料
有夹层的惠普护盾	• 外部缓冲层瓦解冲击颗粒，产生碎片云 • 内部缓冲层减少冲击负载 • 航天器后壁对抗冲击负载	外部缓冲层： • 铝合金 • Kevlar™ • 金属复合材料 • 石墨/环氧基树脂 • 陶瓷基复合材料 • 波浪状铝材料 内部缓冲层： • Nextel™ • Kevlar™ • Spectra™
激波护盾	• 缓冲层能够有效地使颗粒震动，增加其热能，使其最终熔融或蒸发 • 当缓冲层厚度和颗粒直径比率＜0.3 时，达到最大功效 • 航天器外部对抗冲击负载	全部缓冲层： • 铝合金 • Kevlar™

续表

外形	功能	可选材料
双层网缓冲护盾 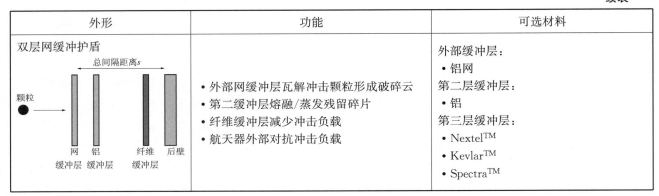	• 外部网缓冲层瓦解冲击颗粒形成破碎云 • 第二缓冲层熔融/蒸发残留碎片 • 纤维缓冲层减少冲击负载 • 航天器外部对抗冲击负载	外部缓冲层： • 铝网 第二层缓冲层： • 铝 第三层缓冲层： • Nextel™ • Kevlar™ • Spectra™

4.1.2　蜂窝板

蜂窝（HC）夹心板目前应用在很多无人航天器的设计中。当用在飞船船体时，它能有效承担弯曲和剪切载荷，提供一定程度的热防护，防止 1 mm 及以下大小的空间碎片或流星体的撞击。典型的蜂窝夹心板设计如图 4 所示。它由前后面板、中间含蜂窝夹芯体构成，面板和蜂窝芯体一般为铝材，但面板也可以使用碳纤维增强塑料（CFRP）。

蜂窝板的防护性能很大程度上取决于颗粒的撞击角度。倾斜撞击时，Taylor 等（1999）和 Turner 等（2000）认为其作用和多层冲击防护结构一样，即增加穿透阻力。然而，对于垂直冲击，它和正常表面很接近。他们注意到此时发生了隧道效应，即穿透的微粒产生的碎片云受蜂窝单元结构的引导，因此使后面板上的载荷增大。在该案例中，蜂窝芯体受损严重（见图 4）。

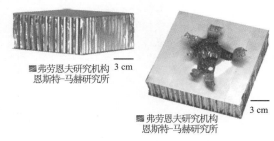

弗劳恩夫研究机构
恩斯特-马赫研究所　3 cm

弗劳恩夫研究机构
恩斯特-马赫研究所　3 cm

图 4　铝蜂窝夹层板承受超高速冲击穿透前后

Turner 等（2000）对增加蜂窝夹层板防护功能的几种选择进行了研究（见表 3），包括修改夹层板本身的设计，或在夹层板前或后加装其他形式的防护结构，对选择之一——多层夹层板——进行了细致的研究（见图 5），比较了两种蜂窝层和三个面板位置（前面、中间、后面）的性能。研究表明，如果把双层蜂窝设计应用于在近地轨道的典型航天器最易受攻击的表面，能减少穿透微粒的数

量，减少的系数约为 4，付出的代价仅为 1.2 kg/m² 的附加质量。运用这样的增强功能，夹层板可能阻止 1~2 mm 范围内微粒的贯穿损伤。

 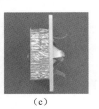

（a）　　　　　（b）　　　　　（c）

图 5　双层铝蜂窝夹层板被超高速撞击穿透

（a）板正视图；（b）板后视图；（c）板侧视图

（转载自 Turner 等（2000）©欧洲航天局）

表 3　蜂窝（HC）板增加防护性能选项

措施	优势
改变 HC 单元的厚度	改变碎片云的沟道效应和角度
改变 HC 单元的大小	改变碎片云的沟道效应和角度
增加 HC 的厚度	使碎片云分散
改变正面的薄板厚度	改变碎片云的弹射破坏
改变背面的薄板厚度	改变对碎片云负载的承受度
使用多重 HC 嵌板	跟多重壁面功能相似
HC 板+前薄片层	不同的冲击阻抗来改变弹射破坏
HC 板＋隔开的前缓冲层	跟多重壁面功能相似
HC 板＋MLI	跟多重壁面功能相似
HC 板＋MLI 纤维缓冲层	跟多重壁面功能相似
HC 板＋纤维缓冲层	保护敏感的航天器内部设备

4.1.3　多层隔热结构

多层隔热结构（MLI）是另一种防护结构，常用于航天器，尤其是其外表面。尽管 MLI 的主要

目标是提供热绝缘，但也能作为缓冲层，阻止亚毫米级微粒的穿透。它通常的组成是 10～25 层的麦拉薄膜与涤纶网交错叠放，外面覆盖聚酰亚胺或者聚四氟乙烯预浸料。

根据 Turner 等（2000）的研究，与等厚度的铝相比，MLI 能够提供更好的保护，这表明其具有多层冲击防护结构的特点，相对容易地在 MLI 中嵌入纤维缓冲层，例如 Nextel™ 或者是 Kevlar™，以提供进一步的保护。

需要注意的是，MLI 放置在表面，例如，当 Whipple 防护结构缓冲层放置在顶部（Schäfer 和 Günther，2001），或是在 Whipple 防护结构缓冲层与航天器外壳之间时（Shiraki 和 Harada，2000），防护结构的性能将退化。Shiraki，Terada 和 Harada（1997）研究表明，MLI 放置在填充式 Whipple 防护结构第二层的顶端是有害的。

然而通过精心的设计和适合的间距，MLI 仍是许多航天器暴露部件的有效防护结构。

4.1.4 玻璃表面

提高玻璃表面生存力的方法是使用钢化玻璃。然而，钢化玻璃仍然易碎。承受撞击时，会在撞击点周围产生大面积的同轴心径向断裂，导致可见度或光传输特性严重降低。一种减少撞击损伤区域的办法是将强化玻璃与丙烯酸或聚碳酸酯结合，形成夹层结构。

为了保护航天飞机或国际空间站的窗户，NASA 研发了三窗格系统。该系统外层窗格将作为碎片的牺牲品，内层为两个压力窗格，即主窗格和冗余窗格（IADC，2004）。石英玻璃（99％石英玻璃）是典型的外层窗格材料。窗子通常被一个可开启和关闭的遮挡板保护，最简单的遮挡板是厚度为 0.1～0.2 cm 的铝板（通常和一些热毯），铝板距离外层窗格 5～10 cm。然而，更复杂的如多层百叶窗也有研究，在 ISS 上，纯净的聚碳酸酯平板被用作舱门窗的透明遮挡板，它们被认为是下一代飞船玻璃的替代材料。与石英玻璃相比，聚碳酸酯板在抗冲击性上更有优势，不太容易开裂和碎裂。

由于表面积大，位置暴露，航天器上最易受损的部件之一就是太阳能电池板。图 6 显示了太阳能电池板的一个相对较大的冲击形貌。

已经提出的几种不同的方法可用于提高太阳能电池板展开阵列的冲击生存力（Turner 等，2000）：

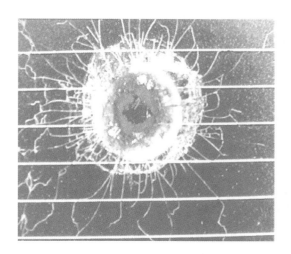

图 6 在 HST 太阳能板上大冲击形貌观察

（1）使用又薄又柔性的阵列，使微粒可以直接穿透，产生相对较小的损伤，或在刚硬（如蜂窝）的板上，使用坚固的和/或层合的太阳能电池板，以吸收冲击能量。

（2）在电池板后面加装 MLI，以限制背面的损伤（如果温度升高不会，明显降低电源输出功率的话）。

（3）在工作表面覆盖泡沫或凝胶（例如，气凝胶），泡沫和凝胶有很低的介电常数和密度。但采用这个选项，需解决电源输出功率降低的问题。

（4）在太阳能电池板设计中采用多重电路。

4.1.5 压力容器

航天器中压力容器通常用于储存低压推进剂或高压惰性气体。如果穿透碰撞发生在压力容器上，最坏的情况是发生灾难性的破裂，产生大的、低速碎片，并碰撞航天器的其他部分。Schäfer 和 Schneider（2001）研究表明，防止灾难性的破裂的一个简单措施就是降低容器的工作压力。如果必须使用高压，则在容器前端几厘米处设置缓冲防护结构是一个加强防护的有效手段。防护结构效率随防护结构和容器之间的间距的增加而增加，MLI 被认为是具有高弹道效率的最佳防护结构。

然而，如果一个碰撞物尺寸和能量都足够大，即使是防护再好的容器，也将失效。图 7 为一个受防护结构保护的推进剂储罐受超高速冲击后产生的损伤。在实例中，撞击孔测量值为 10 cm×8 cm。为了减缓容器破裂的影响，提高航天器的生存力，有必要在关键部件周围加装防护结构。Christiansen，Hyde 和 Snell（1992）建议最易受损的容器应该最先使用。一旦使用完毕，容器减压，以减少碰撞引发其灾难性破裂的风险。

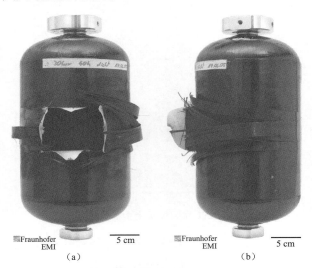

图 7 CFRP/铝推进剂储罐受直径 6 mm，速度 6.5 km/s 的颗粒撞击后的破裂情况

（a）储罐正视图；（b）储罐侧视图

（储罐具有的防护结构是覆盖铝蜂窝夹层板的 MLI，与储罐间距 10 cm）

4.1.6 其他航天器部件

在航天器中，还有其他许多部件需要防护，以使其免受空间碎片或流星体的撞击，尤其是当部件处于暴露位置的时候。部件包括电缆、电子设备、机构和管道。MLI、Nextel™ 和 Kevlar™ 等通常被认为是保护这些部件的材料（IADC，2004）。

4.2 撞击极限方程

撞击极限方程（BLE）是指一种损伤方程，它定义了碰撞微粒引发外壳、壁板或防护结构失效的阈值特征，失效由用户自行设定的标准定义（例如，"无穿透"）。简单地说，BLE 反映了碰撞微粒的临界尺寸，超过该尺寸，结构将失效。自 1960 年以来，许多不同的 BLE 得到开发，它们太多，以至于此处不可一一列出。为了说明用途，将会选择若干方程。BLE 被收录的公式可见 Berthoud 和 Mandeville（1993）以及 IADC（2004）文献，其他形式的损伤方程，例如撞击坑或孔的大小的确定，可见 IADC（2004）。

一般来说，BLE 方程是通过一系列冲击试验得出的，试验中，设定一组对象，测量冲击导致的损伤。在此方面，已发展了多种实验室技术，这些技术可使发射物能达到轨道碎片的冲击速度。最常

用的设施是二级轻气炮，它用于研究 2～8 km/s 速度范围内的冲击损伤（见图 8）。

图 8 德国 Ernst Mach 研究所二级轻气炮

此外，数值仿真途径可补充冲击试验的数据，例如，使用爆炸流体动力学计算机程序，帮助计算那些超出实验室能力的撞击极限速度的特征。

4.2.1 BLE 参数

在下面两小节中，介绍了 BLE 中微粒和微粒撞击目标的有关特性，相关条目见表 4。

表 4 BLE 参数（etamax 空间有限公司，2006）

符号	单位	描述
d_p	cm	颗粒（冲击物）直径
T_t，T_B，T_s	cm	目标、后壁（例如宇宙飞船壁面）、总护盾的厚度
v	km/s	冲击速度
K_f	—	故障参数
K_1，K_2	—	公式中的特定参数
S	cm	后壁与护盾间的距离
α	(°)	角度（以水平面作为参考）
ρ_t，ρ_p，ρ_s，ρ_B	g/cm^3	目标、颗粒、护盾、后壁的密度
τ_1^*	Pa	材料 1 的屈服强度 = 276×10^6 Pa（=40 000 lb/in^2）
τ_2^*	Pa	材料 2 的屈服强度 = 483×10^6 Pa（=40 000 lb/in^2）
τ	Pa	后壁的屈服强度

4.2.2 单层外壳 BLE

单层外壳 BLE 定义了均质结构失效阈值所对应的颗粒临界尺寸，例如铝质外壳，可写成如下形式（etamax 空间有限公司，2006）：

$$d_{p,\mathrm{lim}} = \left[\frac{T_t}{K_f K_1 \rho_p^\beta v^\gamma (\cos \alpha)^\xi \rho_t^\kappa} \right]^{\frac{1}{\lambda}} \quad (1)$$

方程常用参数值见表5。在 ESABASE 厚板方程和两层玻璃方程中，考虑失效的损伤类型，K_f 系数有一个取值范围。例如，在 ESABASE 方程中，如果失效定义为"外壳穿透"，则 $K_f < 1.8$；然而，如果失效定义为"形成撞击坑而不破碎"，则 $K_f > 3.0$。

在 ESABASE 薄板和厚板中，K_1 系数有不同的值，这取决于目标外壳材料。例如，在薄板公式中，如果外壳为铝合金，则取值 0.33。

4.2.3　多重外壳 BLE

多重外壳 BLE 公式可写成如下形式（etamax 空间有限公司，2006）：

$$d_{p,\lim} = \left[\frac{T_B + K_2 T_s^\mu \rho_s^{v_2}}{K_1 \rho_B^\beta v^\gamma (\cos\alpha)^\xi \rho_B^\kappa S^\delta \rho_s^{v_1}}\right]^{\frac{1}{\lambda}} \quad (2)$$

运用这个公式必须考虑 3 个速度范围：低速（低于 3 km/s）——冲击区间——碰撞物被缓冲层不完全破碎，释放少量的固体颗粒；速度在 3～7 km/s 之间——碰撞物碎裂为几块，可以是固体或是雾状的，这是一个过渡区间；大于 7 km/s——超高速区间——碰撞物破碎成很多细小微粒，形成浓密云状。三个速度区间划分依据是 $v < v_1$，$v_1 \leqslant v \leqslant v_u$，$v > v_u$；$v_1$ 和 v_u 是三个速度区间之间较低和较高速度的过渡值。

当撞击速度在冲击区间或超高速区间时，公式（2）中的参数取值见表6。

当撞击速度在过渡区间时，即在 v_1 和 v_u 之间，运用线性差值方法，计算微粒临界直径，公式如下：

$$d_{p,\lim} = \left(\frac{v_u - v}{v_u - v_1}\right) d_{p,\lim}(v_1) + \left(\frac{v - v_1}{v_u - v_1}\right) d_{p,\lim}(v_u) \quad (3)$$

表 5　单层外壳 BLE 常用参数（etamax 空间有限公司，2006）

公式	K_f	K_1	λ	β	γ	ξ	κ
ESABASE 厚板	1.8～3.0	0.2～0.33	1.056	0.519	2/3	2/3	0
ESABASE 薄板	1.0	0.2～0.64	1.056	0.519	0.875	0.875	0
MLI	1.0	0.37	1.056	0.519	0.875	0.875	0
Pailer-Grün	1.0	0.77	1.212	0.737	0.875	0.875	−0.5
Frost	1.0	0.43	1.056	0.519	0.875	0.875	0
Naumann, Jex, Johnson	1.0	0.65	1.056	0.5	0.875	0.875	−0.5
Naumann	1.0	0.326	1.056	0.499	2/3	2/3	0
McHugh 和 Richardson（厚玻璃靶）	1.85～7.0	0.64	1.2	0	2/3	2/3	0.5
Cour-Palais（薄玻璃靶）	1.85～7.0	0.53	1.06	0.5	2/3	2/3	0

表 6　多重外壳 BLE 常用参数值（etamax 空间有限公司，2006）

方程式	$v/(\text{km·s}^{-1})$	K_1	K_2	λ	β	γ	κ	δ	ξ	v_1, v_2	m
ESA（triple）	<3	$0.312\,[\tau_1^*/\tau]^{0.5}$	$1.667K_1$	1.056	0.5	2/3	0	0	5/3	0, 0	1
	>7	$0.107\,[\tau_1^*/\tau]^{0.5}$	0	1.5	0.5	1	0	−0.5	1	0.167, 0	0
NASA ISS	<3	$0.6\,[\tau_1^*/\tau]^{0.5}$	$1.667K_1$	1.056	0.5	2/3	0	0	5/3	0, 0	1
	>7	$0.129\,[\tau_2^*/\tau]^{0.5}$	0	1.5	0.5	1	0	−0.5	1	0.167, 0	0
NASA Shock	<3	$0.3\,[\tau_1^*/\tau]^{0.5}$	$1.233K_1$	1.056	0.5	2/3	0	0	5/3	0, 1	1
	>6	$22.545\,[\tau_1^*/\tau]^{0.5}$	0	3	1	1	−1	−2	1	0, 0	0
NASA Bumper	<3	$0.4\,[\tau_1^*/\tau]^{0.5}$	$0.925K_1$	1.056	0.5	2/3	0	0	5/3	0, 1	1
	>6	$18.224\,[\tau_1^*/\tau]^{0.5}$	0	3	1	1	−1	−2	1	0, 0	0

4.3　碰撞风险估计

为了确定航天器具体防护策略是否充分，计算碰撞风险是必要的。正如前面所述，撞击极限方程（BLE）是分析的一个重要因素。本节阐述风险计算和评估风险的流程。

4.3.1　风险分析计算

对于沿固定轨道飞行的航天器，空间碎片和流星体通量可视为矢量，必须仔细评估其方向性的影响。大多数空间碎片和流星体撞击发生在飞船前部分表面的正面、侧面和面向空间的表面，飞船前部分表面可定义为航天器运动方向的引导表面，运动方向即速度方向或"碰撞"方向。

直径大于某一具体值的碎片和流星体的碰撞数量 N 随暴露面积（A）、通量（F）和暴露时间（Δt）的增加线性增加：

$$N = FA\Delta t \tag{4}$$

通量数据一般从环境模型中获得，例如 MASTER 2005 和 ORDEM 2000（Fukushige 等，2007）。对于一个轨道确定的航天器，这些模型通常提供了单位面积、单位时间内，作为微粒大小、速度和碰撞角度函数的撞击次数。

在相应时间间隔内，发生准确碰撞次数 n 的概率可由泊松统计法确定，所提供的 N 值足够小（<10）：

$$P_{i=n} = \left(\frac{N^n}{n!}\right) e^{-N} \tag{5}$$

因此，无碰撞的概率 $P_{i=0}$ 由下式确定：

$$P_{i=0} = e^{-N} \tag{6}$$

如果希望确定导致外壳、壁板和防护结构失效的碰撞次数 N，可用上述公式。然而，在这种情况下，需要附加一个计算步骤，包括失效标准的定义和像冲击极限方程一样的损伤方程的应用。广泛使用的一个失效标准是无穿透。当然，其他的标准也是可能的，例如，撞击坑不超过一定的浸透深度，或一个孔的直径小于某个给定值。如果失效标准是无穿透，则无故障（PNF）概率与无穿透（PNP）概率相同，即

$$PNF = PNP = e^{-N} = e^{-FA\Delta t} \tag{7}$$

此处，N 为碎片和流星体的碰撞穿透次数，即一个给定时间段内的预期失效；N 由超过撞击极限的微粒通量（单位面积、单位时间内的次数）、暴露面积和暴露时间计算而得。

由于风险计算具有复杂性，需要发展计算代码，以辅助工程师进行计算（IADC，2004）。历史最久和使用最广泛的两个代码是 BUMPER 和 ESABASE/DEBRIS。这些代码能够完成全三维数值分析，包括考虑方向和几何影响，以及航天器防护结构。它们也支持在不同环境模型和微粒/外壳相互作用的模型中计算，计算结果通常以三维的形式展现，如图 9 所示。

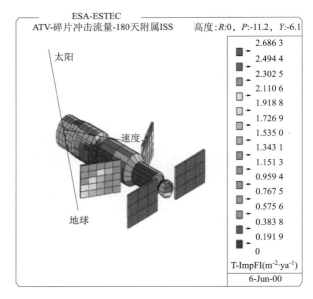

图 9　自动运载飞船（ATV）连接到国际空间站的俄罗斯服务舱时，采用 ESABASE 预测碎片碰撞通量（m⁻²/年）

在风险评价中，典型用户指定的输入参数是：
- 轨道和任务参数；
- 航天器姿态、几何尺寸和防护结构；
- 微粒类型、尺寸、质量密度和所要分析的速度范围；
- 损伤方程和相关参数取值。

计算机正常输出为：
- 特定微粒范围内的冲击数量；
- 产生的破坏性冲击（失效）次数，考虑到航天器防护结构和损伤评估方程；
- 微粒平均冲击速度（大小和方向）；
- 一定尺寸的撞击坑的数量；
- 无失效概率。

值得注意的是，在碰撞风险分析中，有一些内在的不确定性，包括：
- 在确定空间碎片和流星体通量方面，环境模型之间存在矛盾（Fukushige 等，2007）；
- 由环境模型预测的空间碎片和流星体的质量

密度存在不确定性；

· 损伤公式的推导存在不确定性，因为公式常常基于统计学上的小样本撞击试验，且数值仿真数据的置信度有限；

· 损伤公式应用上存在不确定性，因为这些公式通常无法考虑各种形状的撞击物和目标温度。

上述不确定性能够明显影响风险计算，正如

Schonberg（2005）验证的一样。因此，当决定是否修改航天器设计时，这些不确定性必须慎重考虑。

4.3.2 风险评估流程

评估航天器受空间碎片和流星体撞击风险的流程如图10所示（IADC，2004）。

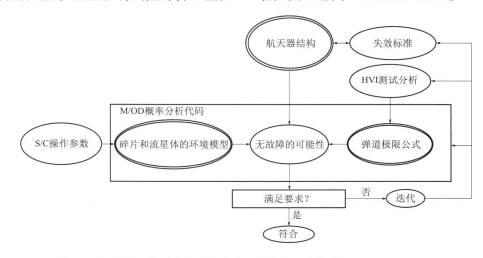

图10 评估航天器受空间碎片和流星体撞击风险的流程（IADC，2004）

流程包含步骤如下：

（1）具体生存力需求：

航天器抗击空间碎片或流星体撞击的具体生存力需求。在本章中，生存力是指无失效。

（2）确定易受损的航天器部件（此处部位是指诸如飞船船体或设备单元的功能部件）：

①构造航天器的几何描述，以及确定航天器所有的材料成分。

②确定航天器所有易受空间碎片或流星体撞击的部件，确定部件性能，例如任务危险程度、冗余等。

③对航天器易受空间碎片或流星体撞击的每个部件，确定其撞击损伤模型和效果。

（3）定义失效标准：

基于每个部件撞击损伤模型和效果，对航天器易受空间碎片或流星体撞击的每个部件，定义清晰的失效标准（例如，"无穿透"）。

（4）确定损伤方程：

①确定当前损伤方程（例如撞击极限方程），这些方程适用于确定航天器每个部件暴露在太空环境中的每个表面的失效标准损伤（例如撞击极限）。

②如果对于一个指定的表面无法确定是否适用的公式，则通过一系列撞击试验和爆炸流体动力学

对计算机程序进行分析，改写一个现有公式或推导一个新公式。

（5）选择计算机模型：

①选择风险分析代码。

②选择空间碎片和流星体环境模型，模型要适合与所选风险分析代码一并使用，输入所需的航天器任务参数。

（6）进行失效概率分析：

采用所选的风险分析代码和环境模型，以及步骤（2）～（4）中获取的信息，计算航天器每个部件和整个航天器的无失效概率（即生存力）。

（7）比较分析结果与生存力需求：

①将步骤（6）的分析结果与步骤（1）的生存力需求相比较。

②如果无失效概率大于生存力需求，则可认为分析完成。

③如果无失效概率小于生存力需求，则考虑以下情况（按优先顺序），再进行分析：

——针对失效标准修改分析假设，改善航天器模型，或

——开展补充撞击试验和爆炸流体动力学计算模型，以减轻损伤方程中的工程保守主义，或

——确定航天器设计中失效概率最大的区域，

采用一个或更多的 5.1 节中的修正方案，或

——确定航天器减小碰撞风险的方式和途径，例如将最易受损的表面朝向地球（此方向撞击物极少），或减小航天器易受损面的面积或用最坚固的面，朝向速度矢量方向（此方向撞击物最多）。一年中，当流星体流通量处于峰值时，这种策略可能非常有用。

在 Destefanis（2007）文献中，可以看到用于自动运载飞船（ATV）的风险评估方法，该方法与上文提及的内容一致。

5　增强碰撞防护的一般指南

5.1　航天器的设计

在生存力需求得到满足之前，航天器的撞击风险评估分析必须重复进行，这个过程必须使航天器的设计发生多方面的变化，以下修正尤为值得考虑（IADC，2004）：

- 加强最易受损面的保护，例如改变诸如厚度性能，或变更材料，或增加防护结构；
- 减小最易受损面的面积；
- 将关键部件安置在远离最易受损面的区域；
- 运用遮挡保护敏感的外部设备；
- 区域化内部设置；
- 增加易受损部件的冗余；
- 确定"部件中的冗余"是否好于"部件的冗余"；
- 确定是将冗余项集中还是分散；
- 包含自动系统，以隔离损伤（例如，自动隔离阀、自密封袋）；
- 包含碰撞传感器网络，以发现损伤，并指导处理可能引发的任何异常的行动；
- 包含完成安全模式操作的能力。

5.2　航天器易受损表面

如前面指出的，可以通过现有壁板设计、外壳设计等，或增加防护结构层，增强航天器易受损面的撞击防护。如果增加防护结构，必须满足下列设计要求（IADC，2004）：

- 经济上可承受；
- 增加的质量代价最小；
- 适合于简单的设计和制造；
- 具有承受"二次撞击"能力，即最大限度地减少牺牲；
- 产生非破坏性的二次喷射物和碎片；
- 在撞击微粒质量、形状和速度的一个较大范围内，提供熔融和/或气化流星体和碎片微粒的手段；
- 提供一定程度的热和辐射防护；
- 耐受原子氧效应（仅对近地轨道要求）；
- 理想状态下，撞击发生后，防止更多碎片的产生（例如，通过捕获抛出物或碎片）；
- 能够在正常发射和在轨振动环境中生存；
- 满足航天器系统需求，例如，导电外表面、航天器结构电接地，可接受的热光学特性；
- 冲击后，防护结构产生的碎片、剥落或灰尘等不应造成航天器设备的失效或不可接受的性能恶化（干扰机构或覆盖光学器件等）；
- 避免干扰航天器正常运行，例如调度安排、观察，以及实施测量、通信和遥控等。

6　总　　结

通过对航天器表面，例如航天飞机、国际空间站和哈勃太空望远镜等的检查，表明它们被小尺寸空间碎片和流星体撞击已是惯例。在近地轨道，空间碎片的撞击速度能达到 16 km/s，在这样超高速的情况下，即使是一个 1 mm 的微粒，都能穿透航天器结构或设备，造成明显的损伤。因此，为了确保撞击引发失效的风险处于一个可接受的水平，恰当的航天器防护设计是重要的。不同的防护方法可供选择，例如，载人航天器通常使用多重外壳防护结构，这种防护结构有很多种形式，包括填充式Whipple 防护结构、多层冲击防护结构、双层网孔防护结构，它们能够阻止 1 cm 大的颗粒穿透，并进入航天器内部。对于无人航天器，通常考虑采用增强夹层板结构和多层绝热毯，一般通过附加高强度、小质量的材料铺层，例如 Nextel™ 和 Kevlar™。

不管航天器选择哪种防护结构，它们的防护效果都能够使用撞击极限方程定量计算，这个方程有两种参数形式，它们可以确定导致单层外壳失效或多层外壳失效的撞击微粒的临界尺寸。这个方程是撞击风险评估的关键，能用于航天器无失效概率计算，此举为重要的风险估量。在评估过程中，如果概率不能满足预定阈值，则要增加额外防护结构。为了在决策过程中指导工程师，冲击评估风险程序和实施防护的指导方针都以文件的形式出现。

致　　谢

感谢花费时间和精力提供图表的同事们准许我复制本章中的这些资料。按字母排序，我非常感谢Bunte Karl、Christiansen Eric、Destefanis Roberto、Drolshagen Gerhard、Putzar Robin、Schäfer Frank 和Soergel Brigitta。最后，感谢 IADC 防护工作组的同事，多年来，我们进行了许多有趣和翔实的讨论，这些都有助于我在空间碎片碰撞防护的各个方面得到很好的提升，但愿这些都能在本章中得到反映。

相关章节

参考文献

USNational Research Council（1995）（Committee on Space Debris）*Orbital Debris-A Technical Assessment*, National Academy Press.

UNCPOUS（1999）*Technical Report on Space Debris*. Adopted by the Scientific and Technical Subcommittee of the United Nations Committee on the Peaceful Uses of Outer Space：A/AC. 105/720.

IADC（2004）*Protection Manual*. Inter-Agency Space Debris Coordination Committee：IADC－WD－00－03.

etamax space GmbH（2006）*ESABASE2/Debris, Release 1. 2, Technical Description*. eta max space GmbH：*Report r*040 *rep*025 _ 02 00 01 *Technical Description of ESA contract* 16852/02/NL/JA.

Beltrami, P. and Drolshagen, G. （2000）Assessment of the Probability of No Penetration and Mass Penalty for Different Shield Configurations of the ATV. *ESA*：*EMA*/ 00－058/*GD*/*ATV*.

Berthoud, L. and Mandeville, J. C. （1993）Empirical impact equations and marginal perforation, in *Proceedings of 1st European Conference on Space Debris*（*ESA SD*－01）, April 5－7, 2003, Darmstadt, Germany, pp. 459－464.

Christiansen, E. L. , Hyde, J. L. and Snell, G. （1992） Spacecraft survivability in the meteoroid and debris environment. AIAA Space Programs and Technologies Conference, March 24－27, 1992, Huntsville, Alabama. AIAA 92－1409.

Christiansen, E. L. （1993）Design and performance equations for advanced meteoroid and debris shields. *Int J. Impact Eng.*, **14**, 145－156.

Christiansen, E. L. and Kerr, J. H. （1993）Mesh double bumper shield：a low-weight alternative for spacecraft meteoroid and orbital debris protection. *Int J. Impact Eng.*, **14**, 169－180.

Christiansen, E. L. and Hyde, J. L. （1994）Validating-BUMPERCode Predictions Using Observed Meteoroid and Orbital Debris Impact Damage. AIAA 94－4483.

Christiansen, E. L. , Crews, J. L. , Williamsen, J. E. , Robinson, J. H. and Noten, A. M. （1995）Enhanced meteoroid and orbital debris shielding. *Int J. Impact Eng.*, **17**, 217－228.

Destefanis, R. （2007）Analysis methodologies for assessing micrometeoroids and orbital debris risk to spacecraft. *Proc. Inst. Mech. Eng.*, *Part G*, *J. Aerospace Eng.*, **221** (6), 963－968.

Drolshagen, G. （2005）Effects of Hypervelocity Impacts from Meteoroids and Space Debris. *ESA*：*TEC*－*EES*/ 2005. 302/*GD*.

Fukushige, S. , Akahoshi, Y. , Kitazawa, Y. and Goka, T. （2007）Comparison of debris environment models-ORDEM 2000, MASTER 2001 and MASTER 2005. *IHI Eng. Review.*, **40** (1), 31－41.

Putzar, R. and Schäfer, F. （2006）Vulnerability of Spacecraft Equipment to Space Debris and Meteoroid Impacts. *Ernst Mach Institut*：*Final Report I*－15/06 *of ESA contract* 16483/02.

Schäfer, F. and Günther, L. （2001）Impact Testing on ATVICC Meteoroid and Debris Shield. *Ernst Mach Institut*：*Report E* 28/2000.

Schäfer, F. and Schneider, E. （2001）Hypervelocity Impact Testing on Pressure Vessels. *Ernst Mach Institut*：*Report I*－27/01 *of ESA Contract* 10556/93.

Schonberg, W. P. , Evans, H. J. , Williamsen, J. E. , Boyer, R. L. and Nakayama, G. S. （2005）Uncertainty considerations for ballistic limit equations. *Proceedings of 4th European Conference on Space Debris*（*ESA SP*－ 587）, April 18－20, 2005, ESA/ESOC, Darmstadt, Germany, pp. 477－482.

Shiraki, K. , Terada, F. and Harada, M. （1997）Space station JEM design implementation and testing for orbital debris protection. *Int J. Impact Eng.*, **20**, 723－732.

Shiraki, K. and Harada, M. （2000）JEM space debris

protection design capability and performance verification，in 22*nd International Symposium on Space Technology and Science*.

Taylor，E. A.，Herbert，M. K.，Vaughan，B. A. M. and McDonnell，J. A. M.（1999）Hypervelocity impact on carbon fibre reinforced plastic/aluminium honeycomb：comparison with Whipple bumper shields. *Int J. Impact Eng.*，**23**，883－894.

Turner，R.，Berthoud，L.，Griffiths，A. D.，Mc-Donnell,J. A. M.，Marriott，P.，Stokes，P. H.，Taylor，E. A. and Wilkinson，J. E.（2000）Cost-Effective Debris Shields for Unmanned Spacecraft. *Matra Marconi Space*：*Final Report of ESA Contract* 12378/97/NL.

Williamsen，J. E.，Evans，H. J. and Schonberg，WP.（1999）Effect of multi-wall system composition on survivability for spacecraft impacted by orbital debris. *Space Debris.*，**1**（1），37－43.

本章译者：熊克（南京航空航天大学航空宇航学院）

第 308 章

航天器报废处置

William Ailor

美国航太公司轨道与再入碎片研究中心，洛杉矶，加利福尼亚州，美国

1 引　言

在过去，航天器一直处在任务轨道，失效后仍然在任务轨道上，且不再受控。许多失效的航天器甚至会持续在轨道上成百上千年，直到自然分解或被外力移开。除了它们本身就是一种危害之外，这些大型残骸会碎裂成数量很多的较小碎片，这些较小的碎片依然是碰撞中的危险之物。

失效的航天器、分级火箭和其他的空间碎片现在已越来越受到关注。到 2009 年 11 月，已知发生四起与大于 10 cm 的在轨物体的碰撞事件，包括：1999 年俄罗斯的一个不再运行的空间导航卫星与其姐妹星的碎片发生碰撞；1996 年法国西雷斯（CERISE）卫星被阿丽亚娜火箭箭体残骸损坏；2005 年美国的分级火箭与中国火箭第一级的碎片发生碰撞；2009 年一颗铱星与一颗不再运行的 COSMOS 卫星发生碰撞。

认识到日益增长的碎片问题，1993 年跨机构空间碎片协调委员会（IADC）成立，目前的成员包括几乎所有有空间活动的国家代表，IADC 旨在协调最大限度地减少空间碎片和确定碎片减缓选择的国际活动。IADC 建议：由于卫星任务的重要性，因此，在近地轨道（LEO）和同步轨道（GEO）两个体制内（见图 1），应该尽量减少在其中做轨道运行和通过其间的碎片（图中，Z 表示离半径为 6 378 km 的地球表面的距离）。另外，IADC 还建议如下的碎片减缓措施：

（1）在正常运行中，限制碎片释放。

（2）尽可能减小在轨分解的可能性。

（3）任务后处置。

（4）预防在轨碰撞。

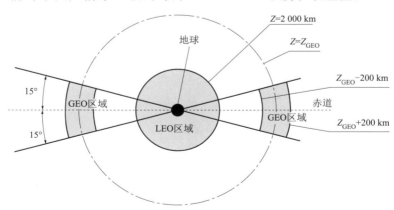

图 1　受保护区域

（IADC 空间碎片减缓指南，IADC—02—01，跨机构空间碎片协调委员会，2007.9）

本章提供了任务后航天器硬件处置的技术细

节，以及针对不同轨道体制的卫星，考虑选择合适

的后处理方法的细节。

对有源卫星以及相关任务硬件，例如分级火箭，进行合适的报废处置是碎片减缓总体策略的一个关键组成部分。直到现在，IADC 确定并认可了支持上述策略的两个主要的处置方案：从受保护区域中移除报废卫星及其相关任务硬件；在报废之前，钝化（枯竭所有可能导致碎片产生事件的能源）留在空间的所有硬件。

在地球同步轨道卫星的处置中，通常将卫星移动到 300 km 的轨道上，或移到高于同步高度（35 786 km）的轨道上；而对于低轨道卫星，有四种处置选择：

（1）将卫星移到有限寿命的轨道上（在美国是少于 25 年）。

（2）将卫星移到高于 LEO 保护区域的轨道上。

（3）回收卫星，以及卫星返回地球。

（4）使卫星脱离轨道，直接进入大气层。

如果卫星移到处置废弃航天器的轨道上，仍然要留在太空中的话，则要求在卫星寿命终结前，钝化或耗尽所有能源。

可以明显看出，太空硬件的处置不再被认为是一个事后再考虑的问题，而是必须包含在任务和硬件的设计初始。为了延长在轨航天器的有效寿命，必须监测系统关键部分的健康状况，以便处置。无论是空间系统被移到一个处置废弃航天器的轨道上，还是其完成任务后再入大气层，都必须在系统的处置计划中，用文件的形式考虑"衰亡设计"。

一种处置选择是使硬件再入大气层，本章将讨论残存的碎片对地面上的人类造成的风险——这是一个可能影响执行这一选项的考虑；另一种处置选择是将硬件移入一个特定的轨道，使其在一定时间内衰亡。本章也将讨论几种可用于加速轨道衰变的技术。

正如所见，对任务末期的迁移卫星和发射段的浓厚兴趣引发了最佳试验。最佳试验包含在国际标准中，这使得空间系统的购买者明确硬件供应商或服务商是否遵循这些最佳试验的要求。

2 钝化处理

对处置后继续留在轨道上的任何卫星或多级火箭报废处置的一项关键要求是，卫星或多级火箭停用后，最大限度地消除后续爆炸或产生碎片事件的可能性。这意味着推进剂和增压储罐必须被清空，电池必须被放电，任何长期暴露在空间环境中，或

被微流星体或小空间碎片撞击后，可能被激活的能源都必须被钝化。

与钝化处理有关的一个主要的设计考虑是钝化的系统要保证总体可靠性。例如，在钝化处理的整个过程中，需要与地面保持通信，以清空储罐、实施电池放电和触发其他系统。事实上，对航天器进行性能钝化的潜在损失应该作为航天器早期处置这一决定的标准尺度。这种考虑导致了国际标准组织（ISO）颁布了一个新的 GEO 处置标准（《空间系统，运行于地球同步轨道高度的卫星处置》，ISO CDV 26872，2008 年 12 月）：航天器的设计应保留足够的能量（推进剂），以使航天器到达最终处置轨道，并成功地执行消耗能源的指令，在实施处置的时间段，联合概率要等于或大于 0.9。处置的成功概率应评定为条件概率（加权任务成功）。

3 地球同步轨道卫星的处置

人们已经建立了图 1 中定义的 GEO 受保护区域，以保护其固定在预定地面侧位点上空的航天器——卫星，其重要的功能之一是从地面固定天线接收电视节目以及其他信息，并转发到另外的地面固定天线上。这个保护区已扩大至包括将使用中的航天器从一个运行位置移动到另一个运行位置所经过的走廊。

当卫星接近报废，不能再保持在 GEO 位置时，可接受的处置方式是，将这颗卫星移到 GEO 保护区域之外，且高于 GEO 的一个轨道，这个轨道要有足够的高度，至少 100 年内，卫星不会穿越 GEO。当卫星到达新轨道后，卫星失效前将会被钝化。ISO 已制定了标准，这个标准收集了处置 GEO 航天器的最佳实践方法，并指导如何确定具体最终轨道（《空间系统，运行于地球同步轨道高度的卫星处置》，ISO CDV 26872）。该标准规定了最终轨道应为下列情况之一：

（1）近地点高度要高于地球同步轨道高度，且足够高，以保证 100 年内不会因为长期的扰动力，使航天器进入 GEO 保护区域。

（2）最终轨道的初始偏心距小于 0.003，最小近地点高度与地球同步轨道高度（35 786 km）之间的距离 ΔH（km）应遵守

$$\Delta H = 235 + 1\,000 C_R \frac{A}{m} \tag{1}$$

此处，C_R 为航天器太阳辐射压力系数（$0 < C_R <$

2）；A/m 为有效面积质量比（航天器垂直于太阳光线的投影面积除以航天器的质量）。

如果采用第一种方法，ISO GEO 处置标准建议：仿真判别所选定的最终轨道 100 年内不会穿越保护区域。该标准为协助选择 GEO 处置轨道提供了充分的信息。

为了报废处置，标准还要求确定到达目标处置轨道的最低能力 Δv，以及为了维持最低能力 Δv 所需保存的燃料。在任务结束时，针对航天器的质量和推进系统的性能，在所需推进剂的计算中必须包括上述因素（上述因素也许具有不确定性）。另一个次要标准（《无人航天器，剩余可用推进剂质量估算》，ISO WD 23339）提供了航天器在轨时，估算剩余推进剂质量的细节。

ISO GEO 处置标准还要求具备任务结束处置计划（EOMDP）的进展和维护要最终处置计划的全过程，该标准提供了 EOMDP 的详细内容。

以上描述的标准处置技术依赖于航天器的自身系统，这些系统影响处置策略。事实上，如果关键系统过早失效或航天器推进剂不足，则该航天器将会停留在 GEO 保护区域，成为危险隐患。

如图 1 所示，在 GEO 上运行的卫星，运行轨道相对接近，且大体朝一个方向运动。此种情况具有一个缺点，即一颗卫星在任务轨道上失效，将成为其他卫星的一个长期威胁，这一特性促使了为 GEO 卫星提供经济可行的处置服务系统的发展。

为了从 GEO 保护区域中移开已失效的或正在失效的卫星和碎片，提出两种方法：太空拖曳船；动量交换系绳。这两种系统都有可能用于任务结束卫星的处置，通过使用推进剂，进行任务操作，延长使命任务，而非简单地报废。

3.1　太空拖曳船

太空拖曳船是一种空间运输工具，它的任务是牵连另一个航天器，并把该航天器移动到另一个轨道上，或移动到同一轨道的不同位置上。这种装置可以被设计成完成移动后独立分离，并可对其他航天器继续执行类似的移动，拖曳船也可用来给设计合理的航天器补充推进剂。

Galabova 和 de Weck（2006）主张拖曳船也许在经济上是可行性的，它取决于几个因素，包括拖曳的费用。参考文献指出，以下几方面的技术可能会延缓空间拖曳船服务的发展：燃料计量技术的改进，该技术将减少由于测量不确定性造成的燃料浪

费；全电推进系统的应用，从而把航天器的寿命提高到不再因为剩余推进剂问题，需要对航天器进行处置这样的程度；卫星设计的进步（包括小卫星集群），让每颗卫星的使用收费更低。

3.2　动量交换系绳

Chobotov 和 Melamed（2007）提出将动量交换系绳作为一种处置结束任务卫星的手段，动量交换系绳利用延长系绳的轨道特点，通过增加或减少系绳端部质量，影响轨道的变化。这个系统包括一个拖电工具，该系统捕获报废卫星并使其受控于系绳，调节系绳长度，以在一个更高或更低的轨道上释放或处置卫星。这个概念同样可用于低轨卫星的处置。

4　近地轨道保护区域内近地点卫星的处置

图 1 展现了近地轨道（LEO）保护区域的定义，保护区域的高度延伸至 2 000 km，不同于 GEO 保护区域，LEO 保护区域包括所有轨道倾角。

如前面所指出的，在近地轨道运行的卫星的拥有者，或轨道近地点处于 LEO 保护区域中的卫星的拥有者，若要从保护区域内移除目标卫星，有以下几种方案可供选择：

（1）回收卫星以及使卫星返回地球。

（2）将卫星移到近地点高于 2 000 km 的另外一条轨道上。

（3）以受控（直接再入）或不受控（轨道衰亡）方式，使航天器再入大气层。

可以看出，方案（1）用于回收在圆轨道上的高价值目标的场合；方案（2）主要用于处置在 LEO 保护区域中近地点相对高的卫星；方案（3）是最常用的近地轨道处置方式，但是受控或不受控方式的选择取决于对地面威胁的具体预测结果。

4.1　回收处置

1984 年 11 月，航天飞机 STS-51A 任务成功完成，回收失效的 Palapa B2 卫星，并返回地面。Palapa B2 是早期执行航天飞机 STS-41B 任务时放置在轨道上的。这颗卫星被修复，随后在 1990 年重新发射升空，运行正常。航天飞机还回收过早先放置在轨道上的长期运行的卫星。

回收处置需要执行回收任务的航天器运动至回

收目标附近区域，对接或捕获回收目标，保证回收目标稳定和在随后的运动过程中受到保护，然后实施离轨机动，并将回收目标置于预先设定的位置上。鉴于费用和难度，此方案不可能仅仅用来处理会被再入手段销毁的目标物体，然而，离轨系统的交会与接触也许对一些可能是随机再入的严重有害目标有利。值得注意的是，回收在高能级轨道且远地点在 LEO 保护区域之外的航天器是困难和不切实际的，因为执行回收任务的航天器需要配备与被回收目标相应的能源。

Galabova 等（2003）建议为了实现机动并处置特定条件下的 LEO 保护区域内的卫星，例如铱星系统，可尝试采用航天拖曳系统。

4.2　移至高于保护区域的轨道上进行处置

在某些情况下，对于在 LEO 保护区域中的目标，最节省燃料的处理技术就是将卫星移到近地点在 LEO 区域之外的轨道上，即最终轨道近地点要高于 2 000 km（美国的实际情况是轨道近地点高度至少要比 2 000 km 分界线高出 500 km）。图 2 显示了将一个航天器移至 LEO 保护区域外、2 500 km 高度上的圆轨道上所需要的 Δv 的数量，Δv 是航天器初始圆轨道高度的函数。曲线 3 表示航天器脱离轨道，进入大气层需要的 Δv 值；曲线 2 表示将航天器从初始轨道移到寿命小于 25 年的新轨道所需的 Δv 值。图 2 中，"寿命 <25 年"曲线的条件是假设航天器弹道系数为 75 kg/m²，且在典型的大气环境下，该弹道系数定义为航天器质量除以轨道的参考面积。弹道系数反映了大气环境对航天器运动的影响，弹道系数越高，大气对目标运动的影响越小。

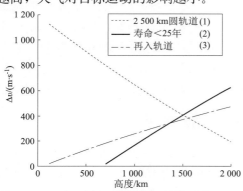

图 2　将一颗 LEO 卫星从初始圆轨道移到特定轨道上所需的 Δv 值

（（1）移至 2 500 km 圆轨道；（2）寿命 <25 年的新的圆轨道；（3）卫星脱离轨道，立即进入大气层的轨道。卫星轨道寿命预估采用的弹道系数为 75 kg/m²）

对于图 2 中所示的情况，若航天器初始轨道为低于 1 400 km 的圆轨道，则将目标放置到寿命在 25 年以内的轨道上，燃料利用率较高。对于实际案例，会采用考虑太阳活动周期最佳预估情况下的弹道系数和大气环境状态。ISO 开发了一个国际标准，提供与决定轨道寿命相关的大气和假设的详细资料。

请注意，采用两级燃烧，将目标从初始轨道转移到最终轨道；采用单级燃烧，可将目标转移至一个选定近地点的椭圆轨道，以至于大气阻力使椭圆轨道逐渐变圆，并在确定的时间使目标再入。

如前面所指出的，选择轨道衰变这一方式仅适用于随机再入造成的灾难低于预期可接受的值。如何确定再入伤害将在本章的另外部分讨论。

4.3　直接再入处置

清除卫星或发射阶段产生的空间碎片所造成的危害的另一个方法是，在其寿命终止时，使卫星或发射阶段产生的空间碎片再入大气层。再入把空间目标对人、财产，以及空和地资产的长期风险变为短期风险，尽量最小化这种权衡的影响很重要，但有时也是艰难的决定。

由再入碎片引发的风险大小，是对特定空间物体再入处置的一个鉴别尺度。如果伤亡预期值超过 1×10^{-4}，即意味着假如再入重复 10 000 次，就会造成地球上某个可以预期的地方一个人受伤或死亡，则直接再入处置并不是一个好方法。美国的方针是将再入航天器引导至类似于太平洋那样的安全区域（一些国家没有规定一个具体的阈值，但支持一般的概念）。如果伤亡预期值为一个低于 1×10^{-4} 的随机值，则轨道衰退再入是一个可接受的处置选择，目标可以被置于寿命小于特定值（在美国此值为 25 年）的 LEO 轨道上。

在这方面问题的讨论中，两方面的考虑需要突出：

（1）如何确定再入风险？

（2）如何确定在轨目标的寿命？

如前面所指出的，ISO 发展了一个国际标准，标准指定了用于确定轨寿命的程序和考虑因素。

值得注意的是，直接再入可以用来去除多级火箭以及航天器。Patera 等（2006）表述了将卫星发送至 LEO 轨道的多级火箭直接脱离轨道的问题。

4.3.1 确定再入风险

有两个因素影响一个特定物体再入引起的风险：第一是再入后仍残存的碎片的自然状况；第二是所有残存碎片引发的风险总和。评估每个目标风险级别是基于物体的冲击动能。

任何一个从轨道再入地球大气层的物体都要经受严酷的加热和负载。一个处于很低的再入轨道的物体，例如从圆形轨道衰退的物体，随着物体不断地深入大气层，将经历一个非常缓慢的加热和增加负载的过程。对于此类再入，热脉冲持续时间在5 min左右的量级，最大峰值加速度值为10g量级。如果物体无热防护系统，其表层和结构将会发热，例如铝这样的低熔点材料将会达到熔化温度并失效，支撑物和内部物品将散落在气流中。这些散落的部件仍将经受严酷的加热，以及不断增加的减速载荷。根据这些部件的材料及其特性，一些部件失效了，一些部件将散落内部的零部件。这个过程将会持续到物体速度变慢，热负荷和气动载荷降低为止。残存的材料将会冲击地面，"拇指规则"表明：航天器总有10%～40%的再入前净质量残存下来，冲击地面。例如，"哥伦比亚"号航天飞机在事故之后，仍找回了残存的大约40%的净质量（请注意，"哥伦比亚"号的热防护系统可能保护了一些硬件，不完全受再入大气层的影响，增加了碎片残存的百分比）。

图3所示为1997年多级火箭再入后，找到的一个残片。这个250 kg的不锈钢燃料箱降落在得克萨斯州的一位农场主家附近。其他三个附属部件也被找到，一个30 kg的钛合金球体、一个估计至少40 kg的推力室，以及一个落到一位女性肩膀上的小而轻的碎片（该碎片没有造成这位女士受伤）。物体的冲击位置沿再入轨迹散布，间隔数十千米，是直接再入类型的典型。Ailor等（2005）提供了这些碎片和再入的详细情况。

图3　NASA提供的多级火箭再入后被寻获的碎片

由于再入轨道衰减，以及具体人口等影响因素难以确定，使得再入风险评估问题复杂化。主要原因是：再入前，轨道通常要调整为圆轨道，因为近地点较大的大气阻力对远地点的影响，远大于远地点阻力对近地点的影响。这个"圆化影响"使得准确的再入点无法预测，所以，一个经历轨道衰变再入的物体，沿着地面轨迹，再入点被假定是随机的。

再入可能降落的地面区域受轨道倾角的限制，因此，伤亡预测（可能造成受伤或死亡的个体数）是基于这样的假设，即再入可能发生在由轨道倾角定义的地球纬度带范围内的任何地方。例如，图4显示了可能受到和平号空间站再入影响的地面区域，和平号轨道倾角为51.6°，因此，在北纬51.6°和南纬51.6°范围内的人口承担一定的风险。

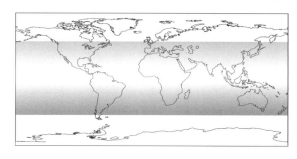

图4　和平号空间站随机再入可影响到的地面区域

Patera（2008a）注意到：由于再入是随机的，撞击地点也是未知的（一般来说，再入发生区域的轨道公转是不能准确预测的，直到再入才有少许公转），撞击的经度初始假设是均匀分布的，人口密度则作为纬度的函数，用于伤亡预测。同上所述，尽管衰变轨道的最初偏心距不为零，从衰变轨道再入也将是随机的。图5显示了圆化对初始860 km×220 km轨道的影响。

作为第一个近似值，伤亡预测假设在一定纬度范围内的人口在这个纬度范围内是均匀分布的。全球人口模型提供了人口数量随着纬度和经度的变化情况，可用于作为纬度函数的全球人口密度的数值计算。图6显示了2009年的人口分布函数，它采用了2005年的人口数据库，并假设每年1%的人口增长率。图6还显示了相应于纬度的正弦函数（需要后续计算），人口密度分布变化。这个分析运用了人口增长率的"非对称性"，即2005—2009年，北半球每年人口增长率为0.5%，而南半球为2%。

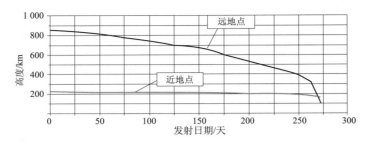

图 5　一个衰变的发射轨道近地点和远地点的变化（初始 860 km×220 km）

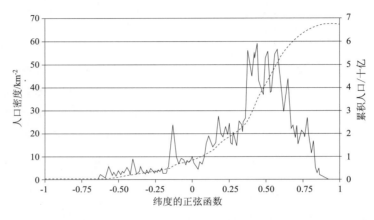

图 6　作为纬度正弦函数的人口密度和累计人口

假设从衰变轨道再入是随机的，则地球表面单位面积的撞击概率密度函数为

$$\sigma(L,i)=\frac{1}{2\pi^2 R^2 (\sin^2 i - \sin^2 L)^{1/2}} \quad (2)$$

R 为地球的球面半径；i 为轨道倾角；L 为纬度，纬度受轨道倾角所限。从倾角为 45° 的衰变轨道再入的一块碎片，在北纬 30° 或南纬 30°，撞击区域为 100 m²，其撞击概率由下式计算：

$$\begin{aligned}P=\Delta A\sigma(L,i)&=100\sigma\left(\frac{\pi}{6},\frac{\pi}{4}\right)\\&=100\times(2.491\times10^{-15})\\&=2.491\times10^{-13}\end{aligned} \quad (3)$$

假设人站立、无遮挡面积 0.28 m²，则撞击到北纬 30° 或南纬 30° 上的人的概率是：

$$\begin{aligned}P=\Delta A\sigma(L,i)&=0.28\sigma\left(\frac{\pi}{6},\frac{\pi}{4}\right)\\&=0.28\times(2.491\times10^{-15})\\&=6.98\times10^{-16}\end{aligned} \quad (4)$$

这个计算忽略了碎片的大小和数量，然而这些因素是必须在分析中予以考虑的。

一次再入可能产生多块碎片，必须计算每个碎片的撞击动能，以反映它们各自对人的危害及造成财产损失的潜力。由于典型多级火箭和飞船再入碎片的弹道系数相对较小，这些物体将达到亚声速，

自由落体速度约为 18 km（60 000 ft），因此，撞击动能由撞击高度上的自由落体速度所决定。Cole，Young 和 Jordan－Culler（1997）建议：造成人类伤害的撞击动能阈值约为 15 J。

一旦残存碎片的数量、大小和撞击动能被预测，则对于一个具体再入碎片造成的伤亡预测，可通过以下方法确定：每个碎片所造成的风险区域预估，所有碎片影响区域求和，再乘以初始轨道倾角带上单位面积伤亡预测率。图 7 显示了地球表面每平方米的伤亡预测率，这个预测结果是基于 2005 年的人口模型得到的，是轨道倾角的函数。

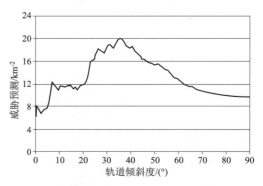

图 7　每平方千米伤亡预测，考虑轨道倾角，采用 2005 年人口数据

Cole，Young 和 Jordan － Culler（1997）建议：将 0.28 m²（3 ft²）用作人类遭受危险的平均面

积（站姿、坐姿和俯卧的平均值），如果碎片垂直落在该面积内，将造成一个人受伤或死亡。由于人类遭受危险的平均面积与人体边界 0.3 m（$0.3^2\pi = 0.28$）是一致的，每个碎片造成的危害面积可以假设为：碎片投影面积加上围绕该碎片的半径 0.3 m 内的环形面积，将所有碎片可能造成的伤亡预测求和，可以给出一个原型目标再入可能造成伤亡的总预测。

上述分析提供了与随机再入相关的地面人员受到危害的第一手评估资料，但不包括被建筑物遮挡保护或不在户外的人口的百分数，也没有考虑到碎片弹起、爆炸或者以其他方式，使得影响区域大于计算区域的情况。另外，假设人口随地面轨迹均匀分布。如果上述因素在实际情况中影响显著，则分析应该包括更多的细节，进行修正。此外，若能够得到可能撞击地点的更多信息，则相应的有风险人口密度和风险地区其他特征参数等应该被考虑（Patera，2008a）。

还应该注意到的是，再入物体产生的碎片也会对飞机构成威胁。Patera（2008b）对此进行了预测，一架飞机每年受到再入碎片撞击概率为 7.69×10^{-5}。作为对照，飞机每年被流星撞击概率在 $1.3 \times 10^{-5} \sim 1.7 \times 10^{-5}$ 之间。

4.4 随机再入处置

如果随机再入的伤亡预测低于可接受值（当前美国是低于万分之一），则航天器可能的处置方式是移到具有一定生存年限（美国是 25 年）的轨道上，进行钝化处理。仿真结果表明：对于一个适当的飞行器，有效的处理方式是使用单级火箭发动机，将其送到一个近地点高度更低的轨道上。在这个轨道上，一定时间内，大气阻力将使这个飞行器再入（见图 2）。恰当的近地点高度是由以下因素决定的：

（1）待处置物体在轨弹道系数估算；

（2）典型大气模型挑选；

（3）不同近地点高度的转移轨道。

在具体的初始状况、航天器以及大气变化的条件下，这些分析有助于目标近地点高度的选择。一般来说，在分析中，弹道系数均假设目标是倾斜的，阻力参考面积是最大横截面积和最小横截面积的平均值。Oltrogge 和 Chao（2007）采用多项技术，详细地讨论了此问题。

4.4.1 阻力增强设备

降低近地点高度要求航天器具有变轨手段。最常用的方法包括飞行器和任务设计有足够的推进器来降低轨道。在 GEO 区域，这个方法将增加航天器和多级火箭的成本和复杂性，当剩余一定推进剂或到达控制阈值时，必须处置航天器，从而减少了可执行任务的时间。

一种不用推进剂加速轨道衰变的方法是：通过增加衰变物体的横截面积，增加作用在航天器上的大气阻力。研究人员提出了若干技术，包括安装气球或阻力帆，以在结束寿命时使用（阻力帆由薄膜材料制成，可迅速张开，并由环状机构或其他机构支撑）。针对这项技术，评估其效能需要计算阻力装置展开后航天器的弹道系数，选择一个典型的大气模型，以及转移轨道，以核实寿命的减少时间。

阻力装置增加了衰变物体的有效尺寸，但也增加了微流星体和小空间碎片冲击的可能性和频繁度，这可能影响到阻力装置维持所需形状（例如，气球的内压力等）的总体能力。当然，阻力帆可能被小撞击颗粒穿透，但它仍需保持整体形状和效能。这种类型的问题必须在系统设计之初就予以强调。

4.4.2 系绳

电动力和动量交换系绳的概念由 Forward，Hoyt 和 Uphoff（2000）提出，作为增加近地轨道上物体轨道衰变率的一个措施。电动力系绳由一根长导线或条带组成，一端与将会被送至轨道上的质量块连接，另一端与航天器或者发射段连接，在寿命终止时张开（对于一颗 1 500 kg 的卫星，建议系绳长度为 5 km）。系绳在地球磁场中运动时，将诱发沿系绳的电流，电流强度与磁场强度成正比。沿系绳运动的电子通过端部质量块释放，并在端部质量块周围形成等离子体，构成一个电路。电流与磁场相互作用，产生洛伦兹力，这个力与系绳运动方向相反，因此增加了航天器的拖曳阻力。表 1（Klinkrad，2006）显示了一根系绳如何加速 LEO 卫星的衰变（在参考文献中，假设系绳材料为铝，系绳系统总质量为航天器质量的 2.5%，航天器气动阻力横截面积假设为 10 m^2）。值得注意的是，电动力系绳在其运动轨迹切割地球磁力线时，工作性能最佳（一般是低倾角轨道），对于高倾角轨道，它的作用不明显。

表1 多种LEO卫星自然和有系绳轨道衰变周期比较

卫星群	高度 /km	倾斜度 /（°）	自然衰减 /a	有系绳 衰减
欧博克	825	45	150	11 天
铱星	780	86	100	7.5 月
全球星	1 414	52	9 000	37 天
双子星	1 469	53	11 000	46 天
泰利迪斯	1 375	85	7 000	17 月

动量交互系绳，如第3节中讨论的，能够降低轨道近地点，可能造成待处置航天器的立即再入。该系绳系统也可以用于其他物体的类似移动中。

所有系绳系统面临的挑战是，其对空间碎片和微流星体损害的敏感性，以及其本身易变成空间碎片的来源。这个因素必须在设计时就予以考虑。Chobotov 和 Mains（2000）分析了空间碎片与一根 19.7 km 长的系绳在 350 km 高度上的碰撞概率，结果发现，大于 10 cm 的碎片每个月的碰撞概率约为 10^{-3}，而小碎片的碰撞概率要更大一些。

4.5 消亡设计

"消亡设计"术语指的是，将特征设计集成到硬件中，若以再入地球大气层方式处置硬件，将残存碎片对人员和财产造成的危害降到最低的这种要求。目前能够得到的、反映再入过程硬件消亡真实情况的数据非常少，对再入残存碎片分析的有限证据表明：铝或低熔点材料在再入过程中将无法生存，成为无危害的高空残留物；除了受哥伦比亚航天飞机热屏蔽保护的铝制物品和附着于熔点较高且尺寸大得多的物体遮挡的铝制物品碎片之外，再入后，没有在地面上发现大的铝制物品。

如果物体包含在支撑结构之中，对物体的加热将会最小化。若要释放具有潜在危害的物体，必须先使这些支撑结构失效，因此，潜在危害大的物体不应被包含于支撑结构之中，因为支撑结构可能阻碍其消亡。

5 其他轨道卫星的处置

碎片减缓的全部目标在于把产生新碎片的可能性降到最低，新碎片会对适用于大多数正在运行的卫星的轨道体制产生影响。中轨道（MEO）体制，约为 GEO 轨道距离的一半，是广为接受的导航卫

星运行区域，每个导航系统拥有多颗在公共轨道上运行的卫星（GPS 轨道的名义高度为 20 181.7 km）。这些导航系统中的一个发生碰撞，产生的碎片不仅会对该导航系统产生影响，还会对所有在 MEO 区域中运行的导航系统产生影响。

GEO 转移轨道是卫星在上升至 GEO 运行轨道过程中的一个停泊轨道。通常，这些轨道近地点高度处于 LEO 轨道的保护区中，远地点高度处于 GEO 保护区域附近。因此，像多级火箭等留在 GEO 转移轨道上的硬件，可能对在 LEO 和 MEO 上运行的卫星，甚至对在 GEO 上运行的卫星构成威胁。高椭圆轨道（HEO）有很高的远地点高度和相对低的近地点高度，这些轨道具有的特点是航天器在远地点附近停留的时间较长，停留时间超过 12 h，在近地点停留的时间较短。如果轨道倾角适当，当航天器接近远地点时，可固定出现在一个特定的地面之上。这些特性使得 HEO 轨道成为通信卫星流行的设计轨道，这些卫星设计用于提供覆盖高纬度地区的通信。

5.1 MEO 轨道处置

近期分析证实：对 GLONASS、GPS、COMPASS 和 GALILEO 等在 MEO 轨道上运行的导航卫星的处置，必须做到精确，以避免由于月亮、太阳和地球重力效应诱发的轨道变化，从而造成运行轨道区域的相互交叉。Gick 和 Chao（2001）研究表明：在 MEO 区域运行的卫星处置轨道，初始为近似圆形，140 年后，将演变为偏心率 0.5 的轨道。Jenkin 和 Gick（2001）指出了在短短 20 年内将会发生的运行卫星处置的接近方法。Chao 和 Gick（2002）指出：非经营性 GLONASS 卫星将在 40 年内进入在运行的 GPS 星群。强化处置轨道稳定性要将偏心距和近地点相结合，并做出恰当的选择（Jenkin 和 McVay，2009）。

Gick 和 Chao（2001）建议的 GPS 卫星处置策略是，采用两级助推霍曼变轨，使报废卫星的处置轨道尽可能地高于 GPS 星系，且偏心距小（$e <$ 0.005）。为了达到理想的初始近地点，需要一个附加的运行操纵，以尽量减小最大偏心距，使偏心率在此基础上长期增长。参考文献同样建议：处置待报废的 MEO 卫星，Δv 的估算值（包括近地点的讨论）至少为 60 m/s。

5.2　GEO 转移轨道和 HEO 轨道的处置

处理 GEO 转移轨道上和 HEO 轨道上的卫星及多级火箭的最佳方法是：

（1）在火箭与载荷分离后，降低火箭轨道的近地点，使得该轨道发生衰变，在规定的时间（美国为 25 年）内，物体再入地球。

（2）降低近地点，并控制再入点。

（3）将物体移动到处置轨道上，该处置轨道不能穿越保护区域。

正如之前讨论的一样，若随机再入的人员伤亡评估在可接受的范围内，可采用轨道随机衰变。如果伤亡评估不能被接受，只能采用方法（2）或方法（3）。

除了图 1 所示的保护区域外，还需要避免被处置的硬件穿越距地球表面约 20 000 km 的 MEO 轨道区域。美国政府轨道碎片缓解标准的实际要求是，被处置物体应该在 MEO 轨道以上或以下500 km 的轨道上。

6　多级火箭的处置

使用液体推进剂的火箭上面级通常具有完成星箭分离后再次机动的能力，使其远离与卫星的分离点。一般来说，分离后机动包括：消耗主引擎和高度控制系统中所有剩余的推进剂，从而实现在轨爆炸的可能性最小的钝化目标。推进剂的耗尽可使多级火箭速度递增并调整轨道，这种效果必须在整个实施计划中得到考虑。

历史上，任何星箭分离后行动的主要目标都是保证与航天器发生碰撞的可能性最小，因此，一般策略是改变火箭上面级的轨道倾角。尽管这个策略在避免火箭与其所搭载的航天器碰撞方面非常有效，但它并不是避免与同一轨道高度范围内的其他卫星碰撞的最好策略。因此，调整损耗方案，使液体推进器脱轨或移动到危害更小的轨道上，是目前考虑的新方法。

正如在第 4 节指出的，如果一个在轨物体，如卫星或多级火箭，随机再入的伤亡评估在 1×10^{-4} 以内（美国体系），则目标是再入一个安全区域。执行 LEO 任务的火箭上面级的处置对任务和硬件设计提出了挑战，原因在于释放有效载荷后，剩余液体推进剂质量不确定，电池寿命有限。因此，火箭上面级再入安全地区或将火箭上面级移动到近地点为 2 000 km 以上的轨道上，很大程度上依赖于有效载荷嵌入轨道、液体推进剂的数量和电池的寿命。幸运的是，依据轨道寿命和伤亡预估的要求，对已使用过的火箭上面级的处置变得日益可行，因为现在火箭上面级基本具备多重再次启动的能力。

多级火箭的脱轨计划必须考虑剩余的推进剂、电池寿命、燃料储箱增压、遥测覆盖范围，以及可能的处置区域的现实性。在典型的情况下，航天器分离后，在一个公转内，必须在轨道上选定逆行脱轨点火点。这个点火点必须时机恰当，使火箭上面级正好掉入大气层并且在一个广阔的、无人居住的海洋区域上方解体。在南大西洋、南太平洋和印度洋都有这样的理想区域。Patera 等（2006）论述过 Delta Ⅳ 火箭上面级成功脱轨的案例。

对于地球同步轨道区域的火箭上面级处置，理想的情况是，将火箭上面级移到一个新轨道上，该轨道近地点在 GEO 保护区之上，且停留时间大于 100 年。虽然霍曼变轨简单，但不适用于结束使命的火箭上面级。因为额外添加的 12 h 的滑行将会超过电池设计寿命或对燃料储箱增压的需求。解决办法是在发射前的任务设计阶段，找到一个可接受的嵌入轨道，这个轨道保持在 GEO 高度之上或之下。如果有效载荷能在嵌入轨道上释放，然后移动至其归属的 GEO 轨道上，通过消耗推进剂，提供的速度改变量能够达到所需的加速或减速，移动火箭上面级的轨道，进一步远离 GEO 高度。由于推进剂的问题，无论是对火箭上面级还是航天器，在地球同步轨道上移动 300 km 是不可能的，离开地球同步轨道高度 50 km 的处置轨道，对于任一颗有源卫星来说，已能够显著降低未来的风险。

在某些情况下，运载火箭可能保留足够的推进剂，可以在以太阳为中心的轨道上处置它。由于推力仅作用在分级火箭上，分级火箭所具有的 Δv 足够高，能使分级平台完全离开地球轨道。这项技术的优势是：在有效载荷分离后，在较短的时间内进行点火处置，降低了对分级平台电池寿命的要求。

这些讨论清楚地表明：在任务流程设计之初，就必须考虑多级火箭的处置，具体的处置设施也应该包括在与发射供应商的早期讨论之中。理想情况是，多级火箭在这样一个轨道上释放航天器，这个轨道是一个可接受的处置轨道。多级火箭须有足够的推进剂，以达到所需的 Δv 值；须有足够的能力和控制权限，以执行所需的动作。未来，多级火箭的处置将变得越来越重要和普遍。

7 总 结

停止工作的多级火箭和航天器，一旦它们与其他问题发生碰撞，则是空间大量碎片的潜在的来源。本章主要概述了处置任务结束后的风险的要求和相关技术，目的是：在航天器至关重要的运行区域内，尽量减缓存在于该区域和穿越该区域的碎片数量的增长。

除了现在火箭供应商和卫星运营商采用的技术之外，新技术描述了为将要发射的卫星和多级火箭提供的另外的可能的处置方式，描述了用于移动现存碎片的手段。从长远来说，处置停止工作的多级火箭和航天器将是保护未来近地空间环境总体战略中的一个重要组成部分。

致 谢

作者向 K. Rolf Bohman 先生、Charles Griffice 博士、Russell Patera 博士和 Michael Weaver 博士，以及航空宇航公司的全体雇员表示感谢，感谢他们在本章的撰写中提供的帮助。

参考文献

Ailor，W.，Hallman，W.，Steckel，G. andWeaver，M. (2005) Analysis of recovered debris and implications for survivability modeling. Proceedings of the 4th European Conference on Space Debris, European Space Operations Center, Darmstadt, Germany, April 2005, pp. 539—544.

Chao，C. C. and Gick，R. A. (2002) Long-term evolution of navigation satellites orbit: GPS/GLONASS/GALILEO. COSPAR02—A—02858. PEDAS1—B1.4—0051—02, World Space Congress, Houston, Texas, October 18.

Chobotov，V. and Melamed，N. (2007) Ground assisted rendezvous with geosynchronous satellites for the disposal of space debris by means of earth-oriented Tethers. IAC—07—D4.1.01, International Astronautical Congress.

Chobotov，V. A. and Mains，D. L. (2000) Tether satellite system collision study. *Space Debris*，**1** (2)，99—112.

Cole，J. K.，Young，L. W. and Jordan-Culler，T. (1997) Hazards of falling debris to people, aircraft, and water-craft. Sandia National Laboratories, SAN97—0805,

UC—706.

Forward，R. L.，Hoyt，RP. and Uphoff，C. W. (2000) Termination tether: a spacecraft deorbit device. *J. Spacecraft Rockets*，**37** (2)，187—196.

Galabova，K. K. and de Weck，O. (2006) Economic justification for retirement of geosynchronous communication satellites via space tugs. *Acta Astronautica*，**58** (9)，485—498.

Galabova，K.，Bounova，G.，de Weck，O. and Hastings，D. (2003) Architecting a family of space tugs based on orbital transfer mission scenarios. AIAA 2003—6368, AIAA Space 2003 Conference, Long Beach, California, 23—25 September.

Gick，R. A. and Chao，C. C. (2001) GPS disposal orbit stability and sensitivity study. AAS/AIAA 01—244, AAS/AIAA Flight Mechanics Meeting, Santa Barbara, CA, 11—14 February.

Jenkin，A. B. and Gick，R. A. (2001) Analysis of the collision risk associated with gps disposal orbit insta-bility. AAS/AIAA 01—115, AAS/AIAA Space Flight Mechanics Meeting, Santa Barbara, CA, 11—14 February.

Jenkin，A. B. and McVay，J. P. (2009) Constellation and "graveyard" collision risk for several MEO disposal strategies. Fifth European Conference on Space Debris, March 30—April 2, 2009, Darmstadt, Germany.

Klinkrad，H. (2006) *Space Debris Models and Risk Analysis*, Springer-Praxis Books in Astronautical Engineering, Praxis Publishing Ltd.

Oltrogge，D. L. and Chao，C. C. (2007) Standardized approaches for estimating orbit lifetime after end-of-life. 2007 AAS/AIAA Astrodynamics Conference, Mackinac Island，MI.

Patera，R. P.，Bohman，R. K.，Landa，M. A.，Pao，C.，Urbano，R. T.，Weaver，M. A. and White，D. C. (2006) Controlled deorbit of the Delta IV upper stage for the DMSP—17 mission. 2nd International Association for the Advancement of Space Safety Conference, Chicago, Ill.

Patera，R. P. (2008a) Hazard analysis for uncontrolled space vehicle reentry. *J. Spacecraft Rockets*，**45** (5).

Patera，R. P. (2008b) Risk to commercial aircraft from reentering space debris. AIAA 2008—6891. AIAA Atmospheric Flight Mechanics Conference and Exhibit, Honolulu, Hawaii, 18—21.

本章译者：熊克（南京航空航天大学航空宇航学院）

第31部分

制造、精益技术与操作集成

第 309 章

面向制造和装配的飞机设计

David Eakin

安特里姆DE设计公司，北爱尔兰，英国

1 引 言

1.1 可生产性

在历史上，大多数飞机设计和强调的工程功能主要在于，在研制飞机阶段所确定的服役时间内，满足产品功能、性能和安全的要求。大家普遍认为这样是准确的。

回顾历史，在 1990 年以前，航空航天领域的设计师与非航空航天领域的工程设计师并没有过多的区别，在这个时期，按顺序设计处理是常态。在顺序处理中，设计师的任务是设计一种满足其功能和性能要求的产品。上述设计中所隐含的是存在于制造与组装，或生产、设计中的材料和工艺问题。设计师在材料选择以及制造和装配技术方面的知识和经验，从本质上来说，受早期实现生产设计的约束，直到在工程生产阶段，为易于制造和装配，才考虑设计修改。第二次世界大战期间，在美国，体现出这种"抛砖过墙"方法是缺乏相关的可生产性的。正如《军用可生产性手册》（以下简称"军用手册"）（1984）报道，为了易于多个生产商制造，需要对特定设计进行重新设计。

军用手册（1984）对可生产性的定义是：可生产性是设计要素或特征的综合效应，是为了实现可生产性的生产规划，为项目、设计描述、按质量要求生产和检验提供方法，并且允许一系列的权衡，以在最低可能成本和最少用时方面取得优化，同时仍然必须满足质量的性能要求。

最新更新版本的定义是：可生产性主要关注如

何简易和具有成本效益地从贯穿开发和交付的设计概念中获取产品，使得产品满足性能、成本、质量、可靠性、可维护性和可用性的要求。正如国家研究理事会（NRC）（1991）所证实的，产品设计对可生产性或可制造性有显著影响，NRC 预估一个产品寿命周期成本的 70% 或更高，在设计阶段就已确定。直观地说，对生命周期成本 70% 的影响是有道理的，因为设计阶段的输出取决于零件基本属性，包括：材料、形状、配合、功能、便于制造、便于组装、部件数量和测试。

可制造性对航空航天制造来说是一个问题。从本质上讲，如果一个制造商想要在自由市场经济中具有竞争力，需要的是结合所需的产品性能，不断提升产品可制造性的程度。无论是航空航天产品，还是非航空航天产品，可制造性的程度越高，满足客户需求的机会就越大。

自第二次世界大战以来，在美国和欧洲，针对可制造性的挑战，解决方案基本上沿两条路线并行发展：一条是价值工程，另外一条是面向制造的设计。

1.2 价值工程

在美国，通用电气公司对可生产性问题的解决方法是：在 1947 年和 1950 年之间，Lawrence Miles 研发了一个系统方法论，该方法论提供以更低的成本产生出性能相同或更好的产品。这个概念因为其潜在的回报，迅速传遍工业界，同时这个概念被认定是价值分析。

后来，这项技术被称为价值工程（VE）。此处，VE 被定义为一个旨在分析系统功能、设备、设施、服务和补给的系统方法。使用 VE 方法的目标是：在满足性能、可靠性、质量和可维护性要求的同时，以最低的拥有成本，实现所需要的功能。VE 方法通常有 8 个连续进行的阶段：方向、信息、功能分析、创意、评估和发展等。

Mandelbaum 和 Reed（2006）报道了在美国国防计划部中，实现节约成本或规避成本的 19 个事例。其中一个报道事例是：改进了 F－16 战斗机前缘襟翼上的一个转动装置，规避了 3.96 亿美元的成本。

VE 在满足降低成本这个挑战性竞争上是有用的，但同时它的缺点是，要在产品设计完成后才能进行必要的功能分析。

1.3 面向制造的设计

第二次世界大战后，美国发布了面向制造的设计（DFM）指南，目的在于协助面向制造简易的零件设计。Boltz（1981）出版过类似的一本书（第一版在 1947 年出版）。书中所含内容旨在帮助设计师理解具体制造工艺的能力、最好材料和形状组合，以及实现公差等。书中强调了各个部件的设计，对装配工艺考虑得相对较少。

面向装配的设计（DFA）工作对 DFM 做出了重要贡献，Geoffrey Boothroyd 位列其中。Boothroyd 和 Redford（1968 年）认识到，针对一个现有产品的制造，在降低产品成本方面，设计和手工装配的成分通常比机械化的使用更重要。就像 Boothroyd 和 Dewhurst（1989）（1980 年首次出版）在 DFA 程序中所强调的一样，产品简化能显著降低产品成本。产品简化的关键特征在于：采用一个系统过程，而不是依赖一个单一的准则，有助于制定减少零件数量的标准，装配过程支持测量，设计效率计算作为产品简化程度的度量。在减少零件数量的标准中，产品设计中的每一个零件要求如下：

（1）相对于所有其他已经装配好的零件，该零件是否可以移动。

（2）零件是否必须由不同的材料制成，或与其他所有已经装配好的零件独立无关。

（3）部件是否必须独立于所有其他部件，否则装配或拆卸将变得不可能。

Boothroyd，Dewhurst 和 Knight（1994）认为，概念设计阶段中的 DFA、并行工程团队和早期成本估算是面向制造和装配设计（DFMA）[1]方法的关键要素。实际应用中，所要采取的典型步骤如图 1 所示。

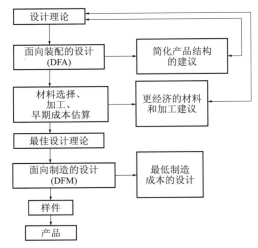

图 1 DFMA 方法典型步骤
（Boothroyd，Dewhurst 和 Knight，1994）

DFMA 改善过程通常开始于尽可能多地收集基准产品信息，必须包括对任何问题所属领域的理解、操作人员观点、任何当前构建的评述，如果可能的话，还有产品目标成本。接下来，从采用简化标准、建立最小理论成本计算、进行组装时间分析、计算设计效率方面，分析面向装配的设计。初步分析 DFA 后，随着先期成本估算，竞争设计概念诞生。在竞争性概念中选择一个，随后详细设计、完成更准确的成本预算、绩效评估，以及进行初始生产计划。Boothroyd Dewhurs 公司（BDI）通过杂志、会议论文以及互联网，已经报道了 100 多个反映 DFMA 研究结果的案例。BDI 声称研究取得的平均成果是：劳动力成本削减 42%，成本降低 50%，零件减少 54%，而产品开发时间减少 45%。

应用 DFMA 的航空航天和防务公司包括波音/麦道公司、庞巴迪宇航公司、巴西航空工业公司、通用动力公司、以色列飞机工业公司、洛克希德·马丁公司、雷神公司以及沃特飞机工业公司。

2 飞机 DFMA 应用实例

2.1 麦克唐纳－道格拉斯公司（现为波音公司）

麦克唐纳－道格拉斯公司，现已合并入波音公司，是 DFMA 方法的热心推崇者。

Weber（1994）报道了麦道公司通过使用 DFMA，在 F-18、F-15、AV-8B、T-45、MD-11、MD-90、MD-500 和 AH-64 等飞机项目中减少了零部件数量和缺陷。

对于 MD-90 客机，据 Ashley（1995）记载，现在使用的废水管路/线束支架，零件数从 15 个降到 3 个，装配操作从 210 个减到 8 个，装配时间从 46 min 缩短到 3 min，质量从 2.1 盎司减至 0.8 盎司，产品总成本从 64 美元下降至 4.7 美元。每架 MD-90 客机有 50 个这样的支架。

麦道公司在 97-30 号新闻发布中，针对新设计和制造方案，首先宣布的是安装在 C-17"环球霸王"111 上的起落装置舱，该舱是使用 DFMA 进行重新设计的。据估计，新的起落架舱节省了 4 500 万美元。以前的设计需要耗费许多时间在起落架舱与机身装配上，需要相当多的返工时间和成本。为了便于高速加工，对起落架周围的大型壁板进行了重新设计。一块壁板从 72 个复杂部件和 1 720 个紧固件，减少到 2 个复杂部件和 35 个紧固件。舱体以前分为 3 段，每个舱段分别连接到飞机上。在新设计中，对舱体的安装工艺进行了修订，舱体作为一个单件进行安装。此外，文献检索发现，麦道公司还公布了 C-17"环球霸王"111 其他 3 个部位利用 DFMA 再设计的详细资料。

在 DFMA 应用于 AH-64D 直升机设计方面，Herrera（1997）提供了关于飞行员仪器面板（PIP）的详细介绍，如图 2 所示。

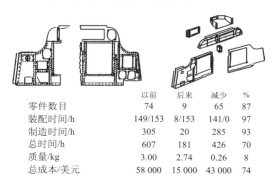

	以前	后来	减少	%
零件数目	74	9	65	87
装配时间/h	149/153	8/153	141/0	97
制造时间/h	305	20	285	93
总时间/h	607	181	426	70
质量/kg	3.00	2.74	0.26	8
总成本/美元	58 000	15 000	43 000	74

图 2 AH—64D 飞行仪表板（Herrera，1997）

飞机基准是由金属薄角材与压制加强筋结合组成的，用铆钉连接在机身结构上。它包括 72 个每个质量为 3.0 kg 的部件，需要 305 h 的制造时间。除了所有支架和角材成型所需的工具外，PIP 还需要最终总装工装夹具。重新设计后，部件减少到 9 个，采用高速加工，加工时间减少到 20 h。总的制造和装配时间从 607 h 减至 181 h，质量下降至 2.74 kg，总成本从 58 000 美元减少至 15 000 美元，减少了 74%。Herrera 进一步透露，DFMA 对 PIP 重新设计，总体成本、质量和时间分别节省了 74%、8% 和 74%。

2.2 庞巴迪宇航公司

Eakin（1998）发布了应用 DFMA 的 3 种飞机：一是全球快递商务喷气机，另外两种分别是 CRJ 200 型飞机和 CRJ 700 支线喷气飞机。

首先是全球快递商务喷气机的新的最终机身装配，在采用 DFMA 方法之前，设计团队（DBT）就已试图减少制造成本，最近一次尝试的理念如图 3 所示，其中采用了钢结构模块化设计，用矩形空心钢材（RHS）构成相邻的三维子装配装置。在重新设计的过程中，一对平行的 RHS 组件被能够满足结构性能要求的单组件取代。零部件，包括紧固件，从 5 320 个减少到 1 480 个，装配和制造时间从 2 970 h 减少到 1 730 h，制造成本从 113 600 英镑下降到 61 500 英镑。在项目最初的面向装配设计（DFA）的分析阶段，由于时间限制，概念的提出与评估在几天之内完成。

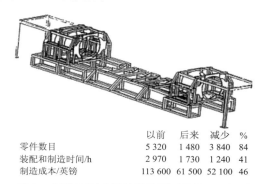

	以前	后来	减少	%
零件数目	5 320	1 480	3 840	84
装配和制造时间/h	2 970	1 730	1 240	41
制造成本/英镑	113 600	61 500	52 100	46

图 3 全球快运机身最终装配（Eakin，1998）

其次是在已有的设计基础上，对 CRJ 200 发动机吊舱重新设计。如图 4 所示，基准设计由后框架、前框架、扭矩盒段上的肋组件组成，这是一幅构造图。采用 DFMA 是为了减少生产进度中的装配时间。前框架和后框架是截面为 Z 形的扇形。

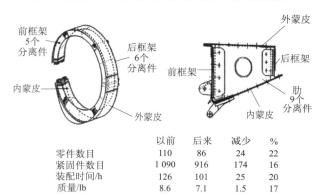

	以前	后来	减少	%
零件数目	110	86	24	22
紧固件数目	1 090	916	174	16
装配时间/h	126	101	25	20
质量/lb	8.6	7.1	1.5	17

图 4 CRJ 200 发动机吊舱扭矩盒段（Eakin，1998）

工程开始前，设计团队进行两天的 DFMA 培训。基准的 DFA 分析显示，紧固件数量、铝薄板加工件、装配时间和返工是装配时间的基本决定因素。其中，DBT 的一个建议是，将扭矩盒段作为一个完整的单件进行熔模铸造。经认真考虑，最终因为所涉及的风险，这个建议被放弃了。重新设计后，后框架装配由 6 个部分减少到 2 个部分，前框架装配由 5 个部分减少到 2 个部分，6 折多片肋转换为单片肋。虽然产品结构本身得到了简化，但新框架部件和肋部件比早期版本复杂得多。液压成型（流体压力）技术被用于制造新的部件，统计过程控制（SPC）技术证实了液压成型的能力。从新设计的前框架装配来看，对于反推力阻流门的安装，新设计的附加刚度和刚性导致了明显的返工。总体而言，在这个案例中，部件数从 110 个下降至 86 个，紧固件数量从 1 090 个削减到 916 个，装配时间从 126 h 下降到 101 h，质量从 3.9 kg 降低至 3.2 kg，最终制造成本节省超过 300 000 英镑。

394

最后是一个新设计的 CRJ 700 机翼紧急出口门，如图 5 所示。此案例中，DFMA 在 CRJ 700 上的应用受到了不得损害飞机设计和开发时间表的约束。基准 DFA 分析结果显示，121 个铝零部件（主要是金属薄板）占用了大部分的装配时间；对于 1 880 个紧固件，理论上所有的装配操作可由 1 个部件代替。DBT 头脑风暴出了新概念，其中包括一个由两部分组成的锻造框架和一个单片框架，以及一个加工零件的组合体，所有的这些部件都带有或多数不带有集成的外蒙皮。新设计是一个由 10 个机加工件部分组合而成的混合体，以及与之配套的一张独立外蒙皮。取得的结果如下：部件数量从 121 个减少到 50 个，紧固件数量从 1 880 个下降到 1 200 个，装配时间从 61 h 缩短到 27 h，质量从 12 kg 下降至 11.2 kg，工装成本减少了 86%，

	以前	后来	减少	%
零件数目	121	50	71	58
紧固件数目	1 880	1 200	680	36
装配时间/h	61	27	34	55
质量/lb	26.5	24.7	1.8	6
反复性的制造成本/英镑	—	—	—	6
工具成本/英镑	—	—	—	86

图 5　CRJ 700 机翼紧急出口门

经常制造成本削减了 6%。随后设计和研发的 CRJ 900，受益于单部件框架的改进，部件数量、紧固件数量和装配时间进一步降低，经常成本削减了 12%。

Eakin（2000）报道了两例 DFMA 的应用，一例是针对全球快递商业喷气机，另一例是针对 CRJ 700。

全球快递商业喷气机机身尾部的前隔舱壁板或防火墙必须具备防火功能，因此，设计成含有金属子组件的一个钛合金结构组件，这个组件具有加强筋，装有五个 H 形梁。总的来说，防火墙呈椭圆形，直径分别约为 2.1 m 和 1.7 m。此次 DFMA 所面临的是，作为旨在降低已有设计的制造成本的一部分，完成任务有严格的截止日期。项目开始前，DBT 进行了为期 1 天的 DFMA 培训。不同寻常的是，在此项目开始的时候，已有基准制造成本预估供 DBT 使用。Pareto 分析表明，H 形梁耗费了基准制造成本的 63%。因此，为了便于制造，DBT 迅速将注意力移到 H 形梁的简化工作上，没有在 DFA 分析和新设计概念的产生上浪费任何时间。重新设计的 H 形梁成功地将制造成本从 17 827 英镑减至 8 413 英镑。

第二个项目是 CRJ 700 机身压力地板，要求地板开口，以便穿过系统电缆。一组箱型体封闭开口，以保持客舱压力。这个 DFMA 工程是应用 DFMA 设计和研发 CRJ 700 中的一部分工作，在这项工作中，不允许对飞机的设计和研发时间计划有负面影响。该耐压盒体基准由金属铝片部件加紧固件组成，足够的密封胶、保证密封要求的重复工作是必需的。每架飞机有 2 折的耐压盒体，尺寸是长 350 mm×宽 250 mm×深 100 mm。项目开始前，DBT 进行了为期 1 天的 DFMA 培训。DBT 重新设计的单个铝合金加工件有以下改进：部件数量从 29 个减到 1 个，紧固件数量从 346 个下降到了 124 个，装配时间从 20 h 缩短到 3.3 h，单位经常成本削减了 41%，非经常工具成本降低了 26%。

2.3　以色列飞机工业公司

Mor（1999）提供了两个应用 DFMA 降低飞机生产成本的例子。1997 年，DFMA 方法被引入以色列飞机工业公司（IAI），研究人员对它进行了研究和修改，以适应 IAI 的组织形式，通过约 20 个 DFMA 专题研讨会，对整个公司进行了培训。

在 IAI 商用飞机集团设计一款新型、低价格小

货机时，一个关键特征是价格低廉，所以找到最低成本的设计理念是该项目的关键。在这方面，据报道，DFMA专题研讨会是一个非常有效的工具，最终提供的两个例子都是来自这样的专题研讨会。

第一个例子是机翼结构，一个方案是，传统的蒙皮，以及固定在蒙皮和弦向加强肋上的展向长桁；另一个具有竞争性的方案是，展向长桁与外蒙皮整合，且固定在弦向肋桁架上，如图6所示。

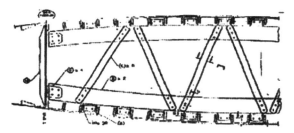

图6　IAI机翼－长桁集成方案（Mor，1999）

两种方案进行对比发现，传统的蒙皮和桁条的零件数量、紧固件数量分别是整体蒙皮和桁条的2倍和4倍，整体设计方案减少23％的制造和组装成本。整体设计被选为首选方案，此方案具有重量和维护优势。随着紧固件数量的减少，对于整体油箱来说，油料泄漏的风险大大降低，有助于减少飞机的寿命周期成本（LCC）。

第二个例子是飞机的货舱地板，货舱地板由地板结构支撑，这种结构沿机身的长度方向，大约是机身长度的20倍，因此，设计最佳成本效益的地板结构特别重要。提出和进行成本评估的4个设计方案是：金属板材、桁架、机械加工和铸造。

对于桁架方案，生产和组装估算成本是最低的。如图7所示，金属板材方案成本要高出约15％，机械加工和铸造方案成本分别要高出50％～54％。这个结果表明，盲目坚持最少部件数不一定能实现生产成本的最小化。

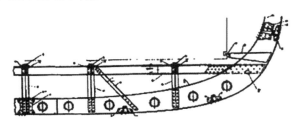

图7　IAI地板支撑结构——桁架方案（Mor，1999）

2.4　未披露公司：机翼燃油系统NACA导管

在飞机机翼燃油系统中，配备NACA导管是

为了使空气自由流入和流出飞机油箱，空气的自由流动必须相似于家用燃油锅炉油箱中空气自由流动的情况。在地面火灾发生时，NACA导管同样要防止来自油箱的燃料蒸气被点燃。这个DFMA项目由作者指挥，目标是降低现有飞机上系列产品的经常制造成本。因此，从基准DFA分析中得知，需要同时降低部件数目和焊接工作量，如图8所示。

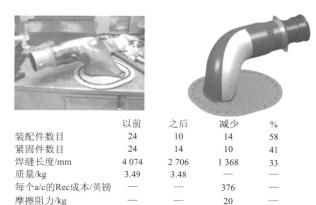

	以前	之后	减少	%
装配件数目	24	10	14	58
紧固件数目	24	14	10	41
焊缝长度/mm	4 074	2 706	1 368	33
质量/kg	3.49	3.48	—	
每个a/c的Rec成本/英镑	—		376	
摩擦阻力/kg	—		20	

图8　机翼燃油系统NACA导管

另外，重新设计必须满足的主要技术要求是，符合现有飞机设计和制造认证，无须进行额外的飞行验证。与现有设计相比，NACA导管压降必须保持不变或更小，油箱压力必须保持在现有设计的限制范围内，且不能增加系统现有的重量。此外，需要利用好这个机遇，使早先模型中减小附加阻力的实现具体化。在项目执行期间，项目负责人需要具备多种技能，包括：对技术问题理解的广度和深度、项目管理、针对背景宽泛的人员管理，以及生产成本估算知识。重新设计的NACA导管在2007年5月服役，部件数量从24个下降到10个，紧固件数量从24个减至14个，焊缝长度从4 074 mm下降到2 706 mm，质量保持不变，每架飞机的经常制造成本减少了376英镑，估算的附加阻力减少了20 kg。

3　DFMA和六西格玛质量

Huesing（2008）报道，1986年，摩托罗拉公司推出减少过程错误和提高产品质量的六西格玛[2]方法，一年内摩托罗拉公司节省了2.5亿美元。到1992年，100 000名员工中有70 000人参加了六西格玛培训，摩托罗拉减少了80％的制造误差，从而节省了40亿美元。到2008年，六西格玛法给摩托罗拉带来的效益累积到了 160 亿美元。

Branan（1991）引证，为了简化产品和降低成本，摩托罗拉在许多案例中采用了 DFA。针对便携式双向 HandiTalki 无线电产品，他对摩托罗拉的一个设计团队进行了进一步的报道，报道中对几款设计采用 DFA 方法的产品进行了调查研究。该设计团队主要寻找装配效率（以前称为设计效率）与制造质量之间是否存在着相关性。制造质量以每百万个组装零件中的缺陷来衡量，其中，装配/设计效率＝3×理论上的最少零件数/总的人工装配时间（Boothroyd 和 Dewhurst，1989）。结果如图 9 所示，可以看出，在以装配效率衡量的产品简化与以每百万个零件中的缺陷衡量的制造质量之间存在很强的相关性。

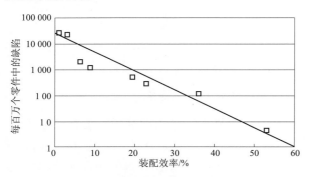

图 9　每百万个零件中的缺陷
与装配效率（Branan，1991）

直观来说，所有其他变量保持不变时，零件数量和装配操作会降低产品增加的质量水平或产量。NRC（1991）用几组曲线强化了这样的趋势，如图 10 所示。其中，每条曲线的公式为：

$$产品产量 = Q^n \tag{1}$$

其中，Q 为好零件或正确操作分数；n 为部件及装配操作的数量。

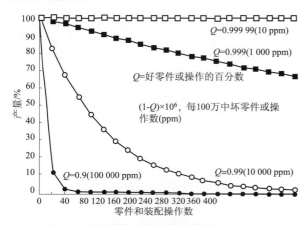

图 10　零件和装配质量对产品产量的影响（NRC，1991）

Weber（1994）指出，麦道公司正在使用 BDI 公司的 DFA 和摩托罗拉的可制造性设计（1992）方法，逐步提高飞机产品的设计水平，使生产过程中几乎不出现缺陷产品。DFA 作为一种以降低产品复杂性为目标的设计方法，不仅能够提供减少制造成本的飞机设计，还能够提供降低飞机生产残次品概率的飞机设计。采用摩托罗拉的 DFM，可进行有效的飞机设计，这种方法对制造过程中所采用工艺和材料的长期变化不敏感。摩托罗拉六步 DFM 方法的目标是，通过面向加工能力的设计，达到六西格玛的产品质量。加工能力过程 C_P 为 2，C_{PK} 为 1.5，每百万个零件有 3.4 个有缺陷零件（DPMO）。六个步骤是：

（1）确定产品的物理和功能要求。

（2）确定产品的关键特性。

（3）对每一个关键特性，确定掌控该特性的零件和装配加工元素。

（4）对每一个关键特性，建立步骤（3）中每一个零件和每一个装配加工元素的目标值和最大容差。

（5）对每一个关键特性，根据已知的零件加工能力，确定步骤（3）中零件和装配加工元素的预期变化。

（6）对每一个关键特性，确保加工能力 C_P 大于或等于 2，加工能力 C_{PK} 大于或等于 1.5。

由于飞机的自然属性，飞机结构中有大量的紧固件，这使得出现缺陷的概率很大。例如，飞机结构总共有 200 000 个紧固件，假设每个紧固件平均连接 3 个零件，每个孔都有被错置或钻孔不当的可能，理论上就有出现 1 000 000 个缺陷的可能。因此，DPMO 方案是完全可行的。

此外，文献包含了众多面向六西格玛的设计（DFSS）策略和参考资料。例如，在鲁棒设计（参数设计）和公差设计（统计公差）之前，Eakin（2000）建议庞巴迪宇航公司采用结合 DFMA 的 DFSS 方法。

4　DFMA 和 LEAN 制造

被认为是丰田生产体系（TPS）创造者的 Ohno（1988）指出，降低成本是 TPS 方法的目标，可由以下公式表示：

$$售价 - 成本 = 利润 \tag{2}$$

Ohno 是一个关键的制造商，他简单变换上面给出的公式：成本＋利润＝售价，而并不思考产品是否给他们的客户带去价值。并且，他反对在自由市场经济中，只是简单地因为制造商的高成本就设置高价格。对于 TPS，Ohno 解释说降低成本可以通过对消除无价值附加浪费的不懈追求来实现，他将其分为以下 7 种类型：

（1）运输——不必要的货物运输。例如将半成品（WIP）从一个地点移动到另一个地点；原材料、零部件或成品进库或出库的运输，或在生产过程中的运输。

（2）等待——员工等待材料、零部件、指示和设备，等待工艺设备完成工作。

（3）生产过剩——不需要的商品生产过剩。例如生产活动早于客户的需求，或产量大于客户的需求，生产没有订单的产品。

（4）缺陷——返工、报废、检验、文档、测试，以及替换产品。

（5）库存——等待进一步处理或消费的商品存货。例如，多余的原料、WIP 和成品库存。

（6）移动——不必要的人的移动。例如，因为零件、工具和指示而走动，拿东西、找东西或存东西。

（7）额外的或不必要的工艺——由于工具差、产品设计不良、不可能实现的制造工艺、坏的工艺设计、没有必要的工艺步骤所造成的低效生产。

从历史上看，精益生产已应用于车间作业。然而，可以设想在精益生产应用在车间作业之前，在设计阶段就应用 DFMA，可以带来额外的节约。例如，减少部件数量所涉及的接收、移动、存储、等待、生产过剩、制造不当、组装不当、库存保管、造成不必要的运动，以及低效率的加工。此外，也会有更少的质量、模具、采购订单、装配操作、半成品、库存控制、工程时间、供应商、物料清单、储存、检验、测试和产品目录。

请记住，所有的产品制造成本、质量与产出时间始于设计过程，如果一个产品被设计成制造和装配能力差、伴随过多的零件数量，则产品质量不佳，且成本增加和时间增加是必然的结果。出现这种情况，精益生产与六西格玛质量的任务变得更加困难和昂贵。

在航空航天领域，根据 Ben-Levy（2006）的报道，以色列飞机工业公司（IAI）于 1997 年通过将 DFMA 应用于已有的机械组件，开始了它的精益之旅，到 2005 年，TPS 工具已获得应用并被嵌入在新产品指导（NPI）和 DFMA 方法中。在 Ben-Levy 提到的四个案例中，其中之一是在许多测试部件制造完成后，召开了一个导弹 DFMA 专题研讨会。成本保持固定，并作为衡量基准。决定挑战导弹每个组件的制造、装配与测试的每一个步骤，DFMA 专题研讨会持续了一周。专题研讨会结束时，与会者承诺成本节省 40% 左右。

5　结　　论

在客户提出要求后，设计是产品制造中的第二步。对于产品制造来说，关于材料、形状、尺寸、公差、生产流程与产品功能的每一个设计都会对成本、质量和时间这些竞争因素产生巨大的影响。DFMA 方法专注于简化的概念，通过减少部件数量和装配操作，再加上早期成本估算，为那些有志于提高竞争力的多学科团队提供有效的工具。

在本章中，作者介绍了一系列先前报道过的飞机应用 DFMA 进行改善的案例，其中，机翼燃油系统 NACA 导管以前从未作为 DFMA 的案例公开。所有的案例都提供了一系列降低成本的方法，在有条件的地方，与 DFMA 项目相关的一些经验和知识已广为传知。

麦道公司应用 DFMA 方法相当广泛，尤其是在 C-17 运输机上。据报道，生产 88 架飞机，仅起落架舱就节省了 4 500 万美元。一篇由 C-17 制造工程商发表的文章很有趣，文章透露，为了赢得合同，麦道公司不得不把每架飞机 3.25 亿美元的固定飞行路线成本降至低于 1.75 亿美元。

庞巴迪全球快车总装的装配经验（见图 3）展示了三个要点。第一，出于商业考虑，需要降低制造成本；第二，在概念设计阶段，一个功能交叉的设计团队会在降低成本方面经历困难，直到他们采用 DFMA 方法；第三，DFMA 方法无论是用于一次成型夹具/工具还是多单元产品，具有同等的效益。

庞巴迪环球快车尾部前防火墙和 IAI 飞机地板支撑结构－桁架方案（图 7），这些项目提供了三个有关 DFMA 的经验：一是再次强调商业需要降低成本；二是盲目追求零件数目减少的策略不会带来成本节约；三是方案设计阶段，需要跨功能团队进行早期和可靠的成本估算。

在 NACA 导管项目中，三条 DFMA 经验值得强调。一是再次说明，出于商业角度，需要降低制造成本；二是跨功能团队领导者的作用是将项目和团队团结在一起，在同一时间不屈不挠地共同成功地完成项目；三是团队领袖需要具备全面的技术和管理技能。

Herrera（2006）在波音公司的工作，进一步验证了DFMA、质量和精益生产之间的协同。他说，DFMA方法已经被波音公司用来简化设计和/或制造工艺，以达到节约成本的目的。波音公司的执行官、高级管理人员、主题专家和工程师在此方面给予了极高的关注。Herrera持续告知团队去制定一项特别的战略，集工程和操作人员的努力，通过采用DFMA，减少部件数量，并降低装配劳动和测试时间，支持研发和生产经济实惠的高品质产品。他还声称，DFMA正在与其他精益工程的最佳实践工具相结合使用，例如维度管理。

在飞机DFMA应用中，预备培训的作用不应该被低估，最好是在项目开始之前，由多学科团队的领导者提供培训。在一些案例中可以看出，DFMA培训可以帮助消除理解上的壁垒，并能使团队成员对什么是必需的达成共识。

备　　注

[1] DFMA 是 Boothroyd Dewhurst 公司的一个注册商标。

[2] 六西格玛是 Motorola 公司的一个注册商标。

参考文献

Ashley，S.（1995）Cutting costs and time with DFMA，*Mechanical Engineering Magazine*.

Ben-Levy，I.（2006）Implementing lean manufacturing tools（TPS）within DFMA methodology. Proceedings of the 2006 International Forum on Design for Manufacture and Assembly，Rhode Island.

Boltz，R. W.（1981）*Production Processes-The Producibility Handbook*，5th edn，Industrial Press，New York.

Boothroyd，G. and Redford，A. H.（1968）*Mechanized Assembly*，McGraw Hill，London.

Boothroyd，G. and Dewhurst，P.（1989）*Product Design for Assembly*，Boothroyd Dewhurst Inc.，Rhode Island.

Boothroyd，G.，Dewhurst，P. and Knight，W.（1994）*Product Design for Manufacture and Assembly*，Marcel Dekker，New York.

Branan，B.（1991）DFA cuts assembly defects by 80％，*Appliance Manufacturer Magazine*.

Eakin，D. J.（1998）Aerospace DFMA. Proceedings of the 1998 International Forum on Design for Manufacture and Assembly，Rhode Island.

Eakin，D. J.（2000）Design for six sigma（DFSS）. Proceedings of the Time Compression Technologies 2000 Conference，Cardiff.

Herrera，A.（1997）Design for manufacturing and assembly application on the design of the AH64D helicopter. Proceedings of the 1997 International Forum on Design for Manufacture and Assembly，Rhode Island.

Herrera，A.（2006）Design for production/DFMA-an integration of a working group across the Boeing company. Proceedings of the 2006 International Forum on Design for Manufacture and Assembly，Rhode Island.

Huesing，T.（2008）Six sigma through the years，*Powerpoint presentation on Motorola web site*.

Mandelbaum，J. and Reed，D. L.（2006）*Value Engineering Handbook*，Institute for Defense Analysis，Virginia. McDonnell Douglas Inc.，News release，97－30.

MIL-HDBK-727.（1984）*Design Guidance for Producibility*，Department of Defense，Washington DC.

Mor，H.（1999）DFMA at Israel aircraft industries（IAI），implementation at the conceptual design stage. Proceedings of the 1999 International Forum on Design for Manufacture and Assembly，Rhode Island.

Motorola.（1992）*Design for Manufacturability*：Eng 123（*Participant Guide*），Motorola Training and Education Centre，Illinois.

Ohno，T.（1988）*Toyota Production System-Beyond Large Scale Production*，Productivity Press，New York.

National Research Council.（1991）*Improving Engineering Design-Designing for Competitive Advantage*，National Academy Press，Washington DC.

Weber，N.（1994）Integrated product development（IPD）teams and DFA/DFM applied to the aircraft industry. Proceedings of the 1994 International Forum on Design for manufacture and Assembly，Rhode Island.

本章译者：熊克（南京航空航天大学航空宇航学院）

■ 第 310 章

航空航天材料加工

Keith Ridgway[1]，Michael S. Turner[1]，Adrian R. C. Sharman[1]，
James Hughes[1]，Tim Chapman[1] and Sergio Durante[2]
1 谢菲尔德大学波音先进制造研究中心，罗瑟勒姆，英国
2 Les Toits Blancs，TEKS 公司，Montgenevre，法国

1 引　言

　　飞机采购商不断地要求飞机飞得更快、更便宜、更安静和更高效，并要降低运营成本，增加运行寿命。为了满足上述要求，现代飞机的设计包含了较大比例的大、薄、复杂的整体部件，这些部件可以不需要夹具和固定装置进行装配。这促使制造商考虑使用特种合金和复合材料，以及重要的加工技术。

　　近年来，航空航天工业面临一系列重大的挑战。乘客是习惯于低成本飞行的，现在面临降低噪声和减少排放，以及满足环境友好型运输需求的压力越来越大，这也迫使工业界生产更快、更绿色、更安全和更经济的飞机。

　　商务压力对供应链也是有影响的。随着全球贸易的需求日益增加，现在从世界任何地方都能采购到航空航天部件，企业注重关键核心竞争力成为一种趋势，主要的原始设备供应商们专注于大型系统集成，从简化的供应基地寻求零部件货源，而供应基地承担较大的设计责任。

　　所有这些因素都使波音和空客两家研发了代表设计产生阶跃变化的新飞机，从尺寸和材料使用两方面看，空客 380 和波音 787 两款飞机都挑战了制造工程师的创新能力。

　　新一代的先进工程材料是能够与先进应用所需的属性和组合功能相适应的，如量身定做一般。如高强度质量比，在高温环境中强度高，或优异的耐磨损性能。这些材料给零部件设计工程师提供了有吸引力的选择。不幸的是，由于材料的性能，若采用传统的加工工艺，使这种材料转化为有用的产品是非常困难的。

　　大型组件和整体结构的发展趋势出现了更多的问题。许多结构是用钢坯或大型锻件，采用二次加工工艺，如车削或铣削制造的，这导致了在材料效率方面存在显著的问题，如在许多情况下，高达 95％ 的材料被切屑或被损耗。解决这个问题的一个方法是近净成形工艺，然而，对于航空航天和汽车工业中所使用的高完整性零部件来说，与这些技术相关的材料性能常常不相适应。

　　在航空航天领域中，这些先进材料的有效开发应用取决于先进加工技术的发展和实施。这种发展依赖于对切削刀具的几何形状、基底和涂层，以及最佳刀具路径和切削条件的研究及其应用。

2 材　料

　　航空航天工业追求小质量和高性能，因此大量使用难加工材料，如复合材料、钛合金，以及所谓的超级合金。

　　在航空航天材料中，铝合金仍然是重要的，它主要用于机身结构。在新型飞机中，铝合金正在被复合材料和钛合金替代，复合材料和钛合金具有减小质量，同时保持结构完整性的性能。超耐热合金，如在发动机中使用的铬镍铁合金和镍基高温合金，可以提高工作温度，改善发动机的性能和效

率。同时，起落架依赖于高性能的低合金钢，如 300M。

不幸的是，这些材料特性在给航空航天领域带来相应的吸引力的同时，使得使用传统加工技术对其加工非常困难。

2.1　铝合金

尽管钛合金和复合材料具有优势，但铝合金仍然是机身和结构零部件的常用材料。铝密度小，耐腐蚀性良好，导热和导电性优异，但其在纯态下太软。在整个 20 世纪，铝合金在航天工业中被广泛使用，从开始的铜铝合金，如硬铝，到后来复杂的铝锌合金，如铝 7075，它们都被广泛用于飞机结构。

降低制造成本的需求驱动着部件的设计向更大、更薄、复杂（整体）零部件的趋势发展，这些部件可以更容易地进行装配，而不需要依赖工装夹具。这导致人们越来越多地关注大型薄壁构件的加工。人们已建立了切削刀具的使用和参数的选择的概念，而近期强调的是高速机加工和稳定性叶瓣分析的应用，以优化加工过程，避免再生颤振。关于这两者的分析在本章以下的部分会有更详细的讨论。

2.2　钛合金

约从 2000 年以来，在航空航天结构和发动机零部件的制造中，钛合金的采用量在稳步增长，这是由于钛合金具有极高的强度质量比、高温性能和耐腐蚀性，因此被用于生产航空航天结构和发动机的零部件。钛合金在结构上的使用受到复合材料的影响，作为传统铝合金，可与碳基复合材料相反应，但热性能差异巨大。通常用于航空航天的合金包括：Ti-6Al-4V、Ti-4Al-4Mo-2Sn、Ti-6Al-2Sn4Zr-2Mo，最近的有 Ti-5Al-5V-5Mo-3Cr。

在航空航天工业，Ti-6Al-4V 是最常用的合金，它是一种 α－β 相合金。Ti-5Al-5V-5Mo-3Cr 含有 β 稳定元素，被用于需要高强度的零部件，如起落架。

钛通常被称为难加工的材料，因为在高速加工状态下它对刀具的磨损过大。正是由于这些特性，使得钛合金成为解决高温和高强度性能的一个常用的工程解决方法，然而它难以加工。导热性差、高温下高强度、与刀具钢材和涂料发生化学反应，所有这些意味着，在典型的铣削条件下，局部温度升

高，导致刀具过度磨损或化学溶解。

在明确钛合金高速加工策略方面已经开展了许多工作，但尚未达到像对铝和钢一样的、同一层次的了解。在钛合金的铣削方面，了解切削参数对磨损机理的影响，以及了解把上述机理运用到加工过程中的限制是重要的。颤振也是一个重要限制，由于相对较高的切削力系数和表面速度的限制，那些传统技术不能简单地应用于稳定颤振。

2.3　复合材料

在商用飞机上，复合材料的使用迅速增加。例如，波音 787 梦想飞机结构质量的一半左右都是复合材料（主要是碳纤维增强塑料）。

复合材料是一种概括性的术语，是两种或多种有机或无机组分组成的材料。以其中一部分，如热固性环氧树脂、双马来酰亚胺或聚酰亚胺，作为基体，其他组分以纤维的形式加入，常见材料包括碳纤维、玻璃纤维和硼纤维。

碳纤维复合材料给刀具制造商提出了许多重大的挑战。根据复合材料的生产技术和组成，复合材料的属性可以有本质的不同。纤维强度和模量各不相同，不同的纤维取向和编织方法，以及不同的基体组合都可以被采用。

碳纤维的耐磨程度是低碳钢的 1 000 多倍，这大大增加了刀具的磨损。碳纤维的热传导系数也非常低（比铝低 400 倍），在切削区域周围，热量会迅速积累。切削复合材料而不造成分层和毛刺是非常困难的，因此需要设计专门的工具加工复合材料。

2.4　超级耐热合金

镍基超级耐热合金（HRSAs）广泛应用于航空航天中燃气轮机发动机中最热的部分，如涡轮盘、叶片和燃烧室。值得注意的是，合金包括铬镍铁合金系列及奥氏体镍铬基超级合金，例如，718 铬镍铁合金，这种合金占到所有 HRSA 产品中的 35%，它结合了高强度、耐腐蚀性与优良的可焊性。

然而，超级耐热合金的理想性能使得它难以加工。无论采用什么加工参数，工具总是迅速地失效，因为即使在相对较低的切削速度（30～50 m/min）下，刀具边缘也会产生非均匀后刀面磨损、崩刃、深槽和塑性变形。导热系数低也会导致切削区域高温，并不断升高。对于 718 铬镍铁合金，在相对较

低的切削速度 30 m/min 时，温度可以上升到约 900 ℃，切割速度在 300 m/min 时，温度能达到 1 300 ℃。所产生的切削力也很高，约为切削中碳合金钢时的两倍。

3　机　　床

正如前面所讨论的，在航空航天领域希望能生产大型的整体零部件，减少最终装配时间和资源。出于这个原因，航空航天领域已越来越多地使用 5 轴计算机数控（CNC）机床，其中有 5 轴铣床，或铣削和车削功能一体的机床。

世界一流的加工性能，需要使用性能相适应的机床。用于铝合金、钛合金、超级耐热合金和复合材料的加工中心特性有着巨大的差异。

铝加工相对容易，高速加工技术被广泛采用。为了实现大进给和高速度，机床结构相对较轻，具有线性导轨和可达 25 000～30 000 r/min 的高速整体主轴。

加工复合材料的机床也普遍采用轻结构，主轴功率比加工铝所需的小。但在使用时必须小心避免纤维进入导轨，同时除尘十分重要。

用于钛合金和超级耐热合金加工的机床通常是坚硬的。这些机床越来越多地采用线性滑轨，静压导轨提供了很大的支持，以增加刚度和加工阻尼。主轴速度通常能达到 8 000 r/min，带齿轮的主轴是最经常使用的。

在高速切削状态下，阻尼区域性能良好的机床表现并不令人满意，反之亦然。这意味着所期望的机械加工性能所要达到的水平，是现在一般机床不能满足的。为了满足具体要求，需要专门的设计，夹具也越来越重要。当切割难加工的材料时，可以通过夹具系统，把阻尼引入系统来实现。

4　刀具和切削理论

4.1　引　言

基础切削理论已广为理解，Merchant（1945a，1945b）、Tlusty（2000 年）详细地说明该标准。铝合金和钢的机械加工标准也已确立，关于这两种材料的明确的高速加工策略的大部分工作已经进行，这有助于设计工程师、程序员和机床操作者选择最佳工艺，解决现有的问题。针对切削加工的说明指导已经非常成熟，各种软件产品是市售的。

目前的研发重点是钛合金铣削。产业界和学术界一直在寻求对钛合金铣削工艺更好的理解，但现在尚未达到对铝或钢铣削的水平。要制订钛铣削的最佳策略，首先必须了解工艺中的关键限制。

如上概述，钛被认为是难以加工的，在高速加工时，会导致刀具过度磨损，以及采用标准技术难以稳定的颤振。采用基础理论，预测在主轴转速范围内，哪些转速区间下可实现稳定加工。在高速运转的情况下，当刀刃的通过频率与占主导地位的系统自然频率相等时，稳定加工转速区间的范围最大。在主频的各次谐波上，刀刃的通过频率存在稳定区间。在更高的频率下，稳定加工速率区间在深度和宽度上的范围更小，因为转速的一个小变化，可能会导致颤动的大变化，颤振会变得非常密集，导致稳定叶瓣在钛合金典型铣削区域没有实际用处。

限制加工优化的许多主导因素是相互关联的，没有一些其他方面的知识是很难进行深入研究的。在机床技术中，主轴转速和进给率增加方面已取得大的进步。尽管机床稳定性在加工过程中控制颤振起着重要的作用，但其本身是一个大科学问题，本章不详细研究。

零件的完整性和公差可以限制任何加工工艺。在航空航天领域，设置的严格公差推动机床和测量控制的发展。由于切削物的推出和表面粗糙度，切削参数和方法将会影响零件公差。表面完整性会受到较差的或大胆的切削参数影响，这往往导致人们不愿意接受新技术或新科技。特别是在航空航天领域，在操作程序中，由于担心损坏零部件的完整性，参数往往被长期锁定，因此很少有机会进行进一步优化。当提出并验证新的参数和技术时，表面完整性是必须考虑的，因为这是航空航天领域中的一个基本要求。

针对钛加工的具体情况，大量的研究工作集中在延长刀具寿命上，在刀具的材料等级和涂层、冷却剂的应用、碎裂形成过程的理解、加工几何形状等方面取得了进步。在钛合金铣削中，刀具磨损仍然是加工中的主要挑战。如果所有其他因素得到了优化，材料内在固有属性造成刀具的过度磨损，仍可能是以加工类似铝一样的轻合金的速率来加工钛合金的一个障碍。

4.2　刀具磨损机理和失效模式

加工钛时，刀具易受几种磨损机制的影响，不同的加工速度，不同的机制起主导作用。低转速情况下，刀具的磨损机理大部分为机械因素，并有较小的热效应。

（1）黏着磨损。由于微焊接现象，清洁工具和干净的切割工件表面会发生结合，产生切屑卷边（BUE）。如果界面结合的强度比工具局部的强度更大，刀具上的颗粒会脱落。

（2）磨料磨损。在切削刀具通过滑动摩擦去除材料时，由于材料中的硬质夹杂物，会在刀具表面留下刻痕。对于硬金属，刀具磨损量更大。在高速加工中，由于热效应，刀具会软化，磨料磨损会增加。

随着速度的增加，热－机械磨损开始占据上风。

（3）摩擦磨损。始于微粒被撕扯，脱离表面，通常是由于粘接。被撕扯的微粒留下的空隙将产生应力差异，沿晶界产生初始裂缝，随着裂缝的扩展，小块材料被扯去。

（4）断裂和崩刃。其由高应力切割或突然卸荷造成，这对于硬质合金等刀具材料来说是常见的。温度升高时，硬质合金仍保持其硬度。当压应力比热抗压强度更高时，将出现裂缝和倒角，以致微粒断裂和脱落。对于硬质合金，当温度高于 1 100 ℃ 时，即失去原有的强度，这也是常见的。与硬质合金相比，高速钢（HSS）具有更高的横向断裂强度，且发生断裂的倾向小。

（5）浅表塑性变形。当刀具表面出现高剪切应力时，碎片以崩刃的形式发生，刀具表面会产生塑性变形。这常见于高速钢（HSS），而不是硬质合金。

（6）塑性变形。塑性变形会改变刀具的构成，原因是高温下，切割边缘存在较大的正应力。当边缘上的正应力变得高于已提升的抗压强度时，刀刃将失效，造成塑性破坏或崩刃。

（7）塑性破坏。塑性破坏常见于高速钢刀具，刀具边缘形成一个负倾角的倒角，产生高温度和高载荷，导致较大的扰度和失效。

（8）疲劳断裂。疲劳断裂是由热应力引起的，在高速时间隙切削和高正应力状态下，常见疲劳断裂。

占主导地位的热磨损机制是扩散，通过溶解刀具粒子到碎片，这对硬质合金和某些涂层来说是一个问题。

刀具可通过多种模式发生失效：

（1）月牙洼磨损发生在前刀面，它取决于刀具/工件的组合和切割速度。前刀面磨损紧挨着刀尖发生，它可加速侧面和边缘磨损。

（2）刻痕会发生在参与切割的两端，且通常认为是由氧化引起的，即刻痕区域发热且没有进行大气隔离。

（3）侧面磨损是在低表面速度与高速下前刀面最常见的磨损。侧面磨损主要是一个机械过程，且不受涂层影响，对于钛来说，摩擦磨损则占主要地位。磨损形式与硬质合金硬度有关，涉及硬质合金脆性断裂引起的粗糙磨损，以及对于较软等级材料边缘倒角引起的光面磨损。侧面磨损导致边缘倒角，倒角反过来又形成侧面摩擦，加速磨损过程。侧面磨损主要出现在铣削过程中，侧面的月牙洼磨损受热影响而不断发展，反过来更为常见。

（4）边缘崩刃发生的原因是快速卸载和刀具的热循环。在低速钛合金铣削时，磨损和疲劳是造成边缘崩刃的主要磨损机制。

4.3　影响刀具磨损的因素

与钢和其他航空宇航合金相比，钛合金的许多因素导致刀具寿命短。很多情况下，尽管相对于零部件总成本来说，刀具成本不是主要关注点，但刀具磨损还是需要一个控制点的，以防止成本过高。关键因素包括：

（1）高温下高强度，阻止所需的塑性变形演变为崩刃。

（2）细小的崩刃会导致小的接触面积，引起刀具高应力。

（3）切屑和刀具之间的高摩擦系数。

（4）与工具钢强烈的化学反应，使磨损扩散。

（5）比热低和接触面积小，导致温度高达1 100 ℃。

（6）低切削速度下，切屑卷边使表面粗糙度差。

（7）低弹性模量导致的变形和摩擦。

（8）加工过程中会发生加工硬化，这种情况可能会引起随后切削中的一些问题。

在钛合金铣削中，由于切屑卷边产生的磨损，可以采用顺铣的方法来减小，这得益于出口通道冲击载荷的降低，摆脱切屑卷边和刀具微粒。常规铣削会在出口通道产生高拉应力。由于这些原因，钛铣削时，尽可能采用顺铣。

在高速进给的情况下为摩擦磨损，在低速情况下为光面磨损，两者可以从硬质合金刀具上快速剥离涂层（Dearnley 和 Grearson，1986）。"快速停止"的测试结果表明，刀具断裂时，切削刃仍保持和碎片的黏结，这说明钛会黏结在刀具材料上。与其他硬质合金相比，小晶粒硬质合金被认为具有优异的耐磨损性能。光面磨损取决于刀具材料在工件上的溶解度。高温和刀具工件之间的密切接触，给刀具材料的扩散提供了一个理想的环境。

在切削试验中，冷却液通过主轴冷却硬质合金刀具，结果发现，刀具全部浸入冷却液和 1/4 浸入冷却液时的寿命是 1/2 浸入和 3/4 浸入的 2 倍（Barnet-Ritcey，Hachmoller 和 Elbestawi，2001）。这被认为在进入切削阶段经历了机械冲击。当构成一个完整的槽时，刀具将偏离进给方向，力的平衡将使刀具保持在两个槽壁之间的程序设定位置。当刀具处于不完全浸入时，它将发生偏转，且背离顺铣方向，偏转角度取决于径向浸入方式，此时所承受的冲击，就像当刀具刚与物料接触时，引起刀具的机械冲击一样。对于浸入小于一半的刀具，由于力的降低，效果减小。

针对钛的一个具体问题是，金属在 882 ℃时从紧密排列的六边形（CPH）α 相变成中心立方体（BCC）β 相。随着 β 相的增加，钛合金变得越来越难以加工，而在加工过程中，改变刀具会产生新问题且费时。因此，需在钛中加入合金元素，以稳定 α 或 β 相。

4.4　温度

在钛加工热效应方面已开展了大量的研究。在铣削中，峰值温度与刀具的铣削时间密切相关。铣削是一个间断的过程，切削齿周期性地进行啮合和退出切割，切削刃经历加热然后冷却的过程，给刀具中产生应力提供了条件，最高温度出现在刀尖附近。

切削刃温度模型显示，每个切削齿在啮合过程中达到温度峰值，随后通过冷却，达到稳定状态（Stephenson，1991）。当刀具正被冷却，同时脱离金属接触时，可以观测到最大应力值（Tlusty，1993）。

切削的表面速度和径向深度似乎对峰值温度的影响最大。其他参数对峰值温度的影响研究表明，接触时间也是最重要的影响因素之一。较短的接触时间产生较少的热量，可降低热磨损的程度。接触时间可以通过类似改变螺旋角等的方法，最大限度

地减少切削边缘的接触（Maekawa，Oshima 和 Nakano，1994）。然而，这又会导致其他问题：由于接触时间少，热量无法通过刀具散去，切屑会达到更高的温度，增加了切屑与刀具焊接在一起的风险。在这种情况下，切屑温度可以通过增加其体积来降低。接触的时间，也可以通过减少径向浸入而减少，这需要进一步修改铣削策略。

4.5　切屑机理

对切屑机理的理解是解决钛合金加工困难的关键。切屑机理，特别是切屑分阶段形成，会导致如上述的高温。非连续的切屑通常被视为难加工材料的决定性因素，其中包括镍合金。

钛切屑易碎、不连续、延展性差。它们弯曲强度低，因为构成切屑的物质被局部高强度剪切带集合在一起。弯曲时，切屑会在这些接口处断裂（图1）。这种低弯曲强度为切屑形成（Komanduri，1982）机理研究提供了一条重要线索。

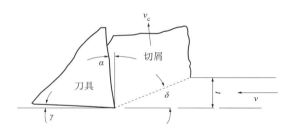

图 1　切屑形成正交。
（α 为前角；γ 为后角；δ 为剪切角；t 为切削深度；v 为切削速度；v_c 为切屑速度。载自 Tlusty（1965）© 佩加蒙出版社）

钛倾向于形成分段切屑，因为形成剪切的切屑发生在一个特定的剪切面上。当相对刀具运动产生的应力超过材料的屈服强度时，发生滑移，与形变相关的能量立即转换成热能。由于钛导热性能差，因此会产生大的温度上升，这反过来又导致高温软化，应变在同一平面延续，而不是传播到较冷材料中的一个新平面上。

随着变形的继续，变形剪切面发生旋转，并逐渐增大，直到所增加的力超过较冷材料中一个更有利平面塑性变形所需的力。这个过程被称为绝热剪切，这一周期性过程会导致锯齿切屑的形成。

在切屑表面上，初始接触面是非常小的，当楔形加工材料用工具磨平时，接触长度增加。在初始阶段，小接触面积会导致高压力的产生。

切屑形式随合金成分变化而不同，α 合金不会形成明显的有锯齿形边缘的切屑，而 α-β 合金却会

形成。合金元素也会影响切屑分段和振荡频率。具有较大剪切带的 α 合金切削力波动较小（Ashiura 和 Motonishi，1987）。

切屑形成也受切削参数和温度的影响。低速时，温度梯度下降，剪切带之间的距离减小。当切削速度下降到某一临界值时，即临界切削速度，此时剪切带之间的距离为零，且变形均匀。随着进给速度的增加，温度增加，临界切削速度下降。

切屑的厚度随着切削深度和前角的减小而减小（Turley，1981）。临界切削速度是基于一个理想热激活过程来定义的，可能并不准确。

5　刀具参数

用于钛合金的铣削刀具需要的材料特性有：化学活性低、应力状态下具有高热硬度、热传导性好、韧性好、抗疲劳性好，以及压缩、拉伸和剪切强度高。没有材料能够完美结合上述各个性能。

对于镍合金、铸铁和钢的加工，涂覆碳化物、陶瓷、立方氮化硼（CBN）和聚晶金刚石（PCD）是良好的刀具材料，但对于钛加工通常不适用。由于会和钛发生化学反应，CBN 和陶瓷是无能为力的，且它们硬度太高，在钛铣削中的周期载荷作用下太脆。材料间隙杂质，如碳、氮和氧与钛高度可熔，它们会对机械加工造成不利影响。

用于钛合金铣削的最常见刀具材料是硬质合金和高钴高速钢。

高速钢（HSS）工具可被推荐用于间断切削（Machado 和 Wallbank，1990），或在机械冲击下崩落硬质合金，产生大挠曲状态下的切削。在低速状态下，最高温度低于 600 ℃ 时，高速钢的性能优于硬质合金；而高于 600 ℃ 后，高速钢开始软化。在低表面速度时，由于阻尼效应，高速钢刀具允许高的材料去除率，因此高速钢刀具特别受欢迎。

碳化钨硬质合金具有良好的热抗压能力和抗塑性变形能力，这些性能取决于钴的含量。低速时钴含量高；高速时钴含量低，性能更好（Konig，1978）。钴能提高韧性，但会降低硬度。大多数硬质合金在温度高于 500 ℃ 时性能良好。大部分情况下，涂层硬质合金比硬质合金具有更大的磨损率。

刀具几何形状也会影响刀具性能和磨损情况。关键因素包括：

（1）前角。较大的正前角会比负前角产生的应力低，因此降低了进给力和温度。当正前角达 23°时，可以发现有利于铣削，然而较小的正前角和负前角有利于车削，因为它们可以更好地防止热量传递到侧面，并且强化刀刃。

（2）后角。较大的后角会降低摩擦力和侧面温度。然而，如前面所提到的，大后角将使刀刃边缘变得脆弱，从而传递更高的剪切温度到侧面。

（3）螺旋角。螺旋角增加了有效的径向倾斜度，可将切屑朝与进给方向不同的方向传输（Shaw，1996）。螺旋角会导致较长的接触时间与较小的最大力，并能减少机械冲击和强迫振动。

（4）刃口半径。提高刀具的刃口半径增加了切屑的接触长度，产生更长的接触时间。刃口半径也会影响表面完整性。由于刃口半径接近尚未切削的切屑厚度，在切削中可直接削掉材料而不发生剪切（Hughes，Sharman 和 Ridgway，2004）。

6　切削参数

加工性能也受各种切削参数的重要影响，最重要的参数是每齿的进给量、表面速度，以及切削径向宽度。

6.1　每齿进给量

工件内部的振动有助于切屑排出，并降低能耗和刀尖温度。高速切削时，将每齿进给量从 0.025 mm 增加到 0.4 mm 可使最高刀尖温度降低 1/2（Tonshoff 和 Bartsch，1988）。因此，增加每齿进给量可能会带来一些益处。由于材料本征脆性，这种现象在钛加工时比钢加工更为显著。

较小的每齿进给量对接触摩擦的影响已被广泛讨论。摩擦现象和切屑分割效应表明，针对所有切屑，最佳切屑负载在一个稳定的"切屑带宽"内，而在"切屑带宽"外的任一侧，刀具寿命会大大削弱。在许多工厂中，切屑负载是从经验或刀具供应商保守的经验数据中得到的。

6.2　表面速度

随着进给量和进给速度的增加，前刀面和后刀面磨损会增加，同时，随着切削速度的增加，刀具磨损和温度会增加。泰勒刀具寿命方程总结了许多工厂的经验：

$$v_s T_1^m = k \tag{1}$$

其中，v_s 为切削速度；T_1 为工具寿命；m 为齿数；k 为常数。

一个概念必须被考虑，即以提高切削速度来提高金属切除率时，需要对刀具寿命进行权衡。伴随切削速度增加，温度上升，会增加刀具的磨损。至今尚未发现在哪个速度点温度开始下降。随着切削速度的增加，切削温度会上升到一个限定值，在间隙切削的情况下，温度会达到一个最大值，然后降低（Palmai，1987）。

6.3 径向切削宽度

径向切削宽度对刀具磨损有很大的影响，因为它控制了切割时间和有效的每齿进给量。磨损随着径向浸泡的增加而增加已得到了证明（Kneiseland Illgner，1996）。由于热载荷，径向浸泡对刀具磨损有很大的影响，这一假设是值得进一步探讨的。

7 颤 振

颤振，即加工刀具和工件之间的相对剧烈的振动，其仍然是航空航天领域众多机械加工中的显著问题。颤振会限制零件的质量，增加刀具的磨损。将主轴转速和进给速度保持在临界值之下，可以很大程度地避免颤振，但这会相当大地降低车间产能。在许多机加工厂，产量低于潜在生产能力的10%～20%。为了设置最佳切削参数，了解机床动力学以及系统对不同激励频率的响应方式是必要的。

再生颤振是加工过程中颤振的主要原因。这个问题的根源来自刀具和工件之间的相对振动。在铣削过程中，刀具在工件表面留下周期性波浪形表面。在随后的过程中，刀具不得不从这个波浪形表面上去除材料。如果这两个连续走刀轨迹是同相的，则切屑厚度是不变的；如果走刀轨迹是异相的，则切屑厚度会随着切削进展变化。切屑厚度的变化会产生一个变化的切削力，从而加剧振动。这是一种自激系统的反馈。

在连续两次切削之间，波的数量（N）取决于振动频率（f）、主轴转速（n）和刀具齿数（z），公式如下：

$$N+\frac{\varepsilon}{2\pi}=\frac{f}{nz} \tag{2}$$

式中，ε 为相位角；$N+\varepsilon/(2\pi)$ 表示完整的波加上连续两次切削之间波的一部分。

主轴转速对切削深度（DOC）的影响图表明：速度和 DOC 的组合导致不同叶瓣内的不稳定（见图2）；不稳定叶瓣底部沿水平线下降，表明由于切削深度的限制（b_{lim}），该过程是稳定的，颤振不会发生。这些波谷被稳定的区域分离，因此，允许出现的切削深度比依赖主轴转速的 b_{lim} 更大。

405

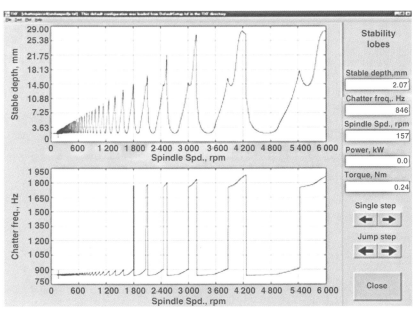

图2 使用 Metalmax 软件计算的铣削加工中稳定性叶瓣

（转载自 Delio，Tlusty 和 Smith（1992）©美国机械工程师协会）

在金属切削中，对稳定性叶瓣及其含义的基本了解有助于显著提高金属去除率。最佳位置可从稳定性叶瓣曲线予以识别，在最佳位置，切削深度已经远远超过限制值。通常，这对于更高的速度和切削铝是特别有利的。软件和声音分析系统广泛用于识别叶瓣的稳定性，并协助机械师选择最佳切削速度。

当加工钛合金和镍合金时，对于利用较大的稳定性叶瓣，通常不宜采用提高主轴速度的办法，因为高速产生的热会把切削刀具的寿命降低到不可接受的极限。当切削这些合金材料时，通常可以参照的是稳定性叶瓣曲线的较低端，被称为"过程阻尼区"，以实现低切削速度下的大切削深度。

基于解析解或时域解的稳定性叶瓣方法是预测和避免再生颤振的最成熟方法。此外，替代方法主要观察令人烦恼的连续齿之间的不稳定相位，因为不稳定相位会诱发再生颤振。通过改变连续齿接合之间的时间周期，可以实现此举，这也是一种被证明是有效的干扰颤振的方法，然而这种方法受到加工刀具的响应和主轴电动机性能的限制。

防止再生颤振的另一种方法是改变切削刀具的倾斜角（Turner 等，2006）。可变倾斜工具为提高铣削的稳定性提供了一个实用的解决方案，并且当加工镍合金和钛合金时特别有用。

8 结 论

随着航空航天领域对采用先进材料的大型、复杂零部件需求的增加，产品工程师一直面临着开发新加工技术的挑战，新技术将以具有竞争力的经济效益，应用在难加工材料上。

对新材料在极端条件下的行为，以及在切削加工时它们如何影响刀具方面，需要有新的认识。刀具磨损已成为一个至关重要的问题，由于一样的热—机械性能，使得这些新材料航空航天的应用方面是值得期望的。最近几年，采用其他先进材料的新一代切削刀具，以及如主轴中心冷却的技术已面世。为了优化加工工艺，避免产生如颤振之类的问题，大量的工作通过自动化的数控机床以及软件完成。

在很多方面还有更多的工作要做。在对最常见的钛合金行为与性能方面的研究已取得了巨大的进步，同时，可用于飞机设计的先进合金（包括镍基超级合金）的多样性意味着，适用于一种材料的加工策略和刀具可能不合适其他材料。当前，复合材料的机械加工也存在许多不同于金属材料的挑战。每一种材料都需要有各自的研究计划，这些计划应为研究人员提供未来几年针对有关研究的完整时间与进度安排。

创建一套可有效运用于所有材料的标准机床似乎是不可能的。一般机床有可能被淘汰，至少是在性能水平要求最高的航空航天领域被淘汰，这可能会使整个行业供应链上的企业面临未来经济方面的挑战，同时也提供了机遇。

参考文献

Ashiura, Y. and Motonishi, H. (1987) Titanium processing technology I. *Mach. Titanium Zirconium*，**35**（3），131—141.

Barnet-Ritcey, D., Hachmoller, R. and Elbestawi, M. A. (2001) Milling of titanium alloy using directed through spindle coolant. in NAMRI/SME.

Dearnley, P. A. and Grearson, N. A. (1986) Evaluation of principal wear mechanisms of cemented carbides and ceramics used for machining titanium alloys IMI 318. *Mat. Sci. Tech.*，**2**，47—58.

Delio, T., Tlusty, J. and Smith, S. (1992) Use of audio signals for chatter detection and control. *J. Eng. Ind. (Trans. ASME)*（USA），**114**（2），146—157.

Hughes, J. I., Sharman, A. R. C. and Ridgway, K. (2004) The effect of tool edge preparation on tool life and workpiece surface integrity. *Proc. Inst. Mech. Eng. J. Eng. Manuf.*，**218**（9），1113—1123.

Kneisel, T. and Illgner, H. J. (1996) *High Speed Machiing of Difficult-to-Cut Materials*, in *High Speed Machining*, Verlag Munchen-Wien, pp. 59—70.

Komanduri, R. (1982) Some clarifications of the mechanics of chip formation when machining titanium alloys. *Wear*，**76**，15—43.

Konig, W. (1978) Applied research on the machinability of titanium and its alloys. *Proceedings of the 47th Meeting on AGARD Structural and Materials Panel*，CP256，pp. 1.1—1.10.

Machado, I. R. and Wallbank, J. (1990) Machining of titanium and its alloys-a review. *Proc. Inst. Mech. Eng.*，**204**，53—59.

Maekawa, K., Oshima, I. and Nakano, I. (1994) High-speed end milling of Ti-6Al-6V-2Sn titanium alloy, in *Advancement of Intelligent Production* (ed. E. Usui), Elsevier Science B. V./The Japan Society for Precision, Engineering, Amsterdam, pp. 431—436.

Merchant, M. E. (1945a) Mechanics of the Metal Cutting Process. I. Orthogonal Cutting and a Type 2 Chip. *J. Appl. Phys.*，**6**（15），267—275.

Merchant, M. E. (1945b) Mechanics of the metal cutting process II: Plasticity conditions in orthogonal cutting. *J. Appl. Phys.*，

16，318—324.

Palmai，Z.（1987）Cutting temperatures in intermittent cutting. *Int. J. Mach. Tools Manuf.*，**27**，261—274.

Shaw，M. C.（1996）*Metal Cutting Principles*，Clarendon Press，Oxford.

Stephenson，D. A.（1991）Assessment of steady state metal cutting temperature models based upon simultaneous infrared and thermocouple data. *J. Eng. Ind.*，**113**，121—128.

Tlusty，J.（1965）A method of analysis of machine tool stability. Proceedings of the 6th MTDR Conference，pp. 5—14.

Tlusty，J.（1993）High-speed machining. *Ann. CIRP*，**42**，733—738.

Tlusty，J.（2000）*Manufacturing Processes and Equip-*ment，1st edn，Prentice Hall，Inc.

Tonshoff，H. K. and Bartsch，S.（1988）Wear mechanisms of ceramic cutting tools. *Ceram. Bull.*，**67**（6），1020—1025.

Turley，D. M.（1981）*Slow Speed Machining of Titanium*，Materials Research Labs Ascot Vale（Australia），Melbourne，p. 35.

Turner，M. S.，Merdol，A.，Altintas，Y. and Ridgway，K.（2006）Modelling of the stability of variable helix end mills. Proceedings of CIRP 2nd International Conference on High Performance Machining，Vancouver，June 2006.

本章译者：熊克（南京航空航天大学航空宇航学院）

第311章

航空复合材料制造工艺

Harald E. N. Bersee

代尔夫特理工大学航空航天工程学院航空航天材料与制造系，代尔夫特，荷兰

1 引 言

1.1 复合材料飞机结构简史

复合材料用于飞机结构（Middleton，1992；Smith，1991；Göhl，1991；Kleebaur，2009；van Tooren，Sinke 和 Bersee，1993；Jones 和 Robert，即将出版；Lee 和 Springer，即将出版；Partridge，即将出版）可以追溯到 1940 年，当时 Blenheim 飞机主梁和喷火式飞机机身由 Gordon Aerolite 制成。Gordon Aerolite 是一种由浸渍酚醛树脂的无纺亚麻纤维经热压成型的复合材料，这种材料是由剑桥 Aero Research Ltd. 的 Norman de Bruyn 博士研发出的，然而纤维素材料在当时受到可用材料和树脂的严重局限，水浸润就是一个严重的障碍。英国皇家航空研究中心（RAE）于 1946 年停止了 Gordon Aerolite 的使用。纤维与树脂之间具有良好的界面，以及发挥纤维方向的能力就是结合两者的优点。人们还清楚地认识到材料必须具有抗气候影响的能力，在制成零部件前，材料成分必须有足够的货架保存期。

20 世纪 50 年代初玻璃纤维的发展，60 年代初期硼纤维的发展、环氧树脂和聚酯等新型树脂的出现，为飞机结构中的复合材料研究带来了新推动。20 世纪 60 年代中期，Boeing 公司开始在一些飞机的次要结构，如翼机整流罩，以及商用飞机的操纵舵面上使用玻璃纤维。20 世纪 70 年代，Grumman 公司为海军 F—14A 雄猫战斗机研制了硼/环氧树脂复合材料水平安定面。这个水平安定面比金属水平安定面轻 82 kg，在服役中令人十分满意。接着，在美国空军先进复合材料机翼结构计划中，Grumman 公司所得到的合同包括 F—111 战斗轰炸机的机翼翼盒延伸段，翼盒延伸段同样是用硼/环氧树脂复合材料制造。

20 世纪 70 年代，波音公司加强了他们在复合材料方面的研究，并且启动了若干项涉及内容广泛的飞行验证计划，旨在收集复合材料的实用数据。这些计划包括波音 727 上的复合材料升降舵，这些舵面已处于正常服役中；计划还包括波音 737 上的 5 个复合材料水平安定面和碳/环氧复合材料扰流片。通过这些计划所获得的信息对波音 757 和 767 飞机（20 世纪 70 年代后期）使用复合材料（结构质量比达 3%，体积比为 5.4%）起到了引导作用。波音 777 上复合材料的使用量占结构质量 10%～12%（体积比 17%～20%）。除了波音 757 和 767 飞机应用复合材料外，波音 777 的水平安定面和垂直安定面、襟翼系统，以及机身主承载横梁均使用复合材料，下一步的主要工作是针对新型宽体客机波音 787 的设计，在主承力结构如机体和机翼上使用复合材料，使以碳/环氧树脂为主的复合材料的用量达到 50%。

在飞机结构上增加复合材料的应用方面，空客公司展现出与波音公司相同的趋势。1972 年，空客 A300 使用了玻璃纤维尾翼前缘以及多种整流蒙皮。从 1985 年到 1987 年，复合材料的应用得到了相当大的拓展，拓展到了主要部件——尾翼翼盒（A310），MBB 开始大规模地制造碳纤维。2 年后，采用复合材料的尾翼翼盒飞行 60 000 h 无损伤。5 年后，采用 CFRP 的方向舵创下了飞行 800 000 h 无损

408

伤的纪录。如今，所有空客公司飞机包括 A340 和 A380，都采用这样的尾翼。1988 年，水平尾翼也采用了复合材料。A320 飞机机身质量的 15％采用复合材料，其中两吨为碳纤维。A380 所展现出的是复合材料使用量增长了大约 25％，承受重载的全复合材料在中央翼盒设计和制造方面的技术突破，使得飞机结构质量减小了 1.5 吨。空客公司新宽体客机 A350－XWB 也以大规模地增加复合材料的应用为特征。类似于波音 787，尽管设计和制造理念有所不同，但机翼和机身都由碳纤维复合材料制成。

图 1 表明了在军用飞机和商用飞机使用复合材料所占全机结构总重的百分比（图源自 JEC Group）。可以看出，商用飞机复合材料使用率有了巨大的提升，从 20 世纪 90 年代初的最大 18％，跃升到 A380 的最大 25％，以至到 A350－XWB 和波音 787 分别对应的 40％和 50％。由图 1 还可以看出，在军用飞机上探索复合材料的应用潜力的时间比商用飞机早得多，而且程度也广泛得多。由于军用飞机的极端飞行包线，使得复合材料具有更多的性能驱动。复合材料在飞机结构中所表现的高性能，相对于制造的高成本来说是具有足够的竞争力的。

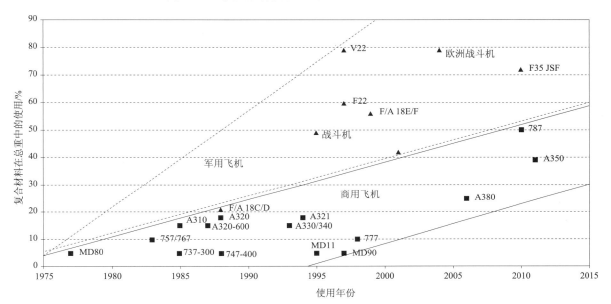

图 1　飞机复合材料使用情况

飞机结构采用复合材料的一个驱动力是显著减小结构质量（在 25％～30％量级）的可能性。复合材料特别高的强度和刚度，以及比使用铝材更有效能的结构设计，使得减小质量成为可能。在研发创造先进复合材料过程中，所采用的不同材料具有不同的特性，这使得更加有效的结构设计成为可能，因为设计师具有将材料构成与结构要求相匹配的潜在能力。同时，设计师具有结构"剪裁"的潜在能力，这意味着针对结构最需要的具体部位，设计人员能够把注意力集中到最重要的力学性能上（例如，高强度）。

与金属结构相比，复合材料最主要的劣势是制造成本和原材料成本较高。因此，复合材料的很多研究集中在研发经济实用的复合材料和其制造技术上，这些复合材料及其制造不需要昂贵的真空热压罐；另一个研究焦点是复合材料结构的制造技术，应尽量采用自动化。例如，自动铺带、机器纤维铺放、树脂传递模塑和橡胶成型。

1.2　复合材料基础

复合材料包含按一定规律排布的纤维。采用连续增强纤维，可使复合材料具有特定的高强度和高刚度。制造复合材料零件时，只需简单地在保证特定强度和刚度的方向上放置纤维，并保持纤维的形状。不同于金属和许多塑料或多或少地具有各向同性性质，先进复合材料基本上是各向异性的。

复合材料可以按不同的标准进行分类，最重要的惯例是按增强纤维的长度分类。短纤维和连续纤维复合材料之间具有显著的区别，复合材料的纤维越长，由这些长纤维制成的结构力学性能越好。因此，针对高承载结构部件，像机翼蒙皮、主梁等，采用连续纤维增强塑料；低承载部件，例如空气导管、转向轮等，可以采用短纤维增强塑料。纤维长度是会影响复合材料的成型性能的，同时，连续纤维的方向决定了复合材料的强度和刚度。这意味着在最终产品中，纤维方向应由生产工艺进行控制。连续纤维增强复合材料是飞机复合材料应用中的最大部分，因此，本章仅讨论连续纤维增强复合材料的制造工艺。

1.2.1　纤维

在飞机结构中，最常用的两种纤维（van Tooren，Sinke 和 Bersee，1993；Mazumbar，2002；Bersee，1994；Campell，即将出版；Reinhart，1987）是玻璃纤维和碳纤维，早些年使用过硼纤维和芳族聚酰胺纤维。表 1 给出了不同类型纤维的性能概况。

表 1　纤维和传统块体材料的属性（Mazumbar，2002）

材料	直径 /μm	密度 ρ/ (g·cm^{-3})	拉伸弹性模量 E/GPa	拉伸强度 σ/GPa	比模量 (E/ρ)	比强度	熔点/℃	断裂延伸率/%	相对成本
纤维	—	—	—	—	—	—	—	—	—
E—玻璃	7	2.54	70	3.45	27	1.35	1 540＋	4.8	低
S—玻璃	15	2.50	86	4.50	34.5	1.8	1 540＋	5.7	适中
石墨，高弹性模量	7.5	1.9	400	1.8	200	0.9	＞3 500	1.5	高
石墨，高强度	7.5	1.7	240	2.6	140	1.5	＞3 500	0.8	高
硼	130	2.6	400	3.5	155	1.3	2 300	—	高
凯芙拉 29	12	1.45	80	2.8	55.5	1.9	500 (D)	3.5	适中
凯芙拉 49	12	1.45	130	2.8	89.5	1.9	500 (D)	2.5	适中
块体材料	—	—	—	—	—	—	—	—	—
钢	—	7.8	208	0.34～2.4	27	0.04～0.27	1 480	2～25	＜低
铝合金	—	2.7	69	0.14～0.62	26	0.05～0.23	600	8～16	低

玻璃纤维展现出的特点是成本低、拉伸强度高、耐冲击性能和化学性能稳定。因此，玻璃纤维在航空航天复合材料结构中广泛使用。然而，与碳纤维相比，玻璃纤维弹性模量较低，主要用于次承力结构。两个最常用的玻璃纤维牌号是 E—glass 和 S2—glass。E—glass 是最普通，价格不高，且拉伸强度与模量相适应的玻璃纤维；S2—glass 比 E—glass 价格高一些，但拉伸强度比 E—glass 的高 40%，且在较高的温度下能保持其特性。

玻璃主要由二氧化硅（硅的氧化物）构成。然而，对于纯硅或石英，需要非常高的温度将其熔化，并拉伸成纤维。因此，加入其他化学组分，减少玻璃黏度，以适宜于熔融、均质、除去气态杂质并纤维化。通过改变加入试剂的类型和用量，可改变玻璃纤维的物理属性。

尽管 1870 年 Thomas Edison 在发明白炽灯的过程中对碳纤维有一定认识，但直到 20 世纪 60 年代后期，碳纤维也没得到大量的制备。在那个年代，人们发现一些纤维材料碳化后，会生成密度相对较低而弹性模量较高的连续纤维。这种纤维可以像玻璃纤维一样使用，为制造结构部件的不同树脂系统提供了一种连续增强材料。

通过热解或加热分解，可以产生连续长丝碳纤维，这种纤维含有足够的碳，使得碳纤维在经济性和物理性质方面都有足够的吸引力。碳纤维保留了它们原丝时的物理形状和表面纹理。商用碳纤维有三个主要原料或前体衍生来源：人造丝、聚丙烯腈（PAN）以及石油沥青。由聚丙烯腈（PAN）和沥青制造出的碳纤维具有最好的属性，并可用于飞机的主要结构上。

聚丙烯腈（PAN）的初始产物是当今商用碳纤维的主要基础原材料，它们的碳纤维转化率达到 50%～55%。这些初始产物在热分解之前，受热重新排布，这样使它们在碳纤维转化处理前，被氧化并达到稳定，同时保持相同的丝状构型。PAN 初始产物的化学成分，可以确定材料通过氧化并达到稳定的转化过程后，所展现的热特性。这些热特性会影响 PAN 初始产物转化为碳纤维的工艺流程。基于 PAN 初始产物的碳纤维通常比基于其他初始产物的纤维具有更高的拉伸强度，原因在于其表面缺陷少。表面缺陷表现为应力集中，因此降低了纤维的拉伸强度。

基于石油沥青、煤焦油沥青以及聚氯乙烯的初始产物也可用于生产碳纤维。沥青成本相对较低，且具有高的碳产出率，最显著的缺点就是每一批出量不一致。减轻这一问题的一种方法是进行预处理，使沥青初始产物成为中间相，虽然降低了总的碳产出率，但它改善了所得到的碳纤维的性能及其加工性能。

每个类别的初始产物需要不同的处理工艺，即使使用了同样的初始产物，针对不同的制造方法，也有不同的工艺。但在通常情况下，初始产物到碳纤维的转化过程遵循以下顺序：稳定化、碳化、石墨化（可选）、表面处理、应用浸润剂或修饰表面、缠绕。

稳定化在温度低于400 ℃、不同气压下进行。这个过程中，纤维通常被拉伸，以改善分子结构取向，增加碳纤维的强度和模量。在从一个处理过程转换到下一个处理过程中，为了尽量减少可能发生的纤维损伤，需要设计处理所有纤维的设备。

碳化是在800 ℃～1 200 ℃下完成的。稳定化后的纤维在惰性环境中热解，以减少它们的杂质含量，增加其结晶度。在这个步骤中，纤维可以收缩或伸展。作为稳定化工序，定向增加通常会增加拉伸模量。如果定向增加没有产生表面缺陷，则拉伸强度会增加。

石墨化是在2 000 ℃以上、惰性环境中的一种附加的热解步骤。这个步骤也可降低杂质程度，并激励晶体生长。对于所有类型的初始产物，碳化和石墨化过程中温度越高，所得到的纤维模量就越大。

多种材料可用于碳化后/石墨化后的纤维，以控制纤维与增强基体之间的相互作用。例如，如果环氧树脂为增强基体，该复合材料的叠层剪切性能将从羟氢氧基的增加，以及纤维表面氨基团中受益。浸润（涂层）和表面修饰通常用于纤维束，以改善其加工特性，它们必须被配制并进行黏结，但不能降低复合材料的性能。

1.2.2　基体

（1）热固性树脂。在目前航空航天先进复合材料结构应用方面，采用环氧树脂的量超过了所有其他基体材料（van Tooren，Sinke 和 Bersee，1993；Mazumbar，2002；Bersee，1994；Campell，印刷

中；Reinhart，1987）。环氧树脂通常在防潮性能和受其他环境因素的影响上优于聚酯，其提供的力学性能更好。尽管大多数环氧树脂的失效延伸率相对较低，但对于多种应用情况，环氧树脂在加工处理、适应性、复合材料机械性能，以及可接受成本等方面，具备吸引力。最新研究的改性环氧树脂的配方，可以明显地改善延伸性能。

双马来酰亚胺树脂（BMIs）与环氧树脂有许多相同的特性，具有较高的耐温性，可以达到205 ℃～220 ℃，甚至更高。但BMI的失效延伸率低于环氧树脂的失效延伸率，因此BMI很脆。另一种高温树脂族是聚酰亚胺。聚酰亚胺（van Tooren，Sinke 和 Bersee，1993；Jones 和 Robert，印刷中；Lee 和 Springer，印刷中；Partridge，印刷中；Mazumbar，2002）可以在高达260 ℃及以上的热湿环境下工作。不同于环氧树脂和BMIs，聚酰亚胺通过缩合反应固化，固化期间会释放挥发物。这带来了一个问题：释放的挥发物在所得到的复合材料中将产生空隙。为了减轻这个问题，人们进行了一些实质性的努力，目前，已有几种聚酰亚胺树脂，它们通过一个附加反应最终固化，在这个附加反应中，无挥发物产生。这些树脂能够生产出高质量、低空隙度的复合材料零件。然而，与BMI类似，聚酰亚胺也相当脆。

（2）热塑性树脂。在改进复合材料基体的热/湿性能和耐冲击性的双重目标引导下，高温热塑性树脂基体得到了发展（van Tooren，Sinke 和 Bersee，1993；Mazumbar，2002；Bersee，1994；Campell，印刷中；Reinhart，1987），例如，聚醚醚酮（PEEK）、聚苯硫醚（PPS）、聚醚酰亚胺（PEI）。这些材料与常用的塑料袋、塑料管道及塑料餐具（例如聚乙烯、聚氯乙烯和聚苯乙烯）在热塑性上有很大的区别。商用的热塑性塑料耐受高温性能低，新的热塑性材料温度耐受能力优于环氧树脂。

热塑性材料和热固性材料的主要区别在于它们的化学结构。热固性聚合物通过交联发生固化，属于化学反应。因此，它们具有"交联"聚合物的特征。热塑性材料具有"线性"聚合物的特征，在承受温度和压力变化时，只发生物理变化。因此，与热塑性复合材料固化相比，热固性复合材料的固化需要相当长且更复杂的过程。热塑性复合材料的具体加工特性，导致了像橡胶成型和焊接等非常快速和有成本效益的成型及装配工艺的发展。

热塑性聚合物可以根据它们的形态分为两组，即半结晶聚合物和非结晶聚合物。半结晶树脂的特征在于一些聚合物链可以自行排列，与相邻链构成物理连接，形成晶体结构。然而，非结晶聚合物不会发展成一个确定的形态。这样的结构差异不仅会影响热塑性聚合物的化学耐受力，还会影响温度变化所诱发的形态和特性参数。因此，像PPS和PEEK这样的半结晶树脂，由于具有较高的弹性模量和化学耐受力（耐特种液压工作油），可用于结构部件，而非结晶树脂PEI可用于无须耐受特种液压工作油的内部结构。

1.2.3 复合材料层合板制造

复合材料由多个纤维铺层组成（van Tooren，Sinke 和 Bersee，1993；Mazumbar，2002；Bersee，1994；Campell，印刷中；Reinhart，1987）。堆积在一起的铺层（铺层纤维方向各异）称为层合板。层合板制造工艺可以分为以下步骤：

（1）浸渍。

（2）固结（热塑性塑料）或固化（热固性塑料）。

浸渍是树脂润湿纤维。这道工序可由材料供应商（预浸料）完成，或在制造过程中由该组件的制造商完成，如树脂浸渍或纤维缠绕。树脂必须完全全地与纤维（长丝）结合，纤维（长丝）本身通常是集束线或丝束。在浸渗工序中，长丝之间的空气（无论是在大气环境下，还是真空环境下）必须被排除。在浸渍过程中，主要目标是在长丝之间的某个位置上导入基体材料，首要任务是确保树脂均匀分布，这是为了确保后续工序基体没有显著传输/流动的需要。其次，浸渍不应含有任何严重的夹带空气或其他所谓的"空隙"。任何夹带空气或空隙意味着在加工前或加工过程中，预浸料必须被去除。浸渗的最好结果应该是无空隙的。

为了充分发挥复合材料的特性，将基体良好地浸入增强纤维中是必要的。同样，为了获得纤维与基体的良好界面，良好地浸渍也是必要的，对于决定复合材料的行为来说，界面是很重要的。有若干种浸渍技术可采用，在产品形式上所得到的差异影响复合材料的处理、工艺和特性。热塑性材料的浸渍一般来说困难一些，原因在于热塑性材料比热固性材料熔化黏度相对较高。

浸渍技术可分为预浸渍方式和后浸渍方式。在预浸渍方式中，基体材料将增强纤维完全湿润和浸渍；在后浸渍方式中，基体和纤维物理混合，增强纤维不完全湿润（Bersee，1994）。不发生纤维充分湿润，这在热塑性复合材料（半）成品的制造过程后期会发生，树脂可以是粉末或是纤维，混合进纤维束中。

加工热塑性复合材料时，各个铺层通过界面黏结固结为层合板。这种黏结有两个现象：第一，两个相邻层的表面结合并"亲密联系"；第二，通过被称为自黏性的过程，在铺层界面形成结合。在自黏结过程中，链状分子片段扩散，穿越界面。

热固性基体复合材料的工艺（固化过程）包含聚合物从液态到固态的转变。凝胶化后，连续交联反应增加了网格的交联密度和聚合物的刚性稳定度。从物理的角度看，主要有两件事发生——凝胶化和玻璃化。凝胶化在技术上是非常重要的，因为凝胶化后不再流动。因而，复合材料的空隙扩散以及进一步固结将不再发生，凝胶化总是与固化同等程度地发生。低固化温度下，固化反应在全部转换前就已停止。在固化反应过程中，参与流动的分子稳步减小，这会引起系统 T_g 的增加。如果反应系统的 T_g 接近固化温度，则反应会在完成之前停止。

1.2.4 纤维的排布和形成

用于聚合物基复合材料的大多数纤维（van Tooren，Sinke 和 Bersee，1993；Mazumbar，2002；Bersee，1994；Campell，印刷中；Reinhart，1987），如碳纤维、玻璃纤维和芳纶纤维，生产机器将其捻制成连续长丝或纤维的组合物，这种最简单的绞丝方式称为纺纱。集聚在一个平行束中、几乎没有捻度的若干纱线、线股或丝束称为粗纱。根据复合材料成型工艺，这些粗纱的排布或形状可以不同，以用于零部件的制造。

在航空航天工业中，两种形式的纤维最为常用，即 UD 带和织物。UD 带是最简单的纤维形式——在树脂浸润时，粗纱中无捻长丝彼此平行摆放。UD 带在长度方向上拥有最佳的增强效率。原因是纤维沿长度方向直线排布，无任何弯曲，与其他形式相比，增强效率较高。因此，UD 带通常用于高承载结构。

纤维织物主要有两种类型：编织物和非编织物或无褶皱织物。编织物由传统的纺织织造工艺制成。可用各种编织模式交织经纱（在编织方向）和纬线（或填充）纱线，以形成稳定的织物。织物的特征不仅包括编织模式，还包括编织密度、（纬或经）每单位长度的纱线数量，在纺织术语中称为每厘米丝束。显然，织物的重量和厚度也会受到纱线尺寸的影响（长丝/纱）。大多数织物是平衡的，即单位宽度，在纬和经两个方向上，所用长丝数量是一样的。编织物的一个主要缺点是，纱线永远不会是完美的直线，因此会降低增强效率。然而，其优点是由于粗纱交叉锁定，具有较好的加工性能。

在非卷曲织物中，纱线不编织，而是相互平行排布，随后用线缝合，例如聚酯线。非卷曲织物提供了比编织物在纤维方向上更大的灵活性，在 0°～90°之间，几乎任何角度都可以铺设，纤维方向不同的铺层可以缝合成多轴和多层织物，这为铺设一个较厚的铺层作为层合板提供了便利，而不是像 UD 带和编织物，需要一层又一层地铺设，以形成层合板。与编织物相比，另一个优点是：由于纤维保持直线状态，增强效率较高。然而，与 UD 带相比，由于缝线的存在，增强效率稍低。表 2 中给出了不同预浸材料的特性。

表 2　各种预浸材料的特性（Mazumbar，2002）

预浸材料	纤维体积含量/%	加工温度/F	拉伸弹性模量/Msi	拉伸强度/ksi	抗压强度/ksi	最大工作温度（干燥）/F	保存期限/月	环境温度下外置时间/日
单向热固性碳（AS4，T-300）/环氧树脂	55～65	250	15～22	180～320	160～250	180～250	6～12	14～30
碳（IM7）/环氧树脂	55～60	250	20～25	320～440	170～237	250	12	30
S-2 玻璃/环氧树脂	55～63	250～350	6.0～8.0	120～230	100～160	180～250	6	10～30
凯芙拉/环氧树脂	55～60	250～285	10	140	33	1 180	6	10～30
碳（AS4）/双马来树脂	55～62	350～475	15～22	200～320	245	450～600	6	25
碳（IM7）/双马来树脂	60～66	350～440	20～25	380～400	235～255	450～600	6～12	25
碳（IM7）/氰酸酯	55～63	350～450	20～25	100～395	205～230	450	6	10
S-2 玻璃/氰酸酯	55～6	250～350	7	180	130	400	6	10
单向热固性碳（IM7）/聚醚醚酮树脂	57～63	550	26	410	206	350	不确定	不确定
碳（G34/700）/聚酰胺 6	55～62	450～500	16	216	—	200	不确定	不确定
芳香聚酰胺/聚酰胺 12	52	400	6.8	205	—	—	不确定	不确定
碳（AS4）/聚苯硫	64	450～520	17.5	285	155	—	不确定	不确定
碳（IM7）/聚酰亚胺	62	610～665	25	380	156	400	不确定	不确定
热固性织物（平纹布）碳（AS4）/环氧树脂	57～63	250	8～9	75～124	65～95	—	6	10
S-2 玻璃/环氧树脂	55	250	5	80	55	180	6	10
热塑性织物（平纹布）碳 HM（T650-35）/聚酰亚胺	58～62	660～730	10～18	130～155	130	500～600	12	不确定

2　复合材料制造工艺

2.1　手工铺放预浸料

航空航天工业中，手工铺放预浸材料是复合材料部件制造中最老的技术之一，现今它仍是应用最多的复合材料制作工艺（van Tooren，Sinke 和 Bersee，1993；Mazumbar，2002；Bersee，1994；Campell，印刷中；Reinhart，1987；Mills，2001）。这是一个劳动相当密集的工作，但从另一个角度说，操作非常简单。该工艺开始时，从冰箱中取出热固性预浸材料辊，预浸材料贮存在－23 ℃的温度下，以防止树脂固化。为防止冷凝，预浸材料放在原包装内，缓慢升至室温。当预浸材料达到室温后，可设定每个铺层所需的形状，由手工或 CNC 数控切割机，从预浸材料卷上切割下所需的形状，将铺层放置在用脱模剂预先处理过的模具上（见图 2），随后一层一层铺设，形成层合板。如遇复杂零件，在铺放过程中，保持正确的纤维方向并非易事。因此，如今使用激光投影系统，指引各个铺层在模具上的正确位置。为了确保整个过程的高质量，洁净室应该控制温度和湿度条件，并防止灰尘进入。

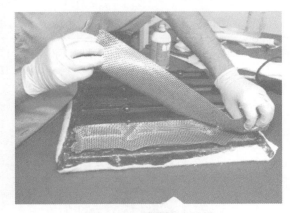

图 2　手工铺叠预浸材料

铺层铺设完成后，将其置于真空袋中。在真空袋中，将几张不同的薄膜放在层合板的顶部，一共 6 层薄膜，每一层薄膜具有不同的功能。在选择用于层合板固化的材料方面，必须考虑固化温度和压力，同时要考虑加工材料与树脂的兼容性，应当防止所用材料成为污染复合材料层合板的可能污染源，所用材料还必须兼容基体体系固化的最大固化温度和压力。

第一层薄膜是剥离层，在固化零件已被黏结的后阶段使用。如果需要使用剥离层，剥离层应直接放置在复合材料层合板上面和下面，最终在零件即将连接或喷涂之前予以去除，以保证零件清洁的结合表面。剥离层通常是机织织物，可以是尼龙、聚酯或玻璃纤维中的任何一种。剥离层必须使用脱模剂处理，同时脱模剂不能转移到层合板上。

第二层薄膜是释放膜，放在剥离层的上面（如果使用剥离层）。在固化过程中，释放膜可使易挥发物和空气从层合板中逸出，并使多余的树脂从层合板中流到吸附层里。这一过程可使固化零件表面平滑（除采用多孔聚四氟乙烯得到一个稍微纹理表面以外）。固化后，释放膜必须容易脱离固化好的层合板，且不引起损伤。

第三层薄膜是吸附层，目的是在固化过程中，吸收铺层间多余的树脂，从而达到所需的纤维体积含量。玻璃纤维织物、其他吸收材料或织物可用作吸附层，以达到上述目的。吸附层的数量取决于其吸收能力、零件中期望的纤维体积含量，以及用作铺层的预浸料中的树脂含量。

第四层薄膜是一种不黏附材料，称为阻挡层或阻挡膜。阻挡膜通常放置在吸附层和透气层之间。针对环氧树脂，阻挡膜通常为无孔膜，以控制从零件中去除的树脂。通常用 Tedlar 膜这种低成本材料取代无孔聚氟乙烯，因为后者价格较高。

第五层薄膜是透气膜，它放置在阻挡膜上面。透气膜使真空压力均匀地作用铺放物上，并在固化过程中去除夹带空气和挥发物。透气膜可以是一种可拉伸的、松散的织物或毛毡。

最后一层是真空袋，用于保持固化前和固化中作用于铺放物上的真空压力，并将来自热压罐的外部压力传递到零件上。它可以防止热压罐中使用的任何加压气体介质（空气或惰性气体）渗透进零件，造成零件孔隙率不佳或不可接受的零件质量。真空袋的应用是极为关键的。若真空袋被工具的锋利边缘刺穿，或者因边缘不良的密封造成泄漏，将导致零件含有气孔。有时会沿着零件边缘，放置一个挡板，这个挡板可以防止树脂边缘外溢。

手工铺叠加工的最后阶段，或任何热固性材料加工的最后阶段，是树脂固化。若采用高温固化树脂，应在烘箱或热压罐中进行固化。热压罐是一种高压并可加温的装置（见图 3）。热压罐系统主要包括（它们的功能）：一个可保持压力的容器，气流加热源及使热流在容器中均匀分布的气流循环源；一个气流加压子系统；一个对包含在真空袋里的零件抽真空的子系统；一个控制运行参数的子系统和一个将模具放入热压罐的子系统。航空航天所需的高品质复合材料部件的空隙体积百分率要求小于 1%。因此，为了去除预浸料中的夹带空气，在层合板固化过程中，需要高压。为此，航空航天业复合材料零部件固化使用热压罐。

手工铺设预浸料工艺特别适合热固性预浸料，而热塑性预浸料缺乏热固性预浸料的挂接性，只有在高温时树脂开始熔化，热塑性预浸料才可挂接。更重要的是，热塑性预浸料缺乏像热固性预浸料那样的黏性。由于黏性，各个热固性预浸料可以堆叠在先前已放置在模具上的预浸料上。然而，Ten Cate Advanced Composites（奈弗达尔，荷兰）已开发一种热塑性半预浸料。在这种情况下，织物与

图3 热压罐

热塑性树脂不完全浸渍，从而预浸料坯仍然有一些挂接性。通过超声点焊，解决铺层黏力不足的问题。Stork Fokker运用这项技术，生产了A380飞机的外侧前缘蒙皮。

基本工艺步骤：

（1）从冰箱中取出预浸料，使之缓慢达到室温。

（2）在模具上涂刷脱模剂。

（3）手工或用CNC数控切割机将铺层切割为所需形状。

（4）将铺层放置在模具上。

（5）在层合板上覆盖剥离层、释放膜、透气/吸附织物，以及真空袋薄膜。

（6）在真空袋内抽真空，并将模具放入热压罐。

（7）开始固化过程。

（8）产品脱模。

手工铺设的优点：

（1）设计灵活。

（2）可制造大尺寸和复杂零部件。

（3）生产率要求低。

（4）必要的设备投资最低。

（5）启动时间最短，成本最低。

（6）设计改变容易。

（7）模内嵌入和结构增强是可能的。

（8）夹层结构形式是可能的。

（9）采用大批量成型工艺原型和预加工方法。

（10）需要半技术工人，且容易培训。

手工铺设的缺点：

（1）生产是劳动密集型。

（2）产品质量依赖于操作者的技能。

（3）小批量加工。

（4）需要较长的固化时间。

（5）零件和零件或部件和部件产品的一致性难以保证。

（6）废品率高。

手工铺设的应用：

大部分飞机复合材料部件的产生采用手工铺设，例如整流罩、操纵面。

2.2 自动铺带

尽管手工铺放可以得到高品质部件，但劳动强度非常大。除此之外，不规则铺放会引起固化后层合板质量的不一致。因此，航空航天公司开始开发自动铺带机（van Tooren，Sinke 和 Bersee 1993；Mazumbar，2002；Bersee，1994；Campell，印刷中；Reinhart，1987；Grimshaw，2001）。目前，铺带机（见图4）包括一个底板式龙门系统并带有两根侧轨，可在导轨上移动的、包含端部感应器或铺放头的横向进给杆，被安放的宽度3～12 in的卷筒。铺带的宽度取决于产品的曲率。为了使铺设率最大化，平直铺带使用6或12 in卷筒，弯曲铺带使用3或6 in的卷筒。

图4 自动铺带机（Mazumbar，2002）

UD带卷筒安装在铺放头的供给轴上，铺带被导入上方导向开关，并通过切割刀具。接着，它穿过较低的导向器，这个导向器在压紧装置之下，在衬纸收带盘之上。衬纸用于保护预浸料的移动，并盘卷在收带盘上。按照NC程序的编程，铺带以正确的纤维角导入模具。随后，通过压紧装置，铺带与模具或其他预浸料坯层压制在一起，并被切割成所需长度。铺放头在一层铺放好后，升起并离开模具表面，返回到下一个铺层起始位置。现代铺带机铺放头带有空气加热系统，可以预热铺带，以提高铺带定向性和改善铺带间粘接性。

铺带机的主要优点是比手工铺设节约了 86% 的人力。其他优点包括：铺带材料的最大化利用。对于手工铺设，在从同一边开始铺设条带，铺到另一端时，间断会产生废料，每次铺设切割后都会有所浪费，除了 90° 切割外。然而，大多数铺带机在一次铺带结束，在铺带端头，铺放头转动 180°，开始铺设下一个铺带，这个铺带与上一个铺带紧邻（相互平行），但铺放走向相反。由于铺层一边，两个条带端具有相同的角度，因此这样的工艺不会产生废料。

此外，自动铺带机有助于复合材料部件提高结构特性。铺带机的滚轮可以适应任何所需的压力，可以在铺带全过程中提供均匀的压力。当铺层的每一条带都加压力时，均匀压力将提供高质量，压紧的复合材料中所夹带的能引起固化零部件空隙的空气更少。另一个优点是，采用自动铺带机得到的复合材料铺放结果是可以重复的，因为机器每次都可以在同一位置进行铺带，可以更好地控制条带之间的间隙。因此，自动化机器生产的零部件整体质量优于手工铺放，且切削量较小。

上述铺带工艺同样适用于热塑性复合材料铺带，但需要进行一些调整。正如本章此前所提及的，热塑性复合材料缺乏热固性预浸料的黏性，这使得在顶部的不同铺层的组装更加烦琐。因此，一个加热器（气体点火喷嘴）附加在铺放头上。加热器熔化热塑性树脂，使它一定程度地黏结到先前铺设的预浸料上。然而，这个工艺到目前为止还不成熟，还需要大量的研究，例如，提高加热系统的寿命以及压实铺层。

基本工艺步骤：

（1）将单向铺带滚轮装入铺带机头部，铺带头安装在 4～5 轴机架上。

（2）机架将铺带头定位在所要铺设的模具上方，以便铺放。

（3）各铺层铺叠在一起，形成层合板。

（4）铺放完成后，层合板和模具传入热压罐中进行固化。

自动铺带工艺的优点：

（1）与手工铺放相比，自动铺放快速、制造成本低。

（2）与手工预浸料相比，可提高工艺一致性。

（3）与手工铺放相比，可以实现非常高的产

出，同时消耗低。

（4）具有自动修剪功能，以减少修剪废料。

（5）铺带适用于平直到中等弯曲零部件，部件和铺层越大，铺带机生产效率越高。

（6）对纤维角度无限制，因为铺带可 ±190° 旋转。

自动铺带工艺的缺点或限制：

（1）自动铺带不适用于高度弯曲的零部件，因为铺带会走形，以及在曲面与平面过渡段不贴合。

（2）自动铺带需要高投资费用。

（3）该工艺不适用于小批量和小零部件的生产。

自动铺带的应用：

自动铺带已应用在飞机大而轻的曲面部件上，例如：

（1）波音 777 和空客 A330/340 尾翼结构件（梁、肋、桁条、C 形槽加强筋和工字梁加强筋）。

（2）波音 777 和空客 A330/340 的水平安定面和垂直安定面的蒙皮。

（3）F—22 战斗机和 B—1 及 B—2 轰炸机的机翼蒙皮。

2.3　纤维缠绕

纤维缠绕是指连续粗纱或丝束在一个回转体阳模上进行缠绕的工艺（van Tooren，Sinke 和 Bersee，1993；Mazumbar，2002；Bersee，1994；Campell，印刷中；Reinhart，1987；Peters 和 McLarty，2001），在缠绕之前、之中或之后，这些粗纱或丝束可被树脂浸渍。纤维缠绕的形状通常包括圆柱形、球形、圆锥形或圆顶结构（见图 5），这些回转体最大限度地发挥了高速缠绕的优势。缠绕可在各种类型的芯棒上进行，成品都是空心的。典型的航空航天产品包括火箭发动机壳体、压力容器、发射管、驱动轴和飞行器结构。此项技术具有以下能力：改变缠绕张力、缠绕角度或各个增强层的树脂含量，直到达到要求的复合材料厚度、复合材料树脂含量，以及改变所需方向上的强度。复合材料成品的特性可以通过改变缠绕方式予以改变，即极性、螺旋形、改性螺旋形或箍形。

对于热塑性复合材料的缠绕，与铺带一样，同样适用。树脂必须熔化，以达到需要的黏度，以便于后续铺层定位。

基本工艺步骤：

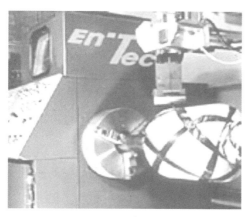

图5　ENTEC 纤维缠绕机

（1）将粗纱线轴置于纱架上。

（2）从线轴取几根粗纱，通过导向销穿过针眼。

（3）在一个容器中混合固化剂和树脂，并导入树脂缸中。

（4）在芯棒表面涂抹脱模剂和胶衣（如果适用），并将芯棒置于缠绕机头部和尾架之间。

（5）将粗纱从孔眼中牵引出，穿过树脂缸进行浸渍。接着，将浸渍过的粗纱放在芯棒表面的缠绕起点，使用张紧设备，使纤维产生张力。纤维张力是产生作用在芯棒上的固结压力所需要的。

（6）芯棒和孔眼开始运动，机器控制缠绕运动，以获得所需的层合板纤维取向。

（7）纤维带放置在芯棒表面，通过缠绕不断增加厚度。

（8）将带有复合材料层合板的芯棒移入烘箱，进行层合板固化。

（9）固化后，将芯棒从复合材料部件中取出，并循环使用。对于某些特定情况，芯棒不需取出，而是成为复合材料结构的一个集成部分。

长丝缠绕工艺的优点：

（1）整体部件纤维连续（无接头），纤维方向为承载方向。

（2）相对较低的材料成本，因为纤维和树脂使用成本低，远比预浸料的低。

（3）纤维高速铺设降低了成本。

（4）高重合度和精确的纤维铺设成为可能，精度优于手工铺放和自动铺带。

（5）长丝缠绕可以自动生产高体积比复合材料的部件。

（6）可以制成厚壁结构（大于任何可能的热压罐）。

（7）纤维体积含量提高至70%成为可能。

长丝缠绕工艺的缺点：

（1）可能需要较为复杂或昂贵的芯棒。

（2）零部件形状必须适于芯棒取出，否则，芯棒必须由可溶解或易碎材料制成，或成为结构的一部分。

（3）只能制造封闭的和凸形部件。

（4）长丝缠绕的过程中，不是所有的纤维方向都容易定位。一般情况下，为了纤维的稳定性，首选短线径缠绕。低纤维角度（0°~15°）不易制造。

（5）外表面质量不佳，可能影响空气动力性能或外观。

长丝缠绕工艺的应用：

（1）Beech 飞船船体。

（2）Viper 火箭发动机。

（3）Titan 四代，Atlas 和 Delta 火箭捆绑助推器。

2.4　纤维铺放

纤维铺放（van Tooren，Sinke 和 Bersee，1993；Mazumbar，2002；Bersee，1994；Campell，印刷中；Reinhart，1987；Evans，2001）是一个已经发展成专门用于航空航天工业的复合材料工艺（见图6）。它的发展起步于20世80年代，第一台商用纤维铺放机于1990年交付给航空航天公司。纤维铺放结合了高精度纤维铺设和不同牵丝缠绕的优点，并具有切割—再铺放和带状铺叠的压实能力。各个丝束通过铺放头或端部执行器，压合在模具表面。这一过程中，可以同时铺放多达32束的丝束。每个单独束可具有各自的铺放速度，并独立切割，从而使每一束都独立地适应表面。因此，纤维并不限于类似长丝缠绕那样的短路径。上述特点可用于满足指定的设计目标。

图6　Cincinnati 纤维铺放机

纤维铺放用的材料是充分浸渍的纤维，所铺放的纤维形式是 3～4.6 mm 宽的纤维束，同时使用狭条带，将 3 in 宽的狭条带通过分割，变为宽度更小的带。先进的纤维铺放头具有加热空气和冷却空气的功能。加热用于增加纤维束之间的黏性，并提高铺设过程中的压实力。冷却在切割、夹紧和重启期间降低黏性。

类似于铺带，针对热塑性复合材料，一个加热器（气体点火喷嘴）要附加在铺放头上，加热器熔化热塑性树脂，使得它可以与先前铺放的预浸料层在一定程度上黏合。然而，由于在热塑性复合材料的加工过程中，温度明显高于热固性复合材料，类似加热系统的寿命，以及如何显著提高层间压实等问题尚未解决，还需要进一步研究。

上述纤维铺设的特有能力，在许多生产各种复合材料零部件的航空航天公司中迅速产生成效。在相对短的时间内，纤维铺放发展成被广泛接受的、付得起费的航空航天复合材料零部件的制造工艺。随着新型飞行器和航空航天计划的引入，纤维铺放技术将会应用到更多的复合材料零部件制造中，以降低成本，提高质量和性能。

基本工艺步骤：

①单丝束穿过铺放头并压实到模具表面上，用于稳定丝束轨迹的热碾压装置，压紧丝束。

②根据 CNC 程序，铺放头能够切割或重新启用任一丝束。这一功能使得纤维带的宽度可以增加，也可以减小到相当于一个丝束的宽度。

③在整个进程的最后，剩下的丝束被切割，并与铺层边界的形状相匹配。

④对于热固性复合材料，模具和层合板放入真空袋中，并放置在热压罐中进行固化。

纤维铺放工艺的优点：

①纤维精确连续铺放。

②提供精确的铺层厚度控制。

③层合板空隙率低（小于 1%）。

④可以铺放所有角度的纤维。

⑤与长丝缠绕相比，材料废弃率低；与手工预浸相比，材料废弃率更低。

⑥与手工相比，可以减少相当可观的劳动成本。

纤维铺放工艺的缺点：

①机器成本非常高。

②由于投资高，所以该工艺不适宜小批量生产

和原型设计。

纤维铺放的应用：

①贝尔/波音 V−22 鱼鹰倾转旋翼机的后机身、机身侧面蒙皮、主起落架舱门，以及桨叶。

②F/A18E/F 超级大黄蜂的机身蒙皮、进气道以及口盖。

③雷神公务喷气机的机身部分。

④波音 787 的机身部分。

⑤空客 A380 的后机身部分。

2.5　复合材料液体模塑成型

复合材料液体模塑成型（LCM）是制造复杂的高质量和高性能复合材料零部件技术的总称（van Tooren，Sinke 和 Bersee，1993；Mazumbar，2002；Bersee，1994；Campell，in press；Reinhart，1987；Rudd，2001；Deléglise，Binétruy 和 Krawczak，2005；Hoebergen 和 Holmberg，2001）。如今，LCM 已经变成了一个大的工艺家族，它们的微细差别，例如耗材的使用，都会引发新专利和新工艺。然而，所有液体模塑成型工艺都基于相同的原理，即将热固性树脂注入安置在模具中的干燥纤维铺放品或粗加工成品，接着，这个物品连同模具在热压罐中固化。液体模塑成型工艺可以分为三种主要形式：树脂传递模塑成型（RTM）、真空辅助树脂传递模塑成型（VAERM 有时称为真空渗透，图 7）和树脂膜渗透（RFI）。在 RTM 方式中，使用两个金属半模，树脂在几帕的压力作用下，注入粗加工成品。VARTM 不同的只是用真空来促使树脂进入粗加工成品，模具使用真空袋予以密闭，因此要采用一个单面模具。在 RFI 中，B 阶树脂固化膜放在粗加工成品的顶部或底部，在热压罐中的热流和压力推动下，树脂进入粗加工成品。

液体模塑成型可以分为四个不同的阶段：第一阶段是制造粗加工成品，将增强纤维制作成零部件成品的形状；第二阶段是将树脂注入闭合的模具空腔中，树脂在压力的驱动下注入粗加工成品。树脂注入一般有两种主要策略：第一种是以恒定流量注入，需要连续监测和控制流量；第二种是以恒定压力注入。第三阶段是在第二阶段过程中或结束后，开始固化树脂；第四阶段是固化过程结束后，卸除复合材料零部件模具。

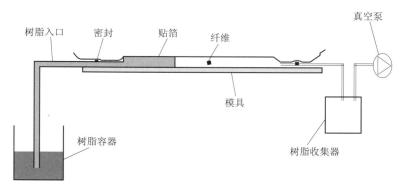

图7 真空辅助树脂传递模塑成型

预成型技术是液体模塑成型工艺中的重要部分。可将编织物和无波纹织物（缝合）一层一层堆叠。现今，也有许多通过编织、针织或缝合等的复杂3D粗加工成品，甚至类似于加强筋的部件也可以在3D粗加工成品中制造。由于树脂注入粗加工成品，粗加工成品的渗透性和粗纱是至关重要的。有时，根据树脂黏度和粗加工成品渗透性相结合的情况，需要高渗透，只有RTM能够提供。

适用于飞行器结构的热塑性树脂（PPS、PEI、PEKK、PEEK）黏度很高，在某方面上比热固性树脂高100～1 000倍。其结果是，树脂不能用于LCM，因为这些热塑性树脂将会推动粗加工成品移位，而不是浸透粗纱。

基本工艺步骤：

（1）在混合和分配装置的不同容器中，分开倒入热固性树脂和催化剂。

（2）模具表面涂抹脱模剂，以便于零部件脱模。有时，凝胶图层有益于表面光滑。

（3）把粗加工成品放入模具内部，模具由一个反模或袋装膜密封。

（4）将模具加热到预定温度。

（5）在选定的温度和压力下，通过注入口注入混合树脂。

（6）注入树脂，直到模具完全填充。模具内压力增大，确保空隙消失。

（7）复合材料零部件固化完成后脱模。

LCM工艺的优点：

（1）可以制造复杂整体零部件，因此降低了装配成本以及后续制造成本。

（2）零部件两面制造尺寸容差良好（RTM）。

（3）零部件两面制造表面质量良好（RTM）。

（4）可以获得高达65%的纤维体积含量（RTM、RFI）。

（5）插件容易嵌入模制件，因此具有良好的连接和组装特性。

（6）可以用于增强各种性能。

（7）低挥发性，因为是在密闭模具内完成RTM工艺过程的。

（8）RTM可以提供接近于最终产品的零部件，从而减少材料的浪费，降低了加工成本。

（9）工艺可以自动完成，生产率高，废料少。

（10）可以生产大的零部件，不需要热压罐或密闭压力容器（VARTM、RFI）。

LCM工艺的缺点：

（1）需要两个半模，模具成本高（RTM）。

（2）在制造整体化零部件时，工具设计非常复杂。

（3）要求高渗透压力，零部件尺寸受限（RTM）。

（4）需求树脂黏度低，限制了可选用树脂的范围（VARTM）。

LCM的应用：

（1）A380尾部耐压舱壁（RFI）。

（2）A330、A340和A380垂直尾翼突起部（RTM）。

2.6 热成型

热成型工艺是引入航空航天领域的一个特殊工艺（van Tooren，Sinke和Bersee，1993；Mazumbar，2002；Bersee，1994；Campell，印刷中；Reinhart，1987）。热成型工艺是为热塑性复合材料制造而专门研发的。热成型工艺来自金属成型技术，因此遵循金属成型技术同样的原理。总的来说，在加温前，采用机械方法或流体静压力将层合板压入模具，然后可对层合板进行局部或全部加热到必要的加工温度。成型后，层合板在受压状态下，冷却至低于基体材料的玻璃转化温度（T_g），此后，将层合板从模具中取出。与连续增强纤维的热固性塑料成型工艺相比，热成型工艺具有显著降低制造成本的潜力。人们已研究了大量的热成型工艺，如隔膜成型、液压成型和橡胶垫成型等。然而，目前在航空航天领域商业化应用的热成型工艺只有两种：挤压成型和热折叠。

挤压成型有对模成型和橡胶成型（见图8）两种，后者是热塑性复合材料制造中采用最为广泛的热成型工艺。橡胶成型工艺流程采用红外加热板，从对一个预先固结、按规格剪裁的热塑性复合材料层合板进行加热开始。一旦达到所需工艺温度，把加热的层合板迅速地从加热器上转移到加压装置上，在接下来几秒钟内，利用阳模和阴模，使层合板成为产品。所用工具包括：一个刚性模具（金属）和一个由类似于硅橡胶的弹性材料制成的、柔性的配对模具，通过柔性模具对层流体施加静压力。弹性半模可以是阳模或阴模，这取决于产品哪一面需要高表面的质量和精确定义。如果产品需要又深又大的纤维剪切角，可以用一个防皱压板，在层合板边缘施加拉力，以防止纤维起皱或扭曲。当热塑性复合材料层合板接触到模具后，它开始冷却并在增压（通常10~50 bar）状态下重新固化，直到热塑性基体再次变为固态。

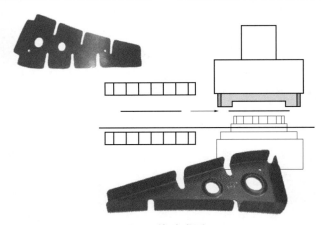

图8　橡胶成型

成型后，根据需要，将产品移出模具，进行修剪或机械加工。根据产品的几何尺寸，近净成型是可能的，只要进行适量修剪。橡胶成型相对廉价，模具的一面需要对零部件精确定义，而对另一面的公差要求非常宽松。因此，它产生高端热塑性复合材料零部件，每年100件以上，就具有较好的成本效益。这种方法的缺点是橡胶模具耐久性不足。

在对模成型工艺中，阴模和阳模都是金属的，这样可以获得两个表面质量都很高的零部件。同样，金属模具，尤其是钢模具，耐用且可以承受较高的加工压力。两个模具之间的空间必须公差精密，且零部件厚度必须非常均匀。否则，成型零部件厚度和预先机加工腔体之间的尺寸不匹配，将导致层合板不能均匀固结。在这种方法中，纤维位移控制变得非常困难，因为几何形状固定且不变形的模具，其加载大小具有局部性，而不是在产品表面施加均匀载荷。因此，局部变形的控制是有限的。对模热压成型的另一个缺点是制造两个公差精密的半模成本高昂。尽管如此，对于大批量生产，金属模具的高耐久性使对模热压成型成为适用的工艺。

热折叠是一个相当简单和成本不高的热成型工艺。在热折叠中，复合材料板，不论是实心层合板，还是夹芯板，都只需加热，然后沿直线折叠。可以用电热丝或电热刀进行加热，依据适当的产品设计，单一通用机器可以完成所有类型复合材料板和外轮廓的热折叠。热折叠工艺应用的一个例子是面板边缘折叠，以增强边缘。热折叠边缘增强工艺用在若干产品中。

基本工艺步骤：

（1）在红外烘箱中加热预固结和按规格剪裁的热塑性复合材料片，成型工艺周期开始。

（2）达到加工温度时，将热塑性复合材料片迅速从加热器中放到加压装置上。

（3）一旦内部施加压力，柔性橡胶垫在模具中或模具上使加工品成型。如果产品需要又深又大的纤维剪切角，可以用一个防皱压板，在层合板边缘施加拉力，以防止纤维起皱和扭曲。

（4）当热塑性复合材料层合板接触到模具后，它开始冷却并在增压（通常10~50 bar）状态下重新固化，直到热塑性基体再次变为固态。

（5）成型后，根据需要，产品移出模具，进行修剪或机械加工。

热成型工艺的优点：

（1）生产周期很短，与热固性复合材料相比，是数分钟和数小时之比，具有制造成本效益。

（2）工艺自动化。

热成型工艺的缺点：

（1）难以制造复杂零部件。

（2）局部厚度/纤维取向不同的零部件制造方法仍处于研究中。

（3）尺寸相对小的零部件，其工艺最优。

热成型工艺的应用：

（1）波音 787 夹板。

（2）空客 A340－500/600 的内侧固定前缘。

（3）空客 A380 的外侧固定前缘。

（4）空客 A380 的肋和电缆嵌板。

（5）Gulfstream V 地板梁。

3　总　　结

自 20 世纪 70 年代以来，玻璃纤维和碳纤维复合材料稳步地在航空航天工业中不断扩大应用领域。最新的空客和波音公司宽体飞机 A350 和 B787 中使用的复合材料约占结构质量的 50%。复合材料的缺点是相对较高的材料和制造成本。为了降低成本，人们开展了许多研发新工艺的工作，从应用最广泛的劳动密集型的手工铺设复合材料生产技术，到最新的如自动铺带和自动纤维铺放工艺，将会提高复合材料结构的成本效益。生产周期短的热塑性材料与热固性材料相比是分钟和小时的数量级对比关系，将来可能会进一步提高成本效率，从而进一步扩大复合材料的使用范围。

参考文献

Bersee, H. E. N. (1994) *Diaphragm forming of continuous fiber reinforced thermoplastics*, Delft.

Deléglise, M., Bin'etruy, C. and Krawczak, P. (2005) Solution to filling time prediction issues for constant pressure driven injection, in *RTM. Composites: Part A* 36, 339－344.

Evans, D. O. (2001) Fiber placement, in *ASM Handbook*, vol. 21: *Composites*, ASM International.

Göhl, A. (1991) Airbus lends wings to Europe, in *Focus (AKZO)*, (2) 2－4.

Grimshaw, M. N. (2001) Automated Tape Laying, in *ASM Handbook*, vol. 21: *Composites*, ASM International.

Hoebergen, A. and Holmberg, J. A. (2001) Vacuum infusion, in *ASM Handbook*, vol. 21: *Composites*, ASM International.

Jones, Robert M. Mechanics of Composite Materials.

Kleebaur, R. (2009) The age of high tech composite materials. *Aerosp. Des. Constr. finish. Compos. Sol.*, **3**, 29－33.

Lee, W. I. 8c Springer, G. S. A Manufacturing Process of Thermoplastic Matrix Composites.

Mazumbar, K. S. (2002) *Composites Manufacturing: Materials, Product and Process Engineering*, CRC Press.

Middleton, D. H. (1992) Composite developments in aircraft structures－Part 1. *Airc. Eng.*, 2－8.

Mills, A. (2001) Manual Prepreg Lay－up, in *ASM Handbook*, vol. 21: *Composites*, ASM International.

Partridge, I. K. Advanced Composites.

Peters, S. T. and McLarty, J. L. (2001) Filament winding, in *ASM Handbook*, vol. 21: *Composites*, ASM International.

Reinhart, Th. J. (1987) *Composites, Engineered Materials Handbook*, vol. 1, ASM international, USA.

Rudd, C. D. (2001) Resin transfer moulding and structural reaction injection moulding, *ASM Handbook*, vol. 21: *Composites*, ASM International.

Smith, B. D. (1991) The cautious approach. *Aerosp. Compos. Mat.*, **3** (2), 24－30.

van Tooren, M. J. L. Sinke, J. and Bersee, H. E. N. (1993) *Composites: materials, structures & manufacturing processes*, Delft University of Technology, May 1993.

本章译者：熊克（南京航空航天大学航空宇航学院）

第 312 章

航空航天自动化制造与装配

Phil Webb

克兰菲尔德大学工程学院，克兰菲尔德，英国

1 引　　言

自动化在航空航天制造中的应用仍然是一个相对新兴的观念，在那些应用了自动化的领域，已经取得了很大程度的成功。与此同时，供应链中的许多环节，应用自动化很常见，例如，在设计和现实中常见的机械加工和机器装卸，在其他工业行业，如汽车行业中，可以发现相同的内容。当然，这些方面的应用超出了本章的范围，本章的重点是将自动化直接应用于航空航天结构制造和装配，在这个领域，人工加工仍然占主导。从制造业方面将航空航天工业大致可分为航空发动机制造和航空结构制造两类，在空间的应用尚未考虑，因为在这个领域的自动化应用几乎无人知晓。在上面提到的发动机制造业中，除了焊接、炉装和机装等标准应用外，很少应用自动化。然而，现在正在研发的领域是机器人去除毛刺，这将在第 4.4 节中讨论。当前的研究计划着重在发动机结构制造中应用自动化，但这项技术尚未用于实际生产环境中（Webb 等，2008）。因此，本章讨论的主要应用和技术将集中在机身制造和装配上。读者会注意到，本章很少提及大量已有的研究和实验系统，这是因为本章的目的是讲述系统的种类及其应用。虽然许多实验方法是高质量的，展示的巨大潜力是经过证实的，但它们并不真正代表航空航天制造中的自动化。

下面各节将说明在航空航天制造业中，与引入自动化相关的障碍和推动力，同时参考真实的工业实例，描述自动化成功应用的类型。

2 引入自动化的障碍和推动力

航空航天制造业中，没有广泛使用自动化技术的原因有很多，但令人信服的要求引入自动化的理由也同样多。根据笔者的经验，最重要的内容将在下面的章节中讨论。

2.1 引入自动化的障碍

航空航天制造业与类似汽车和消费品那样高度自动化的行业有很大的不同。由于行业和产品的本征特性，大规模地引入自动化存在独特的障碍。

（1）产量低。与汽车或大型家用电器那样高度自动化的行业相比，航空航天制造业产量非常低。这导致在许多情况下，从传统自动化具有的能力角度来看，自动化使用率相对低，导致难以按惯例评判自动化的成本。

（2）部件尺寸变化大。在机身制造方面，零件尺寸变化在数十毫米长到数十米长之间，使得自动化涵盖和操控复杂，且昂贵。

（3）零件柔性。零件偏重较高的柔性、较小的固有刚性，直到装配工艺完成。柔性的存在意味着零件有可能偏离原始的 CAD 图纸定义，使系统难以编程。由于工艺步骤错位和冲突，会给部件损坏带来显著的风险。更让人头疼的是，制造工艺本身（例如钻孔和铆接）往往存在引起零件和结构进一步变形的趋势。

（4）产品生命周期长。许多今天生产的产品是在自动化被认为可行的前 15～30 年之间设计的，在大多数情况下，在成熟工序中改变工艺和推广必要的变

化，所引起的成本高昂得令人望而却步。

（5）保守主义。在与新方法失败有关的成本和风险，以及为了工艺确认和验证所需调整的必要条件等因素的推动下，对于引入新制造的系统，航空航天业倾向于采取非常保守的态度。

（6）设计需求。在重量和结构性能方面，飞机结构是高度优化的，在特定情况下，常常难以协调装配和自动化装配所必需的条件，这对于许多传统设计面向自动化/装配模式，构成了严重制约。

然而，在航空航天制造领域，许多因素正在挑战这些障碍，不仅是降低与自动化有关的一些风险，也使得制造商更加容易接受自动化的理念。

2.2 引入自动化的推动力

在航空航天制造业中，大规模引入自动化最显著的推动力有以下几方面：

（1）成本。航空航天制造业正面临成本增加的压力，新兴经济体，尤其是中国和印度的出现，使得主要的制造公司现有成本基础难以为继。工装夹具以及人力的成本是显著的，必须降低以保持竞争力。然而，值得指出的是，新兴经济体印度和中国的研发人员同样在积极研究自动化系统的应用，尽管他们更多的是受技术短缺的影响，而不单纯是成本的影响。

（2）人口。大多数构成航空航天业中心的西方国家面临劳动力老化的问题，总体而言，熟练技术工人短缺。

（3）健康和安全。随着越来越严格的健康和安全法规的实行，加之公司对工伤诉讼越来越恐惧，使采用人工搬运和装配的传统方法，如手工钻铆工艺，变得不受欢迎，尤其是像与诱发手臂振动有关的手工铆接这种工艺，越来越成为严格监管的对象。

（4）新材料和新工艺。现在飞机结构中，使用的材料非常宽泛，针对不同厚度的复合材料、铝合金和钛合金材料，进行深孔加工和层叠钻孔加工已是普遍的情况，采用传统人工或半自动钻孔工艺几乎不可能高效地加工上述孔。

（5）增产率。虽然与汽车行业相比，飞机产品的数量仍然是非常少的，但由于新兴经济体飞机制造业的迅速扩张，飞机产品数量显著增加。采用更加灵活的方法可以明显地增加装配数量，这些方法支持重新配置，使得几个需要装配在一起的零件，在一个独立单元中高效组装，这使得在自动化方面

的投资更有吸引力。不足之处在于这样的系统通常很复杂，因此价格也高昂。

2.3 结论

这些问题使引入全自动系统具有吸引力，但是也有挑战性。克服零件尺寸和柔性导致的一些限制的经典方法是采用大刚性夹具，在加工过程中固定零件位置，直至加工完成。然而，这只是解决问题的部分答案，因为在许多情况下，针对特定零件，夹具成本高且维护费用高昂。夹具也可能限制可加工的类型，因此就夹具本身来说，降低了自动化的潜能。一个替代方案是采用自适应方法，自动化系统补偿零件偏差和失真，而不需要使用更多的常用基础夹具，系统可以将零件精确地保持在某个位置。这是一个相当灵活的方法，几乎是未来发展的确定方向。然而，在很少的例外情况下，采用自适应方法也会受到相对的限制。自适应方法以及它们在工业中的实际应用情况，将在后续章节中详细描述和讨论。

自动化系统分为两个明显不同的类别：大型固定的、为目的而设计的自动化系统，由于它们尺寸大，经常被称为"典范"，第3节将描述它们；另一类是使用常用的"货架"工业机器人，在这一类中，根据完成不同的工艺过程，在系统其他构件，如夹具和末端感受器与它们相容的情况下，系统可以更容易地配置。与固定系统相比，这类系统便宜得多，但应用于航空航天领域时，它们受到一些明显的限制，这将在第4节中讨论。

3 固定的自动化系统

使用在机身装配中的自动化系统主要为大型固定的自动化系统，这些系统是为单一明确的用途而专门设计的，不容易改变构架为其他部分所用，夹具单元可能存在一些改装的潜力，但这并不规范。这类自动化系统中最常见的系统类型是自动铆接。其他常见的系统如采用夹具辅助钻孔和去除毛刺系统。

3.1 自动铆接

自动铆接可能是第一个用于航空航天装配中的自动化系统，自引入以来，其功能和复杂性显著增加。在自动钻孔—嵌入铆钉—铆接循环中，最初的系统需要一个操作者在机器上手动对齐零件。在本

章后续描述的系统中使用了这个类型的半自动化机器，但一对机器人取代了人工操作。现代机器具有 NC 控制和 5 或 6 个自由度，它们往往是为特定部件类型，例如机身壁板、机身舱体或机翼蒙皮而定制的。尽管面向结构装配应用，已经研发出了包含类似机身舱体装配的自动化版本，但在大多数情况下，它们被用于桁条和/或框的钻孔，并将它们与蒙皮铆接。机器本身是非常快的，通常进行基本钻孔、钻埋头孔、嵌入铆钉和铆接工艺时，5 s 之内就能够轻松完成。自动铆接最耗时的一道工序是将零件装夹到夹具上，以及随后在机器上进行的装夹和操作。在其他因素保持相同的情况下，这取决于应用夹具或机器移动的类型，在很大程度上取决于零件类型。例如，在机翼铆接系统中，设计的机器操作可以较容易地使机器移动并保持零件固定，而对于机身壁板铆接，则正好相反。

特别是对于机翼结构，机器操作非常成功，且极有可能在可预见的未来成为加快自动化进程的主导解决方案。一个典型的例子是美国 Electroimpact 公司推出的用于 A380 机翼制造的设备，如图 1 所示。由图中可以清楚地看出主要部件，"Working end"包括一个大型 C 形框架结构，以及安装在钳口之间的钻孔装置和紧固件导入终端传感器，它还带有"塞形"铆钉，受冲击形变后，铆钉表面修整设备。C 形框架安装在一个大型龙门上，可以沿着一对固定轨道移动，并提供机器的主轴线。通过移动龙门上的 C 形框架和 C 形框架内的末端执行器，可以提供更多的自由度。机翼结构安装在一个大的夹具上，这个夹具安装在固定轨道之间，允许 C 形框架移动到结构的任何部分。各个组成部件在开铆之前被安装在夹具上，铆接完成后，完工的机翼结构由起重机移出。

图 1　电磁脉冲机翼自动铆接系统

(照片由 Electroimpact 提供)

对于机翼装配，使用机器人那样的轻量化的自动化系统是不可行的，原因在于钻孔的尺寸、需要钻孔的工件厚度，以及紧固期间所需的力较大。虽然不适用于金属结构，但也许轻量系统适用于复合材料的装配，因为一般情况下，工艺所需的力较小。

对于机翼壁板装配，与翼机装配相比，C 形框架安装在嵌入框架钳口之间面板的那一侧。所述 C 形框架再次被安装在轨道上，但壁板移动，此时部件运动轴的数量通常限制在 1 个或 2 个。早期的机器自由度受限，导致它们只能对单自由度曲面进行加工，然而现代的机器已具有处理复杂表面多自由度曲面的能力。为了移除复杂夹具，在几个至关重要的位置采用手动铆钉或临时紧固件，将纵梁和框架两个中的一个附加在壁板上。作为选择，可用临时性的紧固件，这些紧固件手工安装，在后续自动钻孔和铆接过程中被除去。这些紧固件体积小并由硬质材料制成，这样它们一旦接触到钻头就会破碎，因此确保了它们的存在不会干扰工艺过程。这种方法显著降低了程序的复杂性，因为铆钉或临时紧固件的位置在研究制订铆接路径时，不需要考虑。对于铆钉或临时紧固件的错位情况，在试图重新钻孔和安装铆钉或临时紧固件时，采用这种方法造成的损失较少。

如上面所述，在壁板转移到机身舱体传统工装夹具之前，通常的自动铆接常用于框架和纵梁的安装。然而，完全集成结构组件系统也已被制造出来。例如，由 Brotje 研发的 IFAC 系统已被设计用于机身部件的对准和连接。该系统包含 7 个 NC 数控定位装置和一个自动化紧固部分，机身部件被装载到机器上，然后自动对准并紧固在一起（Dillhöfer 和 Esteban，2006）。

3.2　修整系统

在辅助夹具中，修整系统被用于在装配过程中移除材料，以补偿配合的不足部分，这是由于在大型航空结构中，发生公差叠加和尺寸变化是不可避免的。这是复合材料飞机蒙皮的特殊问题，与可预测性较大的金属蒙皮相比，它表现出厚度方向上更大的变化性。修整传统上是一项需要技能的手工任务，但大量的自动化系统现在已具有修整功能。以安装到蒙皮上之前的肋的修整为例，沿所安装肋的表面，测得蒙皮的厚度，生成独立的加工程序，这个程序基于蒙皮的局部厚度，且针对每一个肋的底部，装配完成时，肋的底部是提供平滑轮廓的核心。这样做的好处在于它可以完全取消采用液态垫片填补缝隙的需求，而缝隙可能产生在蒙皮和肋之间。

产品修整系统的一个实例是 A380 在 Siegel，Cunov 和 Doyle（2003）描述的自动钻孔和修整系统（ASDAFS）。该系统用于自动去除由于翼梁凸缘与后缘肋之间制造公差累积所产生的材料。此处需要平顺边缘，以确保在两个相邻的机翼子结构翼面之间，空气动力特性平稳过渡。人工修整传统上需要详细的表面测量和计算，并依赖于手工夹具引导加工工艺。ASDAFS采用四轴龙门系统和第五轴的加工末端执行器，采用接触探针，测量并自动计算需要除去的材料的数量。

3.3　钻孔系统

许多自动钻孔系统，是有效的加工工具，或许以其自身具有的能力或品质，不应该归为自动化系统。然而，自动钻孔系统中的部分确实有额外的特点，例如，可移动或可集成到其他自动化系统上，这些将列入本章内。

一个很好的例子是由 Electroimpact（Hempstead，Thayer 和 Williams，2006）公司研发的复合材料机翼钻孔自动设备（CAWDE）。该设备集中在一个专用的、为钻孔和在复合材料机翼结构上嵌入螺栓而优化设计的 5 轴机床上。这台设备也可用于传统的在一个金属小元件上钻孔，可以选用大量不同的辅助夹具，以保证最大的利用率。由于实际机翼结构的形状和部件位置有别于 CAD 标准数据（由于热膨胀）、零件制造公差，以及子装配容差，这个机器配备了传感器和同步工具，帮助机器与不同的几何形状组件进行自动匹配，这样的自动化水平超越了机床中常见的自动化水平。

自动化钻孔设备的另一个例子是柔性轨道钻。与前面描述的 4 轴或 5 轴大型机器相比，设计这个系统的目的是轻量、便携和低成本。柔性轨道钻采用两根柔性轨道，柔性轨道提供主轴线。采用真空方式，将导轨固定在零件上，在导轨上安装一个携带钻轴的输运装置，钻轴可通过另外两根轴自动地移动。轨道被设计成刚性的，且精确地在一个平面内，同时，轨道是灵活的，且适应于在其他平面内，使它们能够顺应待钻零件外部的几何形状或待钻装配件的外部几何形状。导轨设计允许系统自规格化，并简化部分编程，因为该系统使用二维"展开模式"程序。柔性轨道钻采用局部基准孔作为参考，并不依赖于"全局"精度。这些基准孔以支撑结构作为参考，手工钻孔，也可由常规数控机床钻孔。柔性轨道一个额外的好处是，在那些传统机械加工难以实现的加工区域，钻孔系统一台机器可以用于许多形状和轮廓不同的零件自动钻孔（Buttrick，2003）。

3.4　可重构夹具

航空航天结构制造过程中，夹具和辅助夹具代表了相当可观的成本，无论是经常性还是非经常性的。在这样的背景下，夹具并不是在机械加工中使用的那种类型，而是在装配中使用的。可以说夹具不是真正的自动化系统，但当它们可完全重新配置，并具有自动地适应复杂几何形状的能力，它们与许多其他的自动化系统一样，具有相同的复杂性。对于其他自动化的应用，它们也是重要的促成者，即允许一个单一的加工站处理许多不同的零件，而无须大量地定制夹具。

自适应和可重构夹具通常是一种"针盘式"安排，围绕一个可扩展的插脚阵列或"弹簧单高跷"阵列，它们由安装在一端的真空吸盘伺服驱动。"弹簧单高跷"各自的长度和方向可以改变，以顺应被夹持的组件。整个系统由一台数控机床控制。替代的办法是使用可以自动操纵的被动元件，以符合使用机器人情况下（Ranky，2003）零件几何形状的要求。

4　基于应用的机器人

在汽车行业很常见的基于机器人的解决方案，在航空航天领域很不常见，原因在于，与零件尺寸相关的工作范围有限，相对位置不精确和刚度不足（Summers，2005）。但它们也确实具有优势，即成本相对低，针对不同的应用，重新配置和部署容易。对于大型零件，为了改善工作范围，它们通常安装在一个线性轴或龙门上，如图 2 所示。

图 2　安装钻孔机器人的龙门

（图片由 Comau Inc 公司提供）

425

工业机器人具有许多不同的构型和随之不同的功能，它们的有效载荷能力通常为 6～750 kg，装载位置重复性为 0.05～0.2 mm，但绝对位置精确度可能比上述数据差很多。大型机器人是可用的（可达 1 t），但是它们的重复性往往很差，只能用于材料搬运或完整装配过程中的粗略定位。航空航天领域使用的机器人大体上是拟人化设计的传统工业系统，具有 3 个串行连杆和 5 或 6 自由度的 5 或 6 个旋转轴。机器人通常在主体结构上有两个 3 轴连杆，与另外一个连杆和转轴形成腕部组件，以提供端部执行器的精确控制。根据应用要求，它们通常具有 250～500 kg 的有效载荷能力。这种性能需求不受它们需要承受的载荷支配，而是由工艺所需决定的。这种尺寸的机器人的重复性通常在 0.1～0.2 mm，非常接近于航空航天领域应用中 0.1 mm 的正常设计需求。尽管性能在持续不断地提高，但规定的数字往往在工业环境下难以实现和维持，且在所需的优于 0.1 mm 的重复性之外，它们的精确度通常是相当糟糕的（Summers，2005）。图 3 展示了一个典型的工业机器人。

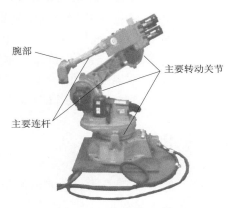

图 3　典型的工业机器人

对于现有机器人性能的限制，研究人员提出了两种解决方案：一是采用先进的校准技术和外部测量方法，试图改进现有的"货架"工业机器人的性能；二是与常规的串行运动机构相比，研发具有增强性能的新型运动机构。

混合型并联机床（HPKM）是分布最广泛的专用机器类型，它同时具有串行和并行关节，最成功且达到生产应用的是 NEOS Tricept（见图 4）。NEOS Tricept 是一个 6 轴的 HPKM，上方的 3 个轴安置在一个三脚架结构上，一个传统的 3 轴串行腕部安装在 HPKM 结构上。通过 3 个线性伺服驱动器，上部结构可在万向节上产生运动，万向节位于伺服驱动器的上端，3 自由度球头关节伺服驱动器

的下端。机构上端由一个框架支撑，中间非驱动连杆通过一个万向接头连接在框架上，连杆下端刚性地连接在较低的平台上，阻止腕部机构凸缘绕 Z 轴旋转。由此产生的工作空间近似一个倒置的伞形，尺寸为 2 300 mm×620 mm，上面的轴具有 600 mm 的行程。其他 HPKM 机器，例如 Exechon 正在进入市场，它大得多，具有重型加工的能力。上述设备经改进的加工性能意味着它们正被应用于例如翼根加工和肋修整中（Neumann 和 Bolen，2008）。

除了类似传统的喷漆和材料搬运之外，工艺机器人大多数常见的应用是钻孔、铆接和修整。

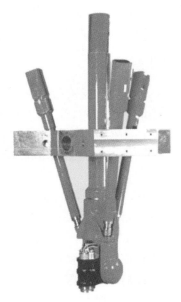

图 4　NEOS Tricept

4.1　机器人钻孔

使用机器人钻孔经常遇到的困难是，克服末端执行器滑移，而滑移是由于现有机器人结构中的自然属性所导致的。高的夹持力通常会恶化这一现象，而夹持力又是机器人必须施加到零件上，用来进行所需的拆卸和去毛刺。机器人钻孔的另一个重要问题是保持被钻表面正常。这种不同通常是由于表面偏差或机器人刚度不足，导致结构变形，尤其是在钻孔过程中的连接部位。为了弥补这方面的常态不足，机器人控制系统通常含有传感系统，以便自动补偿任何偏差。

早期的机器人钻孔系统已经不同程度地被成功开发，包括用于钻孔和路径规划的 ICAM 系统（GRoover 等，1986）、Grumman 航空航天公司集成机器人单元（McCluskey，1984）、空客公司地板网络结构装配单元（Roche，1995）、达索航空

装配单元（Da Costa，1992），以及 ONCE（单面单元末端执行器）机器人钻孔系统（DeVlieg 等，2002）。一个更加现代化系统的例子是 Alema 和空客研发的 A320 面板钻孔单元。在这项应用中，正如之前所分析的，采用末端执行器上所设置的补偿机构，消除滑移的影响（Cibiel，Redman 和 Prat，2006）。

4.2　机器人铆接和紧固

机器人更常用的是安装型锻紧固件或螺栓，而不是实心铆钉。不像大型自动铆接机，它们不能应用于需要很大载荷使实心金属铆钉变形的场合。唯一可行的方法是使用振动机构，但其控制难以满足提供高水平的工艺重复性，除非有适当的阻尼，否则随着时间的推移，振动和冲击力将会对机器人造成显著的损坏。振动也可能会引起末端执行机构的滑移，这将导致部件表面的损坏和铆钉头部的"毁坏"。或者从两侧支撑的铆接部件，以提供铆接的相互作用力。许多类似 Hydro Control 或 Alema 的制造商，已将他们的产品引入生产中。如果这些问题可以得到完全解决，与传统的自动铆接机相比，成本将显著降低，配置的灵活性和效率也会提高。单侧插入紧固系统或型锻螺栓较为容易，但时常面临的相关问题是插入和校准工具之间的对准。当紧固组件的任一侧必须使用两个相对的机器人或末端执行器时，这个问题最明显。两个相对的机器人在型锻或螺栓连接之前，必须能够精确地定位并保持紧固件，或紧固件颈圈，以避免紧固件、组件的严重损坏。

4.3　机器人修整

机器人修整工艺与第 3.2 节描述的基本相同，但是是用机器人代替专门设计的加工系统进行修整的工艺。机器人具有廉价，并有良好的覆盖面和工作容积的优点，但由于它们的刚度差，在各自的应用中受到限制。在机器人修整应用方面已有一些尝试，但它们并不真正适合金属结构，更适合复合材料加工。一个典型的例子是自动化肋脚修整机器人，由 Kuka 研发。肋脚和在机翼蒙皮上的相应位置是需要测量的，然后生成一个方案，以去除肋上任何多余的材料。这样当蒙皮与肋粘接时，省去了填补空隙的插入垫片，并确保了蒙皮精确的表面轮廓。

4.4　机器人去毛刺

航空发动机零件在运行状态下，经常承受高水平应力和振动，同时这些零件的力学完整性也可能会受毛刺和锐边的牵累。毛刺是切削之后残留并附着在加工边缘上的细小材料。因此，去除毛刺并倒圆角是机械加工过程中的一个重要步骤。手工完成上述工作非常耗时，成本高昂，且存在潜在的质量问题，因为可能由于工具滑动或误差而对零件造成损害。在金属切削和机器人专用工具缺乏的阶段，把机器人应用于此项工艺，在达到质量等级要求和控制相互作用力等方面，受到若干困难的限制。

大多数传统的去毛刺机器人系统依赖于一个简单的预编程路径。该方法的缺点是，它假设零件是完美的，位置是已知的，并且机器人沿着一条刚性的编程路径运动。这种方法展现出的是去毛刺不协调，原因在于机器人沿着预设的工作路径，工件夹持装置和机器人之间略有偏差，这将可能导致部分毛刺依然存留在零件的边缘或切削刀具尖端的损坏。对于复杂的几何形状，如圆弧和样条曲线，需要表面上的数百或数千点，以引导机器人沿着所需要的准确轨迹运行。正在研发和投入使用的更先进的系统通常采用一些力控制形式，去毛刺刀具沿轨迹运动，而轨迹可以进行调整，以确保工具承受恒定的载荷（Pires 和 Afonso，2007）。

4.5　复合材料自动铺放

随着主要结构部件上复合材料使用量的增加，采用手工铺放技术变得不经济，且达不到所需要的产量。例如，波音 787 和空客 A350XWB 结构质量的 50% 以上将使用复合材料（Morey，2009），唯一的解决办法是自动铺放，虽然在柔性材料处理，以及现在正在生产的非常大的结构方面还存在困难和问题。所使用的机器分为两类：一类是那些能处理并在某些情况下切割板材的，另一类是复合材料铺带或铺丝的。对于第一类，所设计的机器的最大用途是能够处理类似机翼蒙皮结构的复合材料板材，以及较小的部件制造。典型例子是由 Electroimpact 和 MTorres 研发的那些机器。长丝铺放机和铺带机大小不等，例如波音 787 复合材料机身舱体采用缠绕，即绕着一个大型芯轴，加工一个整体复合材料结构。采用传统的工业机器人，也可能完成一些较小的铺带和纤维缠绕的应用（Kirsch，2006）。很可能在未来这将是自动化方面一个增长显著的领域。

5 完全整体装配系统

空客公司 AWBA 项目是第一个尝试，在一个完全整体装配和紧固工艺中，使用机器人和自动化操作的项目，在一个单体 8.5 m 高的示范区内，使用整体处理、定位、测量、机器人钻孔、机翼蒙皮面板安装以及紧固技术。虽然该系统从来没有投入生产，但它仍是值得一提的，因为它是第一个认真尝试将一个完整的装配系统集成到一个单体自动化单元中。

航空航天结构完全采用自动化制造是不太可能的，总会有一些涉及手工劳动的时候。未来自动化的成功很大程度上依赖于如何将人和自动化生产系统相结合、相结合到什么程度。目前，在大多数自动化系统中，上述问题尚未得到完善的考虑，使得自动化系统在传统制造设备中"孤立"地运行。如果要使自动化的应用取得真正的成功，则需要更多地将自动化和人为因素进行协调整合。在这些成为现实之前，必须解决许多非常有挑战性的问题，最大的问题是在这个过程中人类元素的态度，也存在许多监管问题，以及紧密合作这类现在不可能解决的问题。

6 自适应自动化系统

柔性或自适应系统是指那些可以定位和适应部件和装配局部位置的系统。它们通常至少包括一种测量手段，该测量手段使零件的位置得以测量和参照机器人或处理元件的局部坐标系得以建立。

6.1 TI² 系统

采用上述方法的第一种有效商用实例是 TI² 系统。研发 TI² 制造系统是为实现大型装配加工功能提供一种柔性和智能的系统，它的基础是 NEOS Tricept 机器人和一个摄影测量系统（图 5）。这两项技术结合后，产生的制造系统能够给机器人和末端执行器加工零件进行定向，而不需要精确和昂贵的物理定位系统（Webb 和 Eastwood，2004）。操作过程中，摄影测量系统用于捕捉若干位于夹具和 Tricept 末端执行器上的目标位置，在这种情况下，这个位置就是一个钻孔主轴。摄像机事先要完成标定，标定采用一个人造体，得到零件相对于 Tricept TCP 的位置和方向的非常精确的计算值。

这个数据用于重新定义加工程序，这个程序后续将执行，程序采用工作单元的相对位置，而不依赖假设或固定的数据。波音公司开发了一个用于 B747 后压力舱壁的钻孔系统。

图 5 TI² 系统

6.2 自适应控制

空客公司英国、Kuka 和 M³ 计量联合研发的自适应控制是新近发展起来的（Summers，2005）（见图 4 和图 5），它结合了一对 Kuka 机器人和 Metris Krypton 摄影测量装置，系统的核心能力是将已获得的测量数据送入零件和夹具 CAD 原始数据库中，用测量数据修正由于机器人或夹具误差所引起的任何运动或偏差。第一套这样的系统在空客公司成功用于 A320 D Nose 前缘铆接装置，投入生产后，已有多套系统商业销出。前缘 D Nose 部分夹持在两个机器人之间，在一个传统的自动铆接机 C 形框架内进行加工，这个自动铆接机最初设计是用于手工铆接的。这项应用已在生产中得到证实，它能够在可接受的产品公差范围内，在曲面上重复定位并进行铆接（见图 6 和图 7）。

图 6 Kuka D Nose 钻孔装置（1）
（图片由 Kuka 自动化和机器人公司提供）

图7　Kuka D Nose 钻孔装置（2）
（图片由 Kuka 自动化和机器人公司提供）

7　结　论

毫无疑问，今后几年，航空航天制造业的自动化水平将会显著提高。对于位于北美和欧洲的传统制造业中心来说，这是由成本上升的压力推动的。具有讽刺意味的是，许多现有的机器人制造商在看到传统汽车行业客户萎缩，他们把注意力转移到较低成本的经济体的同时，也在推动这方面的工作，研究航空航天领域的自动化解决方案。

自动化技术的进一步发展应该确保该领域依然是一个增长领域，但是技术和经济上仍会有障碍，这些障碍将使航空航天领域中的自动化不可能像大多数其他制造业一样无所不在。

参考文献

Buttrisk, J. （2003）*Flex Track Drill Paper SAE Aerospace Congress and Exhibition*，Montreal，Paper Buttrick No. 2003—01—2955.

Cibiel, C., Redman, M., and Prat, P. （2006）Automation for the assembly of the bottom wing panels on stringers for the A320. SAE Aerospace Automated Fastening Conference & Exposition, Toulouse, France, Paper No: 2006—01—3143.

Da Costa, S. （1992）A new type of robotic cell for assembly in aeronautics. SAE Aerospace Automated Fastening Conference & Exposition, Society of Manufacturing Engineers, Bellevue, Washington, USA.

Devlieg, R., Sitton, K., Feikert, E. E. and Inman, J. E. （2002）ONCE (One—Sided Cell End Effector) robotic drilling system. SAE Aerospace Automated Fastening Conference and Exhibition, St. Davis Park Hotel, Chester. SAE Ref: 2002—01—2626.

Dillhᵒofer, T. and Esteban, D. G. （2006）IFAC (Integrated Fuselage Assembly Cell) . *SAE Aerospace Automated Fastening Conference& Exposition*，Toulouse，France，Paper No. 2006—01—3126.

Groover, M. P., Weiss, M., Nagel, R. N. and Odrey, N. G. （1986）*Industrial Robotics—Technology，Programming，and Applications*，McGraw—Hill, New York, ISBN 0—07—024989—X.

Hempstead, B. Thayer, B. and Williams, S. （2006）Composite automatic wing drilling equipment (CAWDE). SAE Aerospace Automated Fastening Conference & Exposition, Toulouse, France. Paper No. 2006—01—3162.

Kirsch, R. （2006）Automated fiber placement historical perspective. *International SAMPE symposium and Exhibition*，*Proceedings Volume 51*.

McCluskey, R. J. （1984）Robotic system cuts airplane parts. *Am. Machinist*，71—73.

Morey, B. （2008）Automating composites fabrication. *Manuf. Eng.*，**140**（4）.

Neumann, K. and Bolen, A. （2008）Adaptive in—jig high load exechon machining& assembly technology. Aerospace Manufacturing and Automated Fastening Conference. North Charleston, Paper No. 2008—01—2308.

Pires, J. and Afonso, G. （2007）Force control experiments for industrial applications: a test case using an industrial deburring example. *Assembly Autom.*，**27**（2），148—156.

Ranky, P. （2003）Reconfigurable robot tool designs and integrated application. *Ind. Robot*，**30**（4），338—344.

Roche, N. R. （1995）Automatic riveting cell for commercial aircraft floor grid assembly. *Aerosp. Eng.*，**15**（1），7—10.

Rooks, B. （2001）Automatic wing box assembly developments. *Ind. Robot*，**28**（4），297—3020.

Siegel, S. Cunov, J. and Doyle, P. （2003）A380 automated spar drilling and fettling system (ASDAFS): a culmination of enabling technologies. SAE Aerospace Congress and Exhibition, Montreal. Paper No. 2003—01—2951.

Summers, M. （2005）Robot capability test and development of industrial robot positioning system for the aerospace industry. SAE World Aerospace Congress, Dallas/Fort Worth, TX. SAE Ref: 2005—01—3336.

Webb, P. and Eastwood, S. J. （2004）An evaluation of the TI2 manufacturing system for the machining of airframe subassemblies. *Proc. Inst. Mech. Eng.: J. Eng. Manuf.*，**218**（7），81—826.

Webb, P., Jayaweera, N. Ye, C., and Johnson, C. （2008）Robotic assembly of aero—engine components, 08AMT—0022. SAE AeroTech，September 2008, South Charleston.

本章译者：熊克（南京航空航天大学航空宇航学院）

第 313 章

价值驱动的制造：数字化精益制造

Ricky Curran[1]，Joseph Butterfield[2]，Yan Jin[2]，Rory Collins[3] and Robert Burke[4]

1　代尔夫特理工大学航空工程学院航空运输与运营系，代尔夫特，荷兰

2　贝尔法斯特女王大学机械和航空航天工程学院综合飞机技术卓越中心，北爱尔兰，英国

3　贝尔法斯特女王大学机械和航空航天工程学院国家信息传送中心业务处理中心，北爱尔兰，英国

4　贝尔法斯特庞巴迪宇航中心，北爱尔兰，英国

1　引　言

数字化制造是这样一项技术：它旨在将制造与在面向设计功能中显而易见的先进性能类型相结合，增强在设计和制造两方面的集成产品开发（IPPD）工艺的一体化，并延伸至产品全生命周期管理（PLM）（Curran 等，2002；Curran，Raghunathan 和 Price，2005；Curran 等，2005，2006；Dettner，1997）。制造业正在提升到数字和虚拟世界中，主要航空航天研发机构拥有这些数字化制造平台。然而，数字化制造仍是一个处于发展中的软件技术，它正快速成为工业过程中的关键因素。因此，需要考虑其中一些与实施有关的发展问题，以及在学习、时间分析、成本建模和精益分析等方面一些具体的功能提升。

通用汽车公司全球总监 Bob Klem，近来引用了信息系统服务（Klem，2008）的说法："从 IT 的角度来看，主要组成部分已几乎到位。我们的角色是研发一个 IT 工具包和 PLM 管理程序。着重点或竞争优势在于这个程序以及我们如何利用它。"这个引述概括了本章所要说明的基础：将数字化精益制造（DLM）作为 PLM 管理中面向制造要素的一个确定方法，本质强化综合过程，有效利用 IT 工具包，提供价值驱动的制造和竞争优势。

本章将首先介绍精益化背景，以及实施策略，简要概述数字化制造以及精益化目前的技术水平，作为展示 DLM 方法的背景。接着，说明功能提升以及与学习、时间分析、成本建模和精益流程分析有关的发展情况。最后，对得益于 DLM 的价值驱动的制造业未来的发展前景进行总结。

2　数字化精益制造

从最初概念的演化，能够解释精益模式的持续影响，最初概念适用于制造企业的车间概念（精益生产），通过整体思考的过程（精益思想），组织所有与生产、物品供应或服务有关的企业，达到卓越的可持续的经济性能（精益企业）。

而进化过程本身形成了一个现代精益制造的研究主题（Goldratt 和 Cox，1993；Naylor，Naim 和 Berry，1999；Womack，Jones 和 Roos，1990；Womack 和 Jones，1996；Liker，2004；Hines 和 Rich，1997；Rother 和 Shook，1998；Hines，Holweg 和 Rich，2004；Zandin，1989；Darlington，

2007)，在不断扩展的研究内容中，大部分的焦点仍然是高容量、大规模生产制造企业的生产和交付过程，例如类似于汽车这种产品生命周期长的工程部件厂商。然而，其他同时期的研究，例如在航空航天领域，承诺通过如下方面的进步，推广和更有效地定义精益模式的适用边界：

（1）发展促进精益生产实施，而不是阻碍的新的（精益/流动）管理会计学方法。

（2）不同运营和生产环境下（如服务部门和航天航空工业）的"合适"精益。

（3）精益与信息和通信技术（ICT）之间的关系，尤其是数字化生产和 ERP。

最新综合审视证实，精益的概念已经从车间发展到潜意识，进而贯穿在企业的应用中。类似地，IT 支撑系统已从定制软件发展到 PLM 方法，再到数字化生产软件平台，如图 1 所示。据预测，未来 DLM 将发展延伸至整个企业界，例如，关于协作和分布式工程活动、供应链的整合，以及全寿命系统的支持。

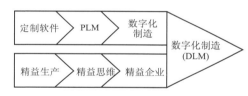

图1　数字化制造和精益发展综合成数字化精益制造（DLM）

在开发这样的 DLM 方法的过程中，有必要把专业化生产系统方法融入业务过程中。使用业务过程这个术语，主要是参考了系统工程中，在一系列的关键阶段，组织 IPPD 工作的概念。在确定商业案例移动到下一个工作阶段之前，这些阶段通过与产品需要满足的出口标准相关的主要检验关口予以划分，其一般表述如图 2 所示。图 2 本质上是一个业务运行的生命周期示意图，旨在处理生命周期中的关键阶段，包括设计、制造、服务等方面。所有大型航空航天公司，都会有自己的业务模型版本，模型版本的定义考虑到了额外的子过程和里程碑等因素。在公共领域中一个很好的例子，是 MOD 概念、评估、论证、制造、服役和终止（CADMIT）周期。

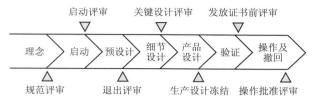

图2　与关键阶段相关的业务过程顺序

航空航天业务流程提供了框架和基本节奏，必须坚持这些框架和基本节奏进行制造和设计，设计工作趋于被视为驱动函数，图 2 中突出了一项主要的工作，即在为客户提供最大价值的同时，强调产品生命周期的平衡解决方案。因此，通过竞标或市场调查的项目一旦启动，则在提供产品初始定义方面是需要付出努力的。这种技术工作从最初概念阶段开始就必定具有一体化性质，从而实现生命周期均衡解决问题的方案。特别在涉及设计和制造之间的一体化问题方面，凸显了需要远离"翻墙办法"。在"翻墙办法"中，公司倾向于在客户的要求被确定之前启动设计，然后通过"翻墙"解决方案进行制造，获得实现的实物产品。当然，随着多项措施和方法，如设计和建造团队、面向制造的设计、系统工程，以及 IPPD 等的出现，"翻墙"方法被公认为是愚蠢的，然而这种方法仍是人们面临的主要挑战。然而，美国国家研究委员会等确认，目前普遍缺乏一体化的工具，将制造连接到业务流程之中。DLM 是一种主要方法，其目的是在数字化制造设计、建模和仿真平台上，将制造工艺和精益方法一体化。

DLM 的基本结构如图 3 所示。其中，第一层反映的是图 2 中的业务流程，属于 PLM 的处理范围。第二层是 DLM 流程，属于系统制造的处理范围，以及所有制造过程的精益一体化（Curran 等，2007a）。第三层是指 DLM 活动，属于数字化制造和精益原则促进下的具体制造活动（动词）的处理范围。第四层是知识获取，属于任何隐性或显性的工程知识的处理范围，这种知识需要学习，在一定程度上促使并向用户呈现功能级别的再利用和学习。然而，不能将 DLM 方法视为一个静态固定的解决办法，其框架是通用的，但具有足够的灵活性，以促进知识的捕获，这样它可以嵌入图 3 所示的模型中，被再次使用。

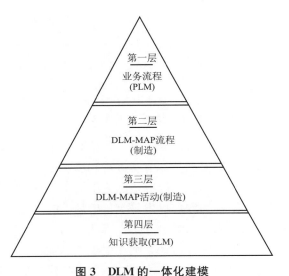

图 3 DLM 的一体化建模

第四层涉及显性的知识捕获，这将有助于工程师实施具体的第三层活动，但可以看出，知识获取是第二层的一个基本要求，而通过认识和知识的增长，使第一层得到培育，以便所产生的"智慧"可以用来改善第一层的业务流程。在上述层级活动中，第四层最可能涉及增加并行机会、改善功能活动和 IT 系统的一体化。

在商业开发过程中会产生某些功能交叉的流程，图 4 说明了制造计划中交叉功能的产生是如何分解到制造计划的各种功能性流程中的，这些流程表示 DLM 实施方法的第三层。正是在该功能层级中，数字能力映射到功能制造过程中，实现了DLM 愿景。

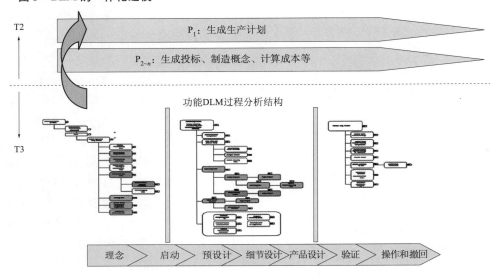

图 4 映射在制造工程功能任务中的 DLM 交叉功能流程

3 数字化（基于知识的）制造

3.1 组织知识获取和学习

在标准教学术语中，学习过程包含在一个确定的学术应用领域中，通过系统的研究，获取知识。而在实践的术语中，学习可定义为通过实践、训练或经验，对行为的修正。上述定义的任何一种，学习过程的质量都依赖于知识来源的交流水准和方法，以及个体学习的能力。人们认识到，如果根据个体的学习禀赋，制定个性化教学或交流方法，可以获得最佳的学习效果。

在制造的背景下，知识的获取和记忆，即使对于企业这样一个整体，这个原则仍然适用。在这种

情况下，知识获取被称为组织学习，它受产品开发周期中的所有贡献者的掌控。内容包括定义营销策略、设计工程（初步概念开发和最终设计）、工程方法（制造过程的开发）和产品（执行流程）的业务功能。这些方面的学习可以统称为管理学习，在此定义上，操作者的学习比较明显，因为它指的是构建最终产品的个体所获得的知识，使用管理或工程学科定义的信息。

组织学习的贡献者，包括在制造过程中所有对工程装配总时间的影响因素，被累积成反映两个事实的学习曲线。首先，任务每次重复时，完成任务所花费的时间将减少；其次，对于每个连续单元，每次的时间减少是较少的。学习曲线直接关系到最终产品的成本，它们在投标准备、资源需求估算、性能测试，以及建立成本趋势中发挥了重要的作

用。学习曲线或进度功能可以应用于很多制造场合，从简单的装配任务，到航空航天、汽车和船舶中复杂结构的生产。任何时间都需要尝试进行生产运行成本的分析和预测，而学习曲线作为一种分析工具，它根据生产产品所需的时间来定义单位成本。任何知识质量或所需速率的改善都可以显著减少绑定在学习曲线上的时间，从而降低成本，特别是在新产品制造的初级阶段。

图5为概念性的学习改善图，影响各条曲线位置的参数列表尽管不详尽，但这些曲线可以用来说明一些区域。在这些区域中，反映总构建时间的学习曲线，可以更接近于理想的、标准小时容量的水平基线。标准小时容量是用于航空航天制造领域计划的。

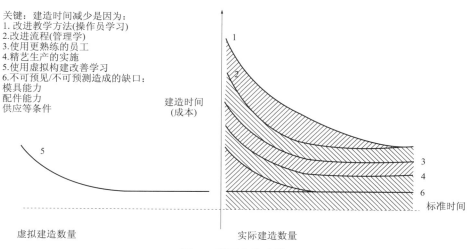

图5　学习曲线改进

操作者学习方法的改善，将导致学习曲线从曲线1下降到曲线2，两条曲线之间的区域表示节省的总时间。两条曲线在相同的构建时间点上拉平，因为此时是两个同样熟练的人进行同样的操作。学习过程完成后，构建时间将与指导版本的高低无关。这就是为什么针对一个新的生产运行，在其早期阶段（通常小于200件），改善学习的效果最明显。如果过程本身得到改进，减少曲线2和3之间的区域，通过使用最佳过程所带来的运营效益可以延伸到产品的终生，这样可获得更显著的效益。

3.2　数字化知识的获取和学习

如今，现代产品生命周期管理（PLM）系统中所提供的数字化制造工具，使得通过调整产品的生产与传递以及流程设计，以改善组织学习成为可能，以便在工程设计到生产环境的过程中，信息传递更为有效。数字化制造技术的基础是一套计算机辅助工程（CAE）工具，这套工具用于确定复杂工程组件的电子化的优化构建过程。数字化制造系统提供的仿真工具，允许工程师和规划者快速高效地向车间提供定义、验证、管理和全面优化的制造数据。因此，可制造性从最早的概念阶段就被纳入设计中。随着开发周期不断地缩短，通过充分优化生产流程，更有效地利用资源，以及改善市场灵活

性，从而增加新产品竞争优势的潜力。传统上，产品线性研发流程（见图6）可以被并行性更好的方式所取代，这一方式使用Delmia软件制造中心及其相关的工艺开发工具（见图7）。完全集成的数字化制造环境的日益普及，可将制造性紧紧地融入设计领域，只要材料清单初具规模，工艺设计活动就可以与产品开发同时进行。

这些数字化制造方法的目标是为制造业提供面向订单生产和精益生产的解决方案，以创建、验证、监视和控制面向订单生产和精益生产的敏捷分布式生产系统。通过使用数字化工艺设计工具，直接利用中央数据库或中心（见图7）里的构建序列和物料清单，模拟构建工艺，可以提高学习能力。产品设计和装配序列生成后，集成构建序列和工作环境（包括定位）的装配过程动画就可以生成和被评估。使用一体化数字化制造平台，意味着最终过程的有效性，设计的速度在传统方法的基础上大大提高。这种方法不仅可以通过使用动画培训教材，提高操作人员的学习效率，同时策划者还可以通过执行虚拟构建，提高对装配工艺和工具功能的理解。产品设计和装配序列创建后，可以生成动画装配过程和工具计划，作为"工艺流程设计"的一部分，从而省略工作指令的编写工作。

433

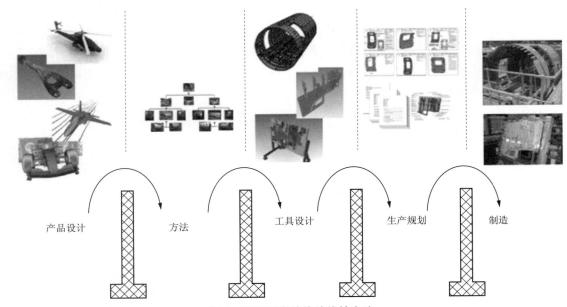

产品设计　　方法　　工具设计　　生产规划　　制造

图6　产品研发的传统线性方法

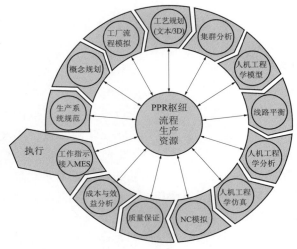

图7　最先进的数字化工艺研发方法

3.3 知识型制造的数字方法的优势：数字化制造

在制造工艺设计和研发工具方面，为了量化数字化制造方法带来的利益，Butterfeld 等（2008）采用构建动画模拟的方式，开发用于 Bombardier CRJ1000 支线客机壁板组装的构建过程和工具。夹具模型形成后，通过其模拟性能与当前的 CRJ700/900 壁板构建进行比较，从工具成本和构建时间方面，对改进工作进行识别和量化。比较现有的 CRJ700/900 和 CRJ1000 工具之间同样的功能，有人预测，数字化辅助措施使夹具成本降低了 4.9%。通过对 CRJ1000 上壁板构建流程的评估，预测装配时间减少了 5.2%。除了提高现有工具的功能之外，新

的夹具功能也有所增加，使得钻孔和铆接功能可以在用于新 RJ1000 面板的单个夹具上实现。图 5 反映了通过管理学习来改进工艺，这项工作所预测的装配时间减少的 5.2%，为曲线 2 和 3 之间的区域。

先前的工作是比较动画工作指令的方法与使用传统纸质方法，研究表明：使用动画指令，完成 5 个相对简单的轮毂组装需要的时间减少了 20%。对于更复杂的飞机壁板，相比在硬拷贝文件的指示下，使用动画指令，完成 5 个组件节省的时间为 14%（Butterfeld 等，2007a）。这些节省的时间表现为图 5 中曲线 1 和 2 之间区域。现有飞机建造的一项调查显示，减少建造支线飞机首批 5 个机身组件所花费时间，即使是较小的比例减少，也会节省 10 万量级的美元。

采用数字化制造的方法，改善组织学习的动力在于节约成本。通过学习曲线的改进，节约成本是可能的，因为数字化辅助知识的获取，促进了更多用于产品开发和工艺设计的并行方法的发展。当用于复杂装配制造的研究并行设计流程被确定和可量化时，数字化制造方法就能够给工程企业带来益处。为具体工程设计任务的计算机辅助方法的优势已经确立，然而，对于制造学科，一体化和可预测工具的应用不常见，或者说至少没有广泛报道。本章表明：在复杂航空航天结构的生产化学科范围内，预测方法如何应用于制造过程中的研发和优化，虽然该方法是应用于飞机壁板准备和组装所需操作的，但本章描述的工具和方法，同样适用于其他复杂工程装配。

4　数字化制造框架和建模方法

越来越多的企业已经开始使用 DM PLM 软件，以引领它们的竞争优势（Curran 等，2007b；Butterfeld 等，2007b；Maropoulos，2003；Thannhuber，Tseng 和 Bullinger，2001）。然而，许多挑战给企业充分应用 DM 平台带来了障碍。大多数公司缺乏研发服务于公司特定功能的资源和知识，而资源和知识是 DM 平台成功应用的关键。为了创新和智能化，对现有知识的有效获取和建模成为制造企业向现代精益企业发展所面临的一个关键挑战，这需要在整个产品生命周期中进行快速而准确的绩效评估。因此，了解 DM 框架，以及建立一个通用的系统建模方法具有重要意义。

图 8 说明了现代化生产企业的通用数字化制造框架。该框架为三层结构，即界面层、应用对象层，以及包括知识库和数据库的背景层。应用对象实例提供运营商的所有数据和功能，通过应用程序对象实例的有效组织，运用各种数字化工具。每个对象都有自身的属性，这些属性反映对象特征及其某些功能操作的行为，如图 9 所示。每个对象与其相关联的功能和行为构成了 DM 工具的基础元素，数据库中的数据具有与每个对象实例相关的属性值。在数字化制造环境中，应用对象一般分为三个域，即产品领域、工艺领域和资源领域。每个领域有一个按等级分层的架构，以映射产品固有的故障特征、工艺和资源（PPR）。例如，产品通常由多个部件组成，每个部件由许多零件/元件组成。

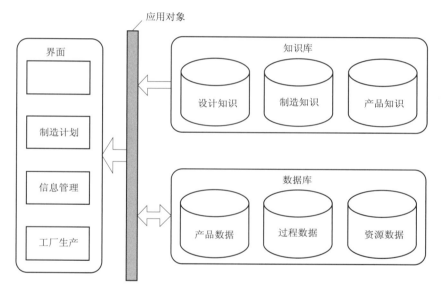

图 8　现代数字化制造系统的体系结构

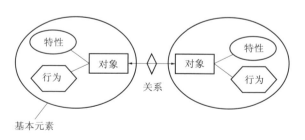

图 9　数字化制造软件的基本结构

数据库用于存储对象的属性值，并且所有职能部门共享，实现并行工程，例如设计、制造和 IT。设计人员可以利用现有的制造业数据，指导自己的设计，而制造工程师可以直接读取 CAD 文件，进行规划。通过研发各种数字功能，采用用户友好界面，处理存储在数据库中的所有数据是重要的。现有的商业软件，如 Delmia 数字化程序工程师，可以为数字化制造平台提供一个具备常见功能的基本的和开放的体系结构，如建立一个产品树。然而，一些功能是公司具体需要的，相应的界面需要根据具体要求定制，从而有效又高效地保存和检索数据。

智能化已成为现代精益企业的必备标志，因为它能够帮助企业实现生产力最大化，同时充分利用数字化制造平台，将手动流程的出错率降到最低。虽然每家公司都希望具备智能化，但创新和将智能化与其系统平台一体化一直是一个大挑战。从本质上说，智能化的实现往往需要通过有效推理，而推理又是通过与知识规则挂钩的推理引擎进行的。对这些知识规则进行建模，就是要发现设计、制造以及资源数据之间的因果关系，即对象属性。属性之间三个层次的关系的模型如下：

（1）针对一个对象。一个普通对象的两个或更多属性之间的关系。例如，一个零件的体积和材料密度将决定其质量。

（2）针对一个域。同一域中两个属性的关系。例如，一个装配件的材料成本由构成装配件的所有零件/元件材料的成本决定，而装配对象和零件/元件对象都属于产品领域。

（3）跨域。两个域中两个对象的两个属性之间的关系。例如，零件尺寸将决定制造操作的时间，因为零件分属于产品域，而操作则属于过程域。

图10表明了用于数字化功能开发的一般系统的建模方法。像往常一样，功能开发的第一步永远是需求分析，它将最终功能划分为详细的次功能，直到可行的程度。接下来的步骤是定位所需的域，如产品、过程或资源域，在这些域中，载体对象可被确定。在所需的域中，垂直细分分析，对于实施相关的次功能，所需对象的功能层次结构是必要的，可对映射到层次结构中的知识进行建模。所有对象被定义后，对于功能实施而言，需要确定每个对象的属性和行为。第五步用于确定这些对象的水平相关性，即在交叉域对知识进行建模。第六步用于开发从底部粒度级别到顶层级别的垂直聚合算法。最后，通过对象运营商，连接图形用户界面（GUIs）和数据库，实现功能。需要注意的是，功能要求的垂直细分和水平分析可以互连。因此，实施第五步和第六步，第二步和第三步可以不严格地按顺序实施。

436

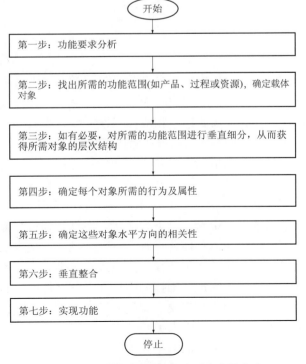

图10　用于数字功能研发的系统建模方法

5　面向价值驱动制造的 DLM 功能应用

5.1　精益装配仿真和数字化学习

在制造过程中，所有对工程装配总时间产生影响的参数都可以形成所谓的学习曲线。全部的组织学习可以通过学习或成本曲线来表示，该曲线是重复任何一项任务时，减少其完成所用时间的图形映射。它反映了两个事实：第一，任一项重复作业，完成任务的时间会逐渐减少；第二，对于每个连续单元，每次的时间减少是较小的。学习曲线（也被称为进步功能）在投标准备、资源需求估算、性能测量、建立成本趋势中具有重要作用，学习曲线已经应用于所有类型的工作，从简单的装配任务到如航天器制造这类的复杂工作。任何时间都必须尝试进行成本分析和预测，学习曲线就是分析工具。

图11左边显示了飞机壁板装配中使用的操作指南纸质硬拷贝，现在作为一项研究案例，用于研究 DM 对于学习并增加制造价值过程的潜在好处。装配操作指南的基础是包含在"工程程序报告"（EPR）中的上壁板的装配顺序。操作指南以组装板的等距视图的形式呈现，包括各个部件编号，以及顺序字母编码。字母编码表明各部分的装配顺序，根据 EPR 中的顺序，字母编码具有不同的颜色。

用于飞机壁板数字化操作指南的数字化制造动画的第一帧如图12所示。这种情况下，在进行学习实验的车间环境里，壁板装配是生动的。开放式框架包括工具的静态视图，以及显示工具目录的文本框。所有的部件都围绕壁板组装夹具，摆放于桌面，激活动画时，零件会运动到它们最终的位置。

装配构建实验的相应结果是一套个体学习曲线，这套曲线跟踪记录了在两种指导方法下，个体在构建数量为5的情况下的进步。对于每个点，计算个体构建第一个到第五个所用时间的平均值。根据装配完成时间、构建错误的次数，评判两种指导方法的有效性。图13反映了飞机上位锁壁板装配两个测试组的整体学习曲线。两种指导方法之间的最大差异为17.3%，对应于构建第二个部件的装配。差异的原因是这两套测试科目都要求必须学习如何使用在第一个构建中使用的航空航天专用紧固件，任何一套指导方法中都不包含紧固件的作用。

在第二个部件装配中，当实施装配的主体更熟悉紧固件是如何工作时，采用数字化指导方法的效益变得明显。采用幂定律曲线拟合，计算两种指导方法

下构建壁板的总时长，采用数字化指导方法的测试组，构建 20 个壁板的总时长少 14%。

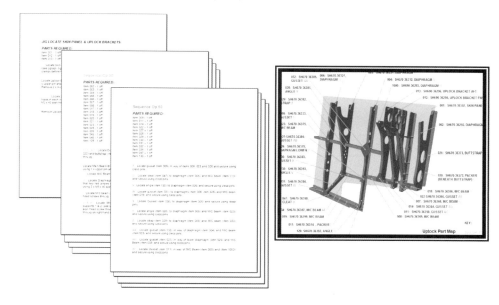

图 11　以工程程序报告为基础的挡板上位锁组件纸质操作指南

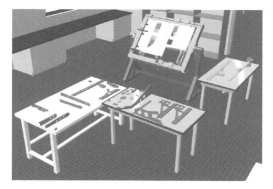

图 12　在装配区域，显示挡板上位锁组件的零件和工装动画操作指南第一帧

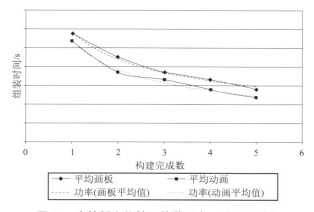

图 13　在挡板上位锁组件装配中，采用纸质和动画指导的全部学习曲线

5.2　飞机装配的精益周期实时分析

实时分析功能要求以工艺方案为基础，自动生成每个组装产品的装配时间，功能包括：每个计划的编写时间、输出报告和计算处理时间。显然，过程域要能够映射其过程，而产品域也是必要的，因为大量的零件要通过工艺流程成为组装配件。为了便于映射在产品不同阶段的不同层级所需装配时间的自动生成，需要一个合适的架构，支持有效的信息管理和功能开发，需要所有有效的信息，并有效地捕获、利用和处理信息。这个构架必须能够捕捉所有装配故障信息和生产装配件中的时间消耗过程。基于车间的实践，建议方案采用一个面向对象的层次结构，以捕获所有装配故障信息和生产装配件中的时间消耗过程，如图 14 所示。体系结构采取自下而上的方式，其中每个父本对象由较低层级中的几个子对象构成，这种构架或模板促进过程设计和时间生成的问题将在之后予以解释。这种构架的最低层级是与 MOST 动机（Maynard Operation Sequence Technique（Zandin，1989））有关的人类活动，以及与 MOST 动机相关的标准时间。在预设与人类活动有关的时间标准的基础上，MOST 提供了手工操作的时间测量模型。要经济地计算直接依据的每个时间标准，MOST 速度是远远不足

437

的，因此需要有活动所建立的子操作层次。操作水平由装配操作类型予以定义，操作水平涉及在车间进行的符合人体工程学的基本操作（Jin 等，2009a）。这些工作指导方法中所指的基本元素等同于操作对象，是过程设计中的基本单元，通常运行只与每个操作相关联。随后，形成按顺序操作，顺序操作被设计为一个运算群，在这个层次上输入准

备时间。每个过程计划包括一系列的群组操作，群组操作中含有相关的准备时间，还与其他参数，如准备工具时间和复习指导材料时间等相关。类似地，一系列工艺计划构成一个进程图，此处将计入构建工作站的准备时间。最后，在每一个层次，用户有能力为下一个更高层次的装配建立网络。

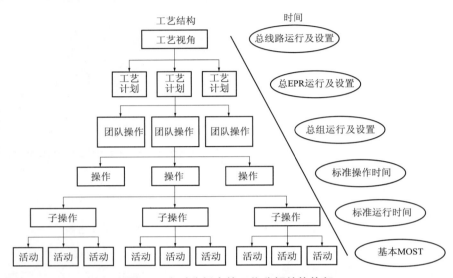

图 14 实时分析中的工作分解结构构架

考虑到 DPE 过程树的功能并易于应用，到过程结构顶层的操作层将在 DPE 中实施，含有标准时间的子操作将被保存在资料库中。在过程树中，对于默认平台没有组操作层，因此需要设立一个新

的组装层与我们所提出的结构相匹配。这个配置可以定制，以符合任何公司的独特结构。研发一个知识系统，可以智能检索设计知识，自动进行实时分析，如图 15 所示（Jin 等，2009b）。

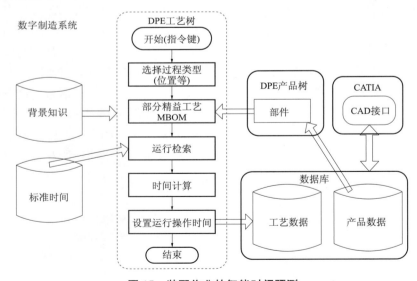

图 15 装配作业的智能时间预测

在 DPE 过程树中，对于每一个操作对象都实施时间生成，这些操作对象由含有全部有关零件对象属性的 DPE 过程树和一个标准时间资料库所支

持。为了在 DPE 中存储每个零件的设计知识，有人开发出转换工具，以便从 CATIA 的 CAD 文件中获取设计知识，通过共享数据库，将获取的知识

转换成 DPE 产品树中相应的零件对象。因此，DPE 中零件对象得以配置，开发图形用户界面，以存储、可视、编辑这些零件属性。通过对跨域对象（零件对象和操作对象）和相同域内的对象（例如，过程域中的操作、操作组和工艺方案对象）之间关系的建模，实现智能化。所有这些关系都与专家系统有关。一旦专家系统启动，用户可以通过选择对话框选择操作类型，操作类型由与其相应的零件属性予以进一步细化。相应的标准时间可被检索到，并通过基于预定算法的定量信息进行计算。最

后，通过定制接口，设定操作的运行时间，并将其作为一个属性。

通过有效利用每个层级的对象行为，用已建立的知识模型处理对象属性，实现自动化。如图 16 所示，"填充时间"用于触发专家系统，通过启发式方法，获取每一操作的周期时间。群运算对象的"计算时间周期"用于积累这个群中所有操作的周期时间，加上相应的准备时间和时间容差。对象的其他功能也得到开发，例如，"工艺方案"对象的输出报告和一体化学习曲线。

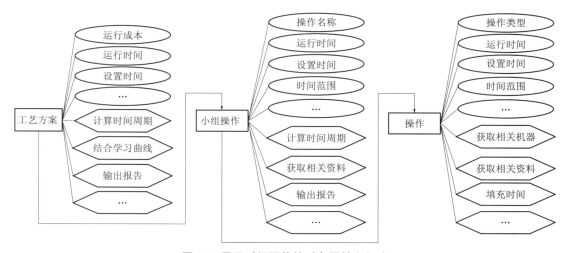

图 16 用于时间预估的对象属性和行为

5.3 成本估算

前面详细说明的工作提供了周期时间和劳动力评估，这个评估还可以用于计算考虑生产率的装配成本。然而，零件制造也是成本中的一个重要元素，因此开发了用于零件成本估算的方法。先前的工作已表明，遗传成本核算技术可以用来建立相应的成本模型。用于成本核算的商业软件包，如 SEER－DFM，提供了一个涵盖范围非常广泛的成本模型，用户可以直接利用软件包，而不需要生成他们自己的剪裁方案，软件包可以提供优越的报告能力。这种软件工具实现一体化的所需步骤包括：

（1）确定熟悉软件的能力。

（2）识别从数字化制造平台（DELMIA®DPE－DPM）中提取的关键参数，并用于 SEER－DFM。

（3）开发用于零件成本的 SEER－DFM 和

DELMIA®之间的数据转换。

（4）开发两个软件一体化的宏指令。

例如，可以创建一个 MS Excel® 接口，促进概念验证的研究，从而管理随后的自动化步骤。这包括产品树的提取，或是来自 DELMIA®（DPE）的材料账单（BOM），运行 SEER－DFM 软件，将其结果输入到一个文件里，这个文件最终被回读到 DELIMIA®。产品树结构转换成工作分解结构（WBS），它提供了零件信息以及零件的分层结构，使得子装配被确定，包含先前章节实时分析提供的组装成本。在 SEER－DFM 中，服务器模式脚本特性用于从 DELMIA®（DPE）中提取相关的零件数据，包括模板的使用。在这些模板中，SEER－DFM 所需的某些信息虽然填写有误，但可以通过用户的修改，使信息更精确。SEER－DFM 所需的输入数据域的通常数量如图 17 所示。

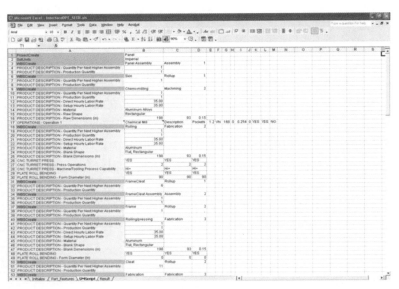

图 17　由 DELMIA 获取的 SEER－DFM 数据输入字段

该软件还可用于零件的成本估算，结果在图 18 中有所显示，该图反映了一个化学研磨零件的典型结果，化学研磨零件是一个较大组件的一部分。图的左上方显示产品树结构，右上方显示输出数据，后者由 DELMIA 提供，就像前面所讨论的。成本估计报告显示在图 18 下方，左下方为成本明细记录，右下方为劳动力、材料和工具损耗的圆形分格统计图表。

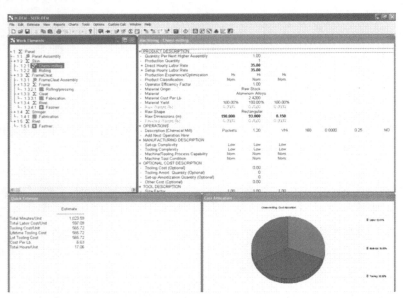

图 18　SEER－DFM 输入和输出成本报告

上面事例在机身壁板上的验证演示，以及优良的验证结果如图 19 所示。成本估算分为材料成本和不同零件类别的代表，包括框、桁条、夹板、蒙皮和紧固件。显而易见，相比单独的成本模型，软件验证结果显示了 SEER 估算与实际价值高度一致。

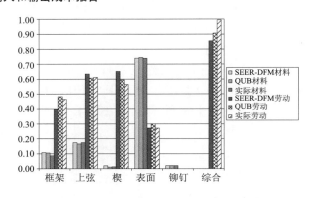

图 19　SEER－DFM 估算与实际值和单独成本模型的比较

5.4　精益流核算（FA）

FA 方法需要一个标准的过程分析方法，需要目标时间压缩的干预措施，以便通过组织，提高材料流动的速度（"产生能力"），实现过程性能的改进。第一阶段称为宏观金融地图（BPFM）的创建，这是一个高水平的焦点制造工艺配置（"当前状态"）的示意图，包括定量的财务性能。在某些情况下，这个高水平的 BPFM 将准确确定问题领域（流动的障碍），并且建议适当的改进措施。在其他情况下，它会建议一些 BPFM 特性、细节要求程度更高的区域，以显示改进的机会。一旦构成，第二阶段是计算持续当前操作状态条件下的财务结果，接着是对含有一些约定的未来状态过程配置下的经济后果评估，未来过程体现改善溢流特

性。此项工作意图在于改进项目，提供一个成本效益案例基础，项目改进通常需要应用传统的精益流和/或约束理论（Hines 和 Rich，1997）工具和技术，如看板法或鼓—缓冲—绳法。

图 20 为某公司 2007 年某一个月的 BPFM 组合结果案例研究。它体现了工业中三个航空航天制造经营的相关领域：来料和原材料储存、制造和总装。在最后的装配领域，举例说明了三家不同的工厂及其"真实的"营业费用。营业费用为固定成本，如运营中发生的工资和取暖费用，无论产量多少，都需要这些固定成本（不包括企业管理费分摊）。工厂显示每个合同及其相关的月收入与销售。在制造领域，再次映射了关键资源（加工中心）及其相关的经营费用。用于构建组件和子装配的主要路径指明了封装的复杂程度。

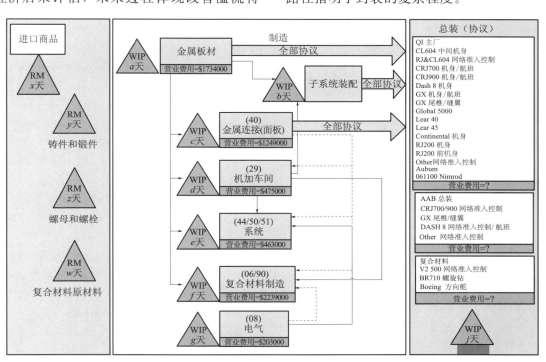

图 20　通常用于工业应用的 BPFM 总体布局

最终，每个关键资源中心里的原材料级和制品盘存（WIP）的财务状况被获取。在每一个"存货点"显示总存货价值，以表明这个组织在"存货点"上已绑定了资金。然而，为了安排好需求，不过多或过少，也可以转换为生产报表中的"天价值"（计算月底价值/下个月总销售成本×30 天）。

图 20 建立了一个产品贯穿制造和总装的通常订货和交货时间，对图进行分析可得到确定的天数。这显示了增加制造同步性的可能性，以及缓冲复杂操作的一个更好的预组装库的潜在效益。因此，这就给减

少总库存提供了机会。最后也是最重要的是，这个映射实例建立了单位成本额外费用估计，以及由此产生的（感知）成本降低，借助 BPFM 可以更好地观察。为了介绍和测试改善流动特性的影响，在强调上述问题后，下一步是拉动系统的试点实施，如机身壁板制造和供应至总装的看板法。

6　讨论与结论

本章所介绍内容的主要作用是通过精益产生实

施方法，将数字化制造整合到集成产品开发过程（IPPD）中，研究显示，在设计的早期阶段，产品的大小和尺寸公布后，它将促进针对制造需求的并行集成。此外，研究还表明，在功能层级，要研发数字制造的仿真能力，以提供相关学习曲线、周期时间、经常成本、装配过程的吞吐量等的同时预估。然而，不要忽视数字化制造还具有的数据管理能力，该能力大大优于目前的工业实践，它与工程材料账单（e－BOM）和制造材料账单（m－BOM）基本上是同一类型的。在程序和功能层级，精益原理的整合作为正在开发的精益制造（DLM）整体方案的一部分已被提出。结果表明，订货交付时间的压缩、增值收益的增加、浪费和低效的减少是嵌入 DLM 范式中的关键精益原则。

在与学习有关的研究项目中，相对于传统图解工作指南，使用动画操作指南时学习步骤较少。研究表明，通过已在数字制造仿真中使用的信息和数据，装配时间可由数据驱动自动生成。与零件有关的几何信息和零件的 WBS 用于连接 MTM 标准时间，以预估最终装配时间。SEER－DFM 零件成本功能，通过自动返回部分成本，完成经常成本预估，返回部分成本由零件在工艺和材料方面的分类和尺寸确定。得到的结论是，数字化制造模拟可用于周期时间和经常成本建模，且具有足够的精度，其关键效益是在仿真过程中自动生成，直接预估，作为构建优化过程中的决策指标。可以想象，通过精益产生实施方法，最终将反馈到设计功能中，实现更大的改进，用于鉴别面向制造的设计修正，在 IPPD 过程中以最小成本早期实施。

最后，精益流核算方法通过案例工厂，可用于工作精益流的建模，以便于根据财务价值及自上而下的原则，评估工作和最佳吞吐量，使附加努力的价值最大化，从而减少 WIP。BPFM 将工厂操作分解为来料、制造和总装。通过建立一个产品贯穿制造和总装的通常订货和交货时间的图表，对图表进行分析，可得到确定的天数。为了对货物流仿真，目前已研发了 BPFM 的数值化仿真功能。它还将被用作以仿真为基础的分析工具，以便于利用约束理论（TOC），了解制造阶段和总装阶段之间的缓冲，以及制造阶段和总装阶段中较低层级过程流之间的潜在缓冲。最终的离散事件仿真工具将允许工厂动态分析，确定货物最佳精益流程，采用 WIP 缩短订货和交货时间，从而减少工厂绑定在货物上的资金，使工厂吞吐量和灵活性最大化，以赢得客户。

参考文献

Butterfield, J., Curran, R., Watson, G., Craig, C., Raghunathan, S., Collins, R., Edgar, T., Higgins, C., Burke, R., Kelly, P. and Gibson, C. (2007a) Use of digital manufacturing to improve operator learning in aerospace assembly. *7th AIAA Aviation Technology, Integration and Operations Conference (ATIO), 2nd Centre of Excellence for Integrated Aircraft Technologies (CEIAT) International Conference on Innovation and Integration in Aerospace Sciences. Hastings Europa Hotel, Belfast, Northern Ireland*, 18th－20th September 2007.

Butterfield, J., Crosby, S., Curran, R., Price, M., Armstrong, C.G., Raghunathan, S., McAleenan, D. and Gibson, C. (2007b) Optimization of aircraft fuselage assembly process using digital manufacturing. *J. Comput. Inf. Sci. Eng.*, **7**, 269－275.

Butterfield, J., McClean, A., Yin, Y., Curran, R., Burke, R., Welch, B. and Devenny, C. (2008) Use of digital manufacturing to improve management learning in aerospace assembly. paper Ref. ICAS 2008－10.3.2. *26th Congress of International Council of the Aeronautical Sciences (ICAS) including the 8th AIAA Aviation Technology Integration and Operations (ATIO) Conference.* 14－19 *September* 2008, *Egan Convention Centre, Anchorage, Alaska*.

Curran, R., Kundu, A., Raghunathan, S. and Eakin, D. (2002) Costing tools for decision making within integrated aerospace design. *J. Concurr. Eng. Res.*, **9** (4), 327－338.

Curran, R., Raghunathan, S. and Price, M. (2005) A review of aircraft cost modeling and genetic causal approach. *Prog. Aerosp. Sci. J.*, **40** (8), 487－534.

Curran, R., Price, M., Raghunathan, S., Benard, E., Crosby, S., Castagne, S. and Mawhinney, P. (2005) Integrating aircraft cost modeling into conceptual design. *J. Concurr. Eng.：Res. Appl.*, **13** (4), 321－330, ISSN：1063－293X.

Curran, R., Kundu, A.K., Wright, J.M., Crosby, S., Price, M., Raghunathan, S. and Benard, E. (2006) Modeling of aircraft manufacturing cost at the concept stage. *Int. J. Adv. Manuf. Technol.*, 1－14.

Curran, R., Collins, R., Butterfield, J., Jin, Y., Castagne, S., Francis, M., Darlington., J., and R. Burke, (2007a) Digital Lean Manufacture (DLM) for Competitive Advantage, Proceedings of the 7th AIAA Aviation Technology, Integration and Operations Conference (ATIO), paper number：AIAA－2007－7868, Belfast, Sept 18－20.

Curran, R., Comis, G., Castagne, S., Butterfield, J.,

Edgar, T., Higgins, C. and McKeever, C. (2007b) Integrated digital design for manufacture for reduced life cycle cost. *Int. J. Prod. Econ.*, **109**, 27—40.

Darlington, J. (2007) *Flow Accounting CUIMRC Working Paper Series*, Cardiff Business School, Cardiff.

Dettner, H. W. (1997) *Goldratt's Theory of Constraints: A Systems Approach to Continuous Improvement*, ASQC Press, Milwaukee, WI.

Goldratt, E. M. and Cox, J. (1993) *The Goal*, 2nd edn, Gower, Aldershot, UK.

Hines, P. and Rich, N. (1997) The seven value stream mapping tools. *Int. J. Oper. Prod. Manag.*, **17** (1), 47—64.

Hines, P., Holweg, M. and Rich, N. (2004) Learning to evolve: A review of contemporary lean thinking. *Int. J. Oper. Prod. Manag.*, **24** (10), 994—1011.

Jin, Y., Curran, R., Butterfield, J., Burke, R. and Welch, B. (2009a) Intelligent assembly time analysis using a digital knowledge based approach. J. Aerospace Comput., Inf. Comm., 1542—9423 vol. 6 no. 8 (506—522).

Jin, Y., Curran, R., Butterfield, J., Burke, R. and Welch, B. (2009b) An integration methodology for automated recurring cost prediction using digital manufacturing technology. *International Conference of Manufacturing Research*, Warwick, UK.

Klem, B. (2008) "article", *Automotive Manufacturing Solutions*, January/February Edition.

Liker, J. (2004) *The Toyota Way*, McGraw—Hill, New York.

Maropoulos, P. G. (2003) Digital enterprise technology-defining perspectives and research priorities. *Int. J. Comput. Integ. Manuf.*, **16** (7—8), 467—478.

Naylor, B., Naim, M. and Berry, D. (1999) Leagility: Integrating the lean and agile manufacturing paradigms in the total supply chain. *Int. J. Prod. Econ.*, **62**, 107—118.

Rother, M. and Shook, J. (1998) *Learning to See: Value Stream Mapping to Create Value and Eliminate Muda*, The Lean Enterprise Institute, Brookline, MA.

Thannhuber, M., Tseng, M. M. and Bullinger, H. (2001) An autopoietic approach for building knowledge management systems in manufacturing enterprises. *Ann. CIRP*, **50** (1), 313—318.

Womack, J. P., Jones, D. T. and Roos, D. (1990) *The Machine that Changed the World*, Rawson Associates, New York.

Womack, J. P. and Jones, D. T. (1996) *Lean Thinking: Banish Waste and Create Wealth in Your Corporation*, Simon & Schuster, New York.

Zandin, K. B. (1989) *MOST ® Work Measurement Systems*, Marcel Dekker, New York.

本章译者：熊克（南京航空航天大学航空宇航学院）

第 314 章

精益企业系统的发展

Kirkor Bozdogan

麻省理工学院科技、政策和产业发展中心，剑桥，马萨诸塞州，美国

1 引　　言

精益企业系统被描述为思考和管理现代工业企业的一个全新的、不同的路径。它的起源可以追溯到 20 世纪 40 年代的后期，在日本丰田公司生产系统的改革基础上，进行的日本汽车行业管理条例的发展及其在之后几十年的实践。丰田公司生产系统的主要要素，在 20 世纪 70 年代前故意不写入其管理规定，以便通过及时生产（JIT）保证其竞争优势，并随着时间的流逝，通过试验、学习和适应不断演化。从 20 世纪 70 年代后期到 20 世纪 90 年代中期，西方早期的主要注意力都集中在研究丰田的制造和相关工序上。自从丰田成了精益生产（Womack 和 Jones，1996，p. 150）的典范，它也被称为丰田生产系统（TPS）、看板管理或者及时生产（JIT）系统。

丰田生产系统定义的一个特征是将及时生产的概念应用到制造过程中。及时生产的概念，由 Ohno（1988）认定的丰田汽车公司的创始人以及第一任总裁 Kiichiro Toyoda 和他的儿子 Sakichi Toyoda 提出。在及时生产系统中，特定的下游生产节点需求的准确数量来当前或者更早的上游节点。Ohno 通过观察美国的超市（Ohno，1988，p. 26～27）获得的灵感，激发了一个看板管理和或叫作牵引式系统耦合的想法：超市里的货架应该根据顾客购买产品（牵引）的时间和数量来进行定期补货。及时生产系统是通过使用看板法的卡片来激活的，它作为一个牵引－补充机制更早地给上游站点发送命令[1]。所以，作为一个连续流程，生产过程中的每一步都是连续的和同步的（Ohno，1988，p. 5）。连续流生产过程通过使用节拍时间命令流的方法来充分利用工作负载水平或者稳定生产、平衡生产线的工作流，从而达到整体的平衡。所以，在整个企业中，看板系统和节拍时间一起是整个企业的独特的横向协调机制的代表，并扩展到多层供应商网络中。

Krafcik（1988）是麻省理工学院国际汽车计划的一名研究员，精益企业这个词语首先被他引入并用来强调精益系统对任何原料的消耗都比大批量生产的要少。在后来被称为精益生产的日本生产方法被发现之前，日本管理实践项目的细致观察者们已经知道其主要元素（Sugimori 等，1977；Ohno，1988；Monden，1993；Imai，1986；Shingo，1989）。精益生产概念被 Womack，Jones 和 Roos 在 1990 年他们具有里程碑意义的书《改变世界的机器》中定义、明确和推广。这本书是建立在由国际汽车计划组织支持的研究基础之上的。

一个由国际汽车系统在 20 世纪 80 年代晚期进行的国际基准调查显示，日本汽车行业与其在欧美的同行相比，需要大概一倍半的努力来组装汽车，同时，日本制造汽车的平均质量比美国本土的行业要好 50%，比欧洲本土的要好 47%（Womack，Jones 和 Roos，1990）。这些显著差异不能够归因于日本特殊的社会性质和文化特征。而且，日本迁移到美国的汽车生产厂所生产出的汽车的质量是胜过美国本土的同行的。丰田－通用汽车合资企业——新联合汽车制造有限公司（NUMMI）坐落在加利福尼亚州。它雇用了和落后的通用汽车厂几乎相同的生产劳动力，但却使用精益生产系统。它在较短

的时间内实现了卓越的转变，达到了在日本丰田本厂的生产水平。这些结果形成了区分丰田生产系统和其他作为精益生产系统的日本汽车生产者的基础。精益生产系统也成为精益思维，曾经被定义为"使用更少的人力、设备、时间和空间来做更多产品，同时提供给消费者的东西越来越切合他们的需求量"（Womack 和 Jones，1996，p.15）。

渐渐地，精益生产系统的事业从基本只关注工业生产扩展到包含整个企业，从消除浪费到创造价值，再到为企业多重利益集群增加收益，从寻求更高的运作效率到实现企业更大的灵活性和响应能力，从主要关注核心企业到采用端到端的网络企业，来定义核心企业的总功能空间，还有从连续工序的改善到创造网络级动态组织能力。因此，在本章，精益企业系统这个词将用来描述精益条例和不断实践发展的范围和内容。

精益企业概念在 20 世纪 80 年代后期和 20 世纪 90 年代早期这个历史变化迅速的时期引起了西方广泛的关注，尤其是在航天工业领域。冷战的结束和在商业航空航天领域合作的加强，引领了一个商业思维由关注性能到关注价格承受力的转移为代表的根本性全新的市场环境。为了应对新的势在必行的价格承受力，该行业经历了一个长期的整合、调整和优化现有业务的过程，包括合并和收购。尽管如此，这还是不够的。为了通过关注流程达到大幅度提高效率的目的，这个行业的许多企业开始使用精益企业的原则和方法，或是其他不同的叫法，例如，及时生产（JIT）工业、精益工业或者丰田生产系统（TPS）。更广泛地说，大规模生产主导模式的解散，催化了一个过程管理及持续改进的集中管理理念和实践的重大转变。

一些其他的过程改进方法，同时也越来越受欢迎。主要有全面质量管理（TQM）、六西格玛、约束理论（TOC）、灵敏制造和商业过程重组（BPR）。这些都是为了提高工作效率来保证顾客更高的满意度、实现企业转型从而使得企业能够长期生存[2]。这些方法是先进的，因为它们具有独特性，并且对于解决当前阻碍企业实现更高效率和效能的问题具有普遍适用性（例如，浪费、质量问题、制程变异和缺乏响应性）。在这些方法中，最好的是精益企业系统，它能给企业提供一个全面的图景。这个图景是关于企业以凝聚力集成的高度互补条例和实践驱动价值创造中心业务的产品制造、开发和供应链管理，同时优化所有人的能力和利用

率，并且培养一种持续地组织学习文化的能力。

近年来，精益企业原则和六西格玛概念在实践中合并成一个统一的实现方法，一般叫作精益六西格玛，或者叫作精益六S（LSS）连续过程改善（CPI）集成制来满足特定的需求。许多航空航天企业采用这种方法与一些其他的方法组合，通常使用不同的名字（例如 Lockheed Martin 公司的LM21 精益转换活动、波音公司的精益＋活动、雷神公司六西格玛方法、普惠公司获得竞争优势（ACE）的操作系统）。主要的动机是利用精益概念（例如消除浪费，提升流程速度）、六西格玛方法（例如，几乎完美的品质）和相关方法的主要优势，来促进企业的发展和转型工作。尽管最初的定位是用竞争的方法来得到相同的结果，选择一个意味着排除其他，但是事实上提供了可以最小化各自弱点并且最大化彼此之间协同作用的关键特性。

本章通过追溯 20 世纪 40 年代后期一直到现在来关注精益企业系统的进化。其目标是提供一个关于精益企业系统统一的、通用的评论解释和集合，从而突出其进化的特性，并且帮助管理者在他们的企业改变和转型的过程中做出明智的决定。为了了解精益思想进化的本质，首先要区分基本精益企业系统（BLES）和当代精益企业系统（CLES）。基本精益企业系统大致在 20 世纪 40 年代的后期到 20 世纪 90 年代中期这段时间里，获得了精益企业的原理和实践。主导思想在第二次世界大战后的几十年成型，有关记载主要是在 20 世纪 80 年代到 20 世纪 90 年代中期。当代精益企业系统从 20 世纪 90 年代中期开始获得关键概念，并实施相关基本模型的扩展。核心精益企业思想从 20 世纪 90 年代伴随着航空航天工业集中的转型，主要通过麻省理工学院（MIT）的精益发展计划的支持[3]，在现代理论和实际的基础概念上广泛扩大。当代系统体现和构建在基本系统的核心功能之上。

本章和第 315 章中将对精益企业系统、全面质量管理（TQM）和六西格玛进行集中讨论，它们都是同一时代的历史遗产，拥有共同的关键因素，并且是相互支持的方法。更广泛的目标是帮助发展一个完整的管理体系，这个体系汇集了各种方法高度互补的元素，并将其最大化结合，并且帮助管理者提高他们在计划和实施企业变化及转变的过程中获得成功的机会。

在本章第 2 节和第 3 节，分别关注了基本精益企业系统（BLES）和当代精益企业系统（CLES），

进而提供了精益企业系统进化的概况。第 4 节是关于两种精益企业系统主要特点的对比评价。第 5 节提供了一些结论总结，突出一些仍然需要解决的重要概念问题，强调一些实践相关的经验教训，并且指出未来的研究方向[4]。

在本章，组织和企业这两个词语是可以交换使用的，为了后面突出强调新兴的组织形式（例如，网络组织、虚拟集团、无边界公司）在多尺度上的复杂性（例如，项目企业、公司部门、多部门集团、政府机关）和接受一系列的组织配置，从顾问公司到相关扁平组织网络平台都会讲到。关于基本精益企业系统（BLES）和当代精益企业系统（CLES）这两部分大致的可比性的讨论，围绕着一系列离散的维度关注它们的主要特征：目标（通过使用精益原则和方法想要达到的主要目的、目标和预期结果）；背景（起源、规定性特征）；核心概念（主要的组织思想、潜在的思维模型、因果关系、企业内部和外部环境运行所需要的改变）；关注点（规模、范围和有针对性变化的范围）；实施（改变策略和时间，计划变化的过程和执行，工具和方法，领导者和工人的角色，时间、顺序、速度和类型的预期变化）。

由于大量关于精益企业系统各个方面的文献已经存在，接下来的讨论是高度压缩的，是选择性的而不是全面详述的。尤其接下来的讨论是以 Murman 等（2002）提出的精益企业系统为基础，对其进行扩展的评论。

2　基本精益企业系统（BLES）

2.1　目标

根据被公认为是丰田生产系统（Monden，1993，p. 53；Fujimoto，1999，p. 26）主要设计师的 Taiichi Ohno 的观点，丰田生产系统（TPS）作为一个企业，最主要的目标是通过"持续和彻底地消除浪费"（Ohno，1988，p. xiii）来提高生产率。根据 Monden（1993）的观点，主要是通过杜绝浪费来降低成本和提高生产力，从而达到盈利的最终目的。

2.2　背景

基本精益企业系统（BLES）被记载成文字（例如，Ohno，1988；Monden，1933；Shingo，1989；Womack，Jones 和 Roos，1990；Womack 和 Jones，1996；Liker，2004），它体现了丰田生产系统（TPS）的核心属性。根据基本系统固有的关键思想的根源所追溯到的是很不景气的时期，当时日本正在进行第二次大重建，其状态为：一个小而分散的国内市场，很少并且还在减少的劳动力，稀缺的自然资源和几乎不存在的投资者。当时福特移动式大型流水线生产系统代表着通过成就显著的规模经济来生产汽车是最有效、最有优势的生产方式。这是通过大批量的生产标准化零件来实现的，而大量生产标准化零件是通过专用的生产流程和高度专业化的任务来实现的。但是，在当时的情况下，"在日本大规模生产是行不通的"（Womack，Jones 和 Roos，1990），于是，日本羽翼未丰的汽车行业不得不寻求一些方法来承受即将来临的由西方大规模生产巨头进入日本带来的冲击。这个挑战即是如何设计一个新的生产系统，可以同时满足在一个高度离散化的国内市场中顾客多样化的需求，还可以获得低成本高质量的产品。这种新的生产系统相较于普通的大规模生产系统更有效、更灵活。精益生产系统在这种惨淡的环境下应运而生，成为大规模生产模式的持续竞争对手。

2.3　核心概念

基本的精益系统不是一个写着去做"好事情"的单子，不是一个工具集，不是一个实现技术的集合，也不是什么多步实现过程。它并不是由基于理论演绎的思维或者课本中的假设来实现的，而是一个实验、学习和适应的过程，精益原则是在实践中形成，然后才被学者和其他人发现、编纂和扩展的。基本精益企业系统（BLES）的独特性并不是来自它的某一个单独的元素，而是来自所有的元素一起工作形成的整体（Liker，2004，p. XV）。

BLES 反映了丰田企业的经验，它表明了一个评价目标稳定性和持续性的管理哲学；应该注重长期而不是短期的结果；向顾客交付有价值的产品；提高所有人的能力；消除浪费；持续地提高和在互相信任及承诺的基础上建立长期的合作关系。工人不应该被看作应该缩减花费的因素，而应该被看作杜绝浪费和实现可持续发展的建议的主要来源。收益不应该被单纯看作单位成本加利润，而应该遵循市场定义，减去单位成本，而成本是企业可以控制的。

作为一个生产系统，基本精益模型代表着内部互相关联的集合，它是一个高度互补的，互相促进的加强组织原则。这些内部关联的核心原则包含如下几点：

（1）关注顾客。出发点是关注顾客，在客户需要的时间生产出符合客户心理价位的产品，并且符合顾客对质量的要求，这是他们最重视的。顾客的需求和期望是所有企业活动的源动力，代表着"真北（true north）"，是这个企业的方向。

（2）杜绝浪费。为了生产出顾客满意的产品，所有形式的浪费（muda）都必须杜绝[5]。Ohno（1988）说，"完全杜绝浪费"是丰田生产系统的基础。杜绝浪费并不只是减少花费，还要缩短周期（例如，生产、产品开发），尤其是订单到收款的周期，即顾客下订单到公司收到现金的时间（Ohno，1988）。除去无增值的活动从而节约时间比通过加速来加快生产过程要重要得多。

（3）持续流。持续流需要保证在所需的时间内，按照需要的量，需要的部分到达生产线，没有不合格产品。在这种约束下，意味着单件流（做一个移动一个）或者无柄生产几乎消除原材料库存，成品或者半成品库存在操作之间是最小的移动量。连续流的产生首先需要所有必需的工作步骤和工作标准的额定排序（Ohno，1988，p. 130）。它也包含一些工作空间规划方法的应用[6]。主要的挑战是抛弃批量排队的思想，引入一个单件流的系统。流动的最好实现方式是通过抛弃传统的功能组织，把它们替换成根据价值流形成的集成产品团队。

（4）完美的质量。追求第一时间的质量完美对于连续流的实现是绝对必需的。这意味着材料和信息流从一个站点到另一个站点，而残次品不流动，因为残次品意味着返工，这是主要的资源浪费。此外，为了确保连续流，实现完美的质量不可避免地与实现完全的安全联系在一起。丰田企业的基本要求实际上是首先确保安全，然后才是质量。如果不争取第一时间的安全，连续流实际上是不可能实现的。争取第一时间的安全贯穿在企业的每一个活动中，涉及生产生命周期的所有阶段，从产品的开发到生产，到销售，到售后服务。这就是为什么许多方法的使用都和全面质量管理（TQM）相关[7]。

（5）灵活性和响应能力。灵活性的获得和很强的响应能力补充着其他的原则，并且通过实现更高的效率和有效性来增强累积的影响。这是由三个重要的密切相关的创新点来实现的，分别是：小批量的生产；从根本上减少时间设置和通过密集的训练

及教育来获得一个多技能的劳动力群体；一个指定的工人可以完成多种任务。戏剧性地将时间设置从许多个小时减少到分钟，这是"六十秒及时换模"的创造者 Shingo 实现的，这是丰田竞争路上重要的一步（Shingo，1989）。

（6）合作关系。在精益企业中，传统的公平竞争、敌对的、短期的和基于交易的关系全都从外部和内部被合作关系所替代。管理者的任务是在团队合作的环境中训练工人，帮助他们解决问题，培养团体和组织学习。在企业外部，在互相信任和共同义务的基础上，企业负责人或者企业中心（装配部）和他们的供应商是合作关系。这种合作关系涉及联合设立价格，持续降低成本，信息共享，共同解决问题。多层次的供应商网络基本上代表了核心企业（装配部）的延伸范围，在基于产品寿命的长期合作协议下，装配部和它的供应商共同合作。供应商的选择更注重其与以前公司之间的关系，而不是在公开竞标中一个有说服力的表现。这种公司间的关系包括的不是针锋相对时的讨价还价，而是协同问题的解决。这种关系是处于一个透明的、建立在支持公平竞争反对投机主义基础之上的环境中的。

相对数量较小的一级供应商在设计的早期就被考虑在内，并且被赋予了更大的责任。与此同时，经常用双重来源来刺激供应商之间的竞争，并且只和个别的供应商之间保持密切的关系。被选出来的一级供应商承担着进一步的责任，包括管理比他们自己低一级的供应商；作为汇编的代表，通过集中控制结构，采用公平竞争和双赢的模式。重要的实践包括使用目标价格、性能监控、竞争力、特定资产的投资、股权的控制、相互信任，为占领不同细分市场的供应商寻求不同的策略。供应商及时地、小批量地、频繁地直接把部件送到生产线，这样就形成了连续流，而不进行前质量检测。当罕见的有问题的部分出现时，装配线和供应商一起寻找问题的根源。供应商协会为信息共享和技术转换提供了一个正在进行的制度机制，例如有统计过程的控制（SPC）和质量管理（Smitka，1991，p. 17～22，p. 135～174；Nishiguchi，1994，p. 6～7；Womack，Jones 和 Roos，1990，p. 60；Murman 等，2002，p. 104）。

（7）持续改进。持续改进（kaizen）意味着基于知识的渐进式改进。它包括面向过程的思考和通过团队工作解决问题，应用一个广泛的时间方法和

工具（例如源头上质量把关、质量管理小组、五个为什么、全面生产维护、检疫系统）。一个重要的促成因素是戴明循环或者是计划—执行—检查—行动（PDCA）循环。同时，另外一个关键的促成因素是有多技能的劳动力，即给工人们许多学习和团体工作的机会。持续性发展工作的原理是将所有的精益企业原则紧密地结合在一起，并且从本质上代表一个边学边做和组织建设能力的复杂的进化过程。

连续发展反映了丰田公司基本的宗旨，即在工作现场或者工作完成的地方和顾客满意的价值产生的地方进行认真的学习，从而产生使公司能够生存和繁荣的产品或者服务。现有的工程中，工作流程和标准是严格控制的，同时它们在降低成本、提高质量和提高顾客满意度的基础上进行经营方法的改善，并在追求增量和逐步改进的过程中不断地提高。经营方法的改善包括每一个人，不管是管理者还是工人，精益和做事的意义是等同的。因此，想要建立一个精益组织管理，要授权工人"通过练习和实践，从身体构造上来讲，要既用手，也用脑"（Imai，1997，p.89）。在工作现场的学习经验可以提高连续性，反映出基本的人类价值的提升。改进并不是一个自上而下的宣言，而是一种生活方式，一种在工作中自尊的来源，是个人价值实现和增长的一种方式。在工作现场，提高是自上而下的，也是自下而上的，在这里，管理者的角色是"通过尽可能地减少约束而帮助工作现场的工人们更好地实现工作"（Imai，1997，p.13～15）。

这些原则和活动的集群，以及它们相关的时间，在战略战术和操作水平上创造了重要的互补性。这意味着如果一组特定业绩水平通过使用一个给定的原则而大幅度增长，那么与这个业绩水平相关的由别的原则应用引领的其他活动也可以迅速增长。换而言之，不管是直接的（一级）还是间接的（二级），交互作用效果都是积极的。因此，如果和其他活动相关的边际成本因为已经意识到的直接和间接的积极影响而下降，那么它将是整个企业推行所有的原则和将所有活动联系在一起的最佳方法（Milgrom 和 Roberts，1990）。

2.4　关注点

BLES 主要聚焦在工厂的工作，以及逐渐扩大它的范围来覆盖供应商网络，关注的中心是发展、管理，以及以顾客为中心，拉动小批量是为了满足顾客各式各样的需求，这样可以提供大量低价高质量的产品使生产体系持续性发展。高效率在大批量和小批量的生产中都是可以实现的。工厂的流水线流程是用来保证由顾客需求拉动的流动的连续和准时制产品的生产，同时，明确把人尊重为整个系统的中心的准时制生产，反过来，也使得创建几乎无缺陷的产品和工艺成为可能。关于持续性发展的不懈追求，要强调通过利用最有能力的人来消除浪费，以人为本不仅可以保证更高的效率，还可以给顾客提供更优质的产品。

制造系统的宗旨包括产品、生产的发展和采购或者供应网络的管理（Fujimoto，1999，p.321），主要强调企业中生产相关操作的设计和管理。Womack 和 Jones（1994，p.93）想象一个精益企业作为"一个个人、功能和法律是单独存在但是同步操作的群体"，在这里价值流的概念定义了精益企业。一个企业价值流是对企业生产的每个特定产品而言的，作为整个生产的链条，公司的每一个活动和网络都是在给公司的顾客创造和传递价值。在它最有经验的形式中，价值流包括承担创造和生产每一个特定产品的整个活动的集合，无论是细节设计的概念还是实际中的可用性，无论是订单输入和生产调度的最初销售还是传递，无论是遥远的原材料的生产还是到达我们看不到的顾客手中，让这一切发生的组织机制叫作精益企业（Womack 和 Jones，1996，p.20～21）。

2.5　实施

基本系统被 Womack 和 Jones（1996）以一种便于理解和在业内实施的方式重构、精简了。在建设精简企业中更加强调"怎么去做"。运用价值流映射来确认产品、产品线的价值流，以达到对价值流中的物质和信息更加直观的理解（Womack 和 Jones，1996，p.37～38，311）。

重新定义五步过程为：

（1）价值。正如终端客户认为的，指定价值是第一步。价值是有特定价格的特定产品或服务，能够为特定的用户解决特殊的问题。

（2）价值流。将价值流映射到每个产品之中，能够开展分析价值流中的每一项活动，从而确认、剔除掉那些没有价值的附加活动或行为。

（3）流。当那些没有价值的附加活动以最大限度被剔除后，下一步就需要将剩下的创造价值的部分"流动"起来。

（4）拉动。从概念上讲，是消费者将产品从企业中拉动出来，而不是企业将产品推给消费者。这个"拉动"的动作点亮了上游供应网络中的一系列产品活动。

（5）追求完美。实行精益条例的公司会发现为客户提供更好的服务或减少生产过程中的浪费是永无止境的。所以追求完美是一个连续改进的过程。

在这种重构中，要点是要关注客户拉动的价值或者是将客户器重的产品和服务良好送达，这是从追求较少的花销到以减少浪费为中心的思想转变。因此，企业的目标不是说要做一个零浪费的企业，而是要做一个能将客户器重的价值送达的企业。那么，客户器重的价值和花销之间是什么关系呢？Womack 和 Jones（1996）给出的答案是，客户器重的价值是没有浪费的单位成本，这与产品运作中的目标成本相呼应。

不过，在标准的微观经济学中，关于变化的市场结构条件下，企业的行为理论中，无浪费的单位成本和目标成本的精确含义仍然是模糊的。消费者决定着什么是无浪费单位成本或者目标成本（即客户器重的价值送达的最低单位成本）以及什么不是（Hines，Holwe 和 Rich，2004）。这种想法的基本理念仍然值得商榷[8]。

随着精益这个概念的广泛传播，Womack 和 Jones（1996）的工作让价值流理念成为精益的专业词汇，这是前面章节中介绍的价值链理念的借鉴和扩大。

3 当代精益企业系统（CLES）

3.1 目标

当代精益企业的目标是为多种企业股东创造价值。这目前被看作是判断企业成功与否的关键。传统的成功企业指标（如大的市场份额、低的成本、较高的客户满意度、更高的盈利能力、对股东的高回报）通常能反映更加广泛的、明确的、多维度的价值创造理念。

3.2 背景

根据 MIT 精益推进计划（LAI）给出的调查，基本的精益企业系统（BLES）在 20 世纪 90 年代中期以其汽车业背景大幅发展。Murman（2002）详细讨论了近期突飞猛进的发展观点，包括以

MIT 精益推进计划（LAI）为依托的精益企业原则的更深入的讨论和再现。作为其自 1993 年以来整体研究议程的一部分，精益推进计划发展出了一系列企业层级的精益条例部署的框架、方法和工具，就像 Nightingale（2009）总结的一样。基于丰田公司改革的经验，精益企业的高清晰度的整合构架与新观点的透视，更广阔地植入了同时期对大规模网络化企业的结构和动态的理解，比如航空企业。

3.3 核心理念

同时期的精益企业系统采用了历史性的端对端网络企业的复杂系统的观点，包括所有企业功能和运作——核心价值、商务系统、策略、能力、运作，而且更注重企业的构架、设计和转变。精益思想是"企业中的全体员工持续不断地以创造价值为目的，消灭浪费的动态、知识驱动和顾客至上的过程"（Murman 等，2002，p.90），这与先前的精益企业只注重客户并主要关注削减浪费的思想是有相当大的不同的。

CLES 的基础构型主要有三方面的发展，这三方面共同造成了与 BLES 的精益理念的不同，包括：传统精益系统的目标理念的导向和发展不同，其主要强调为多种股东创造价值；基本精益系统的主要推力的全新解释是，强调要发展一个渐进的，创造长期动态网络组织的学习能力，以作为持续竞争优势的主要来源；更重要的是细化和发展内在关联的重点，注重整合产品开发、制造和供应链管理，这对加强上述两个主要发展很重要。

这三方面的发展代表了 BLES 理念层面高度互补的发展。第一方面定义了多股东持有的网络系统化企业不断发展的视野和本质。后两个方面代表了前述基本精益模型以更加接近学术文献体系的实质性理论扩展和细化，其表现出了机构以学习和构建动态机构的能力作为核心竞争优势。

3.3.1 多股东价值创造

一个精益企业被定义为"一个整合的采用精益条例和实践为多方利益股东创造利益的实体"。这同时反映了企业主要目标的转变和进一步的细化（Murman 等，2002，p.144）。在这个定义中，"将客户拉动的价值送达并减少浪费"的理念有必要更改为"消除浪费，并将价值传递给多个企业利益相关者的目标"。股东拥有所有的能够影响或能够被企业达成目标所影响的组织或个人。价值和创造价

值的概念有了新含义。价值是在企业和其股东之间有所交换中定义的，是指公司做出的贡献性行为回馈给股东的，作为股东对公司投资的回报。因此，价值就意味着"特定价值、设施、利润或奖励"，股东得到他们对应于各自贡献部分的回报。价值的层次、属性和维度会随着股东的时间、偏好和随时间变化的投资意愿而变化（Murman 等，2002，p. 178～179）。

为了让企业能够为所有股东创造、传递价值，企业不仅仅要把工作做好，还要做正确的工作。（Murman 等，2002，p. 177）。这意味着不断改进工作方式的做法已经不够了，还需要企业去做正确的工作。在价值创造系统中，"做对的工作"和"把工作做好"应该一起出现，这其中包含三种内在的相互联系的部分：价值确认，包括对股东及其价值需求或要求的确认；价值提议，包括确定股东之间产生价值的交换方式，同时还需构建企业的价值流体系，以保证承诺的价值交换能够得以实现；价值传送，包括切实表达企业价值流中所有的功能和过程，从而能够将在价值提议中承诺的利益贡献给股东（Murman 等，2002，p. 183）[9]。

一些更新和更广的条例被提出来引导精益企业的构建，采用价值创造框架来为各方股东创造价值。这些条例包括：通过做对的工作和把工作做好来创造价值；在确认好股东价值预期和建立稳定的价值提议后才去传递价值；通过采用企业观点来实现完全的精益价值创造；注重企业层级的内在联系来增加精益价值；员工也会影响精益价值创造，而这不仅仅体现在生产过程当中（Murman 等，2002，p. 281～289）。

3.3.2　发展进化的学习能力来创造长久的动态网络组织能力

进化的学习能力是善于进取的公司特有的重要能力，比如学习已知的知识、别人的经验、试验，以及在竞争对手之前找到可以实现的解决方案等。这与常规化的学习能力不同，它更加广泛。这种学习能力能够从常规的学习方式（常规的问题—解决模式）中形成组织化学习氛围，并可以提高创造力，还能从重复的动作中学习（边做边学），加强学习的扎实程度（规划探索行动）。不像常规化的学习能力只在现有系统的基础上处理其重复的或是常规的变化，进化的学习能力能够处理高阶的、不规律的、不寻常的系统变化，这种变化经常与不寻

常的、特殊的情节或特殊的历史事件相关联（Fujimoto，1999，p. 20）。

像在书里记载的那样（Fujimoto，1999，p. 20），丰田公司的改进路线并没有以对未来事物的完美的预见性、计划性和合理动作为铺垫。也可以说，丰田公司成长为一个极具竞争力的商业宠儿的过程并不是由常规的，去赢得竞争力的想法驱动的。相反，该公司在最初认为合理的决定下产生的有意或无意的发展，导致了其随时间成长和改变。正确和错误的决定都伴随着该公司的改进过程。然而，随着时间的推移，该公司终于一步一步地发展出了进化型学习能力。为此，它才能在复杂多变、不可预测又不可控的历史进程中发展起来。

为了保证长久的竞争力，公司在组织内化学习和知识创造上的努力直接引导着进化学习能力的产生。而这种努力比单纯的完美的制造技术、与供应商联系紧密或者相似的管理实践重要得多，当然，后者会强化前者。一个常见的问题是如何解决现有的刚性工作规范与连续组织化学习需求之间的显而易见的悖论。刚性工作规范，特别是在航空航天企业中，基于其对安全的持续关注，是绝对不允许有任何缺陷的。因此，航空企业必须对其生产过程实施严格的质量控制。丰田进行了连续的试验，严格地对待质量问题，从而通过科学方法解决了这个显而易见的悖论（Spear 和 Bowen，1999）。

航空航天企业能够学到的其他内容都能从丰田和其他日本汽车公司（如本田）学到，这些公司早就发展出了广泛网络化的知识共享实践，从而加强更高级的组织内化学习。特别地，丰田已经能够创造出有明确规则的高度内联的学习网络。所有参与其中的人员都能自由分享知识，然而搭便车是不允许的。显性知识（编撰后的）和隐藏知识（未编撰的）在该网络上都能高效地传递。这个经验说明企业网络共同合作，比单独的企业或者是公平竞争供应商的核心企业，在创造、传递和运用知识方面更有效率。原因是，通过网络获取的知识比从厂商或者是焦点企业那种对抗性供应商关系中获取的知识更加多样。但需要注意的是，建立起这种合作的供应商通过该网络更加适合开发已有的多元化知识。然而，要建立新的能力效率更低，因为网络化的知识多样性会随着企业不断地采用其他公司相似的、已存在的隐藏的知识而不断减少。

3.3.3　产品的研发、制造和供应链管理能力的整合

现今，并行工程的关键做法已经被广泛理解和使用，特别是在航空航天工业领域，20世纪90年代早期 F－22 猛禽战斗机研发计划就已经开始采用了。这种做法是采用集成产品和过程开发法，同时进行产品研发和产品制造过程的设计。这种方法的好处是能够大幅缩短产品研发周期，从而节省时间和金钱，提高质量。并行工程意味着一种供应商参与跨职能的运作方式。它通常是通过重叠过程的方式实施，意味着产品和生产过程同步设计、部署跨职能工作团队、在设计过程初期供应商就参与其中，在设计和开发新产品授权中让供应商承担更大的责任（Clark 和 Fujimoto，1991）。航空工业已经广泛采用这种新兴的精益企业的方法。在 F－35 闪电联合攻击战斗机的采购计划中，Lockheed Martin 是主承包商。战机的集成产品团队由 Northrop Grumman 公司和 BAE 系统的员工搭配领导，从而构成了一个与 Lockheed Martin 紧密合作的团队。

在并行工程之前的一个重要的发展是设计策略和交叉平台产品设计方法的发展。丰田和其他顶尖的公司通过从单一计划到涉及平台共享的多计划管理的观念转变来获得长足的进步。目前为止已经发现，采用不同产品平台流通并行科技的计划是最有效率的（以工程耗时为指标）(Cusumano 和 Nobeoka，1998)[10]。通过本章的研究发现，单一计划的高效管理已经不足以让公司在竞争日益严峻的全球市场中成功。基于此，航空企业越来越强调子系统跨多平台的通用性。

最后，从汽车企业供应链设计和管理中学到的东西已经越来越多地被航空企业认识到。根据先前的研究，日本汽车公司建立的将更多的设计责任指派给关键的供应商的这种做法已显示出显著的竞争力。也就是说，一个重要的精益行为是将关键供应商整合到设计和研发过程中，即，使供应商能够参与到新产品早期研发之中，与客户能够有稳固的沟通链，承担明确的设计责任，参与到联合问题解决任务中（Clark，1989；Clark 和 Fujimoto，1991）。紧密的客户与供应商网络的显著特点包括长期伙伴关系和战略联盟的形成，这常常涉及合作解决问题的方式、信息共享、成本均摊、风险均摊的合作关系，这种合作关系能够形成连续的组织内化学习方

式。对核心或焦点企业来说，及早地让供应商进入产品开发过程能够扩展企业的科技与知识基础。

在航空航天企业环境中，在防御系统采购方案中形成一个跨供应商的数据库共性能够减少成本超支（Hoult，1997）。相关的研究表明，供应商尽早进入航空防御产品的设计和发展是新产品构架革新的关键（Bozdogan 等，1998）。其中构架革新是指在产品开发的早期，产品或系统组件通过积极利用和整合将供应商网络（关键供应商、工具供应商、下级）的现有技术基础重新连在一起的重大修改。根据研究得到的结果，表明供应商早期整合入设计过程的构架革新能够显著降低成本、缩短研发周期、提高产品质量。

这些发现广泛支持了近年来学术界强调的合作化组织内知识共享关系与知识网络重要性的观点。这些关系和网络能够在新环境中构建网络层级的策略性能力，这种新环境由单独企业竞争转向网络竞争，供应商成为日益重要的科技革新源。

最近的以研究为基础的发现表明，基本精益企业系统（BLES）与当代精益企业系统（CLES），具有不仅能在短期内实现效率增加，而且还能创造长久的动态网络层级组织能力的"良性循环"元素。

3.4　关注点

为多方利益相关者创造价值的新兴关注点是企业变化的方向指南针。而且，早期对连续过程发展的强调已经为新的强调企业转变的同时保留先前对业务关注的观点让路。这种企业转变的观点更准确一点来说是转变企业商务进程。因此，开发网络级的动态能力并继续强调对企业业务集中，与实现更高效率和效益的智能发展的重要性之间有所不匹配。

同时，企业总的边界仍然保持着某些模糊。需要提醒的是，在核心企业与拓展企业之间做出区分是有用的。核心企业是指焦点企业、中心企业或者节点企业，比如系统集成者或者总承包商（如丰田、波音），也指那些紧密耦合的实体，比如为新的防御采购计划联合工作的整个公司核心团队，这些包括焦点企业及其合作伙伴和主要的子承包商。拓展性企业包括集中在核心企业或焦点企业周围的网络化组织，从底层供应商到终端用户[11]。这些拓展性企业从事设计、研发、制造和产品生命周期内的保修等，它们通常与核心体结合得不那么紧

密。网络化企业的理念在效果上决定了核心企业的能力空间。网络化企业理念的好处是，它能够使用网络让自己有一个更清晰的定位。

如果抛开利益集群价值创造的说法，并采取企业整体观点，这种端对端网络化公司的理念在实际意义上减小到了利益集群之间的价值交换上。

3.5 实施

当代精益企业系统条例的实施和实践需要提高全面网络化企业的能力和表现。MIT（Nightingale，2009）的精益推进项目提供了一套整合的实施框架、路线、方法和工具。这些手段用来实现系统化的企业转变，从而产生主要的运作改善[12]。

4 基础和当代精益企业系统的简要比较

表 1 提供了两种精益企业理念的总结性的对比，一种是 20 世纪 90 年代中期以前发展的理念，一种是 20 世纪 90 年代中期之后的一段时间通过更多的研究与提炼所发展而来的理念，这反映出时代的进步。基础精益企业和当代精益企业的主要不同之处可以通过研究其目标、定位、核心理念、关注点、实行策略看出。表 1 中列出更多的不同之处。早期系统中独特的客户中心导向理念向多利益集群的公司理念转变，但是仍然对客户保持了相当的关注。这导致了有人提议构建稳定的价值，并强调准确定义利益集群价值交换，有助于引导公司的战略和运作。

为公司利益集群消除浪费已经被创造价值所取代；主要对效率的强调已经转变为对之前效果的强调；对运作过程和工作流过程（比如产品开发、制造、供应链管理等）的总关注度已经扩大到包含所有的企业功能和过程，即使这些系统在实际应用中一直只强调过程改进；决定先前系统的价值流也扩展为对整个公司网络的全面覆盖，即使这些潜在系统实际的运用没有那么广泛。

同样地，早期系统的核心即持续创新，在理念上也扩展为强调持续的组织性学习和知识共享。持久的竞争优势来源不再只是通过过程改进提高效率，而是创造动态的网络层级的能力。干预策略也从焦点企业对过程改进的关注拓展为结构化的干预

方法，从而达到由稳定价值得到的，创造和利益集群价值交换的定义所引起的改变。目标是保证通过联合焦点企业和网络中的其他企业，实现合作双赢的改变和发展来拓展企业网络，至少在理论上是这样的。希望得到的效果是去除焦点企业和它的供应链企业之间缺乏的外在权利平衡，来构建一个以尊重为前提、整个网络中所有的参与组织都能够共同为了同一个全民共享的价值创造框架而努力的企业系统。企业网络中，焦点企业对其支持的网络传统性地实施由上到下的控制。同样地，同时期精益系统的应用可能落后于这些理念的发展。

5 总结性观察

精益企业系统，在早期叫作及时生产（JIT）、看板管理、精益制造或者是丰田生产系统（TPS）。精益企业系统最初在 20 世纪 40 年代末期到 20 世纪 50 年代早期在丰田公司发展起来；第二次世界大战后，在丰田和其他日本汽车企业中充分发展起来。西方的许多企业和组织为了通过连续过程提升来提高效率，采用精益企业系统进行大范围有规划的企业整改后，在 80 年代才认为精益企业系统是一种全新的基础性不同的产品体系。1989 年柏林墙被推倒后，它的范围和内容自从 90 年代中期就被极大地扩展了，反映在出现了大量的研究和学习，以及从汽车行业进入其他行业，特别是航空工业，从而改变了航空企业的运作。

当代标准化的精益企业系统能够为公司提供一种全面的思路。这种思路涵盖了一系列紧密的互补条例和实践，从而推动其价值创造的过程，如产品开发、制造、供应链管理，同时能够规制全体员工，创造一种持续组织化学习的文化。这种全面的理念导向是数十年来丰田公司经验积累、试验和学习的结果，而且它已成为一种坚实的真实世界的设定。精益企业系统涵盖了在策略、操作层面的全部企业运作要素的组织和管理。它将全部端对端企业抽象成拓展企业，这是一个包括整个企业价值流（上游供应商网络和下游销售活动）的内联系统。因此，它从网络化的角度描述了核心企业（系统集成商、主承包商、领导机构）周围全部的企业、组织，而且受紧密联系的组织、科技、分支过程网络的支持，涵盖多重供应网络的产业生态。

表1　基础精益企业系统与当代精益企业系统的整体要点比较

要点	精益系统	
	基础精益企业系统	当代精益企业系统
历史	从20世纪40年代开始，70年代末期到90年代有最多的记载	从90年代中期开始
目标	・为客户传递价值 ・提升产品效率和盈利能力	・为多方利益体创造、传递价值 ・建立广泛、动态的网络能力，以产生持久的竞争力
核心条例	・确保长时间的思考、稳定性和目标一致性 ・关注客户，为客户传递其需要的价值 ・以端对端价值流的眼光看待企业 ・消除浪费 ・创造及时生产系统 ・追求完美质量 ・追求稳定性和持续的运作流 ・追求持续的提升 ・加强员工能力 ・建立以信任和承诺为基础的长久关系	・全面采用网络化端对端企业观点 ・培养强调长久思考、稳定和目标一致的领导力 ・建立稳定的价值提议，指定多方利益体之间的价值交换 ・以客户拉动的价值传递为目标，为多方利益体消除浪费 ・确保网络化企业连续流动 ・培养持续创新和学习的文化，获得持久的动态的网络化能力 ・发展合作关系和共同受益的管理结构 ・建立高效、灵活、适应力强的网络化企业
要点	・核心企业运作和工作流过程 ・企业的端对端价值流 ・价值流中的合作	・整个企业的价值流（核心企业、上游供应商网络、连接核心企业、终端客户的下游活动） ・各种规模的企业业务（战略、战术、操作） ・领导流程、核心业务流程（产品开发、生产、维持、供应链管理），以及配套基础设施过程（例如，人力资源、客户服务、信息系统、合同） ・公司利益集合体之间的价值交换 ・管理内在和外在的相互关联性
施行	・确定价值——确保价值是终端用户指定的 ・确定价值流——确认价值流以消除无价值的活动 ・创造价值流——建立价值增加步骤，以让产品流持续流动 ・拉动——让用户拉动企业价值 ・追求完美——从持久的改进中追求完美 来源：Womack和Jones（1996）	・采用一种全面的企业角度，精益企业的原则，理念框架、方法和工具来追求企业转型 ・通过开展下面主要步骤块，来计划和开展企业转型，比如： （1）建立战略准备和学习循环（比如定义战略需要，在转型过程中加强领导） （2）发展企业转型计划（定位企业，了解现状，创造未来图景，发展战略和具体实施计划） （3）建立必要的基础设施系统和能力（比如政策、矩阵、信息系统、构架） （4）执行转型计划（比如确认优先级，建立高潜力项目） （5）监视进程，采取修正动作和制度化系统改变进程
转变模式	・连续渐进改变	・系统性改革

最近关于精益企业思维的一个重要进步是从主要强调消除浪费向为多重利益集合体创造价值转变。这增加了对创造稳定价值和指定利益体之间价值交换的重视，有助于指导公司的战略和运作。同样发生的另一个重要转变是从主要关注追求公司运作的连续改进向公司整体转型的改变，后者更强调建立动态长久的网络级组织能力。集成产品的开发、制造和供应链管理能力的提高使得后者能够实现。建立含有大量知识共享和内组织学习的合作型供应商网络及供应链管理变得日益重要，这反映了对竞争形势转变的认识。竞争形势由个体企业之间竞争向供应商成为重要的科技创新源的网络化竞争

转移。

下面简要提供两套结论性意见，在第一套中说明理念和实际问题，第二套提供未来的前景预期。

5.1 理念和实际问题

大体上讲，精益企业系统以其更早、构造、革新的特性代表了基于实际操作（而不是理论上的）的企业管理体系。所以它自身的结构发展缺乏理论基础，缺乏使用环境基础（也就是说，在缺乏具体的外部环境应急情况下它是最有效的，或在其他情况下它又可能被发现基本上是无效的）。有相当一部分理念和主张是不明确或是不完全的，比如以价值流和利益相关者为中心的企业理念的建立。虽然价值流理念在单一产品层级上确认和消除浪费很有用，但是它在复杂的、产品多样化的大型公司层级时就显得笨重，因为这些大型企业动辄有成百上千家供应商。此外，它经常被用作结构性的、以控制为向导的方法，而无视现实生活的复杂性。就像给定的价值流的组织是围绕一块磁铁铁屑一样。相似的是，它那种以多方利益体为中心的企业理念以一种简单化的方式构建，忽视了利益方对价值预期和时期偏好的不同。就如几十年来文献中强调的，理论上的问题已受到重视，这些理论问题是将有关个体功能集合来得到团体或社会价值。同样地，虽然在进一步了解动态的网络层组织学习和动态能力创造上有所努力，但是现在还是更加重视企业运作和过程改进。这在深化了解精益企业的科技革新动态中留下了空洞，这些科技革新动态确保了持久的竞争优势。

更多的是，精益企业系统忽视了假设一个相对稳定的、可预测和可控或固定的外部环境的应急条件，这些条件对于定义界限非常重要，在界限内该系统最有效。另一个相关问题是对需求多样性的忽视。有评论说需求评级是缓冲和保护系统的有效方式。这个方式听上去很合理，且有对应的外部干扰，比如需求高峰。但由于缺乏对外部突发条件的考虑，就会产生精益企业系统模型在高速变化、扰动和不定的市场环境中是否适应的疑问。一个内在的风险是对现代企业的必要的理念化，需要这些企业处在封闭的系统中，这造成了简单、线性、可预测和可控的因果关系。在20世纪60年代的文献中有更丰富的讲解。

此外，通过有计划地干预，精益企业模型是基本代表开展连续过程改进的方法，还是代表企业策略转变转型的方法，这个问题没有得到解答。而理论证据更趋向于前者。同时，转型的理念仍然模糊，尽管这个问题一直是科学文献中相当关注的理论话题。

精益系统的其他方面也受到了质疑，如Hines，Holwe和Rich（2004）注意到的，缺乏人为因素整合（商店高压和剥削的工作环境）、"外在大批量重复生产环境时有限的适用性"、"模糊的界限"和"缺乏战略方面"。从好的方面想，这些问题引入了对精益施行、精益行为潜在局限等的认定，通过采用全面的战略眼光来防止陷入狭隘的战术或运作的想法。精益理念在航空界的运用涉及设计和建造极其小批量而且高度混杂的产品系统，这不支持那些关于精益理论只适用于大批量重复性制造环境的言论。缺乏全面的战略眼光严重地限制了航空企业中的精益条例的施行（Crute等，2003）。关于界限模糊的观点仍然是在议项目，其很大程度上被认为关乎精益思维的本质，所以需要对这个理论建立比相关的核心问题更多的考虑。

通过学习丰田和其他努力超赶丰田的公司，"如何成为像丰田一样的公司"一直是不断发展的可测试的命题，是建设良好理论的前提条件。同样，丰田公司作为一个典范公司，将其几十年的成功经验抽象后能够发现，它的成功也许不是单纯的运气好。通过寻找丰田隐式或显式的实践经验，应该要创建一个倾向理想化的观测实践和过滤某些缺陷、盲点或不足之处，而不是从一个更大的理论角度来检讨批判它们。

深入探讨后发现，两精益企业系统实施过程中的个别问题应该得到注意。第一个包括驱动持续改进的渐进式发展与激进的、不连续的或革命性的转型之间的区别和联系。基本问题是渐进式发展能否造就企业转型。这个问题的理论证据似乎证明答案是否定的，因为渐进式发展是在现有的系统和范式上做出修正性的改进。相反，转型意味着更加激进、不连续，代表发散的过程，与过去一刀两断。

将精益概念看作是相互支持和加强的条例与实践（就是说一个集成的不可分的系统），意味着个体企业不能有选择性地单独改进或改变。而且，一个传统的整体产品线或批次和队列式业务系统如果要采用精益企业条例，一开始就会产生深远的、激进的影响，横扫整个公司，而渐进式的发展过程要在这种激进的改变之后（不是之前）发生。这些观察与将精益条例和实践移植到公司已有的文化、结构和管理系统而忽略其他的精益条例的一系列渐进式改进相悖，而常常有公司期冀用这种方式来进行企业转型。

第二个问题是有计划地对管理方式的改进动作是否合适或有效，更通俗地说，这些从精益企业转型中学到的企业条例和实践是否正确。这些动作是自上而下的，步调一致的，线性的，连续的，有计划的，面向控制的过程。由于这两个原因，答案似乎是否定的。计划性改进动作近20年来受到了越来越多的批评。这种计划性改进动作采用精益企业系统条例用来产生大规模企业变动和转型。批评者认为其在对组织变化过程的复杂性和时间动态阈值水平的复杂性的处理上，有基础性的缺陷。企业作为复杂的系统表现出非线性的互动、多级嵌套的复杂性、强大的突发性质。这些高层次的行为和后果不能以低层次的结构行为观察来准确预测，多层次的响应和自上而下的行动，也不可能充分预期、指挥或控制。

精益企业理念和实践的实施通常都和六西格玛方法及其他方法的元素一起使用。精益企业理念和实践的实施在战略和运作层面上被标定为达到连续的改进，这揭示了策略层上严重的鸿沟。因此，出现了无数工业界和政府机构里明显的，甚至显著改善运营的个案。这些成果已反映在更低的成本、更短的交货时间、更高的质量，并提高客户满意度等方面。不过，这些现实的成果大多只在"成功之岛"（Murman 等，2002，p.114～116）上可见，而且常常局限于特定的项目、进程或功能，且成效短暂。此外，实施工作已似乎有利于控制现有流程，而不是进一步的试验，学习和创新会产生新的工艺和产品。

这些与实施相关的问题需要对现行的计划性改变方法进行基础性的重新评估，而且这些问题强迫学界对丰田公司随时间的改革进行全新的省视、学习、试验和调整。Ohno，精益生产之父，经过长时间的反思也没有得到完美、合理、完全的生产系统。精益企业制度演变和成熟了几十年，遇到了不少挫折，然而，这种现实世界进化的经验似乎已经被学术研究人员和从业人员在没有特定理由的情况下"打包"或削减，变成了确定性和相当机械的规范条例，并使用自上而下的、结构化的、控制向导的实施方法来达成改进动作。"变成更好的丰田"的努力似乎将一些错误的教训从丰田自身的历史中提取出来，对过去正确的解读已经完好地记载下来。这些解读建议，如果想要获得的不只是有边际效应，现今的计划性改进动作就需要认识到确定性思想和动作的局限性。这些计划性改进动作会把现有的公司卷入大规模的公司转型之中。应该给转型予以充裕的空间，并紧急更改动作才能保持并发扬光大，这是解决企业变革的复杂动力学的方法。

近期重要的概念性进步是从单一强调"如何"到广泛研究当代主流组织理论的转变。特别是以发展组织学习能力和创造网络级能力的方式产生。在目前的概念发展水平下，精益企业制度的能力仍是一个正在进行中的工作。一个可行的框架可用来解释现代网络企业的结构和动态，管理复杂的企业——通过持续的流程改进或通过大规模有计划的变革和改造提高其性能。

5.2　展　望

为了在运作中使人得到显著的提升，航空航天企业和其他组织从20世纪90年代早期开始广泛采用精益企业系统。迫切的成本削减与广泛占主导地位的大批量生产系统解散的管理理念和实践的转变，催生了对过程控制和连续性提升的关注。然而，从那之后，市场基础发生了改变，企业不再以过程管理和连续性提升为基础来竞争。取而代之的是，这些企业必须创造动态的长期的能力，建立内组织化网络来培养学习能力、创造知识和创新。而且企业需要进化出适应性和可重构的网络构架，以便在日益复杂、高速变化的不定外部环境中生存。所以，现在有机会建立和扩大旨在增强本章叙述的精益企业制度概念基础和提高其实用性的研究议程。一个重要的起点是研究上述提到的问题，或者更广泛地将主流组织理论实践与精益企业条例和实践整合在一起。

备　　注

［1］看板管理是一个推进工作计划进行的系统，关于它的评论指出，尽管看板法可以很好地适应一个高容量、重复生产的环境，但它也不是生产计划中唯一的方法，尤其是在需求不确定的情况下（Hines，Holwe 和 Rich，2004，p.1 000）。同时，由于某些原因，日本公司关于精益生产方法（包括看板系统的应用）面临着特定的约束。

［2］这些过程改善方法的列表忽略了各种各样的企业绩效评估框架，例如由卡内基梅隆大学软件

工程研究所开发的成熟度模型集成（CMMI）系统、与质量系统的实施相关的 ISO 9000 标准、与环境管理系统的实施相关的 ISO 14000 系列标准，以及关于工业卓越制造的国家品质奖标准。这些框架和方法主要用来衡量和定义实践，或者定义实践的标准、容量成就预定义的进展程度，或者卓越的等级。即使人们可能会认为使用各种各样不同成熟度的实践和度量标准可以很好地推动一个企业达到更高的水平及更高层次的性能，但它们也并不代表着计划的企业绩效提高模型或者框架。

[3] 1993 年，一个叫作精益飞机计划（LAI）的项目成立了，它是一个在美国空军、主要的防御飞机公司、国家劳工组织和麻省理工学院的领导下成立的国家政府财团组织。LAI 的主要目的是帮助企业在发展、生产和生命周期控制中，达到更高的支付能力以及实现防御系统的支持。这个项目在 1996 年改名为精益航天计划，增加了防御和商业空间领域，商用飞机工业也添加到了这个项目中。这个项目的范围在 2007 年进一步扩增，这个时候它改名为精益发展倡议，扩展其研究领域并推动其实施，包括航空航天业及非航空航天组织。这个项目的主要目的是：在一个复杂多变的环境中，保证企业可以为其多元的利益主体有效地、高效率地和可信赖地提供价值；保证通过与工业、政府及学术界参与的所有利益体的共同协作，来共同关注和加速复杂企业的转换；理解、发展制度化的研究、过程、行为和工具原则。更多信息敬请参阅 http://web.mit.edu/lean。

[4] 在航空航天领域，较大的系统集成商或者主要的承包商都是很典型地被复杂多层次的供应网络支持着，它们占了航空航天系统中供货商提供的材料、部件、组建和子系统的 60%～80% 的比重。这种供货商和承包商大多数都是比较大的拥有多样产品的公司（例如 Rockwell-Collins, Honeywell, Raytheon, Northrop Grumman），它们同时和许多系统及厂商或者主要供应商（例如 Boeing, Airbus, Lockheed Martin）之间都有合作关系。复杂的大规模网络工作组织的思想已经开始替代传统思想在各个组织中的重要作用，成为分析的基本单位。

[5] 主要的浪费包括生产过剩，不合格品，对工人、运输、库存等能力的不充分利用和过多的处理过程。生产过程中的每一个活动、行为或者步骤分为以下几类：（i）它明确地创造了价值；（ii）它

虽然没有创造价值，但是在当前的公司功能下是不可避免的；（iii）它没有创造价值，而且可以立刻消除。第（i）和（ii）类中的行为在价值工程的使用中将进一步讨论，要尽可能地提高行为，消除不必要的资源支出（Ohno，1988，p. 57～58）。

[6] 这些包括可见的控制（例如 Andon 灯光系统、看板卡、工具和工作空间的颜色标注），5S（即协调、整顿、突出、标准化和维持），单元的生产和使用点的储存（POUS）。使用点的储存包括材料和部件被送到加工它们的特定的工作点去。

[7] 例如，质量是在一开始就考虑到生产中的，而不是后来在过程中用来检查的。其他知名的方法包括防错法（预防差错）、质量周期、团体问题解决、源流品质、根本原因分析（例如五个为什么）、定期检修和员工建议系统。当某处出现了问题，停止生产线，从源头解决问题。另外，自动化策略的细化是用来最大化功能及机器的能力的，从而达到"对缺陷的自动控制"，也叫作自动化或者人类接触自动化。其主要思想就是使得机器能够不生产出问题零件。这个想法的来源要追溯到丰田公司的创始人 Sakichi Toyoda，他以前发明了一个自动激活编织机，这机器可以实现"只要任何一个经纱或者纬纱断裂，编织机就会立刻停止"（Ohno，1988，p. 6）。

[8] 目标价值的概念需要由生产者提前设定，此时生产者需要明确知道顾客的爱好，这样可以提高成本质量和加快交货，能够把更大的价值传递给消费者。至少含蓄地来说，它并不允许将可以选择的相关产品明目（例如新的产品属性、标牌名字、环境友好程度属性）交给顾客来权衡，这是因为顾客的选择和权衡可能会增加提供给顾客的产品或服务的成本。更严重的是，这会使得人们认为以后不需要为探索和开发新的技术、产品或者服务投资，因为它们现在就没有给顾客带来价值。

[9] 尽管鉴定和讨论还在继续进行，但实际上，已经提出的价值创造框架的三个部分是紧密结合和高度协作的。这个框架表明过度关注传递给最终使用者或者任何其他的某个利益集体的价值，就会导致价值流功能失调，从而导致对其他利益体的忽视。也就是说，我们在这里定义的价值创造与传统的狭义的基本精益系统是不同的，传统的关注基本精益系统是关注经济单元，这与关注能否让顾客满意的传递价值是不同的。另外，单一的关注价值的有效传递会导致过度关注与浪费的出现，例如宁可给一个奄奄一息的精益企业铺路，也不肯帮助一个茁壮

繁荣发展的企业（Murman 等，2002，pp. 177～189）。

［10］这些功能是通过在一个项目中使用另一个项目的方法，在不同的项目之间共享任务和在不同的项目中实现共同的任务来获得的。同时，并行工程可以通过多平台来使得企业避免浪费和重复劳动。并行工程在重复建设工程中有优势的一部分原因是能够进一步协调项目，并且在项目进行的过程中调整设计，从而避免了后续工作中昂贵的返工。并且，我们发现并行技术转换可以使得公司通过多个技术平台来迅速传递新的技术，从而提高它们整个市场的绩效。另外，并行技术转换可以利用多平台来重叠和协调工作，从而共享主要部件，还可以帮助区分终端产品（Cusumano 和 Nobeoka，1998）。

［11］扩展企业的定义与早些时候 Womack 和 Jones 提出的企业价值流的概念是基本类似的。由 Dyer（2000）提出的一个"更广义"的解释是：扩展企业是指具有价值链或者产品网络的一系列公司，这些公司已经建立了合作关系并且它们可以作为一个团队来共同生产出一个最终产品（例如一辆汽车）。Murman 等（2002，pp. 159～162）进一步在多层次上定义了企业。包括单项目企业（例如 F－35 闪电Ⅱ联合攻击战斗机）、多项目企业（例如 Lockheed Martin 航空公司、英国宇航系统公司）或者一个国家的或国际的公司（例如欧洲航空防务和航天公司——EADS）。这些定义反映了一个普遍的观点，那就是企业被视为核心、焦点和中心组织。

［12］总的来说，之前提出的 LAI 企业转换框架包括四个主要元素：企业思维的七个基本原则和一系列用来定义未来企业状态的关于企业构架和构建的总体概念；企业转换路线图工具；企业转换的策略分析（ESAT）工具；精益企业自我评估工具（LESAT）。企业思维的七个基本原则是指导转换过程的先进理念，包括以下几部分：统筹兼顾企业转化；识别相关利益者并定义他们的价值主张；在关注企业的效率之前先关注效力；解决企业内部和外部相互依赖的关系；在企业内部和整个企业中保证稳定和流动；培养领导者来支持和引领企业行为；强调组织学习。企业转型路线图工具勾画出了一个结构化的、封闭的反馈循环和循序渐进的过程。这个过程包括三个主要的驱动短期和长期转换结果的决议行为周期：一个前端战略周期、一个计划周期和一个执行周期。计划周期通过使用 ESAT

工具来实行；它用来开发对企业目前阶段和未来企业属性的设计的理解，配置企业所需的基础设施和创定转型计划。LESAT 工具是一个成熟度较高的自我评估框架，用来衡量企业的进步（Nightingale，2009）。

参考文献

Bozdogan, K., Deyst, J., Hoult, D. P. and Lucas, M. (1998) Architectural innovation in product development through early supplier integration. *R&D Manage.*, **28** (3), 163—173.

Clark, K. B. (1989) Project scope and project performance: the effects of parts strategy and supplier involvement on product development. *Manage. Sci.*, **35** (10), 1247—1263.

Clark, K. B. and Fujimoto, T. (1991) *Product Development Performance: Strategy, Organization, and Management in the World Auto Industry*, Harvard Business School Press, Boston.

Crute, V., Ward, Y., Brown, S. and Graves, A. (2003) Implementing lean in aerospace—challenging the assumptions and understanding the challenges. *Technovation*, **23**, 917—928.

Cusumano, M. A. (1994) The limits of "lean". *Sloan Manage. Rev.*, **35** (4), 27—32.

Cusumano, M. A. and Nobeoka, K. (1998) *Thinking Beyond Lean: How Multi－Project Management Is Transforming Product Development at Toyota and Other Companies*, The Free Press, New York.

Dyer, J. H. (2000) *Collaborative Advantage: Winning through Extended Enterprise Supplier Networks*, Oxford University Press, New York.

Dyer, J. H. and Nobeoka, K. (2000) Creating and managing a high－performance knowledge－sharing network: the Toyota case. *Strategic Manage. J.*, **21**, 345—367.

Fujimoto, T. (1999) *The Evolution of a Manufacturing System at Toyota*, Oxford University Press, New York.

Hines, P., Holwe, M. and Rich, N. (2004) Learning to evolve: a review of contemporary lean thinking. *Int. J. Oper. Prod. Manage.*, **24** (9/10), 994—1011.

Hoult, D. P. (1997) Product development with suppliers: the role of database commonality, Society of Automotive Engineers (SAE) Technical Paper Series ♯970776, SP－1266, 7 pp.

Imai, M. (1986) *KAIZEN*, McGraw－Hill, New York.

Imai, M. (1997) *Gemba Kaizen: A Commonsense, Low－Cost Approach to Management*, McGraw－Hill, New York.

Krafcik, J. F. （1988） Triumph of lean production. *Sloan Manage. Rev.*, **30** (1), 41—52.

Liker, J. K. （2004） *The Toyota Way*: 14 *Management Principles from the World's Greatest Manufacturer*, McGraw—Hill, New Work.

Milgrom, P. and Roberts, J. （1990） The economics of modern manufacturing: technology, strategy, and organization. *Am. Econ. Rev.*, **80** (3), 511—528.

Monden, Y. （1993） *Toyota Production System*: *An Integrated Approach to Just—in—Time*, 2nd edn, Industrial Engineering and Management Press, Norcross, GA.

Murman, E., Allen, T., Bozdogan, K., Cutcher—Gershenfeld, J., McManus, H., Nightingale, D., Rebentisch, E., Shields, T., Stahl, F., Walton, M., Warmkessel, J., Weiss, S. and Widnall. S. （2002） *Lean Enterprise Value*: *Insights from MIT's Lean Aerospace Initiative*, Palgrave, Houndmills, Basingstoke, Hampshire RG21 6XS, Great Britain.

Nightingale, D. （2009） Principles of enterprise systems. *Second International Symposium on Engineering Systems*, MIT, Cambridge, MA, June 15 — 17, 2009, p. 11.

Nishiguchi, T. （1994） *Strategic Industrial Sourcing*: *The Japanese Advantage*, Oxford University Press, New York.

Ohno, T. （1988） *Toyota Production System*: *Beyond Large—Scale Production*, Productivity Press, Portland, OR.

Shingo, S. （1989） *A Study of the Toyota Production System from an Industrial Engineering Viewpoint*, revised edn, trans., AP Dillon. Productivity Press, Portland, OR.

Smitka, M. J. （1991） *Competitive Ties*: *Subcontracting in the Japanese Automotive Industry*, Columbia University Press, New York.

Spear, S. and Bowen, K. （1999） Decoding the DNA of the Toyota Production System. *Harvard Business Review*, 1999; September—October: pp. 97—106.

Sugimori, Y., Kusunoki, K., Cho, F. and Uchikawa, S. （1977） Toyota production system and Kanban system—materialization of justin—time and respect—for—human system. *Int. J. Prod. Res.*, **15** (6), 553—564.

Womack, J. P. and Jones, D. T. （1994） From lean production to the lean enterprise. *Harvard Business Review*, 1994; March—April: p. 93—103.

Womack, J. P. and Jones, D. T. （1996） *Lean Thinking*: *Banish Waste and Create Wealth in Your Corporation*, Simon & Schuster, New York.

Womack, J. P., Jones, D. T. and Roos, D. （1990） *The Machine that Changed the World*, Rawson Associates, New York.

延伸阅读

Fine, C. （1998） *Clockspeed*: *Winning Industry Control in the Age of Temporary Advantage*, Perseus Books, Reading, MA.

Liker, J. K. and Hoseus, M. （2008） *Toyota Culture*: *The Heart and Soul of the Toyota Way*, McGraw—Hill, New York.

Liker, J. K., Kamath, R. R., Wasti, S. N. and Namagachi, M. （1996） Supplier involvement in automotive component design: are there really large U. S. Japan differences. *Res. Policy*, **25**, 59—89.

MacDuffie, J. P. and Helper, S. （1997） Creating lean suppliers: diffusing lean production through the supply chain. *California Management Review*, **39** (4), 118—151.

Nishiguchi, T. and Beaudet, A. （1998） Case study: Toyota Group and the Aisin fire. *Sloan Manage. Rev.*, **40** (1), 49—59.

Nonaka, J. and Takeuchi, H. （1995） *The Knowledge Creating Company*, Oxford University Press, New York.

Teece, D. J. （2007） Explicating Dynamic capabilities: the nature and microfoundations of (sustainable) enterprise performance. *Strategic Manage. J.*, **28**, 1319—1350.

Ward, A., Sobek, D. K., Cristiano, J. J. and Liker, J. K. （1995） Toyota, concurrent engineering, and set—based design, in *Engineered in Japan*: *Organization and Technology* (eds J. K. Liker, J. E. Ettlie and J. C. Campbell), Oxford University Press, New York, pp. 142—216.

本章译者：孙一哲（南京航空航天大学航空宇航学院）

第 315 章

精益企业，全面质量管理以及六西格玛管理的一体化分析

Kirkor Bozdogan

麻省理工学院技术、政策和工业发展中心，剑桥，马萨诸塞州，美国

1 引 言

本章基于第 6 卷第 314 章关于精益企业制度的讨论并对其进行了拓展，主要探究了是否可能、并以何种程度和哪些方面以及如何将精益企业制度、全面质量管理（TQM）、六西格玛，包括其他方法如约束理论（TOC）、敏捷制造和商业流程再造（BPR））融为一体，通过利用它们之间的潜在互补关系，发展一个以精益企业制度为中心组织架构的更有效的核心集成企业管理系统。这样做的目的不是发展一种适用于所有需求的统一管理方法，而是最终帮助创造在核心管理系统中选择形式的多样性，其成功的关键在于根据当时的或预期的外部应急环境找到最合适的企业变更类型的方法。

这些方法产生并快速发展于 20 世纪 80 年代，并在 20 世纪 90 年代早期作为一种独特的方法来提供感知企业业绩问题的最好、最被普遍接受的答案。它们在管理理念和实践方面发生了重大转变的时期（由普遍的大规模生产体系的解体和市场竞争加剧导致）被应用，这些理念专注于流程管理，从而实现在运营效率、灵活性和响应能力方面显著的改善。新的市场形势不再需要以前那样的从分层职能部门的角度来审视企业，而是作为一个跨多个职能和组织（其必须予以精简和管理，以提高生产力和竞争力）而相互联系作用的系统。

这里所讨论的六项具体方法可以称为运营改善、企业的变革举措、计划变化模型或干预方法，这反映了它们可以通过不同的方式进行阐释。在过去常常被误解为它们是明显不同的、相互排斥的和具有竞争性却实现相同结果的方法。本章一般认为它们之间的差异由于潜在的共同要素和配合而变得微不足道。尽管有一定的差异，但它们拥有共同的基础理论，特别注重企业的运营，并专注于过程改进。

近年来，精益企业的措施和六西格玛方法已经越来越多地合并成一个统一实施的整体。一般被称为精益六西格玛（LSS）持续的流程改进（CPI）的工具集合。虽然表面上看似可取的，但这种发展已经产生了一个不好的结果。实际上，精益企业的概念，尤其在一个几乎只重视战术和作战层面过程改进的服务中，已经退化为一个相当机械的实施工具。部分原因是，在一般的企业，绩效改进和变革举措成败参半，因为通过改革而使用的各种方法包括那些在这里论述的方法中所获得的好处似乎是非常有限、独立而短暂的[1]。因此，基于现有的经验证据，在文献中列出的广泛的结论是大多数企业的改革举措都注定是要失败的（Hammer 和 Champy，1993，p.200；Spector 和 Beer，1994，p.63；Kotter，1995，p.59；Beer 和 Nohria，2000，p.133；Burnes，2004，p.886），其他极少数可利用的使用正规统计技术系统性或学术性的分析（比如 Powell，1995；Flynn，Schroeder 和 Sakakibara，1995；Sakakibara 等，1997；Hendricks 和 Singhal，1997，2001；Samson 和 Terziovski，1999；Ahire 和 Dreyfus，2000），要么有很大程度的不确定性，要么有严重的方法论问题。

这些令人失望的结果阐述了本章写作的基本动机。那就是，致力于开发研究更有效的企业管理系统的需要十分迫切。探索精益生产的体系、全面质

量管理和六西格玛三者之间的共同要素和互补关系使得这三者紧密连接起来是一个好的开始。可以假设在将这三种方法结合在一起时，形成一个具有很强的互补性和凝聚力的集群方案、实践与方法，使其去阐述"核心"企业集成管理系统，并将精益企业制度当作中心组织架构。有人认为，在各种不同的方法中，当代的精益企业制度是最能够为企业提供整体的观点的理论，其包含一整套体现相互支持的条例和实践理论来推动其核心价值创造业务。相比之下，全面质量管理、六西格玛和其他方法普遍缺乏这样一个广泛的、内部一致的、全面的概念定位。其余的方法（约束理论（TOC）、敏捷制造和业务流程重组（BPR））中的一些特性，可以整合进精益企业制度方法中，从而形成最终的"核心"企业管理系统，并在有选择性的基础上提高其整体效能。

本章的讨论安排如下：第 2 节给出了对各种方法的一个非常简化的描述。第 3 节集中阐述精益企业制度、全面质量管理和六西格玛联系在一起的关键互补关系，选定了一些其他方法中的元素并在适当的地方融入了选择性的基础层面的探讨。第 4 节总结了主要结论和未来展望。

2　各种方法的概述

本节高度概括和描述了各种方法，概述了其主要特点，并总结它们的区别以及常见的和潜在的互补特性。这些方法在其基本思维模式方面或因果关系方面的区别，最适合解释其组织的低效或无效的主要来源（例如，垃圾、质量差、工艺变化、低效的流程、缺乏响应性），即使这样的解释也不总是很明确的。而且它们表现出进一步的差异，例如，在规模上（即战略、战术、作战等，这些部署都会带来变化），企业业务覆盖范围（例如，工厂、公司部、端到端的企业业务延伸的供应商网络），转型计划所关注的焦点（例如离散过程、所有的操作、核心价值观、组织文化），实现它们所采用的方法（例如，通过价值灌输来识别和消除浪费、"clean—sheet"重新设计的过程）以及改变或改善它们可以预期的生产方式（如小的或大的增量变化）。尽管存在这些差异，但它们所共享的重要的、常见的、互补的元素，可以被用来发展一个更有效的综合性企业管理系统。

以下对各种方法做简单的介绍，按照被引进或者获得突出成就的历史顺序来进行，主要介绍其关键特点。

2.1　各种方法的简单介绍

2.1.1　精益企业制度

精益企业系统一直被认为是一个全新的、不同的思考和管理现代工业企业的方式，它在开始时主要被称为及时生产（JIT）系统、丰田生产系统（TPS），或精益生产系统。它是丰田在 20 世纪 50 年代以来通过一系列的试验、学习和适应的过程发展而来的。该理论早期主要关注集中制造业和其相关的操作，以消除浪费、生产流动化、追求完美的初批质量、持续改进以及基于相互信任和承诺的长期关系。近年来，基本的精益生产概念已经在几个新的方向上扩展，并且通过正在进行的研究、发现过程继续发展。因为它采用一个全面网络化的企业观，让基本精益企业制度引人注目（限于这里被讨论的各种方法中），并且这种企业观扩展到端到端、强调长期的思考，还包括所有企业的运行过程（例如，战略、战术、作战），这样的观念体现了一个紧密交织的相互支持和互补性很强的原则和做法，能促进持续改进、组织学习、动态组织能力建设，而且能够构建动态的价值观并为多重企业利益相关者创造价值的能力。

2.1.2　全面质量管理

虽然全面质量管理在 20 世纪 80 年代才变得非常流行，它的起源可以追溯到 30 年代的方法统计过程控制（SPC）概念与理论的发展。其如此流行的原因主要是其被日本卓越的制造商所信赖。"质量革命"直接导致了 1988 年 Malcolm Baldrige 国家质量奖项目的建立，用于奖励美国的公司在提高国家竞争力方面所做出的突出绩效。自 1997 年以来，国际质量标准体系不断发展并编入 ISO 9000 系列质量标准，被全世界多个机构采用（Hoyle，2009）。

TQM 包括一套规则、实践、方法和技术（例如，统计过程控制（SPC）、防错（防呆）、质量循环、质量功能调度以及稳健设计）以提高质量和确保客户满意度。然而，TQM 没有单一的、统一的或具有凝聚力的定义，并且缺乏一个综合性的概念框架。相反，它包含了一系列独特的观点，不仅反映质量改进的主要特点（比如，W. Edwards Deming，Joseph M. Juran，Philip B. Crosby，Genichi Taguchi），并还不断发展质量的概念，比如，质量概念已经随着时间的推移改变为，从符合规格到重视，到满足并超越客户的期望值。TQM 已逐渐超越其较早的狭隘的技术起源而去接受系统性组织变化。

Deming（1989）所提出的以 14 个命令的形式表现出的管理方法，到目前都还作为一个广泛的多维度覆盖质量管理的方法，并且作为管理系统 TQM 的核心。全面质量管理的基本概念，包括满足并超越客户的期望，富有远见和领导力，内部和外部的协调（包括客户和供应商强有力的联系、学习、过程管理、持续改进、员工履行）。提高质量从而有望降低成本和便于实现公司的其他目标，如市场份额的增长、营业收入和股票的市场业绩。全面质量管理的一个重要原则是：提高质量是管理层的责任，并且要在多层次部门进行管理和经营活动。另外，提高质量要求整个公司的积极参与。这两个原则都要求"开放"的公司、员工的自主权和满足感、公司间的合作关系、客户与供应商之间紧密联系。近年来，越来越多的学术研究进一步明确和完善全面质量管理的各个方面和概念基础。另外，他们已经做了一些把 TQM 构建成一个思想架构的尝试，架构由协同工作已实现预期成果的互动理念和实践组成。

全面质量管理的一个主要优势在于，它探索如何定义质量、如何预期未来客户的需求和喜好并将其转化为可预估的特征，从而在客户愿意支付的价格上设计、生产并维持客户的产品满意度。作为一个推论，全面质量管理将企业视为一个系统，包括多个必须同时设计、管理、不断改进的独立部门相互依存的过程。为了实现这个任务，减少变数成为关注的中心。然而，除了这些要点，TQM 一直缺乏一个明确的概念核心和一个结构化的实现方法，导致其具有一些无定形的要素并引起以下问题：是否基本上代表了一种渐进式的改进或战略变化的方法，以及它是否有利于对学习的控制。一般来说，TQM 所声称的对广泛的现代公司治理问题的适用性（有助于其在早期被广泛接受），是导致其随后不流行的主要原因。

2.1.3　六西格玛

六西格玛一般可以定义为一个结构化的流程，旨在在一个企业中减少所有过程和产品的变数、满足顾客的需求、提高企业的绩效。六西格玛首先在 20 世纪 80 年代中期在摩托罗拉公司被推出，然后被通用电气公司和越来越多的其他公司和组织采用。尽管对它的兴趣很大，但许多由从业人员撰写的书籍和现有文献，只注重解决"如何做"的问

题，少数出版物批判性地探索其理论性能。近年来，六西格玛理论的提出成为一个基础广泛的、综合的和严格的管理制度（远远超出了其早期狭窄的对技术层面的关注），彻底改变企业做生意的方式，以提高生产底线和创造财富。

在技术层面，六西格玛管理代表过程质量控制和管理的概率理论的应用。它旨在实现几乎无缺陷的操作，其中可以对零件或部件建立非常严格的性能规格。六西格玛作为一个统计的基本概念，意义为标准差的构造（以希腊字母 σ 或 sigma 表示）。这是一个衡量方差或实际值与平均值偏差的方法。减少六西格玛等级的变动意味着达到 99.999 66％ 的完美水平（每百万机会含 3.4 个不合格或违规产品，DPMO）。DPMO 表示如果一项活动被重复无数次后，多少不合格数将被观察到。这意味着几乎无不合格的产品，其中不合格产品是指该产品无法满足客户的要求（Pande，Neuman，Cavanagh，2000，p.28）。应该指出的是，过去所采用的三西格玛流程，产生了 66 810 DPMO 或 93.3％ 的生产产量的残次品（Linderman 等，2003，p.194；Kwak 和 Anbari，2006，p.709）。这足以证实六西格玛水平的优势[2]。

六西格玛主要执行的方法是定义—测量—分析—改进—控制（DMAIC），这涉及五阶段的循环过程：①定义——定义客户的要求和得到过程改进流程图；②测量——识别有效性和效率的关键措施，并将其转化为六西格玛的概念；③分析——分析需要改善的问题的产生原因；④完善——生成、选择和实施解决方案；⑤控制——确保改善的持续时间（Eckes，2001，p.10）。这个过程（或 DMAIC）主要是基于著名的 Deming 计划—执行—检查—行动循环（PDCA），它描述了以基本的数据为基础的改进过程。DMAIC 采用了高度集中和相互支持的工具和技术[3]。

六西格玛在全面质量管理的基础上提供了许多不同的优势和重要的进步。第一，它采用了结构化和规范化的方法来提高质量，如 DMAIC 方法的使用。第二，它对具有高度分化能力的过程改进人员中的技术干部做了明确的培训，并为其明确了职业轨迹。这些训练有素的人员直接参与指导、管理、设计和实施具体的改进项目。第三，它是一个基于事实的过程改进的方法，并且使用各种指标，包括性能指标（如，过程能力指数、关键质量指标）、以客户为导向的标准（例如，衡量客户的需求和期

望）和财务指标（例如，可衡量具体改进项目的财务回报）。第四，六西格玛利用一个精心设计的组织结构实现过程改进项目。这些被称为"细观结构"，代表实施六西格玛项目中垂直或多层组织的整合机制（Schroeder 等，2008，p.540）。

六西格玛的主要优势源于其一套高度纪律化和结构化集合的方法、工具和实施流程，从而提高质量。然而，六西格玛的中心关注点仍然是离散的项目、过程或者问题。能否从大量基本的局部改进得到规模性、可持续的企业级的改进或全身性的变化无法得知。它在很大程度上强调的是"如何做"的问题，从而缺少更广泛的理论基础。六西格玛从根本上说是一种实现流程改进的方法，而不是一种战略变革管理的方法。总的来说，它是一种中央逻辑产生的方法，而不是由试验和学习得到的。它不是直接关注做正确的事，而强调按照一个预示结构化的流程和具体的实施工具来做好。

2.1.4 约束理论（TOC）

出于对 JIT 和 TQM 方法的不满，在 20 世纪 80 年代引入了约束理论，主要关注工厂车间的吞吐量。引入的原因是，JIT 和 TQM 的关注重点在于与成本相关，而不是与吞吐量相关的问题，因此，TOC 的基本原理是关注吞吐量，并提高企业整体绩效方面更大的利益。吞吐量定义为一种财务结构，用于衡量生产系统中通过销售产生货币的比率。另外两个相互关联的关键变量为运营费用和库存。其中库存是购买商品和服务的大致成本，运营费用是转库存为吞吐量的内部成本。吞吐量减去经营成本得到净利润，这是衡量企业绩效的中心指标。因此，TOC 直接关注提高吞吐量，相信降低运营支出或库存会产生最好的边际效益。

因此，TOC 作为一个系统理论，为了在相互依存的生产系统中识别和消除阻碍吞吐量的约束，其中约束被认为代表着相互依存的产业链中最薄弱环节的关键"瓶颈"。"瓶颈"（例如，设备、后勤、行为、管理）被视为将影响整个系统的操作和性能变化的关键杠杆点。通过消除系统限制，从而重视吞吐量的提高，这一做法引起了对企业创造持续流能力的怀疑，持续流是及时制造（JIT）的核心特征。为取代连续流动，TOC 提供一种生产调度和管理方法（即缓冲管理）来管理生产流程的速度和保护生产线对抗未知的干扰。尽管 TOC 表面上强调系统思考，但是没有提供识别和消除制度约束的

系统理论基础。并且，仔细推敲它的中心结构的定义以及它们之间的计量关系，产生了关于其概念的有效性和实际效用的一些问题。

2.1.5 敏捷制造

敏捷制造是在 20 世纪 90 年代初引入的，是作为一种新的具有前瞻性的，而非一个有实证基础的概念集合和方法。该理论主要指导制造企业在伴随着大批量生产系统和相关的工业层不断瓦解下的一个新的快节奏的市场环境下如何提高市场竞争力。敏捷制造的出台，也可以追溯到一些全面质量管理和精益生产的思想。它被提出作为一种新的管理系统，超越精益生产，介绍高效与自适应的概念，在快速变化的竞争环境中茁壮成长的灵活的制造企业。敏捷企业已定义为一个从事大批量、订单制、任意批量规模生产的企业，这样的生产需要技术加强型的灵活生产能力的支持。敏捷企业也被推为在因变化而不可预知的市场环境中的新工业模式的必要条件。为此，形成了虚拟组织的概念，这个概念提供了重要的构建敏捷企业的组织载体。

在一般情况下，敏捷制造的理论受到变幻莫测的未来的影响，因此，其将一群似是而非的概念和方法聚在一起。它基本上是一套看似可取的做法的集合。在动荡的环境中，它借鉴精益思想，却缺乏一个关于有效的组织架构的内部一致原则。无论是实践经验还是现存文献中，都有表现。

然而，敏捷制造至少为工业组织在一个快速变化的不确定性环境情况下以及一个应急环境中做了案例，而在一般其他方法的讨论中则没有。

最后，敏捷制造提出精益企业制度，进一步发展一定的未来方向，用于帮助企业提高在快速变化和不确定的环境条件下茁壮成长的能力。

2.1.6 业务流程再造（BPR）

业务流程再造（BPR），也是引入于 20 世纪 90 年代早期，该理论主要奉行激进的"clean-sheet"的反思和重新设计企业的业务流程，实现显著的绩效提升来帮助提高客户的满意度，并且实现在一个新的市场环境下的更高的效率和灵活性。自推出以来，BPR 宣布其目标一直为推翻或改造工业革命——撤回流行的经营方针和工作流程的做法，而传统的做法是没有太多利用价值的。BPR 不是为了修复任何东西、裁员、自动化或谨慎的小步骤，相反，它是从杂乱无章中开始。业务流程再造是一个新的开始。

BPR侧重于业务流程，定义为活动的集合，这两者合在一起采用一个或多个种类的资源作为输入，并创建输出为客户创造价值。其核心想法是不连续的思维、专注于完全取代现有的流程而不是采取小而谨慎的步骤。其追求彻底的改革，目的是统一公司开展的业务并连贯流程任务。信息技术在再设计工作中是一个关键推动者，其重点是识别和抛弃过时的治理工作组织的规则和业务驱动的基本假设，努力实现在时间、生产力和效率上的显著改善。

但是，BPR存在许多严重的疏漏和理论的局限性。主要弱点是缺乏为管理复杂性而设立的概念上的方法（例如，管理相关项目的变化，预测一系列应对多种BPR状况的复杂变化的措施，以减轻负面的后果），并且"突破"业务的改善并且不伴有连续的改进。文化和行为问题要给予足够的重视。尽管公司的价值观和信仰对重组工作的成功至关重要，但在现实的文化和行为的问题上却只发挥着附带作用。最后，BPR基本上是自上而下的过程，暴露出能力培养和压力控制的矛盾、适应性和学习之间的矛盾。现有的证据表明，授权的过程业主或团队主导的自上而下的重组过程，基本上边缘化了工人以及他们直属车间的主管。

2.2　各种方法的比较总结回顾

就表1和表2关键特征的区分，得到一个很好的对各种方法的比较总结。表1总结了它们的历史渊源、目标、特征和核心概念。表2主要集中在实施方面，包括它们的侧重点、实施策略，有针对性的（预期）改进和变革模式。

从表1可以看出，这里讨论的六种方法中四种都是相对较新的，是在20世纪80年代中期引入的，分别是六西格玛、约束理论、敏捷制造和业务流程再造。此外，精益企业系统具有最长的连续传承，可以追溯到40年代末50年代初。虽然全面质量管理（TQM）是在80年代开始变得极受欢迎，但它的起源却可以追溯到30年代发展的过程控制的理念和方法。TQM的流行是为了应对20世纪80年代日本电子产品制造商向美国市场进军。总的来说，是为了应对美国竞争力逐渐遭受的侵蚀。然而作为一种新兴的管理系统，它近些年来对企业界的掌控力却已经显著下降。六西格玛的引入是由于20世纪80年代对早期全面质量管理措施不成功的失望。通过减少所有TQM缺乏的变化来源，它提供了一种提高质量的系统化过程。

TOC的引入是为了克服精益企业制度与TQM两者明显的不足。认为这两种方法是关注"成本"，而不是"吞吐量"，其中TQM更有利于提高企业的财务绩效。敏捷制造在20世纪90年代初推广，是作为取代长达几十年的大规模生产系统的新产业秩序问题的解决方案。作为一种新的管理方法，它的提出超越了精益生产的思想，用于帮助公司在一个快节奏的和不可预知的市场环境中茁壮成长。最后，业务流程再造在20世纪90年代的早期引入，它完全不是渐进式的连续改善，而是通过对现有企业流程的彻底重新设计以实现显著的改善。

尽管有一些差异，各方法的目标，就承诺的预期成果而言，在以客户为中心的业务改善的实现方面，基本是一致的。它们各种定义的特征揭示各自的驱动逻辑、实质性内容和范围。它们的特征和核心概念的比较表明，通过将整个企业概念化为端到端的价值流的网络化企业（即整体网络观点），精益企业系统显然是一个更完整、全面的企业概念。在这些方法中，精益企业制度明确采取一种产品和系统生命周期的观点，致力于为多个利益相关者创造价值，促进组织学习，构建网络级的动态能力。相比较而言，全面质量管理是这个概念的一个比较狭窄的版本，主要关注"核心"企业，强调质量改进，满足客户的需求，并强调与客户和供应商建立强有力的联系（即"由内而外"角度）。六西格玛，其宣称的重点是通过消除变异的所有来源来进行过程改进，主要关注底线绩效，缺乏生命周期的观点，并且在很大程度上视外部供应网络为保障工艺流程的手段，因此几乎没有表现出任何与供应链设计及管理相关的精益企业制度的基本属性。虽然TOC主张从"系统"来分析问题，但主要是向企业内部的，很少关注到外部供应商网络（即本质上是"封闭"的观点）。

TQM将供应商网络视为"外部"的核心企业，TOC将供应商网络仅仅视为采购材料的来源。而精益企业制度，至少在理论上，是没有"内外"的区别的，并认为供应商网络为核心企业的一个组成部分或者是必要的扩展。敏捷制造同样非常重视利用信息技术发展虚拟机构。它忽视了一个棘手的问题：如何成立跨组织网络对新兴市场需求做出快速反应？最后，业务流程设计，在某种程度上，它注重供应商网络，关注的主要是创造"超高效企业"的任务，并强调对跨组织流程的重新设计的需要，以消除"不协调公司间的巨大开支"（Hammer，2001，p.84）。

463

表1　持续改进的主要方法和计划的系统性变化的总结概述：各方法的定义特征与核心概念

关键指标	方法					
	精益企业系统	全面质量管理	六西格玛	约束理论	敏捷制造	业务流程再造
历史	源自20世纪40年代后期（重点发展在90年代中期）	80年代早期	80年代中期	80年代中期	90年代早期	90年代早期
目标	• 为多个利益相关者提供价值 • 为持续的竞争优势建立长期的动态的全网络能力	• 满足顾客期望 • 提高盈利能力和股东价值	• 提高顾客满意度 • 创造财富（更高的盈利能力和股东价值）	• 使吞吐量最大化 • 提高净利润	• 提高企业灵活性和反应能力 • 在快速变化、未知的环境中良好发展	• 提高顾客满意度 • 提高企业绩效
基本特征	• 相互支持并且强化一套原则、实践和同步流，从而将提高效灵活的企业发展成多种股东创造价值的网络化的系统	• 发展规则、实践、工具和技术系统以提高质量，满足顾客需要和期望	• 系统化方法，业务和工具来减少所有的变异来源，以提高质量，满足客户需求和改善底线	• 通过将生产系统视为"相互依存的关系链"，设定一套有序的惯例、方法和工具来提高生产系统中的存吞量，最大化财务和改善绩效	• 未来的前瞻性、进取性，一系列概念和实践旨在超越精益企业理念和灵活的生产系统，创造下一轮工业模式	• 宣称将要颠覆现行的工业系统；宣言重新思考和彻底地重新设计核心企业流程
核心概念	• 采取一个全面的网络企业观点 • 强调长期的思考 • 提高顾客拉动型最好的生命周期价值 • 针对创造价值的目标消除多种浪费 • 确定灵活性和同步流 • 发展合作关系和互利的网络治理机制 • 培养一种持续学习的文化 • 发展一个有效的、灵活的、自适应的企业	• 了解和满足顾客的期望 • 关注过程管理以减少变化的来源 • 关注持续质量提高 • 确保大量的领导力参与 • 建立客户和供应商之间紧密的联系 • 发展一种开放式的企业 • 培养员工培训意识，权力意识，责任意识	• 采取以顾客为中心的观点 • 减少所有的变异来源 • 追求有纪律的、有系统的方法来实现改进 • 实现主动的数据驱动的管理 • 强调团队工作	• 改善生产系统的工作流（吞吐量） • 关注杠点（约束），提供最好的性能改进，保护生产线，避免干扰 • 确保员工们学习得更好、更快	• 预见和满足顾客的期望 • 提供量身定制的客户解决方案 • 发展一个有效的、灵活的、自适应虚拟的，建立一个虚拟机构 • 提高在快速、未知的环境中良好发展的能力	• 通过完全的企业流程来重塑企业 • 追求现有业务流程的完全的（clean-sheet）重新设计 • 寻找突破性的流程解决方案

表 2　持续改进的主要方法和计划的系统性变化的总结概述：各方法的实现方式与改进模型

关键指标	方法					
	精益企业系统	全面质量管理	六西格玛	约束理论	敏捷制造	业务流程再造
关注点	· 所有企业的营运过程和功能 · 在股东中创造强健的价值主张和价值交换 · 管理全网络企业的复杂相关性（信息流、知识共享、全网络学习与能力塑造）	· 确定顾客期望 · 关注核心商业流程 · 设计、发展、生产、营运价值的集合 · 建立供应商之间强有力的联系	· 关注具体的优化的商业流程 · 重点放在减少各种变化的来源，提高质量，缩短周期间间	· 关注生产过程 · 专注于阻碍工作流程和造成的延迟，以及低效率的最薄弱的环节（约束）	· 关注有效的企业集合去支持制造 · 专注于为顾客提供高质、低成本和创新的定制解决方案 · 创建虚拟组织，可以根据需要来减少成本和周期时间	· 关注企业流程，而不是重组织结构、任务 · 专注于特定过程的完全的重新设计
实现方式	· 自上而下的指导过程，包括强有力的领导力支持和保证，对于企业的持续改进，计划体制变革采用结构化流程（框架、路线图） · 利用外部的专家（提供便利、指导、培训、服务）或内部管理的过程	· 自上而下的指导过程，包括多等级的管理与参与 · 使用一个组合的做法，工具、技术实施持续改进 · 利用外部的专家（提供便利、指导、培训、服务）或内部管理的过程	· 自上而下的指导过程，包括结构化的管理和保证，赞助者（项目推动者） · 使用 DMAIC（定义、测量、分析、改进、控制）为主导的实现方法 · 主要依靠内部管理的过程由外部专家提供支持、便利	· 自上而下的指导过程，包括参与管理 · 采用结构化方法应用核心步骤（除去约束） · 全系统管理的十个步骤，管理生产线的DBR生产调度方法 · 主要依靠内部管理的过程，由外部专家提供支持、便利	· 顶级管理领导，自上而下的指导过程 · 重视企业整合，培训和教育，并授权团队 · 建立有效的信息基础设施 · 形成虚拟组织 · 主要是内部管理的流程与外部专家的支持	· 自上而下的指导过程，包括管理参与（比如流程负责人） · 普遍追求的结构化步骤的实施过程（动员、诊断、设计、转换） · 外部专家或内部管理的过程提供的便利
改进与改变模型	持续的流程改进；逐渐增加的变异；规划的系统性的企业改变、调整	持续的流程改进；逐渐增加的变异	连续的特定的过程改善；增量的变异（离散的小或大步骤）	连续的操作改进；增量的变化	连续的变化；增量的变化（在或大或小的步骤）	具体过程的连续的改进；增量的步进；增量的变化（在或大或小的步骤）

表2中给出了其实现相关功能的回顾，所有方法的重点放在企业运营和一般遵循自上而下的指令执行战略。自上而下的策略是一种干预理论，用于执行系统化的企业的预定应对措施，从而达到预期状态的性能结果[4]。通常包括结构化的实施过程（例如，框架形式、路线图、实践、工具和技术）、内部培训计划，并利用外部专家提供指导、促进、训练和实现功能。改变或改善的共同模式涉及进化的、渐进的、或增加的变化（即小步骤或大步骤运营改善），不涉及包含企业转型在内的巨大变化。

表3总结了各种方法对适用于不同的企业规模

的关注强度。由此可以看出，精益企业系统完全专注于整个企业范围内的过程改进和系统性的变革：战略（例如，关于商业模式，利益相关者的价值交换，投资选择，战略联盟的决定）；战术（例如，业务流程的设计，人力资源实践，供应商关系，支持基础设施系统）；操作（例如，生产调度，生产运营，采购，库存管理，订单处理）。同样，敏捷制造侧重于改善战术和作战层面，只有部分在战略层面。相比之下，其他的方法都完全集中在战术和操作层面，它们或者部分解决或者几乎忽视战略层面的问题。

表 3　不同理论方法总结：不同规模企业的适用性与关注度

企业规模	精益企业系统	全面质量管理	六西格玛	约束理论	敏捷制造	业务流程再造
战略层面	●	◉	○	○	◎	○
战术层面	●	◎	◎	◉	●	◉
操作层面	●	●	●	●	●	●
标注：●完全；◎中等；◉部分；○甚少。						

最后，表4总结了各种方法的企业范围和关注强度。精益企业完全重视整个企业的"空间"，从车间到网络化，其他的方法主要集中在改进业务部门和工厂车间层面，而相对较少强调改进的联网企业水平。也许最狭窄的范围是约束理论（TOC），几乎只涉及工厂车间的操作。敏捷制造，像精益企业制度，涵盖整个企业的范围较广，但在网络企业

层面，其范围被主要供应商和其他合作组织局限于追求创造虚拟组织。业务流程再造（BPR）预期完全重视工厂车间的操作。然而，在BPR的文献中，载有其在这些领域的应用的显著例子如订单执行、应收账款、存货管理、采购，讽刺的是，几乎没有提及其在制造业务的应用。

表 4　不同理论方法总结：面向全企业业务范畴的关注度

企业规模	精益企业系统	全面质量管理	六西格玛	约束理论	敏捷制造	业务流程再造
全网络企业	●	◉	○	○	◎	○
核心企业	●	◎	◉	◉	●	◉
业务单元	●	●	◎	◎	●	●
工厂车间	●	●	●	●	●	●
标注：●完全；◎中等；◉部分；○甚少。						

前面的讨论表明的三种方法——精益企业系统、全面质量管理（TQM），以及六西格玛具有一套紧密联系的共同元素，同时也具有不同于彼此的元素，这说明高度互补性的关系将它们联系在一起。精益企业系统和TQM具有一段交织的历史。许多TQM概念、工具和方法已经成为精益企业系统的一个集成部分。同时，六西格玛是TQM派生出来的，并且很好地补充着精益企业系统。与TQM相比，六西格玛带来了更具有组织性的结构、关注点、方法优化以及连续质

量改善的实现原则。无论TQM还是六西格玛，都不具有像精益企业系统那样的知识范围与深度，精益企业系统是一个全系统的方法。

因此，这三种方法组合在一起，形成了一个高度互补且紧密结合的规则、实践、方法的集合，从而定义一个"核心"集成企业管理系统。其余方法——TOC、敏捷制造、业务流程再造，基于加强整体的有效性，三者有选择地向"核心"集成企业管理系统提供特定的特征。

3　精益企业制度、全面质量管理和六西格玛之间的互补关系

这一部分集中讨论精益企业制度、全面质量管理（TQM）和六西格玛之间的互补关系，探究这三种方法各自的优势，使其可以更紧密地集成到一个更有效的"核心"企业集成管理系统中，其中精益企业系统可以作为主要的组织框架。

这样的"核心"综合性企业管理系统可以帮助扭转在过去似乎已经被严重侵蚀的基本的理解和应用。近年来已经注意到工序改进的实施工具集的减少。两个基于前面所述的最高水平评论的见解指向了更深层次的历史趋势。首先，Deming，Juran 等人提出，随着时间的推移，TQM 本身似乎已经削弱了，剩下的基本上是一组工具和技术。另一种观点是，尽管六西格玛是 TQM 的一种直接延伸，但 Deming，Juran 等人提出，有一个显著的缺乏是基本概念和实践。六西格玛似乎已经借用全面质量管理的具体工具和技术，但不是基本概念。

这些观察对下面的讨论具有重要意义。也许最重要的意义是，这样的"核心"系统必须具有概念上的"基础"，以便它能够持久。也就是说，主要是通过探索和确定在战术和操作层次上的互补关系来定义的系统不那么有用。讨论分为两部分：第一部分强调精益企业制度、全面质量管理和六西格玛的主要互补关系；第二部分总结重要成果。

在这里探讨的精益企业制度、全面质量管理和六西格玛之间的互补关系的性质和程度都基于核心原则、实践和实施方法方面[5]。这些结构为研究这种互补关系提供更结构化的框架。其核心原则帮助定义了企业的高层次的整体性质和范围（例如，专注于改善运营与组织学习和创建动态组织的能力，以核心企业为中心与以联网企业为中心的对比）。常规定义的具体程序、措施或启发式管理可以作用于多元化企业层次（例如，企业级、业务单元功能级、车间级或工序级）和确定的企业领域（例如，产品开发、生产制造、供应链管理）的持续或稳定的持续改进及系统企业的改变。

通过实施方法的实践，将核心原则付诸行动。实现方法是指结构化的部署方法或机制，管理者可以执行它们以达到预期的结果。实现方法是指"做什么"和"怎么做"，通常包含原则、惯例、技术和工具（例如，实现什么以及如何实现它们）。以企业作为分析的基本单位，实践和实施方法可以在多个级别实现概念化（例如，企业级的战略，在业务单位或部门级的战术，以及在车间、计划或过程级的运营）。实施方法将连接核心原则、做法及绩效成果。

精益企业系统、全面质量管理、六西格玛之间结构和互补关系可以概括如下。

第一，仔细审视三种方法。精益企业系统提供了更广阔、更连贯和更丰富的企业战略角度，传达了一个以明确的网络为中心的总的端到端企业的价值流。企业价值流涵盖上游供应商网络，以及连接核心企业的终端客户构成的下游链。精益生产系统是一个在多个层面精心策划的、相互关联的一套原则和实践，使它具有一定的概念上的统一、格式或原型。它还强调效率和灵活性、同步流、领导力、优化所有人的能力，并持续改进和学习文化。它进一步需要整个企业的动态时空观，强调学习和创造性对建立长期的全网能力的目标的重要性，以便为多个企业的利益相关者创造价值。无论是全面质量管理还是六西格玛，在自身特定的（整体的）企业定位方面，都没有提供超越精益企业制度的显著互补的改善。

第二，虽然三种方法有许多共同的企业做法（例如，以客户为中心、全员管理、不断改进、集成化设计和产品与工艺开发），但是全面质量管理和六西格玛似乎没有独有的企业做法，于是可以显著补充和进一步总体加强精益企业制度。

第三，精益企业系统提供了一套差异化的两用结构的实现方法，不仅可用于指导持续改进的工作，还可以在多个层面上指导计划中的改革措施（例如，在企业级的战略计划；在业务单元或部门级的战术计划；在工厂或核心工艺级的运营计划）。这些结构化的实施方法包括不同的框架、战略和实施路线图，还包括为与特定的核心业务流程的联系而设计的定制工具。相比之下，全面质量管理与六西格玛在持续改进和系统性规划企业变革之间没有区别。因此，它们所提供的实施过程主要关心的是自上而下地推动持续改进，而不是在多层次的、计划的、系统性变革。全面质量管理提供了一个离散的、有点区别的方法列表，可用于持续改进，但不提供一个结构化的实现方法。六西格玛通过多层次的 DMAIC 应用基本上满足了持续改进的要求。

第四，精益企业制度、全面质量管理和六西格玛之间的互补关系的最大来源主要在战术和操作层

面，最特别的是在操作层面。这包括大量的使用高度互补的做法、技术和工具，其曾可能只与 TQM 密切相关，但这已成为精益企业制度和六西格玛不可或缺的一部分。这些范围从防错（防呆）和质量循环到质量功能展开与田口方法（质量损失函数、稳健设计、试验设计）。这些工具和技术，直接补充并进一步加强了标准的精益实践和方法，从而直接支持追求完美的品质，这反过来又有助于实现连续运转、及时生产（JIT）和更大的企业灵活性。

第五，运用 DMAIC，主要以六西格玛方法来改进生产过程，作为价值流程图的一部分，也可以作为许多离散的问题解决办法工具集的一部分，这将有助于进一步减少变异，提高质量，增强精益方法和实践的有效性，以及加快产品流动。DMAIC 是一个通用的结构化解决问题的方法。许多与全面质量管理密切相关的工具和技术，以及六西格玛独有的先进的统计方法，已经嵌入 DMAIC 中。在操作层面上，DMAIC 的应用很可能是最有效的，而在解决明确的和细节的离散边界问题上，多个企业的规模、性质和复杂性水平往往完全不同。因此，在战术和战略水平层面上是不太可能和在操作层面上一样有效地利用 DMAIC 来解决。通过分析看出，六西格玛与精益企业制度互补关系主要在战术和操作层面，最重要的是在操作层面上。

第六，通过对约束理论、敏捷制造和业务流程再造的分析，表明它们和精益企业系统之间的互补联系似乎是相对有限的。然而，它们所提供特定的管理特性，可以在战术和作战水平方面进一步补充和加强精益企业系统理论（例如，运用约束理论的方法来识别和消除限制或阻碍生产过程的"瓶颈"，运用业务流程再造理论作为价值流图的一部分，采用敏捷制造理论感知外部环境应急条件）。

4   总结和展望

本章主要关注精益企业制度与全面质量管理、六西格玛之间的关键的互补关系的探索，针对"核心"企业集成管理系统得到以精益企业制度为中心的组织架构的定义。结果表明，这样的"核心"综合管理系统定义是可行的。该"核心"系统可以作为未来改进的基础，通过未来的研究致力于发展对复杂的大型规模企业的结构和行为动力方面的理解。可以预见到这种新知识的创造可以作为基础，不断发展更有效的企业管理系统，管理人员可以用它来实现企业变革和转型。

首先可以看出，目前迫切需要进行跨学科研究，旨在将新的见解用于大型企业设计开发和改造复杂的自适应社会技术系统中。企业，作为复杂系统，具有非线性相互作用、多层次的嵌套的复杂性，以及快速的应变特性。未来需要的是摆脱线性、有序地控制为导向的思维方式，追求一个开放、自适应、螺旋式学习过程，通过使用计算机建模与仿真方法，解决企业由于变化和适应出现的属性和复杂的动力。重点的研究应该是未来组织理论的演进。其需要进一步研究的主要领域包括：考虑外部环境的应变条件下推动企业变革和转型；解决收益增长和企业转型之间、控制和学习之间、现在（即求短期效率）和未来之间（即建立动态网络级功能）的关系。

可以看到将企业视为有目的性的复杂的自适应系统并且发展统一的企业整体设计的核心概念框架是获得概念引导和实际意义的有效方式。随着计算企业建模与仿真方法的使用，该方法将成为组织媒介，通过实际实验室条件下的模拟，即时考量多层次组织、内容和变化过程，用于设计、测试和评估未来企业结构选择、公平交易及未来调整与转型的有效策略。发展可被应用于设计下一代企业结构的企业结构基础原则、计算企业结构模型以及可用于设计和执行的企业成功转型的模拟方法，都代表着未来的研究前沿。

其次，管理者可以通过开发一个类似于关于实践与方法，可靠的和可操作的概念、框架、实践、工具数据库，来改变管理方法的需要，使得它们可以很容易地被访问和使用。正如以证据为基础的卫生保健的概念，正在成为世界各地提供医疗服务的重要部分。这个概念已经开始蔓延到医疗保健以外的领域，包括管理领域。将这一概念扩展到企业变更管理将是一个重要的贡献。实施科学的新兴领域，测试和开发一种基于证据的管理方法，从而建立可搜索的知识库，可以作为一个很好的起点设计。

最后，精益企业系统和相关的方法是对前一章所相关的 20 世纪 80 年代早期管理理念和实践的重大转变的回应，在占主导地位的大批量生产的工业范式解散之后，重点关注过程管理来实现效率和生产力的显著提高。企业不再具有流程管理和持续改进基础上的竞争力，它们必须创建动态的长期能力，建立组织间网络，促进学习、知识创造和创新，发展适应性和可重构网络架构，从而在增加复杂性、高速变化和不确定性变化的特点的外部环境条件下茁壮成长。因此，需要通过进行上面所概括的跨学科研究，去建立和扩展上述发现。

备 注

[1] 虽然有很多可以显著改进企业的个案，但是这些改进往往会逐渐变得无效，之后一般会在很短的时间内消失（Hall，Rosenthal 和 Wade，1993）。采用精益生产方式通常可以使企业管理流程如成本、质量、周期时间逐步改善（例如 Sakakibara 等，1997；White，Pearson 和 Wilson，1999），然而，Murman 等（2002，p.114～116）的报告称，精益理论应用在航空航天方面时，仅仅会在一小部分成功，往往局限于特定的设备、程序或过程。持续的企业范围的变化是罕见的。

[2] 西格玛水平也被用来作为衡量单个企业的生产能力水平，用C_{PK}制造能力指标表示，这是衡量在何种程度上的系统可以产生无缺陷的产品。例如，六西格玛水平相当于C_{PK}二级。六西格玛更详细的技术审查和制造能力指标C_{PK}是 Harry 和 Lawson（1992）以及 Eckes（2001）提出的。在 Eckes（2001，p.266～267）的表格中可以得到西格玛水平和制造能力指标之间的对应关系。

[3] 这些包括统计过程控制（SPC）和问题识别控制图，用于问题识别和根本原因分析的统计显著性检验（例如，卡方检验、方差分析），根本原因分析和预测结果的相关性与回归性分析，确定最佳的解决方案和结果验证的实验设计（DOE），问题的优先次序和预防的失效模式及影响分析（FMEA），缺陷检测和过程改进的防错，产品、服务和工艺设计的质量功能配置（QFD）（Pande，Neuman 和 Cavanagh，2000，p.355～377）

[4] 目前还没有一个单一的，包罗万象的，普遍接受的，或可以带来大规模改变的最有效的模型（Dunphy，1996，p.541；Edmondson，1996，p.572 和 2005，p.373），然而，在文献中有许多实现企业变化和变化类型的方法以及改变计划的环境的方法的讨论（Burnes，2004，p.886）。与此同时，目前还没有普遍接受的计划改变的分类方法或干预模式去设计和实现大型企业的变化。

[5] 这里所说的区别稍微有点类似于 Flynn，Sakakibara 和 Schroeder（1995）所做的及时生产（JIT）和 TQM 之间关系的实践和绩效之间的分化。然而，他们区分原则和实践，但不区分适用于不同层次的做法。事实上，涉及这些方法的已发表的文献中普遍缺乏原则和实践之间的明确概念区分，结果就是一份文献中的原则在其他文献中仅仅作为实践案例。

参考文献

Ahire，S. L. and Dreyfus，P.（2000）The impact of design management and process management on quality：an empirical investigation. *J. Oper. Manage.*，**18**，549－575.

Beer，M. and Nohria，N.（2000）Cracking the code of change. *Harvard Bus. Rev.*，133－141.

Burnes，B.（2004）Emergent change and planned change-competitors or allies？ *Int. J. Oper. Prod. Manage.*，**24**（9/10），886－902.

By，R. T.（2005）Organisational change management：a critical review. *J. Change Manage.*，**5**（4），369－380.

Deming，W. E.（1989）*Out of the Crisis*，7th edn，Massachusetts Institute of Technology，Center for Advanced Engineering Study，Cambridge，MA.

Dunphy，D.（1996）Organizational change in corporate settings. *Hum. Relat.*，**49**（5），541－552.

Eckes，G.（2001）*The Six Sigma Revolution：How General Electric and Others Turned Process into Profits*，JohnWiley & Sons Inc.，New York.

Edmondson，A. C.（1996）Three faces of Eden：the persistence of competing theories and multiple diagnoses in organizational intervention research. *Hum. Relat.*，**49**（5），571－595.

Flynn，B. B.，Sakakibara，S. and Schroeder，R. G.（1995）Relationship between JIT and TQM：practices and performance. *Acad. Manage. J.*，**38**（5），1325－1360.

Flynn，B. B.，Schroeder，R. G. and Sakakibara，S.（1995）The impact of quality management practices on performance and competitive advantage. *Decis. Sci.*，**26**（5），659－691.

Hall，E. A.，Rosenthal，J. and Wade，J.（1993）How to make reengineering *really* work. *Harvard Bus. Rev.*，119－131.

Hammer，M.（2001）The superefficient company. *Harvard Bus. Rev.*，82－91.

Hammer，M. and Champy，J.（1993）*Reengineering the Corporation：A Manifesto for Business Revolution*，HarperBusiness，a Division of HarperCollins Publishers，New York.

Harry，M. and Lawson，J. R.（1992）*Six Sigma Producibility Analysis and Process Characterization*，Addison-

Wesley Publishing Company，Reading，MA.

Hendricks，K. B. and Singhal，V. R.（1997）Does implementing an effective TQM program actually improve operating performance? *Manage. Sci.*，**43**（9），1258—1274.

Hoyle，D.（2009）*ISO 9000 Quality Systems Handbook：Using the Standards as a Framework for Business Improvement*，6th edn，Butterworth-Heinemann，an Imprint of Elsevier，Oxford，England.

Kotter，J. P.（1995）Leading change：why transformation efforts fail. *Harvard Bus. Rev.*，59—67.

Kwak，Y. H. and Anbari，F. T.（2006）Benefits，obstacles，and future of six sigma approach. *Technovation*，**26**，708—715.

Linderman，K.，Schroeder，R. G.，Zaheer，S. and Choo，A.（2003）Six sigma：a goal theoretic perspective. *J. Oper. Manage.*，**21**，193—203.

Murman，E. M.，Allen T.，Bozdogan K.，Cutcher-Gershenfeld J.，McManus H.，Nightingale D.，Rebentisch E.，Shields T.，Stahl F.，Walton M.，Warmkessel J.，Weiss S. and Widnall S.（2002）*Lean Enterprise Value：Insights from MIT's Lean Aerospace Initiative*，Palgrave，Houndmills，Basingstoke，Hampshire RG21 6XS，Great Britain.

Pande，P. S.，Neuman，R. P. and Cavanagh，R. R.（2000）*The Six Sigma Way*，McGraw-Hill，New York.

Powell，T. C.（1995）Total quality management as competitive advantage：a review and empirical study. *Strategic Manage. J.*，**16**，15—37.

Sakakibara，S.，Flynn，B. B.，Schroeder，R. G. and Morris，W.（1997）The impact of just-in-time manufacturing and its infrastructure on manufacturing performance. *Manage. Sci.*，**43**（9），1246—1257.

Samson，D. and Terziovski，M.（1999）The relationship between total quality management practices and operational performance. *J. Oper. Manage.*，**17**，393—409.

Schroeder，R. G.，Linderman，K.，Liedtke，C. and Choo，A.（2008）Six sigma：definition and underlying theory. *J. Oper. Manage.*，**26**，536—554.

Spector，B. and Beer，M.（1994）BeyondTQMprograms. *J. Organiz. Change Manage.*，**7**（2），63—70.

White，R. E.，Pearson，J. N. and Wilson，J. R.（1999）Manufacturing：a survey of implementation in small and large US manufacturers. *Manage. Sci.*，**45**（1），1—15.

补充书目

Anderson，J. C.，Rungtusanatham，M. and Schroeder，R. G.（1994）A theory of quality management underlying the Deming management method. *Acad. Manage. Rev.*，**19**（3），472—509.

Champy，J.（1995）*Reengineering Management：The Mandate for New Leadership*，HarperBusiness，a Division of Harper Collins Publishers，New York.

Goldman，S. L.，Nagel，N. and Preiss，K.（1995）*Agile Competitors and Virtual Organizations：Strategies for Enriching the Customer*，Van Nostrand Reinhold，New York.

Hammer，M.（1990）Reengineering work：don't automate，obliterate. *Harvard Bus. Rev.*，104—112.

Montgomery，J. C.（1996）The agile production system，in *The Transition to Agile Manufacturing：Staying Flexible for Competitive Advantage*（eds J. C. Montgomery and L. O. Levine），ASQC Quality Press，Milwaukee，WI，pp. 1—27.

Goldratt，E. M.（1990a）*What Is This Thing Called Theory of Constraints and How Should It Be Implemented?* North River Press，Inc.，Croton-on-Hudson，NY.

Goldratt，E. M.（1990b）*The Haystack Syndrome：Sifting Information from the Data Ocean*，North River Press，Inc.，Croton-on-Hudson，NY.

McAdam，R.，Hazlett，S. A. and Henderson，J.（2005）A critical review of six sigma：exploring the dichotomies. *The Int. J. Organiz. Anal.*，**13**（2），151—174.

Pyzdek，T. and Keller，P.（2010）*The Six Sigma Handbook：A Complete Guide for Green Belts，Black Belts，and Managers at All levels*，3rd edn，McGraw-Hill，New York.

Shiba，S.，Graham，A. and Walden，D.（1993）*A New American TQM：Four Practical Revolutions in Management*，Productivity Press，Portland，OR.

本章译者：孙一哲（南京航空航天大学航空宇航学院）

第 316 章

航空航天精益供应链管理

Wouter W. A. Beelaerts van Blokland，S. C. Santema and Ricky Curran
代尔夫特科技大学航空航天工程学院航空运输和运营系，代尔夫特，荷兰

1 引　言

最近的一个趋势是飞机原始设备制造商们（OEM），如波音、空客、巴西航空工业公司以及达索公司，正在从以"生产"为导向的企业向"集成商"发展。此前，供应商们主要参与已设定的相应活动，大部分风险由 OEM 承担。如今，供应商参与飞机全部功能的共同开发，如机翼、机身和安定面，这就导致了价值从航空航天 OEM 向供应链的转移。波音公司 B787 的共同开发和合作生产就是供应链参与的有趣示例，在这其中，供应商深度参与零件和部件的设计及生产。波音公司则专注于核心业务，如概念设计、认证、试验、客服、市场、全球供应链管理（SCM）和集成。

事实上，"供应链"的思想定义来自汽车生产商丰田公司。20 世纪 60 年代，丰田提出了涉及共同研发和合作生产汽车的供应商的供应链。MIT研究了这个 TPS "丰田生产系统"，并于 20 世纪90 年代将其命名为精益制造。然而，这项研究的重点仍然是在生产系统中，在这种精益生产理念中，供应链起着重要的作用。

精益制造和供应链之间似乎是相互交织的，目前两者都被航空航天工业所采用。本章结合供应链的管理和航空工业的开放式创新，强调精益制造的原理，并协同这些原理使之转化为价值杠杆思维，这其中共同研发和合作生产是主要的价值驱动因素。本章还用欧洲直升机公司和波音 B787 两个例子，从一个新的角度说明精益制造和供应链。

2 精益制造

20 世纪 50 年代，丰田将其纵向一体化组织结构分解成三个主要部分：

- 丰田汽车销售公司（TMS），负责与客户之间的订购处理。
- 丰田汽车公司（TMC），负责汽车的研发和集成，以及供应管理。
- 内部供应商股权被丰田汽车公司出售，丰田拥有这些子供应商的少数股权。

事实上，与供应链 avant la lettre 的诞生所相伴的是"及时"向集成商供货，这是区别供应商最为显著的效益之一。

2.1 精益思想

"精益"的概念最初由 Womack，Jones 和Roosz（1990）提出，目的是描述日本汽车制造商的工作理念和实践，尤其是丰田生产系统（TPS）。实际上，这个理念涉及杜绝浪费和不必要的活动，并把所有创造价值的步骤连接起来。精益的 5 个关键原则是（Womack 和 Jones，2003）：

- 确定价值：从最终客户的角度，根据具体产品、具体性能和具体交付时间，精确定义价值。
- 确认价值流：确认每个产品或产品系列的价值流，杜绝浪费。
- 创造价值流：促使剩余价值产生步进流动。
- 由顾客拉动价值：在客户需要的时候，设计和提供客户所要求的产品。
- 追求完美：一旦发现浪费和瑕疵，则逐级将

其去除，追求完美。

为了在制造环境中引入精益思想，理念依赖于识别浪费和杜绝浪费，这是精益思想的基本定位，目的在于有效地制定目标和运用各种精益工具。一般而言，精益改造采用持续改善、六西格玛、价值流程图和5"S"等技术，目的在于杜绝浪费，并兑现改进。另一个重要方面是增值和非增值之间的差异，该差异值被认为是最终客户的感知价值。因此，价值链中的拉动因素必须被确定（Womack和Jones，2003）。丰田生产系统（TPS）背后的企业模式是一个网络组织 avant la lettre。丰田，通过将供应商和销售组织与丰田汽车公司分离，分解为纵向一体化组织，成为一个大规模、利用供应商需求价值的系统集成商或网络企业的"领跑者"。

2.2 精益和航空航天业

航空航天工业所面临的挑战是创新和提高精益程度（Murman，2002）。类似汽车的其他制造业几十年前也遭遇此类挑战，并取得了显著的改善（Womack，1990）。一般来说，制造业有各自的发展趋势，对于航空航天工业，其发展趋势是能够详尽说明和量身定制的。航空航天领域遇到的几个主要挑战是：全球竞争加剧、诸如机身和发动机核心产品的成熟，以及行业整合。为了应对上述挑战，航空航天领域可以学习在汽车领域中发展起来的精益原理。精益制造理念为持续的流程改进提供了重点突出的方法，也指明了实现上述改进需要具有的各种工具和方法。精益理念是建立有效的供需网

络，以生产产品。研究人员发现，在过去的几年中，制造业的竞争从企业竞争变为供应链的竞争，公司运营的网络越来越成为成功或失败的驱动因素。这给集成商（或OEM）带来了三个主要挑战：第一，构建最有价值的供应网络；第二，构建有效的知识共享网络；第三，善于网络内的成功合作，以面对创新和竞争。能够正确认识这些挑战的航空航天公司，将有能力利用供应商的杠杆价值，从而更高效和更有效地创造价值流。

2.3 大型航空航天系统集成商

以往，制造业的发展趋势显现生产网络格局和管理的演变，特别是对于集成商，保持竞争力的策略是针对不同的重点领域，这在工业领域是最明显的。工业领域在规模经济的基础上展开竞争，OEM在专注于核心竞争力的同时，靠外包采办非核心产品（Petrick，2007）。供应链中的平衡发生变化，最具创新精神的集成商或原始设备制造商成为"大型系统集成商"（LSSI）。

LSSI模式需要OEM和供应商两者在角色和所承担的责任方面发生一些变化。在LSSI模式中，一个关键OEM公司担任着将异地生产的部件进行组装的集成商的角色。集成商的核心竞争力表现为分享知识、协作能力、产品愿景和市场知识。因此，1级、2级和3级供应商的影响力逐级增加，同时，风险、责任和税收将流向供应链上游（见图1）。

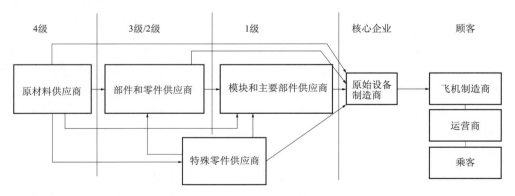

图1　传统航空航天OEM集成商供应链

在汽车行业，精益生产理念早已包含LSSI模式的若干要素。最佳惯例是，高度网络化的供应环境、责任向上游转移、注重长期合作关系、质量和成本两者结合而产生的价值的优化（Womack等，1990）。在航空航天工业，产品通常必须有30

年以上的寿命，这意味着集成商专注于生产经济规模，与新平台相伴的是强化创新。

现代供应链中的OEM更专注于导致价值链中责任转移的核心竞争能力。在集成商专注于整合能力的同时，供应商更多地参与到零部件的设计和生

产中，这导致了集成商对网络的强烈依赖性，并需要与协力厂商中所有的上游供应商保持强大的伙伴关系。OEM 成为一个拥有整合产品研发能力、产品集成和整合供应链、能够分享知识的 LSSI，这些都是在定义核心竞争力时出现的新要素。集成商以不同的方式创造价值。相反，价值集中于价值链本身，目前，价值的大部分分配在供应链中。集成商的作用与汽车行业中的具有相似性，按照精益制造理论中的"及时"原则，子系统是"流动的"。因此，首先要领域定位，以理解"供应链"现象。

2.4 网络组织和知识共享

供应链越来越成为供应和需求的网络，目前企业之间的联系覆盖整个网络。从竞争的角度看，生产网络被认为是比公司更重要的分析单元，这基于这样一个事实：网络由不同的公司组成，这使得知识的产生、知识的传输和知识的结合更有效（Dyer 和 Nobeoka，2000）。网络与各种各样的外部实体相互作用，而这一行为为价值网络提供了知识（见图2）。

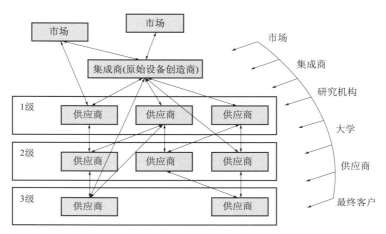

图 2　价值网络

从对丰田——制造业中世界级的领先企业的观察中，可以看到知识共享是一个成功的和有竞争力的行业的关键。然而，在其他制造业行业中，仍在进行学习知识共享的实践，且面临三个困境：如何激发自私的网络成员参与网络、和公开与其他网络成员分享有价值的知识；如何处理"搭便车"；如何在一大群个体成员之间最大限度地提高知识转移效率（Dyer 和 Nobeoka，2000）。就制造业目前的做法，集成商或 OEM 应在其网络中实现知识交流起带头作用。

在对网络中知识创造和知识转移机制的研究中，观察表明：一个公司的研究与发展中心和其他公司密切合作，能够改善知识分享，提高该公司获取和利用知识的能力。在各行业中都有类似的观察结果，可以得到这样一个结论：交流实践的作用和网络化均被强调为创新的决定因素。

就日本汽车制造商而言，他们使用企业网络，共同分担风险和共享收益，公司网络维系着群体内所有的商家。一个类似于企业集团运行的制造商，从供应商那里购买其产品的比例相对高一些。相反，观察 20 世纪初期的美国汽车企业，福特汽车公司曾经拥有整个价值链，从矿山到最后组装线，自己制造所有零件。然而，日本和美国汽车制造商均发展了自己的战略，从而出现了如今复杂的加工或外包模式。

在航空航天工业可以观察到类似的现象，例如，波音公司从供应商那里购买的零部件的比例高于空客公司，这是较明智的做法。建立与 OEM 相匹配的产品设计和供应链设计的网络是一项具有挑战性的任务，这些题目，与知识产权管理和组织学习一起，将决定知识在网络中的重要性的未来研究。

3　供应链管理

供应链管理（SCM）可定义为一系列用于在整个供应链中，有效地整合和协调材料、信息和资金流动的方法。具体的管理办法因地而异，以便使商品以正确的数量、在正确的场所和正确的时间，并以成本效益最优的方式和满足客户的要求，供应、生产和分销（Gibson，Mentzer 和 Cook，2005）。SCM 是建立在供应链所涉及管理策略和分析基础上的。

3.1 供应管理策略

为了把供应商按水平等级归类，可采用 Kraljic（1983）矩阵（见图3）。Kraljic 矩阵被视为将投资组合公司分类为四个区域的工具，分类所考虑的因素是他们对公司的供应风险和利润影响。

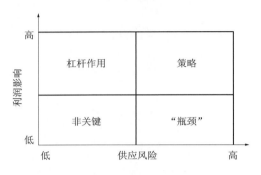

图 3 Kraljic 矩阵

X轴表示供应风险。这是一个主观指标，表示某一部分可能给公司带来的多少风险。在实际中，它意味着当具有风险的那部分供应中断时，与平时正常供应状态相比，生产不能流动将存在更大的可能性。

Y轴表示利润部分对公司的影响。采购具体零件的购买者的利润影响由它决定。根据四个不同区域的解释，制定了不同策略的第一步，所属归类的区别如下：

（1）非关键。在这个区域，买方和卖方之间的相互依存度低，大多数供应商能力相似，对长期合作关系不作要求。

（2）"瓶颈"。此区域的特征是买方高度依赖供应商。应采取的行动是高度的供应控制、供应商的数量保证，以及紧急情况下的应急预案（例如，75/25 拆分）。

（3）杠杆作用。在这个区域中，供应商的依赖性很高，公司试图拓展购买能力，建立长期合作关系，并且必须有容量保证。

（4）策略。购买—销售的关系非常重要，供应商的表现决定公司可否成功。沟通通常完全以技术为基础，所有的信息，即使以前是机密的，现在也实行共享，以支持共同设计与开发。

3.2 协力厂商的复杂性

Choi 和 Krause（2005）对协力厂商和供应网络流程之间的供应链（SC）进行了区分。协力厂商仅由购买方主动管理的那部分供应商组成，供应

网络则由 SC 中所有供应商组成，包括那些与购买方没有直接联系的供应商。Choi 和 Krause 推理认为协力厂商的复杂性依赖三个因素，即（i）协力厂商中供应商的数量，（ii）这些供应商的分化程度，（iii）供应商之间相互依存的程度。

为了降低协力厂商的复杂性，改善供应流，及时供应且库存尽可能少，最有效的方法是减少供应商的数量。交易成本可以降低，风险可以减缓，响应能力可以得到改善，且可以激发创新。Choi 和 Krause 认为协力厂商的复杂性与四个关键方面相关（图4）。

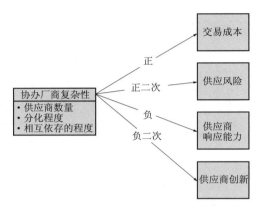

**图 4 协力厂商复杂性和交易成本、供应风险、
供应商响应能力及供应商创新之间的关系**

3.3 供应链代表委派

Womack 认为单一采购方式中，为了减少协力厂商，一层结构是首选方法，此方法被 Cousins（1999）验证。协力厂商代表委派可以降低在采用单一货源的 SC 中减少供应商数量所导致的风险。但是，与减少供应商的方法相比，协力厂商代表委派策略成本可能会显著增加，但从长远来看，回报也会更多。

Dubois（2003）发现，有限数量的供应商高度参与，是采购物料首选方法。此方法能刺激对发生在供应商之中的成本结构和复杂的相互依存性的共同学习，与较低的参与度及较小的价格压力策略相比，也许能够提高广泛的成本合理化的潜力。

Poirier（2004）进一步推理，采购公司应以更高层次的关联为目标。他确定了合作中五个不同的等级，这些合作层次可在采购公司和协力厂商中的供应商之间得以实现。Poirier 解释，每一等级反映了不同层次上沟通与信息共享的各式各样的关联。当合作伙伴通过公司之间的电子系统共享重要信息，全链条所有进程实现可视化，且可实时了解存货时，公司可以达到最高等级。虽然只有少数公

司能达到最高层次，但这是企业考虑具体情况，需要实现的目标。根据 Poirier（2004）的推理，五个不同的等级如下：

- 等级 1：内部/功能：既几乎没有组织间的合作，也没有很经常相互鼓励，在采购和物流层次上可得以改进。
- 等级 2：内部/跨功能：企业内部单位之间的边界开始淡化，技术使覆盖整个公司的系统成为可能，引入的软件用以改善内部沟通、计划（如 ERP）和调度。
- 等级 3：外部网络形成：与客户选择相联的外部链接形成，客户对业务流程具有更加重要的作用。更多的跨越边界的计算机辅助系统被建立，信息流动得到改善。
- 等级 4：外部价值链：组织之间的合作增加，焦点完全转移到了消费者，一个真正的价值链开始成形，其中，企业之间的技术和进一步合作有助于改善价值链，SC 外包和电子采购系统可以落实到位。
- 等级 5：完整的网络连接：由于只有少量企业达到此水平，这个解释更多的是基于理论而非实际情况，合作伙伴通过电子手段共享至关重要的信息，整个链条中所有进程可视，且库存可实时了解。

从上述描述中可以看出，五个等级在提高方面具有不同的重点。为了明确必须与何方一并启动有关工作，应该把供应商分成不同的等级，这样集成商可以寻找相对多的机会，和大多数供应商一起处于更高等级，提升整个供应链的效用。

Cousins 认为，那些希望采用协力厂商代表委派的公司应慎重挑选那些同样选择委托活动的供应商，做出决定不仅要基于价格，还要依据质量性能、服务水平和技术能力标准，。在做出决定时，表现证明记录也起着重要的作用。同样，公司应该利用协力

厂商的质量等级体系，促使每个供应商逐步将性能和质量提高到更高水平（Womack，1990）。

在协力厂商代表委派中需要考虑的另一个重要问题是采购公司与协力厂商中的供应商之间的合同关系。根据 Womack（1990）的研究，只有使用精益合同，才有可能形成精益 SC。供应商与采购公司之间的合同仅仅是该公司和供应商之间长期承诺共同努力的一个表达。同样，精益合同建立了质量保证、订购和交付、所有权和材料供应的基本规则，而共同成本分析、价格制定和利润分享则应建立一套新的基本规则，双方公司都应享受 SC 任何一侧改进所带来的效益。这个框架使得双方寻求合作，互惠互利，而不是相互猜疑地看待彼此。Womack 认为，供应商若继续以传统的方式讨价还价，将削弱精益 SC。

3.4　供应链和创新

在研发领域，为了探索、分享和应用研究成果，生产网络越来越多地与外部科研院所和大学进行合作，正如 Chesbrough（2003），Chesbrough 和 Crowther（2006）所描述的那样，为增加竞争优势，公司的边界变得更加开放。封闭式创新被认为代表了老旧的研究和发展策略，而开放式创新提供了更好的利用知识杠杆的机遇（见图 5）。对内开放创新和对外开放创新，这两种类型的开放式创新是有区别的。对外开放创新认为，公司应寻求具备更适合特定技术商业化的业务模式的外部组织，而不是依赖内部路径。对内开发创新认为，企业可以利用自己的市场渠道，使用他人的研究成果，而非仅仅依靠自己的研发。Gassmann 和 Enkel（2005）指出开放式创新的第三种类型，即上述两种做法的结合，在这种模式中，知识通过公司转移。

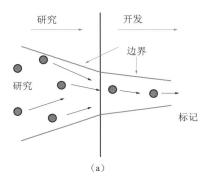

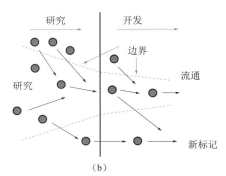

图 5　封闭式创新与开放创新

（a）封闭式创新；（b）开放式创新

（改编自切斯布罗格，哈佛商业出版社 2003 年出版）

由于创新策略的不断变化，研究和发展战略也随之改变，这导致了诸如公共研究中心参与公司的研发战略，加入企业家和中小型企业中。在面向商业的研发创新中，企业家起着重要的作用。企业家们受到鼓励，开创中小型企业，把新的理念推向市场，这些企业家经常能够得到外部的投资，这一现象越来越多（Kuivanen，2008）。

在供应网络中，开放式创新必须是集成商新角色中的核心原则之一，这将导致研究和发展战略的改变。为了开发新产品，集成商将更多地依赖供应商，为供应商提供一个更有影响力的角色，以及赋予更多的管理他们自己研究的责任。

4 供应商的杠杆价值

激烈的竞争迫使公司卓有成效地管理新产品开发，这就导致了以减少产品开发时间为目标，并聚焦产品成本。在代尔夫特大学，对通过航空航天OEM公司所体现出的供应商的杠杆价值现象的研究，指出了在缩短上市时间（TTM）和缩短盈亏平衡时间（BET）中的价值驱动因素。杠杆价值使得价值更有效和更高效地流动（Beelaerts van Blokland，Verhagen 和 Santema，2008），它基于精益生产理论、SC 理论和本章描述的开放式创新理论的综合。

图 6 中的时间价值曲线直观地反映了共同研发和合作生产所引起的杠杆价值的效果。可以看到三个效果：BET 较短、投资较低和增值较高，表明价值可以"更快、更便宜、更好"地发展。

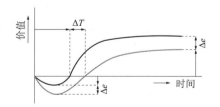

图 6　价值—时间曲线中所反映的价值—杠杆效应

（转载自 Beelaerts van Blokland，Verhagen 和 Santema。
施普林格出版社 2008 年出版）

在产品层面，上述效益可以通过图 7 中的 3C 价值—杠杆模型里的尺度得以衡量，代尔夫特科技大学一直在研究那些效益问题。在精益生产 SC 和网络以及开放式创新等理论基础上，3C 框架被发展用于联合开发建模，以及紧随其后的含有供应链的合作生产建模。对于 SC，航空航天集成商是具有杠杆价值的。为了在组织层面上衡量这个杠杆价值，每名雇员的价值或人均价值可作为一个参考值。推理逻辑是，在外购和 SC 代表委派的影响下，航空航天集成商对于 SC 具有更多的杠杆价值，自身的生产价值将减少，自身员工人数也将减少。这个推理的其他元素在于精益方面，在附加价值或必要的非附加价值，甚至是浪费方面，员工是最终的驱动者。通过管理和降低供应复杂度，集成商有能力维持和提高盈利。3C 价值—杠杆模型（见图 7）确定了价值—杠杆流程中的三种价值驱动因素：持续、概念和配置，并将它们互相连接了起来。

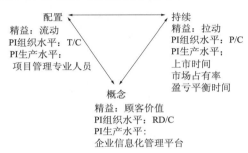

图 7　价值—杠杆模型

（转载自 Beelaerts van Blokland 等。施普林格
出版社 2008 年出版）

（1）持续。确定客户的需求对公司的延续和盈利能力是极其重要的，这个驱动因素反映了公司的客户与公司活动之间的相互影响，它是持续的。衡量这个驱动因素的指标或尺度是 TTM 市场份额（MS）和产品水平的 BET，以及在组织层面上的人均（P/C）利润。综上，持续驱动因素可以找到给（最终）客户增加价值的机会。

（2）概念。根据客户的需求，概念通过协作和知识资本共享的方法驱动创新。合作可以加快 TTM 需求响应，具有更好的定制产品，并能降低投资成本。在各方可接受的风险范围内，公司自身的研发部门合作，并联合加入创新产品或流程研究的外部力量。概念驱动因素的指标是生产层次的创新投资倍数（IMP），以及组织层面的人均研发费用（RD/C）。

（3）配置。正如 3C 价值—杠杆模型和新知识经济特点所描述的，协作是关键。配置价值驱动因素反映了如何良好地进行价值网络配置，如何良好地分享发展和运作流程。指标表示在产品与生产层面上，是产量倍数的效应（PMP）、产品的分享价值，以及在组织层面上的人均营业额（T/C）。配置价值驱动因素考虑公司或网络在精益组织实践方面的吸收能力，为此，还需要用到组织指标。

4.1　欧洲直升机公司案例

飞机集成商欧洲直升机公司拥有很大范围的各种供应商，所有供应商在一定程度上是彼此相关的。这就意味着飞机生产发生在一个高度复杂的供应系统之中，如同所期待的世界领先的航空航天企业一样。为了使供应系统清晰，需要确认合理化和集成的三个选项。

4.1.1　预装配/配套采购

第一个选项是架构一组供应商，所有供应商生产零件都为同一个部件。他们把生产的零件都提供给子集成商，子集成商把这些零件组装成部件，并将部件提供给集成商。如果你能将一个供应商与另一个供应商联系起来，则这个部件就可以在集成商之外完成，仅有一个供应商提供更多成品零件。你只需要管理一个供应商，而不是一群供应商。多数情况下，大供应商 A、B 或 C 中的一个具有主动权（见图 8 中 A），负责配套采购的组织。集成商只负责接洽一个供应商，而其他供应商则将产品提供给这个供应者。这样，协力厂商在数量和形式上都将减少（见图 8），交易成本和风险将降低，响应能力和创新能力提高。上述方法的基础是欧共体（EC）对自制或购买的决定，购买的越多，自己组装的就越少。

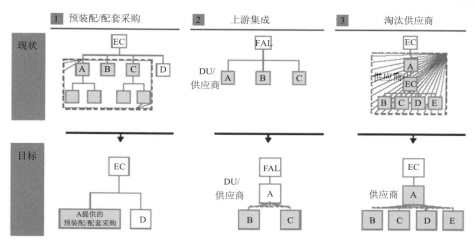

图 8　降低原始设备制造商、集成商的复杂性

4.1.2　上游集成

在第二选项中，A、B 和 C 可以是供应商或集成商内部的部门（机械、电气、结构等），供应商或集成商内部的部门都交付产品给总装线。这一想法是改变上游工作，使总装线（FAL）只应对一个供应者。部门可视为一个一级的内部供应商。最终，来自不同部门的所有零件都以部件的形式出现，FAL 只需装配大部件，时间将更具效益，工作也能更好地分配。

4.1.3　淘汰供应商

在实际情况中，实现目标状况的简单可视化，并不是那么简单的。例如，供应商 B 和 C 可以不断地直接交付产品给集成商。事实上，这些第一级供应商被移到了第二级的位置上，如图 8 中所示，但不是所有的情况都能够如此。为了淘汰一级供应商，目标应设定为外包每件零部件。但在现实中，因为协力厂商的复杂性，某些第二级供应商总会直接交付某些零件给集成商。有时，供应商也不愿意从一级变为二级，因为供应商将不再能直接交付产品给集成商。供应商认为有集成商在其投资的组合中，是企业发展中的一个主要优势。虽然航空业非常庞大，但公司之间需要彼此非常了解。

假如集成商希望减少过于复杂的协力厂商，须进行以上三个举措。不提供给客户选择的自由，以减少对客户订单的反应时间。在大多数汽车制造商已经对他们的 SC 进行变革之后，这种现象目前正在飞机制造业中发生。通过 SC 的合理化，欧洲直升机能够采用外包装配的手段，降低成本，以及降低 SC 本身的复杂性。

4.2　波音 B787 案例

波音 B787"梦想飞机"源于被放弃的"声速巡航者"发展计划。"声速巡航者"的主要魅力在于高速，然而在航空业的不佳境况下，出于对燃油和时间效率的关注，使得波音公司在 2002 年重新定位声速巡航者的重点，B787 计划由此产生，后来改称为波音 787 "梦想飞机"。这架飞机是波音公司努力满足飞机低拥有成本、低运营成本和低维护成本需求的产品，更有效地把旅客从 A 地运送到 B 地。B787 适应了"点到点长途旅行"的理念，它可容纳 210～330 名乘客（取决于不同体型），最大航程范围为 14 800～15 700 km（B787－9 航程最大），空中客车公司的 A350XWB 是它的直接竞争对手。这些款型的飞机族（包括它们的改型），是适合取代目前市场上的飞机的，如空客 A300、A310、A330 和 A340 机型，以及波音 B757 和 B767。

波音公司在其供应链方面的明确目标是利用其全球合作伙伴的杠杆作用，以降低成本，加快产品上市时间，增加客户价值，同时保持最高的安全水平（Exostar，2007）。然而，供应链的策略及其实际执行能实现这个目标吗？据 Exostar（2007）的研究，波音公司在以下任务方面，掌握了 B787 的供应链策略：

（1）充分利用来自世界各地的顶级组件和技术供应商。

（2）在波音及供应伙伴之间建立共享风险模型。

（3）需求/供给、订单和库存信息同步分享给所有的供应伙伴。

（4）建立高度协调的物流流程和运输机制，确保所有装配件准时交付。

这些任务与波音公司的既定目标一致，这体现在以下几个方面：公司的供应链、精益制造反射原理（如早期供应商整合纳入设计和开发）、贯穿供应商网络的同步流程、通过开放交流所得到的可视性和透明度、长期互信基础、互惠互利关系，以及供应商的持续发展和改善。然而，上述任务能否在供应链的安排与管理中真正实施？有很多案例可以

说明。B787 的复合材料机翼由位于日本名古屋的日本公司（如三菱重工）生产（和设计），水平安定面由阿莱尼亚航空工业公司（意大利）制造，而机身部分由沃特公司（美国）、阿莱尼亚航空公司（意大利）、川崎重工（日本）和势必锐航太有限公司（美国）生产。显然，波音公司的供应链是全球性的，它所包括的组件和技术供应商都被认为是顶尖的。这些合作伙伴提供所谓的"装满"的部件，这些部件包含所有的结构元件和电气元件，有时甚至内部已完成了全部安装。供应伙伴对优化预算和总工作分配起到了杠杆作用，并做出了贡献。这也使得他们在 B787 项目中成为共担风险的伙伴。

波音公司的各种系统已经到位，包括供应商门户网站（波音公司，2007）和一个基于 E2 开发软件（Exostar，2007）的电子数据共享交换系统（EDI）。作为波音公司所追求的供应商关系模型的一个部分，为了适应装配的逻辑工艺流程和按时交货的运送机制，波音公司正和它的供应商伙伴们紧密合作。例如，借助于看板指标（Baldwin，2005），实施及时生产（JIT）方式原则。最近发生的事件表明，一旦出现差错，波音公司坚定地帮助突遇问题的合作伙伴，行动之一是通过向供应商派遣工程师团队，帮助解决零件供应问题（Busch，2007）。

一级供应商提供的部件使装配复杂程度降低，更具成本效益，且风险减小。如机翼和机身部分等完整部件进入波音 B787 的装配现场，使组装 B787 所需的空间和劳动力最小化。组件与制造业及零件的知识密切相关。

图 9 反映了总装和部件系统之间的区别，其中，部件在主要供应商的工厂中完成。波音 B787 的最终装配比任何其他飞机的装配速度都快，根据波音公司的安排，目标时间仅为三天。

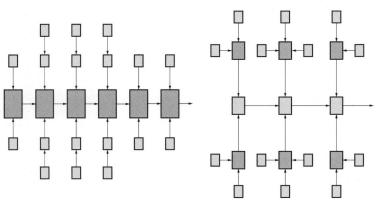

图 9　波音 B787 使用的总装配系统与子装配系统

全球供应链已经取代了重要的航空航天业 OEM 波音公司的传统生产功能。事实上，波音公司通过添加自己独特的价值，撬动顾客对供应商的需求价值这一杠杆，主要体现在飞机设计的创新，以及例如机翼、机身、稳定面等功能部件的供应链管理。

5　总　　结

本章推理了精益制造的趋势，开放创新和供应链管理。精益原则是根据最终客户需求，详细说明价值。客户价值是创建拉动整个供应链的驱动因素。由于制造业网络组织的变化，网络交换信息的能力是很重要的，可以观察到 OEM 的关注焦点向大系统集成商转移，如同所看到的从制造业向复杂产品集成转移的结果一样。精益集成商通过增加自身的设计与集成的关键价值，在客户和供应商之间显现平衡价值和杠杆价值。欧洲直升机公司和随 B787 发展的波音公司案例表明，精益制造和供应链管理（SCM）真正地得到了应用，对处理飞机设计和生产的高复杂性特别有用。

创新管理文献强调通过调整经营策略，寻找创新的新途径，进行产品和工艺两者的创新。此外，共同开发和合作生产是公司创新可持续、提高竞争力的源泉。

最后，从主要 OEM 的角度来看，3C 价值－杠杆模型是度量 SC 中价值－杠杆效应的实用方法，航空航天 OEM 公司面临的挑战是在 SC 中杠杆作用变得睿智，使价值发生流动。

参考文献

Beelaerts van Blokland, W. W. A., Verhagen, W. J. C., and Santema, S. C. (2008) The effects of co-innovation on the value-time curve: a quantitative study on product level. J. Bus. Market Manage., 2 (1), 5－24.

Beelaerts, W. W. A., Fiksi'ski, M. A., Amoa, S. O. B. and Santema, n S. C. (2008) Quantifying the lean value network system: the lean metrics of co-investment and coinnovation on organizational level. Delft University of Technology: Faculty of Aerospace Engineering.

Chesbrough, H. (2003) The Era of Open Innovation, Harvard Business School Press, Boston, MA.

Chesbrough, H. W. and Crowther, A. K. (2006) Beyond high tech: early adopters of open innovation in other industries. R&D Management, vol. 36, No. 3.

Choi, T. Y. and Krause, D. R. (2005) The supply base and its com-plexity: Implications for transaction costs, risks, responsiveness, and innovation. J. Oper. Manage., 24, 637－652.

Cousins, P. D. (1999) Supply base rationalisation: myth or reality? Eur. J. Purchasing Supply Manage., 5, 143.

Dubois, A. (2003) Strategic Cost Management Across Boundaries ofFirms, Industrial Marketing Management, Department of Indus-trial Marketing, Chalmers University of Technology pp 365－374.

Dyer, J. H. and Nobeoka, K. (2000) Creating and managing a high-performance knowledge-sharing network: the Toyota case. Strategic Manage. J., 21, 345－367.

Gassmann, O. and Enkel, E. (2005) Towards a theory of open innovation: three core process archetypes, R&D Management Conference (RADMA), Lisabon, Portugal.

Gibson, B. J., Mentzer, J. T., and Cook, R. L. (2005) Supply chain management: the pursuit of a consensus de?nition. J. Bus. Logist., 26 (2), 17－25.

Kraljic, P. (September － October 1983). Purchasing must become supply management, Harvard Business Review.

Kuivanen, R. (2008) The future of manufacturing industry in Europe. Int. J. Product. Perform. Manage., 57 (6), 488－493.

Murman, E. (2002) Lean Enterprise Value: Insights From MIT's Aerospace Initiative, Palgrave, London.

Nellore, R., Chanaron, J. J., and Soderquist, K. E. (2001) Lean supply and price-based global sourcing－The interconnetion. Eur. J. Purchasing Supply Manage., 7, 101－110.

Petrick, I. J. (2007) Tipping the balance of power: The case of LargeScale Systems Integrators and their supply chain. Int. J. Foresight Innov. Policy, 3 (3).

Poirier, C. C. (2004) Using Models to Improve the Supply Chain, St. Lucy Press, pp. 21－24.

Womack, J. P., Jones, D. T. and Roos, D. (1990) The Machine That Changed the World: The Story of Lean Production, Harper Collins Publishers, New York.

Womack, J. P. and Jones, D. T. (2003) Lean Thinking: Banish Waste and Create Health in Your Corporation, Free Press, New York.

Zsidisin, G. A. and Smith, M. E. (2005) Managing supply risk with early supplier involvement: A case study and research proposi-tions. J. Supply Chain Manage., 41 (4), 44－57.

本章译者：熊克（南京航空航天大学航空宇航学院）

第 *317* 章

精益产品介绍

Rajat Roy and Mike James-Moore

华威大学华威制造集团（WMG），考文垂，英国

1 航空航天的挑战

英国航空航天业所面临的挑战已在 2003 年贸易与工业部的《一份关于英国航空航天业未来的独立报告》文件中充分体现出来了。虽然这份报告说的是英国的特定情况，但事实上，它也同时反映了全世界范围内面临的挑战。特别是它定义了通过大幅度提高生产率来降低成本的需要以及更快地响应客户需求变化的能力，这反过来又要求缩短新产品的开发时间、显著提高"一次准"的质量，还要如期交货。这些是除减少燃油消耗和环境影响的必要性之外的要求。这些问题实际上在过去的 20 年甚至更长时期内并没有改变，但是要求改善的压力还是促使它加速了。这份报告阐述了未来 20 年的各种目标和宗旨、广阔的研究领域以及一些被认为实现愿景的必要行动。

尽管这个行业具有相当大的技术成就，但是在过去 30 年内它很保守，并且态度没有发生明显转变。但是，低成本航空公司的成功运营迈出了向一个新的更多由民用航空器商业驱动的范例发展的第一步，并且远离政府的"成本加成"采购也已经将类似的压力施加给了军工产品。

这个行业的压力现在更像汽车行业，那是由 30 年前日本的创新发展引起的，使得制造业被当作竞争武器而被高效利用。在过去的 15 年间，汽车售价几乎保持同一水平，但是由于对设计制造更深的理解、更高层次加工能力的实现和对于精益原则及其应用的良好领悟，汽车的性能、燃油效率、驾驶性能以及汽车的乘坐舒适度都有很显著的提高。

类似的改进并没有在许多其他制造业中看到，因为它们未能认识到优秀的生产所带来的商业和竞争优势。例如，民用航空业将注意力放在提高产品的技术水平，建造更大更长的飞机以及引入复合技术上，同时保留了许多建立在公有制或"成本加成"采购时期的制造业模式。特别是在使用单、双引擎，定期飞越大西洋的飞机方面，组件技术有了显著提高。但是，设计和建造价格更低廉、操作更方便、几乎不需要维修的飞机这一制造业的挑战仍未被关注。

航空公司日益面临的压力导致了一个问题，即，为什么航空界的进步，尤其是在民航界，并不是那么明显。民用飞机业务一直由具有不同要求的国防工业的发展技术引导。军事部门的关键工作与优异的技术性能的需求有很大关系，尽管成本已经成为一个主要因素。军事部门本身正朝着越来越广泛地使用无人机来取代有人机的方向前进，这些产品将有大量不同的能力，并且在简化构造的同时拥有多样化的种类。因此，类似于汽车行业的压力可能很快也同样适用于国防航空市场。

这些现象并没有很好地被当前的设计团队解决，其注意力依然更多地集中在环境和燃油消耗的问题上，虽然这些问题特别重要，但并不是通向未来的唯一竞争力。就成本和质量而言，应该由制造技术来提高自身的性能。由于新的市场压力的增加，需要一个更加全面的解决方案。为了迎接挑战，很多因素需要解决，但是本章内容只考虑精益原则的应用、设计制造和复杂性管理，以及在何种程度上能有助于解决新产品介绍阶段的产品生命周期问题。

2　航空航天领域精益原则的适用性

20 世纪 90 年代进行了关于精益原则在航空航天及其他一些生产类似的低量高资本产品的部门中适用性的研究，得出的结论是这不仅相关，而且是可行的。这些研究加上不断增加的成本压力，促成了 1992 年在美国麻省理工学院的"美国精益航天计划"（USLAI），以及 1998 年在英国的一个相对较小的"英国精益航天计划"（UKLAI）的诞生[1]。早期的研究导致这些原则主要是被单独运用在了制造业当中。

但是，"精益航天计划"明确了公司需要考虑如何将精益原则应用于更广泛的公司层面上去，那就是，除了制造业之外，公司在多大程度上能达到精益。为了协助评估，美国麻省理工学院和英国华威大学 2000 年共同发明了精益化评估工具 LESAT（MIT 和华威大学，2000），并由这两个国家的第一和第二线航空工业公司确认。这个工具是基于一个被叫作从无知到卓越的方法，要求参与者回答基于一个当时已被认为是一种最佳实践模型的结构化问题，这一最佳实践的许多假设都在后续的研究中被证实了。这个工具是为公司评估其内部设计能力，并帮助确定一个有助于在各级组织间实现的路线图而设计的。这个文件大致内容见表 1，它由高级经理完成所有的功能，并且必须达成共识。

表 1　企业精益化评估工具（LESAT）的实例（MIT 和华威大学，2000）

为实现精益范例到精益原则的转化，公司需要对其商业模型做出重大调整。公司领导者理解并引入精益范例是十分必要的，因为这样做需要他们采取一种不同的贸易、表现和认识价值的方法					
诊断问题	是不是所有的高级经理都赞成精益化的转变				
	企业上下以及及扩展公司是不是对精益化都有了基础的理解				
精益指标	精益化转变过程已经嵌入高级领导者的讨论和事务中				
	高级领导者争相对公司进行转变				

LP #	精益化实践	能力等级				
		初学者（1）初级阶段	发展者（2）重复阶段	执行者（3）确立阶段	竞争者（4）控制阶段	基准（5）优化阶段
1	精益化学习，学习新概念，摒弃旧概念	经理和董事内部对精益化学习兴趣不浓	积极寻求精益化学习的机会，初步掌握精益范例的转化	继续精益化学习	在精益化学习中积极地分享组织经验，在扩展公司内宣传精益化学习	经理和董事对精益化理论的发展和完善做出自己的贡献
2	对精益化进步的贡献；高级领导者自发地领导	管理者内部有着不同等级的贡献：一些人认可，另一些抵制	管理者内部形成小组，不愿或者不能认同精益化的将被取代	在各种会议中采用精益化理念，管理者自发并显著地推动转变过程	管理者争相对公司进行精益化转变	在公司内部，管理者指导竞争，并在扩展公司内执行
3	企业精益化模式的部署	领导者对精益化有着不同程度的认识，从无知到准确把握	领导者对精益化有着共同的认识	公司内部对精益化理念存在普遍的交流，每一个员工都对其有了了解	扩展公司内对精益化理念有了共同的认识	所有的股东对精益化理念都已经内化，并积极地参与精益化的实现过程
4	紧迫感——精益化的主要驱动力	通过对周围环境的了解，认识到竞争的威胁和行动的必要性	领导者对精益化转变采取紧迫和强制的手段	对精益化转变采取的紧迫和强制的手段已在企业内部达成一致，并得到公司的同意	对精益化转变采取的紧迫和强制的手段继续发展并得到主要供应商的认可	对精益化转变采取的紧迫和强制的手段继续发展并得到扩展公司的认可

但是很显然，为了提供真正的底线效益，需要采用一个完整的企业方法并整合大量的工具（Bozdogan，2006）。早期这些内部评估的结果还表明，对新产品介绍过程和供应链使用精益原则的做法是最不发达的。与在制造业务中的应用相比，精益原则是如何应用在新产品介绍过程中的仍十分模糊，在所有的制造业公司里，这一现象是很普遍的。因此，有必要在特别考虑它们对航空航天领域的影响之前先在一般水平上理解它。

3 精益原则及新产品介绍（NPI）

为了更准确地理解当精益原则应用于新产品介绍过程时到底意味着什么，相关研究仍在继续。过去的20年中，通用的丰田NPI流程的研究一直在进行着。普遍认为有五个精益原则适用于实现精益操作（Womack和Jones，1997），如图1所示。

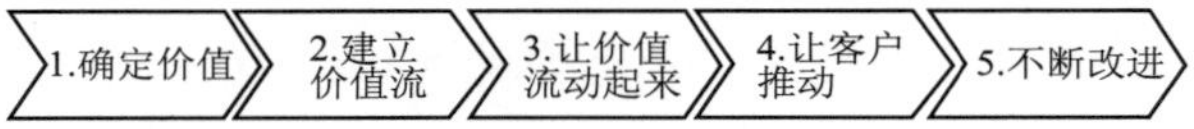

| 1.确定价值 | 2.建立价值流 | 3.让价值流动起来 | 4.让客户推动 | 5.不断改进 |

图1 精益原则

除了那些在一些研究中提及的由引入同步工程而获得的效益之外（Brookes和Backhouse，1998），将这些原则应用于新产品介绍无疑提供了有价值的效益（Haque和James-Moore，2004a）。这些原则已经越来越多地被航空工业公司采用（Ainscough和Yazdani，2000），但是为了把它们与NPI环境相联系，仍需要重要的解释。在这个过程中，关于什么有价值、什么是浪费的问题与制造业中的有很大的不同。例如，在精益生产中，生产过剩被认为是一个典型的浪费，换句话说，就是供大于求，从而增加了库存。在NPI过程中就相当于过度设计或者过度规范，抑或是在不合适的时机介绍了太多的细节（Haque和James-Moor，2004a）。

继续尝试定义这些参数（Pessôa，2008）。同样，持续流的定义也是不太明显的，这是因为过程中移动的物体往往是电子形式的信息对象，从而，当映射一个过程时，往往不能像实物通过机械工厂移动那样容易被看见。然而，从精益观点的角度去分析，NPI过程提供了一个更好理解采用精益模式改进的机会。如前所述，在企业中将原则应用到任何一个过程中不太可能有所有的底线效益。由于NPI过程是在产品生命周期的开端，所以在这一阶段应用精益原则的潜在效益是非常高的。消除浪费在这个过程中不仅有助于更快地推出产品，也允许有更多的时间来考虑如何最大化地增加价值。因此，拥有一个使这一过程可能包含的内容形象化的模型是非常有用的。

图2展示了一个新产品的介绍过程与精益原则合并的模型，也就是一个精益产品介绍过程（LPI）被发展为UKLAI的一部分。

在图2的顶端，列出了五个精益原则、相应的关键活动、工具或者有助于将一个给出的原则放在它下面的技术。要注意这样的位置就像向导一样具有一种指引作用，因为许多原则有大量共同的工具或技术，尤其是同步应用程序或者集成产品开发，这是实现LPI的一个关键。

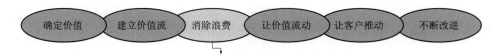

图2 LPI系统的关键活动和技术

（转载自Haque和James-Moore（2004）© Taylor & Francis集团）

4 NPI 指标[2]

就新工具、过程和程序的应用是否改进了新产品所介绍的性能而言，拥有一些实时监控指标是有用的，就像图2中的模型展示的"流程管理和性能评估"的部分原则那样。先前的研究提供了NPI的性能措施，但是没有特别和精益原则或者航空航天业相联系（Driva，Pawar和Menon，2005）。但是这些倾向于为正在进行的项目提供控制途径，而不是解决关于修改的工作方法是否事实上能促使性能得到改进的问题。一直以来都在试图解决这个问题，并且如图3所示，一组专门为航空航天设计的包括了通用应用程序的指标已经被UKLAI开发了。

最重要的指标是"新产品有效性比率"（工程资源使用回报率），它可以用下面的公式得出：

$$\frac{工程输出的总价值}{工程部门的总成本} \times 100\% \tag{1}$$

产量的总价值由新产品、重新设计的产品和在此期间卖出的任何工程技术这三个元素的总和来计算。

①新产品价值＝毛利×销售量

②重新设计的产品价值＝毛利增量×销售量

③工程销售价值＝销售的价值

（未来10年内所有利润贴现净现值）

这一比率是为了给公司的技术工程部门提供指导，以判断随着时间的推移它是否会在降低成本上提供更多的价值。这个趋势可能会实现的指标显示在图3提供的六个子指标中，这在成功地应用于工程策略的精益原则中有更直接的联系。这些也可以帮助提供一种确定什么构成了浪费和价值的方法。

由于在当时管理信息系统的约束或引入，收集和应用这些指标已经被证明是很困难的。它通常没有被设计用来跟踪这些数据，这至今还是一个遗留问题。因此，在企业程度上的NPI精益应用的有效性测量还应该在未来被给予更大的重视。

新产品效益比率
工程资源使用回报
流程和产品绩效的重要指标：
内部和外部的质量、成本和价值

无用的设计费用——
发放生产后改变设计；由于规格变化或工程上的错误在质量和损耗方面评估过程和人员的标准

成本绩效
在成本方面评估程序绩效和股东价值的标准

调度绩效
在交付和绩效方面评估程序绩效和股东价值的标准

信息盘点效率——
对于信息的产生、设计信息再利用和创新在损耗和价值创造方面评估过程和人员的指标

符合客户需求
在质量和向顾客传递价值方面评估产品和过程的标准

工程生产率
评估人员和过程流绩效的标准

图3 精益产品的NPI企业指标

（转载自 Haque 和 James-Moore（2004）©专业工程出版社）

5 设计制造

图3的模型显示的另一个关键领域是并行或综合的产品开发及辅助工具（如Dfx）。这是一种用于检查产品的特定方法，将零件的数量降至最低，并且尽量简化生产和组装过程（Boothroyd 和 Dewhurst，2001）。同时，这种方法提供了显著的好处，也支持精益思想原则，尤其是简化零件数和装配过程。它还驱动组件设计利用生产过程，这样可以通过更少的操作做出更多复杂的形状。例如，用压铸件替代组装式结构。Dfx方法没有解决诸如应该提供给客户多少产品种类的问题，机构复杂性的成本就来源于所提供的种类多少，还有如何将它降低到最少的问题；它既不考虑制造过程的模型，不考虑产品是应该输入还是输出，也不考虑制造过程是如何参与使其变得适合目的的。

因此，为了最大化发挥精益原则应用的潜力，设计制造必须考虑更广泛的问题，而不是仅仅孤立地局限于组件或装配设计。这还应该包括对于方法的更多考虑，通过这些方法，任何设计都将转移到批量生产，很可能需要一个更重要的模拟用途。NPI过程是复杂的，尤其是在航空航天领域，但是，在这一过程中，只有将精益原则应用到更广泛的问题中，才会获得真正的成功。

5.1 复杂性

随着产品种类的增加，操作的复杂性在各级都增加了，从而也增加了成本。在设计阶段，通常有80%的机会降低产品和工艺的成本，在这个阶段减

少复杂性是最有益的。虽然这相当于简单地从宏观层面去考虑汽车的底盘，但是对于工程师来说，在相对较低层次的设计环节去选择是很困难的，除非有一个方法来帮助他做出决定。这样的方法和成套工具已经被华威制造集团在汽车工业（WMG）开发出来，这可能也适用于航空航天领域（Evans等，2008）。关键目的是分析市场预期的各种权衡和增加了设计、加工、制造、供应等的成本的复杂性（见图4）。

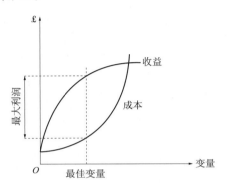

图4　成本—收益曲线

但是，权衡考虑不是静态的，因为模块化的产品和过程设计有可能打破平衡。这个目标是开发一

个产品报价，以最少的零件来迎合市场需求，同时将制造商的利益最大化。因此，它在更加战略的层面采用了Dfx的概念，将注意力放在如何增加收入、降低成本。我们建议采用一种结构化的方法来支持通过系统分析，以降低复杂性（Evans等，2008）。

首先，用产品种类矩阵（PVM）来探索在设计时就详细说明的产品大家族的零件和装配水平的变异（在后设计阶段，额外产品可能发展以满足新的市场机会）。PVM最初的概念（Galsworth，1994）显示了使用的零件变体以及提供给客户的产品变体，被扩展为包括部分需求（或承购）以及显示产品家族内部的零件使用程度的指标。一个基于名义上的无人机（UAV）的完整的解释说明的PVM，如图5所示。产品变体是指那些UAV系统将要提供给客户的或者已经被指定的离散产品，这将是支持一个特定任务所需的产品配置。零件变体是指那些包含根源结构的零件或组件。类似的代表已经在无人机和飞机的设计中被使用了，通常用于涉及关键系统安全的地方，以研究组件的多样性、冗余和重新使用。

部件类别	部件	需求 部件编号	高海拔长航时1 10%	高海拔长航时2 25%	中海拔中航时1 15%	中海拔中航时2 15%	低海拔低航时1 30%	低海拔低航时2 5%	部件类别数量	设计比例/%	规格比例/%
发动机	涡扇	ETF1	1						3	17	10
	涡桨1	ETP1		1	1	1	1			67	85
	涡桨2	ETP2						1		17	5
机头	小	N001					1	1	2	33	35
	大	N002	1	1	1	1				67	65
机身	小	F001	1	1	1		1		2	67	80
	大	F002				1		1		33	20
	中 前	F001a		1	1	1			2	50	55
	中 后	F001b	1	1	1	1				67	65
机翼	舷内1	W123	1	1		1	1		4	67	80
	舷内2	W124			1			1		33	20
	中部	W125			1	1	1			83	95
	舷外	W126				1	1			67	80
机尾	水平 小	EH1						1	2	17	5
	水平 大	EH2								83	95
	竖直 小	EV1					1		2	33	35
	竖直 大	EV2	1	1	1	1				67	65
	部件数量		9	10	9	10	8	6	52　17		

图5　产品变量指标图（解释性）

以下三个指标经常被使用：

（1）产品变量指数 = $\sum$ 部件类别数量 × 每一个变量的部件类别数

这个指标给当前产品报价和设计建议的复杂性

提供了一个总体的解决方案。

（2）设计比例 = $\dfrac{\sum 部件出现的情况}{\sum 产品变量}$

这个指标提供了一种对产品报价中的零件变体

的共性的测量。例如，如果一个零件变体被使用于一个产品变体中，它可能是重新设计工作的一个候补者，尤其是当承购力比较低的时候。

（3）规格比例 $= \dfrac{\sum \text{部件每次出现时的需求}}{\sum \text{所有产品的需求}}$

完整的矩阵强调在产品大家族里种类的水平和零件的共性，或者缺少它时，建议应该从哪儿开始对降低复杂性进行后续的调查和分析。随着产品有了许多潜在的功能，比如无人机，通过用相对较少的模块对产品变体后期配置的设计，降低了复杂性，也有了相当大的潜力（由此节省成本）。但是，PVM 和它所提供的详细信息并没有给出任何在制造/装配过程中的复杂性累积的指标。这种累积以变量漏斗来阐释可能是最好的（Hines 和 Rich，

1997）。在图 6 中展示了一个典型的变量漏斗形图，其中实线代表了设计没有后期配置，虚线代表了后期配置产品。

另一个有用的想法是"复杂性失效模式与影响分析"（C—FMEA）的使用，是为了了解由于存在多个变体而产生的潜在的装配误差（Evans 等，2008）。当然，这样的误差会导致返修，并由此产生流程方面时间和成本的浪费。在"过程失效模式与影响分析"的类似原理中，要考虑四个因素：差错的影响程度；从二者中确定一个正确零件变体的难度评级；预防措施，用来预防出现装配差错的措施；如何以及何时察觉任何错误的发生。在无人机的设计例子中，它也可以适当地考虑错误也可能会在产品重新配置服务中发生。

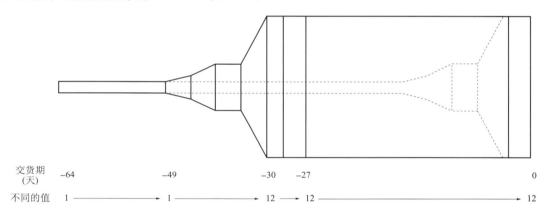

图 6　变量漏斗形

产品/零件变体的数据包含在 PVM 中，对制造/装配的复杂性累积的分析也需要在结构化的车间里进行研究，在那里多功能团队会同意采取必要行动来降低复杂性和盈利能力，减少间接浪费。通常，这个团队将包括来自营销、工程、制造、金融和相关供应商的关键人员。一些无利可图的产品变体（通常是需求少的）会被淘汰。使用率低的零件变体（例如，被用在需求少的、使用范围有限的产品变体中的零件）也可能用于更深入的研究，研究它们对于成本和利润的有利影响。需要考虑模块化和后期配置的机会来降低复杂性，还有减少应用于装配设计（DFA）方法的零件数的机会。专家团队通常会被召集对这些进行更详细的调查。

在应用主流 DFA 工具之前的第一步是强调有一个独特的应用程序的零件。在图 5 中给出的名义上的无人机的图表中，这些将包括只用于一种任务类型或者小水平尾翼的涡扇发动机和涡轮螺旋桨飞机双引擎。接下来需要解决的零件类型是那些有低

设计率/低规范率的，这些是一些没有重要需求的零件。强调这些零件应当被考虑的技术理由可以与商业上要求其淘汰的反对意见相抗衡。一旦分析低使用率和独特的零件，就有必要讨论模块化，并且为了满足无人机的潜在的可配置性需求，产品架构必须要考虑。PVM 已经在汽车行业成功地应用了。通过使用一个完整的物料清单的矩阵，确认哪些组件自然地在某些功能上集合在一起，并在一个简化的模块化结构中告终将变成可能。

支持这些分析是一个"复杂性成本框架"，它已经被 Evans 等（2008）在"复杂性分析数据模型"中形式化了，在这个模型里，成本—收益曲线（见图 4）可以被建立。"复杂性成本框架"（见表2）采用了"价值流分析"，它是基于精益原则的（Morgan 和 Liker，2006）。了解产品家族（产品/零件变体）的个体成员之间的细节差别的重要性是很重要的，当调查价值流而不是"平淡"的平均结果时，通常包含在成本计算文件中，它将掩盖复杂

图表数据：
交货期（天）：−64　−49　−30 −27　0
不同的值：1 → 1 → 12 → 12 → 12

性的实际影响。为了建立复杂性的成本，同时了解"产品创造价值流"和"材料价值流"也是至关重要的。汽车产品的 9 个类别中的 59 个成本元素已经被确认。这些成本是与由"分配商业计划"和服务活动分析及散播的零件的整个生命周期相关联的。在表 2 中，一个额外的类别"操作成本"用来显示无人机系统的应用。

工具和方法已经被引导进入一个有很显著的成本节约的汽车 OEM 中。根据这些初步研究，公司估计这其中的经济利益可能每年有数千万美元来自设计复杂性的降低。有着自己复杂的产品变体的航空航天产业面临着类似的问题。通过设计制造管理，产品的复杂性应该被视为精益 NPI 模型的一个组成部分，它影响加工时间、成本和从产品开发到供给阶段的质量。实际上，被视为提供经济高等级的产品的选择的概念模型的大规模定制，应该被认为是一个建立在精益原则基础上的模块化的产品设计和灵活的/有响应的过程的建筑物。

表 2　高级复杂性成本框架（复制于 Evans 等（2008），布里斯托大学）

序言	成本区域	价值流单元	描述	计算	产品/任务　变量		
					P/MV1 需求	P/MV2 需求	P/MV3 需求
1	初步设计						
2	采购						
3	组件设计						
4	原型设计						
5	组件生产						
6	物流运作						
7	生产运作						
8	后期制作						
9	其他后期制作成本						
10	操作成本						
单个成本							
单个收益							
年度成本							
年度收益							

5.2　供应链复杂性

汽车工业在试图成为精益系统的同时为客户提供一个广泛选择时，已经被严格地检查产品，以降低内部的复杂性。例如，提供一个底盘结构来开发一些明显不同的模型。此外，通过重组供应链简化制造业务、将工程开发外包给供应商以及将关键供应商很早就融入 NPI 流程的方法解决了制造和工程的复杂性问题。这一方法的成功应用要求 OEMs 协助供应商，尤其是在较低的层次，通过培训和发展来实现良好的精益效果。

航空工业公司也在逐步简化供应链结构，并将更多的工作外包给低层次的对象。但是，尽管他们相信自己和关键系统的供应商采取了一种一致的方法，但是公司实际上是把巨大的压力施加给了许多或者没有能力或者还没有足够成熟地做出回应的对象。这尤其对于中小企业来说是个问题，导致了不精益的供应链，特别是在英国（Johns，Crute 和 Graves，2000）。但是这个原则在汽车行业中建立得很完善，而且和整个价值流一起被视为应用精益原则的一个至关重要的环节（Morgan 和 Liker，2006）。

航空航天领域内一个 C 类零件控制之下的因素在 NPI 和常规操作中都造成了严重的浪费。低水平的标准化和低产量导致了源于在设计阶段对这些零件缺乏重视而引起的高零部件成本。一些航空工业公司以一种创新的方式来解决这一问题，将设计权力和这些零件的供应都外包给一个专业公司，结果可以节省很多成本并且降低了复杂性（Parry，James-Moore 和 Graves，2006）。但是，在这一过程中，他们必须确保供应商的能力是很成熟的。这种方法提供了一种在公司内部将资源集中在关键过程和增加成功地实现精益的潜力的手段。同时，最好在设计阶段考虑这种简单化的方法，有可能将这种方法发展成一个持续改进的过程的一部分。

为了将应用精益原则的效益最大化，降低复杂性来简化过程是一个有持续潜力的方法，不仅在工程设计中，在更全面的方式中也如此。

6　在航空航天领域精益原则在 NPI 中的应用

虽然 NPI 的精益原则应用是通用的，但是怎样理解一个完整的精益理念，这些方法如何才能在航空航天领域更加有效地被应用，仍然是需解决的问题。当然，许多介绍同步工程的公司都错误地认为他们已经将精益原则引进了 NPI（Haque，2003）。同步工程的应用是应用精益原则的一个至关重要的步骤，但是它并不充分。

对新产品引进过程的研究表明，关于一个好的 NPI 实践过程应该包括什么，正在一步步达成共识，并且通过修改，那五项原则都和 NPI 相关并适用于 NPI 了（Ulrich 和 Eppinger，2008）。尤其是在航空航天领域，从战略到运营的浪费是有层级的。大部分这种浪费可以使用各种精益工具，结合提到的两种设计制造和复杂性管理的方法将其识别和消除在设计阶段。

但是和制造业不同，即使消除浪费很重要，它也应只被看作是其他的关键问题，尤其是在航空航天业，它是识别和提高价值的。这是一个至关重要的地方，在此设计和开发工程师以及核心支持功能需要被重视，这只能通过增加创新和世界级的风险缓解过程来实现。不断创新和降低风险要求大量的信息，这就意味着有潜在的浪费。结合这两种方法伴随着速度的改善和最小的成本来提供更好的客户价值，这是航空公司应该追求的目标。

航空航天领域还有一些不寻常的问题，这些问题使得通用方法的应用更加困难。例如，基于集合的工程的应用建造的物理原型的成本，和产量更高的产业相比是过高的。航空航天领域承受着努力通过致力于不成熟并且投入市场的准备水平仍有疑问的新技术来增加价值的压力。这和汽车行业新技术的应用形式是不一致的，在汽车行业，试验制造过程以及随后修改产品和过程的机会都是正常的。但是还是有一些其他无法解释的地方，比如为什么在高产量产业里实践过的精益原则不应该被应用？为什么找到一个可替代的策略是没有直接的可能性的？例如，确保制造过程在投入市场之前，能够胜任的原则仍然是有效的，但是这可能要求大量的使用模拟来实现。虽然这可能达不到一大批产品的"开门红"的程度，但是可以达到很接近的水平。

这些差异给航空航天带来了特殊的挑战，并且制造工程需要作为一个关键因素，更加紧密地参与进来，以确保产品在前沿参考制造成本和可重复性来设计，这在现代汽车项目中也是一个关键元素。在设计的早期阶段，制造业是一个跨职能的团队，在航空航天工业领域仍然是一个悬而未决的问题，它只有有限的优势和不充裕的时间。未经证实的新技术被应用在哪里是尤其重要的，经常导致项目延误和早期生产阶段的可靠性问题。

在英国的 LAI 计划实施期间，这一行业估计了精益原则应用的效益每年可能有数亿美元。下面是一些大范围的过程的例子，在这些过程中，NPI 精益工具和技术的应用已经被证明是有价值的：

一个飞机结构设计制造公司——3D 模型在不同的 CAD 和 IT 系统之间交换是个问题，而且成本高。标准过程被识别，然后自动节省大量的时间。

一个全球飞机制造业的主要系统的 OEM——在集成产品开发（IPD）过程中，精益原则被应用于识别和消除浪费，包括数据管理、客户支持、试验工程、关键系统开发、几何管理和工作实践（如设计变更控制）。信息技术（IT）的应用，通过产品数据管理（PDM），常见的电子数据模型通过内部网在其精益策略中发挥着重要作用。

一个中等规模的公司为航空航天工业提供传感器——IPD/同步工程实践已经实现了，而且还在持续地改进。产品开发过程的"产距时间"和"一件流"的概念已经开发并缩短投放市场的时间。

一个大型航空电子设备制造商——研发的传统方法被发现是昂贵和浪费的。他们开创了一个叫新产品的"脱机"开发的概念。目标是设计和测试组件系统，并把它们放在一个可以用于一个给定的客户专用应用程序的"内联"工程的"架子"上。这实现了缩短投放市场的时间、产品范围中常见部件的高比例，并降低了通过在较小的元素中开发全部产品的风险。

7　结　论

为了迎接航空航天业的挑战，将精益原则和工具应用到 NPI 过程是一种必要但又不足够的方法。完全的过程策略需要和大范围的工具一起被考虑，以确保目标能够实现。改进这一过程是在许多不同的水平层次结构进行的，但是没有通用数据适用于可以随着时间的推移估量改进情况的指标。没有一个深思熟虑的战略意义上的方法将供应链和制造业务达到更高的合理到位的能力水平。尽管实现新产品的交付有压力，但是花费更多的时间和精力来采取使用精益原则和合适的工具以及技术的整体方法，将必然导致更低的成本、更快的交付和增强的

价值。尽管在一开始出现了反直观，但是达到预定日期的压力经常驱使技术工程部门忽视这些更广泛的问题。

但是目前一个连贯的和可持续的方法似乎正在消失，包括一个可靠的应用方法。

注　释

[1] 美国精益航空计划，1992 至今，已更名为美国精益进步计划。这项计划是由 DOD 和总部在 MIT 的美国航空制造联合体提供资金支持，网址：http//Lean. mit. edu。

英国精益航空计划（UKLAI），1998—2003 年，由 EPSRC 赞助的 GR/M06291 计划和英国航空公司协会（SBAC sbac. co. uk）的 44 个成员公司提供资金支持。参加该计划的大学包括克兰菲尔德大学、巴斯大学、诺丁汉大学和作为领导的沃克立大学。

[2] 指标是一个可量化的特征量，可以依据标准进行控制；而标准是任何具有可量化特性的量。因此，质量和损耗是具有可量化特性的标准。绩效的测量标准是提升现有水平的指标。

相关章节

第 6 卷第 309 章
第 6 卷第 314 章

参考文献

Ainscough, M. and Yazdani, B. (2000) Concurrent engineering within British industry. *Concurrent Eng.*：*Res. Appl.*，**8** (1)，2—11.

Boothroyd, G. and Dewhurst, P. (2001) *Product Design for Manufacture and Assembly*，2nd edn，*Marcel Dekker*，Inc.，New York & Basel.

Bozdogan, K. (2006) A Comparative Review of Lean Thinking, Six Sigma and Related Process Improvement Initiatives. MIT, Lean Aerospace Working Paper, http://lean. mit. edu (accessed 18 June 2010).

Brookes, N. J. and Backhouse, C. J. (1998) Understanding concurrent engineering implementation：a case study approach. *Int. J. Prod. Res.*，**36** (11)，3035—3054.

Department of Trade and Industry (2003) *An Independent Report on the Future of the UK Aerospace Industry 2003*，http://www. berr. gov. uk/publications/index. html (accessed June 2009).

Driva, H., Pawar, K. S. and Menon, U. (2005) Performance evaluation and new product development from a company perspective. *Integr. Manuf. Syst.*, **12** (5), 368—378.

Evans, R., Low, M., Roy, R. and Williams, D. K. (2008) Complexity management of UAV systems. Proceedings of 23rd Bristol UAV Systems Conference, Bristol, April 2008.

Galsworth, G. D. (1994) *Simple, Smart Design*, Oliver Wright Publications, Vermont.

Haque, B. (2003) Problems in concurrent newproduct development: an in-depth comparative study of three companies. *Integr. Manuf. Syst.*, **14** (3), 191—207.

Haque, B. and James-Moore, M. (2004a) Applying lean to new product introduction. *J. Eng. Des.*, **15** (1), 1—31.

Haque, B. and James-Moore, M. (2004b) Measures of performance for lean product introduction in the aerospace industry. *Proc. Inst. Mech. Eng. Part B: J. Eng. Manuf.*, **218** (10), 1387—1398.

Hines, P. and Rich, N. (1997) The seven value stream mapping tools. Int. *J. Oper. Prod. Manage.*, **17** (1), 46—64.

Johns, R., Crute, V. and Graves, A. (2000) *Lean Supply-Cost Reduction or Waste Reduction*, http://www. bath. ac. uk/management/aerospace/uklai/ (accessed 18 June 2010).

MIT and University of Warwick (2000) LESAT, http://lean. mit. edu or http://www2. warwick. ac. uk/fac/sci/wmg/research/lean/ (accessed 18 June 2010).

Morgan, J. M. and Liker, J. K. (2006) *The Toyota Product Development System: Integrating People, Process and Technology*, Productivity Press, New York.

Parry, G., James-Moore, M. and Graves, A. (2006) Outsourcing engineering commodity procurement. *Supply Chain Manage.: An Int. J.*, **11** (5), 436—443.

Pessôa, M. V. P. (2008) Weaving The Waste Net: A Model to the product Development System Low Performance Drivers and its Causes. White Paper-LAI 08—01, http://lean. mit. edu (accessed 18 June 2010).

Ulrich, K. T. and Eppinger, S. D. (2008) *Product Design and Development*, 4th edn, Irwin/McGraw Hill, Boston.

Womack, J. and Jones, D. T. (1997) *Lean Thinking, Banish Waste and Create Wealth in Your Corporation*, Touchstone, New York.

本章译者：孙一哲（南京航空航天大学航空宇航学院）

第 318 章

航空运输和操作

Ricky Curran and Frank van der Zwan

代尔夫特科技大学航空航天工程学院航空运输和运营系，代尔夫特，荷兰

1 航空运输：设置现场

1903 年，莱特兄弟制造并实现了第一架密度比空气大的机器的有动力飞行。自这以后的 20 年，见证了航空运输系统的起步阶段。起初第一次世界大战中的飞机主要用于运输邮件。在航空飞行员 Charles Lindbergh 于 1927 年第一次穿过大西洋后，飞机制造业的时代到来了，几乎一夜间成为更加确立的产业（航空运输协会，2010）。但直到 1936 年推出的DC—3才使航空公司能通过搭载乘客挣钱。

如今的航空业自 1978 年以来已经发生了根本性的变化。以前，这个行业就像一个公用事业，政府机构决定每个航空公司飞的路线和它能够收取的票价。现在，市场驱动着行业，通过消费者需求和航空公司网络竞争的手段决定价格和服务的层次。转折点是国会在 1978 年 10 月 24 日批准的美国航空管制法案（航空运输协会，2010），这结束了联邦对客运航空公司路线和价格的监管，此举紧接着之前 1977 年货运航空公司路线和价格的放松管制。

如图 1 所示，自 1978 年放松管制以来，乘客的数量每年平均增长 5.3%，这意味着，在过去的 30 年里，空中交通量每 13 年增加一倍。为清晰起见，在 2005 年，空中交通量从高到低分别是北美地区、欧洲和中亚地区、东亚和太平洋地区、拉丁美洲和加勒比海地区、中东和北非地区、南亚地区、撒哈拉以南的非洲地区，分别对应着如图 1 所示的两张图表。由于航空业的性质，经过简单粗略的估算，运输量的增长速度约为国民生产总值（GDP）增长的两倍。

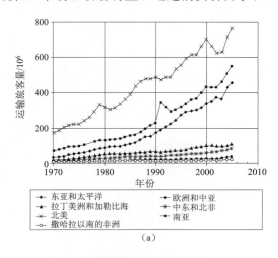

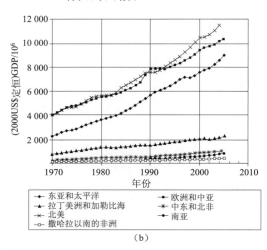

图 1　世界范围内客运交通流量（a）和 GDP 的变化（b）（Ishutkina 和 Hansman，2008）

国际机场协会（ACI）成员机场，分担了大约　98% 的全球机场交通，报告称 2008 年乘客的总数

小幅上涨到 49 亿名乘客（ACI，2009）。2008 年全球飞机起降达到了 7 700 万架次，其中包括货机、军事用机、通用航空、联合班机、客机等（Wensveen，2007）。

与所有业务活动一样，航空的影响可以分为经济、环境和社会方面。航空的社会影响最初开始受关注是由于 20 世纪初一项开拓性的努力，最终导致人类登陆月球。然而，20 世纪 50 年代真正航空的影响开始上升，然后在 20 世纪 70 年代加速，直到放松管制。世界见证了客运把来自不同背景和文化的人与世界其他地区相联系；随之而来的是知识、商品、就业技能等的相关流动。当然，这也导致巨大的经济发展的机会。

1.1 经济影响

航空运输系统的经济影响基本上有两种类型（Graham，2008）。首先是收入、就业、资本投资、税收收入，航空运输业务天生是经济活动的重要"发电机"。其次，有更广泛的催化或附带的好处，例如因为航空运输系统存在，内部投资和旅游业得以发展。航空运输系统凭借自身的力量成为重大经济活动载体，在对商业和旅游业的支持中起到了作用。然而，Graham（2008）扩展了经济类别，分为直接、间接、诱导和催化的影响。间接影响可以认为和除航空运输业之外的实体有关，而诱导效应和航空运输创造的机会相关。总之，航空经常被看作经济引擎，当考虑乘数效应时，它会影响一个国家 10% 的经济生产力。

1.2 环境影响

航空对当地的环境影响深刻，机场附近和飞行路径沿线的当地居民深有感受。噪声一直是过去 20 年航空增长的关注焦点，最近空气污染和相关的健康影响已经引起关注（Whitelegg，2000）。当地的空气质量（LAQ）是关于机场及周边的空气质量，其关系到人类的健康和福利。国际民用航空组织（ICAO）管制在降落和起飞周期（LTO）的引擎排放，包括低于 3 000 ft 的飞机运营。引擎制造商必须遵守 ICAO 设定的标准。除了飞机的排放之外，LAQ 还包括那些由于地面支持活动和辅助动力单元（APU）的使用，以及机场和靠近机场的地面运输造成的排放。

在全球层面上，二氧化碳（CO_2）被视为主要的人为温室气体，其导致了气候变化。尽管航空只贡献了全球人为二氧化碳排放的 2%，但是这一比例预计将随着航空业的快速增长而增加。除了二氧化碳之外，航空还排放其他温室气体，促进气候变化。通过燃烧的燃料，各类副产品形成：二氧化碳、氮氧化物、水、二氧化硫和烟尘。飞机排放的污染物数量依赖于二氧化碳和水的燃油消耗，也就是说，每单位燃料产生的二氧化碳的质量是 3.153。此外，在地面上排放一吨二氧化碳的影响和在高海拔上是一样的，其他污染物的影响很可能是高度的函数，例如尾迹。

由发动机排放的某些污染物依赖于当量比，而当量比用来表示燃料—空气混合物的状态，包括倾斜度、理论配比和混合量充分情况，因此，发动机排放的数量依赖于推力设定。

另外，对这些物质排放强制的科学认识水平正被热议，公认为卷云的发展受尾迹影响有限，但受二氧化碳排放的影响更大。此外，还有各种环境问题之间的权衡，即减少二氧化碳排放量的发动机可能会增加氮氧化物排放量，噪声小的发动机可能会导致更高的二氧化碳排放量。

航空公司的二氧化碳排放由两个部分组成：一是由于地面支持活动（提供饮食及服务、燃料汽车等），二是航空操作（由飞机的电源本身）。对于一个典型的飞行范围来说，两者的比例分别为 1% 和 99%。

2　利益相关者和法律协议

基本设施、相应服务和设备统称为基础设施，其需要由航空交通系统中的不同群体或利益相关者来操作，如图 2 所示。

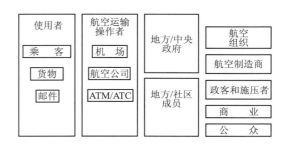

图 2　航空运输系统的组分
（复制于 Janic（2002）Elsevier）

航空运输的需求主要来源于用航空运输系统进行旅行的人，以及提供运输货物（空运货物）或邮件的服务人员。然后由这些参与者来操作系统：航空公司、机场和航空交通管理/航空管控。当地中心政府会制定相关政策来控制地方和区域一级的运行，同时，当地的参与者直接受机场运营的影响。

在国际范围内间接发展出各种航空组织，如国际民航组织、国际航空运输协会、联邦航空管理局和欧洲航空安全局等；由航空航天的原始设备制造商制造和交付飞机（机身、发动机和航空电子设备等），以及系统工作需要的航空交通管理/航空管控和机场设施。最后，各种利益集团表现为积极地追求或反对航空运输业务的扩展，而大部分商业/商务和公众表现出对航空运输业浓厚的兴趣，给航空运输带来了潜在的影响。

在航空范围内构建一个系统（航空运输协会，2010）：

- 通用航空：所有非军事的和非航线的；
- 商用航空：非航线的民用飞机运营，包括部分团体飞行；
- 民用航空：所有非军事航班；
- 商用航空：定期和非定期载人及货运航空（和服务）、航空制造商、机场和飞机服务提供者；
- 航空公司：拥有并负责经营的公司；
- 基本的航空服务：针对政府提供补贴的农村地区的航线服务；
- 私人航空：娱乐休闲性质并且不使用 IFR。

航空运输已经由一个固定的运行模式趋向自由化，导致缺少规则（Haanappel，2003）。自然，根据相关组织（如 EASA，ICAO，FAA）的要求，需要施加一些限制约束，这就需要某些具体操作和技术标准（如 FAR 和 JAR）。然而，非常有趣的是，这些标准要征得广泛的工业部门的同意，形成系统级有指导意义的约定（航空运输协会，2010）。第一个与国际航空运输责任相关的国际约定是1929 年 10 月 12 日签订的《华沙公约》，它规定了在乘客死亡或受到伤害；行李毁坏、丢失、损坏；由于延期使得乘客、行李和货物出现损失的情况下航空承运者所应承担的责任。

在 1975 年 9 月 25 日，包括美国在内的一些国家签署了一系列协议，根据《蒙特利尔协议》《海牙和危地马拉协议》对《华沙公约》进行了修订。美国政府批准了《蒙特利尔协议 IV》，并在美国于1999 年 3 月 4 日开始生效。

《芝加哥协议》是一个国际航空运输双边协议，于 1944 年在芝加哥大会起草，是针对国际民用航空建立的多边协议。这个协议提供了一个通用运营框架，但不包括定价或容量安排。它由国际民用航空的一般原则、标准和建议措施组成，并自然演变成了国际民航组织（ICAO）。

《反破坏公约》和《蒙特利尔公约》（蒙特利尔，1971 年 9 月 23 日）超越了《反劫机公约》，它包含了在飞机上构成犯罪的各种定义，明确了飞机在"服务中"的含义。第一个《百慕大协议》是英美之间于 1946 年 2 月 11 日签署的政府间定期航空运输服务协议。这些条款现在通用于任何在能力原则、制定原则、定价原则方面提出的履行承诺协议。这些协议规定了当一方当事人对航空公司提出的价格不满意时要遵循什么协商程序；如果协议没有达成，最终如何行使单方控制。继 1976 年英国谴责《百慕大协议 1》后，英美之间航空服务的《百慕大协议 2》于 1977 年 7 月 23 日协商通过。《百慕大协议》随后的修订文件及附件于 1986 年完成。

根据美国政府 1992 年颁布的美国荷兰之间的政策，两国相互开放领空协议，从而进一步拓展及开放了市场，增加了运输公司的灵活性。开放领空协议最具特点的规定包括：不限定名称，不限定运输容量和航班频率，完全开放的路线说明，高度灵活性运营，公平平等的竞争机会，反对双重定价，开放合作营销安排，以及自由宪章安排。

3 航空业的持续价值

3.1 公认的挑战

过去的 60 年里，航空运输系统持续发展，变得越来越拥挤和紧张，尤其是在美国和欧洲，但现在越来越多地体现在亚洲。1999 年政府间气候变化专门委员会（IPCC）公布的数据预测，2000 年乘客飞行千米数将进一步增加 2.5～4.5 倍，见表 1。

表 1　IPCC 公布的航空运输预计增幅情况

%

年份	旅客飞行千米数（相比于 1990 年的百分比）	旅客飞行千米数（相比于 2000 年的百分比）
1990	100	74
2000	136	100

续表

年份	旅客飞行千米数（相比于1990年的百分比）	旅客飞行千米数（相比于2000年的百分比）
2015	215	158
2030	339	250
2050	624	460

虽然有关航空运输领域的负面新闻层出不穷，但与其他的交通工具相比，航空运输的一些特点常常也让许多人感到难以置信。举个例子，每百万客流量每千米死亡人数中最低的就是航空运输（参见图3），甚至在400 km的旅途中航空运输二氧化碳的排量和汽车的是一样的（参见图4）。自然，这一切也要以实现经济的可持续发展为目标，低盈利的航空公司这一议题也就相应产生。然而，即使廉价航空公司兴起，且他们介绍的新的航空世界的商业模式及其精益、成本（Curran，Raghunathan和Price，2004）和定价结构极具竞争力，航空公司也难以生存。因此，联盟的兴起是通过联合体组织在一起的，从而增加市场控制能力和确定规模经济。最后，考虑到石油具有不确定的可得性，同时人们普遍认为石油作为推进燃料会导致全球变暖，这一切与地球人口的增加及相关的对航空旅行的需求大幅增长的事实比起来似乎不可思议。甚至在开始寻找技术、操作和利用解决方案之前，第一步要考虑的就是以什么标准能够得到一个可行的解决方案。这部分内容将会在下一节探讨。

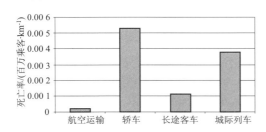

图3 航空运输相比于其他运输方式的安全性

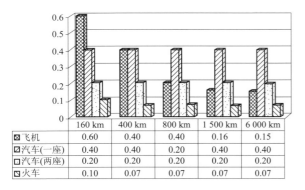

	160 km	400 km	800 km	1 500 km	6 000 km
飞机	0.60	0.40	0.40	0.16	0.15
汽车（一座）	0.40	0.40	0.20	0.40	0.40
汽车（两座）	0.20	0.20	0.20	0.20	0.20
火车	0.10	0.07	0.07	0.07	0.07

图4 航空运输相比于其他运输方式的排放情况

3.2 一种价值工程和操纵方法

毫不奇怪，每个产业通过定义不同的关键绩效指标（KPI）来确保产业的持续增值，同时符合公认的挑战。例如，ACARE定义了对未来航空运输的场景的一系列概念，包括高效、低成本、绿色、安全。他们还设定目标，到2020年通过创新发动机技术（15%～20%）、机身技术（25%）和ATM/操作（5%～10%）减少二氧化碳排放量的50%。随后，SESAR JU设定11 KPI，内容涉及安全性、经济性、容量、效率、环境影响（Graham和Young，2006）。他们的目标是空中交通管理量达到现在的3倍，提高10%的安全性，通过ATM减少环境影响10%，削减ATM成本50%。

对发达国家来说，航空业对国内生产总值（GDP）的贡献为1.5%～2%，但有一个达到4倍的乘数效应。如果考虑航空在未来对一个国家的经济、社会和政治地位上的催化效果，显然这是一个非常复杂和多方位的挑战，通过价值工程操纵方法将是最好的解决方法。关于什么将产生最大的价值这一问题，根据均衡观点，这种方法要求与技术相关的操作同时进步、发展。

3.3 欧洲单一天空计划工业项目与下一个时代

当今在空中交通管理中面临的最大的问题之一是空域的分割以及如何掌握重要的先进技术。为了解决这样的问题，催生了一些知名的计划，例如欧盟的合营企业以及美国的下一代计划。两者有着共同的施行目标，并认识到长期的限制以及问题的多利益相关者的本质。两个方面是显而易见的：技术平台的复兴和快速发展以及新的操作概念的快速引入。空中交通管理同时也将发展网络中心战（NCO）以及网络化作战能力（NEC），因为它是在美欧双方同意的4D轨迹（基于空间和时间）上运行的。4D轨迹是用广域信息管理（SWIM）通过加强通信、导航和监视（CNS）系统控制的。然而，航空公司、机场和空中交通管理利益相关者的共同愿景尚不明朗。各方都对精准和优化的轨迹感兴趣，但都基于利益（所谓的商业轨迹）；航空公司想与ATC/ATM供应商一起追求更多的自主权，同时控制舱位和舱门分配，最大限度地提高他们的收入；各方都对一定的信息共享和协同决策（CDM）有需求，只要它不损害到其现有的位置和权力。

3.4 空中交通管理的创新

在实现许多具有挑战性的目标的过程中，非常依赖于一个非常完善的通信系统的采用和协同管理，例如，使用管理员－飞行员数据沟通连接（CPDLC）、机载空中交通态势感知系统或空中交通实况预警系统（ATSAW）、视觉分离方法（VSA）等。这些都是 SESAR 预计在 2013 年会纳入的系统，而 2020 年及以后的工作则是更进一步完善飞机机场的通信（例如，使用高速无线技术），提高位置精度（例如，使用基于卫星的增强系统），增加自治精度（例如，使用空中分离辅助系统（ASAS））。因此，我们的目标是，在 2020 年看到基于 4D 轨迹的早期应用程序，而在 2020 年后将完全基于由 ASAS 推进的 4D 轨迹。

我们也可以通过技术和流程的改进来推进项目潜在的业务创新。例如，连续下降技术（CDA）就是一种针对梯级机场道路的可选方案。这种起飞跑道始于机场的几英里以外，并且在低海拔需要更多的飞行时间。目前，飞机降落在有落差的地区比在低海拔需要更多不必要的时间和额外的推力来获取高度。有了 CDA，飞机可以定位在最高效的巡航高度直到相对接近目的地机场，此时这架飞机减小了发动机的推力，开始了一个平缓的降落轨迹，降落在跑道上后，CDA 的一些突出优势和更多的自主分离能力（飞机在这样的系统下拥有自主管理能力而不是被控制）很容易带来显著的噪声的减少、燃油消耗和排放，以及更短的航程。这也可能会为打开新的模式和新的思维潜力提供机会，可能导致全新的价值主张，与经济、社会和政治相平衡。

3.5 系统整合：欧洲航空一体化的示例

将欧洲航空一体化作为建立欧洲航空安全组织的初始原因是一项很有趣的提议，而这尤其体现在与这典范相关的影响，它促使了空中交通在过去十年拥挤程度的翻倍，其中包括空域容量自 1990 年起上涨的 80%。在欧洲，空中交通管理系统安全而实用，但却相当昂贵，这一点得到了公认。然而，相比于美国基于联邦（更多的基于国立）的系统设施，欧洲显然受制于异构操作规范和相关程序。从本质上讲，与受限于以国家边界而非空中交通流量为基础设计和管理的模式相比，若设计一个显得完全不同的航线网络，欧洲的航空公司在被运营为一个庞大统一的系统方面拥有巨大的潜力。因此，欧洲委员会发起了一次欧洲航空一体化的倡议，以下为相应目标：

- 以空中交通流量而非国界线为依据重组欧洲航空业；
- 创造额外生产力；
- 提高空中交通管理系统的整体效率。

3.6 碳排放交易方案（ETS）

受欧洲的碳排放交易方案（ETS）影响，从 2012 年起欧盟将航空作为碳排放的一项纳入计算之中。航空公司将 2012 年的碳排放量限制在 2004—2006 年间排放量的 97%，从 2013 年起将下调为 95%。如果一家航空公司想要排放量超出这方面的限制，则他们需要从其他成功减少碳排放量的行业购入补贴，这些行业因成功减少了碳排放量而存在排放量盈余来出售。在 2010 年，有相应的限制性方案提出，要求航空公司将用于购买排放量补贴的 15% 预算用在拍卖会上。尽管如此，社会上依旧存在欧盟的 ETS 计划，可能导致"碳泄漏"这样的担忧：诸如长途航空公司可以选择将公司核心枢纽置于欧盟之外。在这种情况下，大多数政府都会质疑欧盟是否拥有对其领空外排放二氧化碳进行征收费用的权利。

由于突然对航空公司施加了额外的压力，欧盟 ETS 计划的引入对其可以说是影响显著。为了符合相应指令，航空公司必须拥有碳排放权，而碳排放权可以通过这种方式获得：航空运输部门的部分津贴补助将以历史（2010）收入吨千米（RTK）水平为标杆基准进行自由分配。所有的津贴补助都随时可以在市场上进行交易。

4 航空公司

4.1 航空公司的结构和组织

航空公司可以被定义为提供定时或特许的载人航空运输或（和）货运航空运输（Clark，2007；Kisangani，2002；Halon，2007；Holloway，2008；Holt 和 Poynor，2006；Shaw，2004；Janet，2004；

Butler 和 Keller，2000）的商业。非常规服务指的是不作为正常服务的一部分进行操作的收入的航班，例如上述包机航班和所有非收入航班事件发生这样的航班。自然，航空业是一个全球高增长的工业，非常依赖周期性和不稳定的燃油价格的波动，是边际利润非常高的投资。在高回报下，它也在高投资（资本）下有极高的边际效益，同时也附加了许多安全和环保问题。目前，行业多观察整合航空公司进入航空联盟（即寰宇一家、星空或天合联盟），甚至并购和完全收购等。然而，有很多关键的商业模式，例如，可能包括航空公司预订机票、低成本搬运、从飞机到出租车、区域性的和包租选择。

4.2 航线运营与执行

在航班运营和安排方面，航班计划包括了终点、线路、燃油，以及机上用餐等方面的预期运营细节。此外，这些信息会在联邦航空局和空中交通管制等相关管理机构存档。航班时间通常指的是轮档时间。轮档时间是指飞机固定楔移走后到降落后固定楔移入的时间，这其中包括了地面停留时间以及空中时间。空中停留时间指的是起落架从收起到放下的耗时。航段长度通常是指飞机从起飞到出发的飞行距离。平均航段长度是飞机的总飞行里程与飞行次数的比例。地面运营服务指的是飞机停飞时，地面人员可有效地针对飞机安全方面的问题进行维护，这其中包括确保飞机降落、飞机保养方面的工作。地面服务的完成涵盖了所有关于飞机起飞方面的工作，这也包括当飞机达不到地面服务安全标准时的情况。例如，机组准备起飞之前的工作也属于地面服务。

航线票务由计算机预订通或全球分销系统负责运营。这些系统拥有电子收集、显示商业航班以及乘客预订信息的功能。

显而易见的是，运营航线的主要目标为通过提供空中交通服务以及相关的附属业务使得运营收益最大化。

运营收益包括：（i）计划中与计划外航班的各个舱位的机票收益。

（ii）由联邦补贴、空运相关收益所组成的非机票收益。

非机票收益将被运营支出所抵消。

必需的运营包括对飞机零件的保养以及修复。

具体工作涵盖了零件的检修、修复、调试、大修、测试以及情况判定。

在零件的测试工作中，针对具体零件具体标准的实验会被实施。如机身、发动机、螺旋桨、电气和其他零件会被一一检查与测验，以满足相关的数据标准。

最终，零件的修复是指替换或处理失效、损毁的零件，以保持此部分的功能化。

毂辐状的机场提供了潜在的，利用飞机和有关系统增加所有在机场的服务项目的能力。它需要使用战略位置（中心）作为一个乘客进出城镇的流动点（辐条）。其他概念包括点对点模型；分布式点对点的提供可直接满足需求。轮毂和辐式模型似乎提供了更聪明、更有效的选择，由此在系统内的效率和机会被促进，并高于个人的偏好。

用于航空公司的一些通用的性能因素包括：

- 可用座英里（ASM）；一个座位运输一英里。
- 适可用吨英里（ATM）：对于乘客和货物。
- 运载率或载荷（LF）：座位/货运量所占空间百分比。
- 单位英里每乘客收入（RPM）或单位英里每吨收入（RTM），除去税收，即收益。
- 单位收入：航空公司售出的单位载物量下的平均收入。
- 乘客每千米的收入（RPM）或乘客每英里的收入（RPKs）。
- 英里吨收入（RTM）或计费货物吨千米（RtKs）。

5 机场（空港）

5.1 机场构建和组织

根据联邦航空条例第一部分，机场被定义为用于起降飞行工具的一片陆地或者水域，其中包括航站楼和机场设施以及任何必要的组成部分。机场构成包括陆域部分和空域部分，其中前部拥入式地表接入系统与服务机场的服务集中区相连接，并配有乘客与货物的中转设施。空域是由围绕航站楼、跑道系统、停机坪、塔台等机场天空部分组成的范围，称为"空中区域"。同时，塔台一般设置在距离航站楼较近的位置并控制进港的航班。然而许多机场被迫因土地私有化运动而陷入土地公权的问题中去，的确，这体现着土地所有权的由私到公，或者说这种过渡是政府的服务或行为管理见之于私权领域的体现。

机场颇像小镇，常被人们视为"空港镇"。因而，它们构成相似，并且有以下诸部门：购物区、工程维修部、财务部、法务部、操作区、个人活动区、行政区、安保区、移民部和公关部。此外，与所有城镇一样，这里设有警署、消防和垃圾回收部门，而且还设有特勤部进行融冰除雪作业。通常，机场的金融环境结构并非基于政府支援，而是依靠公共集资和私人投资来运营资本部门，这其中不论国家的、地区的、联邦的、州立的或者本地的资本都作为吸纳对象。机场往往是资金直接或间接地从航空公司和乘客，或机场供应商的直接付款的形式产生的航空收入或对航空系统用户收取的税款。目前，超过80％的商业服务带来的机场收益来自航空服务。

5.2　机场操作和性能

大部分和机场相关的地面处理操作可以分为航站楼操作和登机操作（Ashford，Stanton 和 Moore，1997）。终端业务包括售票和登机、行李的处理、乘客的登机和下机、过境旅客处理，以及其他一些操作，例如信息体系、政府控制、负荷控制、安全问题、货运服务。核心机场操作往往被视为地勤服务、舷梯服务、机上服务以及外部舷梯设备（舷梯是指机场停机坪常与终端连接在一起的那一部分）。最后，要以最佳方式滑行至跑道。这样，路线和时间就可以在安全和环境的限制范围内最大限度地扩大机场的容纳能力。

机场陆上部分容纳能力与机场的道路、停车场以及航站楼每年所能承受的乘客数量密切相关。航空区的容纳能力与机场跑道、滑行道、登机门所能安全承载的飞机数量有关。机场陆上部分的工作是操控地面交通活动，即乘客和货物出入机场。而航空区的工作集中在空中交通工具进出机场。一个机场的航空区容纳能力估算公式考虑了受风和其他天气的条件影响下的操作因素及与之相关的跑道利用率，它通常用飞机每小时的操作数来表示。机场为增加容量而扩建时，通常会遇到附近居民的反对。通常情况下，附近区域的居民会由于机场的噪声或者污染物排放的相关问题影响到了他们的生活质量，而想要看到机场缩小其场地范围等。在一些极端情况下，相对于扩建现有的机场设施，在人口较少区域重新建造一个全新的机场是一个更加昂贵并会对环境造成严重污染的选择。

图5显示的是关于美国机场收入来源锐减的百分比情况，可以给出一个粗略的关于在收入和可能被考虑为核心业务之间的锐减的看法。我们注意到超过65％的机场收入是与商业活动有关的！航空公司收益是15％，机场客运设备费（PFC）为12％，改进程序（AIP）占19％，着陆费用占14％，其他收入占7％，而非航空收入占30％。PFC是美国联邦航空局和待收集的评估机场由国会批准授权的税收，但航空公司（由机场作代表）作为一个对乘客的机票负责的额外附加。在美国，基本飞行控制系统是很广泛的，由美国联邦航空局赞助的机场，提高了安全或容量，减小了噪声，或增加了航空公司的竞争力。PFC程序授权的费用对每位搭乘商业飞机的乘客在公共机构利率控制下高达4.50美元。

资本改善机场建设，正如一个新的终端或停车场，有时是私人投资（例如，如果新设备是专用的，那么就可以通过一个航空公司），但更多的是通过机场运营商的收入债券的销售提供便利。收入债券以及利息的偿还从新工厂产生的未来收入中得到，例如他们出售一个新的终端，将从航空公司收集的机场和其他机场终端租户的收益中去偿还租金。通常情况下，无论他们如何筹集建设资金，机场拥有所有的设施都建在自己的财产之上，虽然设施和修建专用的租户可能会租很长一段时间。

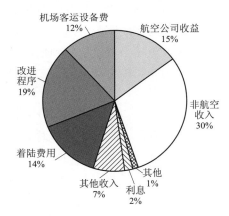

图5　美国机场收入各项所占的百分比

从机场的空中运营收入方面来看，航空公司不支付总收据的费用，但通常定期支付的飞机费用是基于每架飞机的重量、着落和/或起飞。在某些情况下，他们还支付飞机的停车和加油费，机场或直接支付长期债务。有两种方法可计算航空公司的费用：剩余费用和补偿方法。在一个剩余的协议中，签署航空公司的接受金融风险并保证机场足够的收入，以满足其操作成本和劳务成本。因此，在一个机场扣除所有无航班的全年收入和剩余费用，航空公司负责（剩余）数量，并相应设置利率。另外，补偿协议通常在有一个稳定和适当的商业模式收入的成熟机场使用。根据补偿方式，机场被分为不同的成本中心（例如，机场、码头、停车场），根据它们所占用的空间、停留/离开它们的飞机和机场使用的其他措施来决定航空公司支付这些费用的份额。虽然航空公司向机场支付的费用占整体航空公司运营成本的一小部分（约5%），但一直是该行业增长最快的成本之一。

6　航空交通管理/空中交通管制（ATM/ATC）

6.1　空中交通管制的组织结构

空中交通管制（ATC）是指相关部门为了保障机场及靠近机场的航空交通的安全、畅通、有序而提供的服务。航空交通管理（ATM）是一种更加典型的动态的、集中化的机场和航空管理，这种管理是通过机场的各个部门通过协调配合，提供便利的设施以及完美的服务，来构建一个高效、安全、效益良好的机场。公有或者私营的航空导航服务供应商（ANSP）的角色就在于为客户提供飞机之间间隔距离、交通管理、基础设施管理、航空信息、导航服务、着陆服务、航空管理或者航空服务。另外，在制度层面上，还有一个航路管制中心（ARTCC），或者也称作"航路中心"，它主要负责航行线路。例如在仪表飞行计划的基础上，该中心能够为穿越美国的航行提供航空识别和指导服务。总的来讲，空中交通流量管理（TFM）指的是对交通的调整管制，以保证机场和空中有足够的空间为飞机提供着陆。

事实上，还有很多的系统和程序作为ATM的补充，但是由于在政治上、技术上、安全性以及内部协调上面临着巨大挑战，这些措施是出了名的难以运作。区域导航（RNAV）是一种基于飞机自身的导航系统，如果没有接收到来自地面的固定航路的导航信息，那么区域导航系统就允许飞机选择任何自己想要的航线。基于机载计算机的RNAV系统是通过参照地面或者空中的导航服务来确定自己的位置的，比如利用全球定位系统（GPS）。目视

飞行（VFR）的前提是航行的视觉环境要好、飞行员要具备通过视觉飞行和导航的能力，这种飞行不能让空中交通管制部门知道。另外一种就是仪表飞行，这种飞行应用比较广泛，是指在航行中利用飞机上的仪表和导航服务，这样能够保证在视觉效果比较差、目视飞行（VFR）无法实施的情况下确保航行的安全。另外，飞机上还有一种机载防撞系统（TCAS），用来提醒飞行员与其他飞机保持在危险间距之外，这个系统就显示在飞行员驾驶舱前的显示屏上。飞机之间的间距最小值是由可接受的危险和安全等级来决定的。TCAS系统通过判断"潜在的"撞机危险来判断这个距离，而这个间距的最小值会随着系统对危险判断做出相应的调整。

飞机着陆跑道的理想方式就是众所周知的通过滑翔道降落。滑翔道的无线电信息由地面发射，飞机上装有该无线电的接收器，这样飞机在降落过程中就能接收到滑翔道的无线电信号，然后沿着该线路降落到跑道上。在能见度低的情况下，仪表着陆系统（ILS）能够为飞机着陆跑道提供水平和垂直的引导。在飞机着陆之后或者起飞之后，地面控制系统就会接管对飞机，尤其是指从登机门到跑道这一段距离或者反过来。一旦飞机进入飞行状态，就有机会来应用各种各样的管理模式，比如轨道式操作模式。这种模式被认为是未来的操作模式。这种模式采用了四维轨道作为飞行操作计划和执行的基础，而且这种模式得到了ANSP的支持。基于性能的导航是建立在飞机区域导航系统（RNAV）性能优化的基础上，通过仪表显示路径的方式为飞机的航行航线提供导航。这里对性能的要求包括以下内容：准确、完善、持续、可用、功能性强。这种导航系统的传感器和设备会在介绍空间的篇章里做详细的介绍。

6.2　空中交通管理（ATM）操作系统和性能

正如前面所提到的四维轨道管理系统和基于性能的导航系统，还有很多举措和技术可以用来补充并且提升ATM系统的操作和性能。在欧洲，SESAR就是一个典型的例子。SESAR全称是欧洲单一天空空中管理系统，这个项目是由欧洲空管局和欧盟委员会于2006年发起的。在美国，类似的项目叫作"下一代航空运输系统"。以SESAR项目为例，这个项目就是欧洲单一天空项目的技术支

撑，旨在到 2020 年让欧盟的空中交通控制设备达到很高的性能，这将会促进航空运输朝着安全、环保、可持续的方向发展。它的性能评估体系的目的是通过定位今天的系统中基于性能的方法中存在的"瓶颈"，以达到 SESAR 背后的利益集团所期待的安全、政治、经济、环境上的目标。这些都由 SESAR 组织并定义到关键性能指标中，同 ICAO 的 11 项关键性能指标并列在一起。

- 关键性能指标（KPA）01：获取和公平
- 关键性能指标（KPA）02：能力
- 关键性能指标（KPA）03：成本有效性
- 关键性能指标（KPA）04：效率
- 关键性能指标（KPA）05：环境
- 关键性能指标（KPA）06：灵活性
- 关键性能指标（KPA）07：全球协调性
- 关键性能指标（KPA）08：ATM 的参与
- 关键性能指标（KPA）09：可预测性
- 关键性能指标（KPA）10：安全
- 关键性能指标（KPA）11：保障

一个降低这个评估过程复杂性的方法就是将这些关键性能指标分成一系列的集合。这个方法建议最高级别的集合或者第一 KPA 集合（集合 1：安全、环境、保障和获取），集合 1 提供它们自身性质规定的那些目标，而这些目标是受集合 2 的支撑（集合 2：可预测性、灵活性），而集合 3 代表的是解空间（内部协作、参与）。很明显，这里需要将"能力"和"成本和环境的结合体"移除，这样就形成了 KPA 的问题/解空间，其中的间隔层次和概念元素都在图 6 中予以呈现。

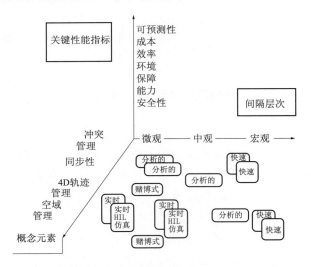

图 6　相对于概念定义和间隔的 ATM 的关键性能指标

7　总　　结

从当下的结构方面、关键的组成部分，以及未来的挑战来看，航空运输系统已被广泛关注。我们已经看到的是它持续的增长、对环境的影响以及所产生的经济效益。这些都是深深地交织联系在一起的，并主动培育在下一阶段的航空运输的主动权之中，例如，各自孤立的欧盟的单一天空实施计划工业项目以及美国的下一代项目。我们还能看到每个关键系统的组成部分，也就是航空公司、机场和空中交通管理等，在技术和组织的层面，都有实现自我完善的权利。它们的操作和绩效在面对一些由利益相关者确定的关键绩效的指标时是很严苛的，包括成本、产能、效率、环境影响、安全和保障。

参考文献

ACI. (2009) Airports Council International (ACI), World Report, December, (http：//www. aci. aero).

Air Transport Association. (2010) *ATA Airline Manual*.

Ashford, N., Stanton, H. P. M. and Moore, C. A. (1997) Airport Operations, 2nd edn, Mc-Graw-Hill, New York.

Butler, G. F. and Keller, M. R. (eds) (2000) *Handbook of Airline Operations*, 1st edn, Mc-Graw-Hill, New York.

Clark, P. (2007) *Buying the Big Jets：Fleet Planning for Airlines*, 2nd edn, Ashgate Publishing, Aldershot.

Curran, R., Raghunathan, S. and Price, M. (2004) A review of aircraft cost modelling：the genetic causal approach. *Prog. Aerosp. Sci. J.*, **40** (8)，487－534.

De Neufville, R. and Odoni, A. (2003) *Airport Systems：Planning, Design, and Management*, McGraw-Hill, New York.

Doganis, R. (2002) *Flying Off-Course：The Economics of International Airlines*, 3rd edn, Routledge, Abingdon.

Graham, R. and Young, D. (2006) Preparing an initial Assessment of the SESAR Concept of Operations *EP3：Single European Sky Implementation Support through Validation*, EUROCONTROL Experimental Centre, France.

Graham, A. (2008) *Managing Airports：An International Perspective*, 3rd edn, Butterworth-Heinemann, Burlington, Massachusetts.

Haanappel, P. P. C. (2003) *The Law andPolicy of Air*

Space and Outer Space：*A Comparative Approach*，Kluwer LawInternational，The Hague，The Netherlands.

Hanlon，P.（2007）*Global Airlines*：*Competition in a Transnational Industry*，3rd edn，Butterworth-Heinemann，Oxford.

Holloway，S.（2008）*Straight and Level*：*Practical Airline Economics*，3rd edn，Ashgate Publishing，Aldershot.

Holt，M. J. and Poynor，P. J.（2006）*Air Carrier Operations*，Aviation Supplies & Academics，Newcastle，Washington.

IPCC.（1999）*Aviation and the Global Atmosphere*，Cambridge University Press.

Ishutkina，M. A. and Hansman，R. J.（2008）Analysis of interaction between air transportation and economic activity. AIAA paper 2008－8888.

Janic，M.（2002）Methodology for assessing sustainability of an air transport system. *J. Air Transp*.，**7**（2），115－152.

Kinchin，B.（2006）The Performance of Medium Term Concepts of Operation，ICON/EUROCONTROL，January 2006.

Shaw，S.（2004）*Airline Marketing and Management*，5th edn，Ashgate Publishing，Aldershot.

Taneja，N. K.（2004）*Simpli-Flying*：*Optimizing the Airline Business Model*，Ashgate Publishing，Aldershot.

Wells，A. T. and Young，S. B.（2004）*Airport Planning & Management*，5th edn，McGraw-Hill，New York.

Wensveen，J. G.（2007）*Air Transportation*：*A Management Perspective*，6th edn，Ashgate Publishing，Aldershot.

Whitelegg，J.（2000）*Aviation*：*The Social*，*Economic and Environmental Impact of Flying*，Ashden Trust，London.

本章译者：孙一哲（南京航空航天大学航空宇航学院）

第 319 章

用于模拟分级空间系统功效的模块化高保真模型介绍

Dragos B. Maciuca[1]，Jonathan K. Chow[1]，Afreen Siddiqi[2]，
Olivier L. de Weck[2]，Santiago Alban[1]，Larry D. Dewell[1]，
Adam S. Howell[1]，Joseph M. Lieb[1]，Benjamin P. Mottinger[1]，
Julie Pandya[1]，Michael J. Simon[1]，Paul P. Yang[1]，Andrew L. Zimdars[1]，
Salma I. Saeed[1]，Jaime Ramirez[2]，Alvar Saenz-Otero[2]，
David W. Miller[2]，and G. Scott Hubbard[3]

1　洛克希德·马丁太空系统公司，帕洛阿尔托，加利福尼亚州，美国
2　极光飞行科学公司，剑桥，麻萨诸塞州，美国
3　Colbaugh & Heinsheimer，绵延岗庄园市，加利福尼亚州，美国

1　引　言

美国国防部先进研究项目局（DARPA）开展了一项名为 F6（分离模块）系统（基于信息交换的联合式未来、快速、可变、分布式、自由飞行宇航器）的项目，为的是开发使集群航天器在轨道上运行的主要动力，并使其成熟，再加以论证（参见第 7 卷第 363 章）。

集群航天器的基本理念是在分离航天器时，允许在分开的航天器上布置各自不同的独立功能（Brown，2004；Brown 和 Eremenko，2006a；Brown 和 Eremenko，2006b；Brown，Eremenko 和 Roberts，2006；Brown 等，2007；Brown 和 Eremenko，2008；Mathieu 和 Weigel，2005；Shaw，1998）。与集所有功能于单一飞行器的航天器相比，集群航天器有很多优势。集群航天器的优势有：可升级性，可扩展性，渐进式部署，磨损率小，能灵活快速反应和解耦要求。虽然这个系统的最基本的成本预计要比单片系统的成本高，但因为有些功能和硬件是重复利用的，它的生命周期的成本预计比单片成本低。从金融角度看，F6 系统是实物期权，因此它的价值是经过计算机计算的。由于这个系统尤为复杂，人们开发了以价值为导向的设计方法（VCDM），也叫系统价值模型（SVM）。

本章坚持的前提是任务的成功通过集群解耦负载需求得到加强。这样，在负载可容空间要求或开发时间不确定方面发生的预期外的改变对这项计划取得预期运行能力的影响是最小的。此外，负载清单的变化也局限在一个特殊的子设备中。

因此，系统价值模型考虑到了每一个子系统的物理属性、性能、成本、时间以及不断变化的模式化的效益。大规模的体系结构可以用此模式自动分析，高级复杂的交换也能够用此模式执行。最后，这个模式考虑到了许多体系结构的对比，并为特定客户选择了最理想的一个体系。

2　理论综述

在洛克希德·马丁中心，系统价值模型是基于广义信息分布分析（GINA）建立起来的。广义信息分布分析把航天器编队作为一个信息传输网络。但是麻省理工学院空间系统实验室发展了原来的工具，用以分析分布式卫星系统（DSS）。它能为多种系统提供系统工程和设计框架。这个工具的最重要的优势就是能比较不同的设计架构和分析大范围

的交换空间。

广义信息分布分析方法的另一独特特征就是获得最终架构的途径。绝大多数的工程系统开始于每一个系统和子系统的技术参数，但本章运用的方法始于对这个系统的最终要求。因此，能力要求被限定，还附加评估最终架构的指标。接着，人们可以获得高级的体系结构并加以评估，在特殊客户组的要求下，形成了优于其他结构的最终结构。沿着这一方法，在来自相连子系统的输入信号基础上，每个子系统都能达到最优化状态。最后，整个系统都会经历适合特殊结构的最优状态。因此，尽管最终并不是每一个子系统都能达到最佳参数指数，但整个结构系统却能达到，从而每一个子系统的参数都能从个体评估结果中得到。

单个子系统通过使用 N2 图相连接。这个图用于系统定义子系统间的接口（逻辑接口、软件接口和硬件接口）。数据以顺时针方向在子系统间传递，输入信号上下传递，输出信号左右传递。因此，从之前子系统最优化操作得出的决定中衍生出来的信号输入，在每一个子系统层面做出的决定都能执行。可以推测出，一个子系统的最优信号输出能使另一个子系统产生最优的结果，所以，为了达到整个系统的最优化，应该让单个子系统的最优化多运行几次。

为了取得最终的最优化结构，在生命周期的每一步都运行结构的最优化，这样才能获得终生的最优方案，而不是在某一个时间点的最优结构。这种时间最优化结果是通过时间扩展决定网络（TDN）运行的。这种时间扩展决定网络方法涉及辨别和确定转化成本，依据时间扩展网络的概念创造一个最优模型，并在概率性的需求情况或人为的生成需求情况下运行这一模型，从而辨别出最优的设计（Silver 和 de Weck，2006）。实际上，时间扩展决定网络是为系统设计而运行"定量情况规划"的方法。在这一方法中，系统反应通过时间扩展网络被编码。问题在于如何辨别在何种情况下转换成本才会产生。在达到适应能力最大化的情况下，怎样才能使这些成本最低化？更重要的是，在发展阶段，如何准确确定人们愿意投入多少钱来降低转换成本？每一步中都会出现机会和决策的节点。这不同于一个简单的净现值（NPV）模型，因为净现值模型假定所有可能的路径都会被使用，尽管每一个路径都有不同的可能性。

最后，在不确定性出现的情况下，为了获得最优化结构，随机情况会出现在模拟中。这些情况可能包括失败、延迟、成本变化、技术更新和操作决策。

总而言之，我们从形成一套结构开始，这包括高级决定。在每个结构内，每个子系统的最优化是在低一级决定和来自其他子系统的信号输出的基础上实现的。信息价值形成后，成本与每个决定密切相关。N2 图连接某一特殊结构中的所有子系统，这一结构通过运用 N2 图使所有子系统在每个时间点都达到最优化，直到每个子系统都不会再发生变化（或者当没有找到最优结果时，退出运行）。在使用时间扩展决定网络方法的基础上，模拟的结构能经历整个生命周期。对于每个结构来说，内部的和外部的不确定性都被引入，同时，蒙特·卡洛模拟的运行产生了几百个结果。这时，人们选择了新的结构，以上的步骤再次被运行。最终，依据某一利益相关者的利益标准，一个最优的结构被选择。图 1 形象地展示了模拟是怎样运行的。

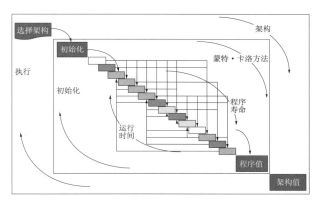

图 1　系统价值模型模拟

如果在设计矢量时所有可能的组合都能检测到，那么将会有超过 2 100 万个结构被探测到。即使一些设计矢量的选择被冻结，能够被分析的结构的数目仍高于 45 000 个。然而，如果使用设计实验理论，我们可以利用正交矢量并减少大量的模拟次数。尤其是，如果使用田口法，只需要分析 112 个结构（Schmidt 和 Launsby，2005）。通过敏感性的分析，一些可变因素可以被排除，并且在矢量空间的方向能重新确定且焦点能重新得到关注。

这允许对整个空间进行探索而不用对空间内的所有结构进行彻底的调查。

表 1 展示了典型的田口法数组。每一列都列出了在设计空间中的参数，每一行显示的是试验数据。数组显示的是每个参数在一个特殊的试验中所携带的价值指数。

501

表 1　田口法数组

实验编号	P1	P2	P3	P4	P5	P6	P7	P8	P9	P10	P11	P12	P13	P14	P15
1	1	1	1	1	1	1	1	1	1	1	1	1	1	1	1
2	1	1	1	1	1	1	1	2	2	2	2	2	2	2	2
3	1	1	1	2	2	2	2	1	1	1	1	2	2	2	2
4	1	1	1	2	2	2	2	2	2	2	2	1	1	1	1
5	1	2	2	1	1	2	2	1	1	2	2	1	1	2	2
6	1	2	2	1	1	2	2	2	2	1	1	2	2	1	1
7	1	2	2	2	2	1	1	1	1	2	2	2	2	1	1
8	1	2	2	2	2	1	1	2	2	1	1	1	1	2	2
9	2	1	2	1	2	1	2	1	2	1	2	1	2	1	2
10	2	1	2	1	2	1	2	2	1	2	1	2	1	2	1
11	2	1	2	2	1	2	1	1	2	1	2	2	1	2	1
12	2	1	2	2	1	2	1	2	1	2	1	1	2	1	2
13	2	2	1	1	2	2	1	1	2	2	1	1	2	2	1
14	2	2	1	1	2	2	1	2	1	1	2	2	1	1	2
15	2	2	1	2	1	1	2	1	2	2	1	2	1	1	2
16	2	2	1	2	1	1	2	2	1	1	2	1	2	2	1

3　系统价值模型架构

为复杂系统如集群航天器发展系统价值模型的理念是开发一个高级的模块化的模拟结构。因此，模块数量超过 12 个，每一个都是特定子系统功能的精确表现。每个系统价值模型模块都提供了交换参数、内部变化、外部变化和衍生价值的关系。交换可以在模块或系统层面运行。之前提到过，尽管要重复过程，但每个结构都达到了它的最优结构。图 2 显示了这些模块之间的内部联系。

包括集群模拟在内的模块有：设计矢量，常数，操作者，情境，有效载荷，航天器，发射，集群行动，计算分布，网络，无线通信，接地，无线能量的传递和数值。表 2 总体展示了这些模块。

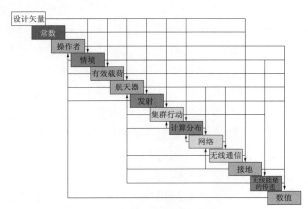

图 2　N2 图和模拟模块

表 2　模块列表

模型	功能	方法
操作者	"利益相关者的意见" 有效载荷发展的决定 航天器发展的决定 航天器集成的决定 发射的决定	基于任务清单和当前情况的决定
情境	有效载荷发展的推迟和成本超支 航天器发展的推迟和成本超支 航天器集成的推迟和成本超支 发射失败 数据模型（数据要求、优先次序和计时） 程序资助模型	基于先前数据、TRL 和学习曲线的随机事件

续表

模型	功能	方法
有效载荷	对每一个有效载荷的单独模型 发展状况、成本和计时 集成状况、成本和计时 操作状况、输出、操作成本和健壮性	确定有效载荷强度需求、健壮性、计划和成本
航天器	对每一个航天器的单独模型 发展状况、成本和计时 集成状况、成本和计时 操作状况、能力、操作成本和健壮性	确定计划、健壮性、强度、质量、尺寸和指向
发射	选择发射的航天器 航天器集成状况成本和计时 维护状况	从数据库中选择运载工具，确定发射成本和可能性
接地	地面站的位置和实用性 QoS 上/下行传输 维护状况	QoS 模型传输、实用性、操作和资本支出成本
集群行动	布局 使用的技术 推进燃料的使用 可靠性	确定集群拓扑，相对位置，燃油的使用，GN&C 架构，操作、维护成本，失败的可能性
计算分布	任务数据处理 分布控制	模型资源分配，物理量（强度、质量、尺寸）
无线通信	相连模式 内部模式 地面	能力：频率、天线尺寸、频道数目 连接：最大速率、延迟、强度
网络	吞吐量 整合性 延迟	计算吞吐量、延迟、开销、CPU 使用情况
无线能量的传递	使用的技术 实用性 效率 强度	确定可使用能量的上下限 基于位置和指向，确定传输的能量
数值	有效载荷成本 航天器成本 发射成本 地面站成本 操作成本 性能（VARG 曲线，$E[NPV]$） 风险和机会	确定需要的质量和能量 基于成本、利润和折扣率计算 NPV

3.1　设计矢量和常数矢量

在任一复杂的系统中，交换可以在几百甚至上千种变量中操作。为了能直接评估一些决定性的独立变量在 F6 结构中的影响，这些变换被应用到设计矢量中。在设计矢量中，一系列的价值被赋予到每一个独立变量中。结构设计者为每个变量选择合适的价值，从而可以定义一个特定的结构。接着，交换在局部变量中的每个模块里操作。例如，对于无线交流来说，群内媒体访问控制（MAC）被设置在设计矢量中以"分布的形式"或"集中的形式"出现，同时，天线的大小和电源的交换能够在无线交流模块中进行。

对设计矢量的完整选择如下所列。

航天器序号	（1，2，3，4，5，6，7）
无线能量的转移	（磁共振，微波，激光）
计算分布	（有，无）
推动系统	（化学，EMFF）
集群拓扑	（线性，环形）
路由器定址模式	（主动，按需）
前向误差改正模式	（仅是有效负荷，全部）
加密模式	（没有，全部）
重新传输模式	（通信，网络）
群内程式错误报告 PER	（0.1，0.001）
无线通信技术	（802.11g，802.11n）
群内媒体访问控制	（分布式，集中式）
预期发射发展	（是，否）
等待配对	（1 周期，3 周期）
接地通信	（分布式，单向连接）
接地连接数量	（1，2）

前面提到过，本章不分析一个完整的变量空间的设计。我们将使用试验技术设计，尤其是对田口法的正交矢量的运用。尽管大多数的变量只有两个可能的数值，但航天器变量的数量已经达到 7 个数值了。因此，改善过的田口法数组得到应用。

表 3 显示的是在模拟中一个典型的改善过的田口法数组的应用。

有很多常量并不改变结构中数值。主要常量的定义如下。

- 航天器 1 的有效载荷量总是最高的。

- 最后一个航天器进行着接地通信。轨道上没有燃料供给，以实现化学推动。

- 在这个分析中，部分航天器的失败不在考虑范围之内。

表 3　调整后的田口法数组

实验编号	NS	WPT	DC	PS	CT	RM	FEC	EC	XM	PER	WT	MAC	ANT	TP	GND
1	1	MR	Yes	Chem	Lin	Pro	PL	None	Comm	0.1	g	Dist	Yes	1	Dist
2	1	MR	Yes	Chem	Lin	Pro	PL	All	Netw	0.01	n	Cent	No	3	Sing
3	1	MR	Yes	EMFF	Ring	OnD	All	None	Comm	0.1	g	Cent	No	3	Sing
4	1	MR	Yes	EMFF	Ring	OnD	All	All	Netw	0.01	n	Dist	Yes	1	Dist
5	1	MW	No	Chem	Lin	OnD	All	None	Comm	0.01	n	Dist	Yes	3	Sing
6	1	MW	No	Chem	Lin	OnD	All	All	Netw	0.1	g	Cent	No	1	Dist
7	1	MW	No	EMFF	Ring	Pro	PL	None	Comm	0.01	n	Cent	No	1	Dist
8	1	MW	No	EMFF	Ring	Pro	PL	All	Netw	0.1	g	Dist	Yes	3	Sing
9	3	MR	No	Chem	Ring	Pro	All	None	Netw	0.1	n	Dist	No	1	Sing
10	3	MR	No	Chem	Ring	Pro	All	All	Comm	0.01	g	Cent	Yes	3	Dist
11	3	MR	No	EMFF	Lin	OnD	PL	None	Netw	0.01	n	Cent	Yes	3	Dist
12	3	MR	No	EMFF	Lin	OnD	PL	All	Comm	0.1	g	Dist	No	1	Sing
13	3	MW	Yes	Chem	Ring	OnD	PL	None	Netw	0.01	g	Dist	No	3	Dist
14	3	MW	Yes	Chem	Ring	OnD	PL	All	Comm	0.1	n	Cent	Yes	1	Sing
15	3	MW	Yes	EMFF	Lin	Pro	All	None	Netw	0.01	g	Cent	Yes	1	Dist
16	3	MW	Yes	EMFF	Lin	Pro	All	All	Comm	0.1	n	Dist	No	3	Dist
17	5	MR	Yes	Chem	Lin	Pro	PL	None	Comm	0.1	g	Dist	Yes	1	Dist
18	5	MR	Yes	Chem	Lin	Pro	PL	All	Netw	0.01	n	Cent	No	3	Sing
19	5	MR	Yes	EMFF	Ring	OnD	All	None	Comm	0.1	g	Cent	No	3	Sing
20	5	MR	Yes	EMFF	Ring	OnD	All	All	Netw	0.01	n	Dist	Yes	1	Dist
21	5	MW	No	Chem	Lin	OnD	All	None	Comm	0.01	n	Dist	Yes	3	Sing
22	5	MW	No	Chem	Lin	OnD	All	All	Netw	0.1	g	Cent	No	1	Dist
23	5	MW	No	EMFF	Ring	Pro	PL	None	Comm	0.01	n	Cent	No	1	Dist
24	5	MW	No	EMFF	Ring	Pro	PL	All	Netw	0.1	g	Dist	Yes	3	Sing
25	7	MR	No	Chem	Ring	Pro	All	None	Netw	0.1	n	Dist	No	1	Sing
26	7	MR	No	Chem	Ring	Pro	All	All	Comm	0.01	g	Cent	Yes	3	Dist
27	7	MR	No	EMFF	Lin	OnD	PL	None	Netw	0.01	n	Cent	Yes	3	Dist
28	7	MR	No	EMFF	Lin	OnD	PL	All	Comm	0.1	g	Dist	No	1	Sing
29	7	MW	Yes	Chem	Ring	OnD	PL	None	Netw	0.01	g	Dist	No	3	Dist
30	7	MW	Yes	Chem	Ring	OnD	PL	All	Comm	0.1	n	Cent	Yes	1	Sing
31	7	MW	Yes	EMFF	Lin	Pro	All	None	Netw	0.01	g	Cent	Yes	1	Sing
32	7	MW	Yes	EMFF	Lin	Pro	All	All	Comm	0.1	n	Dist	No	3	Dist

- 失败的航天器和有效载荷被完全一样的航天器和有效载荷取代（尽管学习因子被用来减少成本）。
- 最多有 5 个航天器能用同一个发射装置发射。
- 可以使用数据库中已经有的和正在开发的发射装置。
- 最接近有效载荷要求的航天器成为选择的对象，如果需要的话，从质量、体积和功率方面看，高点或低点都是可以的。
- 预计每年通货膨胀率为 2.6%，每年的折扣率为 4.9%。

- 航天器的学习因子是 0.77。
- 发射装置的学习因子是 0.85。

3.2　结构设计者

结构设计者负责从田口数组中为设计矢量中的每个变量选择值，同时，把有效载荷和各自对应的航天器组合在一起。所以，对于在田口数组中的每次实验，都将会有在有效载荷和航天器组合基础上的几个结构。万一进入轨道失败，结构设计者还允许强制组合某些特定的有效载荷及替代有效载荷和航天器。

例如，假设在某一特定的组合中有四个有效载荷和两个航天器。进一步假设有效载荷 1（PL1）必须与有效载荷 4（PL4）组合一致。在这样的情况下，有四种可能结构：

	航天器 1	航天器 2
结构 1：	[1, 2, 3, 4]	[]
结构 2：	[2, 3]	[1, 4]
结构 3：	[1, 3, 4]	[2]
结构 4：	[1, 2, 4]	[3]

在第一种可能结构中，第二个航天器没有携带任何有效载荷。然而，它是集群中作为支撑航天器的部分，因为它可能携带可以用来计算分布，与地面联系或者无线能量转移的中央处理机（CPU）。

当进入轨道失败后，航天器被与其相同的航天器替代。例如，有效载荷 1，5，9 等都是相同的。所以，如果结构 2 中的航天器 1 失败了，携带有效载荷 6 和 7 的航天器 3 将会替代它。

3.3　操作模型

操作模型主要有两个功能：记录时间和做出决策。作为时间记录器，它保证整个模拟的时间；作为决策制定器，它用来模拟利益投资者或顾客在每个时间段的决策行为。这些行为可以分为三种类型，包括程序决定、内务处理任务和操作指令（见第 8 卷 389 章）。信号输入是不同系统元素（如航天器和有效负荷模型）和它们对部署或健康准备等级的报道陈述，以及由实际情况和发射模型决定的结果。被操作模型使用的决策是为 F6 系统而定的，包括：

（1）程序：

- 动力发展决策是在预算和日程（优越）限制的基础上做出的。
- 对超出程序预算的反应。
- 对日程下降的反应。
- 因为日程和成本超出预算而出现的再次划底线和结束发展（如迈科迪法案中的相关规定）。
- 基于外部输入上的开始发展（预测需求）。

（2）内务处理：

- 对航天器或有效载荷的发展的综合陈述的转换是完整的。
- 对有效载荷和它们的主航天器的综合是在重要路径节点分析的基础上完成的。
- 有效载荷和航天器进入轨道正常运行。

（3）操作：

- 对发射成功或失败的反应（如果许可，开始执行进入轨道校准或替代命令）。
- 取代失去/失败的单元。
- 在同一发射装备上进行多航天器发射可以降低成本。
- 支持待发射的航天器等待其载荷航天器。

图 3 呈现的是与操作模型相关的输入与输出。图 4 展示了做出决策的进程的 Markov 陈述图。

图 3　操作者模块

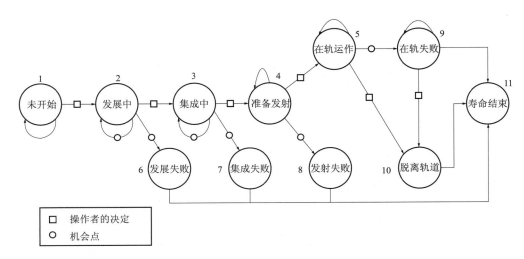

图例：

☐　操作者的决定

〇　机会点

图 4　Markov 状态

3.4　航天器和有效载荷模型

航天器模型用来自所有子系统的输入决定质量、能量和性能的完整上升。就如同真实的航天器设计过程一样，在内部相互依赖的子系统的基础上，用数次重复设计提高初始的估算和参数更新。数据总线和参量预测的综合方法被用来产生设计说明书。许多参数和结构在一开始就能被挑选出来，如推进器的冲量、太阳能电池的退化、元件可靠性和设计裕度。

在第一次重复中，航天器模型使用情境输入，如使用年限设计、轨道高度和有效载荷，因为这些参数在系统价值模型开始之前就能够被获知。此外，情境结构还决定了航天器的数量，而且从某种程度上来说，还决定了分布任务和航天器功能。在粗略力量、指向和有效载荷组要求的基础上，重要的总线（尤为典型的是不止一个航天器被用在结构设计中）从完善过的行中心建立（RSDO）记录里被挑选出。行中心建立记录是带有相关操作资格的小航天器总线的美国国家航空和宇宙航行局（NASA）记录。我们已经改善了这个记录，包括洛克希德·马丁总线。

从这个最初的总线挑选看，总功率容量、干质量、对准或视线（LOS）能力和尺寸规格作为输入传递到每个子系统中。在之后的反复中，对准、功率和子系统质量要求在航天器模型中不断更新。此时，可能就要从记录中挑选出一个新的总线，并且在一切情况下，总质量和功率按照参数要求变小或变大，从而与实际航天器的设计相匹配。

这个模型的另一个输出是被预测的设计时间和整合时间。整合时间是建立在有效载荷预测和有效载荷重复次数的基础上的，是乘法而不是加法增长。设计时间是直接从总线记录中得到的。最终的设计和对系统的可靠性预测由计算机计算并被情境模型应用，以此来确定成败。

最后，航天器模型用两种方法计算成本。默认的简单的方法是在有效载荷组和生命设计的基础上用参数模型得到粗略的预测。另一个更准确的方法是利用航空航天公司的小卫星成本模型（SSCM）工具。小卫星成本模型工具是在输入如质量、功率、视线精确度、姿态控制系统类型、使用时间设计等的基础上，利用许多参数关系的综合得到的。输出成本由于子系统、系统工程/管理、集成、组装和测试以及发射操作而失败。这个工具只有在需要最精确成本方案时才被使用。

航天器模型经过计算机数次重复设计后，便把自己标记为已经做好模拟准备了。模拟任务从时刻 0 开始逐步发展。这个模型会记录时间表中的所有随机延迟和所有对航天器的删除或添加。例如，有效载荷可能会终止，因此与之相连的航天器在发展过程中也会终止。类似情况还有，航天器可能被加入预报中或是以入轨失败而结束。

一旦航天器被发射，航天器模型就会跟踪记录花在军事演习和集群维护（以及因此而形成的总质量）中的燃料的使用情况、因为太阳能阵列衰变的功率减少情况以及主要子系统的能力。这些信息被应用在其他模型中，并决定一个航天器何时能不再被使用。图 5 展示了航天器模块的输入和输出情况。

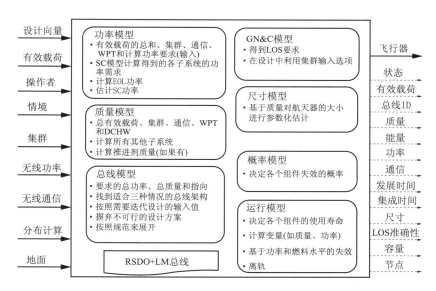

图5　航天器模块

有效载荷模型使用的是事先定义好的一套传感器和仪器，提供发展、部署和在与它们相关的成本、时间范围及技术复杂性方面的操作阶段的随机模型。该模型的设计具有模块化和可伸缩性的特点，允许使用者通过对传感器套件合理的选择确定任务和程序的科学目的。

在模拟中，在有效载荷选择和它们的发展时段中，以操作者为导向的决定被用来提供在成本增长和时间增加方面传感器发展的随机模型。套件里的每个传感器都是分开操作的。随机模型平衡了传感器显现的复杂性和传感器技术准备等级，从而为来

自起初的项目成本和时间的发展提供变动数据。要求的潜变也被模型化了，所以，在预期调整要求中的改变，如质量、功率和大小，在发展中期都流向了主航天器，以此来模拟设计变化中的撞击效果。因此，在有效载荷发展中，航天器在轨部署会受延迟和相关情况的影响，如今的一些多负载航天器正经历着这样的状况。

有效载荷模型还为已经成功部署的传感器提供模拟的输出，并在轨道上进行操作，包括关于正常状态的信息、数据速率的输出和操作成本。

图6展示了有效载荷模块的输入和输出情况。

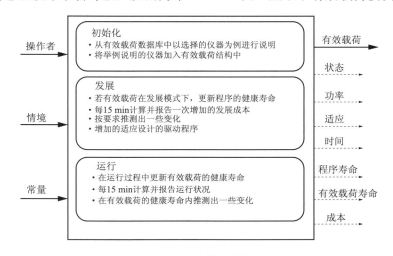

图6　有效载荷模块

3.5　情境模型

情境模型模拟的是可能发生在任务生命周期内的内部和外部的不确定因素。这包括在航天器发展过程中、在有效载荷发展过程中、在集成过程中的

时间和预算的变化、发射失败、入轨失败和技术退化。时间和预算的变化是在航天器和有效载荷晶体管电阻逻辑（TRL）的基础上使用对数常态分布方法。分布方法是在有关后来相同事物的学习曲线的基础上进行调整的。发射失败模型是在不连贯的

偶然事件的基础上建立的，同时，还有基于之前发射相同的设备产生的结果形成的学习曲线。最后，每个航天器和有效载荷元件的失败模型是在预期的平均故障间隔时间（MTBF）的基础上建立的。这些入轨失败模型是在阿扎尔（Hazard）功能的基础上用威布尔（Weibull）或然率方法建立的。这个模型包括早期故障率和寿命结束或然率。在矢量设计中，真实的寿命设计是不同的，因此可以分析在成本和可靠性方面影响下的不同预期寿命。根据产生的失败类型，航天器模块宣称整个航天器失败或操作能力在下降。图 7 显示的是情境模型的输入和输出情况。

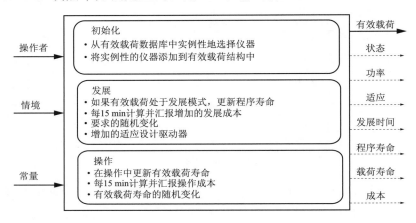

图 7　情境模块

3.6　技术支柱模型

每一个主要的技术支柱（无线通信、网络服务、计算分布、集群管理和无线电源转移）都被塑造成独立的模块。对每一个模块的描述如下。

3.6.1　无线通信

无线通信模块按序依次分成无线电功率（RF）模型、速率模型、载荷模型、媒体访问控制模型和实体模型。无线电功率模型决定了所用天线的尺寸、功率和类型，从而在预期距离、预期几何体和预期集群动力的基础上达到一个特殊的服务质量（OoS）标准。速率模型计算出了链路预算、天线增益和天线类型可获得的链接速率。媒体访问控制模型体现的是带宽复用和竞争的分布式或集中式的媒体访问控制结构。媒体访问控制还模拟了在链接比特误码率基础上的重发。载荷模型计算了每秒钟发出的指令和用来处理内集群数据包的内存（RAM）。最后一个是实体模型，它模拟了集群内部和航天器内部的无线通信（Bergamo，2005）。

集群内部无线通信模型是建立在 802.11g 或 802.11n 标准基础上的。航天器内部无线通信模型是在超带宽（UWB）结构基础上建立的。此外，在空间导线基础上建立的链接模型也包括在内。各模块输出包括最大生产率、天线大小和类型、系统功率和质量要求。图 8 说明了无线通信模块的输入和输出情况。

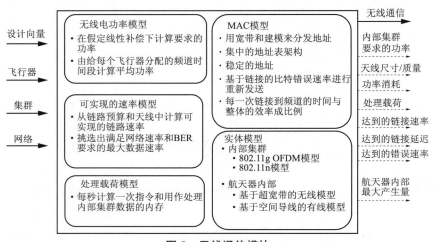

图 8　无线通信模块

3.6.2　网络服务

网络服务模块的主要功能就是描述拓扑模型（为近似标准能力规定路线）。这需要定义两个模型：一个是用来近似计算主动的（类最优链路状态路由协议）网络的生命树，另一个是用来粗略计算按需（类按需距离矢量路由协议）网络的全链接。

模拟允许在生产率、信度、延迟以及对资源需求的竞争的自动调停之间的优化权衡。计算载荷模型计算了基于相邻尺寸的存储要求，还包括正向误差校正的复杂性的增加。最后，误差校正模型、信息安全模型和重发模型得到应用。图9说明了网络服务模块的输入和输出情况。

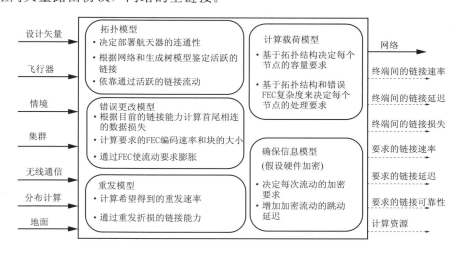

图9　网络模块

3.6.3　计算分布

集群航天器结构的一个优势就是可以把计算载荷从一个处理器转移到另一个处理器，即使这些处理器并不放置在同一个航天器上。这种分布计算允许在所有可利用的处理器中平衡载荷，这样独立的

中央处理器（CPU）就肯定不会达到最大载荷。它还通过系统冗余提供增加的可靠性，同时，在航天器层面进行单线操作。计算分布模型都顾及了模拟的这些方面。它还计算出了需要的功率和为特殊网络计划计算的可获得的服务质量。图10说明了分布计算模块的输入和输出情况。

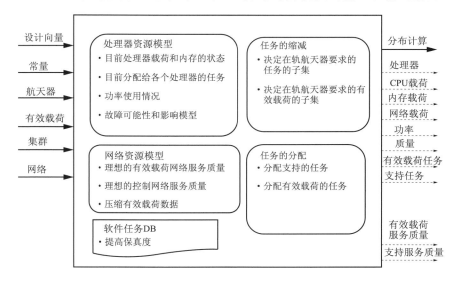

图10　分布计算模块

3.6.4　集群管理

集群管理模块说明了整个集群的几何形状和动

力。一旦选定几何（环形或线性），就可计算出适合所选ΔV，然后就会得到卫星内部的距离和变形。动力系统的大小取决于是化学动力的使用还是EMFF技

术的使用（见第2卷第74章）。随后通信服务质量建立在几何形状、距离、遮挡、天线类型和功率的基础上。与此相似的是，有效载荷的实用性是在集群几何形状的基础上计算得出的。

一旦标称结构定下，集群管理模型就会提出一些补充事项，如为插入和移除航天器设计的 ΔV，为航天器翻滚和不翻滚及碰撞可能性设计的 ΔV。ΔV 的最低限度是允许有 J2 微扰引起的翻滚和选择最理想的轨道平面。图 11 说明了集群操作模块的输入与输出。

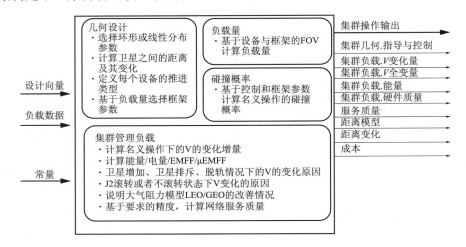

图 11　集群操作模块

3.6.5　无线功率转移

无线功率转移模块的最佳状态是在包括激光、微波、太阳能聚集器和磁共振在内的几个先进技术中达到的（McSpadden，1996；Karalis，Joannopoulos 和 Soljacic，2008；Kurs 等，2007；Haus，1983；Brickmore 和 Hansen，1959；Borgiotti，1966；Adane 等，2004；Kay，1960；Ding，Zhang 和 Luo，1998；Heikkinen，Salonen 和 Kivikoski，2000；Howell，O'Neill 和 Fork，2004；Williams 和 Conway，1981；Choi，2000；Kare，Mitlitsky 和 Weisberg，1999）。技术的选择是在集群中航天器之间的距离，指向要求，集群几何形状，一项特殊技术的端对端效率和按要求的功率、质量及大小的基础上完成的。这个模型能够为某一特殊环境选择最适合的技术或者用来分析一项特殊技术的影响。图 12 说明了无线功率转移模块的输入和输出。

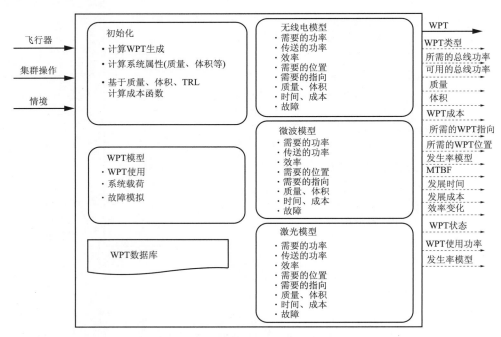

图 12　无线功率转移模块

3.7 接地

接地模块计算出了发展和操作地面接收站所需的成本，并且在这些接收站的实际位置、航天器的位置及接地连接的数量的基础上，模拟了接地需要的关于可用性和服务质量的数据。在服务质量和航天器距离的基础上，它还计算出了信号延迟。图13说明了接地模块的输入与输出。

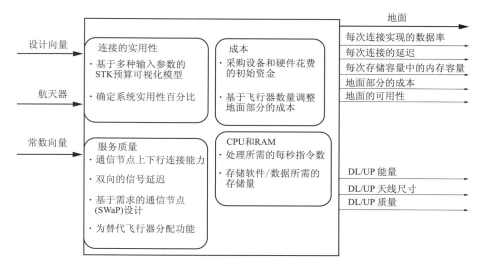

图13 地面模块

3.8 发射模型

发射模型的功能是选择能够产生最佳值的发射装置或装置组。决定选择的主要输入因素有航天器的数量、质量、成本、发射时间安排和轨道。为了确定一个最佳选择，最合适的方法就是选择每一个可以发射的装置的组合，然后运行对每个组合的整个系统价值模型模拟的蒙特·卡洛分析，以此确定哪个结果才是最佳值。另一个选择就是在模拟开始把输入参数和每个发射装置的可靠性作为风险测量之前，尽量选出最佳的组合。第一种方法在以时间为代价的基础上产生最佳结果，而后一种方法则会更快地得出结果，但未必是最佳的。

这里使用的方法是在模拟之前选择的。假定情况是设计、时间安排和客户要求将大大限制选择的空间，使得发射模型只能从仅有的一些中挑选。当在系统价值模型中运用更多的分析时，参数可以按需要调整，这样就使得在模拟前的选择更加优化。

发射装置数据库被当作起始点，这包括每个装置的质量/轨道容量、成本、在真实发射基础上的可靠度以及将来成功的参数预测。选择过程以按要求到达设计轨道的 ΔV 为起点。发射数据库列出了标称轨道和来自该轨道倾向方面的所有的偏差，接着计算出高度并从所列的质量承受范围内排除。

接下来，集群航天器的第一次分离是在它们准备好发射，输入参数（如每一个发射装置上最多的航天器承载数量和集群之间的最大时间间隔）的基础上计算出的。例如，集群之间的最大时间间隔是6个月，那么寿命分别为18和27个月的两个航天器就不能在同一个发射装置上。

紧接着，在这些航天器基础上将发射装置进行组合，能够发射的装置是在质量承受能力的基础上进行选择的。系统价值模型工具不能预测出航天器的装载容积，所以就不考虑整流罩的体积限制。一旦发射装置的承载量被限制，为了安排发射装置，人们就会考虑到航天器的组合，同时计算每一个的成本。例如，如果用2个发射装置发射4个航天器，可能的组合情况如下：

[1，2]	[3，4]
[1，3]	[2，4]
[1，4]	[2，3]
[1，2，3]	4
[1，2，4]	3
[1，3，4]	2
[2，3，4]	1

每一个组合的风险调整都被计算出来了。调整不仅考虑到了标称发射装置的成本，还考虑到了如果发射失败产生，在处理替代成本时预测的可靠性因素（式（1））。

$$成本_a = (2 - P_s) \cdot 成本_{名义} + (1 - P_s) \cdot 成本_{有效载荷} \cdot k \tag{1}$$

其中，P_s 为成功的概率；成本$_{有效载荷}$ 为所有飞行器的总成本；k 为重建系数。

调整过的成本结果数值总是比通过 P_s 计算出的标称成本要大。重建因数 k 被用在所有的组合中，这样就能计算出失败后重建航天器需要的更多成本。

在模拟之前，为最终的安排选择最佳的航天器组合和发射装置，并指出预计成本（而不是风险调整成本）。在系统价值模型模拟开始后，新的发射任务可能形成（由于发射失败、新的采购或是入轨替代的原因），此时相同的过程将会选择新的发射装置。图 14 说明了发射模块的输入和输出情况。

3.9　成本和收益模型

价值模型的主要功能是从其他所有模块中收集

成本和收益信息。因此，由于有些模块会产生成本，价值模型就收集这些成本信息。由于数据被地面接收站接收，一个特殊值被赋到传输到地面的数据的数量上，并由价值模型作为收益信息收集起来。由于这些事件发生在同一段时间的不同点上，所以折扣率公式被应用，并对整个寿命周期的净利润（NPV）加以计算，同时风险和利益（VARG）的值也得以计算。能够计算出最大损失或收益的方法会发生在一个集群结构的整个寿命周期内。图 15 说明了价值模块的输入和输出情况。

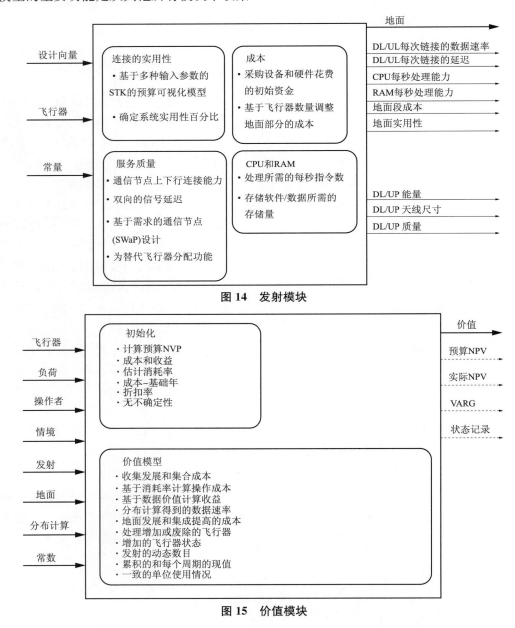

图 14　发射模块

图 15　价值模块

4　F6 系统价值模型结构研究

我们模拟和分析了数千的结构。第一步是使用空间结构的一个子设备。敏感性分析（见第 8 卷第 430 章）暗示了在矢量设计中的独立变量，这会对结构 NPV 产生最大的影响。图 16 显示的是典型的结果。田口数组被用来系统减少测试运行的数量。

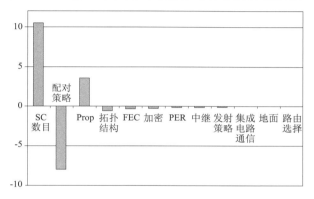

图 16　敏感性分析结果

对于每个模拟结构，我们不仅得到了每个时间段所需要的成本和所得的收益，还知道了与每个需要元素有关的状态记录，如发射装置、有效载荷和航天器。在图 17 和图 18 中再次显示了典型结果。

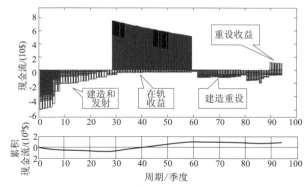

图 17　典型现金流结果

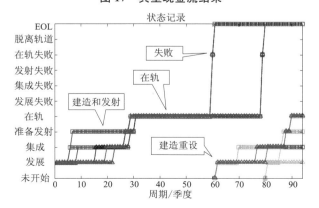

图 18　价值模块

在扩展模拟的基础上，我们得到并总结了以下

关于分离的几项规则。这些规则应该被视为分析未来任一复杂任务可行性的起始点。然而，应该注意的是，这些规则是依赖分析某一特定任务的细节而得到的。此外，一个任务的寿命周期是一个高度的非线性和复杂的系统。由于在前面部分解释过，研究的独立参数不是线性依赖，所以，当一些规则与其他规则混用时，会得到不同的结果。进一步来说，并不是每个结果对所有客户都是适用的。在评估以上结果的意义时，必须考虑所有特殊顾客对风险的避讳。

（1）由于分离而造成的成本增加可以通过在发展和一体化过程中，有效载荷组合的减少来弥补。

（2）每个航天器应该用相似的 TRL 携带有效载荷。

（3）如果顾客是个冒险者，则考虑使用 EMFF 作为推动系统。

（4）如果顾客愿意用更高的成本换取更多的收益，那么考虑预期发展。

（5）如果预期发展得到应用，那么在发射时要用最短但最佳的等待时间来让航天器组队。

（6）如果预期发展没有得到应用，在发射时使用最长但最佳的等待时间来让航天器组队。

（7）通过使用单向结构开发计算分布模块。

（8）如果没有使用计算分布模块，则使用多余的结构。

（9）尽管要么是单向和计算分布，要么是硬件冗余，但还要为最大化的 NPV 设计更久的生命。

（10）在做出推荐之前，考虑一下顾客对风险的避讳（一个尺寸并不适合所有顾客）。

（11）成功的分离需要各模块内部的无线通信和集群内部的网络服务。然而，准确应用（如无线通信和网络服务设计的选择）对 NPV 系统并没有不同。

5　结论

由洛克希德·马丁太空公司开发的系统价值模型是一个复杂的允许在许多独立变量和结构选择中完全交换的模拟模型。系统价值模型把对方法的证明扩展到了为鉴定偶尔发生的程序障碍提供强有力的工具。因此，可以定义集群的一般规则或者研究个体结构的详情。

513

术语表

DSS 分布式卫星系统

GINA 广义信息分布分析

LOS 视线

NPV 净现值

QoS 服务质量

SVM 系统价值模型

TDN 时间扩展网络

UWB 超带宽

VARG 风险和利益

VCDM 以价值为导向的设计方法

致　　谢

在这里作者感谢 METIS 系统 F6 队的所有成员。METIS 系统 F6 项目由美国国防部先进项目研究局（DARPA）提供资金支持。本章介绍的工作由 DARPA 与洛克希德·马丁太空系统公司签署的 HR0011—08—C—0032 号合同提供支持。

参考文献

Adane, Y., Wong, M. F., Gati, A., Dale, C., Wiart, J. and Hanna, V. F (2004) Near field power density characterization of radio base station antennas using spherical harmonics optimization. European Conference on Wireless Technologies, Amsterdam.

Bergamo, M. A. (2005) High-throughput distributed spacecraft network: architecture and multiple access technologies. *Comput. Networks*, **47**, 725—749.

Borgiotti, G. V. (1966) Maximum power transfer between two planar apertures in the fresnel zone. *IEEE Trans. Antennas Propagation*, **14** (2), 158—163.

Brickmore, R. W. and Hansen, R. C. (1959) Antenna power densities in the Fresnel region. Proceedings of the IRE.

Brown, O. (2004) Reducing risk of large scale space systems using a modular architecture. Space Systems Engineering and Risk Management Symposium, Manhattan Beach, CA.

Brown, O. and Eremenko, P. (2006a) Fractionated space architectures: a vision for responsive space, AIAA—RS4—2006—1002. 4th AIAA Responsive Space Conference, Los Angeles, CA.

Brown, O. and Eremenko, P. (2006b) The value proposition for fractionated space architectures. Space 2006 Conference & Exposition, AIAA, San Jose, CA.

Brown, O. and Eremenko, P. (2008) Application of valuecentric design to space architectures: the case of fractionated spacecraft. SPACE 2008 Conference & Exposition, AIAA, San Diego, CA.

Brown, O., Eremenko, P. and Roberts, C. (2006) Cost-Benefit analysis of a notional fractionated satcom architecture. Proceedings of the 24th AIAA International Communications Satellite Systems Conference, San Diego, CA.

Brown, O., Long, A., Shah, N. and Eremenko, P. (2007) System lifecycle cost under uncertainty as a design metric encompassing the value of architectural flexibility. SPACE 2007 Conference & Exposition, AIAA, Long Beach, CA.

Choi, M. K. (2000) Thermal Considerations of Space Solar Power Concepts with 3.5GW RF Output, AIAA.

Ding, Y., Zhang, S. and Luo, J. (1998) Design considerations of the low frequency and high efficiency Klystron for cleaner nuclear energy system. International Conference on Microwave and Millimeter Wave Technology Proceedings.

Haus, H. A. (1983) Waves and Fields in Optoelectronics, Prentice-Hall Series in Solid State Physical Electronics.

Heikkinen, J., Salonen, P. and Kivikoski, M. (2000) Planar rectennas for 2.45 GHz wireless power transfer. IEEE Radio and Wireless Conference, Denver, CO.

Howell, J. T., O'Neill, M. J. and Fork, R. L. (2004) Advanced receiver/converter experiments for laser wireless power transmission. Solar Power From Space and 5th Wireless Power Transmission Conference.

Karalis, A., Joannopoulos, J. D. and Soljacic, M. (2008) Efficient wireless non-radiative mid-range energy transfer. *Annals Phys.*, **323** (1), 34—48.

Kare, J. T., Mitlitsky, F. and Weisberg, A. (1999) Preliminary demonstration of power beaming with non-coherent laser diode arrays, Space Technology and applications international forum, Albuquerque, NM.

Kay, A. (1960) Near field gain of aperture antennas. *IEEE Trans. Antennas Propagation*.

Kurs, A., Karalis, A., Moffatt, R., Joannopoulos, J. D., Fisher, P. and Soljacic, M. (2007) Wireless power transfer via strongly coupled magnetic resonances. *Science*, **317**, 83—86.

Mathieu, C. and Weigel, A. L. (2005) Assessing the flexibility provided by fractionated spacecraft. Space 2005 Conference & Exposition, AIAA, Long Beach, CA.

McSpadden, J. O. (1996) An in-space wireless energy transmission experiment, *Energy Conversion Engineering*

Conference，IEEE，pp. 468—473.

Schmidt，S. R. and Launsby，R. G. （2005）*Understanding Industrial Design of Experiments*，Air Academy Press，Colorado Springs，CO.

Shaw，G. B. （1998） The Generalized information network analysis methodology for distributed satellite systems. PhD dissertation. Department of Aeronautics and Astronautics，Massachusetts Institute of Technology，Cambridge，MA.

Silver，M. and de Weck，O. （2006）Time-expanded deci-sion network methodology for designing evolvable system. Proceedings of the 11th AIAA/ISSMO Multidisciplinary Analysis Optimization Conference，Portsmouth，VA.

Williams，M. D. and Conway，E. J. （1981） Space laser power transmission studies. NASA Langley Symposium.

　　本章译者：孙一哲（南京航空航天大学航空宇航学院）

第 320 章

系统重构性

Afreen Siddiqi

麻省理工学院工程系统组，剑桥，马萨诸塞州，美国

1 引　言

总体而言，系统重构指的是系统中的改变。在航空航天系统技术环境中，可重构性概念通常和响应新需求的形式和/或功能改变相联系。需求可能和系统的性能、演变或生存相关联。

从传统意义来说，可重构性主要聚焦于计算和通信系统、变体飞行器、航天器结构及用来开展空间和行星探索的机器人。它的一个为人所知的基本特征是这些改变并不是一次转变。即系统在它们生命周期内的运行阶段，从一个状态或结构改变到另一个状态或结构是重复和可逆的。这样重构系统可以定义为"为了在能接受的重构时间和成本内获得理想中的结果，改变系统形式或功能，系统可以重复和/或逆向取得不同的结构（或状态）"。这些系统能够适应事先决定好的事件或情境或是对在设计时间内没有预期到的情形做出反应。例如，考虑到可变形的无人驾驶飞行器（UAV）可以在飞行中反向改变它的机翼的形状（图1），它能改变40%的面积，改变30%的展长，机翼后掠变化 15°～35°。具有大型机翼平面形状改变的飞行器原型机已经得以发展（Gandhi 等，2009）。在这原型机中，机翼重构为不同的飞行条件选择最优的飞行器外形。例如，从一个有效率的高海拔的巡视状态到一个有效率的高速度的攻击模式。

一段时间内，人们从工程系统角度研究了能够经历这些变化的系统（Saleh，Mark 和 Jordan，2009）。通常情况下，在航空航天领域里，根据重构性的定义，把重构系统分类作为可变系统的一个

图 1　Lawlor（2006）制造的新一代变形 UAV

特殊子系统是合理的（Ross，Rhodes 和 Hastings，2008）。在可变系统中，转变是在操作阶段进行的，而且绝大多数情况下都是可逆的和重复的。

值得注意的是，在文献中，考虑什么样的系统是"可重构的"是具有主观性的。据说在服务（或操作）时，有很多系统是经历重复转变的，但并不总是被归为"可重构的"。"可重构的"系统的分类与其传统设计息息相关。如果一个新的设计可以提供比之前可能的可变性更高程度的可变能力，这个新的结构或设计就会被贴上"可重构的"标签。例如，如果发动机可以和多种分布的乘客车厢及不同容量的货车配对使用，这样的火车就表现出高度的可变性。然而，火车并不是典型的可重构系统，或许这是因为这个设计早已存在于这些系统中。现在，我们考虑航天器的例子。传统意义上，它是进行一项特定任务的整体系统。现在有很多新概念，如集群航天器，在集群航天器中，更大、更有效的系统可以集成航天器共有的功能。由于它们有能力

516

改变之前不存在于这些系统中的元素，因此这些集群或实体上分布的系统被认为是"可重构的"，也就是在系统的操作阶段可以换出、添加或移除（集群中的）模块。同样地，飞行器机翼的传统设计曾是固定的形状（见第 7 卷第 342 章），几乎没有可改变的地方（如带有可变后掠的 F－14）。然而，新概念机翼和能更大范围改变的原型机（Bowman 等，2007）被归纳为"可重构的"。因此，从理论上来说，虽然能够重复改变结构的任意系统都是"可重构的"，但其传统结构还经常在把它归纳为可重构的系统中扮演着重要角色。

总体而言，系统的可重构性受三个因素驱动：

（1）系统需要有多种功能，也就是在运作（或服务）的不同时间里，系统能够展示不同的功能。

（2）系统能够一直添加新的功能，也就是它可以发展到满足新功能的需要。

（3）系统在需要对外部干扰或内部故障情况做出反应时，能通过结构改变来维持它的功能性。

这三个宽泛的要求，要么是唯一的，要么就是为了满足可重构性要求而组合。

对于多功能的需求，可能是由于考虑到资源使用效率，即为了节约财政或物质资源，甚至是为了克服大量的限制。此时，一系列单一的（经历一些必要的重构）元素被用来完成不同时间的不同任务。多功能还可以考虑到性能的提高，允许系统在新任务或已经改变了的环境条件下选择最适合的结构进行操作。包括变体飞行器在内的例子是资源的有效利用（单个飞行器可以允许编队数量的减少；Roth，Peters 和 Crossley，2002），或者说是在单一任务中由于完成不同任务的能力（勘察和攻击）而使得效率提高。

重构性是能随着时间或系统发展而改变的。在设计系统时，可能会预先知道未来的结构；可变化性导致未来处理的不确定性时，它们可能是不可预测的。例如，在某一行星上的通信有效载荷的重构能够允许操作者由于不同协议、标准和在航天器寿命周期内出现更加有效率的算法，随着时间推移需要改变航天器功能。

可重构性还可以是提高系统生存能力的方法。在局部故障时，重构系统尽可能地形成一个能维持部分功能的状态。进一步来说，通过重构可以扩大安全性的边界，从而有效地减少故障的可能性。与之相关的一个例证就是集群航天器（Brown 和 Eremenko，2006）概念。在这个概念中，大量的

航天器一起合作，这样聚集的集群就能展示新的或是提高的功能。在这样的系统中，集群拓扑结构能够经历快速且彻底的重构，以此来避免与其他航天器的碰撞（从而减少直接威胁）或是与轨道碎片的碰撞（发生事故）。同样地，万一发生某一航天器故障的情况，故障的航天器在集群中能够更便捷地被取代，从而让整个系统继续完成任务。

2 系统重构

系统重构的研究和发展主要集中在以下几组系统中。

2.1 计算系统重构

这些系统包括 FPGAs 和其他能让使用者而不是制造者完成不同的计算和信息处理过程的应用。FPGAs 是一组完全相同的有逻辑的且与编程转换模型相联系的单元。每个单元的特殊计算功能及与它相关的其他单元可以通过软件得到改变。因此，使用者可以根据需要多次完成不同计算的应用。传统的非重构性的 FPGA 是特殊综合电路的应用（ASIC），在这样的状况下，一旦通过专业的硬件元件完成计算应用，在操作阶段就不能做出任何改变。

在航天器应用中，被辐射加强的 FPGAs 能够允许许多新的功能，如通过重构无冲突算法提高向上传输的竞争能力（Marino 和 Chau，1999）和容错能力（Nishinaga，Takeuchi 和 Suzuki，2004）。

2.2 通信系统重构

在空间通信领域内的重构能力已经在天线技术和在轨负重能力方面得到提高。

2.2.1 天线技术重构

习惯上而言，GEO 通信卫星是为服务特殊地理区域而设计的。天线反射图形或数组安排的最优化是为了能够提供指定地区最优覆盖的设计。然而，在这类系统中，一旦使用卫星，辐射模式就不会改变。改变覆盖和交通要求的需要推动天线重构的发展。一些主要方法有：对主要反射的机械操控，通过放置好的最优的促动器重新塑造反射表面（Yoon 和 Washington，2005），阐释反射电波中电流位相的协调一致，处理多电波覆盖重构和允许功率在电波之间交换的直接辐射模块（Angeletti，De

Gaudenzi 和 Lisi，2008）。

2.2.2　重复技术重构

在通信中，数字硬件技术、软件技术、调整和编码标准、通信协议和形式的发展速度非常快。

透明的"弯管（Bent-Pipe）"转调器或是"数字弯管"转调器（在航天器上模拟信号被数字化但并没有被解调/调整）可以处理这些技术变革。因此，"数字弯管"转调器大规模用于卫星应用中，它们的使用寿命是 15 年。更新的转调器提供更好的操作及处理航天器上数据的能力。然而，传统的不利因素是一旦卫星得以应用，它的转调器应用就不能得到改变。随着 SDR 的出现，在 SDR 技术基础上得以更新的有效负荷可以用于空间应用中（Mondin，Presti 和 Scova，2002）。理想的无线电收发器是一个编程设备，用来传输最小无线电频率（RF）。编程设备在数字领域内实现大量功能（包括实体层、数据连接层和网络层）。因此，具有之前电路功能的软件应用能够轻易被改变。同时，收发器还能重构成带有不同通信标准、协议和算法的功能。尽管从 20 世纪 90 年代开始，SDR 的概念就引起了人们极大的兴趣，但是绝大多数情况下，它还是在地面系统应用得比较多。人们对于将其应用于空间系统的兴趣越来越浓，期望它的应用能够增加空间探索任务，同时还增加卫星系统的价值。

2.3　变体飞行器

通常情况下，飞行器重构是以外形变换的形式出现的，如缝翼和襟翼，或体现在可变的后掠翼中，如在 F−14 或 B−1 航天器上的机翼。自 21 世纪初期，就有了对机翼重构的飞行器的研究和发展（Roth，Peters 和 Crossley，2002）。这些飞行器（见图 1）能够在机翼展长、后掠角度和面积中获得最大程度的改变，这样相同的飞行器就能有效地执行巡航侦察任务（这需要高展长比）和攻击任务（这需要短小且呈三角状的机翼）。

飞行器变形的理想目标是实现使几个不同任务角色达到最接近最佳状态。图 2 说明了在不同的飞行条件下，变体飞行器与固定翼飞行器怎样进行操作方面的对比。基于一阶计算，对比量化了飞行器操作中机翼形状重构能力的重要影响（Bowman 等，2007）。

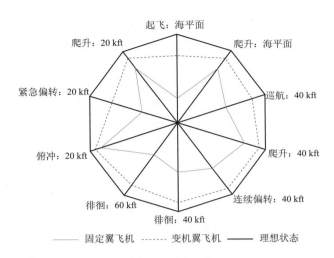

图 2　固定翼和变机翼飞机性能比较（Bowman，2007）

2.4　可重构机器人系统

在航空航天空间应用中，可重构机器人系统主要是为基本模型和功能重构而发展的同类模块系统。这些系统能呈现不同运动能力的结构（例如，转动和缓行，见图 3）（Mackenzie，2003）。不同的结构还可以进行不同的任务和完成不同的功能，如检查或修复。许多系统都是为了行星表面研究（在应用中，尤其是不同的运动结构对穿过未知地形很有帮助）和潜在的航天器维护及组装操作而提出的（Yim 等，2003）。

图 3　一个使用相似模块的可重构机器人（Yim，2003）

2.5　可重构航天器

航天器重构主要是一系列更小的航天器（每个都完成特殊核心功能的操作）一起合作，从而形成一个具有更强大能力的整体系统。这些任务包括从观察地球（Brown 和 Eremenko，2006）、行星探索（Clark 和 Rilee，2004）到协助宇航员（Dong 等，2008）。在美国空军（Martin 和 Stallard，1999）、NASA 及 DARPA（Brown 和 Eremenko，2006）的不同项目赞助下，在某一时间内对这些系统进行调查研究。

其中一个系统就是卫星分布系统（DSS）概念。在这个系统中，一系列航天器共同形成一个带有比每个个体航天器功能强大的"虚拟行星"。TechSat 21 项目就是一个例子。这个项目的相关任务是建立空间基础雷达（Martin 和 Stallard，1999）。干涉成像需要大量的基线（Jilla 和 Miller，2001）也成为可能，在以前，从结构连接在一起的整体系统中设想出来这些基线是不可能的。集群几何形状的重构允许一起进行新的且不同的任务，或者允许调整到适合某一特殊任务应用的状态（例如，新的目标特征或重访要求）。

另一个在航天器结构重构方面的最近的成就是集群航天器概念（见图 4）（同时也可参见第 6 卷第 319 章）。为了让价格高昂且通常寿命长久的航天器系统能更好地对改变需求做出回应（如新的任务要求或新技术的使用），DARPA 升华了集群航天器概念。它的观点是从大型的整体航天器转移（目前来说这样的设计是普遍的）到小航天器集群的网络化工作（Brown 和 Eremenko，2006）。因此，分布的且实体结构不相连的模块（即航天器）允许一定程度的改变能力，而这在整体航天器设计中是不可能的。一些潜在能力包括改变结构以避免直接威胁或碎片的碰撞、与其他应用的模块/集群一起实现新的或增强的功能等。

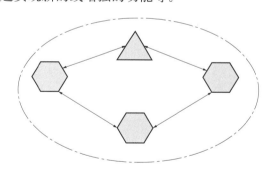

图 4　模块化、分布式航天器结构小飞船在一个集群中形成更大的可重构系统

此外，还有一个关于航天器重构的概念，是在使用相同的多边模块来形成大的结构，从而能够进行拓扑改变和功能改变的基础上得出的。提出的概念预测这些不同种类的航天器在空间内飞行装置上起作用，之后这些装置可以在行星表面进行重构，从而形成天线反射，甚至是通过表面装置（Clark 和 Rilee，2004）。

3　飞行状态及用途

由于系统本质的不同，对建模和系统重构的分析方法是不同的。由于可以通过一套有限的分散的结构描述系统的分类，所以马尔可夫方法是最适合建模和分析的。本节讲述的是在系统重构中马尔可夫模型的方法和应用。

马尔可夫方法是系统的概率性模型，它采用了状态概念和状态转变，因此，系统重构就可以很自然地用马尔可夫模型来研究。从俄罗斯数学家马尔可夫在 1907 年第一次提出马尔可夫理论后，它发展得相当好（Howard，1971）。最基本的假设和重要的结果如下。

3.1　时间离散马尔可夫链

时间离散马尔可夫链是系统在某一特殊的离散时间常数下其状态发生改变的过程。假设一个系统可以存在于有限 N 中并且是离散状态，这个状态属于 $S=1,2,\cdots,N$。可以定义时间指令集为 $T=[t_1,\cdots,t_n,\cdots,t_f]$，在某一时间常数时，系统状态可以被设定为 X_n。接着，用马尔可夫模型做出以下假设（Bertsekas 和 Tsitsiklis，2002）：

$$p_{ij}(n)=Pr\{X_{n+1}=j|X_n=i\},i,j\in S \qquad (1)$$

在 t_n 时间段时，$p_{ij}(n)$ 是状态从 i 到 j 转变的可能性。下一个状态 X_{n+1} 的概率规则仅依赖于前一状态，即当前状态 X_n 的值。换句话说，马尔可夫模型指的是在时间段 $t_1,\cdots,t_{n-1}$ 中对先前存在过的状态的记忆情况是不关联的。既然人们把概率性定义为一个时间仅有一步，那么 $p_{ij}(n)$ 也可叫作单步转变概率。从状态 i 到新的状态 j 的转变可能性总计为 1。

$$\sum_{j=1}^{N}p_{ij}(n)=1,\forall i \qquad (2)$$

值得注意的是，p_{ii} 是系统仍处于状态 i 时的转变可能性。在每对状态之间使用转变可能性，整个系统可以通过定义单级转变概率模型 $\boldsymbol{P}(n)$ 来阐述。

$$\boldsymbol{P}(n)=\begin{bmatrix} p_{11} & \cdots & p_{1N} \\ \vdots & \ddots & \vdots \\ p_{N1} & \cdots & p_{NN} \end{bmatrix} \qquad (3)$$

这个模型提供了关于系统在一个特殊时间常数时的所有信息。为了确定单个状态的可能性，矢量 $\boldsymbol{\pi}(n)$ 被定义为 $\boldsymbol{\pi}(n)=[\pi_i(n)]_{1XN}$，其中，$\pi_i(n)$ 是在时间常数为 t_n 时，状态的转变可能性。所以，

在时间为 t_n+1 时，状态转变可能性就是：

$$\boldsymbol{\pi}(n+1)=\boldsymbol{\pi}(n)\boldsymbol{P}(n) \qquad (4)$$

注意，如果 p_{ij} 是常数且不随时间而改变，它就不能阐述成以下形式：

$$\boldsymbol{\pi}(n)=\boldsymbol{\pi}(0)\boldsymbol{P}(n) \qquad (5)$$

其中，$\boldsymbol{\pi}(0)$ 是状态可能性初始矢量。这一情况被称为时间均匀马尔可夫链。

对于随着 n 增大而使状态达到一个极限值的系统（这是指当这个系统不是周期性而是单一性的），渐进的或不变的状态是（Howard，1971）：

$$\boldsymbol{\pi}(\infty)=\lim_{n\to\infty}\boldsymbol{\pi}(0)\boldsymbol{P}(n) \qquad (6)$$

在不变状态时，$\boldsymbol{\pi}=\boldsymbol{\pi}\boldsymbol{P}$ 的关系证实 $\boldsymbol{\pi}(\infty)$ 可以通过解决给出的联立方程式加以计算：

$$\pi_j(\infty)=\sum_{i=1}^{N}\pi_i(\infty)p_{ij},j=1,2,\cdots,N \qquad (7)$$

这 N 个方程式是线性的，为了得到一个重要的方法，只使用 $N-1$ 个方程式。第 N 方程式是所有状态改变概率总和达到 1 的模型：

$$\sum_{i=1}^{N}\pi_i(\infty)=1 \qquad (8)$$

由此可见，使用齐次马尔可夫链可以预测出有初始状态的未来任意时间的状态改变概率。这就允许统计计算从第一次达到某一特殊状态的平均时间，并推断整个平均时间（Bertsekas 和 Tsitsiklis，2002）。

在系统重构中，如果在系统操作时间内，单级转变概率是一样的，那么就可以用齐次模型。

系统重构的一半模型可以用两种状态建构：运作状态和重构状态。运作状态是指系统运作和使用其有用功能的状态。在图 5 中它们是状态 A 和状态 B（阴影部分）。重构状态是指重构过程可以进行的状态，而且这个系统可能（但不一定）全部或部分丧失功能。

最常见的情况是，我们可以设定每个运作状态能够在通过某一特定重构状态后形成另一个运作状态。因此，状态 A 可以转变到状态 AB（这是一个重构状态，在这个状态中，系统是由状态 A 和 B 重构而得到的）。然后状态 AB 继续转变到状态 B（在这个状态中，系统由运作的 B 结构形成），一条相似的路径是从状态 B 到状态 BA 再到状态 A。在重构状态中，p_{AB-AB} 和 p_{BA-BA} 的自我转变概率可以用来计算如重构延迟或在任一特殊重构尝试中故障的原因。其实，它们专注的是从预期的一个运作状态到另一个的延迟。在许多系统中，从每个运作状态直接进入另一个运作状态或许是不太可能的，但本节涉及的最常见情况是为完整性考虑。

本节用无人机（UAV）重构的一个例子来阐述这个讨论。图 6 显示的是描述携带一些名义上的转变概率的无人机状态的马尔可夫模型（事实上，这是依赖于军事策略情境，类似于在一个区域寻找攻击目标等）。据说飞行器可以存在于两个运作状态，一个是为战斗（D）而设计的低后掠机翼结构，另一个是为巡航（L）而设计的大后掠机翼结构。飞行器也有状态重构系统，这与带有无法恢复的故障状态（F）的两个运作状态相呼应。

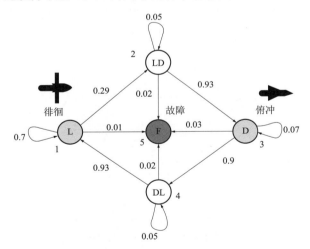

图 6 马尔可夫模型的可重构飞机

(Siddiqi 和 de Weck，2008)

在这一事例中，状态改变概率的发展用方程式（3）和（5）计算出了 400 步。前 80 次的重复如图 7 所示。

对系统迥异的特有功能状态的理解（如图 7 所示的简单事例），有助于系统设计者更好地形成精细的设计和运作计划。

在许多应用中，很难为转变概率确定合适的值。进一步而言，适应性局限于系统分类中。在这

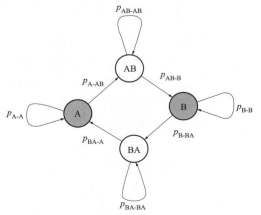

图 5 可重构系统的马尔可夫模型

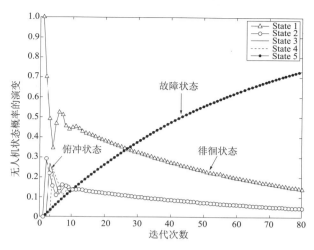

图7　可重构飞机状态概率（Siddiqi, Iagnemma 和 de Weck, 2006）

个分类中，没有积极的确定规则用来决定系统应该重构形成的状态（假设转变概率是固定且已知的）。在多种系统类型中，一个状态的重构将依靠一些外在的变量，在时间功能中，这将让一些状态变得让人满意，而另一些状态变得不让人满意。对于这样的情况，我们可以用时间变化马尔可夫模型。

3.2　时间变化马尔可夫模型

一种常见情况是在一种状态中，单级转变概率模型 P 并不是每一步时间都是相同的。这就是人们所知的非齐次马尔可夫链（Howard, 1971）。在这种情况下，方程式（5）就失效了，同时，对系统进行逐步分析也是不可能的（周期性的例子除外）。事实上，系统不可能有一个稳定的状态，而这对于齐次系统事例是可能的。在时间 m 和 n 之间，记为 $\Phi(m, n)$，多步转变概率模型是通过使用每个 $P(n)$ 的完整结果加以计算的（Howard, 1971）：

$$\Phi(m, n) = P(m)P(m+1)\cdots P(n-1), \quad m \leqslant n-1 \tag{9}$$

许多重构系统可以通过非齐次模型得到更好的阐述，因为该模型进一步假设在每一个时间常数时，状态改变概率是在某一外部时间变化过程 $u(n)$ 中得到控制的。因此，对于任意的状态组 i 和 j：

$$p_{ij}(n) = f(u(n), i, j) \tag{10}$$

这一 $u(n)$ 过程可以体现相应的系统行为，从而实现某一目标 J（Siddiqi, Iagnemma 和 de Weck, 2006）。从系统可以一步得到的给定的限定状态中，对于特定的 $u(n)$ 和一个特定 J（参见第8

卷第 427 和 428 章），存在一个最优状态 i^*。事实上，对于给定的 $u(n)$，每个状态都会有相连的 J_i，同时，状态改变概率也将依据这一 J_i。最优的状态 i^* 对系统将要转变成的状态的概率是最高的，继而出现下一个最佳状态等。对于给定的输入 $u(n)$ 来说，最佳的运作状态是：

$$i^* = \mathrm{argmax} J(u, S) \tag{11}$$

其中，J 是需要达到最优化的功能；S 是整套系统的状态。前面已经描述过了

$$p_{mj} > p_{mk}, \quad J_j > J_k > J_m \tag{12}$$

其中，p_{mj} 是系统从状态 m 到 j 的转变概率。

3.3　应用：行星车（PSV）

非齐次马尔科夫模型的应用是通过行星车（PSV）概念的例子加以阐述的，这个概念是为车轮重构牵引力和转矩而发展的（Siddiqi, Iagnemma 和 de Weck, 2006）。

对于车轮的移动，从表现和能量（成本）角度看，牵引力（D_P）和转矩（T）是主要关注的量。牵引力说明了牵引能力，而转矩直接和装载设备的能源消耗（E）相关联。车轮的直径和宽度影响牵引力和转矩。所以，从牵引力角度讲，为了提高性能，通过改变车轮方向影响合成的牵引力和转矩是可能的。同时，能源消耗也得到改善。

因此，设想中的行星车是带有可重构方向的车轮，而不是固定方向的车轮，在这种可重构的车轮中，宽度和直径是可以改变的。假设在任意给定的时间中，不同宽度和直径的方向是离散的，并且确定了车轮的状态。假设因为行星车随着不同特征的地形而移动，车轮试图实现目标 J 的最优化的结构，其中：

$$J = \alpha D_P - (1-\alpha) T \tag{13}$$

这时，α 是个常数且决定两个相对的目标，即使得牵引力达到最大性能而转矩达到最小性能。值得注意的是，地况条件的功能是以外部输入的形式进入系统的。牵引力和转矩是依赖地况条件的。这些条件可以通过大量的参数，如地况衔接、变形的摩擦系数、地况内部摩擦角度等来阐述（Wong, 2001）。所以，依靠地况类型可以使得某一特定状态（车轮直径和宽度的结构）实现最优化 J。

在给定的地况条件下，计算驱动轮的牵引力和转矩的模型被用来评估重构后的车轮的性能。计算出的预期性能是

$$\bar{J}(k) = J(k)\pi^{\mathrm{T}}(k) \tag{14}$$

因为 α 的值是不同的，这使得对牵引力和转矩的关注不同。

将得出的结果与带有固定轮子的运载设备做对比（图8）。黑色破折号形式的线阐述了固定方向车轮的性能，这在情境中是最低的（暗示着更低的性能）。

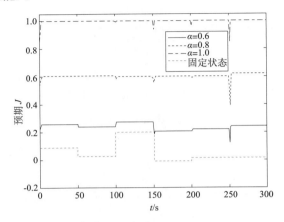

图 8　固定和可重构的轮子之间性能的比较

这些大量的对比可以用来在集群、成本、复杂性和其他反对通过重构得到性能的因素中进行交换。

4　飞机起飞和降落的环境

正如第2节中描述的那样，可重构系统基于它们之间各种配置的形式差异，可以大致分成两大类。第一类就是重新改变配置的方式，这种方式的组成部分是排列或相互关联的。这些系统进行调换，也就是它们的模型的一种重组，以实现新功能配置。可重构机器人和分布式航天器系统就属于这一类。第二类在于组件系统的形式变化更加具体，这种变化可以简单地称为转换。有变形的机翼、可重构天线和FPGA飞机可以被归为此类。根据一个系统是否进行调换或者更一般的转换，建筑和设计的影响将在下面更详细地讨论。

4.1　模块性和自相似性

正经历调换的可重构系统大部分是由其模块主导的，并且在许多情况下是自相似结构主导的。在自相似结构中（见图9），系统是由一系列相同（或几乎相同）的模块组成（Fricke 和 Schulz，2003），这样尤其适合重新配置。

大多数空间应用机器人系统有这种架构，因为它允许它们假设完全不同的形状和功能。自相似性

也是自行组装和自身重构的一个关键驱动因素——这些系统中两者都是可取的。

以可重构飞船为例，考虑的架构越来越基于相似或不同的模块（飞船）的集合。分解飞船的概念是一个系统，它提供了一个归因于它的模块化和分布式体系结构的高度可重构性。还有一些其他的模块化和自相似的概念。这些概念基于相同的重复单位的多边形（截角八面体、四面体等）来形成具有在整个拓扑结构中进行重大重组能力的大型功能系统（Clark 和 Rilee，2004）。

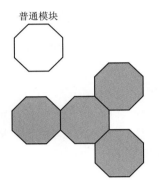

图 9　自相似结构

4.2　软件的可访问性

在许多可重构系统中，能在软件的控制下重新配置的技术范围已经扩大，并且还在持续发展（Lyke，2002）。在某些情况下，"可重构"本质上意味着软件的可访问性。SDR 就是一个例子。软件的启用（特别是在应答器应用程序，见图10）允许传统物理电路所不能实现的变化和修改。FPGA 是另一个例子，在这个例子中，一个芯片中的元素与自定义计算元素之间的传统硬连接可用软件编程。

4.3　可重构性原则

一个对可重构系统设计和评估好的规则可以基于以下原则：

对于每个配置的可重构系统，存在一个相应的专用系统，至少是平等的性能。因此，在一个良好的可重构设计中，每一个配置的性能都接近于相应的专用系统。

这通过 ASIC 和 FPGA 之间的对比可以很容易地证明（Hauck，1998）。一个 ASIC 解决方法能够在一个 FPGA 上实现，如果诸如互联、逻辑块等额外（没有使用的）元素被移除，系统将使用更少

的电力删除，这样更密集而且大量生产时更便宜。这个比喻可以扩展到任何系统。例如，考虑变形无人机的情况。可以为每个配置的无人机假设一个特定的任务/角色，建立相应的固定架，这至少对于特殊的任务来说是平等的，性能可能更好。因此，这一原则可以成为评估可重构设计益处的基础。

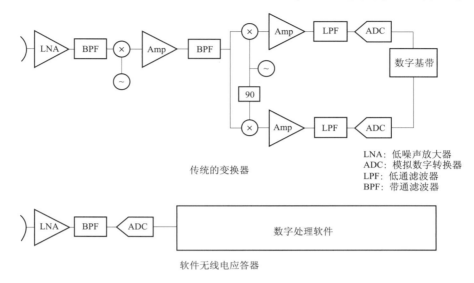

> LNA：低噪声放大器
> ADC：模拟数字转换器
> LPF：低通滤波器
> BPF：带通滤波器

传统的变换器

软件无线电应答器

图 10　可重构卫星转发器（Mondin，Presti 和 Scova，2002）

5　未来的发展方向

有了先进的计算能力和机器智能，系统的自身重构将变得更加普遍。一个仅依靠自己就可以实现变形的系统称为自行重构系统。这种系统已经在计算、机器人等领域被开发了，而且也已经在飞船中被概念化。其在计算方面具有某些特殊的优势，硬件演化系统被模型化。硬件演化（EHW）是指通过进化/演变可重构机制自身重构的电子硬件。EHW概念包含通过传感器和天线来完成可发展的空间系统，这样就可以适应多变的环境（Stoica 等，2002）。预计未来的可重构系统的设计，包括飞机和宇宙飞船，将逐渐步入自我可重构性的行列。

参考文献

An geletti, P., De Gaudenzi, R. and Lisi, M. (2008) Performance assessment of output sections of a satellite flexible payloads. *26th International Communications Satellite Systems Conference (ICSSC), June 10 － 12, 2008, San Diego, CA*. AIAA 2008－5402.

Bertsekas, D. and Tsitsiklis, J. (2002) *Introduction to Probability*, Athena Scientific, Belmont, MA.

Bowman, J., Sanders, B., Cannon, B., Kudva, J., Joshi, S. and Weisshaar, T. (2007) Development of next generation morphing aircraft structures. *48th AIAA/ASME/ASCE/AHS/ASC Structures, Structural Dynamics, and Materials Conference, April 23 － 26, 2007, Honolulu, Hawaii*. AIAA 2007－1730.

Brown, O. and Eremenko, P. (2006) The value proposition for fractionated spacecraft. *Space 2006, September 19 － 21, 2006, San Jose, CA*. AIAA 2006－7506.

Clark, P. E. and Rilee, M. I. (2004) BEES for ANTS: space mission applications for the autonomous nano technology swarm. *AIAA 1st Intelligent Systems Technical Conference*. AIAA－2004－6303.

Dong, S., Allen, K., Bauer, P., Bethke, B., Brzezinski, A. Coffee, T., Chambers, R. D., Flores, M., Gallagher-Rodgers, A., Head, J., Heiman, M., Hoff, N., Horin, C., Horvath, M., Jordan, E., Keesee, J., Kim, S. M., Kong, E., Koscielniak, A., Lawrence, S., Marquiss, J., McQuin, C., McRae, J., Miller, D., Modisette, J., Moghbeli, J., Nolet, S., Rodgers, L., Saenz-Otero, A. Schaffer, A. and Yesil, C. (2008) Self-assembling wireless autonomously reconfigurable module design concept. *Acta Astronaut.*, **62**, 246－256.

Fricke, E. and Schulz, A. (2003) Design for changeability (DFC): principles to enable changes in systems throughout their entire lifecycle. *Syst. Eng.*, **8** (4), 342－359.

Gandhi, N., Cooper, J., Ward, D., Howard, D., Neal, D. and Cannon, B. (2009) A hardware demonstration of an integrated adaptive wing shape and flight control law for morphing aircraft. *AIAA Guidance, Navigation, and Control Conference, August 10 — 13, 2009, Chicago, IL. AIAA—2009—5890.

Hauck, S. (1998) The future of reconfigurable systems. *5th Canadian Conference on Field Programmable Devices, June 1998, Montreal, Canada.*

Howard, R. (1971) *Dynamic Probabilistic Systems, vol.* 1: *Markov Models*, Wiley & Sons, New York.

Jilla, C. and Miller, D. (2001) Assessing the performance of a heuristic simulated annealing algorithm for the design of distributed satellite systems. *Acta Astronaut.*, **48** (5—12).

Lawlor, M. (2006) *The shape of wings to come. Signal Online.* http://www. afcea. org/SIGNAL/ (accessed 7 October 2009).

Lyke, J. (2002) Reconfigurable systems-a generalization of reconfigurable computational strategies for space systems. *2002 IEEE Aerospace Conference Proceedings, March 9—16, 2002, Big Sky, MT, United States.*

Mackenzie, D. (2003) Shape shifters tread a daunting path toward reality. *Science*, **301** (5634), 754—756.

Marino, C. S. and Chau, P. M. (1999) Reconfigurable adaptive interface nulling (RAIN) satellite architecture. *AIAA Space Technology Conference and Exposition, Albuquerque, NM, September 1999.* AIAA—99—4495.

Martin, M. and Stallard, M. J. (1999) Distributed satellite missions and technologies-the TechSAT 21 Program. *AIAA Space Technology Conference and Exposition, September 28—30, 1999, Albuquerque, NM.* AIAA—99—4479.

Mitola, J. (1995) The software radio architecture. *IEEE Commun. Mag.*, **33** (5), 26—38.

Mondin, M., Presti, L. and Scova, A. (2002) A software radiobased reconfigurable transponder for space applications. *Wirel. Commun. Mob. Comput.*, **2**, 839—845.

Nishinaga, N., Takeuchi, M. and Suzuki, R. (2004) Reconfigurable communication equipment on Smart-Sat I. *IEIC Tech. Rep.*, **104** (212), 133—134.

Roth, B., Peters, C. and Crossley, W. (2002) Aircraft

sizing with morphing as an independent variable: Motivation, strategies, and investigations. *AIAA Aircraft Technology, Integration, and Operations (ATIO) 2002 Conference, October 1—3, 2002, Los Angeles, CA.* AIAA 2002—5840.

Ross, A., Rhodes, D. H. and Hastings, D. E. (2008) Defining changeability: reconciling flexibility, adaptability, scalability, modifiability, and robustness for maintaining life cycle value. *Systems Engineering*, **11** (3), 246—262.

Saleh, J. H., Mark, G. and Jordan, N. C. (2009) Flexibility: a multidisciplinary literature review and a research agenda for designing flexible engineering systems. *J. Eng. Des.*, **20** (3), 307—323.

Siddiqi, A. and de Weck, O. (2008) Modeling methods and conceptual design principles for reconfigurable systems. *ASME J. Mech. Des.*, **130**, 450—460.

Siddiqi, A., Iagnemma, K. and de Weck, O. (2006) Reconfigurability in planetary surface vehicles: modeling approaches and case study. *J. Br. Interplanetary Soc.*, **59**.

Stoica, A., Zebulum, R. S., Keymeulen, D., Ferguson, M. I. and Thakoor, A. (2002) Evolvable, reconfigurable hardware for future space systems. *53rd International Astronautical Congress, Houston,* TX. No. IAC 02—U. 1. 07.

Wong, J. Y. (2001) *Theory of Ground Vehicles,* 3rd edn, JohnWiley & Sons.

Yim, M., Roufas, K., Duff, D., Zhang, Y., Eldershaw, C. and Homans, S. (2003) Modular reconfigurable robots in space applications. *Auton. Robots*, **14**, 225—237.

Yoon, H. S., and Washington, G. (2005) Generation of multiple beam patterns using a mechanically reconfigurable smart reflector antenna system. *J. Aerosp. Comput. Inf. and Commun.*, **2**, 101102—1—101102—15.

本章译者：蔡玉飞（南京航空航天大学航空宇航学院）

第 321 章

飞机维修工程

Adel A. Ghobbar

代尔夫特理工大学航空工程学院航空运输和运营系，代尔夫特，荷兰

1 引 言

每个人都在寻找一种确定各个过程效率的标准。最受关注的领域之一就是航空公司航线维护过程。曾有人认为最好的措施是在一个系统问题的解决过程中注重部件的"未发现错误（NFF）"率（Mobley，2008）。这听起来是合乎逻辑的，在理想的维护过程中，他们将只删除有故障的组件。对于"理想中的航空公司"而言，天空永远是蓝色的，航班会准时起飞，故障排除系统是完善的，各结构在完美的状况下工作，对故障部件进行台架试验和维修的修理设备工作状况是最佳的。生活是简单明了的，因此用于确定线路维护的有效性的 NFF 方法是完美的。然而，对于"现实生活中的航空公司"，天空并不永远是蓝色的，航班经常迟到，故障排除的问题很不完善，尚且缺少修理设施的台架试验和修复过程。对于世界所有的航空公司而言，生活是很复杂的。飞机维护工程的区域布局如下。

1.1 维护理念和概念

所有经营航空客运及货运的公司或组织的首要责任都是保证飞机安全和适航条件。飞机维护项目从一个运营商转移到另一个运营商。航空公司按照本公司的业务、商务、技术要求制订自己的维护计划。需考虑的内容包括政府规定、航线结构以及可用的人力和设施（King，1985；Friend，1992；Kinnison，2004）。根据执行部位，飞机维护分为在线维护和基地维护两种；根据执行所需时间，分为主要维护和次要维护两种。

在线维护：通常在航线站或者航空公司的飞行路线基站进行在线维护。在线维护通常包括低间隔的常规任务，例如维修、清洁、加油，以及光检查等。非常规在线维护的范围则可以从一个黑盒子的更换到发动机的改变。在线维护是"离岸型"的。它将限制其工作为必须执行的，并且倾向于将耗时的项目推迟到下一个基地进行。航线站的人力和物力通常是有限的，所以维护任务也必定相应地受到一定限制。

检修：检修是在航空公司的维修基地进行的。这是"固定化"的，因为基地配备有执行所有类型飞机维修工作所需的人力和物力，如图 1 所示。

图 1 飞机维修基地设施

小修：小修维护可以每 24 h 或更短时间进行一次。它通常包括日常维护工作到 A 检，以及由此产生的非常规任务。根据所依据的维修计划不同，也可以包括一些"C 检"任务。小修维护在航线站或维修基地进行。

中级维护：中级维护包括要求长达 7 天的地面时间的"C 检"维修任务。较短或较长间隔的任务可能包含于优化任务完成时间和可用的地面时间中。

主要或繁重的维护：需要 7 天以上的飞机停机

时间的维护工作被认为是主要的或繁重的维护。它包括结构的检查和维修、油漆、客舱翻新，以及主要的修改。繁重维护在维修基地进行。

1.2 维护程序的开发

维护理论：当前维护理论可以通过浏览飞机维护理论的历史发展进行学习。

在 20 世纪 30 年代，人们认为，机械零件的磨损导致误差，而误差降低安全度。这一信念导致了从发动机到收音机的所有部件的定期拆卸。飞机的运行时间控制所有的维护活动。定期大修（如今被称为 HT）是唯一被认可的初级维护过程（PMP）。

在第二次世界大战之后，第二个 PMP 得到了认可。它被称为"受限的（OC）"维护方式，这是因为它允许在维修周期限制下检修而不是计划检修。这一方法主要应用于已知物品如刹车和轮胎的磨损。

这两种方法没有一个可以完全容纳在 60 年代时喷气式飞机上应用的新组件。航空公司在数百万飞行小时中对成百上千的部件进行了行为分析，最后发现复杂组装方式（相对于燃烧电池项目而言）的可靠性不随使用时长增加而降低。因此，预防性维护过程，如 HT 和 OC，不能被用来作为一种确保其持续的可靠性的手段。维持这些复杂组件正常工作的正确方式是第三种 PMP，被称为"状态监测（CM）"。

初级维修过程：欧洲航空安全局和美国联邦航空管理局（FAA）公认的三种 PMP 是困难时间（HT）、条件受限（OC）和条件监测（CM）。一般来说，前两个都涉及直接防止磨损的行为，而 CM 则不然。然而，如果被证明是必要的，状态监测过程将能导致预防措施的实施（民航局，1990）。这类部件维护的定义如下：

HT：这被定义为一种预防性的过程，已知项目受到一个可接受的水平的限制，根据服务时间周期性地进行维护行为。这个时间可以是日历时间、循环的次数，或起降次数。规定的行动，通常包括服务、全部或部分的检修，和/或根据有关文件的指示的部件更换，使部件恢复到进一步的特定时期所需的适用条件。HT 需要被调整到可以使用到预设的使用时间之后的组件，不考虑其条件，并呈现出磨损和使用时长之间的关系。今天，HT 项目很少超过所有预定的维护任务的 2% 或 3%。发动机的磁盘、皮瓣的链接，以及起落架部件是典型的 HT 更换项目。单独的 HT 由耐力测试，或由制造商或由航空公司出于其操作经验来确定。HT 间隔通常适用于零件的总寿命，或者直到机组检修的时候。

OC：这也是一种预防性的过程，是通过在指定的时间一个项目的检查或测试结果是否符合一个适当的标准，来确定它是否可以继续使用。检验或测试可以揭示一个维修行动的必要性。OC 的根本目的是在部件发生故障之前进行更换。它不是一个"使用到磨损"的理念。OC 需要在固定的时间间隔内对组件进行检查和测试，如电线、灯泡、支架、盖、轴承等，在使用期限内进行更换。OC 应用的典型例子是对液压与气动系统的无损检测（NDT），对发动机内部零件的内窥镜检查，以及对结构件的目视检查。这些在固定的时间间隔内重复地检查是很重要的。时间间隔的长度刚开始时是相当短的，然后可以根据服务经验逐渐增加。有些人错误地引用未经检查或检修间隔单位未受限制的部件。这些部件是 CM 过程的一部分。OC 维护就像 HT 一样，是一个预防性维护的过程，依赖于固定的检查周期。

CM：这不是一个预防性的过程，没有 HT 或者 OC 元素，而是从操作经验获得部件信息，然后在连续性基础上分析并编译，从而作为实施修正程序的一种方式。为了便于分析，将信息，分成两类，即直接信息和间接信息。直接信息是指测量了一个直接决定失败的变量，例如刹车片的厚度，或者是轴承的磨损。间接信息提供成分条件影响的相关信息，但不是对失败程序的直接测量，例如，油料分析或者是振动频率分析。两种情况下，考虑到信息，关注点都是预测随后的条件失败时间分布，将其作为建立维修实践模型的输入。

CM 是由一位操作员采用适当手段来发现和解决问题。这意味着从不寻常问题的通知到部件性能的特殊分析都包含在其范围内。所有的电子元件和大多数复杂的电气或机械装置通常都是 CM 过程的一部分。

表 1 总结了检修控制类型。

表1 检修控制分类总结

类别	维护行为	要求/限制
HT	在指定的时间间隔内检查/更换部件	检查可能"零寿命"的部件
OC	在指定的时间间隔内进行 OC 检查 定期收集 OC 数据 检修时所要求的项目超过 OC 检查或 OC 数据指定的限制	OC 检查必须给出令人满意的运行直到下一次检查的合理保证 OC 数据必须持续适航，和/或显示可靠性的退化—磨损的危急性
CM（无检修控制）	没有定期检修或维修 项目操作致使磨损	磨损必须对飞行安全没有直接的不利影响 隐藏功能必须定期进行验证试验 数据收集/评价所需的检修监控程序

1.3 一个维护指导小组的发展（MSG）

在1968年中旬，各航空公司的代表加编了 MSG-1维修手册，评估程序的开发，其中包括决策逻辑和开发波音747飞机维修程序的航空公司/制造商。最后判定在747项目上的经验应适用于所有新开发的飞机。为此，决策逻辑进行了更新，确保747的某些具体步骤已被删除。这份通用文件在 MSG-2 中体现出来。在1979年年中，出于进一步更新程序的目的，国际航空运输协会（ATA）成立了一个特别小组，对 MSG-2 提出改变和改进建议，这些修订由 ATA 出版，1993年年底 FAA 将其批准为新型运输类飞机的定期维护要求的一个可接受的方法（Rosenberg，1998；Nakata，1984；Brett，1984），这就是 MSG-3。

MSG-2 决策逻辑：于1970年3月25日出版的航空公司/厂家维修计划文件 MSG-2，显示了维修理论如何被用来确定一个新飞机必要的定期维护要求。系统、组件、结构都需通过 MSG-2 决策逻辑进行查找：

①哪些任务可以做；

②哪些任务必须完成，以防止对操作安全的不利影响，并保证隐藏功能的可用性；

③哪些任务具有经济价值。

最终的结果是一个分为 HT 和 OC 两部分维护任务的列表，以及另一个不需要定期维护，因此属于 CM 过程的列表。

MSG-3 决策逻辑：1980年10月出版的航空公司/厂家维修计划文件 MSG-3，是今天确定新飞机必要的定期维护要求的标准。MSG-3 包括分配任务，以及所有飞机系统和部件的任务间隔的详细的决策逻辑。通常，航空公司机队的飞机操作模式是由 MSG-2 和 MSG-3 两种决策逻辑程序共同决定

的。一般来说，相较于老飞机遵循的 MSG-2 旧哲学而言，今天所有新制造的飞机都将遵循 MSG-3 概念。通过对 MSG-3 的分析得到操作建议，是航空公司在维护程序项目的发展过程中所起到的主要作用。MSG-3 的准确性和清晰度为航空公司确定其人力、零件、工具、地面设备，以及其他相关要求提供了平稳的过渡。MSG-3 维修思想基于一个一致并且严格的应用，即每个飞机部件的相关问题。这是决策工作中的树状分析。MSG-3 的第一个问题是："对整个飞机而言，一个特定的硬件/组件磨损的后果是什么？"一旦这种后果被评估出来，MSG-3 将提供一个适用任务的选择，并对每个人的效果进行评估。一旦选择了任务，其频率将仿照所采用的类似的频率，以达到相似的硬件条件。如果没有可以相比较的内容，一个保守的频率将被最初采用，并随着经验的积累进行调整。这项工作导致了第三种方法的识别，PMP 被称为条件控制，该过程应用于具体的特殊设计成分，但不包括 HT 或 OC 检查。

MSG-3 任务描述：MSG-3 分配的任务类别见表2。

表2 MSG-3 分配任务类别

润滑和维修	保持固有的设计能力，减少功能的恶化率
操作检查	操作的核查/确认不需要定量的公差（验收）
功能检查	项目的验证需遵循在规定的范围内的定量标准
恢复	清洗或检修飞机内外时，若某组件与相同使用时间的其他部分相比存在功能退化的现象，则须更换或恢复该组件，使其达到规定的标准

续表

去除	到达指定的生命年限的组件的去除。该项目必须与相同使用年限的大多数其他组件相比显示出明显的功能退化
无任务	没有安全隐患的组件。这些组件需要根据 MSG-2 条件逻辑来进行跟踪监测
组合	组件功能衰竭，具有安全隐患。当以上任何任务都不能满足要求时，适当的维护条件分析必须使用组合任务

1.4　飞机维护计划程序

MSG-2 和 MSG-3 决策逻辑被用于确定所有的预防性维护和维修间隔之后，这个维护程序本身可以进行开发。在这一点上，我们必须记住，维护要求是几个因素中唯一决定维护程序形态的因素。此外，还必须考虑商业、运营和经济的需求。飞机维修的工作量是通过持续适航维修项目得到的。这些项目包括：日常检查、细微的服务以及在规定的间隔时间内飞机上的试验项目等在内的对飞机进行的检查；生命保障系统部件的更换、定期检修以及专项检查在内的定期维护；由常规检查、飞行员报告，以及磨损失效分析所导致的不定期的维护。

维修站维修类别：从维护功能的角度来看，主要载体通常在其维修服务项目下分到许多不同类别的子维修站。例如，按照性能下降的顺序，包括：

①维修基地；
②主要维修站；
③服务站；
④其他维修站。

维修基地普遍被认为是最大的、最适合的（多功能），也是最好的设备设施系统。它是飞机整个机群的维修和改装中心，具有对几乎所有组件的修复能力。少数组件则必须返回到制造商，或送到外部机构进行修复。

主要维修站包括运输线的大型枢纽城市。这些维修站都有相对大量的维修人员和大量的相关设施。它们还持有主要由维修基地提供的大多数备件。在一般情况下，这些维修站能够绘制完成线路维护要求的特定类型的设备。

服务站是大站服务的载体，但不是位于主要枢纽城市的转机航班大站。服务站配有精良的装备及线路维护人员，但不如主要维修站。

整个系统中的其他站可能被指定为一类、二类、三类。

一类：维修站可能会仅配备能够保证每个航班起飞前得到维修的足够数量的维护人员、拥有最少的设备以及用于执行指定的工作所需的备件。

二类：维修站可能有足够的人力和设施做例行保养，如发动机的加热、除冰，飞机移动，以及特定设备的最简维修。

三类：维修站可能包括规模较小的维修人员没有授权的城市。因此不能定期进行维护工作，飞机维修工作是受到限制的，所以对适航性、主要货物和乘客的处理没有产生影响。通常情况下，它们只能是短途旅行或转机的航班。

维护的类型：运输机构一般将飞机的维护和维修工作分为不同等级包容性和强度，该等级按照升序排列。燃料是一个单独的操作项目，虽然它可以在检查的时候完成，但这并不是不检查。

（1）飞机飞行通过任何主维修站、服务站或一类站时都需进行常规航路服务。该检查涉及一个外部的视觉检查，特别需要注意燃料或石油泄漏和明显不合格的迹象，例如磨损或轮胎漏气，减震支柱、机身或机翼的过低或损坏。另外，也可以包括内部和外部的清洗，这一项需根据需要和有效时间来决定。

（2）飞机停飞于主维修站、服务站或一类站时，将会如期进行终止飞行前检查，这个检查至少每 24 h 进行一次。其中包括工作途中服务，如有必要，也包括以下附加检查：发动机供油检查、发动机进气口和排气口处变质迹象检查、起落架检查、轮胎检查（检查磨损、气压、液量等）、外部照明检查、机舱水系统（维修厕所、氧气系统、飞行记录器、电池和辅助动力装置）检查。根据飞机的类型不同，这项检查需要 6~12 工时不等。

（3）在主维修站、服务站或指定的一级站（这些地方有资格来进行此类检查），按照预定的周期进行服务检查。若 EASA 包括某种飞机的类型，这些维修站对该飞机执行这项检查时须按规定进行。在飞机的飞行时间达到 150 h 的情况下，必须进行服务检查。检查项目包括在终止飞行前的检查和途中相当量的更密集的维护。具体包括机舱压缩机、液压单元、安全设施、厕所、自助设备、座舱设备、室内照明、窗户等部件的检查和维修。另外，还包括某些构件的检查、燃料池[1] 中水污染的检查，以及任何可能由线路工程服务和线路维护组织认为必要的工作。检查服务可能需要多达 35~60 工时，如图 2 所示。

图2 线路维修

（4）飞机彻底检查的间隔中的主维修检查是最耗费时间和精力的。每次主维修检查都需要一整天。最小的喷射飞机需要消耗400个工时，而最大的飞机则要消耗1 300个工时。这个检修包含了飞机的所有系统和部件。一般来说，只有在主维修站才能承担这样的维修任务。B-727每次主维修检查间隔的最长时间为飞行时间到达875 h，而B-737则是500 h。由于每种飞机型号的主维修过程都是计划好了的，所以每种飞机的检修工作量基本都一样。每次检查都是重复工作。但是，有一些部件不需要经常检查，因此这些只进行特定检查。

机身的彻底检查：喷气式飞机主要载体即机身的彻底检查，所依据的文件是工程部门保持特定的飞机结构完整性的工作报告。当工作报告被EASA证实后，就变成了运行规范的一部分。运行规范是续航持续性的细节要求。符合规范不仅是所希望的，也是必需的。一份单独的工作报告必须包括飞机的整体结构、起落架和所有控制表面。由此，可以确定检修频率和检修的间隔时间。

引擎和其他部件的彻底检查：一般来说，引擎和其他部件的彻底检修都是以相同的方式处理的。当部件的工作时间或者是工作状态已到达需要检修的状态，大修能使其返回工程师和制造商规定的工作状态。大部分引擎大修就是维护和翻新，因为无论是从经济性还是可靠性分析上看，都是有益的。引擎更改预定计划可以减少运输成本、时间，避免飞机特殊路由选择。所有大飞机引擎的更改都预定在主维修基地，其他的部件更改地点一般设立在方便和劳动力密集型的地域。实际上，引擎大修一般在飞机主维修或者是机身彻底检修的时候进行。

飞机大修检查的类型：为了和EASA以及FAA指导一致，一些公司接受了维修政策，即例行检查至少每4天一次。第一次主要检查（被叫作"A"类检查）是EASA强制执行的，每200个飞行时间或者是一个星期进行一次。包括目测所有的主系统，例如起落架、引擎和控制面。"B"类检查一般是在每600～1 500个飞行小时，包括彻底地对所有部件目测、对所有移动部分润滑，例如水平稳定翼和副翼。"C""D"类检查一般是1～4年检查一次，每次都需要耗时一个月。由表3可知，从A类开始，更高级别的检查都需要更长的停机时间，频率也更低一些。

表3 检修的不同类型

类型	飞行时间/h	停机时间/h
A	200～500	8～16
B	600～1 500	16～36
C	2 000～5 000	48以上

D类检查或者大修访问：当工作几年以后，一些工作必须在运输机上进行。在4～8周的停机期间，可以对飞机进行喷漆、座舱翻新等工作。

非例行维护：经验法则称，每一个小时的日常维护生成了一个小时的非例行维护。尽管这个不一定正确，但足以得出有多长的可预期的非例行维护时间。失灵、飞行员的抱怨、维修时的吱吱声或者维修员的抱怨都能导致非例行维修。飞机修改也是另一种非例行维修的例子。根据飞机的大小和修改的紧迫性，可能将进行定期检查或者停机一段时间检查。

飞机修改："修改"意味着遵照相应的标准修改飞机或飞机组件。影响适航性的修改都必须被EASA认可才能进行。修饰一般包括改变设计。飞机运营商有有限的设计权利，一般的飞机修饰都是运营商提出的。欧盟的EASA提出了修改类型：

小型修改：被EASA认可的相对不重要的修饰可由具有资质的公司或者有执照的工程师进行设计修饰。EASA需要检查审批这些修改，审批需要详细的表单，包括其适用性、相关图纸或规范，民事修改记录必须被保存。

大型修改：需要EASA更广泛的审批，包括设计（修改）的证书、适航性的认知（ANN）。民事修改记录也必须被保存。

承包养护：许多新的运输公司没有大型的检修基地来进行主要维修或者彻底检修。自己的维修人员一般限于途中服务和终止起飞前的检查。所有大型的检修都是跟国际承包商签约，在大型维修基地或者是主维修站进行维修检测。同样地，承包商，不论公司的大小，都会跟其他承包商或者私人维修公司合作，来为有限的飞机进行维修服务。

分包维护：许多航空公司更经济的选择是通过

制造商跟其他航空公司进行合同工作，因为资本投资的重点是测试设备、人力，而航空公司提供飞机上所有部件的测试设备和维修人员是不太适合的。因此，航空公司可以根据需要设立这样的设施，并且执行其他航空公司的工作。

共同维护：这需要不同的航空公司协同一致达成共识。那些航班频率不太高的航空公司可以考虑用此种方式。尽管每次维修每个工时的维修费用和材料费用比承包养护的要高，但是对整个航空公司来说，每架飞机飞行小时的直接维修成本要低。这对小型航线或者是冗长/罕见的航线来说，更是如此。目前，一些航空公司已经达成共识，一家专门检修引擎，一家专门检修其他部件，另一家专门对整个结构进行检修。

1.5　飞机维修证书

飞机维修证书（C of A）：航空公司必须有飞机维修证书，这是所有有飞机的国家的法律规定的。飞机维修证书在下列情况下是无效的：飞机在监管机构不批准的情况下维修、更换、修饰或者是在强制性检测、修饰以后还没有对耐飞性进行测试。当证书颁布后，其使用类别也定下来了。对于大的民用飞机来说将是运输类别（人/物），这意味着货运飞机不能载人。

航空运营商证书（AOC）：航空运营证书是由EASA/FAA授予的。这意味着持有人被认为能够根据AOC上的细节确保安全地操作飞机。当地检测机构、人员和培训设备必须以此目的为标准。

维修证明书（CMR）：这是一个有效的证明，根据相关规定记录前次的维修日期以及下次维修的日期，并且根据维修计划记录飞机在维修过程的状态及FAA/EASA需要的任何修改或检查记录。同时，也必须记录所有服务或者技术缺陷上的问题，包括整改、延期等。

飞行证明书（CRS）：飞机在经过当局授权并且取得了维修证书之后，必须要取得飞行证明书，否则不能飞行。这个证书必须包括：彻底检修、维修、替换、装饰以及强制性检查。飞机无线电设备和救生设备已就绪。CRS必须在所有相关工作都完成了以后才能颁布。这些相关的工作必须在合适的工作环境内使用正确的最新的手册、图纸，以及推荐的工具盒测试设备。

批准发布证书（参考EASA，表1）：这是一个国际公认的导入/导出文件，是通过特定的组织颁布的。这个证书意味着已经生产的或者调整的部件符合特定的规格要求。经营者必须确认所有接收到的部件都有这个证书。

维修证书：所有的修改工作都必须由有资质的组织或者有证书的工程师指导监督。在证书颁布以前，必须确定运用的是正确的图纸和文献，并且修饰确保正确，经过测试和检查。

1.6　欧洲航空安全机构应用领域（EASA）

EASA Part-OPS：操作员的责任是确保飞机的适航性认证（Joint Aviation Authorities，1991），通过：

①完成试飞前的检查；

②改正一个被批准了的但仍有缺陷或者影响飞行安全的标准；

③所有维护按照标准程序进行；

④对维护进行有效性分析；

⑤完成运营或试航指令和强制性要求；

⑥按照标准完成修改，对于非强制性修改，建立一个标准体系；

⑦确保每个C of A是有效的。

对于被认证的维修组织，EASA Part-145为商业飞机和组件的维修指定了要求。许多维修公司已经获得了EASA Part-145的认证，这并不是一个简单的过程。要求并不是清晰的，会根据公司的具体情况进行调整，因此要求总是在变化。

对于被批准的维修培训机构，EASA Part-147规定了进行培训/考核的要求。

认证员工的部分，EASA Part-66（工程师执照）规定了员工认证的要求。认证员工是指在维修工作后，授权给飞机维修人员由EASA Part-145批准的组织机构。

1.7　飞机零部件管理

维修库存系统：零部件是公司主要的花费所在，常常超过年度利润。例如，商业航空工业在全球范围内持有约450亿美元的零部件，保守估计库存的成本为每年61亿美元，是1995—1997年所有全球航空公司利润的四倍多。减少库存能使运营商腾出大量的资本并降低运营费用。

对于那些在航空领域工作的人来说，维修和库存控制是需要重点考虑的区域。可以用定量技术来控制元件检修或者替换的费用，以达到提高整体设备利用率的目的。

当关注飞机组件维护研究成果时，航空公司必须确定，在保证维修质量和保持高的飞机利用率的前提下，所选择的维修方法成本更低、利用率更高。显而易见，当维修中需要替换零件时。取库存里的零件能使飞机尽快维修好并投入使用，但是这会带来可衡量成本。无论是从内部商店购买还是由维护供应商提供，其都更具有预见性，并且能更快地得到所需的零件，因此有更少的零件需要存货，同时也不引起库存耗尽现象（图3）。

图3 航空公司备件仓库

飞机零部件行业本身是不确定的，有些在增长，而有些面对不确定的未来，看不到巨大备件库存的意义，他们将这些资产变成现金。航空行业在过去几年迅猛增长，但面临经济衰退，一直在寻求好的方式来管理备件和检修商店，新兴的航空公司正在寻找完整的服务。这就意味着航空公司有一个巨大的，被压抑的需求，即希望他们的备件库存管理有更有效的方式。大多数航空公司库存远远超过需求。过去的"我需要，它就在"的观点变得很昂贵，当时人们受努力成为命运的主人的观点影响，航空公司害怕飞机延误，因此建立了十年期的备件供应服务。然而仅仅让备用件保持在货架上，可用的企业的日常管理费就使得零件一年的价格增加了30%，这些费用包括房产税、存储成本、采暖、照明以及这些备用件的管理

费。所以所有的航空公司现在都在专注于减少库存。由于这个原因，航空工业面临挑战，使用更复杂的库存控制系统是至关重要的。由于历史数据的长期不可靠性，产品、设备以及飞机的老化在加剧，而监管改革都受到原始数据可靠性的影响。

尽管原因众多，大多数制造商尤其是小型的制造商依赖旧的方法来记录零部件，即传统的订货点系统（ROP）（Ghobbar 和 Friend，1996）跟材料清单结合（BOM，ROP 表示常规计划的补充部分，而 BOM 是为了生成由当前总体计划产生（MS）的缺货清单）。ROP 仍然在航空工业内广泛使用，然而运营商已经证明了 ROP 依赖需求规划，其不足之处在于，可能有部件过剩或者短缺。

很少有公司能夸口说他们从难以管理的投资中达到最大的收益值。需求的可变性和难预测性、补货时间的不稳定性以及缺资成本都是难以管理的，同时，批量的库存需要大订单数。

不可预测部分（Ghobbar 和 Friend，2002）在零件清单中是常见的，它主要来自零星或间断需求模式[2]，具有较高的偏态分布，大部分可用的库存控制方法对这种情况来说是不适用的。间歇性需求问题（Williams，1984；Campbell，1963）在库存管理需求中往往被忽略。本手册所描述的 ROP 是基于正常需求分布的。许多其他的库存管理和控制标准软件包也只考虑了正常需求。

当周期性彻底检修开始时，应该在飞机维修中心储备多少备用零件以满足要求这类库存问题增加了。同时，由于需求的间歇性，如何有效地使用经典的库存管理方法？最近，航空公司开始使用很多航天制造商首选的系统——材料需求计划系统（MRP），如图4、图5所示。

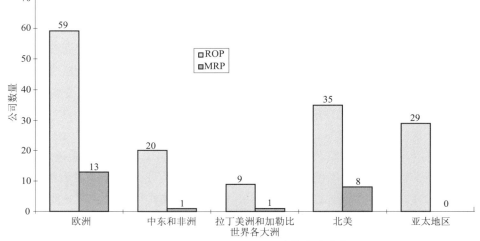

图4 使用 ROP 和 MRP 系统的地域分布

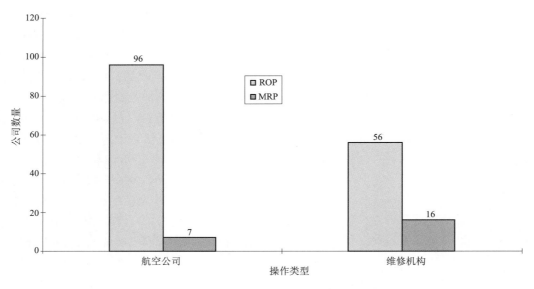

图5 使用 ROP 和 MRP 系统的公司分布

备件分类：在电脑前，并重所有库存零件是不可行的，关注重点将会放在昂贵且流通迅速的部分。零件依据不同的性质分类，这是控制库存的原则。分类程序有好几种，表4就列出了其中一部分。

表4 不同的库存分类程序

方法	描述	指定的依据
ABC	帕雷托法则	零件的年度使用价值
VED	重要的、必要的、可取的	零件的重要程度
FSN	快速的、慢的、不怎么使用的	零件的使用率
HML	高、中、低	零件的单价
SDE	稀缺的、困难的、易获得的	采购订货

几个不需要本钱就能执行的标准在维护库存管理中是很重要的，包括更换时间、是否过时、可用性、可置换性以及紧要程度。在跟经理们讨论的过程中，紧要性这个概念似乎是总结他们对大部分需检修情况的感受。更具体地说，是考虑到一些实际情况，比如，如果耗尽了该零件会产生多大的影响，多快能买到新的零件以及是否有可替换的零件来替代它。在实践中，对紧要性分级的方法的可行性还有待观察。

备件分类的目的是，不管是在航空公司内部还是航空公司之间，都能快速识别库存中的飞机部件（Smith 和 Golden，1991）。提供各种设备维护和检修的物质支持的库存超过100万项（Pfunder，1986）。这些库存可分为三类：旋转部件（A类）、可修理部件（B类）、消耗品（C类）。表5列出了零件分类。

表5 零件分类

等级	类型	描述
A	备件	飞机旋转件（序列化的，生命保障系统）
B	备件	飞机维修件、地面设备、组件
C	备件	飞机消耗品、地面设备、消耗品
C	维修库存	标准件（螺纹、螺母、垫圈等）
C	维修库存	密封剂、油漆、油和油脂
C	原材料	基本项目（地毯、金属板、乙烯基）
C	一般物资	服务项目（抹布、清洗剂、检查液体）
C	工具	飞机工具、服务工具

基本应有设备表（MMEL）：这是一个项目表，表中的设备在飞机上暂时不起作用，但当飞机出现问题时，能一定程度地保证安全等级，即对飞机进行计划维修、更换设备等。

MMEL 是飞机制造商或者适航认证部门（CAA/JAA）提供的列表，囊括了所有类型的飞机。这在 CAP－549 中有更详细的描述（民用航空管理局，1990）。

运营商颁布了自我使用时的 MEL，但它仍然要使用 MMEL，且 MEL 必须比 MMEL 中的多，包括额外的咨询、材料或者操作流程。MEL 被认为是飞行操作部门的一项主要的工程输入。工程师有责任确保飞机达到了 MEL 标准。这个对于运营商来说是很重要的，飞机可以被分为三种级别：

①飞机某部分不起作用，不能进行商业飞行。

②飞机某部分不起作用，但是有时还可以进行商业飞行。

③飞机某部分不起作用，但是仍然不影响其商业飞行。

有好几种方法可以定义每个级别的临界部分，如果被称作紧急情况，则可能是不起作用的部分不能被替代。如果该部分是可替代的且有现成的可替代组件，那么这个情况就不那么紧急了。

组件维修预测：需求预测是库存管理中最重要的问题之一，预测是库存计划的基础，也是改革这个产业的最大挑战，因为全世界的航空公司都需要知道的问题是高准确度的短期内零件需求预测。现代飞机成本高，例如修复飞机的引擎和航电设备费用很高，占了总投资的很大一部分。这些零件虽然需求低，但却是操作的关键部分，其不可替代性会导致停机成本增加。大多数航空公司在材料管理上面临的问题是需求是间歇性的，即常常是随机值且大部分时候是零值。这个问题在航空工业中的研究极其有限（Ghobbar 和 Friend，2003；Salamanca Quiroz，2005；Adams，Abell 和 Isaacson，1993）。

预测有极大需求变化的零件需求是我们的主要目标，这是因为传统的预测方法会产生很大的误差，以至于许多情况下会产生经理认为的无用的缺货。航空运营商和维护服务组织在发展零部件预测方面都存在问题。第一，大部分公司认为他们收到的零部件预测是不真实的，并且他们试图在预测的基础上做出猜测；第二，对于采用了 MRP 系统的公司来说，零部件预测在没有任何检查的情况下直接载入系统内；第三，由于有不稳定需求的物品的含量较高导致的可靠预测的发展，是大部分公司提出的问题。

1.8　老化飞机维修

针对老化飞机的结构完整性评估方法已得到考察。飞机制造工业为保证结构安全而使用的设计方法和程序也得到了验证。腐蚀疲劳是影响机体结构完整性的主要失效机制，因此，腐蚀疲劳可靠性分析和寿命预测方法得到了强调。能够模拟总的腐蚀疲劳过程并评估可靠性的概率统计方法得到了采用，这一方法同时考虑到了单一和多个位置处的损坏。近些年，全世界范围内都对老化飞机及其维护问题展开了研究。数据显示，31%的美国飞机超过了设计期限，另外，到 2000 年，全球 60%的美国

制造飞机的使用时间将达到甚至超过 20 年（Mahadevan 和 Shi，2001）。因此，基于老化飞机及其服役环境条件，对老化飞机的服役寿命进行重新评估显得十分必要。为确保飞机的安全性，飞机制造工业提出了若干个设计原则，如安全寿命设计方法、失效寿命方法和损坏容忍方法等。同时，在维护和管理方面也提出了许多确保结构完整性的程序。针对飞机结构失效机制，疲劳和腐蚀是需要着重考虑的因素（Goranson，1997）。腐蚀会导致疲劳裂纹的形成和增长，这是老化飞机最重要的退化机理。尤其是，表面和隐藏在机身连接处的腐蚀坑是导致多个位置处损坏的主要原因，这是由于疲劳裂纹在这些腐蚀坑处最容易形成和扩展。针对腐蚀疲劳寿命预测，建立了由腐蚀引起的裂纹形成和扩展的机理模型。

基于广泛的分析、测试和服役表现，许多设计方面的考虑保证了波音和空客的运输类飞机的结构完整性。伴随着疲劳或腐蚀现象的结构完整性设计是一个发展的过程。性能需求、不断增加的结构复杂性以及老化飞机的重新评估都需要给出一些工程适用的标准。特别强调了实际疲劳可靠性的方法已被证明在监控初期阶段的疲劳和腐蚀方面是十分有效的（Yanjie 和 Zhigang，2003）。耐久性评估是基于定量的结构疲劳等级而进行的，这一等级综合了针对测试数据简化和机队性能预测的可靠性考虑。疲劳损坏探测评估是基于耦合了损坏增长和剩余强度评估的探测可靠性评估而进行的。数据以探测检查的形式提供给航空公司运营商，从而实现了有效的维护计划，可以达到疲劳损坏探测可靠性等级的要求。

过去 40 年中，商用运输飞机设计和生产方面使用的标准和程序使得失效寿命/损坏容忍结构的记录均为可靠而安全的。通过分析来确定结构性能这一水平的提升促进了传统疲劳和断裂机制技术的改善，从而使得在过去的 20 年间测试和服役数据库得到了扩大，以确保技术标准的有效进步。

2　总　　结

飞机的维护是一个复杂的过程，并在过去的几十年内得到了显著的加强。由于涉及所有的安全和可靠性问题，针对这一问题的调整变得十分困难。但是，这一复杂性不应该成为探索更高技术而采取的不同方法的阻碍。本节中涉及的关于设计、监督

和管理飞机及其结构疲劳或磨损的各种行为，表明了结构完整性和老化问题的严重性。对整个寿命周期内成本的各个方面的考虑是十分重要的。在检测过程和显示"未发现失效"这一最常见信息的过程的自动化方面，传感、材料和数据处理很可能会成为最大的难点。一架飞机的寿命包线是一系列对立面的统一。可以认为它是失效过程和维护过程的对立统一，这一矛盾的结束也就意味着飞机寿命的结束。数据分析可以总结出维护率曲线，从而在宏观上掌握维护过程的基本规律。下一步的目标就是控制维护人员和时间资源的消耗，从而使得数据分析在现代飞机的维护和管理水平提升方面发挥重要作用。因此，可以说数据分析使人们对飞机的维护和管理有了一个新的认识。

几乎每一本关于飞机维护管理的书都包含了Bath-Tub曲线，该曲线显示了时效和寿命间存在着复杂的依赖关系。然而，从维护的角度来看，这些模型满含难点和矛盾。维护和产品寿命之间的确切关系到底是什么样的？由于缺少一个从可维护性角度反映产品寿命特征的典型维护模型，这一问题难住了许多专业人士。现代飞机和大部分工业产品都包括数以千计的不同组件、零件和设备，并且每一个组件、零件和设备都由不同的基本单元组成。一架飞机上不同的组件、零件和设备有着不同的可靠性能。这一复杂体系的组合意味着对整架飞机进行全面的分析统计几乎是不可能的，即使仅仅是飞机主要设备的可靠性能。通过减少可预期成本并满足特定的飞机可靠性要求来确定最佳检查频率。当检查成本同失效成本相比其相对重要性变小时，最佳检查频率相应增加，从而显著地提高了飞机的可靠性。虽然在老化飞机领域已取得了显著的成效，希望在飞机的设计服役期外维持其收益服役的目标，必会产生新的结构完整性和系统可靠性的问题。FAA 和 EASA 的老化飞机项目（或者更确切地说是延续适航项目）的目标，就是确保与老化相关的问题在对飞机安全性产生影响之前得到预测、消除或缓解。

注　解

［1］一个洞或是容器，位于发动机的下半部分，允许无用的液体在其中流动。

［2］间断需求的意思是起伏的、时有时无的、不稳定的需求。在文章中，时常会遇到这些词。

参考文献

Adams, J. L., Abell, J. B. and Isaacson, K. E. (1993) *Modelling and Forecasting the Demand for Aircraft Recoverable Spare Parts*, RAND, Santa Monica, CA, USA.

Brett, L. F. (1984) Integration of MSG－3 into airline operation, in *Aerospace Congress and Exposition*, SAE, Long Beach, CA, USA, paper no. 841483.

Campbell, H. S. (1963) *The Relationship of Resource Demands to Air Base Operations*, RAND, Santa Monica, CA.

Civil Aviation Authority. (1990) *Condition Monitored Maintenance: An Explanatory Handbook*, CAA, CAP 418, London, UK.

Civil Aviation Authority. (1990) *Master Minimum Equipment Lists*, MMEL, *and Minimum Equipment Lists*, MEL, CAA, CAP 549, London, UK.

Civil Aviation Authority. (1992) *Air Operators' Certificates: Part Two Arrangements for Maintenance Support*, CAA, CAP 360, London, UK.

Friend, C. H. (1992) *Aircraft Maintenance Management*, Longman Scientific & Technical, Harlow, UK.

Friend, C. H. and Ghobbar, A. A. (1999) Extending visual basic for applications to MRP: Low budget spreadsheet alternatives in aircraft maintenance. *Prod. Inventory Manage. J.*, **40** (4), 9－20.

Ghobbar, A. A. and Friend, C. H. (1996) Aircraft maintenance and inventory control using the reorder point system. *Int. J. Prod. Res.*, **34** (10), 2863－2878.

Ghobbar, A. A. and Friend, C. H. (2002) Sources of intermittent demand for aircraft spare parts within airline operations. *J. Air Transp. Manage.*, **8** (4), 23－33.

Ghobbar, A. A. and Friend, C. H. (2003) An evaluation of forecasting methods for intermittent parts demand in the field of aviation: A predictive model. *Comput. Oper. Res.*, **30** (14), 2097－2114.

Ghobbar, A. A. and Friend, C. H. (2004) The material requirements planning system for aircraft maintenance and inventory control: a note. *J. Air Transp. Manage.*, **10** (4), 217－221.

Goranson, U. G. (1997) Fatigue issues in aircraft maintenance and repairs. *Int. J. Fatigue*, **20** (6), 413－431.

Joint Aviation Authorities. (1991) *Joint Aviation Requirements: Approved Maintenance Organisations*, CAA, JAR－145, London, UK.

King, F. H. (1985) *Aviation Maintenance Management*, Southern Illinois University Press, Carbondale, USA.

Kinnison, H. A. (2004) *Aviation Maintenance Manage-*

ment，McGraw-Hill，New York，USA.

Mahadevan，S. and Shi，P.（2001）Corrosion fatigue reliabilityof aging aircraft structures. *Prog. Struct. Eng. Mater.*，**3**（2），188—197.

Mobley，R. K.（2008）*Maintenance Engineering Handbook*，McGraw-Hill，New York，USA.

Nakata，D.（1984）An introduction to MSG－3，in *Aerospace Congress and Exposition*，SAE，Long Beach，CA，USA，paper no. 841481.

Pfunder，K. R.（1986）Selecting the right approach to establish MRO stocking levels. *APICS-Fall Seminar Proceedings*，pp. 103—111.

Rosenberg，B.（1998）Business jet operators adopt MSG－3 philosophy. *Overhaul and Maintenance*，**4**（3），39—42.

Salamanca，H. E. and Quiroz，L. L.（2005）A simple method of estimating the maintenance cost of airframes. *Int. J. Aircraft Eng. Aerosp. Technol.*，**77**（2），148—151.

Smith，J. R. and Golden，P. A.（1991）*Airline：A Strategic Management Simulation*，Prentice-Hall，Englewood Cliffs，NJ，USA.

Williams，T. M.（1984）Stock control with sporadic and slow-moving demand. *J. Oper. Res. Soc.*，**35**（10），939—948.

Yanjie，Q. and Zhigang，L.（2003）New concept for aircraft maintenance management. *Proceedings Annual Reliability and Maintainability Symposium*.

本章译者：蔡玉飞（南京航空航天大学航空宇航学院）

第 322 章

价值驱动设计及运营价值

Ricky Curran

代尔夫特理工大学航空航天工程学院航空运输和操作系，代尔夫特，荷兰

1 介　　绍

价值驱动设计的方法起源于美国航空航天（AIAA）学会三个技术委员会的一次合作，包括经济学技术委员会（Economics Technical Committee）、系统工程技术委员会（Systems Engineering Technical Committee）以及多学科优化技术委员会（Multidisciplinary Optimization Technical Committee）。此次合作的目的是利用经济学的价值建模方法将多学科优化集成到系统工程框架中。价值驱动设计的方法出现于 2005 年，但是其起源可以追溯到前人大量的工作和努力，例如 Sage（1977），Sobieszczanski-Sobieski、James 和 Riley（1987），Keeney（1992），Hazelrigg（1998），Simon（1981）等；2009 年，Collopy 与 Hollingsworth 在此基础上做了进一步的细化研究。2006 年，价值驱动设计方案委员会和 Collopy 价值驱动设计院相继在美国航空航天学会成立（详见参考文献）。价值驱动设计项目委员会成立的目的是：

"开发，成型，验证，并发布一种设计方法，通过优化使产品或系统的利益相关者获得最高价值。价值驱动设计（VDD）将系统工程、经济分析以及价值管理方法集成为优化方法。开发的时候，VDD 提供了一种优秀且强大方法使得经济性成为最重要的指标，可以平衡成本、价值表现及其他设计要素以确保利益相关者可以获得最佳设计。通过使用 VDD 平衡系统，项目中每个成员都可以拥有领导者的视角。"

因此，价值驱动设计（VDD）是一种改进的设计方法，它利用灵活的需求、有条理的优化方法以及价值数学模型来平衡性能、成本、进度以及利益相关者关注的其他因素，从而得到可能的最佳结果。设计过程的开放性确保了需求的灵活性，有条理的优化方法保证了系统和部件设计师可以找到最佳设计方案。而传统的设计方法自上而下，往往会专注于局部要求的优化。价值数学模型可以表达所有利益相关者的价值（客户、业务、社会）及其相互作用，在单一衡量方法下将项目需求传达到设计团队中的每一个成员。而后，价值驱动方法可以确保所有利益相关者的需求都表示在一个数学函数中。优化方法被认为是设计大型系统的一项突破性的工具，它导致了可能的最优系统设计，而不仅仅是一个可以接受的设计。在过去的 20 多年里面，学者们普遍采用多学科优化理论作为一种设计工具；但是，由于它没有被集成到常用的系统工程方法中，因此，大多数系统部件设计中并没有经过优化。价值驱动设计创造了一种境况，可将优化应用于一些大型系统及部件设计中，例如飞机、发射系统、船舶和汽车。

2 价值驱动设计方法

价值驱动设计是一种方法，以确保正确的决定被采纳并形成最好的设计可能，而不仅仅是选择满足需求或者尽可能满足需求的设计（Hazelrigg，1998）。图 1 所示的循环图指出，设计是多个板块围绕设计需求产生的结果，因此这是一个优化中典型的迭代过程。设计团队挑选设计过程中的节点，以此选择设计变量使设计参数化，并构成设计的粗

略轮廓。在定义阶段，设计者对粗略轮廓进行细化，形成设计体或系统的详细特征或配置（也称为产品定义或零部件定义）。在分析阶段，工程师评估对象的属性，通常使用基于物理的模型分析工具，如有限元分析（FEA）或计算流体动力学（CFD）模型。分析产生了对设计实例的二次描述，该描述被认为是设计属性的载体。在这方面，Simon（1981）指出向下形式是工程术语中描述的内部实质到相关用户或客户关注的外部功能的一个设计映射。

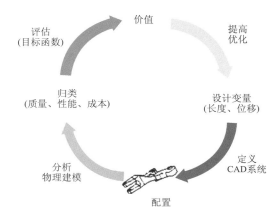

图1 价值驱动设计流程

图1中的表述是相对标准的，正是评估阶段将价值驱动设计从传统系统工程中明确区分开来。在后一种方法中，评估阶段用于确定属性是否符合要求，如果是，周期就完成，或者至少设计师可以权衡是否开始新一轮尝试，否则团队就要让步。在VDD模式下，归类是由目标函数或者数值模型来评估并产生最好的解决方案，这可以给任何一组属性一个标量分数。

当然，设计团队需要在改善阶段通过组织优化来产生最优的设计。在改善阶段，优化算法利用设计变量（设计空间中的点）以及评估阶段中的价值或结果来使设计向最好的方向发展。在这个意义上，VDD不是一个优化过程，而是框架，采用该框架，即使是普通的设计人员，采用常规的优化方法也能够进行优化。在整个设计周期中，设计师可以自由设想并通过自己的判断在每一个新的设计阶段中选择新的设计变量。因此，可以清楚地看到，VDD中价值分析的推广和灵活的评估手续以及改进阶段将其明确地与多学科设计优化（MDO）区分开来。因此，这也是为什么VDD方法是从经济学、系统工程学以及多学科优化三个AIAA技术委员会合作中发展起来的。

图1中的设计适用于任何层次，从系统零部件的详细设计到整个系统的概念设计均可应用。但是，VDD本质上是一种自上而下的、以客户为导向的方法，产品相关操作的最终价值常被用来衡量任何决定的影响。设计师可以在任何设计层面调整价值评估，只要能让既定的方法与评估阶段属性相耦合，不管是正式的还是非正式的均可。除了如何评估价值这一挑战，另一挑战就是如何在VDD框架范围内产生客观效果（即输入属性和输出功能）。VDD的优势（详见下节）只有在每个组件都有一致目标的前提下才能实现，因此系统必须有一个整体的系统目标函数，Keeney（1992）指出，其可以作为一个价值模型或者工程领域的系统价值模型。

当前的系统价值模型由Collopy在2009年提出，该系统价值模型可以保证模型输入系统的价值属性并输出系统的分数。但是，现在很明确的是VDD趋向正变成以终端客户使用问题产品或系统的价值评估为导向。实质上，设计过程受系统整体价值影响的评估而驱使，整体价值是指最相关的利益者的价值。因此，有一点也很清楚，VDD与设计操作完全一致，在一定的社会背景下，产品或者系统的价值是通过操作者使用，从而为客户提供服务来实现的。这重申了一个观点：VDD的数学价值模型可以用来表达所有利益相关者的价值（客户、业务、社会）以及他们的相互作用，在单一衡量方法下将项目的需求传达到设计团队的每一个成员。随后，VDD方法可以保证在单一数学模型中所有利益相关者的价值，并确定一个最好的权衡值，这样得以实现价值的最大化，无论是在业务、提供服务、客户满意度还是社会增强方面。

3 业务价值的价值驱动设计

VDD与业务设计方法完全一致，或者更准确地说是实现业务价值的设计方法，VDD方法的很多重要特点使这成为可能。VDD帮助设计者排解众多看似互斥的、各自拥有优缺点的设计决策以及输出冲突。它也使得优化得以贯彻落实并趋向最好的解决方案，而不会屈服于成本增长、项目超支或者性能不佳。最终，所有这些都确保在业务价值和性能方面最好的产品或者服务交付给客户。

537

3.1 设计冲突消除

在设计权衡阶段，往往存在冲突，工程师们根据零部件的需求做出合理的决策，但当结果在整体层面考虑时，往往明显不合常理。例如，一个零部件的设计团队可能忙于牺牲成本以达到小质量的目的，而另一个设计团队就同一零部件则为了实现成本的降低而牺牲了质量。因此，各团队在交叉的目的下工作以实现他们各自的要求，譬如质量、成本、可靠性、性能等，这种情况并不少见。其结果就是经济学家指出的纯损耗、负担和成本净增加而性能和可靠性降低，从整体来看，是整个系统的降级（Collopy，1997）。需求引起的大型系统的纯损耗往往很多。VDD通过提供给每个组件一个目标函数，该函数包含了所有属性的权衡因子，来确保所有组件的权衡因子是一致的。因此，通过两种不同技术来提高两个不同的零部件是不会造成纯损耗的。相对于上面提到的关于质量和成本的问题，通过VDD方法将实现燃油燃烧和收购成本的最小化，使运行开销降到最低。这对于设计工程师来说是一个不言而喻的好例子，在某一阶段增加成本是为了进一步减小质量，导致燃油过低以至于不能满足其他要求（第4节也能看到）。再者，如果设计满足之前飞机的收购成本和质量需求，同时设计的潜力并不为人所知，那么设计就是成功的。当然，需求是基于类似飞机的已有设计，这其中需要推测可能的设计。VDD在平衡和优化上相对于单一目标函数设计更为明确，这样一来设计配置与由此产生的最大整体价值的传统冲突得以解决。

3.2 通过优化实现集成设计

这里紧接着上一节的设计冲突，VDD用一个简单的可扩展的过程来解决复杂系统的工程问题，这使得优化成为可能。从本质上来说，优化是一个简单的设计规则："根据目标，寻找最佳的设计方案。"而正如我们已经充分说明的，现代系统工程过程这样阐述："寻找没有任何背离设计要求的矛盾的设计。"因此，可以很容易地看出，后者放弃了一些价值，也就是满足要求的所选设计与最优设计之间的差距。现在的问题是"损失的潜在价值"到底有多大，尤其是以飞机为例，飞机都是按照一些要求来设计的，这些要求已经在上一代飞机或现有技术中实现。如何借

鉴经验并充分利用新材料、工艺以及技术来满足这些要求？在这方面，VDD主张对设计进行理解和建模，这样我们就不会仅仅以黑色金属（根据金属原则制造的复合材料飞机）结束设计，而会充分利用金属以外的复合材料，并获得最大价值。

举例进一步说明，如图2所示，其中图2（a）显示当前的项目一般只包含两个要求：质量和成本。任何黄色区域内的设计都能满足要求，因此它们都一样好。但是其中多数是不可行的（例如飞机的零成本、零质量）。另外，图2（b）显示从优化角度看的同样的设计问题。图中，可行的设计区域为绿色。一个计分函数（最优化理想函数）被用来寻找可行设计空间中最好的设计，得分较高表示较好的设计。紫色矢量是目标函数的梯度，黄色的正方形表示相对于目标函数的最佳设计。因此，黄色盒子表示的设计是最好的设计，它比其他任何满足要求的设计都要好。此外，如果不使用优化，设计团队缺少机会和动机在满足要求的情况下寻找到最佳的设计。当然，图2简化了属性空间，它只含有两个用于说明目的的维度，而典型的系统设计（组件设计）有10～20个重要属性。在这些高维设计空间，优化的影响就更加巨大，设计选项需要充分考虑，以尽量减少之前提到的"潜在损失价值"（如图2所示）。令人震惊的是，在一个10维的设计空间，设计需求可以删除平均99.9%的相关设计，而在一个20维的设计空间，相应的数值为99.9999%，因此，可以很合理地说实际需求是在100万个设计中找到一个最好的设计。当然，图2（b）中确定的最佳结果无法满足需求至上的人或者客户。但是，设计师明白他们的产品需要经过VDD的方法来得到最佳的设计。当然，之前提到的优化是不完美的，并且存在内部的挑战，但是从一些方面看，它可以轻易超过需求。正如Hazelrigg（1998）提出的："价值告诉工程师你想要什么。需求只告诉工程师你不想要什么。"顺便说一下，图2（b）中的最优VDD解决方案跟其他创新设计相比让飞机具有较低燃油消耗，或者至少在飞机的收购或其他财政方面具有较低的额外开销。再者，这有助于说明在VDD方法中，优化使得集成成为可能，并且根据已经定义及配制在目标函数中的所有价值水平，来得到最佳的设计。

538

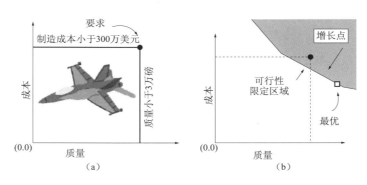

图2 优化直接选择最佳设计

3.3 避免成本增长、超支、性能不佳

Collopy 于 2007 表示，如果一个设计团队以满足要求的概率最大化为目标，那么得到的属性将不如预期。当测试一个重复运动并返回概率分布，将各种属性分组，结果显示其改进与不利的影响，人们往往会墨守成规。例如，如果一个需求要求某一特殊的零部件质量要少于 10 磅，多数质量将分布在 9.5～10 磅（以实验为例，使用蒙特卡罗分析大量重复），大部分剩余结果分散在 10～15 磅。结果显示，尽管中间数以及分布模式可能小于 10 磅（需求好的一面），但是均值通常大于 10 磅。随后，当进一步复杂化的组件被集成到整个系统中时，平均值对整个系统性能具有较好的预测性。此外，来自项目管理研究的数据表明，即使大部分组件都满足需求，整个系统在整体性能上还是会失败。这种扭曲的效果是需求过程的假象，具有讽刺意味的是，这违背了第一个实例中尽最大的努力满足组件

和系统要求的做法。另外，VDD 是在属性中寻找，因此不会由同一属性造成扭曲，而是通过制定目标价值函数，相对前面提到的潜在损失价值大大提高系统属性。

所有上述问题加剧了包含航空航天系统在内的大型系统的复杂性。图 3 显示了飞机设计的层次，但远远不能说明实际情况的复杂性。在设计阶段，一架典型的军用战斗机或商用客机在设计树上有 10～20 层，包含数百上千个零部件。所有层次的零部件设计团队覆盖了系统的设计意图，他们为不同的公司工作而不倡导技术整合。由于更多的层次以及增加的复杂性，优化的结果与尽力满足要求的结果差距也增大。通常在后期详细设计时，随着组件的首要属性集成到系统属性上，项目不可避免出现过重、低效、成本过高等问题而无法使用。通常的解决方法就是重新设计一次，或者重新设计多次来修正超出的质量或者不佳的性能。在重新设计时，有问题的属性往往需要消耗更多的成本。

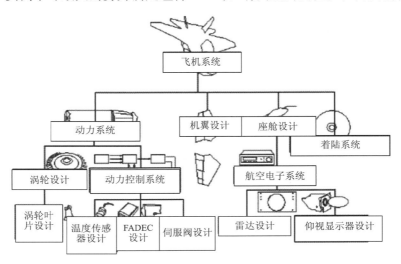

图3 航空航天系统设计的分层组织

为了达到重新设计的目的，结果往往使成本平均增长约 50%、进度延迟，或者一系列的工期

延误。至于性能、质量和其他属性，如图 4 所示，必然的结果是勉强满足要求或稍微降低要

求。图4所示的趋势曲线显示了性能从初始设计开始被削弱，在某个阶段进行重新设计，结果提高了项目和产品的成本，最终性能降低了5%，而成本增加了50%。VDD努力纠正的正是这些重新设计的不足和恶性循环。

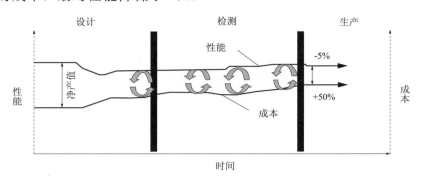

图4　性能不佳、成本增长以及重复设计

3.4　真正的操作价值潜力传递

最终，来到产品生命周期的操作阶段，接受服务的操作者或他们的客户发现了产品的价值。产品或服务的价值被简单理解成优点与成本或不足的比例，因此我们可以说成本是如方程式（1）所示的配比，在一定意义上，价值可以为正值，也可以为负值，加权的部件性能以及相关的成本均被采用。

$$价值 = \int_0^{\neq\infty} \frac{质量的性能}{整体质量的成本} \quad (1)$$

此外，作为一个产品，如式（2）所示，飞机对众多的利益相关者都有一定的价值，从生产者到操作者，甚至是全球的经济等。

$$V_{飞机} = \sum_0^{\neq\infty} (V_{对生产者}, V_{对航空公司}, V_{对乘客}, \\ V_{对机场}, V_{对ATM}, V_{对供应链}, \\ V_{对国家}, V_{对世界}) \quad (2)$$

并且对于每个利益相关者，都有价值指标、驱动或者手段，这些都定义并包含在图1所示的VDD价值模型中。例如，一架特殊飞机对于经营者的价值可由方程式（3）表示：

$$V_{航空公司} = \sum_0^{\neq\infty} (V_{票税}, V_{销售}, V_{收购成本}, V_{维护成本}) \quad (3)$$

VDD方法努力寻求价值模型中的附加价值，对我们来说，那就是主要评估目前设计，并推动优化的标准。如第2节已经说明的，正是这方面将它与MDO方法区分开来，当我们用更广阔的视野来看长期价值时，如式（2）所示，可以看出将生命周期中的需求整合作为操作潜力来提升价值是为设计做决策的最终标准。第4部分的实例研究将显式

地采用这一方法对保留价格进行基本设计决策，这一价格是飞机能够产生的最大潜在收入，并且是价格的理论极限值。当直接运营成本和制造成本被减去，我们开始看到产品的真正经济价值，生产者和经营者必须同意根据各自的利润空间进行划分。

但是，VDD理论并不限于经济价值，同时还需要由其他标识的控制因素增加的定量测量手段。就目前程度来说，将环境和社会领域变为设计的属性是一个很有吸引力的元素，即使是非正规的。例如噪声和排放性能在航空发动机和机身的发展中正变成关键的性能变量。诸如层次分析法（AHP）可以用来做设计决策，如 Curran（2010）的公式（4）所示，通过使用不同领域的各种不同的价值因素，包含成本 C（收入/成本）、使用率 U、可维护性 M、环境质量 E、客户满意度 P 与它们响应的权重因子，表述额外潜力价值的安全系数 S，还有零部件的误差 ε（虽然工作中不并入）。

$$\Delta V = \alpha_C(C_1/C_0) + \alpha_U(U_1/U_0) + \alpha_M(M_1/M_0) + \\ \alpha_E(E_1/E_0) + \alpha_P(P_1/P_0) + \\ (\alpha_S(S_1/S_0) + \varepsilon) \quad (4)$$

Curran（2010）介绍了（i）微积分价值原则，这是因变量的特性，（ii）增加价值原则，它是从自变量集合角度来看的。这些都是价值分析的基础原则，其中（i）是相对的，因此最好选择与另一项相比，也就是不存在绝对性；（ii）的值是由不同性质的来源进行加权和合并，以捕捉到真正的价值。除了在第2部分已经提到的价值模型中关于零部件识别的挑战，另一个基本挑战就是如何将不同的非统一的元素表示到如式（4）所示的方程式中。尽管如此，一些明显的困难可以接受，例如，层次分析法 AHP（Collopy，2009）作为整合方法是确实

存在的，如果不是如微分价值原则建议的数据依赖，一个完全依赖也许可以通过使用方程式（4）中的模型获得一个对供应商的巨大竞争优势的潜在好处，充分证明其利用率。为了解决这种问题，我们介绍了式（2）——主观价值原则，它提倡典型的三点估算：（i）基于一个利益相关者的短期经济底线评估，（ii）更广泛的间接经济影响下的中长期经济评估,（iii）基于方案推理的更长期的理想化总价值系统评估。实质上来讲，主观价值原则认为由于主观价值评估的性质，微分价值原则是需要的；由于价值评估的不同性质，增长原则也是需要的，因此，这两种情况必然会发生变化，无论是主观的、客观的，还是环境导致的。

4 具体飞机结构案例研究

本节提出一个案例研究，介绍一些生命周期中要求的显式积分，也就是盈利能力，从而驱动VDD过程中潜在操作，为供应商和顾客提供价值。成本一直被认为是任何产品的关键属性，与工程设计过程也高度相关，与客户的承受能力、相关的财务价值以及竞争优势都有一定的关系（Wierda，1990；Hoult 等，1996；Sheldon，Huang 和 Perks，1991；Curran，2004；Collopy 和 Curran，2005）。但是，下面的VDD例子专门提倡使用利润影响经济为指导意见对一个50座的喷气飞机进行合理的结构设计。利润也是关于制造成本以及运营成本的一个函数，在图 5 所示的机身板的设计中被具体运用（Curran，Rothwell 和 Castagne，2006；Castagne，Curran 和 Collopy，2009；Curran 等，2009）。飞机

图 5　面板截面

的结构设计通常是以一个最小质量为导向，而VDD方法可以找出一个更根本的正确目标，那就是以直接最大化真正的价值为首要目标，而不是满足一些被假定的提供价值的二级标准（最小的重要性）。

4.1　VDD 定义及分析阶段

在图 1 中，第一阶段提出 VDD 的定义和分析，即建立一个可以分析的配置，来确定关键属性的大小。因此，这个实例中的研究包含结构完整性分析、制造成本、直接运行费用。成本建模使用遗传因果方法（Curran，Raghunathan 和 Price，2004）。结构分析采用失效模式数值表达式，适当参考标准化工程科学数据单元（ESDU）数据。面板建模如图 6 所示，其中 b 为纵梁间距，h 为纵梁高度，t 为面板厚度，t_s 为纵梁的厚度。设计变量选择为：纵梁的数量 n_s，纵梁的高度 h，面板厚度 t，纵梁的厚度 t_s 以及铆钉的间距 r_p。

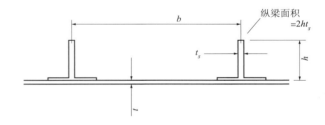

图 6　结构分析用的面板模型

包含铆钉间距是因为它对制造成本的影响，而另外 4 个变量显然是纵梁面板设计过程中的主要变量，同时对制造成本也有显著影响。对质量和制造成本的分析相对简单，可以通过 1 m² 机身面板质量和制造成本直接计算。

4.2　VDD 评估阶段

图 1 中，VDD 方法的第二步是评估阶段，它与建立什么样的"价值"体系来检验设计是紧密联系的。以前对案例的研究（Curran 等，2006）关注通过直接运营成本最小化使运营者价值最大化，从而对"价值"的评估方法进行了修改，考虑将生产者的利润作为一个更加现实的目标函数。从本质上来讲，在激烈的市场竞争中可以通过使用剩余价值（SV）的概念来实现，制造商的利润可以通过下面的方程式（Collopy，1997）与直接运营成本、制造成本和航空公司收益联系起来：

541

$$\pi = \sum_{i}^{\text{飞机寿命}} [(R-DOC)(1+r)^{-i}] - MC - SV_2 \tag{5}$$

其中，π 是制造商的利润；R 是航空公司的收益；DOC 是直接运营成本（不包括制造成本和投资，因为这里表示直接成本）；SV_2 指竞争中飞机的第二大剩余价值；r 是航空公司的折扣率，也是航空公司随着时间的推移利用货币衡量的相对价值。预计价格（VP）是指在缺乏竞争的情况下航空公司达到价格上限的运营成本（也就是说，没有方程式（5）中 MC 和 SV 因子），剩余价值 SV 是指 RP 与生产成本之间的差额（也就是没有方程式（5）中的 SV_2 因子）。竞争模型的分析表明，优化剩余价值将直接优化整体利润。因此，在制造商能力范围内，优化剩余价值可以保证生产最具利润的产品。

对利润的分析不如对质量以及制造成本的分析那么直观，因为它需要综合考虑如方程式（5）中提到的多个条件，每个条件都要呈现到同一个单元上，也就是 1 m² 的机身面板；为不同目的优化面板是为了分析结构配置变量；所采用的解决方案与方程式（5）中不同，差别的产生与质量和成本变量条件相关。随后，就可以分析结构配置对利润的影响，这样在接下来的改进阶段，也将有可能为最大的利润进行优化。为了达到这一点，需要使用含有变量或利润的偏微分方程，这就没有必要计算涉及整架飞机的价值绝对值，而是可以使用微分价值原则。如上表述可以在改进阶段轻松实现优化方法，正如优化中使用梯度来得到一个与最大值、最小值相关的零梯度。

4.3 VDD 改进阶段

图 1 中显示的 VDD 最后一步是改进阶段，它利用最优化模型建立最佳"价值"解决方案，以损失最少的潜在价值，而这在传统设计中是相对较大的。下面分为两部分阐述：第一部分考虑以利润为驱动杆的方程（5）的实行，第二部分展现 VDD 方法获得的结果。

4.3.1 利润作为价值驱动因素

改进阶段的主要目的是分析结构配置对利润的影响，这样就有可能优化并得到最大的利润。为了达到这一目标，需要采用变化值或者质量的偏微分，但不需要计算涉及整个飞机的利润的绝对值，而是采用微分价值原则。如上表述可以在改进阶段

轻松地帮助优化方法实现，正如优化中使用梯度来得到一个与最大值、最小值相关的零梯度。因此，考虑方程式（5）中与质量相关的 R、DOC 以及 MC 的梯度，可以通过修改方程（5），使其变成如下所示的方程（6）来得到配置变化带来的整体影响：

$$\Delta\pi(\$/m^2) = -\Delta M(\text{lb}/m^2) \times 180(\$/\text{lb}) - \Delta MC(\$/m^2) \tag{6}$$

其中，$\Delta\pi$ 是指每平方米飞机机身面板的利润变化；ΔM 是质量变化；ΔMC 是由配置变化引起的飞机机身面板每平方米制造成本的变化。通过将 $\Delta\pi$ 最大化，确保模型利润最大。

与质量相关的直接运营成本的变化将导致燃油消耗的增加。对于一架 50 座的喷气飞机，在满负荷运行时，每个座位每年约消耗燃油 148 000 lb。如果飞机的质量为 75 000 磅，那么工作质量上每年的燃油消耗为：

$$\frac{148\,000 \times 50}{75\,000} = 98.7 \ (\text{lb/a})$$

一加仑的燃油重 6.77 lb，每加仑燃油 2 \$，相应的每年质量的消耗为：

$$\frac{98.7}{6.77} \times 2 = 29 \ (\$/\text{lb})$$

考虑到 17% 的折扣系数，在飞机"无限的"生命周期中，折扣的价值为：

$$\sum_{i=1}^{+\infty} [29 \times (1+0.17)^{-i}] = \frac{29}{0.17} = 170(\$/\text{lb})$$

质量引起的收入变化可以归纳为两个因素：货物质量将占据飞机质量；飞机质量的潜在收入下降。

① 假设 100% 的负载系数，当货仓已满，额外的货物质量将占据飞机质量，飞机质量的潜在收入下降；

② 对于超过设定飞行范围的航班，乘客可以被替代以增长距离。

由于区域性的飞机不会拥有全范围的飞行路径，因此，在本次研究中，质量对于收入的研究仅仅考虑第一种类型。另外，之前我们假定 100% 的负载因数，这样如果质量可以减少，那么收入增益可以实现。一般货物收入为 0.18 \$/（吨·英里），假设一台专线的飞机平均每周做 44 次 428 n mile 的航班飞行，每吨大概 2 000 lb，那么丢失 1 lb 的货物花掉：

$$\frac{428 \times 44 \times 52 \times 0.18}{2\,000} = 88 \ (\$/a)$$

但早期的研究表明，专线飞机往往只有2%的时间是满载的，相应的时间内可以通过减小质量来增加货物收入。因此，质量对货物收益的影响仅仅是每年 $88 \times 0.02 = 2$（\$/lb）。在17%的折扣前提以及飞机的"无限"生命周期中，为

$$\sum_{i=1}^{+\infty}[2 \times (1+0.17)^{-i}] = \frac{2}{0.17} = 10(\$/lb)$$

质量对剩余价值的全部影响是对直接运营成本和收益的影响的总和，也就是在17%的折扣下，损失 $170+10=180$（\$/lb）以及每加仑燃油2\$。再次声明的是，100%的满载是假定的，在美国，为了实现满载，超额预定是很合理的。但是，我们可能使用70个载荷因子取代70座的专线飞机，也就是说，对于50个座位，可以算出质量相关的直接运营成本，但是空座不管怎么样提供了额外的货物，这样货物收益就不仅仅被飞机质量所限制。同样地，我们假定座位数是在最大数，并受到物理空间的限制，因此，不能由于机身质量的损失而增加。

4.3.2 利润作为价值驱动因素

在这个VDD方法的实施实例研究中，使用价值优化模型对两种类型的改进进行评估。首先，通过比较每种情况下所得的结构配置来评估目标函数的选择；其次，以燃油成本和折扣率敏感的利润作为变量，对三个目标函数进行了测试，包含最小质量、最大制造成本以及最大利润，具体可见表1。与最小质量的配置相比，针对最低制造成本的优化包含用较少较大尺寸的纵梁铆接在厚度多出75%的面板上，也就是说，组件包含数量较少但更大的零部件。由于各个零部件的刚性增强，铆钉的间距也可相应增强，同时，较少的零部件也降低了装配成本。考虑到横梁数量（与装配成本有关）、纵梁以及面板尺寸和质量的关系，最大利润配置定位在最小质量和最小成本之间，同时提供适合制造商和航空公司运营商双方的折中方法。

综合表1、表2可以看出目标函数的选择对质量、制造成本以及利润的影响。最小质量配置被选为参照，这样表中的数值就是该研究案例（最低制造成本配置或者最大利润配置）与最小质量研究案例的差异。

表1 优化后的设计变量①

面板优化目的	B	n_s	h	T	t_s	r_p
最小质量	81.8	26	22.54	1.72	1.72	46.5
最小制造成本	167.0	12	34.00	3.04	3.04	96.6
最大利润	116.3	18	23.38	2.27	2.27	65.3

①所有尺寸单位为mm，燃油成本=2\$/gal，折扣率=17%。

分析全表可以看出，与最低制造成本相比，最大利润是通过略微增加制造成本实现的，但不会对质量形成很大的影响。通过优化结构形式，节省制造成本是可以实现的，这部分用来弥补收入损失以及直接运营成本的增加，从而使式（5）中定义的利润或者剩余价值增加。对于一台喷气式飞机，机身有 500 m^2 的薄壁结构，每平方米的利润提升344\$，那么对制造商总利润就有额外的172 000\$。可以估算，资本单价为 25×10^5 \$，利润率为2.5%，那就是625 000\$，而VDD方法可以使得利润得到27.5%的巨大提升，可以提升到797 000\$！从运营者的视角观察进行全面检查时，考虑如果利润趋于平衡，那么质量应增加多少？如果每周有44个航班，20年就有46 440个航班，停机检修等时间占5%，每个航班50个座位，150\$一个座位，那么在飞机的整个生命周期中将节省 35×10^5 \$，由设定的2.5%的利润率，那么净利润就是875 000\$。这是一个纯学术的猜想，用来显示供应商与运营商就利润的分享已经成熟，到了没有太大差距的时期，而VDD方法可以大规模影响这些利润。在这个实例中，对供应商的利润增加了27.5%，由于总量略微增加，对客户只有最小的预期影响。此外，后者对质量的影响可以通过降低维护成本进行抵消。最大利润的面板设计一直是案例研究的重点，与扩大纵梁间距、增大铆钉间距从而导致面板和纵梁厚度增加约60%的最小质量设计不同。问题的关键是，这是一个更强大的设计，将可以减少维护、修理和大修的成本，这完全可以抵消由于质量的微增引起的燃油消耗。

本章的第2节研究了利润与燃油成本和折现率的关系，而最初的分析是使用固定的燃油成本以及折现率。早前计算质量对剩余价值的影响只使用了全方位的燃油成本和不同水平的折现率。根据

2006 年平均燃油成本设定的参考燃油成本（2 $/gal），第二个值（3 $/gal）模拟了 50% 的增长，而现在的值升到了 4 $/gal，或者说 4 年后会有 100% 的增长。

图 7 显示了当折扣率增加时相应减少纵梁数量的最佳值。可以这样解释，当折扣因子增加时，燃油成本变得更低，这意味着轻微的质量增加不会对利润有太大的影响。较少的纵梁数意味着较低的制造成本通常也与更大的质量相关联。

表 2　优化后可能的目标变化[①]

面板优化目的	$M/$ (lb·m^{-2})	$M_C/$ ($·m^{-2})	$\pi/$ ($·m^{-2})
最小质量	—	—	—
最小制造成本	4.94	896	51
最大利润	527	344	

①燃油成本 = 2 $/gal，折扣率 = 17%。

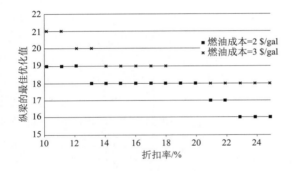

图 7　优化利润：纵梁的优化值

另外，图 8 显示当燃油成本增加时利润的增加将会降低。在燃油成本上升的情况下，航空公司的直接运营成本较高，这直接影响剩余价值和利润。收入较低时，VDD 方法使用剩余价值自动公平地调整供应商和运营者的价值分配。

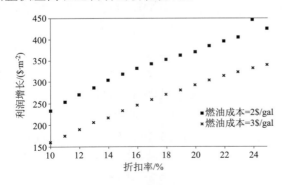

图 8　优化后的利润增长

5　总　　结

价值驱动设计方法是以产品生命周期为导向的，通用的 VDD 步骤被分为定义、分析、评估及改进。VDD 首先呈现了一种高于系统工程学的更深层次的质量的概念，并且提供了改进步骤。在该步骤中，VDD 向着最优的解决方案优化而不是寻找一种对所有因素都同样好的方法。其次，VDD 由于要实现价值最大化而关注 MDO 方法，不会因深入分析时变量的复杂性而失去最初的目的。此外，基础数据需要首先整合价值分析（完整的检查），而后实现价值模型到更深程度。

相对于目前的工业设计实践，考虑到低层次冲突会逐渐发展到不受控制，VDD 某些积极的方面以及特征也做了介绍。此外，在 VDD 中，集成是受鼓励并强制执行的，不管是正式还是非正式的，并且 VDD 中所有的属性都与成本、项目进度、性能表现相联系，经济学家将其称为"死账"。

但是，VDD 带来了真正的潜在运营价值，最重要的启示是关于建立三个明确的原则，包含：(i) 微分价值原则，(ii) 增加价值原则，(iii) 主观价值原则。提出这三个价值原则是为了帮助制定用来捕捉价值分析和 VDD 本质的价值模型。

实例研究表示的是在飞机制造利润问题上 VDD 方法的应用，在 VDD 的主要步骤：定义、分析、评估、改进中都有体现。

案例研究讨论了飞机机身面板的详细结构配置。依靠执行 VDD 目标函数，发现最佳结构变量的设置与最终配置的主要变化。最后，案例研究验证了 VDD 方法，通过优化所给设计的目标函数，分析执行价值的巨大影响。发现通过 VDD 设计方法，在运营者的利润变化不大的情况下，飞机供应商的利益有了 27.5% 的巨大提升。

参考文献

Castagne, S., Curran, R. and Collopy, P. (2009) Implementation of value-driven optimisation for the design of aircraft fuselage panels. *Int. J. Prod. Econ.*, **117** (2), 381—388.

Collopy, P. (1997) Surplus value in propulsion system design optimization. *33rd AIAA/ASME/SAE/ASEE Joint Propulsion Conference and Exhibit*, Seattle, WA.

Collopy, P. D. (1997) A system for values leadership and

communications in product design. *International Powered Lift Conference Proceedings*, P—306, *SAE Publications*, *Warrendale*, *PA*, 95—98.

Collopy, P. and Curran, R. (2005) "The challenge of modeling cost." part 1 part 2 papers CEIAT—2005—0085 (a) and (b). *Presented at the 1st International Conference on Innovation and Integration in Aerospace Sciences 4 — 5 August 2005*, *Queens University Belfast*, *Northern Ireland*, *UK*.

Collopy, P. D. (2007) *Adverse Impact of Extensive Attribute Requirements on the Design of Complex Systems*, AIAAPaper 2007 — 7820 American Institute of Aeronautics and Astronautics, Reston, VA.

Collopy, P. D. and Hollingsworth, P. (2009) Value driven design. *9th AIAA Aviation Technology*, *Integration*, *and Operations Conference* (*ATIO*), *21—23 September 2009*, *Hilton Head*, *SC*, AIAA 2009—7099.

Collopy, P. D. (2009) *Aerospace System Value Models*: *A Survey and Observations*, AIAA Paper 2009 — 6560 American Institute of Aeronautics and Astronautics, Reston, VA.

Curran, R., Raghunathan, S. and Price, M. (2004) A review of aircraft cost modelling: the genetic causal approach. *Prog. Aerospace Sci. J.*, **40** (8), 487—534.

Curran, R., Rothwell, A. and Castagne, S. (2006) A numerical method for cost-weight optimization of stringer-skin panels. *J. Aircr.*, **43** (1), 264—274.

Curran, R., Abu-Kias, T., Repco, M. J. F., Sprengers, Y. L. J., van der Zwet, P. N. C. S. and Beelearts, W. (2010) A value operations methodology for value driven design: medium range passenger airliner validation. *Proceeding of the AIAA Annual Science Meeting*, *Orlando 2010*.

Curran, R., Castagne, S., Rothwell, A., Price, M. and Murphy, A. (2009) Uncertainty and sensitivity analysis in the design optimization of operating cost relative to manufacturing cost and structural integration. *AIAA J. Aircr.*

Hazelrigg, G. A. (1998) A framework for decision-based engineering design. *ASME J. Mech. Des.*, **120** (4), 653—658.

Hoult, D. P., Meador, C. L., Deyst, J. and Dennis, M. (1996) "Cost Awareness in Design: The Role of Data Commonality", SAE Technical Paper 60008.

Keeney, R. L. (1992) *Value-Focused Thinking*, Harvard University Press, Cambridge, MA.

Sage, A. P. (1977) *Methodology for Large Scale Systems*, McGraw-Hill, New York.

Sheldon, D. F., Huang, G. Q. and Perks, K. (1991) Design for cost: past experience and recent development. *J. Eng. Des.*, **2** (2), 127—139.

Simon, H. A. (1981) The science of design: creating the artificial, in *Sciences of the Artificial*, 2nd edn, MIT Press, Cambridge, MA, pp. 128—159.

Sobieszczanski-Sobieski, J., James, B. and Riley, M. (1987) Structural optimization by generalized, multilevel decomposition. *AIAA J.*, **25** (1), 139—145.

Wierda, L. (1990) Design-oriented cost information: the need and the possibilities. *J. Eng. Des.*, **1** (2), 147—167.

本章译者：蔡玉飞（南京航空航天大学航空宇航学院）

■附录 *1*

《航空航天科技出版工程》英文版编写委员会

主　编

Richard Blockley
Aerospace Consultant, Cranfield University, Cranfield, UK
and
Former Head of Technical Programmes, BAE Systems, Farnborough, UK

Wei Shyy
Department of Aerospace Engineering, University of Michigan, Ann Arbor, MI, USA

顾问委员会

John D. Anderson, Jr.
Aeronautics Division, National Air and Space Museum, Smithsonian Institution, Washington DC, USA

Kenneth J. Badcock
School of Engineering, University of Liverpool, Liverpool, UK

William F. Ballhaus, Jr.
Retired President and CEO, The Aerospace Corporation, Los Angeles, CA, USA

Allan Bonnet
Département Aérodynamique, Energétique et Propulsion, ISAE - SUPAERO, Toulouse, France

Brian Cantwell
Department of Aeronautics and Astronautics, Stanford University, Stanford, CA, USA

Graham Coleman
Previously Chief Technologist, Air Systems, DSTL, Salisbury, UK

Jonathan Cooper
School of Engineering, University of Liverpool, Liverpool, UK

Richard Crowther
UK Space Agency, Swindon, UK

Earl H. Dowell
Department of Mechanical Engineering and Materials Science, Duke University, Durham, NC, USA

Shanyi Du
Harbin Institute of Technology, Heilongjiang, China

John Farrow
International Space University, Strasbourg, France

John Fielding
Department of Aerospace Engineering, Cranfield University, Cranfield, UK

Lennard A. Fisk
Department of Atmospheric, Oceanic and Space Sciences, University of Michigan, Ann Arbor, MI, USA

In Seuck Jeung
School of Mechanical and Aerospace Engineering, Seoul National University, Seoul, Korea

Jeffrey Jupp
Department of Mechanical Engineering, Bath University, Bath, UK

Keiji Kawachi
Department of Aeronautics and Astronautics, University of Tokyo, Tokyo, Japan

Chung K. Law
Department of Mechanical & Aerospace Engineering, Princeton University, Princeton, NJ, USA

Wei Li
Department of Computer Science and Engineering, Beijing University of Aeronautics and Astronautics, Beijing, China

Robert G. Loewy
School of Aerospace Engineering，Georgia Institute of Technology，Atlanta，GA，USA

N. Harris McClamroch
Department of Aerospace Engineering，University of Michigan，Ann Arbor，MI，USA

J. J. Miau
Department of Aeronautics and Astronautics，National Cheng Kung University，Tainan City，Taiwan

Earll M. Murman
Department of Aeronautics and Astronautics，Massachusetts Institute of Technology，Cambridge，MA，USA

M. R. Nayak
Aerospace Electronics & Systems Division，National Aerospace Laboratories，Bangalore，India

Elaine S. Oran
Laboratory for Computational Physics and Fluid Dynamics，US Naval Research Laboratory，Washington DC，USA

Mikhail Osipov
Bauman Moscow State Technical University，Moscow，Russia

Max F. Platzer
Department of Mechanical and Aerospace Engineering，Naval Postgraduate School，Monterey，CA，USA

Bryan Richards
Department of Aerospace Engineering，University of Glasgow，Glasgow，UK

Munir Sindir
Pratt & Whitney Rocketdyne，Canoga Park，CA，USA

John Stollery
Department of Aerospace Sciences，School of Engineering，Cranfield University，Cranfield，UK

Dwight C. Streit
Northrop Grumman Aerospace Systems，Redondo Beach，CA，USA

John J. Tracy
The Boeing Company，Chicago，IL，USA

Ulrich Walter
Institute of Astronautics，Technical University，Munich，Germany

S. Pete Worden
NASA Ames Research Center，Mountain View，CA，USA

Fenggan Zhuang
China Aerospace Science and Technology Corporation，Beijing，China

主要作者

John D. Anderson，Jr.　PART 2
Aeronautics Division，National Air and Space Museum，Smithsonian Institution，Washington DC，USA

Ella M. Atkins　PARTS 38 and 43
Department of Aerospace Engineering，University of Michigan，Ann Arbor，MI，USA

René de Borst　PART 15
Department of Mechanical Engineering，Eindhoven University of Technology，Eindhoven，The Netherlands

Carlos E. S. Cesnik　PARTS 17 and 20
Department of Aerospace Engineering，University of Michigan，Ann Arbor，MI，USA

Alan R. Chambers　PART 21
School of Engineering Sciences，University of Southampton，Southampton，UK

Mikhail Cherniakov　PART 24
School of Electronic，Electrical and Computer Engineering，The University of Birmingham，Birmingham，UK

Ricky Curran　PART 31
Department of Air Transport and Operations，Faculty of Aerospace Engineering，Technical University of Delft，Delft，The Netherlands

Peter Curtis　PART 41
BAE Systems，Farnborough，UK

Olivier Dessens　PART 29
Centre for Atmospheric Science，University of Cambridge，Cambridge，UK

Dimitris Drikakis　PARTS 4 and 7
Department of Aerospace Sciences，Cranfield University，Cranfield，UK

David Faddy　PART 37
Decision Analysis Services Ltd，Basingstoke，UK

Peretz P. Friedmann　PARTS 13 and 14
Department of Aerospace Engineering，University of Michigan，Ann Arbor，MI，USA

Datta V. Gaitonde　PART 5
Air Force Research Laboratory，Wright‐Patterson Air Force Base，OH，USA

Alec D. Gallimore　PART 12
Department of Aerospace Engineering，University of Michigan，Ann Arbor，MI，USA

Ismet Gursul　PARTS 3 and 8
Department of Mechanical Engineering，University of Bath，Bath，UK

Raphael T. Haftka　PART 42
Department of Mechanical and Aerospace Engineering，University of Florida，Gainsville，FL，USA

James F. Klausner　PART 6
Department of Mechanical and Aerospace Engineering, University of Florida, Gainesville, FL, USA

Kevin Knowles　PART 22
Aeromechanical Systems Group, Cranfield University, Cranfield, UK

Hao Liu　PART 34
Graduate School of Engineering, Chiba University, Chiba, Japan

Eli Livne　PARTS 32 and 33
Department of Aeronautics and Astronautics, University of Washington, Seattle, WA, USA

Ian MacDiarmid　PART 36
Electromagnetic Engineering Department, Central Engineering, BAE Systems - Military Air Solutions, Warton, Lancashire, UK

Michael Preuss　PART 19
School of Materials, University of Manchester, Manchester, UK

Philip Pugh　PART 37
Independent Consultant, Clapham, UK
(deceased January 2009)

Peter Roberts　PARTS 27 and 30
Space Research Centre, Cranfield University, Cranfield, UK

Hanspeter Schaub　PART 26
Department of Aerospace Engineering Sciences, University of Colorado, Boulder, CO, USA

Daniel J. Scheeres　PART 25
Department of Aerospace Engineering Sciences, University of

Colorado, Boulder, CO, USA

Allan Seabridge　PARTS 39 and 40
Seabridge Systems Ltd, Lytham St Annes, UK

Tom I‐P. Shih　PARTS 9 and 10
School of Aeronautics and Astronautics, Purdue University, West Lafayette, IN, USA

Michel van Tooren　PARTS 32 and 33
Department of Aircraft Design, Integration & Operations, Faculty of Aerospace Engineering, Delft University of Technology, Delft, The Netherlands

Antonios Tsourdos　PART 23
Department of Informatics & Sensors, Cranfield University, Cranfield, UK

Anthony M. Waas　PARTS 16 and 18
Department of Aerospace Engineering, University of Michigan, Ann Arbor, MI, USA

Brian A. White　PART 23
Department of Informatics & Sensors, Cranfield University, Cranfield, UK

Vigor Yang　PART 11
School of Aerospace Engineering, Georgia Institute of Technology, Atlanta, GA, USA

Xin Zhang　PART 28
School of Engineering Sciences, University of Southampton, Southampton, UK

Thomas Zurbuchen　PART 35
College of Engineering, University of Michigan, Ann Arbor, MI, USA

■ 附录 2

《航空航天科技出版工程6　环境影响与制造》
英文版参编人员

Guglielmo S. Aglietti
School of Engineering Sciences, University of Southampton, Southampton, UK

William Ailor
Center for Orbital and Reentry Debris Studies, The Aerospace Corporation, Los Angles, CA, USA

Santiago Alban
Lockheed Martin Space Systems, Palo Alto, CA, USA

R. Jeremy Astley
Institute of Sound and Vibration Research, University of Southampton, Southampton, UK

Christophe Bailly
Laboratoire de Mécanique des Fluides et d'Acoustique, École Centrale de Lyon & UMR CNRS 5509, Écully, France and Institut Universitaire de France, Paris, France

Alfred J. Bedard Jr.
National Oceanic and Atmospheric Administration, Earth System Research Laboratory, Physical Sciences Division, Cooperative Institute for Research in Environmental Sciences, Boulder, CO, USA

Wouter W. A. Beelaerts van Blokland
Department of Air Transport and Operations, Faculty of Aerospace Engineering, Technical University of Delft, Delft, The Netherlands

Mike Bennett
Centre for Air Transport and the Environment, Manchester Metropolitan University, Manchester, UK

Harald E. N. Bersee
Department of Aerospace Materials & Manufacturing, Faculty of Aerospace Engineering, Delft University of Technology, Delft, The Netherlands

Christophe Bogey
Laboratoire de Mécanique des Fluides et d'Acoustique, École Centrale de Lyon & UMR CNRS 5509, Écully, France

Kirkor Bozdogan
Center for Technology, Policy and Industrial Development, Massachusetts Institute of Technology, Cambridge, MA, USA

Peter Braesicke
NCAS Climate, Chemistry Department, University of Cambridge, Cambridge, UK

Robert Burke
Bombardier Aerospace Belfast, Belfast, NI, UK

Joseph Butterfield
Centre of Excellence for Integrated Aircraft Technologies, School of Mechanical and Aerospace Engineering, Queens University Belfast, Belfast, NI, UK

Stéphane Caro
Free Field Technologies SA, Axis Park LLN, Belgium

Tim Chapman
Advanced Manufacturing Research Centre with Boeing, University of Sheffield, Rotherham, UK

Jonathan K. Chow
Lockheed Martin Space Systems, Palo Alto, CA, USA

Rory Collins
Business Process Centre, NITC, School of Mechanical and Aerospace Engineering, Queens University Belfast, Belfast, NI, UK

Richard Crowther
UK Space Agency, Swindon, UK

Ricky Curran
Department of Air Transport and Operations, Faculty of Aerospace Engineering, Technical University of Delft, Delft, The Netherlands

Oliver Dessens
Centre for Atmospheric Science, Cambridge University, Cambridge, UK

Larry D. Dewell
Lockheed Martin Space Systems, Palo Alto, CA, USA

Werner M. Dobrzynski
Institute of Aerodynamics and Flow Technology, German Aerospace Center, Braunschweig, Germany

Sergio Durante
TEKS Sarl, Les Toits Blancs, Montgenevre, France

David Eakin
DE Design Ltd, Co Antrim, NI, UK

Robin A. East
School of Engineering Sciences, University of Southampton, Southampton, UK

David Finkleman
Center for Space Standards and Innovation, Colorado Springs, CO, USA

Paolo Gardonio
Institute of Sound and Vibration Research, University of Southampton, Southampton, UK

François A. Garnier
Physics and Instrumentation Department, ONERA, Châtillon, France

Henry B. Garrett
The Jet Propulsion Laboratory, The California Institute of Technology, Pasadena, CA, USA

Adel A. Ghobbar
Department of Air Transport and Operations, Faculty of Aerospace Engineering, Delft University of Technology, Delft, The Netherlands

Klaus M. Gierens
Institut für Physik der Atmosphäre, Deutsches Zentrum für Luft - und Raumfahrt (DLR), Oberpfaffenhofen, Germany

Derk - Jan van Heerden
Aircraft End - of - Life Solutions (AELS), Delft University of Technology, Delft, The Netherlands

Paul D. Hooper
Centre for Air Transport and the Environment, Manchester Metropolitan University, Manchester, UK

Denis Howe
College of Aeronautics, Cranfield University, Cranfield, UK

Adam S. Howell
Lockheed Martin Space Systems, Palo Alto, CA, USA

G. Scott Hubbard
Colbaugh & Heinsheimer, Rolling Hills Estates, CA, USA

James Hughes
Advanced Manufacturing Research Centre with Boeing, University of Sheffield, Rotherham, UK

Ken I. Hume
Centre for Air Transport and the Environment, Manchester Metropolitan University, Manchester, UK

Mike James-Moore
Warwick Manufacturing Group (WMG), University of Warwick, Coventry, UK

Yan Jin
Centre of Excellence for Integrated Aircraft Technologies, School of Mechanical and Aerospace Engineering, Queens University Belfast, Belfast, NI, UK

Alvar M. Kabe
Vehicle Systems Division, The Aerospace Corporation, El Segundo, CA, USA

Randolph L. Kendall
Launch Systems Division, The Aerospace Corporation, El Segundo, CA, USA

Heiner Klinkrad
European Space Agency, ESA/ESOC, Darmstadt, Germany

Marcus O. Köhler
Department of Geography, King's College London, London, UK

David S. Lee
Dalton Research Institute, Manchester Metropolitan University, Manchester, UK

Joseph M. Lieb
Lockheed Martin Space Systems, Palo Alto, CA, USA

Dragos B. Maciuca
Lockheed Martin Space Systems, Palo Alto, CA, USA

Susan Macmillan
British Geological Survey, Edinburgh, UK

Eric Manoha
CFD and Aeroacoustics Department, ONERA, Châtillon, France

Janet A. Maughan
Centre for Air Transport and the Environment, Manchester Metropolitan University, Manchester, UK

David W. Miller
Aurora Flight Sciences, Cambridge, MA, USA

Philippe J. Mirabel
Laboratoire des Matériaux, Surfaces et Procédés pour la Catalyse, Université de Strasbourg, Strasbourg, France

Philip J. Morris
Department of Aerospace Engineering, Pennsylvania State University, Pennsylvania, PA, USA

Benjamin P. Mottinger
Lockheed Martin Space Systems, Palo Alto, CA, USA

Pascale Neple
Acoustics and Environment Department, AIRBUS, Toulouse, France

Padraig Quill
Surrey Satellite Technology Limited, Tycho House, Guildford, UK

Bethan Owen
Dalton Research Institute, Manchester Metropolitan Univer-

sity, Manchester, UK

Julie Pandya
Lockheed Martin Space Systems, Palo Alto, CA, USA

Jaime Ramirez
Aurora Flight Sciences, Cambridge, MA, USA

Dave Raper
Centre for Air Transport and the Environment, Manchester Metropolitan University, Manchester, UK

Stéphane Redonnet
CFD and Aeroacoustics Department, ONERA, Châtillon, France

Guy Richardson
Surrey Satellite Technology Limited, Tycho House, Guildford, UK

Keith Ridgway
Advanced Manufacturing Research Centre with Boeing, University of Sheffield, Rotherham, UK

Rajat Roy
Warwick Manufacturing Group (WMG), University of Warwick, Coventry, UK

John D. Rummel
Institute for Coastal Science and Policy, East Carolina University, Greenville, NC, USA

Michael J. Rycroft
CAESAR Consultancy, Cambridge, UK and Cranfield University, Cranfield, UK

Salma I. Saeed
Lockheed Martin Space Systems, Palo Alto, CA, USA

Alvar Saenz-Otero
Aurora Flight Sciences, Cambridge, MA, USA

S. C. Santema
Department of Air Transport and Operations, Faculty of Aerospace Engineering, Technical University of Delft, Delft, The Netherlands

Thomas W. Schlatter
Earth System Research Laboratory, National Oceanic and Atmospheric Administration, Boulder, CO, USA

Rod H. Self
Institute of Sound and Vibration Research, University of Southampton, Southampton, UK

Adrian R. C. Sharman
Advanced Manufacturing Research Centre with Boeing, University of Sheffield, Rotherham, UK

Keith P. Shine
Department of Meteorology, University of Reading, Reading, UK

Afreen Siddiqi
Aurora Flight Sciences, Cambridge, MA, USA and Engineering Systems Division, Massachusetts Institute of Technology, Cambridge, MA, USA

Michael J. Simon
Lockheed Martin Space Systems, Palo Alto, CA, USA

Victor W. Sparrow
Graduate Program in Acoustics, The Pennsylvania State University, University Park, PA, USA

Ralf Srama
Max Planck Institute for Nuclear Physics, Heidelberg, Germany, and Institute for Space Systems, University of Stuttgart, Stuttgart, Germany

Peter H. Stokes
PHS Space Ltd., Pitlochry, Perthshire, UK

Callum S. Thomas
Centre for Air Transport and the Environment, Manchester Metropolitan University, Manchester, UK

Michael S. Turner
Advanced Manufacturing Research Centre with Boeing, University of Sheffield, Rotherham, UK

Xavier P. Vancassel
Physics and Instrumentation Department, ONERA, Châtillon, France

John W. Vincent
Safety Analysis and Research Department, European Aviation Safety Agency, Ottoplatz, Köln, Germany

Phil Webb
School of Engineering, Cranfield University, Cranfield, UK

Olivier L. de Weck
Aurora Flight Sciences, Cambridge, MA, USA

Paul P. Yang
Lockheed Martin Space Systems, Palo Alto, CA, USA

Xin Zhang
School of Engineering Sciences, University of Southampton, Southampton, UK

Andrew L. Zimdars
Lockheed Martin Space Systems, Palo Alto, CA, USA

Frank van der Zwan
Department of Air Transport and Operations, Faculty of Aerospace Engineering, Technical University of Delft, Delft, The Netherlands

索　引

557

565

L

573

W

577

Y